MATHEMATICAL PAPERS.

London: C. J. CLAY AND SONS,
CAMBRIDGE UNIVERSITY PRESS WAREHOUSE,
AVE MARIA LANE.

Cambridge: DEIGHTON, BELL AND CO.
Leipzig: F. A. BROCKHAUS.
New York: MACMILLAN AND CO.

THE COLLECTED

MATHEMATICAL PAPERS

OF

ARTHUR CAYLEY, Sc.D., F.R.S.,

SADLERIAN PROFESSOR OF PURE MATHEMATICS IN THE UNIVERSITY OF CAMBRIDGE.

VOL. V.

CAMBRIDGE:
AT THE UNIVERSITY PRESS.
1892

CAMBRIDGE:
PRINTED BY C. J. CLAY, M.A. AND SONS,
AT THE UNIVERSITY PRESS.

ADVERTISEMENT.

THE present volume contains 84 papers numbered 300 to 383 published for the most part in the years 1861 to 1866: No. 378, Report on Catalogue of Philosophical Memoirs, was however published in the *British Association Report for* 1856, and No. 379, Notices of Communications to the British Association, were published in the *British Association Reports*, 1854 to 1864: the concluding Paper 383, Problems and Solutions, contains problems for the most part geometrical ones proposed or solved by me in the *Educational Times* in the years 1863 to 1865.

The Table for the five volumes is

Vol.					
Vol.	I.	Numbers	1	to	100.
,,	II.	,,	101	,,	158.
,,	III.	,,	159	,,	222.
,,	IV.	,,	223	,,	299.
,,	V.	,,	300	,,	383.

CONTENTS.

[An Asterisk denotes that the paper is not printed in full.]

PAGE

300. *Note relative aux droites en involution de M. Sylvester* . . 1

Comptes Rendus, Paris, t. LII. (1861), pp. 1039—1042

301. *Sur les cônes du second ordre qui passent par six points donnés* 4

Comptes Rendus, Paris, t. LII. (1861), pp. 1216—1218

302. *Considérations générales sur les courbes en espace* . . . 7

Comptes Rendus, Paris, t. LIV. (1862), pp. 55—60, 396—400, 672—678

303. *Sur le problème du polygone inscrit et circonscrit. Lettre à M. Poncelet* 21

Comptes Rendus, Paris, t. LV. (1862), pp. 700, 701

304. *Sur un mémoire de Jacobi. Extrait d'une lettre à M. J. Bertrand* 23

Comptes Rendus, Paris, t. LVI. (1863), p. 43

305. *Considérations générales sur les courbes en espace. Courbes du cinquième ordre* 24

Comptes Rendus, Paris, t. LVIII. (1864), pp. 994—1000

306. *Sur les coniques qui touchent des courbes d'ordre quelconque. Extrait d'une lettre à M. Chasles* 31

Comptes Rendus, Paris, t. LIX. (1864), pp. 224, 225

307. *Note sur les fonctions* al (x), *&c., de M. Weierstrass* . . . 33

Liouville, t. VII. (1862), pp. 137—142

308. *On the* △ *faced Polyacrons, in reference to the problem of the enumeration of Polyhedra* 38

Manchester Memoirs, t. I. (1862), pp. 248—256

PAGE

309. *Note on the Theory of Determinants* 45
Phil. Mag. t. XXI. (1861), pp. 180—185

310. *Note on Mr Jerrard's researches on the Equation of the Fifth Order* 50
Phil. Mag. t. XXI. (1861), pp. 210—214

311. *On a Theorem of Abel's relating to Equations of the Fifth Order* 55
Phil. Mag. t. XXI. (1861), pp. 257—263

312. *On the Partitions of a Close* 62
Phil. Mag. t. XXI. (1861), pp. 424—428

313. *On a Surface of the Fourth Order* 66
Phil. Mag. t. XXI. (1861), pp. 491—495

314. *On the Curves situate on a Surface of the Second Order* . . 70
Phil. Mag. t. XXII. (1861), pp. 35—38

315. *On the Cubic Centres of a Line with respect to three lines and a line* 73
Phil. Mag. t. XXII. (1861), pp. 433—436

*316. *Note on the solution of an Equation of the Fifth Order* . . 77
Phil. Mag. t. XXIII. (1862), pp. 195, 196

317. *Note on the transformation of a certain Differential Equation* 78
Phil. Mag. t. XXIII. (1862), pp. 266, 267

*318. *On a question in the Theory of Probabilities* 80
Phil. Mag. t. XXIII. (1862), pp. 361—365

*319. *Postscript to the paper, On a question in the Theory of Probabilities* 85
Phil. Mag. t. XXIII. (1862), pp. 470, 471

320. *On the Transcendent* $\operatorname{gd} u = \frac{1}{i} \log \tan (\frac{1}{4}\pi + \frac{1}{2}ui)$ 86
Phil. Mag. t. XXIV. (1862), pp. 19—21

*321. *Final Remarks on Mr Jerrard's theory of Equations of the Fifth Order* 89
Phil. Mag. t. XXIV. (1862), p. 290

PAGE

322. *On a Skew Surface of the Third Order* 90
Phil. Mag. t. xxiv. (1862), pp. 514—519

323. *On a tactical Theorem relating to the Triads of Fifteen Things* 95
Phil. Mag. t. xxv. (1863), pp. 59—61

324. *Note on a Theorem relating to Surfaces* 98
Phil. Mag. t. xxv. (1863), pp. 61, 62

325. *Note on a Theorem relating to a Triangle, Line, and Conic* . 100
Phil. Mag. t. xxv. (1863), pp. 181—183

326. *Theorems relating to the Canonic Roots of a Binary Quantic of an odd order* 103
Phil. Mag. t. xxv. (1863), pp. 206—208

327. *On the Stereographic Projection of the Spherical Conic* . . 106
Phil. Mag. t. xxv. (1863), pp. 350—353

328. *On the delineation of a Cubic Scroll* 110
Phil. Mag. t. xxv. (1863), pp. 528—530

329. *Note on the Problem of Pedal Curves* 113
Phil. Mag. t. xxvi. (1863), pp. 20, 21

330. *On Differential Equations and Umbilici* 115
Phil. Mag. t. xxvi. (1863), pp. 373—379 and 441—452

331. *Analytical Theorem relating to the four Conics inscribed in the same Conic and passing through the same three Points* 131
Phil. Mag. t. xxvii. (1864), pp. 42, 43

332. *Analytical Theorem relating to the sections of a Quadric Surface* 133
Phil. Mag. t. xxvii. (1864), pp. 43, 44

333. *Note on the Nodal Curve of the Developable derived from the Quartic Equation* $(a, b, c, d, e \between t, 1)^4 = 0$ 135
Phil. Mag. t. xxvii. (1864), pp. 437—440

334. *Note on the Theory of Cubic Surfaces* 138
Phil. Mag. t. xxvii. (1864), pp. 493—496

PAGE

335. *Tables des formes quadratiques binaires pour les déterminants négatifs depuis $D = -1$ jusqu'à $D = -100$, pour les déterminants positifs non carrés depuis $D = 2$ jusqu'à $D = 99$, et pour les treize déterminants négatifs irréguliers qui se trouvent dans le premier millier* 141
Crelle, t. LX. (1862), pp. 357—372

336. *Note sur l'élimination* 157
Crelle, t. LX. (1862), pp. 373, 374

337. *Note sur la réalité des racines d'une équation quadratique* . 160
Crelle, t. LXI. (1863), pp. 367, 368

338. *Nouvelles recherches sur l'élimination et la théorie des courbes* 162
Crelle, t. LXIII. (1864), pp. 34—39

339. *On Skew Surfaces, otherwise Scrolls* 168
Phil. Trans. t. CLIII. (for 1863), pp. 453—483

340. *A Second Memoir on Skew Surfaces, otherwise Scrolls* . . 201
Phil. Trans. t. CLIV. (for 1864), pp. 559—576

341. *On the Sextactic Points of a Plane Curve* 221
Phil. Trans. t. CLV. (for 1865), pp. 545—578

342. *On the Conics which pass through three given points and touch a given line* 258
Quart. Math. Jour. t. VI. (1864), pp. 24—30

343. *On the Cusp of the second kind or Nodecusp* 265
Quart. Math. Jour. t. VI. (1864), pp. 74, 75

344. *On Certain Developable Surfaces* 267
Quart. Math. Jour. t. VI. (1864), pp. 108—126

345. *On the Inflexions of the Cubical Divergent Parabolas* . . 284
Quart. Math. Jour. t. VI. (1864), pp. 199—203

346. *Note on an expression for the Resultant of two Binary Cubics* 289
Quart. Math. Jour. t. VI. (1864), pp. 380—382

347. *On the Notion and Boundaries of Algebra* 292
Quart. Math. Jour. t. VI. (1864), pp. 382—384

PAGE

348. *On the Theory of Involution* 295
Camb. Phil. Trans. t. XI. Part I. (1866), pp. 21—38

349. *On a case of the Involution of Cubic Curves* 313
Camb. Phil. Trans. t. XI. Part I. (1866), pp. 39—80

350. *On the Classification of Cubic Curves* 354
Camb. Phil. Trans. t. XI. Part I. (1866), pp. 81—128

351. *On Cubic Cones and Curves* 401
Camb. Phil. Trans. t. XI. Part I. (1866), pp. 129—144

352. *Suite des recherches sur l'élimination et la théorie des courbes* 416
Crelle, t. LXIV. (1865), pp. 167—171

353. *Note sur la surface du quatrième ordre de Steiner* . . 421
Crelle, t. LXIV. (1865), pp. 172—174

354. *Note sur les singularités supérieures des courbes planes* . . 424
Crelle, t. LXIV. (1865), pp. 369—371

355. *Sur un théorème relatif à huit points situés sur une conique* . 427
Crelle, t. LXV. (1866), pp. 180—184

356. *Sur un cas particulier de la surface du quatrième ordre avec seize points singuliers* 431
Crelle, t. LXV. (1866), pp. 284—291

357. *A Supplementary Memoir on the Theory of Matrices* . . 438
Phil. Trans. t. CLVI. (for 1866), pp. 25—35

358. *Addition to the Memoir on Tschirnhausen's Transformation* . 449
Phil. Trans. t. CLVI. (for 1866), pp. 97—100

359. *A Supplementary Memoir on Caustics* 454
Phil. Trans. t. CLVII. (for 1867), pp. 7—16

360. *Note on a Quartic Surface* 465
Phil. Mag. t. XXIX. (1865), pp. 19—22

361. *On Quartic Curves* 468
Phil. Mag. t. XXIX. (1865), pp. 105—108

PAGE

362. *Note on Lobatschewsky's Imaginary Geometry* 471
Phil. Mag. t. XXIX. (1865), pp. 231—233

363. *On the theory of the Evolute* 473
Phil. Mag. t. XXIX. (1865), pp. 344—350

364. *On a Theorem relating to Five Points in a plane* . . . 480
Phil. Mag. t. XXIX. (1865), pp. 460—464

365. *On the Intersections of a Pencil of four lines by a Pencil of two lines* 484
Phil. Mag. t. XXIX. (1865), pp. 501—503

366. *Note on the Projection of the Ellipsoid*. 487
Phil. Mag. t. XXX. (1865), pp. 50—52

367. *On a Triangle in-and-circumscribed to a Quartic Curve* . 489
Phil. Mag. t. XXX. (1865), pp. 340—342

368. *On a problem of Geometrical Permutation* 493
Phil. Mag. t. XXX. (1865), pp. 370—372

369. *On a property of Commutants* 495
Phil. Mag. t. XXX. (1865), pp. 411—413

370. *On the signification of an elementary formula of Solid Geometry* 498
Phil. Mag. t. XXX. (1865), pp. 413, 414

371. *On a Formula for the intersections of a Line and Conic, and on an Integral Formula connected therewith* . . 500
Quart. Math. Jour. t. VII. (1866), pp. 1—6

372. *On the Reciprocation of a Quartic Developable* . . . 505
Quart. Math. Jour. t. VII. (1866), pp. 87—92

373. *On a Special Sextic Developable*. 511
Quart. Math. Jour. t. VII. (1866), pp. 105—113

374. *On the Higher Singularities of a Plane Curve* . . . 520
Quart. Math. Jour. t. VII. (1866), pp. 212—223

PAGE

375. *Notes on Polyhedra* 529

Quart. Math. Jour. t. VII. (1866), pp. 304—316

376. *Théorème relatif à l'équilibre de quatre forces* 540

Comptes Rendus, t. LXI. (1865), pp. 829, 830

377. *Note sur la correspondance de deux points sur une courbe* . 542

Comptes Rendus, t. LXII. (1866), pp. 586—590

378. *Report of a Committee appointed by the British Association to consider the formation of a Catalogue of Philosophical Memoirs (A. Cayley, R. Grant, G. G. Stokes)* . . . 546

Report of the British Association (1856), pp. 463, 464

379. *Notices of Communications to the British Association for the Advancement of Science* 549

Brit. Assoc. Reports, Notices and Abstracts of Communications to the Sections (1854 to 1864)

380. *Note on the Rectangular Hyperbola* 554

Oxford, Camb. and Dubl. Messenger of Mathematics, t. I. (1862), p. 77

381. *Note on Bezout's Method of Elimination* 555

Oxford, Camb. and Dubl. Messenger of Mathematics, t. II. (1864), pp. 88, 89

382. *Note on the Tetrahedron* 557

Oxford, Camb. and Dubl. Messenger of Mathematics, t. III. (1866), pp. 8—10

383. *Problems and Solutions* 560

Mathematical Questions with their Solutions from the Educational Times, vols. I. to IV. (1863 to 1865); for contents, see p. 612

Notes and References 613

Plates . . . . *to face pp.* 44, 400

CLASSIFICATION.

GEOMETRY

The Node-cusp, 343; Higher Singularities of Plane Curves, 354, 374
Curves in space (as defined by Cone and Monoid Surface), 302, 305
Correspondence of Points on Plane Curve, 377
Sextactic Points of Plane Curve, 341
Lines in Involution, 300; Involution, 348, 349
Elimination and Theory of Curves, 338, 352
Conics touching given Curves, 306
Conics, 325, 331, 342, 355, 371, 380; Spherical, 327
Cubic Curves and Cones, 345, 350, 351
Cubic Surfaces 322, 328, 333
Quadric Cones and Surfaces, 301, 314, 332, 366
Quartic Curves, 361, 367
Quartic Surfaces, 313, 360; Steiner's, 353; 16-nodal, 356
Caustics, 359
Equilibrium of Four Forces, 376
Evolutes, 363
In-and-circumscribed Polygon, 303
Surfaces, 324; Developable, 344, 372, 373; Skew, 339, 340
Miscellaneous, 315, 325, 364, 365, 368, 370, 382; and 383, (see contents, p. 612)
Polyhedra, Notes on, 375: the △-faced polyacra, 308
Lobatschewsky's Imaginary Geometry, 362
Partitions of Close, 312
Pedal Curves, 329
Umbilici, 330

ANALYSIS

Algebra, the Notion and Boundaries of, 347
Differential Equations, 317; theorem of Jacobi's, 304; for Umbilici, 330
Determinants, 309; Commutants, 369
Binary Quadratic Forms (numerical), tables of, 335
Binary Forms, 326, 346
Roots of quadratic equation, 337
Elimination, 336, 338, 352, 381

Functions al (x) of Weierstrass, 307
Gudermannian, 320
Integral Formula connected with Line and Conic, 371
Matrices, 357
Probabilities, 318*, 319*
Quintic Equations, 310, 311, 316*, 321*
Tschirnhausen's Transformation, 358
Triads of 15 things, 323

Report On Catalogue of Scientific Memoirs, 378
Notices of Communications to the British Association, 378
Problems and Solutions, 383, see contents, p. 612

300.

NOTE RELATIVE AUX DROITES EN INVOLUTION DE M. SYLVESTER.

[From the *Comptes Rendus de l'Académie des Sciences de Paris*, tom. LII. (*Janvier—Juin*, 1861), pp. 1039—1042.]

LA courbe cubique dans l'espace, représentée par les équations

$$yu - z^2 = 0, \quad zy - xu = 0, \quad xz - y^2 = 0,$$

passe par le point $A\,(x = y = z = 0)$ et le point $B\,(y = z = u = 0)$; le plan $x = 0$ est le plan osculant en A, le plan $y = 0$ le plan par la tangente en A et la droite AB; le plan $z = 0$ celui par la droite AB et la tangente en B; et enfin le plan $u = 0$ est le plan osculant en B. Réciproquement, pour une courbe cubique quelconque, en prenant les points A, B, sur la courbe à volonté, et en fixant comme ci-dessus les significations des coordonnées x, y, z, u, les facteurs constants que contiennent implicitement ces valeurs étant convenablement déterminés, les équations de la courbe cubique seront

$$yu - z^2 = 0, \quad zy - xu = 0, \quad xz - y^2 = 0.$$

Par un point quelconque de l'espace il passe une droite qui coupe deux fois la courbe cubique; et en prenant (x_1, y_1, z_1, u_1) pour les coordonnées du point dont il s'agit, et en écrivant

$$p_1 = y_1u_1 - z_1^2, \quad q_1 = z_1y_1 - x_1u_1, \quad r_1 = x_1z_1 - y_1^2,$$

les équations de la droite seront

$$p_1x + q_1y + r_1z = 0, \quad p_1y + q_1z + r_1u = 0.$$

Or, en considérant en général une droite représentée par les équations

$$\alpha x + \beta y + \gamma z + \delta u = 0, \quad \alpha' x + \beta' y + \gamma' z + \delta' u = 0,$$

les six quantités

$$\beta\gamma'-\beta'\gamma,\quad \gamma\alpha'-\gamma'\alpha,\quad \alpha\beta'-\alpha'\beta,\quad \alpha\delta'-\alpha'\delta,\quad \beta\delta'-\beta'\delta,\quad \gamma\delta'-\gamma'\delta,$$

sont ce que je nomme les coordonnées de la droite (en représentant par a, b, c, f, g, h ces coordonnées, on a l'équation identique $af+bg+ch=0$, et les coordonnées d'une droite peuvent être des quantités quelconques qui satisfont à cette équation). La condition pour l'involution de six droites est celle-ci, savoir: le déterminant formé avec les coordonnées des six droites est égal à zéro.

Je reviens à la droite qui coupe deux fois la courbe cubique. En écrivant les équations sous la forme

$$p_1x+q_1y+r_1z+0u=0,\quad 0x+p_1y+q_1z+r_1u=0,$$

les coordonnées de cette droite seront

$$p_1^2,\quad q_1^2-p_1r_1,\quad -p_1q_1,\quad p_1r_1,\quad q_1r_1,\quad r_1^2,$$

savoir, ces coordonnées seront des fonctions linéaires de $(p_1^2,\ q_1^2,\ r_1^2,\ q_1r_1,\ r_1p_1,\ p_1q_1)$. Donc, en considérant six droites dont chacune coupe deux fois la courbe cubique, et en attribuant des significations analogues à (p_2, q_2, r_2), etc., la condition pour l'involution des six droites se trouve en égalant à zéro le déterminant dont les lignes sont $(p_1^2, q_1^2, r_1^2, q_1r_1, r_1p_1, p_1q_1)$, $(p_2^2, q_2^2$, etc.), etc.; condition qui exprime que les six droites

$$p_1x+q_1y+r_1z=0,$$

dans le plan $u=0$ (ou si l'on veut les six droites $p_1y+q_1z+r_1u=0$ dans le plan $x=0$) touchent une même conique. Or la droite

$$p_1x+q_1y+r_1z=0$$

est la projection de l'une des six droites sur le plan osculant $u=0$, avec le point $x=y=z=0$ de la courbe cubique comme centre de projection; et si, en prenant un plan osculant quelconque et un point quelconque de la courbe cubique pour plan et centre de projection, nous appelons tout simplement *projection* une telle projection d'une droite quelconque (le plan osculant et le point de la cubique étant toujours les mêmes), on est conduit au théorème que voici, savoir:

Six droites dont chacune coupe deux fois la même courbe cubique seront en involution, si les projections de ces droites touchent une même conique.

Et de même, pour un nombre quelconque de droites, si les projections touchent une même conique, ces droites seront en involution, c'est-à-dire six quelconques des droites seront des droites en involution.

Il convient de remarquer qu'en considérant six droites quelconques, on peut en général trouver une courbe cubique coupée deux fois par chacune des droites: la condition du théorème est donc, comme cela doit être, une seule relation entre les six droites. Je remarque aussi que cette relation ne dépend nullement du plan osculant ni du point de la courbe cubique choisis pour plan et centre de projection. Réciproquement, en prenant dans un plan osculant quelconque de la courbe cubique un nombre quelconque (six ou plus) de tangentes d'une même conique, et en reprojetant ces tangentes sur la courbe cubique au moyen d'un point quelconque de la courbe comme centre de projection (de manière à obtenir pour reprojection de chaque tangente une droite qui coupe deux fois la courbe cubique), on obtient un système de droites en involution. Le lieu des droites dont chacune coupe deux fois la courbe cubique, et qui sont en involution, est une surface réglée du quatrième ordre qui a la courbe cubique pour courbe double. En effet, si l'équation en coordonnées tangentielles de la conique enveloppée par les droites $p_1x + q_1y + r_1z = 0$, etc. (ou, si l'on veut, par les droites $p_1y + q_1z + r_1u = 0$, etc.), est

$$(a, b, c, f, g, h)(p, q, r)^2 = 0,$$

cette même équation, en y considérant p, q, r comme dénotant $yu - z^2$, $zy - xu$, $xz - y^2$, autrement dit, l'équation,

$$(a, b, c, f, g, h)(yu - z^2, zy - xu, xz - y^2)^2 = 0,$$

sera celle d'une surface du quatrième ordre ayant la courbe cubique pour courbe double. Et cette surface sera une surface réglée; car en menant par un point quelconque de la surface une droite qui coupe deux fois la courbe cubique, chaque point d'intersection avec la courbe cubique doit compter pour deux points d'intersection avec la surface, et la droite coupe la surface en cinq points, c'est-à-dire que cette droite est située entièrement dans la surface.

J'ai remarqué ailleurs (*Camb. and Dubl. Math. Journ.*, t. VII. (1852), p. 172, [107]) qu'il y a sur une surface réglée de l'ordre n une courbe double rencontrée par chaque génératrice en $(n-2)$ points. Cette courbe double sera de l'ordre $(n-2)$ au moins, et de l'ordre $\frac{1}{2}(n-1)(n-2)$ au plus; donc, pour $n = 4$, la courbe double sera de l'ordre 2 ou 3, et comme évidemment cette courbe n'est pas une courbe plane, elle sera: ou 1° deux droites qui ne se rencontrent pas; ou 2° une courbe cubique en espace. Cette seconde espèce des surfaces réglées du quatrième ordre est celle qui se présente dans la théorie des droites en involution.

301.

SUR LES CÔNES DU SECOND ORDRE QUI PASSENT PAR SIX POINTS DONNÉS.

[From the *Comptes Rendus de l'Académie des Sciences de Paris,* tom. LII. (*Janvier—Juin,* 1861), pp. 1216—1218.]

DANS un Mémoire par feu M. Weddle "On the theorems in space analogous to those of Pascal and Brianchon in a plane" (*Camb. and Dubl. Math. Journ.*, t. V. 1850, voir la Note p. 69), on trouve à propos d'un théorème de M. Chasles la remarque que le lieu du sommet d'un cône du second ordre qui passe par six points donnés est une surface du quatrième ordre qui contient la courbe cubique en espace par les six points. Voici comment je démontre ce théorème:

En prenant (X, Y, Z, U) pour les coordonnées courantes, $(\alpha_1, \beta_1, \gamma_1, \delta_1)\ldots(\alpha_6, \beta_6, \gamma_6, \delta_6)$ pour les coordonnées des six points donnés, et (x, y, z, u) pour ceux du sommet, je pose l'équation

$$\left|\begin{array}{ccccccccccc} ., & X^2, & Y^2, & Z^2, & U^2, & YZ, & ZX, & XY, & XU, & YU, & ZU \\ \lambda & 2x & . & . & . & . & z & y & u & . & . \\ \mu & . & 2y & . & . & z & . & x & . & u & . \\ \nu & . & . & 2z & . & y & x & . & . & . & u \\ \rho & . & . & . & 2u & . & . & . & x & y & z \\ . & \alpha^2 & \beta^2 & \gamma^2 & \delta^2 & \beta\gamma & \gamma\alpha & \alpha\beta & \alpha\delta & \beta\delta & \gamma\delta \end{array}\right| = 0,$$

où la dernière ligne dénote les six lignes qu'on obtient en écrivant successivement $(\alpha_1, \beta_1, \gamma_1, \delta_1)\ldots(\alpha_6, \beta_6, \gamma_6, \delta_6)$ au lieu de $(\alpha, \beta, \gamma, \delta)$, de manière que la fonction au côté gauche est un déterminant de l'ordre onze: les coefficients λ, μ, ν, ρ sont des quantités arbitraires et les points $(\cdot)$ dénotent des zéros.

Cette équation est évidemment celle d'une surface du second ordre qui passe par les six points, et il ne faut qu'une seule condition pour que cette surface soit un cône: la condition sera

$$\begin{vmatrix} 2x, & ., & ., & ., & ., & z, & y, & u, & ., & . \\ . & 2y & . & . & z & . & x & . & u & . \\ . & . & 2z & . & y & x & . & . & . & u \\ . & . & . & 2u & . & . & . & x & y & z \\ \alpha^2 & \beta^2 & \gamma^2 & \delta^2 & \beta\gamma & \gamma\alpha & \alpha\beta & \alpha\delta & \beta\delta & \gamma\delta \end{vmatrix} = 0,$$

où la fonction à côté gauche est de même un déterminant de l'ordre dix; cette équation, laquelle est de l'ordre quatre par rapport à (x, y, z, u), sera celle du lieu du sommet.

En effet, pour que la surface du second ordre soit un cône ayant pour sommet le point (x, y, z, u), il faut et il suffit que les équations dérivées par rapport à chacune des coordonnées (X, Y, Z, U), soient satisfaites en y écrivant (x, y, z, u) au lieu de (X, Y, Z, U). Je forme l'équation dérivée par rapport à X, et j'y écris (x, y, z, u) au lieu de (X, Y, Z, U); l'équation est

$$\begin{vmatrix} ., & 2x, & ., & ., & ., & ., & z, & y, & u, & ., & . \\ \lambda & 2x & . & . & . & . & z & y & u & . & . \\ \vdots & & & & & & & & & & \end{vmatrix} = 0.$$

Or on ne change pas la valeur du déterminant en substituant pour la première ligne cette même ligne moins la seconde ligne; l'équation devient ainsi:

$$\begin{vmatrix} -\lambda, & ., & ., & ., & ., & ., & ., & ., & ., & ., & . \\ \lambda & 2x & . & . & . & . & z & y & u & . & . \\ \vdots & & & & & & & & & & \end{vmatrix} = 0;$$

et le déterminant se réduit à $-\lambda$ multiplié par le déterminant de l'ordre dix; donc, en supposant que ce dernier déterminant se réduise à zéro, l'équation dérivée par rapport à X sera satisfaite; et de même, les équations dérivées par rapport à Y, Z, U, en substituant toujours (x, y, z, u) au lieu de (X, Y, Z, U), seront toutes satisfaites si le déterminant de l'ordre dix se réduit à zéro. C. Q. F. D.

Il convient de remarquer que l'on peut sans perte de généralité réduire à zéro trois quelconques des quantités λ, μ, ν, ρ; de là on obtient l'équation du cône en substituant, au lieu de l'une quelconque des premières quatre lignes du déterminant de l'ordre dix, la ligne

$$| X^2, Y^2, Z^2, U^2, YZ, ZX, XY, XU, YU, ZU |.$$

En considérant la courbe cubique par les six points, on peut supposer que les équations de cette courbe soient

$$yu - z^2 = 0, \quad zy - xu = 0, \quad xz - y^2 = 0;$$

cela étant, on aura

$$\beta\delta - \gamma^2 = 0, \quad \beta\gamma - \alpha\delta = 0, \quad \alpha\gamma - \beta^2 = 0$$

pour l'un quelconque des points $(\alpha_1, \beta_1, \gamma_1, \delta_1), \ldots (\alpha_6, \beta_6, \gamma_6, \delta_6)$; et de là, au moyen des propriétés des déterminants, et en écrivant

$$\square = 4(yu - z^2)(xz - y^2) - (zy - xu)^2,$$

on exprime l'équation de la surface comme fonction linéaire par rapport à x, y, z, u et par rapport à $d_x\square$, $d_y\square$, $d_z\square$, $d_u\square$; ces dernières fonctions se réduisent à zéro en vertu des équations

$$yu - z^2 = 0, \quad zy - xu = 0, \quad xz - y^2 = 0,$$

et ainsi, comme cela doit être, la surface passe par la courbe cubique.

Je prends l'occasion de remarquer que le théorème que j'ai donné par rapport aux six droites en involution de M. Sylvester [300], peut s'exprimer dans une forme encore plus simple comme suit:

Soit donnée une courbe cubique en espace, et prenons un point quelconque de la courbe pour sommet d'un cône du second ordre, d'ailleurs arbitraire; un plan tangent du cône rencontre la courbe en deux points, et par ces deux points on peut mener une droite: les droites qui correspondent de cette manière à six plans tangents quelconques du cône sont des droites en involution. Je dois remarquer que l'idée de rattacher ces droites à une surface du quatrième ordre est due à M. Sylvester.

A propos de ce sujet, j'ai considéré le problème de trouver le lieu du sommet d'un cône du second ordre qui touche à six droites données: ce lieu est une surface du huitième ordre; et en représentant les coordonnées de l'une quelconque des droites par (a, b, c, f, g, h), savoir les coordonnées de la première droite, etc., sont

$$(a_1, b_1, c_1, f_1, g_1, h_1), \ldots (a_6, b_6, c_6, f_6, g_6, h_6),$$

les coefficients de l'équation seront des fonctions linéaires des déterminants du sixième ordre formés au moyen de la matrice $(a, b, c, f, g, h)^2$, à six lignes et vingt et une colonnes.

302.

CONSIDÉRATIONS GÉNÉRALES SUR LES COURBES EN ESPACE.

[From the *Comptes Rendus de l'Académie des Sciences de Paris*, tom. LIV. (*Janvier—Juin*, 1862), pp. 55—60, 396—400, 672—678.]

SOIT une courbe donnée du $m^{\text{ième}}$ ordre; je suppose toujours que cette courbe soit une courbe propre, savoir qu'elle n'est pas composée de courbes d'ordres inférieurs. Si nous prenons pour sommet d'un cône qui passe par la courbe un point A *quelconque* qui n'est pas sur la courbe, ce cône sera de l'ordre m; cela est vrai *en général* quelle que soit la courbe; seulement si m est un nombre composé, alors pour de certaines courbes il peut y avoir des positions de A pour lesquelles le cône sera d'un ordre sous-multiple de m; mais en faisant abstraction de ces positions particulières, le cône sera de l'ordre m. Et, cela étant, une droite du cône ne contiendra en général qu'un seul point de la courbe. En employant quatre coordonnées (x, y, z, w) et en supposant qu'au point A on ait

$$x=0,\quad y=0,\quad z=0,$$

l'équation du cône sera $U=0$, où U est une fonction homogène de (x, y, z) de l'ordre m. On peut faire passer par la courbe une surface ayant pour équation

$$Qw-P=0$$

$\left(\text{ou } w=\dfrac{P}{Q}\right)$, où P, Q sont des fonctions homogènes de (x, y, z) des ordres p, $p-1$ respectivement. Et on peut supposer que p soit égal tout au plus à $m-1$: en effet, en prenant $p=m-1$, l'équation contiendrait

$$\tfrac{1}{2}(m-1)\,m+\tfrac{1}{2}\,m\,(m+1)-1,$$

c'est-à-dire m^2-1 constantes arbitraires; et en déterminant convenablement m^2-m+1 de ces quantités, la surface de l'ordre $m-1$ passera par m^2-m+1 points de la courbe de l'ordre m, c'est-à-dire cette surface contiendra la courbe entière. De cette manière, on obtiendrait toujours une surface de l'ordre $m-1$; mais si les fonctions P, Q

ainsi trouvées avaient un facteur commun, ce facteur devrait être écarté; il convient donc de supposer que les degrés de P, Q soient p, $p-1$ respectivement, p étant tout au plus égal à $m-1$. La surface $Qw-P=0$ a au point A un point conique du $(p-1)^{ième}$ ordre; en effet dans le voisinage de ce point l'équation se réduit à $Q=0$, laquelle appartient à un cône du $(p-1)^{ième}$ ordre. J'ajoute que la surface contient les $p(p-1)$ droites $P=0$, $Q=0$ qui passent chacune par le point A; toute autre droite par ce point rencontre la surface dans ce point (lequel compte pour $p-1$ points d'intersection) et encore dans un seul point donné par l'équation

$$w=\frac{P}{Q}.$$

On peut appeler *monoïde* une telle surface; le point A sera le sommet; le cône $P=0$ le cône supérieur; le cône $Q=0$, le cône inférieur; les droites d'intersection de ces deux cônes, les droites de la monoïde.

Or le cône circonscrit $U=0$ et la monoïde $Qw-P=0$ se coupent selon une courbe de l'ordre mp: si $p=1$, cette intersection des deux surfaces sera la courbe du $m^{ième}$ ordre, laquelle sera une courbe plane; mais, dans tout autre cas, la courbe d'intersection sera composée de la courbe du $m^{ième}$ ordre, et d'un autre système de l'ordre $m(p-1)$; ce système ne peut être autre chose que les droites d'intersection du cône circonscrit $U=0$, et du cône inférieur $Q=0$ de la monoïde; c'est-à-dire les équations

$$U=0, \quad Q=0$$

doivent donner $P=0$; car, cela étant, les droites $U=0$, $Q=0$ seront situées sur la monoïde; et ces droites, lesquelles forment un système de l'ordre $m(p-1)$, seront partie de l'intersection de la monoïde et du cône circonscrit $U=0$. Et il est nécessaire que cela soit ainsi, car autrement chaque droite du cône $U=0$ ne contiendrait sur la monoïde que le point A, et le point déterminé par l'équation $w=\frac{P}{Q}$, lequel est un point sur la courbe du $m^{ième}$ ordre; donc cette autre partie de l'intersection de la monoïde et du cône $U=0$ serait, non pas une courbe quelconque, mais le seul point A; ce qui est absurde.

Le cône circonscrit $U=0$ ne peut pas être un cône quelconque à moins que $p=1$; en effet si $p>1$, il est nécessaire que le cône ait au moins $(p-1)m$ droites doubles (en comprenant dans cette locution le cas où le cône a des singularités qui équivalent à $(p-1)m$ droites doubles), car en supposant pour un moment que le cône $U=0$ n'ait pas de singularités, le cône $P=0$ de l'ordre p devrait passer par les $(p-1)m$ droites d'intersection du cône $Q=0$ de l'ordre $(p-1)$ et du cône $U=0$ de l'ordre m; or m est au moins égal à $p+1$, de manière que le cône $P=0$ doit passer au moins par (p^2-1) droites du cône $Q=0$; mais p^2-1 est $>p^2-p$, à moins que $p=1$; donc ce cône $P=0$ serait composé du cône $Q=0$ et d'un plan $P'=0$ par le point A; c'est-à-dire $P=QP'$, et l'équation de la monoïde se réduirait à $w=P'$, ou l'on aurait $p=1$, ce qui est contraire à l'hypothèse. On obtiendra le même résultat à moins de supposer que le cône $Q=0$ passe par un certain nombre x de droites doubles du cône $U=0$; mais en faisant cette supposition, chacune de ces droites compte pour deux intersections des cônes $Q=0$, $U=0$; il y a encore $(p-1)m-2x$ droites d'intersection; et les $x+\{(p-1)m-2x\}$, c'est-à-dire $(p-1)m-x$ droites peuvent être comprises parmi les $p(p-1)$ droites de la monoïde si x est égal au moins à $(p-1)(m-p)$; c'est-à-dire le cône $U=0$ doit avoir au moins ce nombre de droites doubles. Je remarque que pour m impair, et $p=\frac{1}{2}(m+1)$, le nombre sera $\frac{1}{4}(m^2-2m+1)$, et pour m pair, et $p=\frac{1}{2}m$ ou $\frac{1}{2}m+1$, le nombre sera $\frac{1}{4}(m^2-2m)$; mais pour toute autre valeur de p, le nombre sera moins élevé.

Je résume comme suit:

Toute courbe du $m^{ième}$ ordre est l'intersection d'un cône circonscrit $U=0$, du $m^{ième}$ ordre, et d'une surface monoïde $Qw-P$, de l'ordre $p=m-1$ au plus. L'intersection complète de deux surfaces est composée de la courbe du $m^{ième}$ ordre et des $m(p-1)$ droites d'intersection du cône circonscrit $U=0$, et du cône inférieur $Q=0$ de la monoïde. Ces droites seront $(p-1)(m-p)+\alpha$ droites, chacune répétée deux fois, et $(p-1)(2p-m)-2\alpha$ droites, où α peut être égal à zéro; chacune des $(p-1)(m-p)+\alpha$ droites sera une droite double du cône $U=0$; et les $(p-1)(m-p)+\alpha$ droites et $(p-1)(2p-m)-2\alpha$ droites, ensemble $p(p-1)-\alpha$ droites, seront situées sur le cône supérieur $P=0$ de la monoïde.

Il y a deux circonstances qui empêchent que cette théorie ne conduise tout de suite à une classification des courbes en espace. D'abord, une droite double du cône $U=0$ peut correspondre ou à un point double réel, ou à un point double apparent de la courbe; et de même en supposant que la droite double devienne une droite de rebroussement, cette droite peut ou correspondre à un point de rebroussement (point stationnaire) de la courbe, ou la droite peut être une tangente ordinaire de la courbe, sans qu'il ait sur la courbe aucune singularité qui corresponde à cette droite de rebroussement (voir le Mémoire de M. Salmon: "On the classification of curves of double curvature," *Camb. et Dubl. Math. Journ.*, t. v. pp. 23—46, 1850).

Puis, étant donnée l'équation $U=0$ du cône circonscrit, la monoïde n'est pas une surface déterminée, et il n'est guère facile de voir quel doit être l'ordre de cette surface. En effet, cette équation étant $w=\frac{P}{Q}$, il peut y avoir des fonctions P', Q' telles que $PQ'-P'Q=MU$, et, cela étant, puisqu'il ne s'agit que de l'intersection avec le cône $U=0$, on pourrait remplacer l'équation $w=\frac{P}{Q}$ par celle-ci, $w=\frac{P'}{Q'}$, laquelle peut être d'un ordre inférieur.

Ces difficultés se présentent dès le commencement. En effet soit $m=3$. On a $p=1$ ou $p=2$, mais $p=1$ ne donne que la cubique plane; je suppose donc $p=2$. Le cône $U=0$ du troisième ordre aura une droite double, laquelle peut être une droite de rebroussement. L'équation de la monoïde sera $w=\frac{P}{Q}$, où $Q=0$ est l'équation d'un plan qui passe par le point double ou de rebroussement, et qui coupe ainsi le cône $U=0$ selon une autre droite; et $Qw-P=0$ est l'équation d'un cône du second ordre qui passe par ces deux droites. Mais soit que le cône $U=0$ ait une droite double, soit que cette droite soit de rebroussement, on n'obtient qu'une seule espèce de courbe cubique; au premier cas le sommet n'est pas situé, au deuxième cas ce sommet est situé, sur une tangente de la courbe cubique; voilà toute la différence.

Soit encore $m=4$; on peut avoir $p=1$, 2 ou 3; mais $p=1$ ne donne que les courbes planes du quatrième ordre, je suppose donc $p=2$ ou $p=3$; dans l'un ou l'autre cas, le cône $U=0$ du quatrième ordre doit avoir au moins deux droites doubles. Il peut donc y avoir seulement deux droites doubles; l'une de ces droites peut être une droite de rebroussement, ou toutes les deux peuvent être de telles droites. Ou encore, il peut y avoir trois droites doubles; l'une de ces droites peut être une droite de rebroussement, ou deux droites ou toutes les trois peuvent être de telles droites. Il y a donc un assez grand nombre de cas à considérer; mais on sait qu'il n'y a que quatre espèces en tout, savoir: 1° la courbe d'intersection de deux surfaces du second ordre qui ne se touchent pas, courbe que je nomme *quadriquadrique générale;* 2° les deux surfaces du second ordre peuvent se toucher; la courbe d'intersection sera une *quartique nodale;* 3° les deux surfaces peuvent avoir un contact singulier, la courbe d'intersection sera une *quartique cuspidale;* 4° il y a enfin la courbe du quatrième ordre qui n'est située que sur une seule surface du second ordre, et que l'on n'obtient qu'au moyen d'une surface du troisième ordre: ce sera la courbe *excubo-quartique.* Je remarque en passant que les quartiques nodale et cuspidale sont des sous-espèces tant de l'excubo-quartique que de la quadriquadrique. En supposant que le cône $U=0$ n'ait que deux droites doubles ou de rebroussement, et soit que $p=2$ ou $p=3$, on obtiendra par la théorie actuelle la quadriquadrique générale (cela est évident par les formules du Mémoire cité de M. Salmon). Si le cône $U=0$ a trois droites doubles ou de rebroussement, alors soit que $p=2$ ou $p=3$, on obtiendra, selon les circonstances, ou l'excubo-quartique, ou la quartique nodale, ou la quartique cuspidale (mais non pas cette dernière, à moins qu'il n'y ait au moins une droite de rebroussement). Mais il faudrait pour tout cela une discussion plus approfondie.

Je remarque qu'en prenant le point A sur la courbe du $m^{ième}$ ordre, l'on aurait eu, au lieu du cône $U=0$ du $m^{ième}$ ordre, un cône du $(m-1)^{ième}$ ordre, et l'ordre du cône se réduirait encore si le point A était un point multiple de la courbe. Peut-être il conviendrait de considérer de tels cônes au lieu du cône du $m^{ième}$ ordre.

En conclusion, je fais les réflexions que voici, savoir: Si $S=0$, $T=0$ sont des surfaces quelconques qui passent par la courbe du $m^{ième}$ ordre, alors en éliminant entre ces équations la coordonnée w, on obtient une équation

$$\Pi = UV=0,$$

qui contient comme facteur l'équation $U=0$ du cône du $m^{ième}$ ordre. Mais il y a plus: la théorie de l'élimination entre deux équations algébriques fait voir que les équations

$S=0$, $T=0$ donnent lieu à un assez grand nombre d'équations de la forme $w=\frac{P}{Q}$ (en représentant deux quelconques de ces équations par

$$w=\frac{P}{Q}, \quad w=\frac{P'}{Q'},$$

on aura toujours $PQ'-P'Q=M\Pi$), c'est-à-dire on obtient par une telle élimination plusieurs surfaces monoïdes dont chacune coupe le cône $\Pi=UV=0$, selon la courbe d'intersection complète de deux surfaces $S=0$, $T=0$. Mais il ne s'ensuit pas (même en admettant que l'on ait de cette manière *toutes* les surfaces monoïdes qui passent par l'intersection complète), que l'on ait *toutes* les surfaces monoïdes qui passent par la courbe du $m^{ième}$ ordre; en effet il peut y avoir des fonctions P', Q' lesquelles, sans donner $PQ'-P'Q=MUV$, donnent cependant $PQ'-P'Q=MU$, et, cela étant, $w=\frac{P'}{Q'}$ serait une surface monoïde qui passerait par la courbe du $m^{ième}$ ordre.

P.S. On déduit sans peine la théorie des courbes situées sur une surface du second ordre (voir ma Note "On the curves situate on a surface of the second order," *Phil. Mag.*, July 1861, [314], et les savantes recherches que M. Chasles vient de publier dans les *Comptes Rendus*). En effet, en supposant que la monoïde soit une surface du second ordre (hyperboloïde) et que son équation soit $w=\frac{xy}{z}$, alors, puisque le cône $U=0$, du $m^{ième}$ ordre, doit rencontrer le plan $z=0$ selon les seules droites $x=0$, $y=0$, il faut que ces droites soient des droites multiples du cône $U=0$, et en prenant p, q des nombres tels que $p+q=m$, on peut supposer que les deux droites soient des droites multiples des ordres p et q respectivement; et cela arrivera si U (fonction homogène du $m^{ième}$ ordre en x, y, z) contient x^p pour la plus haute puissance de x, et y^q pour la plus haute puissance de y. Car en arrangeant selon les puissances descendantes de y, on aura

$$U=y^q(x,\ z)^p+y^{q-1}z(x,\ z)^p+\ldots,$$

ce qui fait voir que $x=0$, $z=0$ sera une droite multiple du $p^{ième}$ ordre, et de même $y=0$, $z=0$ sera une droite multiple du $q^{ième}$ ordre. On a donc selon la notation de M. Chasles

$$U=M(x^p,\ y^q),$$

en se souvenant qu'ici U contient aussi la coordonnée z.

Suite.—Courbes du quatrième ordre.

Toute surface du second ordre est une surface monoïde, et on peut prendre pour sommet un point quelconque de la surface. En effet, en considérant un point quelconque de la surface du second ordre, soient

$$x=0, \quad y=0, \quad z=0,$$

les équations de trois plans quelconques qui passent par ce point; l'équation de la surface sera satisfaite en y écrivant

$$x=0,\quad y=0,\quad z=0;$$

donc cette équation ne contiendra pas de terme en w^2, et elle sera ainsi de la forme

$$wQ-P=0 \text{ ou } w=\frac{P}{Q},$$

P et Q étant des fonctions homogènes en x, y, z, du second ordre et du premier ordre respectivement; c'est-à-dire, la surface sera monoïde, ou, si l'on veut, monoïde quadrique.

Or, par une courbe du quatrième ordre (ou courbe quartique) quelconque en espace, on peut faire passer une surface du second ordre, ou monoïde quadrique. Selon la théorie générale, la surface monoïde est tout au plus du troisième ordre, ou monoïde cubique; j'avais tort de supposer que pour la courbe excubo-quartique la surface monoïde fût nécessairement une monoïde cubique. Il arrive comme suit, savoir: pour la courbe quadriquadrique, en prenant pour sommet un point quelconque de l'espace (on suppose toujours que le sommet de la monoïde n'est pas situé sur la courbe), on aura une monoïde quadrique; mais pour la courbe excubo-quartique, pour que la monoïde soit quadrique, il faut que le sommet soit situé sur la surface du second ordre (il n'y a qu'une seule surface) qui passe par la courbe; cela étant, la monoïde quadrique sera cette surface même du second ordre. Mais en prenant pour sommet un point quelconque qui n'est point situé sur la surface du second ordre, la monoïde sera nécessairement une surface cubique.

Ainsi, pour les courbes quartiques, il suffit de considérer ces courbes comme situées sur une monoïde quadrique; il est cependant assez intéressant de les considérer comme situées sur une monoïde cubique. Je suppose donc $U=0$, $w=\frac{P}{Q}$, où $U=0$ est un cône quartique et $w=\frac{P}{Q}$ une monoïde cubique avec le même point $x=0$, $y=0$, $z=0$ pour sommet.

Selon la théorie générale, les huit droites $Q=0$, $U=0$ doivent être comprises parmi les six droites $Q=0$, $P=0$. Or, pour cela, il faut que le cône $U=0$ ait des droites multiples; il y a trois cas à considérer: 1° Le cône passe par les six droites, et une de ces droites est une droite triple du cône; il y aura, comme cela doit être,

$$3+1+1+1+1+1=8$$

droites d'intersection de $Q=0$, $U=0$. 2° Le cône passe par les six droites; deux de ces droites étant des droites doubles, il y aura

$$2+2+1+1+1+1=8$$

droites d'intersection. 3° Le cône passe par cinq des six droites; trois de ces cinq droites étant des droites doubles, il y aura

$$2+2+2+1+1=8$$

droites d'intersection. Or, dans le premier et le second cas, le cône $U=0$ passe par les six droites d'intersection des cônes $P=0$, $Q=0$; il faut donc que l'on ait identiquement

$$U=PQ'-P'Q,$$

P', Q' étant des fonctions homogènes en x, y, z du second ordre et du premier ordre respectivement. Mais en vertu de l'équation

$$U=PQ'-P'Q=0,$$

on a $\dfrac{P}{Q}=\dfrac{P'}{Q'}$, c'est-à-dire la courbe est située sur la monoïde quadrique $w=\dfrac{P'}{Q'}$. La courbe sera quadriquadrique ou excubo-quartique, selon les circonstances.

Reste à considérer le troisième cas. La monoïde cubique est une surface cubique ayant le sommet pour point conique; la théorie des droites sur une telle surface a été examinée par M. Salmon dans son Mémoire: "On the triple tangent planes of a surface of the third order," *Camb. and Dubl. Math. Journ.*, pp. 252—260 (1849). Il y a, en effet, les six droites par le point conique, savoir: les droites $P=0$, $Q=0$, qui comptent pour douze droites, et de plus quinze droites; $6\times 2+15=27$. Chacune des quinze droites est donnée comme troisième intersection de la surface avec un plan qui passe par deux des six droites. Donc, en nommant 1, 2, 3, 4, 5, 6 les six droites, on peut nommer 12 la droite dans le plan mené par les droites 1, 2; et de même pour les droites 13, 23, etc. La droite 1 est rencontrée par les droites 2, 3, 4, 5, 6, 12, 13, 14, 15, 16; la droite 12 par les droites 1, 2; 34, 56; 35, 64; 36, 45; et ainsi pour les autres droites.

Cela étant, je suppose que le cône $U=0$ passe par les droites 2, 3, 4, 5, 6, et que les droites 4, 5, 6 soient droites doubles du cône. Je dis que la courbe sera située sur une surface du second ordre qui passe par les droites 12, 13 (droites qui ne se coupent pas), savoir, ces deux droites et la courbe seront l'intersection complète de la monoïde cubique et de la surface du second ordre; cela fait voir que la courbe est une courbe excubo-cubique. Et, comme il est auparavant dit, en prenant pour sommet un point quelconque de la surface du second ordre, la courbe sera située sur une monoïde quadrique $w=\dfrac{P'}{Q'}$.

Donc, en partant de la monoïde cubique, on trouve toujours que la courbe du quatrième ordre est située sur une monoïde quadrique.

J'établis comme suit l'existence de la surface du second ordre qui passe par les droites 12, 13. Je remarque en général que l'équation $w=\dfrac{P}{Q}$ peut s'écrire sous la forme $w+L=\dfrac{P+LQ}{Q}$, où L est une fonction homogène linéaire quelconque de x, y, z; ou en changeant w, cette équation sera

$$w=\frac{P+LQ}{Q},$$

c'est-à-dire on peut remplacer le cône $P=0$ par un cône quelconque qui passe par les droites d'intersection des cônes $P=0$, $Q=0$. Donc, pour la monoïde cubique, on peut prendre pour $P+LQ=0$ un système de trois plans, et en prenant pour équations de ces plans $x=0$, $y=0$, $z=0$, on peut prendre pour équations de la monoïde cubique

$$w=\frac{xyz}{Q}.$$

Comme les coordonnées x, y, z renferment chacune un multiplicateur indéterminé, on peut écrire

$$Q=x^2+y^2+z^2+\qquad 2lyz+\qquad 2mzx+\qquad 2nxy,$$

ou, en posant $\alpha'=\frac{1}{\alpha}$, $\beta'=\frac{1}{\beta}$, $\gamma'=\frac{1}{\gamma}$, α, β, γ étant des quantités quelconques, on peut écrire

$$Q=x^2+y^2+z^2+(\alpha+\alpha')\,yz+(\beta+\beta')\,zx+(\gamma+\gamma')\,xy,$$

ce qui est la forme la plus commode pour mettre en évidence les droites d'intersection $xyz=0$, $Q=0$. On peut supposer que les équations de ces droites soient

$$\begin{array}{llll}(1)\ \ x=0, & y+\alpha z=0, & (2)\ \ x=0, & \alpha y+z=0,\\ (3)\ \ y=0, & z+\beta x=0, & (4)\ \ y=0, & \beta z+x=0,\\ (5)\ \ z=0, & x+\gamma y=0, & (6)\ \ z=0, & \gamma x+y=0.\end{array}$$

Donc, pour les plans 56, 34, 24, on aura les équations

$$(56)\ \ z=0,\qquad (34)\ \ y=0,\qquad (24)\ \ x+\alpha\beta y+\beta z=0;$$

et de là l'équation

$$AQ^2+Qz\,[By+C\,(x+\alpha\beta y+\beta z)]+Dz^2y\,(x+\alpha\beta y+\beta z)=0$$

sera celle d'un cône du quatrième ordre qui passe par les droites 2, 3, 4, 5, 6 et a les droites 4, 5, 6 pour droites doubles; et comme cette équation contient les trois quantités arbitraires $A:B:C:D$, ce sera l'équation la plus générale qui satisfait aux conditions dont il s'agit: c'est-à-dire cette équation sera celle du cône $U=0$.

Les équations de la droite 12 sont $x=0$, $w=0$; pour obtenir celle de la droite 13, j'observe que l'équation du point 13 est

$$\alpha\beta x+y+\alpha z=0,$$

et je forme l'équation identique

$$Q=(\alpha\beta x+y+\alpha z)\,[(\gamma+\gamma'-\alpha\beta)\,x+y+\alpha' z]+\beta'\,(1-\alpha\beta\gamma)\,(1-\alpha\beta\gamma')\,x\,(z+\beta x),$$

laquelle se vérifie sans peine. Donc, en écrivant

$$\alpha\beta x+y+\alpha z=0,\ \text{ ou }\ y=-\alpha\,(z+\beta x),$$

l'équation $w=\frac{xyz}{Q}$ devient

$$w=\frac{-\alpha x\,(z+\beta x)\,z}{\beta'\,(1-\alpha\beta\gamma)\,(1-\alpha\beta\gamma')\,x\,(z+\beta x)},\ =\frac{-\alpha\beta z}{(1-\alpha\beta\gamma)\,(1-\alpha\beta\gamma')},$$

ou, ce qui est la même chose,

$$w(1-\alpha\beta\gamma)(1-\alpha\beta\gamma')+\alpha\beta z=0,$$

laquelle et l'équation

$$\alpha\beta x+y+\alpha z=0$$

sont les deux équations de la droite 13.

Cela étant,

$$(Ax+Bw)(\alpha\beta x+y+\alpha z)+(Cx+Dw)[\alpha\beta z+(1-\alpha\beta\gamma)(1-\alpha\beta\gamma')w]=0$$

sera l'équation d'une surface du second ordre qui passe par les deux droites 12, 13; et, en éliminant w au moyen de l'équation

$$w=\frac{xyz}{Q},$$

on obtient l'équation du cône du quatrième ordre. En effet, en substituant cette valeur de w, on obtient une équation du sixième ordre laquelle, divisée par $(\alpha\beta x+y+\alpha z)$, devient

$$AQ^2+ByzQ+(CQ+Dyz)z\frac{\alpha\beta Q+(1-\alpha\beta\gamma)(1-\alpha\beta\gamma')xy}{\alpha\beta x+y+\alpha z}=0;$$

or

$$\frac{Q}{\alpha\beta x+y+\alpha z}=(\gamma+\gamma'-\alpha\beta)x+y+\alpha' z+\frac{\beta'(1-\alpha\beta\gamma)(1-\alpha\beta\gamma')x(z+\beta x)}{\alpha\beta x+y+\alpha z},$$

donc la partie fractionnelle est

$$\frac{\alpha(1-\alpha\beta\gamma)(1-\alpha\beta\gamma')x(z+\beta x)+(1-\alpha\beta\gamma)(1-\alpha\beta\gamma')xy}{\alpha\beta x+y+\alpha z},$$

c'est-à-dire

$$(1-\alpha\beta\gamma)(1-\alpha\beta\gamma')x\frac{\alpha(z+\beta x)+y}{\alpha\beta x+y+\alpha z},\ =(1-\alpha\beta\gamma)(1-\alpha\beta\gamma')x,$$

et l'équation devient

$$AQ^2+ByzQ+(CQ+Dyz)z\begin{bmatrix}\alpha\beta(\gamma+\gamma'-\alpha\beta)x+\alpha\beta y+\beta z\\ +(1-\alpha\beta\gamma)(1-\alpha\beta\gamma')x\end{bmatrix},$$

ou enfin

$$AQ^2+ByzQ+(CQ+Dyz)z(x+\alpha\beta y+\beta z)=0,$$

ce qui est en effet l'équation ci-dessus trouvée pour le cône $U=0$.

Suite.—Courbes du cinquième ordre.

On pourrait assez bien dénoter les courbes des ordres un, deux, trois, comme suit, savoir :

Courbe du premier ordre, par 1

Courbe du second ordre, par 2

Courbes du troisième ordre, par . . . 3 et $4-1$,

c'est-à-dire que la courbe plane serait 3 et la courbe dans l'espace $4-1$. Mais pour le quatrième ordre, cette notation serait déjà en défaut, et l'on aurait besoin d'une notation telle que celle-ci:

Courbe plane	4.1
Courbe quadriquadrique .	2.2
Courbe excubo-quartique .	$2.3-1-1$.

Cela devient cependant trop complexe, et comme je ne cherche nullement une notation parfaite, il suffit pour le moment de dénoter la courbe plane (dont je n'ai guère à m'occuper) par 4*, la quadriquadrique par 4, et l'excubo-quartique par $6-2$. De même pour le troisième ordre, on peut dénoter la courbe plane par 3* et la courbe dans l'espace par 3.

Cela étant, pour les courbes du cinquième ordre, ou courbes quintiques, il y a cinq espèces, savoir:

			P. D. A.
Courbe plane	ou espèce	5	0
Courbe quadricubique	"	$6-1$	4
Courbe quadriquartique	"	$8-3$	6
Courbe cubicubique (deux espèces)	"	$9-3-1$	6
		$9-6+2$	5

où la colonne P. D. A. fait voir pour chaque espèce le nombre des points doubles apparents (voir le Mémoire de M. Salmon: "On the classification of Curves of double Curvature," *Camb. et Dubl. Math. Journ.*, t. V. 1850). Cette classification est au fond celle du Mémoire cité; seulement M. Salmon a énuméré trois sous-espèces qui n'existent pas, à savoir les sous-espèces quadriquadriques analogues à *V*. 7, *V*. 8, *V*. 9 (p. 42, où M. Salmon parle des courbes algébriques correspondantes à *V*. 7, *V*. 8, *V*. 9, *V*. 10, sans attacher des numéros à ces quatre sous-espèces). Je vais à présent expliquer la théorie des cinq espèces.

Courbe plane, ou espèce 5.—Il va sans dire que cette courbe est l'intersection d'une surface quintique par un plan quelconque.

Courbe quadricubique, ou espèce $6-1$.—Cette courbe est l'intersection partielle d'une surface quadrique et d'une surface cubique qui ont en commun une seule droite. En supposant que les équations de la droite soient $x=0$, $y=0$, on peut prendre pour équation de la surface quadrique $xw-yz=0$, et pour celle de la surface cubique $xV-yU=0$, où $U=0$, $V=0$, sont des surfaces quadriques quelconques. Au lieu des deux équations

$$xw-yz=0,$$

$$xV-yU=0,$$

il est permis d'écrire

$$\left\|\begin{matrix} U, & x, & z \\ V, & y, & w \end{matrix}\right\|=0,$$

ce qui fait voir qu'il passe par la courbe cette nouvelle surface cubique,

$$zV - wU = 0,$$

laquelle a en commun avec la première surface cubique la courbe quadriquadrique $U = 0$, $V = 0$.

La courbe a 4 points doubles apparents; elle peut donc avoir 0, 1 ou 2 points doubles ou de rebroussement; cela donne les sous-espèces

$$V.1, \quad V.2, \quad V.3, \quad V.4, \quad V.5, \quad V.6,$$

de M. Salmon.

Je remarque en passant qu'en supposant que la surface cubique $xV - yU = 0$ a en commun avec la surface quadrique $xw - yz = 0$, non-seulement la droite $x = 0$, $y = 0$, mais aussi une autre génératrice du même mode de génération, on aura, au lieu de la courbe quintique $6 - 1$, cette nouvelle droite, et une courbe excubo-quartique. C'est là le théorème qui donne une des constructions que M. Chasles a trouvées pour la courbe excubo-quartique.

J'ajoute que la courbe considérée comme courbe située sur une surface quadrique sera de l'espèce (3, 2), ou, selon la notation de M. Chasles, $M(x^3y^2)$. On connaît ainsi un grand nombre des propriétés de cette courbe, et aussi de la courbe d'espèce $8 - 3$ dont nous allons parler, laquelle, considérée comme courbe située sur une surface quadrique, est de l'espèce (4, 1) ou $M(x^4y)$.

Courbe quadriquartique, ou espèce $8 - 3$.—Une telle courbe est l'intersection partielle d'une surface quadrique et d'une surface quartique qui ont en commun trois droites qui ne se rencontrent pas: autrement dit, ces droites seront des génératrices du même mode de génération de la surface quadrique [1].

Soit $xw - yz = 0$ l'équation de la surface quadrique; on peut prendre pour les trois génératrices

$$(x - \lambda y = 0, \quad \lambda w - z = 0),$$
$$(x - \mu y = 0, \quad \mu w - z = 0),$$
$$(x - \nu y = 0, \quad \nu w - z = 0);$$

et cela étant, l'équation de la surface quartique sera

$$(a, \ldots)(x - \lambda y, \ \lambda w - z)(x - \mu y, \ \mu w - z)(x - \nu y, \ \nu w - z) = 0,$$

en représentant de cette manière une fonction linéaire par rapport à $x - \lambda y$ et $\lambda w - z$, par rapport à $x - \mu y$ et $\mu w - z$, et par rapport à $x - \nu y$ et $\nu w - z$, les coefficients $a, \ldots$ étant des fonctions linéaires quelconques de x, y, z, w.

La courbe à 6 points doubles apparents; il n'y a donc pas d'autre singularité: c'est l'espèce analogue à

$$V.10$$

de M. Salmon.

[1] Dans le symbole $8 - 3$ on remarquera que 3 dénote non pas la cubique gauche, mais les trois droites; $8 - 1 - 1 - 1$ serait trop long, et je me suis servi exprès de la notation moins complète; et ainsi il est nécessaire en pareil cas d'expliquer la notation.

Courbe cubicubique, espèce $9-3-1$.—La courbe est l'intersection partielle de deux surfaces cubiques qui ont en commun une courbe cubique gauche et une droite qui ne rencontre pas la courbe cubique.

Soient p, q, r, s, t, u, P, Q des fonctions linéaires quelconques des coordonnées; $\alpha, \beta, \gamma, \alpha', \beta', \gamma'$ des fonctions linéaires quelconques de P, Q (autrement dit, $\alpha=0, \beta=0$, etc., seront les équations de six plans quelconques qui passent par la droite $P=0, Q=0$). Cela étant, les surfaces cubiques

$$\begin{vmatrix} p, & s, & \alpha \\ q, & t, & \beta \\ r, & u, & \gamma \end{vmatrix} = 0, \qquad \begin{vmatrix} p, & s, & \alpha' \\ q, & t, & \beta' \\ r, & u, & \gamma' \end{vmatrix} = 0,$$

auront en commun la courbe cubique

$$\begin{Vmatrix} p, & q, & r \\ s, & t, & u \end{Vmatrix} = 0$$

(ainsi les surfaces quadriques $pt-sq=0$, $pu-sr=0$ se rencontrent selon la droite $p=0$, $s=0$ et selon la courbe cubique dont il s'agit) et la droite $P=0$, $Q=0$. Il y aura donc encore une intersection qui sera la courbe quintique $9-3-1$.

La courbe a 6 points doubles apparents: il n'y a donc pas d'autre singularité: c'est l'espèce

$$V.10$$

de M. Salmon.

Je remarque en passant que cette courbe quintique $9-3-1$ a avec une certaine courbe sextique une relation semblable à celle qui existe entre la courbe excubo-quartique et la courbe quintique $6-1$. En effet, $p, q, r, s, t, u, \alpha, \beta, \gamma, \alpha', \beta', \gamma'$ étant à présent des fonctions linéaires quelconques des coordonnées, la courbe sextique sera donnée par les équations

$$\begin{Vmatrix} p, & s, & \alpha, & \alpha' \\ q, & t, & \beta, & \beta' \\ r, & u, & \gamma, & \gamma' \end{Vmatrix} = 0,$$

ou, ce qui revient à la même chose, elle sera l'intersection partielle des deux surfaces cubiques

$$\begin{vmatrix} p, & s, & \alpha \\ q, & t, & \beta \\ r, & u, & \gamma \end{vmatrix} = 0, \qquad \begin{vmatrix} p, & s, & \alpha' \\ q, & t, & \beta' \\ r, & u, & \gamma' \end{vmatrix} = 0,$$

lesquelles ont en commun la courbe cubique

$$\begin{Vmatrix} p, & q, & r \\ s, & t, & u \end{Vmatrix} = 0.$$

Or, en prenant α, β, γ, α', β', γ' des fonctions lineaires de P et Q, nous avons, en effet, réduit la courbe sextique à la droite $P=0$, $Q=0$ et à la courbe quintique $6-3-1$.

Courbe cubicubique, espèce $9-6+2$.—Cette courbe est l'intersection partielle de deux surfaces cubiques qui ont en commun une courbe excubo-quartique. En supposant que cette courbe excubo-quartique soit l'intersection partielle d'une surface quadrique et d'une surface cubique qui ont en commun les deux droites $(x=0,\ y=0)$ et $(z=0,\ w=0)$, on peut prendre pour équation de ces deux surfaces

$$U = xw - yz = 0,$$

$$V = \begin{vmatrix} a, & b \\ c, & d \end{vmatrix} (x,\ y)(z,\ w) = 0,$$

en représentant de cette manière la fonction $axz+byz+cxw+dyw$, linéaire par rapport à x, y et par rapport à z, w, avec des coefficients a, b, c, d, lesquels sont des fonctions linéaires quelconques de x, y, z, w.

En écrivant d'abord

$$V = (ax+by)\,z + (cx+dy)\,w,$$
$$U = \quad -\ y\ z + \qquad x\ w,$$

on obtient

$$xV-(cx+dy)\ U = z\left[ax^2+(b+c)\,xy+dy^2\right].$$

Et de même en écrivant

$$V = (az+cw)\,x + (bz+dw)\,y,$$
$$U = \qquad w\ x - \qquad z\ y,$$

on obtient

$$zV+(bz+dw)\ U = x\left[az^2+(b+c)\,zw+dw^2\right].$$

Or le premier de ces résultats fait voir qu'en supposant $U=0$, $V=0$, on obtient $ax^2+(b+c)\,xy+dy^2=0$, et le second, qu'en supposant $U=0$, $V=0$, on obtient de même $az^2+(b+c)\,zw+dw^2=0$. Les surfaces $U=0$, $V=0$ se coupent selon la courbe excubo-quartique et les droites $(x=0,\ y=0)$ et $(z=0,\ w=0)$; mais la surface $ax^2+(b+c)\,xy+dy^2=0$ ne passe que par la première, et la surface $az^2+(b+c)\,zw+dw^2=0$ ne passe que par la seconde de ces deux droites; donc les deux surfaces se coupent selon la courbe excubo-quartique, mais non pas selon l'une ou l'autre des deux droites, c'est-à-dire que les deux surfaces cubiques

$$ax^2+(b+c)\,xy+dy^2=0,$$
$$az^2+(b+c)zw+dw^2=0,$$

se coupent selon la courbe excubo-quartique, et encore selon une courbe quintique $9-6+2$.

Les deux surfaces cubiques ont chacune une droite double, elles sont donc des surfaces réglées. La courbe est donc comprise parmi les courbes décrites sur une surface cubique réglée, pour lesquelles M. Chasles a trouvé dernièrement une construction géométrique très-élégante.

La courbe a cinq points doubles apparents; elle peut donc ne pas avoir d'autre singularité, ou avoir un point double ou de rebroussement: cela donne les trois sous-espèces

$$V.7,\quad V.8,\quad V.9$$

de M. Salmon.

On démontre sans peine que toute courbe quintique est plane, quadricubique, quadriquartique ou cubicubique; mais, pour faire voir qu'il n'existe que les cinq espèces ci-dessus mentionnées, il y a encore plusieurs cas à considérer. Par exemple, pour les courbes cubicubiques, on pourrait supposer que les deux surfaces cubiques avaient en commun une courbe quadriquadrique: si cela était, les équations des deux surfaces seraient de la forme $Vx - Uy = 0$, $Vz - Uw = 0$ (surfaces qui ont en commun la courbe quadriquadrique $U = 0$, $V = 0$), mais dans ce cas la courbe quintique serait située sur la surface quadrique $xw - yz = 0$, et l'on ne fait que retrouver l'espèce quadricubique $6 - 1$. J'ai fait, après M. Salmon, cette revue des différents cas, et je me suis assuré qu'il n'y a que les cinq espèces. Il convient peut-être de remarquer que l'énumération des sous-espèces comprises dans celles-ci n'est pas tout à fait complète, parce que, en certains cas, la courbe peut avoir un point triple, ou autre singularité plus élevée que les points doubles ou de rebroussement. Cela ne présente pas de difficulté, et en effet je n'ai parlé des sous-espèces que pour rapprocher mes résultats de ceux de M. Salmon.

La longueur de cette communication m'empêche de faire voir à présent comment les cinq espèces peuvent se déduire de la théorie générale des courbes dans l'espace considérées comme situées sur une surface monoïde.

303.

SUR LE PROBLÈME DU POLYGONE INSCRIT ET CIRCONSCRIT. LETTRE À M. PONCELET.

[From the *Comptes Rendus de l'Académie des Sciences à Paris*, tom. LV. (*Juillet—Décembre*, 1862), pp. 700, 701.]

J'OSE vous écrire par rapport aux remarques que vous faites p. 483 de l'ouvrage (*Applications d'Analyse etc.* [Paris, t. I. (1862)]) au sujet de mes recherches sur le problème du polygone inscrit et circonscrit [267 and the papers 113, 115, 116 and 128 therein referred to].

Je n'ai nullement voulu attribuer à Fuss le théorème pour les deux cercles. J'ai seulement dit, tout à fait en passant: *The case...of the two circles* (*the original case of the Porism as considered by Fuss*) et en effet Fuss a fait des recherches sur ce cas d'un polygone inscrit et circonscrit à deux cercles. Mais je n'ai jamais imaginé qu'il y eût un géomètre (algébriste ou non) qui ne connût pas tant votre ouvrage classique de 1822, que le mémoire de 1828 de Jacobi, où l'on voit précisément ce que Fuss a fait sur ce problème. Par rapport à mon dernier Mémoire (*Phil. Trans.* 1861) [267], que vous citez et qui résume quelques Notes que j'ai publiées en 1853, permettez-moi de vous mentionner la forme de ma solution: on a une fonction $a+b\xi+c\xi^2+d\xi^3$, où ξ est une quantité indéterminée, et a, b, c, d sont des fonctions données très simples des paramètres qui determinent les deux cercles (ou coniques). On développe la racine carrée de cette fonction dans la forme $A+B\xi+C\xi^2+D\xi^3+E\xi^4+\ldots$, et, cela fait, on a tout de suite l'équation entre les paramètres pour un polygone d'ordre quelconque; savoir pour le triangle, le pentagone, l'heptagone, etc., ces conditions sont

$$C=0,\quad \begin{vmatrix} C, & D \\ D, & E \end{vmatrix}=0,\quad \begin{vmatrix} C, & D, & E \\ D, & E, & F \\ E, & F, & G \end{vmatrix}=0,\ \text{etc.},$$

tandis que pour le quadrangle, l'hexagone, l'octogone, etc., ces conditions sont

$$D=0, \quad \begin{vmatrix} D, & E \\ E, & F \end{vmatrix} = 0, \quad \begin{vmatrix} D, & E, & F \\ E, & F, & G \\ F, & G, & H \end{vmatrix} = 0, \text{ etc.,}$$

de manière que la condition est trouvée explicitement pour un polygone d'ordre quelconque *sans passer par celles qui appartiennent aux polygones d'ordre inférieur.*

Comme j'attache, je l'avoue, un peu d'importance à cette solution (laquelle selon l'explication que je viens de donner ne paraît pas mériter la critique que vous en faites) je serais bien aise si vous voulez bien communiquer cette lettre à l'Académie.

304.

SUR UN MÉMOIRE DE JACOBI. EXTRAIT D'UNE LETTRE À M. J. BERTRAND.

[From the *Comptes Rendus de l'Académie des Sciences à Paris,* tom. LVI. (*Janvier—Juin,* 1863), p. 43. See **298**, foot-note to No. 117.]

PERMETTEZ-MOI de vous soumettre une remarque que je viens de faire par rapport au Mémoire de Jacobi "Sur l'élimination des nœuds dans le problème des trois corps" (*Compte Rendu* 8 août, 1842 [and Crelle, t. XXVI. (1843), pp. 115—131]). Il me semble que quoique Jacobi dise qu'il a fait dépendre le problème d'un système de cinq équations du premier ordre et une seule du second ordre, il a réellement fait plus que cela, savoir qu'il l'a fait dépendre d'un système de six équations du premier ordre et qu'ainsi il est allé aussi loin que vous dans le "Mémoire sur l'intégration de quelques équations différentielles de la Mécanique," *Journal de M. Liouville,* t. XVII. (1852). En effet si dans les équations I,...VI. de Jacobi, pour les réduire à un système d'équations du premier ordre, on écrit

$$\frac{d}{dt}(\mu r^2 + \mu_1 r_1^2) = \theta,$$

le système peut evidemment se présenter sous la forme

$$\frac{di}{I} = \frac{di_1}{I_1} = \frac{du}{U} = \frac{du_1}{U_1} = \frac{dr}{R} = \frac{dr_1}{R_1} = \frac{d\theta}{\Theta} \; (= dt),$$

et, cela étant, en remarquant que les fonctions I, I_1, U...., ne contiennent pas t, et en omettant l'équation $(= dt)$, on a un système de six équations entre les quantités i, i_1, u, u_1, r, r_1, θ: en supposant que l'intégration soit effectuée, on obtient alors t au moyen d'une quadrature.

Je remarque en passant qu'il ne me paraît pas que Jacobi ait dû dire: "Par suite l'on a fait cinq intégrations;" les seules intégrations qu'il a faites sont: l'intégrale des forces vives, et les trois intégrales des aires: cela étant on obtient au lieu de 12 équations entre 13 variables, 8 équations entre 9 variables, et dans la solution de Jacobi il arrive que ce système de 8 équations contient, comme partie de lui-même, un système de 5 équations entre 7 variables; mais à moins d'intégrer les 6 équations on n'obtient pas d'intégrale nouvelle.

305.

CONSIDÉRATIONS GÉNÉRALES SUR LES COURBES EN ESPACE. COURBES DU CINQUIÈME ORDRE.

[From the *Comptes Rendus de l'Académie des Sciences de Paris,* tom. LVIII. (*Janvier—Juin,* 1864), pp. 994—1000. Continuation of **302**.]

En considérant une courbe du $m^{ième}$ ordre représentée au moyen des équations

$$U=0,\quad w=\frac{P}{Q},$$

qui dénotent respectivement un cône du $m^{ième}$ ordre et une surface monoïde du $p^{ième}$ ordre, le cône doit passer $m(p-1)$ fois par les $p(p-1)$ droites $(P=0,\ Q=0)$ de la monoïde. J'indique la manière de ce passage au moyen d'un symbole que je nomme la *signature* du système; ce symbole, composé ordinairement des numéros 2, 1, 0, ensemble $p(p-1)$ numéros, fait voir combien des $p(p-1)$ droites de la monoïde sont, par rapport au cône, des droites doubles, des droites simples, ou des droites qui ne sont pas situées sur le cône: par exemple, $m=5$, $p=3$, la signature 222211 fait voir qu'il y a quatre droites doubles, deux droites simples; la signature 222220, qu'il y a cinq droites doubles, une droite qui n'est pas située sur le cône.

Je reviens aux courbes du cinquième ordre; j'ai établi (t. LIV. p. 672) qu'il y a cinq espèces de ces courbes, à savoir:

			P. D. A.
Courbe plane	ou espèce	5	0
Courbe quadricubique	„	$6-1$	4
Courbe quadriquartique	„	$8-3$	6
Courbe cubicubique (deux espèces)	„	$9-3-1$	6
		$9-6+2$	5

Je fais abstraction de la courbe plane, et je cherche à rattacher les quatre autres espèces à la théorie de la surface monoïde. Pour cela je remarque qu'en prenant pour sommet du cône et de la surface monoïde un point *quelconque*, la surface monoïde (ne pouvant pas être de l'ordre 2) sera de l'ordre 3 ou 4.

Je considère d'abord le cas d'une monoïde cubique: la signature sera 222211 ou 222220.

Monoïde cubique, signature 222211.—Ici le cône $U=0$ passe par les six droites de la monoïde; donc U est fonction syzygétique de P et Q: autrement dit, on peut trouver P' et Q' fonctions homogènes de (x, y, z) de manière à avoir identiquement $U=PQ'-P'Q$: P et Q sont des ordres 3 et 2 respectivement, donc P' et Q' seront aussi des ordres 3 et 2 respectivement. En combinant les équations

$$U=PQ'-P'Q=0, \quad w=\frac{P}{Q},$$

on obtient

$$w=\frac{P'}{Q'},$$

ou plus généralement

$$\frac{P+\alpha P'}{Q+\alpha Q'}$$

(où α est un paramètre arbitraire); mais en écrivant cette équation sous la forme $(Qw+P)+\alpha(Q'w-P')=0$, on voit que les monoïdes cubiques que représente cette équation sont toutes en involution avec les deux monoïdes cubiques $Qw-P=0$, $Q'w-P'=0$; on peut donc dire qu'il y a dans le cas dont il s'agit *deux* monoïdes cubiques.

Monoïde cubique, signature 222220.—Ici le cône ne passe pas par les six droites de la monoïde, donc il n'existe pas d'équation identique telle que $U=PQ'-P'Q$, et la monoïde $w=\frac{P}{Q}$ est la seule monoïde cubique.

Je passe au cas d'une monoïde quartique; la signature sera

222111111111, ou 222211111110, ou 222221111100, ou 222222111000.

Monoïde quartique, signature 222111111111.—Le cône $U=0$ passe ici par toutes les douze droites de la monoïde, c'est-à-dire on aurait identiquement $U=PQ'-P'Q$, où P, Q seraient des fonctions homogènes de (x, y, z) des ordres 2 et 1 respectivement, et il y aurait une monoïde *quadrique* $w=\frac{P'}{Q'}$. Ce cas n'existe donc pas.

Monoïde quartique, signature 222211111110.—Le cône $U=0$ passe par toutes les douze droites de la monoïde, hormis une seule droite; donc en écrivant $M=0$ pour l'équation d'un plan quelconque par cette droite exceptée, le cône $MU=0$ passe par les douze droites de la monoïde: on a donc identiquement $MU=PQ'-P'Q$, où P', Q'

sont des ordres 3 et 2 respectivement, et il passe par la courbe la monoïde cubique $w=\frac{P'}{Q'}$; de plus M contient une constante arbitraire ($M=K+\alpha L$, en prenant $K=0$, $L=0$ pour les équations de deux plans qui passent chacun par la droite mentionnée); donc P', Q' contiennent aussi cette constante arbitraire, autrement dit il y a *deux* monoïdes cubiques. Cela rentre donc dans le cas, monoïde cubique, signature 222211.

Monoïde quartique, signature 222221111100.—Le cône $U=0$ passe par toutes les droites de la monoïde, hormis deux droites; donc en écrivant $M=0$ pour l'équation du plan passant par ces deux droites, le cône $MU=0$ contient toutes les droites; on a donc identiquement $MU=PQ'-P'Q$, où P', Q' sont des ordres 3 et 2 respectivement, et il passe par la courbe la monoïde cubique $w=\frac{P'}{Q'}$. Mais ici $M=0$ est un plan déterminé; donc P' et Q' sont aussi des fonctions déterminées, et il n'y a qu'une seule monoïde cubique. Cela rentre dans le cas, monoïde cubique, signature 222220.

Monoïde quartique, signature 222222111000.—Le cône $U=0$ passe par toutes les droites de la monoïde, hormis trois droites; donc en prenant $M=0$ pour l'équation d'un cône quadrique quelconque qui passe par les droites exceptées, le cône $MU=0$ passe par toutes les droites. On a donc identiquement $MU=PQ'-P'Q$, où P', Q' sont des ordres 4 et 3 respectivement. Cela donne la monoïde quartique $w=\frac{P'}{Q'}$. Mais M contient trois constantes arbitraires: il y a donc trois nouvelles monoïdes quartiques $w=\frac{P'}{Q'}$, $w=\frac{P''}{Q''}$, $w=\frac{P'''}{Q'''}$, ou en tout quatre monoïdes quartiques.

On démontre sans peine que pour l'espèce $6-1$, il y a deux monoïdes cubiques, pour l'espèce $9-6+2$ une seule monoïde cubique, et que pour les espèces $8-3$ et $9-3-1$ il n'y a pas de monoïde cubique; on a donc l'identification que voici:

Espèce $6-1$, monoïde cubique, signature 222211,
Espèce $9-6+2$, monoïde cubique, signature 222220,
Espèce $8-3$ }
Espèce $9-3-1$ }, monoïde quartique, signature 222222111000,

et il ne reste qu'à distinguer les deux espèces $8-3$ et $9-3-1$, considérées comme représentées au moyen de cône et monoïde.

Je remarque que le système de cône et monoïde à signature 222222111000 contient 20 constantes. En effet, en prenant $Q=0$ un cône cubique quelconque (9 constantes), on peut prendre à volonté sur ce cône huit droites (8 constantes), et par six de ces droites comme droites doubles et deux de ces droites comme droites simples (20 conditions) faire passer le cône quintique determiné $U=0$; ce cône et le cône cubique $Q=0$ se coupent selon les huit droites (qui comptent pour quatorze droites) et selon une neuvième droite; et par les neuf droites on peut faire passer le cône quartique $P=0$ (5 constantes). Cela donne la monoïde quartique $w=\frac{P}{Q}$, où w contient implicitement comme facteur une constante; il y a donc en tout $9+8+5+1=23$ constantes. Mais en combinant l'équation de la monoïde avec l'équation $U=0$ du cône quintique, on obtient la monoïde quartique

$$\omega=\frac{P+\alpha P'+\beta P''+\gamma P'''}{Q+\alpha Q'+\beta Q''+\gamma Q'''},$$

et sans perte de généralité on peut disposer des constantes α, β, γ, de manière à satisfaire à trois conditions quelconques; on doit donc diminuer de 3 le nombre 23, ce qui donne enfin 20 constantes.

La courbe $8-3$ contient 18 constantes, il faut donc chercher quelle est la particularité qui doit avoir lieu pour que le cas, monoïde quartique à signature 222222111000, donne une courbe $8-3$.

J'ai nommé *droites de la monoïde* les droites $P=0$, $Q=0$ qui passent par le sommet; en supposant qu'il y ait sur la monoïde des droites qui ne passent pas par le sommet, on peut appeler *transversale* une telle droite. Or, pour l'espèce $8-3$, il doit exister sur la monoïde quartique trois transversales qui ne se rencontrent pas; car alors, en faisant passer par ces transversales un hyperboloïde, cet hyperboloïde et la monoïde se coupent selon les trois transversales et selon la courbe $8-3$ dont il s'agit. Or, en supposant qu'il existe une transversale, le plan passant par le sommet et cette transversale contient trois des droites $P=0$, $Q=0$. En effet, un plan quelconque par le sommet coupe la monoïde selon une courbe quartique avec un point triple au sommet; pour le plan mené par une transversale, cette courbe quartique devient la transversale et une courbe cubique avec un point triple au sommet; cette courbe cubique sera évidemment un système de trois droites, à savoir trois des droites $P=0$, $Q=0$. Et réciproquement, si trois quelconques des droites de la monoïde sont situées dans un plan, ce plan coupe la monoïde selon les trois droites et selon une transversale. S'il y a sur la monoïde une seconde transversale, il y aura de même un second système de trois droites dans un plan; on démontre que si le premier système est composé de trois droites, et le second système de trois *autres* droites, les deux transversales se coupent; donc, si les deux transversales ne se coupent pas, les deux systèmes auront une droite commune. S'il y a sur la monoïde une troisième transversale, il y a de même un troisième système de trois droites dans un plan; et si les trois transversales ne se rencontrent pas, il est de plus nécessaire que deux quelconques des trois plans aient en commun une droite de la monoïde; cela revient à dire qu'il doit y avoir parmi les douze droites $P=0$, $Q=0$ de la monoïde six droites 7, 8, 9, 7′, 8′, 9′ telles que les droites 7, 8′, 9′, les droites 7′, 8, 9′, et les droites 7′, 8′, 9 soient situées chaque système dans un même plan: cela étant, la monoïde aura trois transversales qui ne se rencontrent pas.

Je prends à volonté par un point quelconque de l'espace un tel système de six droites 7, 8, 9, 7′, 8′, 9′ (9 constantes); je fais passer par les six droites un cône cubique quelconque $Q=0$ (3 constantes) et aussi un cône quartique quelconque $P=0$ (8 constantes); au moyen des deux cônes je forme l'équation $w=\frac{P}{Q}$ de la surface monoïde; il y a une constante arbitraire contenue implicitement en w: cela donne en tout $9+3+8+1=21$ constantes. Les deux cônes $P=0$, $Q=0$ se coupent selon les six droites 7, 8, 9, 7′, 8′, 9′, et selon six autres droites 1, 2, 3, 4, 5, 6 : il suit de la théorie précédente (mais on peut aussi démontrer analytiquement) qu'il existe un cône quintique $U=0$ qui satisfait aux conditions de passer deux fois par chacune des droites 1, 2, 3, 4, 5, 6 (avoir chacune de ces droites pour une droite double, 18 conditions) et une fois par chacune des droites 7, 8, 9 (3 conditions, en tout $18+3=21$ conditions). Et cela étant, on aura la courbe $8-3$ déterminée au moyen du cône $U=0$ et la surface monoïde $w=\frac{P}{Q}$, à signature 222222111000 (à savoir les droites 1, 2, 3, 4, 5, 6 qui sont par rapport au cône des droites doubles, les droites 7, 8, 9 des droites simples, et les droites 7′, 8′, 9′ des droites qui ne sont pas situées sur le cône). Le nombre des constantes est 21, mais au moyen de la transformation

$$\omega=\frac{P+\alpha P'+\beta P''+\gamma P'''}{Q+\alpha Q'+\beta Q''+\gamma Q'''},$$

on réduit comme auparavant ce nombre à $21-3=18$, ce qui est juste.

J'ajoute les considérations que voici : le cône $U=0$ passe deux fois par chacune des droites 1, 2, 3, 4, 5, 6, une fois par chacune des droites 7, 8, 9. Soit $M=0$ l'équation du système des trois plans qui contiennent les droites 7, 8′, 9′, les droites 7′, 8, 9′, et les droites 7′, 8′, 9 respectivement ; le cône $M=0$ contient chacune des droites 7, 8, 9 une fois, et chacune des droites 7′, 8′, 9′ deux fois. Donc le cône $MU=0$ contient chacune des droites 1, 2, 3, 4, 5, 6, 7, 8, 9, 7′, 8′, 9′ deux fois ; ces douze droites sont les droites d'intersection des cônes $P=0$, $Q=0$, et ainsi nous avons identiquement $MU=AP^2+BPQ+CQ^2$, A, B, C étant des fonctions homogènes de (x, y, z) des ordres 0, 1, 2 respectivement. Cela étant, les équations

$$w=\frac{P}{Q},\quad MU=AP^2+BPQ+CQ^2=0$$

donnent

$$Aw^2+Bw+C=0,$$

équation de la surface quadrique sur laquelle est située la courbe $8-3$.

Je passe à la théorie analytique. Soit, pour abréger,

$$\begin{aligned}
\xi &= \qquad by+cz, & X &= \qquad \beta y+\gamma z, & \Theta &=\lambda x+\mu y+\nu z,\\
\eta &= a'x \qquad +c'z, & Y &= \alpha' x \qquad +\gamma' z, & &\\
\zeta &= a''x+b''y \qquad , & Z &= \alpha''x+\beta''y. & &
\end{aligned}$$

Je prends pour équations des droites 7, 8, 9, 7′, 8′, 9′ :

$$(y=0,\quad z=0),\quad (z=0,\quad x=0),\quad (x=0,\quad y=0),$$
$$(x=0,\quad \xi=0),\quad (y=0,\quad \eta=0),\quad (z=0,\quad \zeta=0),$$

et je forme les équations les plus générales pour le cône cubique et le cône quartique qui passent par ces droites; ces équations seront

$$\begin{aligned} Q &= yz\xi\delta + zx\eta\delta' + xy\zeta\delta'' + xyz\Theta = 0, \\ -P &= yz\xi X + zx\eta Y + xy\zeta Z + xyz\Theta = 0. \end{aligned}$$

On a de là la surface monoïde $w=\frac{P}{Q}$. En écrivant dans cette équation $x=0$, on obtient $w=-\frac{X}{\delta}$; et de même, pour $y=0$, on obtient $w=-\frac{X}{\delta'}$, et pour $z=0$ on obtient $w=-\frac{Z}{\delta''}$, c'est-à-dire qu'il y a sur la monoïde les trois transversales

$$(x=0,\ X+\delta W=0), \quad (y=0,\ Y+\delta' W=0), \quad (z=0,\ Z+\delta'' W=0),$$

ou, comme on peut écrire ces équations,

$$\begin{aligned} &(x=0, && \beta y + \gamma z + \delta w = 0), \\ &(y=0, && \alpha' x + \gamma' z + \delta' w = 0), \\ &(z=0, && \alpha'' x + \beta'' y + \delta'' w = 0). \end{aligned}$$

On trouve sans peine l'équation de la surface quadrique qui passe par les transversales; en écrivant, pour abréger,

$$\begin{aligned} A &= \delta\delta'\delta'', \\ B &= (\delta'\alpha'' + \delta''\alpha')\,\delta x + (\delta''\alpha + \delta\alpha'')\,\delta' y + \delta''\,(\delta\alpha' + \delta'\alpha)\,\delta'' z, \\ C &= \alpha'\alpha''\delta x^2 + \beta''\beta\delta' y^2 + \gamma\gamma'\delta'' z^2 + (\gamma\beta''\delta' + \gamma'\beta\delta'')\,yz + (\alpha'\gamma\delta'' + \alpha''\gamma'\delta)\,zx + (\beta''\alpha'\delta + \beta\alpha''\delta')\,xy, \end{aligned}$$

cette équation est

$$Aw^2 + Bw + C = 0,$$

et en éliminant w entre cette équation et l'équation $w=\frac{P}{Q}$, on obtient l'équation

$$AP^2 + BPQ + CQ^2 = 0,$$

laquelle, en vertu de l'identité

$$AP^2 + BPQ + CQ^2 = xyzU,$$

se réduit à $U=0$, équation d'un cône du cinquième ordre, ce qui donne le système $U=0$, $w=\frac{P}{Q}$ de cône et monoïde à signature 222222111000. Pour démontrer l'identité dont il s'agit, il convient de remarquer qu'en substituant dans l'expression $AP^2+BPQ+CQ^2$ les valeurs de P et Q, tous les termes contiennent explicitement le facteur xyz hormis les termes que voici:

$$\begin{aligned} &A\,(y^2z^2\xi^2X^2 + z^2x^2\eta^2Y^2 + x^2y^2\zeta^2Z^2), \\ -&B\,(y^2z^2\xi^2X\delta + z^2x^2\eta^2Y\delta' + x^2y^2\zeta^2Z\delta''), \\ +&C\,(y^2z^2\xi^2\,\delta^2 + z^2x^2\eta^2\,\delta'^2 + x^2y^2\zeta^2\,\delta''^2), \end{aligned}$$

et pour démontrer que ces termes exceptés contiennent aussi le facteur xyz, il suffit de faire voir que la fonction $AX^2 - BX\delta + C\delta^2$ contient le facteur x, car alors, par la symétrie, les fonctions $AY^2 - BY\delta' + C\delta'^2$ et $AZ^2 - BZ\delta'' + C\delta''^2$ contiendront respectivement les facteurs y et z, et l'expression entière sera divisible par xyz. Mais en écrivant $x=0$, on trouve

$$\left.\begin{array}{ll} AX^2 = & \delta\delta'\delta''(\beta y + \gamma z)^2 \\ -BX\delta & -[\delta'\delta''(\beta y + \gamma z) + \delta(\beta''\delta' y + \gamma'\delta'' z)]\,\delta(\beta y + \gamma z) \\ +C\delta^2 & +(\beta y + \gamma z)(\beta''\delta' y + \gamma'\delta'' z)\,\delta^2 \end{array}\right\} = 0,$$

c'est-à-dire $AX^2 - BX\delta + C\delta^2$ contient le facteur x. Donc enfin

$$AP^2 + BPQ + CQ^2$$

contient le facteur xyz, ce qui était le théorème à démontrer.

306.

SUR LES CONIQUES QUI TOUCHENT DES COURBES D'ORDRE QUELCONQUE. EXTRAIT D'UNE LETTRE À M. CHASLES.

[From the *Comptes Rendus de l'Académie des Sciences de Paris*, tom. LIX. (*Juillet—Décembre*, 1864), pp. 224—225.]

En considérant l'expression

$$S_5 (S_5 + S_4 + S_3 - 3S_2 + 3S_1)$$

que vous avez donnée (*Comptes Rendus*, t. LVIII. p. 223) pour le nombre des coniques qui touchent cinq courbes d'ordre quelconque, j'ai trouvé qu'elle peut s'écrire sous la forme que voici, savoir: en dénotant les ordres par (m, n, p, q, r), et en mettant $M = m^2 - m, \ldots$, de manière que (M, N, P, Q, R) seront les classes des cinq courbes, l'expression transformée est

$$(M, m)\ (N, n)\ (P, p)\ (Q, q)\ (R, r)\ \{1,\ 2,\ 4,\ 4,\ 2,\ 1\};$$

en représentant par cette notation abrégée la fonction

$$\begin{aligned} &1\,.\ MNPQR \\ &+ 2\Sigma\,(mNPQR) \\ &+ 4\Sigma\,(mn\,PQR) \\ &+ 4\Sigma\,(mn\,p\,QR) \\ &+ 2\Sigma\,(mn\,p\,qR) \\ &+ 1\,.\ mn\,p\,q\,r. \end{aligned}$$

En écartant les relations $M = m^2 - m, \ldots$, et en supposant seulement que (m, n, p, q, r) soient les ordres, et (M, N, P, Q, R) les classes des cinq courbes, la nouvelle formule s'applique aux courbes avec des points doubles ou de rebroussement; on peut même supposer que la courbe de la classe M et de l'ordre m se réduise à un système de M points et de m droites, et que les autres courbes se réduisent aussi à des systèmes de points et droites; et cela étant, on obtient une vérification immédiate de la formule. Car en choisissant dans le système qui remplace chaque courbe un élément (point ou droite) à volonté, on obtient

$$\begin{array}{ll} MNPQR & \text{systèmes } 5p, \\ \Sigma\, m\, NPQR & \text{systèmes } 4p,\ 1d, \\ \Sigma\, m\, n\, PQR & \text{systèmes } 3p,\ 2d, \\ \Sigma\, m\, n\, p\, QR & \text{systèmes } 2p,\ 3d, \\ \Sigma\, m\, n\, p\, q\, R & \text{systèmes } 1p,\ 4d, \\ m\, n\, p\, q\, r & \text{systèmes } \quad 5d. \end{array}$$

Or la condition par rapport à la première courbe se réduit à celle de passer par l'un quelconque des M points, ou de toucher l'une quelconque des m droites; et de même pour les autres courbes. Donc (en entendant par le mot *toucher* appliqué à un système de points et de droites, passer par les points et toucher les droites du système) la conique doit toucher l'un quelconque des systèmes $(5p)$, ou $(4p,\ 1d)$, ou $(3p,\ 2d), \dots$, ou $(5d)$; et pour un système de la forme

$$(5p),\quad (4p,\ 1d),\quad (3p,\ 2d),\quad (2p,\ 3d),\quad (1p,\ 4d),\quad \text{ou}\quad (5d),$$

le nombre des coniques est

$$1,\qquad 2,\qquad 4,\qquad 4,\qquad 2,\qquad \text{ou}\quad 1,$$

ce qui donne pour le nombre total des coniques l'expression ci-dessus écrite.

On peut supposer que la conique, au lieu de toucher les deux courbes m, n, ait avec la seule courbe m (1°) un contact du deuxième ordre; (2°) un contact double. Le nombre des coniques qui satisfont à l'une ou l'autre de ces conditions, et qui passent aussi par trois points donnés, a été trouvé par Steiner (Aufgabe und Lehrsätze, *Crelle*, t. XLIX. p. 273), savoir:

$$(1^\circ)\ \text{le nombre} = 3m(m-1);\quad (2^\circ)\ \text{le nombre} = \tfrac{1}{2}(m^2-m)(m^2+3m-6);$$

j'ai vérifié d'une manière particulière ces deux résultats.

En supposant que la conique (au lieu de passer par les trois points donnés) touche les courbes p, q, r, je trouve pour les deux cas respectivement ces résultats,

1° le nombre $= 3(m^2-m) \times (P,\ p)(Q,\ q)(R,\ r)\{1,\ 2,\ 2,\ 1\}$,

2° le nombre $= \tfrac{1}{2}(m^2-m) \times$

$$(P,\ p)(Q,\ q)(R,\ r)\{m^2+3m-6,\ 2m^2+6m-16,\ 4m^2+4m-22,\ 4m^2-15\};$$

formules dans lesquelles la courbe m doit être une courbe sans singularités.

Grasmere, Westmoreland, 37 *Juillet*, 1864.

307.

NOTE SUR LES FONCTIONS al (x), &c., DE M. WEIERSTRASS.

[From the *Journal de Mathématiques* (Liouville), tom. VII. (1862), pp. 137—142.]

LES fonctions al (x), al $(x)_1$, al $(x)_2$, al $(x)_3$ de M. Weierstrass satisfont respectivement aux équations

$$\frac{d^2 \operatorname{al}(x)}{dx^2} + 2k^2x\frac{d \operatorname{al}(x)}{dx} + 2kk'^2\frac{d \operatorname{al}(x)}{dk} + k^2x^2 \operatorname{al}(x) = 0,$$

$$\frac{d^2 \operatorname{al}(x)_1}{dx^2} + 2k^2x\frac{d \operatorname{al}(x)_1}{dx} + 2kk'^2\frac{d \operatorname{al}(x)_1}{dk} + (k'^2 + k^2x^2) \operatorname{al}(x)_1 = 0,$$

$$\frac{d^2 \operatorname{al}(x)_2}{dx^2} + 2k^2x\frac{d \operatorname{al}(x)_2}{dx} + 2kk'^2\frac{d \operatorname{al}(x)_2}{dk} + (1 + k^2x^2) \operatorname{al}(x)_2 = 0,$$

$$\frac{d^2 \operatorname{al}(x)_3}{dx^2} + 2k^2x\frac{d \operatorname{al}(x)_3}{dx} + 2kk'^2\frac{d \operatorname{al}(x)_3}{dk} + (k^2 + k^2x^2) \operatorname{al}(x)_3 = 0,$$

ou, ce qui est la même chose, les fonctions

$$\operatorname{al}(x), \quad \sqrt{k}\operatorname{al}(x)_1, \quad \frac{\sqrt{k}}{\sqrt{k'}}\operatorname{al}(x)_2, \quad \frac{1}{\sqrt{k'}}\operatorname{al}(x)_3,$$

satisfont chacune à l'équation

$$\frac{d^2z}{dx^2} + 2k^2x\frac{dz}{dx} + 2kk'^2\frac{dz}{dk} + k^2x^2z = 0.$$

Écrivons pour un moment ξ, κ au lieu de x, k; les fonctions al (ξ), etc., satisfont à l'équation

$$\frac{d^2z}{d\xi^2} + 2\kappa^2\xi\frac{dz}{d\xi} + 2\kappa\kappa'^2\frac{dz}{d\kappa} + \kappa^2\xi^2z = 0.$$

Cela étant, en posant

$$\xi = \frac{x}{\sqrt{k}}, \quad \kappa = k,$$

on obtient

$$\frac{dz}{dx} = \frac{1}{\sqrt{k}}\frac{dz}{d\xi}, \quad \frac{d^2z}{dx^2} = \frac{1}{k}\frac{d^2z}{d\xi^2}, \quad \frac{dz}{dk} = -\frac{x}{2k\sqrt{k}}\frac{dz}{d\xi} + \frac{dz}{d\kappa},$$

et de là

$$\frac{dz}{d\xi} = \sqrt{k}\frac{dz}{dx}, \quad \frac{d^2z}{d\xi^2} = k\frac{d^2z}{dx^2}, \quad \frac{dz}{d\kappa} = \quad \frac{dz}{dk} + \frac{x}{2k}\frac{dz}{dx}.$$

L'équation différentielle devient ainsi

$$k\frac{d^2z}{dx^2} + \quad 2k^2x\frac{dz}{dx} + 2kk'^2\left(\frac{dz}{dk} + \frac{x}{2k}\frac{dz}{dx}\right) + kx^2z = 0,$$

c'est-à-dire

$$\frac{d^2z}{dx^2} + \frac{1+k^2}{k}x\frac{dz}{dx} + \quad 2k'^2\frac{dz}{dk} \qquad + \quad x^2z = 0,$$

équation qui sera ainsi satisfaite par

$$\text{al}\left(\frac{x}{\sqrt{k}}\right), \quad \sqrt{k}\,\text{al}\left(\frac{x}{\sqrt{k}}\right)_1, \quad \frac{\sqrt{k}}{\sqrt{k'}}\text{al}\left(\frac{x}{\sqrt{k}}\right)_2, \quad \frac{1}{\sqrt{k'}}\text{al}\left(\frac{x}{\sqrt{k}}\right)_3.$$

Or en écrivant

$$k + \frac{1}{k} = \alpha,$$

l'équation en z devient

$$(1) \qquad \frac{d^2z}{dx^2} + 2\alpha x\frac{dz}{dx} - 2(\alpha^2 - 4)\frac{dz}{d\alpha} + x^2z = 0,$$

laquelle est ce que devient celle-ci

$$(2) \quad (1 - \alpha x^2 + x^4)\frac{d^2z}{dx^2} + (n-1)(\alpha x - 2x^3)\frac{dz}{dx} - 2n(\alpha^2 - 4)\frac{dz}{d\alpha} + n(n-1)x^2z = 0,$$

en y écrivant $\frac{x}{\sqrt{n}}$ au lieu de x, et puis $n = \infty$. L'équation (2), trouvée par Jacobi (*Journal de Crelle*, t. IV. p. 185, 1829), a la propriété que voici, savoir en posant

$$\alpha = k + \frac{1}{k}, \quad x = \sqrt{k}\sin\text{am}\,u,$$

alors l'équation est satisfaite en prenant pour z soit le numérateur, soit le dénominateur, de la fonction rationnelle de x qui donne la valeur de la fonction $\sqrt{\lambda}\sin\text{am}\left(\frac{\mu}{M}, \lambda\right)$, où λ, M sont le module et le multiplicateur qui correspondent à la transformation de l'ordre n (n étant un nombre impair quelconque).

L'équation fut donnée par Jacobi sans démonstration. Je l'ai démontrée (*Camb. and Dubl. Math. Journal,* t. II. p. 256, 1847, [45]) de la manière que voici, savoir en écrivant

$$z = \left(\frac{2Kk'}{\pi}\right)^{\frac{1}{2}(n-1)} \Theta^{-n}(u) \,.\, \Sigma,$$

on obtient pour Σ l'équation

$$\frac{d^2\Sigma}{du^2} - 2nu\left(k'^2 - \frac{E}{K}\right)\frac{d\Sigma}{du} + 2nkk'^2 \frac{d\Sigma}{dk} = 0.$$

Cette équation, en prenant

$$\omega = \frac{n\pi K'}{K}, \quad v = \frac{n\pi u}{2K},$$

devient

$$\frac{d^2\Sigma}{dv^2} - 4\frac{d\Sigma}{d\omega} = 0,$$

équation mentionnée par Jacobi, laquelle est satisfaite par

$$\Sigma = \Theta\left(nu, \frac{nK'}{K}\right), \text{ ou } \Sigma = \mathrm{H}\left(nu, \frac{nK'}{K}\right);$$

cela donne pour z deux valeurs qui sont le dénominateur et le numérateur de la fraction dont il s'agit. J'ose croire que ce doit être à peu près de cette manière que l'équation fut trouvée par Jacobi.

Or les solutions en question de l'équation (1) peuvent être trouvées au moyen de l'équation de Jacobi; pour cela, au lieu des valeurs ci-dessus données de ω, v, j'écris

$$\omega = \frac{\pi K'}{K}, \quad v = \frac{\sqrt{n}\pi u}{2K},$$

ce qui conduit à la même équation

$$\frac{d^2\Sigma}{dv^2} - 4\frac{d\Sigma}{d\omega} = 0,$$

laquelle sera ainsi satisfaite par

$$\Sigma = \Theta\left(\sqrt{n}u, \frac{K'}{K}\right), \quad \Sigma = \mathrm{H}\left(\sqrt{n}u, \frac{K'}{K}\right),$$

ou, ce qui est la même chose, par

$$\Sigma = \Theta(\sqrt{n}u), \qquad \Sigma = \mathrm{H}(\sqrt{n}u).$$

L'équation (2) sera donc satisfaite par

$$z = \left(\frac{2Kk'}{\pi}\right)^{\frac{1}{2}(n-1)} \Theta^{-n}(u)\,\Theta(\sqrt{n}u),$$

ou, en se souvenant que $\Theta(0)=\sqrt{\frac{2Kk'}{\pi}}$, par

$$z=\frac{\Theta(\sqrt{n}u)}{\Theta(0)}\cdot\frac{\Theta^n(0)}{\Theta^n(u)}.$$

Or en écrivant $\frac{x}{\sqrt{n}}$ au lieu de x, pour faire ensuite $n=\infty$, nous avons

$$\frac{x}{\sqrt{n}}=\sqrt{k}\sin\operatorname{am}u,$$

équation qui se réduit à

$$u=\frac{x}{\sqrt{nk}};$$

cela donne

$$\Theta(\sqrt{n}u)=\Theta\left(\frac{x}{\sqrt{k}}\right),\quad \Theta^n u=\Theta^n(0)\,e^{\frac{1}{2}nu^2\left(1-\frac{E}{K}\right)}=\Theta^n(0)\,e^{\frac{x^2}{2k}\left(1-\frac{E}{K}\right)},$$

puisque

$$\Theta(u)=\Theta(0)\,e^{\frac{1}{2}u^2\left(1-\frac{E}{K}\right)-k^2\int_0 du\int_0 du\sin^2\operatorname{am}u};$$

et $n\int_0 du\int_0 du\sin^2\operatorname{am}u$, en y substituant $u=\frac{x}{\sqrt{nk}}$, contient le facteur $\frac{1}{n}$ et se réduit ainsi à zéro. Donc on obtient

$$z=\frac{\Theta\left(\frac{x}{\sqrt{k}}\right)}{\Theta(0)}\,e^{\frac{x^2}{2k}\left(1-\frac{E}{K}\right)}$$

comme solution de l'équation (1), qui se déduit de l'équation (2) en y écrivant $\frac{x}{\sqrt{n}}$ au lieu de x et puis $n=\infty$. Et cette valeur de z est précisément la fonction al$\left(\frac{x}{\sqrt{k}}\right)$ de M. Weierstrass. On obtient de même la solution

$$z=\frac{\mathrm{H}\left(\frac{x}{\sqrt{k}}\right)}{\Theta(0)}\,e^{\frac{x^2}{2k}\left(1-\frac{E}{K}\right)},$$

ou, ce qui est la même chose,

$$z=\frac{\mathrm{H}\left(\frac{x}{\sqrt{k}}\right)}{\frac{1}{\sqrt{k}}\mathrm{H}'(0)}\,e^{\frac{x^2}{2k}\left(1-\frac{E}{K}\right)},$$

qui est la fonction $\sqrt{k}\,\mathrm{al}\left(\frac{x}{\sqrt{k}}\right)_1$. Et d'une manière semblable les solutions

$$z=\frac{\mathrm{H}\left(\frac{x}{\sqrt{k}}+K\right)}{\Theta(0)}\,e^{\frac{x^2}{2k}\left(1-\frac{E}{K}\right)},\quad z=\frac{\Theta\left(\frac{x}{\sqrt{k}}+K\right)}{\Theta(0)}\,e^{\frac{x^2}{2k}\left(1-\frac{E}{K}\right)}$$

qui sont les fonctions $\sqrt{\frac{k}{k'}}\,\mathrm{al}\left(\frac{x}{\sqrt{k}}\right)_2$, $\frac{1}{\sqrt{k'}}\,\mathrm{al}\left(\frac{x}{\sqrt{k}}\right)_3$.

J'ajoute que dans le Mémoire cité (1847) j'ai donné la suite

$$z = C_0 + C_1 \frac{x^2}{1.2} + C_2 \frac{x^4}{1.2.3.4} + \dots,$$

où

$$\begin{aligned}
C_0 &= 1, \\
C_1 &= 0, \\
C_2 &= -2, \\
C_3 &= +8\alpha, \\
C_4 &= -32\alpha^2 - 4, \\
C_5 &= +128\alpha^3 + 96\alpha, \\
C_6 &= -512\alpha^4 - 960\alpha^2 - 408, \\
C_7 &= +2048\alpha^5 + 7168\alpha^3 + 7584\alpha, \\
C_8 &= -8192\alpha^6 - 46080\alpha^4 - 88320\alpha^2 - 15384, \\
&\vdots
\end{aligned}$$

de façon qu'en général

$$C_{r+2} = -(2r+1)(2r+2)C_r - (2r+2)\alpha C_{r+1} + 2(\alpha^2 - 4)\frac{dC_{r+1}}{d\alpha},$$

c'est le développement de M. Weierstrass pour la fonction al $\left(\frac{x}{\sqrt{k}}\right)$: seulement je ne connaissais pas alors l'expression finie

$$\text{al}\left(\frac{x}{\sqrt{k}}\right), \quad \text{ou} \quad \frac{1}{\Theta(0)}\Theta\left(\frac{x}{\sqrt{k}}\right)e^{\frac{x^2}{2k}\left(1-\frac{E}{K}\right)}$$

de cette suite. Je remarque en passant que pour $\alpha = 2$, la suite se réduit à

$$e^{\frac{1}{2}x^2} . \tfrac{1}{2}(e^x + e^{-x}).$$

308.

ON THE Δ FACED POLYACRONS, IN REFERENCE TO THE PROBLEM OF THE ENUMERATION OF POLYHEDRA.

[From the *Memoirs of the Literary and Philosophical Society of Manchester*, vol. I. (1862), pp. 248—256.]

THE problem of the enumeration of polyhedra ([1]) is one of extreme difficulty, and I am not aware that it has been discussed elsewhere than in Mr Kirkman's valuable series of papers on this subject in the *Memoirs* of the Society and in the *Philosophical Transactions*. A case of the general problem is that of the enumeration of the polyhedra with trihedral summits; and Mr Kirkman in the earliest of his papers, viz. that "On the representation and enumeration of polyhedra" (*Memoirs*, vol. XII. pp. 47—70, 1854), has in fact, by an examination of the particular case, accomplished the enumeration of the octahedra with trihedral summits. A subsequent paper "On the enumeration of x-edra having trihedral summits and an $(x-1)$gonal base," *Phil. Trans.* vol. XLVI. pp. 399—411, 1856), relates, as the title shows, only to a special case of the problem of the polyhedra with trihedral summits, and in this particular case the number of polyhedra is more completely determined; but the later memoirs relate to the problem in all its generality, and the above-mentioned particular problem of the enumeration of the polyhedra with trihedral summits is not, I think, any where resumed. Instead of the polyhedra with trihedral summits, it is really the same thing, but it is rather more convenient to consider the polyacrons with triangular faces, or as these may for shortness be called, the Δ faced polyacrons; and it is intended in the present paper to give a method for the derivation of the Δ faced polyacrons of a given number of summits from those of the next inferior number of summits, and to exemplify it by finding, in an orderly manner, the Δ faced polyacrons

[1] I use with Mr Kirkman the expression "enumeration of polyhedra" to designate the general problem, but I consider that the problem is to find the different polyhedra rather than to count them, and I consequently take the word *enumeration* in the popular rather than the mathematical sense.

up to the octacrons: thus, as regards the examples, stopping at the same point as Mr Kirkman, for although perfectly practicable it would be very tedious to carry them further, and there would be no commensurate advantage in doing so. The epithet Δ faced will be omitted in the sequel, but it is to be understood throughout that I am speaking of such polyacrons only; and I shall for convenience use the epithets tripleural, tetrapleural, &c. to denote summits with three, four, &c. edges through them. The number of edges at a summit is of course equal to the number of faces, but it is the edges rather than the faces which have to be considered.

An n-acron has

$$n \text{ summits, } 3n-6 \text{ edges, } 2n-4 \text{ faces,}$$

and it is easy to see that there are the following three cases only, viz.:

1. The polyacron has at least one tripleural summit.

2. The polyacron, having no tripleural summit, has at least one tetrapleural summit.

3. The polyacron, having no tripleural or tetrapleural summit, has at least twelve pentipleural summits.

In fact, if the polyacron has c tripleural summits, d tetrapleural summits, e pentipleural summits, and so on, then we have

$$n = c + d + e + f + g + h + \&c.,$$

$$6n - 12 = 3c + 4d + 5e + 6f + 7g + 8h + \&c.,$$

and therefore

$$12 = 3c + 2d + e + 0f - g - 2h - \&c.,$$

or

$$3c + 2d + e = 12 + g + 2h + \&c.;$$

whence if $c=0$ and $d=0$, then $e=12$ at least. It appears, moreover (since n cannot be less than e), that any polyacron with less than 12 summits cannot belong to the third class, and must therefore belong to the first or the second class.

An $(n+1)$-acron, by a process which I call the subtraction of a summit, may be reduced to an n-acron; viz., the faces about any summit of the $(n+1)$-acron stand upon a polygon (not in general a plane figure) which may be called the basic polygon, and when the summit with the faces and edges belonging to it is removed, the basic polygon, if a triangle, will be a face of the n-acron; if not a triangle, it can be partitioned into triangles which will be faces of the n-acron. The annexed figures exhibit the process for the cases of a tripleural, tetrapleural and pentipleural summit respectively, which are the only cases which need be considered; these may be called the first, second and third process respectively. It is proper to remark that for the same removed summit the first process can be performed in one way only, the second process in two ways, the third in five ways; these being in fact the numbers of ways of partitioning the basic polygon.

We may in like manner, by the converse process of the addition of a summit, convert an n-acron into an $(n+1)$-acron; viz., it is only necessary to take on the

n-acron a polygon of any number of sides, and make this the basic polygon of the new summit of the $(n+1)$-acron, and for this purpose to remove the faces within the polygon and substitute for them a set of triangular faces standing on the sides of the polygon and meeting in the new summit: the same figures exhibit the process for the cases of a tripleural, tetrapleural and pentipleural summit respectively, which

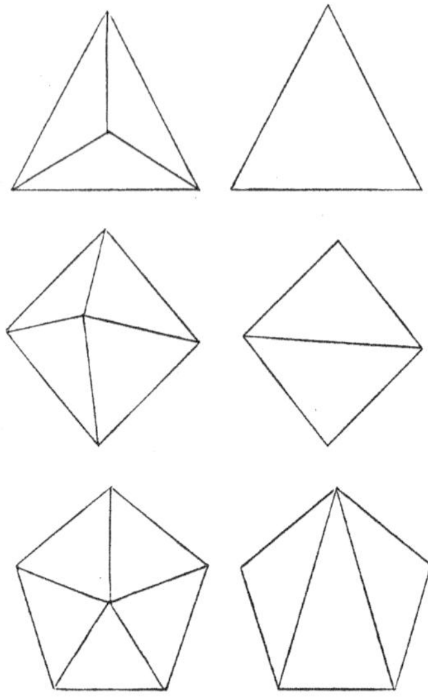

(as for the subtractions) are the only cases which need be considered. It may be noticed that for the same basic polygon the process is in each case a unique one; the process is said to be the first, second, or third process, according as the new summit is tripleural, tetrapleural, or pentipleural.

Now, reverting to the before-mentioned division of the polyacrons into three classes, an $(n+1)$-acron of the first class may by the first process of subtraction be reduced to an n-acron, and conversely it can be by the first process of addition derived from an n-acron. An $(n+1)$-acron of the second class, as having a tetrapleural summit, may by the second process of subtraction be reduced to an n-acron, and conversely it can be by the second process of addition derived from an n-acron. And in like manner, an $(n+1)$-acron of the third class, as having a pentipleural summit, may be by the third process of subtraction reduced to an n-acron, and conversely it may be by the third process of addition derived from an n-acron.

Hence all the $(n+1)$-acrons can be by the first, second and third processes of addition respectively derived from the n-acrons. It is to be observed that all the $(n+1)$-acrons of the first class are obtained by the first process; the second process is only required for finding the $(n+1)$-acrons of the second class; and these being all obtained by means of it, the third process is only required for finding the $(n+1)$-acrons of the third class. Hence the second process need only be made use of when the n-acron has no tripleural summit, or when it has only one tripleural summit, or when, having two tripleural summits, they are the opposite summits of two adjacent faces. In the last-mentioned two cases respectively it is only necessary to consider the basic quadrangles which pass through the single tripleural summit and the basic quadrangle which passes through the two tripleural summits; for with any other basic quadrangle the derived $(n+1)$-acron would retain a tripleural summit, and would consequently be of the first class. The condition is more simply expressed as follows, viz.: The second process need only be employed when there is on the n-acron a basic quadrangle the summits of which are at least of the number of edges shown in the

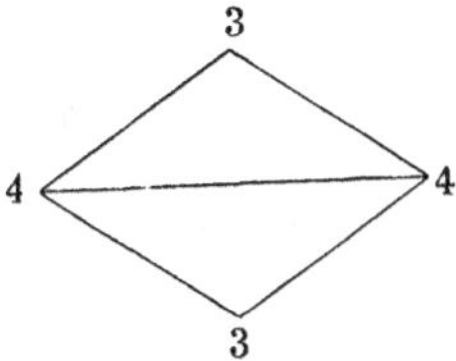

annexed figure, and all the other summits are at least 4-pleural. Again, by the third process (as already mentioned) we seek only to obtain the $(n+1)$-acrons of the third class; the process need only be applied to the n-acrons for which there exists a basic pentagon the summits of which are at least of the number of edges shown in the

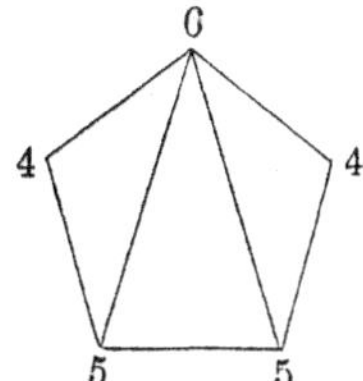

annexed figure, all the other summits being at least 5-pleural; for it is only in this case that the derived $(n+1)$-acron will be of the third class. The condition just referred to obviously implies that the n-acron is of the second or third class. It is to be noticed that in applying the foregoing principles to the formation of the polyacrons as far as the 11-acrons we are only concerned with the first and second processes.

Consider the entire series of n-acrons, say A, B, C, &c., and suppose that the n-acron A gives rise to a certain number, say P, Q, R, S of $(n+1)$-acrons, the $(n+1)$-acron P is of course derivable from the n-acron A, but it may be derivable from other n-acrons, suppose from the n-acrons B and C. Then in considering the $(n+1)$-acrons derived from B, one of these will of course be found to be the $(n+1)$-acron P, and it is only the remaining $(n+1)$-acrons derived from B which are or may be $(n+1)$-acrons not already previously obtained as $(n+1)$-acrons derived from A. And if in this manner, as soon as each $(n+1)$-acron is obtained, we apply to it the process of subtraction so as to ascertain the entire series of n-acrons from which it is derivable, and, in forming the $(n+1)$-acrons derived from these, take account of the $(n+1)$-acrons already previously obtained and found to be derivable from these, we should obtain without any repetitions the entire series of the $(n+1)$-acrons.

For merely finding the number of the $(n+1)$-acrons, a more simple process might be adopted: say that an n-acron is p-wise generating when it gives rise to a number p of $(n+1)$-acrons, and that it is q-wise generable when it can be derived from a number q of $(n+1)$-acrons; and assume that a given n-acron is $(y_1+y_2+y_3+\&c.)$-wise generating, viz. that it gives rise to a number y_1 of $(n+1)$-acrons which are 1-wise generable, a number y_2 of $(n+1)$-acrons which are 2-wise generable, and so on; these forming the sum

$$\Sigma\,(y_1+\tfrac{1}{2}y_2+\tfrac{1}{3}y_3+\ldots)$$

where Σ refers to the entire series of the n-acrons, it is clear that every m-wise generable $(n+1)$-acron will in respect of each of the n-acrons from which it is derivable be reckoned as $\frac{1}{m}$, that is, it will be in the entire sum reckoned as 1, and the sum in question will consequently be the number of the $(n+1)$-acrons.

The figures of the polyacrons comprised in the annexed Tables show the application of the method to the genesis of the polyacrons as far as the octacrons, in which the numbers indicate the nature of the different summits, according to the number of edges through each summit, viz., 3 a tripleural summit, 4 a tetrapleural summit, and so on. It will be noticed that there is only a single case in which this notation is insufficient to distinguish the polyacron, viz., among the octacrons there are two forms each of them with the same symbol 33445566; the inspection of the figures shows at once that these are wholly distinct forms, for in the first of them, viz. that derived from 3344555, each of the tripleural summits stands upon a basic triangle 456, while in the other of them, that from 3444555, each of the tripleural summits stands upon a basic triangle 566. But the symbol is merely generic, and of course in the polyacrons of a greater number of summits it may very well happen that a considerable number of polyacrons are comprised in the same genus.

The following remarks on the derivation of the octacrons from the heptacrons will further illustrate the method:

1. The heptacron 3335556 has three kinds of faces, viz. 355[1], 356, 555, the first process consequently gives rise to 3 octacrons. As the heptacron has more than two tripleural summits the second process is not applicable.

2. The heptacron 3344466 has three kinds of faces, viz.: 366, 346 and 446, and the first process gives therefore 3 octacrons. The heptacron has only two tripleural summits, and they are disposed in the proper manner; the second process gives therefore 1 octacron.

3. The heptacron 3344556 has five kinds of faces, viz. 345, 346, 356, 456 and 455, and the first process consequently gives 5 octacrons. The heptacron has two tripleural summits, but they are not disposed in such manner as to render the second process applicable.

[1] It is hardly necessary to remark that it must not be imagined that in general all the faces denoted by a symbol such as 355 (which determines only the nature of the summits on the face) are faces of the same kind, but this is so in the cases referred to in the text.

4. The heptacron 3444555 has four kinds of faces, viz. 355, 455, 445 and 444, and the first process gives therefore 4 octacrons. The heptacron has one tripleural summit, and the basic quadrangles 3545 which belong to it are of the same kind; the second process gives therefore 1 octacron.

5. The heptacron 4444455 has only one kind of face, viz. 445, and the first process gives therefore 1 octacron. There are two kinds of basic quadrangles, viz. 4545 and 4445, and the second process gives therefore 2 octacrons.

The number of octacrons would thus be 20, but by passing back from the octacrons to the heptacrons, it is found that there are in fact only 14 octacrons. Thus the octacron 33336666 has only one kind of tripleural summit 666 (the summit is here indicated by the symbol of the basic polygon) and the octacron is thus seen to be derivable from a single heptacron only, viz. the heptacron 3335556 from which it was in fact derived. But the octacron 33345567 has three kinds of tripleural summits, viz. 567, 557 and 467, and it is consequently derivable from three heptacrons, viz. the heptacrons 3335556, 3344466 and 3344555, and so on. The passage to the heptacrons from an octacron with one or more tripleural summits is of course always by the first process, but for the last two octacrons, which have no tripleural summits, the passage back to the heptacrons is by the second process: thus for the octacron 44445555 we have but one kind of tetrapleural summit 4555; but as opposite pairs of summits of the basic quadrangle are of different kinds, viz. 45 and 55, we obtain two heptacrons, viz. 3444555 and 4444455. The octacron 44444466 has but one kind of tetrapleural summit, viz. 4646, and the pairs of opposite summits of the basic quadrangle being of the same kind 46, we obtain from it only the heptacron 4444455.

It may be remarked that for the five heptacrons respectively the values of the sum $y_1 + \frac{1}{2}y_2 + \frac{1}{3}y_3 + \ldots$ are

$$1+\tfrac{1}{3}+\tfrac{1}{2},\quad \tfrac{1}{3}+1+\tfrac{1}{2}+\tfrac{1}{2},\quad \tfrac{1}{3}+\tfrac{1}{2}+\tfrac{1}{2}+1+1,\quad 1+1+1+1+\tfrac{1}{2},\quad 1+\tfrac{1}{2}+\tfrac{1}{2},$$

giving for $\Sigma\,(y_1 + \frac{1}{2}y_2 + \frac{1}{3}y_3 + \ldots)$ the value 14, as it should do.

Plate I.

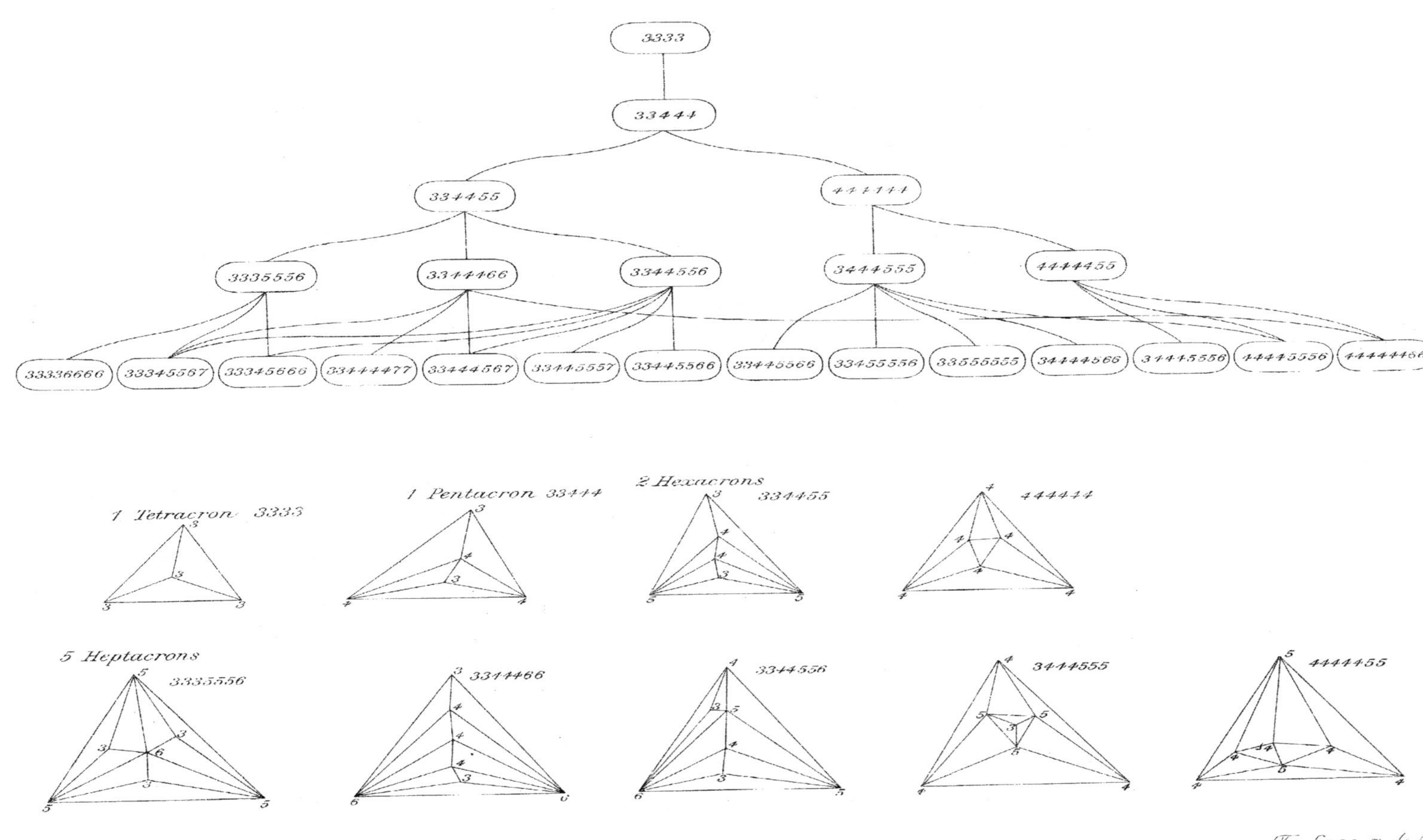

To face p. 44.

Cayley's Papers V.

14 Octacrons

Plate II.

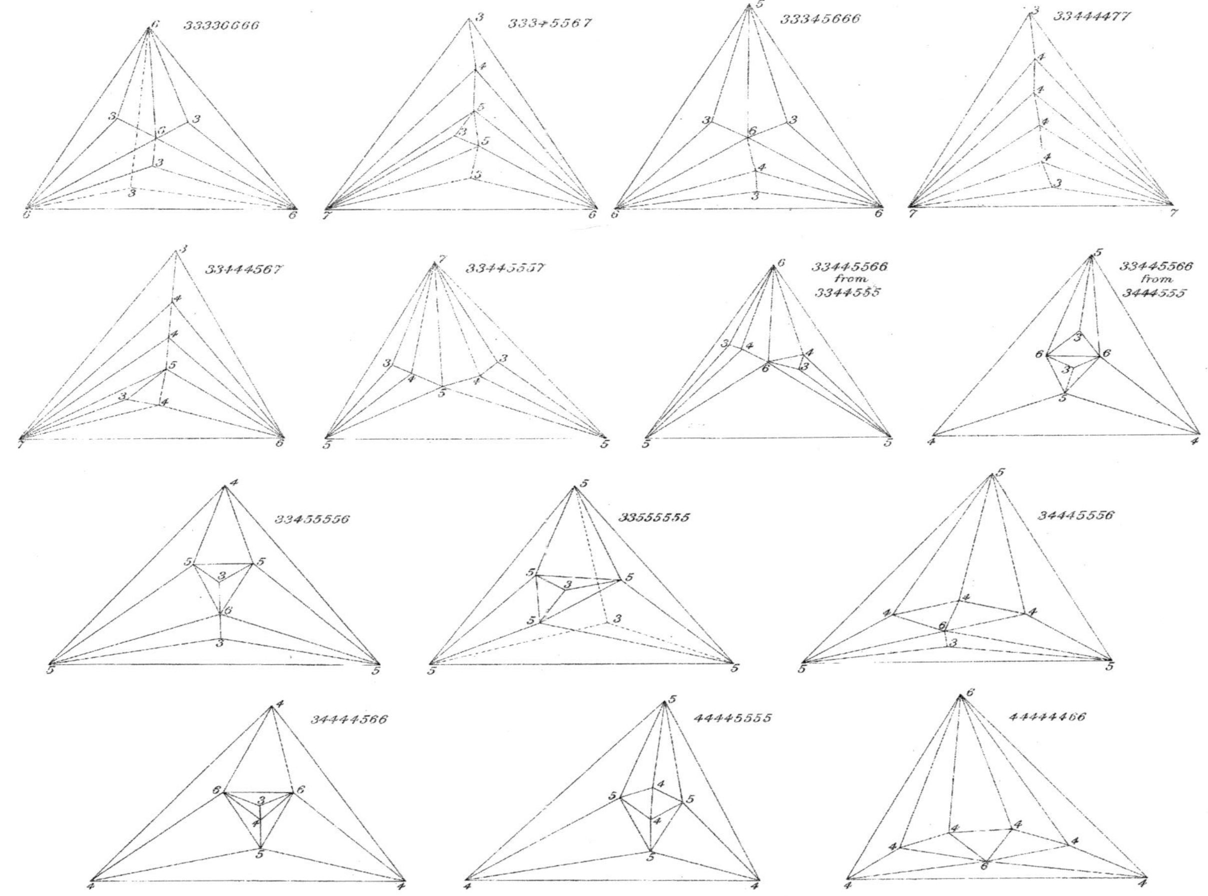

309.

NOTE ON THE THEORY OF DETERMINANTS.

[From the *Philosophical Magazine*, vol. XXI. (1861), pp. 180—185.]

THE following mode of arrangement of the developed expression of a determinant had presented itself to me as a convenient one for the calculation of a rather complicated determinant of the fifth order; but I have since found that it is in effect given, although in a much less compendious form, in a paper by J. N. Stockwell, "On the Resolution of a System of Symmetrical Equations with Indeterminate Coefficients," Gould's *Ast. Journal*, No. 139 (Cambridge, U. S., Sept. 10, 1860).

Suppose that the determinant

$$\begin{vmatrix} 11, & 12, & 13 \\ 21, & 22, & 23 \\ 31, & 32, & 33 \end{vmatrix}$$

is represented by $\{123\}$, and so for a determinant of any order $\{123 \ldots n\}$.

Let $|\,1\,|$, $|\,2\,|$, $|\,12\,|$, $|\,123\,|$, &c., denote as follows: viz.

$$\begin{aligned} |\,1\,| &= 11, \quad |\,2\,| = 22, \text{ \&c.} \\ |\,12\,| &= 12 \,.\, 21, \\ |\,123\,| &= 12 \,.\, 23 \,.\, 31, \\ &\text{\&c.,} \end{aligned}$$

where it is to be noticed that, with the same two symbols, e.g. 1 and 2, there is but one distinct expression $|\,12\,|$ (in fact $|\,21\,| = 21 \,.\, 12 = |\,12\,|$); with the same three symbols, 1, 2, 3, there are two distinct expressions, $|\,123\,|$ $(=12 \,.\, 23 \,.\, 31)$ and $|\,132\,|$ $(=13 \,.\, 32 \,.\, 21)$; and generally with the same m symbols $1, 2, 3 \ldots m$, there are $1 \,.\, 2 \,.\, 3 \ldots (m-1)$ distinct expressions $|\,123 \ldots m\,|$, which are obtained by permuting in every possible manner all but one of the m symbols.

This being so, and writing for greater simplicity $|\,1\,|\,2\,|$ to denote the product $|\,1\,| \times |\,2\,|$, and so in general, the values of the determinants $\{12\}$, $\{123\}$, $\{1234\}$, $\{12345\}$, &c. are as follows: viz.

	No. of terms. +	No. of terms. −
$\{12\} = + \vert 1 \vert 2 \vert$	1	
$- \vert 1 \;\; 2 \vert$		1
	1 + 1 = 2	
$\{123\} = + \vert 1 \vert 2 \vert 3 \vert$ . . .	1	
$- \vert 1 \;\; 2 \vert 3 \vert$ . . .		3
$+ \vert 1 \;\; 2 \;\; 3 \vert$ . . .	2	
	3 + 3 = 6	
$\{1234\} = + \vert 1 \vert 2 \vert 3 \vert 4 \vert$ . .	1	
$- \vert 1 \;\; 2 \vert 3 \vert 4 \vert$ . .		6
$+ \vert 1 \;\; 2 \;\; 3 \vert 4 \vert$ . .	8	
$+ \vert 1 \;\; 2 \vert 3 \;\; 4 \vert$ . .	3	
$- \vert 1 \;\; 2 \;\; 3 \;\; 4 \vert$ . .		6
	12 + 12 = 24	
$\{12345\} = + \vert 1 \vert 2 \vert 3 \vert 4 \vert 5 \vert$.	1	
$- \vert 1 \;\; 2 \vert 3 \vert 4 \vert 5 \vert$.		10
$+ \vert 1 \;\; 2 \;\; 3 \vert 4 \vert 5 \vert$.	20	
$+ \vert 1 \;\; 2 \vert 3 \;\; 4 \vert 5 \vert$.	15	
$- \vert 1 \;\; 2 \;\; 3 \;\; 4 \vert 5 \vert$.		30
$- \vert 1 \;\; 2 \;\; 3 \vert 4 \;\; 5 \vert$.		20
$+ \vert 1 \;\; 2 \;\; 3 \;\; 4 \;\; 5 \vert$.	24	
	60 + 60 = 120	

where, as regards the signs, it is to be observed that there is a sign $-$ for each compartment $|\quad|$ containing an even number of symbols; thus in the expression for $\{1234\}$, the terms $|\,1\;2\,|\,3\;4\,|$ have the sign $- - = +$, and the terms $|\,1\;2\;3\;4\,|$ the sign $-$. Or, what comes to the same thing; when n is even, the sign is $+$ or $-$ according as the number of compartments is even or odd; and contrariwise when n is odd. As regards the remaining part of the expression, this merely exhibits the partitions of a set of n things; and the formulæ for the several determinants up to the determinant of a given order are all of them obtained by means of the form

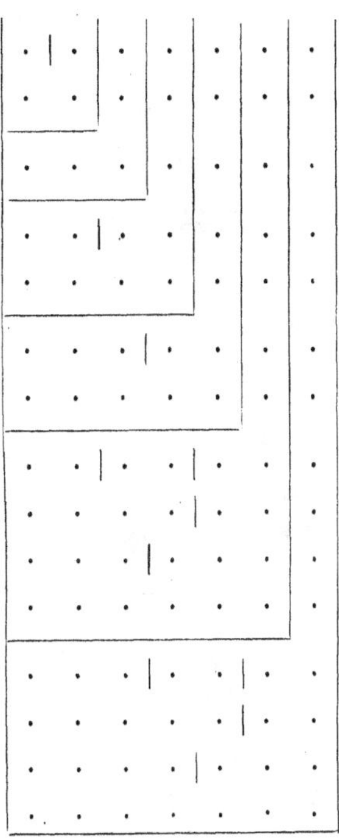

which is carried up to the order 7, but which can be further extended without any difficulty whatever.

It is perhaps hardly necessary, but I give at full length the expressions of the determinant of the third order: this is

$$\{123\} = \begin{array}{l} \quad |\,1\,|\,2\,|\,3\,| \\ \left.\begin{array}{l} -|\,1\ \ 2\,|\,3\,| \\ -|\,2\ \ 3\,|\,1\,| \\ -|\,3\ \ 1\,|\,2\,| \end{array}\right\} \\ \left.\begin{array}{l} +|\,1\ \ 2\ \ 3\,| \\ +|\,1\ \ 3\ \ 2\,| \end{array}\right\}; \end{array}$$

and by writing down in like manner the expression for the twenty-four terms of the determinant of the fourth order, the notation will become perfectly clear.

The formula hardly requires a demonstration. The terms of a determinant $\{123...n\}$, for example the determinant $\{1234\}$, are obtained by permuting in every possible manner the symbols in either column, say the second column, of the arrangement

$$\begin{array}{cc} 1 & 1 \\ 2 & 2 \\ 3 & 3 \\ 4 & 4 \end{array}$$

and prefixing the sign (+ or −) of the arrangement; and the resulting arrangements, for instance

$$\begin{array}{ccc} +1\ 1, & -1\ 2, & -1\ 2, \\ 2\ 2 & 2\ 1 & 2\ 3 \\ 3\ 3 & 3\ 3 & 3\ 4 \\ 4\ 4 & 4\ 4 & 4\ 1 \end{array}$$

are interpreted either into $+11.22.33.44$, $-12.21.33.44$, $-12.23.34.41$, or in the notation of the formula, into

$$+\,|\,1\,|\,2\,|\,3\,|\,4\,|,\quad -\,|\,12\,|\,3\,|\,4\,|,\quad -\,|\,1\,2\,3\,4\,|;$$

and so in general.

Suppose that any partition of n contains α compartments each of a symbols, β compartments each of b symbols ... (a, b, ... being all of them different and greater than unity), and ρ compartments each of a single symbol, we have

$$n = \alpha a + \beta b + \ldots + \rho;$$

and writing, as usual, $\Pi a = 1.2.3 \ldots a$, &c., the number of ways in which the symbols 1, 2, 3, ... n, can be so arranged in compartments is

$$\frac{\Pi n}{(\Pi a)^{\alpha}\,(\Pi b)^{\beta} \ldots \Pi\alpha\,\Pi\beta \ldots \Pi\rho};$$

but each such arrangement gives $(\Pi(a-1))^{\alpha}.(\Pi(b-1))^{\beta}$ terms of the determinant, and the corresponding number of terms therefore is

$$\frac{\Pi n}{a^{\alpha} b^{\beta} \ldots \Pi\alpha\,\Pi\beta \ldots \Pi\rho}.$$

The whole number of terms of the determinant is Πn, and we have thus the theorem

$$1 = \Sigma\, \frac{1}{a^{\alpha} b^{\beta} \ldots \Pi\alpha\,\Pi\beta \ldots \Pi\rho},$$

in which the summation corresponds to all the different partitions $n = \alpha a + \beta b, \ldots + \rho$, where a, b, ... are all of them different and greater than unity; a theorem given in Cauchy's *Mémoire sur les Arrangements* &c., 1844. But it is to be noticed also that, the number of the positive and negative terms being equal, we have besides

$$0 = \Sigma\, \frac{(-)^{\alpha(a-1)+\beta(b-1)+\ldots}}{a^{\alpha} b^{\beta} \ldots \Pi\alpha\,\Pi\beta \ldots \Pi\rho};$$

or, what is the same thing,

$$0 = \Sigma\, \frac{(-)^{n-\alpha-\beta\ldots-\rho}}{a^{\alpha} b^{\beta} \ldots \Pi\alpha\,\Pi\beta \ldots \Pi\rho};$$

and thence also

$$\tfrac{1}{2} = \Sigma\, \frac{1}{a^{\alpha} b^{\beta} \ldots \Pi\alpha\,\Pi\beta \ldots \Pi\rho};$$

where, as before, $n = \alpha a + \beta b \ldots + \rho(a, b, \ldots$ being all different and greater than unity); but the summation is restricted either to the partitions for which $n - \alpha - \beta \ldots - \rho$ is even, or else to those for which $n - \alpha - \beta \ldots - \rho$ is odd.

The formula affords a proof of the fundamental property of skew symmetrical determinants. In such a determinant we have not only $12 = -21$, &c., but also $11 = 0$, &c. Suppose that n, the order of the determinant, is odd; then in each line of the expression

$$\{123 \ldots n\} = |\ 1\ |\ 2\ |\ \ldots\ |\ n\ | \\ \pm \text{\&c.}$$

of the determinant, there is at least one compartment $|\ 1\ |$ or $|\ 123\ |$ &c. containing an odd number of symbols: let $|\ 123\ |$ be such a compartment, then the determinant contains the terms $|\ 123\ |\ P$ and $|\ 132\ |\ P$ (where P represents the remaining compartments), that is, $12 . 23 . 31 . P$ and $13 . 32 . 21 . P$. But in virtue of the relations $12 = -21$, &c., we have

$$12 . 23 . 31 = -13 . 32 . 21;$$

and so in all similar cases; that is, the terms destroy each other, or the skew symmetrical determinant of an odd order is equal to zero.

The like considerations show that a skew symmetrical determinant of an even order is a perfect square. In fact, considering for greater simplicity the case $n = 4$, any line in the foregoing expression of $\{1234\}$ for which a compartment contains an odd number of symbols, gives rise to terms which destroy each other, and may be omitted. The expression thus reduces itself to

$$\{1234\} = +\ |\ 12\ |\ 34\ |\quad 3 \text{ terms} \\ -\ |\ 12\ \ 34\ |\quad 6 \text{ terms},$$

which is in fact the square of

$$12 . 34 + 13 . 42 + 14 . 23;$$

for the square of a term, say $12 . 34$, is $\overline{12}^2 . \overline{34}^2$ or $12 . 21 . 34 . 43$, that is, $|\ 12\ |\ 34\ |$, and the double of the product of two terms, say $12 . 34$ and $13 . 42$, is $2 . 12 . 34 . 13 . 42$, or $-12 . 24 . 43 . 31 - 13 . 34 . 42 . 21$, that is $-\ |\ 1243\ | - |\ 1342\ |$, and so for the other similar terms, and we have

$$\{1234\} = (12 . 34 + 13 . 42 + 14 . 23)^2 :$$

and so in general, n being any even number, the skew symmetrical determinant $\{123 \ldots n\}$ is equal to the square of the Pfaffian $12 \ldots n$, where the law of these Pfaffian functions is

$$1234 \quad = 12 . 34 \quad + 13 . 42 \quad + 14 . 23$$
$$123456 = 12 . 3456 + 13 . 4562 + 14 . 5623 + 15 . 6234 + 16 . 2345,$$

where, in the second equation, 3456, &c. are Pfaffians, viz. $3456 = 34 . 56 + 35 . 64 + 36 . 45$; and so on.

2, *Stone Buildings, W.C., December* 28, 1860.

310.

NOTE ON MR JERRARD'S RESEARCHES ON THE EQUATION OF THE FIFTH ORDER.

[From the *Philosophical Magazine*, vol. XXI. (1861), pp. 210—214.]

FUNCTIONS of the same set of quantities which are, by any substitution whatever, simultaneously altered or simultaneously unaltered, may be called *homotypical*. Thus all symmetric functions of the same set of quantities are homotypical: $(x+y-z-w)^2$ and $xy+zw$ are homotypical, &c.

It is one of the most beautiful of Lagrange's discoveries in the theory of equations, that, given the value of any function of the roots, the value of any homotypical function may be rationally determined[1]; in other words, that any homotypical function whatever is a rational function of the coefficients of the equation and of the given function of the roots.

The researches of Mr Jerrard are contained in his work, *An Essay on the Resolution of Equations*, London, Taylor and Francis, 1859. The solution of an equation of the fifth order is made to depend on an equation of the sixth order in W; and he conceives that he has shown that one of the roots of this equation is a rational function of another root: "The equation for W will therefore belong to a class of equations of the sixth degree, the resolution of which can, as Abel has shown, be effected by means of equations of the second and third degrees; whence I infer the possibility of solving any proposed equation of the fifth degree by a finite combination of radicals and rational functions."

[1] The *à priori* demonstration shows the cases of failure. Suppose that the roots of a biquadratic equation are 1, 3, 5, 9; then, given $a+b=8$, we know that either $a=3$, $b=5$, or else $a=5$, $b=3$, and in either case $ab=15$; hence in the present case (which represents the general case), $a+b$ being known, the homotypical function ab is rationally determined. But if the roots are 1, 3, 5, 7 (where $1+7=3+5$), then, given $a+b=8$, this is satisfied by (a, $b=3$, 5) or by (a, $b=1$, 7), and the conclusion is $ab=15$ or 7; so that here ab is determined, not as before, rationally, but by a quadratic equation.

The above property of rational expressibility, if true for W, will be true for any function homotypical with W; and conversely. I proceed to inquire into the form of the function W.

The function W is derived from the function P, which denotes any one of the quantities p_1, p_2, p_3. And if x_1, x_2, x_3, x_4, x_5 are the roots of the given equation of the fifth order, and if $\alpha, \beta, \gamma, \delta, \epsilon$ represent in an undetermined or arbitrary order of succession the five indices 1, 2, 3, 4, 5, and if ι denote an imaginary fifth root of unity (I conform myself to Mr Jerrard's notation), then p_1, p_2, p_3, and the other auxiliary quantities t, u, are obtained from the system of equations:

$$\begin{aligned}
x_\alpha^3 + p_1 x_\alpha^2 + p_2 x_\alpha + p_3 &= t + u,\\
x_\beta^3 + p_1 x_\beta^2 + p_2 x_\beta + p_3 &= \iota t + \iota^4 u,\\
x_\gamma^3 + p_1 x_\gamma^2 + p_2 x_\gamma + p_3 &= \iota^2 t + \iota^3 u,\\
x_\delta^3 + p_1 x_\delta^2 + p_2 x_\delta + p_3 &= \iota^3 t + \iota^2 u,\\
x_\epsilon^3 + p_1 x_\epsilon^2 + p_2 x_\epsilon + p_3 &= \iota^4 t + \iota u.
\end{aligned}$$

If from these equations we seek for the values of p_1, p_2, p_3, t, u, we have

$$1 : p_1 : p_2 : p_3 : -t : -u = \Pi_1 : \Pi_2 : \Pi_3 : \Pi_4 : \Pi_5 : \Pi_6,$$

where $\Pi_1, \Pi_2, ..$ denote the determinants formed out of the matrix

$$\left|\begin{matrix}
x_\alpha^3, & x_\alpha^2, & x_\alpha, & 1, & 1, & 1\\
x_\beta^3, & x_\beta^2, & x_\beta, & 1, & \iota, & \iota^4\\
x_\gamma^3, & x_\gamma^2, & x_\gamma, & 1, & \iota^2, & \iota^3\\
x_\delta^3, & x_\delta^2, & x_\delta, & 1, & \iota^3, & \iota^2\\
x_\epsilon^3, & x_\epsilon^2, & x_\epsilon, & 1, & \iota^4, & \iota
\end{matrix}\right|,$$

i.e., denoting the columns of this matrix by 1, 2, 3, 4, 5, 6, we have $\Pi_1 = 23456$, $\Pi_2 = -34561$, $\Pi_3 = 45612$, &c. In particular, the value of Π_1 is

$$= \left|\begin{matrix}
x_\alpha^2, & x_\alpha, & 1, & 1, & 1\\
x_\beta^2, & x_\beta, & 1, & \iota, & \iota^4\\
x_\gamma^2, & x_\gamma, & 1, & \iota^2, & \iota^3\\
x_\delta^2, & x_\delta, & 1, & \iota^3, & \iota^2\\
x_\epsilon^2, & x_\epsilon, & 1, & \iota^4, & \iota
\end{matrix}\right|,$$

and developing, and putting for shortness $\{\alpha\beta\} = x_\alpha x_\beta (x_\alpha - x_\beta)$, &c., we have

$$\begin{aligned}
\Pi_1 = (\{\alpha\beta\} + \{\beta\gamma\} + \{\gamma\delta\} + \{\delta\epsilon\} + \{\epsilon\alpha\})(-2\iota + \iota^2 - \iota^3 + 2\iota^4)\\
+ (\{\alpha\gamma\} + \{\gamma\epsilon\} + \{\epsilon\beta\} + \{\beta\delta\} + \{\delta\alpha\})(+\iota + 2\iota^2 - 2\iota^3 - 2\iota^4);
\end{aligned}$$

and this is also the form of the other determinants, the only difference being as to the meaning of the symbol $\{\alpha\beta\}$, which, however, in each case denotes a function such that $\{\alpha\beta\} = -\{\beta\alpha\}$. Writing for greater shortness,

$$\{\alpha\beta\gamma\delta\epsilon\} = \{\alpha\beta\} + \{\beta\gamma\} + \{\gamma\delta\} + \{\delta\epsilon\} + \{\epsilon\alpha\},$$

and in like manner

$$\{\alpha\gamma\epsilon\beta\delta\} = \{\alpha\gamma\} + \{\gamma\epsilon\} + \{\epsilon\beta\} + \{\beta\delta\} + \{\delta\alpha\},$$

Π_1 is an unsymmetric linear function (without constant term) of $\{\alpha\beta\gamma\delta\epsilon\}$, $\{\alpha\gamma\epsilon\beta\delta\}$; or, what is all that is material, it is an unsymmetric function, containing only odd powers, of $\{\alpha\beta\gamma\delta\epsilon\}$, $\{\alpha\gamma\epsilon\beta\delta\}$.

If for

$$\alpha \quad \beta \quad \gamma \quad \delta \quad \epsilon$$

we substitute any one of the five arrangements

$$\begin{array}{ccccc} \alpha & \beta & \gamma & \delta & \epsilon, \\ \beta & \gamma & \delta & \epsilon & \alpha, \\ \gamma & \delta & \epsilon & \alpha & \beta, \\ \delta & \epsilon & \alpha & \beta & \gamma, \\ \epsilon & \alpha & \beta & \gamma & \delta, \end{array}$$

then $\{\alpha\beta\gamma\delta\epsilon\}$ and $\{\alpha\gamma\epsilon\beta\delta\}$ will in each case remain unaltered.

But if we substitute any one of the five arrangements

$$\begin{array}{ccccc} \alpha & \epsilon & \delta & \gamma & \beta, \\ \epsilon & \delta & \gamma & \beta & \alpha, \\ \delta & \gamma & \beta & \alpha & \epsilon, \\ \gamma & \beta & \alpha & \epsilon & \delta, \\ \beta & \alpha & \epsilon & \delta & \gamma, \end{array}$$

then in each case $\{\alpha\beta\gamma\delta\epsilon\}$ and $\{\alpha\gamma\epsilon\beta\delta\}$ will be changed into $-\{\alpha\beta\gamma\delta\epsilon\}$ and $-\{\alpha\gamma\epsilon\beta\delta\}$ respectively. Hence Π_1 remains unaltered by any one of the first five substitutions; and it is changed into $-\Pi_1$ by any one of the second five substitutions. And the like being the case as regards Π_2, &c., it follows that the quotient $\Pi_1 \div \Pi_2$, or say P, remains unaltered by any one of the ten substitutions. Now the 120 permutations of α, β, γ, δ, ϵ can be obtained as follows, viz. by forming the 12 different pentagons which can be formed with α, β, γ, δ, ϵ (treated as five points), and reading each of them off in either direction from any angle. To each of the 12 pentagons there corresponds a distinct value of P, but such value is not altered by the different modes of reading off the pentagon; P is consequently a 12-valued function.

But there is a more simple form of the analytical expression of such a 12-valued function; in fact, if $[\alpha\beta\gamma\delta\epsilon]$ be any function which is not altered by any one of the above ten substitutions—if, for instance, $[\alpha\beta]$ is a symmetrical function of x_α, x_β, and

$$[\alpha\beta\gamma\delta\epsilon] = [\alpha\beta] + [\beta\gamma] + [\gamma\delta] + [\delta\epsilon] + [\epsilon\alpha],$$

and therefore

$$[\alpha\gamma\epsilon\beta\delta] = [\alpha\gamma] + [\gamma\epsilon] + [\epsilon\beta] + [\beta\delta] + [\delta\alpha],$$

then any unsymmetrical function of $[\alpha\beta\gamma\delta\epsilon]$ and $[\alpha\gamma\epsilon\beta\delta]$ will be a 12-valued function homotypical with P.

Mr Jerrard's function W is the sum of two values of his function P; the substitution by which the second is derived from the first can only be that which interchanges the two functions $[\alpha\beta\gamma\delta\epsilon]$ and $[\alpha\gamma\epsilon\beta\delta]$; and hence any symmetrical function of $[\alpha\beta\gamma\delta\epsilon]$ and $[\alpha\gamma\epsilon\beta\delta]$ is a function homotypical with Mr Jerrard's W; such symmetric function is in fact a 6-valued function only. Indeed it is easy to see that the twelve pentagons correspond together in pairs, either pentagon of a pair being derived from the other one by *stellation*, and the six values of the function in question corresponding to the six pairs of pentagons respectively.

Writing with Mr Cockle and Mr Harley,

$$\tau = x_\alpha x_\beta + x_\beta x_\gamma + x_\gamma x_\delta + x_\delta x_\epsilon + x_\epsilon x_\alpha,$$

$$\tau' = x_\alpha x_\gamma + x_\gamma x_\epsilon + x_\epsilon x_\beta + x_\beta x_\delta + x_\delta x_\alpha,$$

then ($\tau + \tau'$ is a symmetrical function of all the roots, and it must be excluded; but) $(\tau - \tau')^2$ or $\tau\tau'$ are each of them 6-valued functions of the form in question, and either of these functions is linearly connected with the Resolvent Product. In Lagrange's general theory of the solution of equations, if

$$f\iota = x_1 + \iota x_2 + \iota^2 x_3 + \iota^3 x_4 + \iota^4 x_5,$$

then the coefficients of the equation the roots whereof are $(f\iota)^5$, $(f\iota^2)^5$, $(f\iota^3)^5$, $(f\iota^4)^5$, and in particular the last coefficient $(f\iota f\iota^2 f\iota^3 f\iota^4)^5$, are determined by an equation of the sixth degree; and this last coefficient is a perfect fifth power, and its fifth root, or $f\iota f\iota^2 f\iota^3 f\iota^4$, is the function just referred to as the Resolvent Product.

The conclusion from the foregoing remarks is that *if the equation for W has the above property of the rational expressibility of its roots,* the equation of the sixth order resulting from Lagrange's general theory has the same property.

I take the opportunity of adding a simple remark on cubic equations. The principle which furnishes what in a foregoing foot-note is called the *à priori* demonstration of Lagrange's theorem is that an equation need never contain extraneous roots; a quantity which has only one value will, if the investigation is properly conducted, be determined in the first instance by a linear equation; one which has two values by a quadratic equation, and so on; there is always enough, and not more than enough, to determine what is required.

Take Cardan's solution of the cubic equation $x^3 + qx - r = 0$, we have $x = a + b$, and thence $3ab = -q$, $a^3 + b^3 = r$; and to obtain the solution we write

$$a^3b^3 = -\frac{q}{27}, \quad a^3 + b^3 = r.$$

But *these* two equations are not enough to precisely determine x, they lead to the 9-valued function

$$\sqrt[3]{\frac{r}{2} + \sqrt{\frac{r^2}{4} + \frac{q^3}{27}}} + \sqrt[3]{\frac{r}{2} - \sqrt{\frac{r^2}{4} + \frac{q^3}{27}}}:$$

in order to precisely determine x, it is (as everybody knows) necessary to use the original equation $ab = -\frac{q}{3}$. But seek for the solution as follows; viz. write $x = ab(a + b)$, which gives

$$3a^3b^3 = -q, \quad a^3b^3(a^3 + b^3) = r,$$

or what is the same thing,

$$a^3b^3 = -\frac{q}{3}, \quad a^3 + b^3 = -\frac{3r}{q};$$

these equations give $x = ab(a + b)$, where

$$a = \sqrt[3]{-\frac{3r}{2q} + \sqrt{\frac{9r^2}{4q^2} + \frac{q}{3}}}, \quad b = \sqrt[3]{-\frac{3r}{2q} - \sqrt{\frac{9r^2}{4q^2} + \frac{q}{3}}},$$

which is a 3-valued function only, ab in this case being not given.

2, *Stone Buildings, W.C., January* 28, 1861.

311.

ON A THEOREM OF ABEL'S RELATING TO EQUATIONS OF THE FIFTH ORDER.

[From the *Philosophical Magazine*, vol. XXI. (1861), pp. 257—263.]

THE following is given (Abel, *Œuvres*, vol. II. p. 253 [Ed. 2, vol. II. p. 266]) as an extract of a letter to M. Crelle:

"Si une équation du cinquième degré, dont les coefficients sont des *nombres rationnels*, est résoluble algébriquement, on peut donner aux racines la forme suivante,

$$x = c + Aa^{\frac{1}{5}}a_1^{\frac{2}{5}}a_2^{\frac{4}{5}}a_3^{\frac{3}{5}} + A_1a_1^{\frac{1}{5}}a_2^{\frac{2}{5}}a_3^{\frac{4}{5}}a^{\frac{2}{5}} + A_2a_2^{\frac{1}{5}}a_3^{\frac{2}{5}}a^{\frac{4}{5}}a_1^{\frac{3}{5}} + A_3a_3^{\frac{1}{5}}a^{\frac{2}{5}}a_1^{\frac{4}{5}}a_2^{\frac{3}{5}},$$

où

$$a = m + n\sqrt{1+e^2} + \sqrt{h(1+e^2+\sqrt{1+e^2})},$$

$$a_1 = m - n\sqrt{1+e^2} + \sqrt{h(1+e^2-\sqrt{1+e^2})},$$

$$a_2 = m + n\sqrt{1+e^2} - \sqrt{h(1+e^2+\sqrt{1+e^2})},$$

$$a_3 = m - n\sqrt{1+e^2} - \sqrt{h(1+e^2-\sqrt{1+e^2})},$$

$$A = K + K'a + K''a_2 + K''aa_2, \quad A_1 = K + K'a_1 + K''a_3 + K'''a_1a_3,$$

$$A_2 = K + K'a_2 + K''a + K''aa_2, \quad A_3 = K + K'a_3 + K''a_1 + K'''a_1a_3.$$

Les quantités c, h, e, m, n, K, K', K'', K''' sont des *nombres rationnels*.

"Mais de cette manière l'équation $x^5 + ax + b = 0$ n'est pas résoluble tant que a et b sont des quantités quelconques. J'ai trouvé de pareils théorèmes pour les équations du 7ème, 11ème, 13ème, &c. degré. Fribourg, le 14 Mars, 1826."

The theorem is referred to by M. Kronecker (*Berl. Monatsb.* June 20, 1853), but nowhere else that I am aware of.

It is to be noticed that in the expressions for a, a_1, a_2, a_3, the radicals are such that

$$\sqrt{1+e^2}\sqrt{h(1+e^2+\sqrt{1+e^2})}\sqrt{h(1+e^2-\sqrt{1+e^2})}=he(1+e^2),$$

a rational number.

The theorem is given as belonging to numerical equations; but considering it as belonging to literal equations, it will be convenient to change the notation; and in this point of view, and to avoid suffixes and accents, I write

$$x=\theta+A\alpha^{\frac{1}{5}}\beta^{\frac{2}{5}}\gamma^{\frac{4}{5}}\delta^{\frac{3}{5}}+B\beta^{\frac{1}{5}}\gamma^{\frac{2}{5}}\delta^{\frac{4}{5}}\alpha^{\frac{3}{5}}+C\gamma^{\frac{1}{5}}\delta^{\frac{2}{5}}\alpha^{\frac{4}{5}}\beta^{\frac{3}{5}}+D\delta^{\frac{1}{5}}\alpha^{\frac{2}{5}}\beta^{\frac{4}{5}}\gamma^{\frac{3}{5}},$$

where

$$\alpha=m+n\sqrt{\Theta}+\sqrt{p+q\sqrt{\Theta}},$$

$$\beta=m-n\sqrt{\Theta}+\sqrt{p-q\sqrt{\Theta}},$$

$$\gamma=m+n\sqrt{\Theta}-\sqrt{p+q\sqrt{\Theta}},$$

$$\delta=m-n\sqrt{\Theta}-\sqrt{p-q\sqrt{\Theta}};$$

the radicals being connected by

$$\sqrt{\Theta}\sqrt{p+q\sqrt{\Theta}}\sqrt{p-q\sqrt{\Theta}}=s,$$

and where

$$A=K+L\alpha+M\gamma+N\alpha\gamma,\quad B=K+L\beta+M\delta+N\beta\delta,$$

$$C=K+L\gamma+M\alpha+N\alpha\gamma,\quad D=K+L\delta+M\beta+N\beta\delta,$$

in which equations θ, m, n, p, q, Θ, s, K, L, M, N are rational functions of the elements of the given quintic equation.

The basis of the theorem is, that the expression for x has only the five values which it acquires by giving to the quintic radicals contained in it their five several values, and does not acquire any new value by substituting for the quadratic radicals their several values. For, this being so, x will be the root of a rational quintic; and conversely.

Now attending to the equation

$$\sqrt{\Theta}\sqrt{p+q\sqrt{\Theta}}\sqrt{p-q\sqrt{\Theta}}=s,$$

the different admissible values of the radicals are

$$\begin{array}{rrr}\sqrt{\Theta}, & \sqrt{p+q\sqrt{\Theta}}, & \sqrt{p-q\sqrt{\Theta}},\\ -\sqrt{\Theta}, & \sqrt{p-q\sqrt{\Theta}}, & -\sqrt{p+q\sqrt{\Theta}},\\ \sqrt{\Theta}, & -\sqrt{p+q\sqrt{\Theta}}, & -\sqrt{p-q\sqrt{\Theta}},\\ -\sqrt{\Theta}, & -\sqrt{p-q\sqrt{\Theta}}, & \sqrt{p+q\sqrt{\Theta}},\end{array}$$

corresponding to the systems

$$\begin{array}{cccc} \alpha, & \beta, & \gamma, & \delta, \\ \beta, & \gamma, & \delta, & \alpha, \\ \gamma, & \delta, & \alpha, & \beta, \\ \alpha, & \beta, & \gamma, & \delta, \end{array}$$

of the roots $\alpha, \beta, \gamma, \delta$; i.e. the effect of the alteration of the values of the quadratic radicals is merely to cyclically permute the roots $\alpha, \beta, \gamma, \delta$; and observing that any such cyclical permutation gives rise to a like cyclical permutation of A, B, C, D, the alteration of the quadratic radicals produces no alteration in the expression for x.

The quantities $\alpha, \beta, \gamma, \delta$ are the roots of a rational quartic. If, solving the quartic by Euler's method, we write

$$\begin{aligned} \alpha &= m+\sqrt{F}+\sqrt{G}+\sqrt{H}, \qquad \sqrt{FGH}=\nu, \text{ a rational function,} \\ \beta &= m-\sqrt{F}+\sqrt{G}-\sqrt{H}, \\ \gamma &= m+\sqrt{F}-\sqrt{G}-\sqrt{H}, \\ \delta &= m-\sqrt{F}-\sqrt{G}+\sqrt{H}, \end{aligned}$$

then the expressions for F, G, H in terms of the roots are

$$(\alpha+\gamma-\beta-\delta)^2, \quad (\alpha+\beta-\gamma-\delta)^2, \quad (\alpha+\delta-\beta-\gamma)^2,$$

which are the roots of a cubic equation

$$u^3-\lambda u^2+\mu u-\nu^2=0,$$

where λ, μ, ν are given rational functions of the coefficients of the quartic. We have

$$\sqrt{G}+\sqrt{H}=\sqrt{(\sqrt{G}+\sqrt{H})^2}=\sqrt{G+H+2\sqrt{GH}}=\sqrt{\lambda-F+\frac{2\nu}{F}\sqrt{F}};$$

so that, taking $\Theta=F$, the last-mentioned expressions for $\alpha, \beta, \gamma, \delta$ will be of the assumed form

$$\alpha=m+\sqrt{\Theta}+\sqrt{p+q\sqrt{\Theta}}, \quad \&c.$$

The equation

$$\sqrt{\Theta}\sqrt{p+q\sqrt{\Theta}}\sqrt{p-q\sqrt{\Theta}}=s$$

thus becomes

$$\sqrt{F}\sqrt{(G-H)^2}=s, \text{ or } F(G-H)^2=s^2;$$

that is,

$$-F^3+F(F^2+G^2+H^2)-2FGH=s^2;$$

or, what is the same thing, and putting Θ for F,

$$-\lambda\Theta^2+(\lambda^2-\mu)\Theta-3\nu=s^2.$$

Hence in order that the roots of the quartic may be of the assumed form,

$$\alpha = m + \sqrt{\Theta} + \sqrt{p + q\sqrt{\Theta}}, \text{ \&c.,}$$

where m, p, q, Θ are rational, and where also

$$\sqrt{\Theta}\sqrt{p+q\sqrt{\Theta}}\sqrt{p-q\sqrt{\Theta}} = s, \text{ a rational function,}$$

the necessary and sufficient conditions are that the quartic should be such that the reducing cubic

$$u^3 - \lambda u^2 + \mu u - \nu^2 = 0$$

(whose roots are $(\alpha+\beta-\gamma-\delta)^2$, $(\alpha+\gamma-\beta-\delta)^2$, $(\alpha+\delta-\beta-\gamma)^2$) may have *one rational root* Θ, and moreover that the function

$$-\lambda\Theta^2 + (\lambda^2 - \mu)\Theta - 3\nu$$

shall be the *square of a rational function s*. This being so, the roots of the quartic will be of the assumed form

$$\alpha = m + \sqrt{\Theta} + \sqrt{p + q\sqrt{\Theta}}, \text{ \&c.;}$$

and from what precedes, it is clear that any function of the roots of the quartic which remains unaltered by the cyclical substitution $\alpha\beta\gamma\delta$, or what is the same thing, any function of the form

$$\phi(\alpha, \beta, \gamma, \delta) + \phi(\beta, \gamma, \delta, \alpha) + \phi(\gamma, \delta, \alpha, \beta) + \phi(\delta, \alpha, \beta, \gamma)$$

will be a rational function of m, Θ, p, q, s, and consequently of the coefficients of the quartic. The above are the conditions in order that a quartic equation may be of the Abelian form.

It may be as well to remark that, assuming only the system of equations

$$\begin{aligned}
\alpha &= m + \sqrt{\Theta} + \sqrt{\Upsilon}, \\
\beta &= m - \sqrt{\Theta} + \sqrt{\Upsilon'}, \\
\gamma &= m + \sqrt{\Theta} - \sqrt{\Upsilon}, \\
\delta &= m - \sqrt{\Theta} - \sqrt{\Upsilon'},
\end{aligned}$$

then any rational function of α, β, γ, δ which remains unaltered by the cyclical substitution $\alpha\beta\gamma\delta$ will be a rational function of Θ, $\Upsilon + \Upsilon'$, $\Upsilon\Upsilon'$, $\sqrt{\Upsilon\Upsilon'}(\Upsilon - \Upsilon')$, $\sqrt{\Theta}(\Upsilon - \Upsilon')$, $\sqrt{\Theta}\sqrt{\Upsilon\Upsilon'}$. In fact, suppose such a function contains the term

$$(\sqrt{\Theta})^\alpha (\sqrt{\Upsilon})^\beta (\sqrt{\Upsilon'})^\gamma;$$

then it will contain the four terms

$$\begin{aligned}
&(\sqrt{\Theta})^\alpha (\sqrt{\Upsilon})^\beta (\sqrt{\Upsilon'})^\gamma, \\
&(-\sqrt{\Theta})^\alpha (\sqrt{\Upsilon'})^\beta (-\sqrt{\Upsilon})^\gamma, \\
&(\sqrt{\Theta})^\alpha (-\sqrt{\Upsilon})^\beta (-\sqrt{\Upsilon'})^\gamma, \\
&(-\sqrt{\Theta})^\alpha (-\sqrt{\Upsilon'})^\beta (\sqrt{\Upsilon})^\gamma,
\end{aligned}$$

which together are

$$(\sqrt{\Theta})^\alpha\left\{\left(1+(-)^{\beta+\gamma}1\right)(\sqrt{\Upsilon})^\beta(\sqrt{\Upsilon'})^\gamma+(-)^\alpha\left[(-)^\beta 1+(-)^\gamma 1\right](\sqrt{\Upsilon})^\gamma(\sqrt{\Upsilon'})^\beta\right\},$$

an expression which vanishes unless $(-)^\beta$, $(-)^\gamma$ are both positive or both negative. The forms to be considered are therefore

$(-)^\alpha$,	$(-)^\beta$,	$(-)^\gamma$
+	+	+
−	+	+
+	−	−
−	−	−

The first form is

$$(\sqrt{\Theta})^\alpha\left\{(\sqrt{\Upsilon})^\beta(\sqrt{\Upsilon'})^\gamma+(\sqrt{\Upsilon})^\beta(\sqrt{\Upsilon'})^\gamma\right\},$$

which, α, β, γ being each of them even, is a rational function of Θ, $\Upsilon+\Upsilon'$, $\Upsilon\Upsilon'$.

The second form is

$$(\sqrt{\Theta})^\alpha\left\{(\sqrt{\Upsilon})^\beta(\sqrt{\Upsilon'})^\gamma-(\sqrt{\Upsilon})^\beta(\sqrt{\Upsilon'})^\gamma\right\},$$

which, α being odd and β and γ each of them even, is the product of such a function into $\sqrt{\Theta}(\Upsilon-\Upsilon')$.

The third form is

$$(\sqrt{\Theta})^\alpha\left\{(\sqrt{\Upsilon})^\beta(\sqrt{\Upsilon'})^\gamma-(\sqrt{\Upsilon})^\gamma(\sqrt{\Upsilon'})^\beta\right\},$$

which, α being even and β and γ each of them odd, is the product of such a function into $\sqrt{\Upsilon\Upsilon'}(\Upsilon-\Upsilon')$.

And the fourth form is

$$(\sqrt{\Theta})^\alpha\left\{(\sqrt{\Upsilon})^\beta(\sqrt{\Upsilon'})^\gamma+(\sqrt{\Upsilon})^\gamma(\sqrt{\Upsilon'})^\beta\right\},$$

which, α, β, γ being each of them odd, is the product of such a function into $\sqrt{\Theta}(\Upsilon-\Upsilon')$.

Hence if $\Upsilon=p+q\sqrt{\Theta}$, $\Upsilon'=p-q\sqrt{\Theta}$, and $\sqrt{\Theta}\sqrt{p+q\sqrt{\Theta}}\sqrt{p-q\sqrt{\Theta}}=s$, then

$$\Theta,\quad \Upsilon+\Upsilon'(=2p),\quad \Upsilon\Upsilon'(=p^2-q^2\Theta),\quad \sqrt{\Upsilon\Upsilon'}(\Upsilon-\Upsilon')\left(=\frac{2q}{s}\right),$$
$$\sqrt{\Theta}(\Upsilon-\Upsilon')(=2q\Theta),\text{ and }\sqrt{\Theta}\sqrt{\Upsilon\Upsilon'}(=s)$$

are respectively rational functions. This is the *à posteriori* verification, that with the system of equations

$$\alpha=m+\sqrt{\Theta}+\sqrt{p+q\sqrt{\Theta}},\ \&\text{c.},\quad \sqrt{\Theta}\sqrt{p+q\sqrt{\Theta}}\sqrt{p-q\sqrt{\Theta}}=s,$$

any function

$$\phi(\alpha,\beta,\gamma,\delta)+\phi(\beta,\gamma,\delta,\alpha)+\phi(\gamma,\delta,\alpha,\beta)+\phi(\delta,\alpha,\beta,\gamma)$$

is a rational function.

The coefficients of the quintic equation for x must of course be of the form just mentioned; that is, they must be functions of α, β, γ, δ, which remain unaltered by the cyclic substitution $\alpha\beta\gamma\delta$. To form the quintic equation, I write

$$\theta - x = a,$$

$$A\alpha^{\frac{1}{5}}\beta^{\frac{2}{5}}\gamma^{\frac{4}{5}}\delta^{\frac{3}{5}} = b, \quad D\delta^{\frac{1}{5}}\alpha^{\frac{2}{5}}\beta^{\frac{4}{5}}\gamma^{\frac{3}{5}} = c, \quad B\beta^{\frac{1}{5}}\gamma^{\frac{2}{5}}\delta^{\frac{4}{5}}\alpha^{\frac{3}{5}} = d, \quad C\gamma^{\frac{1}{5}}\delta^{\frac{2}{5}}\alpha^{\frac{4}{5}}\beta^{\frac{3}{5}} = e\,;$$

then we have

$$0 = a + b + c + d + e,$$

and the quintic equation is

$$f1\, f\omega\, f\omega^2\, f\omega^3\, f\omega^4 = 0,$$

where ω is an imaginary fifth root of unity, and

$$f\omega = a + b\omega + c\omega^2 + d\omega^3 + e\omega^4.$$

We have

$$f\omega\, f\omega^4 = \Sigma a^2 + (\omega + \omega^4)\, \Sigma' ab + (\omega^2 + \omega^3)\, \Sigma' ac,$$

$$f\omega^2 f\omega^3 = \Sigma a^2 + (\omega^2 + \omega^3)\, \Sigma' ab + (\omega^2 + \omega^3)\, \Sigma' ac,$$

where Σ' is Mr Harley's cyclical symbol, viz.

$$\Sigma' ab = ab + bc + cd + de + ea\,;$$

and so in other cases, the order of the cycle being always $abcde$. This gives

$$f\omega\, f\omega^2 f\omega^3 f\omega^4 = \Sigma a^4 + \Sigma a^2b^2 - \Sigma a^3 b + 2\Sigma a^2bc - \Sigma abcd - 5\Sigma' a^2 (be + cd)\,;$$

and multiplying by $f1$, $= \Sigma a$, and equating to zero, the result is found to be

$$\Sigma a^5 - 5abcde - 5\Sigma' a^3 (be + cd) + 5\Sigma' a\, (b^2e^2 + c^2d^2) = 0\,;$$

or arranging in powers of a, this is

$$\left.\begin{array}{ll} a^5 & \\ + a^3\,. & -5\,(be + cd) \\ + a^2\,. & 5\,(b\,c^2 + c\,e^2 + e\,d^2 + d\,b^2) \\ + a\,. & \left\{\begin{array}{l} 5\,(b^3c + c^3e + e^3d + d^3 b) \\ + 5\,(b^2e^2 + c^2d^2 - becd) \end{array}\right. \\ + & \left\{\begin{array}{l} b^5 + c^5 + e^5 + d^5 \\ - 5\,(b^3de + c^3bd + e^3cb + d^3ec) \\ + 5\,(bd^2e^2 + cb^2d^2 + ec^2b^2 + de^2c^2) \end{array}\right. \end{array}\right\} = 0,$$

the several coefficients being, it will be observed, cyclical functions to the cycle b, c, e, d.

Putting for a its value $-(x-\theta)$, and for b, c, d, e their values, the quintic equation in x is

$$\left.\begin{array}{ll}
(x-\theta)^5 & \\
+(x-\theta)^3 . & -5(AC + BD)\,\alpha\beta\gamma\delta \\
+(x-\theta)^2 . & -5(A^2B\gamma\delta + B^2C\delta\alpha + C^2D\alpha\beta + D^2A\beta\gamma)\,\alpha\beta\gamma\delta \\
+(x-\theta) & \left\{\begin{array}{l} -5(A^3D\beta\gamma^2\delta + B^3A\gamma\delta^2\alpha + C^3B\delta\alpha^2\beta + D^3C\alpha\beta^2\gamma)\,\alpha\beta\gamma\delta \\ +5(A^2C^2 + B^2D^2 - ABCD)\,\alpha^2\beta^2\gamma^2\delta^2 \end{array}\right. \\
+ & \left\{\begin{array}{l} (A^5\beta\gamma^3\delta^2 + B^5\gamma\delta^3\alpha^2 + C^5\delta\alpha^3\beta^2 + D^5\alpha\beta^3\gamma^2)\,\alpha\beta\gamma\delta \\ -5(A^3BC\gamma\delta + B^3CD\delta\alpha + C^3DA\alpha\beta + D^3AB\beta\gamma)\,\alpha^2\beta^2\gamma^2\delta^2 \\ +5(AB^2C^2\alpha\delta + BC^2D^2\beta\alpha + CD^2A^2\gamma\beta + DE^2A^2\delta\alpha)\,\alpha^2\beta^2\gamma^2\delta^2 \end{array}\right.
\end{array}\right\} = 0,$$

where as before

$$\begin{aligned}
A &= K + L\alpha + M\gamma + N\alpha\gamma, \\
B &= K + L\beta + M\delta + N\beta\delta, \\
C &= K + L\gamma + M\alpha + N\gamma\alpha, \\
D &= K + L\delta + M\beta + N\delta\beta;
\end{aligned}$$

and the coefficients of the quintic equation are, as they should be, cyclical functions with the cycle $\alpha\beta\gamma\delta$.

2, *Stone Buildings, W.C., February* 10, 1861.

312.

ON THE PARTITIONS OF A CLOSE.

[From the *Philosophical Magazine*, vol. XXI. (1861), pp. 424—428.]

IF F, S, E denote the number of faces, summits, and edges of a polyhedron, then, by Euler's well-known theorem,

$$F+S=E+2;$$

and if we imagine the polyhedron projected on the plane of any one face in such manner that the projections of all the summits not belonging to the face fall *within* the face, then we have a partitioned polygon, in which (if P denote the number of component polygons, or say the number of parts) $F=P+1$, or we have

$$P+S=E+1,$$

where S is the number of summits and E the number of edges of the plane figure. I retain for convenience the word *edge*, as having a different initial letter from *summit*.

The formula, however, excludes cases such as that of a polygon divided into two parts by means of an interior polygon wholly detached from it; and in order to extend it to such cases, the formula must be written under the form

$$P+S=E+1+B,$$

where B is the number of breaks of contour, as will be presently explained.

The edges of a polygon are right lines: it might at first sight appear that the theory would not be materially altered by removing this restriction, and allowing the edges to be curved lines; but the fact is that we thus introduce closed figures bounded by two edges, or even by a single edge, or by what I term a mere contour; and we have a new theory, which I call that of the Partitions of a Close.

Several definitions and explanations are required. The words line and curve are used indifferently to denote any path which can be described *currente calamo* without lifting the pen from the paper. A closed curve, not cutting or meeting itself[1], is called a *contour.* An enclosed space, such that no part of it is shut out from any other part of it, or, what is the same thing, such that any part can be joined with any other part by a line not cutting the boundary, is termed a *close.* The boundary of a close may be considered as the limit of a single contour, or of two or more contours lying wholly within the close. The reason for speaking of a limit will appear by an example. Consider a circle, and within it, but wholly detached from it, a figure of eight; the space interior to the circle but exterior to the figure of eight is a close: its boundary may be considered as the limit of two contours,—the first of them interior to the close, and indefinitely near the circle (in this case we might say the circle itself); the second of them an hour-glass-shaped curve, interior to the close (that is, exterior to the figure of eight) and indefinitely near to the figure of eight. The figure of eight, as being a curve which cuts itself, is not a contour; and in the case in question we could not have said that the boundary of the close consisted of two contours. A similar instance is afforded by a circle having within it two circles exterior to each other, but connected by a line not cutting or meeting itself; or even two points, or, as they may be called, summits, connected by a line not cutting or meeting itself; or, again, a single summit: in each of these cases the boundary of the close may be considered as the limit of two contours. But this explanation once given, we may for shortness speak of the close as bounded by a single contour, or by two or more contours; and I shall throughout do so, instead of using the more precise expression of the boundary being the limit of a contour, or of two or more contours. The excess above unity of the number of the contours which form the boundary of a close is the *break of contour* for such close; in the case of a close bounded by a single contour, the break of contour is zero.

Any point whatever on a curve may be considered as the point of meeting of two curves, or, in the case of a closed curve, as the point where the curve meets itself, but it is not of necessity so considered. A point where a curve cuts or meets itself or any other curve, is a *summit;* each point of termination of an unclosed curve is also a *summit;* any isolated point may be taken to be a *summit.* It follows that, in the case of a closed curve not cutting or meeting itself (that is, a contour), any point or points on the curve may be taken to be summits; but the contour need not have upon it any summit: it is in this case termed a *mere contour.* The curve which is the path from a summit to itself, or to any other summit, is an *edge:* the former case is that of a contour having upon it a single summit, the latter that of an edge having, that is terminated by, two summits, and no more. It is hardly necessary to remark that a contour having upon it two or more summits consists of the same number of edges, and, by what precedes, a contour having upon it a single summit is an edge; but it is to be noted that a contour without any summit upon

[1] It is hardly necessary to add, except in so far as any point whatever of the curve may be considered as a point where the curve meets itself.

it, or mere contour, is *not* an edge. It may be added that an edge does not cut or meet itself or any other edge except at the summit or summits of the edge itself.

Consider now a close bounded by $\beta+1$ mere contours: if for any partitioned close we have P the number of parts, S the number of summits, E the number of edges, B the number of breaks of contour; then, for the unpartitioned close, we have $P=1$, $S=0$, $E=0$, $B=\beta$, and therefore

$$P+S+\beta=E+1+B;$$

and it is to be shown that this equation holds good in whatever manner the close is partitioned. The partitionment is effected by the addition, in any manner, of summits and mere contours, and by drawing edges, any edge from a summit to itself or to another summit. The effect of adding a summit is first to increase S by unity: if the summit added be on a contour, E will be thereby increased by unity; for if the contour is a mere contour, it is not an edge, but becomes so by the addition of the summit; if it is not a mere contour, but has upon it a summit or summits, the addition of the summit will increase by unity the number of edges of the contour. If, on the other hand, the summit added be an isolated one, then the addition of such summit causes a break of contour, or B is increased by unity. Hence the addition of a summit increases by unity S; and it also increases by unity E or else B, that is, it leaves the equation undisturbed. The effect of the addition of a mere contour is to increase P by unity, and also to increase B by unity: it is easy to see that this is the case, whether the new mere contour does or does not contain within it any contour or contours. Hence the addition of a mere contour leaves the equation undisturbed. The effect of drawing an edge is first to increase E by unity; if the edge is drawn from a summit to itself, or from a summit on a contour to another summit on the same contour, then the effect is also to increase P by unity; if, however, the edge is drawn from a summit on a contour to a summit on a different contour, then P remains unaltered, but B is diminished by unity. There are a few special cases, which, although apparently different, are really included in the two preceding ones: thus, if the edge be drawn to connect two isolated summits, these are in fact to be considered as summits belonging to two distinct contours, and the like when a summit on a contour is joined to an isolated summit. And so if there be two or more summits connected together in order, and a new edge is drawn connecting the first and last of them, this is the same as when the edge is drawn through two summits of the same contour. The effect of drawing a new edge is thus to increase E by unity, and also to increase P by unity, or else to diminish B by unity; that is, it leaves the equation undisturbed. Hence the equation $P+S+\beta=E+1+B$, which subsists for the unpartitioned close, continues to subsist in whatever manner the close is partitioned, or it is always true.

In particular, if $\beta=0$, that is, if the original close be bounded by a mere contour, $P+S=E+1+B$; and if, besides, $B=0$, then $P+S=E+1$, which is the ordinary equation in the theory of the partitions of a polygon.

If we consider the surface of a plane as bounded by a mere contour at infinity, then for the infinite plane, $\beta = 0$, or we have $P + S = E + 1 + B$: in the case where the infinite plane is partitioned by a mere contour, $P = 2$, $S = 0$, $E = 0$, $B = 1$ (for the exterior part is bounded by the contour at infinity, and the partitioning contour, that is, for it, $B = 1$), and the equation is thus satisfied. And so for a contour having upon it n summits, $P = 2$, $S = n$, $E = n$, $B = 1$, and the equation is still satisfied: this is the case of the plane partitioned into two parts by means of a single polygon.

The case of a spherical surface is very interesting: the entire surface of the sphere must be considered as a close bounded by 0 contour, or we have $\beta = -1$, and the equation thus becomes $P + S = E + 2 + B$. Thus, if the sphere be divided into two parts by a mere contour, $P = 2$, $S = 0$, $E = 0$, $B = 0$, and the equation is satisfied. And in general, when $B = 0$, then $P + S = E + 2$; or writing F for P, then $F + S = E + 2$, which is Euler's equation for a polyhedron.

2, *Stone Buildings, W.C., March* 8, 1861.

313.

ON A SURFACE OF THE FOURTH ORDER.

[From the *Philosophical Magazine*, vol. XXI. (1861), pp. 491—495.]

LET A, B, C be fixed points; it is required to investigate the nature of the surface, the locus of a point P such that

$$\lambda AP + \mu BP + \nu CP = 0,$$

where λ, μ, ν are given coefficients; the equation depends, it is clear, on the ratios only of these quantities.

The surface is easily seen to be of the fourth order; it is obviously symmetrical in regard to the plane ABC; and the section by this plane, or say the principal section, is a curve of the fourth order, the locus of a point M such that

$$\lambda AM + \mu BM + \nu CM = 0.$$

The curve is considered incidentally by Mr Salmon, p. 125 of his *Higher Plane Curves* [Ed. 3, p. 126 and see also p. 240 *et seq.*]; and he has remarked that the two circular points at infinity are double points on the curve, which is therefore of the eighth class. Moreover, that there are two double foci, since at each of these circular points there are two tangents, each tangent of the one pair intersecting a tangent of the other pair in a double focus; hence, further, that there are four other foci, the points A, B, C, and a fourth point D lying in a circle with A, B, C, and which are such that, selecting any three at pleasure of the points A, B, C, D, the equation of the curve is in respect to such three points of the same form as it is in regard to the points A, B, C.

Consider a given point M, on the principal section, then the equations

$$\frac{BP}{BM} = \frac{CP}{CM}, \quad \frac{CP}{CM} = \frac{AP}{AM}, \quad \frac{AP}{AM} = \frac{BP}{BM}$$

belong respectively to three spheres: each of the spheres passes through the point M. The first of the spheres is such that, with respect to it, B and C are the images each of the other; that is, the centre of the sphere lies on the line BC, and the product of its distances from B and C is equal to the square of the radius; in like manner the second sphere is such that, with regard to it, C and A are the images each of the other; and the third sphere is such that, with regard to it, A and B are the images each of the other. The three spheres intersect in a circle through M at right angles to the principal plane (that is, the three spheres have a common circular section), and the equations of this circle may be taken to be

$$\frac{AP}{AM}=\frac{BP}{BM}=\frac{CP}{CM}.$$

It is clear that the circle of intersection lies wholly on the surface.

The spheres meet the principal plane in three circles, which are the diametral circles of the spheres; these circles are related to each other and to the points A, B, C, in like manner as the spheres are to each other and to the same points. The circles have thus a common chord; that is, they meet in the point M and in another point M': and MM' is the diameter of the circle, the intersection of the three spheres.

It may be shown that M, M' are the images each of the other in respect to the circle through A, B, C. In fact, consider in the first place the two points A, B, and a circle such that, with respect to it, A, B are the images each of the other; take M a point on this circle, and let O be any point on the line at right angles to AB through its middle point, and join OM cutting the circle in M'; then it is easy to see that M, M' are the images each of the other, in regard to the circle, centre O and radius $OA\,(=OB)$. Hence starting with the points A, B, C and the point M, let O be the centre of the circle through A, B, C, and take M' the image of M in respect to this circle; then considering the circle which passes through M, and in respect to which B, C are images each of the other, this circle passes through M'; and so the circle through M, in respect to which C, A are images each of the other, and the circle through M, in respect to which A, B are images each of the other, pass each of them through M'; that is, the three circles intersect in M'.

It is to be noticed that M', being on the surface, must be on the principal section; that is, the principal section is such that, taking upon it any point M, and taking M' the image of M in regard to the circle through A, B, C, then M' is also on the principal section. It is very easily shown that the curve of the fourth order possesses this property; for M, M' being images each of the other in respect to the circle through A, B, C, then A, B, C are points of this circle, or we have

$$\frac{MA}{M'A}=\frac{MB}{M'B}=\frac{MC}{M'C};$$

that is, the equation

$$\lambda AM+\mu BM+\nu CM=0$$

being satisfied, the equation

$$\lambda AM'+\mu BM'+\nu CM'=0$$

is also satisfied.

The points M, M' of the curve, which are images each of the other in respect to the circle through A, B, C, may be called conjugate points of the curve. The above-mentioned circle, the intersection of the three spheres, is the circle having MM' for its diameter; hence the required surface is the locus of a circle at right angles to the principal plane, and having for its diameter MM', where M and M' are conjugate points of the curve.

In the particular case where the equation of the surface is

$$BC\,.\,AP + CA\,.\,BP + AB\,.\,CP = 0,$$

the principal section is the circle through A, B, C, twice repeated. Any point on the circle is its own conjugate, and the radius of the generating circle of the surface is zero; that is, the surface is the annulus, the envelope of a sphere radius 0, having its centre on the circle through A, B, C. Or attending to real points only, the surface reduces itself to the circle through A, B, C. But this last statement of the solution is an incomplete one. The equation of an annulus, the envelope of a sphere radius c, having its centre on a circle radius unity, is

$$\sqrt{x^2+y^2} = 1 \pm \sqrt{c^2 - z^2}\,;$$

and hence putting $c = 0$, the equation of the surface is,

$$\sqrt{x^2+y^2} = 1 \pm zi$$

(if, as usual, $i = \sqrt{-1}$), or, what is the same thing, it is

$$x^2 + y^2 + (z \pm i)^2 = 0\,;$$

that is, the surface is made up of the two spheres, passing through the points A, B, C, and having each of them the radius zero; or say the two *cone-spheres* through the points A, B, C. In other words, the equation

$$BC\,.\,AP + CA\,.\,BP + AB\,.\,CP = 0$$

is the condition in order that the four points A, B, C, P may lie on a sphere radius zero, or cone-sphere. Using 1, 2, 3, 4 in the place of A, B, C, P to denote the four points, the last-mentioned equation becomes

$$12\,.\,34 + 13\,.\,42 + 14\,.\,23 = 0\,;$$

and considering $\overline{12}$, &c. as quadratic radicals, the rational form of this equation is

$$\Box = \begin{vmatrix} 0\,, & \overline{12}^2, & \overline{13}^2, & \overline{14}^2 \\ \overline{21}^2, & 0\,, & \overline{23}^2, & \overline{24}^2 \\ \overline{31}^2, & \overline{32}^2, & 0\,, & \overline{34}^2 \\ \overline{41}^2, & \overline{42}^2, & \overline{43}^2, & 0 \end{vmatrix} = 0.$$

In my paper "On a Theorem in the Geometry of Position," *Camb. Math. Journ.* vol. II. pp. 267—271 (1841), [1], I obtained this equation, the four points being there considered as lying in a plane, as the relation between the distances of four points in a circle, in addition to the relation

$$\begin{vmatrix} & 1, & 1, & 1, & 1 \\ 1, & 0, & \overline{12}^2, & \overline{13}^2, & \overline{14}^2 \\ 1, & \overline{21}^2, & 0, & \overline{23}^2, & \overline{24}^2 \\ 1, & \overline{31}^2, & \overline{32}^2, & 0, & \overline{34}^2 \\ 1, & \overline{41}^2, & \overline{42}^2, & \overline{43}^2, & 0 \end{vmatrix} = 0,$$

which exists between the distances of any four points in a plane. The present investigation shows the signification of the equation $\square = 0$ between the distances of four points in space; viz. it expresses that the four points lie in a sphere radius zero, or cone-sphere. But the formula in question is in reality included in that given in the paper for the distances of five points in space. For calling the points 0, 1, 2, 3, 4, the relation between the distances of these five points is

$$\begin{vmatrix} 0, & 1, & 1, & 1, & 1, & 1 \\ 1, & 0, & \overline{01}^2, & \overline{02}^2, & \overline{03}^2, & \overline{04}^2 \\ 1, & \overline{10}^2, & 0, & \overline{12}^2, & \overline{13}^2, & \overline{14}^2 \\ 1, & \overline{20}^2, & \overline{21}^2, & 0, & \overline{23}^2, & \overline{24}^2 \\ 1, & \overline{30}^2, & \overline{31}^2, & \overline{32}^2, & 0, & \overline{34}^2 \\ 1, & \overline{40}^2, & \overline{41}^2, & \overline{42}^2, & \overline{43}^2, & 0 \end{vmatrix} = 0.$$

Hence if 1, 2, 3, 4 are the centres of spheres radii α, β, γ, δ, and if 0 is the centre of a tangent sphere radius r, we have

$$\overline{01} = r \pm \alpha, \quad \overline{02} = r \pm \beta, \quad \overline{03} = r \pm \gamma, \quad \overline{04} = r \pm \delta;$$

so that, for any given combination of signs, it would at first sight appear that r is determined by a quartic equation; but by means of a simple transformation (indicated to me by Prof. Sylvester) it may be shown that the equation for r is really a quadratic one; moreover, the equation remains unaltered if the signs of α, β, γ, δ and of r, are all reversed; and r^2 has thus in the whole sixteen values. In particular, if α, β, γ, δ are each equal 0, then r^2 is determined by a simple equation (r the radius of the sphere through the four points); and if, moreover, $r = 0$, then we have for the relation between the distances of the four points, the foregoing equation $\square = 0$.

2, *Stone Buildings, W.C., March* 25, 1861.

314.

ON THE CURVES SITUATE ON A SURFACE OF THE SECOND ORDER.

[From the *Philosophical Magazine*, vol. XXII. (1861), pp. 35—38.]

A SURFACE of the second order has on it a double system of generating lines, real or imaginary; and any two generating lines of the first kind form with any two generating lines of the second kind a skew quadrangle. If the equations of the planes containing respectively the first and second, second and third, third and fourth, fourth and first sides of the quadrangle are $x=0$, $y=0$, $z=0$, $w=0$, and if the constant multipliers which are implicitly contained in x, y, z, w respectively are suitably determined, then the equation of the surface of the second order (or say for shortness the quadric surface) is $xw-yz=0$.

Assume $\frac{y}{x}=\frac{\mu}{\lambda}$, $\frac{z}{x}=\frac{\nu}{\rho}$, then $\frac{\mu}{\lambda}$, $\frac{\nu}{\rho}$, or say $(\lambda, \mu, \nu, \rho)$, may be regarded as the coordinates of a point on the quadric surface; we in fact have $x:y:z:w=1:\frac{\mu}{\lambda}:\frac{\nu}{\rho}:\frac{\mu\nu}{\lambda\rho}$, or what is the same thing, $=\lambda\rho:\mu\rho:\nu\lambda:\mu\nu$. The four quantities $(\lambda, \mu, \nu, \rho)$ are for symmetry of notation used as coordinates; but it is to be throughout borne in mind that the absolute magnitudes of λ and μ, and of ν and ρ are essentially indeterminate; it is only the ratios $\lambda:\mu$ and $\nu:\rho$ that we are concerned with.

An equation of the form

$$(*\between\lambda, \mu)^p(\nu, \rho)^q=0,$$

that is, an equation homogeneous of the degree p as regards (λ, μ), and homogeneous of the degree q as regards (ν, ρ), represents a curve on the quadric surface; and this curve is of the order $p+q$. In fact, combining with the equation of the curve the equation of an arbitrary plane

$$Ax+By+Cz+Dw=0,$$

this equation, expressed in terms of the coordinates $(\lambda, \mu, \nu, \rho)$, is

$$A\lambda\rho + B\mu\rho + C\nu\lambda + D\mu\nu = 0;$$

or, as it is more conveniently written,

$$\left(\begin{array}{c} C, D \\ A, B \end{array}\right)(\lambda, \mu)(\nu, \rho) = 0;$$

and if from this and the equation of the curve we eliminate $\lambda : \mu$ or $\nu : \rho$, say the second of these quantities, we obtain

$$(*)(\lambda, \mu)^p (-A\lambda - B\mu, C\lambda + D\mu)^q = 0,$$

which is of the order $p+q$ in (λ, μ); and $\lambda : \mu$ being known, $\nu : \rho$ is linearly determined. There are thus $p+q$ systems of values of the coordinates, or the plane meets the curve in $p+q$ points; that is, the curve is of the order $p+q$.

A linear equation $A\lambda + B\mu = 0$ gives a generating line, say of the first kind, of the quadric surface, and a linear equation $C\nu + D\rho = 0$ gives a generating line of the second kind: and by combining the one or the other of these equations with the equation of the curve, it is at once seen that the curve meets each generating line of the first kind in q points, and each generating line of the second kind in p points.

Consider the curves of the order n: the different solutions of the equation $p+q=n$ give different species of curves. But the solution $(n, 0)$ gives only a system of n generating lines of the first kind, and the solution $(0, n)$ gives only a system of generating lines of the second kind. And in general the solutions (p, q) and (q, p) give species of curves which are related, the one of them to the generating lines of the first and second kinds, in the same way as the other of them to the generating lines of the second and first kinds; and they may be considered as correlative members of the same species. The number of distinct species is thus $\frac{1}{2}(n-1)$ or $\frac{1}{2}n$, according as n is odd or even; for $n=3$ we have the single species $(2, 1)$ or $(1, 2)$; for $n=4$, the two species $(1, 3)$ or $(3, 1)$, and $(2, 2)$; for $n=5$, the two species $(4, 1)$ or $(1, 4)$, and $(3, 2)$ or $(2, 3)$; and so on. Thus for $n=3$, the species $(2, 1)$ is represented by an equation of the form

$$(a, b, c)(\lambda, \mu)^2 \nu + (a', b', c')(\lambda, \mu)^2 \rho = 0,$$

which belongs to a cubic curve in space. To show *à posteriori* that this is so, I observe that the equation expressed in terms of the original coordinates (x, y, z, w) is

$$x(a, b, c)(x, y)^2 + z(a', b', c')(x, y)^2 = 0,$$

which by means of the equation $xw - yz = 0$ of the quadric surface is reduced to

$$(a, b, c)(x, y)^2 + a'xz + 2b'yz + c'yw = 0;$$

and this is the equation of a quadric surface intersecting the quadric surface $xw - yz = 0$ in the line $x=0$, $y=0$; and therefore also intersecting it in a cubic curve.

For $n=4$, I take first the species (2, 2) [the quadriquadric curve] which is represented by an equation of the form

$$(a,\ b,\ c \between \lambda,\ \mu)^2 \nu^2 + 2(a',\ b',\ c' \between \lambda,\ \mu)^2 \nu\rho + (a'',\ b'',\ c'' \between \lambda,\ \mu)^2 \rho^2 = 0,$$

which in fact belongs to a quartic curve, the intersection of two quadric surfaces. For, reverting to the original coordinates, the equation becomes

$$(a,\ b,\ c \between x,\ y)^2 x^2 + 2(a',\ b',\ c' \between x,\ y)^2 xz + (a'',\ b'',\ c'' \between x,\ y)^2 z^2 = 0,$$

which by means of the equation $xw - yz = 0$ of the quadric surface is at once reduced to

$$(a,\ b,\ c \between x,\ y)^2 + 2a'xz + 4b'yz + 2c'yw + a''z^2 + 2b''zw + c''w^2 = 0,$$

which is the equation of a quadric surface intersecting the given quadric surface $xw - yz = 0$ in the curve in question.

Consider next the species (3, 1) [the excubo-quartic curve] represented by an equation of the form

$$(a,\ b,\ c,\ d \between \lambda,\ \mu)^3 \nu + (a',\ b',\ c',\ d' \between \lambda,\ \mu)^3 \rho = 0,$$

which is the other species of quartic curve situate on only a single quadric surface. Reverting to the original coordinates, the equation becomes

$$(a,\ b,\ c,\ d \between x,\ y)^3 x + (a',\ b',\ c',\ d' \between x,\ y)^3 z = 0;$$

and by means of the equation $xw - yz = 0$ of the quadric surface this is reduced to

$$(a,\ b,\ c,\ d \between x,\ y)^3 + a'x^2z + 3b'xyz + 3c'y^2z + d'y^2w = 0,$$

which is the equation of a cubic surface containing the line ($x=0$, $y=0$) twice, and therefore along this line touching the quadric surface $xw - yz = 0$; and consequently intersecting it besides in a quartic curve. And in like manner for the curves of the fifth and higher orders which lie upon a quadric surface.

The combination of the equations

$$(* \between \lambda,\ \mu)^p (\nu,\ \rho)^q = 0,$$
$$(*' \between \lambda,\ \mu)^{p'} (\nu,\ \rho)^{q'} = 0,$$

shows at once that two curves on the same quadric surface of the species $(p,\ q)$ and $(p',\ q')$ respectively intersect in a number $(pq' + p'q)$ of points. Thus if the curves are (1, 0) and (1, 0), or (0, 1) and (0, 1), i.e. generating lines of the same kind, the number of intersections is $1.0 + 0.1 = 0$; but if the curves are (1, 0) and (0, 1), i.e. generating lines of different kinds, the number of intersections is $1.1 + 0.0 = 1$.

The notion of the employment of hyperboloidal coordinates presented itself several years ago to Prof. Plücker (see his paper "Die analytische Geometrie der Curven auf den Flächen zweiter Ordnung und Classe," *Crelle*, vol. XXXIV. pp. 341—359, 1847); but the systems made use of, e.g. $\xi = -\frac{d}{\mu}\frac{z}{y}$, $\eta = -\frac{d}{\mu}\frac{z}{x}$, with $z(z+d) + \mu xy = 0$ for the equation of the surface of the second order, is less simple; and the question of the classification of the curves on the surface is not entered on.

2, *Stone Buildings, W.C., May* 24, 1861.

315.

ON THE CUBIC CENTRES OF A LINE WITH RESPECT TO THREE LINES AND A LINE.

[From the *Philosophical Magazine*, vol. XXII. (1861), pp. 433—436.]

ON referring to my Note on this subject (*Phil. Mag.* vol. XX. pp. 418—423, 1860 [257]), it will be seen that the cubic centres of the line

$$\lambda x + \mu y + \nu z = 0$$

in relation to the lines $x = 0$, $y = 0$, $z = 0$, and the line $x + y + z = 0$, are determined by the equations

$$x : y : z = \frac{1}{\theta + \lambda} : \frac{1}{\theta + \mu} : \frac{1}{\theta + \nu},$$

where θ is a root of the cubic equation

$$\frac{1}{\theta + \lambda} + \frac{1}{\theta + \mu} + \frac{1}{\theta + \nu} - \frac{2}{\theta} = 0;$$

or as it may also be written,

$$\theta^3 - \theta(\mu\nu + \nu\lambda + \lambda\mu) - 2\lambda\mu\nu = 0.$$

Two of the centres will coincide if the equation for θ has equal roots; and this will be the case if

$$\lambda^{-\frac{1}{3}} + \mu^{-\frac{1}{3}} + \nu^{-\frac{1}{3}} = 0,$$

or, what is the same thing, if $\lambda, \mu, \nu = a^{-3}, b^{-3}, c^{-3}$, where $a + b + c = 0$. In fact, if $a + b + c = 0$, then $a^3 + b^3 + c^3 = 3abc$, and the equation in θ becomes

$$\theta^3 - \frac{3\theta}{a^2b^2c^2} - \frac{2}{a^3b^3c^3} = 0;$$

that is

$$(abc\theta)^3 - 3(abc\theta) - 2 = 0,$$

which is

$$(abc\theta + 1)^2 (abc\theta - 2) = 0;$$

so that the values of θ are $\frac{-1}{abc}, \frac{2}{abc}$.

First, if $\theta = -\frac{1}{abc}$, then x, y, z will be the coordinates of the double centre. And we have

$$\theta + \lambda = \frac{1}{a^3} - \frac{1}{abc} = \frac{1}{2a^3bc}(2bc - 2a^2) = \frac{1}{2a^3bc}(-a^2 - b^2 - c^2);$$

or putting for shortness $\square = a^2 + b^2 + c^2$,

$$\theta + \lambda = -\frac{1}{2a^3bc}\square, \quad = -\frac{3}{abc} \cdot \frac{\square}{6a^2},$$

with similar values for $\theta + \mu$, $\theta + \nu$. But $\frac{1}{x}, \frac{1}{y}, \frac{1}{z}$ are proportional to $\theta + \lambda$, $\theta + \mu$, $\theta + \nu$; and we may therefore write

$$\frac{P}{x} = \frac{\square}{6a^2}, \quad \frac{P}{y} = \frac{\square}{6b^2}, \quad \frac{P}{z} = \frac{\square}{6c^2};$$

whence, in virtue of the equation $a + b + c = 0$, we have for the locus of the double centre,

$$\sqrt{x} + \sqrt{y} + \sqrt{z} = 0;$$

or this locus is a conic touching the lines $x = 0$, $y = 0$, $z = 0$ harmonically in respect to the line $x + y + z = 0$, a result which was obtained somewhat differently in the paper above referred to.

Next, if $\theta = \frac{2}{abc}$, x, y, z will be the coordinates of the single centre. And we now have

$$\theta + \lambda = \frac{1}{a^3} + \frac{2}{abc} = \frac{1}{2a^3bc}(2bc - 2a^2 + 6a^2) = \frac{1}{2a^3bc}(-\square + 6a^2) = -\frac{3}{abc}\,\frac{\square - 6a^2}{6a^2},$$

with similar values for $\theta + \mu$, $\theta + \nu$. But $\frac{1}{x}, \frac{1}{y}, \frac{1}{z}$ are proportional to $\theta + \lambda$, $\theta + \mu$, $\theta + \nu$, and we may therefore write

$$\frac{P}{x} = \frac{\square - 6a^2}{6a^2}, \quad \frac{P}{y} = \frac{\square - 6b^2}{6b^2}, \quad \frac{P}{z} = \frac{\square - 6c^2}{6c^2},$$

from which equations, and the equation $a + b + c = 0$, the quantities P, a, b, c have to be eliminated. I at first effected the elimination as follows: viz., writing the equations under the form

$$\frac{x}{x + P} = \frac{6a^2}{\square}, \quad \frac{y}{y + P} = \frac{6b^2}{\square}, \quad \frac{z}{z + P} = \frac{6c^2}{\square},$$

we obtain

$$\frac{x}{x+P}+\frac{y}{y+P}+\frac{z}{z+P}=6,$$

$$\sqrt{\frac{x}{x+P}}+\sqrt{\frac{y}{y+P}}+\sqrt{\frac{z}{z+P}}=0,$$

which are easily transformed into

$$\frac{x}{x+P}+\frac{y}{y+P}+\frac{z}{z+P}=6,$$

$$\frac{yz}{(y+P)(z+P)}+\frac{zx}{(z+P)(x+P)}+\frac{xy}{(x+P)(y+P)}=9;$$

or, what is the same thing,

$$6(P+x)(P+y)(P+z)-x(P+y)(P+z)-y(P+z)(P+x)-z(P+x)(P+y)=0,$$

$$9(P+x)(P+y)(P+z)-yz(P+x)\qquad -zx(P+y)\qquad -xy(P+z)=0,$$

which give

$$6P^3+5P^2(x+y+z)+4P(yz+zx+xy)+3xyz=0,$$

$$9P^3+9P^2(x+y+z)+8P(yz+zx+xy)+6xyz=0;$$

or, multiplying the first equation by 2, and subtracting the second,

$$3P+\quad(x+y+z)=0;$$

and we thus obtain for the locus of the single centre the equation

$$\frac{x}{-2x+y+z}+\frac{y}{-2y+z+x}+\frac{z}{-2z+x+y}=2,$$

or, what is the same thing,

$$x^3+y^3+z^3-(yz^2+zx^2+xy^2+y^2z+z^2x+x^2y)+3xyz=0,$$

which may also be written,

$$-(-x+y+z)(x-y+z)(x+y-z)+xyz=0.$$

The same result may also be obtained as follows: viz., observing that

$$\square-6a^2=b^2+c^2-5a^2=-4a^2-2bc,$$

we have

$$\frac{x}{P}=\frac{-3a^2}{2a^2+bc},\quad \frac{y}{P}=\frac{-3b^2}{2b^2+ca},\quad \frac{z}{P}=\frac{-3c^2}{2c^2+ab},$$

and then by means of the equation

$$\frac{a^2}{2a^2+bc}+\frac{b^2}{2b^2+ac}+\frac{c^2}{2c^2+ab}-1=0,$$

which is identically true in virtue of $a+b+c=0$ (in fact, multiplying out, this gives

$$12a^2b^2c^2+4(b^3c^3+c^3a^3+a^3b^3)+abc(a^3+b^3+c^3)$$
$$-8a^2b^2c^2-4(b^3c^3+c^3a^3+a^3b^3)-2abc(a^3+b^3+c^3)-a^2b^2c^2=0;$$

that is

$$3a^2b^2c^2-abc(a^3+b^3+c^3)=0, \text{ or } abc(a^3+b^3+c^3-3abc)=0,$$

where the second factor divides by $a+b+c$), we find the above-mentioned equation,

$$x+y+z+3P=0.$$

We then have

$$\frac{-x+y+z}{P}=\frac{x+y+z}{P}-\frac{2x}{P}=-3+\frac{6a^2}{2a^2+bc}=-\frac{3bc}{2a^2+bc};$$

that is

$$\frac{-x+y+z}{P}=\frac{-3bc}{2a^2+bc},\quad \frac{x-y+z}{P}=\frac{-3ca}{2b^2+c},\quad \frac{x+y-z}{P}=\frac{-3ab}{2c^2+ab};$$

and forming the product of these functions, and that of the foregoing values of $\frac{x}{P}, \frac{y}{P}, \frac{z}{P}$, we find as before,

$$-(-x+y+z)(x-y+z)(x+y-z)+xyz=0$$

for the equation of the locus of the single centre. The equation shows that the locus is a cubic curve which touches the lines $x=0$, $y=0$, $z=0$ at the points where these lines are intersected by the lines $y-z=0$, $z-x=0$, $x-y=0$ (that is, it touches the lines $x=0$, $y=0$, $z=0$ harmonically in respect to the line $x+y+z=0$), and besides meets the same lines $x=0$, $y=0$, $z=0$ at the points in which they are respectively met by the line $x+y+z=0$.

2, *Stone Buildings, W.C., September* 25, 1861.

316.

NOTE ON THE SOLUTION OF AN EQUATION OF THE FIFTH ORDER.

[From the *Philosophical Magazine*, vol. XXIII. (1862), pp. 195, 196.]

This Note was in answer to Mr Jerrard's paper "Remarks on Mr Cayley's Note," *Phil. Mag.* vol. XXI. pp. 348—350, referring to the foregoing paper 310.

317.

NOTE ON THE TRANSFORMATION OF A CERTAIN DIFFERENTIAL EQUATION.

[From the *Philosophical Magazine*, vol. XXIII. (1862), pp. 266, 267.]

THE differential equation

$$(1+\theta^2)\frac{d^2y}{d\theta^2}+\theta\frac{dy}{d\theta}-m^2y=0,$$

if we put therein $i\theta=2x^2+1$ ($i=\sqrt{-1}$ as usual), becomes

$$(1+x^2)\frac{d^2y}{dx^2}+x\frac{dy}{dx}-4m^2y=0.$$

In fact an integral of the second equation is $(\sqrt{1+x^2}+x)^{2m}$; this is

$$=\left(\sqrt{(2x^2+1)^2-1}+2x^2+1\right)^m;$$

or putting $i\theta=2x^2+1$, it is

$$=(\sqrt{-\theta^2-1}+i\theta)^m,$$

which is

$$=\{i(\sqrt{\theta^2+1}+\theta)\}^m;$$

so that an integral of the transformed equation in θ is

$$=\quad(\sqrt{\theta^2+1}+\theta)^m;$$

and writing in the second equation θ for x, and $\frac{1}{2}m$ for m, we see that the last-mentioned function, viz. $(\sqrt{\theta^2+1}+\theta)^m$, is an integral of

$$(1+\theta^2)\frac{d^2y}{d\theta^2}+\theta\frac{dy}{d\theta}-m^2y=0;$$

whence the transformed equation in θ must be this very equation, that is, it must be the first equation. I have for shortness used the particular integral $(\sqrt{1+x^2}+x)^{2m}$; but the reasoning should have been applied, and it is in fact applicable, without alteration, to the general integral

$$C(\sqrt{1+x^2}+x)^m + C'(\sqrt{1+x^2}-x)^m.$$

There is of course no difficulty in a direct verification. Thus, starting from the first equation, or equation in θ, the relation $i\theta = 2x^2+1$ gives

$$\frac{dy}{d\theta} = \frac{i}{4x}\frac{dy}{dx}, \quad \frac{d^2y}{d\theta^2} = \frac{i}{4x}\frac{d}{dx}\left(\frac{i}{4x}\frac{dy}{dx}\right) = -\frac{1}{16x^2}\left(\frac{d^2y}{dx^2} - \frac{1}{x}\frac{dy}{dx}\right),$$

$$1+\theta^2 = -4x^2(1+x^2);$$

so that the equation becomes

$$\tfrac{1}{4}(1+x^2)\left(\frac{d^2y}{dx^2} - \frac{1}{x}\frac{dy}{dx}\right) + \frac{1+2x^2}{4x}\frac{dy}{dx} - m^2y = 0,$$

or multiplying by 4,

$$(1+x^2)\frac{d^2y}{dx^2} + \left(-\frac{1+x^2}{x} + \frac{1+2x^2}{x}\right)\frac{dy}{dx} - 4m^2y = 0;$$

that is

$$(1+x^2)\frac{d^2y}{dx^2} + x\frac{dy}{dx} - 4m^2y = 0,$$

the second equation. But the first method shows the reason why the two forms are thus connected together.

2, *Stone Buildings, W.C., February* 19, 1862.

318.

ON A QUESTION IN THE THEORY OF PROBABILITIES.

[From the *Philosophical Magazine*, vol. XXIII. (1862), pp. 361—365.]

The question referred to is that discussed in the paper 121; the remarks on that paper in the Notes and References to volume II. are in a great measure to the same effect as the present and next papers, 318 and 319, the existence of which I had entirely overlooked. In the first part (dated 2, Stone Buildings, W.C., March 1862) of the present paper 318, after referring to the two modes of statement which may be called the *Causation* statement and the *Concomitance* statement, I reproduce nearly as in the Notes and References first my own solution as completed by Dedekind, next Boole's solution of the problem, involving his logical probabilities; and the paper is then continued as follows.

The foregoing paper was submitted to Prof. Boole, who, in a letter dated March 26, 1862, writes:

"The observations which have occurred to me after studying your paper are the following.

1st. I think that your solution is correct under conditions partly expressed and partly implied. The one to which you direct attention is the assumed independence of the causes denoted by A and B. Now I am not sure that I can state precisely what the others are; but one at least appears to me to be the assumed independence of the events of which the probabilities according to your hypothesis are $\alpha\lambda$, $\beta\mu$. Assuming the independence of the causes as to *happening*, I do not think that you are entitled *on that ground* to assume their independence as to *acting;* because, to confine our observations to common experience, we often notice that states of things apparently independent as to their occurrence, may, when concurring, aid or hinder each other in such a manner that the one may be more or less likely to act 'efficiently' in the presence of the other than in its absence. I use the language of your own hypothesis of *efficient* action.

2ndly. When I say that I think your solution correct under certain conditions, I ought to add that it appears to me that such conditions ought to be stated as part of the original data, and that they ought to be of such a kind that they can be established by experience in the same way as the other data are. For instance, if experience, as embodied in a sufficiently long series of statistical records, establish that

$$\text{Prob. } A = \alpha, \quad \text{Prob. } B = \beta,$$

the very same experience may, by establishing also that

$$\text{Prob. } AB = \alpha\beta,$$

whence in conjunction with the former it follows that

$$\text{Prob. } AB' = \alpha\beta', \quad \text{Prob. } A'B = \alpha'\beta, \quad \text{Prob. } A'B' = \alpha'\beta',$$

enable us to pronounce that A and B are in the long run, as to happening or not happening, in the position of mutually independent events.

3rdly. I think it may be shown to demonstration, from the nature of the result, that the solution you have obtained does not apply simply and generally to the problem under the single modification of the assumption that A and B are independent. The completed data under this assumption are

$$\text{Prob. } A = \alpha, \quad \text{Prob. } B = \beta, \quad \text{Prob. } AB = \alpha\beta,$$

$$\text{Prob. } AE = \alpha p, \quad \text{Prob. } BE = \beta q.$$

You may deduce all these from your Table of Probabilities of 'compound events' given in your paper. Now you may easily satisfy yourself that the sole necessary and sufficient conditions for the *consistency* of these data are the following:

$$\left.\begin{array}{ll} (1) & \alpha p' + \beta q \gtreqless \alpha\beta, \\ (2) & \alpha p + \beta q' \gtreqless \alpha\beta, \\ (3) & \left\{\begin{array}{l} \left.\begin{array}{c}\alpha \\ \beta\end{array}\right\} \leqq 1, \\ \left.\begin{array}{c}p \\ q\end{array}\right\} \geqq 0. \end{array}\right. \end{array}\right\} \quad (M).$$

But your solution requires the following conditions to be satisfied, viz.,

$$q - \alpha p \gtreqless 0, \quad p - \beta q \gtreqless 0,$$

together with the system (3). Now (1) and (2) are expressible in the form

$$\beta(q - \alpha p) + \alpha\beta' p' \gtreqless 0,$$

$$\alpha(p - \beta q) + \beta\alpha' q' \gtreqless 0;$$

from which you will see that your conditions are *narrower* than those which the data are really subject to. If your conditions are satisfied, the data will be consistent; but the converse of this proposition does not hold.

4thly. You remark that my solution of the problem, in which the independence of A and B is not assumed, but in which the probabilities are otherwise the same as in yours, is only applicable when

$$\alpha' + \alpha p \gtreqless \beta q, \quad \beta' + \beta q \gtreqless \alpha p;$$

but you do not appear to have noticed that these are actually the conditions of *consistency in the data.* Unless these are satisfied, the data cannot possibly be furnished by experience.

5thly. You remark that I have solved the problem under what you call the '*concomitance*' statement, and not the '*causation*' statement. I think that every problem stated in the 'causation' form admits, if capable of scientific treatment, of reduction to the 'concomitance' form. I admit it would have been better, in stating my problem, not to have employed the word 'cause' at all. But the introduction of the hypothesis of the independence of A and B does not affect the *nature* of the problem.

6thly. The x, s, &c., about the interpretation of which you inquire, are the probabilities of ideal events in an ideal problem connected by a formal relation with the real one. I should fully concede that the auxiliary probabilities which are employed in my method always refer to an ideal problem; but it is one, the form of which, as given by the calculus of logic, is not arbitrary. Nor does its connexion with the real problem appear to me arbitrary. It involves an extension, but as it seems to me, a perfectly scientific extension, of the principles of the ordinary theory of probabilities. On this subject, however, I have but little to add to what I have said, *Transactions of the Royal Society of Edinburgh*, vol. XXI. part 4, "On the Application of the Theory of Probabilities &c."

7thly. The problem, as stated by me, and then modified by the simple introduction of the hypothesis of the independence of A and B, must admit of solution by my method; and that solution ought to impose no restriction beyond the conditions of possible experience noted in (M).

I should be extremely glad if mathematicians would examine the analytical questions connected with the application of my method. There can, I think, after the partial proofs which I have given, exist no doubt that the conditions of applicability of the solutions are always identical with the conditions of consistency in the data, i.e. with what I have called, in the paper above referred to, the conditions of possible experience. The proof of the general proposition would involve the showing that a certain functional determinant consists solely of positive terms, with some connected theorems which appear to me to be of considerable analytical interest.

8thly. I certainly think your paper deserving of publication. If you think proper to add any or the whole of my remarks, you can do so, with of course any comments of your own."

I remark upon Prof. Boole's observations:

1st. I do assume that the causes A and B are absolutely independent of, and uninfluenced by each other; viz. not only the probability of A acting, but also the probability of its acting efficiently, are each of them the same whether B does not act, or acts inefficiently, or acts efficiently; and the like for B.

2ndly. I do assume that the same experience which establishes

$$\text{Prob. } A = \alpha, \quad \text{Prob. } B = \beta,$$

would in the long run establish

$$\text{Prob. } AB = \alpha\beta;$$

if it does not, *cadit quæstio*, the causes are not independent.

3rdly. I assume not only

$$\text{Prob. } A = \alpha, \quad \text{Prob. } B = \beta, \quad \text{Prob. } AB = \alpha\beta,$$

but also as 1st above stated; and I consider that, inasmuch as the result of the investigation is to show that the conditions $q - \alpha p \nless 0$, $p - \beta q \nless 0$ are necessary and sufficient conditions, it is also a result of the investigation that these are the conditions of *consistency among the data*, viz. the conditions in order that the data may be consistent with the above assumptions as to the independence of the causes. It is clear that since, as just stated, I do assume something beyond the last-mentioned three equations, the conditions of consistency *ought* to be *narrower* than those in Prof. Boole's 3rdly.

4thly. I had not overlooked, but I ought to have stated, that Prof. Boole's conditions were actually the conditions of consistency in the data.

5thly. I contend that the conception of A and B as *causes* does alter the *nature* of the problem. For when A and B are conceived of as causes, there is a definite notion of the efficient or inefficient action of A or B; and in particular when they both act, one of them, say A, may act inefficiently. But according to the concomitance statement, then either there is no such notion as that of the efficient or non-efficient happening of A or B (I believe this to be so), *or else* the only notion of efficient or inefficient happening is happening in concomitance or in non-concomitance with E; but in this view, if A, B, E all happen, then A and B each of them happens efficiently. The argument is to me conclusive as to the diversity of the two problems.

6thly. I do not in anywise assert, or even suppose, that the ideal problem is arbitrary, or that its connexion with the real problem is arbitrary. I simply do not know what the ideal problem is; I do not know the point of view, or the assumed mental state of knowledge or ignorance according to which x, y, s, t are the probabilities of A, B, AE, BE. It is to be borne in mind that x, y, s, t are, in Prof. Boole's solution, determined as numerical quantities included between the limits 0 and 1, i.e. as quantities which are or may be actual probabilities. What I desiderate is, that Prof. Boole should give for his auxiliary quantities x, y, s, t such an explanation of the meaning as I have given for my auxiliary quantities λ, μ. I do not find any such explanation in the memoir referred to.

7thly and 8thly. No remark is necessary.

March 29, 1862.

Prof. Boole, in his reply, dated April 2, writes, "No such explanation as you desiderate of the interpretation of the auxiliary quantities in my method of solution is possible; because they are not of the nature of additional data, and their introduction does not limit the problem as any hypotheses which are of that nature do. I do not see any difficulty whatever in the conception of the ideal problem."

We thus join issue as follows: Prof. Boole says that there is no difficulty in understanding, I say that I do not understand, the *rationale* of his solution.

It may be remarked that the question may be, not to find any actual probability whatever, but only to find a Boolian probability or probabilities. Thus the equations (L), p. 356, omitting the last member, which alone involves u, determine in terms of the data α, β, αp, βq the Boolian probabilities x, y, s, t of the events A, B, AE, BE.

In a subsequent hastily-written letter, Prof. Boole gives an explanation of the equations (L), which appears to me little more than a translation of these equations into ordinary language.

April 16, 1862.

319.

POSTSCRIPT TO THE PAPER "ON A QUESTION IN THE THEORY OF PROBABILITIES."

[From the *Philosophical Magazine*, vol. XXIII. (1862), pp. 470—471.]

See 318. The present paper reproduces Wilbraham's discussion of Boole's Solution; and concludes with the remark "Professor Boole wishes me to mention that he has succeeded in obtaining a demonstration of the analytical theorem arising from his theory referred to in his Reply in my paper." See *ante* p. 82, 7thly.

320.

ON THE TRANSCENDENT $\text{gd}\, u = \frac{1}{i}\log\tan(\frac{1}{4}\pi + \frac{1}{2}ui)$.

[From the *Philosophical Magazine*, vol. XXIV. (1862), pp. 19—21.]

THE elliptic functions which correspond to the modulus $k=1$ reduce themselves, as is well known, to circular functions. The case in question plays implicitly an important part in the general theory, and it has been particularly studied by Gudermann, and by Dr Booth in connexion with his theory of parabolic logarithms. But in the absence of a notation corresponding to that used for elliptic functions in general, the theory has not, it appears to me, been exhibited in its proper form. The defect is very easily supplied: using for $\text{am}\, u$, to the modulus 1, the notation $\text{gd}\, u$ (Gudermannian of u), then if

$$u = \int_0 \frac{d\phi}{\cos\phi} = \log\tan(\tfrac{1}{4}\pi + \tfrac{1}{2}\phi),$$

we have

$$\phi = \text{gd}\, u\,;$$

and hence, observing that the equation between u and ϕ is

$$u = \log\frac{1+\frac{1}{2}\tan\phi}{1-\frac{1}{2}\tan\phi},$$

or, what is the same thing,

$$\tan\tfrac{1}{2}\phi = \frac{e^u - 1}{e^u + 1},$$

and that we have

$$\log\tan(\tfrac{1}{4}\pi + \tfrac{1}{2}ui) = \log\frac{1+\tan\frac{1}{2}ui}{1-\tan\frac{1}{2}ui}$$

$$= \log\frac{\cos\frac{1}{2}ui + \sin\frac{1}{2}ui}{\cos\frac{1}{2}ui - \sin\frac{1}{2}ui}$$

$$= \log \frac{e^{\frac{1}{2}u} + e^{-\frac{1}{2}u} + i\,(e^{\frac{1}{2}u} - e^{-\frac{1}{2}u})}{e^{\frac{1}{2}u} + e^{-\frac{1}{2}u} - i\,(e^{\frac{1}{2}u} - e^{-\frac{1}{2}u})}$$

$$= \log \frac{e^u + 1 + i\,(e^u - 1)}{e^u + 1 - i\,(e^u - 1)}$$

$$= \log \frac{1 + i \tan \frac{1}{2}\phi}{1 - i \tan \frac{1}{2}\phi} = \log e^{i\phi} = i\phi,$$

or if

$$u = \log \tan \left(\tfrac{1}{4}\pi + \tfrac{1}{2}\phi\right),$$

then

$$\phi = \frac{1}{i} \log \tan \left(\tfrac{1}{4}\pi + \tfrac{1}{2}ui\right);$$

and substituting for ϕ its value, we obtain

$$\text{gd}\, u = \frac{1}{i} \log \tan \left(\tfrac{1}{4}\pi + \tfrac{1}{2}ui\right),$$

which is the definition of the transcendent $\text{gd}\, u$. It is to be noticed that $\text{gd}\, u$, although exhibited in an imaginary form, is a real function of u; and, moreover, that it is an odd function, viz. we have

$$\text{gd}\,(-u) = -\,\text{gd}\,(u),$$

and therefore also

$$\text{gd}\,(0) = 0.$$

The original equation,

$$u = \quad \log \tan \left(\tfrac{1}{4}\pi + \tfrac{1}{2}\phi\right),$$

written under the form

$$u = i \frac{1}{i} \log \tan \left(\tfrac{1}{4}\pi + \tfrac{1}{2} i \frac{\phi}{i}\right),$$

shows that we have

$$u = i\, \text{gd} \left(\frac{\phi}{i}\right) = i\, \text{gd}\,(-i\phi);$$

or substituting for ϕ its value $\text{gd}\, u$, we have

$$u = i\, \text{gd}\,(-i\, \text{gd}\, u),$$

which may also be written

$$iu = \text{gd}\,(i\, \text{gd}\, u);$$

so that $\text{gd}\, u$ is a quasi-periodic function of the second order—a property which has not, at least obviously, any analogue in the general theory. We have

$$\cos \text{gd}\, u = \tfrac{1}{2}\left(e^{i\,\text{gd}\, u} + e^{-i\,\text{gd}\, u}\right)$$

$$= \tfrac{1}{2}\left(\frac{1 + \tan \frac{1}{2}ui}{1 - \tan \frac{1}{2}ui} + \frac{1 - \tan \frac{1}{2}ui}{1 + \tan \frac{1}{2}ui}\right)$$

$$= \quad \frac{1 + \tan^2 \frac{1}{2}ui}{1 - \tan^2 \frac{1}{2}ui} = \frac{1}{\cos ui};$$

and in like manner

$$\sin \operatorname{gd} u = \frac{1}{2i}\left(e^{i \operatorname{gd} u} - e^{-i \operatorname{gd} u}\right)$$

$$= \frac{1}{2i}\left(\frac{1 + \tan \tfrac{1}{2} ui}{1 - \tan \tfrac{1}{2} ui} - \frac{1 - \tan \tfrac{1}{2} ui}{1 + \tan \tfrac{1}{2} ui}\right)$$

$$= \frac{2 \tan \tfrac{1}{2} ui}{i\left(1 - \tan^2 \tfrac{1}{2} ui\right)} = \frac{\sin ui}{i \cos ui},$$

or, as these equations may also be written,

$$\sec \operatorname{gd} u = \cos ui = \tfrac{1}{2}\left(e^{u} + e^{-u}\right),$$

$$\tan \operatorname{gd} u = \frac{1}{i} \sin ui = \tfrac{1}{2}\left(e^{u} - e^{-u}\right);$$

and from these equations we have

$$\sec \operatorname{gd}(u + v) = \sec \operatorname{gd} u \,.\, \sec \operatorname{gd} v + \tan \operatorname{gd} u \,.\, \tan \operatorname{gd} v,$$

$$\tan \operatorname{gd}(u + v) = \tan \operatorname{gd} u \,.\, \sec \operatorname{gd} v + \tan \operatorname{gd} v \,.\, \sec \operatorname{gd} v;$$

or, what is the same thing,

$$\sin \operatorname{gd}(u + v) = \frac{\sin \operatorname{gd} u + \sin \operatorname{gd} v}{1 + \sin \operatorname{gd} u \,.\, \sin \operatorname{gd} v},$$

$$\cos \operatorname{gd}(u + v) = \frac{\cos \operatorname{gd} u \,.\, \cos \operatorname{gd} v}{1 + \sin \operatorname{gd} u \,.\, \sin \operatorname{gd} v};$$

which forms are at once obtainable from the formulæ

$$\sin \operatorname{am}(u + v) = \frac{\sin \operatorname{am} u \cos \operatorname{am} v \,\Delta \operatorname{am} v + \sin \operatorname{am} v \cos \operatorname{am} u \,\Delta \operatorname{am} u}{1 - k^2 \sin^2 \operatorname{am} u \sin^2 \operatorname{am} v},$$

$$\cos \operatorname{am}(u + v) = \frac{\cos \operatorname{am} u \cos \operatorname{am} v - \sin \operatorname{am} u \sin \operatorname{am} v \,\Delta \operatorname{am} u \,\Delta \operatorname{am} v}{1 - k^2 \sin^2 \operatorname{am} u \sin^2 \operatorname{am} v},$$

$$\Delta \operatorname{am}(u + v) = \frac{\Delta \operatorname{am} u \,\Delta \operatorname{am} v - k^2 \sin \operatorname{am} u \sin \operatorname{am} v \cos \operatorname{am} u \cos \operatorname{am} v}{1 - k^2 \sin^2 \operatorname{am} u \sin^2 \operatorname{am} v},$$

observing that for $k = 1$ we have $\Delta \operatorname{am} = \cos \operatorname{am}$, and that the numerators and denominator each of them divide by

$$1 - \quad \sin \operatorname{am} u \sin \operatorname{am} v.$$

2, *Stone Buildings, W.C., May* 7, 1862.

321.

FINAL REMARKS ON MR JERRARD'S THEORY OF EQUATIONS OF THE FIFTH ORDER.

[From the *Philosophical Magazine*, vol. XXIV. (1862), p. 290.]

322.

ON THE SKEW SURFACE OF THE THIRD ORDER.

[From the *Philosophical Magazine*, vol. XXIV. (1862), pp. 514—519.]

THE skew surface of the third order, or "cubic scroll" (disregarding a certain special form), may be considered as generated by a line which always passes through three directrices; viz., a plane cubic having a node, and two lines, one of them meeting the cubic in the node, the other of them meeting the cubic in an ordinary point. The analytical investigation possesses some interest as an illustration of the analytical theory of skew surfaces in general.

Take for the equation of the cubic

$$(\alpha^3+\beta^3)\,xy-(x^3+y^3)\,\alpha\beta=0,$$

which belongs to a cubic having a node at the origin, and passing through the point (α, β); and for the equations of the two lines

$$(x-mz=0,\quad y-nz=0),$$
$$(x-\ \alpha\ =0,\quad y-\ \beta\ =0).$$

Then, (X, Y, Z) being current coordinates, the equations of the generating line will be

$$X=x+AZ,$$
$$Y=y+BZ;$$

when this meets the line $(X-mZ=0,\ Y-nZ=0)$, we have

$$mZ=x+AZ,$$
$$nZ=y+BZ,$$

and thence

$$x(n-B)-y(m-A)=0;$$

or, what is the same thing,

$$nx - my - Bx + Ay = 0:$$

and when it meets the line $(X - \alpha = 0,\ Y - \beta = 0)$, we have

$$\alpha = x + AZ,$$
$$\beta = y + BZ;$$

and thence

$$B(x - \alpha) - A(y - \beta) = 0.$$

We have thus the system of equations

$$(\alpha^3 + \beta^3)\,xy - (x^3 + y^3)\,\alpha\beta = 0,$$
$$X = x + AZ,$$
$$Y = y + BZ,$$
$$nx - my - Bx + Ay = 0,$$
$$B(x - \alpha) - A(y - \beta) = 0;$$

from which, eliminating (A, B, x, y), we obtain the equation of the surface.

Writing in the last equation

$$B = s(x - \alpha), \quad A = s(y - \beta)$$

(values which give $Bx - Ay = -s(\beta x - \alpha y)$), we find

$$X + \alpha sZ = (1 + sZ)\,x,$$
$$Y + \beta sZ = (1 + sZ)\,y,$$
$$(n + \beta s)\,x - (m + \alpha s)\,y = 0;$$

whence also

$$(n + \beta s)(X + \alpha sZ) - (m + \alpha s)(Y + \beta sZ) = 0,$$

that is

$$nX - mY + (n\alpha - m\beta)\,sZ + s(\beta X - \alpha Y) = 0;$$

or eliminating s from this equation and the two equations

$$x - X + Z(x - \alpha)\,s = 0,$$
$$y - Y + Z(y - \beta)\,s = 0,$$

we have

$$\{(n\alpha - m\beta)\,Z + \beta X - \alpha Y\}(x - X) - Z(x - \alpha)(nX - mY) = 0,$$
$$\{(n\alpha - m\beta)\,Z + \beta X - \alpha Y\}(y - Y) - Z(y - \beta)(nX - mY) = 0;$$

these give

$$\begin{aligned}\Omega x &= X\{(n\alpha - m\beta)\,Z + \beta X - \alpha Y\} - \alpha Z(nX - mY)\\ &= -mZ\beta X + X(\beta X - \alpha Y) + mZ\alpha Y\\ &= (X - mZ)(\beta X - \alpha Y),\end{aligned}$$

and

$$\begin{aligned}\Omega y &= Y\{(n\alpha - m\beta)Z + \beta X - \alpha Y\} - \beta Z(nX - mY)\\ &= nZ\alpha Y + Y(\beta X - \alpha Y) - nZ\beta X\\ &= (Y - nZ)(\beta X - \alpha Y),\end{aligned}$$

where

$$\begin{aligned}\Omega &= (n\alpha - m\beta)Z + (\beta X - \alpha Y) - Z(nX - mY)\\ &= \beta(X - mZ) - \alpha(Y - nZ) - Z\{n(X - mZ) - m(Y - nZ)\}\\ &= (\beta - nZ)(X - mZ) - (\alpha - mZ)(Y - nZ);\end{aligned}$$

so that

$$x = \frac{(X - mZ)(\beta X - \alpha Y)}{(\beta - nZ)(X - mZ) - (\alpha - mZ)(Y - nZ)},$$

$$y = \frac{(Y - nZ)(\beta X - \alpha Y)}{(\beta - nZ)(X - mZ) - (\alpha - mZ)(Y - nZ)},$$

which equations give the coordinates (x, y) of the point in which the generating line through the point (X, Y, Z) of the surface meets the cubic

$$(\alpha^3 + \beta^3)xy - (x^3 + y^3)\alpha\beta = 0.$$

Substituting these values of (x, y) in the equation of the cubic, we obtain the equation

$$\begin{aligned}(\alpha^3 + \beta^3)(X - mZ)(Y - nZ)\{(\beta - nZ)(x - mZ) - (\alpha - mZ)(Y - nZ)\}&\\ - \alpha\beta(\beta X - \alpha Y)\{(X - mZ)^3 + (Y - nZ)^3\} &= 0;\end{aligned}$$

or, as it may be written,

$$\begin{aligned}&(\alpha^3 + \beta^3)(X - mZ)(Y - nZ)\{\beta(X - mZ) - \alpha(Y - nZ)\}\\ &+ (\alpha^3 + \beta^3)(X - mZ)(Y - nZ)Z(mY - nZ)\\ &- \alpha\beta(\beta X - \alpha Y)\{(X - mZ)^3 + (Y - nZ)^3\} = 0.\end{aligned}$$

This equation contains, however, the extraneous factor

$$\beta(X - mZ) - \alpha(Y - nZ),$$

which, equated to zero, gives the equation of the plane through the node and the line $(x - mz = 0,\ y - nz = 0)$. In fact, assuming

$$\begin{aligned}(\alpha^3 + \beta^3)(X - mZ)(Y - nZ)Z(mY - nZ) - \alpha\beta(\beta X - \alpha Y)\{(X - mZ)^3 + (Y - nZ)^3\}&\\ = \{\beta(X - mZ) - \alpha(Y - nZ)\}\,\Phi(X, Y, Z)&,\end{aligned}$$

it will presently be shown that Φ is an integral function. Hence, omitting the factor in question, we have

$$(\alpha^3 + \beta^3)(X - mZ)(Y - nZ) + \Phi(X, Y, Z) = 0,$$

which is the equation of the surface. It only remains to find Φ: writing for this purpose $X+mZ$, $Y+nZ$ in the place of X, Y, respectively, and putting for a moment

$$\Phi(X+mZ,\ Y+nZ,\ Z)=\Phi',$$

we have

$$(\alpha^3+\beta^3)\,XYZ\,(mY-nZ)-\alpha\beta\,\{\beta\,(X+mZ)-\alpha\,(Y+nZ)\}\,(X^3+Y^3)=(\beta X-\alpha Y)\,\Phi';$$

that is

$$(\beta X-\alpha Y)\,\Phi'=Z\,\{(\alpha^3+\beta^3)\,XY\,(mY-nZ)-(X^3+Y^3)\,\alpha\beta\,(m\beta-n\alpha)\}-(\beta X-\alpha Y)\,\alpha\beta\,(X^3+Y^3);$$

or, effecting the division,

$$\Phi'=Z\,\{(X^2\alpha-Y^2\beta)\,(\alpha n-\beta m)-XY\,(\alpha^2m+\beta^2n)\}-\alpha\beta\,(X^3+Y^3),$$

and then writing $X-mZ$, $Y-nZ$ in the place of X, Y respectively, we have

$$\begin{aligned}\Phi(X,\ Y,\ Z)=Z\,\{&\big((X-mZ)^2\alpha-(Y-nZ)^2\beta\big)\,(\alpha n-\beta m)\\ &-(X-mZ)\,(Y-nZ)\,(\alpha^2m+\beta^2n)\}-\alpha\beta\,\{(X-mZ)^3+(Y-nZ)^3\}.\end{aligned}$$

Hence, finally, the equation of the surface is

$$\begin{aligned}&(\alpha^3+\beta^3)\,(X-mZ)\,(Y-nZ)-\alpha\beta\,\{(X-mZ)^3+(Y-nZ)^3\}\\ &+Z\,\{\big((X-mZ)^2\alpha-(Y-nZ)^2\beta\big)\,(\alpha n-\beta m)-(X-mZ)\,(Y-nZ)\,(\alpha^2m+\beta^2n)\}=0,\end{aligned}$$

which is, as it should be, of the third order.

Arranging in powers of Z and reducing, the equation is found to be

$$\begin{aligned}&(\alpha^3+\beta^3)\,XY-\alpha\beta\,(X^3+Y^3)\\ &+Z\,\{-(\alpha^3+\beta^3)\,(mY+nX)+(X^2\alpha+Y^2\beta)\,(m\beta+n\alpha)+\alpha\beta\,(mX^2+nY^2)-(\alpha^2m+\beta^2n)\,XY\}\\ &+Z^2\,\{mn\,(\alpha^3+\beta^3-\alpha^2X-\beta^2Y)\,(\beta n^2-\alpha m^2)\,(\beta X-\alpha Y)\}=0.\end{aligned}$$

The first form puts in evidence the nodal line

$$(X-mZ=0,\quad Y-nZ=0),$$

and the second form puts in evidence the simple line

$$(X-\alpha=0,\quad Y-\beta=0).$$

But to obtain a more convenient form, write for a moment $X-mZ=P$, $Y-nZ=Q$; the equation is

$$(\alpha^3+\beta^3)\,PQ-\alpha\beta\,(P^3+Q^3)+Z\,\{(P^2\alpha-Q^2\beta)\,(n\alpha-m\beta)-PQ\,(m\alpha^2+n\beta^2)\}=0,$$

or, as this may be written,

$$(\alpha^3+\beta^3)\,PQ+(\alpha^2P-\beta^2Q)\,Z\,(Pn-Qm)+\alpha\beta\,\{-P^3-Q^3-Z\,(mP^2+nQ^2)\}=0;$$

or, observing that $X = P + mZ$, $Y = Q + nZ$, and thence

$$PY - QX = Z(Pn - Qm), \quad XP^2 + QY^2 = P^3 + Q^3 + Z(mP^2 + nQ^2),$$

the equation becomes

$$(\alpha^3 + \beta^3) PQ + (\alpha^2 P - \beta^2 Q)(PY - QX) - \alpha\beta (P^2 X + Q^2 Y) = 0,$$

or, what is the same thing,

$$(\alpha P^2 - \beta Q^2)(\alpha Y - \beta X) + PQ(\alpha^3 + \beta^3 - \alpha^2 X - \beta^2 Y) = 0;$$

whence, making a slight change in the form, and restoring for P, Q their values, the equation is

$$\{\alpha (X - mZ)^2 - \beta (Y - nZ)^2\} \{\alpha (Y - \beta) - \beta (X - \alpha)\}$$
$$- (X - mZ)(Y - nZ)\{\alpha^2 (X - \alpha) + \beta^2 (Y - \beta)\} = 0,$$

a form which puts in evidence as well the simple line $(X - \alpha = 0, \ Y - \beta = 0)$ as the nodal line $(X - mZ = 0, \ Y - nZ = 0)$.

If $Z = 0$, we have

$$(\alpha X^2 - \beta Y^2)(\alpha Y - \beta X) - XY\{\alpha^2 (X - \alpha) + \beta^2 (Y - \beta)\} = 0,$$

which is in fact the cubic curve $(\alpha^3 + \beta^3) XY - \alpha\beta (X^3 + Y^3) = 0$.

Reverting to a former system of equations

$$nx - my - Bx + Ay = 0,$$
$$B(x - \alpha) - A(y - \beta) = 0,$$

or, as these may be written,

$$Bx - Ay = nx - my,$$
$$B\alpha - A\beta = nx - my,$$

we find

$$B(\beta x - \alpha y) = (\beta - y)(nx - my),$$
$$A(\beta x - \alpha y) = (\alpha - x)(nx - my);$$

so that we have

$$X = x + \frac{(\alpha - x)(nx - my)}{\beta x - \alpha y} Z,$$

$$Y = y + \frac{(\beta - y)(nx - my)}{\beta x - \alpha y} Z,$$

as the equations of the generating line which passes through the point (x, y) of the cubic curve.

2, *Stone Buildings, W.C., October* 28, 1862.

323.

ON A TACTICAL THEOREM RELATING TO THE TRIADS OF FIFTEEN THINGS.

[From the *Philosophical Magazine*, vol. XXV. (1863), pp. 59—61.]

THE school-girl problem may be stated as follows:—"With 15 things to form 35 triads, involving all the 105 duads, and such that they can be divided into 7 systems, each of 5 triads containing all the 15 things." A more simple problem is, "With 15 things, to form 35 triads involving all the 105 duads."

In the solution which I formerly gave of the school-girl problem (*Phil. Mag.* vol. XXXVII. 1850, [82]), and which may be presented in the form

	a	*b*	*c*	*d*	*e*	*f*	*g*
abc				35	17	82	64
ade		62	84			15	37
afg		13	57	86	42		
bdf	47		16		38		25
bge	58		23	14		67	
cdg	12	78			56	34	
cef	36	45		27			18

(viz. the things being *a*, *b*, *c*, *d*, *e*, *f*, *g*, 1, 2, 3, 4, 5, 6, 7, 8, the first pentad of triads is *abc*, *d*35, *e*17, *f*82, *g*64, and so for all the seven pentads of triads), there is obviously a division of the 15 things into (7 + 8) things, viz. the 35 triads are composed 7 of them each of 3 out of the 7 things, and the remaining 28 each of 1 out of the 7 things, and 2 out of the 8 things: or attending only to the 8 things, there are 28 triads each of them containing a duad of the 8 things, but there is no triad consisting of 3 of the 8 things. More briefly, we may say that in the system there is an 8 without 3, that is, there are 8 things such that no triad of them occurs in the system.

I believe, but am not sure, that in all the solutions which have been given of the school-girl problem there is an 8 without 3.

Now, considering the more simple problem, there are of course solutions which have an 8 without 3 (since every solution of the school-girl problem is a solution of the more simple problem): but it is very easy to show that there is no solution which has a 9 without 3. I wish to show that there is in every solution at least a 6 without 3. This being so, there will be (if they all exist) 3 classes of solutions, viz. those which have at most (1) a 6 without 3, (2) a 7 without 3, (3) an 8 without 3. I believe that the first and second classes exist, as well as the third, which is known to do so.

The proposition to be proved is, that given any system of 35 triads involving all the duads of 15 things; there are always 6 things which are a 6 without 3, that is, they are such that no triad of the 6 things is a triad of the system. This will be the case if it is shown that the number of *distinct* hexads which can be formed each of them containing a triad of the system is less than $\left(\frac{15.14.13.12.11.10}{1\,.\,2\,.\,3\,.\,4\,.\,5\,.\,6} = 5.7.11.13 =\right) 5005$, the entire number of the hexads of 15 things. Now joining to any triad of the system a triad formed out of the remaining 12 things (there are $\frac{12.11.10}{1\,.\,2\,.\,3} = 4.5.11 = 220$ such triads), we obtain in all $(220 \times 35 =) 7700$ hexads, each of them containing a triad of the system. But these 7700 hexads are not all of them distinct. For, first, considering any triad of the system, there are in the system 16 other triads, each of them having no thing in common with the first-mentioned triad. (In fact if e.g. 123 is a triad of the system, then the system, since it contains all the duads, must have besides 6 triads containing 1, 6 triads containing 2, and 6 triads containing 3, and therefore $35 - 1 - 6 - 6 - 6 = 16$ triads not containing 1, 2, or 3.) Hence we have $\left(\frac{35.16}{2} =\right) 280$ hexads, each of them composed of two triads of the system; and since each of these hexads can be derived from either of its two component triads, these 280 hexads present themselves twice over among the 7700 hexads.

Secondly, there are in the system seven triads containing each of them the same one thing, e.g.

123, 145, 167, 189, 1.10.11, 1.12.13, 1.14.15,

containing each of them the thing 1. That is, we have $\left(\frac{7.6}{2} =\right)$ 21 pairs such as 123, 145 containing the thing 1, and therefore $(15 \times 21 =) 315$ pairs such as $\alpha\beta\gamma$, $\alpha\delta\epsilon$.

And for any such pair, combining with $\alpha\beta\gamma\delta\epsilon$ any one of the remaining 10 things, we have 10 hexads $\alpha\beta\gamma\delta\epsilon\zeta$, each of them derivable from either of the triads $\alpha\beta\gamma$, $\alpha\delta\epsilon$; that is, we have $(315 \times 10 =) 3150$ hexads which present themselves twice over among the 7700 hexads. The hexads not belonging to one or other of the foregoing classes are derived each of them from a single triad only of the system, and they present themselves once among the 7700 hexads. This number is consequently made up as follows, viz.

280	hexads each	twice =	560
3150	„	„ =	6300
840	„	once =	840
4270			7700

or there are in all 4270 distinct hexads; and since this is less than 5005, it follows that there are hexads not containing any triad of the system: there must in fact be $(5005 - 4270 =)$ 735 such hexads. The theorem in question is thus shown to be true.

2, *Stone Buildings, W.C., November* 24, 1862.

324.

NOTE ON A THEOREM RELATING TO SURFACES.

[From the *Philosophical Magazine*, vol. XXV. (1863), pp. 61, 62.]

THE following apparently self-evident geometrical theorem requires, I think, a proof; viz. the theorem is—"If every plane section of a surface of the order $m+n$ break up into two curves of the orders m and n respectively, then the surface breaks up into two surfaces of the orders m, n respectively."

To fix the ideas, suppose $n=2$. Imagine any line meeting the surface in $m+2$ points, the section includes a conic which meets the line in two of the $m+2$ points, say the points A, A'[1]. Suppose that the plane revolves round the line AA', the section will always include a conic which passes through *these same two points* A, A'; and it is to be shown that the sheet, the locus of this conic, is a surface of the second order. In fact the conic in question, say APA', by its intersection with an arbitrary plane traces out a branch of the intersection of the given surface with the arbitrary plane. And if $ABA'B'$ be the conic in any particular plane through A, A', and if the arbitrary plane meet this conic in the points B, B', then the branch passes through these points B, B'. Imagine the plane $ABA'B'$ revolving round BB' until it coincides with the arbitrary plane; the section includes a conic passing through the points B, B', and the before-mentioned branch is this conic; that is, the conic APA' by its intersection with an arbitrary plane traces out a conic; or, what is the same thing, the sheet, the locus of the conic APA', is met by an arbitrary plane in a conic, that is, the sheet is a surface of the second order; and the given surface thus includes a surface of the second order, and is therefore made up of two surfaces of the orders m and 2 respectively. The demonstration seems to me to add at least

[1] The figure referred to will be at once understood by considering A, A' as the poles of an ellipsoid, or say of a sphere, $ABA'B'$ the meridian of projection, APA' any other meridian, BPB' the equator or any other great circle.

something to the evidence of the theorem asserted, but I should be glad if a more simple one could be found. Analytically, the theorem is—"If

$$(x,\ y,\ z,\ \alpha x+\beta y+\gamma z)^{m+n},$$

where (α, β, γ) are arbitrary, break up into factors $(x, y, z)^m$, $(x, y, z)^n$, rational in regard to (x, y, z), then $(x, y, z, w)^{m+n}$ breaks up into factors $(x, y, z, w)^m$, $(x, y, z, w)^n$, rational in regard to (x, y, z, w)." It would at first sight appear that (α, β, γ) being arbitrary, these quantities can only enter into the factors of $(x, y, z, \alpha x+\beta y+\gamma z)^{m+n}$ through the quantity $\alpha x+\beta y+\gamma z$; that is, that the factors in question, considered as functions of $(x, y, z, \alpha, \beta, \gamma)$, are of the form

$$(x,\ y,\ z,\ \alpha x+\beta y+\gamma z)^m, \quad (x,\ y,\ z,\ \alpha x+\beta y+\gamma z)^n;$$

and then replacing the arbitrary quantity $\alpha x+\beta y+\gamma z$ by w, the factors of $(x, y, z, w)^{m+n}$ will be $(x, y, z, w)^m$, $(x, y, z, w)^n$. But the objection proves too much; for in a similar way it would follow that if $(x, y, \alpha x+\beta y)^{m+n}$, where α, β are arbitrary, breaks up into the factors $(x, y)^m$, $(x, y)^n$, rational in regard to (x, y) (and quà homogeneous function of two variables *it always does so break up*), then $(x, y, z)^{m+n}$ would in like manner break up into the factors $(x, y, z)^m$, $(x, y, z)^n$, rational in regard to (x, y, z): and a simple example will show that it is not true that the factors of $(x, y, \alpha x+\beta y)^{m+n}$ only contain (α, β) through $\alpha x+\beta y$; in fact, if the function be $=x^2+y^2+(\alpha x+\beta y)^2$, then the factor is

$$\frac{1}{\sqrt{\alpha^2+1}}\{(\alpha^2+1)\,x+(\alpha\beta+i\sqrt{\alpha^2+\beta^2+1})\,y\},$$

which cannot be exhibited as a function of α, β, $\alpha x+\beta y$.

I am not acquainted with any analytical demonstration; the geometrical one cannot easily be exhibited in an analytical form.

2, *Stone Buildings, W.C., November* 26, 1862.

325.

NOTE ON A THEOREM RELATING TO A TRIANGLE, LINE, CONIC.

[From the *Philosophical Magazine*, vol. XXV. (1863), pp. 181—183.]

I FIND, among my papers headed "Generalization of a Theorem of Steiner's," an investigation leading to the following theorem, viz.:

Consider a triangle, a line, and a conic; with each vertex of the triangle join the point of intersection of the line with the polar of the same vertex in regard to the conic; in order that the three joining lines may meet in a point, the line must be a tangent to a curve of the third class; if, however, the conic break up into a pair of lines, or in a certain other case, the curve of the third class will break up into a point, and a conic inscribed in the triangle.

Let the equations of the sides of the triangle be

$$x = 0, \quad y = 0, \quad z = 0,$$

the equation of the conic

$$(a, b, c, f, g, h \between x, y, z)^2 = 0,$$

and that of the line

$$\lambda x + \mu y + \nu z = 0;$$

then the polar of the vertex ($y = 0$, $z = 0$) has for its equation

$$ax + hy + gz = 0;$$

it therefore meets the line $\lambda x + \mu y + \nu z = 0$ in the point

$$x : y : z = h\nu - g\mu : g\lambda - a\nu : a\mu - h\lambda,$$

and the equation of the line joining this point with the vertex ($y=0$, $z=0$) is $(a\mu - h\lambda)\, y = (g\lambda - a\nu)\, z$. The equations of the three joining lines therefore are

$$\begin{aligned}(a\mu - h\lambda)\, y &= (g\lambda - a\nu)\, z,\\ (b\nu - f\mu)\, z &= (h\mu - b\lambda)\, x,\\ (c\lambda - g\nu)\, x &= (f\nu - c\mu)\, y,\end{aligned}$$

lines which will meet in a point if

$$(a\mu - h\lambda)\,(b\nu - f\mu)\,(c\lambda - g\nu) \dot{-} (g\lambda - a\nu)\,(h\mu - b\lambda)\,(f\nu - c\mu) = 0,$$

or, multiplying out and putting as usual

$$\begin{aligned}K &= abc - af^2 - bg^2 - ch^2 + 2fgh,\\ \mathfrak{A} &= bc \;\; - f^2, \text{ \&c.,}\end{aligned}$$

if

$$\left.\begin{aligned}&2\,(abc - fgh)\,\lambda\mu\nu\\ &+ a\mathfrak{G}\mu\nu^2 + a\mathfrak{H}\mu^2\nu\\ &+ b\mathfrak{H}\nu\lambda^2 \;+ b\mathfrak{F}\nu^2\lambda\\ &+ c\mathfrak{F}\lambda\mu^2 \;+ c\mathfrak{G}\lambda^2\mu\end{aligned}\right\} = 0,$$

that is, the line must touch a curve of the third class.

If this equation break up into factors, the form must be

$$(\alpha\lambda + \beta\mu + \gamma\nu)\,(A\mu\nu + B\nu\lambda + C\lambda\mu) = 0\,;$$

that is, we must have

$$\begin{aligned}&A\alpha + B\beta + C\gamma \;= 2\,(abc - fgh),\\ &B\alpha = b\mathfrak{H}\,, \quad C\alpha \;= c\mathfrak{G}\,,\\ &C\beta = c\mathfrak{F}\,, \quad A\beta = a\mathfrak{H},\\ &A\gamma = a\mathfrak{G}, \quad B\gamma \;= b\mathfrak{F}\,;\end{aligned}$$

and the last six equations give without difficulty

$$\begin{aligned}A &= \frac{ka}{\mathfrak{F}}, & \alpha &= \frac{1}{k}\,\mathfrak{G}\mathfrak{H},\\ B &= \frac{kb}{\mathfrak{G}}, & \beta &= \frac{1}{k}\,\mathfrak{H}\mathfrak{F},\\ C &= \frac{kc}{\mathfrak{H}}, & \gamma &= \frac{1}{k}\,\mathfrak{F}\mathfrak{G},\end{aligned}$$

where k is arbitrary; the first equation then gives

$$\frac{a\mathfrak{G}\mathfrak{H}}{\mathfrak{F}} + \frac{b\mathfrak{H}\mathfrak{F}}{\mathfrak{G}} + \frac{c\mathfrak{F}\mathfrak{G}}{\mathfrak{H}} = 2\,(abc - fgh)\,;$$

or, reducing by the equations $\mathfrak{G}\mathfrak{H} = \mathfrak{A}\mathfrak{F} + aK$, &c., this is

$$\mathfrak{A}a = \mathfrak{B}b + \mathfrak{C}c - 2abc + 2fgh + \left(\frac{a^2}{\mathfrak{F}} + \frac{b^2}{\mathfrak{G}} + \frac{c^2}{\mathfrak{H}}\right)K = 0;$$

which, substituting for $\mathfrak{A}$, $\mathfrak{B}$, $\mathfrak{C}$ their values, becomes

$$K\left(1 + \frac{a^2}{\mathfrak{F}} + \frac{b^2}{\mathfrak{G}} + \frac{c^2}{\mathfrak{H}}\right) = 0.$$

Hence if $K = 0$, that is, if the conic break up into a pair of lines, or if

$$1 + \frac{a^2}{\mathfrak{F}} + \frac{b^2}{\mathfrak{G}} + \frac{c^2}{\mathfrak{H}} = 0,$$

in either case the equation of the curve of the third class becomes

$$\left(\frac{\lambda}{\mathfrak{F}} + \frac{\mu}{\mathfrak{G}} + \frac{\nu}{\mathfrak{H}}\right)\left(\frac{a}{\mathfrak{F}}\mu\nu + \frac{b}{\mathfrak{G}}\nu\lambda + \frac{c}{\mathfrak{H}}\lambda\mu\right) = 0;$$

that is, the curve breaks up into a point, and a conic inscribed in the triangle.

In the case where the conic breaks up into a pair of lines, then we have

$$(a, b, c, f, g, h \between x, y, z)^2 = 2(px + qy + rz)(p'x + q'y + r'z),$$

and thence

$$(\mathfrak{A}, \mathfrak{B}, \mathfrak{C}, \mathfrak{F}, \mathfrak{G}, \mathfrak{H} \between x, y, z)^2 = -\{(qr' - q'r)x + (rp' - r'p)y + (pq' - p'q)z\}^2;$$

so that the equation in (λ, μ, ν) is

$$\{(qr' - q'r)\lambda + (rp' - r'p)\mu + (pq' - p'q)\nu\}$$
$$\{pp'(qr' - q'r)\mu\nu + qq'(rp' - r'p)\nu\lambda + rr'(pq' - p'q)\lambda\mu\} = 0;$$

where the point represented by the equation

$$(qr' - q'r)\lambda + (rp' - r'p)\mu + (pq' - p'q)\nu = 0$$

is, of course, the intersection of the two lines.

326.

THEOREMS RELATING TO THE CANONIC ROOTS OF A BINARY QUANTIC OF AN ODD ORDER.

[From the *Philosophical Magazine*, vol. XXV. (1863), pp. 206—208.]

I CALL to mind Professor Sylvester's theory of the canonical form of a binary quantic of an odd order; viz., the quantic of the order $2n+1$ may be expressed as a sum of a number $n+1$ of $(2n+1)$th powers, the roots of which, or say the *canonic roots* of the quantic, are to constant multipliers *près* the factors of a certain covariant derivative of the order $(n+1)$, called the *Canonizant*. If, to fix the ideas, we take a quintic function, then we may write

$$(a, b, c, d, e, f \between x, y)^5 = A\,(lx+my)^5 + A'\,(l'x+m'y)^5 + A''\,(l''x+m''y)^5$$

(it would be allowable to put the coefficients A each equal to unity; but there is a convenience in retaining them, and in considering that a canonic root $lx+my$ is only given as regards the ratio $l : m$, the coefficients l, m remaining indeterminate); and then the canonic roots $(lx+my)$, &c. are the factors of the Canonizant

$$\begin{vmatrix} y^3, & -y^2x, & yx^2, & -x^3 \\ a, & b, & c, & d \\ b, & c, & d, & e \\ c, & d, & e, & f \end{vmatrix}.$$

It is to be observed that this reduction of the quantic to its canonical form, i.e. to a sum of a number $n+1$ of $(2n+1)$th powers, is a *unique* one, and that the quantic cannot be in any other manner a sum of a number $n+1$ of $(2n+1)$th powers.

Professor Sylvester communicated to me, under a slightly less general form, and has permitted me to publish the following theorems:

1. If the second emanant $(X\partial_x + Y\partial_y)^2 U$ has in common with the quantic U a single canonic root, then all the canonic roots of the emanant are canonic roots of the quantic; and, moreover, if the remaining canonic root of the quantic be $rx + sy$, then (X, Y), the facients of emanation, are $= (s, -r)$, or, what is the same thing, they are given by the equation

$$\text{canont. } U \ (X, \ Y \text{ in place of } x, \ y) = 0.$$

In fact, considering, as before, the quintic $U = (a, b, c, d, e, f \between x, y)^5$, we have

$$U = A\,(lx + my)^5 + A'\,(l'x + m'y)^5 + A''\,(l''x + m''y)^5,$$

and thence

$$(X\partial_x + Y\partial_y)^2 U = B\,(lx + my)^3 + B'\,(l'x + m'y)^3 + B''\,(l''x + m''y)^3,$$

if for shortness

$$B = 6 \,.\, 5\,(lX + mY)^2 A, \text{ \&c.}$$

Suppose $(X\partial_x + Y\partial_y)^2 U$ has in common with U the canonic root $lx + my$, then

$$(X\partial_x + Y\partial_y)^2 U = C\,(lx + my)^3 + C'\,(px + qy)^3,$$

and thence

$$B'\,(l'x + m'y)^3 + B''\,(l''x + m''y)^3 = (C - B)\,(lx + my)^3 + C'\,(px + qy)^3,$$

which must be an identity; for otherwise we should have the same cubic function expressed in two different canonical forms. And we may write

$$B' = C', \quad l'x + m'y = px + qy, \quad B'' = 0, \quad C = B,$$

and then we have

$$(X\partial_x + Y\partial_y)^2 U = B\,(lx + my)^3 + B'\,(l'x + m'y)^3;$$

so that all the canonic roots of the emanant are canonic roots of the quantic. Moreover, the condition $B'' = 0$ gives $l''X + m''Y = 0$, that is, $X : Y = m'' : -l''$, or writing $rx + sy$ instead of $l''x + m''y$, $X : Y = s : -r$; and the system is

$$U = A\,(lx + my)^5 + A'\,(l'x + m'y)^5 + A\,(rx + sy)^5,$$

$$(s\partial_x - r\partial_y)^2 U = B\,(lx + my)^3 + B'\,(l'x + m'y)^3,$$

which proves the theorem.

2. The two functions, canont. U, canont. $(X\partial_x + Y\partial_y)^2 U$, have for their resultant $\{\text{canont. } U\ (X, \ Y \text{ in place of } x, \ y)\}^{2n}$, if $2n + 1$ be the order of U.

In fact, in order that the equations

$$\text{canont. } U = 0, \quad \text{canont. } (X\partial_x + Y\partial_y)^2 U = 0,$$

may coexist, their resultant must vanish; and conversely, when the resultant vanishes, the equations will have a common root. Now if the equation canont. $(X\partial_x + Y\partial_y)^2 U = 0$ has a common root with the equation canont. $U = 0$, all its roots are roots of canont. $U = 0$; and, moreover, if $rx + sy = 0$ be the remaining root of canont. $U = 0$, then $X : Y = s : -r$, that is, we have

$$\text{canont. } U \ (X,\ Y \text{ in place of } x,\ y) = 0;$$

or the resultant in question can only vanish if the last-mentioned equation is satisfied. It follows that the resultant must be a power of the *nilfactum* of the equation; and observing that canont. U is of the form $(a, \ldots)^{n+1} (x, y)^{n+1}$, i.e. that it is of the degree $n+1$ as well in regard to the coefficients as in regard to the variables (x, y), it is easy to see that the resultant is of the degree $2n(n+1)$ as well in regard to the coefficients as in regard to (X, Y); that is, we have $2n$ as the index of the power in question.

3. In particular, if $Y = 0$, the theorem is that the resultant of the functions canont. U, canont. $\partial_x{}^2 U$ is equal to the $2n$th power of the first coefficient of canont. U.

Thus for $n = 1$, that is, for the cubic function $(a, b, c, d \between x, y)^3$, we have

$$\text{canont. } U = \begin{vmatrix} y^2, & -xy, & x^2 \\ a\ , & b\ , & c \\ b\ , & c\ , & d \end{vmatrix} = (ac - b^2,\ \ ad - bc,\ \ bd - c^2 \between x,\ y)^2,$$

$$\text{canont. } \partial_x{}^2 U = \begin{vmatrix} y, & -x \\ a, & b \end{vmatrix} = ax + by;$$

and the resultant of the two functions is

$$= (ac - b^2,\ \ ad - bc,\ \ bd - c^2 \between b,\ -a)^2$$
$$= -(ac - b^2)^2,$$

which verifies the theorem.

The theorems were, in fact, given to me in relation to the quantic U and the second differential coefficient $\partial_x{}^2 U$; but the introduction instead thereof of the second emanant $(X\partial_x + Y\partial_y)^2 U$ presented no difficulty.

2, *Stone Buildings, W.C., February* 16, 1863.

327.

ON THE STEREOGRAPHIC PROJECTION OF THE SPHERICAL CONIC.

[From the *Philosophical Magazine*, vol. XXV. (1863), pp. 350—353.]

IN order to the tolerable delineation of some figures relating to spherical geometry, I had occasion to consider the stereographic projection of the spherical conic. To fix the ideas, imagine a sphere having its centre in the plane of the paper, and through the centre three rectangular axes, that of x horizontal and that of y vertical, in the plane of the paper, and the axis of z perpendicular to and in front of the plane of the paper. The radius of the sphere is taken equal to unity (so that its intersection by the plane of the paper is the circle radius unity), and the points X, Y, and Z are taken to denote the points where the axes, drawn in the positive direction, meet the surface of the sphere; and the opposite points are called X', Y', and Z'. The eye is supposed to be at Z, and the projection to be made on the plane of the paper. This being so, and supposing that the axes of coordinates are the principal axes of the spherical conic, *the axis of x being the interior axis*, and taking ξ, η, ζ as the coordinates of a point on the spherical conic, its equations are

$$\xi^2+\eta^2 \qquad +\zeta^2=1,$$

$$-\xi^2+\eta^2\cot^2\beta+\frac{\zeta^2}{c^2}=0\,;$$

where it may be remarked that $\tan\beta$, c are the semiaxes of the plane conic which is the gnomonic projection (i.e. the projection by lines through the centre of the sphere) of the spherical conic on the tangent plane at X or X'.

Taking, for a moment, x, y, z as the coordinates of a point on the projecting line (that is, the line through the eye to a point (ξ, η, ζ) on the spherical conic), the equation of this line is

$$\frac{x}{\xi}=\frac{y}{\eta}=\frac{z-1}{\zeta-1};$$

and thence putting $z=0$, x, y will be the coordinates of a point of the projection, and we have

$$\frac{x}{\xi}=\frac{y}{\eta}=\frac{1}{1-\zeta};$$

or, what is the same thing,

$$\xi=x(1-\zeta),\quad \eta=y(1-\zeta);$$

the equations of the spherical conic may be written

$$1-\zeta^2=\quad \xi^2+\eta^2,$$
$$\zeta^2=c^2(\xi^2-\eta^2\cot^2\beta);$$

and by eliminating ξ, η, ζ from the four equations, we obtain the equation of the conic.

Substituting for ξ and η their values, we find

$$1+\zeta=(x^2+y^2)(1-\zeta),$$
$$\zeta^2=c^2(x^2-y^2\cot^2\beta)(1-\zeta)^2;$$

or, observing that the first equation gives

$$\zeta=\frac{x^2+y^2-1}{x^2+y^2+1},$$

and that thence

$$1-\zeta=\frac{2}{x^2+y^2+1},\quad \frac{\zeta}{1-\zeta}=\tfrac{1}{2}(x^2+y^2-1),$$

the equation is

$$(x^2+y^2-1)^2=4c^2(x^2-y^2\cot^2\beta).$$

It is now very easy to trace the curve. We see first that the curve is symmetrical with respect to the axes, and that it meets the axis of y in four imaginary points, but the axis of x in four real points, the coordinates whereof are

$$x=\pm(\sqrt{1+c^2}\pm c),$$

so that the two points on the same side of the centre are the images one of the other in regard to the circle radius unity. Moreover the curve touches the lines

$$y=\pm x\tan\beta$$

at their intersections with the circle. By developing in regard to y, the equation becomes

$$y^4+2(x^2-1+2c^2\cot^2\beta)y^2+(x^2-1)^2-4c^2x^2=0;$$

and putting

$$x=\pm(\sqrt{1+c^2}\pm c),$$

the last term vanishes, and the equation gives $y^2 = 0$, or

$$\begin{aligned} y^2 &= 2(1 - x^2 - 2c^2 \cot^2 \beta) \\ &= 4(-c^2 \mp c\sqrt{1+c^2} - c^2 \cot^2 \beta) \\ &= 4c(-c \operatorname{cosec}^2 \beta \mp \sqrt{1+c^2}), \end{aligned}$$

the upper sign corresponding to the exterior values

$$\pm x = \sqrt{1+c^2} + c,$$

and the lower sign to the interior values

$$\pm x = \sqrt{1+c^2} - c.$$

In the former case the values of y are imaginary; in the latter case they are real if

$$\sqrt{1+c^2} > c \operatorname{cosec}^2 \beta,$$

or, what is the same thing, if

$$\sin^2 \beta > \frac{c}{\sqrt{1+c^2}};$$

that is, if (for a given value of c) β is sufficiently great, but otherwise they are imaginary.

If, as in the annexed figures, $c = \frac{5}{12}$ (and therefore $\sqrt{1+c^2} = \frac{13}{12}$, $\sqrt{1+c^2} + c = \frac{3}{2}$,

Fig. 1. Fig. 2.

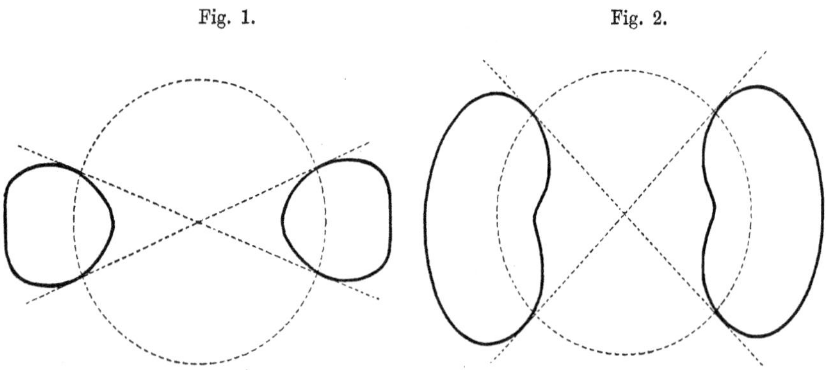

$\sqrt{1+c^2} - c = \frac{2}{3}$), then for the limiting value of β we have

$$\sin^2 \beta = \tfrac{5}{13} = \cdot 3846,\ \sin \beta = \cdot 62, \text{ or } \beta = 38^\circ \text{ nearly}.$$

In the first figure β is less, in the second figure greater than this value: the form for the limiting value is obvious from a comparison of the two figures.

I take the opportunity to mention the following theorem, which is perhaps known, but I have not met with it anywhere; viz. any three circles, each two of which meet, may be considered as the stereographic projections of three great circles of the sphere. In fact suppose, as above, that the projection is made on the plane of a great circle, and calling this the principal circle, the projection of any other great circle meets the principal circle at the extremities of a diameter of the principal circle. It follows that the theorem will be true, if, given any three circles each two of which meet, a circle can be drawn meeting the given circles, each of them at the extremities of a diameter of the circle so to be drawn. It is easy to see that the required circle has for its centre the radical centre (point of intersection of the radical axes) of the given circles, and that the radius is the 'Inner Potency' of the point in question in regard to each of the three given circles. In particular the three circles having for centres the vertices of an equilateral triangle, and the side for radius, may be considered as the stereographic projections of three great circles of a sphere. This is a very ready mode of delineation of a spherical figure depending on three great circles of the sphere.

2, *Stone Buildings, W.C., March* 21, 1863.

328.

ON THE DELINEATION OF A CUBIC SCROLL.

[From the *Philosophical Magazine,* vol. XXV. (1863), pp. 528—530.]

IMAGINE a cubic scroll (skew surface of the third order) generated by lines each of which meets two given directrix lines. One of these is a nodal (double) line on the surface, and I call it the nodal directrix; the other is a single line on the surface, and I call it the single directrix. The section by any plane is a cubic passing through the points in which the plane meets the directrix lines; i.e. the point on the nodal directrix is a node (double point) of the curve, the point on the single directrix a single point on the curve; the two directrix lines, and the cubic curve, the section by any plane, determine the scroll. Consider the sections by a series of parallel planes. Let one of these planes be called the basic plane, and the section by this plane the basic section or basic cubic; and imagine any other section projected on the basic plane by lines parallel to the nodal directrix: such section may be spoken of simply as 'the section,' and its projection as 'the cubic.' The cubic has a node at the node of the basic cubic; that is, the two curves have at this point *four* points in common. The two curves have, moreover, in common the *three* points at infinity (or, in other words, their asymptotes are parallel); in fact the points at infinity of either curve are the points in which the line at infinity, the intersection of the basic plane and the plane of the section, meets the scroll; and these points are therefore the same for each of the two curves. The remaining *two* points of intersection of the cubic with the basic cubic are also fixed points on the basic cubic, i.e. they are the points of intersection of the basic plane by the two generating lines parallel to the nodal directrix. Hence the cubic meets the basic cubic in *nine* fixed points, viz. the node counting as four points, the three points at infinity, and the two points the feet of the generators parallel to the nodal directrix. It follows that if $U=0$ is the equation of the basic cubic, $V=0$ the equation of some other cubic meeting the basic cubic in the nine points in question, then the equation of 'the cubic' is $U+\lambda V=0$, λ being a parameter the value of which varies according to the position (in the series of parallel planes) of the plane of the section. Suppose that the basic cubic $U=0$ is given, and suppose for a moment that the cubic $V=0$ is also given, these two cubics having the above-mentioned relations, viz. they have a common node and parallel asymptotes: the cubic $U+\lambda V=0$ might be constructed by drawing through the node (say O) a radius vector meeting the cubics in P, P' respectively, and taking on this radius vector a point Q such that $PQ=\frac{\lambda}{1+\lambda}PP'$, or, what is the same thing, $OQ=\frac{OP+\lambda OP'}{1+\lambda}$; the locus of the point Q will then be the cubic $U+\lambda V=0$. And we may even suppose the cubic $V=0$ to break up into a line and a conic (hyperbola), and then (disregarding the line) use the hyperbola in the construction. In fact, if the hyperbola is determined by the following five conditions, viz. to pass through the node and through the feet of the two generators parallel to the nodal directrix, and to have its asymptotes parallel to two of the asymptotes of the basic cubic, and if the line be taken to be a line through the node parallel to the third asymptote of the basic cubic; then the hyperbola and line form together a cubic curve meeting the basic cubic in the nine points, and therefore satisfying the conditions assumed in regard to the cubic $V=0$. And it is to be noticed that as in general the cubic $V=0$ is the projection of some section of the scroll, so the hyperbola and line are the projection of a section of the scroll, viz. the section through one of the generating lines (there are three such lines) parallel to the basic plane. But it is better to construct 'the cubic' by a different method (using only the basic cubic $U=0$) which results more immediately from the geometrical theory. Taking the basic plane as the plane of the figure, let O be the node, or foot of the nodal directrix, K the foot of the single directrix, Kk the projection of the single directrix,

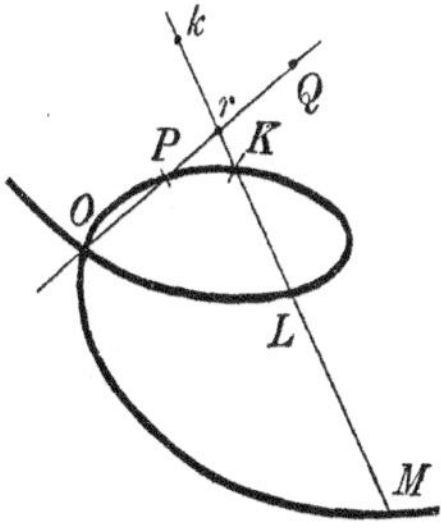

k being the projection of the point in which the single directrix meets the plane of the section. Drawing through O any radius vector meeting the basic cubic in P, and the line Kk in r, and producing it to a properly determined point Q, then $OPrQ$ will be the projection of the generating line which meets the nodal directrix, the basic cubic, the single directrix, and the section in the points the projections whereof are O, P, r, Q respectively: and the consideration of the solid figure shows easily that the condition for the determination of the point Q is

$$PQ=Kk\,.\,\frac{Pr}{rK}\,.$$

Hence, starting from the basic cubic and the line Kk, we have a construction for the point Q the locus whereof is the cubic, the projection of a section of the scroll; for the projections of the parallel sections, we have only to vary the length Kk. By what precedes, the construction gives for the locus of Q a cubic having a node at O, and having its asymptotes parallel to those of the basic cubic. As P moves up to K, the distances Pr, rK become indefinitely small; but their ratio is finite, hence the cubic, the locus of Q, does *not* pass through the point K. The construction shows, however, that it does pass through the points L, M, which are the other two intersections of Kk with the basic cubic; these points L, M are in fact the feet of the generators parallel to the nodal directrix.

The general conclusion is, that a series of cubics having each of them at one and the same given point a node—having their asymptotes parallel—and besides passing through the same two given points—may be considered as the projections of a series of parallel sections of a cubic scroll; and such a series of cubics will thus afford a delineation of the scroll.

2, *Stone Buildings, W.C., April* 15, 1863.

329.

NOTE ON THE PROBLEM OF PEDAL CURVES.

[From the *Philosophical Magazine*, vol. XXVI. (1863), pp. 20, 21.]

It is not, so far as I am aware, generally known that the problem of pedal curves (Steiner's *Fusspuncten-Curve*) was considered by Maclaurin in the *Geometria Organica*, 1720. He appears to have been led to it through an idea such as Sir W. R. Hamilton's *Hodograph*, or at any rate with a view to a dynamical application, for he remarks, p. 95, "Cum vero geometria quæ curvas ad datum centrum relatas contemplatur in philosophia naturali ad motus corporum et vires evolvendas facilius applicari possit,...hac sectione considerabimus curvas tanquam ad punctum quodvis datum relatas ex quo ad omnia circumferentiæ puncta radii undique educuntur, et simul perpendicula in illorum punctorum tangentes demittuntur, et rationem radii ad perpendiculum tanquam curvæ characterem usurpabimus." And accordingly, Props. IX. to XII., he considers the problem: Given a point S in the plane of a given curve, to find the locus of the intersection of a tangent of the curve by the perpendicular let fall upon it from the point S; with some special cases, and deductions from it. In particular if the given curve be a circle, the locus in question (or pedal curve) is a curve of the fourth order having a double point S; viz. if S be inside the circle, this is a conjugate or isolated point; but if outside, a double point with two real branches: if S be on the circle, then instead of the double point we have a cusp: it is shown that in each case the pedal curve is in fact an epicycloid. If the given curve be a parabola, then the locus or pedal curve is a curve of the third order, viz. a defective hyperbola having a double point at S, and with its single asymptote perpendicular to the axis of the parabola: some particular cases are specially noticed. If the curve be an ellipse or hyperbola, then, as in the case of the circle, the locus or pedal curve is a curve of the fourth order having a double point at S. And it is moreover shown, Prop. XII., that for any given curve whatever the locus or pedal curve is, in a generalized sense of the term, an epicycloid. This is in fact seen very easily by a mere inspection of the figure. Imagine the curve $O'P'$, rigidly connected with and carrying along with it the point S', to roll on the similar and equal fixed curve OP symmetrically situate on the other side of the common tangent OM or OM'; then when P' coincides with P, the point S' is brought to S'', where $SNN'S''$ is the perpendicular from S on the tangent PN or PN', and $SN = N'S''$, that is, $SS'' = 2SN$;

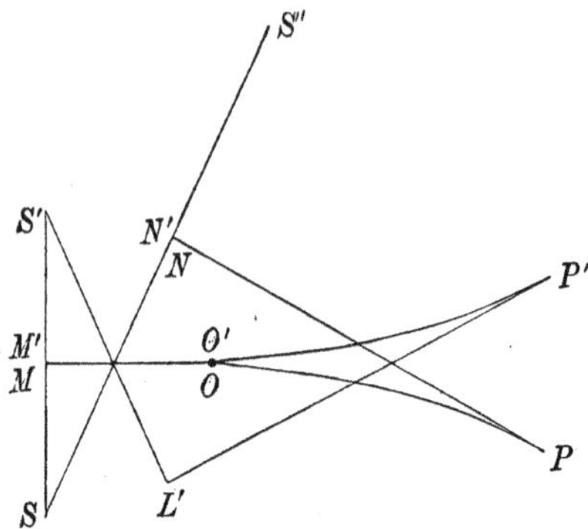

and the curve generated by S'' (that is S'), or say the epicycloid the locus of S', is a curve similar to and similarly situate with the pedal curve the locus of N, but of twice the linear magnitude of the pedal curve. Or, what is the same thing, if instead of the given curve we consider a similar and similarly situated curve of twice the linear magnitude (the point S being the centre of similitude), then the epicycloid the locus of S' is the pedal curve of the substituted curve in relation to the point S. It may be added that, in accordance with a theorem of Dandelin's, if rays proceeding from the point S are reflected at the given curve, then the epicycloid (or pedal) in question is the *secondary caustic*, or an orthogonal trajectory of the reflected rays.

2, *Stone Buildings, W.C., June* 3, 1863.

330.

ON DIFFERENTIAL EQUATIONS AND UMBILICI.

[From the *Philosophical Magazine*, vol. XXVI. (1863), pp. 373—379 and 441—452.]

I.

CONSIDER the integral equation

$$Az^2 + 2Bz + C = 0,$$

where z is the constant of integration: the derived equation is

$$\begin{aligned}\Omega &= (AC' + A'C - 2BB')^2 - 4(AC - B^2)(A'C' - B'^2),\\ &= (CA' - C'A)^2 - 4(AB' - A'B)(BC' - B'C) \qquad , = 0;\end{aligned}$$

and if for greater simplicity we write $A = 1$, then the derived equation is

$$\Omega = C'^2 - 4BC'B' + 4CB'^2 = 0,$$

corresponding to the integral equation

$$z^2 + 2Bz + C = 0.$$

Writing the integral equation under the form

$$(z + X)(z + Y) = 0,$$

we have

$$2B = X + Y, \quad C = XY,$$

whence also

$$2B' = X' + Y', \quad C' = XY' + X'Y,$$

and the derived equation becomes

$$\Omega = -(X - Y)^2 X'Y'.$$

Hence if we represent the roots X, Y in the form $P \pm Q\sqrt{\square}$, so that $P = -B$, $Q\sqrt{\square} = \sqrt{B^2 - AC}$, Q^2 being the greatest square factor of $B^2 - AC$, then

$$(X - Y)^2 = 4Q^2\square, \quad X', Y' = P' \pm \left(Q'\sqrt{\square} + \frac{Q\square'}{2\sqrt{\square}}\right),$$

$$X'Y' = P'^2 - \frac{1}{4\square}(2Q'\square + Q\square')^2;$$

and the derived equation is

$$\Omega = -Q^2\{4\square P'^2 - (2Q'\square + Q\square')^2\} = 0.$$

If B, C, &c. are functions of the coordinates (x, y), the equation $z^2 + 2Bz + C = 0$ (z an arbitrary constant) represents a series of curves in the plane of xy; but if we consider z as a coordinate, then the equation represents a surface, and the curves in question are the orthogonal projections on the plane of xy of the sections of the surface by the planes parallel to the plane of xy. To fix the ideas, the plane of xy may be taken to be horizontal, and the ordinates z vertical.

Writing the equation in the form

$$(z + B)^2 - (B^2 - C) = 0,$$

we see that the surface contains upon it the curve $z + B = 0$, $B^2 - C = 0$, which is the line of contact with the circumscribed vertical cylinder: such curve may be termed the envelope, or, when this is necessary, the complete envelope. The equation of the surface has however been taken to be $(z - P)^2 - Q^2\square = 0$ (viz. it has been assumed that $B = -P$, $B^2 - C = Q^2\square$); the envelope thus breaks up into the curve, $z - P = 0$, $Q = 0$, taken twice, and the curve $z - P = 0$, $\square = 0$; the former of these is in general a nodal curve on the surface, and it may be spoken of as the nodal curve; the latter of them is the reduced or proper envelope, or simply the envelope. And the terms nodal curve and envelope may also be applied to the curves $Q = 0$ and $\square = 0$, which are the projections on the plane of xy of the first-mentioned two curves respectively. There is however a case of higher singularity which it is proper to consider: suppose that Q and $\square$ have a common factor K, say $Q = KR$, $\square = K\nabla$; the complete envelope $Q^2\square = R^2K^3\nabla = 0$ here breaks up into the nodal curve $R = 0$ twice, the cuspidal curve $K = 0$ three times, and the reduced or proper envelope $\nabla = 0$ once.

Reverting for a moment to the form $(z + X)(z + Y) = 0$, the derived equation $\Omega = -(X - Y)^2 X'Y' = 0$ is satisfied by $(X - Y)^2 = 0$; this equation, or say the equation of the envelope, being in fact the singular solution of the differential equation. This assumes however that the differential equation is given in the form in which it is immediately obtained by derivation from the integral equation, without the rejection of factors which are functions of the coordinates (x, y) only; it is proper to consider the reduced equation obtained by rejecting such factors. Thus if X and Y are rational functions, the reduced form is $X'Y' = 0$, which is no longer satisfied by the equation

$(X-Y)^2=0$. In the before-mentioned case where the roots are $P \pm Q\sqrt{\square}$ (or $(X-Y)^2=Q^2\square$), P, Q, and $\square$ being rational functions of (x, y), the derived equation

$$\Omega = -Q^2\{4\square P'^2 - (2Q'\square + Q\square')^2\} = 0$$

divides out by the factor Q^2, but it does not divide out by $\square$; the reduced form is therefore

$$4\square P'^2 - (2Q'\square + Q\square')^2 = 0,$$

which is not satisfied by $Q=0$, while it is still satisfied by $\square=0$ (since this gives also $\square'=0$); that is, the nodal curve $Q=0$ is not a solution of the differential equation, but we still have the singular solution $\square=0$, which corresponds to the reduced or proper envelope. In the case $Q=KR$, $\square=K\nabla$ of a cuspidal curve, the above form of the differential equation becomes

$$4K\nabla P'^2 - \{3KK'R\nabla + K^2(2\nabla R' + \nabla' R)\}^2 = 0,$$

which divides out by K; and, when reduced by the rejection of this factor, it is no longer satisfied by the equation $K=0$, which belongs to the cuspidal curve; that is, neither the nodal curve $R=0$ nor the cuspidal curve $K=0$ is a solution of the differential equation, but we still have the singular solution $\nabla=0$, which corresponds to the reduced or proper envelope. It would appear that the conclusion may be extended to singularities of a higher nature, viz. the factor corresponding to any singular curve which presents itself as part of the complete envelope divides out from the derived equation; and such singular curve does not constitute a solution of the reduced equation, but we have a singular solution corresponding to the reduced or proper envelope.

II.

Consider the differential equation

$$y(p^2-1) + 2mxp = 0,$$

where, to fix the ideas, $m >$ or $=1$; the integral equation may be taken to be

$$z = (mx + \sqrt{m^2x^2+y^2})(mx^2+y^2+x\sqrt{m^2x^2+y^2})^{m-1};$$

or rather, writing for shortness $\square = m^2x^2+y^2$, and putting

$$z = (mx+\sqrt{\square})(mx^2+y^2+x\sqrt{\square})^{m-1} = P + Q\sqrt{\square},$$

the integral equation is

$$(z-P)^2 - Q^2\square = 0, \text{ or } z^2 - 2Pz + P^2 - Q^2\square = 0,$$

where

$$P^2 - Q^2\square = (m^2x^2-\square)\{(mx^2+y^2)^2 - x^2\square\}^{m-1} = -y^{2m}\{y^2+(2m-1)x^2\}^{m-1}.$$

In the particular case $m=1$ the equation is

$$z = x + \sqrt{x^2+y^2}, \text{ or } z^2 - 2zx - y^2 = 0.$$

Before going further, I remark that, m being a positive integer greater than unity, we have

$$z = P + Q\sqrt{\square} = mx(mx^2+y^2)^{m-1} + \{mx^2+y^2+(m-1)mx^2\}(mx^2+y^2)^{m-2}\sqrt{\square} + \&c.,$$

the subsequent terms being divisible, the rational ones by $\square$, and the irrational ones by $\square\sqrt{\square}$. Hence, observing that

$$mx^2+y^2+(m-1)mx^2 = m^2x^2+y^2 = \square,$$

we see that Q contains the factor $\square$, and the equation $\square = 0$ belongs to a cuspidal curve on the surface. If however $m=1$, then the equation is $z = x + \sqrt{\square}$, so that $Q=1$ does not contain the factor $\square$; and $\square = x^2+y^2 = 0$ is not a singular curve on the surface, but is in fact the reduced or proper envelope.

The curve represented by the integral equation will pass through the origin $(x=0,\ y=0)$ for the value $z=0$ of the constant of integration. In fact, for this value, the integral equation becomes

$$-y^{2m}\{y^2+(2m-1)x^2\}^{m-1} = 0,$$

which belongs to a set of $2m+(m-1)+(m-1)$ lines coinciding with the lines $y=0$, $y = ix\sqrt{2m-1}$, and $y = -ix\sqrt{2m-1}$ respectively. The directions at the origin are therefore $p=0$, $p=\pm i\sqrt{2m-1}$, which are the same values of p as are obtained from the differential equation; viz. since this is satisfied identically at the point in question, proceeding to the derived equation, we have

$$p(p^2-1)+2mp=0,$$

that is

$$p(p^2+2m-1) \ = 0;$$

but it is to be observed that these values of p are different from the values given by the equation $\square = m^2x^2+y^2 = 0$, which are $p=\pm im$. The reason is that the curve $\square = 0$ being, as was shown, a cuspidal curve on the surface, the equation $\square=0$ is not a solution of the differential equation.

If however $m=1$, then the integral equation gives at the origin no longer three values of p, but only the value $p=0$. The differential equation however gives, as in the general case, three values; viz. we have $p(p^2+1)=0$; and the values $p=\pm i$ obtained from the factor $p^2+1=0$ are precisely the values of p obtained from the equation $\square = x^2+y^2=0$, which in the case now under consideration belongs to the reduced or proper envelope of the surface, and *is* therefore the singular solution of the differential equation.

III.

The two curves of curvature which pass through any given point of a surface are distinct curves, not branches of one indecomposable curve. In fact if P, Q are the two curves of curvature for a point A, then for a point A' on P the two curves of curvature will be P, Q'; and if P, Q were branches of an indecomposable curve, then P, Q' would also be branches of an indecomposable curve, and we should have P a branch of two different indecomposable curves, which is of course impossible. In the case of an umbilicus, the two curves P and Q coincide together; or, as we may express it, the curves of curvature through an umbilicus are the duplication of a single, in general indecomposable, curve; and in general this curve has at the umbilicus a *trifid* node. I use this expression to denote a point at which there are three distinct tangents, or, more accurately, three distinct directions of the curve: an ordinary triple point is of necessity a trifid node, but not conversely. The umbilicus of an ellipsoid or other quadric surface is a peculiar exceptional case.

In support of the foregoing conclusions, consider a surface having an umbilicus at the origin, and take $z=0$ as the equation of the tangent plane at that point; the equation of the surface in the neighbourhood of the umbilicus will be

$$z = \tfrac{1}{2}k(x^2+y^2) + \tfrac{1}{6}(ax^3 + 3bx^2y + 3cxy^2 + dy^3);$$

so that, writing as usual p and q for the first, and r, s, t for the second, differential coefficients of z, we have

$$\begin{aligned}
p &= kx + \tfrac{1}{2}(ax^2 + 2bxy + cy^2),\\
q &= ky + \tfrac{1}{2}(bx^2 + 2cxy + dy^2),\\
r &= k + ax + by,\\
s &= bx + cy,\\
t &= k + cx + dy.
\end{aligned}$$

The differential equation of the curves of curvature projected on the plane of xy is

$$\left(\frac{dy}{dx}\right)^2 [(1+q^2)s - pqt] + \frac{dy}{dx}[(1+q^2)r - (1+p^2)t] - [(1+p^2)s - pqr] = 0;$$

and substituting therein the foregoing values of p, q, r, s, t, but attending only to the terms of the lowest order in (x, y), and using moreover in the sequel p in the place of $\frac{dy}{dx}$, the equation becomes

$$(bx+cy)(p^2-1) + [(a-c)x + (b-d)y]\,p = 0;$$

which may be taken as the differential equation of the curves of curvature at and in the neighbourhood of the umbilicus. The equation is satisfied identically by the values $x=0$, $y=0$, which correspond to the umbilicus; and to find p, we have to differentiate the equation, and then substitute these values of x and y; we thus obtain

$$(b+cp)(p^2-1) + [(a-c) + (b-d)p]\,p = 0,$$

or, what is the same thing,

$$p(a + 2bp + cp^2) - (b + 2cp + dp^2) = 0,$$

a cubic equation for the determination of p.

I remark that we may without loss of generality write $d=0$: but to simplify the investigation, I suppose in the first instance that we have also $b=0$; this comes to assuming that one of the three planes $ax^3+3bx^2y+3cxy^2+dy^3=0$ bisects the angle formed by the other two planes. The differential equation consequently is

$$cy(p^2-1)+(a-c)xp=0;$$

or, putting for shortness

$$\frac{a-c}{c}=-2m,$$

it is

$$y(p^2-1)+\quad 2mxp=0,$$

which is the differential equation previously considered. Hence, writing now h in the place of z, the equation of the curve of curvature in the neighbourhood of the umbilicus is

$$h=(mx+\sqrt{\square})(mx^2+y^2+\sqrt{\square})^{m-1},\ =P+Q\sqrt{\square},$$

where $\square=m^2x^2+y^2$; or, what is the same thing, the equation is

$$h^2-2Ph+P^2-Q^2\square=0;$$

and the equation (in the neighbourhood of the umbilicus) of the curve through the umbilicus is

$$P^2-Q^2\square=-y^{2m}\{y^2+(2m-1)x^2\}^{m-1}=0;$$

so that the umbilicus is a trifid node. In the case however of an ellipsoid or other quadric surface, we have $m=1$, so that the equation of the curve of curvature in the neighbourhood of the umbilicus is

$$h=x+\sqrt{x^2+y^2},$$

or, what is the same thing,

$$h^2-2hx-y^2=0:$$

and for the curve through the umbilicus, in the neighbourhood of the umbilicus, the equation is $y^2=0$, so that there is only a single direction of the curve of curvature. The differential equation gives, however, at the umbilicus $p(p^2+1)=0$; the value $p=0$ is that which corresponds to the curve of curvature; the other two values $p=\pm i$ correspond to the curve (pair of lines) $x^2+y^2=0$, which is the envelope of the curves of curvature, or, more accurately, the envelope of the projections of the curves of curvature on the tangent plane at the umbilicus.

Blackheath, October 17, 1863.

IV.

The differential equation for the curves of curvature in the neighbourhood of an umbilicus was obtained in a form such as

$$(bx+cy)(p^2-1)+2(fx+gy)p=0;$$

and it was only because this equation did not appear to be readily integrable, that I considered, instead of it, the particular form

$$y(p^2-1)+2mxp=0.$$

But the general equation can be integrated; and the result presents itself in a simple form. For, returning to the differential equation

$$(bx+cy)(p^2-1)+2(fx+gy)p=0,$$

and assuming

$$\frac{bx+cy}{fx+gy}=\frac{-2v}{v^2-1},$$

or

$$(bx+cy)(v^2-1)+2(fx+gy)v=0,$$

we have

$$\frac{p^2-1}{v^2-1}=\frac{p}{v}, \text{ or } (p-v)(vp+1)=0,$$

and we may write

$$p-v=0.$$

Assuming also

$$y=ux, \text{ or } u=\frac{y}{x},$$

the relation between u and v is

$$\frac{b+cu}{f+gu}=\frac{-2v}{v^2-1};$$

or, as this may be written,

$$v^2-1+2\frac{f+gu}{b+cu}v=0,$$

giving

$$v=\frac{-(f+gu)-\sqrt{(b+cu)^2+(f+gu)^2}}{b+cu},$$

where for convenience the radical has been taken with a negative sign. We have moreover

$$u=-\frac{b(v^2-1)+2fv}{c(v^2-1)+2gv}.$$

The equation $p-v=0$, substituting for y its value ux, then becomes

$$x\frac{du}{dx}+u-v=0;$$

or, as this may be written,

$$\frac{dx}{x}+\frac{du}{u-v}=0;$$

or, what is the same thing,

$$\frac{dx}{x}+\frac{dv-du}{v-u}-\frac{dv}{v-u}=0.$$

But

$$v-u=v+\frac{b(v^2-1)+2fv}{c(v^2-1)+2gv}=\frac{V}{c(v^2-1)+2gv},$$

where

$$\begin{aligned}V&=v\,[c(v^2-1)+2gv]+b^2(v-1)+2fv\\&=(b+cv)(v^2-1)+2(f+gv)\,v,\end{aligned}$$

and the differential equation takes thus the form

$$\frac{dx}{x}+\frac{dv-du}{v-u}-\frac{[c(v^2-1)+2gv]\,dv}{V}=0;$$

and hence, writing

$$V=(b+cv)(v^2-1)+2(f+gv)\,v=c(v-\alpha)(v-\beta)(v-\gamma),$$

and

$$\frac{c(v^2-1)+2gv}{V}=\frac{c(v^2-1)+2gv}{c(v-\alpha)(v-\beta)(v-\gamma)}=\frac{A}{v-\alpha}+\frac{B}{v-\beta}+\frac{C}{v-\gamma},$$

so that

$$A=\frac{c(\alpha^2-1)+2g\alpha}{c(\alpha^2-1)+2g\alpha+2\{f+(b+g)\alpha+c\alpha^2\}},$$

with the like values for B and C—values which are such that $A+B+C=1$,—the integral equation is

$$\text{const.}=x(v-u)(v-\alpha)^{-A}(v-\beta)^{-B}(v-\gamma)^{-C},$$

or, substituting for $v-u$ its value, $=\dfrac{c(v-\alpha)(v-\beta)(v-\gamma)}{c(v^2-1)+2gv}$,

$$\text{const.}=x\{c(v^2-1)+2gv\}^{-1}(v-\alpha)^{1-A}(v-\beta)^{1-B}(v-\gamma)^{1-C}.$$

But

$$v=\frac{-(f+gu)-\sqrt{U}}{b+cu};$$

if for shortness $U=(b+cu)^2+(f+gu)^2$, and thence

$$v^2=\frac{2(f+gu)^2+(b+cu)^2+2(f+gu)\sqrt{U}}{(b+cu)^2},$$

and

$$c(v^2-1)+2gv=\frac{2(cf-bg)(f+gu+\sqrt{U})}{(b+cu)^2},$$

$$v-\alpha=\frac{-(f+gu)-\sqrt{U}-\alpha(b+cu)}{b+cu},\ \&c.$$

Substituting these values, and observing that the exponent of $b+cu$ is

$$(-2+1-A+1-B+1-C, =1-A-B-C)=0,$$

the integral equation is

$$\text{const.}=x\,(f+gu+\sqrt{U})^{-1}\times$$
$$\left(f+gu+\alpha(b+cu)+\sqrt{U}\right)^{1-A}\left(f+gu+\beta(b+cu)+\sqrt{U}\right)^{1-B}\left(f+gu+\gamma(b+cu)+\sqrt{U}\right)^{1-C};$$

or, observing that the exponent 1 of x is

$$=-1+(1-A)+(1-B)+(1-C),$$

and putting for shortness $\square=(fx+gy)^2+(bx+cy)^2$, the integral equation finally is

$$\text{const.}=(fx+gy+\sqrt{\square})^{-1}\times$$
$$\left(fx+gy+\alpha(bx+cy)+\sqrt{\square}\right)^{1-A}\left(fx+gy+\beta(bx+cy)+\sqrt{\square}\right)^{1-B}\left(fx+gy+\gamma(bx+cy)+\sqrt{\square}\right)^{1-C},$$

where the quantities α, β, γ, A, B, C are given by

$$(b+cv)(v^2-1)+2(f+gv)=c(v-\alpha)(v-\beta)(v-\gamma),$$

$$\frac{c(v^2-1)+2gv}{c(v-\alpha)(v-\beta)(v-\gamma)}=\frac{A}{v-\alpha}+\frac{B}{v-\beta}+\frac{C}{v-\gamma}.$$

Consider the curve

$$0=\left(fx+gy+\alpha(bx+cy)+\sqrt{\square}\right)^{1-A}\left(fx+gy+\beta(bx+cy)+\sqrt{\square}\right)^{1-B}\left(fx+gy+\gamma(bx+cy)+\sqrt{\square}\right)^{1-C},$$

which corresponds to the value $=0$ of the constant. If, for instance,

$$fx+gy+\alpha(bx+cy)+\sqrt{\square}=0,$$

this equation gives

$$(bx+cy)\{(bx+cy)(\alpha^2-1)+2(fx+gy)\alpha\}=0;$$

or say

$$(bx+cy)(\alpha^2-1)+2(fx+gy)\alpha=0.$$

But we have

$$(b\ \ +c\alpha)(\alpha^2-1)+2(f\ \ +g\alpha)\alpha=0,$$

and the equation therefore is

$$(bx+cy)(f+g\alpha)-(fx+gy)(b+c\alpha)=0;$$

that is

$$(cf-bg)(y-\alpha x)=0;$$

or simply $y-\alpha x=0$; that is, the directions of the curve at the origin, or point $x=0$, $y=0$, are given by the equations $y-\alpha x=0$, $y-\beta x=0$, $y-\gamma x=0$. This is right, since from the differential equation we obtain at the origin

$$(b+cp)(p^2-1)+2(f+gp)p, =c(p-\alpha)(p-\beta)(p-\gamma), =0.$$

V.

The particular case of the equation

$$y\,(p^2-1)+2mxp=0$$

is obtained from the general equation by writing therein $b=0$, $c=1$, $g=0$, $f=m$; we have therefore

$$v\,(v^2+2m-1)=(v-\alpha)\,(v-\beta)\,(v-\gamma),$$

or say

$$\alpha=0,\quad \beta=i\sqrt{2m-1},\quad \gamma=-i\sqrt{2m-1};$$

and thence

$$\frac{v^2-1}{v\,(v^2+2m-1)}=-\frac{1}{2m-1}\,\frac{1}{v}+\frac{2m}{2m-1}\,\frac{v}{v^2+2m-1}=\frac{A}{v}+\frac{B}{v+i\sqrt{2m-1}}+\frac{C}{v-i\sqrt{2m-1}},$$

giving

$$A=-\frac{1}{2m-1},\quad B=C=\frac{m}{2m-1}.$$

The integral equation thus is

$$\text{const.}=(mx-\sqrt{\square})^{-1}\,(mx+\sqrt{\square})^{\frac{2m}{2m-1}}\,\{(mx+i\sqrt{2m-1}\,y+\sqrt{\square})\,(mx-i\sqrt{2m-1}\,y+\sqrt{\square})\}^{\frac{m-1}{2m-1}}$$

where $\square=m^2x^2+y^2$; or, observing that

$$\begin{aligned}&(mx+i\sqrt{2m-1}\,y+\sqrt{\square})\,(mx-i\sqrt{2m-1}\,y+\sqrt{\square})\\&=(mx+\sqrt{\square})^2+y^2\\&=2m\,(mx^2+y^2+x\sqrt{\square}),\end{aligned}$$

the integral equation is

$$\text{const.}=(mx+\sqrt{\square})^{\frac{1}{2m-1}}\,(mx^2+y^2+x\sqrt{\square})^{\frac{m-1}{2m-1}},$$

or, what is the same thing,

$$\text{const.}=(mx+\sqrt{\square})\,(mx^2+y^2+x\sqrt{\square})^{m-1},$$

the result given in the former part of the present paper.

VI.

I annex the following *à posteriori* verification of the solution

$$\text{const.}=(mx+\sqrt{\square})\,(mx^2+y^2+x\sqrt{\square})^{m-1}$$

of the particular equation

$$y\,(p^2-1)+2mxp=0.$$

Putting for shortness

$$A = mx + \sqrt{\Box},$$
$$B = mx^2 + y^2 + x\sqrt{\Box},$$

where it will be remembered that

$$\Box = m^2x^2 + y^2,$$

then we have

$$2mB = A^2 + (2m-1)\,y^2.$$

The integral equation may be written

$$h = P + Q\sqrt{\Box} = U = AB^{m-1};$$

and we have

$$\frac{U'}{U} = \frac{A'}{A} + (m-1)\frac{B'}{B} = \frac{\Theta}{\sqrt{\Box}},$$

if

$$\Theta = \sqrt{\Box}\left\{\frac{A'}{A} + (m-1)\frac{B'}{B}\right\}.$$

But we have

$$A'\sqrt{\Box} = m\sqrt{\Box} + m^2x + yp = mA + yp,$$
$$B'\sqrt{\Box} = (2mx + 2yp)\sqrt{\Box} + \Box + x(m^2x + yp)$$
$$= 2m^2x^2 + y^2 + xyp + (2mx + 2yp)\sqrt{\Box}$$
$$= A^2 + pyx + 2\sqrt{\Box},$$

and

$$\frac{1}{B} = \frac{2m}{A^2 + (2m-1)\,y^2},$$

and the value of Θ thus is

$$\Theta = \frac{mA + yp}{A} + (2m^2 - 2m)\frac{A^2 + py\,(x + 2\sqrt{\Box})}{A^2 + (2m-1)\,y^2}$$
$$= \frac{1}{A\,[A^2 + (2m-1)\,y^2]}\{(mA + yp)\,[A^2 + (2m-1)\,y^2] + (2m^2 - 2m)\,[A^3 + Apy\,(x + 2\sqrt{\Box})]\},$$

where the expression in $\{\ \}$ is

$$= (2m^2 - m)\,A\,(A^2 + y^2)$$
$$+ yp\,\{A^2 + (2m-1)\,y^2 + (2m^2 - 2m)\,A\,(x + 2\sqrt{\Box})\}.$$

Here the coefficient of yp is $= (2m^2 - m)(A^2 + y^2)$; in fact we have identically

$$A^2 + y^2 - 2A\sqrt{\Box} = 0,$$

and thence

$$(2m^2 - 3m + 1)(A^2 + y^2) - 2(2m-1)(m-1)\,A\sqrt{\Box} = 0,$$

that is

$$(2m^2 - m - 1)\,A^2 + (2m^2 - 3m + 1)\,y^2 - (2m-2)\,A\,\{A + (2m-1)\sqrt{\Box}\} = 0;$$

or

$$(2m^2 - m - 1) A^2 + (2m^2 - 3m + 1) y^2 - (2m^2 - 2m) A (x + 2\sqrt{\Box}) = 0,$$

and therefore

$$A^2 + (2m - 1) y^2 + (2m^2 - 2m) A (x + 2\sqrt{\Box}) = (2m^2 - m)(A^2 + y^2).$$

Hence the term in { } is

$$= (2m^2 - m)(A^2 + y^2)(A + yp);$$

or, what is the same thing, it is $= (4m^2 - 2m) A \sqrt{\Box} (A + yp)$. Hence, restoring for $A^2 + (2m-1) y^2$ its value $2mB$, we find

$$\Theta = \frac{(2m-1)\sqrt{\Box}}{B}(A + yp),$$

or

$$\frac{U'}{U} = \frac{2m-1}{B}(A + yp).$$

But writing U_1, U_2 to denote the values corresponding to $+\sqrt{\Box}$, $-\sqrt{\Box}$ respectively, we have

$$U'_1 = \frac{(2m-1) U_1}{B_1}(mx + yp + \sqrt{\Box}),$$

$$U'_2 = \frac{(2m-1) U_2}{B_2}(mx + yp - \sqrt{\Box}),$$

and thence

$$U'_1 U'_2 = \frac{(2m-1)^2 U_1 U_2}{B_1 B_2}\{(mx + yp)^2 - \Box\}$$

$$= \frac{(2m-1)^2 U_1 U_2}{B_1 B_2} y \{y(p^2 - 1) + 2mxp\}.$$

But we have

$$U' = P' + Q'\sqrt{\Box} + \frac{Q\Box'}{2\sqrt{\Box}} = \frac{1}{2\sqrt{\Box}}(2Q'\Box + Q\Box' + 2P'\sqrt{\Box}),$$

and thence

$$U'_1 U'_2 = -\frac{1}{4\Box}\{(2Q'\Box + Q\Box')^2 - 4P'^2\Box\},$$

and moreover

$$U_1 U_2 = P^2 - Q^2\Box = A_1 A_2 (B_1 B_2)^{m-1},$$

where

$$AA_2 = m^2x^2 - \Box = -y^2,$$

$$B_1 B_2 = (mx^2 + y^2)^2 - \Box = y^2\{y^2 + (2m-1)x^2\};$$

and we thence find

$$-\frac{1}{4\Box}\{(2Q'\Box + Q\Box')^2 - 4P'^2\Box\}$$

$$= (2m-1)^2 A_1 A_2 (B_1 B_2)^{m-2} y^2 \{y(p^2 - 1) + 2mxp\}$$

$$= -(2m-1)^2 y^{2m-1} [y^2 + (2m-1)x^2]^{m-2} \{y(p^2 - 1) + 2mxp\}.$$

Hence, the derived equation being

$$Q^2\{(2Q'\square+Q\square')^2-4P'^2\square\}=0,$$

the last preceding equation becomes

$$Q^2\,\square y^{2m-1}\{y^2+(2m-1)\,x^2\}^{m-2}\{y\,(p^2-1)+2mxp\}=0.$$

Here, besides the factor Q^2 corresponding to the nodal curve, and the factor $\square$ corresponding to the cuspidal curve, we have the factors y^{2m-1} and $\{y^2+(2m-1)\,x^2\}^{m-2}$; and, rejecting all these, the differential equation in its reduced form is

$$y\,(p^2-1)+2mxp=0\,;$$

and the required verification is effected. The occurrence of

$$Q^2\,\square y^{2m-1}\{y^2+(2m-1)\,x^2\}^{m-2}$$

as a factor in the complete derived equation would give rise to some further investigations, but I will not now enter on them.

I remark however that if $m=1$, viz. if the integral equation be const. $=x+\sqrt{x^2+y^2}$, or say $z=x+\sqrt{x^2+y^2}$, or, what is the same thing,

$$z^2-2zx-y^2=0,$$

then observing that $y^2+(2m-1)\,x^2$ is here $=x^2+y^2$ which is $=\square$, so that

$$\square\,\{y^2+(2m-1)\,x^2\}^{m-2}=\square\,.\,\square^{-1}=1,$$

the differential equation in its complete form is

$$y\,(p^2y+2px-y)=0\,;$$

so that we have here the factor y which divides out. The last-mentioned result is most readily obtained directly from the equation

$$\Omega=Q^2\,(2Q'\square+Q\square')^2-4P'^2\square=0,$$

which is the derived equation corresponding to the integral equation $z=P+Q\sqrt{\square}$. We in fact have $P=x$, $Q=1$, $\square=x^2+y^2$, and the derived equation thus is

$$(x+yp)^2-(x^2+y^2)=0,$$

that is, $y\,(p^2y+2px-y)=0$.

I mention also, in connexion with the foregoing investigation, the integral equation

$$z=x+\sqrt{2x^2-y^2},\ \text{or}\ z^2-2zx-x^2+y^2=0,$$

for which the derived equation in its complete form is

$$(2x-yp)^2-(2x^2-y^2)=0,$$

or, what is the same thing, $y^2p^2-4xyp+2x^2+y^2=0$, and for which therefore there is no factor to divide out.

VII.

The conics confocal with a given conic form a system similar in its properties to that of the curves of curvature of a quadric surface; and the theory of the last-mentioned system may be studied by means of the system of confocal conics. Consider then the equation

$$\frac{x^2}{a^2+z}+\frac{y^2}{b^2+z}=1,$$

which, if z be an arbitrary parameter, belongs to the conics confocal with the ellipse $\frac{x^2}{a^2}+\frac{y^2}{b^2}=1$. Treating z as a coordinate, the equation represents a surface of the third order, which is such that its section by any plane parallel to the plane of xy is a conic; and the confocal conics are the projections on the plane of xy, by lines parallel to the axis of z, of the sections of the surface.

The sections by the planes of zx, zy are the parabolas $x^2=z+a^2$ and $y^2=z+b^2$ respectively. When $z>-b^2$, the ordinates in each parabola are real, and these ordinates give the semiaxes of the elliptic section. When $z>-a^2<-b^2$, then only the parabola section in the plane of zx has a real ordinate, and the sections are hyperbolic; and when $z<-a^2$, the section is altogether imaginary. The section in the planes $z=-b^2$ is the pair of coincident lines $y^2=0$, $z=-b^2$, and the section in the plane $z=-a^2$ is the pair of coincident lines $z=-a^2$, $x^2=0$; or, in other words, the plane $z+b^2=0$ touches the surface along the line $y=0$, and the plane $z+a^2=0$ touches the surface along the line $x=0$: this at once appears from the integral form

$$(z+a^2)(z+b^2)-x^2(z+b^2)-y^2(z+a^2)=0.$$

The points $(z=-b^2,\ y=0,\ x=\pm\sqrt{a^2-b^2})$ and $(z=-a^2,\ x=0,\ y=\pm\sqrt{b^2-a^2})$ are conical points; the last two are however imaginary points on the surface. To find the nature of the surface about one of the first-mentioned two points, say the point $(z=-b^2,$ $y=0,\ x=\sqrt{a^2-b^2})$, taking this point for the origin and writing therefore $\sqrt{a^2-b^2}+x$, y and $-b^2+z$ in the place of x, y, z respectively, the equation becomes

$$(a^2-b^2+z)\,z-\left((a^2-b^2)+2x\sqrt{a^2-b^2}+x^2\right)z-(a^2-b^2+z)\,y^2=0,$$

that is

$$z^2-2zx\sqrt{a^2-b^2}-(a^2-b^2)\,y^2-z\,(x^2+y^2)=0\,;$$

so that there is a tangent cone the equation whereof is

$$z^2-2zx\sqrt{a^2-b^2}-(a^2-b^2)\,y^2=0,$$

or, as it may be written,

$$(z-x\sqrt{a^2-b^2})^2-(a^2-b^2)(x^2+y^2)=0.$$

The equation is that of a cone of the second order, meeting the plane of zx in the lines $z=0$, $z=2x\sqrt{a^2-b^2}$ (and therefore such that its sections parallel to the plane of xy are parabolas), and meeting the plane of yz in the lines $z=\pm y\sqrt{a^2-b^2}$ (the origin being at the vertex of the cone or conical point of the surface).

Returning to the original origin, and to the equation of the surface written in the form

$$z^2+z(a^2+b^2-x^2-y^2)+a^2b^2-b^2x^2-a^2y^2=0,$$

calling this for a moment $z^2+2Bz+C=0$, the differential equation is $C'^2-4BB'C'+4CB'^2=0$; or, substituting, this is

$$(b^2x+a^2yp)^2-(a^2+b^2-x^2-y^2)(x+yp)(b^2x+a^2yp)+(a^2b^2-b^2x^2-a^2y^2)(x+yp)^2=0;$$

or, reducing, this is

$$(a^2-b^2)\,xy\,\{xy\,(p^2-1)-(a^2-b^2-x^2+y^2)\,p\}=0,$$

or say

$$xy\,\{xy\,(p^2-1)-(a^2-b^2-x^2+y^2)\,p\}=0,$$

where the factor xy arises from the level lines $(z+b^2=0,\ y=0)$ and $(z+a^2=0,\ x=0)$. Throwing out this factor, the equation becomes

$$xy\,(p^2-1)-(a^2-b^2-x^2+y^2)\ p=0,$$

which is satisfied identically by $z+b^2=0$, $y=0$, $x^2=a^2-b^2$. The first derived equation is

$$(xp+y)(p^2-1)+2(x-yp)\,p=0,$$

which for the values in question gives

$$p\,(p^2+1)=0,$$

where the factor $p=0$ corresponds to the section $y=0$ by the plane $z+b^2=0$: and taking the conical point for origin, and observing that the polar of the line $x=0$, $y=0$ in regard to the tangent cone is $z-x\sqrt{a^2-b^2}=0$, then writing the equation of the tangent cone in the form

$$(z-x\sqrt{a^2-b^2})^2-(a^2-b^2)(x^2+y^2)=0,$$

the two tangent planes through $(x=0,\ y=0)$ are given by the equation $x^2+y^2=0$; and for these planes we have $p^2+1=0$. The factor $p^2+1=0$ determines therefore the directions of the envelope at the conical point.

VIII.

In verification of the equation

$$z=\tfrac{1}{2}k\,(x^2+y^2)+\tfrac{1}{6}\,ax\,(x^2+y^2)$$

for a quadric surface in the neighbourhood of the umbilicus, I remark that, starting from the equation

$$\frac{x^2}{a^2}+\frac{y^2}{b^2}+\frac{z^2}{c^2}=1$$

of an ellipsoid, and taking α, 0, γ as the coordinates of the umbilicus, and θ as the inclination to the axis of x of the tangent to the principal section through the umbilicus, then transforming to the umbilicus as origin and the new axes through that point, viz. the axes of x, z being the tangent and normal in the plane of ac, and the axis of y being at right angles to this (or in the direction of b), the equation becomes

$$\frac{(\alpha+x\cos\theta-z\sin\theta)^2}{a^2}+\frac{y^2}{b^2}+\frac{(\gamma-x\sin\theta-z\cos\theta)^2}{c^2}=1,$$

or, expanding,

$$\left(\frac{\alpha^2}{a^2}+\frac{\gamma^2}{c^2}-1\right)+2x\left(\frac{\alpha\cos\theta}{a^2}-\frac{\gamma\sin\theta}{b^2}\right)-2z\left(\frac{\alpha\sin\theta}{a^2}+\frac{\gamma\cos\theta}{c^2}\right)$$

$$+x^2\left(\frac{\cos^2\theta}{a^2}+\frac{\sin^2\theta}{c^2}\right)+\frac{y^2}{b^2}+z^2\left(\frac{\sin^2\theta}{a^2}+\frac{\cos^2\theta}{c^2}\right)-2zx\sin\theta\cos\theta\left(\frac{1}{a^2}-\frac{1}{c^2}\right)=0.$$

But we have

$$\alpha=a\sqrt{\frac{a^2-b^2}{a^2-c^2}},\quad \gamma=\frac{c\sqrt{b^2-c^2}}{\sqrt{a^2-c^2}},$$

$$\tan\theta=\frac{c}{a}\frac{\sqrt{a^2-b^2}}{\sqrt{a^2-c^2}},$$

and thence

$$\sin\theta=\frac{c\sqrt{a^2-b^2}}{b\sqrt{a^2-c^2}}=\frac{c}{ba}\alpha,\quad \cos\theta=\frac{a\sqrt{b^2-c^2}}{b\sqrt{a^2-c^2}}=\frac{a}{bc}\gamma;$$

and substituting these values, the equation becomes

$$-2z\frac{b}{ca}+\frac{x^2}{b^2}+\frac{y^2}{b^2}+z^2\frac{(a^2+c^2)\,b^2-a^2c^2}{a^2b^2c^2}+2\frac{\sqrt{a^2-b^2}\sqrt{b^2-c^2}}{b^2ca}zx=0,$$

or, what is the same thing,

$$z=\frac{ca}{b^3}\cdot\tfrac{1}{2}(x^2+y^2)+\frac{1}{b^3}\sqrt{a^2-b^2}\sqrt{b^2-c^2}\,zx+\frac{a^2b^2+c^2b^2-a^2b^2}{2b^3ac}z^2;$$

whence approximately

$$z=\frac{ca}{b^3}\cdot\tfrac{1}{2}(x^2+y^2),$$

and thence to the third order in x, y,

$$z=\frac{ca}{b^3}\cdot\tfrac{1}{2}(x^2+y^2)+\frac{ca}{2b^6}\sqrt{a^2-b^2}\sqrt{a^2-c^2}\,x(x^2+y^2),$$

which is of the form in question.

5, *Downing Terrace, Cambridge, November* 2, 1863.

331.

ANALYTICAL THEOREM RELATING TO THE FOUR CONICS INSCRIBED IN THE SAME CONIC AND PASSING THROUGH THE SAME THREE POINTS.

[From the *Philosophical Magazine*, vol. XXVII. (1864), pp. 42, 43.]

IMAGINE the four conics determined, and, selecting at pleasure any three of them, let their chords of contact with the given conic be taken for the axes of coordinates, or lines $x=0$, $y=0$, $z=0$; then, taking for the equation of the given conic

$$U=(a,\ b,\ c,\ f,\ g,\ h\between x,\ y,\ z)^2=0,$$

the equations of the selected three conics must be of the form $U+lx^2=0$, $U+my^2=0$, $U+nz^2=0$, where l, m, n are to be determined in such manner that these conics may have three common points; the resulting values of l, m, n, and of the coordinates of the three common points, that is, the three given points, will of course be functions of the coefficients (a, b, c, f, g, h); and the equation of the fourth conic will be of the form $U+(ix+jy+kz)^2=0$.

There is no difficulty in carrying out the investigation: it is found that the coordinates of the given points must be taken to be

$$(-f,\ g,\ h);\quad (f,\ -g,\ h);\quad (f,\ g,\ -h)$$

respectively, and that, writing as usual

$$K=abc-af^2-bg^2-ch^2+2fgh,$$

the equations of the four conics are

$$U + (K - abc)\frac{x^2}{f^2} = 0,$$

$$U + (K - abc)\frac{y^2}{g^2} = 0,$$

$$U + (K - abc)\frac{z^2}{h^2} = 0,$$

$$U + (K - abc)\left(\frac{x}{f} + \frac{y}{g} + \frac{z}{h}\right)^2 = 0.$$

It is in fact easy to verify directly that each of these conics passes through the three given points; but the equations may also be exhibited in the form proper for putting this in evidence. Putting for shortness

$$X = \frac{y}{g} + \frac{z}{h}, \quad Y = \frac{z}{h} + \frac{x}{f}, \quad Z = \frac{x}{f} + \frac{y}{g},$$

the equations of the sides of the triangle formed by the given points are $X = 0$, $Y = 0$, $Z = 0$, and the foregoing equations of the four conics may be expressed in the form

$$\begin{aligned}
(-bg^2 - ch^2 + 2fgh)\, YZ + \quad & bg^2 . ZX + \quad & ch^2 . XY = 0, \\
af^2 . YZ + (-ch^2 - af^2 + 2fgh)\, ZX + \quad & & ch^2 . XY = 0, \\
af^2 . YZ + \quad & bg^2 . ZX + (-af^2 - bg^2 + 2fgh)\, XY = 0, & \\
(-bg^2 - ch^2 + 2fgh)\, YZ + (-ch^2 - af^2 + 2fgh)\, ZX + (-af^2 - bg^2 + 2fgh)\, XY = 0, & &
\end{aligned}$$

which is the required form.

Cambridge, November 28, 1863.

332.

ANALYTICAL THEOREM RELATING TO THE SECTIONS OF A QUADRIC SURFACE.

[From the *Philosophical Magazine*, vol. XXVII. (1864), pp. 43, 44.]

THE four sections $x=0$, $y=0$, $z=0$, $w=0$ of the quadric surface

$$ax^2+by^2+6xy\sqrt{ab}-cz^2-dw^2=0$$

are each of them touched by each of the four sections

$$x\sqrt{2a}+y\sqrt{2b}\pm z\sqrt{c}\pm w\sqrt{d}=0;$$

where it is to be noticed that the radicals $\sqrt{2a}$, $\sqrt{2b}$ are such that their product is $=2\sqrt{ab}$ if $\sqrt{ab}$ be the radical contained in the equation of the surface. There is of course no loss of generality in attributing a definite sign to the radical $\sqrt{2a}$; but upon this being done, the sign of the radical $\sqrt{2b}$ is determined, whereas the signs of $\sqrt{c}$ and $\sqrt{d}$ are severally arbitrary. We may if we please write the equation of any one of the last-mentioned sections in the form

$$x\sqrt{2a}+y\sqrt{2b}+z\sqrt{c}+w\sqrt{d}=0,$$

it being understood that the radicals $\sqrt{2a}$, $\sqrt{2b}$ have each a determinate sign, but that the signs of $\sqrt{c}$ and $\sqrt{d}$ are each of them arbitrary.

To prove the theorem in question, it is enough to show (1) that the sections $x=0$, $x\sqrt{2a}+y\sqrt{2b}+z\sqrt{c}+w\sqrt{d}=0$; (2) that the sections $z=0$, $x\sqrt{2a}+y\sqrt{2b}+w\sqrt{d}=0$, touch each other.

1. The sections $x=0$, $x\sqrt{2a}+y\sqrt{2b}+z\sqrt{c}+w\sqrt{d}=0$ of the quadric surface $ax^2+by^2+6xy\sqrt{ab}-cz^2-dw^2=0$ will touch each other if, combining together the equations

$$x=0,\quad y\sqrt{2b}+z\sqrt{c}+w\sqrt{d}=0,\quad by^2-cz^2-dw^2=0,$$

these give a twofold value (pair of equal values) for the ratios $y:z:w$. We in fact have

$$\begin{aligned} by^2-cz^2-dw^2 &= by^2-cz^2-(y\sqrt{2b}+z\sqrt{c})^2,\\ &=-by^2-2cz^2-2yz\sqrt{2bc},\\ &=-(y\sqrt{b}+z\sqrt{2c})^2; \end{aligned}$$

and the right-hand side being a perfect square, the condition of contact is satisfied.

2. In like manner we have the system

$$z=0,\quad x\sqrt{2a}+y\sqrt{2b}+w\sqrt{d}=0,\quad ax^2+by^2+6xy\sqrt{ab}-dw^2=0,$$

which gives

$$\begin{aligned} &ax^2+by^2+6xy\sqrt{ab}-dw^2\\ &\quad= ax^2+by^2+6xy\sqrt{ab}-(x\sqrt{2a}+y\sqrt{2b})^2,\\ &\quad=-ax^2-by^2+2xy\sqrt{ab},\\ &\quad=-(x\sqrt{a}-y\sqrt{b})^2; \end{aligned}$$

and here also, the right-hand side being a perfect square, the condition of contact is satisfied.

Cambridge, November 28, 1863.

333.

NOTE ON THE NODAL CURVE OF THE DEVELOPABLE DERIVED FROM THE QUARTIC EQUATION $(a, b, c, d, e \between t, 1)^4 = 0$.

[From the *Philosophical Magazine*, vol. XXVII. (1864), pp. 437—440.]

CONSIDERING the coefficients (a, b, c, d, e) as linear functions of the coordinates x, y, z, w, then the equation

$$\text{Disct. } (a, b, c, d, e \between t, 1)^4 = 0,$$

or, as it may be written,

$$(ae - 4bd + 3c^2)^3 - 27(ace + 2bcd - ad^2 - b^2e - c^3)^2 = 0$$

represents, as is known, a developable surface or "torse," having for its edge of regression (or cuspidal curve) the sextic curve the equations whereof are

$$\begin{aligned} &ae \quad - 4bd + 3c^2 = 0, \\ &ace + 2bcd - ad^2 - b^2e - c^3 = 0; \end{aligned}$$

and for its nodal curve, a curve the equations whereof (equivalent to two independent relations between the coordinates) are

$$\frac{ac - b^2}{a} = \frac{ad - bc}{2b} = \frac{ae + 2bd - 3c^2}{6c} = \frac{be - cd}{2d} = \frac{ce - d^2}{e};$$

or, as these may also be written,

$$\begin{aligned} &a^2d - 3abc + 2b^3 &&= 0, \\ &a^2e + 2abd - 9ac^2 + 6b^2c &&= 0, \\ &abe - 3acd + 2b^2d &&= 0, \\ &ad^2 - b^2e &&= 0, \\ &ade - 3bce + 2bd^2 &&= 0, \\ &ae^2 + 2bde - 9c^2e + 6cd^2 &&= 0, \\ &be^2 - 3cde + 2d^3 &&= 0; \end{aligned}$$

which curve is in fact an excubo-quartic,—viz. a quartic curve the partial intersection of a quadric surface and a cubic surface, having in common two non-intersecting right lines. To show that this is so, I remark that the coefficients a, b, c, d, e, quà linear functions of the four coordinates, satisfy a linear equation which may be taken to be

$$a+b+c+d+e=0\,;$$

this being so, the first form shows that the curve in question lies on the quadric surface

$$ac-b^2+\tfrac{1}{2}(ad-bc)+\tfrac{1}{6}(ae+2bd-3c^2)+\tfrac{1}{2}(be-cd)+ce-d^2=0,$$

or, as this equation may also be written,

$$c\,(a-\tfrac{1}{2}b-\tfrac{1}{2}c-\tfrac{1}{2}d+e)-b^2+\tfrac{1}{2}ad+\tfrac{1}{6}(ae+2bd)+\tfrac{1}{2}be-d^2=0.$$

Substituting for c its value, this equation is

$$-(a+e+b+d)\,(\tfrac{3}{2}a+\tfrac{3}{2}e)-b^2+\tfrac{1}{2}ad+\tfrac{1}{6}(ae+2bd)+\tfrac{1}{2}be-d^2=0,$$

or, what is the same thing,

$$9\,(a+e+b+d)\,(a+e)+6\,(b^2+d^2)-3\,(ad+be)-(ae+2bd)=0.$$

Hence, finally, the equation of the quadric surface is

$$9a^2+17ae+9e^2+6b^2-2bd+6d^2+9ab+9de+6ad+6be=0\,;$$

and the curve lies also on the cubic surface

$$ad^2-b^2e=0.$$

It only remains to show that these surfaces have in common two right lines, and to find the equations of these lines.

The cubic surface is a skew surface or "scroll" such that the equations of any generating line are $d-\theta b=0$, $e-\theta^2a=0$, where θ is an arbitrary parameter. But considering the two lines

$$(d-\theta_1 b=0,\quad e-\theta_1^2 a=0),\quad (d-\theta_2 b=0,\quad e-\theta_2^2 a=0),$$

the general equation of the quadric surface through these two lines may be written

$$\begin{aligned}
&A\;.\;(d-\theta_1 b)(d-\theta_2 b)\\
+&B\;.\;(e-\theta_1^2a)(e-\theta_2^2a)\\
+&C\;.\;(d-\theta_1 b)(e-\theta_2^2a)+(d-\theta_2 b)(e-\theta_1^2a)\\
+&\frac{D}{\theta_1-\theta_2}\{(d-\theta_1 b)(e-\theta_2^2a)-(d-\theta_2 b)(e-\theta_1^2a)\}=0
\end{aligned}$$

or, expanding and reducing,

$$\begin{aligned} &A\{\ d^2 - (\theta_1 + \theta_2)\, bd + \theta_1 \theta_2\, b^2\} \\ &+ B\{\ e^2 - (\theta_1^2 + \theta_2^2)\, ea + \theta_1^2\theta_2^2 a^2\} \\ &+ C\{2de - (\theta_1^2 + \theta_2^2)\, ad - (\theta_1 + \theta_2)\, be + \theta_1\theta_2 (\theta_1 + \theta_2)\, ab\} \\ &+ D\{\qquad (\theta_1 + \theta_2)\, ad - \qquad be - \qquad \theta_1\theta_2\, ab\} = 0, \end{aligned}$$

which, if θ_1, θ_2 are the roots of the equation $\theta^2 - \frac{1}{3}\theta + 1 = 0$, and therefore $\theta_1 + \theta_2 = \frac{1}{3}$, $\theta_1\theta_2 = 1$, and $\theta_1^2 + \theta_2^2 = -\frac{17}{9}$, is

$$\begin{aligned} &A\,(\ d^2 - \tfrac{1}{3}\, db + b^2) \\ &+ B\,(\ e^2 + \tfrac{17}{9}\, ae + a^2) \\ &+ C\,(2de + \tfrac{17}{9}\, ad - \tfrac{1}{3}\, be + \tfrac{1}{3}\, ab) \\ &+ D\,(\qquad \tfrac{1}{3}\, ad - \ be - \ ab) = 0. \end{aligned}$$

Putting $A = 6$, $B = 9$, $C = \frac{9}{2}$, $D = -\frac{15}{2}$, this is

$$\begin{aligned} &9\,(\ a^2 + \tfrac{17}{9}\, ae + e^2) \\ &+ 6\,(\ b^2 - \tfrac{1}{3}\, bd + d^2) \\ &+ \tfrac{9}{2}\,(\tfrac{1}{3}ab + 2\, de + \tfrac{17}{9}\, ad - \tfrac{1}{3}\, be) \\ &+ \tfrac{15}{2}\,(\ ab \qquad - \tfrac{1}{3}\, ad + \ be) = 0, \end{aligned}$$

which is the before-mentioned quadric surface; hence the quadric surface and the cubic surface intersect in the two lines

$$(d - \theta_1 b = 0,\quad e - \theta_1^2 a = 0),\quad (d - \theta_2 b = 0,\quad e - \theta_2^2 a = 0)$$

(where θ_1, θ_2 are the roots of the quadric equation $\theta^2 - \frac{1}{3}\theta_1 + 1 = 0$); and they consequently intersect also in an excubo-quartic curve, which is the theorem required to be proved.

Blackheath, March 26, 1864.

334.

NOTE ON THE THEORY OF CUBIC SURFACES.

[From the *Philosophical Magazine*, vol. XXVII. (1864), pp. 493—496.]

THE equation

$$AX^3 + BY^3 + 6CRST = 0,$$

where $X + Y + R + S + T = 0$, represents a cubic surface of a special form, viz. each of the planes $R = 0$, $S = 0$, $T = 0$ is a triple tangent plane meeting the surface in three lines *which pass through a point* (1); and, moreover, the three planes $AX^3 + BY^3 = 0$ are triple tangent planes intersecting in a line. It is worth noticing that the equation of the surface may also be written

$$ax^3 + by^3 + c(u^3 + v^3 + w^3) = 0,$$

where $x + y + u + v + w = 0$. In fact, the coordinates satisfying the foregoing linear equations respectively, we have to show that the equation

$$AX^3 + BY^3 + 6CRST = ax^3 + by^3 + c(u^3 + v^3 + w^3)$$

may be identically satisfied. We have

$$\begin{aligned} & ax^3 + by^3 + c\ (u^3 + v^3 + w^3) \\ = & ax^3 + by^3 + c\,[(u + v + w)^3 - 3\ (v + w)(w + u)(u + v)] \\ = & ax^3 + by^3 - c\ (x + y)^3 \quad - 3c\,(v + w)(w + u)(u + v), \end{aligned}$$

1 The tangent plane of a surface intersects the surface in a curve having at the point of contact a double point, and in like manner a triple tangent plane intersects the surface in a curve with three double points, viz. each point of contact is a double point; there is not in general any triple tangent plane such that the three points of contact come together, or (what is the same thing) there is not in general any tangent plane intersecting the surface in a curve having at the point of contact a triple point. A surface may, however, have the kind of singularity just referred to, viz. a tangent plane intersecting the surface in a curve having at the point of contact a triple point; such tangent plane may be termed a 'tritom' tangent plane, and its point of contact a 'tritom' point: for a cubic surface the intersection by a tritom tangent plane is of course a system of three lines meeting in the tritom point. The tritom singularity is sibi-reciprocal; it is, I think, a singularity which should be considered in the theory of reciprocal surfaces.

which is to be

$$= AX^3 + BY^3 + 6CRST;$$

and we may find X, Y, R, S, T, linear functions of x, y, u, v, w, so as to satisfy these equations, and so that in virtue of

$$x + y + u + v + w = 0,$$

we shall have also $X + Y + R + S + T = 0$. For, assuming

$$\begin{aligned} AX^3 + BY^3 &= ax^3 + by^3 - c(x+y)^3, \\ X + Y &= x + y, \\ R &= \tfrac{1}{2}(v + w), \quad C = -4c, \\ S &= \tfrac{1}{2}(w + u), \\ T &= \tfrac{1}{2}(u + v), \end{aligned}$$

we have identically

$$\begin{aligned} AX^3 + BY^3 + 6CRST &= ax^3 + by^3 - c(x+y)^3 - 3c(v+w)(w+u)(u+v), \\ X + Y + R + S + T &= x + y + u + v + w; \end{aligned}$$

and thus it only remains to show that we can find X, Y linear functions of x, y, such that

$$\begin{aligned} AX^3 + BY^3 &= ax^3 + by^3 - c(x+y)^3, \\ X + Y &= x + y. \end{aligned}$$

This is always possible; in fact if

$$U = ax^3 + by^3 - c(x+y)^3,$$

then taking Φ for the cubicovariant, and $\square$ for the discriminant of U, we have $\tfrac{1}{2}(\Phi + \sqrt{\square}U)$, $\tfrac{1}{2}(\Phi - \sqrt{\square}U)$ each a perfect cube, say

$$\begin{aligned} \tfrac{1}{2}(\Phi + \sqrt{\square}U) &= (\lambda x + \mu y)^3, \\ \tfrac{1}{2}(\Phi - \sqrt{\square}U) &= (\nu x + \rho y)^3, \end{aligned}$$

and we then have

$$U = \frac{1}{\sqrt{\square}}\{(\lambda x + \mu y)^3 - (\nu x + \rho y)^3\} = AX^3 + BY^3,$$

which is satisfied by

$$\begin{aligned} X &= l(\lambda x + \mu y), \\ Y &= m(\nu x + \rho y), \end{aligned}$$

if

$$Al^3 = \frac{1}{\sqrt{\square}}, \qquad Bm^3 = -\frac{1}{\sqrt{\square}}.$$

The equation $X+Y=x+y$ then gives

$$l\lambda + m\nu = 1,$$
$$l\mu + m\rho = 1,$$

which give the values of l and m, and thence the values of A and B; and collecting all the equations, we have

$$X = \frac{\rho-\nu}{\lambda\rho-\mu\nu}(\lambda x+\mu y), \qquad A = \frac{1}{\sqrt{\Box}}\left(\frac{\lambda\rho-\mu\nu}{\rho-\nu}\right)^3,$$

$$Y = -\frac{\mu-\lambda}{\lambda\rho-\mu\nu}(\nu x+\rho y), \qquad B = \frac{1}{\sqrt{\Box}}\left(\frac{\lambda\rho-\mu\nu}{\rho-\nu}\right)^3,$$

$$R = \tfrac{1}{2}(v+w), \qquad C = -4c,$$
$$S = \tfrac{1}{2}(w+u),$$
$$T = \tfrac{1}{2}(u+v),$$

where

$$\lambda x + \mu y = \{\tfrac{1}{2}(\Phi + \sqrt{\Box}\,U)\}^{\frac{1}{3}},$$
$$\mu x + \rho y = \{\tfrac{1}{2}(\Phi - \sqrt{\Box}\,U)\}^{\frac{1}{3}}$$

(Φ, $\Box$ being respectively the cubicovariant and the discriminant of $U = ax^3 + by^3 - c(x+y)^3$), for the formulæ of the transformation

$$AX^3 + BY^3 + 6CRST = ax^3 + by^3 + c(u^3+v^3+w^3).$$
$$X+Y+R+S+T = x+y+u+v+w.$$

The equation $ax^3 + by^3 + c(u^3+v^3+w^3) = 0$, where

$$x+y+u+v+w=0,$$

presents over the other form the advantage that it is included as a particular case under the equation $ax^3+by^3+cu^3+dv^3+ew^3=0$ (where $x+y+u+v+w=0$) employed by Dr Salmon as the canonical form of equation for the general cubic surface.

5, *Downing Terrace, Cambridge, April* 29, 1864.

335.

TABLES DES FORMES QUADRATIQUES BINAIRES POUR LES DÉTERMINANTS NÉGATIFS DEPUIS $D=-1$ JUSQU'À $D=-100$, POUR LES DÉTERMINANTS POSITIFS NON CARRÉS DEPUIS $D=2$ JUSQU'À $D=99$ ET POUR LES TREIZE DÉTERMINANTS NÉGATIFS IRRÉGULIERS QUI SE TROUVENT DANS LE PREMIER MILLIER.

[From the *Journal für die reine und angewandte Mathematik* (Crelle), tom. LX. (1862), pp. 357—372.]

Les tables suivantes sont arrangées de la manière préscrite dans les "*Disquisitiones arithmeticae.*" Dans le mémoire de *Lejeune Dirichlet* "Recherches sur diverses applications de l'analyse à la théorie des nombres," tom. XIX (1839), p. 338 de ce Journal on trouve un tableau dans lequel les règles qui servent à former les caractères des genres sont résumées. Soit $D=PS^2$ ou $2PS^2$, S^2 désignant le plus grand carré que D contient, et P un nombre impair; soient de plus p, p', p''... les facteurs premiers inégaux de P et r, r', r''... les nombres premiers impairs qui divisent S sans diviser P; écrivons enfin pour abréger $\delta=(-)^{\frac{m-1}{2}}$, $\epsilon=(-)^{\frac{m^2-1}{8}}$. Cela posé on trouve à l'endroit cité le tableau suivant:

Premier cas, $D=PS^2$, $P\equiv 1$ (mod. 4)

$S\equiv 1$ (mod. 2)	$\frac{m}{p}, \frac{m}{p'}, \ldots$	$\frac{m}{r}, \frac{m}{r'}, \ldots$
$S\equiv 2$ (mod. 4)	$\frac{m}{p}, \frac{m}{p'}, \ldots$	$\delta, \frac{m}{r}, \frac{m}{r'}, \ldots$
$S\equiv 0$ (mod. 4)	$\frac{m}{p}, \frac{m}{p'}, \ldots$	$\delta, \epsilon, \frac{m}{r}, \frac{m}{r'}, \ldots$

Deuxième cas, $D=PS^2$, $P\equiv 3 \pmod{4}$

$S\equiv 1 \pmod{2}$	$\delta, \frac{m}{p}, \frac{m}{p'}, \ldots$	$\frac{m}{r}, \frac{m}{r'}, \ldots$
$S\equiv 2 \pmod{4}$	$\delta, \frac{m}{p}, \frac{m}{p'}, \ldots$	$\frac{m}{r}, \frac{m}{r'}, \ldots$
$S\equiv 0 \pmod{4}$	$\delta, \frac{m}{p}, \frac{m}{p'}, \ldots$	$\epsilon, \frac{m}{r}, \frac{m}{r'}, \ldots.$

Troisième cas, $D=2PS^2$, $P\equiv 1 \pmod{4}$

$S\equiv 1 \pmod{2}$	$\epsilon, \frac{m}{p}, \frac{m}{p'}, \ldots$	$\frac{m}{r}, \frac{m}{r'}, \ldots$
$S\equiv 0 \pmod{2}$	$\epsilon, \frac{m}{p}, \frac{m}{p'}, \ldots$	$\delta, \frac{m}{r}, \frac{m}{r'}, \ldots.$

Quatrième cas, $D=2PS^2$, $P\equiv 3 \pmod{4}$

$S\equiv 1 \pmod{2}$	$\delta\epsilon, \frac{m}{p}, \frac{m}{p'}, \ldots$	$\frac{m}{r}, \frac{m}{r'}, \ldots$
$S\equiv 0 \pmod{2}$	$\delta, \epsilon, \frac{m}{p}, \frac{m}{p'}, \ldots$	$\frac{m}{r}, \frac{m}{r'}, \ldots.$

Dans ce tableau la notation $\frac{m}{p}$ dans laquelle j'omets les parenthèses usitées, signifie le caractère d'un nombre quelconque m par rapport au nombre premier impair p, c.-à-d. que m est résidu ou non résidu de p selon que $\frac{m}{p}=+1$ ou $=-1$, de même δ est le caractère de m par rapport au nombre 4, savoir $m\equiv 1$ ou $3 \pmod{4}$ selon que $\delta=+1$ ou $=-1$, enfin ϵ, $\delta\epsilon$ sont les caractères de m par rapport au nombre 8, savoir $m\equiv 1$ ou $7 \pmod{8}$ pour $\epsilon=+1$, $\equiv 3$ ou $5 \pmod{8}$ pour $\epsilon=-1$; $m\equiv 1$ ou $3 \pmod{8}$ pour $\delta\epsilon=+1$, $\equiv 5$ ou $7 \pmod{8}$ pour $\delta\epsilon=-1$. Si pour un déterminant donné on veut former au moyen de ce tableau les caractères des genres, on prend la ligne horizontale qui convient à ce déterminant; à tous les caractères $\frac{m}{p}, \frac{m}{p'}, \ldots \frac{m}{r}, \frac{m}{r'}, \ldots \delta, \epsilon, \delta\epsilon$ qui se trouvent dans la ligne horizontale, on attribue les signes + ou − à volonté, avec cette restriction cependant que le signe composé des signes qui se trouvent dans la première partie de la ligne dont il s'agit soit positif. Si par exemple le déterminant donné est $D=-35$, on a $D=-35=PS^2$, $P=-35\equiv 1 \pmod{4}$, $S=1\equiv 1 \pmod{2}$, les nombres $p, p', \ldots$ sont 5, 7, et les signes que l'on doit considérer sont $\frac{m}{5}, \frac{m}{7}$. De là on obtient les caractères

$\frac{m}{5}$,	$\frac{m}{7}$
+	+
−	−

il y a donc deux genres de l'ordre proprement primitif. Dans le cas dont il s'agit (et en général pour $D \equiv 1 \pmod{4}$) il y a un ordre improprement primitif avec des genres qui ont les caractères identiques à ceux des genres de l'ordre proprement primitif, les caractères se rapportant dans ce cas à la moitié d'un nombre quelconque représenté par la forme.

Pour faciliter l'impression des tables j'ai introduit deux nouvelles lettres α et β dont voici la définition. Pour tous les déterminants auxquels se rapportent mes tables, c.-à-d. pour les déterminants négatifs quelconques et positifs non-carrés depuis -100 jusqu'à $+99$ ainsi que pour les déterminants négatifs irréguliers du premier millier, le nombre des facteurs premiers désignés ci-dessus par les lettres p, p', p'' ..., r, r', r''... n'excède pas deux. Soit donc q le plus petit de ces facteurs premiers et q' le plus grand lorsqu'il y en a deux, je désigne par α le caractère $\frac{m}{q}$ et par β le caractère $\frac{m}{q'}$.

Dans la colonne relative à la composition et portant l'inscription Cp, je représente comme à l'ordinaire par l'unité la forme principale, par la lettre c une forme qui produit par la duplication la forme principale, par les lettres d, e,... des formes qui la produisent par la triplication, la quadruplication, etc., de manière que l'on ait $c^2=1$, $d^3=1$, $e^4=1$, $f^5=1$, $g^6=1$, $h^7=1$, $i^8=1$, $j^9=1$, etc. Les notations d, d_1 par exemple signifient deux formes différentes dont chacune produit par la triplication la forme principale. Je représente de plus par σ la forme principale de l'ordre improprement primitif et par σc, σd,... des formes qui produisent σ par la duplication, la triplication, etc. Dans l'énumération des classes, j'ai toujours écrit en premier lieu l'ordre proprement primitif, en le faisant suivre après un trait de séparation par l'ordre improprement primitif lorsqu'il existe. Dans chacun des deux ordres les divers genres se trouvent séparés les uns des autres par des traits subordonnés.

Pour les déterminants positifs les périodes sont données par une abréviation facile à comprendre. Chaque forme de la période ayant son dernier coefficient égal au premier de la suivante, cette valeur identique n'a été imprimée qu'une fois; de plus les coefficients extérieurs a, c des formes (a, b, c) ont été distingués des coefficients b en imprimant ces derniers en caractères plus petits. Ainsi pour le déterminant 7 la période de la classe principale $(1, 0, -7)$ est donnée par les nombres

$$1,\ {\scriptstyle 2},\ -3,\ {\scriptstyle 1},\ 2,\ {\scriptstyle 1},\ -3,\ {\scriptstyle 2},\ 1$$

qui représentent la série des formes

$$(1, 2, -3), (-3, 1, 2), (2, 1, -3), (-3, 2, 1).$$

Londres, 6 *Novembre*, 1860.

Table I des formes quadratiques binaires ayant pour déterminants les nombres négatifs depuis $D = -1$ jusqu'à $D = -100$.

D	Classes	α	β	δ	ϵ	$\delta\epsilon$	Cp
− 1	1, 0, 1			+			1
− 2	1, 0, 2					+	1
− 3	1, 0, 3	+					1
	2, 1, 2	+					σ
− 4	1, 0, 4			+			1
− 5	1, 0, 5	+		+			1
	2, 1, 3	−		−			c
− 6	1, 0, 6	+			+		1
	2, 0, 3	−			−		c
− 7	1, 0, 7	+					1
	2, 1, 4	+					σ
− 8	1, 0, 8			+	+		1
	3, 1, 3			−	−		c
− 9	1, 0, 9	+		+			1
	2, 1, 5	−		+			c
− 10	1, 0, 10	+				+	1
	2, 0, 5	−				−	c
− 11	1, 0, 11	+					1
	3, 1, 4	+					d
	3, − 1, 4	+					d^2
	2, 1, 6	+					σ
− 12	1, 0, 12	+		+			1
	3, 0, 4	+		−			c
− 13	1, 0, 13	+		+			1
	2, 1, 7	−		−			c
− 14	1, 0, 14	+			+		1
	2, 0, 7	+			+		e^2
	3, 1, 5	−			−		e
	3, − 1, 5	−			−		e^3
− 15	1, 0, 15	+	+				1
	3, 0, 5	−	−				c
	2, 1, 8	+	+				σ
	4, 1, 4	−	−				σc
− 16	1, 0, 16			+	+		1
	4, 2, 5			+	−		c
− 17	1, 0, 17	+		+			1
	2, 1, 9	+		+			e^2
	3, 1, 6	−		−			e
	3, − 1, 6	−		−			e^3
− 18	1, 0, 18	+				+	1
	2, 0, 9	−				+	c
− 19	1, 0, 19	+					1
	4, 1, 5	+					d
	4, − 1, 5	+					d^2
	2, 1, 10	+					σ
− 20	1, 0, 20	+		+			1
	2, 0, 5	+		+			e^2
	3, 1, 7	−		−			e
	3, − 1, 7	−		−			e^3
− 21	1, 0, 21	+	+	+			1
	3, 0, 7	+	−	−			c
	2, 1, 11	−	+	−			c_1
	5, 2, 5	−	−	+			cc_1
− 22	1, 0, 22	+			+		1
	2, 0, 11	−			−		c
− 23	1, 0, 23	+					1
	3, 1, 8	+					d
	3, − 1, 8	+					d^2
	2, 1, 12	+					σ
	4, − 1, 6	+					σd
	4, 1, 6	+					σd^2
− 24	1, 0, 24	+		+	+		1
	3, 0, 8	−		−	−		c
	5, 1, 5	−		+	−		c_1
	4, 2, 7	+		−	+		cc_1
− 25	1, 0, 25	+		+			1
	2, 1, 13	−		+			c
− 26	1, 0, 26	+				+	1
	3, − 1, 9	+				+	g^2
	3, 1, 9	+				+	g^4
	5, 2, 6	−				−	g
	2, 0, 13	−				−	g^3
	5, − 2, 6	−				−	g^5
− 27	1, 0, 27	+					1
	4, 1, 7	+					d
	4, − 1, 7	+					d^2
	2, 1, 14	+					σ
− 28	1, 0, 28	+		+			1
	4, 0, 7	+		−			c
− 29	1, 0, 29	+		+			1
	5, 1, 6	+		+			g^2
	5, − 1, 6	+		+			g^4
	3, 1, 10	−		−			g
	2, 1, 15	−		−			g^3
	3, − 1, 10	−		−			g^5
− 30	1, 0, 30	+	+		+		1
	2, 0, 15	−	−		+		c
	3, 0, 10	+	−		−		c_1
	5, 0, 6	−	+		−		cc_1
− 31	1, 0, 31	+					1
	5, 2, 7	+					d
	5, − 2, 7	+					d^2
	2, 1, 16	+					σ
	4, − 1, 8	+					σd
	4, 1, 8	+					σd^2
− 32	1, 0, 32			+	+		1
	4, 2, 9			+	+		e^2
	3, 1, 11			−	−		e
	3, − 1, 11			−	−		e^3
− 33	1, 0, 33	+	+	+			1
	2, 1, 17	−	−	+			c
	3, 0, 11	−	+	−			c_1
	6, 3, 7	+	−	−			cc_1
− 34	1, 0, 34	+				+	1
	2, 0, 17	+				+	e^2
	5, 1, 7	−				−	e
	7, − 1, 7	−				−	e^3
− 35	1, 0, 35	+	+				1
	4, 1, 9	+	+				g^2
	4, − 1, 9	+	+				g^4
	3, − 1, 12	−	−				g
	5, 0, 7	−	−				g^3
	3, 1, 12	−	−				g^5
	2, 1, 18	+	+				σ
	6, 1, 6	−	−				σg
− 36	1, 0, 36	+		+			1
	4, 0, 9	+		+			e^2
	5, 2, 8	−		+			e
	5, − 2, 8	−		+			e^3
− 37	1, 0, 37	+		+			1
	2, 1, 19	−		−			c
− 38	1, 0, 38	+			+		1
	6, 2, 7	+			+		g^2
	6, − 2, 7	+			+		g^4
	3, 1, 13	−			−		g
	2, 0, 19	−			−		g^3
	3, − 1, 13	−			−		g^5
− 39	1, 0, 39	+	+				1
	3, 0, 13	+	+				e^2
	5, 1, 8	−	−				e
	5, − 1, 8	−	−				e^3
	2, 1, 20	+	+				σ
	6, 3, 8	+	+				σe^2
	4, − 1, 10	−	−				σe
	4, 1, 10	−	−				σe^3

D	Classes	α	β	δ	ε	δε	Cp
−40	1, 0, 40	+				+	1
	4, 2, 11	+				+	c
	5, 0, 8	−				−	c_1
	7, 3, 7	−				−	cc_1
−41	1, 0, 41	+		+			1
	5, 2, 9	+		+			i^2
	2, 1, 21	+		+			i^4
	5, −2, 9	+		+			i^6
	3, 1, 14	−		−			i
	6, −1, 7	−		−			i^3
	6, 1, 7	−		−			i^5
	3, −1, 14	−		−			i^7
−42	1, 0, 42	+	+			+	1
	2, 0, 21	−	+			−	c
	3, 0, 14	−	−			+	c_1
	6, 0, 7	+	−			−	cc_1
−43	1, 0, 43	+					1
	4, 1, 11	+					d
	4, −1, 11	+					d^2
	2, 1, 22	+					σ
−44	1, 0, 44	+		+			1
	5, −1, 9	+		+			g^2
	5, 1, 9	+		+			g^4
	3, 1, 15	+		−			g
	4, 0, 11	+		−			g^3
	3, −1, 15	+		−			g^5
−45	1, 0, 45	+	+	+			1
	5, 0, 9	−	+	+			c
	2, 1, 23	−	−	−			c_1
	7, 2, 7	+	−	−			cc_1
−46	1, 0, 46	+			+		1
	2, 0, 23	+			+		e^2
	5, 2, 10	−			−		e
	5, −2, 10	−			−		e^3
−47	1, 0, 47	+					1
	3, 1, 16	+					f
	7, 3, 8	+					f^2
	7, −3, 8	+					f^3
	3, −1, 16	+					f^4
	2, 1, 24	+					σ
	6, 1, 8	+					σf
	4, 1, 12	+					σf^2
	4, −1, 12	+					σf^3
	6, −1, 8	+					σf^4
−48	1, 0, 48	+		+	+		1
	3, 0, 16	+		−	−		c
	7, 1, 7	+		−	+		c_1
	4, 2, 13	+		+	−		cc_1
−49	1, 0, 49	+		+			1
	2, 1, 25	+		+			e^2
	5, 1, 10	−		−			e
	5, −1, 10	−		−			e^3
−50	1, 0, 50	+				+	1
	6, 2, 9	+				+	g^2
	6, −2, 9	+				+	g^4
	3, 1, 17	−				+	g
	2, 0, 25	−				+	g^3
	3, −1, 17	−				+	g^5
−51	1, 0, 51	+	+				1
	4, 1, 13	+	+				g^2
	4, −1, 13	+	+				g^4
	5, 2, 11	−	−				g
	3, 0, 17	−	−				g^3
	5, −2, 11	−	−				g^5
	2, 1, 26	+	+				σ
	6, 3, 10	−	−				σg
−52	1, 0, 52	+		+			1
	4, 0, 13	+		+			e^2
	7, 2, 8	−		−			e
	7, −2, 8	−		−			e^3
−53	1, 0, 53	+		+			1
	6, −1, 9	+		+			g^2
	6, 1, 9	+		+			g^4
	3, 1, 18	−		−			g
	2, 1, 27	−		−			g^3
	3, −1, 18	−		−			g^5
−54	1, 0, 54	+			+		1
	7, 3, 9	+			+		g^2
	7, −3, 9	+			+		g^4
	5, 1, 11	−			−		g
	2, 0, 27	−			−		g^3
	5, −1, 11	−			−		g^5
−55	1, 0, 55	+	+				1
	5, 0, 11	+	+				e^2
	7, 1, 8	−	−				e
	7, −1, 8	−	−				e^3
	2, 1, 28	+	+				σ
	8, 3, 8	+	+				σe^2
	4, 1, 14	−	−				σe
	4, −1, 14	−	−				σe^3
−56	1, 0, 56	+		+	+		1
	8, 4, 9	+		+	+		e^2
	5, 2, 12	−		+	−		e
	5, −2, 12	−		+	−		e^3
	4, 2, 15	+		−	+		c
	7, 0, 8	+		−	+		ce^2
	3, 1, 19	−		−	−		ce
	2, −1, 19	−		−	−		ce^3
−57	1, 0, 57	+	+	+			1
	3, 0, 19	+	−	−			c
	2, 1, 29	−	−	+			c_1
	6, 3, 11	−	+	−			cc_1
−58	1, 0, 58	+				+	1
	2, 0, 29	−				−	c
−59	1, 0, 59	+					1
	3, 1, 20	+					j
	7, 2, 9	+					j^2
	4, 1, 15	+					j^3
	5, −1, 12	+					j^4
	5, 1, 12	+					j^5
	4, −1, 15	+					j^6
	7, −2, 9	+					j^7
	3, −1, 20	+					j^8
	2, 1, 30	+					σ
	6, 1, 10	+					σj
	6, −1, 10	+					σj^2
−60	1, 0, 60	+	+	+			1
	3, 0, 20	−	−	−			c
	4, 0, 15	+	+	−			c_1
	5, 0, 12	−	−	+			cc_1
−61	1, 0, 61	+		+			1
	5, −2, 13	+		+			g^2
	5, 2, 13	+		+			g^4
	7, 3, 10	−		−			g
	2, 1, 31	−		−			g^3
	7, −3, 10	−		−			g^5
−62	1, 0, 62	+		+			1
	7, 1, 9	+		+			g^2
	7, −1, 9	+		+			g^4
	6, 2, 11	−		−			g
	2, 0, 31	−		−			g^3
	6, −2, 11	−		−			g^5
−63	1, 0, 63	+	+				1
	7, 0, 9	+	+				e^2
	8, 3, 9	−	+				e
	8, −3, 9	−	+				e^3
	2, 1, 32	+	+				σ
	8, 1, 8	+	+				σe^2
	4, −1, 16	−	+				σe
	4, 1, 16	−	+				σe^3
−64	1, 0, 64			+	+		1
	5, 1, 13			+	+		e^2
	4, 2, 17			+	−		e
	5, −1, 13			+	−		e^3
−65	1, 0, 65	+	+	+			1
	9, 4, 9	+	+	+			e^2
	3, 1, 22	−	+	−			e
	3, −1, 22	−	+	−			e^3
	5, 0, 13	−	−	+			c
	2, 1, 33	−	−	+			ce^2
	6, −1, 11	+	−	−			ce
	6, 1, 11	+	−	−			ce^3

D	Classes	α	β	δ	ϵ	$\delta\epsilon$	Cp
−66	1, 0, 66	+	+			+	1
	3, 0, 22	+	+			+	e^2
	7, 2, 10	+	−			−	e
	7, −2, 10	+	−			−	e^3
	2, 0, 33	−	−			+	c
	6, 0, 11	−	−			+	ce^2
	5, −2, 14	−	+			−	ce
	5, 2, 14	−	+			−	ce^3
−67	1, 0, 67	+					1
	4, 1, 17	+					d
	4, −1, 17	+					d^2
	2, 1, 34	+					σ
−68	1, 0, 68	+		+			1
	8, 2, 9	+		+			i^2
	4, 0, 17	+		+			i^4
	8, −2, 9	+		+			i^6
	3, 1, 23	+		−			i
	7, −3, 11	+		−			i^3
	7, 3, 11	+		−			i^5
	3, −1, 23	+		−			i^7
−69	1, 0, 69	+	+	+			1
	6, 3, 13	+	+	+			e^2
	5, 1, 14	−	−	+			e
	5, −1, 14	−	−	+			e^3
	2, 1, 35	−	+	−			c
	3, 0, 22	−	+	−			ce^2
	7, −1, 10	+	−	−			ce
	7, 1, 10	+	−	−			ce^3
−70	1, 0, 70	+	+		+		1
	2, 0, 35	−	+		−		c
	5, 0, 14	+	−		−		c_1
	7, 0, 10	−	−		+		cc_1
−71	1, 0, 71	+					1
	3, 1, 24	+					h
	8, −1, 9	+					h^2
	5, −2, 15	+					h^3
	5, 2, 15	+					h^4
	8, 1, 9	+					h^5
	3, −1, 24	+					h^6
	2, 1, 36	+					σ
	6, 1, 12	+					σh
	4, −1, 18	+					σh^2
	8, −3, 10	+					σh^3
	8, 3, 10	+					σh^4
	4, 1, 18	+					σh^5
	6, −1, 12	+					σh^6
−72	1, 0, 72	+		+	+		1
	4, 2, 19	+		−	−		c
	8, 0, 9	−		+	+		c_1
	8, 4, 11	−		−	−		cc_1
−73	1, 0, 73	+		+			1
	2, 1, 37	+		+			e^2
	7, 2, 11	−		−			e
	7, −2, 11	−		−			e^3

D	Classes	α	β	δ	ϵ	$\delta\epsilon$	Cp
−74	1, 0, 74	+				+	1
	3, −1, 25	+				+	k^2
	9, −4, 10	+				+	k^4
	9, 4, 10	+				+	k^6
	3, 1, 25	+				+	k^8
	5, 1, 15	−				−	k
	6, −2, 13	−				−	k^3
	2, 0, 37	−				−	k^5
	6, 2, 13	−				−	k^7
	5, −1, 15	−				−	k^9
−75	1, 0, 75	+	+				1
	4, −1, 19	+	+				g^2
	4, 1, 19	+	+				g^4
	7, 3, 12	+	−				g
	3, 0, 25	+	−				g^3
	7, −3, 12	+	−				g^5
	2, 1, 38	+	+				σ
	6, 3, 14	+	−				σg
−76	1, 0, 76	+		+			1
	5, −2, 16	+		+			g^2
	5, 2, 16	+		+			g^4
	7, 1, 11	+		−			g
	4, 0, 19	+		−			g^3
	7, −1, 11	+		−			g^5
−77	1, 0, 77	+	+	+			1
	9, 2, 9	+	+	+			e^2
	6, −1, 13	−	−	+			e
	6, −1, 13	−	−	+			e^3
	2, 1, 39	+	−	−			c
	7, 0, 11	+	−	−			ce^2
	3, 1, 26	−	+	−			ce
	3, −1, 26	−	+	−			ce^3
−78	1, 0, 78	+	+		+		1
	2, 0, 39	−	−		+		c
	3, 0, 26	−	+		−		c_1
	6, 0, 13	+	−		−		cc_1
−79	1, 0, 79	+					1
	5, 1, 16	+					f
	8, −3, 11	+					f^2
	8, 3, 11	+					f^3
	5, −1, 16	+					f^4
	2, 1, 40	+					σ
	8, −1, 10	+					σf
	4, 1, 20	+					σf^2
	4, −1, 20	+					σf^3
	8, 1, 10	+					σf^4
−80	1, 0, 80	+		+	+		1
	9, 1, 9	+		+	+		e^2
	3, 1, 27	−		−	−		e
	3, −1, 27	−		−	−		e^3
	5, 0, 16	+		+	−		c
	4, 2, 21	+		+	−		ce^2
	7, −2, 12	−		−	+		ce
	7, 2, 12	−		−	+		ce^3

D	Classes	α	β	δ	ϵ	$\delta\epsilon$	Cp
−81	1, 0, 81	+		+			1
	9, −3, 10	+		+			g^2
	9, 3, 10	+		+			g^4
	5, 2, 17	−		+			g
	2, 1, 41	−		+			g^3
	5, −2, 17	−		+			g^5
−82	1, 0, 82	+				+	1
	2, 0, 41	+				+	e^2
	7, 3, 13	−				−	e
	7, −3, 13	−				−	e^3
−83	1, 0, 83	+					1
	3, 1, 28	+					j
	9, 4, 11	+					j^2
	4, 1, 21	+					j^3
	7, −1, 12	+					j^4
	7, 1, 12	+					j^5
	4, −1, 21	+					j^6
	9, −4, 11	+					j^7
	3, −1, 28	+					j^8
	2, 1, 42	+					σ
	6, 1, 14	+					σj
	6, −1, 14	+					σj^2
−84	1, 0, 84	+	+	+			1
	4, 0, 21	+	+	+			e^2
	5, 1, 17	−	−	+			e
	5, −1, 17	−	−	+			e^3
	3, 0, 28	+	−	−			c
	7, 0, 12	+	−	−			ce^2
	8, 2, 11	−	+	−			ce
	8, −2, 11	−	+	−			ce^3
−85	1, 0, 85	+	+	+			1
	5, 0, 17	−	−	+			c
	2, 1, 43	−	+	−			c_1
	10, 5, 11	+	−	−			cc_1
−86	1, 0, 86	+			+		1
	6, 2, 15	+			+		k^2
	9, 2, 10	+			+		k^4
	9, −2, 10	+			+		k^6
	6, −2, 15	+			+		k^8
	5, 2, 18	−			−		k
	3, 1, 29	−			−		k^3
	2, 0, 43	−			−		k^5
	3, −1, 29	−			−		k^7
	5, −2, 18	−			−		k^9
−87	1, 0, 87	+	+				1
	7, 2, 13	+	+				g^2
	7, −2, 13	+	+				g^4
	8, 1, 11	−	−				g
	3, 0, 29	−	−				g^3
	8, −1, 11	−	−				g^5
	2, 1, 44	+	+				σ
	8, −3, 12	+	+				σg^2
	8, 3, 12	+	+				σg^4
	4, 1, 22	−	−				σg
	6, 3, 16	−	−				σg^3
	4, −1, 22	−	−				σg^5

D	Classes	α	β	δ	ϵ	$\delta\epsilon$	Cp
−88	1, 0, 88	+			+		1
	4, 2, 23	+			+		c
	8, 0, 11	−			−		c_1
	8, 4, 13	−			−		cc_1
−89	1, 0, 89	+		+			1
	9, 1, 10	+		+			m^2
	5, 1, 18	+		+			m^4
	2, 1, 45	+		+			m^6
	5, −1, 18	+		+			m^8
	9, −1, 10	+		+			m^{10}
	3, 1, 30	−		−			m
	7, −3, 14	−		−			m^3
	6, −1, 15	−		−			m^5
	6, 1, 15	−		−			m^7
	7, 3, 14	−		−			m^9
	3, −1, 30	−		−			m^{11}
−90	1, 0, 90	+	+			+	1
	9, 0, 10	+	+			+	e^2
	7, 1, 13	+	−			−	e
	7, −1, 13	+	−			−	e^3
	2, 0, 45	−	−			−	c
	5, 0, 18	−	−			−	ce^2
	9, −3, 11	−	+			+	ce
	9, 3, 11	−	+			+	ce^3
−91	1, 0, 91	+	+				1
	4, 1, 23	+	+				g^2
	4, −1, 23	+	+				g^4
	5, −2, 19	−	−				g
	7, 0, 13	−	−				g^3
	5, 2, 19	−	−				g^5
	2, 1, 46	+	+				σ
	10, 3, 10	−	−				σg

D	Classes	α	β	δ	ϵ	$\delta\epsilon$	Cp
−92	1, 0, 92	+		+			1
	9, 4, 12	+		+			g^2
	9, −4, 12	+		+			g^4
	3, 1, 31	+		−			g
	4, 0, 23	+		−			g^3
	3, −1, 31	+		−			g^5
−93	1, 0, 93	+	+	+			1
	3, 0, 31	+	−	−			c
	2, 1, 47	−	+	−			c_1
	6, 3, 17	−	−	+			cc_1
−94	1, 0, 94	+			+		1
	7, 2, 14	+			+		i^2
	2, 0, 47	+			+		i^4
	7, −2, 14	+			+		i^6
	5, 1, 19	−			−		i
	10, 4, 11	−			−		i^3
	10, −4, 11	−			−		i^5
	5, −1, 19	−			−		i^7
−95	1, 0, 95	+	+				1
	9, −2, 11	+	+				i^2
	5, 0, 19	+	+				i^4
	9, 2, 11	+	+				i^6
	3, 1, 32	−	−				i
	8, 3, 13	−	−				i^3
	8, −3, 13	−	−				i^5
	3, −1, 32	−	−				i^7
	2, 1, 48	+	+				σ
	8, 1, 12	+	+				σi^2
	10, 5, 12	+	+				σi^4
	8, −1, 12	+	+				σi^6
	6, 1, 16	−	−				σi
	4, −1, 24	−	−				σi^3
	4, 1, 24	−	−				σi^5
	6, −1, 16	−	−				σi^7

D	Classes	α	β	δ	ϵ	$\delta\epsilon$	Cp
−96	1, 0, 96	+		+	+		1
	4, 2, 25	+		+	+		e^2
	5, 2, 20	−		+	−		e
	5, −2, 20	−		+	−		e^3
	3, 0, 32	−		−	−		c
	11, 5, 11	−		−	−		ce^2
	7, 3, 15	+		−	+		ce
	7, −3, 15	+		−	+		ce^3
−97	1, 0, 97	+		+			1
	2, 1, 49	+		+			e^2
	7, 1, 14	−		−			e
	7, −1, 14	−		−			e^3
−98	1, 0, 98	+				+	1
	9, 1, 11	+				+	i^2
	2, 0, 49	+				+	i^4
	9, −1, 11	+				+	i^6
	3, 1, 33	−				+	i
	6, 2, 17	−				+	i^3
	6, −2, 17	−				+	i^5
	3, −1, 33	−				+	i^7
−99	1, 0, 99	+	+				1
	4, −1, 25	+	+				g^2
	4, 1, 25	+	+				g^4
	5, 1, 20	−	+				g
	9, 0, 11	−	+				g^3
	5, −1, 20	−	+				g^5
	2, 1, 50	+	+				σ
	10, 1, 10	−	+				σg
−100	1, 0, 100	+		+			1
	4, 0, 25	+		+			e^2
	8, 2, 13	−		+			e
	8, −2, 13	−		+			e^3

Table II des formes quadratiques binaires ayant pour déterminants les nombres positifs non-carrés depuis $D=2$ jusqu'à $D=99$.

D	Classes	α	β	δ	ϵ	$\delta\epsilon$	Cp	Périodes
2	1, 0, − 2				+		1	1, 1, − 1, 1, 1
3	1, 0, − 3	+		+			1	1, 1, − 2, 1, 1
	− 1, 0, 3	−		−			c	− 1, 1, 2, 1, − 1
5	1, 0, − 5	+					1	1, 2, − 1, 2, 1
	2, 1, − 2	+					σ	2, 1, − 2, 1, 2
6	1, 0, − 6	+				+	1	1, 2, − 2, 2, 1
	− 1, 0, 6	−				−	c	− 1, 2, 2, 2, − 1
7	1, 0, − 7	+		+			1	1, 2, − 3, 1, 2, 1, − 3, 2, 1
	− 1, 0, 7	−		−			c	− 1, 2, 3, 1, − 2, 1, 3, 2, − 1
8	1, 0, − 8			+	+		1	1, 2, − 4, 2, 1
	− 1, 0, 8			−	+		c	− 1, 2, 4, 2, − 1
10	1, 0, − 10	+			+		1	1, 3, − 1, 3, 1
	2, 0, − 5	−			−		c	2, 2, − 3, 1, 3, 2, − 2, 2, 3, 1, − 3, 2, 2
11	1, 0, − 11	+		+			1	1, 3, − 2, 3, 1
	− 1, 0, 11	−		−			c	− 1, 3, 2, 3, − 1
12	1, 0, − 12	+		+			1	1, 3, − 3, 3, 1
	− 1, 0, 12	−		−			c	− 1, 3, 3, 3, − 1
13	1, 0, − 13	+					1	1, 3, − 4, 1, 3, 2, − 3, 1, 4, 3, − 1, 3, 4, 1, − 3, 2, 3, 1, − 4, 3, 1
	2, 1, − 6	+					σ	2, 3, − 2, 3, 2
14	1, 0, − 14	+				+	1	1, 3, − 5, 2, 2, 2, − 5, 3, 1
	− 1, 0, 14	−				−	c	− 1, 3, 5, 2, − 2, 2, 5, 3, − 1
15	1, 0, − 15	+	+	+			1	1, 3, − 6, 3, 1
	− 1, 0, 15	−	+	−			c	− 1, 3, 6, 3, − 1
	2, 1, − 7	−	−	+			c_1	2, 3, − 3, 3, 2
	− 2, 1, 7	+	−	−			cc_1	− 2, 3, 3, 3, − 2
17	1, 0, − 17	+					1	1, 4, − 1, 4, 1
	2, 1, − 8	+					σ	2, 3, − 4, 1, 4, 3, − 2, 3, 4, 1, − 4, 3, 2
18	1, 0, − 18	+			+		1	1, 4, − 2, 4, 1
	− 1, 0, 18	−			+		c	− 1, 4, 2, 4, − 1
19	1, 0, − 19	+		+			1	1, 4, − 3, 2, 5, 3, − 2, 3, 5, 2, − 3, 4, 1
	− 1, 0, 19	−		−			c	− 1, 4, 3, 2, − 5, 3, 2, 3, − 5, 2, 3, 4, − 1
20	1, 0, − 20	+		+			1	1, 4, − 4, 4, 1
	− 1, 0, 20	+		−			c	− 1, 4, 4, 4, − 1
21	1, 0, − 21	+	+				1	1, 4, − 5, 1, 4, 3, − 3, 3, 4, 1, − 5, 4, 1
	− 1, 0, 21	−	−				c	− 1, 4, 5, 1, − 4, 3, 3, 3, − 4, 1, 5, 4, − 1
	2, 1, − 10	+	+				σ	2, 3, − 6, 3, 2
	− 2, 1, 10	−	−				σc	− 2, 3, 6, 3, − 2
22	1, 0, − 22	+				+	1	1, 4, − 6, 2, 3, 4, − 2, 4, 3, 2, − 6, 4, 1
	− 1, 0, 22	−				−	c	− 1, 4, 6, 2, − 3, 4, 2, 4, − 3, 2, 6, 4, − 1
23	1, 0, − 23	+		+			1	1, 4, − 7, 3, 2, 3, − 7, 4, 1
	− 1, 0, 23	−		−			c	− 1, 4, 7, 3, − 2, 3, 7, 4, − 1
24	1, 0, − 24	+		+	+		1	1, 4, − 8, 4, 1
	− 1, 0, 24	−		−	+		c	− 1, 4, 8, 4, − 1
	3, 0, − 8	+		−	−		c_1	3, 3, − 5, 2, 4, 2, − 5, 3, 3
	− 3, 0, 8	−		+	−		cc_1	− 3, 3, 5, 2, − 4, 2, 5, 3, − 3

D	Classes	α	β	δ	ϵ	$\delta\epsilon$	Cp	Périodes
26	1, 0, −26	+			+		1	1, 5, −1, 5, 1
	2, 0, −13	−			−		c	2, 4, −5, 1, 5, 4, −2, 4, 5, 1, −5, 4, 2
27	1, 0, −27	+		+			1	1, 5, −2, 5, 1
	−1, 0, 27	−		−			c	−1, 5, 2, 5, −1
28	1, 0, −28	+		+			1	1, 5, −3, 4, 4, 4, −3, 5, 1
	−1, 0, 28	−		−			c	−1, 5, 3, 4, −4, 4, 3, 5, −1
29	1, 0, −29	+					1	1, 5, −4, 3, 5, 2, −5, 3, 4, 5, −1, 5, 4, 3, −5, 2, 5, 3, −4, 5, 1
	2, 1, −14	+					σ	−1, 5, 4, 3, −5, 2, 5, 3, −4, 5, 1, 5, −4, 3, 5, 2, −5, 3, 4, 5, −1
30	1, 0, −30	+	+			+	1	1, 5, −5, 5, 1
	−1, 0, 30	−	+			−	c	−1, 5, 5, 5, −1
	2, 0, −15	−	−			+	c_1	2, 4, −7, 3, 3, 3, −7, 4, 2
	−2, 0, 15	+	−			−	cc_1	−2, 4, 7, 3, −3, 3, 7, 4, −2
31	1, 0, −31	+		+			1	1, 5, −6, 1, 5, 4, −3, 5, 2, 5, −3, 4, 5, 1, −6, 5, 1
	−1, 0, 31	−		−			c	−1, 5, 6, 1, −5, 4, 3, 5, −2, 5, 3, 4, −5, 1, 6, 5, −1
32	1, 0, −32			+	+		1	1, 5, −7, 2, 4, 2, −7, 5, 1
	−1, 0, 32			−	+		c	−1, 5, 7, 2, −4, 2, 7, 5, −1
33	1, 0, −33	+	+				1	1, 5, −8, 3, 3, 3, −8, 5, 1
	−1, 0, 33	−	−				c	−1, 5, 8, 3, −3, 3, 8, 5, −1
	2, 1, −16	+	+				σ	2, 5, −4, 3, 6, 3, −4, 5, 2
	−2, 1, 16	−	−				σc	−2, 5, 4, 3, −6, 3, 4, 5, −2
34	1, 0, −34	+			+		1	1, 5, −9, 4, 2, 4, −9, 5, 1
	−1, 0, 34	+			+		e^2	−1, 5, 9, 4, −2, 4, 9, 5, −1
	3, −1, −11	−			−		e	3, 5, −3, 4, 6, 2, −5, 3, 5, 2, −6, 4, 3
	−3, −1, 11	−			−		e^3	−3, 5, 3, 4, −6, 2, 5, 3, −5, 2, 6, 4, −3
35	1, 0, −35	+	+	+			1	1, 5, −10, 5, 1
	−1, 0, 35	+	−	−			c	−1, 5, 10, 5, −1
	2, 1, −17	−	+	−			c_1	2, 5, −5, 5, 2
	−2, 1, 17	−	−	+			cc_1	−2, 5, 5, 5, −2
37	1, 0, −37	+					1	1, 6, −1, 6, 1
	3, 1, −12	+					d	3, 4, −7, 3, 4, 5, −3, 4, 7, 3, −4, 5, 3
	3, −1, −12	+					d^2	−3, 4, 7, 3, −4, 5, 3, 4, −7, 3, 4, 5, −3
	2, 1, −18	+					σ	2, 5, −6, 1, 6, 5, −2, 5, 6, 1, −6, 5, 2
38	1, 0, −38	+				+	1	1, 6, −2, 6, 1
	−1, 0, 38	−				−	c	−1, 6, 2, 6, −1
39	1, 0, −39	+	+	+			1	1, 6, −3, 6, 1
	−1, 0, 39	−	+	−			c	−1, 6, 3, 6, −1
	2, 1, −19	−	−	+			c_1	2, 5, −7, 2, 5, 3, −6, 3, 5, 2, −7, 5, 2
	−2, 1, 19	+	−	−			cc_1	−2, 5, 7, 2, −5, 3, 6, 3, −5, 2, 7, 5, −2
40	1, 0, −40	+		+	+		1	1, 6, −4, 6, 1
	−1, 0, 40	+		−	+		c	−1, 6, 4, 6, −1
	3, 1, −13	−		−	−		c_1	3, 4, −8, 4, 3, 5, −5, 5, 3
	−3, 1, 13	−		+	−		cc_1	−3, 4, 8, 4, −3, 5, 5, 5, −3
41	1, 0, −41	+					1	1, 6, −5, 4, 5, 6, −1, 6, 5, 4, −5, 6, 1
	2, 1, −20	+					σ	−1, 6, 5, 4, −5, 6, 1, 6, −5, 4, 5, 6, −1
42	1, 0, −42	+	+		+		1	1 6, −6, 6, 1
	−1, 0, 42	−	−		+		c	−1, 6, 6, 6, −1
	2, 0, −21	−	+		−		c_1	2, 6, −3, 6, 2
	−2, 0, 21	+	−		−		cc_1	−2, 6, 3, 6, −2
43	1, 0, −43	+		+			1	1, 6, −7, 1, 6, 5, −3, 4, 9, 5, −2, 5, 9, 4, −3, 5, 6, 1, −7, 6, 1
	−1, 0, 43	−		−			c	−1, 6, 7, 1, −6, 5, 3, 4, −9, 5, 2, 5, −9, 4, 3, 5, −6, 1, 7, 6, −1

D	Classes	α	β	δ	ϵ	$\delta\epsilon$	Cp	Périodes
44	1, 0, −44	+		+			1	1, 6, −8, 2, 5, 3, −7, 4, 4, 4, −7, 3, 5, 2, −8, 6, 1
	−1, 0, 44	−		−			c	−1, 6, 8, 2, −5, 3, 7, 4, −4, 4, 7, 3, −5, 2, 8, 6, −1
45	1, 0, −45	+	+				1	1, 6, −9, 3, 4, 5, −5, 5, 4, 3, −9, 6, 1
	−1, 0, 45	−	+				c	−1, 6, 9, 3, −4, 5, 5, 5, −4, 3, 9, 6, −1
	2, 1, −22	+	+				σ	2, 5, −10, 5, 2
	−2, 1, 22	−	+				σc	−2, 5, 10, 5, −2
46	1, 0, −46	+				+	1	1, 6, −10, 4, 3, 5, −7, 2, 6, 4, −5, 6, 2, 6, −5, 4, 6, 2, −7, 5, 3, 4, −10, 6, 1
	−1, 0, 46	−				−	c	−1, 6, 10, 4, −3, 5, 7, 2, −6, 4, 5, 6, −2, 6, 5, 4, −6, 2, 7, 5, −3, 4, 10, 6, −1
47	1, 0, −47	+		+			1	1, 6, −11, 5, 2, 5, −11, 6, 1
	−1, 0, 47	−		−			c	−1, 6, 11, 5, −2, 5, 11, 6, −1
48	1, 0, −48	+		+	+		1	1, 6, −12, 6, 1
	−1, 0, 48	−		−	+		c	−1, 6, 12, 6, −1
	3, 0, −16	−		−	−		c_1	3, 6, −4, 6, 3
	−3, 0, 16	+		+	−		cc_1	−3, 6, 4, 6, −3
50	1, 0, −50	+				+	1	1, 7, −1, 7, 1
	2, 0, −25	−				+	c	2, 6, −7, 1, 7, 6, −2, 6, 7, 1, −7, 6, 2
51	1, 0, −51	+	+	+			1	1, 7, −2, 7, 1
	−1, 0, 51	−	+	−			c	−1, 7, 2, 7, −1
	3, 0, −17	+	−	−			c_1	3, 6, −5, 4, 7, 3, −6, 3, 7, 4, −5, 6, 3
	−3, 0, 17	−	−	+			cc_1	−3, 6, 5, 4, −7, 3, 6, 3, −7, 4, 5, 6, −3
52	1, 0, −52	+		+			1	1, 7, −3, 5, 9, 4, −4, 4, 9, 5, −3, 7, 1
	−1, 0, 52	+		−			c	−1, 7, 3, 5, −9, 4, 4, 4, −9, 5, 3, 7, −1
53	1, 0, −53	+					1	1, 7, −4, 5, 7, 2, −7, 5, 4, 7, −1, 7, 4, 5, −7, 2, 7, 5, −4, 7, 1
	2, 1, −26	+					σ	2, 7, −2, 7, 2
54	1, 0, −54	+				+	1	1, 7, −5, 3, 9, 6, −2, 6, 9, 3, −5, 7, 1
	−1, 0, 54	−				−	c	−1, 7, 5, 3, −9, 6, 2, 6, −9, 3, 5, 7, −1
55	1, 0, −55	+	+	+			1	1, 7, −6, 5, 5, 5, −6, 7, 1
	−1, 0, 55	+	−	−			c	−1, 7, 6, 5, −5, 5, 6, 7, −1
	2, 1, −27	−	−	+			c_1	2, 7, −3, 5, 10, 5, −3, 7, 2
	−2, 1, 27	−	+	−			cc_1	−2, 7, 3, 5, −10, 5, 3, 7, −2
56	1, 0, −56	+		+	+		1	1, 7, −7, 7, 1
	−1, 0, 56	−		−	+		c	−1, 7, 7, 7, −1
	4, 2, −13	+		−	−		c_1	4, 6, −5, 4, 8, 4, −5, 6, 4
	−4, 2, 13	−		+	−		cc_1	−4, 6, 5, 4, −8, 4, 5, 6, −4
57	1, 0, −57	+	+				1	1, 7, −8, 1, 7, 6, −3, 6, 7, 1, −8, 7, 1
	−1, 0, 57	−	−				c	−1, 7, 8, 1, −7, 6, 3, 6, −7, 1, 8, 7, −1
	2, 1, −28	+	+				σ	2, 7, −4, 5, 8, 3, −6, 3, 8, 5, −4, 7, 2
	−2, 1, 28	−	−				σc	−2, 7, 4, 5, −8, 3, 6, 3, −8, 5, 4, 7, −2
58	1, 0, −58	+			+		1	1, 7, −9, 2, 6, 4, −7, 3, 7, 4, −6, 2, 9, 7, −1, 7, 9, 2, −6, 4, 7, 3, −7, 4, 6, 2, −9, 7, 1
	2, 0, −29	−			−		c	2, 6, −11, 5, 3, 7, −3, 5, 11, 6, −2, 6, 11, 5, −3, 7, 3, 5, −11, 6, 2
59	1, 0, −59	+		+			1	1, 7, −10, 3, 5, 7, −2, 7, 5, 3, −10, 7, 1
	−1, 0, 59	−		−			c	−1, 7, 10, 3, −5, 7, 2, 7, −5, 3, 10, 7, −1
60	1, 0, −60	+	+	+			1	1, 7, −11, 4, 4, 4, −11, 7, 1
	−1, 0, 60	−	+	−			c	−1, 7, 11, 4, −4, 4, 11, 7, −1
	3, 0, −20	+	−	−			c_1	3, 6, −8, 2, 7, 5, −5, 5, 7, 2, −8, 6, 3
	−3, 0, 20	−	−	+			cc_1	−3, 6, 8, 2, −7, 5, 5, 5, −7, 2, 8, 6, −3
61	1, 0, −61	+					1	1, 7, −12, 5, 3, 7, −4, 5, 9, 4, −5, 6, 5, 4, −9, 5, 4, 7, −3, 5, 12, 7, −1, 7, 12, 5, −3, 7, 4, 5, −9, 4, 5, 6, −5, 4, 9, 5, −4, 7, 3, 5, −12, 7, 1
	2, 1, −30	+					σ	2, 7, −6, 5, 6, 7, −2, 7, 6, 5, −6, 7, 2

D	Classes	α	β	δ	ϵ	$\delta\epsilon$	Cp	Périodes
62	1, 0, −62	+				+	1	1, 7, −13, 6, 2, 6, −13, 7, 1
	−1, 0, 62	−				−	c	−1, 7, 13, 6, −2, 6, 13, 7, −1
63	1, 0, −63	+	+	+			1	1, 7, −14, 7, 1
	−1, 0, 63	−	−	−			c	−1, 7, 14, 7, −1
	2, 1, −31	−	+	+			c_1	2, 7, −7, 7, 2
	−2, 1, 31	+	−	−			cc_1	−2, 7, 7, 7, −2
65	1, 0, −65	+	+				1	1, 8, −1, 8, 8, 8, −1, 8, 1
	5, 0, −13	−	−				c	5, 5, −8, 3, 7, 4, −7, 3, 8, 5, −5, 5, 8, 3, −7, 4, 7, 3, −8, 5, 5
	2, 1, −32	+	+				σ	2, 7, −8, 1, 8, 7, −2, 7, 8, 1, −8, 7, 2
	10, 5, −4	−	−				σc	10, 5, −4, 7, 4, 5, −10, 5, 4, 7, −4, 5, 10
66	1, 0, −66	+	+		+		1	1, 8, −2, 8, 1
	−1, 0, 66	−	−		+		c	−1, 8, 2, 8, −1
	3, 0, −22	−	+		−		c_1	3, 6, −10, 4, 5, 6, −6, 6, 5, 4, −10, 6, 3
	−3, 0, 22	+	−		−		cc_1	−3, 6, 10, 4, −5, 6, 6, 6, −5, 4, 10, 6, −3
67	1, 0, −67	+		+			1	1, 8, −3, 7, 6, 5, −7, 2, 9, 7, −2, 7, 9
	−1, 0, 67	−		−			c	−1, 8, 3, 7, −6, 5, 7, 2, −9, 7, 2, 7, −9
68	1, 0, −68	+		+			1	1, 8, −4, 8, 1
	−1, 0, 68	+		−			c	−1, 8, 4, 8, −1
69	1, 0, −69	+	+				1	1, 8, −5, 7, 4, 5, −11, 6, 3, 6, −11, 5, 4, 7, −5, 8, 1
	−1, 0, 69	−	−				c	−1, 8, 5, 7, −4, 5, 11, 6, −3, 6, 11, 5, −4, 7, 5, 8, −1
	2, 1, −34	+	+				σ	2, 7, −10, 3, 6, 3, −10, 7, 2
	−2, 1, 34	−	−				σc	−2, 7, 10, 3, −6, 3, 10, 7, −2
70	1, 0, −70	+	+			+	1	1, 8, −6, 4, 9, 5, −5, 5, 9, 4, −6, 8, 1
	−1, 0, 70	+	−			−	c	−1, 8, 6, 4, −9, 5, 5, 5, −9, 4, 6, 8, −1
	2, 0, −35	−	+			−	c_1	2, 8, −3, 7, 7, 7, −3, 8, 2
	−2, 0, 35	−	−			+	cc_1	−2, 8, 3, 7, −7, 7, 3, 8, −2
71	1, 0, −71	+		+			1	1, 8, −7, 6, 5, 4, −11, 7, 2, 7, −11, 4, 5, 6, −7, 8, 1
	−1, 0, 71	−		−			c	−1, 8, 7, 6, −5, 4, 11, 7, −2, 7, 11, 4, −5, 6, 7, 8, −1
72	1, 0, −72	+		+	+		1	1, 8, −8, 8, 1
	−1, 0, 72	−		−	+		c	−1, 8, 8, 8, −1
	4, 2, −17	+		−	+		c_1	4, 6, −9, 3, 7, 4, −8, 4, 7, 3, −9, 6, 4
	−4, 2, 17	−		+	+		cc_1	−4, 6, 9, 3, −7, 4, 8, 4, −7, 3, 9, 6, −4
73	1, 0, −73	+					1	1, 8, −9, 1, 8, 7, −3, 8, 3, 7, −8, 1, 9, 8, −1, 8, 9, 1, −8, 7, 3, 8, −3, 7, 8, 1, −9, 8, 1
	2, 1, −36	+					σ	2, 7, −12, 5, 4, 7, −6, 5, 8, 3, −8, 5, 6, 7, −4, 5, 12, 7, −2, 7, 12, 5, −4, 7, 6, 5, −8, 3, 8, 5, −6, 7, 4, 5, −12, 7, 2
74	1, 0, −74	+			+		1	1, 8, −10, 2, 7, 5, −7, 2, 10, 8, −1, 8, 10, 2, −7, 5, 7, 2, −10, 8, 1
	2, 0, −37	−			−		c	2, 8, −5, 7, 5, 8, −2, 8, 5, 7, −5, 8, 2
75	1, 0, −75	+	+	+			1	1, 8, −11, 3, 6, 3, −11, 8, 1
	−1, 0, 75	−	+	−			c	−1, 8, 11, 3, −6, 3, 11, 8, −1
	2, 1, −37	−	−	−			c_1	2, 7, −13, 6, 3, 6, −13, 7, 2
	−2, 1, 37	+	−	+			cc_1	−2, 7, 13, 6, −3, 6, 13, 7, −2
76	1, 0, −76	+		+			1	1, 8, −12, 4, 5, 6, −8, 2, 9, 7, −3, 8, 4, 8, −3, 7, 9, 2, −8, 6, 5, 4, −12, 8, 1
	−1, 0, 76	−		−			c	−1, 8, 12, 4, −5, 6, 8, 2, −9, 7, 3, 8, −4, 8, 3, 7, −9, 2, 8, 6, −5, 4, 12, 8, −1
77	1, 0, −77	+	+				1	1, 8, −13, 5, 4, 7, −7, 7, 4, 5, −13, 8, 1
	−1, 0, 77	−	−				c	−1, 8, 13, 5, −4, 7, 7, 7, −4, 5, 13, 8, −1
	2, 1, −38	+	+				σ	2, 7, −14, 7, 2
	−2, 1, 38	−	−				σc	−2, 7, 14, 7, −2

D	Classes	α	β	δ	ϵ	$\delta\epsilon$	Cp	Périodes
78	1, 0, −78	+	+			+	1	1, 8, −14, 6, 3, 6, −14, 8, 1
	−1, 0, 78	−	+			−	c	−1, 8, 14, 6, −3, 6, 14, 8, −1
	2, 0, −39	−	−			+	c_1	2, 8, −7, 6, 6, 6, −7, 8, 2
	−2, 0, 39	+	−			−	cc_1	−2, 8, 7, 6, −6, 6, 7, 8, −2
79	1, 0, −79	+		+			1	1, 8, −15, 7, 2, 7, −15, 8, 1
	−3, −1, 26	+		+			e^2	−3, 8, 5, 7, −6, 5, 9, 4, −7, 3, 10, 7, −3
	−3, 1, 26	+		+			e^4	−3, 7, 10, 3, −7, 4, 9, 5, −6, 7, 5, 8, −3
	3, 1, −26	−		−			e	3, 7, −10, 3, 7, 4, −9, 5, 6, 7, −5, 8, 3
	−1, 0, 79	−		−			e^3	−1, 8, 15, 7, −2, 7, 15, 8, −1
	3, −1, −26	−		−			e^5	3, 8, −5, 7, 6, 5, −9, 4, 7, 3, −10, 7, 3
80	1, 0, −80	+		+	+		1	1, 8, −16, 8, 1
	−1, 0, 80	+		−	+		c	−1, 8, 16, 8, −1
	4, 2, −19	+		+	−		c_1	4, 6, −11, 5, 5, 5, −11, 6, 4
	−4, 2, 19	+		−	−		cc_1	−4, 6, 11, 5, −5, 5, 11, 6, −4
82	1, 0, −82	+			+		1	1, 9, −1, 9, 1
	2, 0, −41	+			+		e^2	2, 8, −9, 1, 9, 8, −2, 8, 9, 1, −9, 8, 2
	3, −1, −27	−			−		e	3, 8, −6, 4, 11, 7, −3, 8, 6, 4, −11, 7, 3
	−3, −1, 27	−			−		e^3	3, 7, −11, 4, 6, 8, −3, 7, 11, 4, −6, 8, 3
83	1, 0, −83	+		+			1	1, 9, −2, 9, 1
	−1, 0, 83	−		−			c	−1, 9, 2, 9, −1
84	1, 0, −84	+	+	+			1	1, 9, −3, 9, 1
	−1, 0, 84	−	−	−			c	−1, 9, 3, 9, −1
	4, 0, −21	+	+	−			c_1	4, 8, −5, 7, 7, 7, −5, 8, 4
	−4, 0, 21	−	−	+			cc_1	−4, 8, 5, 7, −7, 7, 5, 8, −4
85	1, 0, −85	+	+				1	1, 9, −4, 7, 9, 2, −9, 7, 4, 9, −1, 9, 4, 7, −9, 2, 9, 7, −4, 9, 1
	5, 0, −17	−	−				c	5, 5, −12, 7, 3, 8, −7, 6, 7, 8, −3, 7, 12, 5, −5, 5, 12, 7, −3, 8, 7, 6, −7, 8, 3, 7, −12, 5, 5
	2, 1, −42	+	+				σ	2, 9, −2, 9, 2
	10, 5, −6	−	−				σc	10, 5, −6, 7, 6, 5, −10, 5, 6, 7, −6, 5, 10
86	1, 0, −86	+				+	1	1, 9, −5, 6, 10, 4, −7, 3, 11, 8, −2, 8, 11, 3, −7, 4, 10, 6, −5, 9, 1
	−1, 0, 86	−				−	c	−1, 9, 5, 6, −10, 4, 7, 3, −11, 8, 2, 8, −11, 3, 7, 4, −10, 6, 5, 9, −1
87	1, 0, −87	+	+	+			1	1, 9, −6, 9, 1
	−1, 0, 87	−	+	−			c	−1, 9, 6, 9, −1
	2, 1, −43	−	−	+			c_1	2, 9, −3, 9, 2
	−2, 1, 43	+	−	−			cc_1	−2, 9, 3, 9, −2
88	1, 0, −88	+		+	+		1	1, 9, −7, 5, 9, 4, −8, 4, 9, 5, −7, 9, 1
	−1, 0, 88	−		−	+		c	−1, 9, 7, 5, −9, 4, 8, 4, −9, 5, 7, 9, −1
	4, 2, −21	+		−	−		c_1	4, 6, −13, 7, 3, 8, −8, 8, 3, 7, −13, 6, 4
	−4, 2, 21	−		+	−		cc_1	−4, 6, 13, 7, −3, 8, 8, 8, −3, 7, 13, 6, −4
89	1, 0, −89	+					1	1, 9, −8, 7, 5, 8, −5, 7, 8, 9, −1, 9, 8, 7, −5, 8, 5, 7, −8, 9, 1
	2, 1, −44	+					σ	2, 9, −4, 7, 10, 3, −8, 5, 8, 3, −10, 7, 4, 9, −2, 9, 4, 7, −10, 3, 8, 5, −8, 3, 10, 7, −4, 9, 2
90	1, 0, −90	+	+		+		1	1, 9, −9, 9, 1
	−1, 0, 90	−	+		+		c	−1, 9, 9, 9, −1
	2, 0, −45	−	−		−		c_1	2, 8, −13, 5, 5, 5, −13, 8, 2
	−2, 0, 45	+	−		−		cc_1	−2, 8, 13, 5, −5, 5, 13, 8, −2
91	1, 0, −91	+	+	+			1	1, 9, −10, 1, 9, 8, −3, 7, 14, 7, −3, 8, 9, 1, −10, 9, 1
	−1, 0, 91	−	+	−			c	−1, 9, 10, 1, −9, 8, 3, 7, −14, 7, 3, 8, −9, 1, 10, 9, −1
	2, 1, −45	+	−	−			c_1	2, 9, −5, 6, 11, 5, −6, 7, 7, 7, −6, 5, 11, 6, −5, 9, 2
	−2, 1, 45	−	−	+			cc_1	−2, 9, 5, 6, −11, 5, 6, 7, −7, 7, 6, 5, −11, 6, 5, 9, −2

D	Classes	α	β	δ	ϵ	$\delta\epsilon$	Cp	Périodes
92	1, 0, − 92	+		+			1	1, 9, − 11, 2, 8, 6, −7, 8, 4, 8, − 7, 6, 8, 2, − 11, 9, 1
	− 1, 0, 92	−		−			c	− 1, 9, 11, 2, − 8, 6, 7, 8, − 4, 8, 7, 6, − 8, 2, 11, 9, − 1
93	1, 0, − 93	+	+				1	1, 9, − 12, 3, 7, 4, − 11, 7, 4, 9, − 3, 9, 4, 7, − 11, 4, 7, 3, − 12, 9, 1
	− 1, 0, 93	−	−				c	− 1, 9, 12, 3, − 7, 4, 11, 7, − 4, 9, 3, 9, − 4, 7, 11, 4, − 7, 3, 12, 9, − 1
	2, 1, − 46	+	+				σ	2, 9, − 6, 9, 2
	− 2, 1, 46	−	−				σc	− 2, 9, 6, 9, − 2
94	1, 0, − 94	+				+	1	1, 9, − 13, 4, 6, 8, − 5, 7, 9, 2, − 10, 8, 3, 7, − 15, 8, 2, 8, − 15, 7, 3, 8, − 10, 2, 9, 7, − 5, 8, 6, 4, − 13, 9, 1
	− 1, 0, 94	−				−	c	− 1, 9, 13, 4, − 6, 8, 5, 7, − 9, 2, 10, 8, − 3, 7, 15, 8, − 2, 8, 15, 7, − 3, 8, 10, 2, − 9, 7, 5, 8, − 6, 4, 13, 9, − 1
95	1, 0, − 95	+	+	+			1	1, 9, − 14, 5, 5, 5, − 14, 9, 1
	− 1, 0, 95	+	−	−			c	− 1, 9, 14, 5, − 5, 5, 14, 9, − 1
	2, 1, − 47	−	−	+			c_1	2, 9, − 7, 5, 10, 5, − 7, 9, 2
	− 2, 1, 47	−	+	−			cc_1	− 2, 9, 7, 5, − 10, 5, 7, 9, − 2
96	1, 0, − 96	+		+	+		1	1, 9, − 15, 6, 4, 6, − 15, 9, 1
	− 1, 0, 96	−		−	+		c	− 1, 9, 15, 6, − 4, 6, 15, 9, − 1
	3, 0, − 32	+		−	−		c_1	3, 9, − 5, 6, 12, 6, − 5, 9, 3
	− 3, 0, 32	−		+	−		cc_1	− 3, 9, 5, 6, − 12, 6, 5, 9, − 3
97	1, 0, − 97	+					1	1, 9, − 16, 7, 3, 8, − 11, 3, 8, 5, − 9, 4, 9, 5, − 8, 3, 11, 8, − 3, 7, 16, 9, − 1, 9, 16, 7, − 3, 8, 11, 3, − 8, 5, 9, 4, − 9, 5, 8, 3, − 11, 8, 3, 7, − 16, 9, 1
	2, 1, − 48	+					σ	2, 9, − 8, 7, 6, 5, − 12, 7, 4, 9, − 4, 7, 12, 5, − 6, 7, 8, 9, − 2, 9, 8, 7, − 6, 5, 12, 7, − 4, 9, 4, 7, − 12, 5, 6, 7, − 8, 9, 2
98	1, 0, − 98	+				+	1	1, 9, − 17, 8, 2, 8, − 17, 9, 1
	− 1, 0, 98	−				−	c	− 1, 9, 17, 8, − 2, 8, 17, 9, − 1
99	1, 0, − 99	+	+	+			1	1, 9, − 18, 9, 1
	− 2, 1, 49	+	+	+			e^2	− 2, 9, 9, 9, − 2
	5, 2, − 19	−	+	+			e	5, 7, − 10, 3, 9, 6, − 7, 8, 5
	5, − 2, − 19	−	+	+			e^3	5, 8, − 7, 6, 9, 3, − 10, 7, 5
	− 1, 0, 99	−	−	−			c	− 1, 9, 18, 9, − 1
	2, 1, − 49	−	−	−			ce^2	2, 9, − 9, 9, 2
	− 5, 2, 19	+	−	−			ce	− 5, 7, 10, 3, − 9, 6, 7, 8, − 5
	− 5, − 2, 19	+	−	−			ce^3	− 5, 8, 7, 6, − 9, 3, 10, 7, − 5

Table III des formes quadratiques binaires pour les treize déterminants négatifs irréguliers du premier millier.

D	Classes	α	β	δ	ϵ	Cp
-576	1, 0, 576	+		+	+	1
=	9, 0, 64	+		+	+	e^2
$-1\,(24)^2$	4, 2, 145	+		+	+	e_1^2
	25, 7, 25	+		+	+	$e^2 e_1^2$
	9, 3, 65	–		+	+	e
	9, –3, 65	–		+	+	e^3
	17, 6, 36	–		+	+	$e e_1^2$
	17, –6, 36	–		+	+	$e^3 e_1^2$
	13, 3, 45	+		+	–	e_1
	16, 4, 37	+		+	–	$e^2 e_1$
	13, –3, 45	+		+	–	e_1^3
	16, –4, 37	+		+	–	$e^2 e_1^3$
	5, 2, 116	–		+	–	$e e_1$
	20, –2, 29	–		+	–	$e^3 e_1$
	20, 2, 29	–		+	–	$e e_1^3$
	5, –2, 116	–		+	–	$e^3 e_1^3$
-580	1, 0, 580	+	+	+		1
=	4, 0, 145	+	+	+		e^2
$-145\,(2)^2$	5, 0, 116	+	+	+		e_1^2
	20, 0, 29	+	+	+		$e^2 e_1^2$
	8, 2, 73	–	–	+		e
	8, –2, 73	–	–	+		e^3
	17, 7, 37	–	–	+		$e e_1^2$
	17, –7, 37	–	–	+		$e^3 e_1^2$
	19, 3, 31	+	–	–		e_1
	11, 5, 55	+	–	–		$e^2 e_1$
	19, –3, 31	+	–	–		e_1^3
	11, –5, 55	+	–	–		$e^2 e_1^3$
	23, 8, 28	–	+	–		$e e_1$
	7, –1, 83	–	+	–		$e^3 e_1$
	7, 1, 83	–	+	–		$e e_1^3$
	23, –8, 28	–	+	–		$e^3 e_1^3$
-820	1, 0, 820	+	+	+		1
=	5, 0, 164	+	+	+		e^2
$-205\,(2)^2$	20, 0, 41	+	+	+		e_1^2
	4, 0, 205	+	+	+		$e^2 e_1^2$
	13, 5, 65	–	–	+		e
	13, –5, 65	–	–	+		e^3
	17, –8, 52	–	–	+		$e e_1^2$
	17, 8, 52	–	–	+		$e^3 e_1^2$
	11, 4, 76	+	–	–		e_1
	19, 4, 44	+	–	–		$e^2 e_1$
	11, –4, 76	+	–	–		e_1^3
	19, –4, 44	+	–	–		$e^2 e_1^3$
	23, –10, 40	–	+	–		$e e_1$
	8, 2, 103	–	+	–		$e^3 e_1$
	8, –2, 103	–	+	–		$e e_1^3$
	23, 10, 40	–	+	–		$e^3 e_1^3$
-884	1, 0, 884	+	+	+		1
=	13, 0, 68	+	+	+		i^4
$-221\,(2)^2$	4, 0, 221	+	+	+		e^2
	17, 0, 52	+	+	+		$e^2 i^4$
	25, –4, 36	+	+	+		i^2
	25, 4, 36	+	+	+		i^6
	9, 4, 100	+	+	+		$e^2 i^2$
	9, –4, 100	+	+	+		$e^2 i^6$
	5, 1, 177	–	–	+		i
	24, –2, 37	–	–	+		i^5
	20, –4, 45	–	–	+		$e^2 i$
	24, 10, 41	–	–	+		$e^2 i^5$
	24, 2, 37	–	–	+		i^3
	5, –1, 177	–	–	+		i^7
	24, –10, 41	–	–	+		$e^2 i^3$
	20, 4, 45	–	–	+		$e^2 i^7$
	8, 2, 111	–	+	–		e
	15, 4, 60	–	+	–		$e i^4$
	8, –2, 111	–	+	–		e^3
	15, –4, 60	–	+	–		$e^3 i^4$
	19, –3, 47	–	+	–		$e i^2$
	15, 1, 59	–	+	–		$e i^6$
	15, –1, 59	–	+	–		$e^3 i^2$
	19, 3, 47	–	+	–		$e^3 i^6$
	27, –13, 39	+	–	–		$e i$
	3, 1, 295	+	–	–		$e i^5$
	23, –6, 40	+	–	–		$e^3 i$
	12, 4, 75	+	–	–		$e^3 i^5$
	12, –4, 75	+	–	–		$e i^3$
	23, 6, 40	+	–	–		$e i^7$
	3, –1, 295	+	–	–		$e^3 i^3$
	27, 13, 39	+	–	–		$e^3 i^7$
-900	1, 0, 900	+	+	+		1
=	9, 0, 100	+	+	+		e^2
$-1\,(30)^2$	4, 0, 225	+	+	+		e_1^2
	25, 0, 36	+	+	+		$e^2 e_1^2$
	9, 3, 101	–	+	+		e
	9, –3, 101	–	+	+		e^3
	29, –12, 36	–	+	+		$e e_1^2$
	29, 12, 36	–	+	+		$e^3 e_1^2$
	17, 1, 53	–	–	+		e_1
	8, –2, 113	–	–	+		$e^2 e_1$
	17, –1, 53	–	–	+		e_1^3
	8, 2, 113	–	–	+		$e^2 e_1^3$
	13, –6, 72	+	–	+		$e e_1$
	25, –5, 37	+	–	+		$e^3 e_1$
	25, 5, 37	+	–	+		$e e_1^3$
	13, 6, 72	+	–	+		$e^3 e_1^3$

D	Classes	α	β	δ	ϵ	Cp
− 243	1, 0, 243	+				1
=	7, 3, 36	+				d
$-3\,(9)^2$	7, − 3, 36	+				d^2
	4, 1, 161	+				d_1
	13, − 2, 19	+				dd_1
	9, 3, 28	+				$d^2 d_1$
	4, − 1, 161	+				d_1^2
	9, − 3, 28	+				dd_1^2
	13, 2, 19	+				$d^2 d_1^2$
	2, 1, 122	+				σ
	14, 3, 18	+				σd
	14, − 3, 18	+				σd^2
− 307	1, 0, 307	+				1
=	7, 1, 44	+				d
$-307\,(1)$	7, − 1, 44	+				d^2
	4, 1, 77	+				d_1
	11, − 1, 28	+				dd_1
	17, 4, 19	+				$d^2 d_1$
	4, − 1, 77	+				d_1^2
	17, − 4, 19	+				dd_1^2
	11, 1, 28	+				$d^2 d_1^2$
	2, 1, 154	+				σ
	14, 1, 22	+				σd
	14, − 1, 22	+				σd^2
− 339	1, 0, 339	+	+			1
=	7, 2, 49	+	+			d
$-339\,(1)^2$	7, − 2, 49	+	+			d^2
	4, 1, 85	+	+			d_1
	15, 6, 25	+	+			dd_1
	13, − 5, 28	+	+			$d^2 d_1$
	4, − 1, 85	+	+			d_1^2
	13, 5, 28	+	+			dd_1^2
	15, − 6, 25	+	+			$d^2 d_1^2$
	3, 0, 113	−	−			c
	20, − 9, 21	−	−			cd
	20, 9, 21	−	−			cd^2
	12, − 3, 29	−	−			cd_1
	5, 1, 68	−	−			cdd_1
	17, 1, 20	−	−			$cd^2 d_1$
	12, 3, 29	−	−			cd_1^2
	17, − 1, 20	−	−			cdd_1^2
	5, − 1, 68	−	−			$cd^2 d_1^2$
	2, 1, 170	+	+			σ
	14, − 5, 20	+	+			σd
	14, 5, 26	+	+			σd^2
	6, 3, 58	−	−			σc
	10, 1, 34	−	−			σcd
	10, − 1, 34	−	−			σcd^2
− 459	1, 0, 459	+	+			1
=	9, 3, 52	+	+			d
$-51\,(3)^2$	9, − 3, 52	+	+			d^2
	4, 1, 115	+	+			d_1
	19, − 4, 25	+	+			dd_1
	13, 3, 36	+	+			$d^2 d_1$
	4, − 1, 115	+	+			d_1^2
	13, − 3, 36	+	+			dd_1^2
	19, 4, 25	+	+			$d^2 d_1^2$
	17, 0, 27	−	−			c
	20, − 9, 27	−	−			cd
	20, 9, 27	−	−			cd^2
	11, 4, 44	−	−			cd_1
	5, 1, 92	−	−			cdd_1
	20, − 1, 23	−	−			$cd^2 d_1$
	11, − 5, 44	−	−			cd_1^2
	20, 1, 23	−	−			cdd_1^2
	5, − 1, 92	−	−			$cd^2 d_1^2$
	2, 1, 230	+	+			σ
	18, 3, 26	+	+			σd
	18, − 3, 26	+	+			σd^2
	22, 5, 22	−	−			σc
	10, 1, 46	−	−			σcd
	10, − 1, 46	−	−			σcd^2
− 675	1, 0, 675	+	+			1
=	9, 3, 76	+	+			d
$-3\,(15)^2$	9, − 3, 76	+	+			d^2
	4, 1, 169	+	+			d_1
	25, − 10, 31	+	+			dd_1
	19, 3, 36	+	+			$d^2 d_1$
	4, − 1, 169	+	+			d_1^2
	19, − 3, 36	+	+			dd_1^2
	25, 10, 31	+	+			$d^2 d_1^2$
	25, 0, 27	+	−			c
	27, − 9, 28	+	−			cd
	27, 9, 28	+	−			cd^2
	13, 1, 52	+	−			cd_1
	25, 5, 28	+	−			cdd_1
	7, − 2, 97	+	−			$cd^2 d_1$
	13, − 1, 52	+	−			cd_1^2
	7, 2, 97	+	−			cdd_1^2
	25, − 5, 28	+	−			$cd^2 d_1^2$
	2, 1, 338	+	+			σ
	18, 3, 38	+	+			σd
	18, − 3, 38	+	+			σd^2
	26, 1, 26	+	−			σc
	14, − 5, 50	+	−			σcd
	14, 5, 50	+	−			σcd^2

D	Classes	α	β	δ	ϵ	Cp
−755	1, 0, 755	+	+			1
=	19, −9, 44	+	+			d
$-755\,(1)^2$	19, 9, 44	+	+			d^2
	4, 1, 189	+	+			d_1
	21, −8, 39	+	+			dd_1
	11, 2, 69	+	+			d^2d_1
	4, −1, 189	+	+			d_1^2
	11, −2, 69	+	+			dd_1^2
	21, 8, 39	+	+			$d^2 d_1^2$
	5, 0, 151	+	+			e^2
	9, −1, 84	+	+			$e^2 d$
	9, 1, 84	+	+			$e^2 d^2$
	20, 5, 39	+	+			$e^2 d_1$
	29, 12, 31	+	+			$e^2 dd_1$
	21, −1, 36	+	+			$e^2 d^2 d_1$
	20, −5, 39	+	+			$e^2 d_1^2$
	12, 1, 36	+	+			$e^2 dd_1^2$
	29, −12, 31	+	+			$e^2 d^2 d_1^2$
	27, 1, 28	−	−			e
	15, −5, 52	−	−			ed
	3, −1, 252	−	−			ed^2
	7, −1, 108	−	−			ed_1
	23, −2, 33	−	−			edd_1
	12, 5, 65	−	−			$ed^2 d_1$
	28, 13, 33	−	−			ed_1^2
	13, 5, 60	−	−			edd_1^2
	12, −1, 63	−	−			$ed^2 d_1^2$
	27, −1, 28	−	−			e^3
	3, 1, 252	−	−			$e^3 d$
	15, 5, 52	−	−			$e^3 d^2$
	28, −13, 33	−	−			$e^3 d_1$
	12, 1, 63	−	−			$e^3 dd_1$
	13, −5, 60	−	−			$e^3 d^2 d_1$
	7, 1, 108	−	−			$e^3 d_1^2$
	12, −5, 65	−	−			$e^3 dd_1^2$
	23, 2, 33	−	−			$e^3 d^2 d_1^2$
	2, 1, 378	+	+			σ
	22, 9, 38	+	+			σd
	22, −9, 38	+	+			σd^2
	10, 5, 78	+	+			σe^2
	18, −1, 42	+	+			$\sigma e^2 d$
	18, 1, 42	+	+			$\sigma e^2 d^2$
	14, −1, 54	−	−			σe
	26, 5, 30	−	−			σed
	6, −1, 126	−	−			σed^2
	14, 1, 54	−	−			σe^3
	6, 1, 126	−	−			$\sigma e^3 d$
	26, −5, 30	−	−			$\sigma e^3 d^2$

D	Classes	α	β	δ	ϵ	Cp
−891	1, 0, 891	+	+			1
=	9, 3, 100	+	+			d
$-11\,(9)^2$	9, −3, 100	+	+			d^2
	4, 1, 223	+	+			d_1
	31, 15, 36	+	+			dd_1
	25, 3, 36	+	+			$d^2 d_1$
	4, −1, 223	+	+			d_1^2
	25, −3, 36	+	+			dd_1^2
	31, −15, 36	+	+			$d^2 d_1^2$
	11, 0, 81	+	−			c
	20, −7, 47	+	−			cd
	20, 7, 47	+	−			cd^2
	23, 11, 44	+	−			cd_1
	20, 3, 45	+	−			cdd_1
	5, 2, 179	+	−			$cd^2 d_1$
	23, −11, 44	+	−			cd_1^2
	5, −2, 179	+	−			cdd_1^2
	20, −3, 45	+	−			$cd^2 d_1^2$
	2, 1, 446	+	+			σ
	18, 3, 50	+	+			σd
	18, −3, 50	+	+			σd^2
	22, 11, 46	+	+			σc
	10, 3, 90	+	+			σcd
	10, −3, 90	+	+			σcd^2
−974	1, 0, 974	+			+	1
=	18, −4, 55	+			+	d
$-2.487\,(1)^2$	18, 4, 55	+			+	d^2
	31, 7, 33	+			+	d_1
	30, −14, 39	+			+	dd_1
	15, −4, 66	+			+	$d^2 d_1$
	31, −7, 33	+			+	d_1^2
	15, 4, 66	+			+	dd_1^2
	30, 14, 39	+			+	$d^2 d_1^2$
	2, 0, 487	+			+	e
	9, −4, 110	+			+	$e^2 d$
	9, 4, 110	+			+	$e^2 d^2$
	25, −1, 39	+			+	$e^2 d_1$
	15, 1, 65	+			+	$e^2 dd_1$
	30, −4, 33	+			+	$e^2 d^2 d_1$
	25, 1, 39	+			+	$e^2 d_1^2$
	30, 4, 33	+			+	$e^2 dd_1^2$
	15, −1, 65	+			+	$e^2 d^2 d_1^2$
	27, 5, 37	−			−	e
	3, 1, 325	−			−	ed
	6, 2, 163	−			−	ed^2
	5, 1, 195	−			−	ed_1
	11, 4, 90	−			−	edd_1
	13, 1, 75	−			−	$ed^2 d_1$
	10, 4, 99	−			−	ed_1^2
	26, 12, 43	−			−	edd_1^2
	22, 4, 45	−			−	$ed^2 d_1^2$
	27, −5, 37	−			−	e^3
	6, −2, 163	−			−	$e^3 d$
	3, −1, 325	−			−	$e^3 d^2$
	10, −4, 99	−			−	$e^3 d_1$
	22, −4, 45	−			−	$e^3 dd_1$
	26, −12, 43	−			−	$e^3 d^2 d_1$
	5, −1, 195	−			−	$e^3 d_1^2$
	13, −1, 75	−			−	$e^3 dd_1^2$
	11, −4, 90	−			−	$e^3 d^2 d_1^2$

336.

NOTE SUR L'ÉLIMINATION.

[From the *Journal für die reine und angewandte Mathematik* (Crelle), tom. LX. (1861), pp. 373—374.]

SOIENT $U=(a, \ldots \between x, y)^m$, $V=(b, \ldots \between x, y)^n$ des fonctions homogènes quelconques des degrés m et n respectivement. Dénotons par $(x, y)^\phi$ la suite entière ou seulement une partie de la suite de termes $x^\phi, x^{\phi-1}y, \ldots y^\phi$, et en prenant $\theta \gtreqless m \gtreqless n$, formons le déterminant

$$\{(x, y)^{\theta-m} U, (x, y)^{\theta-n} V\}.$$

Cette notation signifie qu'en supposant les suites $(x, y)^{\theta-m} U$, $(x, y)^{\theta-n} V$ composées respectivement de p et de q termes et qu'en posant $p+q=s$ on forme le déterminant

$$\begin{vmatrix} (x_1, y_1)^{\theta-m} U_1, & (x_1, y_1)^{\theta-n} V_1 \\ \vdots & \vdots \\ (x_s, y_s)^{\theta-m} U_s, & (x_s, y_s)^{\theta-n} V_s \end{vmatrix}$$

dans lequel les différentes lignes (chacune composée de s termes) sont ce que deviennent $(x, y)^{\theta-m} U$, $(x, y)^{\theta-n} V$, lorsqu'on y substitue (x_1, y_1), (x_2, y_2), $\ldots (x_s, y_s)$ successivement au lieu de (x, y).

Le déterminant que je viens définir est divisible par le déterminant

$$\{(x, y)^{s-1}\},$$

notation qui est équivalente à:

$$\begin{vmatrix} (x_1, y_1)^{s-1} \\ \vdots \\ (x_s, y_s)^{s-1} \end{vmatrix}$$

et dans laquelle $(x,\ y)^{s-1}$ dénote la suite entière des termes $x^{s-1},\ x^{s-2}y, \ldots y^{s-1}$. Nous obtenons ainsi une équation

$$\frac{\{(x,\ y)^{\theta-m}U,\ (x,\ y)^{\theta-n}V\}}{\{(x,\ y)^{s-1}\}} = (a, \ldots)^p\,(b, \ldots)^q\,(x_1,\ y_1)^{\theta-s+1} \ldots (x_s,\ y_s)^{\theta-s+1},$$

c.-à-d. que le quotient est du degré p par rapport aux coefficients $(a, \ldots)$, du degré q par rapport aux coefficients $(b, \ldots)$, et du degré $\theta-s+1$ par rapport à chaque système de variables $(x_1,\ y_1), \ldots (x_s,\ y_s)$. Or en supposant $U_1=0,\ V_1=0$, on obtient

$$0=(a, \ldots)^p\,(b, \ldots)^q\,(x_1,\ y_1)^{\theta-s+1} \ldots (x_s,\ y_s)^{\theta-s+1},$$

équation qui subsiste quelles que soient les valeurs des variables $(x_2,\ y_2), \ldots (x_s,\ y_s)$; cela donne une suite de $(\theta-s+2)^{s-1}$ équations chacune de la forme

$$0=(a, \ldots)^p\,(b, \ldots)^q\,(x_1,\ y_1)^{\theta-s+1}.$$

En considérant un système quelconque de $\theta-s+2$ de ces équations, pour en éliminer tous les termes de $(x_1,\ y_1)^{\theta-s+1}$, on obtiendra ou l'équation identique $0=0$, ou une équation de la forme

$$F=(a, \ldots)^{p(\theta-s+2)}\,(b, \ldots)^{q(\theta-s+2)}=0$$

où F sera un déterminant de l'ordre $\theta-s+2$, chaque terme étant de la forme $(a, \ldots)^p\,(b, \ldots)^q$.

Cela posé il est évident que F contiendra comme facteur la fonction

$$\square=(a, \ldots)^n\,(b, \ldots)^m$$

qui est le résultant des deux équations $U=0,\ V=0$. En particulier, on aura les deux cas que voici:

1°. Soit $\theta=m+n-1$, et supposons que $(x,\ y)^{n-1}U,\ (x,\ y)^{m-1}V$, dénotent les suites entières

$$x^{n-1}U,\ x^{n-2}yU, \ldots y^{n-1}U;\ x^{m-1}V,\ x^{m-2}yV,\ \ldots y^{m-1}V,$$

nous aurons $p=n,\ q=m,\ s=m+n,\ \theta-s+2=1$, et de là

$$F=(a, \ldots)^n\,(b, \ldots)^m,$$

donc $F=\square$. On voit sans peine que l'on obtient de cette manière le résultant $\square$, sous la forme d'un déterminant de l'ordre $m+n$, le même que l'on obtient en éliminant les termes de $(x,\ y)^{m+n-1}$ entre les équations $(x,\ y)^{n-1}U=0,\ (x,\ y)^{m-1}V=0$.

2°. En supposant $m \geqq n$, on peut prendre $\theta=m$, ce qui donne pour $(x,\ y)^{\theta-m}U$ le seul terme U. Réduisons aussi $(x,\ y)^{\theta-n}V$ au seul terme $x^{\alpha}y^{m-n-\alpha}V$ (α désignant un nombre entier arbitraire entre 0 et $m-n$), c.-à-d. au terme $x^{m-n}V$ ou $y^{m-n}V$ dans le cas des deux valeurs extrèmes de α. On a ainsi $p=1$, $q=1$, $s=2$, et delà

$$F=(a, \ldots)^m (b, \ldots)^n.$$

Donc $F=(a, \ldots)^{m-n} \square$, c.-à-d. que l'on obtient le résultant $\square$ affecté d'un facteur $(a, \ldots)^{m-n}$ qui ne contient que les coefficients de U, et qui est de l'ordre $m-n$ par rapport à ces coefficients. L'expression de ce facteur peut être trouvée assez facilement. Dans le cas du terme $x^{m-n}V$, c.-à-d. pour $\alpha=m-n$, le facteur sera k^{m-n} (k désignant le dernier coefficient de la suite $(a, \ldots)$), et dans le cas du terme $y^{m-n}V$, c.-à-d. pour $\alpha=0$, le facteur sera a^{m-n}. Mais en supposant $m=n$ on a tout simplement $F=\square$, c.-à-d. que l'on obtient le résultant sans facteur étranger. C'est sous cette dernière forme que j'ai présenté la méthode abregée de *Bezout* dans le tome LIII. p. 366 (1857) de ce Journal, [230].

Londres, 17ième *Décembre*, 1861.

337.

NOTE SUR LA RÉALITÉ DES RACINES D'UNE ÉQUATION QUADRATIQUE.

[From the *Journal für die reine und angewandte Mathematik* (Crelle), tom. LXI. (1863), pp. 367—368.]

À PROPOS du mémoire que vient de publier M. Hesse (voir ce *Journal* t. LX., p. 305) je remarque que si l'une ou l'autre des deux formes

$$(a,\ b,\ c,\ f,\ g,\ h \between\ )^2,\quad (a',\ b',\ c',\ f',\ g',\ h' \between\ )^2$$

est une forme *définie* (forme qui conserve toujours le même signe pour des valeurs réelles quelconques des variables), l'équation suivante en λ:

$$\left|\begin{array}{cccc} a-\lambda a', & h-\lambda h', & g-\lambda g', & x \\ h-\lambda h', & b-\lambda b', & f-\lambda f', & y \\ g-\lambda g', & f-\lambda f', & c-\lambda c', & z \\ x, & y, & z & \end{array}\right| = 0$$

aura ses deux racines réelles. En écrivant

$$\begin{array}{l} A = bc - f^2,\quad A' = b'c' - f'^2,\quad A_1 = bc' + b'c - 2ff', \\ B = ca - g^2,\ \ldots \\ \vdots \end{array}$$

de manière que $(A,\ B,\ C,\ F,\ G,\ H \between\ )^2$ dénote la forme adjointe (ou réciproque) de $(a,\ b,\ c,\ f,\ g,\ h \between\ )^2$, cette équation prend la forme

$$(A,\ \ldots \between x,\ y,\ z)^2 - \lambda\,(A_1,\ \ldots \between x,\ y,\ z)^2 + \lambda^2\,(A',\ \ldots \between x,\ y,\ z)^2 = 0,$$

et les racines étant réelles, on doit avoir

$$\square = -4\,(A,\ldots \between x,\ y,\ z)^2\,(A',\ldots \between x,\ y,\ z)^2 + [(A_1,\ \ldots \between x,\ y,\ z)^2]^2 = +.$$

Or pour démontrer directement cette proposition, il n'est pas ce me semble possible d'exprimer $\square$ comme une somme de carrés; on a besoin de considérer une forme plus génerale, savoir une somme de carrés multipliés chacun par un coefficient litéral positif. Par exemple, en ne faisant attention qu'au coefficient de x^4, on doit avoir

$$\square_0 = -4(bc-f^2)(b'c'-f'^2)+(bc'+b'c-2ff')^2 = +.$$

Pour en faire la démonstration, on peut exprimer $\square_0$ sous la forme

$$\square_0 = (bc'-b'c)^2 + 4(bf'-b'f)(cf'-c'f),$$

ce qui donne

$$bc\square_0 = (bc-f^2)(bc'-b'c)^2 + [b(cf'-c'f)+c(bf'-b'f)]^2.$$

En effet, en y substituant la seconde expression de $\square_0$, on a l'identité

$$4bc(bf'-b'f)(cf'-c'f) = -f^2(bc'-b'c)^2 + [b(cf'-c'f)+c(bf'-b'f)]^2$$

et l'expression pour $bc\square_0$ est ainsi démontrée. Mais en supposant que $(a, b, c, f, g, h)(\,,\,)^2$ soit une forme définie, on a $bc-f^2=+$, donc aussi $bc=+$, et $bc\square_0 = (bc-f^2)X^2+Y^2=+$, donc enfin $\square_0=+$. Il serait assez intéressant de trouver une démonstration pareille pour l'expression générale de $\square$.

Londres, 23ième *Octobre* 1862.

338.

NOUVELLES RECHERCHES SUR L'ÉLIMINATION ET LA THÉORIE DES COURBES.

[From the *Journal für die reine und angewandte Mathematik* (Crelle), tom. LXIII. (1864), pp. 34—39.]

DANS le problème de l'élimination, on cherche la relation qui doit exister entre les coefficients d'une fonction ou système de fonctions pour que quelque circonstance particulière (ou singularité) puisse avoir lieu; par exemple, pour que deux équations puissent avoir une racine commune, ou (comme application géometrique) pour qu'une courbe puisse avoir un point double. En prenant les coefficients comme donnés, tant la relation cherchée que la singularité qu'elle implique n'ont qu'une existence *hypothétique.* Mais on peut transformer la question en supposant que les coefficients d'une ou de plusieurs des fonctions soient de la forme $a = \lambda a' + \mu a''$, $b = \lambda b' + \mu b''$, ... où a', b', ..., a'', b'', ... sont des coefficients donnés, mais λ, μ des quantités arbitraires. On peut alors disposer en sorte que la singularité dont il s'agit existe actuellement, en déterminant, au moyen de la relation donnée par l'élimination, la valeur du rapport $\lambda : \mu$. Ces substitutions $a = \lambda a' + \mu a''$, $b = \lambda b' + \mu b''$, ... changent la fonction U à laquelle se rapportent les coefficients a, b, ... en $U = \lambda U' + \mu U''$, où U', U'' sont des fonctions semblables à U, mais avec les coefficients a', b', ... ou a'', b'', ... au lieu de a, b, ...: en se servant d'une expression usitée, on peut dire que la fonction U est en involution avec U', U''; et de même en géométrie que la courbe $U = 0$ est en involution avec les courbes $U' = 0$, $U'' = 0$; au reste, pour les courbes, cela veut dire que les trois courbes se coupent dans les mêmes points.

On conçoit comment cette manière d'envisager le problème peut conduire à une interprétation géométrique de résultats qui n'avaient auparavant qu'une signification analytique. Considérons par exemple la proposition suivante, "le discriminant d'une fonction quadratique à trois variables est du degré 3 par rapport aux coefficients," ou ce qui est la même chose, "la fonction qui égalée à zéro exprime que la conique

$U=0$ ait un point double (se réduise à une paire de droites) est du degré 3 par rapport aux coefficients," c'est là une proposition purement analytique, mais si comme ci-dessus on met $\lambda a'+\mu a''$, $\lambda b'+\mu b''$,... au lieu de a, b,... on a le théorème géométrique que voici: "Dans le système de coniques $\lambda U'+\mu U''=0$ en involution avec les coniques données $U'=0$, $U''=0$, il y a 3 coniques à point double (c'est-à-dire, trois paires de droites)." En considérant le cas plus général d'une fonction à trois variables et d'ordre quelconque, la question analytique "quel est le degré du discriminant de la fonction U" peut être remplacée par la question géométrique "dans le système des courbes $\lambda U'+\mu U''=0$ en involution avec les deux courbes données $U'=0$, $U''=0$, quel est le nombre des courbes à point double" ou, ce qui est la même chose, "quel est le nombre des points dont chacun est le point double d'une courbe du système." En considérant la question sous cette dernière forme, non seulement on retrouve la valeur connue $3(n-1)^2$ du degré du discriminant de la fonction $U=(A,\ldots\between x, y, z)^n$, mais on trouve aussi le théorème plus général:

La fonction $U=(A,\ldots\between x, y, z)^n$ étant telle que la courbe $U=0$ ait un nombre α de points doubles et un nombre β de points de rebroussement, son discriminant spécial est du degré $3(n-1)^2-7\alpha-11\beta$.

Sous la désignation de "discriminant special" j'entends la fonction laquelle égalée à zéro donne la condition pour que la courbe $U=0$ ait un point double de plus. Il convient de remarquer par rapport à cette expression que le discriminant de la fonction générale du $n^{\text{ième}}$ ordre, en y substituant, au lieu des valeurs générales, les coefficients de la fonction U dont il s'agit, ne donne nullement le discriminant special de U mais se réduit identiquement à zéro; ce discriminant special est donc tout autre chose que le discriminant de la fonction générale. En parlant tout simplement de *l'ordre* du discriminant special, j'ai voulu désigner l'ordre auquel cette expression s'élève par rapport à des coefficients absolument arbitraires ou éléments a, b,... lesquels sont censés entrer linéairement dans la fonction U. Il est donc nécessaire de démontrer d'abord la proposition auxiliaire que l'équation d'une courbe qui a déjà un nombre donné de points doubles et de rebroussement peut s'exprimer sous la forme signalée, c'est-à-dire linéairement par rapport à des coefficients absolument arbitraires ou éléments a, b,..., proposition qui peut être démontrée sans difficulté.

Considérons en effet l'équation générale $U=(A,\ldots\between x, y, z)^n=0$ où les coefficients A,... sont tous arbitraires; dans le cas d'un point double supposons que les coordonnées de ce point, dans le cas d'un point de rebroussement supposons que les coordonnées de ce point et la direction de la tangente soient données: cela établit pour chaque point double trois conditions, et pour chaque point de rebroussement quatre conditions, qui contiennent d'une manière quelconque les paramètres appartenants au point double ou de rebroussement, mais qui sont linéaires par rapport aux coefficients A,...: ces coefficients peuvent donc s'exprimer linéairement au moyen d'un nombre convenable de coefficients absolument arbitraires ou éléments a, b, ...; et c'est de ces éléments a, b,... qu'il s'agit et nullement des paramètres mentionnés ci-dessus qui entrent dans les expressions par lesquelles A,... sont donnés en termes de a,....

Cette proposition auxiliaire peut encore se démontrer de la manière que voici. Concevons que $P=0$ représente une courbe particulière quelconque du même ordre que $U=0$ et telle que pour chaque point double de la courbe $U=0$ elle ait un point double au même point, et que pour chaque point de rebroussement de la courbe $U=0$, elle ait un point de rebroussement au même point et avec la même tangente. Soient de même $Q=0$, $R=0, \ldots$ des équations de courbes qui satisfont aux mêmes conditions. Cela posé, on peut évidemment écrire $U=aP+bQ+cR+\ldots$, c'est-à-dire que l'équation contiendra linéairement les coefficients absolument arbitraires ou éléments $a, b, \ldots$.

Je reviens au théorème dont je suis parti; soit d'abord $U=(a, \ldots \between x, y, z)^n=0$ une courbe sans points doubles ou de rebroussement, de sorte qu'il s'agisse du discriminant ordinaire. En écrivant pour plus de simplicité V, W au lieu de U', U'', on a à considérer la courbe $\lambda V+\mu W=0$ en involution avec les deux courbes $V=0$, $W=0$. Le degré du discriminant de U est égal au nombre des points dont chacun est le point double d'une courbe particulière du système $\lambda V+\mu W=0$. Or pour trouver ces points on n'a qu'à former les équations

$$\lambda \partial_x V+\mu \partial_x W=0,$$
$$\lambda \partial_y V+\mu \partial_y W=0,$$
$$\lambda \partial_z V+\mu \partial_z W=0,$$

qui expriment que la courbe $\lambda V+\mu W=0$ a un point double, et d'éliminer entre ces équations les indéterminées λ, μ. Cela donne le système

$$\left\| \begin{matrix} \partial_x V, & \partial_y V, & \partial_z V \\ \partial_x W, & \partial_y W, & \partial_z W \end{matrix} \right\| = 0$$

qui comprend les deux équations

$$(1) \quad \left| \begin{matrix} \partial_x V, & \partial_z V \\ \partial_x W, & \partial_z W \end{matrix} \right| = 0, \qquad (2) \quad \left| \begin{matrix} \partial_y V, & \partial_z V \\ \partial_y W, & \partial_z W \end{matrix} \right| = 0$$

auxquelles on satisfait par $\partial_z V=0$, $\partial_z W=0$, et une troisième équation à laquelle on ne satisfait pas par ce dernier système. Or les courbes (1) et (2) se coupent en $4(n-1)^2$ points, mais parmi ceux-ci on a les $(n-1)^2$ points d'intersection des courbes $\partial_z V=0$, $\partial_z W=0$, et en écartant ces points on obtient $4(n-1)^2-(n-1)^2=3(n-1)^2$ pour le nombre des points, ou ce qui est la même chose pour le degré du discriminant de U.

Je suppose à présent que la courbe $U=0$ ait un point double; les courbes $V=0$, $W=0$ ont chacune un point double à ce même point, et en prenant ce point pour origine des coordonnées x, y les deux courbes seront

$$V = z^{n-2}(a, b, c \between x, y)^2 + \text{etc.} = 0,$$
$$W = z^{n-2}(a', b', c' \between x, y)^2 + \text{etc.} = 0,$$

en dénotant par les etc. les termes des ordres plus élevés par rapport à x, y, ou moins élevés par rapport à z.

Cela donne pour la courbe (1)

$$\begin{vmatrix} \partial_x V, & \partial_z V \\ \partial_x W, & \partial_z W \end{vmatrix} \begin{aligned} &= 0 = z^{2n-5}\{(ax+by).(a',\ b',\ c'\between x,\ y)^2-(a'x+b'y).(a,\ b,\ c\between x,\ y)^2\}+\text{etc.} \\ &= z^{2n-5}y\{(ax+by)(b'x+c'y)-(a'x+b'y)(bx+cy)\}+\text{etc.}; \end{aligned}$$

la courbe (1) a donc à l'origine un point triple, les tangentes étant données par les équations

$$y=0,\quad (ax+by)(b'x+c'y)-(a'x+b'y)(bx+cy)=0,$$

et de même la courbe (2) a à l'origine un point triple, les tangentes étant données par les équations

$$x=0,\quad (ax+by)(b'x+c'y)-(a'x+b'y)(bx+cy)=0;$$

il y a donc au point triple deux branches de la courbe (1) dont chacune touche une de deux branches de la courbe (2); ce qui donne à l'origine $4+4+3=11$ points d'intersection. De plus il est évident que les deux courbes $\partial_z V=0$, $\partial_z W=0$ ont chacune un point double à l'origine, c'est-à-dire elles s'y coupent en $2+2=4$ points.

Par conséquent les courbes (1) et (2) se coupent en $4(n-1)^2$ points, savoir

11 points à l'origine, $4(n-1)^2-11$ points autrepart,

les courbes $\partial_z V=0$, $\partial_z W=0$ se coupent en $(n-1)^2$ points, savoir

4 points à l'origine, $(n-1)^2-4$ points autrepart,

et le système des $3(n-1)^2$ points contient

7 points à l'origine, $3(n-1)^2-7$ points autrepart.

En écartant les points à l'origine on a donc $3(n-1)^2-7$ points; pour une courbe à point double le degré du discriminant spécial est donc $=3(n-1)^2-7$. Si la courbe $U=0$ a un point de rebroussement, les courbes $V=0$, $W=0$ auront au même point un point de rebroussement avec la même tangente, et en prenant ce point pour origine des coordonnées et la droite $x=0$ pour l'équation de la tangente, les deux courbes seront

$$V=z^{n-2}.ax^2+z^{n-3}.(\alpha,\ \beta,\ \gamma,\ \delta\between x,\ y)^3+\text{etc.}=0,$$
$$W=z^{n-2}.a'x^2+z^{n-3}.(\alpha',\ \beta',\ \gamma',\ \delta'\between x,\ y)^3+\text{etc.}=0.$$

Cela donne pour la courbe (1)

$$0=\begin{vmatrix} \partial_x V, & \partial_z V \\ \partial_x W, & \partial_z W \end{vmatrix}$$

$$\begin{aligned} = \ &\{z^{n-2}.2ax+z^{n-3}.3(\alpha,\ \beta,\ \gamma\between x,\ y)^2+\text{etc.}\} \\ &\qquad\times\{(n-2)z^{n-3}a'x^2+(n-3)z^{n-4}(\alpha',\ \beta',\ \gamma',\ \delta'\between x,\ y)^3+\text{etc.}\} \\ &-\{z^{n-2}.2a'x+z^{n-3}.3(\alpha',\ \beta',\ \gamma'\between x,\ y)^2+\text{etc.}\} \\ &\qquad\times\{(n-2)z^{n-3}ax^2+(n-3)z^{n-4}(\alpha,\ \beta,\ \gamma,\ \delta\between x,\ y)^3+\text{etc.}\} \end{aligned}$$

$$= z^{2n-6}\{2(n-3)[ax(\alpha', \beta', \gamma', \delta' \between x, y)^3 - a'x(\alpha, \beta, \gamma, \delta \between x, y)^3]$$
$$- 3(n-2)[ax^2(\alpha', \beta', \gamma' \between x, y)^2 - a'x^2(\alpha, \beta, \gamma \between x, y)^2]\} + \text{etc.}$$
$$= z^{2n-6}\{-n(a\alpha' - a'\alpha)x^4 + \text{etc. } x^3y\ldots\} + \text{etc.}$$
$$= z^{2n-6}.\, x(-n(a\alpha' - a'\alpha), \ldots \between x, y)^3 + \text{etc.};$$

la courbe a donc à l'origine un point quadruple et la droite $x=0$ y est tangente de l'une de ses branches. On a de même pour la courbe (2)

$$0 = \begin{vmatrix} \partial_y V, & \partial_z V \\ \partial_y W, & \partial_z W \end{vmatrix} = \{z^{n-3}.\, 3(\beta, \gamma, \delta \between x, y)^2 + \text{etc.}\} \times \{(n-2)\, z^{n-3}\, a'x^2 + \text{etc.}\}$$
$$- \{z^{n-3}.\, 3(\beta', \gamma', \delta' \between x, y)^2 + \text{etc.}\} \times \{(n-2)\, z^{n-3}\, a x^2 + \text{etc.}\}$$
$$= z^{2n-6}\, x^2\, \{a'(\beta, \gamma, \delta \between x, y)^2 - a(\beta', \gamma', \delta' \between x, y)^2\} + \text{etc.}$$
$$= z^{2n-6}\, x^2\, (\alpha'\beta - \alpha\beta', \ldots \between x, y)^2;$$

cette courbe a donc à l'origine un point quadruple et la droite $x=0$ y est tangente commune de deux de ses branches. Cela donne à l'origine $5+4+4+4, = 17$ points d'intersection des courbes (1) et (2). D'autre part on a

$$\partial_z V = (n-2)\, z^{n-3}.\, a x^2 + (n-3)\, z^{n-4}(\alpha, \beta, \gamma, \delta \between x, y)^3 + \text{etc.} = 0,$$
$$\partial_z W = (n-2)\, z^{n-3}.\, a'x^2 + (n-3)\, z^{n-4}(\alpha', \beta', \gamma', \delta' \between x, y)^3 + \text{etc.} = 0,$$

et en combinant ces deux équations

$$z^{n-3}.\, ax^2 + \text{etc.} = 0,$$
$$z^{n-4}(a\alpha' - a'\alpha, \ldots \between x, y)^3 + \text{etc.} = 0.$$

De ces deux équations la première appartient à une courbe qui a un point de rebroussement à l'origine des coordonnées et la seconde à une courbe qui y a un point triple. Pour les deux courbes $\partial_z V=0$, $\partial_z W=0$ cela donne $3+3=6$ points d'intersection à l'origine.

Les courbes (1) et (2) se coupent donc en $4(n-1)^2$ points, savoir

17 points à l'origine, $4(n-1)^2 - 17$ points autrepart,

les courbes $\partial_z V=0$, $\partial_z W=0$ se coupent en $(n-1)^2$ points, savoir

6 points à l'origine, $(n-1)^2 - 6$ points autrepart

et le système des $3(n-1)^2$ points contient

11 points à l'origine, $3(n-1)^2 - 11$ points autrepart.

En écartant les points à l'origine, on obtient $3(n-1)^2 - 11$ points; pour une courbe avec un point de rebroussement, le degré du discriminant spécial est donc $= 3(n-1)^2 - 11$.

Comme résultat final de cette recherche j'obtiens que la réduction du degré est de 7 unités pour un point double et de 11 unités pour un point de rebroussement; et de là, que pour un nombre α de points doubles et β de points de rebroussement, la réduction est de $7\alpha + 11\beta$ unités; le degré du discriminant spécial sera donc dans ce cas $3(n-1)^2 - 7\alpha - 11\beta$, ce qu'il s'agissait de démontrer.

Dans tout ce qui précède, j'ai supposé que le système soit tel que l'élimination conduise à une seule relation entre les coefficients; si au contraire l'élimination conduit à deux relations, il faut écrire au lieu de $a, b, \ldots$ les valeurs $\lambda a' + \mu a'' + \nu a'''$, $\lambda b' + \mu b'' + \nu b'''$, ... et de même pour un plus grand nombre de relations. En supposant par exemple que la courbe $U = 0$ doit avoir un point de rebroussement, ce qui implique deux relations entre les coefficients, la question à resoudre serait celle-ci, "quel est le nombre des points qui sont chacun un point de rebroussement d'une courbe particulière du système $\lambda V + \mu W + \nu X = 0$"; je réserve à une autre occasion la considération de ce problème.

Londres, 22ième *Mai* 1863.

339.

ON SKEW SURFACES, OTHERWISE SCROLLS.

[From the *Philosophical Transactions of the Royal Society of London*, vol. CLIII. (for the year 1863) pp. 453—483. Received February 3,—Read March 5, 1863.]

IT may be convenient to mention at the outset that, in the paper "On the Theory of Skew Surfaces"(1), I pointed out that upon any skew surface of the order n there is a singular (or nodal) curve meeting each generating line in $(n-2)$ points, and that the class of the circumscribed cone (or, what is the same thing, the class of the surface) is equal to the order n of the surface. In the paper "On a Class of Ruled Surfaces"(2), Dr Salmon considered the surface generated by a line which meets three curves of the orders m, n, p respectively: such surface is there shown to be of the order $=2mnp$; and it is noticed that there are upon it a certain number of double right lines (nodal generators); to determine the number of these, it was necessary to consider the skew surface generated by a line meeting a given right line and a given curve of the order m twice; and the order of such surface is found to be $=\frac{1}{2}m(m-1)+h$, where h is the number of apparent double points of the curve. The theory is somewhat further developed in Dr Salmon's memoir "On the Degree of a Surface reciprocal to a given one"(3), where certain minor limits are given for the orders of the nodal curves on the skew surface generated by a line meeting a given right line and two curves of the orders m and n respectively, and on that generated by a line meeting a given right line and a curve of the order m twice. And in the same memoir the author considers the skew surface generated by a line the equations whereof are $(a, .. \between t, 1)^m=0$, $(a', .. \between t, 1)^n=0$, where $a, .. a', ..$ are any linear functions of the coordinates, and t is an arbitrary parameter. And the same theories are reproduced in the "Treatise on the Analytic Geometry of Three Dimensions"(4).

1 *Cambridge and Dublin Math. Journ.* vol. VII. pp. 171—173 (1852), [108].

2 *Ibid.* vol. VIII. pp. 45, 46 (1853).

3 *Trans. Royal Irish Acad.* vol. XXIII. pp. 461—488 (read 1855).

4 Dublin, 1862. [Ed. 4, 1882.]

I will also, though it is less closely connected with the subject of the present memoir, refer to a paper by M. Chasles, "Description des courbes à double courbure de tous les ordres sur les surfaces réglées du troisième et du quatrième ordre"(1).

The present memoir (in the composition of which I have been assisted by a correspondence with Dr Salmon) contains a further development of the theory of the skew surfaces generated by a line which meets a given curve or curves: viz. I consider, 1st, the surface generated by a line which meets each of three given curves of the orders m, n, p respectively; 2nd, the surface generated by a line which meets a given curve of the order m twice, and a given curve of the order n once; 3rd, the surface which meets a given curve of the order m three times; or, as it is very convenient to express it, I consider the skew surfaces, or say the "Scrolls," $S(m, n, p)$, $S(m^2, n)$, $S(m^3)$. The chief results are embodied in the Table given after this introduction, at the commencement of the memoir. It is to be noticed that I attend throughout to the general theory, not considering otherwise than incidentally the effect of any singularity in the system of the given curves, or in the given curves separately: the memoir contains however some remarks as to what are the singularities material to a complete theory; and, in particular as regards the surface $S(m^3)$, I am thus led to mention an entirely new kind of singularity of a curve in space—viz. such a curve has in general a determinate number of "lines through four points" (lines which meet the curve in four points); it may happen that, of the lines through three points which can be drawn through any point whatever of the curve, a certain number will unite together and form a line through four (or more) points, the number of the lines through four points (or through a greater number of points) so becoming infinite.

Notation and Table of Results, Articles 1 to 10.

1. In the present memoir a letter such as m denotes the order of a curve in space. It is for the most part assumed that the curve has no actual double points or stationary points, and the corresponding letter M denotes the class of the curve taken negatively and divided by 2; that is, if h be the number of apparent double points, then $M = -\frac{1}{2}[m]^2 + h$: here and elsewhere $[m]^2$, &c. denote factorials, viz. $[m]^2 = m(m-1)$, $[m]^3 = m(m-1)(m-2)$, &c. It is to be noticed that for the system of two curves m, m', if h, h' represent the number of apparent double points of the two curves respectively, then for the system the number of apparent double points is $= mm' + h + h'$, and the corresponding value of M is therefore $-\frac{1}{2}[m+m']^2 + mm' + h + h'$, which is $= -\frac{1}{2}[m]^2 + h - \frac{1}{2}[m']^2 + h'$, which is $= M + M'$.

2. The use of the combinations (m, n, p, q), (m^2, n, p), &c. hardly requires explanation; it may however be noticed that $G(m, n, p, q)$ denoting the lines which meet the curves m, n, p, q (that is, curves of these orders) each of them once, $G(m^2, n, p)$ will denote the lines which meet the curve m twice and the curves n and p each of them once; and so in all similar cases.

3. The letters G, S, ND, NG, NR, NT (read Generators, Scroll, Nodal Director, Nodal Generator, Nodal Residue, and Nodal Total) are in the nature of functional

1 *Comptes Rendus*, t. LIII. (1861, 2e Sem.), pp. 884—889.

symbols, used (according to the context) to denote geometrical forms, or else the orders of these forms. Thus $G(m, n, p, q)$ denotes either the lines meeting the curves m, n, p, q each of them once, or else it denotes the order of such system of lines, that is, the number of lines. And so $S(m, n, p)$ denotes the Skew Surface or Scroll generated by a line which meets the curves m, n, p each once, or else it denotes the order of such surface.

4. $G(m, n, p, q)$: the signification is explained above.

5. $S(m, n, p)$: the signification has just been explained; but as the surfaces $S(m, n, p)$, $S(m^2, n)$, $S(m^3)$ are in fact the subject of the present memoir, I give the explanation in full for each of them, viz. $S(m, n, p)$ is the surface generated by a line which meets the curves m, n, p each once; $S(m^2, n)$ is the surface generated by a line which meets the curve m twice and the curve n once; $S(m^3)$ the surface generated by the line which meets the curve m thrice. As already mentioned, these surfaces and their orders are represented by the same symbols respectively.

6. $ND(m, n, p)$. The directrix curves m, n, p of the scroll $S(m, n, p)$ are nodal (multiple) curves on the surface, viz. m is an np-tuple curve, and so for n and p. Reckoning each curve according to its multiplicity, viz. the curve m being reckoned $\tfrac{1}{2}[np]^2$ times, or as of the order $m \,.\, \tfrac{1}{2}[np]^2$, and so for the curves n and p, the aggregate, or sum of the orders, gives the Nodal Director $ND(m, n, p)$.

7. $NG(m, n, p)$. The scroll $S(m, n, p)$ has the nodal generating lines $G(m^2, n, p)$, $G(m, n^2, p)$, $G(m, n, p^2)$. Each of these is a mere double line, to be reckoned once only, and we have thus the Nodal Generator

$$NG(m, n, p) = G(m^2, n, p) + G(m, n^2, p) + G(m, n, p^2).$$

But to take another example, the scroll $S(m^2, n)$ has the nodal generating lines $G(m^3, n)$, each of which is a triple line to be reckoned $\tfrac{1}{2}[3]^2$, that is, three times, and also the nodal generating lines $G(m^2, n^2)$, each of them a mere double line to be reckoned once only; whence here $NG(m^2, n) = 3G(m^3, n) + G(m^2, n^2)$. And so for the scroll $S(m^3)$, this has the nodal generating lines $G(m^4)$, each of them a quadruple line to be reckoned $\tfrac{1}{2}[4]^2$, that is, six times; or we have $NG(m^3) = 6G(m^4)$.

8. $NR(m, n, p)$. The scroll $S(m, n, p)$ has besides the directrix curves m, n, p or Nodal Director, and the nodal generating lines or Nodal Generator, a remaining nodal curve or Nodal Residue, the locus of the intersections of two non-coincident generating lines meeting in a point not situate on any one of the directrix curves. This Nodal Residue, as well for the scroll $S(m, n, p)$ as for the scrolls $S(m^2, n)$ and $S(m^3)$ respectively, is a mere double curve to be reckoned once only; and such curve or its order is denoted by NR, viz. for the scroll $S(m, n, p)$, the Nodal Residue is $NR(m, n, p)$.

9. $NT(m, n, p)$. The Nodal Director, Nodal Generator, and Nodal Residue of the scroll $S(m, n, p)$ form together the Nodal Total $NT(m, n, p)$, that is, we have

$$NT(m, n, p) = ND(m, n, p) + NG(m, n, p) + NR(m, n, p);$$

and similarly for the scrolls $S(m^2, n)$ and $S(m^3)$.

10. I remark that the formulæ are best exhibited in an order different from that in which they are in the sequel obtained, viz. I collect them in the following

Table.

$$G(m,\ n,\ p,\ q) = 2mnpq,$$
$$G(m^2,\ n,\ p) = np([m]^2 + M),$$
$$G(m^2,\ n^2) = \tfrac{1}{2}[m]^2[n]^2 + M\,.\,\tfrac{1}{2}[n]^2 + N\,.\,\tfrac{1}{2}[m]^2 + MN,$$
$$G(m^3,\ n) = n\left(\tfrac{1}{3}[m]^3 + M(m-2)\right),$$
$$G(m^4) = \tfrac{1}{12}[m]^4 + m + M(\tfrac{1}{2}[m]^2 - 2m + \tfrac{11}{2}) + M^2\,.\,\tfrac{1}{2},$$
$$S(m,\ n,\ p) = 2mnp,$$
$$ND(m,\ n,\ p) = \tfrac{1}{2}mnp(mn + mp + np - 3),$$
$$NG(m,\ n,\ p) = mnp(m + n + p - 3) + Mnp + Nmp + Pmn,$$
$$NR(m,\ n,\ p) = \tfrac{1}{2}mnp\left(4mnp - (mn + mp + np) - 2(m + n + p) + 5\right),$$
[1] $$NT(m,\ n,\ p) = \tfrac{1}{2}S^2 - S + Mnp + Nmp + Pmn,$$
$$= 2mnp(mnp - 1) + Mnp + Nmp + Pmn;$$

included in which we have

$$S(1,\ 1,\ m) = 2m,$$
$$ND(1,\ 1,\ m) = [m]^2,$$
$$NG(1,\ 1,\ m) = [m]^2 + M,$$
$$NR(1,\ 1,\ m) = 0,$$
$$NT(1,\ 1,\ m) = \tfrac{1}{2}S^2 - S + M,$$
$$= 2[m]^2 + M,$$

and

$$S(1,\ m,\ n) = 2mn,$$
$$ND(1,\ m,\ n) = \tfrac{1}{2}mn(mn + m + n - 3),$$
$$NG(1,\ m,\ n) = mn(m + n - 2) + Mn + Nm,$$
$$NR(1,\ m,\ n) = \tfrac{3}{2}[m]^2[n]^2,$$
$$NT(1,\ m,\ n) = \tfrac{1}{2}S^2 - S + Mn + Nm,$$
$$= 2[mn]^2 + Mn + Nm.$$

Moreover

$$S(m^2,\ n) = n\,(\ [m]^2 + M),$$
$$ND(m^2,\ n) = n\left(\tfrac{1}{8}[m]^4 + [m]^3 + M(\tfrac{1}{2}[m]^2 - \tfrac{1}{2}) + M^2\,.\,\tfrac{1}{2}\right) + [n]^2(\tfrac{1}{2}[m]^3 + \tfrac{1}{2}[m]^2),$$
$$NG(m^2,\ n) = n\left(\ [m]^3 + M\,.\,3(m-2)\right) + [n]^2(\tfrac{1}{2}[m]^2 + \tfrac{1}{2}M) + N(\tfrac{1}{2}[m]^2 + M),$$

[1] In the first of the two expressions for $NT(m,\ n,\ p)$, S stands for $S(m,\ n,\ p)$; and so in the first of the two expressions for $NT(m^2,\ n)$, &c., S stands for $S(m^2,\ n)$, &c.

$$NR(m^2,\ n) = n\left(\tfrac{3}{8}[m]^4 + M(\tfrac{1}{2}[m]^2 - 2m + 3)\right)$$
$$\qquad + [n]^2\left(\tfrac{1}{2}[m]^4 + \tfrac{3}{2}[m]^3 + [m]^2 + M([m]^2 - \tfrac{1}{2}) + M^2 . \tfrac{1}{2}\right),$$
$$NT(m^2,\ n) = \tfrac{1}{2}S^2 - S + nM(m - \tfrac{5}{2}) + N(\tfrac{1}{2}[m]^2 + M),$$
$$= n\left(\tfrac{1}{2}[m]^4 + 2[m]^3 + M([m]^2 + m - \tfrac{7}{2}) + M^2 . \tfrac{1}{2}\right)$$
$$\qquad + [n]^2(\tfrac{1}{2}[m]^4 + 2[m]^3 + [m]^2 + M . [m]^2 + M^2 . \tfrac{1}{2}) + N(\tfrac{1}{2}[m]^2 + M);$$

included in which we have

$$S(1,\ m^2) = [m]^2 + M,$$
$$ND(1,\ m^2) = \tfrac{1}{8}[m]^4 + [m]^3 + M(\tfrac{1}{2}[m]^2 - \tfrac{1}{2}) + M^2 . \tfrac{1}{2},$$
$$NG(1,\ m^2) = [m]^3 + M . 3(m-2),$$
$$NR(1,\ m^2) = \tfrac{3}{8}[m]^4 + M(\tfrac{1}{2}[m]^2 - 2m + 3),$$
$$NT(1,\ m^2) = \tfrac{1}{2}S^2 - S + M(m - \tfrac{5}{2}),$$
$$= \tfrac{1}{2}[m]^4 + 2[m]^3 + M([m]^2 + m - \tfrac{7}{2}) + M^2 . \tfrac{1}{2};$$

and finally

$$S(m^3) = \tfrac{1}{3}[m]^3 + (m-2)M,$$
$$ND(m^3) = \tfrac{1}{8}[m]^5 + \tfrac{1}{2}[m]^4 + \tfrac{1}{2}[m]^3 + M(\tfrac{1}{2}[m]^3 + \tfrac{1}{2}[m]) + M^2 . \tfrac{1}{2}m,$$
$$NG(m^3) = \tfrac{1}{2}[m]^4 + 6m + M(3[m]^2 - 12m + 33) + M^2 . 3,$$
$$NR(m^3) = \tfrac{1}{18}[m]^6 + \tfrac{3}{8}[m]^5 - \tfrac{1}{2}[m]^3 + 3m$$
$$\qquad + M(\tfrac{1}{3}[m]^4 - \tfrac{1}{6}[m]^3 - \tfrac{5}{2}[m]^2 + 8m - 20) + M^2(\tfrac{1}{2}[m]^2 - 2m),$$
$$NT(m^3) = \tfrac{1}{2}S^2 - S + 3m + M(\tfrac{1}{2}[m]^2 - \tfrac{5}{2}m + 11) + M^2,$$
$$= \tfrac{1}{18}[m]^6 + \tfrac{1}{2}[m]^5 + [m]^4 + 3m$$
$$\qquad + M(\tfrac{1}{3}[m]^4 + \tfrac{1}{3}[m]^3 + \tfrac{1}{2}[m^2] - \tfrac{7}{2}m + 13) + M^2(\tfrac{1}{2}[m]^2 - \tfrac{3}{2}m + 3).$$

The formulæ are investigated in the following order, ND, G, NG, S, NR, and NT.

The ND formulæ, Articles 11 to 13.

11. $ND(m,\ n,\ p)$.—Taking any point on the curve m, this is the vertex of two cones passing through the curves n, p respectively; the cones are of the orders n, p respectively, and they intersect therefore in np lines, which are the generating lines through the point on the curve m; hence this curve is an np-tuple line on the scroll $S(m,\ n,\ p)$, and we have thus the term $m . \tfrac{1}{2}[np]^2$ of ND. Hence

$$ND(m,\ n,\ p) = m . \tfrac{1}{2}[np]^2 + n . \tfrac{1}{2}[mp]^2 + p . \tfrac{1}{2}[mn]^2,$$
$$= \tfrac{1}{2}mnp(mn + mp + np - 3).$$

12. $ND(m^2, n)$.—Taking first a point on the curve m, this is the vertex of a cone of the order $m-1$ through the curve m, and of a cone of the order n through the curve n; the two cones intersect in $(m-1)n$ lines, which are the generating lines through the point on the curve m; that is, the curve m is a $(m-1)n$-tuple line on the scroll $S(m^2, n)$; and we have thus the term $m \cdot \frac{1}{2}[(m-1)n]^2$ of ND. Taking next a point on the curve n, this is the vertex of a cone of the order m through the curve m; such cone has $(h=)\,\frac{1}{2}[m]^2+M$ double lines, which are the generating lines through the point on the curve n; hence this curve is a $(\frac{1}{2}[m]^2+M)$tuple line on the surface, and we have thus the term $n \cdot \frac{1}{2}\left[\frac{1}{2}[m]^2+M\right]^2$ in ND. And therefore

$$ND(m^2, n) = m \cdot \tfrac{1}{2}[(m-1)n]^2 + n \cdot \tfrac{1}{2}\left[\tfrac{1}{2}[m]^2+M\right]^2,$$

$$= \quad n\left(\tfrac{1}{8}[m]^4+[m]^3+M\left(\tfrac{1}{2}[m]^2-\tfrac{1}{2}\right)+M^2 \cdot \tfrac{1}{2}\right)+[n]^2\left(\tfrac{1}{2}[m]^3+\tfrac{1}{2}[m]^2\right).$$

13. $ND(m^3)$.—Taking a point on the curve m, this is the vertex of a cone of the order $m-1$ through the curve m; such cone has $(h-m+2=)\,\frac{1}{2}[m]^2-m+2+M$ double lines, or the curve m is a $\left(\frac{1}{2}[m]^2-m+2+M\right)$tuple line on the scroll $S(m)^3)$. Hence we have

$$ND(m)^3 = m \cdot \tfrac{1}{2}\left[\tfrac{1}{2}[m]^2-m+2+M\right]^2,$$

$$= \tfrac{1}{8}[m]^5+\tfrac{1}{2}[m]^4+\tfrac{1}{2}[m]^3+M\left(\tfrac{1}{2}[m]^3+\tfrac{1}{2}[m]\right)+M^2 \cdot \tfrac{1}{2}m.$$

Preparatory remarks in regard to the G formulæ, the hypertriadic singularities of a curve in space, Articles 14 to 22.

14. It is to be remarked that the generating line of any one of the scrolls $S(m, n, p)$, $S(m^2, n)$, $S(m^3)$ satisfies three conditions; and that it cannot in anywise happen that one of these conditions is implied in the other two. Thus, for instance, as regards the scroll $S(m, n, p)$, if the curves m, n are given, and we take the entire series of lines meeting each of these curves, these lines form a double series of lines, all of them passing of course through the curves m, n, but not all of them passing through any other curve whatever; that is, there is no curve p such that every line passing through the curves m and n passes also through the curve p. And the like as regards the scrolls $S(m^2, n)$ and $S(m^3)$.

15. But (in contrast to this) if the three conditions are satisfied, it may very well happen that a fourth condition is satisfied *ipso facto*. To see how this is, imagine a curve q on the scroll $S(m, n, p)$, or, to meet an objection which might be raised, say a curve q the complete intersection of the scroll $S(m, n, p)$ by a plane or any other surface. Every line whatever which meets the curves m, n, p is a generating line of the scroll $S(m, n, p)$, and as such will meet the curve q; that is, in the case in question, $G(m, n, p, q)$, the lines which meet the curves m, n, p, q, are the entire series of generating lines of the scroll $S(m, n, p)$, and they are thus infinite in number; so that in such case the question does not arise of finding the number of

the lines $G(m, n, p, q)$. The like remarks apply to the lines $G(m^2, n, p)$, $G(m^2, n^2)$, $G(m^3, n)$, and $G(m^4)$; but I will develope them somewhat more particularly as regards the lines $G(m^4)$.

16. Given a curve m, then (as in fact mentioned in the investigation for $ND(m^3)$) through *any point whatever* of the curve there can be drawn

$$(h-m+2=)[m]^2+m-2+M$$

lines meeting the curve in two other points, or say $[m]^2+m-2+M$ lines through three points. But in general no one of these lines meets the curve in a fourth point; that is, we cannot through every point of the curve m draw a line through four points; there are, however, on the curve m a *certain* number $(=4G(m^4))$ of points through which can be drawn a line through four points, or line $G(m^4)$.

17. But the curve m may be such that through every point of the curve there passes a line through four points. In fact, assume any skew surface or scroll whatever, and upon this surface a curve meeting each generating line in four points (e.g. the intersection of the scroll by a quartic surface). Taking the curve in question for the curve m, then it is clear that through every point of this curve there passes a line (the generating line of the assumed scroll) which is a line through four points, or line $G(m^4)$.

18. It is to be noticed, moreover, that if we take on the curve m any point whatever, then of the $[m]^2+m-2+M$ lines through three points which can be drawn through this point, three will unite together in the generating line of the assumed scroll (for if 0 be the point on the curve m, and 1, 2, 3 the other points in which the generating line of the assumed scroll meets the curve m, then such generating line unites the three lines 012, 013, 023, each of them a line through three points); and there will be besides $\frac{1}{2}[m]^2+m-5+M$ mere lines through three points. The line through four points generates the assumed scroll taken $(\frac{1}{2}[3]^2=)$ 3 times, or considered as three coincident scrolls; the remaining lines generate a scroll $S'(m^3)$, which is such that the curve m is on this scroll a $(\frac{1}{2}[m]^2+m-5+M)$tuple line; the assumed scroll three times and the scroll $S'(m^3)$ make up the entire scroll $S(m^3)$ derived from the curve m, or say $S(m^3)=3$ (assumed scroll) $+S'(m^3)$.

19. The case just considered is that of a curve m such that through every point of it there passes a line through four points counting as $(\frac{1}{2}[3]^2=)$ 3 lines through three points, and that all the other lines through three points are mere lines through three points. But it is clear that we may in like manner have a line through p points counting as $\frac{1}{2}[p-1]^2$ lines through three points; and more generally if $p, q, \ldots$ are numbers all different and not <3, and if

$$\tfrac{1}{2}[m]^2-m+2+M=\alpha\,.\,\tfrac{1}{2}[p-1]^2+\beta\,.\,\tfrac{1}{2}[q-1]^2+\ldots,$$

then we may have a curve m such that through every point of it there pass α lines each through p points and counting as $\frac{1}{2}[p-1]^2$ lines, β lines each through q points and counting as $\frac{1}{2}[q-1]^2$ lines, &c....; the case $p=3$ gives of course α lines each through three points and counting as a single line. It is to be added that, in the case just referred to, the α lines will generate a scroll $S'(m^3)$ taken $\frac{1}{6}[p]^3$ times, the β lines will generate a scroll $S''(m^3)$ taken $\frac{1}{6}[q]^3$ times, &c., which scrolls together make up the scroll $S(m^3)$, or say

$$S(m^3) = \tfrac{1}{6}[p]^3 . S'(m^3) + \tfrac{1}{6}[q]^3 . S''(m^3) + \&c.;$$

it may however happen that, e.g. of the α lines, any set or sets or even each line will generate a distinct scroll or scrolls—that is, that the scroll $S'(m^3)$ will itself break up into scrolls of inferior orders.

20. A good illustration is afforded by taking for the curve m a curve on the hyperboloid or quadric scroll[1]; such curves divide themselves into species; viz. we have say the (p, q) curve on the hyperboloid, a curve of the order $p+q$ meeting each generating line of the one kind in p points, and each generating line of the other kind in q points; here

$$m = p + q, \ (h = \tfrac{1}{2}[p]^2 + \tfrac{1}{2}[q]^2, \text{ and } \therefore) \ M = -pq.$$

Assuming for the moment that p, q are each of them not less than 3, it is clear that the lines through three points which can be drawn through any point of the curve are the generating line of the one kind counting as $\frac{1}{2}[p-1]^2$ lines through three points, and the generating line of the other kind counting as $\frac{1}{2}[q-1]^2$ lines through three points, so that

$$\tfrac{1}{2}[m]^2 + m - 2 + M = \tfrac{1}{2}[p-1]^2 + \tfrac{1}{2}[q-1]^2.$$

The complete scroll $S(m^3)$ is made up of the hyperboloid considered as generated by the generating lines of the one kind taken $\frac{1}{6}[p]^3$ times, and the hyperboloid considered as generated by the generating lines of the other kind taken $\frac{1}{6}[q]^3$ times (so that there is in this case the speciality that the surfaces $S'(m^3)$, $S''(m^3)$ are in fact the same surface). And hence we have

$$S(m^3) = (2(\tfrac{1}{6}[p]^3 + \tfrac{1}{6}[q]^3) =) \ \tfrac{1}{3}[p]^3 + \tfrac{1}{3}[q]^3.$$

21. I notice also the case of a system of m lines. Taking here a point on one of the lines, the $(h - m + 2 =) [m]^2 - m + 2$ lines through three points which can be drawn through this point are the $\frac{1}{2}[m-1]^2$ lines which can be drawn meeting a pair of the other $(m-1)$ lines, and besides this the line itself counting as one line through three points $(\frac{1}{2}[m-1]^2 + 1 = \frac{1}{2}[m]^2 - m + 2)$; the line itself, thus counting as a single line through three points, is not to be reckoned as a line through four or more points drawn through the point in question, that is, the system is not to be regarded as a curve through every point of which there passes a line through four points: each of the lines is nevertheless to be counted as a single line through four points, and (since there are besides two lines which may be drawn meeting each four of the m lines) the total number of lines through four points is $= \frac{1}{12}[m]^4 + m$.

22. In the following investigations for $G(m, n, p, q)$, &c., the foregoing special cases are excluded from consideration; it may however be right to notice how it is

[1] It is hardly necessary to remark that (*reality* being disregarded) any quadric surface whatever is a hyperboloid or quadric scroll.

that the formulæ obtained are inapplicable to these special cases; for instance, as will immediately be seen, the number of the lines $G(m, n, p, q)$ is obtained as the number of intersections of the surface $S(m, n, p)$ by the curve q, $= 2mnp \times q = 2mnpq$; but if the curve q lie on the surface $S(m, n, p)$, then $G(m, n, p, q)$ is no longer $= 2mnpq$.

The G formulæ, Articles 23 to 34.

23. $G(m, n, p, q)$.—Considering the scroll $S(m, n, p)$ generated by a line which meets each of the curves m, n, p, this meets the curve q in $q\,S(m, n, p)$ points through each of which there passes a line $G(m, n, p, q)$; that is, we have

$$G(m, n, p, q) = q\,S(m, n, p).$$

But from this equation we have

$$S(m, n, p) = G(1, m, n, p) = p\,S(1, m, n);$$

thence also

$$S(1, m, n) = G(1, 1, m, n) = n\,S(1, 1, n),$$

and

$$S(1, 1, m) = G(1, 1, 1, m) = m\,S(1, 1, 1);\quad S(1, 1, 1) = G(1, 1, 1, 1) = 2,$$

since 2 is the number of lines which can be drawn meeting each of four given right lines. Hence ultimately

$$G(m, n, p, q) = mnpq\,G(1, 1, 1, 1) = 2mnpq.$$

24. $G(m^2, n, p)$.—In a precisely similar manner we find

$$G(m^2, n, p) = np\,G(1, 1, m^2) = np\,S(1, m^2),$$

and it is the same question to find $G(1, 1, m^2)$ and to find $S(1, m^2)$. I investigate $G(1, 1, m^2)$ by considering the particular case where the curve m is a plane curve having n double points. The plane of the curve meets the two lines 1, 1 in two points, and the line through these two points meets each of the lines 1, 1, and meets the curve in m points; combining the last-mentioned m points two and two together, the line in question is to be considered as $\frac{1}{2}[m]^2$ coincident lines, each of them meeting the lines 1, 1, and also meeting the curve m twice. But we may also through any double point of the curve draw a line meeting each of the lines 1, 1; such line, inasmuch as it passes through a double point, meets the curve twice; and we have h such lines. This gives for the case in question $G(1, 1, m^2) = h + \frac{1}{2}[m]^2$; or, introducing in the place of h the quantity $M (= h - \frac{1}{2}[m]^2)$, so that $h = \frac{1}{2}[m]^2 + M$, we have

$$G(1, 1, m^2) = [m]^2 + M;$$

and, to the double points of the plane curve, there correspond in the general case the apparent double points of the curve m. Admitting the correctness of the result just obtained, we then have

$$G(m^2, n, p) = np\,([m]^2 + M).$$

25. $G(m^2, n^2)$.—I investigate the value by a process similar to that employed for $G(1, 1, m^2)$. Suppose that the curves m and n are plane curves having respectively h and k double points; then the line of intersection of the two planes meets the curve m in m points, and the curve n in n points; or, combining in every manner the m points two and two together, and the n points two and two together, the line in question is to be considered as $\frac{1}{2}[m]^2 . \frac{1}{2}[n]^2$ coincident lines, each meeting the curve m twice and the curve n twice. There are besides the hk lines joining each double point of the curve m with each double point of the curve n. This gives in all $\frac{1}{4}[m]^2[n]^2 + hk$ lines; or, writing $h = \frac{1}{2}[m]^2 + M$, $k = \frac{1}{2}[n]^2 + N$, the number is

$$= \frac{1}{2}[m]^2[n]^2 + M . \tfrac{1}{2}[n]^2 + N . \tfrac{1}{2}[m]^2 + MN;$$

which is the value of $G(m^2, n^2)$ given by the investigation.

26. $G(m^3, n)$.—We have

$$G(m^3, n) = n\,G(1, m^3) = n\,S(m^3),$$

and it is in fact the same question to find $G(1, m^3)$ and to find $S(m^3)$. I assume for the present that the value [of $S(m^3)$, see *post* Art. 38] is $= \frac{1}{3}[m]^3 + M(m-2)$; and we then have

$$G(m^3, n) = n\left(\tfrac{1}{3}[m]^3 + M(m-2)\right).$$

27. Before going further, I observe that there are certain functional conditions which must be satisfied by the G formulæ. Thus if the curve m be replaced by the system of the two curves m, m', instead of M we have $M + M'$. Let $G(m)$ denote any one of the functions $G(m, n, p, q)$, $G(m, n^2, p)$, $G(m, n^3)$, we must have

$$G(m + m') = G(m) + G(m').$$

Similarly, if $G(m^2)$ denote either of the functions $G(m^2, n, p)$, $G(m^2, n^2)$, we must have

$$G(m + m')^2 = G(m^2) + G(m, m') + G(m'^2);$$

and so if $G(m^3)$ stand for $G(m^3, n)$, then

$$G(m + m')^3 = G(m^3) + G(m^2, m') + G(m, m'^2) + G(m'^3);$$

and finally

$$G(m + m')^4 = G(m^4) + G(m^3, m') + G(m^2, m'^2) + G(m, m'^3) + G(m'^4).$$

28. The first three equations may be at once verified by means of the above given values of the G functions. But conversely, at least on the assumption that $G(m)$, $G(m^2)$, &c., in so far as they respectively depend on the curve m, are functions of m and M only, we may, by the solution of the functional equations, obtain the values of the G functions. It is to be observed that the first equation is of the form

$$\phi(m + m') = \phi(m) + \phi(m'),$$

the general solution whereof is

$$\phi m = \alpha m + \beta M;$$

the second equation, supposing that $G(m, m')$ is known—the third equation, supposing that $G(m^2, m')$ and $G(m, m'^2)$ are known—and the fourth equation, supposing that $G(m^3, m')$, $G(m^2, m'^2)$, $G(m, m'^3)$ are known, are respectively of the form

$$\phi(m+m') = \phi m + \phi m' + \text{funct. } (m, m');$$

and hence if a particular solution be given, the general solution is

$$\phi(m) = \text{Particular Solution} + \alpha m + \beta M.$$

The values of the constants must in each case be determined by special considerations.

29. The value of $G(m, n, p, q)$ was obtained strictly; that of $G(m^2, n, p)$ was reduced to depend on $G(1, 1, m^2)$, and that of $G(m^3, n)$ on $G(1, m^3)$. I apply therefore the functional equations to the confirmation of the values of $G(1, 1, m^2)$, $G(m^2, n^2)$, and $G(1, m^3)$, and to the determination of the value of $G(m^4)$.

30. First, if $G(m^2)$ denote $G(1, 1, m^2)$, then $G(m, m')$ denotes $G(1, 1, m, m')$, which is $= 2mm'$; hence

$$G(m+m')^2 - G(m^2) - G(m'^2) = 2mm',$$

which is satisfied by $G(m^2) = [m]^2$. This gives

$$G(1, 1, m^2) = [m]^2 + \alpha m + \beta M;$$

but if the curve m be a system of m lines ($m = m$, $M = 0$), then $G(1, 1, m^2) = [m]^2$; and again, if the curve m be a conic ($m = 2$, $M = -1$), then $G(1, 1, m^2) = 1$. This gives $\alpha = 0$, $\beta = 1$, and therefore

$$G(1, 1, m^2) = [m]^2 + M.$$

31. Next, if $G(m^2)$ denote $G(m^2, n^2)$, then $G(m, m')$ denotes $G(m, m', n^2)$, which is $= mm'([n]^2 + N)$. The functional equation is

$$G(m+m')^2 - G(m^2) - G(m'^2) = mm'([n]^2 + N),$$

which is satisfied by $G(m^2) = \frac{1}{2}[m]^2([n]^2 + N)$. Hence we have

$$G(m^2, n^2) = \tfrac{1}{2}[m]^2([n]^2 + N) + \alpha m + \beta M,$$

where α, β are functions of n, N; and observing that $G(m^2, n^2)$ must be symmetrical in regard to the curves m and n, it is easy to see that we may write

$$G(m^2, n^2) = \tfrac{1}{2}[m]^2[n]^2 + M \,.\, \tfrac{1}{2}[n]^2 + N \,.\, \tfrac{1}{2}[m]^2 + \alpha mn + \beta(mN + nM) + \gamma MN,$$

where α, β, γ are absolute constants. To determine them, if the curve m be a pair of lines ($m = 2$, $M = 0$), then

$$G(m^2, n^2) = G(1, 1, n^2) = [n]^2 + N;$$

and if each of the curves m, n be a conic ($m = 2$, $M = -1$, $n = 2$, $N = -1$), then

$$G(m^2, n^2) = 1.$$

These cases give $\alpha = \beta = 0$, $\gamma = 1$, and therefore

$$G(m^2, n^2) = \tfrac{1}{2}[m]^2[n]^2 + M.\tfrac{1}{2}[n]^2 + N.\tfrac{1}{2}[m]^2 + MN.$$

32. Again, $G(m^3)$ standing for $G(1, m^3)$, then $G(m^2, m')$ and $G(m, m'^2)$ will stand for $G(1, m^2, m')$ and $G(1, m, m'^2)$, the values whereof are $m'([m]^2 + M)$ and $m([m']^2 + M')$ respectively. We have thus

$$G(m+m')^3 - G(m^3) - G(m'^3) = m'([m]^2 + M) + m([m']^2 + M'),$$

a solution of which is $G(m^3) = \tfrac{1}{3}[m]^3 + mM$. Hence we have

$$G(1, m^3) = \tfrac{1}{3}[m]^3 + mM + \alpha m + \beta M.$$

Suppose first that the curve m is a system of lines ($m = m$, $M = 0$), then $G(1, m^3) = \tfrac{1}{3}[m]^3$; and next that the curve m is a cubic in space or skew cubic ($m = 3$, $M = -2$), then $G(1, m^3) = 0$, since a line can meet the curve in two points only. We thus find $\alpha = 0$, $\beta = -2$, and thence

$$G(1, m^3) = \tfrac{1}{3}[m]^3 + M(m-2).$$

33. Hence, substituting for $G(m^3, m')$, $G(m^2, m'^2)$, $G(m, m'^3)$ their values

$$m'\left(\tfrac{1}{3}[m]^3 + M(m-2)\right), \tfrac{1}{2}[m]^2[m']^2 + M.\tfrac{1}{2}[m']^2 + M'.\tfrac{1}{2}[m]^2 + MM', \text{ and } m\left(\tfrac{1}{3}[m']^3 + M'(m'-2)\right)$$

respectively, we find

$$\begin{aligned} G(m+m')^4 - G(m^4) - G(m'^4) = \quad & m'\left(\tfrac{1}{3}[m]^3 + M(m-2)\right) \\ & + \tfrac{1}{2}[m]^2[m']^2 + M.\tfrac{1}{2}[m']^2 + M'.\tfrac{1}{2}[m]^2 + MM' \\ & + \quad m\left(\tfrac{1}{3}[m']^3 + M'(m'-2)\right), \end{aligned}$$

and thence, obtaining first a particular solution, the general solution is

$$G(m^4) = \tfrac{1}{12}[m]^4 + M\left(\tfrac{1}{2}[m]^2 - 2m\right) + M^2.\tfrac{1}{2} + \alpha m + \beta M.$$

34. To determine the constants, suppose first that the curve m is a system of lines ($m = m$, $M = 0$), we must have $G(m^4) = \tfrac{1}{12}[m]^4 + m$, and thence $\alpha = 0$. Next, if the curve m be a conic ($m = 2$, $M = -1$), we must have $G(m^4) = 0$; and this gives $\beta = \tfrac{11}{2}$, and consequently

$$G(m^4) = \tfrac{1}{12}[m]^4 + m + M\left(\tfrac{1}{2}[m]^2 - 2m + \tfrac{11}{2}\right) + M^2.\tfrac{1}{2}.$$

The NG formulæ, Article 35.

35. The NG formulæ are now at once obtained, viz. we have

$$\begin{aligned} NG(m, n, p) &= G(m^2, n, p) + G(m, n^2, p) + G(m, n, p^2), \\ NG(m^2, n) &= 3G(m^3, n) + G(m^2, n^2), \\ NG(m^3) &= 6G(m^3), \end{aligned}$$

which give the values in the Table.

The S formulæ, particular cases, Articles 36 to 40.

36. The S formulæ have in fact been obtained in the investigation of the G formulæ: we have

$$S(m,\ n,\ p) = 2mnp,$$

$$S(m^2,\ n) \quad = n([m]^2 + M),$$

$$S(m^3) \qquad = \tfrac{1}{3}[m]^3 + M(m-2).$$

37. In confirmation of the formula $S(1,\ m^2) = [m]^2 + M$, it is to be remarked that if we take through the line 1 an arbitrary plane, this meets the curve m in m points, and joining these two and two together we have $\tfrac{1}{2}[m]^2$ lines, each of them meeting the curve m twice and also meeting the line 1; that is, the lines in question are generating lines of the scroll $S(1,\ m^2)$. The line 1 is, as already mentioned, an $(h=)(\tfrac{1}{2}[m]^2 + M)$tuple line on the scroll; the section by the arbitrary plane is therefore the line 1 taken $(\tfrac{1}{2}[m]^2 + M)$ times, together with the before-mentioned $\tfrac{1}{2}[m]^2$ lines; that is, the order of the surface is $[m]^2 + M$, as it should be. This is in fact the mode in which the order of the scroll $S(1,\ m^2)$ was originally obtained by Dr Salmon.

38. As regards the formula $S(m^3) = \tfrac{1}{3}[m]^3 + M(m-2)$, suppose that the curve m is a $(p,\ q)$ curve on the hyperboloid, we have as before $m = p + q$, $M = -pq$, and the formula becomes

$$S(m^3) = \tfrac{1}{3}[p+q]^3 - pq(p+q-2),$$

which is

$$= \tfrac{1}{3}[p]^3 + \tfrac{1}{3}[q]^3,$$

viz. as already remarked, the surface is in this case the hyperboloid taken $\tfrac{1}{6}[p]^3 + \tfrac{1}{6}[q]^3$ times.

39. It is to be noticed also that if the curve m be a system of lines $(m = m,\ M = 0)$, then the formula gives

$$S(m^3) = \tfrac{1}{3}[m]^3,$$

which is right, since in this case the scroll is made up of the $\tfrac{1}{6}[m]^3$ hyperboloids generated each of them by a line which meets three out of the m lines.

In the case of a curve m, which is such that the coordinates of any point of the curve are proportional to rational and integral functions of the order m of an arbitrary parameter θ, or say the case of a *unicursal* curve of the order m, we have

$$(h = \tfrac{1}{2}[m-1]^2 \text{ and } \therefore)\, M = -(m-1),$$

and the formula gives

$$S(m^3) = \tfrac{1}{3}[m-1]^3,$$

for a direct investigation of which see *post*, Annex No. 1.

40. In the case of a curve m, which is the complete intersection of two surfaces of the orders p and q respectively, or say a complete $(p \times q)$ intersection, we have

$$m = pq, \ (h = \tfrac{1}{2}pq(p-1)(q-1) \text{ and } \therefore) \ M = -\tfrac{1}{2}pq(p+q-2);$$

and we find

$$\begin{aligned} S(m^3) &= \tfrac{1}{6}pq(pq-2)(2pq-3p-3q+4), \\ &= \tfrac{1}{6}\beta(\beta-2)(2\beta-3\alpha+4) \end{aligned}$$

if $\alpha = pq$, $\beta = p+q$. The mode of obtaining this result by a direct investigation was pointed out to me by Dr Salmon; see *post*, Annex No. 2.

Particular cases of the formula for $G(m^4)$, Articles 41 & 42.

41. In the case of a (p, q) curve on the hyperboloid, putting as before $m = p+q$, $M = -pq$, we find

$$G(m^4) = \tfrac{1}{12}[p+q]^4 + p + q - pq\left(\tfrac{1}{2}[p+q]^2 - 2(p+q) + \tfrac{11}{2}\right) + \tfrac{1}{2}p^2q^2,$$

which is

$$= \tfrac{1}{12}([p]^4 + [q]^4) - 2q[p-1]^3 - 2p[q-1]^3,$$

vanishing if p, q are neither of them greater than 3: this is as it should be, since there is then no line which meets the curve four times. The curves for which the condition is satisfied are (1, 1) the conic, (1, 2) the cubic, (2, 2) the quadriquadric, (1, 3) the excubo-quartic, (2, 3) the excubo-quintic (viz. the quintic curve, which is the partial intersection of a quadric surface and a cubic surface having a line in common), and (3, 3) the quadri-cubic, or complete intersection of a quadric surface and a cubic surface. If either p or q exceeds 3, we have the case of a curve through every point whereof there can be drawn a line or lines through four or more points, and the formula is inapplicable.

42. In the case of a complete $(p \times q)$ intersection, we have as before $m = pq$, $M = -\tfrac{1}{2}pq(p+q-2)$, and the formula for $G(m^4)$ becomes

$$G(m^4) = \tfrac{1}{24}\beta \left\{ \begin{aligned} & -66\alpha + 144 \\ & +\beta(3\alpha^2 + 18\alpha - 26) \\ & +\beta^2 . -6\alpha \\ & +\beta^3 . 2, \end{aligned} \right\}$$

a formula the direct verification whereof is due to Dr Salmon; see *post*, Annex No. 3.

The formulæ for $NR(1, m, n)$ *and* $NR(1, m^2)$, Articles 43 to 46.

43. $NR(1, m, n)$.—Through the line 1 take any plane meeting the curve m in m points and the curve n in n points; then if m_1, m_2 be any two of the m points, and n_1, n_2 any two of the n points, the lines m_1n_1 and m_2n_2 are generating lines of the

scroll $S(1, m, n)$, and these lines intersect in a point which belongs to the Nodal Residue NR; and in like manner the lines $m_1 n_2$ and $m_2 n_1$ are generating lines of the scroll, and they intersect on a point of NR; we have thus

$$(2 \cdot \tfrac{1}{2}[m]^2 \cdot \tfrac{1}{2}[n]^2 =) \tfrac{1}{2}[m]^2 [n]^2$$

points on NR, that is, the arbitrary plane through the line 1 cuts NR in $\tfrac{1}{2}[m]^2[n]^2$ points. But the plane also cuts NR in certain points lying on the line 1, and if the number of these be (a), then

$$NR(1, m, n) = \tfrac{1}{2}[m]^2[n]^2 + \mathrm{a}.$$

44. The points (a) are included among the cuspidal points on the line 1. Taking for a moment $x=0$, $y=0$ for the equations of the line 1 (which, as we have seen, is a mn-tuple line on the scroll), the equation of the scroll is of the form $(A, \ldots \between x, y)^{mn} = 0$, where $A, \ldots$ are functions of the coordinates of the degree mn. The entire number of cuspidal points on the line 1 is thus $= 2[mn]^2$; but these include different kinds of cuspidal points, viz. we have

$$2[mn]^2 = 2\mathrm{a} + 2\alpha + 2\alpha' + R,$$

if (a) be	the number of	points in which	the line 1	meets	NR,
„ α	„	„	„	„	$S(m^2, n)$,
„ α'	„	„	„	„	$S(m, n^2)$,
„ R	„	„	„	„	Torse (m, n),

where by Torse (m, n) I denote the developable surface or "Torse" generated by a line which meets each of the curves m and n. The order of the Torse in question is

$$R = \big(n([m]^2 - 2h) + m([n]^2 - 2k) =\big) - 2(nM + mN),$$

see *post*, Annex No. 4. And then observing that we have

$$\alpha = S(m^2, n) = n([m]^2 + M),$$
$$\alpha' = S(m, n^2) = m([n]^2 + N),$$

these values give

$$2\alpha + 2\alpha' + R = 2n[m]^2 + 2m[n]^2,$$

and we have

$$\begin{aligned} \mathrm{a} &= \tfrac{1}{2}(2[mn]^2 - 2\alpha - 2\alpha' - R), \\ &= [mn]^2 - n[m]^2 - m[n]^2, \\ &= [m]^2[n]^2, \end{aligned}$$

and thence

$$NR(1, m, n) = \tfrac{3}{2}[m]^2[n]^2.$$

45. $NR(1, m^2)$.—Through the line 1 take any arbitrary plane meeting the curve m in m points; if m_1, m_2, m_3, m_4 be any four of these, then the lines $m_1 m_2$ and $m_3 m_4$ are generating lines of the scroll $S(1, m^2)$, and their intersection is a point of the

nodal residue NR; but in like manner the lines $m_1 m_3$ and $m_2 m_4$ are generating lines of the scroll, and their intersection is a point of NR; and so the lines $m_1 m_4$ and $m_2 m_3$ are generating lines of the scroll, and their intersection is a point of NR. We have thus $(3 \times \frac{1}{24}[m]^4 =) \frac{1}{8}[m]^4$ points of NR on the arbitrary plane through the line 1. But there are besides the points of NR which lie on the line 1; and if the number of these be (a), then

$$NR(1,\ m^2) = \tfrac{1}{8}[m]^4 + \text{a}.$$

46. The points (a) are included among the cuspidal points of the scroll lying on the line 1. Supposing for a moment that $x=0$, $y=0$ are the equations of the line 1, then this line being a $(\frac{1}{2}[m]^2 + M)$tuple line on the scroll, the equation of the scroll is of the form $(A, \ldots \between x,\ y)^{\frac{1}{2}[m]^2+M} = 0$, where $A, \ldots$ are functions of the coordinates of the degree $\frac{1}{2}[m]^2$: the number of cuspidal points on the line 1 is thus

$$\left(2 \,.\, \tfrac{1}{2}[m]^2 (\tfrac{1}{2}[m]^2 - 1 + M) =\right) [m]^2 (\tfrac{1}{2}[m]^2 - 1 + M).$$

But these include cuspidal points of several kinds, viz. we have

$$[m]^2 (\tfrac{1}{2}[m]^2 - 1 + M) = 2\text{a} + 3\beta + R',$$

if (a) be the number of points in which the line 1 meets NR,
" β " " " " $S(m^3)$,
" R' " " " " Torse (m^2),

where Torse (m^2) denotes the developable surface or Torse generated by a line which meets the curve m twice. The order of the Torse in question is

$$R' = -2(m-3)M$$

(see *post*, Annex No. 5); and then since $\beta = S(m^3) = \frac{1}{3}[m]^3 + M(m-2)$, we find

$$\begin{aligned} 2\text{a} &= [m]^2 (\tfrac{1}{2}[m]^2 - 1 + M) - 3\left(\tfrac{1}{3}[m]^3 + M(m-2)\right) + 2M(m-3), \\ &= \tfrac{1}{2}[m]^4 + [m]^3 + M([m]^2 - m), \end{aligned}$$

and thence

$$NR(1,\ m^2) = \tfrac{3}{8}[m]^4 + \tfrac{1}{2}[m]^3 + M(\tfrac{1}{2}[m]^2 - \tfrac{1}{2}m).$$

But I have not succeeded in finding by a like direct investigation the values of

$$NR(m,\ n,\ p),\ NR(m^2,\ n),\ NR(m^3).$$

Formulæ for $NT(1,\ m,\ n)$, $NT(1,\ m^2)$, Articles 47 and 48.

47. We have

$$\begin{aligned} NT(1,\ m,\ n) = \quad & NG(1,\ m,\ n) = && mn(m+n-2) + mNnM \\ & + ND(1,\ m,\ n) && + \tfrac{1}{2}mn(mn+m+n-3) \\ & + NR(1,\ m,\ n) && + \tfrac{3}{2}[m]^2[n]^2, \end{aligned}$$

which is

$$= 2\,[mn]^2 + mN + nM,$$
$$= \tfrac{1}{2}S^2 - S + mN + nM,$$

where $S = S(1,\ m,\ n) = 2mn$.

48. And moreover

$$\begin{aligned} NT(1,\ m^2) = \quad & ND(1,\ m^2) = & & \tfrac{1}{8}[m]^4 + [m]^3 + M(\tfrac{1}{2}[m]^2 - \tfrac{1}{2}) + M^2 . \tfrac{1}{2} \\ & + NG(1,\ m^2) & & \qquad\quad + [m]^3 + M(3m-6) \\ & + NR(1,\ m^2) & + \tfrac{3}{8}[m]^4 & \qquad\quad + M(\tfrac{1}{2}[m]^2 - 2m + 3), \end{aligned}$$

which is

$$= \tfrac{1}{2}[m]^4 + 2\,[m]^3 + M([m]^2 + m - \tfrac{7}{2}) + M^2 . \tfrac{1}{2},$$
$$= \tfrac{1}{2}S^2 - S + M(m - \tfrac{5}{2}),$$

if $S = S(1,\ m^2) = [m]^2 + M$.

The NT and NR formulæ, Articles 49 to 58.

49. I proceed to find $NT(m,\ n,\ p)$, &c. by a functional investigation, such as was employed for finding $G(1,\ 1,\ m^2)$, &c. Writing $S(m)$ to denote either of the scrolls $S(m,\ n,\ p)$, $S(m,\ n^2)$, and supposing that in place of the curve m we have the aggregate of the two curves m, m'; then the scroll $S(m+m')$ breaks up into the scrolls Sm, Sm', and the intersection of these is part of the nodal total $NT(m+m')$; that is, we have

$$NT(m+m') = NT(m) + NT(m') + S(m) . S(m');$$

and in like manner, if $S(m^2)$ stands for $S(m^2,\ n)$, then

$$NT(m+m')^2 = NT(m^2) + NT(m,\ m') + NT(m'^2) + C_2\big(S(m^2),\ S(m,\ m'),\ S(m'^2)\big),$$

where C_2 denotes the sum of the combinations two and two together; and so also

$$\begin{aligned} NT(m+m')^3 = NT(m^3) + NT(m^2,\ m') + NT(m,\ m'^2) + NT(m'^3) \\ + C_2\big(S(m^3),\ S(m^2,\ m'),\ S(m,\ m'^2),\ S(m'^3)\big). \end{aligned}$$

50. Instead of assuming

$$NT = \tfrac{1}{2}S^2 + \phi,$$

it is the same thing, and it is rather more convenient, to assume

$$NT = \tfrac{1}{2}S^2 - S + \phi,$$

viz. $NT(m) = \tfrac{1}{2}\big(S(m)\big)^2 - S(m) + \phi(m)$, &c. Then observing that

$$S(m+m') = S(m) + S(m'), \text{ \&c.},$$

the foregoing equations for NT give

$$\phi(m+m') = \phi(m) + \phi(m'),$$
$$\phi(m+m')^2 = \phi(m^2) + \phi(m, m') + \phi(m'^2),$$
$$\phi(m+m')^3 = \phi(m^3) + \phi(m^2, m') + \phi(m, m'^2) + \phi(m'^3);$$

and if in the second equation $\phi(m, m')$ and in the third equation $\phi(m^2, m')$ and $\phi(m, m'^2)$ are regarded as known, these are all of them of the form

$$f(m+m') - f(m) - f(m') = \text{Funct. } (m, m');$$

so that, a particular solution being obtained, the general solution is $f(m) =$ Particular Solution $+ \alpha m + \beta M$, at least on the assumption that $f(m)$, in so far as it depends on the curve m, is a function of m and M only.

51. First, if $\phi(m)$ stands for $\phi(m, n, p)$, we obtain $\phi(m, n, p) = \alpha m + \beta M$, or observing that $\phi(m, n, p)$ must be symmetrical in regard to the curves m, n, and p, we may write

$$\phi(m, n, p) = \alpha mnp + \beta(Mnp + Nmp + Pmn) + \gamma(mNP + nMP + pMN) + \delta MNP,$$

and then

$$NT(m, n, p) = \tfrac{1}{2}S^2 - S + \phi(m, n, p),$$
$$= 2mnp(mnp-1) + \phi(m, n, p).$$

But for $p=1$ this should reduce itself to the known value of $NT(1, m, n)$; this gives $\alpha = 0$, $\beta = 1$, $\gamma = 0$; we in fact have, as will be shown, *post*, Art. 55, $\delta = 0$; and hence

$$NT(m, n, p) = \tfrac{1}{2}S^2 - S + (Mnp + Nmp + Pmn),$$
$$= 2[mnp]^2 + (Mnp + Nmp + Pmn).$$

52. Next, if $\phi(m^2)$ stand for $\phi(m^2, n)$, then $\phi(m, m')$ stands for $\phi(m, m', n)$, which is $= Nmm' + n(mM' + m'M)$, and the equation is

$$\phi(m+m')^2 - \phi(m^2) - \phi(m'^2) = Nmm' + n(mM' + m'M).$$

A particular solution is $\phi(m^2) = \tfrac{1}{2}[m]^2 N + nmN$, and we have therefore

$$\phi(m^2, n) = \tfrac{1}{2}[m]^2 N + nmM + \alpha m + \beta M;$$

or observing that $\phi(m^2, n)$ considered as a function of n, satisfies the equation

$$\phi(n+n') = \phi(n) + \phi(n'),$$

and is therefore a linear function of n and N, we may write

$$\phi(m^2, n) = \tfrac{1}{2}[m]^2 N + nmM + \alpha nm + \beta nM + \gamma mN + \delta MN;$$

we then have

$$NT(m^2, n) = \tfrac{1}{2}S^2 - S + \phi(m^2, n),$$

where

$$S = S(m^2, n) = n([m] + M).$$

And then putting $n = 1$, and comparing with the known value of $NT(1, m^2)$, we find $\alpha = 0$, $\beta = -\frac{5}{2}$. It will be shown, *post*, Art. 55, that $\gamma = 0$, $\delta = 0$; and we have therefore

$$\phi(m^2, n) = nM(m - \tfrac{5}{2}) + N(\tfrac{1}{2}[m]^2 + M),$$

and thence

$$\begin{aligned} NT(m^2, n) &= \tfrac{1}{2}S^2 - S + \phi(m^2, n), \\ &= n\left(\tfrac{1}{2}[m]^4 + 2[m]^3 + M([m]^2 + m - \tfrac{7}{2}) + M^2 . \tfrac{1}{2}\right) \\ &\quad + [n]^2 (\tfrac{1}{2}[m]^4 + 2[m]^3 + [m]^2 + M[m]^2 + M^2 . \tfrac{1}{2}) \\ &\quad + N(\tfrac{1}{2}[m]^2 + M). \end{aligned}$$

53. Next for $\phi(m^3)$, substituting for $\phi(m^2, m')$ and $\phi(m, m'^2)$ their values, we have

$$\begin{aligned} \phi(m + m')^3 - \phi(m^3) - \phi(m'^3) &= m'M(m - \tfrac{5}{2}) + M'(\tfrac{1}{2}[m]^2 + M) \\ &\quad + mM'(m' - \tfrac{5}{2}) + M(\tfrac{1}{2}[m']^2 + M'), \end{aligned}$$

which is satisfied by

$$\phi(m^3) = M(\tfrac{1}{2}[m]^2 - \tfrac{5}{2}m) + M^2,$$

and the general value then is

$$\phi(m^3) = M(\tfrac{1}{2}[m]^2 - \tfrac{5}{2}m) + M^2 + \alpha m + \beta M,$$

and we have

$$NT(m^3) \quad = \tfrac{1}{2}S^2 - S + \phi(m^3),$$

where

$$S = S(m^3) = \tfrac{1}{3}[m]^3 + M(m - 2).$$

54. Taking for the curve m the (p, q) curve on the hyperboloid $(m = p + q$, $M = -pq)$, $S(m^3)$ becomes the hyperboloid taken k times, if $k = \frac{1}{6}[p]^3 + \frac{1}{6}[q]^3$; that is, $S(m^3) = 2k$, and $NT(m^3) = 4 . \frac{1}{2}[k]^2 + \phi(m^3)$; $\phi(m^3)$ must vanish if p and q are each not greater than 3, this implies $\alpha = 3$, $\beta = 11$, for with these values the formula gives

$$\phi(m^3) = -\tfrac{1}{2}(q[p-1]^3 + p[q-1]^3).$$

55. I assume the correctness of the value

$$\phi(m^3) = 3m + M(\tfrac{1}{2}[m]^2 - \tfrac{5}{2}m + 11) + M^2$$

so obtained, as being in fact verified by means of the six several curves (1, 1), (1, 2), (1, 3), (2, 2), (2, 3), (3, 3); and I remark that if the foregoing value of $\phi(m, n, p)$ had been increased by $6\alpha MNP$, then it would have been necessary to increase the value of $\phi(m^2, n)$ by $3\alpha M^2N$, and that of $\phi(m^3)$ by αM^3; and moreover that if the foregoing value of $\phi(m^2, n)$ had been increased by $\gamma mN + \delta MN$, then it would have been necessary to increase the value of $\phi(m^3)$ by $\gamma mM+\delta M^2$; this is easily seen by writing down the values

$$\begin{aligned}\phi(m^3) &= \gamma mM + \delta M^2 + \alpha M^3,\\ \phi(m^2, m') &= \gamma mM' + \delta MM' + 3\alpha M^2M',\\ \phi(m, m'^2) &= \gamma m'M + \delta MM' + 3\alpha MM'^2,\\ \phi(m'^3) &= \gamma m'M' + \delta M'^2 + \alpha M'^3,\end{aligned}$$

the sum of which is

$$= \gamma(m+m')(M+M') + \delta(M+M')^2 + \alpha(M+M')^3,$$

the corresponding term of $\phi(m^3)$; hence the value of $\phi(m^3)$ being correct without the foregoing addition, we must have $\gamma=0$, $\delta=0$, $\alpha=0$; which confirms the foregoing values of $\phi(m, n, p)$, $\phi(m^2, n)$.

56. The equation

$$NT(m^3) = \tfrac{1}{2}S^2 - S + \phi(m^3),$$

gives

$$\begin{aligned}NT(m^3) &= \tfrac{1}{2}S^2 - S + 3m + M(\tfrac{1}{2}[m]^2 - \tfrac{5}{2}m + 11) + M^2,\\ &= \tfrac{1}{18}[m]^6 + \tfrac{1}{2}[m]^5 + [m]^4 + 3m\\ &\quad + M(\tfrac{1}{3}[m]^4 + \tfrac{1}{3}[m]^3 + \tfrac{1}{2}[m]^2 - \tfrac{7}{2}m + 13)\\ &\quad + M^2(\tfrac{1}{2}[m]^2 - \tfrac{3}{2}m + 3).\end{aligned}$$

57. We have

$$\begin{aligned}NR(m^2, n) &= NT(m^2, n) - ND(m^2, n) - NG(m^2, n),\\ &= n\ \left(\tfrac{3}{8}[m]^4 + M(\tfrac{1}{2}[m]^2 - 2m + 3)\right)\\ &\quad + [n]^2\left(\tfrac{1}{2}[m]^4 + \tfrac{3}{2}[m]^3 + [m]^2 + M([m]^2 - \tfrac{1}{2}) + M^2.\tfrac{1}{2}\right).\end{aligned}$$

58. And moreover

$$\begin{aligned}NR(m^3) &= NT(m^3) - ND(m^3) - NG(m^3),\\ &= \tfrac{1}{18}[m]^6 + \tfrac{3}{8}[m]^5 - \tfrac{1}{2}[m]^3 + 3m\\ &\quad + M(\tfrac{1}{3}[m]^4 - \tfrac{1}{6}[m]^3 - \tfrac{5}{2}[m]^2 + 8m - 20) + M^2(\tfrac{1}{2}[m]^2 - 2m):\end{aligned}$$

and the investigation of the series of results given in the Table is thus concluded.

Intersections of a generating line with the Nodal Total, Articles 59 to 63.

59. We may for the scrolls $S(1, m, n)$ and $S(1, m^2)$ verify the theorem that each generating line meets the Nodal Total in a number of points $=S-2$.

In fact for the scroll $S(1, m, n)$, the directrix curves are respectively multiple curves of the orders mn, n, m, and a generating line meets each of these in a single point, counting for the three curves respectively as $mn-1$, $n-1$, and $m-1$ points respectively. Moreover the construction (*ante*, Art. 43) for the Nodal Residue $NR(1, m, n)$ shows that a generating line meets this curve in $(m-1)(n-1)$ points; and since the curve is merely a double curve, these count each as a single point; and the generating line does not meet the Nodal Generator $NG(1, m, n)$. The number of intersections therefore is

$$mn-1+(m-1)+(n-1)+(m-1)(n-1),$$

which is

$$=2mn-2, \quad =S-2.$$

60. Similarly for the scroll $S(1, m^2)$; the directrix curves are multiple curves, viz. the line 1 is a $(\tfrac{1}{2}[m]^2+M)$tuple curve, and the curve m a $(m-1)$tuple curve; the generating line meets the former in a single point, counting as $\tfrac{1}{2}[m]^2+M-1$ points, and the latter in two points, each counting as $(m-2)$ points. The construction (*ante*, Art. 45) for the Nodal Residue $NR(1, m^2)$ shows that the generating line meets this curve in $\tfrac{1}{2}[m-2]^2$ points; and since the curve is merely a double curve, these count each as a single point. Finally, the generating line does not meet the Nodal Generator $NG(1, m^2)$. The number of intersections thus is

$$\tfrac{1}{2}[m]^2-1+M+2(m-2)+\tfrac{1}{2}[m-2]^2,$$

which is

$$=[m]^2-2+M, \quad =S-2.$$

In the remaining cases we may use the theorem to find the number of points in which the generating line meets the Nodal Residue. Using Π as the symbol for the points in question $\big(\Pi(m, n, p)$ for the scroll $S(m, n, p)$, &c.$\big)$, we find

61. For the scroll $S(m, n, p)$,

$$(mn-1)+(np-1)+(mp-1)+\Pi(m, n, p)=S-2=2mnp-2,$$

which gives

$$\Pi(m, n, p)=2mnp-mn-mp-np+1.$$

This includes the before-mentioned case

$$\Pi(1, m, n)=(m-1)(n-1),$$

and the more particular one

$$\Pi(1, 1, m)=0.$$

62. For the scroll $S(m^2, n)$,

$$\tfrac{1}{2}[m]^2-1+M+2\big((m-1)n-1\big)+\Pi(m^2, n)=S-2=n([m]^2+M)-2,$$

which gives

$$\Pi(m^2, n) \quad =n([m]^2-2m+2+M)-\tfrac{1}{2}[m]^2+1-M.$$

This includes the before-mentioned particular case

$$\Pi(1, m^2) \quad =\tfrac{1}{2}[m-2]^2.$$

63. And lastly for the scroll $S(m^3)$,

$$3\left(\tfrac{1}{2}[m]^2 - m + 1 + M\right) + \Pi(m^3) = S - 2 = \tfrac{1}{3}[m]^3 + (m-2)M - 2,$$

which gives

$$\Pi(m^3) = \tfrac{1}{3}[m]^3 - \tfrac{3}{2}[m]^2 + 3m - 5 + M(m-5).$$

The foregoing expressions for Π might with propriety have been inserted in the Table.

Annex No. 1.—*Investigation of the formula for $S(m^3)$ in the case of the unicursal curve* (referred to, Art. 39).

Consider the unicursal m-thic curve the equations whereof are $x : y : z : w = A : B : C : D$, where A, B, C, D are rational and integral functions of a parameter θ; and let it be required to find the equation of a plane meeting the curve in such manner that three of the points of intersection are *in lineâ*. Taking for the equation of the plane

$$\xi x + \eta y + \zeta z + \omega w = 0,$$

we find between $(\xi, \eta, \zeta, \omega)$ an equation of a certain degree in $(\xi, \eta, \zeta, \omega)$, which is the equation in plane-coordinates of the scroll $S(m^3)$, the degree of the equation is therefore equal to the class of the scroll; but as the class of a scroll is equal to its order, the degree of the equation is equal to the order of the scroll, or say $= S(m^3)$.

Proceeding with the investigation, if θ be determined by the equation

$$\xi A + \eta B + \zeta C + \omega D = 0,$$

then the roots $\theta_1, \theta_2, \dots \theta_m$ of this equation belong to the points of intersection of the plane and curve; and the corresponding coordinates of these points are (A_1, B_1, C_1, D_1), &c.

Suppose that the points 1, 2, 3 are *in lineâ*, and let λ, μ, ν, ρ be the coordinates of an arbitrary point, then the four points are *in plano*, that is, we have

$$\begin{vmatrix} \lambda, & \mu, & \nu, & \rho \\ A_1, & B_1, & C_1, & D_1 \\ A_2, & B_2, & C_2, & D_2 \\ A_3, & B_3, & C_3, & D_3 \end{vmatrix} = 0;$$

and if we form the equation

$$\Pi \begin{vmatrix} \lambda, & \mu, & \nu, & \rho \\ A_1, & B_1, & C_1, & D_1 \\ A_2, & B_2, & C_2, & D_2 \\ A_3, & B_3, & C_3, & D_3 \end{vmatrix} = 0,$$

where Π denotes the product of the terms belonging to all the triads of the m roots, the result will be symmetrical in regard to all the roots; and replacing the symmetrical functions of the roots by their values in terms of the coefficients, we have the required relation between $(\xi, \eta, \zeta, \omega)$.

Π contains $\frac{1}{6}[m]^3$ terms, whereof $\frac{1}{2}[m-1]^2$ contain the m-thic functions (A_1, B_1, C_1, D_1) of the root θ_1; that is, the form of Π is

$$(\lambda, \mu, \nu, \rho)^{\frac{1}{6}[m]^3}(\theta_1, 1)^{\frac{1}{2}[m]^3}(\theta_2, 1)^{\frac{1}{2}[m]^3}\ldots;$$

or, when the symmetrical functions are expressed in terms of the coefficients, the form is

$$(\lambda, \mu, \nu, \rho)^{\frac{1}{6}[m]^3}(\xi, \eta, \zeta, \omega)^{\frac{1}{2}[m]^3}.$$

Now the above-mentioned determinant is divisible by $(\theta_1-\theta_2)(\theta_1-\theta_3)(\theta_2-\theta_3)$, or Π is divisible by $\Pi(\theta_1-\theta_2)(\theta_1-\theta_3)(\theta_2-\theta_3)$; and since this product contains $(3\times\frac{1}{6}[m]^3=)\frac{1}{2}[m]^3$ linear factors, and the product $\zeta(\theta_1, \theta_2, \ldots \theta_m)$ of the squared differences of the roots contains $(2\times\frac{1}{2}[m]^2=)[m]^2$ linear factors, so that we have

$$\Pi(\theta_1-\theta_2)(\theta_1-\theta_3)(\theta_2-\theta_3)=\{\zeta(\theta_1, \theta_2, \ldots \theta_m)\}^{\frac{1}{2}(m-2)},$$

where

$$\zeta(\theta_1, \theta_2, \ldots \theta_m)=\text{Disct.}=(\xi, \eta, \zeta, \omega)^{2(m-1)},$$

and consequently

$$\Pi(\theta_1-\theta_2)(\theta_1-\theta_3)(\theta_2-\theta_3)=(\xi, \eta, \zeta, \omega)^{[m-1]^2},$$

so that, omitting this factor, the remaining factor of Π is of the form

$$(\lambda, \mu, \nu, \rho)^{\frac{1}{6}[m]^3}(\xi, \eta, \zeta, \omega)^{\frac{1}{2}[m]^3-[m-1]^2};$$

but the determinant vanishes if

$$\lambda, \mu, \nu, \rho=(A_1, B_1, C_1, D_1),\quad (A_2, B_2, C_2, D_2),\quad (A_3, B_3, C_3, D_3),$$

or say if

$$(\lambda, \mu, \nu, \rho)=(A, B, C, D),\quad \theta=\theta_1,\ \theta_2, \text{ or } \theta_3;$$

it follows that the product Π contains the factor

$$(\lambda\xi+\mu\eta+\nu\zeta+\rho\omega)^{\frac{1}{6}[m]^3};$$

or omitting this factor, and observing that

$$\tfrac{1}{2}[m]^3-[m-1]^2-\tfrac{1}{6}[m]^3=\tfrac{1}{3}[m]^3-[m-1]^2=\tfrac{1}{3}[m-1]^3,$$

the remaining factor is of the form

$$(\xi, \eta, \zeta, \omega)^{\frac{1}{3}[m-1]^3};$$

or we have finally

$$S(m^3)=\tfrac{1}{3}[m-1]^3,$$

which is the required expression.

I give the following investigation of the expression $\frac{1}{2}[m-1]^2$ for the number of apparent double points. Imagine through the point $(x=0,\ y=0,\ z=0)$ a line cutting the curve in the two points corresponding to the values θ_1, θ_2 of the parameter. We have

$$\frac{A_1}{A_2}=\frac{B_1}{B_2}=\frac{C_1}{C_2},$$

which equations determine θ_1 and θ_2.

Writing the equations under the form

$$\frac{A_1B_2-A_2B_1}{\theta_1-\theta_2}=0,\quad \frac{A_1C_2-A_2C_1}{\theta_1-\theta_2}=0,$$

and treating θ_1 and θ_2 as coordinates, each of these equations belongs to a curve of the order $2(m-1)$, having a $(m-1)$thic point at infinity on each of the axes. The number of intersections thus is

$$=4(m-1)^2-(m-1)^2-(m-1)^2,\ =2(m-1)^2.$$

But among these are included points not belonging to the original system, viz. the points for which $(A_1=0,\ A_2=0)$ other than those for which $\theta_1=\theta_2$; the points so included are in number $=m^2-m$; and omitting them, the number is

$$\big(2(m-1)^2-m(m-1)\big)=[m-1]^2,$$

which is the number of points θ_1 lying *in linéâ* with the origin and another point θ_2; the number of apparent double points is the half of this, or $h=\frac{1}{2}[m-1]^2$. And thence

$$M=\big(-\tfrac{1}{2}[m]^2+h=\big)-(m-1).$$

I investigate also the number of lines through two points which meet two arbitrary lines; this is in fact $=S(1,\ m^2)$, which for the curve in question is

$$=\big(\tfrac{1}{2}[m]^2-(m-1)=\big)\,(m-1)^2.$$

Let the equations of the two lines be $(x=0,\ y=0)$ and $(z=0,\ w=0)$; then the conditions to be satisfied are

$$\frac{A_1}{A_2}=\frac{B_1}{B_2},\ \frac{C_1}{C_2}=\frac{D_1}{D_2};$$

or writing these under the form

$$\frac{A_1B_2-A_2B_1}{\theta_1-\theta_2}=0,\quad \frac{C_1D_2-C_2D_1}{\theta_1-\theta_2}=0,$$

and treating θ_1, θ_2 as coordinates, the number of intersections of these two curves is $=2(m-1)^2$, the same as for the two curves last above considered. And the number of the lines in question is one half of this, or $=(m-1)^2$.

Lemma employed in the following Annexes 2 and 3. *Formulæ for the order and weight of certain systems of equations.*

Let $\alpha_{\alpha'}$ denote a function of the degree α in the *order* variables $(x, y,..)$, and of the degree α' in the *weight* variables $(x', y',..)$, and so in other cases; and consider first the equation

$$\begin{vmatrix} \alpha_{\alpha'}, & (\alpha+A)_{\alpha'+A'}, \ldots \\ \beta_{\beta'}, & (\beta+A)_{\beta'+A'}, \\ \cdot & \\ \cdot & \\ \cdot & \end{vmatrix} = 0,$$

where the matrix is a square; then

$$\text{Order} = \Sigma\alpha + \Sigma A,$$
$$\text{Weight} = \Sigma\alpha' + \Sigma A'.$$

Consider next the system

$$\left\Vert \begin{matrix} \alpha_{\alpha'}, & (\alpha+A)_{\alpha'+A'}, & (\alpha+B)_{\alpha'+B'}, \ldots \\ \beta_{\beta'}, & (\beta+A)_{\beta'+A'}, & (\beta+B)_{\beta'+B'}, \\ \cdot & & \\ \cdot & & \\ \cdot & & \end{matrix} \right\Vert = 0,$$

where the matrix is a square $+1$, that is, the number of columns exceeds by 1 the number of lines; then

$$\text{Order} = \Sigma AB - \Sigma\alpha\beta + \Sigma\alpha\,(\Sigma A + \Sigma\alpha),$$
$$\text{Weight} = (\Sigma A + \Sigma\alpha)(\Sigma A' + \Sigma\alpha') - \Sigma AA' + \Sigma\alpha\alpha'.$$

And again, the system

$$\left\Vert \begin{matrix} \alpha_{\alpha'}, & (\alpha+A)_{\alpha'+A'}, & (\alpha+B)_{\alpha'+B'}, & (\alpha+C)_{\alpha'+C'}, \ldots \\ \beta_{\beta'}, & (\beta+A)_{\beta'+A'}, & (\beta+B)_{\beta'+B'}, & (\beta+C)_{\beta'+C'}, \\ \cdot & & & \\ \cdot & & & \\ \cdot & & & \end{matrix} \right\Vert = 0,$$

where the matrix is a square $+2$, that is, the number of columns exceeds by 2 the number of lines; then

$$\text{Order} = \Sigma ABC + \Sigma\alpha\beta\gamma + \Sigma\alpha\,(\Sigma AB - \Sigma\alpha\beta) + \big((\Sigma\alpha)^2 - \Sigma\alpha\beta\big)(\Sigma A + \Sigma\alpha),$$

$$\text{Weight} = \{\Sigma AB - \Sigma\alpha\beta + \Sigma\alpha\,(\Sigma A + \Sigma\alpha)\}(\Sigma A' + \Sigma\alpha') - (\Sigma A + \Sigma\alpha)(\Sigma AA' - \Sigma\alpha\alpha') + \Sigma A^2A' + \Sigma\alpha^2\alpha'.$$

The last formula, for the weight of the square + 2 system, was communicated to me by Dr Salmon, the others are all in effect given in the Appendix, "On the Order of Systems of Equations," to his Treatise on the Analytic Geometry of Three Dimensions; and in the investigation in the following Annexes 2 and 3, the route which I have followed was completely traced out for me by him, so that I have only supplied the details of the work.

Annex No. 2.—*Investigation of the formula for $S(m^3)$, when the curve m is the pq complete intersection, viz. when it is the intersection of two surfaces of the orders p and q respectively* (referred to, Art. 40).

Let $U=0$, $V=0$ be the equations of the two surfaces of the orders p and q respectively. Take (x, y, z, w) the coordinates of a point on the curve, so that for these coordinates we have $U=0$, $V=0$; and in the equations of the two curves respectively, write for the coordinates $x+\rho x'$, $y+\rho y'$, $z+\rho z'$, $w+\rho w'$; then putting for shortness

$$\Delta = x'\partial_x + y'\partial_y + z'\partial_z + w'\partial_w,$$

the resulting equations may be represented by

$$(\Delta U,\ \Delta^2 U, \ldots \Delta^p U \between 1,\ \rho)^{p-1} = 0,$$

$$(\Delta V,\ \Delta^2 V,\ \ldots \Delta^q V \between 1,\ \rho)^{q-1} = 0,$$

where it is to be noticed that besides the expressed literal coefficients there are numerical coefficients (not as the notation usually denotes, the binomial coefficients, but) $=\frac{1}{1}, \frac{1}{1.2}, \frac{1}{1.2.3}$, &c.

Supposing that (x', y', z', w') are the current coordinates of a point on the line drawn through the point (x, y, z, w) to meet the curve in two other points, the equations in ρ must have two common roots, and this gives a system equivalent to two equations, or say a plexus of two equations. If from the plexus and the two equations $U=0$, $V=0$ we eliminate (x, y, z, w), we obtain an equation $S'=0$ in (x', y', z', w'), which is in fact the equation of the scroll $S(m^3)$, taken (as is easily seen to be the case) thrice; that is, $S(m^3)=\frac{1}{3}$ Degree of S'. But observing that the coordinates (x', y', z', w') enter into the plexus only and not into the functions U, V, and treating (x', y', z', w') as *weight* variables, Degree of S' = Weight of System ($U=0$, $V=0$, Plexus) = Deg. $U\times$ Deg. $V\times$ Weight of Plexus, $=pq\times$ Weight of Plexus; or, writing $pq=\beta$,

$$S(m^3)=\tfrac{1}{3}\beta\times\text{Weight of Plexus}.$$

The plexus in question is the square +1 system,

$$\left\|\begin{array}{l} \Delta U,\ \Delta^2 U, \ldots \\ \qquad \Delta U, \ldots \\ \cdot \\ \cdot \\ \Delta V,\ \Delta^2 V, \ldots \\ \qquad \Delta V, \ldots \\ \cdot \\ \cdot \end{array}\right\| = 0,$$

$p+q-3$ columns, $(q-2)+(p-2)=(p+q-4)$ lines; or representing the terms according to their order and weight, that is, degree in (x, y, z, w) and (x', y', z', w') respectively (the order and weight of the evanescent terms being fixed so as that they may form a regular series with the other terms), the system is

$$\left\|\begin{array}{l} \overbrace{}^{p+q-3 \text{ columns.}} \\ (q-2) \text{ lines.} \left\{\begin{array}{ll} (p-1)_1, & (p-2)_2, \ldots \\ p_0 \quad , & (p-1)_1, \\ \cdot & \\ \cdot & \end{array}\right. \\ (p-2) \text{ lines.} \left\{\begin{array}{ll} (q-1)_1, & (q-2)_2, \\ q_0 \quad , & (q-1)_1, \\ \cdot & \\ \cdot & \end{array}\right. \end{array}\right\| = 0,$$

so that

$$\begin{array}{llll} \alpha\ ,\ \beta, \ldots = p-1, & p, \ldots\ p+q-4, & q-1,\ q, \ldots & p+q-4, \\ \alpha'\ ,\ \beta', \ldots = \quad 1, & 0,\ \ldots \quad -q+4, & 1,\ 0,\ \ldots & -p+4, \\ A\ ,\ B, \ldots = \ -1, -2, & & & \ldots -(p+q-4), \\ A',\ B', \ldots = \quad 1, & 2, & & p+q-4, \end{array}$$

or, as regards the first two lines,

$$\left.\begin{array}{lll} \alpha,\ \beta, \ldots = p-2+\theta, & q-2+\phi \\ \alpha',\ \beta', \ldots = \quad 2-\theta, & 2-\phi \end{array}\right\}\ \theta = 1 \text{ to } q-2, \text{ and } \phi = 1 \text{ to } p-2.$$

We then find

$$\begin{aligned} \Sigma\alpha \ &= \ (q-2)(p-2)+\tfrac{1}{2}(q-2)(q-1)+(p-2)(q-2)+\tfrac{1}{2}(p-2)(p-1), \\ \Sigma\alpha' \ &= \ 2(q-2)-\tfrac{1}{2}(q-2)(q-1)+2(p-2)-\tfrac{1}{2}(p-2)(p-1), \\ \Sigma A \ &= -\Sigma A' = -\tfrac{1}{2}(p+q-4)(p+q-3), \\ \Sigma\alpha\alpha' \ &= \ 2(p-2)(q-2)-(p-4)\,.\,\tfrac{1}{2}(q-2)(q-1)-\tfrac{1}{6}(q-2)(q-1)(2q-3) \\ &\qquad +2(q-2)(p-2)-(q-4)\,.\,\tfrac{1}{2}(p-2)(p-1)-\tfrac{1}{6}(p-2)(p-1)(2p-3), \\ \Sigma AA' &= -\tfrac{1}{6}(p+q-4)(p+q-3)(2p+2q-7), \end{aligned}$$

which putting therein $p+q=\alpha$, $pq=\beta$, give

$$\begin{aligned}
\Sigma\alpha &= \beta+\tfrac{1}{2}\alpha^2-\tfrac{11}{2}\alpha+10,\\
\Sigma\alpha' &= \beta-\tfrac{1}{2}\alpha^2+\tfrac{7}{2}\alpha-10,\\
\Sigma A = -\Sigma A' &= -\tfrac{1}{2}\alpha^2+\tfrac{7}{2}\alpha-6,\\
\Sigma\alpha\alpha' &= \tfrac{1}{2}\alpha\beta-\tfrac{1}{3}\alpha^3+\tfrac{7}{2}\alpha^2-\tfrac{103}{6}\alpha+26,\\
\Sigma AA' &= -\tfrac{1}{3}\alpha^3+\tfrac{7}{2}\alpha^2-\tfrac{73}{6}\alpha+14,
\end{aligned}$$

and thence

$$\begin{aligned}
\Sigma A+\Sigma\alpha &= \beta-2\alpha+4,\\
\Sigma A'+\Sigma\alpha' &= \beta-4,\\
\Sigma AA'-\Sigma\alpha\alpha' &= -\tfrac{1}{2}\alpha\beta+5\alpha-12,
\end{aligned}$$

and therefore

$$\begin{aligned}
\text{Weight} &= (\beta-2\alpha+4)(\beta-4)+\tfrac{1}{2}\alpha\beta-5\alpha+12\\
&= \beta^2-\tfrac{3}{2}\alpha\beta+6\alpha-8\\
&= \tfrac{1}{2}(\beta-2)(2\beta-3\alpha+4),
\end{aligned}$$

and consequently

$$\begin{aligned}
S(m^3) &= \tfrac{1}{3}\beta\times\text{weight}\\
&= \tfrac{1}{6}\beta(\beta-2)(2\beta-3\alpha+4),
\end{aligned}$$

which is right.

Annex No. 3.—*Investigation of $G(m^4)$ in the case where the curve m is a pq complete intersection* (referred to, Art. 42).

Suppose, as before, that $U=0$, $V=0$ are the equations of the two surfaces of the orders p and q respectively; taking also (x, y, z, w) as the coordinates of a point on the curve, and substituting in the equations $x+\rho x'$, $y+\rho y'$, $z+\rho z'$, $w+\rho w'$ in place of the coordinates, then if $\Delta=x'\partial_x+y'\partial_y+z'\partial_z+w\partial_w$, we have as before

$$\begin{aligned}
(\Delta U,\ \Delta^2U, \ldots \Delta^pU\between 1,\ \rho)^{p-1}&=0,\\
(\Delta V,\ \Delta^2V, \ldots \Delta^qV\between 1,\ \rho)^{q-1}&=0,
\end{aligned}$$

where the numerical coefficients $\frac{1}{1}, \frac{1}{1.2}, \frac{1}{1.2.3}$, &c. are to be understood as before.

Suppose now that (x, y, z, w) are the coordinates of a point on the curve, through which point there passes a line through three other points, or line $G(m^4)$; and that (x', y', z', w') are the current coordinates of a point on such line; the two equations in ρ must have three equal roots; or we must have a system equivalent to three equations, or say a plexus of three equations. The coordinates (x', y', z', w'), although four in number, are in fact eliminable from this plexus; or what is the same thing, combining with the plexus the equation

$$\alpha x'+\beta y'+\gamma z'+\delta w'=0$$

of an arbitrary plane, and then eliminating (x', y', z', w'), the result is of the form

$$(\alpha x + \beta y + \gamma z + \delta w)^\theta \square = 0,$$

where $\square$ is a function of (x, y, z, w) only; and considering (x, y, z, w) as weight variables, $\theta =$ Order of Plexus. But degree in (x, y, z, w) of $(\alpha x + \beta y + \gamma z + \delta w)^\theta \square$ is $=$ Weight of Plexus, and therefore Degree of $\square$ is $=$ Weight of Plexus $- \theta$, $=$(Weight $-$ Order) of Plexus.

The equations $U=0$, $V=0$, $\square=0$ then give the coordinates (x, y, z, w) of the points through which may be drawn a line $G(m^4)$; viz. they give (as it is easy to see) these points four times over. And we therefore have

$$\begin{aligned} G(m^4) &= \tfrac{1}{4}\text{ Order of } (U=0,\ V=0,\ \square=0) \\ &= \tfrac{1}{4}\text{ Deg. } U\text{. Deg. } V\text{. Deg. } \square \\ &= \tfrac{1}{4}\beta \times (\text{Weight} - \text{Order}) \text{ of Plexus.} \end{aligned}$$

The Plexus is here the square $+2$ system

$$\left\| \begin{array}{ll} \Delta U, & \Delta^2 U, \ldots \\ . & \Delta U, \\ . & \\ . & \\ \Delta V, & \Delta^2 V, \\ . & \Delta V, \\ . & \\ . & \end{array} \right\| = 0,$$

$(p+q-4$ columns, $(q-3)+(p-3)=p+q-6$ lines$)$. Or representing the terms by their order and weight (the weight variables being in the present case (x, y, z, w), and the order variables (x', y', z', w')), and attributing as before an order and weight to the evanescent terms, the system is

$$\left\| \begin{array}{l} \overbrace{\hphantom{1_{p-1},\quad 2_{p-2},\ldots}}^{p+q-3 \text{ columns.}} \\ q-3 \text{ lines.} \left\{ \begin{array}{ll} 1_{p-1}, & 2_{p-2}, \ldots \\ 0_p\ , & 1_{p-1}, \\ . & \\ . & \end{array} \right. \\ p-3 \text{ lines.} \left\{ \begin{array}{ll} 1_{q-1}, & 2_{q-2}, \\ 0_q\ , & 1_{q-1}, \\ . & \\ . & \end{array} \right. \end{array} \right\| = 0,$$

so that we have

$$\begin{array}{llllllll} \alpha\ ,\ \beta,\ldots = & 1,\ 0, & -1,\ldots & -(q-5), & 1,\ 0, & -1,\ldots-(p-5), \\ \alpha'\ ,\ \beta',\ldots = & p-1,\ p, & p+1,\ldots & p+q-5, & q-1,\ q, & q+1,\ldots q+p-5, \\ A',\ B,\ldots = & 1, & 2,\ldots & & & p+q-5, \\ A',\ B',\ldots = & -1, & -2,\ldots & & & -(p+q-5), \end{array}$$

or, as regards the first two lines,

$$\left.\begin{array}{l} \alpha,\ \beta,\ldots = \quad 2-\theta,\ 2-\phi \\ \alpha',\ \beta',\ldots = p-2+\theta,\ p-2+\phi \end{array}\right\} \theta=1 \text{ to } q-3,\ \phi=1 \text{ to } p-3.$$

We then find

$$\Sigma\alpha \ = \ 2(q-3)-\tfrac{1}{2}(q-3)(q-2)+2(p-3)-\tfrac{1}{2}(p-3)(p-2),$$

$$\Sigma\alpha' \ = \ (p-2)(q-3)+\tfrac{1}{2}(q-3)(q-2)+(q-2)(p-3)+\tfrac{1}{2}(p-3)(p-2),$$

$$\begin{aligned} \Sigma\alpha^2 \ = \ & 4(q-3)-4\,.\,\tfrac{1}{2}(q-3)(q-2)+\tfrac{1}{6}(q-3)(q-2)(2q-5) \\ & +4(p-3)-4\,.\,\tfrac{1}{2}(p-3)(p-2)+\tfrac{1}{6}(p-3)(p-2)(2p-5), \end{aligned}$$

$$\begin{aligned} \Sigma\alpha^3 \ = \ & 8(q-3)-12\,.\,\tfrac{1}{2}(q-3)(q-2)+6\,.\,\tfrac{1}{6}(q-3)(q-2)(2q-5)-\tfrac{1}{4}(q-3)^2(q-2)^2 \\ & +8(p-3)-12\,.\,\tfrac{1}{2}(p-3)(p-2)+6\,.\,\tfrac{1}{6}(p-3)(p-2)(2p-5)-\tfrac{1}{4}(p-3)^2(p-2)^2, \end{aligned}$$

$$\begin{aligned} \Sigma\alpha\alpha' \ = \ & 2(p-2)(q-3)-(p-4)\,.\,\tfrac{1}{2}(q-3)(q-2)-\tfrac{1}{6}(q-3)(q-2)(2q-5) \\ & +2(q-2)(p-3)-(q-4)\,.\,\tfrac{1}{2}(p-3)(p-2)-\tfrac{1}{6}(p-3)(p-2)(2p-5), \end{aligned}$$

$$\begin{aligned} \Sigma\alpha^2\alpha' \ = \ & 4(p-2)(q-3)-4(p-3).\tfrac{1}{2}(q-3)(q-2)+(p-6).\tfrac{1}{6}(q-3)(q-2)(2q-5)+\tfrac{1}{4}(q-3)^2(q-2)^2, \\ & +4(q-2)(p-3)-4(q-3).\tfrac{1}{2}(p-3)(p-2)+(q-6).\tfrac{1}{6}(p-3)(p-2)(2p-5)+\tfrac{1}{4}(p-3)^2(p-2)^2, \end{aligned}$$

$$\Sigma A \ = \ \tfrac{1}{2}(p+q-5)(p+q-4),$$

$$\Sigma A^2 \ = -\Sigma AA' = \tfrac{1}{6}(p+q-5)(p+q-4)(2p+2q-9),$$

$$\Sigma A^3 \ = -\Sigma A^2A' = \tfrac{1}{4}(p+q-5)^2(p+q-4)^2,$$

which, putting therein $p+q=\alpha$, $pq=\beta$, and from the reduced expressions obtaining the values of $\Sigma\alpha\beta$, &c., give

$$\Sigma\alpha \ = \beta\ -\tfrac{1}{2}\alpha^2+\tfrac{9}{2}\alpha-18,$$

$$\Sigma\alpha^2 \ = \beta\ (-\alpha+9)+\tfrac{1}{3}\alpha^3-\tfrac{9}{2}\alpha^2+\tfrac{121}{6}\alpha-58,$$

$$\Sigma\alpha^3 \ = \beta^2(-\tfrac{1}{2})+\beta(\alpha^2-\tfrac{27}{2}\alpha+\tfrac{121}{2})-\tfrac{1}{4}\alpha^4+\tfrac{9}{2}\alpha^3-\tfrac{121}{4}\alpha^2+90\alpha-198,$$

$$\Sigma\alpha\beta \ = \beta^2(\tfrac{1}{2})+\beta(-\tfrac{1}{2}\alpha^2+5\alpha-\tfrac{45}{2})+\tfrac{1}{8}\alpha^4-\tfrac{29}{12}\alpha^3-\tfrac{171}{8}\alpha^2-\tfrac{1093}{12}\alpha+191,$$

$$\begin{aligned} \Sigma\alpha\beta\gamma = \ & \beta^3(\tfrac{1}{6})+\beta^2(-\tfrac{1}{4}\alpha^2+\tfrac{11}{4}\alpha-\tfrac{41}{3})+\beta(\tfrac{1}{8}\alpha^4-\tfrac{8}{3}\alpha^3+\tfrac{629}{24}\alpha^2-\tfrac{749}{6}\alpha+\tfrac{1753}{6}) \\ & -\tfrac{1}{48}\alpha^6+\tfrac{31}{48}\alpha^5-\tfrac{445}{48}\alpha^4+\tfrac{3617}{48}\alpha^3-\tfrac{8969}{24}\alpha^2+1071\alpha-1560, \end{aligned}$$

$$\Sigma\alpha' = \beta + \tfrac{1}{2}\alpha^2 - \tfrac{15}{2}\alpha + 18,$$

$$\Sigma\alpha\alpha' = \beta\,(-\tfrac{1}{2}\alpha) - \tfrac{1}{3}\alpha^3 + \tfrac{9}{2}\alpha^2 - \tfrac{175}{6}\alpha + 58,$$

$$\Sigma\alpha^2\alpha' = \beta^2(-\tfrac{1}{6}) + \beta\,(-\tfrac{2}{3}\alpha^2 + 9\alpha - \tfrac{121}{6}) + \tfrac{1}{4}\alpha^4 - \tfrac{9}{2}\alpha^3 + \tfrac{121}{4}\alpha^2 - 119\alpha + 198,$$

$$\Sigma A = \tfrac{1}{2}\alpha^2 - \tfrac{9}{2}\alpha + 10,$$

$$\Sigma A^2 = -\Sigma AA' = \tfrac{1}{3}\alpha^3 - \tfrac{9}{2}\alpha^2 + \tfrac{121}{6}\alpha - 30,$$

$$\Sigma A^3 = -\Sigma A^2A' = \tfrac{1}{4}\alpha^4 - \tfrac{9}{2}\alpha^3 + \tfrac{121}{4}\alpha^2 - 90\alpha + 100,$$

$$\Sigma AB = \tfrac{1}{8}\alpha^4 - \tfrac{29}{12}\alpha^3 + \tfrac{139}{8}\alpha^2 - \tfrac{661}{12}\alpha + 65,$$

$$\Sigma ABC = \tfrac{1}{48}\alpha^6 - \tfrac{31}{48}\alpha^5 + \tfrac{397}{48}\alpha^4 - \tfrac{2689}{48}\alpha^3 + \tfrac{5081}{24}\alpha^2 - \tfrac{1270}{3}\alpha + \tfrac{1050}{3},$$

we then find

$$\Sigma A + \Sigma\alpha = \beta - 8,$$

$$\Sigma A' + \Sigma\alpha' = \beta - 3\alpha + 8,$$

$$\Sigma AB - \Sigma\alpha\beta = \beta^2(-\tfrac{1}{2}) + \beta\,(\tfrac{1}{2}\alpha^2 - 5\alpha + \tfrac{45}{2}) - 4\alpha^2 + 36\alpha - 126,$$

$$\Sigma AA' - \Sigma\alpha\alpha' = \beta\,(-\tfrac{1}{2}\alpha) + 9\alpha - 28,$$

$$\Sigma ABC + \Sigma\alpha\beta\gamma = \beta^2(\tfrac{1}{6}) + \beta^3(-\tfrac{1}{4}\alpha^2 + \tfrac{11}{4}\alpha - \tfrac{41}{3}) + \beta\,(\tfrac{1}{8}\alpha^4 - \tfrac{8}{3}\alpha^3 + \tfrac{629}{24}\alpha^2 - \tfrac{749}{6}\alpha + \tfrac{1753}{6})$$
$$- \alpha^4 + \tfrac{58}{3}\alpha^3 - 162\alpha^2 + \tfrac{1943}{3}\alpha - 1210,$$

$$\Sigma A^2A' + \Sigma\alpha^2\alpha' = \beta^2(-\tfrac{1}{6}) + \beta\,(-\tfrac{2}{3}\alpha^2 + 9\alpha - \tfrac{121}{6}) - 29\alpha + 98;$$

and then also

$$\Sigma\alpha\,(\Sigma A + \Sigma\alpha) = \beta^2 + \beta(-\tfrac{1}{2}\alpha^2 + \tfrac{9}{2}\alpha - 26) + 4\alpha^2 - 36\alpha + 144,$$

$$(\Sigma AB - \Sigma\alpha\beta) + \Sigma\alpha(\Sigma A + \Sigma\alpha) = \beta^2(\tfrac{1}{2}) + \beta(-\tfrac{1}{2}\alpha - \tfrac{7}{2}) + 18,$$

$$\{(\Sigma AB - \Sigma\alpha\beta) + \Sigma\alpha(\Sigma A + \Sigma\alpha)\}(\Sigma A' + \Sigma\alpha') =$$
$$\beta^3(\tfrac{1}{2}) + \beta^2(-2\alpha + \tfrac{1}{2}) + \beta(\tfrac{3}{2}\alpha^2 + \tfrac{13}{2}\alpha - 10) - 54\alpha + 144,$$

$$-(\Sigma A + \Sigma\alpha)(\Sigma AA' - \Sigma\alpha\alpha') = \beta^2(\tfrac{1}{2}\alpha) + \beta(-13\alpha + 28) + 72\alpha - 224,$$

and

$$\Sigma A^2A' + \Sigma\alpha^2\alpha' = (\textit{ut suprà})\ \beta^2(-\tfrac{1}{6}) + \beta(-\tfrac{2}{3}\alpha^2 + 9\alpha - \tfrac{121}{6}) - 29\alpha + 98;$$

whence, adding the last three expressions, we find

$$\text{Weight} = \beta^3(\tfrac{1}{2}) + \beta^2(-\tfrac{3}{2}\alpha + \tfrac{1}{3}) + \beta\,(\tfrac{5}{6}\alpha^2 + \tfrac{5}{2}\alpha - \tfrac{13}{6}) - 11\alpha + 18;$$

and for the order we have

$$(\Sigma\alpha)^2 - \Sigma\alpha\beta = \beta^2(\tfrac{1}{2}) + \beta\,(-\tfrac{1}{2}\alpha^2 + 4\alpha - \tfrac{27}{2}) + \tfrac{1}{8}\alpha^4 - \tfrac{25}{12}\alpha^3 + \tfrac{135}{8}\alpha^2 - \tfrac{851}{12}\alpha + 133;$$

and then

$$\Sigma ABC + \Sigma\alpha\beta\gamma = (ut\ suprà)$$

$$\beta^3(\tfrac{1}{6}) + \beta^2(-\tfrac{1}{4}\alpha^2 + \tfrac{11}{4}\alpha - \tfrac{41}{3}) + \beta(\tfrac{1}{8}\alpha^4 - \tfrac{8}{3}\alpha^3 + \tfrac{629}{24}\alpha^2 - \tfrac{749}{6}\alpha + \tfrac{1753}{6})$$
$$- \alpha^4 + \tfrac{58}{3}\alpha^3 - 162\alpha^2 + \tfrac{1943}{3}\alpha - 1210,$$

$$(\Sigma AB - \Sigma\alpha\beta)\Sigma\alpha =$$

$$\beta^3(-\tfrac{1}{2}) + \beta^2(\tfrac{3}{4}\alpha^2 - \tfrac{29}{4}\alpha + \tfrac{63}{2}) + \beta(-\tfrac{1}{4}\alpha^4 + \tfrac{19}{4}\alpha^3 - \tfrac{187}{4}\alpha^2 + \tfrac{909}{4}\alpha - 531)$$
$$+ 2\alpha^4 - 36\alpha^3 + 297\alpha^2 - 1215\alpha + 2268,$$

$$\left((\Sigma\alpha)^2 - \Sigma\alpha\beta\right)(\Sigma A + \Sigma\alpha) =$$

$$\beta^3(\tfrac{1}{2}) + \beta^2(-\tfrac{1}{2}\alpha^2 + 4\alpha - \tfrac{35}{2}) + \beta(\tfrac{1}{8}\alpha^4 - \tfrac{25}{12}\alpha^3 + \tfrac{167}{8}\alpha^2 - \tfrac{1235}{12}\alpha + 241)$$
$$- \alpha^4 + \tfrac{50}{3}\alpha^3 - 135\alpha^2 + \tfrac{1702}{3}\alpha - 1064;$$

whence, adding these three expressions,

$$\text{Order} = \beta^3(\tfrac{1}{6}) + \beta^2(-\tfrac{1}{2}\alpha + \tfrac{1}{3}) + \beta(\tfrac{1}{3}\alpha^2 - \tfrac{1}{2}\alpha + \tfrac{13}{6}) - 6;$$

and by means of the foregoing expression for the weight, we then have

$$\text{Weight} - \text{Order} = \beta^3(\tfrac{1}{3}) + \beta^2(-\alpha) + \beta(\tfrac{1}{2}\alpha^2 + 3\alpha - \tfrac{13}{3}) - 11\alpha + 24;$$

and therefore

$$G(m^4) = \tfrac{1}{4}\beta \times (\text{Weight} - \text{Order}),$$
$$= \tfrac{1}{24}\beta\,\{2\beta^3 + \beta^2(-6\alpha) + \beta(3\alpha^2 + 18\alpha - 26) - 66\alpha + 144\},$$

which is right.

Annex No. 4.—*Order of* Torse (m, n) (referred to, Art. 44).

We have to find the order of the developable or Torse generated by a line meeting two curves of the orders m, n respectively; viz. representing by μ, ν the classes of the two curves respectively, it is to be shown that the expression for the Order is

$$\text{Torse } (m, n) = m\nu + n\mu.$$

I remark, in the first place, that, given two surfaces of the orders p and q respectively, the curve of intersection is of the order pq and class $pq(p+q-2)$, or as this may be written, class $= qp(p-1) + pq(q-1)$. Reciprocally for two surfaces of the classes p and q respectively, the Torse enveloped by their common tangent planes is of the class pq and order $qp(p-1)+pq(q-1)$. Now, in the same way that a surface of the order p may degenerate into a Torse of the order p, so a surface of the class p may degenerate into a curve of the class p; and the class of a curve being p, then (disregarding singularities) its order is $=p(p-1)$. Hence replacing p and $p(p-1)$ by μ and m respectively, and in like manner q and $q(q-1)$ by ν and n respectively, we have $m\nu + n\mu$ as the order of the Torse generated by the tangent planes of the curves of the orders m and n respectively; where by tangent plane of a curve is to be understood a plane passing through a tangent line of the curve. The intersection of two consecutive tangent planes is a line meeting the two curves, which line is the generating line of the Torse, and such Torse is therefore the Torse (m, n) in question.

The foregoing investigation is not very satisfactory, but I confirm it by considering the case of two plane curves, orders m and n, and classes μ and ν, respectively. The tangents of the two curves can, it is clear, only meet on the line of intersection of the planes of the curves; and the construction of the Torse is in fact as follows: from any point of the line of intersection draw a tangent to m and a tangent to n, then the line joining the points of contact of these tangents is a generating line of the Torse. The order of the Torse is equal to the number of generating lines which meet an arbitrary line; and taking for the arbitrary line the line of intersection of the two planes, it is easy to see that the only generating lines which meet the line of intersection are those for which one of the points of contact lies on the line of intersection; that is, they are the generating lines derived from the points in which the line of intersection meets one or other of the two curves; they are therefore in fact the tangents drawn to the curve n from the points in which the line of intersection meets the curve m, together with the tangents drawn to the curve m from the points in which the line of intersection meets the curve n. Now the line meets the curve n in n points, and from each of these there are μ tangents to the curve m; and it meets the curve m in m points, and from each of these there are ν tangents to the curve n; hence the entire number of the tangents in question is $= n\mu + m\nu$, which confirms the theorem.

Annex No. 5.—*Order of* Torse (m^2) (referred to, Art. 46).

We have here to find the order of the developable or Torse generated by a line meeting a curve of the order m twice, viz., the class of the curve being μ, it is to be shown that we have

$$\text{Torse } (m^2) = (m-3)\,\mu.$$

I deduce the expression from the formula given p. 424 of Dr Salmon's 'Geometry of Three Dimensions;' viz. putting in his formula $\beta = 0$, and μ for his r, we have

$$\text{Order} = m(\mu - 4) - \tfrac{1}{2}\alpha = m\mu - (4m + \tfrac{1}{2}\alpha),$$

where (see p. 234 *et seq.*)

$$\mu = m(m-1) - 2h,$$

$$\tfrac{1}{2}\alpha = (n - m) = 3m(m-2) - 6h - m,$$

and thence

$$3\mu - \tfrac{1}{2}\alpha = 4m, \text{ or } 4m + \tfrac{1}{2}\alpha = 3\mu,$$

so that we have

$$\text{Order} = (m-3)\,\mu.$$

A more complete discussion of the Torses (m, n) and (m^2) is obviously desirable; but as they are only incidentally connected with the subject of the present memoir, I have contented myself with obtaining the required results in the way which most readily presented itself.

340.

A SECOND MEMOIR ON SKEW SURFACES, OTHERWISE SCROLLS.

[From the *Philosophical Transactions of the Royal Society of London*, vol. CLIV. (for the year 1864), pp. 559—576. Received April 29,—Read May 26, 1864.]

THE principal object of the present memoir is to establish the different kinds of skew surfaces of the fourth order, or Quartic Scrolls; but, as preliminary thereto, there are some general researches connected with those in my former memoir "On Skew Surfaces, otherwise Scrolls"(1), and I also reproduce the theory (which may be considered as a known one) of cubic scrolls; there are also some concluding remarks which relate to the general theory. As regards quartic scrolls, I remark that M. Chasles, in a foot-note to his paper, "Description des courbes de tous les ordres situées sur les surfaces réglées du troisième et du quatrième ordres"(2), states, "les surfaces réglées du quatrième ordre.... admettent *quatorze* espèces." This does not agree with my results, since I find only eight species of quartic scrolls; the developable surface or "torse" is perhaps included as a "surface réglée;" but as there is only one species of quartic torse, the deficiency is not to be thus accounted for. My enumeration appears to me complete, but it is possible that there are subforms which M. Chasles has reckoned as distinct species.

On the Degeneracy of a Scroll, Article Nos. 1 to 5.

1. A scroll considered as arising from any geometrical construction, for instance one of the scrolls $S(m, n, p)$, $S(m^2, n)$, $S(m^3)$ considered in my former memoir, or say in general the scroll S, may break up into two or more inferior scrolls $S', S'',..$; but as long as $S', S'',..$ are proper scrolls (not torses, and *à fortiori* not cones or planes), no one of these can be considered, apart from the others, as the result of the geometrical

1 *Philosophical Transactions*, vol. CLIII. (1863), pp. 453—483, [339].

2 *Comptes Rendus*, t. LIII. (1861), see p. 888.

construction, and we can only say that the scroll S given by the construction is the aggregate of the scrolls S', S'',..; and the like when we have the scrolls S', S'',..., each repeated any number of times, or say when $S = S'^{\alpha}S''^{\beta}\ldots$ Suppose however that the scrolls S', S'',.. are any one or more of them a torse or torses—or, to make at once the most general supposition, say that we have $S = \Sigma S'$, where Σ is a torse, or aggregate of torses ($\Sigma = \Sigma'^{\alpha}\Sigma''^{\beta}\ldots$), and S' is a proper scroll or aggregate of proper scrolls; then, although it is not obligatory to do so, we may without impropriety throw aside the torse-factor Σ, and consider the original scroll S as degenerating into the scroll S', and as suffering a reduction in order accordingly.

2. As an illustration, consider the scroll $S(m, n, p)$ generated by a line which meets three directrix curves of the orders m, n, p respectively; and assume that the curves m, n, p are each of them situate on the same scroll Σ, the curve m meeting each generating line of Σ in α points, the curve n each generating line in β points, and the curve p each generating line in γ points. Each generating line of Σ is $\alpha\beta\gamma$ times a generating line of S, and we have $S = \Sigma^{\alpha\beta\gamma}S'$, where S' may be a proper scroll; it is however to be noticed that if the curves m, n, p any two of them intersect, S' will itself break up and contain cone-factors, as will presently appear. And if Σ, instead of being a proper scroll, be a torse, then we may consider S as degenerating into S', the reduction in order being of course $= \alpha\beta\gamma \times$ order of Σ.

3. But this is not the only way in which the scroll $S(m, n, p)$ may degenerate; for suppose that two of the directrix curves, say n and p, intersect, then the lines from the point of intersection to the curve m form a cone of the order m which will present itself as a factor of S; and generally if the curves n and p intersect in α points, the curves p and m in β points, and the curves m and n in γ points, then we have α cones each of the order m, β cones each of the order n, and γ cones each of the order p, or say $S = CS'$, where C is the aggregate of the cone-factors; and the scroll S degenerates into S', the reduction in order being $= \alpha m + \beta n + \gamma p$. It is hardly necessary to remark that if a point of intersection of two of the curves is a multiple point on either or each of the curves, it is, in reckoning the number of intersections of the two curves, to be taken account of according to its multiplicity in the ordinary manner.

4. There is yet another case to be considered: suppose that the curves n and p lie on a cone, and that the curve m passes through the vertex of this cone; this cone, repeated a certain number of times, is part of the locus, or we have $S = C^{\theta}S'$, so that the scroll S degenerates into S', the reduction in order being $= \theta \times$ order of cone. If, to fix the ideas, the curves n and p are respectively the complete intersections of the cone by two surfaces of the orders g, h respectively (this implies $n = gk$, $p = hk$, if k be the order of the cone), which surfaces do not pass through the vertex of the cone, and if, moreover, the vertex of the cone be an a-tuple point on the curve m, then $\theta = agh$, and the reduction in order is $= aghk$.

5. The foregoing causes of reduction, or some of them, may exist simultaneously; it would require a further examination to see whether the aggregate reduction is in

all cases the sum of the separate reductions. But the aggregate reduction once ascertained, then writing $S(m, n, p)$ for the order of the reduced scroll, we shall have

$$S(m, n, p) = 2mnp - \text{Reduction}.$$

In particular, in the case above referred to, where the curves n and p, p and m, m and n meet in α, β, γ points respectively, but there is no other cause of reduction,

$$S(m, n, p) = 2mnp - \alpha m - \beta n - \gamma p,$$

which is a formula which will be made use of.

The foregoing investigations apply, *mutatis mutandis*, to the scrolls $S(m^2, n)$, $S(m^3)$; but I do not at present enter into the development of them in regard to these scrolls.

Scrolls with two directrix lines, Article Nos. 6 to 11.

6. Consider now a scroll having two directrix lines: it may be assumed that these do not intersect; for if they did, then any generating line, *quà* line meeting the two directrix lines, would either lie in the plane of the two lines, or else would pass through their point of intersection; that is, the scroll would break up into the plane of the two lines, considered as the locus of the tangents of a plane curve, and into a cone having for its vertex the point of intersection of the two lines. Each generating line meets any plane section of the scroll in the point where such generating line meets the plane of the section; the plane section constitutes a third directrix; or the scrolls in question are all included in the form $S(1, 1, m)$, where m is a plane curve. The order of the scroll $S(1, 1, m)$ is in general $=2m$; but if the one line meets the curve α times, that is, in an α-tuple point of the curve, and the other line meets the curve β times, that is, in a β-tuple point of the curve, then by the general formula (*ante*, No. 5) the order of the scroll is $=2m-\alpha-\beta$; and in particular if $\alpha+\beta=m$, then the order is $=m$.

7. We may *without loss of generality* attend only to the last-mentioned case. To show how this is, suppose for a moment that the two lines do not either of them meet the curve; the scroll is then of the order $2m$. Call the point in which each line meets the plane of the curve the foot of this line, then the line joining the two feet meets the curve in m points; and it is in respect of each of these points a generating line of the scroll; that is, it is an m-tuple generating line: the section of the scroll by the plane of the curve m is in fact this line counting m times, and the curve m; $m+m=2m$, the order of the scroll. And in like manner the section by any plane through the m-tuple line is this line counting m times, and a curve of the order m not meeting either of the directrix lines. But the section by any other plane is a curve of the order $2m$ meeting each of the directrix lines in a point which is an m-tuple point of the section (each directrix line is in fact an m-tuple line of the scroll); and by considering, in place of the particular section m, this general section, we have the scroll of the order $2m$ in the form $S(1, 1, 2m)$, where the two directrix lines each meet the section m times; so that the order is $4m-m-m=2m$.

8. And so in general, m being a plane curve, when the scroll $S(1, 1, m)$ is of an order superior to m, say $=m+k$, this only means that the section chosen for the directrix curve m is not the complete section by the plane of such curve, but that the line joining the feet of the two directrix lines is a k-tuple generating line of the scroll, and that the complete section is made up of this line counting k times and of the curve m. So that taking, not the section through the multiple generating line, but the general section, for the plane directrix curve, the only case to be considered is that in which the section is a proper curve of an order equal to that of the scroll; or, what is the same thing, we have only to consider the scrolls $S(1, 1, m)$ for which the order is depressed from $2m$ to m in consequence of the directrix lines meeting the plane section α times and β times, that is, in an α-tuple point and a β-tuple point respectively, where $\alpha+\beta=m$.

9. It is clear that in the case in question the directrix lines are an α-tuple line and a β-tuple line respectively. The generation is as follows: Scroll $S(1, 1, m)$ of the order m; the curve m being a plane curve of the order m having an α-tuple point and a β-tuple point, where $\alpha+\beta=m$: the directrix lines, say 1 and 1′, pass through these points respectively, and they do not intersect each other. The generating lines pass through the directrix lines 1 and 1′ and the curve m, and we have thence the scroll $S(1, 1, m)$. Taking at pleasure any point on the curve m, we can through this point draw a *single* line meeting each of the directrix lines 1, 1′; that is, the curve m is a simple curve on the scroll. Taking at pleasure a point on the directrix line 1, and making this the vertex of a cone standing on the curve m, this cone has an α-tuple line (the line 1) and a β-tuple line (the line joining the vertex with the foot of the line 1′); the line 1′ meets this cone in the foot of the line 1′, counting β times, and besides in $m-\beta$, $=\alpha$ points; the lines joining the vertex with the last-mentioned points respectively (or, what is the same thing, the lines, other than the β-tuple line, in which the plane through the vertex and the line 1′ meets the cone) are the α generating lines through the assumed point on the line 1; and the line 1 is thus an α-tuple line of the scroll. And in like manner, through an assumed point of the directrix line 1′, we construct β generating lines of the scroll; and the line 1′ is a β-tuple line of the scroll.

10. The scroll $S(1, 1, m)$ now in question has not in general any multiple generating line; in fact a multiple generating line would imply a corresponding multiple point on the section m; and this section, assumed to be a curve having an α-tuple point and a β-tuple point, has not in general any other multiple point. But it *may* have other multiple points; and if there is, for example, a γ-tuple point, then the line from this point which meets the two directrix lines counts γ times, or it is a γ-tuple generating line; and so for all the multiple points of m other than the α-tuple point and the β-tuple point which correspond to the directrix lines respectively. It is to be noticed that the multiplicity γ of any such multiple generating line is at most equal to the smallest of the two numbers α and β; for suppose $\gamma>\alpha$, then, since $\alpha+\beta=m$, we should have $\gamma+\beta>m$, and the line joining the γ-tuple point and the β-tuple point would meet the curve m in $\gamma+\beta$ points, which is absurd. In the

case of several multiple lines, there are other conditions of inequality preventing self-contradictory results ([1]).

11. The general section is a curve of the order m, having an α-tuple point and a β-tuple point corresponding to the directrix lines respectively, and a γ-tuple point, &c. ... corresponding to the other multiple points (if any). A section through the directrix line 1 is in general made up of this line, counting α times, and of β generating lines passing through one and the same point of the directrix line 1′; if the section pass also through a γ-tuple generating line, then, of the β generating lines in question, γ (which, as has been seen, is $\not> \beta$) unite together in the γ-tuple generating line; and so for the sections through the directrix line 1′. The general section through a γ-tuple generating line is this line counting γ times, and a curve of the order $m-\gamma$, which has an $(\alpha-\gamma)$ tuple point at its intersection with the directrix line 1, and a $(\beta-\gamma)$ tuple point at its intersection with the directrix line 1′; it has a δ-tuple point, &c... at its intersections with the other multiple generating lines, if any.

Scrolls with a twofold directrix line, Article Nos. 12 to 16.

12. But there is a case included indeed as a limiting one in the foregoing general case, but which must be specially considered; viz. the two directrix lines 1 and 1′ may coincide, giving rise to a twofold directrix line. To show how this is, I return for the moment to the case of the scroll $S(1, 1, m)$ with two distinct directrix lines 1 and 1′, and, to fix the ideas, I suppose that the directrix lines do not either of them meet the curve m, so that the order of the scroll is $=2m$. Through the line 1 imagine the series of planes $A, B, C, \ldots$ meeting the line 1′ in the points $a', b', c' \ldots$; the generating lines through the point a' are the lines in the plane A to the points in which this plane meets the curve m; the generating lines through the point b' are the lines in the plane B to the points where this plane meets the curve m; and so for the generating lines through the points $c', d' \ldots$; and it is clear that the points $a', b', c', \ldots$ correspond homographically with the planes $A, B, C, \ldots$ This gives immediately the construction for the case where the two directrix lines come to coincide. In fact, on the twofold directrix line $1=1'$ take the series of points $a, b, c \ldots$, and through the same line, corresponding homographically to these points, the series of planes $A, B, C, \ldots$; the generating lines through the point a are the lines through this point, in the plane A, to the points in which this plane meets the curve m; and so for the entire series of points $b, c, \ldots$ of the line $1=1'$; the resulting scroll, which I will designate as the scroll $S(\overline{1, 1}, m)$, remains of the order $=2m$. If there is given a point of the curve m, then the plane through this point and the directrix line is the plane A; and the point a is then also given by the homographic correspondence of the series of planes and points, and the generating line through the given point on the curve m is the line joining this point with the point a.

[1] Suppose, for example (see next paragraph of the text), that there were a γ-tuple generating line and a δ-tuple generating line lying *in plano* with the line 1; these lines counting as $(\gamma+\delta)$ lines, must be included among the β generating lines through the plane in question; this implies that $\gamma+\delta \not> \beta$, a conclusion which must be obtainable from consideration of the curve m irrespectively of the scroll.

13. We may say that, in regard to any point a of the line 1, the corresponding plane A is the plane of approach of the coincident line 1′; and that in regard to the same point a and to any plane through it, the trace on that plane of the plane of approach is the line of approach of 1′; that is, we may consider that the coincident directrix line 1′ meets the plane through a in a consecutive point on the line of approach. In particular if the point a be the foot of the directrix line 1 (that is, the point where this line meets the plane of the curve m), and the plane through a be the plane of the curve m, then the intersection of the last-mentioned plane by the plane A which corresponds to the point a is the line of approach, and the foot of the coincident directrix line 1′ is the consecutive point to a along the line of approach. The expression "the line of approach," used absolutely, has always the signification just explained, viz. it is the intersection of the plane of the curve m by the plane corresponding to the foot of the directrix line.

14. Suppose now that the line 1 meets the curve m, or, more generally, meets it α times, that is, in an α-tuple point; it might at first sight appear that the coincident line 1′ should also be considered as meeting the curve α times, and that the resulting scroll should be of the order $2m-\alpha-\alpha=2m-2\alpha$. But this is not the case; so long as the direction of the line of approach is arbitrary, the line 1′ must be considered as a line indefinitely near to the line 1, but nevertheless as a line not meeting the curve at all; and the order of the scroll is thus $=2m-\alpha$. If, however, the line of approach is the tangent to a branch through the α-tuple point—that is, if the plane corresponding to the α-tuple point meet the plane of the curve in such tangent, then the coincident line 1′ is to be considered as meeting the curve m in a consecutive point on such branch, and the order of the scroll is $=2m-\alpha-1$. And so if at the multiple point there are β branches having a common tangent, then the coincident line 1′ is to be considered as meeting the curve m in a consecutive point along each of such branches, or say in a consecutive β-tuple point along the branch, and the order of the scroll sinks to $2m-\alpha-\beta$. The point spoken of as the α-tuple point is, it should be observed, more than an α-tuple point with a β-fold tangent; it is really a point of union of an α-tuple point and a β-tuple point, or say a united $\alpha(+\beta)$ tuple point, equivalent to

$$\tfrac{1}{2}\alpha(\alpha-1)+\tfrac{1}{2}\beta(\beta-1)$$

double points or nodes; and the case is precisely analogous to that of the scroll $S(1, 1, m)$, where the two directrix lines pass through an α-tuple point and a β-tuple point of the curve m respectively. It may be added that if at the multiple point in question, besides the β branches having a common tangent, there are γ branches having a common tangent, then the point is, so to speak, a united $\alpha(+\beta, +\gamma)$ tuple point equivalent to $\tfrac{1}{2}\alpha(\alpha-1)+\tfrac{1}{2}\beta(\beta-1)+\tfrac{1}{2}\gamma(\gamma-1)$ double points or nodes; but the order of the scroll is still $=2m-\alpha-\beta$.

15. In the same way as the scrolls $S(1, 1, m)$ are all included in the case where the order of the scroll, instead of being $=2m$, is $=m$, so that the scrolls $S(\overline{1, 1}, m)$ are all included in the case where the order of the scroll, instead of being $=2m$, is $=m$.

That is, we may suppose that the curve m has a united $\alpha(+\beta)$ tuple point $(\alpha+\beta=m)$, and may take the directrix line to pass through this point, and the line of approach to be the common tangent of the β branches; and this being so, the order of the scroll will be $2m-\alpha-\beta$, $=m$. It may be added that if the curve m has, besides the $\alpha(+\beta)$ tuple point, a γ-tuple point, then the scroll will have a γ-tuple generating line, and so for the other multiple points of the curve m.

16. We may, in the same way as for the scroll $S(1, 1, m)$, consider the different sections of the scroll $S(\overline{1, 1}, m)$ of the order m. The general section is a curve of the order m, having an $\alpha(+\beta)$ tuple point at the intersection with the directrix line, and a γ-tuple point, &c. corresponding to the multiple generating lines, if any. A section through the directrix line is in general made up of this line counting α times, and of β generating lines through the point which corresponds to the plane of the section; if the section pass also through a γ-tuple generating line ($\gamma \not> \beta$, in the same way as for the scroll $S(1, 1, m)$), then, of the β generating lines, γ unite together in the γ-tuple generating line. The general section through a γ-tuple generating line breaks up into this line counting γ times, and a curve of the order $m-\gamma$, which has on the directrix line an $\overline{\alpha-\gamma}(+\overline{\beta-\gamma})$ tuple point and a δ-tuple point, &c. at its intersections with the other multiple generating lines, if any.

Equation of the Scroll $S(1, 1, m)$ *of the order* m, Article Nos. 17 and 18.

17. Taking for the equations of the directrix lines $(x=0,\ y=0)$ and $(z=0,\ w=0)$, and supposing that these are respectively an α-tuple line and a β-tuple line on the scroll $\alpha+\beta=m$, it is obvious that the equation of the scroll is

$$(*\between x,\ y)^\alpha (z,\ w)^\beta = 0.$$

In fact starting with this equation, if we consider the section by a plane through the line $(x=0,\ y=0)$, say the plane $y=\lambda x$, then the equation gives

$$x^\alpha (*\between 1,\ \lambda)^\alpha (z,\ w)^\beta = 0;$$

that is, the section is made up of the line $(x=0,\ y=0)$ reckoned α times, and of β other lines in the plane $y=\lambda x$; and the like for the section by any plane through the line $(z=0,\ w=0)$, say the plane $z=\nu w$. Hence the assumed equation represents a scroll of the order m, having the two lines for an α-tuple line and a β-tuple line respectively, and conversely such scroll has an equation of the assumed form.

Case of a γ*-tuple generating line.*

18. The multiple generating line meets each of the lines $(x=0,\ y=0)$ and $(z=0,\ w=0)$; and we may take for the equations of the multiple generating line $x+y=0,\ z+w=0$. This being so, the foregoing equation of the scroll may be expressed in the form

$$(\dagger\between x,\ y)^\alpha (z,\ z+w)^\beta = 0,$$

or say

$$(U,\ V,\ W,..)(z,\ z+w)^\beta = 0,$$

where $U, V, W, \ldots$ are functions of the form $(*\between x, y)^\alpha$. Hence ($\gamma \not> \alpha$ or β), if the functions $U, V, W, \ldots$ contain respectively the factors $(x+y)^\gamma$, $(x+y)^{\gamma-1}$, $(x+y)^{\gamma-2}, \ldots$, the equation will be of the form

$$(*\between x+y,\ z+w)^\gamma=0$$

(the coefficients being functions of x, y, z and $z+w$, or, what is the same thing, x, y, z, w, of the order $\alpha+\beta-\gamma$), and the scroll will therefore have the line $x+y=0$, $z+w=0$ as a γ-tuple generating line.

Equation of the Scroll $S(\overline{1, 1}, m)$ *of the order* m, Article Nos. 19 to 24.

19. We may take $x=0$, $y=0$ for the equations of the twofold directrix line, $z=0$ for the equation of the plane of the curve m (an arbitrary plane section of the scroll). Then $(\alpha+\beta=m)$, if the curve m have at the point $(x=0,\ y=0)$, or foot of the directrix line, an $\alpha\,(+\beta)$tuple point, and if moreover we have $y=0$ for the equation of the common tangent of the β branches (viz. if the plane $y=0$, instead of being an arbitrary plane through the directrix line, be the plane through this line and the common tangent of the β branches), the equation of the curve m will be of the form

$$\Sigma\,(yw)^{\beta'}\,(*\between x,\ y)^{\alpha+\beta-2\beta'}=0,$$

where the summation extends to all integer values of β' from 0 to β, both inclusive.

20. Taking $y=\lambda x$ for the equation of any plane through the directrix line, then the corresponding point on the directrix line will be the intersection of this line $(x=0,\ y=0)$ by the plane $z=\theta w$, where $\theta=\dfrac{a\lambda+b}{c\lambda+d}$; the foot of the directrix line is given by the value $\theta=0$, or $\lambda=-\dfrac{b}{a}$, and the equation of the line of approach is therefore $y=-\dfrac{b}{a}x$; this should coincide with the line $y=0$, which is the common tangent of the β branches; that is, we must have $b=0$; I retain, however, for the moment the general value of b.

21. The equations of a generating line will be

$$y=\lambda x,\quad z=\theta w-px;$$

and then taking X, Y, $(Z=0)$ and W for the coordinates of the point of intersection with the curve m, we have

$$Y=\lambda X,\quad 0=\theta W-pX,$$

$$\Sigma\,(YW)^{\beta'}\,(*\between X,\ Y)^{\alpha+\beta-2\beta}=0,$$

and thence

$$\Sigma\left(\frac{\lambda p}{\theta}\right)^{\beta'}(*\between 1,\ \lambda)^{\alpha+\beta-2\beta'}=0,$$

or, what is the same thing,

$$\Sigma\theta^{-\beta'}(\lambda p)^{\beta'}(*\between 1,\ \lambda)^{\alpha+\beta-2\beta'}=0;$$

which equation, substituting therein for θ its value in terms of λ, gives the parameter p which enters into the equations of the generating line; or, what is the same thing, the equation of the scroll is obtained by eliminating λ, θ, p from the equation just mentioned and the equations

$$y = \lambda x, \quad z = \theta w - px, \quad \theta = \frac{a\lambda + b}{c\lambda + d}.$$

22. These last three equations give

$$\lambda = \frac{y}{x}, \quad \theta = \frac{ay + bx}{cy + dx}, \quad p = \frac{\theta w - z}{x} = \frac{(ay + bx)\,w - (cy + dx)\,z}{x};$$

and substituting these values, we find for the equation of the scroll

$$\Sigma\,(ay + bx)^{\beta - \beta'} y^{\beta'}\,[(ay + bx)\,w - (cy + dx)\,z]^{\beta'}\,(*\!\between x,\ y)^{\alpha + \beta - 2\beta'} = 0,$$

which is of the order $\alpha + 2\beta$, $= 2m - \alpha$, so that the $\alpha (+\beta)$ tuple point, in the case actually under consideration, produces only a reduction $= \alpha$. If however the line of approach coincides with the tangent of the β branches, then $b = 0$; the factor y^{β} divides out, and the equation is

$$\Sigma\,(ayw - cyz - dxz)^{\beta'}\,(*\!\between x,\ y)^{\alpha + \beta - 2\beta'} = 0,$$

which is of the order $\alpha + \beta$, $= m$, so that here the reduction caused by the $\alpha (+\beta)$ tuple point is $= \alpha + \beta$. We may without loss of generality substitute ax for $cy + dx$, and then, putting also $a = 1$, we find that when the equation of the curve m is as before

$$\Sigma\,(yw)^{\beta'}\,(*\!\between x,\ y)^{\alpha + \beta - 2\beta'} = 0,$$

but the plane through the directrix line ($x = 0$, $y = 0$), and the point on this line, are respectively given by the equations $x = \lambda y$, $z = \lambda w$, the equation of the scroll is

$$\Sigma\,(yw - xz)^{\beta'}\,(*\!\between x,\ y)^{\alpha + \beta - 2\beta'} = 0.$$

23. The result may be verified by considering the section by any plane $y = \lambda x$ through the directrix line. Substituting for y this value, we find

$$x^{\alpha} \Sigma x^{\beta - \beta'}\,(\lambda w - z)^{\beta'}\,(*\!\between 1,\ \lambda)^{\alpha + \beta - \beta'} = 0,$$

which is of the form

$$x^{\alpha}\,(\dagger\!\between x,\ \lambda w - z)^{\beta} = 0;$$

so that the section is made up of the directrix line ($x = 0$, $y = 0$) reckoned α times and of β lines in the plane $y - \lambda x = 0$, the intersections of the plane $y - \lambda x = 0$ by planes such as $z = \lambda w - px$.

Case of a γ-tuple generating line.

24. The equation of the scroll may be written

$$(U,\ V,\ W, \ldots\between 1,\ yw - xz)^{\beta} = 0,$$

where $U, V, W, \ldots$ are functions of x, y of the forms

$$(*\between x, y)^m, \quad (*\between x, y)^{m-2}, \quad (*\between x, y)^{m-4}, \ldots;$$

assuming that these contain respectively the factors

$$(y-\kappa x)^\gamma, \quad (y-\kappa x)^{\gamma-1}, \quad (y-\kappa x)^{\gamma-2} \ldots,$$

where $\gamma \not> \frac{1}{2}m$, then the equation takes the form

$$(U', V', W' \ldots \between y-\kappa x, w(y-\kappa x)+x(\kappa w-z))^\gamma = 0,$$

where the coefficients $U', V', W', \ldots$ are functions of x, y, z, w of the orders $m-\gamma$, $m-\gamma-1$, $m-\gamma-2, \ldots$; or, what is the same thing, the equation is

$$(U'', V'', W'', \ldots \between y-\kappa x, \kappa w - z)^\gamma = 0,$$

where $U'', V'', W'', \ldots$ are functions of x, y, z, w of the order $m-\gamma$. The scroll has thus the γ-tuple generating line

$$y-\kappa x = 0, \quad \kappa w - z = 0.$$

Cubic Scrolls, Article Nos. 25 to 35.

25. In the case of a cubic scroll there is necessarily a nodal([1]) line; in fact for the m-thic scroll there is a nodal curve which is of the order $m-2$ at least, and of the order $\frac{1}{2}(m-1)(m-2)$ at most, and which for $m=3$ is therefore a right line. And moreover we see at once that every cubic surface having a nodal line is a scroll; in fact any plane whatever through the nodal line meets the surface in this line counting as 2 lines, and in a curve of the order 1, that is, a line; there are consequently on the surface an infinity of lines, or the surface is a scroll. We have therefore to examine the cubic surfaces which have a nodal line.

26. Let the equations of the nodal line be $x=0$, $y=0$; then the equation of the surface is

$$Uz + Vw + Q = 0,$$

where U, V, Q are functions of (x, y) of the orders 2, 2, 3 respectively. Suppose first that U, V have no common factor, then we may write

$$Q = (\alpha x + \beta y) U + (\gamma x + \delta y) V;$$

and substituting this value, and changing the values of z and w, the equation of the surface is of the form

$$Uz + Vw = 0,$$

or, what is the same thing,

$$(*\between x, y)^2 (z, w) = 0;$$

[1] The nodal line of a cubic scroll is of course a double line, and in regard to these scrolls the epithets 'nodal' and 'double' may be used indifferently.

so that, besides the nodal directrix line ($x=0$, $y=0$), the scroll has the simple directrix line ($z=0$, $w=0$): it is clear that the section by any plane whatever is a cubic curve having a node at the foot of the nodal directrix line ($x=0$, $y=0$), and passing through the foot of the simple directrix line ($z=0$, $w=0$); that is, it is a cubic scroll of the kind $S(1, 1, 3)$; and since for $m=3$ the only partition $m=\alpha+\beta$ is $m=2+1$, there is only one kind of cubic scroll $S(1, 1, 3)$, and we may say *simpliciter* that the scroll in question is the cubic scroll $S(1, 1, 3)$.

27. If however the functions U, V have a common factor, say $(\lambda x+\mu y)$, then $zU+wV$ will contain this same factor, and the remaining factor will be of the form

$$z(\alpha x+\beta y)+w(\gamma x+\delta y), \quad =y(\beta z+\delta w)+x(\alpha z+\gamma w),$$

or, changing the values of z and w, the remaining factor will be of the form $yw-xz$, and the equation of the scroll thus is

$$(\lambda x+\mu y)(yw-xz)+(*\between x, y)^3=0,$$

where it is clear that the section by any plane whatever is a cubic curve having a node at the foot of the directrix line $x=0$, $y=0$. The scroll is thus a cubic scroll of the form $S(\overline{1, 1}, 3)$, viz. it is the scroll of the kind where the section is a cubic curve with a $2(+1)$ tuple point (ordinary double point, or node), the line of approach being one of the two tangents at the node; and since for $m=3$ the only partition $m=\alpha+\beta$ is $m=2+1$, there is only one kind of cubic scroll $S(\overline{1, 1}, 3)$, and we may say *simpliciter* that the scroll in question is the cubic scroll $S(\overline{1, 1}, 3)$. The conclusion therefore is that for cubic scrolls we have only the two kinds, $S(1, 1, 3)$ and $S(\overline{1, 1}, 3)$. The foregoing equations of these scrolls admit however of simplification; and I will further consider the two kinds respectively.

The Cubic Scroll $S(1, 1, 3)$.

28. Starting from the equation

$$(*\between x, y)^2(z, w)=0,$$

or, writing it at full length,

$$z(a, b, c\between x, y)^2+w(a', b', c'\between x, y)^2=0,$$

we may find θ_1, θ_2 so that

$$(a, b, c\between x, y)^2+\theta_1(a', b', c'\between x, y)^2=(p_1x+q_1y)^2,$$
$$(a, b, c\between x, y)^2+\theta_2(a', b', c'\between x, y)^2=(p_2x+q_2y)^2,$$

θ_1 and θ_2 being unequal, since by hypothesis $(a, b, c\between x, y)^2$ and $(a', b', c'\between x, y)^2$ have no common factor. This gives

$$(a, b, c\between x, y)^2=\alpha(p_1x+q_1y)^2+\beta(p_2x+q_2y)^2,$$
$$(a', b', c'\between x, y)^2=\gamma(p_1x+q_1y)^2+\delta(p_2x+q_2y)^2;$$

or the equation becomes

$$(\alpha z+\gamma w)(p_1x+q_1y)^2+(\beta z+\delta w)(p_2x+q_2y)^2=0;$$

or changing the values of (x, y) and of (z, w), the equation is

$$x^2z + y^2w = 0,$$

which may be considered as the canonical form of the equation. It may be noticed that the Hessian of the form is x^2y^2.

29. We may of course establish the theory of the surface from the equation $x^2z + y^2w = 0$; the equation is satisfied by $x = \lambda y$, $w = -\lambda^2 z$, which are the equations of a line meeting the line $(x=0, y=0)$ (1) and the line $(z=0, w=0)$ (1′). The generating line meets also any plane section of the surface; in fact, if the equation of the plane of the section be $\alpha x + \beta y + \gamma z + \delta w = 0$, then we have at once

$$x : y : z : w = \delta\lambda^3 - \gamma\lambda : \delta\lambda^2 - \gamma : \alpha\lambda + \beta : -\alpha\lambda^3 - \beta\lambda^2$$

for the coordinates of the point of intersection.

30. The form of the equation shows that there are on the line 1 two points, viz. the points $(x=0, y=0, z=0)$ and $(x=0, y=0, w=0)$, through each of which there passes a pair of coincident generating lines: calling these A and B, then, if the coincident lines through A meet the line 1′ in C, and the coincident lines through B meet the line 1′ in D, it is easy to see that $x=0$, $y=0$, $z=0$, and $w=0$ will denote the equations of the planes BAC, BAD, BCD, and ACD respectively.

31. We obtain also the following construction: take a cubic curve having a node, and from any point K on the curve draw to the curve the tangents Kp, Kq; through the points of contact draw at pleasure the lines pAC and qBD; through the node draw a line meeting these two lines in the points A, B respectively, this will be the line 1; and through the point K a line meeting the same two lines in the points C and D respectively, this will be the line 1′; and, the equations $x=0$, $y=0$, $z=0$, $w=0$ denoting as above, the equation of the surface will be $x^2z + y^2w = 0$.

The points A and B are cuspidal points on the nodal line; any section of the scroll by a plane through one of these points is a cubic curve having at the point in question a cusp.

32. It is to be noticed however that the cuspidal points are not of necessity real; if for x, y we write $x + \iota y$, $x - \iota y$, and in like manner $z + \iota w$, $z - \iota w$ for z, w, then the equation takes the form

$$(x^2 - y^2)z - 2xyw = 0,$$

which is a cubic scroll $S(1, 1, 3)$ with the cuspidal points imaginary.

In the last-mentioned case the nodal line is throughout its whole length crunodal; in the case first considered, where the equation is $x^2z + y^2w = 0$, the nodal line is for that part of its length for which z, w have opposite signs, crunodal; and for the remainder of its length, or where z, w have the same sign, acnodal. There are two different forms, according as the line is for the portion intermediate between the cuspidal points crunodal and for the extramediate portions acnodal, or as it is for the intermediate portion acnodal and for the extramediate portions crunodal.

Cubic Scroll $S(\overline{1, 1}, 3)$.

33. Starting from the equation

$$(\lambda x + \mu y)(yw - xz) + (*\between x, y)^3 = 0,$$

then putting $w - \mu z$ for w and λz for z, this may be written

$$(\lambda x + \mu y)\{yw - z(\lambda x + \mu y)\} + (*\between \lambda x + \mu y, y)^3 = 0,$$

or, what is the same thing,

$$x(yw - xz) + (*\between x, y)^3 = 0;$$

and then, if $(*\between x, y)^3 = (\alpha, \beta, \gamma, \delta\between x, y)^3$, this may be written

$$x\{y(w + \beta x + \gamma y) - x(z - \alpha x)\} + \delta y^3 = 0;$$

or changing the values of w and z, we have

$$x(yw - xz) + y^3 = 0$$

for the equation of the scroll $S(\overline{1, 1}, 3)$ [1].

34. The Hessian of the form is x^4, and it thus appears that the plane $x = 0$ is a determinate plane through the double line. But $y = 0$ is not a determinate plane; in fact, if for y we write $y + \lambda x$, the equation is

$$-x^2 z + xw(y + \lambda x) + (y + \lambda x)^3 = 0,$$

that is

$$-x^2(z - \lambda w - 3\lambda^2 y - \lambda^3 x) + xy(w + 3\lambda x) + y^3 = 0,$$

which, changing z and w, is still of the form $x(yw - xz) + y^3 = 0$.

The planes $z = 0$, $w = 0$ will alter with the plane $y = 0$, but they are not determined even when the plane $y = 0$ is determined; in fact we may, without altering the equation, change w, z into $w + \theta y$, $z + \theta x$ respectively.

35. In the equation $x(yw - xz) + y^3 = 0$, writing $y = \lambda x$, we find for the equations of a generating line, $y = \lambda x$, $z = \lambda w + \lambda^3 x$. Considering the section by the plane $\alpha x + \beta y + \gamma z + \delta w = 0$, we have

$$x : y : z : w = -\gamma\lambda - \delta : -\gamma\lambda^2 - \delta\lambda : -\delta\lambda^3 + \beta\lambda^2 + \alpha\lambda : \gamma\lambda^3 + \beta\lambda + \alpha$$

for the coordinates of the point where the generating line meets the section.

The generating line meets the nodal line at the intersection of the nodal line by the plane $z = \lambda w$; that is, the points $z = \lambda w$ on the nodal line correspond to the planes $y = \lambda x$ through the nodal line. In particular the point $w = 0$ on the nodal line corresponds to the plane $x = 0$ through the nodal line: the point $\gamma z + \delta w = 0$ on the nodal line (that is, the point where this line is met by the plane $\alpha x + \beta y + \gamma z + \delta w = 0$) corresponds to the plane $\gamma x + \delta y = 0$ through the nodal line; the intersections of the plane $\alpha x + \beta y + \gamma z + \delta w = 0$ by this plane $\gamma x + \delta y = 0$, and by the plane $x = 0$, are the tangents of the section at the node.

[1] It is somewhat more convenient to change the sign of z, and take $x(yw + xz) + y^3 = 0$ as the canonical form.

Quartic Scrolls, Article Nos. 36 to 50.

36. We may consider, first, the quartic scrolls $S(1, 1, 4)$. The section is a quartic curve having an α-tuple point and a β-tuple point, where $\alpha+\beta=4$; that is, we have $\alpha=2$, $\beta=2$, a quartic with two nodes (double points), or else $\alpha=3$, $\beta=1$, a quartic with a triple point. But the case $\alpha=2$, $\beta=2$ gives rise to two species: viz., in general the quartic has only the two double points, and we have then a scroll with two nodal (2-tuple) directrix lines, and without any nodal generator; the section *may* however have a third double point, and the scroll has then a nodal (double) generator. For the case $\alpha=3$, $\beta=1$, the section admits of no further singularity, and we have a quartic scroll with a triple directrix line and a single directrix line.

37. Next for the quartic scroll $S(\overline{1, 1}, 4)$. The section is here a quartic curve with an $\alpha(+\beta)$ tuple point, where $\alpha+\beta=4$; that is, $\alpha=2$, $\beta=2$, or else $\alpha=3$, $\beta=1$. In the former case the section has a $2(+2)$ tuple point, that is, a double point where the two branches have a common tangent—otherwise, two coincident double points: say the curve has a *tacnode*; the line of approach is the tangent at the tacnode. We have here a scroll with a twofold double line; there are however two cases: viz., in general the section has, besides the tacnode, no other double point; that is, the scroll has no nodal generator: the section *may* however have a third double point, and the scroll has then a nodal (double) generator. In the case $\alpha=3$, $\beta=1$ the section has a triple point, and the line of approach is the tangent at one of the branches at the triple point; the scroll has a twofold, say a $3(+1)$ tuple directrix line: as the section admits of no further singularity, this is the only case. The foregoing enumeration gives three species of quartic scrolls $S(1, 1, 4)$, and three species of quartic scrolls $S(\overline{1, 1}, 4)$, together six species, viz. these are as follows:

Quartic Scroll, First Species, $S(1_2, 1_2, 4)$, *with two double directrix lines, and without a nodal generator.*

38. Taking $(x=0, y=0)$ and $(z=0, w=0)$ for the equations of the two directrix lines respectively, the equation of the scroll is

$$(*\between x, y)^2 (z, w)^2 = 0.$$

Quartic Scroll, Second Species, $S'(1_2, 1_2, 4)$, *with two double directrix lines and with a double generator.*

39. This is in fact a specialized form of the first species, the difference being that there is a nodal (double) generator. Supposing as before that the equations of the directrix lines are $(x=0, y=0)$ and $(z=0, w=0)$ respectively; let the equations of the nodal generator be $(x+y=0, z+w=0)$; then, observing that for the first species the equation may be written $(*\between x, y)^2 (z, z+w)^2 = 0$, it is clear that if the terms in z^2 and $z(z+w)$ are divisible by $(x+y)^2$ and $(x+y)$ respectively, the surface will have as a new

double line the line $(x+y=0,\ z+w=0)$, which will be a double generator; and we thus arrive at the equation of the second species of quartic scrolls, viz. this is

$$\left((x+y)^2,\ (x+y)(x,\ y),\ (x,\ y)^2 \between z,\ z+w\right)^2=0.$$

Quartic Scroll, Third Species, $S(1_3,\ 1,\ 4)$, with a triple directrix line and a single directrix line.

40. Taking $(x=0,\ y=0)$ for the equations of the triple directrix line, and $(z=0,\ w=0)$ for the equations of the single directrix line, the equation is

$$(*\between x,\ y)^3(z,\ w)=0.$$

Quartic Scroll, Fourth Species, $S(\overline{1_2,\ 1_2},\ 4)$, with a twofold $\left(2\,(+\,2)\,\text{tuple}\right)$ *directrix line, and without a nodal generator.*

41. Taking $(x=0,\ y=0)$ for the equations of the directrix line, $z=0$ for that of a plane section of the scroll, $y=0$ for the equation of a plane through the tangent at the tacnode of the section, and supposing (see *ante*, No. 22) that the plane through the directrix line and the corresponding point on this line are respectively given by the equations $x=\lambda y$ and $z=\lambda w$, the equation of the scroll is

$$(yw-xz)^2+(yw-xz)(x,\ y)^2+(x,\ y)^4=0.$$

Quartic Scroll, Fifth Species, $S'(\overline{1_2,\ 1_2},\ 4)$, with a twofold $\left(2\,(+\,2)\,\text{tuple}\right)$ *generating line, and with a double generator.*

42. Let the equations of the double generator be $x+y=0,\ z+w=0$; then the line in question must be a double line on the surface represented by the last-mentioned equation, and this will be the case if only the second and third terms contain the factors $(x+y)$ and $(x+y)^2$ respectively. The equation for the fifth species consequently is

$$(yw-xz)^2+2\,(yw-xz)(x+y)(x,\ y)+(x+y)^2(x,\ y)^2=0.$$

Quartic Scroll, Sixth Species, $S(\overline{1_3,\ 1},\ 4)$, with a twofold $\left(3\,(+\,1)\,\text{tuple}\right)$ *generating line.*

43. Taking $(x=0,\ y=0)$ for the equations of the directrix line, $z=0$ for the equation of a plane section, and assuming that the plane $y=0$ passes through the tangent which is the line of approach, and that the plane through the directrix line and the corresponding point on this line are respectively given by the equations $x=\lambda y$ and $z=\lambda w$, the equation of the scroll is

$$(yw-xz)(x,\ y)^2+(x,\ y)^4=0.$$

I refrain on the present occasion from a more particular discussion of the foregoing six species of quartic scrolls. I establish two other species, as follows:

Quartic Scroll, Seventh Species, $S(1, 2, 2)$, with nodal directrix line, and nodal directrix conic which meet, and with a simple directrix conic which meets the nodal conic in two points.

44. We see, *à priori*, that the scroll generated as above will be of the order 4, that is, a quartic scroll. In fact using the formula (*ante*, No. 5),

$$\text{Order} = 2mnp - \alpha m - \beta n - \gamma p,$$

we have here

$$\begin{array}{lll} \text{Nodal conic,} & m=2, & \alpha=0, \\ \text{Simple conic,} & n=2, & \beta=1, \\ \text{Line} \quad , & p=1, & \gamma=2, \end{array}$$

and hence

$$\text{Order} = 8-2-2, =4.$$

45. Take $(x=0, y=0)$ for the equations of the directrix line, $z=0$ for the equation of the plane of the simple conic, $w=0$ for that of the plane of the nodal conic; since the conics intersect in two points, they lie on a quadric surface, say the surface $U=0$; the equations of the simple conic thus are $z=0$, $U=0$; those of the nodal conic are $w=0$, $U=0$. The directrix line $x=0$, $y=0$ meets the nodal conic; that is, U must vanish identically for $x=0$, $y=0$, $w=0$; and this will be the case if only the term in z^2 is wanting; that is, we must have

$$U=(a, b, 0, d, f, g, h, l, m, n \between x, y, z, w)^2.$$

But we may in the first instance omit the condition in question, and write

$$U=(a, b, c, d, f, g, h, l, m, n \between x, y, z, w)^2;$$

this would lead to a sextic instead of a quartic scroll.

46. The equations of a generating line (since it meets the directrix line $x=0$, $y=0$) may be taken to be

$$x=\alpha y, \quad z=\beta\left(y-\frac{w}{\theta}\right);$$

the condition in order to the intersection of the generating line with the nodal conic is at once found to be

$$a\alpha^2+2h\alpha+b+2\beta(f+g\alpha)+c\beta^2=0,$$

and that for its intersection with the simple conic

$$a\alpha^2+2h\alpha+b+2\theta(m+l\alpha)+d\theta^2=0;$$

and writing the equations of the generating line in the form

$$\alpha=\frac{y}{x}, \quad \theta=\frac{\beta w}{\beta y-z},$$

the elimination of α, β, θ from these four equations gives the required equation of the scroll. Writing for a moment

$$\begin{aligned}\Theta &= a\alpha^2 + 2h\alpha + \beta,\\ F &= g\alpha + f \quad ,\\ M &= l\alpha + m \quad ,\end{aligned}$$

we find

$$c\beta^2 + 2F\beta + \Theta = 0,$$

$$(\Theta y^2 + 2Myw + dw^2)\beta^2 - 2(\Theta yz + Mwz)\beta + \Theta z^2 = 0;$$

or, introducing at this place the condition $c=0$, the first equation gives β linearly, and we thence obtain

$$\Theta(\Theta y^2 + 2Myw + dw^2) + 4F(\Theta yz + Mwz) + 4F^2z^2 = 0,$$

or, what is the same thing,

$$(\Theta y + 2Fz)^2 + 2Mw(\Theta y + 2Fz) + \Theta dw^2 = 0;$$

whence, observing that we have

$$\Theta = \frac{ax^2 + 2hxy + by^2}{y^2}, \quad F = \frac{gx + fy}{y}, \quad M = \frac{lx + my}{y},$$

the equation of the scroll is

$$\begin{aligned}&(ax^2 + 2hxy + by^2 + 2gzx + 2fyz)^2\\ &+ 2(ax^2 + 2hxy + by^2 + 2gzx + 2fyz)(lx + my)w\\ &+ \ (ax^2 + 2hxy + by^2)dw^2 = 0.\end{aligned}$$

We see from the equation that the surface contains the line $(x=0,\ y=0)$ as a double line, the conic

$$w = 0, \quad ax^2 + 2hxy + by^2 + 2gzx + 2fyz = 0$$

as a double curve, also the conic

$$z = 0, \quad ax^2 + 2hxy + by^2 + 2lxw + 2myw + dw^2 = 0$$

as a simple curve on the surface, the complete intersection by the plane $z=0$ being in fact the last-mentioned conic, and the pair of lines

$$z = 0, \quad ax^2 + 2hxy + by^2 = 0.$$

Quartic Scroll, Eighth Species, $S(1, 3^2)$, with a directrix line, and a directrix skew cubic met twice by each generating line.

47. We see, *à priori*, that the scroll is of the order 4, that is, a quartic scroll; in fact for the quartic scroll $S(1, m^2)$ the order is $=[m]^2 + M$ (first memoir, p. 457 [*ante* p. 172]), and we have here $m=3$, $M = h - \frac{1}{2}[m]^2 = 1 - 3 = -2$; that is, order $= 6 - 2, = 4$.

48. The equations of the cubic curve may be taken to be

$$\begin{Vmatrix} x, & y, & z \\ y, & z, & w \end{Vmatrix} = 0,$$

or, what is the same thing,

$$xz - y^2 = 0, \quad xw - yz = 0, \quad yw - z^2 = 0;$$

those of the directrix line may be represented by

$$\begin{aligned} \alpha x + \beta y + \gamma z + \delta w &= 0, \\ \alpha' x + \beta' y + \gamma' z + \delta' w &= 0; \end{aligned}$$

or, what is the same thing, if

$$\begin{aligned} \beta\gamma' - \beta'\gamma &= a, & \alpha\delta' - \alpha'\delta &= f, \\ \gamma\alpha' - \gamma'\alpha &= b, & \beta\delta' - \beta'\delta &= g, \\ \alpha\beta' - \alpha'\beta &= c, & \gamma\delta' - \gamma'\delta &= h, \end{aligned}$$

(and therefore identically $af + bg + ch = 0$), the line is defined by means of its "six coordinates" (a, b, c, f, g, h).

49. The equations of the cubic curve are satisfied by writing therein

$$x : y : z : w = 1 : t : t^2 : t^3,$$

and therefore the coordinates of any two points on the curve may be represented by $(1, \theta, \theta^2, \theta^3)$ and $(1, \phi, \phi^2, \phi^3)$; hence, if x, y, z, w are the coordinates of a point in the line joining the last mentioned two points, we have

$$x : y : z : w = l + m : l\theta + m\phi : l\theta^2 + m\phi^2 : l\theta^3 + m\phi^3,$$

which equations, treating therein l, m as indeterminate parameters, give the equations of the line in question. And putting moreover

$$p = yw - z^2, \quad q = yz - xw, \quad r = xz - y^2,$$

we have identically

$$p : q : r = \theta\phi : -(\theta + \phi) : 1.$$

50. In order that the line in question may meet the directrix line, we must have

$$\begin{aligned} l(\alpha + \beta\theta + \gamma\theta^2 + \delta\theta^3) + m(\alpha + \beta\phi + \gamma\phi^2 + \delta\phi^3) &= 0, \\ l(\alpha' + \beta'\theta + \gamma'\theta^2 + \delta'\theta^3) + m(\alpha' + \beta'\phi + \gamma'\phi^2 + \delta'\phi^3) &= 0; \end{aligned}$$

that is, eliminating l and m, we must have

$$\begin{vmatrix} \alpha + \beta\theta + \gamma\theta^2 + \delta\theta^3, & \alpha + \beta\phi + \gamma\phi^2 + \delta\phi^3 \\ \alpha' + \beta'\theta + \gamma'\theta^2 + \delta'\theta^3, & \alpha' + \beta'\phi + \gamma'\phi^2 + \delta'\phi^3 \end{vmatrix} = 0,$$

or, developing,

$$(\alpha\beta' - \alpha'\beta)(\phi - \theta) + (\alpha\gamma' - \alpha'\gamma)(\phi^2 - \theta^2) + (\alpha\delta' - \alpha'\delta)(\phi^3 - \theta^3)$$
$$+ (\beta\gamma' - \beta'\gamma)(\theta\phi^2 - \theta^2\phi) + (\beta\delta' - \beta'\delta)(\theta\phi^3 - \theta^3\phi) + (\gamma\delta' - \gamma'\delta)(\theta^2\phi^3 - \theta^3\phi^2) = 0\,;$$

the several terms in (θ, ϕ), each divided by $\phi - \theta$, give respectively

$$1,\ \phi + \theta,\ (\phi + \theta)^2 - \phi\theta,\ \theta\phi,\ \theta\phi\,(\phi + \theta),\ \theta^2\phi^2,$$

which are equal to

$$(r^2,\ -qr,\ \ q^2 - pr\ \ ,\ pr,\ \ -pq\ \ ,\ \ p^2)\,;$$

hence replacing also $\alpha\beta' - \alpha'\beta$, &c. by their values c, &c., we find

$$(c,\ -b,\ f,\ a,\ g,\ h)(r^2,\ -qr,\ q^2 - pr,\ pr,\ -pq,\ p^2) = 0,$$

or, what is the same thing,

$$(h,\ f,\ c,\ b,\ a - f,\ -g \between p,\ q,\ r)^2 = 0,$$

where the coefficients (a, b, c, f, g, h) satisfy the relation $af + bg + ch = 0$; p, q, r stand respectively for $yw - z^2$, $yz - xw$, $xz - y^2$.

Writing for greater convenience

$$(h,\ f,\ c,\ b,\ a - f,\ -g) = (\mathrm{a},\ \mathrm{b},\ \mathrm{c},\ 2\mathrm{f},\ 2\mathrm{g},\ 2\mathrm{h}),$$

or, what is the same thing,

$$(a,\ b,\ c,\ f,\ g,\ h) \qquad = (\mathrm{b} + 2\mathrm{g},\ 2\mathrm{f},\ \mathrm{c},\ \mathrm{b},\ -2\mathrm{h},\ \mathrm{a}),$$

then we have

$$af + bg + ch = \mathrm{ac} + \mathrm{b}^2 + 2\mathrm{bg} - 4\mathrm{fh} = 0\,;$$

and hence finally we have for the equation of the scroll $S(1, 3^2)$,

$$(\mathrm{a},\ \mathrm{b},\ \mathrm{c},\ \mathrm{f},\ \mathrm{g},\ \mathrm{h} \between yw - z^2,\ \ yz - xw,\ \ xz - y^2)^2 = 0,$$

where the coefficients satisfy the relation

$$\mathrm{ac} + \mathrm{b}^2 + 2\mathrm{bg} - 4\mathrm{fh} = 0.$$

The equations of the directrix cubic are of course

$$yw - z^2 = 0,\quad yz - xw = 0,\quad xz - y^2 = 0\,;$$

and the directrix line is given by its six coordinates,

$$(\mathrm{b} + 2\mathrm{g},\ 2\mathrm{f},\ \mathrm{c},\ \mathrm{b},\ -2\mathrm{h},\ \mathrm{a}).$$

On the general Theory of Scrolls, Article Nos. 51 to 53.

51. I annex in conclusion the following considerations on the general theory of scrolls. Consider a scroll of the nth order; the intersection by an arbitrary plane, say the plane $w = 0$, is a curve of the nth order $(*\between x,\ y,\ x)^n = 0$; any point $(x, y, z, 0)$

where (x, y, z) satisfy the foregoing equation, is the foot of a generating line; and we may imagine this generating line determined by means of the coordinates (X, Y, Z, W), given functions of (x, y, z) of a point on the line. This being so, the "six coordinates," say (p, q, r, s, t, u), of the line are

$$\left\| \begin{matrix} X, & Y, & Z, & W \\ x, & y, & z, & 0 \end{matrix} \right\|$$

viz.

$$\begin{aligned} p &= Yz - Zy, & s &= - Wx, \\ q &= Zx - Xz, & t &= - Wy, \\ r &= Xy - Yx, & u &= - Wz; \end{aligned}$$

or, writing for greater convenience $-v$ in the place of W, the six coordinates of the line are p, q, r, vx, vy, vz, where p, q, r are functions of (x, y, z), connected by the relation $px + qy + vz = 0$; and v is also a function of (x, y, z).

52. Consider the intersection of the surface by an arbitrary line, the six coordinates whereof are (A, B, C, F, G, H); then for the generating lines which meet this line we have

$$v(Ax + By + Cz) + Fp + Gq + Hr = 0,$$

and this equation, together with the equation $(*\between x, y, z)^n = 0$, determines (x, y, z), the coordinates of the foot of a generating line which meets the arbitrary line (A, B, C, F, G, H). Since the order of the scroll is $= n$, the number of such generating lines should be $= n$, that is, there should be n relevant intersections of the two curves,

$$\begin{aligned} & v(Ax + By + Cz) + Fp + Gq + Hr = 0, \\ & (*\between x, y, z)^n = 0; \end{aligned}$$

but if (p, q, r, vx, vy, vz) are each of the order k, the number of actual intersections is $= kn$, which is too many by $(k-1)n$.

53. Suppose that the curves

$$p = 0, \quad q = 0, \quad r = 0, \quad vx = 0, \quad vy = 0, \quad vz = 0,$$

or say the curves

$$p = 0, \quad q = 0, \quad r = 0, \quad v = 0$$

have in common θ intersections, and let these be points of the multiplicities $\alpha_1, \alpha_2, \alpha_3, \dots \alpha_\theta$ on the curve $(*\between x, y, z)^n = 0$ (viz. according as the curve does not pass through any one of the intersections in question, or passes once, twice, &c. through such intersection, we have for that intersection $\alpha_1 = 0, 1, 2,$ &c., as the case may be, and so for the other intersections); then the kn points of intersection include the $\alpha_1 + \alpha_2 \dots + \alpha_\theta$, or say the $\Sigma\alpha$ intersections; but these, being independent of the line (A, B, C, F, G, H) under consideration, are irrelevant points, and the number of relevant points of intersection is $kn - \Sigma\alpha$; that is, if we have $\Sigma\alpha = (k-1)n$, then the scroll in question, viz. the scroll generated by a line which meets the plane $w = 0$ in the curve $(*\between x, y, z)^n = 0$, and which has for its six coordinates (p, q, r, vx, vy, vz), will be a scroll of the nth order.

341.

ON THE SEXTACTIC POINTS OF A PLANE CURVE.

[From the *Philosophical Transactions of the Royal Society of London*, vol. CLV. (for the year 1865), pp. 545—578. Received November 5,—Read December 22, 1864.]

IT is, in my memoir "On the Conic of Five-pointic Contact at any point of a Plane Curve," *Phil. Trans.* vol. CXLIX. (1859), pp. 371—400, [261], remarked that as in a plane curve there are certain singular points, viz. the points of inflexion, where three consecutive points lie in a line, so there are singular points where six consecutive points of the curve lie in a conic; and such a singular point is there termed a "sextactic point." The memoir in question (here cited as "former memoir") contains the theory of the sextactic points of a cubic curve; but it is only recently that I have succeeded in establishing the theory for a curve of the order m. The result arrived at is that the number of sextactic points is $=m(12m-27)$, the points in question being the intersections of the curve m with a curve of the order $12m-27$, the equation of which is

$$\begin{aligned}&(12m^2-54m+57)\,H\ \text{Jac.}\ (U,\ H,\ \Omega_{\overline{H}})\\ &+(m-2)(12m-27)\,H\ \text{Jac.}\ (U,\ H,\ \Omega_{\overline{U}})\\ &+40\,(m-2)^2\qquad\quad \text{Jac.}\ (U,\ H,\ \Psi\ )=0,\end{aligned}$$

where $U=0$ is the equation of the given curve of the order m, H is the Hessian or determinant formed with the second differential coefficients $(a,\ b,\ c,\ f,\ g,\ h)$ of U, and, $(\mathfrak{A},\ \mathfrak{B},\ \mathfrak{C},\ \mathfrak{F},\ \mathfrak{G},\ \mathfrak{H})$ being the inverse coefficients ($\mathfrak{A}=bc-f^2$, &c.), then

$$\Omega=(\mathfrak{A},\ \mathfrak{B},\ \mathfrak{C},\ \mathfrak{F},\ \mathfrak{G},\ \mathfrak{H}\between\partial_x,\ \partial_y,\ \partial_z)^2\,H,$$

$$\Psi=(\mathfrak{A},\ \mathfrak{B},\ \mathfrak{C},\ \mathfrak{F},\ \mathfrak{G},\ \mathfrak{H}\between\partial_xH,\ \partial_yH,\ \partial_zH)^2;$$

and Jac. denotes the Jacobian or functional determinant, viz.

$$\text{Jac.}\ (U,\ H,\ \Psi) = \begin{vmatrix} \partial_x U, & \partial_y U, & \partial_z U \\ \partial_x H, & \partial_y H, & \partial_z H \\ \partial_x \Psi, & \partial_y \Psi, & \partial_z \Psi \end{vmatrix},$$

and Jac. $(U,\ H,\ \Omega)$ would of course denote the like derivative of $(U,\ H,\ \Omega)$; the subscripts $(_{\bar{H}},\ _{\bar{U}})$ of Ω denote restrictions in regard to the differentiation of this function, viz. treating Ω as a function of U and H,

$$\Omega = (\mathfrak{A},\ \mathfrak{B},\ \mathfrak{C},\ \mathfrak{F},\ \mathfrak{G},\ \mathfrak{H}\between a',\ b',\ c',\ f',\ 2f',\ 2g',\ 2h')$$

if $(a',\ b',\ c',\ f',\ g',\ h')$ are the second differential coefficients of H, then we have

$$\begin{aligned} \partial_x\Omega = \quad & (\partial_x\mathfrak{A},\ldots\between\ a',\ldots) && (=\partial_x\Omega_{\bar{H}}) \\ & +(\ \mathfrak{A},\ldots\between\partial_x a',\ldots) && (=\partial_x\Omega_{\bar{U}}); \end{aligned}$$

viz. in $\partial_x\Omega_{\bar{H}}$ we consider as exempt from differentiation $(a',\ b',\ c',\ f',\ g',\ h')$ which depend upon H, and in $\partial_x\Omega_{\bar{U}}$ we consider as exempt from differentiation $(\mathfrak{A},\ \mathfrak{B},\ \mathfrak{C},\ \mathfrak{F},\ \mathfrak{G},\ \mathfrak{H})$ which depend upon U. We have similarly

$$\partial_y\Omega = \partial_y\Omega_{\bar{H}} + \partial_y\Omega_{\bar{U}},\ \text{and}\ \partial_z\Omega = \partial_z\Omega_{\bar{H}} + \partial_z\Omega_{\bar{U}};$$

and in like manner

$$\text{Jac.}\ (U,\ H,\ \Omega) = \text{Jac.}\ (U,\ H,\ \Omega_{\bar{H}}) + \text{Jac.}\ (U,\ H,\ \Omega_{\bar{U}}),$$

which explains the signification of the notations Jac. $(U,\ H,\ \Omega_{\bar{H}})$, Jac. $(U,\ H,\ \Omega_{\bar{U}})$.

The condition for a sextactic point is in the first instance obtained in a form involving the arbitrary coefficients $(\lambda,\ \mu,\ \nu)$; viz. we have an equation of the order 5 in $(\lambda,\ \mu,\ \nu)$ and of the order $12m - 22$ in the coordinates $(x,\ y,\ z)$. But writing $\vartheta = \lambda x + \mu y + \nu z$, by successive transformations we throw out the factors ϑ^2, ϑ, ϑ, ϑ, thus arriving at a result independent of $(\lambda,\ \mu,\ \nu)$; viz. this is the before-mentioned equation of the order $12m - 27$. The difficulty of the investigation consists in obtaining the transformations by means of which the equation in its original form is thus divested of these irrelevant factors.

Articles Nos. 1 to 6.—*Investigation of the Condition for a Sextactic Point.*

1. Following the course of investigation in my former memoir, I take $(X,\ Y,\ Z)$ as current coordinates, and I write

$$\Upsilon = (*\between X,\ Y,\ Z)^m = 0$$

for the equation of the given curve; $(x,\ y,\ z)$ are the coordinates of a particular point on the given curve, viz. the sextactic point; and U, $= (*\between x,\ y,\ z)^m$, is what Υ becomes when $(x,\ y,\ z)$ are written in place of $(X,\ Y,\ Z)$: we have thus $U = 0$ as a condition satisfied by the coordinates of the point in question.

2. Writing for shortness

$$DU = (X\partial_x + Y\partial_y + Z\partial_z)\, U,$$

$$D^2U = (X\partial_x + Y\partial_y + Z\partial_z)^2 U,$$

and taking $\Pi = aX + bY + cZ = 0$ for the equation of an arbitrary line, the equation

$$D^2U - \Pi DU = 0$$

is that of a conic having an ordinary (two-pointic) contact with the curve at the point (x, y, z); and the coefficients of Π are in the former memoir determined so that the contact may be a five-pointic one; the value obtained for Π is

$$\Pi = \tfrac{2}{3}\frac{1}{H} DH + \Lambda DU,$$

where

$$\Lambda = \frac{1}{9H^3}(-3\Omega H + 4\Psi).$$

3. This result was obtained by considering the coordinates of a point of the curve as functions of a single arbitrary parameter, and taking

$$x + dx + \tfrac{1}{2}d^2x + \tfrac{1}{6}d^3x + \tfrac{1}{24}d^4x,\ \ y + \&c.,\ \ z + \&c.$$

for the coordinates of a point consecutive to (x, y, z); for the present purpose we must go a step further, and write for the coordinates

$$x + dx + \tfrac{1}{2}\, d^2x + \tfrac{1}{6}\, d^3x + \tfrac{1}{24}\, d^4x + \tfrac{1}{120}\, d^5x,$$

$$y + dy + \tfrac{1}{2}\, d^2y + \tfrac{1}{6}\, d^3y + \tfrac{1}{24}\, d^4y + \tfrac{1}{120}\, d^5y,$$

$$z + dz + \tfrac{1}{2}\, d^2z + \tfrac{1}{6}\, d^3z + \tfrac{1}{24}\, d^4z + \tfrac{1}{120}\, d^5z.$$

4. Hence if

$$\partial_1 = dx\,\partial_x + dy\,\partial_y + dz\,\partial_z,\ \ \partial_2 = d^2x\,\partial_x + d^2y\,\partial_y + d^2z\,\partial_z,\ \ \&c.,$$

we have, in addition to the equations

$$U = 0,$$

$$\partial_1 U = 0,$$

$$(\partial_1^2 + 2\partial_2)\, U = 0,$$

$$(\partial_1^3 + 3\partial_1\partial_2 + \partial_3)\, U = 0,$$

$$(\partial_1^4 + 6\partial_1^2\partial_2 + 4\partial_1\partial_3 + 3\partial_2^2 + \partial_4)\, U = 0,$$

of my former memoir, the new equation

$$(\partial_1^5 + 10\partial_1^3\partial_2 + 10\partial_1^2\partial_3 + 15\partial_1\partial_2^2 + 5\partial_1\partial_4 + 10\partial_2\partial_3 + \partial_5)\, U = 0,$$

and in addition to the equations, $(P = ax + by + cz)$,

$$
\begin{aligned}
&- (m-2)\,\partial_1^2 U + P\,.\,\tfrac{1}{2}\partial_1^2 U = 0,\\
&- \tfrac{1}{3}\,[(m-1)\,\partial_1^3 + 3\,(m-2)\,\partial_1\partial_2]\,U + P\,.\,\tfrac{1}{6}\,(\partial_1^3 + 3\partial_1\partial_2)\,U + \partial_1 P\,.\,\tfrac{1}{2}\partial_1^2 U = 0,\\
&- \tfrac{1}{12}\,[(m-1)\,(\partial_1^4 + 6\partial_1^2\partial_2) + (m-2)\,(4\partial_1\partial_3 + 3\partial_2^2)]\,U\\
&\qquad + P\,.\,\tfrac{1}{24}\,(\partial_1^4 + 6\partial_1^2\partial_2 + 4\partial_1\partial_3 + 3\partial_2^2)\,U + \partial_1 P\,.\,\tfrac{1}{6}\,(\partial_1^3 + 3\partial_1\partial_2)\,U + \tfrac{1}{2}\partial_2 P\,.\,\tfrac{1}{2}\partial_1^2 U = 0,
\end{aligned}
$$

giving in the first instance

$$
\begin{aligned}
P &= 2\,(m-2),\\
\partial_1 P &= \tfrac{2}{3}\,\frac{\partial_1^3 U}{\partial_1^2 U},\\
\partial_2 P &= \tfrac{1}{2}\,\frac{(\partial_1^4 + 6\partial_1^2\partial_2)\,U}{\partial_1^2 U} - \tfrac{4}{9}\,\frac{\partial_1^3 U}{\partial_1^2 U}\,\frac{(\partial_1^3 + 3\partial_1\partial_2)\,U}{\partial_1^2 U},
\end{aligned}
$$

and leading ultimately to the before-mentioned value of Π, we have the new equation

$$
\begin{aligned}
&- \tfrac{1}{60}\,[(m-1)\,(\partial_1^5 + 10\partial_1^3\partial^2 + 10\partial_1^2\partial_3 + 15\partial_1\partial_2^2) + (m-2)\,(5\partial_1\partial_4 + 10\partial_2\partial_3)]\,U\\
&+ P\,.\,\tfrac{1}{120}\,(\partial_1^5 + 10\partial_1^3\partial_2 + 10\partial_1^2\partial_3 + 15\partial_1\partial_2^2 + 5\partial_1\partial_4 + 10\partial_2\partial_3)\,U\\
&+ \partial_1 P\,.\,\tfrac{1}{24}\,(\partial_1^4 + 6\partial_1^2\partial_2 + 4\partial_1\partial_3 + 3\partial_2^2)\,U\\
&+ \tfrac{1}{2}\partial_2 P\,.\,\tfrac{1}{6}\,(\partial_1^3 + 3\partial_1\partial_2)\,U\\
&+ \tfrac{1}{6}\partial_3 P\,.\,\tfrac{1}{2}\,\partial_1^2 U = 0.
\end{aligned}
$$

5. This may be written in the form

$$
\begin{aligned}
&- 2\,[(m-1)\,(\partial_1^5 + 10\partial_1^3\partial_2 + 10\partial_1^2\partial_3 + 15\partial_1\partial_2^2) + (m-2)\,(5\partial_1\partial_4 + 10\partial_2\partial_3)]\,U\\
&+ P\,(\partial_1^5 + 10\partial_1^3\partial_2 + 10\partial_1^2\partial_3 + 15\partial_1\partial_2^2 + 5\partial_1\partial_4 + 10\partial_2\partial_3)\,U\\
&+ 5\partial_1 P\,(\partial_1^4 + 6\partial_1^2\partial_2 + 4\partial_1\partial_3 + 3\partial_2^2)\,U\\
&+ 10\partial_2 P\,(\partial_1^3 + 3\partial_1\partial_2)\,U\\
&+ 10\partial_3 P\,(\partial_1^2 U) = 0\,;
\end{aligned}
$$

or putting for P its value, $= 2\,(m-2)$, the equation becomes

$$
\begin{aligned}
&- 2\,(\partial_1^5 + 10\partial_1^3\partial_2 + 10\partial_1^2\partial_3 + 15\partial_1\partial_2^2)\,U\\
&+ 5\partial_1 P\,(\partial_1^4 + 6\partial_1^2\partial_2 + 4\partial_1\partial_3 + 3\partial_2^2)\,U\\
&+ 10\partial_2 P\,(\partial_1^3 + 3\partial_1\partial_2)\,U\\
&+ 10\partial_3 P\,.\,\partial_2^2 U = 0\,;
\end{aligned}
$$

or as this may also be written,

$$
\begin{aligned}
&2\,(\partial_1^5 + 10\partial_1^3\partial_2 + 10\partial_1^2\partial_3 + 15\partial_1\partial_2^2)\,U\\
&\qquad + 5\partial_1 P\,.\,\partial_4 U + 10\partial_2 P\,.\,\partial_3 U + 10\partial_3 P\,.\,\partial_2 U = 0.
\end{aligned}
$$

6. But the equation

$$\Pi = \tfrac{2}{3}\frac{1}{H}DH + \Lambda DU,$$

which is an identity in regard to (X, Y, Z), gives

$$\partial_1 P = \tfrac{2}{3}\frac{1}{H}\partial_1 H,$$

$$\partial_2 P = \tfrac{2}{3}\frac{1}{H}\partial_2 H + \Lambda\partial_2 U,$$

$$\partial_3 P = \tfrac{2}{3}\frac{1}{H}\partial_3 H + \Lambda\partial_3 U;$$

and substituting these values, the foregoing equation becomes

$$2(\partial_1^5 + 10\partial_1^3\partial_2 + 10\partial_1^2\partial_3 + 15\partial_1\partial_2^2)U$$

$$+(5\partial_4 U\partial_1 H + 10\partial_3 U\partial_2 H + 10\partial_2 U\partial_3 H)\tfrac{2}{3}\frac{1}{H} + \Lambda . 20\partial_2 U\partial_3 U = 0;$$

or putting for Λ its value, $=\frac{1}{9H^3}(-3\Omega H + 4\Psi)$, and multiplying by $\tfrac{9}{2}H^2$ this is

$$9H^2(\partial_1^5 + 10\partial_1^3\partial_2 + 10\partial_1^2\partial_3 + 15\partial_1\partial_2^2)U$$

$$+15H(\partial_4 U\partial_1 H + 2\partial_3 U\partial_2 H + 2\partial_2 U\partial_3 H)$$

$$+\frac{1}{H}(-3\Omega H + 4\Psi) . 10\partial_2 U\partial_3 U = 0,$$

which is, in its original or unreduced form, the condition for a sextactic point.

Article Nos. 7 and 8.—*Notations and Remarks.*

7. Writing, as in my former memoir, A, B, C for the first differential coefficients of U, we have $B\nu - C\mu$, $C\lambda - A\nu$, $A\mu - B\lambda$ for the values of dx, dy, dz, and instead of the symbol **D** used in my former memoir, I use indifferently the original symbol ∂_1, or write instead thereof ∂, to denote the resulting value

$$\partial_1 (=\partial) = (B\nu - C\mu)\partial_x + (C\lambda - A\nu)\partial_y + (A\mu - B\lambda)\partial_z,$$

and I remark here that for any function whatever Ω, we have

$$\partial\Omega = \begin{vmatrix} A, & B, & C \\ \lambda, & \mu, & \nu \\ \partial_x\Omega, & \partial_y\Omega, & \partial_z\Omega \end{vmatrix} = \text{Jac.}\ (U, \vartheta, \Omega),$$

where $\vartheta = \lambda x + \mu y + \nu z$. I write, as in the former memoir,

$$\Phi = (\mathfrak{A}, \mathfrak{B}, \mathfrak{C}, \mathfrak{F}, \mathfrak{G}, \mathfrak{H} \between \lambda, \mu, \nu)^2;$$

and also

$$\nabla = (\mathfrak{A}, \mathfrak{B}, \mathfrak{C}, \mathfrak{F}, \mathfrak{G}, \mathfrak{H} \between \lambda, \mu, \nu \between \partial_x, \partial_y, \partial_z),$$

which new symbol ∇ serves to express the functions Π, $\square$, occurring in the former memoir; viz. we have $\Pi = 2\nabla\Phi$, $\square = 2\nabla H$, so that the symbols Π, $\square$ are not any longer required.

8. I remark that the symbols ∂, ∇ are each of them a linear function of $(\partial_x, \partial_y, \partial_z)$, with coefficients which are functions of the variables (x, y, z), and this being so, that for any function Π whatever, we have

$$\partial(\nabla\Pi) = (\partial.\nabla)\Pi + \partial\nabla\Pi,$$

viz. in $\partial(\nabla\Pi)$ we operate with ∇ on Π, thereby obtaining $\nabla\Pi$, and then with ∂ on $\nabla\Pi$; in $(\partial.\nabla)\Pi$ we operate with ∂ upon ∇ in so far as ∇ is a function of (x, y, z), thus obtaining a new operating symbol $\partial.\nabla$, a linear function of $(\partial_x, \partial_y, \partial_z)$, and then operate with $\partial.\nabla$ upon Π; and lastly, in $\partial\nabla\Pi$, we simply multiply together ∂ and ∇, thus obtaining a new operating symbol $\partial\nabla$ of the form $(\partial_x, \partial_y, \partial_z)^2$, and then operate therewith on Π; it is clear that, as regards the last-mentioned mode of combination, the symbols ∂ and ∇ are convertible, or $\partial\nabla = \nabla\partial$, that is, $\partial\nabla\Pi = \nabla\partial\Pi$.

It is to be observed throughout the memoir that the point (.) is used (as above in $\partial.\nabla$) when an operation is performed upon a symbol of operation as operand; the mere apposition of two or more symbols of operation (as above in $\partial\nabla$) denotes that the symbols of operation are simply multiplied together; and when $\partial\nabla$ is followed by a letter Π denoting not a symbol of operation, but a mere function of the coordinates, that is in an expression such as $\partial\nabla\Pi$, the resulting operation $\partial\nabla$ is performed upon Π as operand; if instead of the single letter Π we have a compound symbol such as HU or $H\nabla\vartheta$, so that the expression is ∂HU, $\partial H\nabla\vartheta$, $\partial\nabla HU$ or $\partial\nabla H\nabla\vartheta$, then it is to be understood that it is merely the immediately following function H which is operated upon by ∂ or $\partial\nabla$; in the few instances where any ambiguity might arise a special explanation is given.

Article Nos. 9 to 11.—*First transformation.*

9. We have, assuming always $U = 0$, the following formulæ (*see post*, Article Nos. 31 to 33):

$$\begin{aligned}
&(\partial_1^5 + 10_1^3\partial_2 + 10\partial_1^2\partial_3 + 15\partial_1\partial_2^2)\,U \\
&= \frac{\vartheta^2}{(m-1)^4}\{(27m^2 - 96m + 81)\,H\partial\Phi + (17m^2 - 56m + 51)\,\Phi\partial H\} \\
&\quad + \frac{\vartheta^3}{(m-1)^4}\{(-14m - 22)(\partial.\nabla)\,H \;-(10m - 18)\,\partial\nabla H\} \\
&\quad + \frac{\vartheta^4}{(m-1)^4}\{\partial\Omega\},
\end{aligned}$$

$$\partial_4 U \partial_1 H + 2\partial_3 U \partial_2 H + 2\partial_2 U \partial_3 H$$

$$= \frac{\vartheta^2}{(m-1)^4}\{(-6m^2+18m-12)\,H^2\partial\Phi + (-17m^2+60m-55)\,H\Phi\partial\Phi\}$$

$$+\frac{\vartheta^3}{(m-1)^4}\{(2m-2)\,H\,(\partial.\nabla)\,H \qquad + (8m-16)\,\partial H\nabla H\}$$

$$+\frac{\vartheta^4}{(m-1)^4}\{-\Omega\partial H\},$$

$$\partial_2 U \partial_3 U = \frac{\vartheta^4}{(m-1)^4} H\partial H.$$

10. And by means of these the condition becomes

$$0 = \frac{\vartheta^2 H^2}{(m-1)^4}\{(153m^2-594m+549)\,H\partial\Phi + (-102m^2+396m+366)\,\Phi\partial H\}$$

$$+\frac{\vartheta^3 H}{(m-1)^4}\{(-96m+168)\,H\,(\partial.\nabla)\,H + (-90m+162)\,H\partial\nabla H + (120m-240)\,\partial H\nabla H\}$$

$$+\frac{\vartheta^4}{(m-1)^4}\{9H^2\partial\Omega - 45H\Omega\partial H + 40\Psi\partial H\},$$

being, as already remarked, of the degree 5 in the arbitrary coefficients (λ, μ, ν), and of the order $12m-22$ in the coordinates (x, y, z).

11. But throwing out the factor ϑ^2, and observing that in the first line the quadric functions of m are each a numerical multiple of $51m^2-198m+183$, the condition becomes

$$0 = (51m^2-198m+183)\,H^2\,(3H\partial\Phi - 2\Phi\partial H)$$

$$+\vartheta\,\{(-96m+168)\,H^2\,(\partial.\nabla)\,H + (-90m+162)\,H^2\partial\nabla H + (120m-240)\,\partial H\nabla H\}$$

$$+\vartheta^2\,\{9H^2\partial\Omega - 45H\Omega\partial H + 40\Psi\partial H\}.$$

Article Nos. 12 and 13.—*Second transformation.*

12. We effect this by means of the formula

$$(m-2)\,(3H\partial\Phi - 2\Phi\partial H) = -\vartheta\ \text{Jac.}\,(U,\ \Phi,\ H), \qquad \text{(J)}\,[1]$$

for substituting this value of $(3H\partial\Phi - 2\Phi\partial H)$ the equation becomes divisible by ϑ; and dividing out accordingly, the condition becomes

$$-\frac{51m^2-198m+183}{m-2}\,H^2\ \text{Jac.}\,(U,\ \Phi,\ H)$$

$$+(-96m+168)\,H^2\,(\partial.\nabla)\,H + (-90m+162)\,H^2\partial\nabla H + (120m-240)\,H\partial H\nabla H$$

$$+\vartheta\,(9H^2\partial\Omega - 45H\Omega\partial H + 40\Psi\partial H) = 0.$$

[1] (J) here and elsewhere refers to the Jacobian Formula, *see post*, Article Nos. 34 and 35.

13. We have (*see post*, Article Nos. 36 to 40)

$$\text{Jac. } (U, \Phi, H) = -(\partial.\nabla) H;$$

and introducing also $\partial . \nabla H$ in place of $\partial \nabla H$ by means of the formula

$$\partial \nabla H = \partial (\nabla H) - (\partial.\nabla) H,$$

the condition becomes

$$\begin{aligned} &\left\{\frac{51m^2 - 198m + 183}{m-2} - (6m-6)\right\} H^2 (\partial.\nabla) H \\ &+ (-90m+162) H^2 \partial (\nabla H) \qquad + 120 (m-2) H \partial H \nabla H \\ &+ \vartheta (9H^2 \partial \Omega - 45 H \Omega \partial H + 40 \Psi \partial H) = 0, \end{aligned}$$

or, as this may be written,

$$\begin{aligned} &(45m^2 - 180m + 171) H^2 (\partial.\nabla) H \\ &+ (-90m + 162)(m-2) H^2 \partial (\nabla H) + 120 (m-2)^2 H \partial H \nabla H \\ &+ (m-2) \vartheta (9H^2 \partial \Omega - 45 H \Omega \partial H + 40 \Psi \partial H) = 0. \end{aligned}$$

Article Nos. 14 to 17.—*Third transformation.*

14. We have the following formulæ,

$$\vartheta \text{ Jac. } (U, \nabla H, H) - (5m-11) \partial H \nabla H + (3m-6) H \partial (\nabla H) = 0, \qquad \text{(J)}$$

$$\vartheta \text{ Jac. } (U, \nabla, H) H - (2m-4) \partial H \nabla H + (3m-6) H (\partial.\nabla) H = 0, \qquad \text{(J)}$$

in the latter of which, treating ∇ as a function of the coordinates, we first form the symbol Jac. (U, ∇, H), and then operating therewith on H, we have Jac. $(U, \nabla, H) H$; these give

$$H \partial (\nabla H) = \frac{5m-11}{3(m-2)} \partial H \nabla H - \frac{\vartheta}{3(m-2)} \text{ Jac. } (U, \nabla H, H),$$

$$H (\partial.\nabla) H = \qquad \tfrac{2}{3} \partial H \nabla H - \frac{\vartheta}{3(m-2)} \text{ Jac. } (U, \nabla, H) H;$$

and substituting these values, the resulting coefficient of $H \partial H \nabla H$ is

$$\begin{aligned} &(45m^2 - 180m + 171) \tfrac{2}{3} \\ &+ (-90m + 162) \frac{5m-11}{3} \\ &+ 120 (m-2)^2, \end{aligned}$$

which is $= 0$.

15. Hence the condition will contain the factor ϑ, and throwing out this, and also the constant factor $\frac{1}{m-2}$, it becomes

$$\begin{aligned}&(-15m^2+60m-57)\,H\text{ Jac. }(U,\ \nabla\ ,\ H)\,H\\+&(30m-54)(m-2)\quad H\text{ Jac. }(U,\ \nabla H,\ H)\\+&(m-2)^2\,(9H^2\partial\Omega-45H\Omega\partial H+40\Psi\partial H)=0.\end{aligned}$$

16. We have

$$\partial_x(\nabla H)=(\partial_x.\nabla)\,H+\partial_x\nabla H,$$

viz. in $(\partial_x.\nabla)\,H$, treating ∇ as a function of $(x,\ y,\ z)$ we operate upon it with ∂_x to obtain the new symbol $\partial_x.\nabla$, and with this we operate on H; in $\partial_x\nabla$ we simply multiply together the symbols ∂_x and ∇, giving a new symbol of the form $(d_x^2,\ \partial_x\partial_y,\ \partial_x\partial_z)$ which then operates on H. We have the like values of $\partial_y(\nabla H)$ and $\partial_z(\nabla H)$; and thence also

$$\text{Jac. }(U,\ \nabla H,\ H)=\text{Jac. }(U,\ \nabla,\ H)\,H+\text{Jac. }(U,\ \overline{\nabla}H,\ H),$$

viz. in the determinant Jac. $(U,\ \nabla,\ H)$ the second line corresponding to ∇ is $\partial_x.\nabla$, $\partial_y.\nabla$, $\partial_z.\nabla$ (∇ being the operand); and the Jacobian thus obtained is a symbol which operates on H giving Jac. $(U,\ \nabla,\ H)\,H$; and in the determinant Jac. $(U,\ \overline{\nabla}H,\ H)$ the second line is $\partial_x\nabla H$, $\partial_y\nabla H$, $\partial_z\nabla H$ (∇ being simply multiplied by ∂_x, ∂_y, ∂_z respectively).

17. Substituting, the condition becomes

$$\begin{aligned}&(-15m^2+60m-57)\,H\text{ Jac. }(U,\ \nabla,\ H)\,H\\+&(30m-54)(m-2)\,\{H\text{ Jac. }(U,\ \nabla,\ H)\,H+\text{Jac. }(U,\ \overline{\nabla}H,\ H)\}\\+&(m-2)^2\qquad\{9H^2\partial\Omega-54H\Omega\partial H+40\Psi\partial H\}=0,\end{aligned}$$

or, what is the same thing,

$$\begin{aligned}&(15m^2-54m+51)\,H\text{ Jac. }(U,\ \nabla\ ,\ H)\,H\\+&(30m-54)(m-2)\,H\text{ Jac. }(U,\ \overline{\nabla}H,\ H)\\+&(m-2)^2\,\{9H^2\partial\Omega-45H\Omega\partial H+40\Psi\partial H\}=0.\end{aligned}$$

Article Nos. 18 to 27.—*Fourth transformation, and final form of the condition for a Sextactic Point.*

18. I write

$$\begin{aligned}(5m-12)\,\Omega\partial H-(3m-6)\,H\partial\Omega&=\vartheta\text{ Jac. }(U,\ \Omega,\ H)\qquad\text{(J)}\\\Omega\partial H+\qquad H\partial\Omega&=\qquad\partial(\Omega H),\end{aligned}$$

and, introducing for convenience the new symbol W,

$$-5\Omega\partial H+\qquad H\partial\Omega=\ W,$$

so that

$$\begin{vmatrix} 5m-12, & -(3m-6), & \vartheta \text{ Jac. } (U,\ \Omega,\ H) \\ 1\ , & 1\ , & \partial\,.\,\Omega H \\ -5\ , & 1\ , & W \end{vmatrix} = 0,$$

or, what is the same thing,

$$(8m-18)\ W + 6\,\partial \text{ Jac. } (U,\ \Omega,\ H) + (10m-18)\,\partial\,(\Omega H) = 0,$$

we have

$$W = H\partial\Omega - 5\Omega\partial H = \frac{-3}{4m-9}\,\vartheta \text{ Jac. } (U,\ \Omega,\ H) - \frac{5m-9}{4m-9}\,\partial\,(\Omega H).$$

19. We have also

$$(8m-18)\ \Psi\partial H - (3m-6)\ H\partial\Psi - \vartheta \text{ Jac. } (U,\ \Psi,\ H) = 0, \qquad \text{(J)}$$

that is

$$\Psi\partial H = \qquad \frac{\frac{1}{2}}{4m-9}\,\vartheta \text{ Jac. } (U,\ \Psi,\ H) + \frac{\frac{3}{2}(m-2)}{4m-9}\ H\partial\Psi,$$

and thence

$$\begin{aligned} 9HW + 40\Psi\partial H &= 9H^2\partial\Omega - 45H\Omega\partial H + 40\Psi\partial H, \\ &\doteq -\frac{9\,(5m-9)}{4m-9}\ H\partial\,(\Omega H) + \frac{60\,(m-2)}{4m-9}\ H\partial\Psi \\ &\quad + \frac{\vartheta}{4m-9}\{-27H \text{ Jac. } (U,\ \Omega,\ H) + 40 \text{ Jac. } (U,\ \Psi,\ H)\}. \end{aligned}$$

20. The condition thus becomes

$$\begin{aligned} &(15m^2 - 54m + 51)\,(4m-9)\,H \text{ Jac. } (U,\ \nabla\quad,\ H)\,H \\ &+ 6\,(5m-9)\,(m-2)\quad (4m-9)\,H \text{ Jac. } (U,\ \overline{\nabla} H,\ H) \\ &+ 3\,(m-2)\,\{-3\,(5m-9)\,(m-2)\ H\partial\,(\Omega H) + 20\,(m-2)^2\ H\partial\Psi\} \\ &+\quad (m-2)^2\,\vartheta\,\{-27H \text{ Jac. } (U,\ \Omega,\ H) + 40 \text{ Jac. } (U,\ \Psi,\ H)\} = 0, \end{aligned}$$

which for shortness I represent by

$$3H\Pi + (m-2)^2\,\vartheta\,\{-27H \text{ Jac. } (U,\ \Omega,\ H) + 40 \text{ Jac. } (U,\ \Psi,\ H)\} = 0,$$

so that we have

$$\begin{aligned} \Pi = \quad &(5m^2 - 18m + 17)\,(4m-9) \text{ Jac. } (U,\ \nabla\quad,\ H)\,H \\ &+ 2\,(5m-9)\,(m-2)\,(4m-9) \text{ Jac. } (U,\ \overline{\nabla} H,\ H) \\ &+\quad (m-2)\,\{-3\,(5m-9)\,(m-2)\,\partial\,(\Omega H) + 20\,(m-2)^2\,\partial\Psi\}. \end{aligned}$$

21. Write

$$\Psi_1 = (\mathfrak{A}',\ \mathfrak{B}',\ \mathfrak{C}',\ \mathfrak{F}',\ \mathfrak{G}',\ \mathfrak{H}' \,\check{\chi}\, A,\ B,\ C)^2,$$

where $(A,\ B,\ C)$ are as before the differential coefficients of U, and $(a',\ b',\ c',\ f',\ g',\ h')$ being the second differential coefficients of H, $(\mathfrak{A}',\ \mathfrak{B}',\ \mathfrak{C}',\ \mathfrak{F}',\ \mathfrak{G}',\ \mathfrak{H}')$ are the inverse coefficients, viz., $\mathfrak{A}' = b'c' - f'^2$, &c. We have

$$-(m-1)^2\,\partial\Psi_1 = (3m-6)\,(3m-7)\,\partial\,(\Omega H) - (3m-7)^2\,\partial\Psi \ (\textit{see post}, \text{ Nos. } 41 \text{ to } 46),$$

that is

$$(3m-6)\,\partial(\Omega H) = (3m-7)\,\partial\Psi - \frac{(m-1)^2}{3m-7}\,\partial\Psi_1,$$

and thence

$$\begin{aligned}\Pi = &\quad (5m^2-18m+17)(4m-9)\text{ Jac. }(U,\ \nabla\ \ ,\ H)\,H \\ &+ 2(5m-9)\ (m-2)\ (4m-9)\text{ Jac. }(U,\ \overline{\nabla} H,\ H) \\ &+ \ (m-2)\left\{(5m^2-18m+17)\,\partial\Psi + \frac{(m-1)^2(5m-9)}{3m-7}\,\partial\Psi_1\right\} = 0.\end{aligned}$$

22. Now

$$\Psi = (\mathfrak{A},\ \mathfrak{B},\ \mathfrak{C},\ \mathfrak{F},\ \mathfrak{G},\ \mathfrak{H}\between A',\ B',\ C')^2,\quad \Psi_1 = (\mathfrak{A}',\ \mathfrak{B}',\ \mathfrak{C}',\ \mathfrak{F}',\ \mathfrak{G}',\ \mathfrak{H}'\between A,\ B,\ C)^2,$$

and writing for shortness

$$\begin{aligned} E\Psi\ &= (\partial\mathfrak{A}\,,..\between A',\ B',\ C')^2, & F\Psi\ &= (\mathfrak{A}\,,..\between A',\ B',\ C'\between\partial\mathfrak{A}',\ \partial\mathfrak{B}',\ \partial\mathfrak{C}'), \\ E\Psi_1 &= (\partial\mathfrak{A}',..\between A\,,\ B\,,\ C\,)^2, & F\Psi_1 &= (\mathfrak{A}'\,..\between A\,,\ B\,,\ C\between\partial\mathfrak{A}\,,\ \partial\mathfrak{B}\,,\ \partial\mathfrak{C}\,),\end{aligned}$$

(we might, in a notation above explained, write $E\Psi = \partial\Psi_{\overline{H}}$, $F\Psi = \frac{1}{2}\partial\Psi_{\overline{U}}$, and in like manner $E\Psi_1 = \partial\Psi_{1\overline{U}}$, $F\psi_1 = \frac{1}{2}\partial\Psi_{1\overline{H}}$), then we have

$$\partial\Psi = E\Psi + 2F\Psi,\quad \partial\Psi_1 = E\Psi_1 + 2F\Psi_1.$$

We have moreover

$$\left.\begin{aligned}\text{Jac. }(U,\ \overline{\nabla} H,\ H)\ &= -\frac{m-1}{3m-7}\,E\Psi_1, \\ \text{Jac. }(U,\ \nabla\ \ ,\ H)\,H &= \qquad\quad -E\Psi\ ,\end{aligned}\right\}\quad \begin{aligned}&\textit{post}, \text{ Nos. 47 to 50.} \\ &\textit{post}, \text{ Nos. 51 to 53.}\end{aligned}$$

23. The just-mentioned formulæ give

$$\begin{aligned}\Pi = -&\quad (5m^2-18m+17)(4m-9)\,E\Psi \\ &- 2(5m-9)(m-2)(4m-9)\,\frac{m-1}{3m-7}\,F\Psi_1 \\ &+ \ (m-2)(5m^2-18m+17)(E\Psi\ + 2F\Psi\ ) \\ &+ \frac{(5m-9)(m-1)^2(m-2)}{3m-7}\,(E\Psi_1 + 2F\psi_1),\end{aligned}$$

that is

$$\begin{aligned}\Pi = -&\quad (3m-7)(5m^2-18m+17) && E\Psi \\ &+ 2(\ m-2)(5m^2-18m+17) && F\Psi \\ &+ \frac{(5m-9)(m-1)^2(m-2)}{3m-7} && E\Psi_1 \\ &- \frac{2(m-1)(m-2)(3m-8)(5m-9)}{3m-7} && F\Psi_1,\end{aligned}$$

or, as this may also be written,

$$\begin{aligned}(3m-7)\Pi=&-(5m^2-18m+17)\{-2(m-1)(m-2)F\Psi_1 + (3m-7)^2 E\psi\}\\ &-(5m-9)(m-2)\{(m-1)(3m-8)F\Psi_1+(3m-7)(3m-8)F\Psi-(m-1)^2E\Psi_1\}\\ &+(25m^2-103m+106)(m-2)\{-(m-1)F\Psi_1+(3m-7)F\Psi\}.\end{aligned}$$

24. But recollecting that

$$\begin{aligned}\Omega &= (\mathfrak{A}, \mathfrak{B}, \mathfrak{C}, \mathfrak{F}, \mathfrak{G}, \mathfrak{H} \between \partial_x, \partial_y, \partial_z)^2 H\\ &= (\mathfrak{A}, \mathfrak{B}, \mathfrak{C}, \mathfrak{F}, \mathfrak{G}, \mathfrak{H} \between a', b', c', 2f', 2g', 2h'),\end{aligned}$$

and putting

$$\begin{aligned}E\Omega &= (\partial\mathfrak{A}, \ldots \between a', \ldots) \qquad (=\partial\Omega_{\overline{H}}),\\ F\Omega &= (\mathfrak{A}, \ldots \between \partial a', \ldots) \qquad (=\partial\Omega_{\overline{U}}),\end{aligned}$$

we have, *post*, Nos. 41 to 46,

$$\begin{aligned}-2(m-1)(m-2)F\Psi_1 + (3m-7)^2E\Psi_1 &= (3m-6)(3m-7)HE\Omega,\\ (m-1)(3m-8)F\Psi_1+(3m-7)(3m-8)F\Psi-(m-1)^2E\Psi_2 &= (3m-6)(3m-7)HF\Omega,\\ -(m-1)F\Psi_1+(3m-7)F\Psi- &= (3m-7)\Omega\partial H,\end{aligned}$$

and the foregoing equation becomes

$$\begin{aligned}(3m-7)\Pi = &-(5m^2-18m+17)(3m-6)(3m-7)HE\Omega\\ &-(5m-9)(m-2)(3m-6)(3m-7)HF\Omega\\ &+(m-2)(25m^2-103m-106)(3m-7)\Omega\partial H.\end{aligned}$$

25. But we have

$$\vartheta\,\text{Jac.}(U, H, \Omega_{\overline{H}}) - (3m-6)HE\Omega + (2m-4)\Omega\partial H = 0, \qquad \text{(J)}$$

$$\vartheta\,\text{Jac.}(U, H, \Omega_{\overline{U}}) - (3m-6)HF\Omega + (3m-6)\Omega\partial H = 0, \qquad \text{(J)}$$

that is

$$\begin{aligned}3(m-2)HE\Omega &= 2(m-2)\Omega\partial H + \vartheta\,\text{Jac.}(U, H, \Omega_{\overline{H}}),\\ 3(m-2)HF\Omega &= (3m-8)\Omega\partial H + \vartheta\,\text{Jac.}(U, H, \Omega_{\overline{U}}),\end{aligned}$$

and we thus obtain

$$\begin{aligned}\Pi = &-(5m^2-18m+17)\{2(m-2)\Omega\partial H + \vartheta\,\text{Jac.}(U, H, \Omega_{\overline{H}})\}\\ &-(5m-9)(m-2)\{(3m-8)\Omega\partial H + \vartheta\,\text{Jac.}(U, H, \Omega_{\overline{U}})\}\\ &+(25m^2-103m+106)(m-2)\Omega\partial H,\end{aligned}$$

where the coefficient of $(m-2)\Omega\partial H$ is

$$\begin{aligned}&-(10m^2-36m+34)\\ &-(5m-9)(3m-8)\\ &+(25m^2-103m+106),\end{aligned}$$

which is $=0$. Hence

$$\Pi = -(5m^2 - 18m + 17)\vartheta \text{ Jac. }(U, H, \Omega_{\bar{H}})$$
$$- (5m-9)(m-2)\ \vartheta \text{ Jac. }(U, H, \Omega_{\bar{U}}).$$

26. Substituting this in the equation

$$3H\Pi + (m-2)^2\{-27H \text{ Jac. }(U, \Omega, H) + 40 \text{ Jac. }(U, \Psi, H)\} = 0,$$

the result contains the factor ϑ, and, throwing this out, the condition is

$$3H\{-(5m^2-18m+17) \text{ Jac. }(U, H, \Omega_{\bar{H}}) - (5m-9)(m-2) \text{ Jac. }(U, H, \Omega_{\bar{U}})\}$$
$$+ (m-2)^2\{27H \text{ Jac. }(U, H, \Omega) - 40 \text{ Jac. }(U, H, \Psi)\} = 0,$$

or, as this may also be written,

$$-(15m^2-54m+51) H \text{ Jac. }(U, H, \Omega_{\bar{H}}) - 3(5m-9)(m-2) H \text{ Jac. }(U, H, \Omega_{\bar{U}})$$
$$+ 27(m-2)^2 \qquad \{H \text{ Jac. }(U, H, \Omega_{\bar{H}}) + \qquad H \text{ Jac. }(U, H, \Omega_{\bar{U}})\}$$
$$- 40(m-2)^2 \qquad \text{Jac. }(U, H, \Psi) = 0.$$

27. Hence the condition finally is

$$(12m^2-54m+57) H \text{ Jac. }(U, H, \Omega_{\bar{H}}) + (m-2)(12m-27) H \text{ Jac. }(U, H, \Omega_{\bar{U}})$$
$$- 40(m-2)^2 \text{ Jac. }(U, H, \Psi) = 0,$$

or, as this may also be written,

$$-3(m-1) H \text{ Jac. }(U, H, \Omega_{\bar{H}}) + (m-2)(12m-27) H \text{ Jac. }(U, H, \Omega)$$
$$- 40(m-2)^2 \text{ Jac. }(U, H, \Psi) = 0,$$

viz. the sextactic points are the intersections of the curve m with the curve represented by this equation; and observing that U, H, $H\Omega$ and Ψ are of the orders m, $3m-6$, $8m-18$ respectively, the order of the curve is as above mentioned $= 12m - 27$.

Article Nos. 28 to 30.—*Application to a Cubic.*

28. I have in my former memoir, No. 30, shown that for a cubic curve

$$\Omega(\mathfrak{A}, \mathfrak{B}, \mathfrak{C}, \mathfrak{F}, \mathfrak{G}, \mathfrak{H}\,\rangle\!\langle\, \partial_x, \partial_y, \partial_z)^2 H = -2S \,.\, U = 0;$$

this implies Jac. $(U, H, \Omega) = 0$, and hence if one of the two Jacobians, Jac. (U, H, Ω_U), Jac. $(U, H, \Omega_{\bar{H}})$ vanish, the other will also vanish. Now, using the canonical form

$$U = x^3 + y^3 + z^3 + 6lxyz,$$

we have

$$\Omega = (\mathfrak{A}, \ldots \rangle\!\langle a', \ldots)$$
$$= (yz - l^2x^2,\ zx - l^2y^2,\ xy - l^2z^2,\ l^2yz - lx^2,\ l^2zx - ly^2,\ l^2xy - lz^2)$$
$$(\ -3l^2x,\quad -3l^2y,\quad -3l^2z,\quad (1+2l^3)x,\quad (1+2l^3)y,\quad (1+2l^3)z\ ),$$

the development of which in fact gives the last-mentioned result. But applying this formula to the calculation of Jac. $(U, H, \Omega_{\overline{U}})$, then disregarding numerical factors, we have

$$\begin{aligned}\partial_x\Omega_{\overline{U}} &= (yz - l^2x^2, . \, . \, , \, . \, l^2yz - lx^2, . \, . \, , \, .\between -3l^2, \; 0, \; 0, \; (1+2l^3), \; 0, \; 0) \\ &= -3l^2 \qquad (yz - l^2x^2) \\ &\quad + (1+2l^3)\,(l^2yz - lx^2) \\ &= (-l + l^4)\,(x^2 + 2lyz), \; = S\partial_x U\,;\end{aligned}$$

and in like manner $\partial_y\Omega_{\overline{U}} = S\partial_y U$, $\partial_z\Omega_{\overline{U}} = S\partial_z U$, and therefore

$$\text{Jac. } (U, H, \Omega_{\overline{U}}) = S \text{ Jac. } (U, H, U) = 0,$$

whence also

$$\text{Jac. } (U, H, \Omega_{\overline{H}}) = 0\,;$$

and the condition for a sextactic point assumes the more simple form,

$$\text{Jac. } (U, H, \Psi) = 0.$$

29. Now (former memoir, No. 32) we have

$$\begin{aligned}\Psi &= (\mathfrak{A}, \mathfrak{B}, \mathfrak{C}, \mathfrak{F}, \mathfrak{G}, \mathfrak{H}\between \partial_x H, \partial_y H, \partial_z H)^2 \\ &= \quad (1+8l^3)^2 \qquad (y^3z^3 + z^3x^3 + x^3y^3) \\ &\quad + (-9l^6) \qquad (x^3+y^3+z^3)^2 \\ &\quad + (-2l - 5l^4 - 20l^7)\;(x^3+y^3+z^3)\,xyz \\ &\quad + (-15l^2 - 78l^5 + 12l^8)\,x^2y^2z^2,\end{aligned}$$

or observing that $x^3+y^3+z^3$ and xyz, and therefore the last three lines of the expression of Ψ are functions of $U (= x^3+y^3+z^3+6lxyz)$ and $H\,(= -l^2(x^3+y^3+z^3) + (1+2l^3)\,xyz)$, and consequently give rise to the term $=0$ in Jac. (U, H, Ψ), we may write

$$\Psi = (1+8l^3)^2\,(y^3z^3 + z^3x^3 + x^3y^3).$$

30. We have then, disregarding a constant factor,

$$\text{Jac. } (U, H, \Psi) = \text{Jac. } (x^3+y^3+z^3, \; xyz, \; y^3z^3+z^3x^3+x^3y^3),$$

$$= \begin{vmatrix} x^2 &, \; y^2 &, \; z^2 \\ yz &, \; zx &, \; xy \\ x^2(y^3+z^3), & y^2(z^3+x^3), & z^2(x^3+y^3) \end{vmatrix},$$

$$= x^3(y^6 - z^6) + y^3(z^6 - x^6) + z^3(x^6 - y^6),$$

$$= (y^3 - z^3)\,(z^3 - x^3)\,(x^3 - y^3),$$

so that the sextactic points are the intersections of the curve

$$U = x^3 + y^3 + z^3 + 6lxyz = 0,$$

with the curve

$$(y^3 - z^3)(z^3 - x^3)(x^3 - y^3) = 0.$$

Article Nos. 31 to 33.—*Proof of identities for the first transformation.*

31. Calculation of $(\partial_1^5 + 10\partial_1^3\partial_2 + 10\partial_1^2\partial_3 + 15\partial_1\partial_2^2)\,U$.

Writing ∂ in place of **D**, we have (former memoir, No. 20)

$$(\partial_1^4 + 6\partial_1^2\partial_2)\,U = \frac{\vartheta^2}{(m-1)^2}\left(-2\partial_2 H - \partial^2 H + \frac{3m-6}{m-1}H\Phi - \frac{2\vartheta}{m-1}\nabla H\right).$$

But

$$\left.\begin{aligned} -2\partial_2 H &= \frac{6m-12}{m-1}H\Phi - \frac{2\vartheta}{m-1}\nabla H, \\ -\partial^2 H &= \frac{(3m-6)(3m-7)}{(m-1)^2}H\Phi - \frac{6m-14}{(m-1)^2}\vartheta\nabla H + \frac{\vartheta^2}{(m-1)}\Omega, \end{aligned}\right\} \text{former memoir, Nos. 21 and 22;}$$

and thence

$$\begin{aligned}(\partial_1^4 + 6\partial_1^2\partial_2)\,U = &\ \frac{\vartheta^2}{(m-1)^4}(18m^2 - 66m + 60)\,H\Phi \\ &+ \frac{\vartheta^3}{(m-1)^4}(-10m+18)\,\nabla H \\ &+ \frac{\vartheta^4}{(m-1)^4}(\Omega);\end{aligned}$$

whence operating on each side with $\partial_1, =\partial$, we have

$$\begin{aligned}(\partial_1^5 + 10\partial_1^3\partial_2 + 6\partial_1^2\partial_3 + 12\partial_1\partial_2^2)\,U = &\ \frac{\vartheta^2}{(m-1)^4}(18m^2 - 66m + 60)(H\partial\Phi + \Phi\partial H) \\ &+ \frac{\vartheta^3}{(m-1)^4}(-10m+18)\{(\partial\,.\,\nabla)H + \partial\nabla H\} \\ &+ \frac{\vartheta^4}{(m-1)^4}\partial\Omega.\end{aligned}$$

We have besides (see Appendix, Nos. 69 to 74),

$$\begin{aligned}\partial_1^2\partial_3 U = &\ \frac{\vartheta^2}{(m-1)^3}\{(3m-6)\,H\partial\Phi + (-m+3)\,\Phi\partial H\} \\ &+ \frac{\vartheta^3}{(m-1)^3}\{-(\partial\,.\,\nabla)H\},\end{aligned}$$

$$\partial_1\partial_2^2 U = \frac{\vartheta^2}{(m-1)^2}(-H\partial\Phi + \Phi\partial H);$$

and thence

$$(4\partial_1{}^2\partial_3+3\partial_1\partial_2{}^2)\,U=\frac{\vartheta^2}{(m-1)^3}\{(90m-21)\,H\partial\Phi+(-m+9)\,\Phi\partial H\}$$

$$+\frac{\vartheta^3}{(m-1)^3}\{-4\,(\partial.\nabla)\,H\};$$

and adding this to the foregoing expression for $(\partial_1{}^5+10\partial_1{}^3\partial_2+6\partial_1{}^2\partial_3+12\partial_1\partial_2{}^2)\,U$, we have

$$(\partial_1{}^5+10\partial_1{}^3\partial_2+10\partial_1{}^2\partial_3+15\partial_1\partial_2{}^2)\,U=$$

$$\frac{\vartheta^2}{(m-1)^4}\{(27m^2-96m+81)H\partial\Phi+(17m^2-56m+51)\Phi\partial H\}$$

$$+\frac{\vartheta^3}{(m-1)^4}\{(-14m+22)\,(\partial\,.\,\nabla)\,H+(-10m+18)\,\partial\nabla\,.\,H\}$$

$$+\frac{\vartheta^4}{(m-1)^4}\,\partial\Omega.$$

32. Calculation of

$$\partial_4U\partial_1H+2\partial_3U\partial_2H+2\partial_2U\partial_3H.$$

We have

$$\partial_4U=\frac{\vartheta^2}{(m-1)^2}\,\tfrac{2}{3}\partial_2H+\partial^2H-\frac{1}{m-1}\,H\Phi-\frac{\tfrac{2}{3}\vartheta}{m-1}\,\nabla H,\qquad \partial_1H=\partial H,$$

$$\partial_3U=\frac{\vartheta^2}{(m-1)^2}\,\partial H,\qquad \partial_2H=\partial_2H,$$

$$\partial_2U=\frac{\vartheta^2}{(m-1)^2}\,H,\qquad \partial_3H=\frac{1}{m-1}(-3m+6)\,\partial\Phi-\Phi\partial H+\frac{\vartheta}{m-1}\,(\partial.\,\nabla)\,H,$$

for which values see Appendix, No. 58. And hence the expression sought for is

$$=\frac{\vartheta^2}{(m-1)^3}\Big\{\big((m-1)\,(\tfrac{2}{3}\partial_2H+\partial^2H)-H\Phi-\tfrac{2}{3}\vartheta\nabla H\big)\,\partial H$$

$$+2\,(m-1)\,\partial H\,\partial_2H$$

$$+2H\,\big((-3m+6)\,H\partial\Phi-\Phi\partial H+\vartheta\,(\partial.\nabla)\,H\big)\Big\},$$

which is

$$=\frac{\vartheta^2}{(m-1)^3}\{\quad\tfrac{8}{3}\,(m-1)\,\partial H\,\partial_2H$$

$$+\quad(m-1)\,\partial H\,\partial^2H$$

$$+\quad(-6m+12)\,H^2\partial\Phi-3H\Phi\partial H\}$$

$$+\frac{\vartheta^3}{(m-1)^3}\{2H\,(\partial.\nabla)\,H-\tfrac{2}{3}\partial H\nabla H\}.$$

But we have, former memoir, Nos. 21 and 25,

$$\partial_2 H = -\frac{(3m-6)}{m-1} H\Phi - \frac{\vartheta}{m-1} \nabla H,$$

$$\partial^2 H = -\frac{(3m-6)(3m-7)}{(m-1)^2} H\Phi + \frac{6m-14}{(m-1)^2} \vartheta \nabla H - \frac{\vartheta^2}{(m-1)^2} \Omega,$$

so that the foregoing expression becomes

$$= \frac{\vartheta^2}{(m-1)^3} \{-(8m-16) H\Phi\partial H + \tfrac{8}{3}\vartheta\partial H \nabla H$$

$$- \frac{(3m-6)(3m-7)}{m-1} H\Phi\partial H + \frac{6m-14}{m-1} \vartheta\partial H \nabla H - \frac{\vartheta^2}{m-1} \Omega\partial H$$

$$- 3H\Phi\partial H - (6m-12) H^2\partial\Phi\}$$

$$+ \frac{\vartheta^3}{(m-1)^3} \{2H(\partial \,.\, \nabla) H - \tfrac{2}{3}\partial H \nabla H\};$$

or finally

$$\partial_4 U \partial_1 H + 2\partial_3 U \partial_2 H + 2\partial_2 U \partial_3 H =$$

$$\frac{\vartheta^2}{(m-1)^4} \{(-6m^2 + 18m - 12) H^2\partial\Phi + (-17m^2 + 60m - 55) H\Phi\partial H\}$$

$$+ \frac{\vartheta^3}{(m-1)^4} \{(2m-2) H(\partial \,.\, \nabla) H + (8m-16)\partial H \nabla H\}$$

$$+ \frac{\vartheta^4}{(m-1)^4} \{-\Omega\partial H\}.$$

33. Calculation of $\partial_2 U \partial_3 U$.

This is

$$= \frac{\vartheta^4}{(m-1)^4} H\partial H.$$

Article Nos. 34 and 35.—*The Jacobian Formula.*

34. In general, if P, Q, R, S be functions of the degrees p, q, r, s respectively, we have identically

$$\begin{vmatrix} pP, & qQ, & rR, & sS \\ \partial_x P, & \partial_x Q, & \partial_x R, & \partial_x S \\ \partial_y P, & \partial_y Q, & \partial_y R, & \partial_y S \\ \partial_z P, & \partial_z Q, & \partial_z R, & \partial_z S \end{vmatrix} = 0,$$

or, what is the same thing,

$$pP \text{ Jac.}(Q, R, S) - qQ \text{ Jac.}(R, S, P) + rR \text{ Jac.}(S, P, Q) - sS \text{ Jac.}(P, Q, R) = 0.$$

Hence in particular if $P=U$, and assuming $U=0$, we have

$$-qQ \text{ Jac.} (R,\ S,\ U)+rR \text{ Jac.} (S,\ U,\ Q)-sS \text{ Jac.} (U,\ Q,\ R)=0.$$

If moreover $Q=\vartheta$, and therefore $q=1$, we have

$$-\vartheta \text{ Jac.} (R,\ S,\ U)+rR \text{ Jac.} (S,\ U,\ \vartheta)-sS \text{ Jac.} (U,\ \vartheta,\ R)=0;$$

or, as this may also be written,

$$-\vartheta \text{ Jac.} (U,\ R,\ S)+rR \text{ Jac.} (U,\ \vartheta,\ S)-sS \text{ Jac.} (U,\ \vartheta,\ R)=0;$$

that is

$$-\vartheta \text{ Jac.} (U,\ R,\ S)+rR\partial S-sS\partial R=0.$$

35. Particular cases are

$$(2m-\ 4)\quad \Phi\partial H-(3m-6)\,H\partial\Phi \qquad =\vartheta \text{ Jac.} (U,\ \Phi\ ,\ H),\ \textit{ante}, \text{ No. } 12,$$

$$(5m-11)\ \nabla H\partial H-(3m-6)\,H\partial\,(\nabla H)=\vartheta \text{ Jac.} (U,\ \nabla H,\ H),\qquad ,,\qquad 14,$$

$$(2m-\ 4)\ \nabla:\partial H-(3m-6)\,H\partial\,.\,\nabla \qquad =\vartheta \text{ Jac.} (U,\ \nabla\ ,\ H),\qquad ,,\qquad ,,$$

$$(5m-12)\quad \Omega\partial H-(3m-6)\,H\partial\Omega \qquad =\vartheta \text{ Jac.} (U,\ \Omega\ ,\ H),\qquad ,,\qquad 18,$$

$$(8m-18)\quad \Psi\partial H-(3m-6)\,H\partial\Psi \qquad =\vartheta \text{ Jac.} (U,\ \Psi\ ,\ H),\qquad ,,\qquad 19,$$

$$(2m-\ 4)\quad \Omega\partial H-(3m-6)\,HE\Omega \qquad =\vartheta \text{ Jac.} (U,\ \Omega_{\overline{H}}\ ,\ H),\qquad ,,\qquad 25,$$

$$(3m-\ 8)\quad \Omega\partial H-(3m-6)\,HF\Omega \qquad =\vartheta \text{ Jac.} (U,\ \Omega_{\overline{U}}\ ,\ H),\qquad ,,\qquad ,,$$

where it is to be observed that in the third of these formulæ I have, in accordance with the notation before employed, written $\partial\,.\,\nabla$ to denote the result of the operation ∂ performed on ∇ as operand. I have also written $\nabla:\partial H$ to show that the operation ∇ is not to be performed on the following ∂H as an operand, but that it remains as an unperformed operation. As regards the last two equations, it is to be remarked that the demonstration in the last preceding number depends merely on the homogeneity of the functions, and the orders of these functions: in the former of the two formulæ, the differentiation of Ω is performed upon Ω in regard to the coordinates $(x,\ y,\ z)$ in so far only as they enter through U, and Ω is therefore to be regarded as a function of the order $2m-4$; in the latter of the two formulæ the differentiation is to be performed in regard to the coordinates in so far only as they enter through H, and Ω is therefore to be regarded as a function of the order $3m-8$. The two formulæ might also be written

$$(2m-\ 4)\,\Omega\partial H-(3m-6)\,H\partial\Omega_{\overline{H}}=\vartheta \text{ Jac.} (U,\ \Omega_{\overline{H}},\ H),$$

$$(3m-\ 8)\,\Omega\partial H-(3m-6)\,H\partial\Omega_{\overline{U}}=\vartheta \text{ Jac.} (U,\ \Omega_{\overline{U}},\ H);$$

and it may be noticed that, adding these together, we obtain the foregoing formula,

$$(5m-12)\,\Omega\partial H-(3m-6)\,H\partial\Omega\ =\vartheta \text{ Jac.} (U,\ \Omega,\ H).$$

Article Nos. 36 to 40.—*Proof of equation* $(\partial.\nabla)H = \text{Jac.}(U, H, \Phi)$, *used in the second transformation.*

36. We have

$$\nabla = (\mathfrak{A}, ..\between\lambda, \mu, \nu\between\partial_x, \partial_y, \partial_z)$$

$$= (\mathfrak{A}\partial_x + \mathfrak{H}\partial_y + \mathfrak{G}\partial_z,\ \mathfrak{H}\partial_x + \mathfrak{B}\partial_y + \mathfrak{F}\partial_z,\ \mathfrak{G}\partial_x + \mathfrak{F}\partial_y + \mathfrak{C}\partial_z\between\lambda, \mu, \nu).$$

Also

$$\partial = (B\nu - C\mu)\,\partial_x + (C\lambda - A\nu)\,\partial_y + (A\mu - B\lambda)\,\partial_z$$

$$= \lambda P + \mu Q + \nu R,$$

if for a moment $P, Q, R = C\partial_y - B\partial_z,\ A\partial_z - C\partial_x,\ B\partial_x - A\partial_y$.
Hence

$$\partial\,.\,\nabla = (P\lambda + Q\mu + R\nu)\,.\,(\mathfrak{A}\partial_x + \mathfrak{H}\partial_y + \mathfrak{G}\partial_z,\ \mathfrak{H}\partial_x + \mathfrak{B}\partial_y + \mathfrak{F}\partial_z,\ \mathfrak{G}\partial_x + \mathfrak{F}\partial_y + \mathfrak{C}\partial_z\between\lambda, \mu, \nu),$$

viz. coefficient of λ^2

$$= P\mathfrak{A}\partial_x + P\mathfrak{H}\partial_y + P\mathfrak{G}\partial_z,$$

and so for the other terms; whence also in $(\partial\,.\,\nabla)\,H$ the coefficients of λ^2, &c. are

$$(P\mathfrak{A}\partial_x + P\mathfrak{H}\partial_y + P\mathfrak{G}\partial_z)\,H, \text{ \&c.}$$

37. Again, in Jac. (U, H, Φ), where $\Phi = (\mathfrak{A}, \mathfrak{B}, \mathfrak{C}, \mathfrak{F}, \mathfrak{G}, \mathfrak{H}\between\lambda, \mu, \nu)^2$, the coefficients of λ^2, &c. are Jac. $(U, H, \mathfrak{A})$, &c.; and hence the assumed equation

$$(\partial\,.\,\nabla)\,H = \text{Jac.}\,(U, H, \Phi),$$

in regard to the term in λ^2, is

$$(P\mathfrak{A}\partial_x + P\mathfrak{H}\partial_y + P\mathfrak{G}\partial_z)\,H = \text{Jac.}\,(U, H, \mathfrak{A}),$$

and we have

$$\text{Jac.}\,(U, H, \mathfrak{A}) = \begin{vmatrix} A\ , & B\ , & C \\ \partial_x H, & \partial_y H, & \partial_z H \\ \partial_x\ , & \partial_y\ , & \partial_z \end{vmatrix}\ \mathfrak{A}$$

$$= [\partial_x H\,(C\partial_y - B\partial_z) + \partial_y H\,(A\partial_z - C\partial_x) + \partial_z H\,(B\partial_x - A\partial_y)]\ \mathfrak{A},$$

$$= (\partial_x H\,.\,P + \partial_y H\,.\,Q + \partial_z H\,.\,R)\,\mathfrak{A}\,;$$

so that the equation is

$$P\mathfrak{A}\partial_x H + P\mathfrak{H}\partial_y H + P\mathfrak{G}\partial_z H,$$

$$= P\mathfrak{A}\partial_x H + Q\mathfrak{A}\partial_y H + R\mathfrak{A}\partial_z H,$$

or, as this may be written,

$$[(B\partial_z - C\partial_y)\,\mathfrak{H} - (C\partial_x - A\partial_z)\,\mathfrak{A}]\,\partial_y H$$

$$+ [(B\partial_z - C\partial_y)\,\mathfrak{G} - (A\partial_y - B\partial_x)\,\mathfrak{A}]\,\partial_z H = 0.$$

38. The coefficient of $\partial_y H$ is

$$= \quad A\partial_z\mathfrak{A} + B\partial_z\mathfrak{H} - C(\partial_x\mathfrak{A} + \partial_y\mathfrak{H}),$$

which, in virtue of the identity, *post*, No. 40, $\partial_x\mathfrak{A} + \partial_y\mathfrak{H} + \partial_z\mathfrak{G} = 0$,

is

$$= \quad A\partial_z\mathfrak{A} + \mathfrak{B}\partial_z\mathfrak{H} + C\partial_z\mathfrak{G}\,;$$

and in like manner the coefficient of $\partial_z H$ is

$$= -(A\partial_y\mathfrak{A} + B\partial_y\mathfrak{H} + C\partial_y\mathfrak{G}),$$

so that the equation is

$$(A\partial_z\mathfrak{A} + B\partial_z\mathfrak{H} + C\partial_z\mathfrak{G})\,\partial_y H - (A\partial_y\mathfrak{A} + B\partial_y\mathfrak{H} + C\partial_z\mathfrak{G})\,\partial_z H = 0.$$

39. But we have

$$\begin{aligned} \mathfrak{A}a &+ \mathfrak{H}h &+ \mathfrak{G}g &= H, \\ \mathfrak{A}h &+ \mathfrak{H}b &+ \mathfrak{G}f &= 0, \\ \mathfrak{A}g &+ \mathfrak{H}f &+ \mathfrak{G}c &= 0, \end{aligned}$$

or multiplying by x, y, z and adding,

$$(m-1)(\mathfrak{A}A + \mathfrak{H}B + \mathfrak{G}C) = xH\,;$$

whence also

$$(m-1)(\mathfrak{A}h + \mathfrak{H}b + \mathfrak{G}c + A\partial_y\mathfrak{A} + B\partial_y\mathfrak{H} + C\partial_y\mathfrak{G}) = x\partial_y H,$$

that is

$$(m-1)(A\partial_y\mathfrak{A} + B\partial_y\mathfrak{H} + C\partial_y\mathfrak{G}) = x\partial_y H\,;$$

and in like manner

$$(m-1)(A\partial_z\mathfrak{A} + B\partial_z\mathfrak{H} + C\partial_z\mathfrak{G}) = x\partial_z H,$$

whence the equation in question. The terms in λ^2 are thus shown to be equal, and it might in a similar manner be shown that the terms in $\mu\nu$ are equal; the other terms will then be equal, and we have therefore

$$(\partial\,.\,\nabla)\,H = \text{Jac.}\,(U,\ H,\ \Phi).$$

40. The identity

$$\partial_x\mathfrak{A} + \partial_y\mathfrak{H} + \partial_z\mathfrak{G} = 0$$

assumed in the course of the foregoing proof is easily proved. We have in fact

$$\partial_x\mathfrak{A} + \partial_y\mathfrak{H} + \partial_z\mathfrak{G} = \partial_x(bc - f^2) + \partial_y(fg - ch) + \partial_z(fh - bg)$$

$$= b(\partial_x c - \partial_x g) + c(\partial_x b - \partial_y h) + f(-2\partial_x f + \partial_y g + \partial_z h) + g(\partial_y f - \partial_z b) + h(-\partial_y c + \partial_z f),$$

where the coefficients of b, c, f, g, h separately vanish: we have of course the system

$$\begin{aligned} \partial_x\mathfrak{A} &+ \partial_y\mathfrak{H} &+ \partial_z\mathfrak{G} &= 0, \\ \partial_x\mathfrak{H} &+ \partial_y\mathfrak{B} &+ \partial_z\mathfrak{F} &= 0, \\ \partial_x\mathfrak{G} &+ \partial_y\mathfrak{F} &+ \partial_z\mathfrak{C} &= 0. \end{aligned}$$

Article Nos. 41 to 46.—*Proof of identities for the fourth transformation.*

41. Consider the coefficients (a, b, c, f, g, h) and the inverse set $(\mathfrak{A}, \mathfrak{B}, \mathfrak{C}, \mathfrak{F}, \mathfrak{G}, \mathfrak{H})$, and the coefficients (a', b', c', f', g', h'), and the inverse set $(\mathfrak{A}', \mathfrak{B}', \mathfrak{C}', \mathfrak{F}', \mathfrak{G}, \mathfrak{H}')$; then we have identically

$$\begin{aligned}&(a,..\between x, y, z)^2 (\mathfrak{A}',..\between a,..) - (\mathfrak{A}',..\between ax + hy + gz,..)^2\\ = &(a',..\between x, y, z)^2 (\mathfrak{A},..\between a',..) - (\mathfrak{A},..\between a'x + h'y + g'z,..)^2,\end{aligned}$$

where $(\mathfrak{A}',..\between a,..)$ and $(\mathfrak{A},..\between a',..)$ stand for

$$(\mathfrak{A}', \mathfrak{B}', \mathfrak{C}', \mathfrak{F}', \mathfrak{G}', \mathfrak{H}'\between a, b, c, 2f, 2g, 2h)$$

and

$$(\mathfrak{A}, \mathfrak{B}, \mathfrak{C}, \mathfrak{F}, \mathfrak{G}, \mathfrak{H}\between a', b', c', 2f', 2g', 2h')$$

respectively.

42. Taking (a, b, c, f, g, h), the second differential coefficients of a function U of the order m, and in like manner (a', b', c', f', g', h'), the second differential coefficients of a function U' of the order m', we have

$$\begin{aligned}&m(m-1)\,U\,.(\mathfrak{A}',..\between \partial_x, \partial_y, \partial_z)^2\,U' - (m-1)^2 (\mathfrak{A}',..\between \partial_x U, \partial_y U, \partial_z U)^2\\ = &m'(m'-1)\,U'.(\mathfrak{A},..\between \partial_x, \partial_y, \partial_z)^2\,U - (m'-1)^2 (\mathfrak{A},..\between \partial_x U', \partial_y U', \partial_z U')^2;\end{aligned}$$

and in particular if U' be the Hessian of U, then $m' = 3m - 6$.

43. Hence writing

$$\begin{aligned}\Omega &= (\mathfrak{A},..\between \partial_x, \partial_y, \partial_z)^2 H, & \Psi &= (\mathfrak{A},..\between \partial_x H, \partial_y H, \partial_z H)^2,\\ \Omega_1 &= (\mathfrak{A}',..\between \partial_x, \partial_y, \partial_z)^2 U, & \Psi_1 &= (\mathfrak{A}',..\between \partial_x U, \partial_y U, \partial_z U)^2,\end{aligned}$$

we have

$$m(m-1)\,U\Omega_1 - (m-1)^2\,\Psi_1 = (3m-6)(3m-7)\,H\Omega - (3m-7)^2\,\Psi;$$

or if $U = 0$, then

$$-(m-1)^2\,\Psi_1 = (3m-6)(3m-7)\,H\Omega - (3m-7)^2\,\Psi;$$

whence also

$$-(m-1)^2\,\partial\Psi_1 = (3m-6)(3m-7)(H\partial\Omega + \Omega\partial H) - (3m-7)^2\,\partial\Psi,$$

which is the formula, *ante* No. 21.

44. Recurring to the original formula, since this is an actual identity, we may operate on it with the differential symbol ∂ on the three assumptions:

1. (a, b, c, f, g, h), $(\mathfrak{A}, \mathfrak{B}, \mathfrak{C}, \mathfrak{F}, \mathfrak{G}, \mathfrak{H})$ are alone variable.

2. (a', b', c', f', g', h'), $(\mathfrak{A}', \mathfrak{B}', \mathfrak{C}', \mathfrak{F}', \mathfrak{G}', \mathfrak{H}')$ are alone variable.

3. (x, y, z) are alone variable.

We thus obtain

$$\begin{aligned}&(\partial a,\ldots\between x,\, y,\, z)^2(\mathfrak{A}',\ldots\between a,\ldots)\\ &+(a,\ldots\between x,\, y,\, z)^2(\mathfrak{A}',\ldots\between \partial a,\ldots)\\ &-2(\mathfrak{A}',\ldots\between ax+hy+gz,\ldots\between x\partial a+y\partial b+z\partial c,\ldots)\end{aligned} \;=\; \begin{aligned}&(a',\ldots\between x,\, y,\, z)^2(\partial\mathfrak{A},\ldots\between a',\ldots)\\ &-(\partial\mathfrak{A},\ldots\between a'x+h'y+g'z,\ldots)^2,\end{aligned}$$

$$\begin{aligned}&(a,\ldots\between x,\, y,\, z)^2(\partial\mathfrak{A}',\ldots\between a,\ldots)\\ &-(\partial\mathfrak{A}',\ldots\between ax+hy+gz,\ldots)^2\end{aligned} \;=\; \begin{aligned}&(\partial a',\ldots\between x,\, y,\, z)^2(\mathfrak{A},\ldots\between a',\ldots)\\ &+(a',\ldots\between x,\, y,\, z)^2(\mathfrak{A},\ldots\between \partial a'\ldots)\\ &-2(\mathfrak{A},\ldots\between a'x+h'y+g'z,\ldots\between x\partial a'+y\partial h'+z\partial g',\ldots),\end{aligned}$$

$$\begin{aligned}&2(a,\ldots\between x,\, y,\, z\between \partial x,\, \partial y,\, \partial z)(\mathfrak{A}',\ldots\between a,\ldots)\\ &-2(\mathfrak{A}',.\between ax+hy+gz,.\between a\partial x+h\partial y+gdz,.)\end{aligned} \;=\; \begin{aligned}&2(a',\ldots\between x,\, y,\, z\between \partial x,\, \partial y,\, \partial z)(\mathfrak{A},\ldots\between a',\ldots)\\ &-2(\mathfrak{A},.\between a'x+h'y+g'z,\ldots\between a'\partial x+h'\partial y+g'\partial z,\ldots).\end{aligned}$$

45. If in these equations respectively we suppose as before that (a, b, c, f, g, h) are the second differential coefficients of a function U of the order m, and (a', b', c', f', g', h') the second differential coefficients of a function U' of the order m'; and that (A, B, C), (A', B', C') are the first differential coefficients of these functions respectively, then after some easy reductions we have

$$\begin{aligned}&(m-1)(m-2)\,\partial U(\mathfrak{A}',\ldots\between a,\ldots)\\ &+m(m-1)\,U(\mathfrak{A}',\ldots\between \partial a,\ldots)\\ &-2(m-1)(m-2)(\mathfrak{A}',\ldots\between A, B, C\between \partial A, \partial B, \partial C)\end{aligned} \;=\; \begin{aligned}&m'(m'-1)\,U'(\partial\mathfrak{A},\ldots\between a',\ldots)\\ &-(m'-1)^2(\partial\mathfrak{A},\ldots\between A',\, B',\, C')^2,\end{aligned}$$

$$\begin{aligned}&m(m-1)\,U(\partial A',\ldots\between a',\ldots)\\ &-(m-1)^2(\partial A',\ldots\between A,\, B,\, C)^2\end{aligned} \;=\; \begin{aligned}&(m'-1)(m'-2)\,\partial U'(\mathfrak{A},\ldots\between a',\ldots)\\ &+m'(m'-1)\,U'(\mathfrak{A},\ldots\between \partial a',\ldots)\\ &-2(m'-1)(m'-2)(\mathfrak{A},\ldots\between A', B', C'\between \partial A', \partial B', \partial C')\end{aligned}$$

$$\begin{aligned}&2(m-1)\,\partial U(\mathfrak{A}',\ldots\between a,\ldots)\\ &-2(m-1)(\mathfrak{A}',\ldots\between A,\, B,\, C\between \partial A,\, \partial B,\, \partial C)\end{aligned} \;=\; \begin{aligned}&2(m'-1)\,\partial U'(\mathfrak{A},\ldots\between a',\ldots)\\ &-2(m'-1)(\mathfrak{A},\ldots\between A',\, B',\, C'\between \partial A',\, \partial B',\, \partial\mathfrak{C}'),\end{aligned}$$

equations which may be verified by remarking that their sum is

$$\begin{aligned}&m(m-1)\,\{\partial U(\mathfrak{A}',\ldots\between a,\ldots)+U[(\mathfrak{A}',\ldots\between \partial a,\ldots)+(\partial\mathfrak{A}',\ldots\between a,\ldots)]\}\\ &-(m-1)^2\,\{\partial\mathfrak{A}',\ldots\between A,\, B,\, C)^2+(\mathfrak{A}',\ldots\between A,\, B,\, C\between \partial A,\, \partial B,\, \partial C)\}=m'(m'-1)\ \text{\&c.},\end{aligned}$$

viz., this is the derivative with ∂ of the equation

$$m(m-1)\,U(\mathfrak{A}',\ldots\between a,\ldots)-(m-1)^2(A',\ldots\between A,\, B,\, C)^2=m'(m'-1)\ \text{\&c.}$$

46. Taking now $U'=H$, and therefore $m'=3m-6$; putting also $U=0$, $\partial U=0$, and writing as before

$$\begin{aligned}E\Psi\ &=(\partial\mathfrak{A},\ldots\between A',\, B',\, C')^2,\\ F\Psi\ &=(\ \mathfrak{A},\ldots\between A',\, B',\, C'\between \partial A',\, \partial B',\, \partial C'),\\ E\Psi_1&=(\partial\mathfrak{A}',\ldots\between A,\, B,\, C)^2,\\ F\Psi_1&=(\ \mathfrak{A}',\ldots\between A,\, B,\, C\between \partial A,\, \partial B,\, \partial C),\\ E\Omega\ &=(\partial\mathfrak{A},\ldots\between a',\ldots),\\ F\Omega\ &=(\ \mathfrak{A},\ldots\between \partial a',\ldots),\end{aligned}$$

then the three equations are

$$\begin{aligned}
-2(m-1)(m-2)F\psi_1 &= (3m-6)(3m-7)HE\Omega-(3m-7)^2E\Psi,\\
-(m-1)^2E\Psi &= (3m-7)(3m-8)\Omega\partial H\\
&\quad+(3m-6)(3m-7)HF\Omega-2(3m-7)(3m-8)F\Psi,\\
-2(m-1)F\Psi_1 &= 2(3m-7)\Omega\partial H-2(3m-7)F\Psi,
\end{aligned}$$

whence, adding, we have

$$\begin{aligned}
-(m-1)^2(E\Psi_1+2F\Psi_1) &= -(3m-7)^2(E\Psi+2F\Psi)\\
&\quad+(3m-6)(3m-7)\{\Omega\partial H+H(E\Omega+F\Omega)\},
\end{aligned}$$

(that is

$$-(m-1)^2\partial\Psi_1 = -(3m-7)^2\partial\Psi+(3m-6)(3m-7)\partial\,.\,\Omega H,$$

which is right).

And by linearly combining the three equations, we deduce

$$\begin{aligned}
(3m-6)(3m-7)HE\Omega &= -2(m-1)(m-2)F\Psi_1+(3m-7)^2E\Psi,\\
(3m-7)\Omega\partial H &= -(m-1)F\Psi_1+(3m-7)F\Psi,\\
(3m-6)(3m-7)HF\Omega &= (m-1)(3m-8)F\Psi_1+(3m-7)(3m-8)F\Psi-(m-1)^2E\Psi_1,
\end{aligned}$$

which are the formulæ, *ante*, No. 24.

Article Nos. 47 to 50.—*Proof of an identity used in the fourth transformation*, viz.,

$$\text{Jac.}\,(U,\ \overline{\nabla}H,\ H)=-\frac{m-1}{3m-7}F\Psi_1,$$

or say

$$\text{Jac.}\,(U,\ H,\ \overline{\nabla}H)=\frac{m-1}{3m-7}(\mathfrak{A}',..\between A,\ B,\ C\between\partial A,\ \partial B,\ \partial C).$$

47. We have

$$\begin{aligned}
\nabla &= (\mathfrak{A},..\between\lambda,\ \mu,\ \nu\between\partial_x,\ \partial_y,\ \partial_z)\\
&= ((\mathfrak{A},\ \mathfrak{H},\ \mathfrak{G}\between\lambda,\ \mu,\ \nu),\ (\mathfrak{H},\ \mathfrak{B},\ \mathfrak{F}\between\lambda,\ \mu,\ \nu),\ (\mathfrak{G},\ \mathfrak{F},\ \mathfrak{C}\between\lambda,\ \mu,\ \nu)\between\partial_x,\ \partial_y,\ \partial_z);
\end{aligned}$$

or, attending to the effect of the bar as denoting the exemption of the $(\mathfrak{A},..)$ from differentiation,

$$\begin{aligned}
\text{Jac.}\,(U,\ H,\ \overline{\nabla}H) &= (\mathfrak{A},\ \mathfrak{H},\ \mathfrak{G}\between\lambda,\ \mu,\ \nu)\ \text{Jac.}\,(U,\ H,\ \partial_xH)\\
&\quad+(\mathfrak{H},\ \mathfrak{B},\ \mathfrak{F}\between\lambda,\ \mu,\ \nu)\ \text{Jac.}\,(U,\ H,\ \partial_yH)\\
&\quad+(\mathfrak{G},\ \mathfrak{F},\ \mathfrak{C}\between\lambda,\ \mu,\ \nu)\ \text{Jac.}\,(U,\ H,\ \partial_zH).
\end{aligned}$$

48. Now

$$\text{Jac.}\,(U,\ H,\ \partial_x H) = \frac{1}{3m-6}\ \text{Jac.}\,(U,\ x\partial_x H + y\partial_y H + z\partial_z H,\ \partial_x H),$$

and the last-mentioned Jacobian is

$$\begin{aligned} &= \partial_x H\ \text{Jac.}\,(U,\ x,\ \partial_x H) + \partial_y H\ \text{Jac.}\,(U,\ y,\ \partial_x H) + \partial_z H\ \text{Jac.}\,(U,\ z,\ \partial_x H) \\ &\quad + y\ \text{Jac.}\,(U,\ \partial_y H,\ \partial_x H) + z\ \text{Jac.}\,(U,\ \partial_z H,\ \partial_x H), \end{aligned}$$

where the second line is

$$= -y\,\text{Jac.}\,(U,\ \partial_x H,\ \partial_y H) + z\ \text{Jac.}\,(U,\ \partial_z H,\ \partial_x H),$$

or writing $(A',\ B',\ C')$ for the first differential coefficients and $(a',\ b',\ c',\ f',\ g',\ h')$ for the second differential coefficients of H, this is

$$= -y \begin{vmatrix} A, & B, & C \\ a', & h', & g' \\ h', & b', & f' \end{vmatrix} + z \begin{vmatrix} A, & B, & C \\ g', & f', & c' \\ a', & h', & g' \end{vmatrix}$$

$$= -y\,(\mathfrak{G}',\ \mathfrak{F}',\ \mathfrak{C}' \between A,\ B,\ C) + z\,(\mathfrak{H}',\ \mathfrak{B}',\ \mathfrak{F}' \between A,\ B,\ C).$$

The first line is

$$= \begin{vmatrix} A, & B, & C \\ A', & B', & C' \\ a', & h', & g' \end{vmatrix}$$

$$= A\,(B'g' - C'h') + B\,(C'a' - A'g') + C\,(A'h' - B'a'),$$

or reducing by the formulæ,

$$(3m-7)\,(A',\ B',\ C') = (a'x + h'y + g'z,\ h'x + b'y + f'z,\ g'x + f'y + c'z),$$

this is

$$= \frac{1}{3m-7}\,\{A\,(-\mathfrak{G}'y + \mathfrak{H}'z) + B\,(-\mathfrak{F}'y + \mathfrak{B}'z) + C\,(-\mathfrak{C}'y + \mathfrak{F}'z)\}$$

$$= \frac{1}{3m-7}\,\{-y\,(\mathfrak{G}',\ \mathfrak{F}',\ \mathfrak{C}' \between A,\ B,\ C) + z\,(\mathfrak{H}',\ \mathfrak{B}',\ \mathfrak{F}' \between A,\ B,\ C)\}.$$

Hence we have

$$\begin{aligned} \text{Jac.}\,(U,\ H,\ \partial_x H) &= \frac{1}{3m-6}\left(1 + \frac{1}{3m-7}\right)\{-y\,(\mathfrak{G}',\ \mathfrak{F}',\ \mathfrak{C}' \between A,\ B,\ C) + z\,(\mathfrak{H}',\ \mathfrak{B}',\ \mathfrak{F}' \between A,\ B,\ C)\} \\ &= \frac{1}{3m-7}\qquad\{-y\,(\mathfrak{G}',\ \mathfrak{F}',\ \mathfrak{C}' \between A,\ B,\ C) + z\,(\mathfrak{H}',\ \mathfrak{B}',\ \mathfrak{F}' \between A,\ B,\ C)\}\,; \end{aligned}$$

and in like manner

$$\text{Jac.}\,(U,\ H,\ \partial_y H) = \frac{1}{3m-7}\qquad\{-z\,(\mathfrak{A}',\ \mathfrak{H}',\ \mathfrak{G}' \between A,\ B,\ C) + x\,(\mathfrak{G}',\ \mathfrak{F}',\ \mathfrak{C}' \between A,\ B,\ C)\},$$

$$\text{Jac.}\,(U,\ H,\ \partial_z H) = \frac{1}{3m-7}\qquad\{-x\,(\mathfrak{H}',\ \mathfrak{B}',\ \mathfrak{F}' \between A,\ B,\ C) + y\,(\mathfrak{A}',\ \mathfrak{H}',\ \mathfrak{G}' \between A,\ B,\ C)\}.$$

49. We thence have

$$\text{Jac.}\,(U,\,H,\,\overline{\nabla}H) = \frac{1}{3m-7}\begin{vmatrix} (\mathfrak{A},\,\mathfrak{H},\,\mathfrak{G}\between\lambda,\,\mu,\,\nu), & (\mathfrak{H},\,\mathfrak{B},\,\mathfrak{F}\between\lambda,\,\mu,\,\nu), & (\mathfrak{G},\,\mathfrak{F},\,\mathfrak{C}\between\lambda,\,\mu,\,\nu) \\ (\mathfrak{A}',\,\mathfrak{H}',\,\mathfrak{G}'\between A,\,B,\,C), & (\mathfrak{H}',\,\mathfrak{B}',\,\mathfrak{F}'\between A,\,B,\,C), & (\mathfrak{G}',\,\mathfrak{F}',\,\mathfrak{C}'\between A,\,B,\,C) \\ x & y & z, \end{vmatrix},$$

or multiplying the two sides by

$$H, = \begin{vmatrix} a, & h, & g \\ h, & b, & f \\ g, & f, & c \end{vmatrix},$$

the right-hand side is

$$= \frac{1}{3m-7}\begin{vmatrix} H\lambda & , & H\mu & , & H\nu \\ X & , & Y & , & Z \\ (m-1)\,A, & & (m-1)\,B, & & (m-1)\,C, \end{vmatrix}$$

which is

$$= H\,\frac{m-1}{3m-7}\begin{vmatrix} \lambda, & \mu, & \nu \\ X, & Y, & Z \\ A, & B, & C, \end{vmatrix},$$

if for a moment

$$X = (\mathfrak{A}',\,..\between A,\;B,\;C\between a,\,h,\,g),$$
$$Y = (\mathfrak{A}',\,..\between A,\;B,\;C\between h,\,b,\,f),$$
$$Z = (\mathfrak{A}',\,..\between A,\;B,\;C\between g,\,f,\,c).$$

50. Hence observing that these equations may be written

$$X = (\mathfrak{A}',\,..\between A,\;B,\;C\between \partial_x A,\;\partial_x B,\;\partial_x C),$$
$$Y = (\mathfrak{A}',\,..\between A,\;B,\;C\between \partial_y A,\;\partial_y B,\;\partial_y C),$$
$$Z = (\mathfrak{A}',\,..\between A,\;B,\;C\between \partial_z A,\;\partial_z B,\;\partial_z C),$$

and that we have

$$\partial = \begin{vmatrix} \lambda, & \mu, & \nu \\ \partial_x, & \partial_y, & \partial_z \\ A, & B, & C, \end{vmatrix}$$

we obtain for H Jac. $(U,\,H,\,\overline{\nabla},\,H)$ the value

$$= H\,\frac{m-1}{3m-7}\,(\mathfrak{A}',\,...\between A,\;B,\;C\between \partial A,\;\partial B,\;\partial C),$$

or throwing out the factor H, we have the required result.

Article Nos. 51 to 53.—*Proof of identity used in the fourth transformation,* viz. Jac. $(U, \nabla, H) H = -E\Psi$, or say Jac. $(U, H, \nabla) H = (\partial\mathfrak{A}, \ldots \between A', B', C')^2$.

51. We have

$$\nabla \quad = \big((\mathfrak{A}, \mathfrak{H}, \mathfrak{G}, \between \lambda, \mu, \nu), (\mathfrak{H}, \mathfrak{B}, \mathfrak{F} \between \lambda, \mu, \nu), (\mathfrak{G}, \mathfrak{F}, \mathfrak{C} \between \lambda, \mu, \nu) \between \partial_x, \partial_y, \partial_z\big),$$

and thence

$$\partial_x . \nabla \quad = \big((\partial_x\mathfrak{A}, \partial_x\mathfrak{H}, \partial_x\mathfrak{G} \between \lambda, \mu, \nu), (\partial_x\mathfrak{H}, \partial_x\mathfrak{B}, \partial_x\mathfrak{F} \between \lambda, \mu, \nu), (\partial_x\mathfrak{G}, \partial_x\mathfrak{F}, \partial_x\mathfrak{C} \between \lambda, \mu, \nu) \between \partial_x, \partial_y, \partial_z\big),$$

and

$$(\partial_x . \nabla) H = \big((\partial_x\mathfrak{A}, \partial_x\mathfrak{H}, \partial_x\mathfrak{G} \between \lambda, \mu, \nu), (\partial_x\mathfrak{H}, \partial_x\mathfrak{B}, \partial_x\mathfrak{F} \between \lambda, \mu, \nu), (\partial_x\mathfrak{G}, \partial_x\mathfrak{F}, \partial_x\mathfrak{C} \between \lambda, \mu, \nu) \between A', B', C'\big),$$

with the like values for $(\partial_y . \nabla) H$ and $(\partial_z . \nabla) H$. And then

$$\text{Jac.}\,(U, H, \nabla) H = \begin{vmatrix} A & , & B & , & C \\ A' & , & B' & , & C' \\ (\partial_x . \nabla) H, & & (\partial_y . \nabla) H, & & (\partial_z . \nabla) H, \end{vmatrix}$$

in which the coefficient of A'^2 is

$$= (C\partial_y - B\partial_z)(\mathfrak{A}, \mathfrak{H}, \mathfrak{G} \between \lambda, \mu, \nu);$$

or putting for shortness

$$(C\partial_y - B\partial_z, A\partial_z - C\partial_x, B\partial_x - A\partial_y) = (P, Q, R);$$

the coefficient is

$$(P\mathfrak{A}, P\mathfrak{H}, P\mathfrak{G} \between \lambda, \mu, \nu).$$

52. We have

$$\partial = (P\lambda + Q\mu + R\nu),$$

and thence

$$\text{coefficient } A'^2 - \partial\mathfrak{A} = (P\mathfrak{A}, P\mathfrak{H}, P\mathfrak{G} \between \lambda, \mu, \nu) - (P\mathfrak{A}, Q\mathfrak{A}, R\mathfrak{A} \between \lambda, \mu, \nu)$$

which is

$$\begin{aligned} = \quad & \mu \,\{(C\partial_y - B\partial_z)\,\mathfrak{H} - (\mathfrak{A}\partial_z - \mathfrak{C}\partial_x)\,\mathfrak{A}\} \\ + & \nu \,\{(C\partial_y - B\partial_z)\,\mathfrak{G} - (B\partial_x - \mathfrak{A}\partial_y)\,\mathfrak{A}\}, \end{aligned}$$

where coefficient of μ is

$$\begin{aligned} &= - \; A\partial_z\mathfrak{A} - B\partial_z\mathfrak{H} + C(\partial_x\mathfrak{A} + \partial_y\mathfrak{H}) \\ &= -(A\partial_z\mathfrak{A} + B\partial_z\mathfrak{H} + C\partial_z\mathfrak{G}) = -\frac{1}{m-1}\, x\partial_z H, \end{aligned}$$

and coefficient of ν is

$$= +(A\partial_y\mathfrak{A} + B\partial_y\mathfrak{H} + C\partial_y\mathfrak{G}) = \frac{1}{m-1}\, x\partial_y H,$$

so that

$$\text{coefficient } A'^2 - \partial\mathfrak{A} = -\frac{1}{m-1}\, x\,(\mu\partial_z H - \nu\partial_y H).$$

53. By forming in a similar manner the coefficients of the other terms, it appears that

$$\text{Jac.}\,(U,\ H,\ \nabla)\,H - (\partial\mathfrak{A},\ \ldots \between A',\ B',\ C')^2$$

$$= -\frac{1}{m-1}(A'x + B'y + C'z)\begin{vmatrix} A' , & B' , & C' \\ \lambda , & \mu , & \nu \\ \partial_x H, & \partial_y H, & \partial_z H \end{vmatrix},$$

or since the determinant is

$$\begin{vmatrix} A', & B', & C' \\ \lambda , & \mu , & \nu \\ A', & B', & C' \end{vmatrix}, = 0,$$

we have the required equation,

$$\text{Jac.}\,(U,\ H,\ \nabla)\,H = (\partial\mathfrak{A},\ \ldots \between A',\ B',\ C')^2.$$

This completes the series of formulæ used in the transformations of the condition for the sextactic point.

Appendix, Nos. 54 to 74.

For the sake of exhibiting in their proper connexion some of the formulæ employed in the foregoing first transformation of the condition for a sextactic point, I have investigated them in the present Appendix, which however is numbered continuously with the memoir.

54. The investigations of my former memoir and the present memoir have reference to the operations

$$\begin{aligned} \partial_1 &= dx\,\partial_x + dy\,\partial_y + dz\,\partial_z, \\ \partial_2 &= d^2x\partial_x + d^2y\partial_y + d^2z\partial_z, \\ \partial_3 &= d^3x\partial_x + d^3y\partial_y + d^3z\partial_z, \\ &\text{\&c.}, \end{aligned}$$

where if $(A,\ B,\ C)$ are the first differential coefficients of a function $U = (*\between x,\ y,\ z)^m$, and $\lambda,\ \mu,\ \nu$ are arbitrary constants, then we have

$$dx = B\nu - C\mu,\quad dy = C\lambda - A\nu,\quad dz = A\mu - B\lambda;$$

so that putting

$$\partial = (B\nu - C\mu)\,\partial_x + (C\lambda - A\nu)\,\partial_y + (A\mu - B\lambda)\,\partial_z$$

$$= \begin{vmatrix} A, & B, & C \\ \lambda , & \mu , & \nu \\ \partial_x, & \partial_y, & \partial_z, \end{vmatrix}$$

we have $\partial_1 = \partial$. The foregoing expressions of $(dx,\ dy,\ dz)$ determine of course the values of $(d^2x,\ d^2y,\ d^2z)$, $(d^3x,\ d^3y,\ d^3z)$, &c., and it is throughout assumed that these values are substituted in the symbols ∂_2, ∂_3, &c., so that $\partial_1, = \partial$, and ∂_2, ∂_3, &c. denote each of them an operator such as $X\partial_x + Y\partial_y + Z\partial_z$, where $(X,\ Y,\ Z)$ are functions of the coordinates; such operator, in so far as it is a function of the coordinates, may therefore be made an operand, and be operated upon by itself or any other like operator.

55. Taking (a, b, c, f, g, h) for the second differential coefficients of U, $(\mathfrak{A}, \mathfrak{B}, \mathfrak{C}, \mathfrak{F}, \mathfrak{G}, \mathfrak{H})$ for the inverse coefficients, and H for the Hessian, I write also

$$\begin{aligned}
\Phi &= (\mathfrak{A}, \ldots \between \lambda, \mu, \nu)^2, \\
\nabla &= (\mathfrak{A}, \ldots \between \lambda, \mu, \nu \between \partial_x, \partial_y, \partial_z), \\
\square &= (\mathfrak{A}, \ldots \between \partial_x, \partial_y, \partial_z)^2, \\
\vartheta &= \lambda x + \mu y + \nu z, \\
\Omega &= (\mathfrak{A}, \ldots \between \partial_x, \partial_y, \partial_z)^2 H, = \square H, \\
\Psi &= (\mathfrak{A}, \ldots \between \partial_x H, \partial_y H, \partial_z H)^2, \\
\Gamma &= (a, \ldots \between \mu\partial_z - \nu\partial_y, \nu\partial_x - \lambda\partial_z, \lambda\partial_y - \mu\partial_x)^2,
\end{aligned}$$

and I notice that we have

$$\Gamma U = 2\Phi, \quad \nabla U = \frac{\vartheta}{m-1} H, \quad \square U = 3H,$$

$$\nabla \vartheta = \Phi, \quad \nabla^2 U = H\Phi \quad , \quad \nabla . \partial = 0 \ ,$$

the last of which is proved, *post* No. 65; the others are found without any difficulty.

56. I form the Table

$$\partial_1 U = 0,$$

$$\partial_1^2 U = \frac{mU}{m-1}\Phi + \frac{\vartheta^2}{(m-1)^2}(-H),$$

$$\partial_2 U = \frac{mU}{m-1}(-\Phi) + \frac{\vartheta^2}{(m-1)^2}(H),$$

$$\partial_1^3 U = \frac{mU}{m-1}\partial\Phi + \frac{\vartheta^2}{(m-1)^2}(-\partial H),$$

$$\partial_1\partial_2 U = 0,$$

$$\partial_3 U = \frac{mU}{m-1}(-\partial\Phi) + \frac{\vartheta^2}{(m-1)^2}(\partial H),$$

$$\partial_1^4 U = \frac{mU}{m-1}\left(\partial^2\Phi - \frac{2m\vartheta}{m-1}\nabla\Phi\right) + \frac{\vartheta^2}{(m-1)^2}\left(-\partial^2 H - \frac{3m-6}{m-1}H\Phi + \frac{2\vartheta}{m-1}\nabla H\right),$$

$$\partial_1^2\partial_2 U = \frac{mU}{m-1}\left(\tfrac{1}{3}\partial_2\Phi + \frac{\frac{2}{3}\vartheta}{m-1}\nabla\Phi\right) + \frac{\vartheta^2}{(m-1)^2}\left(-\tfrac{1}{3}\partial_2 H + \frac{m-2}{m-1}H\Phi - \frac{\frac{2}{3}\vartheta}{m-1}\nabla H\right),$$

$$\partial_1\partial_3 U = \frac{mU}{m-1}\left(-\tfrac{1}{3}\partial_2\Phi - \Phi_2 - \frac{\frac{2}{3}\vartheta}{m-1}\nabla\Phi\right) + \frac{\vartheta^2}{(m-1)^2}\left(\tfrac{1}{3}\partial_2 H + \frac{1}{m-1}H\Phi + \frac{\frac{2}{3}\vartheta}{m-1}\nabla H\right),$$

$$\partial_2^2 U = \frac{mU}{m-1}(\Phi^2) + \frac{\vartheta^2}{(m-1)^2}(-H\Phi),$$

$$\partial_4 U = \frac{mU}{m-1}\left(-\tfrac{2}{3}\partial_2\Phi - \partial^2\Phi + \Phi^2 + \frac{\frac{2}{3}\vartheta}{m-1}\nabla\Phi\right) + \frac{\vartheta^2}{(m-1)^2}\left(\tfrac{2}{3}\partial_2 H + \partial^2 H - \frac{1}{m-1}H\Phi - \frac{\frac{2}{3}\vartheta}{m-1}\nabla H\right)$$

$$\partial_2 H = -\frac{3m-6}{m-1}H\Phi + \frac{\vartheta}{m-1}\nabla H,$$

and assuming $U=0$,

$$\partial_1^2 H = \partial^2 H = -\frac{(3m-6)(3m-7)}{(m-1)^2} H\Phi + \frac{6m-14}{(m-1)^2} \vartheta \nabla H - \frac{\vartheta^2}{(m-1)^2} \Omega,$$

$$(\partial_1 H)^2 = (\partial H)^2 = -\frac{(3m-6)^2}{(m-1)^2} H^2\Phi + \frac{6m-12}{(m-1)^2} \vartheta H \nabla H - \frac{\vartheta^2}{(m-1)^2} \Psi,$$

which are for the most part given in my former memoir; the expressions for $\partial_2 U$, $\partial_3 U$, which are not explicitly given, follow at once from the equations

$$(\partial_1^2 + \partial_2) U = 0, \quad (\partial_1^3 + 2\partial_1\partial_2 + \partial_3) U = 0;$$

those for $\partial_1\partial_3 U$, $\partial_2^2 U$, and $\partial_4 U$ are new, but when the expressions for $\partial_1\partial_3 U$ and $\partial_2^2 U$ are known, that for $\partial_4 U$ is at once found from the equation

$$(\partial_1^4 + 6\partial_1^2\partial_2 + 4\partial_1\partial_3 + 3\partial_2^2 + \partial_4) U = 0.$$

57. Before going further, I remark that we have identically

$$\begin{aligned}
&(a, \ldots \between x, y, z)^2 (a, \ldots \between \mu\gamma - \nu\beta, \nu\alpha - \lambda\gamma, \lambda\beta - \mu\alpha)^2 \\
&\quad - \begin{vmatrix} ax+hy+gz, & hx+by+fz, & gx+fy+cz \\ \lambda, & \mu, & \nu \\ \alpha, & \beta, & \gamma \end{vmatrix}^2 \\
&= (\mathfrak{A}, \ldots \between \lambda p - \alpha\vartheta, \mu p - \beta\vartheta, \nu p - \gamma\vartheta)^2,
\end{aligned}$$

(if for shortness $p = \alpha x + \beta y + \gamma z$, $\vartheta = \lambda x + \mu y + \nu z$)

$$\begin{aligned}
= &\quad p^2 (\mathfrak{A}, \ldots \between \lambda, \mu, \nu)^2 \\
&- 2p\vartheta (\mathfrak{A}, \ldots \between \lambda, \mu, \nu \between \alpha, \beta, \gamma) \\
&+ \vartheta^2 (\mathfrak{A}, \ldots \between \alpha, \beta, \gamma)^2.
\end{aligned}$$

58. If in this equation we take (a, b, c, f, g, h) to be the second differential coefficients of U, and write also $(\alpha, \beta, \gamma) = (\partial_x, \partial_y, \partial_z)$, the equation becomes

$$\begin{aligned}
m(m-1)\, U\Gamma - (m-1)^2 \partial^2 = &\quad \Phi (x\partial_x + y\partial_y + z\partial_z)^2 \\
&- 2\vartheta (x\partial_x + y\partial_y + z\partial_z) \nabla \\
&+ \vartheta^2 \square,
\end{aligned}$$

which is a general equation for the transformation of $\partial^2 (= \partial_1^2)$.

59. If with the two sides of this equation we operate on U, we obtain

$$\begin{aligned}
m(m-1)\, U\Gamma U - (m-1)^2 \partial^2 U = &\quad m(m-1)\Phi U \\
&- 2(m-1)\vartheta \nabla U \\
&+ \qquad \vartheta^2 \square U;
\end{aligned}$$

and substituting the values

$$\Gamma U = 2\Phi, \quad \nabla U = \frac{\vartheta}{m-1} H, \quad \square U = 3H,$$

we find the before-mentioned expression of $\partial_1^2 U$.

60. Operating with the two sides of the same equation on a function H of the order m', we find

$$\begin{aligned} m(m-1)\, U\Gamma H - (m-1)^2\, \partial^2 H = &\quad m'(m'-1)\,\Phi H \\ &-2\ \ (m'-1)\,\vartheta\nabla H \\ &+ \qquad\qquad \vartheta^2 \square H; \end{aligned}$$

and in particular if H is the Hessian, then writing $m' = 3m - 6$, and putting $U = 0$, we find the before-mentioned expression for $\partial^2 H$.

61. But we may also from the general identical equation deduce the expression for $(\partial H)^2$. In fact taking H a function of the degree m' and writing

$$(\alpha, \beta, \gamma) = (\partial_x H, \partial_y H, \partial_z H),$$

we have

$$\begin{aligned} m(m-1)\, U(a, \ldots \between \mu\partial_z H - \nu\partial_y H,\ \nu\partial_x H - \lambda\partial_z H,\ \lambda\partial_y H - \mu\partial_x H)^2 - (m-1)^2 (\partial H)^2 \\ = m'^2 \Phi H^2 - 2m'\vartheta H \nabla H + \vartheta^2 (\mathfrak{A}, \ldots \between \partial_x H, \partial_y H, \partial_z H)^2; \end{aligned}$$

and if H be the Hessian, then writing $m' = 3m - 6$ and putting also $U = 0$, we find the before-mentioned expression for $(\partial H)^2$.

62. Proof of equation

$$\partial_2 = -\frac{1}{m-1}(x\partial_x + y\partial_y + z\partial_z) + \frac{\vartheta}{m-1}\nabla.$$

We have

$$\begin{aligned} \partial_2 = \partial \,.\, \partial = \{(B\nu - C\mu)\,\partial_x + (C\lambda - A\nu)\,\partial_y + (A\mu - B\lambda)\,\partial_z\}. \\ (\lambda(C\partial_y - B\partial_z) + \mu(A\partial_z - C\partial_x) + \nu(B\partial_x - A\partial_y)), \end{aligned}$$

which is

$$= \lambda(C'\partial_y - B'\partial_z) + \mu(A'\partial_z - C'\partial_x) + \nu(B'\partial_x - A'\partial_y),$$

where

$$\begin{aligned} A' = \partial A &= a(B\nu - C\mu) + h(C\lambda - A\nu) + g(A\mu - B\lambda) \\ &= \lambda(hC - gB) + \mu(gA - aC) + \nu(aB - hA), \end{aligned}$$

with the like values for B' and C'. Substituting the values

$$(m-1)(A, B, C) = (ax + hy + gz,\ hx + by + fz,\ gx + fy + cz),$$

we have

$$(m-1)\,A' = \lambda(\mathfrak{G}y - \mathfrak{H}z) + \mu(\mathfrak{F}y - \mathfrak{B}z) + \nu(\mathfrak{C}y - \mathfrak{F}z);$$

and similarly

$$\begin{aligned} (m-1)\,B' &= \lambda(\mathfrak{A}z - \mathfrak{G}x) + \mu(\mathfrak{H}z - \mathfrak{F}x) + \nu(\mathfrak{G}z - \mathfrak{C}x), \\ (m-1)\,C' &= \lambda(\mathfrak{H}x - \mathfrak{A}y) + \mu(\mathfrak{B}x - \mathfrak{H}y) + \nu(\mathfrak{F}x - \mathfrak{G}y), \end{aligned}$$

and then

$$(m-1)(C'\partial_y - B'\partial_z) = \lambda[(\mathfrak{H}x - \mathfrak{A}y)\partial_y - (\mathfrak{A}z - \mathfrak{G}x)\partial_z]$$
$$+ \mu[(\mathfrak{B}x - \mathfrak{H}y)\partial_y - (\mathfrak{H}z - \mathfrak{F}x)\partial_z]$$
$$+ \nu[(\mathfrak{F}x - \mathfrak{G}y)\partial_y - (\mathfrak{G}z - \mathfrak{C}x)\partial_z]$$
$$= \lambda[x(\mathfrak{A}, \mathfrak{H}, \mathfrak{G}\between\partial_x, \partial_y, \partial_z) - \mathfrak{A}(x\partial_x + y\partial_y + z\partial_z)]$$
$$+ \mu[x(\mathfrak{H}, \mathfrak{B}, \mathfrak{F}\between\partial_x, \partial_y, \partial_z) - \mathfrak{H}(x\partial_x + y\partial_y + z\partial_z)]$$
$$+ \nu[x(\mathfrak{G}, \mathfrak{F}, \mathfrak{C}\between\partial_x, \partial_y, \partial_z) - \mathfrak{G}(x\partial_x + y\partial_y + z\partial_z)]$$
$$= x(\mathfrak{A}, \ldots\between\lambda, \mu, \nu\between\partial_x, \partial_y, \partial_z) - (\mathfrak{A}, \mathfrak{H}, \mathfrak{G}\between\lambda, \mu, \nu)(x\partial_x + y\partial_y + z\partial_z);$$

that is

$$(m-1)(C'\partial_y - B'\partial_z) = x\nabla - (\mathfrak{A}, \mathfrak{H}, \mathfrak{G}\between\lambda, \mu, \nu)(x\partial_x + y\partial_y + z\partial_z),$$

and so

$$(m-1)(A'\partial_z - C'\partial_x) = y\nabla - (\mathfrak{H}, \mathfrak{B}, \mathfrak{F}\between\lambda, \mu, \nu)(x\partial_x + y\partial_y + z\partial_z),$$
$$(m-1)(B'\partial_x - A'\partial_y) = z\nabla - (\mathfrak{G}, \mathfrak{F}, \mathfrak{C}\between\lambda, \mu, \nu)(x\partial_x + y\partial_y + z\partial_z);$$

whence

$$(m-1)\partial_2 - (\lambda x + \mu y + \nu z)\nabla - (\mathfrak{A}, \ldots\between\lambda, \mu, \nu)^2 (x\partial_x + y\partial_y + z\partial_z),$$
$$= \vartheta\nabla - \Phi(x\partial_x + y\partial_y + z\partial_z);$$

or finally

$$\partial_2 = -\frac{1}{m-1}\Phi(x\partial_x + y\partial_y + z\partial_z) + \frac{\vartheta}{m-1}\nabla.$$

63. This leads to the expression for $\partial_2{}^2U$; we have

$$\partial_2{}^2 = \frac{1}{(m-1)^2}\Phi^2(x\partial_x + y\partial_y + z\partial_z)^2$$
$$-\frac{2\vartheta}{(m-1)^2}\Phi\nabla(x\partial_x + y\partial_y + z\partial_z)$$
$$+\frac{\vartheta^2}{(m-1)^2}\nabla^2;$$

and operating herewith on U, we find

$$\partial_2{}^2U = \frac{m(m-1)}{(m-1)^2}\Phi^2U$$
$$-\frac{2(m-1)\vartheta}{(m-1)^2}\Phi\nabla U$$
$$+\frac{\vartheta^2}{(m-1)^2}\nabla^2U;$$

or since

$$\nabla U = \frac{\vartheta}{m-1} H, \quad \nabla^2 U = H\Phi,$$

this is

$$\partial_2^2 U = \frac{mU}{(m-1)^2} \Phi^2 + \frac{\vartheta^2}{(m-1)^2} H\Phi.$$

64. We have $\partial_1 \partial_2 U = 0$, and thence

$$(\partial_1^2 \partial_2 + \partial_1 \partial_3 + \partial_2^2)\, U = 0,$$

that is

$$\partial_1 \partial_3 U = - \partial_1^2 \partial_2 U - \partial_2^2 U;$$

or substituting the values of $\partial_1^2 \partial_2 U$ and $\partial_2^2 U$, we find the value of $\partial_1 \partial_3 U$ as given in the Table. And then from the equation

$$(\partial_1^4 + 6\partial_1^2 \partial_2 + 4\partial_1 \partial_3 + 3\partial_2^2 + \partial_4)\, U = 0,$$

or

$$\partial_4 U = - (\partial_1^4 + 6\partial_1^2 \partial_2 + 4\partial_1 \partial_3 + 3\partial_2^2)\, U,$$

we find the value of $\partial_4 U$, and the proof of the expressions in the Table is thus completed.

65. Proof of equation $\nabla . \partial = 0$.

We have

$$\begin{aligned} \nabla . \partial &= \nabla \,.\, \big((B\nu - C\mu)\, \partial_x + (C\lambda - A\nu)\, \partial_y + (A\mu - B\lambda)\, \partial_z\big) \\ &= \nabla \,.\, \big(A\,(\mu\partial_z - \nu\partial_y) + B\,(\nu\partial_x - \lambda\partial_z) + C\,(\lambda\partial_y - \mu\partial_x)\big) \\ &= \nabla A\,(\mu\partial_z - \nu\partial_y) + \nabla B\,(\nu\partial_x - \lambda\partial_z) + \nabla C\,(\lambda\delta_y - \mu\partial_x); \end{aligned}$$

and then

$$\begin{aligned} \nabla A &= (\mathfrak{A}, \ldots \between \lambda, \mu, \nu \between a, h, g) = H\lambda, \\ \nabla B &= (\mathfrak{A}, \ldots \between \lambda, \mu, \nu \between h, b, f) = H\mu, \\ \nabla C &= (\mathfrak{A}, \ldots \between \lambda, \mu, \nu \between g, f, c) = H\nu; \end{aligned}$$

or substituting these values, we have the equation in question.

66. Proof of the expression for ∂_3.

We have

$$\partial_2 = - \frac{1}{m-1} \Phi\,(x\partial_x + y\partial_y + z\partial_z) + \frac{\vartheta}{m-1} \nabla;$$

and thence operating on the two sides respectively with ∂_1, $= \partial$, we have

$$\begin{aligned} \partial_3 = &- \frac{1}{m-1} \{\partial\Phi\,(x\partial_x + y\partial_y + z\partial_z) + \Phi\partial \,.\, (x\partial_x + y\partial_y + z\partial_z)\} \\ &+ \frac{1}{m-1} \{\partial\vartheta\nabla + \vartheta\partial \,.\, \nabla\}; \end{aligned}$$

or since

$$\partial \, . \, (x\partial_x + y\partial_y + z\partial_z) = \partial, \ \partial\vartheta = 0,$$

this is

$$\partial_3 = -\frac{1}{m-1}\partial\Phi\,(x\partial_x + y\partial_y + z\partial_z) - \frac{1}{m-1}\Phi\partial + \frac{\vartheta}{m-1}\partial \, . \, \nabla.$$

67. Proof of expression for $\partial_3 H$.

Operating with ∂_3 upon H, we have at once

$$\partial_3 H = -\frac{3m-6}{m-1}H\partial\Phi - \frac{1}{m-1}\Phi\partial H + \frac{\vartheta}{m-1}(\partial \, . \, \nabla)\,H.$$

The remainder of the present Appendix is preliminary, or relating to the investigation of the expressions for $\partial_1\partial_2{}^2 U$ and $\partial_1{}^2\partial_3 U$, used *ante*, No. 31.

68. Proof of equation $\nabla^2\partial U = \Phi\partial H - H\partial\Phi$.

We have identically

$$\begin{aligned}(\mathfrak{A}, \ldots \between \lambda, \ \mu, \ \nu)^2 (\mathfrak{A}, \ldots \between \partial_x, \ \partial_y, \ \partial_z)^2 - [(\mathfrak{A}, \ldots \between \lambda, \ \mu, \ \nu \between \partial_x, \ \partial_y, \ \partial_z)]^2 \\ = (abc - \&c.)\,(a, \ldots \between \nu\partial_y - \mu\partial_z, \ \lambda\partial_z - \nu\partial_x, \ \mu\partial_x - \lambda\partial_y)^2;\end{aligned}$$

that is

$$\Phi\square - \nabla^2 = H\Gamma;$$

and then multiplying by ∂, and with the result operating on U, we find

$$\Phi\square\partial U - \nabla^2\partial U = H\Gamma\partial U.$$

Now

$$\begin{aligned}\square U &= (\mathfrak{A}, \ldots \between \partial_x, \ \partial_y, \ \partial_z)^2 \, U \\ &= (\mathfrak{A}, \ldots \between a, \ b, \ c, \ 2f, \ 2g, \ 2h);\end{aligned}$$

and thence

$$\square\partial U = (\mathfrak{A}, \ldots \between \partial a, \ \partial b, \ \partial c, \ 2\partial f, \ 2\partial g, \ 2\partial h);$$

and observing that

$$H = \begin{vmatrix} a, & h, & g \\ h, & b, & f \\ g, & f, & c \end{vmatrix},$$

and thence that

$$\begin{aligned}\partial H &= \begin{vmatrix} \partial a, & \partial h, & \partial g \\ h, & b, & f \\ g, & f, & c \end{vmatrix} + \begin{vmatrix} a, & h, & g \\ \partial h, & \partial b, & \partial f \\ g, & f, & c \end{vmatrix} + \begin{vmatrix} a, & h, & g \\ h, & b, & f \\ \partial g, & \partial f, & \partial c \end{vmatrix}, \\ &= (\mathfrak{A}, \ \mathfrak{H}, \ \mathfrak{G} \between \partial a, \ \partial h, \ \partial g) + (\mathfrak{H}, \ \mathfrak{B}, \ \mathfrak{F} \between \partial h, \ \partial b, \ \partial f) + (\mathfrak{G}, \ \mathfrak{F}, \ \mathfrak{C} \between \partial g, \ \partial f, \ \partial c), \\ &= (\mathfrak{A}, \ldots \between \partial a, \ \partial b, \ \partial c, \ 2\partial f, \ 2\partial g, \ 2\partial h,\end{aligned}$$

we see that

$$\square\partial U = \partial H.$$

Moreover

$$\begin{aligned}\Gamma U = & \ (a, \ldots \between \nu\partial_y - \mu\partial_z, \ldots)^2\, U, \\ = & \ a\,(\ b\nu^2 + c\mu^2 - 2f\mu\nu) \\ & + b\,(\ c\lambda^2 + a\nu^2 - 2g\nu\lambda) \\ & + c\,(\ a\mu^2 + b\lambda^2 - 2h\lambda\mu) \\ & + 2f\,(-f\lambda^2 + g\lambda\mu + h\lambda\nu - a\mu\nu) \\ & + 2g\,(\ f\lambda\mu - g\mu^2 + h\mu\nu - b\nu\lambda) \\ & + 2h\,(\ f\nu\lambda + g\nu\mu - h\nu^2 - c\lambda\mu);\end{aligned}$$

and thence

$$\begin{aligned}\Gamma\partial U = & \ (a, \ldots \between \nu\partial_y - \mu\partial_z, \ldots)^2\, \partial U, \\ = & \ a\,(\nu^2\partial b + \mu^2\partial c - 2\mu\nu\partial f) \\ & + \&\text{c.} \\ = & \ \lambda^2\,(b\partial c + c\partial b - 2f\partial f) \\ & + \&\text{c.} \\ = & \ (\partial\mathfrak{A},\ \partial\mathfrak{B},\ \partial\mathfrak{C},\ \partial\mathfrak{F},\ \partial\mathfrak{G},\ \partial\mathfrak{H} \between \lambda,\ \mu,\ \nu)^2,\end{aligned}$$

that is

$$\Gamma\partial U = \partial\Phi.$$

Hence the equation

$$\Phi\square\partial U - \nabla^2\partial U = H\Gamma\partial U$$

becomes

$$\Phi\partial H - \nabla^2\partial U = H\partial\Phi,$$

that is

$$\nabla^2\partial U = \Phi\partial H - H\partial\Phi.$$

69. Proof of equation $\partial_1\partial_2{}^2 U = \dfrac{\vartheta^2}{(m-1)^2}(\Phi\partial H - H\partial\Phi)$.

We have

$$\begin{aligned}\partial_2{}^2 = & \ \frac{1}{(m-1)^2}\,\Phi^2\,(x\partial_x + y\partial_y + z\partial_z)^2 \\ & - \frac{2\vartheta}{(m-1)^2}\,\Phi\ \,(x\partial_x + y\partial_y + z\partial_z)\,\nabla \\ & + \frac{\vartheta^2}{(m-1)^2}\,\nabla^2;\end{aligned}$$

and thence multiplying by ∂_1, $=\partial$, and with the result operating upon U, we find

$$\partial_1\partial_2{}^2 U = \frac{(m-1)(m-2)}{(m-1)^2}\,\Phi^2\partial U - \frac{2(m-2)}{(m-1)^2}\,\vartheta\Phi\partial\nabla U + \frac{\vartheta^2}{(m-1)^2}\,\partial\nabla^2 U.$$

But $\partial U = 0$, and thence also $\nabla(\partial U) = 0$, that is $(\nabla . \partial)\, U + \nabla\partial U = 0$; moreover $\nabla . \partial = 0$, and therefore $(\nabla . \partial)\, U = 0$, whence also $\nabla\partial U = 0$. Therefore

$$\partial_1\partial_2{}^2 U = \frac{\vartheta^2}{(m-1)^2}\,\partial\nabla^2 U;$$

or substituting for $\partial\nabla^2 U$ its value $=\Phi\partial H - H\partial\Phi$, we have the required expression for $\partial_1\partial_2{}^2 U$.

70. Proof of equation

$$\partial_1^2\partial_3 U = \frac{\vartheta^2}{(m-1)^3}\big((3m-6)\,H\partial\Phi + (-m+3)\,\Phi\partial H\big) + \frac{\vartheta^3}{(m-1)^3}\{-(\partial\,.\,\nabla)\,H\}.$$

We have

$$\partial_3 = -\frac{1}{m-1}\,\partial\Phi\,(x\partial_x + y\partial_y + z\partial_z) - \frac{1}{m-1}\,\Phi\partial + \frac{\vartheta}{m-1}\,\partial\,.\,\nabla,$$

and thence multiplying by $\partial_1^2 = \partial^2$, and operating on U,

$$\partial_1^2\partial_3 U = -\frac{m-2}{m-1}\,\partial\Phi\partial^2 U - \frac{1}{m-1}\,\Phi\partial^3 U + \frac{\vartheta}{m-1}\,(\partial\,.\,\nabla)\,\partial^2 U.$$

To reduce $(\partial\,.\,\nabla)\,\partial^2 U$, we have

$$\begin{aligned}\partial\,(\nabla\partial^2 U) &= \nabla\partial^3 U + (\partial\,.\,\nabla\partial^2)\,U,\\ &= \nabla\partial^3 U + [(\partial\,.\,\nabla)\,\partial^2 + \nabla\,(\partial\,.\,\partial^2)]\,U,\\ &= \nabla\partial^3 U + (\partial\,.\,\nabla)\,\partial^2 U + 2\nabla\partial\partial_2 U,\end{aligned}$$

and since

$$\partial_2 = -\frac{1}{m-1}\,\Phi\,(x\partial_x + y\partial_y + z\partial_z) + \frac{\vartheta}{m-1}\,\nabla\,;$$

multiplying by $\nabla\partial$, and with the result operating on U, we obtain

$$\nabla\partial\partial_2 U = -\frac{m-2}{m-1}\,\Phi\nabla\partial U + \frac{\vartheta}{m-1}\,\nabla^2\partial U;$$

or since $\nabla\partial U = 0$, this is

$$\nabla\partial\partial_2 U = \frac{\vartheta}{m-1}\,\nabla^2\partial U.$$

Hence

$$\partial\,(\nabla\partial^2 U) = \nabla\partial^3 U + (\partial\,.\,\nabla)\,\partial^2 U + \frac{2\vartheta}{m-1}\,\nabla^2\partial U,$$

that is

$$(\partial\,.\,\nabla)\,\partial^2 U = \partial\,(\nabla\partial^2 U) - \nabla\partial^3 U - \frac{2\vartheta}{m-1}\,\nabla^2\partial U.$$

Substituting this value of $(\partial\,.\,\nabla)\,\partial^2 U$, we find

$$\begin{aligned}\partial_1^2\partial_3 U = &-\frac{m-2}{m-1}\,\partial\Phi\partial^2 U - \frac{1}{m-1}\,\Phi\partial^3 U\\ &+\frac{\vartheta}{m-1}\,\big(\partial\,(\nabla\partial^2 U) - \nabla\partial^3 U\big)\\ &+\frac{\vartheta^2}{(m-1)^2}\,(-2\nabla^2\partial U),\end{aligned}$$

the three lines whereof are to be separately further reduced.

71. For the first line we have

$$\partial^2 U = -\frac{\vartheta^2}{(m-1)^2} H, \quad \partial^3 U = -\frac{\vartheta^2}{(m-1)^2} \partial H,$$

and hence

$$\text{first line of } \partial_1^2 \partial_3 U = \frac{\vartheta^2}{(m-1)^3} \left((m-2) H\partial\Phi + \Phi\partial H\right).$$

72. For the second line, we have

$$\nabla (\partial^2 U) = \nabla \partial^2 U + 2 (\nabla . \partial) \partial U$$

$$= \nabla \partial^2 U, \text{ since } \nabla . \partial = 0, \text{ and therefore } (\nabla . \partial) \partial U = 0;$$

that is

$$\nabla \partial^2 U = \nabla (\partial^2 U) = \nabla \left(\frac{mU}{m-1} \Phi - \frac{\vartheta^2}{(m-1)^2} H\right),$$

$$= \frac{m}{m-1} (U \nabla \Phi + \Phi \nabla U) - \frac{1}{(m-1)^2} (\vartheta^2 \nabla H + 2\vartheta H \nabla \vartheta);$$

or writing

$$U = 0, \quad \nabla U = \frac{\vartheta}{m-1} H, \quad \nabla \partial = \Phi,$$

this is

$$\nabla \partial^2 U = \frac{(m-2)\vartheta}{(m-1)^2} H\Phi - \frac{\vartheta^2}{(m-1)^2} \nabla H,$$

whence also

$$\partial (\nabla \partial^2 U) = \frac{(m-2)\vartheta}{(m-1)^2} (H\partial\Phi + \Phi\partial H) - \frac{\vartheta^2}{(m-1)^2} \partial (\nabla H).$$

Similarly

$$\nabla \partial^3 U = \nabla (\partial^3 U),$$

$$= \nabla \left(\frac{mU}{m-1} \partial\Phi - \frac{\vartheta^2}{(m-1)^2} \partial H\right),$$

$$= \frac{m}{m-1} \left(\nabla U\partial\Phi + U\nabla (\partial\Phi)\right) - \frac{1}{(m-1)^2} \left(\vartheta^2 \nabla (\partial H) + 2\vartheta \nabla \vartheta \partial H\right);$$

or putting

$$U = 0, \quad \nabla U = \frac{\vartheta}{m-1} H, \quad \nabla \vartheta = \Phi,$$

and observing also that $\nabla (\partial H), = \nabla \partial H + (\nabla . \partial) H$ is equal to $\nabla \partial H$, that is to $\partial \nabla H$, we obtain

$$\nabla \partial^3 U = \frac{\vartheta}{(m-1)^2} (mH\partial\Phi - 2\Phi\partial H) - \frac{\vartheta^2}{(m-1)^2} \partial \nabla H;$$

and then from the above value of $\partial (\nabla \partial^2 U)$, we find

$$\partial (\nabla \partial^2 U) - \nabla \partial^3 U = \frac{\vartheta}{(m-1)^2} (-2H\partial\Phi + m\Phi\partial H) + \frac{\vartheta^2}{(m-1)^2} \left(-\partial (\nabla H) + \partial \nabla H\right);$$

or observing that the term multiplied by $\frac{\vartheta^2}{(m-1)^2}$ is $= -(\partial\,.\,\nabla)\,H$, we find

$$\text{second line of } \partial_1{}^2\partial^3 U = \frac{\vartheta^2}{(m-1)^3}(-2H\partial\Phi + m\Phi\partial H) + \frac{\vartheta^3}{(m-1)^3}(-\partial\,.\,\nabla)\,H).$$

73. For the third line, substituting for $\nabla^2\partial U$ its value $= \Phi\partial H - H\partial\Phi$, we have

$$\text{third line of } \partial_1{}^2\partial_3 U = -\frac{2\vartheta^2}{(m-1)^2}(\Phi\partial H - H\partial\Phi).$$

74. Hence, uniting the three lines, we have

$$\begin{aligned}\partial_1{}^2\partial_3 U = \; & \frac{\vartheta^2}{(m-1)^3}((\;m-2)\,H\partial\Phi + \qquad\qquad \Phi\partial H) \\ & + \frac{\vartheta^2}{(m-1)^3}(\quad -2\;H\partial\Phi + \qquad\qquad m\Phi\partial H) + \frac{\vartheta^3}{(m-1)^3}(-(\partial\,.\,\nabla)\,H) \\ & + \frac{\vartheta^2}{(m-1)^3}((2m-2)\,H\partial\Phi + (-2m+2)\,\Phi\partial H),\end{aligned}$$

and, reducing, we have the above-mentioned value of $\partial_1{}^2\partial_3 U$.

342.

ON THE CONICS WHICH PASS THROUGH THREE GIVEN POINTS AND TOUCH A GIVEN LINE.

[From the *Quarterly Journal of Pure and Applied Mathematics*, vol. VI. (1864), pp. 24—30.]

CONSIDER the system of conics which pass through three given points and touch a given line; if among these we select the conics which touch an assumed line, it is easy to show analytically that there are four such conics, all real or else all imaginary; viz. the three points form a triangle, and if the two lines cut the three sides produced or cut the same two sides and the third side produced, then the conics are all real; but in every other case they are all imaginary. The latter part of the theorem may also be seen geometrically; in fact, if a triangle is inscribed in a conic, say first in an ellipse, or in a parabola, or in one branch of a hyperbola, then all the tangents of the conic (and therefore any two tangents whatever) cut the three sides produced, but if the triangle is inscribed in the two branches of a hyperbola (that is, two vertices on one branch and the remaining vertex on the other branch), then all the tangents of the conic (and therefore any two tangents whatever) cut the same two sides and the third side produced: and thus the only real conics are those which cut the three sides produced, or else the same two sides and the third side produced. The analytical proof referred to is as follows: taking ($x=0$, $y=0$, $z=0$) for the equations of the sides of the triangle, the equation of a conic through the three points is

$$\frac{f}{x}+\frac{g}{y}+\frac{h}{z}=0,$$

or, what is the same thing,

$$2fyz+2gzx+2hxy=0,$$

that is

$$(0,\ 0,\ 0,\ f,\ g,\ h\between x,\ y,\ z)^2=0.$$

The inverse coefficients are

$$(-f^2, \; -g^2, \; -h^2, \quad gh, \quad hf, \quad fg),$$

and hence the condition in order that the conic may touch the line $\alpha x + \beta y + \gamma z = 0$ is

$$(f^2, \quad g^2, \quad h^2, \; -gh, \; -hf, \; -fg \between \alpha, \; \beta, \; \gamma)^2 = 0,$$

or, what is the same thing,

$$\sqrt{(\alpha f)} + \sqrt{(\beta g)} + \sqrt{(\gamma h)} = 0.$$

Similarly the condition in order that the conic may touch the line $lx + my + nz = 0$ is $\sqrt{(lf)} + \sqrt{(mg)} + \sqrt{(nh)} = 0$. Hence if the conic touch the two lines, we have

$$\sqrt{(f)} : \sqrt{(g)} : \sqrt{(h)} = \sqrt{(\beta n)} - \sqrt{(\gamma m)} : \sqrt{(\gamma l)} - \sqrt{(\alpha n)} : \sqrt{(\alpha m)} - \sqrt{(\beta l)},$$

or, what is the same thing,

$$f : g : h = \beta n + \gamma m - 2\sqrt{(\beta\gamma mn)} : \gamma l + \alpha n - 2\sqrt{(\gamma\alpha nl)} : \alpha m + \beta l - 2\sqrt{(\alpha\beta lm)},$$

which, since the radicals must be so taken that the product may be $= \alpha\beta\gamma lmn$, gives in all four conics: and these will be all real if the signs of (l, m, n) are the same with, or opposite to those of (α, β, γ) respectively; which proves the theorem.

In particular since infinity is a line meeting the three sides produced; if the given line meet the three sides produced, the system will contain four real parabolas; but, if the given line meets two sides and a side produced, there is not any real parabola. In the latter case, as is obvious geometrically, the conics of the system are all hyperbolas.

Any side of the triangle, and the line joining the opposite vertex with the point of intersection of the side and given line, form a pair of lines passing through the three points and meeting on the given line; such pair of lines is a conic of the system; and we have thus three pairs of lines, each pair a conic of the system.

We may by what precedes form some idea of the nature of the system of conics which pass through the three given points and touch the given line. In fact writing at the point of contact the letters H, P, E, L according as the conic is a hyperbola, parabola, ellipse, or pair of lines, then if the given line cut the three sides produced, we have as in fig. 1.

FIG. 1.

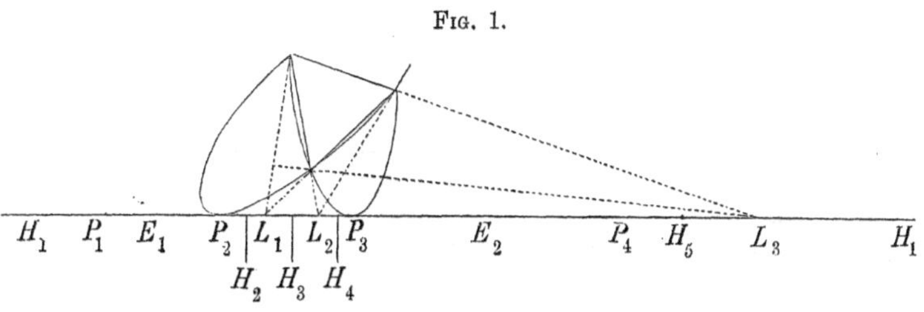

Whereas, if the given line cuts two sides and a side produced, we have more simply as in fig. 2.

Fig. 2.

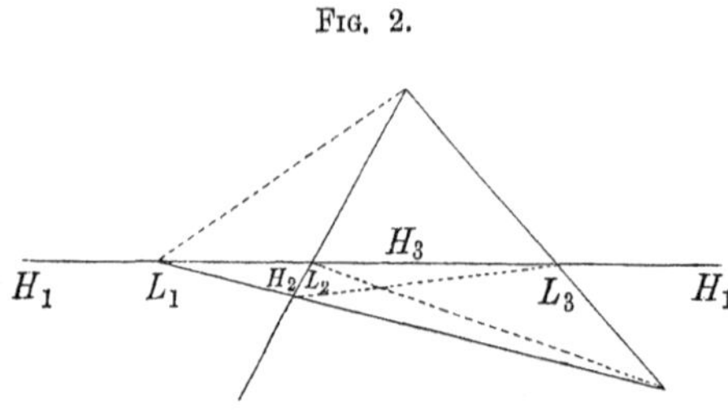

But to gain a more precise knowledge, it is proper to consider the curve which is the locus of the centres of the conics of the system.

Such locus which, as will presently be seen, is a curve of the fourth order, must, it is clear, pass through the points of intersection (L_1, L_2, L_3 in figs. 1 and 2 respectively and p, q, r in fig. 3 presently referred to) of the sides with the given line; and it is not difficult to show geometrically that it *touches*, at these points, the sides of the triangle. It may be shown also that the curve has three nodes (double points), viz. the middle point of each side of the triangle is a node of the curve. In fact if upon any side as base we apply an equal and opposite triangle so as to form with the given triangle a parallelogram, then any conic through the four vertices of the parallelogram will have for its centre the central point of the parallelogram; that is, the middle point of the side in question. But we may through the four vertices describe two conics, each of them touching the given line; that is the middle point of the side is the centre of two different conics of the system, and it is therefore a node upon the curve of centres. And moreover the node will be a crunode or an acnode (i.e. a double point with two real branches, or else a conjugate or isolated point) according as the conics are real or imaginary: and it is easy to see that if the given line does not cut the parallelogram, or if it cuts two opposite sides, the conics will be both real; but if it cuts two adjacent sides the conics will be both imaginary; that is, in the former case we have a crunode, and in the latter an acnode. Through each node may be drawn two tangents to the curve; and it is a known property of curves of the fourth order that the six points of contact lie on a conic; one of the tangents through the node is however the side whereon the node lies, and the points of contact of the three sides lie on a line, viz. the given line: hence the last mentioned conic is composed of the given line, and another line; that is, the three points of contact of the other tangents through the three nodes lie on this other line.

It is proper to add that the points at infinity of the curve of centres are the centres of the four parabolas; that is, there will be four infinite branches, if the parabolas are real, viz. if the given line cuts the three sides produced; but no infinite branch if the parabolas are imaginary, viz. if the given line cut two sides and a side produced.

The triangle and the three triangles applied to the three sides form together a triangle similar to the original triangle but of double the linear magnitude, and the form of the curve of centres depends as has been shown on the position of the given line in regard to the triangle and the double triangle. The cases to be considered are tolerably numerous, but it is easy from the foregoing considerations, to see in any particular case what is the form of the curve of centres; for facility of delineation I select a form without infinite branches, see fig. 3, in which the given line cuts the two sides CA, CB, and the third side AB produced; it is moreover to be observed

FIG. 3.

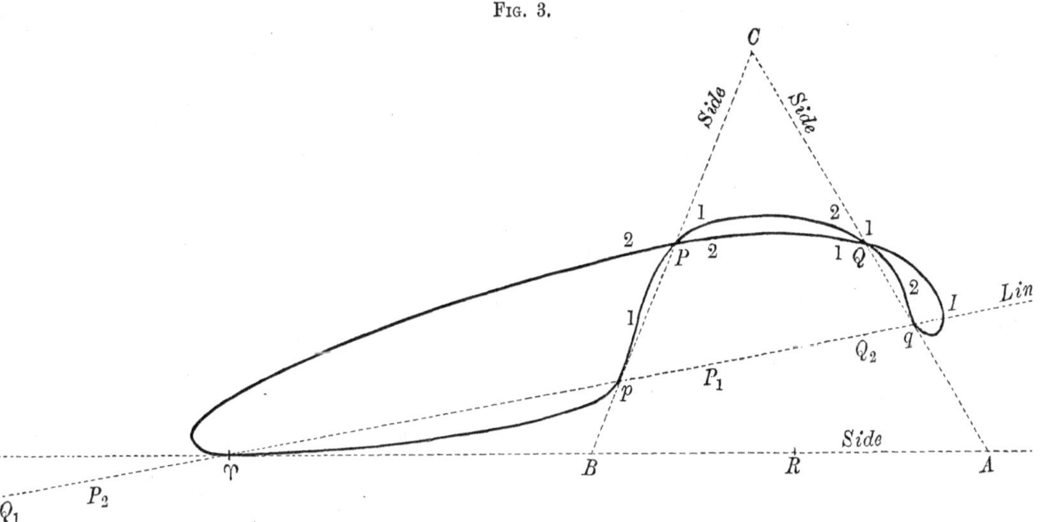

that as the figure is drawn the given line cuts the two sides CA, CB below their middle points Q and P respectively. By what precedes it appears that the middle points Q, P of these two sides CA, CB are each of them crunodes, but that the middle point R of the remaining side AB is an acnode. And this being so the general form of the curve is at once perceived to be that shown by fig. 3.

It is very interesting to trace the corresponding positions of the point of contact on the given line, and of the centre on the curves of centres. When the point of contact is at ∞', the centre is at I, as the point of contact moves from ∞ to q, the centre moves from I to q, and at q the two coincide; as the point of contact moves from q to a point Q_2, the centre moves from q to Q (along the branch $Q2$); as the point of contact moves from Q_2 to a point P_1, the centre moves from Q to P (along the branch $Q2\,1P$); as the point of contact moves from P_1 to p, the centre moves from P to p (along the branch $P1$) and at p the point of contact and the centre again coincide; as the point of contact moves from p to r, the centre moves from p to r and at r they again coincide; as the point of contact moves from r to a point P_2 the centre moves from r to P (along the branch $2P$); as the point of contact moves from P_2 to a point Q_1, the centre moves from P to Q (along the branch $P2\,1Q$) and finally as the point of contact moves from Q_1 to ∞, the centre moves from Q (along the branch Q_1) to I, thus completing the circuit.

The equation of the curve of centres was given in the late Mr Hearn's "Researches on Curves of the Second Order, &c. London, 1846," viz. if $x=0$, $y=0$, $z=0$ be the equations of the sides of the triangle formed by the given points; $x+y+z=0$ the equation of the line infinity, and $\alpha x+\beta y+\gamma z=0$ the equation of the given line, then the equation of the curve of centres is

$$\sqrt{\{\alpha x(-x+y+z)\}}+\sqrt{\{\beta y(x-y+z)\}}+\sqrt{\{\gamma z(x+y-z)\}}=0,$$

or more generally if $x+y+z=0$ be the equation of an assumed line, then this equation is that of the locus of the pole of the assumed line in regard to the conics passing through the given points and touching the given line, see my paper "Note on a Family of Curves of the Fourth Order," *Cambridge and Dublin Mathematical Journal*, t. V. (1850), pp. 148—152, [85], where I have noticed the above mentioned property, that the conic through the points of contact of the tangents through the nodes breaks up into a pair of lines. It is I think worth while to show how the equation is obtained. The equation of a conic through the given points and touching the given line is

$$(0,\ 0,\ 0,\ f,\ g,\ h\between x,\ y,\ z)^2=0$$

with the condition $\sqrt{(\alpha f)}+\sqrt{(\beta g)}+\sqrt{(\gamma h)}=0$, and this being so, the coordinates of the pole in relation thereto, of the assumed line $x+y+z=0$, are

$$\begin{aligned} x : y : z = &\ (-f+g+h)f \\ &: (\ \ f-g+h)\,g \\ &: (\ \ f+g-h)\,h. \end{aligned}$$

We have thence

$$\begin{aligned} -x+y+z \text{ proportional to } &-(-f+g+h)f \\ &+(\ \ f-g+h)\,g \\ &+(\ \ f+g-h).h, \end{aligned}$$

that is, to $f^2-(g-h)^2$, which is $=(f-g+h)(f+g-h)$,

and combining with this the equation

$$\alpha x \text{ proportional to } (-f+g+h)f\alpha,$$

we obtain

$$\alpha x(-x+y+z) \text{ proportional to } \alpha f,$$

that is

$$\alpha x(-x+y+z) : \beta y(x-y+z) : \gamma z(x+y-z)=\alpha f : \beta g : \gamma h,$$

so that from the equation $\sqrt{(\alpha f)}+\sqrt{(\beta g)}+\sqrt{(\gamma h)}=0$, we have at once the foregoing equation

$$\sqrt{\{\alpha x(-x+y+z)\}}+\sqrt{\{\beta y(x-y+z)\}}+\sqrt{\{\gamma z(x+y-z)\}}=0.$$

The rationalised form is

$$(1,\ 1,\ 1,\ -1,\ -1,\ -1\between \alpha x(-x+y+z),\ \ \beta y(x-y+z),\ \ \gamma z(x+y-z))^2=0,$$

which shows what has been all along assumed, that the curve is of the fourth order. This equation may be transformed into

$$\begin{aligned}
&x^2(\alpha^2x^2+\beta^2y^2+\gamma^2z^2-2\beta\gamma yz+2\gamma\alpha zx+2\alpha\beta xy)\\
+\;&y^2(\alpha^2x^2+\beta^2y^2+\gamma^2z^2+2\beta\gamma yz-2\gamma\alpha zx+2\alpha\beta xy)\\
+\;&z^2(\alpha^2x^2+\beta^2y^2+\gamma^2z^2+2\beta\gamma yz+2\gamma\alpha zx-2\alpha\beta xy)\\
-\;&2yz(\alpha x+\beta y+\gamma z)(-\alpha x+\beta y+\gamma z)\\
-\;&2zx(\alpha x+\beta y+\gamma z)(\alpha x-\beta y+\gamma z)\\
-\;&2xy(\alpha x+\beta y+\gamma z)(\alpha x+\beta y-\gamma z)=0:
\end{aligned}$$

if with this equation we combine the equation $\alpha x+\beta y+\gamma z=0$, we find at the points of intersection with the given line

$$x^2.4\beta\gamma yz+y^2.4\gamma\alpha zx+z^2.4\alpha\beta xy=0,$$

that is

$$xyz(\beta\gamma x+\gamma\alpha y+\alpha\beta z)=0,$$

so that the points in question are the intersections of the given line $\alpha x+\beta y+\gamma z=0$, with the lines $x=0$, $y=0$, $z=0$, $\frac{x}{\alpha}+\frac{y}{\beta}+\frac{z}{\gamma}=0$. The point $\alpha x+\beta y+\gamma z=0$, $\frac{x}{\alpha}+\frac{y}{\beta}+\frac{z}{\gamma}=0$ corresponds to the conic which touches the given line at its intersection with the assumed line $x+y+z=0$, the pole in relation to this conic is obviously a point on the given line. The point in question, if $x+y+z=0$ denote the line infinity, is the point I of fig. 3.

It may be proper to mention a far less symmetrical form of the equation of the conic, but which has the advantage of putting in evidence the point of contact; viz. the equation is expressed in terms of the parameter α denoting the distance of the point of contact from a given point in the base line, and which is therefore very convenient for tracing the changes of form of the conic. Assuming as before that the base line cuts the sides produced, then (see fig. 4) if of the three points 1 denote

FIG. 4.

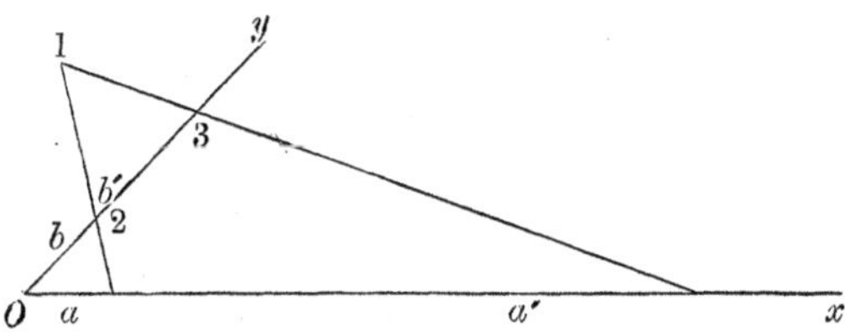

that which is furthest from, and 2 that which is nearest to the base line, and if the base line be taken as the axis of x, and 23 as the axis of y; the equation of the base line is $y=0$, and the equations of the sides 23, 31, 12 are $x=0$, $\frac{x}{a'}+\frac{y}{b'}=1$, $\frac{x}{a}+\frac{y}{b}=1$, where a, b, a', b', $a'-a$, $b'-b$, $a'b-ab'$ are all positive, so that, by choosing the axes as above, we avoid the consideration of the several cases corresponding to different signs of these quantities. And this being so, if $x=\alpha$ is the coordinate of the point of contact, the equation of the conic is

$$(A,\ B,\ C,\ F,\ G,\ H\between x,\ y,\ 1)^2=0,$$

where

$$\begin{aligned}
A &= 2bb'\ (a'-a),\\
B &= 2\alpha^2\ (a'-a),\\
C &= 2\alpha^2 bb'\,(a'-a),\\
F &= -\ \alpha^2\ (a'-a)\,(b'+b),\\
G &= -\,2\alpha bb'\ (a'-a),\\
H &= \{(\alpha^2+aa')\,(b'-b)-2\alpha\,(ab'-a'b)\},
\end{aligned}$$

and these give

$$\begin{aligned}
AB-H^2 &= -\left[\{(\alpha-a)\sqrt{(b')}+(\alpha-a')\sqrt{(b)}\}^2-(a'-a)\,(a'b-ab')\right]\times\\
&\qquad \left[\{(\alpha-a)\sqrt{(b')}-(\alpha-a')\sqrt{(b)}\}^2-(a'-a)\,(a'b-ab')\right],\\
BC-F^2 &= -\,\alpha^4\,(a'-a)^2\,(b'-b)^2,\\
CA-G^2 &= 0,\\
GH-AF &= -\,2bb'\,(a'-a)\,(b'-b)\,\alpha\,(\alpha-a)\,(\alpha-a'),\\
HF-BG &= -\,(a'-a)\,(b'-b)\,\alpha^2\,\{(b'+b)\,(\alpha^2+aa')-2\alpha\,(ab'+a'b)\},\\
FG-CH &= -\,2bb'\,(a'-a)\,(b'-b)\,\alpha^2\,(\alpha-a)\,(\alpha-a').
\end{aligned}$$

The condition that the conic may be a parabola is $AB-H^2=0$, which gives, as it should do, four real values of α.

2, *Stone Buildings, W.C.*

343.

ON THE CUSP OF THE SECOND KIND OR NODECUSP.

[From the *Quarterly Journal of Pure and Applied Mathematics*, vol. VI. (1864), pp. 74, 75.]

THE so-called cusp of the second kind or ramphoid cusp, is not an ordinary singularity of plane curves, but it is a singularity of a higher order. It is however particularly considered in Plücker's *Theorie der Analytischen Curven*, 1839; and it is there, not only in the analytical discussion of the singularities of plane curves, but in the author's theory of the generation of a curve, considered as described and enveloped by a point moving along a line which at the same time rotates round the point; when the motion along the line vanishes, we have a cusp; when the motion round the point vanishes, we have an inflexion; when the two motions vanish together, we have a cusp of the second kind, which thus presents itself as a singularity uniting the characters of a cusp or stationary point, and an inflexion or stationary tangent: (I remark in passing that in this explanation it is not clear what is the independent variablè wherewith the motions are compared). But there is another point of view from which the singularity in question may be considered, viz., it may be regarded as a singularity arising from the union and amalgamation of a cusp, and a double point or node; in fact, in the figure, which represents a curve having a cusp

and also a node, we have only to imagine the node approaching nearer and nearer to and ultimately coinciding with the cusp, and it will be at once seen that the point will become a cusp of the second kind; or as it might properly, with reference to this generation of it, be termed, a "nodecusp." It is to be noticed that in the point-theory of curves, there is between the cusp and the nodecusp the intermediate singularity of the tacnode, which arises from the union and amalgamation of two nodes, and possesses the character of a cusp.

I return to the nodecusp; taking the point in question as the origin, and the tangent for the axis of x, the equation will be a specialised form of the equation

$$\tfrac{1}{2}y^2+\tfrac{1}{6}(a,\ b,\ c,\ d\between x,\ y)^3+\tfrac{1}{24}(a',\ b',\ c',\ d',\ e'\between x,\ y)^4+\&c.=0,$$

which belongs to the case of a cusp, viz. (see Plücker, p. 165) the conditions satisfied by the special form are $a=0$, $a'=3b^2$, or the equation is

$$\tfrac{1}{2}(y+\tfrac{1}{2}bx^2)^2+\tfrac{1}{6}y^2(3cx+dy)+\tfrac{1}{24}y(4b'x^3+6c'x^2y+4d'xy^2+e'y^3)+\&c.=0,$$

which is most easily verified, by observing that (this being so) the expansion of y in terms of x will be of the form

$$y=-\tfrac{1}{2}bx^2+Ax^{\frac{5}{2}}+\&c.$$

It is now to be shown how the foregoing conditions $a=0$, $a'=3b^2$, are obtained by assuming that the curve has, besides the cusp, a node which ultimately coincides with the cusp. Let $(\alpha,\ \beta)$ be the coordinates of the node; we must have

$$\begin{aligned}\tfrac{1}{2}\beta^2+\tfrac{1}{6}(a,\ b,\ c,\ d\between \alpha,\ \beta)^3+\tfrac{1}{24}(a',\ b',\ c',\ d',\ e'\between \alpha,\ \beta)^4+\&c.&=0,\\ \tfrac{1}{2}(a,\ b,\ c\between \alpha,\ \beta)^2+\tfrac{1}{6}(a',\ b',\ c',\ d'\between \alpha,\ \beta)^3+\&c.&=0,\\ \beta+\tfrac{1}{2}(b,\ c,\ d\between \alpha,\ \beta)^2+\tfrac{1}{6}(b',\ c',\ d',\ e'\between \alpha,\ \beta)^3+\&c.&=0.\end{aligned}$$

Assume $\beta=m\alpha^2$, and then let α vanish; the equations become in the first instance

$$\begin{aligned}\tfrac{1}{6}a\alpha^3+(\tfrac{1}{2}m^2+\tfrac{1}{2}bm+\tfrac{1}{24}a')\,\alpha^4+\&c.&=0,\\ \tfrac{1}{2}a\alpha^2+\&c.&=0,\\ (m+\tfrac{1}{2}b)\,\alpha^2+\&c.&=0,\end{aligned}$$

the second and third equation give $a=0$, $m+\tfrac{1}{2}b=0$, and the first equation then gives

$$\tfrac{1}{2}m^2+\tfrac{1}{2}bm+\tfrac{1}{24}a'=0;$$

or substituting for m its value $=-\tfrac{1}{2}b$, this is $a'=3b^2$, or the required conditions are $a=0$, $a'=3b^2$, *ut suprà.* The single condition $a=0$ corresponds to the case of the tacnode.

2, *Stone Buildings, W.C., September* 17, 1862.

344.

ON CERTAIN DEVELOPABLE SURFACES.

[From the *Quarterly Journal of Pure and Applied Mathematics*, vol. VI. (1864), pp. 108—126.(1)]

IF $U=0$ be the equation of a developable surface, or say a developable, then the Hessian HU vanishes, not identically, but only by virtue of the equation $U=0$ of the surface; that is, HU contains U as a factor, or we may write $HU=U.PU$; the function PU, which for the developable replaces as it were the Hessian HU, is termed the *Prohessian;* and (since if r be the order of U the order of HU is $4r-8$) we have $3r-8$ for the order of the Prohessian. If $r=4$, the order of the Prohessian is also 4, and in fact, as is known, the Prohessian is in this case $=U$. The Prohessian is considered, but not in much detail, in Dr Salmon's *Geometry of Three Dimensions*, (1862), pp. 338 and 426 [Ed. 4 (1882), p. 408]: the theorem given in the latter place is almost all that is known on the subject. I call to mind that the tangent plane along a generating line of the developable meets the developable in this line taken 2 times, and in a curve of the order $r-2$; the line touches the curve at the point of contact, or say the ineunt, on the edge of regression, and besides meets it in $r-4$ points. The ineunt taken 3 times, and the $r-4$ points form a linear system of the order $r-1$, and the Hessian of this system (considered as a curve of one dimension, or binary quantic) is a linear system of $2r-6$ points; viz. it is composed of the ineunt taken 4 times, and of $2r-10$ other points. This being so, the theorem is that the generating line meets the Prohessian in the ineunt taken 6 times, in the $r-4$ points, and in the $2r-10$ points $(6+r-4+2r-10=3r-8)$; it is assumed that $r=5$ at least.

The developables which first present themselves are those which are the envelopes of a plane

$$(a, b, \ldots \between t, 1)^n=0,$$

[1] Presented to the Royal Society and read 27 Nov., 1862, but withdrawn by permission of the Council.

where t is an arbitrary parameter, and the coefficients $(a, b, \ldots)$ are linear functions of the coordinates; the equation of the developable is

$$\text{Disct.}\ (a, b, \ldots \between t, 1)^n = 0,$$

the discriminant being taken in regard to the parameter t. Such developable is in general of the order $2n-2$, but if the second coefficient b is $=0$, or, more generally, if it is a mere numerical multiple of a, then a will divide out from the equation, and we have a developable of the order $2n-3$: the like property of course exists in regard to the last but one, and the last, of the coefficients of the function. We thus obtain developables of the orders 4, 5, and 6, sufficiently simple to allow of the actual calculation of their Prohessians, and the chief object of the present Memoir is to exhibit these Prohessians; but the Memoir contains some other researches in relation to the developables in question.

Quartic Developable, Nos. 1 *to* 6.

1. I consider first the developable of the fourth order

$$U = a^2d^2 - 6abcd + 4ac^3 + 4b^3d - 3b^2c^2,$$

derived from the cubic function $(a, b, c, d \between t, 1)^3$, and which is in fact the general quartic developable.

2. Taking (a, b, c, d) as coordinates and omitting common numerical factors, the first derived functions are

$$\begin{array}{r} ad^2 - 3bcd + 2c^3\ , \\ -3acd + 6b^2d - 3bc^2, \\ -3abd + 6ac^2 - 3b^2c, \\ a^2d - 3abc + 2b^3\ , \end{array}$$

(quantities which, if $(X, Y, Z, W \between t, 1)^3$ denote the cubicovariant of $(a, b, c, d \between t, 1)^3$, are equal to $(-W, 3Z, -3Y, X)$ respectively). And the second derived functions are

$$\begin{array}{cccc} d^2\ , & -3cd\ , & -3bd + 6c^2, & 2ad - 3bc, \\ -3cd\ , & 12bd - 3c^2, & -3ad - 6bc, & -3ac + 6b^2, \\ -3bd + 6c^2, & -3ad - 6bc, & 12ac - 3b^2, & -3ab\ , \\ 2ad - 3bc, & -3ac + 6b^2, & -3ab\ , & a^2\ . \end{array}$$

3. Representing these by

$$\begin{array}{cccc} A, & H, & G, & L, \\ H, & B, & F, & M, \\ G, & F, & C, & N, \\ L, & M, & N, & P, \end{array}$$

and expressing the determinant in the partially developed form

$$\begin{aligned} = \; & (AM-LH)(FN-CM) \\ & +(AN-LG)(FM-BN) \\ & +(AP-L^2)(BC-F^2) \\ & +(HN-GM)^2 \\ & +(HP-LM)(FG-CH) \\ & +(GP-LN)(HF-BG), \end{aligned}$$

and proceeding to the calculation, we find

$AM-LH$		$FN-CM$		$AN-LG$		$FM-BN$		$AP-L^2$		$BC-F^2$	
$=3\times$		$=9\times$		$=3\times$		$=9\times$		$=3\times$		$=9\times$	
acd^2	$+1$	a^2bd	$+1$	abd^2	$+1$	a^2cd	$+1$	a^2d^2	-1	a^2d^2	-1
b^2d^2	$+2$	a^2c^2	$+4$	ac^2d	-4	ab^2d	$+2$	$abcd$	$+4$	$abcd$	$+12$
bc^2d	-3	ab^2c	-7	b^2cd	-3	abc^2	$+1$	b^2c^2	-3	ac^3	-4
		b^4	$+2$	bc^3	$+6$	b^3c	-4			b^3d	-4
										b^2c^2	-3

$HN-GM$		$HP-LM$		$FG-CH$		$GP-LN$		$HF-BG$	
$=18\times$		$=3\times$		$=9\times$		$=3\times$		$=9\times$	
ac^3	$+1$	a^2cd	$+1$	abd^2	$+1$	a^2bd	$+1$	acd^2	$+1$
b^3d	$+1$	ab^2d	-4	ac^2d	$+2$	a^2c^2	$+2$	b^2d^2	$+4$
b^2c^2	-2	abc^2	-3	b^2cd	$+1$	ab^2c	-3	bc^2d	-7
		b^3c	$+6$	bc^3	-4			c^4	$+2$

4. Hence, forming the six parts and collecting, we find

$27\times$

a^4d^4	$+1$			$+1$			
a^3bcd^3	-12	$+1$	$+1$	-16		$+1$	$+1$
$a^3c^3d^2$	$+8$	$+4$	-4	$+4$		$+2$	$+2$
$a^2b^3d^3$	$+8$	$+2$	$+2$	$+4$		-4	$+4$
$a^2b^2c^2d^2$	$+30$	-2	-10	$+54$		-10	-2
a^2bc^4d	-48	-12	$+2$	-16		-10	-12
a^2c^6	$+16$				$+12$		$+4$
ab^4cd^2	-48	-12	-10	-16		$+2$	-12
ab^3c^3d	$+68$	$+21$	$+25$	-48	$+24$	$+25$	$+21$
ab^2c^5	-24		$+6$	$+12$	-48	$+12$	-6
b^6d^2	$+16$	$+4$			$+12$		
b^5c^2d	-24	-6	$+12$	$+12$	-48	$+6$	
b^4c^4	$+9$		-24	$+9$	$+48$	-24	

where the first column is the Hessian. This is in fact $= U^2$, and hence the Prohessian is

$$PU = U = \left|\begin{array}{ll} a^2d^2 & +1 \\ abcd & -6 \\ ad^3 & +4 \\ b^3c & +4 \\ b^2c^2 & -3 \end{array}\right|$$

5. To complete the theory it is proper to calculate the inverse coefficients

$$\begin{array}{llll} \mathfrak{A}, & \mathfrak{H}, & \mathfrak{G}, & \mathfrak{L}, \\ \mathfrak{H}, & \mathfrak{B}, & \mathfrak{F}, & \mathfrak{M}, \\ \mathfrak{G}, & \mathfrak{F}, & \mathfrak{C}, & \mathfrak{N}, \\ \mathfrak{L}, & \mathfrak{M}, & \mathfrak{N}, & \mathfrak{P}. \end{array}$$

We have for example

$$\mathfrak{P} = ABC - AF^2 - BG^2 - CH^2 + 2FGH,$$

which is found to be

$$9 \times$$

$$= \left|\begin{array}{ll} a^2d^4 & -\ 1 \\ abcd^3 & +\ 6 \\ ac^3d^2 & -\ 4 \\ b^3d^3 & -\ 16 \\ b^2c^2d^2 & +\ 39 \\ bc^4d & -\ 36 \\ c^6 & +\ 12 \end{array}\right|$$

which, omitting the factor 9, is

$$= 3\,(ad^2 - 3bcd + 2c^3)^2 - 4d^2\,(a^2d^2 - 6abcd + 4ac^3 + 4b^3d - 3b^2c^2),$$

that is $= 3W^2 - 4d^2U$; and calculating in like manner the other coefficients, the system is found to be

$$\begin{array}{llll} 3X^2 - 4a^2U, & 3XY - 4abU, & 3XZ + (2ac - 6b^2)\,U, & 3XW + (5ad - 9bc)\,U, \\ 3YX - 4abU, & 3Y^2 - 4acU, & 3YZ - (1ad + 3bc)\,U, & 3YW + (2bd - 6c^2)\,U, \\ 3ZX + (2ac - 6b^2)\,U, & 3ZY - (1ad + 3bc)\,U, & 3Z^2 - 4bdU, & 3ZW - 4cd\,U \\ 3WX + (5ad - 9bc)\,U, & 3WY + (2bd - 6c^2)\,U, & 3WZ - 4cdU, & 3W^2 - 4d^2U \end{array}$$

6. Let $(\lambda, \mu, \nu, \rho)$ be any arbitrary multipliers, and write

$$(\mathfrak{X}, \mathfrak{Y}, \mathfrak{Z}, \mathfrak{W}) = \left(\begin{array}{llll} \mathfrak{A}, & \mathfrak{H}, & \mathfrak{G}, & \mathfrak{L} \\ \mathfrak{H}, & \mathfrak{B}, & \mathfrak{F}, & \mathfrak{M} \\ \mathfrak{G}, & \mathfrak{F}, & \mathfrak{C}, & \mathfrak{N} \\ \mathfrak{L}, & \mathfrak{M}, & \mathfrak{N}, & \mathfrak{P} \end{array}\right)\!\!\left(\lambda, \mu, \nu, \rho\right),$$

then if $\theta = 3(\lambda X + \mu Y + \nu Z + \rho W)$, we have

$$(\mathfrak{X},\ \mathfrak{Y},\ \mathfrak{Z},\ \mathfrak{W}) = (\theta X + \alpha U,\ \theta Y + \beta U,\ \theta Z + \gamma U,\ \theta W + \delta U).$$

The function $(X, Y, Z, W \between t, 1)^3$ is the cubicovariant of $(a, b, c, d \between t, 1)^3$ and if for a moment these functions are represented by v, u respectively, and if we also write $U = a^2d^2 - \&c. = \tilde{U}(a, b, c, d)$, then

$$(a + \theta X,\ b + \theta Y,\ c + \theta Z,\ d + \theta W \between t,\ 1)^3 = u + \theta v,$$

and thence

$$\begin{aligned}\tilde{U}(a + \theta X,\ b + \theta Y,\ c + \theta Z,\ d + \theta W) &= \text{Disct.}\,(u + \theta v),\\ &= (1 - \theta^2 U)^2\, U,\end{aligned}$$

by a formula given in my "Fifth Memoir on Quantics," *Phil. Trans.*, t. CXLVIII. (1858), see p. 442 [156]; the function on the left-hand side thus contains U as a factor, and it at once follows that the function

$$\tilde{U}(a + \mathfrak{X},\ b + \mathfrak{Y},\ c + \mathfrak{Z},\ d + \mathfrak{W})\,;$$

viz., the function obtained from U by writing therein $(a + \mathfrak{X},\ b + \mathfrak{Y},\ c + \mathfrak{Z},\ d + \mathfrak{W})$ in the place of (a, b, c, d) respectively, contains U as a factor, and therefore vanishes if $U = 0$; that is $a + \mathfrak{X}$, $b + \mathfrak{Y}$, $c + \mathfrak{Z}$, $d + \mathfrak{W}$, are the coordinates of a point on the surface $U = 0$; they are in fact the coordinates of a point on the generating line through (a, b, c, d); this is a theorem which applies to any developable whatever, as appears by the following considerations.

Remarks on the General Theory of Developables, Nos. 7 to 9.

7. In general for any surface whatever, taking a point on the surface, the successive polars of this point (the last of them being the tangent plane) all touch at this point; and not only so, but the tangents to the two branches of the curve in which the surface itself (or any of its polars down to the quadric polar) is intersected by the ultimate polar or tangent plane, are respectively coincident. Suppose that for any point on the surface, the quadric polar becomes a cone: the vertex of this cone is *not* the point itself; hence the tangent plane at the point touches the cone along a generating line; that is the tangents to the curve of intersection with the surface, or with any of its polars, coincide with the generating line of the cone—and the curve of intersection of the tangent plane with the surface, or any of its polars, at the point of contact (instead of, as in general, a node) has a cusp. In particular the curve of intersection with the surface has at the point of contact a cusp. The condition that the quadric polar may be a cone is $HU = 0$, and when this differential equation is satisfied in virtue of the equation $U = 0$ (that is, when we have identically $HU = U.PU$), the surface is a developable. Now all that is proved in the first instance by the equation $HU = 0$ is that *every point* of the surface has the above mentioned property; viz., that the tangent plane at the point cuts the surface in a curve having a cusp at the point in question.

8. What really happens in the case of a developable is more than this; viz. the curve of intersection is made up of the generating line taken twice, and of a curve of an order less by 2 than the order of the surface. Let (x, y, z, w) be the coordinates of the point on the developable, $U=0$ the equation of the developable, $(A, B, C, P, F, G, H, L, M, N)$ the second derived functions of U, $(\mathfrak{A}, \mathfrak{B}, \mathfrak{C}, \mathfrak{P}, \mathfrak{F}, \mathfrak{G}, \mathfrak{H}, \mathfrak{L}, \mathfrak{M}, \mathfrak{N})$ the inverse system, K the determinant formed with the second derived functions, so that we have $K=HU=0$. The coordinates of the vertex of the cone are given by the equations

$$\begin{aligned} \alpha : \beta : \gamma : \delta &= \mathfrak{A} : \mathfrak{H} : \mathfrak{G} : \mathfrak{L}, \\ &= \mathfrak{H} : \mathfrak{B} : \mathfrak{F} : \mathfrak{M}, \\ &= \mathfrak{G} : \mathfrak{F} : \mathfrak{C} : \mathfrak{N}, \\ &= \mathfrak{L} : \mathfrak{M} : \mathfrak{N} : \mathfrak{P}; \end{aligned}$$

these several sets of ratios being equivalent to each other in virtue of the equation $K=0$. Hence $(\lambda, \mu, \nu, \rho)$ being arbitrary multipliers, if we write

$$(\mathfrak{X}, \mathfrak{Y}, \mathfrak{Z}, \mathfrak{W}) = \left(\begin{array}{cccc} \mathfrak{A}, & \mathfrak{H}, & \mathfrak{G}, & \mathfrak{L} \\ \mathfrak{H}, & \mathfrak{B}, & \mathfrak{F}, & \mathfrak{M} \\ \mathfrak{G}, & \mathfrak{F}, & \mathfrak{C}, & \mathfrak{N} \\ \mathfrak{L}, & \mathfrak{M}, & \mathfrak{N}, & \mathfrak{P} \end{array}\right)(\lambda, \mu, \nu, \rho);$$

the coordinates of the vertex of the cone will be as $\mathfrak{X} : \mathfrak{Y} : \mathfrak{Z} : \mathfrak{W}$, and hence observing that the absolute magnitudes of these quantities are arbitrary, $x+\mathfrak{X} : y+\mathfrak{Y} : z+\mathfrak{Z} : w+\mathfrak{W}$ will represent the coordinates of any point on the line joining the point (x, y, z, w) with the vertex of the cone, that is, the generating line through the point (x, y, z, w); which is the theorem in question, the coordinates being in the present investigation denoted by (x, y, z, w) instead of the (a, b, c, d) of the example.

9. Reverting to the developable $U=a^2d^2 - \&c. = 0$, the results previously obtained show that the coordinates of the vertex of the cone which is the quadric polar of the point (a, b, c, d) are as $X : Y : Z : W$ (these quantities denoting as above the coefficients of the cubicovariant), and thence also that the coordinates of any point on the generating line will be as $a+\theta X : b+\theta Y : c+\theta Z : d+\theta W$, where θ is arbitrary.

Special Quintic Developable, Nos. 10 *to* 25.

10. We have, secondly, the developable of the fifth order

$$U = a^3e^2 + 6a^2c^2e - 24ab^2ce + 9ac^4 + 16b^4e - 8b^2c^3 = 0,$$

derived from the quartic function $(a, 2b, 3c, 0, -27e \between t, 1)^4$, or, what is the same thing, $at^4 + 8bt^3 + 18ct^2 - 27e = 0$, where it will be observed that, as well in the quartic function as in the equation of the developable, the sum of the numerical coefficients is = zero; it was on this account that the foregoing form of the quartic function was selected in preference to the form $(a, b, c, 0, e \between t, 1)^4$. The last mentioned form has for its discriminant

$$(ae+3c^2)^3 - 27\,(ace - b^2e - c^3)^2, \quad = e\,(a^3e^2 - 18a^2c^2e + 54ab^2ce + 81ac^4 - 27b^4e - 54b^2c^3),$$

and writing therein in place of (a, b, c, e), the values $(a, 2b, 3c, -27e)$, the second factor divided by 729 gives the foregoing expression for U, belonging to the form

$$(a, 2b, 3c, 0, -27e \between t, 1)^4.$$

11. Taking (a, b, c, e) as coordinates, and omitting common numerical factors, the first derived functions of U are

$$\begin{aligned}
&3a^2e^2 + 12ac^2e - 24b^2ce + 9c^4,\\
&-48abce + 64b^3e - 16bc^3,\\
&12a^2ce - 24ab^2e + 36ac^3 - 24b^2c^2,\\
&2a^3e + 6a^2c^2 - 24ab^2c + 16b^4,
\end{aligned}$$

and the second derived functions are

$$\begin{array}{llll}
3(ae^2+2c^2e), & -24bce, & 6(2ace-2b^2e+3c^3), & 3(a^2e+2ac^2-4b^2c),\\
-24bce, & 8(-3ace+12b^2e-c^3), & 24(-abe-bc^2), & 8(-3abc+4b^3),\\
6(2ace-2b^2e+3c^3), & 24(-abe-bc^2), & 6(a^2e+9ac^2-4b^2c), & 6(a^2c-2ab^2),\\
3(a^2e+2ac^2-4b^2c), & 8(-3abc+4b^3), & 6(a^2c-2ab^2), & a^3.
\end{array}$$

12. Representing these by

$$\begin{array}{llll}
A, & H, & G, & L,\\
H, & B, & F, & M,\\
G, & F, & C, & N,\\
L, & M, & N, & P,
\end{array}$$

and expressing the determinant in the partially developed form

$$\begin{aligned}
&P(ABC - AF^2 - BG^2 - CH^2 + 2FGH)\\
&- L^2(BC - F^2) - M^2(CA - G^2) - N^2(AB - H^2)\\
&- 2MN(GH - AF) - 2NL(HF - BG) - 2LM(FG - CH),
\end{aligned}$$

then, proceeding to the calculation, we have

$BC - F^2 = 48 \times$		$CA - G^2 = 18 \times$		$AB - H^2 = 24 \times$		$GH - AF = 72 \times$		$HF - BG = 48 \times$		$FG - CH = 144 \times$		$ABC - \&c. = 288 \times$	
a^3ce^2	-3	a^3e^2	$+1$	a^2ce^3	-3	a^2be^3	$+1$	a^2ce^2	$+6$	a^2bce^2	-1	a^4ce^4	-3
a^2c^3e	-28	$a^2c^2e^2$	$+3$	ab^2e^3	$+12$	abc^2e^2	-1	ab^2ce^2	-18	ab^3c^2	$+2$	$a^3c^3e^3$	-10
ab^2c^2e	$+96$	ab^2ce^2	$+12$	ac^3e^2	-7	b^3ce^2	$+4$	ac^4e	$+11$	abc^3e	$+4$	$a^2b^2c^2e^3$	$+24$
ac^5	-9	ac^4e	-6	c^5e	-2	bc^4e	-4	b^4e^2	$+24$	b^3c^2e	-2	$a^2c^5e^2$	$+15$
b^4ce	-48	b^4e^2	-8					b^2c^3e	-26	bc^5	-3	ab^4ce^3	$+72$
b^2c^4	-8	b^2c^3e	$+16$					c^6	$+3$			$ab^2c^4e^2$	-168
		c^6	-18									ac^7e	$+60$
												b^6e^3	-96
												$b^4c^3e^2$	-200
												b^3c^6e	-112
												c^9	$+18$

$L^2=9\times$		$M^2=64\times$		$N^2=96\times$		$2MN=96\times$		$2NL=36\times$		$2LM=48\times$	
a^4e^2	+ 1	$a^2b^2c^2$	+ 9	a^4c^2	+ 1	a^3bc^2	− 3	a^4ce	+ 1	a^3bce	− 3
a^3c^2e	+ 4	ab^4c	− 24	a^3b^2c	− 4	a^2b^3c	+ 10	a^3b^2e	− 2	a^2b^3e	+ 4
a^2b^2ce	− 8	b^6	+ 16	a^2b^4	+ 4	ab^5	− 8	a^3c^3	+ 2	a^2bc^3	− 6
a^2c^4	+ 4							$a^2b^2c^2$	− 8	ab^3c^2	+ 20
ab^2c^3	− 16							ab^4c	+ 8	b^5c	− 16
b^4c^2	+ 16										

13. It is now easy to form the seven component terms of the determinant, and thence the determinant itself; each of the component terms divides by 576, and omitting this factor, the sum of the seven terms divides by 2; the result is

a^7ce^4	+ 3	− 3	+ 9					
$a^6c^3e^2$	+ 28	− 10	+ 120		+ 18		− 72	
$a^5b^2c^2e^3$	− 96	+ 24	− 360	− 72	− 144	+ 144	+ 360	− 144
$a^5c^5e^2$	+ 90	+ 15	+ 399		+ 42		− 276	
$a^4b^4ce^3$	+ 24	+ 72	+ 144	+ 192	+ 360	− 480	− 720	+ 480
$a^4b^2c^4e^2$	− 384	− 168	− 1944	− 216	− 168	− 144	+ 1584	+ 288
a^4c^7e	+ 108	+ 60	+ 444		+ 12		− 300	
$a^3b^6e^3$	+ 32	− 96		− 128	− 288	+ 384	+ 576	− 384
$a^3b^4c^3e^2$	+ 568	+ 200	+ 3024	− 288	− 168	+ 1056	+ 3504	+ 480
$a^3b^2c^6e$	− 224	− 112	− 2616	+ 432	− 48	− 576	+ 1752	+ 720
a^3c^9	+ 27	+ 18	+ 108				− 72	
$a^2b^6c^2e^2$	+ 384		− 1152	+ 2496		− 2304	+ 4032	− 2304
$a^2b^4c^5e$	− 696		+ 6336	− 2304	+ 48	+ 1920	− 3552	− 3840
$a^2b^2c^8$	+ 192		− 336	+ 1296			+ 288	− 864
ab^8ce^2	− 1152			− 3072		+ 1536	− 2304	+ 1536
ab^6c^4e	+ 1440		− 6912	+ 3840		− 1536	+ 2496	+ 4992
ab^4c^7	− 408		+ 48	− 3456			− 288	+ 2880
$b^{10}e^2$	+ 512			+ 1024				
b^8c^3e	− 640		+ 2304	− 2048				− 1536
b^6c^6	+ 192		+ 384	+ 2304				− 2304

where the first column is the Hessian.

14. This divides as it should do by

$U =$

a^3e^2	+ 1
a^2c^2e	+ 6
ab^2ce	− 24
ac^4	+ 9
b^4e	+ 16
b^2c^3	− 8

and the quotient, which is the Prohessian, is found to be

$PU =$

a^4ce^2	+ 3
a^3c^3e	+ 10
$a^2b^2c^2e$	− 24
a^2c^5	+ 3
ab^4ce	− 24
ab^2c^4	+ 24
b^6e	+ 32
b^4c^3	− 24

15. But before discussing the Prohessian, I will further consider the developable itself. Regarding it as derived from the equation $(a, 2b, 3c, 0, -27e \between t, 1)^4 = 0$, we have

$$eU = (27)^3 \{(ae - c^2)^3 + (-3ace + 4b^2e - c^3)^2\} = 0,$$

and observing that

$$-3ace + 4b^2e - c^3 = c(ae - c^2) - 4e(ac - b^2),$$

it appears that the equations of the cuspidal curve or edge of regression of the developable are $ae - c^2 = 0$, $ac - b^2 = 0$ (so that the cuspidal curve is a curve of the fourth order, the intersection of two quadric surfaces, or say a quadri-quadric curve). This is perhaps better seen by writing the equation of the developable in the form

$$U = a(ae - c^2)^2 - 8c(ae - c^2)(ac - b^2) + 16e(ac - b^2)^2 = 0,$$

or what is the same thing

$$U = (a, c, e \between ae - c^2, 4ac - 4b^2)^2 = 0,$$

where the discriminant of the quadric function is $= ae - c^2$, which vanishes for the curve $(ae - c^2 = 0, ac - b^2 = 0)$.

16. Another form of the equation is

$$U = a(ae + 3c^2)^2 - 8b^2(3ace - 2b^2e + c^3) = 0,$$

which shows that the conic $ae + 3c^2 = 0$, $b = 0$, is a nodal curve on the developable.

And, again, another form is

$$U = c^3(9ac - 8b^2) + e(a^3e + 6a^2c^2 - 24ab^2c + 16b^4) = 0,$$

which shows that the conic $9ac - 8b^2 = 0$, $e = 0$, is a simple line on the developable.

17. In my paper "On the Developable Surfaces which arise from Two Surfaces of the Second Order," *Camb. and Dub. Math. Jour.*, t. V. (1850), pp. 46—57, [84], I considered first the developable having for its edge of regression the intersection of two quadric surfaces; in the general case the developable is of the order 8; but if the two surfaces have an ordinary contact it is of the order 6; and if they have a singular contact (as there explained) it is of the order 5. And in the last mentioned case, if the equations of the two quadric surfaces are taken to be $x^2 - 2wz = 0$, $y^2 - 2zx = 0$, then the equation of the developable was found to be

$$4z^3w^2 + 12z^2x^2w + 9zx^4 - 24zxy^2w - 4x^3y^2 + 8y^4w = 0,$$

which putting therein $z = a$, $y = 2b$, $x = 2c$, $w = 2e$, becomes

$$a^3e^2 + 6a^2c^2e - 24ab^2ce + 9ac^4 + 16b^4e - 8b^2c^3 = 0,$$

which is the before mentioned developable $U = 0$; the two equations $x^2 - 2wz = 0$, $y^2 - 2zx = 0$ become by the same substitution $ae - c^2 = 0$, $ac - b^2 = 0$. We have in fact already seen that the developable $U = 0$ has this curve for its edge of regression.

18. But in the paper just referred to, it is also shown that considering the developable which is the envelope of the common tangent planes of two quadric surfaces; in the general case the developable is of the order 8, but if the two surfaces have an ordinary contact it is of the order 6, and if they have a singular contact it is of the order 5.

In the last mentioned case the surfaces may without loss of generality be reduced to conics, and their equations may be taken to be $(y^2-2zx=0,\ w=0)$ and $(x^2-2zw=0,\ y=0)$[1], and this being so the equation of the developable is

$$32z^3w^2-32z^2x^2w+72zxy^2w+8zx^4-27y^4w-4x^3y^2=0.$$

This is really a developable of the same kind with the first mentioned developable of the order 5; for writing $x=12c$, $y=8b$, $z=3a$, $w=-8e$, the equation becomes

$$a^3e^2+6a^2c^2e-24ab^2ce+9ac^4+16b^4e-8b^2c^3=0,$$

which is the before mentioned developable $U=0$. The equations of the two conics become $(9ac-8b^2=0,\ e=0)$ and $(ae+3c^2=0,\ b=0)$, and the developable is thus the envelope of the common tangent planes of these two conics. It has been seen that the first conic is a simple line, but the second conic a nodal line, on the developable.

19. Recapitulating, the developable of the fifth order $U=0$, which is the envelope of the plane $(a,\ 2b,\ 3c,\ 0,\ -27e)(t,\ 1)^4=0$ is the locus of the tangents of the quadri-quadric curve $(ae-c^2=0,\ ac-b^2=0)$, and it is also the envelope of the common tangent planes of the conics $(9ac-8b^2=0,\ e=0)$ and $(ae+3c^2=0,\ b=0)$.

20. Returning now to the Prohessian, its equation may be written in the form

$$PU=(3a^2c,\ -3b^2c,\ ace+2b^2e \between ae-c^2,\ 4ac-4b^2)^2=0,$$

and the discriminant of the quadric function is

$$3a^2ce\,(ac+2b^2)-9b^4c^2,$$

which is

$$=3c\,\{(a^2e+3b^2c)\,(ac-b^2)+3ab^2\,(ae-c^2)\},$$

and recollecting that the equations of the cuspidal curve or edge of regression of the developable are $ae-c^2=0$, $ac-b^2=0$, it thus appears that the curve in question is also a cuspidal curve on the Prohessian.

21. Consider for a moment the surface

$$(3a^2c,\ -3b^2c\theta,\ ace+2\theta b^2e \between ae-c^2,\ 4ac-4b^2)^2=0,$$

[1] These are in fact the conics made use of, p. 57 in the paper above referred to [and p. 495 in the reprint], but the equations are by mistake given as $(x^2-2yz=0,\ w=0)$, $(y^2-2zw=0,\ x=0)$, that is, x and y are interchanged.

where θ is an arbitrary parameter; this is a surface having for a nodal curve the cuspidal curve of the developable; but if the discriminant of the quadric function vanishes, that is if

$$3a^2ce\,(ac + 2b^2\theta) - 9b^4c^2\theta^2 = 0,$$

for $ae - c^2 = 0$, $ac - b^2 = 0$, then the curve in question will be a cuspidal curve on the surface. But the last mentioned equation is

$$3c\,[(a^2e + 3b^2c\theta^2)(ac - b^2) + ab^2\{(1 + 2\theta)\,ae - 3\theta^2c^2\}] = 0,$$

which for $ae - c^2 = 0$, $ac - b^2 = 0$, becomes $1 + 2\theta - 3\theta^2 = 0$, that is $\theta = 1$, which gives the Prohessian, or $\theta = -\frac{1}{3}$.

22. For the latter value the surface is

$$(9a^2c,\ 3b^2c,\ 3ace - 2b^2e \between ae - c^2,\ 4ac - 4b^2)^2 = 0,$$

or, expanding, the surface ($\theta = -\frac{1}{3}$) is

a^4ce^2	$+\ \ 9$	$= 0,$
a^3c^2e	$+\ 30$	
$a^2b^2c^2e$	$-\ 104$	
a^2c^5	$+\ \ 9$	
ab^4ce	$+\ 88$	
ab^2c^4	$-\ 24$	
b^6e	$-\ 36$	
b^4c^3	$-\ 24$	

the before mentioned discriminant being

$$= c\,\{(3a^2e - b^2c)(ac - b^2) + ab^2(ae - c^2)\};$$

but I have not further examined the geometrical signification of this surface, or inquired into its relation to the Prohessian.

23. The equation of the Prohessian may be written

$$PU = (ac - b^2)\{16e\,(ac - b^2)^2 + 3a\,(ae - c^2)^2\} + b^2U = 0,$$

or what is the same thing

$$PU = (ac - b^2)\{a\,(ae + 3c^2)(3ae + c^2) - 32ab^2ce + 16b^4e\} + b^2U = 0,$$

the latter of which shows that the conic ($ae + 3c^2 = 0$, $b = 0$), which is the nodal line of the developable, is a simple line on the Prohessian.

24. Consider the curve of intersection of the developable and the Prohessian; this is of the order 5×7, $= 35$. We have $ac - b^2 = 0$, $U = 0$, or else

$$16e\,(ac - b^2)^2 + 3a\,(ae - c^2)^2 = 0,\ \ U = 0.$$

Consider for a moment the second system, this is

$$3a\,(ae - c^2)^2 + \qquad\qquad 16e\,(ac - b^2)^2 = 0,$$
$$3a\,(ae - c^2)^2 - 24c\,(ae - c^2)(ac - b^2) + 48e\,(ac - b^2)^2 = 0,$$

which give

$$(ac - b^2)\{3c(ae - c^2) - 4e(ac - b^2)\} = 0, \ U = 0,$$

and these are equivalent to

$$(ac - b^2 = 0, \ U = 0) \text{ and } \{3c(ae - c^2) - 4e(ac - b^2) = 0, \ U = 0\},$$

so that the entire intersection is made up of $(ac - b^2 = 0, \ U = 0)$ twice, and of $\{4e(ac - b^2) - 3c(ae - c^2) = 0, \ U = 0\}$ once.

25. The first part is at once seen to give

the cuspidal curve	$(ac - b^2 = 0, \ ae - c^2 = 0)$	4 times,	order 16
the line	$(a = 0, \ b = 0)$	4 „	„ 4
			20

The second part gives

$$(ae - c^2)\{4c(ac - b^2) + a(ae - c^2)\} = 0,$$
$$\{4e(ac - b^2) - 3c(ae - c^2)\} = 0,$$

this consists of 1° the part $ae - c^2 = 0, \ e(ac - b^2) = 0$, viz.

the cuspidal curve	$(ac - b^2 = 0, \ ae - c^2 = 0)$	once,	order 4
the line	$(c = 0, \ e = 0)$	twice,	„ 2
			6

and 2° the part

$$4c(ac - b^2) + a(ae - c^2) = 0,$$
$$4e(ac - b^2) - 3c(ae - c^2) = 0,$$

which contains

the cuspidal curve $(ac - b^2 = 0, \ ae - c^2 = 0)$ once, order 4,

and by writing the two equations in the form

$$c(ae + 3c^2) - 4b^2e = 0,$$
$$a(ae + 3c^2) - 4b^2c = 0,$$

it is clear that it contains also

the nodal curve	$(ae + 3c^2, \ b = 0)$	twice,	order 4
and the line	$(c = 0, \ e = 0)$	once,	„ 1
			9

whence the complete intersection of the developable and the Prohessian is made up as follows, viz.

the cuspidal curve	$(ac - b^2 = 0, \ ae - c^2 = 0)$	6 times,	order 24
the nodal curve	$(ae + 3c^2 = 0, \ b = 0)$	2 times,	„ 4
the line	$(a = 0, \ b = 0)$	4 times,	„ 4
the line	$(a = 0, \ e = 0)$	3 times,	„ 3
			35

Special Sextic Developable, Nos. 26 *to* 35.

26. Lastly, we have the developable

$$U = a^3e^3 - 12a^2bde^2 - 27a^2d^4 - 6ab^2d^2e - 27b^4e^2 - 64b^3d^3 = 0,$$

derived from the quartic function $(a, b, 0, d, e \between t, 1)^4$; the discriminant is in fact $(ae - 4bd)^3 - 27(-ad^2 - b^2e)^2$, which is equal to the foregoing value of U.

27. Taking a, b, d, e as coordinates, then omitting common numerical factors, the first derived functions are

$$\begin{array}{l} a^2e^3 - 8abde^2 - 18ad^4 - 2b^2d^2e, \\ -4a^2de^2 - 4abd^2e - 36b^3e^2 - 64b^2d^3, \\ -4a^2be^2 - 36a^2d^3 - 4ab^2de - 64b^3d^2, \\ a^3e^2 - 8a^2bde - 2ab^2d^2 - 18b^4e, \end{array}$$

and the second derived functions (changing, for greater convenience, the signs) are

$$\begin{array}{llll} 2(-ae^3 + 4bde^2 + 9d^4), & 4(2ad^2 + bd^2e), & 4(2abe^2 + 18ad^3 + b^2de), & -3a^2e^2 + 16abde + 2b^2d^2, \\ 4(2ade^2 + bd^2e), & 4(ad^2e + 27b^2e^2 + 32bd^3), & 4(a^2e^2 + 2abde + 48b^2d^2), & 4(2a^2de + abd^2 + 18b^3e), \\ 4(2abe^2 + 18ad^3 + b^2de), & 4(a^2e^2 + 2abde + 48b^2d^2), & 4(27a^2d^2 + ab^2e + 32b^3d), & 4(2a^2be + ab^2d), \\ -3a^2e^2 + 16abde + 2b^2d^2, & 4(2a^2de + abd^2 + 18b^3e), & 4(2a^2be + ab^2d), & 2(-a^3e + 4a^2bd + 9b^4). \end{array}$$

28. Representing these by

$$\begin{array}{cccc} A, & H, & G, & L, \\ H, & B, & F, & M, \\ G, & F, & C, & M, \\ L, & M, & N, & P, \end{array}$$

and employing for the determinant the same partially developed form as in the first example, then proceeding to the calculation, we find

$AM - LH$ $= 4 \times$	$FN - CM$ $= 16 \times$	$AN - LG$ $= 4 \times$	$FM - BN$ $= 16 \times$	$AP - L^2$ $= 1 \times$	$BC - F^2$ $= 16 \times$	$HN - GM$ $= 288 \times$
$a^3de^4 + 2$	$a^4be^3 + 2$	$a^3be^4 + 2$	$a^4de^3 + 2$	$a^4e^4 - 5$	$a^4e^4 - 1$	$a^3d^4e - 2$
$a^2bd^2e^3 - 15$	$a^4d^3e - 54$	$a^3d^3e^2 + 54$	$a^3bd^2e^2 + 3$	$a^3bde^3 + 64$	$a^3bde^3 - 4$	$a^2bd^5 - 1$
$a^2d^5e + 36$	$a^3b^2de^2 + 3$	$a^2b^2de^3 - 15$	$a^2b^3e^3 - 36$	$a^3d^4e - 36$	$a^3d^4e + 27$	$ab^4e^3 - 2$
$ab^3e^4 - 36$	$a^3bd^4 - 27$	$a^2bd^4e - 252$	$a^2b^2d^3e + 33$	$a^2b^2d^2e^2 - 180$	$a^2b^2d^2e^2 + 630$	$ab^3d^3e - 18$
$ab^2d^3e^2 - 12$	$a^2b^3d^2e - 453$	$ab^3d^2e^2 - 12$	$ab^4de^2 + 9$	$a^2bd^5 + 144$	$a^2bd^5 + 864$	$b^5de^2 - 1$
$abd^6 + 18$	$ab^5e^2 - 18$	$ab^2d^5 - 18$	$ab^3d^4 + 16$	$ab^4e^3 - 36$	$ab^4e^3 + 27$	
$b^4de^3 + 144$	$ab^4d^3 + 16$	$b^4d^3e - 2$	$b^5d^2e + 864$	$ab^3d^3e - 64$	$ab^3d^3e - 128$	
$b^3d^4e + 322$	$b^6de - 576$			$b^5de^2 + 144$	$b^5de^2 + 864$	
				$b^4d^4 + 320$	$b^4d^4 - 1280$	
$+459$	-1107	-243	$+891$	$+351$	-999	-24

$HP-LM$ $=4\times$	$FG-CH$ $=16\times$	$GP-LN$ $=4\times$	$HF-BG$ $=16\times$
a^4de^3 + 2	a^3be^4 + 2	a^4be^3 + 2	a^3de^4 + 2
$a^3bd^2e^2$ − 15	$a^3d^3e^2$ − 36	a^4d^3e − 36	$a^2bd^2e^3$ + 3
$a^2b^3e^3$ + 54	$a^2b^2de^3$ + 3	$a^3b^2de^2$ − 15	a^2d^5e − 18
$a^2b^2d^3e$ − 12	a^2bd^4e + 9	a^3bd^4 + 144	ab^3e^4 − 54
ab^4de^2 − 252	$ab^3d^2e^2$ + 33	$a^2b^3d^2e$ − 12	$ab^2d^3e^2$ − 453
ab^3d^4 − 2	ab^2d^5 + 864	ab^5e^2 + 36	abd^6 − 576
b^5d^2e − 18	b^4d^3e + 16	ab^4d^3 + 322	b^4de^3 − 27
		b^6de + 18	b^3d^4e + 16
− 243	+ 891	+ 459	− 1107

where, by way of verification, I have annexed to each column the sum of the coefficients.

29. Forming from these the seven component terms of the determinant, and collecting, the result divides by 5, and we have

a^8e^8	+ 1			+ 5			
a^7bde^7	+ 4	+ 16	+ 16	− 44		+ 16	+ 16
$a^7d^4e^5$	− 135	− 432	+ 432	− 99		− 288	− 288
$a^6b^2d^2e^6$	− 722	− 96	− 96	− 3226		− 96	− 96
$a^6bd^5e^4$	+ 432	+ 3312	− 1368	− 2592		+ 2232	+ 576
$a^6d^8e^2$	+ 2916	− 7776		− 972	+ 20736		+ 2592
$a^5b^4e^7$	− 135	− 288	− 288	− 99		+ 432	− 432
$a^5b^3d^3e^5$	+ 6784	+ 3876	− 7788	+ 41744		− 7788	+ 3876
$a^5b^2d^6e^3$	+ 21492	+ 4788	+ 3960	+ 27180		+ 8100	+ 63432
a^5bd^9e	+ 11664	− 7776		− 27216	+ 20736		+ 72576
$a^4b^5de^6$	+ 432	+ 576	+ 2232	− 2592		− 1368	+ 3312
$a^4b^4d^4e^4$	+ 352	+ 2524	+ 36220	− 117200	+ 41472	+ 36220	+ 2524
$a^4b^3d^7e^2$	− 26352	− 133272	− 30024	− 61920	+ 373248	− 51984	− 227808
$a^4b^2d^{10}$	− 40824	− 1944		+ 124416	+ 5184		− 331776
$a^3b^6d^2e^5$	+ 21492	+ 63432	+ 8100	+ 27180		+ 3960	+ 4788
$a^3b^4d^5e^3$	+ 50944	+ 6504	+ 177576	− 154912	+ 41472	+ 177576	+ 6504
$a^3b^4d^8e$	+ 11232	− 65088	− 18504	− 19008	+ 186624	− 41544	+ 13680
$a^2b^8e^6$	+ 2916	+ 2592		− 972	+ 20736		− 7776
$a^2b^7d^3e^4$	− 26352	− 227808	− 51984	− 61920	+ 373248	− 30024	− 133272
$a^2b^6d^6e^2$	− 140624	− 668472	− 872592	+ 689024	+ 1689984	− 872592	− 668472
$a^2b^5d^9$	− 131328	+ 1152	− 1152	+ 92160		− 6912	− 741888
ab^9de^5	+ 11664	+ 72576		− 27216	+ 20736		− 7776
$ab^8d^4e^3$	+ 11232	+ 13680	− 41544	− 19008	+ 186624	− 18504	− 65088
ab^7d^7e	− 25088	− 20864	− 62336	+ 40960		− 62336	− 20864
$b^{10}d^2e^4$	− 40824	− 331776		+ 124416	+ 5184		− 1944
$b^9d^5e^2$	− 131328	− 741888	− 6912	+ 92160		− 1152	+ 1152
b^8d^8	− 81920			− 409600			
	+ 492075	− 2032452	− 866052	+ 350649	+ 2985984	− 866052	− 2032452

where the first column is the Hessian.

30. This divides, as it should do, by

$$U = \begin{array}{|lr|} a^3e^3 & +\ 1 \\ a^2bde^2 & -\ 12 \\ a^2d^4 & -\ 27 \\ ab^2d^2e & -\ 6 \\ b^4e^2 & -\ 27 \\ b^3d^3 & -\ 64 \\ \hline \end{array}$$

$$-135$$

and the other factor, which is the Prohessian, is

$$PU = \begin{array}{|lr|} a^5e^5 & +\ 1 \\ a^4bde^4 & +\ 16 \\ a^4d^4e^2 & -\ 108 \\ a^3b^2d^2e^3 & -\ 524 \\ a^3bd^5e & -\ 432 \\ a^2b^4e^4 & -\ 108 \\ a^2b^3d^3e^2 & +\ 656 \\ a^2b^2d^6 & +\ 1512 \\ ab^5de^3 & -\ 432 \\ ab^4d^4e & +\ 272 \\ b^6d^2e^2 & +\ 1512 \\ b^5d^5 & +\ 1280 \\ \hline \end{array}$$

$$+3645.$$

31. To simplify this, I first collect the six terms

$$\begin{aligned} &-\ 108\, a^2e^2\ (a^2d^4+b^4e^2) \\ &-\ 432\, abde\, (a^2d^4+b^4e^2) \\ &+1512\, b^2d^2\ (a^2d^4+b^4e^2), \end{aligned}$$

and then putting $a^2d^4+b^4e^2=(ad^2+b^2e)^2-2ab^2d^2e$, we have the terms

$$\begin{aligned} &+\ 216\, a^3b^2d^2e^3 \\ &+\ 864\, a^2b^3d^3e^2 \\ &-3024\, ab^4d^4e, \end{aligned}$$

which combined with the remaining terms give

$$\begin{aligned} &+\quad 1\, a^5e^5 \\ &+\ \ 16\, a^4bde^4 \\ &-\ 308\, a^3b^2d^2e^3 \\ &+1520\, a^2b^3d^3e^2 \\ &-2752\, ab^4d^4e \\ &+1280\, b^5d^5\quad ; \end{aligned}$$

which is found to be divisible by $(ae-4bd)^3$: and we thus obtain for PU the form

$$PU = -108\,(a^2e^2 + 4\,abde - 14b^2d^2)\,(ad^2 + b^2e)^2 + (a^2e^2 + 28\,abde - 20\,b^2d^2)\,(ae - 4\,bd)^3,$$

which puts in evidence that the cuspidal line $(ae-4bd=0,\ ad^2+b^2e=0)$ of the developable is also a cuspidal line of the Prohessian.

32. Writing the equations of the developable and the Prohessian under the forms

$$A^3 - 27\,B^2 = 0,$$
$$LA^3 - 108\,MB^2 = 0,$$

and substituting in the second equation $A^3 = 27\,B^2$, it becomes $B^2(L-4M)=0$, that is the intersection is made up of $A^3=0$, $B^2=0$, which is the cuspidal curve taken six times (order 36), and of the curve $A^3-27\,B^2=0$, $L-4M=0$ (order 24). But substituting for L, M their values, the equation $L-4M=0$ becomes

$$a^2e^2 - 4abde - 12b^2d^2 = 0,$$

that is

$$(ae+2bd)\,(ae-6bd)=0,$$

so that the last mentioned curve is composed of the intersections of the developable by the two quadric surfaces

$$ae + 2bd = 0,\quad ae - 6bd = 0.$$

33. Now combining with the equation of the developable the equation $ae+2bd=0$, and observing that in consequence of the last mentioned equation we have

$$(ae-4bd)^3 = (-6bd)^3 = -216\,b^3d^3 = +108\,ab^2d^2e,$$

the equation of the developable gives $(ad^2-b^2e)^2=0$, or we have (taken twice) the curve $ae+2bd=0$, $ad^2-b^2e=0$, which is a curve of the sixth order made up of the lines $(a=0,\ b=0)$, $(d=0,\ e=0)$, and of a quartic curve (an excubo-quartic[1]) the nodal line on the developable. If in like manner with the equation of the developable we combine the equation $ae-6bd=0$, then from this equation we have

$$(ae-4bd)^3 = (2bd)^3 = 8b^3d^3 = \tfrac{4}{3}ab^2d^2e,$$

and the equation of the developable then gives

$$(ad^2 + b^2e^2) - \tfrac{4}{81}\,ab^2d^2e = 0\,;$$

that is,

$$ad^2 + \theta b^2e = 0,\quad ad^2 + \frac{1}{\theta}b^2e = 0,\quad \text{if } \theta + \frac{1}{\theta} = 2 - \tfrac{4}{81} = \tfrac{158}{81}.$$

[1] A quartic curve which is the complete intersection of two quadric surfaces is termed a quadriquadric; a quartic curve of the kind which is not such complete intersection but can only be represented by means of a cubic surface is termed an excubo-quartic.

The curve $ae-6bd=0$, $ad^2+\theta b^2e=0$ is made up of the lines $(a=0,\ b=0)$, $(d=0,\ e=0)$, and of an excubo-quartic, and the curve $ae-6bd=0$, $ad^2+\frac{1}{\theta}b^2e=0$ is made up of the same two lines and of an excubo-quartic.

34. Hence we see that the intersection of the developable and the Prohessian which is of the order $(6+10=)\ 60$ is made up as follows, viz.,

cuspidal curve $ae-4bd=0$, $ad^2+b^2e=0$,	taken	6	times,	$6\times 6=36$
line $(a=0,\ b=0)$	„	4	„	$1\times 4=\ 4$
line $(d=0,\ e=0)$	„	4	„	$1\times 4=\ 4$
nodal curve (excubo-quartic) $ae+2bd=0$, $ad^2-b^2e=0$	„	2	„	$4\times 2=\ 8$
excubo-quartic $ae-6bd=0$, $ad^2+\theta b^2e=0$	„	1	„	$4\times 1=\ 4$
excubo-quartic $ae-6bd=0$, $ad^2+\frac{1}{\theta}b^2e=0$	„	1	„	$4\times 1=\ 4$
				60

35. It is to be added that a generating line of the developable meets the Prohessian in the ineunt on the cuspidal edge taken 6 times, in a point of the nodal line taken 2 times, viz. the $r-4$ points (r being here $=6$) of the general theorem, in a point of the excubo-quartic $ae-6bd=0$, $ad^2+\theta b^2e=0$, and in a point of the excubo-quartic $ae-6bd=0$, $ad^2+\frac{1}{\theta}b^2=0$, (these being the $2r-10$ points of the general theorem); we have thus $(6+2+2=)\ 10$ points of intersection of the generating line with the Prohessian.

345.

ON THE INFLEXIONS OF THE CUBICAL DIVERGENT PARABOLAS.

[From the *Quarterly Journal of Pure and Applied Mathematics*, vol. VI. (1864), pp. 199—203.]

THE five divergent parabolas, species 67 to 71, of Newton's *Enumeratio Linearum tertii Ordinis* (1704), are included under the general equation $y^2 = ax^3 + 3bx^2 + 3cx + d$; there are two general forms, or forms without singularities, viz. the *parabola cum ovali*, sp. 67, and the *parabola pura*, sp. 71; two forms having a double point, viz. the *nodata*, sp. 68, and the *punctata*, sp. 69, according as the double point is one with real branches, or is a conjugate or isolated point; and finally the *cuspidata* or semicubical parabola, sp. 70, which has a cusp. In the nomenclature of my short note "On Curves of the Third Order," *British Assoc. Report for the Year* 1861, *Notices &c.* p. 2, the five parabolas are the *complex*, the *simplex*, the *crunodal*, the *acnodal*, and the *cuspidal*; the distinction there made of the simplex kind of cones of the third order into three subspecies, applies to the simplex parabola, and *for this particular case* was, as I have since ascertained, noticed in Murdoch's *Newtoni Genesis Curvarum per Umbras*, 8vo. Lond. 1746, pp. 1—126. It may be remarked that in this very interesting and valuable work the number of species is given as 78, viz. the author includes the four species added by Stirling, and the other two usually considered to have been added by Cramer (one of them the author himself attributes to Cramer), and that the demonstration of Newton's theorem is effected in the most complete way by showing in what manner the five cones are each of them to be cut so as to obtain the 78 species of cubic curves.

The analytical investigation of the points of inflexion of the above-mentioned divergent parabolas, that is, the curves defined by the equation

$$y^2 = ax^3 + 3bx^2 + 3cx + d,$$

is not without interest. The result which should be obtained is, by the general theory of cubic curves, known to be as follows: there is always an inflexion at infinity, in the point where the line infinity is met by the line $x=0$ (or, what is the same thing, by any ordinate of the curve); but disregarding altogether this inflexion at infinity, then in the general case where the curve is without singularity, the remaining eight inflexions (two of them real, six imaginary) lie in pairs on four ordinates of the curve: if however the curve has an acnode, the six imaginary inflexions coincide with the acnode, viz. the three ordinates corresponding to these pass through the acnode, but there are still two real inflexions; if the curve has a crunode, four of the imaginary inflexions and the two real inflexions coincide with the crunode, viz. the three ordinates corresponding to these pass through the crunode, and there is not any real inflexion, although there are still two imaginary inflexions; finally, if the curve has a cusp, then the eight inflexions coincide with the cusp, viz. the four ordinates corresponding to these pass through the cusp, and there is no inflexion real or imaginary.

Proceeding now to the analytical investigation, if in order to form the Hessian we introduce the new coordinate $z=1$, the equation of the curve becomes

$$U=-y^2z+ax^3+3bxz^2+3cxz^2+dz^3,$$

and thence forming the second differential coefficients, and ultimately replacing z by its value, $=1$, we have

$$HU=\begin{vmatrix} -6(ax+b), & 0\;, & -6(bx+c) \\ 0 \quad , & 2\;, & 2y \\ -6(bx+c), & 2y, & -6(cx+d) \end{vmatrix}=0\,;$$

whence, developing and dividing by 24, we find

$$3\{(ax+b)(cx+d)-(bx+c)^2\}+(ax+b)y^2=0,$$

or, what is the same thing,

$$3\{(ac+b^2)x^2+(ad-bc)x+(bd-c^2)\}+(ax+b)y^2=0,$$

as the equation of the Hessian curve, meeting the given cubic curve

$$ax^3+3bx^2+3cx+d-y^2=0,$$

in its points of inflexion. Multiplying the last-mentioned equation by b, and adding it to the equation of the Hessian, we obtain

$$abx^3+3acx^2+3adx+4bd-3c^2+axy^2=0,$$

or, what is the same thing,

$$xy^2=-bx^3-3cx^2-3dx+\frac{3c^2-4bd}{a},$$

as the equation of a curve meeting the given curve

$$y^2 = ax^3 + 3bx^2 + 3cx + d,$$

in its points of inflexion; and if for greater simplicity we assume $a = 1$, $d = 0$ (the latter equation means obviously that the origin is taken at one of the three intersections of the curve with the axis of x, say the real one, if the intersections are one real, two imaginary), then the equation of the curve is

$$y^2 = x(x^2 + 3bx + 3c),$$

and the inflexions are given as the intersections of the curve with the curve

$$xy^2 = -bx^3 - 3cx^2 + 3c^2.$$

There is, it is clear, an inflexion at the point at infinity on the line $x = 0$; and eliminating y^2 we find

$$x^4 + 3bx^3 + 3cx^2 = -bx^3 - 3cx^2 + 3c^2,$$

or, what is the same thing,

$$x^4 + 4bx^3 + 6cx^2 - 3c^2 = 0,$$

a quartic equation giving the four ordinates through the remaining eight inflexions.

If the curve has a cuspidal point, then the origin will be at the cusp, and we have $b = 0$, $c = 0$, and the quartic equation becomes $x^4 = 0$; that is, the four ordinates pass through the cusp.

If the curve have a node, then taking the origin at the node we have $c = 0$; the equation of the curve is

$$y^2 = x^2(x + 3b),$$

and the curve has a crunode or an acnode according as b is positive or negative; the quartic equation becomes

$$x^3(x + 4b) = 0,$$

and the factor $x^3 = 0$ gives three ordinates through the node; the remaining factor $x + 4b = 0$ gives the ordinate through the two inflexions; and substituting this value of x in the equation of the cubic, we find

$$y^2 = -16b^3,$$

and the resulting values of y (consequently also the inflexions) are imaginary if b be positive, that is, for the crunodal form; but real if b be negative, that is, for the acnodal form. It is to be observed that the indefinite ordinate $x + 4b = 0$ or $x = -4b$ is real in each of the two cases: in the crunodal case, the ordinate lies outside the curve, that is beyond the loop; in the acnodal case inside the curve, that is on the opposite side to the acnode in regard to the vertex; and using $3b$ to denote the distance (taken positively) of the vertex from the node, (that is, in the crunodal case changing the sign of b), the distance (taken positively) of the ordinate from the vertex is $= 4b - 3b$, $= b$, $= \frac{1}{3}.3b$, that is, it is one-third of the distance of the vertex from the node.

Consider next the case of a curve without singularities; and first the complex case, the condition for which is that the equation $x^2 + 3bx + 3c = 0$ may have its roots real, or $c < \frac{3}{4}b^2$. The values of x which give $y = 0$ are

$$x = 0, \quad x = -\tfrac{3}{2}b \pm \sqrt{3\left(\tfrac{3}{4}b^2 - c\right)};$$

and we may without loss of generality assume that b and c are each of them positive; the value $x = 0$ will then belong to the vertex of the parabolic portion, and the two *negative* values $x = -\frac{3}{2}b \pm \sqrt{3\left(\frac{3}{4}b^2 - c\right)}$ will belong to the vertices of the oval. The limiting values $c = 0$ and $c = \frac{3}{4}b^2$ give the acnodal and the crunodal curves respectively, which have been already considered.

In the case in question ($b = +$, $c = +$, $c < \frac{3}{4}b^2$), the equation $x^4 + 4bx^3 + 6cx - 3c^2 = 0$ has only two real roots, one of them positive and the other negative; and the positive root substituted in the equation $y^2 = x\left(x^2 + 3bx + 3c\right)$ gives $y^2 = +$, and we have thus the two real inflexions: in order to verify that the negative root gives imaginary inflexions, it must be shown that this negative root does not lie between the two values $x = -\frac{3}{2}b \pm \sqrt{3\left(\frac{3}{4}b^2 - c\right)}$, or, what is the same thing, that these values substituted for x in the function

$$x^4 + 4bx^3 + 3cx^2 - 3c^2,$$

give results of the same sign.

To verify this write $c = \frac{3}{4}b^2\left(1 - \theta^2\right)$ (where $\theta < 1$) and $x = \frac{3}{2}b\left(\xi - 1\right)$; then for the limiting values of x, we have $\frac{3}{2}b\left(\xi - 1\right) = -\frac{3}{2}b \mp \frac{3}{2}b\theta$, or $\xi = \pm\theta$; and moreover

$$x^4 + 4bx^3 + 6cx^2 - 3c^2 = \tfrac{27}{16}b^4\left\{3\left(\xi - 1\right)^4 + 8\left(\xi - 1\right)^3 + 6\left(\xi - 1\right)^2\left(1 - \theta^2\right) - \left(1 - \theta^2\right)^2\right\},$$

where the term in brackets is

$$= 3\xi^3 - 4\xi - 6\theta^2\xi^2 + 12\theta^2\xi - 4\theta^2 - \theta^4,$$

and writing $\xi = \pm\theta$, this becomes

$$-4\theta^4 - 4\theta^2 \pm 8\theta^3, \quad = -4\theta^2\left(\theta \mp 1\right)^2,$$

so that the two values are each negative, and the theorem is thus proved. It may be added that the curve

$$y = x^4 + 4bx^3 + 6cx^2 - 3c^2$$

cuts the axis in two real points, one of them situate between the oval and the parabolic portion of the cubic parabola, the other within the parabolic portion.

Lastly, for the simplex case, the condition for which is $c > \frac{3}{4}b^2$; the equation $0 = x^4 + 4bx^3 + 6cx^2 - 3c^2$ has, as before, two real roots, one positive and the other negative; and since the negative root substituted for x in the equation $y^2 = x^3 + 3bx^2 + 3cx$ gives a negative value of y^2, it is only the positive root which gives an ordinate through two real inflexions. The curve $y = x^4 + 4bx^3 + 6cx^2 - 3c^2$ meets the axis in two real points, one of them without, the other within the cubic parabola.

I remark that the equation $x^2 + 2bx + c = 0$ gives the level points (i.e. the points where the tangent is parallel to the axis) of the cubic parabola. In the complex case, where $c < \frac{3}{4}b^2$, then *a fortiori* $c < b^2$ or the values of x are both real, one of these values gives y^2 positive, and we have thus the maximum ordinate of the oval; the other value of x gives y^2 negative. In the simplex case, where $c > \frac{3}{4}b^2$, we may have 1°. $c < b^2$, and the two values of x give each of them y^2 positive; the least value of x corresponds to a maximum ordinate, the greatest to a minimum ordinate of the cubic parabola, and between these we have the ordinate through the two real inflexions, the tangents at the inflexions meeting on the axis within the parabola. 2°. We may have $c = b^2$, the two values of x here coincide, giving the ordinate through the two real inflexions, the tangents at the inflexions being horizontal. And 3°. We may have $c > b^2$, the two values of x are then imaginary and we have no real level point. These are, in fact, Murdoch's three forms, which he distinguishes as the *ampullata*, *media*, and *campaniformis*.

2, *Stone Buildings, W.C., June* 2, 1863.

346.

NOTE ON AN EXPRESSION FOR THE RESULTANT OF TWO BINARY CUBICS.

[From the *Quarterly Journal of Pure and Applied Mathematics*, vol. VI. (1864), pp. 380—382.]

MR WARREN, in his paper "Illustrations of the Theory of Critical Functions," *Quarterly Mathematical Journal*, t. VI. pp. 231—237, (1864), has given for the Resultant of two binary cubic functions, an expression which is in effect as follows; viz. considering the cubic

$$(a,\ b,\ c,\ d \between x,\ y)^3,$$

its Hessian

$$(\mathrm{a},\ \mathrm{b},\ \mathrm{c} \between x,\ y)^2, \ = (ac - b^2,\ ad - bc,\ bd - c^2 \between x,\ y)^2,$$

and the cubicovariant

$$(A,\ B,\ C,\ D \between x,\ y)^3, = \left(\begin{array}{c} a^2d - 3abc + 2b^3\ , \\ 3abd - 6ac^2 + 3b^2c, \\ -3acd + 6b^2d - 3bc^2, \\ -\ ad^2 + 3bcd - 2c^3\ , \end{array}\right) (x,\ y)^3;$$

and in like manner the cubic

$$(a',\ b',\ c',\ d' \between x,\ y)^3,$$

its Hessian

$$(\mathrm{a}',\ \mathrm{b}',\ \mathrm{c}' \between x,\ y)^2,$$

and the cubicovariant

$$(A',\ B',\ C',\ D' \between x,\ y)^3;$$

and writing

$$\begin{aligned} \mathfrak{A} &= ad' - 3bc' - 3b'c - a'd\ , \\ \mathfrak{B} &= \mathrm{ac}' + \mathrm{a}'\mathrm{c} - 2\mathrm{bb}'\ \quad , \\ \mathfrak{C} &= AD' - 3BC' + 3B'C - A'D, \end{aligned}$$

then the Resultant is

$$= -2\mathfrak{A}^3 + 27\,\mathfrak{A}\mathfrak{B} + 27\,\mathfrak{C},$$

that is, the Resultant is

$$\begin{aligned} = & -2\,(ad' - a'd - 3bc' + 3b'c)^3 \\ & + 27\,(ad' - a'd - 3bc' + 3b'c) \times \\ & \quad \{(ac - b^2)(b'c' - d'^2) - \tfrac{1}{2}(ad - bc)(a'd' - b'c') + (bd - c^2)(a'c' - b'^2)\} \\ & + 27\,\{\ (a^2d - 3abc + 2b^3)(-a'd'^2 + 3b'c'd' - 2c'^3) \\ & \quad - 3\,(abd - 2ac^2 + b^2c)(-a'c'd' + 2b'^2d' - b'c'^2) \\ & \quad + 3\,(-acd + 2b^2d - bc^2)(a'b'd' - 2a'c'^2 + b'^2c) \\ & \quad - (-ad^2 + 3bcd - 2c^3)(a'^2d' - 3a'b'c' + 2b'^3)\}. \end{aligned}$$

In particular assume

$$(a',\ b',\ c',\ d' \between x,\ y)^3 = x^3 + y^3,$$

so that

$$(\mathrm{a}',\ \mathrm{b}',\ \mathrm{c}' \between x,\ y)^2 = xy,$$

$$(A',\ B',\ C',\ D' \between x,\ y)^3 = x^3 - y^3,$$

and thus

$$\begin{aligned} a' &= d' = 1, \quad b' = c' = 0, \\ \mathrm{a}' &= \mathrm{c}' = 0, \quad \mathrm{b}' = \tfrac{1}{2}, \\ A' &= -D' = 1, \quad B' = C' = 0. \end{aligned}$$

$$\begin{aligned} \mathfrak{A} &= a - d, \\ \mathfrak{B} &= -\mathrm{b} = bc - ad, \\ \mathfrak{C} &= A + D = a^2d - ad^2 - 3abc + 3bcd + 2b^3 - 2c^3, \end{aligned}$$

or, putting for shortness,

$$a - d = \theta, \text{ and therefore } a = d + \theta,$$

we have

$$\begin{aligned} \mathfrak{A} &= \theta, \\ \mathfrak{B} &= bc - d\theta - d^2, \\ \mathfrak{C} &= 2\,(b^3 - c^3) - 3bc\theta + d^2\theta + d\theta^2, \end{aligned}$$

and Resultant is

$$\begin{aligned} & -2\theta^3 \\ & + 27\theta\,(bc - d^2 - d\theta) \\ & + 27\,\{2\,(b^3 - c^3) - 3bc\theta + d^2\theta + d\theta^2\}, \end{aligned}$$

which is

$$= -2\theta^3 + 54b^3 - 54c^3 - 54bc\theta,$$

or rejecting the factor -2, it is

$$= \theta^3 - 27b^3 + 27c^3 + 27cb\theta.$$

But the two equations are

$$(a,\ b,\ c,\ d)(x,\ y)^3 = 0,$$
$$x^3 + y^3 \qquad\qquad = 0,$$

the last of which gives $y = -x$, $y = -\omega x$, $y = -\omega^2 x$, if ω be an imaginary cube root of unity, and hence the Resultant is

$$= (a - 3b + 3c - d)(a - 3b\omega + 3c\omega^2 - d)(a - 3b\omega^2 + 3c\omega - d),$$

which is

$$= (\theta - 3b + 3c)(\theta - 3b\omega + 3c\omega^2)(\theta - 3b\omega^2 + 3c\omega),$$

or finally is

$$= \theta^3 - 27b^3 + 27c^3 + 27bc\theta,$$

and the formula is thus verified.

If the two cubics are taken to be

$$(a,\ b,\ c,\ d)(x,\ y)^3 = 0,$$
$$(b,\ c,\ d,\ e)(x,\ y)^3 = 0,$$

then the formula gives for the Discriminant of the quartic function $(a,\ b,\ c,\ d,\ e)(x,\ y)^4$ a new expression, which however does not appear to be an elegant one.

347.

ON THE NOTION AND BOUNDARIES OF ALGEBRA.

[From the *Quarterly Journal of Pure and Applied Mathematics*, vol. VI. (1864), pp. 382—384.]

I DO not admit the assertion, that the idea of number is derived from that of time, it appears to me that it is derived from that of succession in time or space indifferently. But I would rather say that the idea of cardinal number is derived and abstracted from that of ordinal number, viz. (distinguishing the expressions 'set' and 'series,' the latter being used to designate a set of things considered as arranged in a definite order), if we have a series of things a, b, c, d, &c., or say a series of words *first, second, third, fourth,* &c.; then any set of things X, N, Y, P, Q, &c., taking them up one after the other, no matter in what order, and coordinating them with the terms of the series a, b, c, d, &c. or with the words, first, second, third, fourth, &c.—the last of them will be coordinated with a definite term of the series a, b, c, d, &c., or with a definite term of the series first, second, third, fourth, &c.; that is, the set, *whatever* be the assumed order of the terms, or (what is the same thing) without assuming any order therein, will have a certain property; viz. in the set X, N, Y, P, Q, where the last term is coordinated with e or with the word *fifth,* the property is that the set consists of *five* things: and so in general the set consists of a certain (cardinal) number of things, such cardinal number being the number corresponding to the rank in the series a, b, c, d, &c., of the term wherewith is coordinated the last term of the set, or corresponding with the like ordinal number in the series first, second, third, fourth, &c.

The foregoing remarks are made to some extent incidentally, but they have a bearing on the distinction in kind which exists e.g. between the proposition $1+1+1+1=4$, and the proposition which for ordinary purposes would be expressed as $1+1+$ &c.

(n terms) $= n$, but which is better expressed in the form $1_1 + 1_2 + \ldots + 1_n = n$, where the subscript numbers merely distinguish between the different unities which are added altogether.

I use the term Algebra in a wide sense as including, or indeed I might say identical with, Finite Analysis, and excluding Infinite Analysis; but in speaking of it as identical with Finite Analysis I include in that term part of what might be considered Infinite Analysis; viz. many of the theorems relating to infinite series or other successions of operations, e.g.

$$(1-x)(1+x+x^2+\ldots \textit{ ad inf.}) = 1,$$

really belong to Finite Analysis; for what is asserted is that the coefficient of the term of indefinite rank, say x^n, is a *finite* series equal in value to zero (this coefficient in fact is $1-1$ which is $=0$). On the other hand the theorem

$$1 - \frac{x^2}{1.2} + \frac{x^4}{1.2.3.4} - \&\text{c.} = \left(1 - \frac{x^2}{\pi^2}\right)\left(1 - \frac{x^2}{4\pi^2}\right)\ldots,$$

the truth whereof depends on the equations

$$\frac{\pi^2}{2} = \frac{1}{1^2} + \frac{1}{2^2} + \frac{1}{3^3} + \ldots \textit{ ad inf.}, \ \&\text{c.}, \ \&\text{c.},$$

which are not arithmetically verifiable, belongs strictly to Infinite Analysis.

Algebra is an Art and a Science; *quà* Art, it defines and prescribes operations which are either tactical or else logistical; viz. a tactical operation is one relating to the arrangement in any manner of a set of things; a logistical operation (I prefer to use the new expression instead of arithmetical) is the actual performance, so as to obtain for the result a number, of any arithmetical operations (of course, given operations) finite in number, since these alone can be *actually* performed, upon given numbers. And *quà* Science Algebra affirms *à priori*, or predicts, the result of any such tactical or logistical (or tactical and logistical) operations. An equation such as $1+4+10=15$ is not an algebraical theorem; it is merely the assertion that the sum of the numbers 1, 4, 10 is that number, viz. 15, which is the sum of the numbers in question. And, similarly, the equation $1+1+1=3$ is not an algebraical theorem. But on the other hand, the equation $1+1+1+\ldots$ (n terms) $= n$, is an algebraical theorem; in the equivalent form $1_1 + 1_2 + \ldots + 1_n = n$, (where $1_k = 1$) it is not different in kind from the equation $1+2+3\ldots+n = \frac{1}{2}n(n+1)$, or say $1_1 + 1_2 + \ldots + 1_n = \frac{1}{2}n(n+1)$, (where $1_k = k$) which is certainly an algebraical theorem. And this leads to the remark, that every algebraical theorem rests ultimately on a tactical foundation. In fact, whether we prove the last-mentioned theorem in the easiest way by writing

$$\begin{aligned} 1 + \quad 2 \quad + \quad 3 \quad \ldots + n &= S, \\ n + (n-1) + (n-2) \ldots + 1 &= S, \end{aligned}$$

and therefore $2S=(n+1)+(n+1)+\ldots(n \text{ terms})=n(n+1)$ or $S=\frac{1}{2}n(n+1)$; or by induction by showing that the theorem, if true for n, is true for $(n+1)$, (this depends on the equation $\frac{1}{2}n(n+1)+(n+1)=(n+1)(\frac{1}{2}n+1)=\frac{1}{2}(n+2)$; the proof is equally a tactical one; it is always tactic which determines what logistical operations are to be performed.

Although it may not be possible absolutely to separate the tactical and logistical operations; for in (at all events) a series of logistical operations, there is always something that is tactical, and in many tactical operations (e.g. in the Partition of Numbers) there is something which is logistical, yet the two great divisions of Algebra are Tactic and Logistic. Or if, as might be done, we separate Tactic off altogether from Algebra, making it a distinct branch of Mathematical Science, then (assuming in Algebra a knowledge of all the Tactic which is required) Algebra will be nothing else than Logistic.

348.

ON THE THEORY OF INVOLUTION.

[From the *Transactions of the Cambridge Philosophical Society*, vol. XI. Part I. (1866), pp. 21—38. Read February 22, 1864.]

THREE or more quantics which satisfy identically a linear equation such as

$$\lambda U + \lambda' U' + \lambda'' U'' + \ldots = 0,$$

where λ, λ', λ'', ... are constants, are said to be in Involution. In particular any quantic $U + kV$, where k is a constant, is in involution with the quantics U, V; and the entire system of such quantics, k having any value whatever, is a system in involution with the quantics U, V. And in like manner the equation $U + kV = 0$, or the locus or system of loci thereby represented is said to be in involution, or to form a system in involution with the equations or loci $U = 0$, $V = 0$. If U, V are binary quantics then the equation $U + kV = 0$ may be considered as representing a range of points in involution with the ranges $U = 0$, $V = 0$. And similarly, if U, V are ternary quantics, then the equation $U + kV = 0$ may be considered as representing a curve in involution with the curves $U = 0$, $V = 0$.

In the case of a range $U + kV = 0$, the constant k may be determined so that the range shall have a twofold(1) point. The condition for this may be written

$$\text{Disc}^{t}.\ (U + kV) = 0,$$

1 The series of epithets *onefold*, *twofold*, &c., seems preferable to the series *single*, *double*, &c., as avoiding ambiguities which would sometimes be occasioned by the use of these last. The double point of a curve I call a *node*, viz. a *crunode* when it is a double point with two real branches, and an *acnode* when it is a conjugate or isolated point. The subject-matter and context will in general show whether the term node is to be considered as including or as not including a cusp.

it being understood that the discriminant of the function $U+kV$ is taken in regard to the coordinates. And this being so, we may write Disc^{t}. Disc^{t}. $(U+kV)$ to denote the discriminant in regard to k of the function Disc^{t}. $(U+kV)$. The quantity in question (viz. Disc^{t}. Disc^{t}. $(U+kV)$, or say for shortness $\square$) is a function of the coefficients of U, V, homogeneous as regards each set of coefficients separately, and it breaks up into factors in the form

$$\square = RQ^3P^2,$$

where $R=0$ is the condition in order that the ranges $U=0$, $V=0$ may have a point in common; or what is the same thing, in order that there shall be a range $U+kV=0$ having a twofold point at a common point of the ranges $U=0$, $V=0$, (R is in fact the resultant of the quantics U, V): $Q=0$ is the condition in order that there may be a range $U+kV=0$ having a threefold point: and $P=0$ is the condition in order that there may be a range $U+kV=0$ having a pair of twofold points.

And similarly, when $U=0$, $V=0$ are curves, then we have the like equation

$$\square = RQ^3P^2,$$

where $R=0$ is the condition in order that the curves $U=0$, $V=0$ may have a point of twofold intersection, that is, that the two curves may touch each other, (R is the Tactinvariant of the quantics U, V); or what is the same thing, it is the condition in order that there may be a curve $U+kV=0$ having a node at a point of twofold intersection of the curves $U=0$, $V=0$; moreover $Q=0$ is the condition in order that there may be a curve $U+kV=0$ having a cusp: and $P=0$ is the condition in order that there may be a curve $U+kV=0$ having a pair of nodes.

The establishment and illustration of the foregoing theorems form the chief object of the present memoir.

Article Nos. 1 to 16, *relating to two Binary Quantics.*

1. Let $U=(a, \ldots \between x, y)^n$, $V=(a', \ldots \between x, y)^n$, be two binary quantics of the same order n; and write $W=U+kV=(a+ka', \ldots \between x, y)^n$, so that $W=U+kV=0$ is the equation of a range in involution with the ranges $U=0$, $V=0$. But for greater distinctness it is in general convenient to retain $U+kV$ instead of replacing it by the single letter W.

2. In order that the range $U+kV=0$ may have a twofold point we must have simultaneously

$$\delta_x(U+kV)=0,$$
$$\delta_y(U+kV)=0,$$

and eliminating (x, y) from these equations we find

$$\text{Disc}^{t}.\ (U+kV)=0,$$

which is an equation of the order $2(n-1)$ as regards k, and of the same order as regards the coefficients of U and V conjointly. And to each of the $2(n-1)$ values of k there corresponds a point (x, y) satisfying the required conditions; that is, a point which is a twofold point of the range $U+kV=0$. The points in question may be termed the 'critic centres' of the involution.

3. The elimination of k from the before-mentioned two equations gives

$$\begin{vmatrix} \delta_x U, & \delta_y U \\ \delta_x V, & \delta_y V \end{vmatrix} = 0,$$

where the determinant, which for shortness I call J, is the Jacobian of the two functions U, V. The equation $J=0$ gives a range of $2(n-1)$ points which are in fact the critic centres; and for each of these points we have

$$\delta_x U : \delta_x V = \delta_y U : \delta_y V = -k : 1,$$

which gives the value of k corresponding to the point in question.

4. The condition in order that the equation in k may have a twofold root is

$$\text{Disc}^{\text{t}}.\ \text{Disc}^{\text{t}}.\ (U+kV)=0,$$

or say

$$\square = 0,$$

where $\text{Disc}^{\text{t}}.\ \text{Disc}^{\text{t}}.\ (U+kV)$, $=\square$, is a function of the degree $2(2n-2)(2n-3)$ in regard to the coefficients of U, V conjointly; but it is separately homogeneous, and therefore of the degree $(2n-2)(2n-3)$ in regard to each of the two sets of coefficients.

5. To each point of the range $J=0$, there corresponds a value of k; hence if the range J have a twofold point, then the equation in k will have a twofold root. Now *first* if the ranges $U=0$, $V=0$ have a common point, then this is a twofold point of the range $V=0$. But *secondly*, without a common point in the ranges $U=0$, $V=0$, the range $J=0$ may have a twofold point; and in this case also we have a twofold root of the equation in k. And *thirdly*, without a twofold point in the range $V=0$, there may be in this range two onefold points giving each of them the same value of k, and so giving a twofold root of the equation in k. And the three suppositions correspond respectively to the cases of there being a range $U+kV=0$ having a twofold point at a common point of the ranges $U=0$, $V=0$, having a threefold point, and having a pair of twofold points.

6. *First*, if the ranges $U=0$, $V=0$ have a common point we may write

$$U=(x-\alpha y)\,U', \quad V=(x-\alpha y)\,V',$$

and these give

$$U+kV=(x-\alpha y)(U'+kV').$$

Now in general

$$\text{Disc}^t.\ PQ = \text{Disc}^t.\ P\,.\,\text{Disc}^t.\ Q\,.\,[\text{Result.}\ (P,\ Q)]^2,$$

and hence in the present case

$$\text{Disc}^t.\ (U+kV) = \text{Disc}^t.\ (U'+kV')\,.\,(U_0'+kV_0')^2,$$

where $U_0'+kV_0'$ is what $U'+kV'$ becomes on writing therein $x=\alpha y$ and neglecting the factor y^{n-1} which then presents itself. We see therefore that in this case the equation k has a twofold root $k=-U_0'\div V_0'$; a result which might also have been obtained from the consideration of the Jacobian.

7. The condition in order that the ranges $U=0$, $V=0$ may have a common point is

$$\text{Result.}\ (U,\ V)=0,$$

say $P=0$. P is of the degree n in regard to the coefficients of U, V respectively.

8. *Secondly*, suppose that the functions U, V are such that there exists a range $U+kV=0$ having a threefold point. If k_1 be the proper value of k, then we have $U+k_1V=(x-\alpha y)^3\,\Theta$, and therefore $U=-k_1V+(x-\alpha y)^3\,\Theta$. Hence forming the Jacobian of U, V, the equation for the determination of the critic centres will be

$$\begin{vmatrix} \delta_x V, & \delta_x\,.\,(x-\alpha y)^3\,\Theta \\ \delta_y V, & \delta_y\,.\,(x-\alpha y)^3\,\Theta \end{vmatrix} = 0,$$

which is of the form

$$(x-\alpha y)^2\,\Omega=0\,;$$

or we have $(x-\alpha y)^2=0$, a twofold critic centre. The corresponding value of k given by the equation $-k:1=\delta_x U:\delta_x V$ is $k=k_1$, and we have thus $k=k_1$ as a twofold root of the equation in k.

9. But if the range $W=U+kV=0$ has a threefold point, or what is the same thing, if the equation $W=0$ has a threefold root; then we must have between the coefficients of W a plexus of equations equivalent to two relations. Such plexus is known to be of the order $3(n-2)$. This comes to saying that if the coefficients of W are assumed to be of the form $a+ka'+la'', \dots$ and if between the several equations of the plexus we eliminate k, we obtain for l an equation $Q=0$ of the degree $3(n-2)$. The equation in question would be of the form $\text{Funct.}\,(a+la'',\ a', \dots)=0$. Hence Q is of the degree $3(n-2)$ in the coefficients $(a, \dots)$ of U. And in a similar manner Q is of the degree $3(n-2)$ in the coefficients $(a', \dots)$ of V. And omitting altogether the terms in l, or taking the coefficients of W to be $a+ka', \dots$ if from the equations of the plexus we eliminate k, we find an equation $Q=0$, where Q is a function of the degree $3(n-2)$ as regards the coefficients of U, and of the same degree as regards the coefficients of V. We have thus found the form of the condition $Q=0$ which expresses that there may be a range $U+kV=0$ having a threefold point.

10. It may be proper to remark conversely that given the equation $Q=0$, if in this equation we write $a=(a+ka')-ka', \ldots$ so that Q becomes a function of $a+ka', \ldots a', \ldots k$, then the equation $Q=0$ will be satisfied irrespectively of the values of $a', \ldots k$ by a plexus of equations involving only the coefficients $a+ka', \ldots$ and which is in fact the very plexus (equivalent therefore to two relations) which gives the conditions in order that the equation $W=0$ may have a threefold root.

11. *Thirdly*, suppose that the functions U, V are such that there exists a range $U+kV=0$ having a pair of twofold points. If k_1 be the proper value of k, then we have $U+k_1V=(x-\alpha y)^2(x-\beta y)^2\Theta$, and therefore $U=-k_1V+(x-\alpha y)^2(x-\beta y)^2\Theta$. Hence forming the Jacobian of U, V, we have for the determination of the critic centres the equation

$$\begin{vmatrix} \delta_x V, & \delta_x \,.\, (x-\alpha y)^2(x-\beta y)^2\Theta \\ \delta_y V, & \delta_y \,.\, (x-\alpha y)^2(x-\beta y)^2\Theta \end{vmatrix}=0,$$

which is of the form

$$(x-\alpha y)(x-\beta y)\Omega=0;$$

or, we have $x-\alpha y=0$, or $x-\beta y=0$, a pair of critic centres; and for each of these the corresponding value of k_1 given by the equation $-k : 1=\delta_x U : \delta_x V$ is $k=k_1$, so that $k=k_1$ is a twofold root of the equation in k.

12. By the like considerations as for the threefold root (observing that if the equation $W=0$ has a pair of twofold roots we must have between the coefficients of W a plexus equivalent to two relations, and of the order $2(n-2)(n-3)$), we see that the condition for the existence of a range $U+kV=0$ having a pair of twofold points is of the form $P=0$, where P is a function of the degree $2(n-2)(n-3)$ as regards the coefficients of U, and of the same degree as regards the coefficients of V; and conversely that, given the equation $P=0$, we may find the plexus.

13. The equation $\square=0$ will be satisfied if $R=0$, or if $Q=0$, or if $P=0$; *and in no other cases.* To prove this, suppose that $x-\alpha y=0$ is the critic centre corresponding to a twofold root k_1 of the equation in k. We have $U=-k_1V+(x-\alpha y)^2\Theta$, and thence the equation for the critic centres is

$$\begin{vmatrix} \delta_x V, & \delta_x (x-\alpha y)^2\Theta \\ \delta_y V, & \delta_y (x-\alpha y)^2\Theta \end{vmatrix}=0,$$

which is an equation of the form $(x-\alpha y)\Omega=0$; and where, corresponding to the root $x-\alpha y=0$, the equation $-k : 1=\delta_x U : \delta_x V$ gives $k=k_1$. Since k_1 is a twofold root, there must be another critic centre also giving the value k_1 of k. This new critic centre may be either $x-\alpha y=0$ (the same as the first mentioned critic centre) or it may be a distinct critic centre $x-\beta y=0$. In the former case

$$\begin{vmatrix} \delta_x V, & \delta_x (x-\alpha y)^2\Theta \\ \delta_y V, & \delta_y (x-\alpha y)^2\Theta \end{vmatrix}$$

must contain, instead of the factor $(x-\alpha y)$, the factor $(x-\alpha y)^2$. In order that this may be so, we must have

$$\left|\begin{array}{ll} \delta_x V, & \Theta \\ \delta_y V, & -\alpha\Theta \end{array}\right|,$$

that is, $(\alpha\delta_x V+\delta_y V)\Theta$ divisible by $(x-\alpha y)$, that is, either $\alpha\delta_x V+\delta_y V$, or else Θ, divisible by $x-\alpha y$; or, what is the same thing, either V, or else Θ, divisible by $x-\alpha y$. But if V be divisible by $x-\alpha y$, then U, V have the common factor $x-\alpha y$, and we have the case *first* above considered. And again if Θ contain the factor $x-\alpha y$, then we have

$$U=-k_1 V+(x-\alpha y)^3\Theta',$$

and we have the case *secondly* above considered. Finally if the new critic centre be the distinct centre $x-\beta y=0$, then for $x-\beta y=0$ the equation

$$-k : 1=\delta_x U : \delta_x V=\delta_y U : \delta_y V$$

should give $k=k_1$; but this will only happen if $\delta_x.(x-\alpha y)^2\Theta$, $\delta_y.(x-\alpha y)^2\Theta$ vanish for $x-\beta y=0$, that is, if Θ contains the factor $(x-\beta y)^2$; and when this is so,

$$U=-k_1 V+(x-\alpha y)^2(x-\beta y)^2\Theta',$$

or we have the case *thirdly* above considered.

14. Hence the equation $\square=0$ being satisfied if $R=0$, or else if $Q=0$, or else if $P=0$, and in no other cases, the function $\square$ must be made up of the factors R, Q, P, each taken the proper number of times, and knowing the degrees of the several functions, it follows that we must have

$$\square=RQ^3P^2,$$

in fact, considering the coefficients of either U or V, the comparison of the degrees gives

$$2(n-1)(2n-3)=n+9(n-2)+4(n-2)(n-3),$$

where the function on the right-hand side is

$$\begin{array}{rl} = & n \\ & +\ 9n-18 \\ & +4n^2-20n+24 \\ = & 4n^2-10n+\ 6, \end{array}$$

which is the value of the function on the left-hand side.

15. In the very particular case $n=2$, Q and P are each of them of the degree $=0$; and we have simply $\square=R$, that is, the resultant of the two quadric functions

$$U=(a,\ b,\ c\between x,\ y)^2,\quad V=(a',\ b',\ c'\between x,\ y)^2$$

is

$$=\text{Disc}^t.\ (U+kV)$$

$$=\text{Disc}^t.\ (ac-b^2,\ ac'+a'c-2bb',\ a'c'-b'^2\between 1,\ k)^2,$$

which is Prof. Boole's ancient theorem referred to in my Fifth Memoir on Quantics([1]), but which is now first exhibited in connexion with the general theory to which it belongs.

16. It may be noticed that the condition for a twofold critic centre, or (what is the same thing) a twofold factor of the Jacobian {which condition is of the degree $2(2n-3)$ in regard to the coefficients of U or V} is $RQ=0$; and that we in fact have

$$2(2n-3)=n+3(n-2).$$

This remark is due to Dr Salmon.

Article, Nos. 17 to 42, *relating to two Ternary Quantics.*

17. Suppose now that $U=(a,..\between x, y, z)^n$, $V=(a',..\between x, y, z)^n$ are two ternary quantics of the same order n, and write $W=U+kV=(a+ka',..\between x, y, z)^n$, so that

$$W=U+kV=0$$

is the equation of a curve in involution with the curves $U=0$, $V=0$. But for greater distinctness it is in general proper to retain $U+kV$ in place of W.

18. In order that the curve $U+kV=0$ may have a node, we must have simultaneously

$$\delta_x(U+kV)=0,$$
$$\delta_y(U+kV)=0,$$
$$\delta_z(U+kV)=0,$$

and eliminating (x, y, z) from these equations we have

$$\text{Disc}^{\text{t}}.\ (U+kV)=0,$$

which is an equation of the degree $3(n-1)^2$ as regards k, and of the same order as regards the coefficients of U, V conjointly.

19. To each of the $3(n-1)^2$ values of k there corresponds a point satisfying the conditions in question, and which is therefore a node of the corresponding nodal curve

$$U+kV=0;$$

the points in question are the critic centres of the involution.

20. The critic centres may be differently obtained as follows; viz. if from the three equations we eliminate k, we find

$$\left\|\begin{matrix} \delta_x U, & \delta_y U, & \delta_z U \\ \delta_x V, & \delta_y V, & \delta_z V \end{matrix}\right\|=0,$$

[1] *Phil. Trans.* vol. CXLVIII. (1858), pp. 415—427, [156].

a plexus of three curves, each of them of the order $2(n-1)$; any two of the three curves intersect in $4(n-1)^2$ points; but $(n-1)^2$ of these do not lie on the third curve; the remaining $3(n-1)^2$ of them lie on all three of the curves, and they are the critic centres of the involution.

21. More generally the critic centres lie on any curve whatever of the form

$$\begin{vmatrix} \alpha, & \beta, & \gamma \\ \delta_x U, & \delta_y U, & \delta_z U \\ \delta_x V, & \delta_y V, & \delta_z V \end{vmatrix} = 0,$$

and any such curve, viz. any curve of the order $2(n-1)$ passing through the $3(n-1)^2$ critic centres, may be termed a diacritic curve.

22. For any one of the critic centres we have

$$\delta_x U : \delta_y U : \delta_z U = \delta_x V : \delta_y V : \delta_z V = k : -1,$$

which gives the value of k corresponding to the point in question.

23. The condition in order that the equation in k may have a twofold root is

$$\text{Disc}^{\text{t}}.\ \text{Disc}^{\text{t}}.\ (U + kV) = 0,$$

or say

$$\square = 0,$$

where Disc^{t}. Disc^{t}. $(U+kV)$, $=\square$, is a function of the degree $2 \,.\, 3(n-1)^2\{3(n-1)^2-1\}$ in regard to the coefficients of U, V conjointly; but it is separately homogeneous, and therefore of the degree $3(n-1)^2\{3(n-1)^2-1\}$ in regard to each set of coefficients.

24. To each of the critic centres there corresponds a value of k. Hence if two of the critic centres coincide, or say if there is a twofold critic centre, the equation in k will have a twofold root. Now *first* if the curves $U=0$, $V=0$ touch each other (have a point of contact or twofold intersection) then the diacritic curves will all touch (have a point of twofold intersection) at the point in question, which is therefore a twofold critic centre. It may be remarked in passing that the diacritic curves do not at the twofold critic centre touch the curves $U=0$, $V=0$. But *secondly* the diacritic curves may touch at a point which is not a point of contact of the curves $U=0$, $V=0$. Such a point is a twofold critic centre. In each of these two cases the equation in k has a twofold root. Moreover, in the first case the curve $U+kV=0$ corresponding to the twofold root has a node at the point of contact of the two curves $U=0$, $V=0$; in the second case the curve $U+kV=0$ corresponding to the twofold root has the twofold centre (not a mere node but) a cusp. And *thirdly*, without any twofold critic centre, two distinct critic centres may give by the equations

$$\delta_x U : \delta_y U : \delta_z U = \delta_x V : \delta_y V : \delta_z V = k : -1$$

the same value of k, and then the curve $U+kV=0$ corresponding to such value of k is a curve having a node at each of the critic centres in question, that is, it has two nodes.

25. *First*, if the curves $U=0$, $V=0$ touch each other, then, (x, y, z) being the coordinates of the point of contact, we have $U=0$, $V=0$,

$$\delta_x (U+k_1 V)=0,$$
$$\delta_y (U+k_1 V)=0,$$
$$\delta_z (U+k_1 V)=0,$$

where k_1 denotes the value given by the equations

$$\delta_x U : \delta_y U : \delta_z U = \delta_x V : \delta_y V : \delta_z V = k_1 : -1$$

belonging to the point of contact. It at once follows that every diacritic curve passes through the point in question. But it is somewhat more difficult to show that the diacritic curves touch at this point.

26. I represent for shortness the first and second differential coefficients of U by (L, M, N), (a, b, c, f, g, h), and similarly those of V by (L', M', N'), (a', b', c', f', g', h'), these values all belonging to the point of contact: we have therefore

$$L+k_1 L'=0,\ M+k_1 M'=0,\ N+k_1 N'=0.$$

The equation of the diacritic curve is

$$\begin{vmatrix} \alpha, & \beta, & \gamma \\ L, & M, & N \\ L', & M', & N' \end{vmatrix}=0;$$

to find the tangent we must operate on the left-hand side with $X\delta_x+Y\delta_y+Z\delta_z$, where X, Y, Z are current coordinates. Calling the foregoing symbol D, this gives

$$\begin{vmatrix} \alpha, & \beta, & \gamma \\ L, & M, & N \\ DL', & DM', & DN' \end{vmatrix} + \begin{vmatrix} \alpha, & \beta, & \gamma \\ DL, & DM, & DN \\ L', & M', & N' \end{vmatrix}=0;$$

or, what is the same thing,

$$\begin{vmatrix} \alpha, & \beta, & \gamma \\ L, & M, & N \\ DL', & DM', & DN' \end{vmatrix} - \begin{vmatrix} \alpha, & \beta, & \gamma \\ L', & M', & N' \\ DL, & DM, & DN \end{vmatrix}=0;$$

or, substituting in the first determinant for L, M, N their values $-kL', -kM', -kN'$, and transferring the factor k_1 from the second to the third line, we obtain

$$-\begin{vmatrix} \alpha, & \beta, & \gamma \\ L', & M', & N' \\ k_1 DL', & k_1 DM', & k_1 DN' \end{vmatrix} - \begin{vmatrix} \alpha, & \beta, & \gamma \\ L', & M', & N' \\ DL, & DM, & DN \end{vmatrix}=0,$$

which may also be written

$$\begin{vmatrix} \alpha & , & \beta & , & \gamma \\ L' & , & M' & , & N' \\ DL + k_1 DL' & , & DM + k_1 DM' & , & DN + k_1 DN \end{vmatrix} = 0$$

or, more symmetrically, θ being any quantity whatever, it is

$$\begin{vmatrix} \alpha & , & \beta & , & \gamma \\ L+\theta L' & , & M+\theta M' & , & N+\theta N' \\ DL + k_1 DL' & , & DM + k_1 DM' & , & DN + k_1 DN' \end{vmatrix} = 0;$$

or, substituting for D its value, the equation of the tangent is

$$\begin{vmatrix} \alpha & , & \beta & , & \gamma \\ L+\theta L' & , & M+\theta M' & , & N+\theta N' \\ (a+ka', .\between X,\ Y,\ Z), & & (h+kh', .\between X,\ Y,\ Z), & & (g+kg', .\between X,\ Y,\ Z) \end{vmatrix} = 0.$$

27. Now if the diacritics touch, this equation should be independent of α, β, γ. Putting for shortness $a+k_1a'=a$, &c., and also taking as we may do $\theta=0$, the parts multiplied by α, β, γ respectively are

$$\begin{aligned} &M(gX+fY+cZ)-N(hX+bY+fZ),\\ &N(aX+hY+gZ)-L(gX+fY+cZ),\\ &L(hX+bY+fZ)-M(aX+hY+gZ), \end{aligned}$$

and we ought therefore to have

$$\begin{aligned} &Mg-Nh : Mf-Nb : Mc-Nf\\ =\ &Na-Lg : Nh-Lf : Ng-Lc\\ =\ &Lh-Ma : Lb-Mh : Lf-Mg, \end{aligned}$$

equations which are in fact satisfied; for take any one of them, for example, the equation

$$\frac{Mg-Nh}{Na-Lg}=\frac{Mf-Nh}{Nh-Lf},$$

this is

$$MN(gh-af)-N^2(h^2-ab)-LM(fg-fg)+LN(fh-bg)=0,$$

or, omitting the term in LM, and throwing out the factor N,

$$L(hf-bg)+M(gh-af)+N(ab-h^2)=0.$$

But the equations $L+kL'=0$, &c., give

$$\begin{aligned} ax+hy+gz&=0,\\ hx+by+fz&=0,\\ gx+fy+cz&=0, \end{aligned}$$

that is

$$x : y : z = bc - f^2 : fg - ch : hf - bg$$
$$= fg - ch : ca - g^2 : gh - af$$
$$= hf - bg : gh - af : ah - h^2,$$

so that the above written equation is $Lx + My + Nz = 0$, which is true in virtue of the equation $U = 0$; and similarly for all the other equations which were to be verified.

28. It is to be noticed that the determination of the tangent of the diacritics depends only on the second differential coefficients (a, b, c, f, g, h), (a', b', c', f', g', h'), of U, V. The tangent in question will be the same if instead of the curves, $U = 0$, $V = 0$ we have the conics $(a, b, c, f, g, h \between x, y, z)^2 = 0$, $(a', b', c', f', g', h' \between x, y, z)^2 = 0$: these conics pass through the point of contact of the two curves, and their tangents are coincident with those of the two curves $U = 0$, $V = 0$ respectively; that is, the conics touch at the point in question. They consequently intersect in two more points; the chord of intersection or line joining the last-mentioned two points, meets the common tangent in a point; the polars of this point in regard to the two conics respectively, pass through the point of contact, and moreover they are one and the same line; this line is the required tangent of the diacritics. The proof will be given, *post*, No. 41.

29. Let $R = 0$ be the condition in order that the two curves $U = 0$, $V = 0$ may touch each other, or say let R be the Tactinvariant of U, V. When the curves U, V are of the degrees m, n respectively, then R is of the degrees $n(2m + n - 3)$, $m(m + 2n - 3)$ in regard to the coefficients of U, V respectively. Hence in the present case where U, V are each of the degree n, R is of the degree $3n(n - 1)$ in regard to each set of coefficients.

30. *Secondly*, if the functions U, V are such that there exists a curve $U + kV = 0$ (say the curve $U + k_1 V = 0$) which has a cusp, then it is to be shown that $k = k_1$ is a twofold root of the equation in k; and to do this it has to be shown that the cusp is a twofold critic centre; or that the diacritic curves touch at the cusp: it may be added that the cuspidal tangent is the common tangent of the diacritic curves. Now the cuspidal curve being $U + k_1 V = 0$, then at the cusp the first derived functions $L + k_1 L'$, $M + k_1 M'$, $N + k_1 N'$ vanish identically; and moreover the second derived functions $a + ka', \ldots$ are such that (X, Y, Z) being any magnitudes whatever, $(a + k_1 a', \ldots \between X, Y, Z)^2$ is a perfect square, $= (\lambda X + \mu Y + \nu Z)^2$ suppose. Now X, Y, Z being current coordinates, and D denoting the operation $D = X\delta_x + Y\delta_y + Z\delta_z$, the equation of the tangent to the diacritic curve (by an investigation similar to that for this same tangent in the case first above considered) is found to be

$$\begin{vmatrix} \alpha &, & \beta &, & \gamma \\ L + \theta L' &, & M + \theta M' &, & N + \theta N' \\ (a + k_1 a', .. \between X, Y, Z), & & (h + k_1 h', .. \between X, Y, Z), & & (g + k_1 g', .. \between X, Y, Z) \end{vmatrix} = 0,$$

and we have

$$(a+k_1a',..\between X, Y, Z) = \tfrac{1}{2}\delta_X(a+k_1a',..\between X, Y, Z)^2 = \tfrac{1}{2}\delta_X(\lambda X+\mu Y+\nu Z)^2 = \lambda(\lambda X+\mu Y+\nu Z):$$

and similarly the values of $(h+k_1h',..\between X, Y, Z)$ and $(g+k_1g',..\between X, Y, Z)$ are

$$= \mu(\lambda X+\mu Y+\nu Z) \text{ and } = \nu(\lambda X+\mu Y+\nu Z) \text{ respectively.}$$

Hence the equation of the tangent to the diacritic curve is

$$\lambda X+\mu Y+\nu Z=0,$$

that is, the tangent being independent of the values of (α, β, γ) is the same for all the diacritic curves, and is the tangent at the cusp of the cuspidal curve $U+k_1V=0$.

31. The conditions in order that the curve $W=U+kV=0$ may have a cusp are given by a plexus equivalent to three relations between the coefficients $a+ka',..$ of W, and using for a moment β to denote the degree of the plexus or system, then eliminating k between the equations of the plexus we find between the coefficients $a,...$ of U and the coefficients $a',...$ of V an equation $Q=0$ of the degree β in regard to the two sets of coefficients respectively. Conversely, given the equation $Q=0$, we may find the plexus between the coefficients $a+ka',...$ of W. The value of β, as will be shewn *post*, Annex, is

$$=12(n-1)(n-2).$$

32. *Thirdly*, when the functions U, V are such that there exists a curve $U+kV=0$ (suppose the curve $U+k_1V=0$) which has a pair of nodes; each of these nodes is a critic centre, and (by means of the equation $-k:1=\delta_xU:\delta_xV$) gives the value k_1 of k, that is, k_1 is a twofold root of the equation in k.

33. The conditions in order that the curve $W=U+kV=0$ may have a pair of nodes are given by a plexus of the degree α; then the coefficients being $a+ka',...$ if we eliminate k between the equations of the plexus, we find between the coefficients $a,...$ of U and $a',...$ of V an equation $P=0$ of the degree α in the two sets of coefficients respectively. And conversely, given the equation $P=0$, we may find the plexus between the coefficients $a+ka',...$ of W. I have not succeeded in finding directly the value of α, but only derive it from the equation $\square=RQ^3P^2$, which if α had been found independently, would have been verified by means of such value of α; the value is $\alpha=\frac{1}{2}.3(n-1)(n-2)(3n^2-3n-11)$.

34. The equation $\square=0$ is satisfied if $R=0$, or if $Q=0$, or if $P=0$, and it may be seen that it is not satisfied in any other case. Hence $\square$ is made up of the factors P, Q, R, and I assume that its form is the same as in the case of a binary quantic, that is, that we have

$$\square=RQ^3P^2.$$

35. Comparing the degrees of the two sides we have

$$\begin{aligned}3(n-1)^2(3n^2-6n+2) = \quad & 3n(n-1)\\ & +36(n-1)(n-2)\\ & +\ 3(n-1)(n-2)(3n^2-3n-11);\end{aligned}$$

or, what is the same thing,

$$\begin{aligned}(n-1)(3n^2-6n+2) = \quad & n\\ & +12(n-2)\\ & +\ (n-2)(3n^2-3n-11),\end{aligned}$$

which is true, but, as just remarked, this equation itself was used to find the value

$$\alpha = \tfrac{1}{2}\,.\,3(n-1)(n-2)(3n^2-3n-11).$$

36. Recapitulating, the equation in k will have a twofold root

1°, if $R=0$, that is, if the curves $U=0$, $V=0$ touch each other, and in this case there is a twofold critic centre at the point of contact:

2°, if $Q=0$, that is, if there be a curve $U+kV=0$ having a cusp, and in this case the cusp is a twofold critic centre:

3°, if $P=0$, that is, if there is a curve $U+kV=0$ having a pair of nodes.

37. The three cases may be geometrically illustrated by supposing that the curves $U=0$, $V=0$ are in the first instance nearly, but not exactly, in the several relations in question.

First, if the curves $U=0$, $V=0$ are about to touch each other, that is, if there are two points of intersection about to coincide with each other. There are here two critic centres in the neighbourhood of the two points of intersection, and which, when the two points of intersection become a point of contact, coincide each with the point of contact.

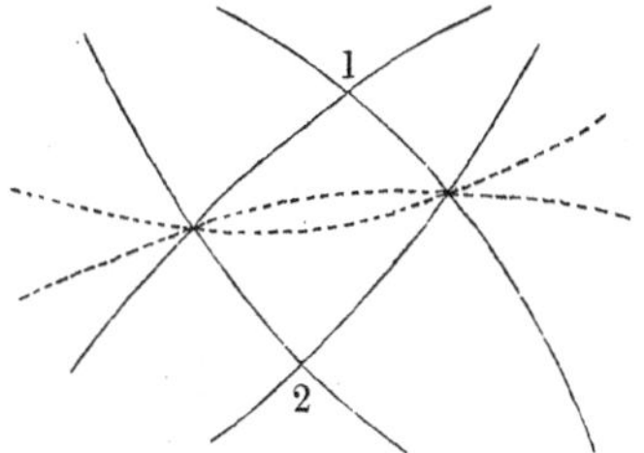

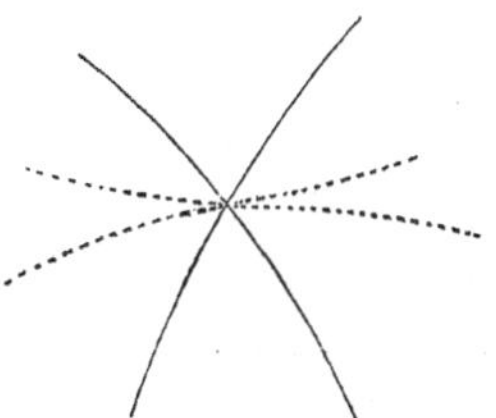

Secondly, when the curves are such that there are two critic centres which become ultimately a twofold centre.

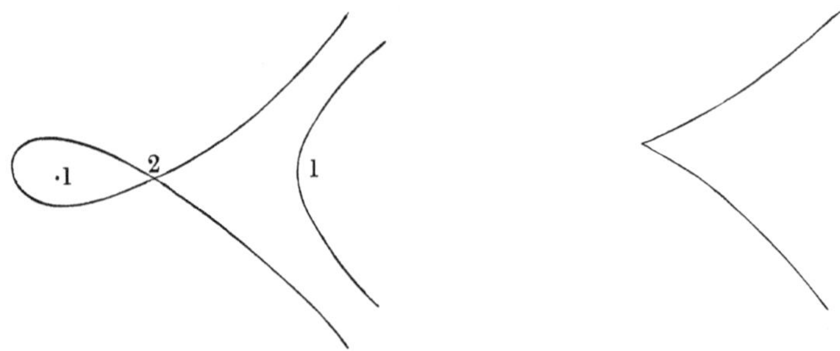

And, *thirdly*, when the curves are such that there are two critic centres which remaining distinct from each other belong ultimately to the same critic curve.

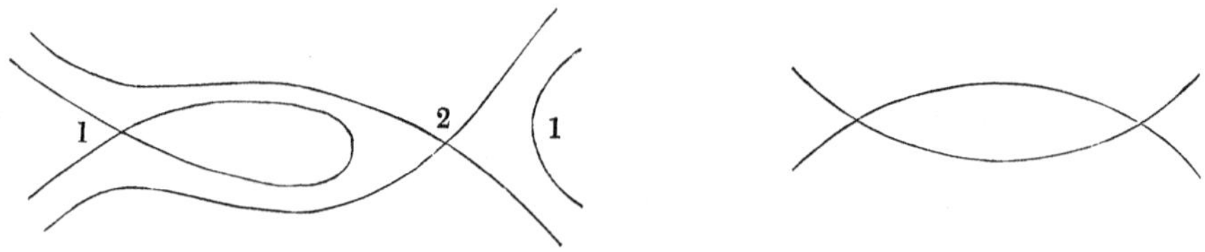

38. The curves 1 and 2 in the left-hand figures respectively represent the nodal curves corresponding to slightly different values of k, which in the right-hand figures respectively give the curve corresponding to a twofold value of k. In the first pair of figures the curves $U=0$ and $V=0$, about to touch in the left-hand figure, touching in the right-hand figure, are shown by dotted lines. It will be observed that in the second case in the left-hand figure the two nodes which give rise to a cusp are the one of them an acnode and the other a crunode; this is in fact the only mode of drawing the figure so that a cusp shall present itself. The transition of form is one of ordinary occurrence in cubic curves and in curves of a higher order; thus if $y^2=(x-a)(x-b)(x-c)$, where $a<b<c$, then if $a=b$, we have an acnodal curve, if $b=c$ a crunodal curve, and if $a=b=c$ a cuspidal curve.

39. In the case of two conics, $n=2$. We have here simply $\square=R$, where $R=0$ is the condition in order that the two conics may touch each other. The nodal curves are of course the three pairs of lines passing through the points of intersection of the two conics, and the nodes of these curves, or critic centres, are the centres of the quadrangle formed by the four points in question; or, what is the same thing, they are the system of conjugate points common to the two conics, viz. the points which are such that the polar of one of them taken with respect to either of the conics is the line joining the other two of them. The diacritics are any conics passing through the three points.

40. If the two conics are

$$(a\,,\ b\,,\ c\,,\ f\,,\ g\,,\ h\between x,\ y,\ z)^2 = 0,$$
$$(a',\ b',\ c',\ f',\ g',\ h'\between x,\ y,\ z)^2 = 0,$$

and if the determinant formed with $a + ka'$, &c., is denoted by

$$(K,\ \Theta,\ \Theta',\ K'\between 1,\ k)^3,$$

so that

$$\begin{aligned} K &= abc \quad - af^2 - bg^2 - ch^2 + 2fgh, \\ \Theta &= a'(bc - \ f^2) + \&c., \\ \Theta' &= a(b'c' - \ f'^2) + \&c., \\ K &= a'b'c' - a'f'^2 - b'g'^2 - c'h'^2 + 2f'g'h', \end{aligned}$$

then the before-mentioned equation $\square = R = 0$ which gives the condition that the conics may touch is

$$\text{Disc}^{\text{t}}.\ (K,\ \Theta,\ \Theta',\ K'\between 1,\ k)^2 = 0,$$

where the left-hand side is of the order 6 in the coefficients of the two conics respectively: this is a known formula.

41. If the equation in k have a twofold root the two conics will touch: two of the critic centres will then coincide at the point of contact, or this point is a twofold critic centre: the remaining or onefold critic centre is the intersection of the common tangent and of the line joining the two points of intersection of the conics. In virtue of the general property, the first-mentioned two centres must be considered as lying on the line which is the polar of the onefold critic centre in regard to either of the conics. The diacritics pass through the critic centres, that is, they pass through the onefold centre, and touch the polar in question at the point of contact of the two conics, or twofold critic centre; this is in fact the property mentioned *ante*, No. 28.

42. The equation

$$\text{Disc}^{\text{t}}.\ \text{Disc}^{\text{t}}.\ (U + kV) = 0,$$

as applied to a conic and a circle leads at once to the equation of the curve parallel to a given conic; such parallel curve is in fact the envelope of the circles of a given constant radius which touch the given conic. This method is in effect due to Dr Salmon, who applied the corresponding theorem *in solido* to the determination of the surface parallel to an ellipsoid.

Annex, referred to No. 31. *Investigation of the order of the plexus or system for the existence of a Cusp.*

Considering for a moment the curve

$$U = (*\between x,\ y,\ z)^n = 0, \text{ let } (L,\ M,\ N),\ (a,\ b,\ c,\ f,\ g,\ h)$$

be the first and second differential coefficients of U; (A, B, C, F, G, H) the inverse system, viz. $A = bc - f^2$, &c. At a cusp we have

$$L = 0,\ M = 0,\ N = 0,\ A = 0,\ B = 0,\ C = 0,\ F = 0,\ G = 0,\ H = 0,$$

a system of equations which is contained in the system, $L=0$, $M=0$, $N=0$, $A=0$. But this system contains besides the cusp system the irrelevant system $L=0$, $M=0$, $N=0$, $x^2=0$. In fact the equations $L=0$, $M=0$, $N=0$ give

$$\begin{aligned} ax + hy + gz &= 0, \\ hx + by + fz &= 0, \\ gx + fy + cz &= 0, \end{aligned}$$

and thence

$$x^2 : y^2 : z^2 : yz : zx : xy = A : B : C : F : G : H.$$

Hence the equation $A=0$, if $x^2=0$, implies the entire system

$$A=0,\ B=0,\ C=0,\ F=0,\ G=0,\ H=0.$$

But if $L=0$, $M=0$, $N=0$, $x^2=0$, then these equations give $A=0$ (and also $H=0$, $G=0$), but they do not give the remaining equations $B=0$, $C=0$, $F=0$. Or the same thing may be shown in a less symmetrical form, but more clearly thus; we have identically

$$-cx(ax+hy+gz)+(hx-fz)(hx+by+fz)+bz(gx+fy+cz)-(bc-f^2)z^2+(ab-h^2)x^2=0,$$

whence the equations $L=0$, $M=0$, $N=0$, $A=0$ give $Cx^2=0$, that is, $C=0$, or $x^2=0$. But the equations $L=0$, $M=0$, $N=0$, $A=0$, $C=0$ give (as it is easy to show) the entire system $A=0$, $B=0$, $C=0$, $F=0$, $G=0$, $H=0$. That is, the system

$$L=0,\ M=0,\ N=0,\ A=0$$

is made up of the cusp system, and of the system ($L=0$, $M=0$, $N=0$, $A=0$, $x^2=0$); or since $A=0$ is a consequence of the other equations, the second system is

$$(L=0,\ M=0,\ N=0,\ x^2=0).$$

Consider now the curve $\lambda U+\mu U'+\nu U''=0$, which will have a cusp if the ratios $\lambda:\mu:\nu$ are properly determined. And to each set of values of $\lambda:\mu:\nu$ there corresponds a set of values (x, y, z), the coordinates of a cusp of the curve; so that the number of such sets, that is, the number of points each whereof is the cusp of a corresponding curve $\lambda U+\mu V+\nu W=0$ is precisely equal to the number of sets of values of $\lambda:\mu:\nu$: or it is equal to the order of the system of conditions for the existence of a cusp.

Denoting as before the first and second differential coefficients of U by

$$L,\ M,\ N,\ a,\ b,\ c,\ f,\ g,\ h,$$

and those of U', U'' in a corresponding manner, and taking for the cusp the system before represented by $L=0$, $M=0$, $N=0$, $A=0$, we have

$$\begin{aligned} \lambda L + \mu L' + \nu L'' &= 0, \\ \lambda M + \mu M' + \nu M'' &= 0, \\ \lambda N + \mu N' + \nu N'' &= 0, \\ (\lambda b + \mu b' + \nu b'')(\lambda c + \mu c' + \nu c'') - (\lambda f + \mu f' + \nu f'')^2 &= 0, \end{aligned}$$

which last equation, to denote that it is of the second order in regard to the differential coefficients a, b, &c., a', &c. I represent by

$$((a, b, \ldots)^2 \between \lambda, \mu, \nu)^2 = 0.$$

But this system of four equations contains not only the cusp system, but the system made of the three linear equations and the equation $x^2 = 0$. Eliminating λ, μ, ν, the last-mentioned system is

$$\begin{vmatrix} L, & L', & L'' \\ M, & M', & M'' \\ N, & N', & N'' \end{vmatrix} = 0, \; x^2 = 0,$$

where the first equation is that of a curve of the order $3(n-1)$. And the two equations give together $6(n-1)$ points, viz. the points of intersection of the curve by the line $x = 0$, each reckoned as a twofold point.

Returning to the first-mentioned system, this may be replaced by

$$\begin{vmatrix} L, & L', & L'' \\ M & M' & M'' \\ N & N' & N'' \end{vmatrix} = 0, \; ((a, b, \ldots)^2 \between L'M'' - L''M', \; L''M - LM'', \; LM' - L'M)^2 = 0,$$

which are curves of the orders $3(n-1)$ and $6n-8$ respectively. But each of these curves passes through the $3(n-1)^2$ points given by the equations

$$\begin{Vmatrix} L, & L', & L'' \\ M, & M', & M'' \end{Vmatrix} = 0,$$

and these points are moreover nodes on the curve of the order $6n-8$; hence the points in question reckon as $6(n-1)^2$ intersections of the two curves. The number of the remaining intersections is

$$3(n-1)(6n-8) - 6(n-1)^2 = 6(n-1)\big(3n-4-(n-1)\big) = 6(n-1)(2n-3),$$

but among these are included the $6(n-1)$ intersections of the curve of the order $3(n-1)$ by the twofold line $x^2 = 0$; or, subtracting these, the number of the remaining points is

$$6(n-1)(2n-3-1) = 12(n-1)(n-2);$$

which number is consequently the order of the cusp system.

It may be remarked that considering the entire series of equations at first denoted by $(L = 0, M = 0, N = 0)$, $(A = 0, B = 0, C = 0, F = 0, G = 0, H = 0)$, the elimination of λ, μ, ν from the three linear equations gives as before

$$\begin{vmatrix} L, & L', & L'' \\ M, & M' & M'' \\ N & N' & N'' \end{vmatrix} = 0,$$

which is a curve of the order $3(n-1)$: and the eliminating of λ^2, μ^2, ν^2, $\mu\nu$, $\nu\lambda$, $\lambda\mu$ from the six quadric equations gives

$$\begin{vmatrix} bc-f^2, & b'c'-f'^2, & b''c''-f''^2, & b'c''+b''c'-2f'f'', & b''c+bc''-2ff'', & bc'+b'c-2ff' \\ ca-g^2, & \&c., & & & & \\ \vdots & & & & & \end{vmatrix} = 0,$$

which is a curve of the order $12(n-2)$; the two curves would intersect in $36(n-1)(n-2)$ points, but as this is precisely three times the number $12(n-1)(n-2)$, I infer that these are in fact the $12(n-1)(n-2)$ points three times repeated, that is, that each of these is a point of threefold intersection of the two curves.

Cambridge, 7th November, 1863.

349.

ON A CASE OF THE INVOLUTION OF CUBIC CURVES.

[From the *Transactions of the Cambridge Philosophical Society*, vol. XI. Part I, (1866), pp. 39—80.—Read 22 February, 1864.]

THE present memoir relates to the involution

$$xyz + k(x+y+z)^2(\lambda x + \mu y + \nu z) = 0,$$

viz. treating x, y, z as coordinates, and k as a variable parameter, this equation represents the series of cubic curves passing through the intersections of the two cubics

$$xyz = 0, \quad (x+y+z)^2(\lambda x + \mu y + \nu z) = 0;$$

or, what is the same thing, the line $x+y+z=0$ meets any cubic of the series in three points the tangents at which are $x=0$, $y=0$, $z=0$, and these tangents again meet the cubic in three points lying on the line $\lambda x + \mu y + \nu z = 0$; so that in the language which I have used elsewhere, the lines $x+y+z=0$, $\lambda x+\mu y+\nu z=0$ are in regard to the cubic a primary and a satellite line respectively. The investigation (which is a development of two short papers already published in the *Philosophical Magazine*)(1) was undertaken in order to applying it to the explanation and discussion of Plücker's Classification of Curves of the Third Order; but such application will properly be made in a separate memoir, *On the Classification of Cubic Curves*, and it has also appeared to me convenient to give therein the discussion of the geometrical forms of certain loci which present themselves in the present memoir.

I remark that the involution intended to be here considered is a case of the more general one $U+kV=0$, where $U=0$, $V=0$ are any two cubic curves whatever. It appears from my memoir *On the Theory of Involution*, [348], that the equation, Disc^t. $(U+kV)=0$, which determines the critic values of k is in the general case of the order 12; the

1 On the Cubic Centres of a Line with respect to Three Lines and a Line.—*Phil. Mag.* t. XX. pp. 418—423 (1860), [257]. *Ditto*, Second Paper, t. XXII. pp. 433—436 (1861), [315].

special case is however in the present memoir treated irrespectively of the general one, and the equation for the critic values of k is found to be of the order 3; this of course means that the equation of the order 12 breaks up into two equations of the orders 9 and 3 respectively, but I have not attempted to show how the decomposition and reduction arise. Moreover, in the general case the equation, Disc^t. Disc^t. $(U+kV)=0$, which is the condition for the existence of a twofold critic value, presents itself in the form $RQ^3P^2=0$, where $R=0$ is the condition that the two cubics $(U=0,\ V=0)$ shall touch each other; $Q=0$ the condition that there shall be in the involution $U+kV=0$ a curve having (not a mere node but) a cusp; and $P=0$ the condition that there shall be a curve having two nodes, or (what is the same thing) breaking up into a line and conic. But in the special case, which, as already noticed, is here considered irrespectively of the general one, the equation Disc^t. Disc^t. $(U+kV)=0$, for the existence of a twofold critic value presents itself in the reduced form $Q=0$, giving the condition, that corresponding to the twofold critic value there shall be a curve having (not a mere node but) a cusp.

Article Nos. 1 to 18, *Explanations, Definitions, and Results.*

1. I consider the involution

$$xyz+k\,(x+y+z)^2\,(\lambda x+\mu y+\nu z)=0,$$

where $x=0$, $y=0$, $z=0$, $x+y+z=0$ may be considered as representing any four lines no three of which meet in a point, and $\lambda x+\mu y+\nu z=0$, as representing any fifth line whatever: k is a variable parameter. The lines $x+y+z=0$, $\lambda x+\mu y+\nu z=0$, are a primary line and a satellite line of any cubic of the series, viz. the tangents $x=0$, $y=0$, $z=0$, at the points of intersection with the primary line $x+y+z=0$, meet the cubic in three points lying on the satellite line $\lambda x+\mu y+\nu z=0$.

2. A critic value of k is a value for which the corresponding curve

$$xyz+k\,(x+y+z)^2\,(\lambda x+\mu y+\nu z)=0$$

has a node; and such node, or say rather the site of such node, is a critic centre.

3. The critic values of k are in effect determined by a cubic equation, and the coordinates of the critic centre are then given rationally in terms of k; there are consequently three critic values of k; and the same number of critic centres, and of nodal curves: it is however found to be convenient to express as well the critic value of k, as the coordinates of the critic centre, rationally in terms of an auxiliary parameter θ which is given by a cubic equation.

4. The cubic equation in k (or what is the same thing, that in θ) may have a twofold root (pair of equal roots); or, say rather, it may have a twofold root and a one-with-twofold root: corresponding to the twofold value of k we have a twofold critic

centre, which is not a mere node but a cusp on the cubic, or instead of a merely nodal cubic we have a cuspidal cubic; and corresponding to the one-with-twofold value of k we have a one-with-twofold critic centre, being of course a mere node on the nodal cubic.

5. In the case in question of a twofold and one-with-twofold value of k, the line $\lambda x + \mu y + \nu z = 0$, or say the satellite line, envelopes a curve which might be termed the twofold and one-with-twofold envelope, but which is spoken of simply as the envelope.

The locus of the twofold centre is a curve which is called the twofold centre locus.

The locus of the one-with-twofold centre is a curve which is called the one-with-twofold centre locus.

These definitions premised, the following results may be stated;

6. The equation in θ may be represented in the three equivalent forms

$$\frac{1}{\theta+\lambda}+\frac{1}{\theta+\mu}+\frac{1}{\theta+\nu}-\frac{2}{\theta}=0,$$

$$\frac{\lambda}{\theta+\lambda}+\frac{\mu}{\theta+\mu}+\frac{\nu}{\theta+\nu}-1=0,$$

$$\theta^3-\theta(\mu\nu+\nu\lambda+\lambda\mu)-2\lambda\mu\nu=0.$$

7. The critic value of k and the coordinates of the critic centre are then given by the equations

$$k=\frac{-\frac{1}{4}\theta^2}{(\theta+\lambda)(\theta+\mu)(\theta+\nu)},$$

$$x : y : z : x+y+z : \lambda x+\mu y+\nu z=\frac{1}{\theta+\lambda}:\frac{1}{\theta+\mu}:\frac{1}{\theta+\nu}:\frac{2}{\theta}:1.$$

8. The condition for a twofold and one-with-twofold value of k is

$$\lambda^{-\frac{1}{3}}+\mu^{-\frac{1}{3}}+\nu^{-\frac{1}{3}}=0,$$

or, what is the same thing,

$$(\mu\nu+\nu\lambda+\lambda\mu)^3-27\lambda^2\mu^2\nu^2=0,$$

which equations may either of them be considered as the line-equation of the envelope. The equation in the coordinates (x, y, z), or point-equation of the envelope is

$$\sqrt[4]{x}+\sqrt[4]{y}+\sqrt[4]{z}=0,$$

or, in its rationalised form,

$$x^4+y^4+z^4-4(yz^3+y^3z+zx^3+z^3x+xy^3+x^3y)$$
$$+6(y^2z^2+z^2x^2+x^2y^2)-124(x^2yz+xy^2z+xyz^2)=0.$$

9. The equation of the twofold centre locus is

$$\sqrt{x}+\sqrt{y}+\sqrt{z}=0,$$

or, in its rationalised form,

$$x^2+y^2+z^2-2yz-2zx-2xy=0;$$

the curve is therefore a conic, and it may be spoken of as the twofold centre conic.

10. The equation of the one-with-twofold centre locus is

$$x^3+y^3+z^3-(yz^2+y^2z+zx^2+z^2x+xy^2+x^2y)+3xyz=0,$$

the curve is therefore a cubic, and it may be spoken of as the one-with-twofold centre cubic.

11. The before-mentioned equation $\lambda^{-\frac{1}{3}}+\mu^{-\frac{1}{3}}+\nu^{-\frac{1}{3}}=0$ is satisfied by

$$\lambda : \mu : \nu = \alpha^{-3} : \beta^{-3} : \gamma^{-3},$$

where $\alpha+\beta+\gamma=0$, and it is very convenient to introduce these quantities α, β, γ into the formulæ.

12. The equation of the satellite line giving a twofold and one-with-twofold centre is

$$\frac{x}{\alpha^3}+\frac{y}{\beta^3}+\frac{z}{\gamma^3}=0;$$

the coordinates of the point of contact with the envelope are $x : y : z = \alpha^4 : \beta^4 : \gamma^4$.

The equation in θ gives $\theta_1=\theta_2=-\dfrac{1}{\alpha\beta\gamma}$ for the values corresponding to the twofold centre; and $\theta_3=\dfrac{2}{\alpha\beta\gamma}$ for the value corresponding to the one-with-twofold centre.

The coordinates of the twofold centre, or cusp, are $x : y : z = \alpha^2 : \beta^2 : \gamma^2$.

The coordinates of the one-with-twofold centre, or node, are

$$x : y : z = \alpha^2(\beta-\gamma) : \beta^2(\gamma-\alpha) : \gamma^2(\alpha-\beta).$$

The equation of the tangent at the cusp is

$$(\beta-\gamma)\frac{x}{\alpha}+(\gamma-\alpha)\frac{y}{\beta}+(\alpha-\beta)\frac{z}{\gamma}=0.$$

The equation of the line joining the cusp and the node, which line is also one of the tangents at the node is

$$\frac{x}{\alpha}+\frac{y}{\beta}+\frac{z}{\gamma}=0.$$

The equation of the other tangent at the node is

$$(2\beta\gamma+\alpha^2)\frac{x}{\alpha}+(2\gamma\alpha+\beta^2)\frac{y}{\beta}+(2\alpha\beta+\gamma^2)\frac{z}{\gamma}=0.$$

13. Considering the critic centre corresponding to a root θ of the cubic equation, the equation of the line joining the other two critic centres is

$$\frac{\lambda x}{\theta+\lambda}+\frac{\mu y}{\theta+\mu}+\frac{\nu z}{\theta+\nu}=0,$$

which is the polar of the critic centre in regard to the twofold centre conic. The critic centres are consequently conjugate poles in regard to the twofold centre conic.

14. The equation of the tangents at the critic centre considered as a node of the corresponding cubic curve is

$$\left(\theta+4\lambda,\ \theta+4\mu,\ \theta+4\nu,\ -\theta-\frac{2\mu\nu}{\theta},\ -\theta-\frac{2\nu\lambda}{\theta},\ -\theta-\frac{2\lambda\mu}{\theta}\right)(x,\ y,\ z)^2=0.$$

15. The last-mentioned formulæ lead to some which involve the three critic centres viz. if $X=0$, $Y=0$, $Z=0$ are the equations of the sides of the triangle formed by the critic centres, then the equations of the tangents at the three critic centres respectively are of the form

$$\begin{array}{l} \quad .\quad BY^2+CZ^2=0,\\ AX^2\quad .\quad +CZ^2=0,\\ AX^2+BY^2\quad .\quad =0,\end{array}$$

so that the tangents in question are in fact the tangents from the three nodes respectively to the conic

$$AX^2+BY^2+CZ^2=0:$$

the three nodes or critic centres being thus conjugate poles in regard to the conic, this is called "the three centre conic."

16. The equation of a nodal cubic is also expressible in a simple form in terms of the new coordinates X, Y, Z. In the formulæ for these transformations, and indeed throughout the memoir, the three roots of the equation in θ are represented by θ_1, θ_2, θ_3, and I write also

$$l_1=\theta_2-\theta_3,\quad l_2=\theta_3-\theta_1,\quad l_3=\theta_1-\theta_2,$$

$$\Theta_1=(\theta_1+\lambda)(\theta_1+\mu)(\theta_1+\nu),$$

$$\Theta_2=(\theta_2+\lambda)(\theta_2+\mu)(\theta_2+\nu),$$

$$\Theta_3=(\theta_3+\lambda)(\theta_3+\mu)(\theta_3+\nu).$$

17. If $\lambda a+\mu b+\nu c=0$, that is, if $(a,\ b,\ c)$ are the coordinates of a point on the line $\lambda x+\mu y+\nu z=0$, then the critic centres lie on the cubic

$$\frac{a}{x}+\frac{b}{y}+\frac{c}{z}-\frac{2(a+b+c)}{x+y+z}=0,$$

or, what is the same thing, this curve is the locus of the critic centres corresponding to the several lines $\lambda x+\mu y+\nu z=0$ through the point $(a,\ b,\ c)$.

18. In particular, taking in succession for the point (a, b, c) the point of intersection of the line $\lambda x + \mu y + \nu z = 0$, with the lines $x = 0$, $y = 0$, $z = 0$, $x + y + z = 0$, the critic centres lie on the conics

$$\frac{\nu}{y} - \frac{\mu}{z} - \frac{2(\nu - \mu)}{x + y + z} = 0,$$

$$\frac{\lambda}{z} - \frac{\nu}{x} - \frac{2(\lambda - \nu)}{x + y + z} = 0,$$

$$\frac{\mu}{x} - \frac{\lambda}{y} - \frac{2(\mu - \lambda)}{x + y + z} = 0,$$

$$\frac{\mu - \nu}{x} + \frac{\nu - \lambda}{y} + \frac{\lambda - \mu}{z} = 0,$$

which are useful for the construction of the critic centres for a given line $\lambda x + \mu y + \nu z = 0$. The last of the four conics passes through the point (1, 1, 1) which is the harmonic of the line $x + y + z = 0$ in regard to the triangle formed by the lines $x = 0$, $y = 0$, $z = 0$; and I call it the harmonic conic.

Article Nos. 19 to 21. *General Formulæ for the Critic Centres.*

19. I consider the involution

$$xyz + k(x + y + z)^2 (\lambda x + \mu y + \nu z) = 0.$$

Writing the equation in the form

$$k(\lambda x + \mu y + \nu z) = \frac{-xyz}{(x + y + z)^2},$$

and differentiating with regard to x, y, z respectively, we obtain

$$\begin{aligned} -k\lambda (x + y + z)^3 &= yz(-x + y + z), \\ -k\mu (x + y + z)^3 &= zx(\ \ x - y + z), \\ -k\nu (x + y + z)^3 &= xy(\ \ x + y - z), \end{aligned}$$

which determine the coordinate ratios $x : y : z$ of the node or critic centre; and the corresponding value of k.

20. Writing the equations under the form

$$\frac{-k(x + y + z)^3}{xyz} = \frac{-x + y + z}{\lambda x} = \frac{x - y + z}{\mu y} = \frac{x + y - z}{\nu z} = \frac{2}{\theta},$$

where θ is an auxiliary parameter to be determined, we find

$$x\left(-1 - \frac{2\lambda}{\theta}\right) + y + z = 0,$$

that is

$$x+y+z=2x\left(1+\frac{\lambda}{\theta}\right),$$

and consequently

$$x+y+z=2x\left(1+\frac{\lambda}{\theta}\right)=2y\left(1+\frac{\mu}{\theta}\right)=2z\left(1+\frac{\nu}{\theta}\right),$$

or, what is the same thing,

$$x+y+z : x : y : z=\frac{2}{\theta} : \frac{1}{\lambda+\theta} : \frac{1}{\mu+\theta} : \frac{1}{\nu+\theta},$$

and we have thence

$$\frac{1}{\theta+\lambda}+\frac{1}{\theta+\mu}+\frac{1}{\theta+\nu}-\frac{2}{\theta}=0,$$

an equation which may also be written in the form

$$\frac{\lambda}{\theta+\lambda}+\frac{\mu}{\theta+\mu}+\frac{\nu}{\theta+\nu}-1=0,$$

or in the form

$$\theta^3-\theta\,(\mu\nu+\nu\lambda+\lambda\mu)-2\lambda\mu\nu=0;$$

and we then have

$$k=-\frac{2}{\theta}\,\frac{1}{(\theta+\lambda)(\theta+\mu)(\theta+\nu)}\div\left(\frac{2}{\theta}\right)^3,$$

$$=-\frac{\frac{1}{4}\,\theta^2}{(\theta+\lambda)(\theta+\mu)(\theta+\nu)}.$$

21. We see that θ is determined by a cubic equation, and that the ratios $x : y : z$ and the parameter k are rational functions of θ. There are thus three nodes or critic centres, and the like number of nodal curves and of critic values of k.

The form secondly obtained for the equation in θ shows that we may write

$$x : y : z : x+y+z : \lambda x+\mu y+\nu z=\frac{1}{\theta+\lambda} : \frac{1}{\theta+\mu} : \frac{1}{\theta+\nu} : \frac{2}{\theta} : 1.$$

Article Nos. 22 to 32, *relating to a Twofold and a One-with-Twofold Centre.*

22. If k has a twofold and a one-with-twofold value, then θ will have also a twofold and a one-with-twofold value; and conversely. The equation in θ will have a twofold and a one-with-twofold root if

$$(\mu\nu+\nu\lambda+\lambda\mu)^3-27\,\lambda^2\mu^2\nu^2=0;$$

or, what is the same thing, if

$$\mu\nu+\nu\lambda+\lambda\mu-3\,(\lambda\mu\nu)^{\frac{2}{3}}=0,$$

or if

$$(\mu\nu)^{\frac{1}{3}}+(\nu\lambda)^{\frac{1}{3}}+(\lambda\mu)^{\frac{1}{3}}=0,$$

or finally if

$$\lambda^{-\frac{1}{3}} + \mu^{-\frac{1}{3}} + \nu^{-\frac{1}{3}} = 0,$$

so that the condition is satisfied if $\lambda = \alpha^{-3}$, $\mu = \beta^{-3}$, $\nu = \gamma^{-3}$ where $\alpha + \beta + \gamma = 0$. In fact with these values the equation in θ becomes

$$(\alpha\beta\gamma\theta)^3 - 3\alpha\beta\gamma\theta - 2 = 0,$$

that is

$$(\alpha\beta\gamma\theta + 1)^2 (\alpha\beta\gamma\theta - 2) = 0,$$

so that the twofold value is $\theta_1 = \theta_2 = -\dfrac{1}{\alpha\beta\gamma}$; and the one-with-twofold value is $\theta_3 = \dfrac{2}{\alpha\beta\gamma}$.

23. It is throughout assumed that the quantities α, β, γ satisfy the condition $\alpha + \beta + \gamma = 0$. The result just obtained shows that the line

$$\frac{x}{\alpha^3} + \frac{y}{\beta^3} + \frac{z}{\gamma^3} = 0,$$

is a twofold and one-with-twofold satellite line. From this equation, considering α, β, γ as variable parameters satisfying the condition $\alpha + \beta + \gamma = 0$, we find at once the equation of the curve enveloped by the line in question, which curve is called simply the envelope—viz. the coordinates of the point of contact are found to be $x : y : z = \alpha^4 : \beta^4 : \gamma^4$, and thence the equation of the envelope is

$$\sqrt[4]{x} + \sqrt[4]{y} + \sqrt[4]{z} = 0,$$

or rationalising, it is

$$x^4 + y^4 + z^4 - 4(yz^3 + y^3z + zx^3 + z^3x + xy^3 + x^3y)$$
$$+ 6(y^2z^2 + z^2x^2 + x^2y^2) - 124(x^2yz + y^2zx + z^2xy) = 0.$$

The before-mentioned equation $\lambda^{-\frac{1}{3}} + \mu^{-\frac{1}{3}} + \nu^{-\frac{1}{3}} = 0$, or

$$(\mu\nu + \nu\lambda + \lambda\mu)^3 - 27\lambda^2\mu^2\nu^2 = 0,$$

may be considered as the tangential equation; the envelope is thus of the order 4, and the class 6.

24. It is easy to show that the curve has three nodes the coordinates whereof are $(-4, 1, 1)$, $(1, -4, 1)$, $(1, 1, -4)$; and this being known, the equation may be transformed so as to put the nodes in evidence. I effect the transformation synthetically as follows, viz. writing $x + y + z = \sigma$, $yz + zx + xy = q$, $xyz = r$, the equation of the curve is

$$\begin{aligned} &(\sigma^4 - 2q\sigma^2 + 2q^2 + 4r\sigma) \\ -4&(\qquad q\sigma^2 - 2q^2 - \ r\sigma) \\ +6&(\qquad\qquad\quad q^2 - 2r\sigma) \\ -124&(\qquad\qquad\qquad\quad r\sigma) = 0, \end{aligned}$$

viz. it is

$$\sigma^4 - 6q\sigma^2 + 16q^2 - 128r\sigma = 0,$$

which is

$$(7\sigma^2 + 4q)^2 - 16\sigma(3\sigma^3 + 4q\sigma + 8r) = 0,$$

or, putting for a moment $l = -\frac{6}{5}$, and therefore $5(l-2) = -16$, it is

$$(7\sigma^2 + 4q)^2 + (l-2)\,5\sigma(3\sigma^3 + 4q\sigma + 8r) = 0.$$

Now writing

$$\begin{aligned} x' &= \sigma + 2x &&= 3x + y + z, \\ y' &= \sigma + 2y &&= x + 3y + z, \\ z' &= \sigma + 2z &&= x + y + 3z, \end{aligned}$$

we find

$$\begin{aligned} y'z' + z'x' + x'y' &= 7\sigma^2 + 4q, \\ x' + y' + z' &= 5\sigma, \\ x'y'z' &= 3\sigma^3 + 4q\sigma + 8r, \end{aligned}$$

so that the equation is

$$(y'z' + z'x' + x'y')^2 + (l-2)\,x'y'z'(x' + y' + z') = 0,$$

that is

$$y'^2z'^2 + z'^2x'^2 + x'^2y'^2 + lx'y'z'(x' + y' + z') = 0;$$

or, putting for l its value, the equation is

$$5(y'^2z'^2 + z'^2x'^2 + x'^2y'^2) - 6x'y'z'(x' + y' + z') = 0;$$

or, as this may also be written,

$$(5,\ 5,\ 5,\ -3,\ -3,\ -3)\left(\frac{1}{x'},\ \frac{1}{y'},\ \frac{1}{z'}\right)^2 = 0;$$

a form which shows that the curve has three nodes at the angles of the triangle

$$x' = 0,\quad y' = 0,\quad z' = 0.$$

25. It is easy to see that the curve is touched by the lines $x = 0$, $y = 0$, $z = 0$ at their intersections with the lines $y - z = 0$, $z - x = 0$, $x - y = 0$ respectively, or (what is the same thing) in the points (0, 1, 1), (1, 0, 1), (1, 1, 0) respectively. It may be added that the line $y - z = 0$ meets the curve in the node (− 4, 1, 1), being of course a point of twofold intersection, in the point (0, 1, 1) on the line $x = 0$, and besides in the point (16, 1, 1): and the like for the lines $z - x = 0$ and $x - y = 0$.

26. It may be noticed that although any line passing through one of the nodes is in a sense a tangent to the envelope, yet that it is not a proper tangent and does not give rise to a twofold centre. It is in fact shown (*post*, Nos. 73 and 74) that the critic centres for a line $\lambda x + \mu y + \nu z = 0$ passing through the point (− 4, 1, 1) are three points lying, one of them on the line $y + z = 0$, and the other two on the conic $x(x + y + z) - 4yz = 0$.

27. Assume that θ has its twofold value $= -\dfrac{1}{\alpha\beta\gamma}$, the equations

$$x : y : z = \frac{1}{\theta+\lambda} : \frac{1}{\theta+\mu} : \frac{1}{\theta+\nu},$$

substituting also therein for λ, μ, ν the values α^{-3}, β^{-3}, γ^{-3}, give for the coordinates of the twofold centre

$$x : y : z = \frac{\alpha^3\beta\gamma}{\beta\gamma-\alpha^2} : \frac{\beta^3\gamma\alpha}{\gamma\alpha-\beta^2} : \frac{\alpha\beta\gamma^3}{\alpha\beta-\gamma^2},$$

but in virtue of the relation $\alpha+\beta+\gamma=0$ we have

$$\beta\gamma-\alpha^2=\beta\gamma+\gamma\alpha+\alpha\beta=\gamma\alpha-\beta^2=\alpha\beta-\gamma^2;$$

or the values are $x : y : z = \alpha^2 : \beta^2 : \gamma^2$. Hence also we have as the equation of the locus of the twofold centre,

$$\sqrt{x}+\sqrt{y}+\sqrt{z}=0,$$

or, what is the same thing,

$$x^2+y^2+z^2-2yz-2zx-2xy=0,$$

which is a conic touching the lines $x=0$, $y=0$, $z=0$ at their intersections with the lines $y-z=0$, $z-x=0$, $x-y=0$ respectively, or, what is the same thing, in the points (0, 1, 1), (1, 0, 1), (1, 1, 0) respectively.

28. Similarly, if θ has its one-with-twofold value $=\dfrac{2}{\alpha\beta\gamma}$, the equations

$$x : y : z = \frac{1}{\theta+\lambda} : \frac{1}{\theta+\mu} : \frac{1}{\theta+\nu},$$

substituting also therein for λ, μ, ν the values α^{-3}, β^{-3}, γ^{-3}, give for the coordinates of the one-with-twofold centre

$$x : y : z = \frac{\alpha^3\beta\gamma}{2\alpha^2+\beta\gamma} : \frac{\beta^3\gamma\alpha}{2\beta^2+\gamma\alpha} : \frac{\gamma^3\alpha\beta}{2\gamma^2+\alpha\beta};$$

but in virtue of $\alpha+\beta+\gamma=0$ we have

$$2\alpha^2+\beta\gamma=\alpha^2-\alpha(\beta+\gamma)+\beta\gamma=(\alpha-\beta)(\alpha-\gamma)=-(\gamma-\alpha)(\alpha-\beta),$$

and similarly

$$2\beta^2+\gamma\alpha=-(\alpha-\beta)(\beta-\gamma), \qquad 2\gamma^2+\alpha\beta=-(\beta-\gamma)(\gamma-\alpha);$$

and thence these values are

$$x : y : z = \alpha^2(\beta-\gamma) : \beta^2(\gamma-\alpha) : \gamma^2(\alpha-\beta),$$

for the coordinates of the one-with-twofold centre.

We thence deduce

$$y+z=\beta^2\gamma-\beta^2\alpha+\gamma^2\alpha-\gamma^2\beta=(\beta\gamma-\alpha\beta-\alpha\gamma)(\beta-\gamma)=(\beta\gamma+\alpha^2)(\beta-\gamma),$$

and consequently

$$-x+y+z=\beta\gamma(\beta-\gamma),$$

that is

$$\begin{aligned} &x : y : z : -x+y+z : x-y+z : x+y-z \\ &= \alpha^2(\beta-\gamma) : \beta^2(\gamma-\alpha) : \gamma^2(\alpha-\beta) : \beta\gamma(\beta-\gamma) : \gamma\alpha(\gamma-\alpha) : \alpha\beta(\alpha-\beta), \end{aligned}$$

and these give

$$-(-x+y+z)(x-y+z)(x+y-z)+xyz=0,$$

or, what is the same thing,

$$x^3+y^3+z^3-(yz^2+y^2z+zx^2+z^2x+xy^2+x^2y)+3xyz=0,$$

as the equation of the locus of the one-with-twofold centre, which locus is thus a cubic curve.

29. The equation

$$x^3+y^3+z^3-(yz^2+y^2z+zx^2+z^2x+xy^2+x^2y)+3xyz=0,$$

of the one-with-twofold centre locus may be transformed as follows, viz. writing for a moment $x+y+z=-w$, we have

$$\begin{aligned} &(9x+4w)(9y+4w)(9z+4w)-w^3 \\ &=729\,xyz+324\,w(yz+zx+xy)-144\,w^3+64w^3-w^3, \\ &=81\ \{9xyz+4w(yz+zx+xy)-w^3\}, \\ &=81\ \{9xyz-12xyz-4(yz^2+\&c.)+(x^3+y^3+z^3)+(3yz^2+\&c.)+6xyz\}, \\ &=81\ \{x^3+y^3+z^3-(yz^2+\&c.)+3xyz\}, \end{aligned}$$

so that the equation may be written

$$(9x+4w)(9y+4w)(9z+4w)-w^3=0,$$

or, what is the same thing,

$$(5x-4y-4z)(-4x+5y-4z)(-4x-4y+5z)+(x+y+z)^3=0,$$

which shows that the intersections of the line $x+y+z=0$, with the sides $x=0$, $y=0$, $z=0$ of the triangle are inflexions on the curve; and that the tangents at these points are respectively

$$5x-4y-4z=0,\quad -4x+5y-4z=0,\quad -4x-4y+5z=0.$$

30. The curve passes through the point (1, 1, 1), which is the harmonic of $x+y+z=0$ in regard to the triangle; and this point is moreover a node on the curve; in fact if the equation be represented by $W=0$, then we have

$$d_xW=3x^2-2x(y+z)-y^2+3yz-z^2,$$

$=0$ for the point in question; and similarly $d_yW=0$, and $d_zW=0$.

31. The equation for the twofold centre conic may also be obtained as follows: viz. the equations

$$\frac{-x+y+z}{\lambda x}=\frac{x-y+z}{\mu y}=\frac{x+y-z}{\nu z}=\frac{2}{\theta},$$

give

$$\frac{(-x+y+z)(x-y+z)(x+y-z)}{xyz}=\frac{8}{\theta^3}\lambda\mu\nu=\frac{8}{\theta^2(\alpha\beta\gamma)^3},$$

which substituting for θ the twofold value $=-\dfrac{1}{\alpha\beta\gamma}$,

gives

$$(-x+y+z)(x-y+z)(x+y-z)+8xyx=0,$$

an equation which may be written

$$(x+y+z)^2(x^2+y^2+z^2-2yz-2zx-2xy)=0,$$

which is the former result affected by the extraneous factor $x+y+z$.

If, instead, we substitute for θ the onefold value $=\dfrac{2}{\alpha\beta\gamma}$, we find

$$-(-x+y+z)(x-y+z)(x+y-z)+xyz=0,$$

or, what is the same thing,

$$x^3+y^3+z^3-(yz^2+y^2z+zx^2+z^2x+xy^2+x^2y)+3xyz=0,$$

which is the one-with-twofold centre cubic.

32. Recollecting that

$$k=\frac{-\frac{1}{4}\theta^2}{(\theta+\lambda)(\theta+\mu)(\theta+\nu)},$$

we deduce for the twofold value of k

$$\begin{aligned}k_1=k_2&=\frac{-\frac{1}{4}\alpha^3\beta^3\gamma^3}{(\beta\gamma-\alpha^2)(\gamma\alpha-\beta^2)(\alpha\beta-\gamma^2)},\\ &=\frac{-\frac{1}{4}\alpha^3\beta^3\gamma^3}{(\beta\gamma+\gamma\alpha+\alpha\beta)^3},\\ &=\frac{2\alpha^3\beta^3\gamma^3}{(\alpha^2+\beta^2+\gamma^2)^3},\end{aligned}$$

and for the one-with-twofold value,

$$\begin{aligned}k_3&=\frac{-\frac{1}{4}\alpha^3\beta^3\gamma^3}{(2\alpha^2+\beta\gamma)(2\beta^2+\gamma\alpha)(2\gamma^2+\alpha\beta)}\\ &=\frac{\frac{1}{4}\alpha^3\beta^3\gamma^3}{(\beta-\gamma)^2(\gamma-\alpha)^2(\alpha-\beta)^2}.\end{aligned}$$

Article Nos. 33 to 38, *relating to the Tangents at a Node or Critic Centre.*

33. I proceed to investigate the equation of the tangents at the node of the curve

$$xyz + k(x+y+z)^2(\lambda x + \mu y + \nu z) = 0;$$

it will be recollected that if x, y, z are the coordinates of the node, then we have

$$x : y : z : x+y+z : \lambda x + \mu y + \nu z = \frac{1}{\theta+\lambda} : \frac{1}{\theta+\mu} : \frac{1}{\theta+\nu} : \frac{2}{\theta} : 1.$$

Representing for a moment the equation of the curve by $U=0$, then the second derived functions of U are

$$\begin{aligned} &k \,.\, 2(\lambda x + \mu y + \nu z) + 4k(x+y+z)\lambda, \\ &k \,.\, 2(\lambda x + \mu y + \nu z) + 4k(x+y+z)\mu, \\ &k \,.\, 2(\lambda x + \mu y + \nu z) + 4k(x+y+z)\nu, \end{aligned}$$

$$\begin{aligned} &x + k \,.\, 2(\lambda x + \mu y + \nu z) + 2k(x+y+z)(\mu+\nu), \\ &y + k \,.\, 2(\lambda x + \mu y + \nu z) + 2k(x+y+z)(\nu+\lambda), \\ &z + k \,.\, 2(\lambda x + \mu y + \nu z) + 2k(x+y+z)(\lambda+\mu), \end{aligned}$$

or calling these (a, b, c, f, g, h) respectively, and substituting the values $x = \frac{1}{\theta+1}$, &c., we find

$$a = 2k + \frac{8k\lambda}{\theta}, \quad = \frac{2k}{\theta}(\theta + 4\lambda),$$

with the like values for b, c; and

$$f = \frac{1}{\theta+\lambda} + 2k + \frac{4k}{\theta}(\mu+\nu) = \frac{2k}{\theta}\left(\frac{\theta}{\theta+\lambda}\,\frac{1}{2k} + \theta + 2\mu + 2\nu\right),$$

where the term in ( ) is

$$= \frac{\theta}{\theta+\lambda} \cdot \frac{(\theta+\lambda)(\theta+\mu)(\theta+\nu)}{-\frac{1}{2}\theta^2} + \theta + 2\mu + 2\nu,$$

$$= \frac{-2(\theta+\mu)(\theta+\nu)}{\theta} + \theta + 2\mu + 2\nu,$$

$$= -2\theta - 2\mu - 2\nu - \frac{2\mu\nu}{\theta} + \theta + 2\mu + 2\nu,$$

$$= -\theta - \frac{2\mu\nu}{\theta},$$

that is

$$f = \frac{2k}{\theta}\left(-\theta - \frac{2\mu\nu}{\theta}\right),$$

with the like values for g and h; or omitting the common factor $\frac{2k}{\theta}$, we have

$$(a,\ b,\ c,\ f,\ g,\ h) = \left(\theta + 4\lambda,\ \theta + 4\mu,\ \theta + 4\nu,\ -\theta - \frac{2\mu\nu}{\theta},\ -\theta - \frac{2\nu\lambda}{\theta},\ -\theta - \frac{2\lambda\mu}{\theta}\right),$$

and thence, taking now x, y, z as current coordinates, the equation of the tangents at the node is

$$(a,\ b,\ c,\ f,\ g,\ h \between x,\ y,\ z)^2 = 0.$$

34. Substituting for λ, μ, ν the values $\alpha^{-3}, \beta^{-3}, \gamma^{-3}$, and for θ the twofold value $-\frac{1}{\alpha\beta\gamma}$, the equation of the tangents at the twofold centre becomes

$$\left(\beta^2\gamma^2 (4\beta\gamma - \alpha^2), \ldots,\ \alpha^2\beta\gamma (\beta\gamma + 2\alpha^2), \ldots\right)(x,\ y,\ z)^2 = 0,$$

which is at once reduced to

$$\left(\beta^2\gamma^2 (\beta - \gamma)^2, \ldots,\ \alpha^2\beta\gamma (\gamma - \alpha)(\alpha - \beta), \ldots\right)(x,\ y,\ z)^2 = 0,$$

or, what is the same thing,

$$\{\beta\gamma (\beta - \gamma)\, x + \gamma\alpha (\gamma - \alpha)\, y + \alpha\beta (\alpha - \beta)\, z\}^2 = 0,$$

which shows that the twofold centre is a cusp, and that the tangent is

$$\beta\gamma (\beta - \gamma)\, x + \gamma\alpha (\gamma - \alpha)\, y + \alpha\beta (\alpha - \beta)\, z,$$

or, what is the same thing,

$$(\beta - \gamma)\frac{x}{\alpha} + (\gamma - \alpha)\frac{y}{\beta} + (\alpha - \beta)\frac{z}{\gamma} = 0.$$

35. Writing in like manner $\lambda, \mu, \nu = \alpha^{-3}, \beta^{-3}, \gamma^{-3}$, and θ for the one-with-twofold value $= \frac{2}{\alpha\beta\gamma}$, we find for the equation of the tangents at the one-with-twofold centre

$$\left(2\beta^2\gamma^2 (2\beta\gamma + \alpha^2), \ldots,\ -\alpha^2\beta\gamma (2\beta\gamma + \alpha^2), \ldots\right)(x,\ y,\ z)^2 = 0,$$

which may be reduced to

$$\left(2\beta^2\gamma^2 (2\beta\gamma + \alpha^2), \ldots,\ \alpha^2\beta\gamma (2\gamma\alpha + \beta^2 + 2\alpha\beta + \gamma^2), \ldots\right)(x,\ y,\ z)^2 = 0,$$

or, what is the same thing,

$$(\beta\gamma x + \gamma\alpha y + \alpha\beta z)\,\{(2\beta\gamma + \alpha^2)\,\beta\gamma x + (2\gamma\alpha + \beta^2)\,\gamma\alpha y + (2\alpha\beta + \gamma^2)\,\alpha\beta z\} = 0.$$

Hence at the one-with-twofold centre the equation of one of the tangents is

$$(2\beta\gamma + \alpha^2)\,\beta\gamma x + (2\gamma\alpha + \beta^2)\,\gamma\alpha y + (2\alpha\beta + \gamma^2)\,\alpha\beta z = 0,$$

or, as this may otherwise be written,

$$(2\beta\gamma + \alpha^2)\frac{x}{\alpha} + (2\gamma\alpha + \beta^2)\frac{y}{\beta} + (2\alpha\beta + \gamma^2)\frac{z}{\gamma} = 0.$$

36. The equation of the other tangent is

$$\beta\gamma x + \gamma\alpha y + \alpha\beta z = 0,$$

or, what is the same thing,

$$\frac{x}{\alpha} + \frac{y}{\beta} + \frac{z}{\gamma} = 0.$$

This is in fact equivalent to

$$\begin{vmatrix} x & , & y & , & z \\ \alpha^2 & , & \beta^2 & , & \gamma^2 \\ \alpha^2(\beta-\gamma), & & \beta^2(\gamma-\alpha), & & \gamma^2(\alpha-\beta) \end{vmatrix} = 0\,;$$

for, developing the determinant, we find

$$x\,.\,\beta^2\gamma^2(2\alpha-\beta-\gamma) + y\,.\,\gamma^2\alpha^2(2\beta-\gamma-\alpha) + z\,.\,\alpha^2\beta^2(2\gamma-\alpha-\beta) = 0,$$

or, what is the same thing,

$$\alpha^2\beta^2\gamma^2\left(\frac{x}{\alpha} + \frac{y}{\beta} + \frac{z}{\gamma}\right) = 0\,;$$

hence the line

$$\frac{x}{\alpha} + \frac{y}{\beta} + \frac{z}{\gamma} = 0,$$

which is one of the tangents at the one-with-twofold centre, is also the line joining this point with the twofold centre.

37. The equation of the tangents at a critic centre or node may be obtained in a different form, involving, instead of the parameter θ, the coordinates (x, y, z) of the node. We have

$$(\theta+\lambda)\,x = \frac{2}{\theta}(\ \ x + y + z),$$

or, what is the same thing,

$$\lambda x = \frac{2}{\theta}(-x + y + z),$$

and similarly

$$\mu y = \frac{2}{\theta}(\ \ x - y + z),$$

$$\nu z = \frac{2}{\theta}(\ \ x + y - z),$$

thence also

$$(\theta + 4\lambda)\,x = \theta\,(x - 2x + 2y + 2z) = \theta\,(-x + 2y + 2z),$$

and

$$\left(\theta + \frac{2\mu\nu}{\theta}\right) yz = \theta\,\{yz + \tfrac{1}{2}(x - y + z)(x + y - z)\},$$

$$= \tfrac{1}{2}\,\theta\,\{2yz + x^2 - (y-z)^2\},$$

$$= \tfrac{1}{2}\,\theta\,(x^2 - y^2 - z^2 + 4yz)$$

from which we obtain

$$\begin{aligned} a:b:c:f:g:h \\ &= 2yz(-x+2y+2z) \\ &: 2zx(2x-y+z) \\ &: 2xy(2x+2y-z) \\ &: -x(x^2-y^2-z^2+4yz) \\ &: -y(-x^2+y^2-z^2+4zx) \\ &: -z(-x^2-y^2+z^2+4xy), \end{aligned}$$

which are the required new forms.

38. We have

$$\begin{aligned} bc-f^2 &= 4x^2yz(2x-y+z)(2x+2y-z)-x^2(x^2-y^2-z^2+4yz)^2 \\ &= (x+y+z)^2(x^2+y^2+z^2-2yz-2zx-2xy), \end{aligned}$$

which is $=0$, if $x+y+z=0$, or if $x^2-2x(y+z)+(y-z)^2=0$. In the former case, viz. if $x+y+z=0$, we find $a=b=c=f=g=h=-6xyz$, and therefore

$$(a, b, c, f, g, h \between x', y', z')^2 = -6xyz(x'+y'+z')^2,$$

but this corresponds merely to the value $k=\infty$, for which the cubic is

$$(x+y+z)^2(\lambda x+\mu y+\nu z)=0,$$

which is not a proper cuspidal curve. In the latter case, or where

$$x^2+y^2+z^2-2yz-2zx-2xy=0,$$

or, what is the same thing, $\sqrt{x}+\sqrt{y}+\sqrt{z}=0$, we have a proper cuspidal curve.

Article Nos. 39 to 43, *relating to the Triangle of the Critic Centres.*

39. The equation

$$\frac{\lambda x}{\theta_1+\lambda}+\frac{\mu y}{\theta_1+\mu}+\frac{\nu z}{\theta_1+\nu}=0,$$

is satisfied by substituting therein

$$x:y:z=\frac{1}{\theta_2+\lambda}:\frac{1}{\theta_2+\mu}:\frac{1}{\theta_2+\nu}, \text{ or } x:y:z=\frac{1}{\theta_3+\lambda}:\frac{1}{\theta_3+\mu}:\frac{1}{\theta_3+\nu};$$

in fact, for the first set of values the equation becomes

$$\frac{\lambda}{(\theta_1+\lambda)(\theta_2+\lambda)}+\frac{\mu}{(\theta_1+\mu)(\theta_2+\mu)}+\frac{\nu}{(\theta_1+\nu)(\theta_2+\nu)}=0,$$

or as this may be written

$$\left(\frac{\lambda}{\theta_1+\lambda}+\frac{\mu}{\theta_1+\mu}+\frac{\nu}{\theta_1+\nu}\right)-\left(\frac{\lambda}{\theta_2+\lambda}+\frac{\mu}{\theta_2+\mu}+\frac{\nu}{\theta_2+\nu}\right)=0,$$

that is, $1-1=0$, and similarly for the second set of values. Hence the equation in question is that of the line joining the critic centres corresponding to the roots θ_2 and θ_3. Hence

$$\frac{\lambda x}{\theta_1+\lambda}+\frac{\mu y}{\theta_1+\mu}+\frac{\nu z}{\theta_1+\nu}=0,$$

$$\frac{\lambda x}{\theta_2+\lambda}+\frac{\mu y}{\theta_2+\mu}+\frac{\nu z}{\theta_2+\nu}=0,$$

$$\frac{\lambda x}{\theta_3+\lambda}+\frac{\mu y}{\theta_3+\mu}+\frac{\nu z}{\theta_3+\nu}=0,$$

are the equations of the sides of the triangle formed by the three critic centres.

40. It is to be remarked that the line

$$\frac{\lambda x}{\theta_1+\lambda}+\frac{\mu y}{\theta_1+\mu}+\frac{\nu z}{\theta_1+\nu}=0,$$

is the polar of the critic centre $\left(\frac{1}{\theta_1+\lambda},\ \frac{1}{\theta_1+\mu},\ \frac{1}{\theta_1+\nu}\right)$ in regard to the twofold centre conic

$$x^2+y^2+z^2-2yz-2zx-2xy=0:$$

in fact, forming the equation of the polar in question, this is,

$$\left(-\frac{1}{\theta_1+\lambda}+\frac{1}{\theta_1+\mu}+\frac{1}{\theta_1+\nu}\right)x+\left(\frac{1}{\theta_1+\lambda}-\frac{1}{\theta_1+\mu}+\frac{1}{\theta_1+\nu}\right)y+\left(\frac{1}{\theta_1+\lambda}+\frac{1}{\theta_1+\mu}-\frac{1}{\theta_1+\nu}\right)z=0;$$

but from the equation in θ,

$$-\frac{1}{\theta_1+\lambda}+\frac{1}{\theta_1+\mu}+\frac{1}{\theta_1+\nu}=\frac{2}{\theta_1}-\frac{2}{\theta_1+\lambda}=\frac{2\lambda}{\theta_1+\lambda},$$

and the like for the coefficients of y and z; this proves the theorem, and it thus appears that the critic centres are conjugate poles in regard to the twofold centre conic.

Article Nos. 41 to 50. *Transformation of the Equation of the Nodal Tangents; the Three-Centre Conic.*

41. Writing as above,

$$l_1=\theta_2-\theta_3,\quad l_2=\theta_3-\theta_1,\quad l_3=\theta_1-\theta_2,$$

$$\Theta_1=(\theta_1+\lambda)(\theta_1+\mu)(\theta_1+\nu),$$

$$\Theta_2=(\theta_2+\lambda)(\theta_2+\mu)(\theta_2+\nu),$$

$$\Theta_3=(\theta_3+\lambda)(\theta_3+\mu)(\theta_3+\nu).$$

I put for greater convenience

$$X=-\frac{\Theta_1}{l_2 l_3}\left(\frac{\lambda x}{\theta_1+\lambda}+\frac{\mu y}{\theta_1+\mu}+\frac{\nu z}{\theta_1+\nu}\right),$$

$$Y=-\frac{\Theta_2}{l_3 l_1}\left(\frac{\lambda x}{\theta_2+\lambda}+\frac{\mu y}{\theta_2+\mu}+\frac{\nu z}{\theta_2+\nu}\right),$$

$$Z=-\frac{\Theta_3}{l_1 l_2}\left(\frac{\lambda x}{\theta_3+\lambda}+\frac{\mu y}{\theta_3+\mu}+\frac{\nu z}{\theta_3+\nu}\right),$$

so that $X=0$, $Y=0$, $Z=0$ are the equations of the sides of the triangle formed by the critic centres.

42. Then X, Y, Z may if we please be considered as new coordinates replacing the original coordinates x, y, z; the relation between the two sets being given by the equations last written down; the values of x, y, z in terms of X, Y, Z are given by the converse system

$$x=\frac{1}{\theta_1+\lambda}X+\frac{1}{\theta_2+\lambda}Y+\frac{1}{\theta_3+\lambda}Z,$$

$$y=\frac{1}{\theta_1+\mu}X+\frac{1}{\theta_2+\mu}Y+\frac{1}{\theta_3+\mu}Z,$$

$$z=\frac{1}{\theta_1+\nu}X+\frac{1}{\theta_2+\nu}Y+\frac{1}{\theta_3+\nu}Z.$$

43. To show the identity of the two systems, I start from the last-mentioned one; this gives

$$\begin{vmatrix} x, & \frac{1}{\theta_2+\lambda}, & \frac{1}{\theta_3+\lambda} \\ y, & \frac{1}{\theta_2+\mu}, & \frac{1}{\theta_3+\mu} \\ z, & \frac{1}{\theta_2+\nu}, & \frac{1}{\theta_3+\nu} \end{vmatrix} = X \begin{vmatrix} \frac{1}{\theta_1+\lambda}, & \frac{1}{\theta_2+\lambda}, & \frac{1}{\theta_3+\lambda} \\ \frac{1}{\theta_1+\mu}, & \frac{1}{\theta_2+\mu}, & \frac{1}{\theta_3+\mu} \\ \frac{1}{\theta_1+\nu}, & \frac{1}{\theta_2+\nu}, & \frac{1}{\theta_3+\nu} \end{vmatrix},$$

where the coefficient of X is

$$=\frac{(\mu-\nu)(\nu-\lambda)(\lambda-\mu)(\theta_2-\theta_3)(\theta_3-\theta_1)(\theta_1-\theta_3)}{(\theta_1+\lambda)(\theta_1+\mu)(\theta_1+\nu)(\theta_2+\lambda)(\theta_2+\mu)(\theta_2+\nu)(\theta_3+\lambda)(\theta_3+\mu)(\theta_3+\nu)},$$

or, what is the same thing,

$$=\frac{(\mu-\nu)(\nu-\lambda)(\lambda-\mu)\,l_1 l_2 l_3}{\Theta_1\Theta_2\Theta_3}.$$

The first side is a linear function of x, y, z which vanishes for

$$x:y:z=\frac{1}{\theta_2+\lambda}:\frac{1}{\theta_2+\mu}:\frac{1}{\theta_2+\nu},$$

and for

$$x : y : z = \frac{1}{\theta_3+\lambda} : \frac{1}{\theta_3+\mu} : \frac{1}{\theta_3+\nu};$$

and hence it is of the form

$$K\left(\frac{\lambda x}{\theta_1+\lambda}+\frac{\mu y}{\theta_1+\mu}+\frac{\nu z}{\theta_1+\nu}\right),$$

and by comparing the coefficients of x we have

$$K\frac{\lambda}{\theta_1+\lambda}=\frac{1}{(\theta_2+\mu)(\theta_3+\nu)}-\frac{1}{(\theta_2+\nu)(\theta_3+\mu)}=\frac{(\theta_2-\theta_3)(\mu-\nu)}{(\theta_2+\mu)(\theta_2+\nu)(\theta_3+\mu)(\theta_3+\nu)},$$

$$=\frac{l_1(\mu-\nu)(\theta_2+\lambda)(\theta_3+\lambda)}{\Theta_2\Theta_3},$$

that is

$$K=\frac{l_1(\mu-\nu)(\theta_1+\lambda)(\theta_2+\lambda)(\theta_3+\lambda)}{\lambda\Theta_2\Theta_3},$$

and it is easy to see that

$$(\theta_1+\lambda)(\theta_2+\lambda)(\theta_3+\lambda)=-\lambda(\nu-\lambda)(\lambda-\mu),$$

so that

$$K=\frac{-l_1(\mu-\nu)(\nu-\lambda)(\lambda-\mu)}{\Theta_2\Theta_3},$$

and the equation becomes

$$X=\frac{-\Theta_1}{l_2 l_3}\left(\frac{\lambda x}{\theta_1+\lambda}+\frac{\mu y}{\theta_1+\mu}+\frac{\nu z}{\theta_1+\nu}\right),$$

which is right; and similarly for the values of Y and Z.

44. The equation of the tangents at the node corresponding to the root θ_1 is

$$\left(\theta_1+4\lambda,\ \theta_1+4\mu,\ \theta_1+4\nu,\ -\theta_1-\frac{2\mu\nu}{\theta_1},\ -\theta_1-\frac{2\nu\lambda}{\theta_1},\ -\theta_1-\frac{2\lambda\mu}{\theta_1}\right)(x,\ y,\ z)^2=0;$$

and substituting for x, y, z their values in terms of X, Y, Z, it appears in the first place that the coefficients of X^2, XY, XZ, YZ, all of them vanish.

45. In fact

$$\text{coeff. } X^2=\left(\theta_1+4\lambda, \ldots, -\theta_1-\frac{2\mu\nu}{\theta_1}, \ldots\right)\left(\frac{1}{\theta_1+\lambda},\ \frac{1}{\theta_1+\mu},\ \frac{1}{\theta_1+\nu}\right),$$

$$=\Sigma\frac{\theta_1+4\lambda}{(\theta_1+\lambda)^2}-2\Sigma\frac{\theta_1+\dfrac{2\mu\nu}{\theta_1}}{(\theta_1+\mu)(\theta_1+\nu)}.$$

First term is

$$=\Sigma\frac{1}{\theta_1+\lambda}+3\Sigma\frac{\lambda}{(\theta_1+\lambda)^2},$$

$$=\frac{2}{\theta_1}+\frac{3}{\Theta_1}\{3\theta_1^2-(\mu\nu+\nu\lambda+\lambda\mu)\},$$

where the value in question for $\Sigma \dfrac{\lambda}{(\theta_1+\lambda)^2}$ is most readily found from the identical equation

$$\frac{\lambda}{\theta+\lambda}+\frac{\mu}{\theta+\mu}+\frac{\nu}{\theta+\nu}-1=-\frac{\theta^3-\theta(\mu\nu+\nu\lambda+\lambda\mu)-\lambda\mu\nu}{\Theta}$$

by differentiating and then writing $\theta=\theta_1$.

Second term is

$$=-\frac{2}{\Theta_1}\Sigma(\theta_1+\lambda)\left(\theta_1+\frac{2\mu\nu}{\theta_1}\right),$$

$$=-\frac{2}{\Theta_1}\Sigma\left(\theta_1^2+\lambda\theta_1+2\mu\nu+\frac{2\lambda\mu\nu}{\theta_1}\right),$$

$$=-\frac{2}{\Theta_1}\left\{3\theta_1^2+(\lambda+\mu+\nu)\theta_1+2(\mu\nu+\nu\lambda+\lambda\mu)+\frac{6\lambda\mu\nu}{\theta_1}\right\}.$$

Whole is $=\dfrac{1}{\Theta_1}$ multiplied into

$$\frac{2}{\theta_1}\Theta_1+3\{3\theta_1^2-(\mu\nu+\nu\lambda+\lambda\mu)\}$$

$$-2\left\{3\theta_1^2(\lambda+\mu+\nu)\theta_1+2(\mu\nu+\nu\lambda+\lambda\mu)+\frac{6\lambda\mu\nu}{\theta_1}\right\},$$

$$=\frac{5}{\theta_1}\{\theta_1^3-(\mu\nu+\nu\lambda+\lambda\mu)\theta_1-2\lambda\mu\nu\},$$

which is $=0$.

46. We have next

$$\text{coeff. } XY=\left(\theta_1+4\lambda,.,.,.,-\theta_1-\frac{2\mu\nu}{\theta_1},..\right)\left(\frac{1}{\theta_1+\lambda},\ \frac{1}{\theta_1+\mu},\ \frac{1}{\theta_1+\nu}\right)\left(\frac{1}{\theta_2+\lambda},\ \frac{1}{\theta_2+\mu},\ \frac{1}{\theta_2+\nu}\right)$$

$$=\Sigma\frac{\theta_1+4\lambda}{(\theta_1+\lambda)(\theta_2+\lambda)}-\Sigma\left(\theta_1+\frac{2\mu\nu}{\theta_1}\right)\left\{\frac{1}{(\theta_1+\mu)(\theta_2+\nu)}+\frac{1}{(\theta_1+\nu)(\theta_2+\lambda)}\right\}.$$

First term is

$$=\Sigma\frac{1}{\theta_2+\lambda}+3\Sigma\frac{\lambda}{(\theta_1+\lambda)(\theta_2+\lambda)},$$

$$=\Sigma\frac{1}{\theta_2+\lambda}+\frac{3}{\theta_1-\theta_2}\Sigma\left(\frac{\lambda}{\theta_1+\lambda}-\frac{\lambda}{\theta_2+\lambda}\right),$$

$$=\frac{2}{\theta_2},$$

$\left(\text{since } \Sigma\dfrac{\lambda}{\theta_1+\lambda}=1=\Sigma\dfrac{\lambda}{\theta_2+\lambda}\right).$

Second term, writing it out in full and collecting the terms which contain $\frac{1}{\theta_1+\lambda}$, is

$$=-\Sigma\frac{\theta_1}{\theta_1+\lambda}\left(\frac{1}{\theta_2+\mu}+\frac{1}{\theta_2+\nu}\right)-2\Sigma\frac{\lambda}{\theta_1(\theta_1+\lambda)}\left(\frac{\mu}{\theta_2+\mu}+\frac{\nu}{\theta_2+\nu}\right),$$

whereof the first part is

$$=-\theta_1\Sigma\frac{1}{\theta_1+\lambda}\Sigma\frac{1}{\theta_2+\lambda}+\theta_1\Sigma\frac{1}{\theta_1+\lambda}\frac{1}{\theta_2+\lambda},$$

$$=-\theta_1\Sigma\frac{1}{\theta_1+\lambda}\Sigma\frac{1}{\theta_2+\lambda}+\frac{\theta_1}{\theta_1-\theta_2}\Sigma\left(\frac{1}{\theta_2+\lambda}-\frac{1}{\theta_1+\lambda}\right),$$

$$=-\theta_1\,.\,\frac{2}{\theta_1}\,.\,\frac{2}{\theta_2}+\frac{\theta_1}{\theta_1-\theta_2}\left(\frac{2}{\theta_2}-\frac{2}{\theta_1}\right),\ =-\frac{4}{\theta_2}+\frac{2}{\theta_2},$$

$$=-\frac{2}{\theta_2}:$$

and the second part is

$$=-\frac{2}{\theta_1}\left\{\Sigma\frac{\lambda}{\theta_1+\lambda}\Sigma\frac{\lambda}{\theta_2+\lambda}-\Sigma\frac{\lambda^2}{(\theta_1+\lambda)(\theta_2+\lambda)}\right\},$$

$$=-\frac{2}{\theta_1}\left\{\Sigma\frac{\lambda}{\theta_1+\lambda}\Sigma\frac{\lambda}{\theta_2+\lambda}-\frac{1}{\theta_1-\theta_2}\Sigma\left(\frac{\lambda^2}{\theta_2+\lambda}-\frac{\lambda^2}{\theta_1+\lambda}\right)\right\};$$

and observing that

$$\Sigma\frac{\lambda^2}{\theta_1+\lambda}=\Sigma\frac{\{(\theta_1+\lambda)-\theta_1\}^2}{\theta_1+\lambda}=\Sigma(\theta_1+\lambda)-2\theta_1\Sigma_1+\theta_1^2\Sigma\frac{1}{\theta_1+\lambda},$$

$$=3\theta_1+(\lambda+\mu+\nu)-6\theta_1+\theta_1^2\,.\,\frac{2}{\theta_1},$$

$$=-\theta_1+\lambda+\mu+\nu,$$

with the like value for $\Sigma\frac{\lambda^2}{\theta_2+\lambda}$, the second part is

$$=-\frac{2}{\theta_1}\left\{1-\frac{1}{\theta_1-\theta_2}(-\theta_2+\theta_1)\right\},\ =-\frac{2}{\theta_1}(1-1),\ =0.$$

47. Hence the whole second term is $=-\frac{2}{\theta_2}$, and combining the two terms we have

$$\text{coeff. } XY=\frac{2}{\theta_2}-\frac{2}{\theta_2}=0.$$

In the same manner precisely it appears that

$$\text{coeff. } XZ=\qquad 0.$$

48. Next,

$$\text{coeff. } YZ = \left\{\theta_1 + 4\lambda, \ldots, -\left(\theta_1 + \frac{2\mu\nu}{\theta_1}\right), \ldots\right\}\left(\frac{1}{\theta_2+\lambda}, \frac{1}{\theta_2+\mu}, \frac{1}{\theta_2+\nu}\right)\left(\frac{1}{\theta_3+\lambda}, \frac{1}{\theta_3+\mu}, \frac{1}{\theta_3+\nu}\right).$$

First term is

$$= \frac{\theta_1}{\theta_2-\theta_3}\Sigma\left(\frac{1}{\theta_3+\lambda} - \frac{1}{\theta_2+\lambda}\right)$$

$$+\frac{4}{\theta_2-\theta_3}\Sigma\left(\frac{\lambda}{\theta_3+\lambda} - \frac{\lambda}{\theta_2+\lambda}\right),$$

which is

$$= \frac{\theta_1}{\theta_2-\theta_3}\left(\frac{2}{\theta_3} - \frac{2}{\theta_2}\right) + \frac{4}{\theta_2-\theta_3}(1-1), \ = \frac{2\theta_1}{\theta_2\theta_3}.$$

Second term, writing it out at full length and rearranging the parts, is easily seen to be

$$= -\theta_1\left\{\Sigma\frac{1}{\theta_2+\lambda}\Sigma\frac{1}{\theta_3+\lambda} - \Sigma\frac{1}{(\theta_2+\lambda)(\theta_3+\lambda)}\right\}$$

$$-\frac{2}{\theta_1}\left\{\Sigma\frac{\lambda}{\theta_2+\lambda}\Sigma\frac{\lambda}{\theta_3+\lambda} - \Sigma\frac{\lambda^2}{(\theta_2+\lambda)(\theta_3+\lambda)}\right\},$$

where the first part is

$$= -\theta_1\left\{\Sigma\frac{1}{\theta_2+\lambda}\Sigma\frac{1}{\theta_3+\lambda} - \frac{1}{\theta_2-\theta_3}\Sigma\left(\frac{1}{\theta_3+\lambda} - \frac{1}{\theta_2+\lambda}\right)\right\},$$

$$= -\theta_1\left\{\frac{2}{\theta_2}\cdot\frac{2}{\theta_3} - \frac{1}{\theta_2-\theta_3}\left(\frac{2}{\theta_3} - \frac{2}{\theta_2}\right)\right\}, \ = -\theta_1\left(\frac{4}{\theta_2\theta_3} - \frac{2}{\theta_2\theta_3}\right),$$

$$= -\frac{2\theta_1}{\theta_2\theta_3},$$

and the second part is

$$= -\frac{2}{\theta_1}\left\{\Sigma\frac{\lambda}{\theta_2+\lambda}\Sigma\frac{\lambda}{\theta_3+\lambda} - \frac{1}{\theta_2-\theta_3}\Sigma\left(\frac{\lambda^2}{\theta_3+\lambda} - \frac{\lambda^2}{\theta_2+\lambda}\right)\right\},$$

$$= -\frac{2}{\theta_1}\left\{1 - \frac{1}{\theta_2-\theta_3}(\theta_2-\theta_3)\right\}, \ = 0,$$

so that the whole second term is

$$= -\frac{2\theta_1}{\theta_2\theta_3},$$

whence combining the two terms we have

$$\text{coeff. } YZ = \frac{2\theta_1}{\theta_2\theta_3} - \frac{2\theta_1}{\theta_2\theta_3} = 0.$$

49. We have now to find the coefficients of Y^2 and Z^2.

$$\text{coeff. } Y^2 = \left(\theta_1 + 4\lambda, \ldots, -\theta_1 - \frac{2\mu\nu}{\theta_1}, \ldots\right)\left(\frac{1}{\theta_2+\lambda}, \frac{1}{\theta_2+\mu}, \frac{1}{\theta_2+\nu}\right)^2,$$

$$= \Sigma\frac{\theta_1+4\lambda}{(\theta_2+\lambda)^2} - 2\Sigma\frac{\theta_1+\dfrac{2\mu\nu}{\theta_1}}{(\theta_2+\mu)(\theta_2+\nu)},$$

$$= \Sigma\frac{\theta_1-\theta_2+\theta_2+4\lambda}{(\theta_2+\lambda)^2} - 2\Sigma\frac{\theta_1-\theta_2+\dfrac{2\mu\nu}{\theta_1}-\dfrac{2\mu\nu}{\theta_2}+\theta_2+\dfrac{2\mu\nu}{\theta_2}}{(\theta_2+\mu)(\theta_2+\nu)},$$

and observing that the terms

$$\Sigma\frac{\theta_2+4\lambda}{(\theta_2+\lambda)^2} - 2\Sigma\frac{\theta_2+\dfrac{2\mu\nu}{\theta_2}}{(\theta_2+\mu)(\theta_2+\nu)}$$

only differ from those of coeff. X^2 by having θ_2 in the place of θ_1 and are therefore $=0$, we have

$$\text{coeff. } Y^2 = \Sigma\frac{\theta_1-\theta_2}{(\theta_2+\lambda)^2} - 2\Sigma\frac{\theta_1-\theta_2+\dfrac{2\mu\nu}{\theta_1}-\dfrac{2\mu\nu}{\theta_2}}{(\theta_2+\mu)(\theta_2+\nu)},$$

$$= (\theta_1-\theta_2)\left\{\Sigma\frac{1}{(\theta_2+\lambda)^2} - 2\Sigma\frac{1-\dfrac{2\mu\nu}{\theta_1\theta_2}}{(\theta_2+\mu)(\theta_2+\nu)}\right\}.$$

Here

$$\Sigma\frac{1}{(\theta_2+\lambda)^2} = \Sigma\left\{\frac{-1}{(\theta_2+\lambda)(\theta_2+\mu)} - \frac{1}{(\theta_2+\lambda)(\theta_2+\nu)} + \frac{2}{\theta_2(\theta_2+\lambda)}\right\}.$$

$$= \frac{1}{\Theta_2}\Sigma\left\{-(\theta_2+\nu)-(\theta_2+\mu)+\frac{2}{\theta_2}(\theta_2+\mu)(\theta_2+\nu)\right\},$$

$$= \frac{1}{\Theta_2}\Sigma\left(\mu+\nu+\frac{2\mu\nu}{\theta_2}\right),$$

$$= \frac{1}{\Theta_2}\left\{2(\lambda+\mu+\nu)+\frac{2(\mu\nu+\nu\lambda+\lambda\mu)}{\theta_2}\right\},$$

and

$$-2\Sigma\frac{1-\dfrac{2\mu\nu}{\theta_1\theta_2}}{(\theta_2+\mu)(\theta_2+\nu)} = -\frac{2}{\Theta_2}\Sigma\left(1-\frac{2\mu\nu}{\theta_1\theta_2}\right)(\theta_2+\lambda),$$

$$= -\frac{2}{\Theta_2}\Sigma\left(\theta_2+\lambda-\frac{2\mu\nu}{\theta_1}-\frac{2\lambda\mu\nu}{\theta_1\theta_2}\right),$$

$$= -\frac{2}{\Theta_2}\left\{3\theta_2+\lambda+\mu+\nu-\frac{2(\mu\nu+\nu\lambda+\lambda\mu)}{\theta_1}-\frac{6\lambda\mu\nu}{\theta_1\theta_2}\right\},$$

and hence, substituting for $\theta_1 - \theta_2$ its value $= l_3$,

$$\text{coeff. } Y^2 = \frac{2l_3}{\Theta_2}\left\{-3\theta_2 + \frac{\mu\nu+\nu\lambda+\lambda\mu}{\theta_2} + \frac{2(\mu\nu+\nu\lambda+\lambda\mu)}{\theta_1} + \frac{6\lambda\mu\nu}{\theta_1\theta_2}\right\},$$

$$= \frac{2l_3}{\Theta_2\theta_1\theta_2}\{-3\theta_1\theta_2^2 + (\mu\nu+\nu\lambda+\lambda\mu)(\theta_1+2\theta_2) + 6\lambda\mu\nu\};$$

but we have $\theta_1+\theta_2+\theta_3=0$, whence $\theta_1+2\theta_2=\theta_2-\theta_3=l_1$; $\mu\nu+\nu\lambda+\lambda\mu=-(\theta_1\theta_2+\theta_1\theta_3+\theta_2\theta_3)$, $2\lambda\mu\nu=\theta_1\theta_2\theta_3$, and therefore $-3\theta_1\theta_2^2+6\lambda\mu\nu=-3\theta_1\theta_2^2+3\theta_1\theta_2\theta_3=-3\theta_1\theta_2(\theta_2-\theta_3)=-3l_1\theta_1\theta_2$; and hence

$$\text{coeff. } Y^2 = \frac{2l_1l_3}{\Theta_2\theta_1\theta_2}\{-3\theta_1\theta_2 - \theta_1\theta_2 - \theta_3(\theta_1+\theta_2)\},$$

$$= \frac{2l_1l_3}{\Theta_2\theta_1\theta_2}\{-4\theta_1\theta_2 + (\theta_1+\theta_2)^2\},$$

$$= \frac{2l_1l_3}{\Theta_2\theta_1\theta_2}(\theta_1-\theta_2)^2;$$

that is

$$\text{coeff. } Y^2 = \frac{2l_1l_3^3}{\Theta_2\theta_1\theta_2},$$

and, by merely interchanging θ_2 and θ_3,

$$\text{coeff. } Z^2 = \frac{2l_1l_2^3}{\Theta_3\theta_1\theta_3}.$$

50. Hence the equation of the tangents is

$$\frac{2l_1l_3^3}{\Theta_2\theta_1\theta_2}Y^2 + \frac{2l_1l_2^3}{\Theta_3\theta_1\theta_3}Z^2 = 0,$$

or, what is the same thing,

$$\frac{1}{l_2^3\theta_2\Theta_2}Y^2 + \frac{1}{l_3^3\theta_3\Theta_3}Z^2 = 0,$$

or putting

$$A = \frac{1}{l_1^3\theta_1\Theta_1},\quad B = \frac{1}{l_2^3\theta_2\Theta_2},\quad C = \frac{1}{l_3^3\theta_3\Theta_3},$$

the equation of the tangents at the node corresponding to θ_1 is $BY^2+CZ^2=0$. And hence the equations of the tangents at the three nodes respectively are

$$\begin{aligned} BY^2 + CZ^2 &= 0,\\ AX^2 \quad . \quad + CZ^2 &= 0,\\ AX^2 + BY^2 \quad . \quad &= 0;\end{aligned}$$

that is, the nodes or critic centres are conjugate poles in regard to a conic

$$AX^2 + BY^2 + CZ^2 = 0,$$

which is the three-centre conic; and the tangents at each node are the tangents from such node to the conic in question.

Article Nos. 51 and 52. *Special Case of the Three-Centre Conic.*

51. Write for a moment

$$X' = \frac{\lambda x}{\theta_1+\lambda} + \frac{\mu y}{\theta_1+\mu} + \frac{\nu z}{\theta_1+\nu},$$

$$Y' = \frac{\lambda x}{\theta_2+\lambda} + \frac{\mu y}{\theta_2+\mu} + \frac{\nu z}{\theta_2+\nu},$$

$$Z' = \frac{\lambda x}{\theta_3+\lambda} + \frac{\mu y}{\theta_3+\mu} + \frac{\nu z}{\theta_3+\nu},$$

so that

$$X = -\frac{\Theta_1}{l_2 l_3} X',\ Y = -\frac{\Theta_2}{l_3 l_1} Y',\ Z = -\frac{\Theta_3}{l_2 l_1} Z',$$

the equation of the three-centre conic expressed in terms of (X', Y', Z') is

$$\frac{\Theta_1}{l_1\theta_1} X'^2 + \frac{\Theta_2}{l_2\theta_2} Y'^2 + \frac{\Theta_3}{l_3\theta_3} Z'^2 = 0,$$

say

$$A'X'^2 + B'Y'^2 + C'Z'^2 = 0.$$

When $\theta_1 = \theta_2$, we have $C' = \infty$, $A' = -B'$, $X' = Y'$; by writing the equation in the form

$$(A'+B') X'^2 + B'(Y'^2 - X'^2) + C'Z'^2 = 0,$$

and observing that in the limit $Y'^2 - X'^2 = 2X'(Y' - X')$, we see that the equation will thus assume the form

$$(\theta_1 - \theta_2) X'S + \frac{1}{\theta_1 - \theta_2} \frac{\Theta_3}{\theta_3} Z'^2 = 0,$$

where

$$S, = \frac{A'+B'}{\theta_1 - \theta_2} X' + 2B' \frac{Y' - X'}{\theta_1 - \theta_2},$$

is a finite function; $X' = 0$ is the line joining the twofold centre and the one-with-twofold centre, $S = 0$ is the other tangent at the one-with-twofold centre, $Z' = 0$ the tangent at the twofold centre or cusp; the form $X'S + \infty\, Z'^2 = 0$ shows that the three-centre conic reduces itself to a pair of points, viz. the twofold centre or cusp, and the point where the tangent at the cusp is met by the other tangent (that is the tangent not passing through the cusp) at the one-with-twofold centre.

52. To verify the value of S I proceed as follows:

$$\frac{A'+B'}{\theta_1-\theta_2} = \frac{1}{\theta_1-\theta_2}\left\{\frac{\Theta_1}{\theta_1(\theta_2-\theta_3)} + \frac{\Theta_2}{\theta_2(\theta_3-\theta_1)}\right\},$$

$$= \frac{1}{(\theta_2-\theta_3)(\theta_3-\theta_1)} \cdot \frac{1}{\theta_1-\theta_2}\left\{\theta_3\left(\frac{\Theta_1}{\theta_1} - \frac{\Theta}{\theta_2}\right) - (\Theta_1 - \Theta_2)\right\},$$

$$= \frac{1}{9\theta_1^2(\theta_1-\theta_2)}\left\{2\theta_1\left(\frac{\Theta_1}{\theta_1} - \frac{\Theta_2}{\theta_2}\right) + (\Theta_1 - \Theta_2)\right\}:$$

$$\frac{\Theta_1}{\theta_1}-\frac{\Theta_2}{\theta_2}=\theta_1^2-\theta_2^2+(\lambda+\mu+\nu)(\theta_1-\theta_2)+\lambda\mu\nu\left(\frac{1}{\theta_1}-\frac{1}{\theta_2}\right),$$
$$=(\theta_1-\theta_2)\left(\theta_1+\theta_2+\lambda+\mu+\nu-\frac{\lambda\mu\nu}{\theta_1\theta_2}\right),$$
$$=(\theta_1-\theta_2)(\lambda+\mu+\nu+3\theta_1);$$

$$\Theta_1-\Theta_2=\theta_1^3-\theta_2^3+(\lambda+\mu+\nu)(\theta_1^2-\theta_2^2)+(\mu\nu+\nu\lambda+\lambda\mu)(\theta_1-\theta_2),$$
$$=(\theta_1-\theta_2)\{\theta_1^2+\theta_1\theta_2+\theta_2^2+(\lambda+\mu+\nu)(\theta_1+\theta_2)+\mu\nu+\nu\lambda+\lambda\mu\},$$
$$=(\theta_1-\theta_2).\{6\theta_1^2+2(\lambda+\mu+\nu)\theta_1\}:$$

and thence

$$\frac{A'+B'}{\theta_1-\theta_2}=\frac{4}{9\theta_1}(3\theta_1+\lambda+\mu+\nu).$$

Moreover

$$Y'-X'=(\theta_1-\theta_2)\left\{\frac{\lambda x}{(\theta_1+\lambda)(\theta_2+\lambda)}+\frac{\mu y}{(\theta_1+\mu)(\theta_2+\mu)}+\frac{\nu z}{(\theta_1+\nu)(\theta_2+\nu)}\right\},$$
$$=(\theta_1-\theta_2)\left\{\frac{\lambda x}{(\theta_1+\lambda)^2}+\frac{\mu y}{(\theta_1+\mu)^2}+\frac{\nu z}{(\theta_1+\nu)^2}\right\},$$

and hence

$$S=\frac{4}{9\theta_1}(3\theta_1+\lambda+\mu+\nu)\left(\frac{\lambda x}{\theta_1+\lambda}+\frac{\mu y}{\theta_1+\mu}+\frac{\nu z}{\theta_1+\nu}\right)$$
$$-\frac{2\Theta_1}{3\theta_1^2}\left\{\frac{\lambda x}{(\theta_1+\lambda)^2}+\frac{\mu y}{(\theta_1+\mu)^2}+\frac{\nu z}{(\theta_1+\nu)^2}\right\},$$

in which we have only now to substitute $(\lambda, \mu, \nu)=(\alpha^{-3}, \beta^{-3}, \gamma^{-3})$ and $\theta_1=\frac{-1}{\alpha\beta\gamma}$. We have

$$\theta_1+\lambda=\frac{M}{\alpha^2},\quad \theta_1+\mu=\frac{M}{\beta^2},\quad \theta_1+\nu=\frac{M}{\gamma^2},$$

where $M=\frac{1}{\alpha\beta\gamma}(\beta\gamma-\alpha^2)=\frac{1}{\alpha\beta\gamma}(\beta\gamma+\gamma\alpha+\alpha\beta)$, and then observing that

$$3\theta_1+\lambda+\mu+\nu=M\left(\frac{1}{\alpha^2}+\frac{1}{\beta^2}+\frac{1}{\gamma^2}\right)=M\frac{(\beta\gamma+\gamma\alpha+\alpha\beta)^2}{\alpha^2\beta^2\gamma^2}=M^3,$$

the equation $S=0$ becomes

$$2(\beta\gamma+\gamma\alpha+\alpha\beta)\left(\frac{x}{\alpha}+\frac{y}{\beta}+\frac{z}{\gamma}\right)+3(\alpha x+\beta y+\gamma z)=0,$$

or, what is the same thing,

$$(2\beta\gamma+\alpha^2)\frac{x}{\alpha}+(2\gamma\alpha+\beta^2)\frac{y}{\beta}+(2\alpha\beta+\gamma^2)\frac{z}{\gamma}=0,$$

which agrees with a former result.

Article Nos. 53 to 55. *Transformation of the Equation of the Cubic.*

53. Let it be required to express the cubic

$$xyz + k(x+y+z)^2(\lambda x + \mu y + \nu z) = 0$$

in terms of the coordinates X, Y, Z. We have

$$x + y + z = 2\left(\frac{1}{\theta_1}X + \frac{1}{\theta_2}Y + \frac{1}{\theta_3}Z\right),$$

$$\lambda x + \mu y + \nu z = X + Y + Z,$$

and the equation therefore is

$$\Pi\left(\frac{X}{\theta_1+\lambda} + \frac{Y}{\theta_2+\mu} + \frac{Z}{\theta_2+\nu}\right) + 4k\left(\frac{X}{\theta_1} + \frac{Y}{\theta_2} + \frac{Z}{\theta_3}\right)^2(X+Y+Z) = 0,$$

where Π denotes the product of the three factors obtained by writing λ, μ, ν successively in the place of λ.

For one of the nodal cubics we have

$$k = k_1 = \frac{-\tfrac{1}{4}\theta_1^2}{\Theta_1},$$

and the equation multiplied by Θ_1 is

$$\Pi\left\{X + \frac{Y(\theta_1+\lambda)}{\theta_2+\lambda} + \frac{Z(\theta_1+\lambda)}{\theta_3+\lambda}\right\} - \left(X + Y\frac{\theta_1}{\theta_2} + Z\frac{\theta_1}{\theta_3}\right)^2(X+Y+Z) = 0,$$

which it is clear *à priori* must be of the form

$$KX\left(\frac{Y^2}{l_2^3\theta_2\Theta_2} + \frac{Z^2}{l_3^3\theta_3\Theta_3}\right) + \Theta_1\Pi\left(\frac{Y}{\theta_2+\lambda} + \frac{Z}{\theta_3+\lambda}\right) - \theta_1^2\left(\frac{Y}{\theta_2} + \frac{Z}{\theta_3}\right)^2(Y+Z) = 0,$$

and there is in fact no difficulty in verifying that the coefficients of X^3, X^2Y, X^2Z, XYZ all of them vanish. To find K, comparing the coefficients of XY^2 we have

$$K\cdot\frac{1}{l_2^3\theta_2\Theta_2} = \Sigma\frac{(\theta_1+\lambda)(\theta_1+\mu)}{(\theta_2+\lambda)(\theta_2+\mu)} - \frac{\theta_1^2}{\theta_2^2} - 2\frac{\theta_1}{\theta_2},$$

that is

$$K\cdot\frac{1}{l_2^3\theta_2} = \Sigma(\theta_1+\lambda)(\theta_1+\mu)(\theta_2+\nu) - \frac{\theta_1}{\theta_2^2}(\theta_1+2\theta_2)\Theta_2,$$

$$= \Sigma(\theta_1+\lambda)(\theta_1+\mu)(\theta_2-\theta_1+\theta_1+\nu) - \frac{\theta_1}{\theta_2^2}(\theta_1+2\theta_2)\Theta_2,$$

$$= \left\{(\theta_2-\theta_1)\frac{2}{\theta_1} + 3\right\}\Theta_1 - \frac{\theta_1}{\theta_2^2}(\theta_1+2\theta_2)\Theta_2,$$

$$= \frac{1}{\theta_1}(\theta_1+2\theta_2)\Theta_1 - \frac{\theta_1}{\theta_2^2}(\theta_1+2\theta_2)\Theta_3,$$

$$= \frac{l_1}{\theta_1}\Theta_1 - \frac{l_1\theta_1}{\theta_2^2}\Theta_2,$$

$$= \frac{l_1}{\theta_1\theta_2^2}(\theta_2^2\Theta_1 - \theta_1^2\Theta_2):$$

and

$$\theta_2^2\Theta_1 - \theta_1^2\Theta_2 = \theta_2^2\theta_1^3 - \theta_1^2\theta_2^3 + (\theta_2^2\theta_1 - \theta_1^2\theta_2)(\mu\nu + \nu\lambda + \lambda\mu) + (\theta_2^2 - \theta_1^2)\lambda\mu\nu,$$

$$= l_3\{\theta_1^2\theta_2^2 - \theta_1\theta_2(\mu\nu + \nu\lambda + \lambda\mu) - (\theta_1 + \theta_2)\lambda\mu\nu\},$$

$$= l_3\{\theta_1^2\theta_2^2 + \theta_1\theta_2(\theta_1\theta_2 + \theta_3\overline{\theta_1 + \theta_2}) - \tfrac{1}{2}(\theta_1 + \theta_2)\theta_1\theta_2\theta_3\},$$

$$= l_3\theta_1\theta_2\{2\theta_1\theta_2 + \tfrac{1}{2}\theta_3(\theta_1 + \theta_2)\},$$

$$= \tfrac{1}{2}l_3\theta_1\theta_2\{4\theta_1\theta_2 - (\theta_1 + \theta_2)^2\},$$

$$= -\tfrac{1}{2}\theta_1\theta_2 l_3^3;$$

so that we have

$$K \cdot \frac{1}{l_2^3\theta_2} = \frac{l_1}{\theta_1\theta_2^2} \cdot -\tfrac{1}{2}\theta_1\theta_2 l_3^3 = -\tfrac{1}{2}\frac{l_1 l_3^2}{\theta_2},$$

that is

$$K = -\tfrac{1}{2}l_1 l_2^3 l_3^3,$$

and the equation of the nodal cubic is

$$-\tfrac{1}{2}l_1 l_2^3 l_3^3 X\left(\frac{Y^2}{l_2^3\theta_2\Theta_3} + \frac{Z^2}{l_3^3\theta_3\Theta_3}\right) + \Theta_1\Pi\left(\frac{Y}{\theta_2 + \lambda} + \frac{Z}{\theta_3 + \lambda}\right) - \theta_1^2\left(\frac{Y}{\theta_2} + \frac{Z}{\theta_3}\right)^2(Y + Z) = 0.$$

54. To complete the reduction we have

$$\text{coeff. } Y^3 = \frac{\Theta_1}{\Theta_2} - \frac{\theta_1^2}{\theta_2^2} = \frac{1}{\theta_2^2\Theta_2}(\theta_2^2\Theta_1 - \theta_1^2\Theta_2);$$

$$\text{coeff. } Y^2Z = \Theta_1\Sigma\frac{1}{(\theta_2 + \lambda)(\theta_2 + \mu)(\theta_3 + \nu)} - \frac{\theta_1^2}{\theta_2^2} - \frac{2\theta_1^2}{\theta_2\theta_3},$$

$$= \frac{\Theta_1}{\Theta_2}\Sigma\frac{\theta_2 + \lambda}{\theta_3 + \lambda} - \frac{\theta_1^2}{\theta_2^2\theta_3}(\theta_3 + 2\theta_2),$$

$$= \frac{\Theta_1}{\Theta_2}\frac{\theta_3 + 2\theta_2}{\theta_2} - \frac{\theta_1^2}{\theta_2^2\theta_3}(\theta_3 + 2\theta_2),$$

$$= -\frac{l_3}{\theta_3}\frac{\Theta_1}{\Theta_2} + \frac{l_3\theta_1^2}{\theta_2^2\theta_3},$$

$$= -\frac{l_3}{\theta_2^2\theta_3\Theta_2}(\theta_2^2\Theta_1 - \theta_1^2\Theta_2),$$

so that substituting for $\theta_2^2\Theta_1 - \theta_1^2\Theta_2$ its value $= -\tfrac{1}{2}\theta_1\theta_2 l_3^3$, the terms in Y^3 and Y^2Z are

$$= -\tfrac{1}{2}\theta_1 l_3^3\frac{1}{\theta_2\Theta_2}\left(Y^3 - \frac{l_3}{\theta_2}Y^2Z\right),$$

and in like manner the terms in YZ^2 and Z^3 are

$$= +\tfrac{1}{2}\theta_1 l_2^3\frac{1}{\theta_3\Theta_3}\left(\frac{l_2}{\theta_2}YZ^2 + Z^3\right),$$

so that the terms in $(Y, Z)^3$ are

$$= -\tfrac{1}{2}\,\theta_1 l_2^3 l_3^3 \left[\frac{1}{l_2^3\theta_2\Theta_2}\left(Y^3 - \frac{l_3}{\theta_3}\,Y^2 Z\right) - \frac{1}{l_3^3\theta_3\Theta_3}\left(\frac{l_2}{\theta_2}\,YZ^2 + Z^3\right)\right],$$

and the equation, omitting the factor $-\tfrac{1}{2}\,l_1^3 l_2^3$, is

$$l_1 X\left(\frac{Y^2}{l_2^3\theta_2\Theta_2} + \frac{Z^2}{l_3^3\theta_3\Theta_3}\right) + \theta_1\left[\frac{1}{l_2^3\theta_2\Theta_2}\left(Y^3 - \frac{l_3}{\theta_3}\,Y^2 Z\right) - \frac{1}{l_3^3\theta_3\Theta_3}\left(\frac{l_2}{\theta_2}\,YZ^2 + Z^3\right)\right] = 0.$$

55. But the term in [ ] is

$$(Y - Z)\left(\frac{Y^2}{l_2^3\theta_2\Theta_2} + \frac{Z^2}{l_3^3\theta_3\Theta_3}\right) + \frac{1}{l_2^3\theta_2\Theta_2}\left(1 - \frac{l_3}{\theta_3}\right) Y^2 Z + \frac{1}{l_3^3\theta_3\Theta_3}\left(-1 - \frac{l_2}{\theta_2}\right) YZ^2,$$

which is

$$= (Y - Z)\left(\frac{Y^2}{l_2^3\theta_2\Theta_2} + \frac{Z^2}{l_3^3\theta_3\Theta_3}\right) - \frac{2\theta_1}{\theta_2\theta_3}\,YZ\left(\frac{1}{l_2^3\Theta_2}\,Y - \frac{1}{l_3^3\Theta_3}\,Z\right),$$

and the equation of the nodal cubic is finally

$$\{l_1 X + \theta_1 (Y - Z)\}\left(\frac{Y^2}{l_2^3\theta_2\Theta_2} + \frac{Z^2}{l_3^3\theta_3\Theta_3}\right) - \frac{2\theta_1^2}{\theta_2\theta_3}\,YZ\left(\frac{Y}{l_2^3\Theta_2} - \frac{Z}{l_3^3\Theta_3}\right) = 0.$$

The lines $Y = 0$, $Z = 0$, $\dfrac{Y}{l_2^3\Theta_2} - \dfrac{Z}{l_3^3\Theta_3} = 0$ each pass through the node and meet the cubic in a third point; the three points of intersection lie in the line $l_1 X + \theta_1 (Y - Z) = 0$.

Article Nos. 56 to 66. *The Cubic Locus, Harmoconics and Harmonic Conic.*

56. Suppose that the line $\lambda x + \mu y + \nu z = 0$ passes through a given point (a, b, c), then we have

$$\lambda a + \mu b + \nu c = 0;$$

and observing that $\theta + \lambda$, $\theta + \mu$, $\theta + \nu$, θ are proportional to

$$\frac{1}{x},\ \frac{1}{y},\ \frac{1}{z},\ \frac{2}{x + y + z}\ \text{respectively},$$

we find

$$\frac{a}{x} + \frac{b}{y} + \frac{c}{z} - \frac{2(a + b + c)}{x + y + z} = 0$$

the equation of a cubic curve, the locus of the critic centres corresponding to the several lines $\lambda x + \mu y + \nu z = 0$ which pass through the point (a, b, c). The cubic curve passes, it is clear, through the six points which are the angles of the quadrilateral

$$x = 0,\ y = 0,\ z = 0,\ x + y + z = 0.$$

57. If we take for (a, b, c) the coordinates of the point of intersection of the line $\lambda x + \mu y + \nu z = 0$ with any one of the lines $x=0$, $y=0$, $z=0$, $x+y+z=0$, then in each case the cubic breaks up into the same line and a conic, viz. we have the conics

$$\frac{\nu}{y} - \frac{\mu}{z} - \frac{2(\nu-\mu)}{x+y+z} = 0,$$

$$\frac{\lambda}{z} - \frac{\nu}{x} - \frac{2(\lambda-\nu)}{x+y+z} = 0,$$

$$\frac{\mu}{x} - \frac{\lambda}{y} - \frac{2(\mu-\lambda)}{x+y+z} = 0,$$

$$\frac{\mu-\nu}{x} + \frac{\nu-\lambda}{y} + \frac{\lambda-\mu}{z} = 0;$$

and it is to be noticed that in each case the critic centres all of them lie on the conic. In fact, since the point $(0, \nu, -\mu)$ is an arbitrary point on the line $x=0$, a line $\lambda x + \mu y + \nu z = 0$ passing through the point in question is an absolutely arbitrary line, and the corresponding critic centres therefore do not lie on the line $x=0$; that is, they lie on the conic

$$\frac{\nu}{y} - \frac{\mu}{z} - \frac{2(\nu-\mu)}{x+y+z} = 0;$$

and it may also be remarked that the elimination of λ, θ, from the system

$$\theta+\lambda : \theta+\mu : \theta+\nu : \theta = \frac{1}{x} : \frac{1}{y} : \frac{1}{z} : \frac{2}{x+y+z},$$

or, what is the same thing, the elimination of θ from the system

$$\theta+\mu : \theta+\nu : \theta = \frac{1}{y} : \frac{1}{z} : \frac{2}{x+y+z},$$

gives the last-mentioned equation, unencumbered by the factor $x=0$.

We have thus four conics, each of them passing through the three critic centres which correspond to the line $\lambda x + \mu y + \nu z = 0$; as to the signification of the first three of these conics, I remark as follows.

58. The 'harmoconic' of a point A as to the line T in respect of the conic Θ, may be defined as follows; viz. considering the pencil of lines through A, the locus of the fourth harmonic of the point in which a line of the pencil meets T, in regard to the two points in which the same line meets the conic Θ, is a conic which is the harmoconic in question. (In particular, if the line T pass through the point A the harmoconic breaks up into the line T and into the polar of A.) The conic Θ may of course be a pair of lines.

Consider any three lines x, y, z, a line S, and the line T; then the harmoconics being all as to the same line T, we have the theorem

Harmoconic of intersection		of x, S	in regard to pair of lines		y, z,
Ditto	„ „	of y, S	„	„	z, x,
Ditto	„ „	of z, S	„	„	x, y,

all pass through the same three points.

And taking $x=0$, $y=0$, $z=0$ for the equations of the lines x, y, z; $\lambda x+\mu y+\nu z=0$ for the equation of the line S; and $x+y+z=0$ for the equation of the line T, the harmoconics just spoken of are the above-mentioned three conics respectively.

59. In fact, considering the harmoconic of intersection of x, S in regard to the pair y, z; and taking x', y', z' as the coordinates of a point P of the harmoconic, then the equation of the line AP is

$$\begin{vmatrix} x, & y, & z \\ x', & y', & z' \\ 0, & \nu, & -\mu \end{vmatrix} = 0,$$

that is

$$x+(\mu y'+\nu z')-x'(\mu y+\nu z)=0,$$

and at the point of intersection with the line T or $x+y+z=0$, we have

$$(y+z)(\mu y'+\nu z')+x'(\mu y+\nu z)=0,$$

or, what is the same thing,

$$y(\mu x'+\mu y'+\nu z')+z(\nu x'+\mu y'+\nu z')=0,$$

which is the line through the last-mentioned point and the point $(y=0,\ z=0)$.

The line from the point A to the point $(y=0,\ z=0)$ is

$$yz'-zy'=0.$$

60. By the definition of the harmoconic, the last-mentioned two lines are harmonics in regard to the lines $y=0$, $z=0$; that is, we have for the equation of the harmoconic in question

$$-y'(\mu x'+\mu y'+\nu z')+z'(\nu x'+\mu y'+\nu z')=0;$$

this equation may also be written

$$(\nu z'-\mu y')(x'+y'+z')-2(\nu-\mu)y'z'=0,$$

or, what is the same thing,

$$\frac{\nu}{y'}-\frac{\mu}{z'}-\frac{2(\nu-\mu)}{x'+y'+z'}=0,$$

whence writing x, y, z in place of x', y', z', we see that this harmoconic is in fact the first of the above-mentioned three conics.

61. The fourth conic through the critic centres is the conic

$$\frac{\mu-\nu}{x}+\frac{\nu-\lambda}{y}+\frac{\lambda-\mu}{z}=0,$$

which it will be observed passes through the vertices of the triangle $x=0$, $y=0$, $z=0$, and also through the point (1, 1, 1) which is the harmonic of the line $x+y+z=0$ in regard to the triangle: I call it the 'harmonic conic.' Representing the equation by

$$\frac{f}{x}+\frac{g}{y}+\frac{h}{z}=0,$$

or, what is the same thing,

$$2fyz+2gzx+2hxy=0,$$

we have $f=\mu-\nu$, $g=\nu-\lambda$, $h=\lambda-\mu$, and therefore $f+g+h=0$.

62. It is easy to show that the coordinates of the pole of the line $x+y+z=0$ in regard to the harmonic conic are $x:y:z=f^2:g^2:h^2$; these values satisfy the condition $\sqrt{x}+\sqrt{y}+\sqrt{z}=0$, that is, the pole in question lies on the twofold centre conic.

63. The equation of the tangents to the harmonic conic at its intersection with the line $x+y+z=0$ (which tangents meet of course in the last-mentioned pole, that is in a point of the twofold centre conic) is found to be

$$2fgh(x+y+z)^2+\square(2fyz+2gzx+2hxy)=0;$$

if for shortness

$$\square=\ f^2+g^2+h^2-2gh-2hf-2fg,$$

or what is the same thing

$$\square=-4(gh+hf+fg),\ =2(f^2+g^2+h^2).$$

64. We have identically

$$-6fgh(x^2+y^2+z^2-2yz-2zx-2xy)$$
$$=2fgh(x+y+z)^2+\square(2fyz+2gzx+2hxy)-8(fx+gy+hz)(ghx+hfy+fgz),$$

so that the tangents in question meet the twofold centre conic

$$x^2+y^2+z^2-2yz-2zx-2xy=0,$$

at its intersections with the lines $fx+gy+hz=0$, and $ghx+hfy+fgz=0$: the latter of these is in fact the tangent of the conic at the point (f^2, g^2, h^2) of intersection of the two tangents. Hence the two tangents meet at the point (f^2, g^2, h^2) of the twofold centre conic and they besides meet the conic at its points of intersection with the line $fx+gy+hz=0$.

65. The line $\lambda x + \mu y + \nu z = 0$ may be expressed in the form,

$$\frac{x}{\alpha^3} + \frac{y}{\beta^3} + \frac{z}{\gamma^3} + h(x + y + z) = 0,$$

(where, *ut suprà*, $\alpha + \beta + \gamma = 0$). The corresponding values of f, g, h are

$$f : g : h = \alpha^3(\beta^3 - \gamma^3) : \beta^3(\gamma^3 - \alpha^3) : \gamma^3(\alpha^3 - \beta^3),$$

or, what is the same thing,

$$f : g : h = \alpha^3(\beta - \gamma) : \beta^3(\gamma - \alpha) : \gamma^3(\alpha - \beta),$$

or, again,

$$f : g : h = \alpha^2(\beta^2 - \gamma^2) : \beta^2(\gamma^2 - \alpha^2) : \gamma^2(\alpha^2 - \beta^2).$$

The equation $fx + gy + hz = 0$ may be written

$$\begin{vmatrix} x, & y, & z \\ 1, & 1, & 1 \\ \frac{1}{\alpha^2}, & \frac{1}{\beta^2}, & \frac{1}{\gamma^2} \end{vmatrix} = 0,$$

that is, the line in question is the line joining the harmonic point (1, 1, 1) with the point

$$\left(\frac{1}{\alpha^2}, \frac{1}{\beta^2}, \frac{1}{\gamma^2}\right),$$

the inverse of the point $(\alpha^2, \beta^2, \gamma^2)$, which is (*ante*, No. 27) the point of contact of the line

$$\frac{x}{\alpha^3} + \frac{y}{\beta^3} + \frac{z}{\gamma^3} = 0$$

with the envelope.

66. The harmonic conic passes through the vertices of the triangle $x = 0$, $y = 0$, $z = 0$, through the harmonic point (1, 1, 1), and through the critic centres. Hence if one of the critic centres be given, the harmonic conic passes through five given points and is thus completely determined. But a critic centre being given, the line joining the other two critic centres is the polar of the given centre in regard to the twofold centre conic (*ante*, No. 40), and it is thus completely determined; and the other two critic centres are of course the intersections of this line with the harmonic conic.

Article Nos. 67 to 87. *Miscellaneous Investigations.*

67. I demonstrate by means of the last-mentioned formulæ a theorem already in effect demonstrated by the investigation which led to the three centre conic, viz. that the tangents at a node or critic centre, and the lines drawn to the other two critic centres, form a harmonic pencil.

In fact the tangents at the node or critic centre are given by the equation

$$\left(\theta+4\lambda, \ldots, -\theta-\frac{2\mu\nu}{\theta}, \ldots\right)\left(x, y, z\right)^2=0,$$

the other two critic centres are given as the intersection of the line

$$\frac{\lambda x}{\theta+\lambda}+\frac{\mu y}{\theta+\mu}+\frac{\nu z}{\theta+\nu}=0,$$

with the conic

$$\frac{\mu-\nu}{x}+\frac{\nu-\lambda}{y}+\frac{\lambda-\mu}{z}=0,$$

the theorem will be true if the pair of tangents and the last-mentioned conic are cut harmonically by the last-mentioned line. Now in general the condition in order that the line $\xi x+\eta y+\zeta z=0$, may cut harmonically the conics $(a, b, c, f, g, h)(x, y, z)^2$ and $(a', b', c', f', g', h')(x, y, z)^2=0$ is

$$(bc'+b'c-2ff', \ldots, gh'+g'h-af'-a'f, \ldots)(\xi, \eta, \zeta)^2=0,$$

and if $a'=b'=c'=0$, then the condition is

$$(-2ff', \ldots gh'+g'h-af', \ldots)(\xi, \eta, \zeta)^2=0.$$

68. In the present case the equations of the two conics may be written

$$\left(\theta+4\lambda, \ldots -\theta-\frac{2\mu\nu}{\theta}, \ldots\right)(x, y, z)^2=0,$$

$$(0, \ldots, \mu-\nu, \ldots)(x, y, z)^2=0,$$

and we have

$$-2ff'=-2(\mu-\nu)\left(\theta+\frac{2\mu\nu}{\theta}\right),$$

$$gh'+g'h-af'=-\left(\theta+\frac{2\nu\lambda}{\theta}\right)(\lambda-\mu)-\left(\theta+\frac{2\lambda\mu}{\theta}\right)(\nu-\lambda)-(\mu-\nu)(\theta+4\lambda),$$

$$=-\theta(\lambda-\mu+\mu-\nu+\nu-\lambda)$$

$$+\frac{2}{\theta}(-\nu\lambda^2+\nu\lambda\mu-\lambda\mu\nu-\lambda^2\mu)+4\lambda(\mu-\nu),$$

$$=(\mu-\nu)\left(\frac{2\lambda^2}{\theta}-4\lambda\right),$$

and the condition is

$$\left\{(\mu-\nu)\left(\theta+\frac{2\mu\nu}{\theta}\right), \ldots (\mu-\nu)\left(\frac{2\lambda^2}{\theta}-4\lambda\right), \ldots\right\}\left(\frac{\lambda}{\theta+\lambda}, \frac{\mu}{\theta+\mu}, \frac{\nu}{\theta+\nu}\right)^2=0.$$

69. Writing this in the form

$$\Sigma(\mu-\nu)\left(\theta+\frac{2\mu\nu}{\theta}\right)\left(\frac{\lambda}{\theta+\lambda}\right)^2+\Sigma\, 2(\mu-\nu)\left(\frac{\lambda^2}{\theta}-2\lambda\right)\frac{\mu\nu}{(\theta+\mu)(\theta+\nu)}=0,$$

then observing that

$$\frac{\lambda}{\theta+\lambda}+\frac{\mu}{\theta+\mu}+\frac{\nu}{\theta+\nu}=1,$$

the first part is

$$=\Sigma(\mu-\nu)\left(\theta+\frac{2\mu\nu}{\theta}\right)\left(\frac{-\lambda\mu}{(\theta+\lambda)(\theta+\mu)}-\frac{\lambda\nu}{(\theta+\lambda)(\theta+\nu)}+\frac{\lambda}{\theta+\lambda}\right),$$

which is

$$=\frac{1}{(\theta+\lambda)(\theta+\mu)(\theta+\nu)}\Sigma(\mu-\nu)\left(\theta+\frac{2\mu\nu}{\theta}\right)\left\{-\lambda\mu(\theta+\nu)-\lambda\nu(\theta+\mu)+\lambda(\theta+\mu)(\theta+\nu)\right\},$$

$$=\frac{1}{(\theta+\lambda)(\theta+\mu)(\theta+\nu)}\Sigma(\mu+\nu)\left(\theta+\frac{2\mu\nu}{\theta}\right)(\lambda\theta^2-\lambda\mu\nu),$$

and observing that the sum is

$$=\Sigma\lambda(\mu-\nu)(\theta^3+2\mu\nu\theta)-\lambda\mu\nu\,\Sigma(\mu-\nu)\left(\theta+\frac{2\mu\nu}{\theta}\right),$$

$$=-\frac{2\lambda\mu\nu}{\theta}\Sigma\,\mu\nu(\mu-\nu)=\frac{\theta}{2\lambda\mu\nu}(\mu-\nu)(\nu-\lambda)(\lambda-\mu),$$

the first part is

$$=\frac{2\lambda\mu\nu}{\theta}\frac{(\mu-\nu)(\nu-\lambda)(\lambda-\mu)}{(\theta+\lambda)(\theta+\mu)(\theta+\nu)}.$$

The second part is

$$=\frac{2\lambda\mu\nu}{\theta(\theta+\lambda)(\lambda+\mu)(\theta+\nu)}\Sigma(\mu-\nu)(\lambda-2\theta)(\lambda+\theta),$$

in which the sum is

$$=\Sigma(\mu-\nu)(\lambda^2-\lambda\theta-2\theta^2)=\Sigma\lambda^2(\mu-\nu)=-(\mu-\nu)(\nu-\lambda)(\lambda-\mu),$$

so that the second part is

$$=-\frac{2\lambda\mu\nu}{\theta}\frac{(\mu-\nu)(\nu-\lambda)(\lambda-\mu)}{(\theta+\lambda)(\theta+\mu)(\theta+\nu)},$$

and the sum of the two parts is $=0$, which proves the theorem.

70. Let x_1, y_1, z_1 be the coordinates of a critic centre, then the equation of the polar in regard to the twofold centre conic is

$$(-x_1+y_1+z_1)x+(x_1-y_1+z_1)y+(x_1+y_1-z_1)z=0,$$

and the equation of the conic through the five points is

$$\frac{x_1(y_1-z_1)}{x}+\frac{y_1(z_1-x_1)}{y}+\frac{z_1(x_1-y_1)}{z}=0,$$

and these equations together determine the remaining two critic centres.

71. I remark in passing that the equation of the one-with-twofold centre locus may also be obtained by means of the equations

$$\frac{x_1(y_1-z_1)}{x} + \frac{y_1(z_1-x_1)}{y} + \frac{z_1(x_1-y_1)}{z} = 0,$$

$$(-x_1+y_1+z_1)\,x+(x_1-y_1+z_1)\,y+(x_1+y_1-z_1)\,z=0,$$

which determine the remaining two critic centres corresponding to a given critic centre (x_1, y_1, z_1); in fact, in order that the centre (x_1, y_1, z_1) may be accompanied by a twofold centre the line must touch the conic; and the analytical condition, substituting therein (x, y, z) in the place of (x_1, y_1, z_1), is found to be

$$xyz\left\{x^3+y^3+z^3-(yz^2+y^2z+zx^2+z^2x+xy^2+x^2y)+3xyz\right\}=0,$$

the three lines $xyz=0$ are not properly part of the locus, but their appearance may be accounted for without difficulty.

72. Assume that the line $\lambda x+\mu y+\nu z=0$ passes successively through the points

$$(x=0,\ y-z=0)\quad (y=0,\ z-x=0),\quad (z=0,\ x-y=0),$$

or, what is the same thing, the points (0, 1, 1), (1, 0, 1), (1, 1, 0): then (*ante*, No. 56) the critic centres are in all these cases respectively on the conics.

$$\frac{1}{y}+\frac{1}{z}-\frac{4}{x+y+z}=0,$$

$$\frac{1}{z}+\frac{1}{x}-\frac{4}{x+y+z}=0,$$

$$\frac{1}{x}+\frac{1}{y}-\frac{4}{x+y+z}=0;$$

or, as these may be written,

$$(y-z)^2+x\,(y+z)=0,$$

$$(z-x)^2+y\,(z+x)=0,$$

$$(x-y)^2+z\,(x+y)=0,$$

the first of which is a conic touching the lines $x=0$, $y+z=0$ at the points of intersection with the line $y-z=0$; and similarly for the other two conics.

73. Suppose that the line $\lambda x+\mu y+\nu z=0$ passes through the point $(4, -1, -1)$, or let $4\lambda-\mu-\nu=0$; we have $(\alpha, \beta, \gamma)=(4, -1, -1)$; and the critic centres lie on the curve

$$\frac{4}{x}-\frac{1}{y}-\frac{1}{z}-\frac{4}{x+y+z}=0,$$

that is

$$\frac{4\,(y+z)}{x\,(x+y+z)}-\frac{y+z}{yz}=0,$$

or, as this may be written,

$$(y+z)\left\{x(x+y+x)-4yz\right\}=0,$$

so that the cubic locus breaks up into the line $y+z=0$ and into the conic

$$x(x+y+z)-4yz=0.$$

74. I say that the critic centres lie, one of them on the line, and the other two on the conic.

In fact, putting $\lambda=\frac{1}{4}(\mu+\nu)$ the equation in θ is

$$\theta^3-\theta\left(\mu\nu+\tfrac{1}{4}(\mu+\nu)^2\right)-\tfrac{1}{2}\mu\nu(\mu+\nu)=0,$$

that is

$$\left\{\theta+\tfrac{1}{2}(\mu+\nu)\right\}\left\{\theta^2-\tfrac{1}{2}(\mu+\nu)\theta-\mu\nu\right\}=0,$$

and we have

$$x:y:z=\frac{1}{\theta+\frac{1}{4}(\mu+\nu)}:\frac{1}{\theta+\mu}:\frac{1}{\theta+\nu}.$$

75. Hence if $\theta+\frac{1}{2}(\mu+\nu)=0$, we obtain

$$x:y:z=\frac{1}{-\frac{1}{2}(\mu+\nu)}:\frac{1}{\frac{1}{2}(\mu-\nu)}:\frac{-1}{\frac{1}{2}(\mu-\nu)}$$

$$=\frac{\mu-\nu}{\mu+\nu}:-1:1;$$

whence also

$$\begin{aligned}(\mu+\nu)x+(\mu-\nu)y&=0,\\(\mu+\nu)x-(\mu-\nu)z&=0,\\y+z&=0,\end{aligned}$$

so that the corresponding critic centre lies on the line $y+z=0$; the last-mentioned equations, restoring the value 4λ in place of $\mu+\nu$, may also be written

$$\begin{aligned}4\lambda x+(\mu-\nu)y&=0,\\4\lambda x-(\mu-\nu)z&=0,\\y+z&=0.\end{aligned}$$

76. If on the other hand

$$\theta^2-\tfrac{1}{2}(\mu+\nu)\theta-\mu\nu=0,$$

or, as this equation may be written,

$$5\theta^2-(\theta+2\mu)(\theta+2\nu)=0,$$

then observing that in general, in virtue of the equation

$$\frac{1}{\theta+\lambda}+\frac{1}{\theta+\mu}+\frac{1}{\theta+\nu}-\frac{2}{\theta}=0,$$

we have

$$y : z : x+y : x+z = \frac{1}{\theta+\mu} : \frac{1}{\theta+\nu} : \frac{2}{\theta} - \frac{1}{\theta+\nu} : \frac{2}{\theta} - \frac{1}{\theta+\mu},$$

$$= \frac{1}{\theta+\mu} : \frac{1}{\theta+\nu} : \frac{\theta+2\nu}{\theta(\theta+\nu)} : \frac{\theta+2\mu}{\theta(\theta+\mu)},$$

and consequently

$$y : x+z = \theta : \theta+2\mu; \qquad z : x+y = \theta : \theta+2\nu,$$

the foregoing equation

$$5\theta^2 - (\theta+2\mu)(\theta+2\nu) = 0$$

gives

$$5yz - (x+z)(x+y) = 0,$$

that is

$$x(x+y+z) - 4yz = 0;$$

or the critic centres corresponding to the two values of θ lie on the conic. The line joining them is the polar of the point $\left(\frac{\mu-\nu}{\mu+\nu}, -1, 1\right)$ in regard to the twofold centre conic; the equation therefore is

$$(\mu-\nu)x - (3\mu+\nu)y + (\mu+3\nu)z = 0.$$

77. Starting with a critic centre on the line $y+z=0$, the other two critic centres lie on the conic $x(x+y+z)-4yz=0$, and they are the intersections of the conic by the polar of the first centre in regard to the twofold centre conic.

78. Starting with a critic centre on the conic $x(x+y+z)-4yz=0$, the other two critic centres lie one on the conic, and the other on the line $y+z=0$; viz. the polar of the first centre in regard to the twofold centre conic meets the line in one point, and the conic in two points; of these one is the harmonic of the point on the line in regard to the twofold centre conic; this point on the conic, and the point on the line, are the other two centres.

79. The point $(4, -1, -1)$ is of course one of a system of three points; viz. these are $(4, -1, -1)$ $(-1, 4, -1)$, $(-1, -1, 4)$; and the corresponding loci of the critic centres are

$$(y+z)\left\{x(x+y+z) - 4xy\right\} = 0,$$

$$(z+x)\left\{y(x+y+z) - 4zx\right\} = 0,$$

$$(x+y)\left\{z(x+y+z) - 4xy\right\} = 0,$$

the three points in question are (*ante*, No. 24) shown to be nodes of the twofold centre envelope.

80. The line $3x+y+z=0$ is the line through the points $(-1, 4, -1)$, $(-1, -1, 4)$, and as such the corresponding critic centres lie

one on the line $z+x=0$, two on the conic $x(x+y+z)-4yz=0$,
one on the line $x+y=0$, two on the conic $y(x+y+z)-4zx=0$.

The two lines meet in the point $(1, -1, -1)$.

The two conics meet in the points $(1, 0, 0)$, $(2, 3, 3)$; and touch at the point $(0, 1, -1)$, the common tangent being $5x+y+z=0$: this appears by writing the equations of the two conics in the forms

$$(y-z)(5x+y+z)+(y+z)(-3x+y+z)=0,$$
$$-(y-z)(5x+y+z)+(y+z)(-3x+y+z)=0,$$

for we have then the four points of intersection put in evidence; viz. these are

$$\begin{array}{lll} y-z=0, & y+z=0, & \text{that is } (1,\ 0,\ 0), \\ y-z=0, & -3x+y+z=0, & \quad ,, \quad (2,\ 3,\ 3), \\ 5x+y+z=0, & y+z=0, & \quad ,, \quad (0,\ 1,\ -1), \\ 5x+y+z=0, & -3x+y+z=0, & \quad ,, \quad (0,\ 1,\ -1). \end{array}$$

The point of intersection $(1, 0, 0)$, which is an angle of the triangle, is not a critic centre; the three critic centres are the other point of intersection $(2, 3, 3)$; the point of contact $(0, 1, -1)$; and the point of intersection $(1, -1, -1)$ of the two lines.

81. To obtain in a different manner the last-mentioned result it may be remarked that for the line $3x+y+z=0$, for which $(\lambda, \mu, \nu)=(3, 1, 1)$, the equation in θ is

$$\theta^3-7\theta-6=(\theta+1)(\theta+2)(\theta-3)=0,$$

so that the values of $\theta+\lambda$, $\theta+\mu$, $\theta+\nu$ are

$$\begin{array}{llll} \text{for } \theta=-1, & 2, & 0, & 0, \\ ,, \quad \theta=-2, & 1, & -1, & -1, \\ ,, \quad \theta=\ \ 3, & 6, & 4, & 4, \end{array}$$

and the corresponding values of $x : y : z$ are

$$\begin{array}{ll} =\tfrac{1}{2} : \infty : \infty, & \text{that is, } (0,\ 1,\ -1), \\ =1 : -1 : -1, & \quad ,, \quad (1,\ -1,\ -1), \\ =\tfrac{1}{6} : \tfrac{1}{4} : \tfrac{1}{4}, & \quad ,, \quad (2,\ 3,\ 3), \end{array}$$

which points are therefore the critic centres for the line $3x+y+z=0$.

The last-mentioned line, it is clear, is one of the system of three lines

$$3x+y+z=0, \quad x+3y+z=0, \quad x+y+3z=0.$$

82. If $\lambda=0$, that is if the line $\lambda x+\mu y+\nu z=0$ pass through an angle $y=0$, $z=0$ of the triangle; then reverting to the original equations

$$\frac{-x+y+z}{\lambda x}=\frac{x-y+z}{\mu y}=\frac{x+y-z}{\nu z},$$

these give $(y=0,\ z=0)$ or else $(-x+y+z=0,\ \nu z^2-\mu y^2=0)$, that is, one of the three critic centres is the angle $(y=0,\ z=0)$ of the triangle; and the other two are the intersections of the line $-x+y+z=0$ with the pair of lines $\nu z^2-\mu y^2=0$.

It should be remarked that, given the critic centre $y=y_1=0,\ z=z_1=0$, the remaining two centres cannot be determined as the intersection of the polar $-x+y+z=0$ with the conic

$$\frac{x_1(y_1-z_1)}{x}+\frac{y_1(z_1-x_1)}{y}+\frac{z_1(x_1-y_1)}{z}=0,$$

inasmuch as the equation of this conic becomes the identity $0=0$.

83. The critic centres for the case in question, $\lambda=0$, may also be determined by means of the equation of the cubic through the three centres; in fact, since $\lambda=0$, the equation $\lambda\alpha+\mu\beta+\nu\gamma=0$ becomes $\mu\beta+\nu\gamma=0$, that is $\beta:\gamma=\nu:-\mu$; and the equation of the cubic therefore is

$$\alpha\left(\frac{1}{x}-\frac{2}{x+y+z}\right)+\frac{\beta}{\nu}\left(\frac{\nu}{y}-\frac{\mu}{z}-\frac{2(\nu-\mu)}{x+y+z}\right)=0,$$

and since the ratio $\alpha:\beta$ is arbitrary we have the two equations

$$\frac{1}{x}-\frac{2}{x+y+z}=0,\quad \frac{\nu}{y}-\frac{\mu}{z}-\frac{2(\nu-\mu)}{x+y+z}=0,$$

which resolve themselves into the above-mentioned two equations, $-x+y+z=0$, $\nu z^2-\mu y^2=0$.

84. Consider a critic centre the coordinates of which are $(0,\ y_1,\ z_1)$, that is, which is an arbitrary point on the side $x=0$ of the triangle: it is to be remarked that there is not any position of the line $\lambda x+\mu y+\nu z=0$, which properly gives rise to such a critic centre.

For writing $x_1=0$ the equations

$$\frac{-x_1+y_1+z_1}{\lambda x_1}=\frac{x_1-y_1+z_1}{\mu y_1}=\frac{x_1+y_1-z_1}{\nu z_1},$$

give $\mu=0,\ \nu=0$, that is, the line $\lambda x+\mu y+\nu z=0$ is found to be $x=0$; but in this case the cubic is $x\left(yz+k(x+y+z)^2\right)=0$, which irrespectively of the value of k has nodes at the points $x=0,\ yz+k(y+z)^2=0$, and which only for the value $k=0$ acquires a third node at the point $y=0,\ z=0$: the case is a singular and exceptional one.

85. If notwithstanding we assume a critic centre at the point $(0,\ y_1,\ z_1)$, then the other two critic centres are by the general theorem given as the intersection of the line

$$(y_1+z_1)\,x-(y_1-z_1)(y-z)=0$$

with the conic (pair of lines) $x(y-z)=0$, that is, we have a twofold centre $x=0,\ y-z=0$, or what is the same thing a twofold centre $(0,\ 1,\ 1)$.

86. If a critic centre lie on the line $y-z=0$, then of the other two critic centres, one lies on this same line and the other is the point $x=0$, $x+y+z=0$, or say the point $(0, 1, -1)$. And in this case the line $\lambda x+\mu y+\nu z=0$ passes through the last-mentioned point; that is, we have $\mu=\nu$. Conversely, starting from the equation $\mu=\nu$, so that the line $\lambda x+\mu y+\nu z=0$ is $\lambda x+\mu(y+z)=0$, a line through the intersection of the lines $x=0$, $x+y+z=0$, the equation in θ is

$$(\theta+\mu)(\theta^2-\mu\theta-2\lambda\mu)=0,$$

where the factor $\theta+\mu=0$ corresponds to the critic centre $x=0$, $x+y+z=0$, or $(0, 1, -1)$, (it will presently be shown that this is so), and the quadric equation $\theta^2-\mu\theta-2\lambda\mu=0$ corresponds to two critic centres on the line $y-z=0$. We have

$$x : y : z=\frac{1}{\theta+\lambda} : \frac{1}{\theta+\mu} : \frac{1}{\theta+\mu},$$

and thence $y-z=0$; and $\theta(x-y)=-\lambda x+\mu y$, which substituted in the equation $\theta^2-\mu\theta-2\lambda\mu=0$ gives

$$(\lambda x-\mu y)\{(\lambda+\mu)x-2\mu y\}-2\lambda\mu(x-y)^2=0,$$

and the two critic centres are given as the intersections of this conic by the line $y-z=0$.

87. Consider for a moment the case $\nu=\mu+\epsilon$, where ϵ is ultimately $=0$, the equation in θ is

$$\frac{1}{\theta+\lambda}+\frac{1}{\theta+\mu}+\frac{1}{\theta+\mu+\epsilon}-\frac{2}{\theta}=0;$$

then if a root is $\theta=-\mu+A\epsilon$, we have

$$\frac{1}{A\epsilon+\lambda-\mu}+\frac{1}{A\epsilon}+\frac{1}{(A+1)\epsilon}-\frac{2}{A\epsilon-\mu}=0,$$

so that, ϵ being indefinitely small, we have

$$\frac{1}{A}+\frac{1}{A+1}=0, \text{ that is, } 2A+1=0 \text{ or } A=-\tfrac{1}{2},$$

and then

$$\theta=-\mu-\tfrac{1}{2}\epsilon,\quad \theta+\lambda=\lambda-\mu-\tfrac{1}{2}\epsilon;\quad \theta+\mu=-\tfrac{1}{2}\epsilon;\quad \theta+\nu=+\tfrac{1}{2}\epsilon,$$

which gives

$$x : y : z=\frac{1}{\theta+\lambda} : \frac{1}{\theta+\mu} : \frac{1}{\theta+\nu}=\frac{1}{\lambda-\mu-\frac{1}{2}\epsilon} : -\frac{2}{\epsilon} : +\frac{2}{\epsilon},$$

or, ϵ being indefinitely small, $x : y : z=0 : 1 : -1$, so that the factor $\theta+\mu=0$ corresponds, as mentioned above, to the critic centre $(0, 1, -1)$.

350.

ON THE CLASSIFICATION OF CUBIC CURVES.

[From the *Transactions of the Cambridge Philosophical Society*, vol. XI. Part I. (1866), pp. 81—128. Read April 18, 1864.]

THE notion of a curve of a given order may be considered as arising from Descartes' invention of his method of coordinates; and one of the earliest applications of the method was made by Sir Isaac Newton in the *Enumeratio linearum tertii Ordinis* (1706), a work worthy of its author, and which opened a new field of geometrical science. The classification is according to the nature of the infinite branches; there are fourteen genera containing together seventy-two species, but four species were added by Stirling in his *Lineæ tertii Ordinis Newtonianæ; sive Illustratio &c.* (1717), and two more by Murdoch or Cramer[1], making in all seventy-eight species. A new classification was made by Plücker in his *System der Analytischen Geometrie*, 1835; this is likewise according to the nature of the infinite branches, but after his six head divisions, and some subordinate divisions thereof, Plücker establishes the divisions called Groups, which have nothing analogous to them in the Newtonian theory; there are sixty-one groups, and the total number of species is 219.

The present Memoir contains an exposition of the foregoing classifications, and of the principles on which they are founded, in so far as relates to the superior divisions of the two classifications: and in particular I develope more completely than was done by Plücker the theory of the division into groups. I do not however consider otherwise than very slightly the ultimate division into species.

The above-mentioned work of Newton contains, under the heading "Genesis Curvarum per Umbras," the remarkable theorem that the curves of the third order may all of them be considered as the shadows of the five Divergent Parabolas; I reserve for a separate Memoir the whole series of considerations to which this theorem gives rise.

[1] The two additional species are, I believe, first mentioned in Murdoch's *Genesis Curvarum per Umbras* (1746), but one of them is there ascribed to Cramer.

I commence by establishing the theory of the classification of cubic curves according to the nature of their infinite branches, in what appears to me the scientifically correct manner as follows:

The Seven Head Divisions, Article Nos. 1 to 4.

1. A line in general, and therefore the line Infinity, meets a cubic curve in three points, and these may be

Three onefold points,

A twofold point and a onefold (or, as it may also be termed, a one-with-twofold) point,

A threefold point.

2. But in the second case the line Infinity

may be a proper tangent to the curve,

may pass through a node,

may pass through a cusp;

and in the third case the line Infinity

may touch the curve at an inflexion,

may at a node touch one of the two branches,

may touch the curve at a cusp.

3. The first case, the three divisions of the second case, and the three divisions of the third case, give in all seven divisions, which, as will appear in the sequel, fall in with Newton's classification, and can be named in his language, viz.

Three onefold points,	The Hyperbolas.
A onefold and a twofold point;	
Infinity a proper tangent,	The Parabolic Hyperbolas.
Do. through a node,	The Central Hyperbolisms.
Do. through a cusp,	The Parabolic Hyperbolisms.
A threefold point;	
Infinity a tangent at an inflexion,	The Divergent Parabolas.
Do. Do. at a node, to one branch,	The Trident Curve.
Do. Do. at a cusp,	The Cubical Parabola.

4. As regards the signification of these terms, it may be remarked that the Hyperbolas have hyperbolic branches, the Parabolic Hyperbolas, hyperbolic and parabolic branches; where by a hyperbolic branch is meant one having an asymptote, and by

a parabolic branch one not having an asymptote. The hyperbolism of any curve is the curve derived from it by altering the ordinate in the ratio of the abscissa to any given line

$$\left(y' = \frac{m}{x}\, y, \text{ or say } y' = \frac{y}{x}\right);$$

the expression Central Hyperbolism is used to include Newton's hyperbolisms of the hyperbola and ellipse; and the expression Parabolic Hyperbolism to denote his hyperbolism of the parabola. The Divergent Parabolas are curves the branches of which ultimately diverge from each other as in the semicubical parabola $y^2 = x^3$, which is in fact one of these curves. The names Trident Curve and Cubical Parabola are not generic but specific; it so happens that the genera to which they respectively belong contain each only a single species. The names for the several kinds of curves are not scientifically-devised ones, but it is convenient to have them such as they are.

The foregoing seven divisions, uniting in one the Central Hyperbolisms and the Parabolic Hyperbolisms, are the six head divisions of Plücker.

Asymptotes, &c. Equations for the Seven Head Divisions. Article Nos. 5 to 22.

5. For a Hyperbola there is at each of the points at infinity a tangent, which is an asymptote; and the hyperbola has thus three asymptotes.

6. For a Parabolic Hyperbola there is at the onefold point at infinity a tangent, which is an asymptote. There may be described a conic having with the curve at the twofold point at infinity a five-pointic intersection[1]. Such conic, as having the line infinity for a tangent, is a parabola, and it may be termed the asymptotic parabola: the Parabolic Hyperbola has thus an asymptote and an asymptotic parabola.

7. For a Central Hyperbolism there is at the onefold point at infinity a tangent which is an asymptote, and which for distinction may be called the onefold asymptote; and at the node or twofold point at infinity there is a pair of tangents which are the parallel asymptotes.

8. For a Parabolic Hyperbolism there is at the onefold point at infinity a tangent which is an asymptote, and which may be called the onefold asymptote; and at the cusp or twofold point at infinity a twofold tangent which is an asymptote, and which may be called the twofold asymptote.

9. For a Divergent Parabola there is not any asymptote or asymptotic conic; but we may consider an asymptotic cubic, viz. this will be a semicubical parabola ($y^2 = x^3$), which is in fact one of the divergent parabolas, the cuspidal divergent parabola, and which may be in general so determined as to have at the inflexion or threefold point

[1] I have elsewhere spoken of the conic of five-pointic contact: the expression five-pointic *intersection* is more accurate.

at infinity a seven-pointic intersection. For the asymptotic cubic, in order that it may have a cusp, must satisfy two conditions; it may therefore be made to satisfy seven more conditions, or to have a seven-pointic intersection; and then the original curve having an inflexion or threefold point at infinity, the asymptotic cubic will *ipso facto* have the same point as an inflexion, or threefold point at infinity, and be thus a cuspidal divergent parabola.

10. For the Trident Curve, we have at the node or threefold point at infinity, viz. to the branch which is not touched by the line infinity, a tangent which is an asymptote: this cuts at the node the other branch of the curve, and it is therefore an asymptote of three-pointic intersection. We may describe a conic having at the node a five-pointic intersection with the other branch of the curve; such conic as touching the line infinity is a parabola, and it may be called the asymptotic parabola; since the parabola cuts at the node the first-mentioned branch of the curve, viz. the branch not touched by the line infinity, the parabola is in fact a parabola of six-pointic intersection. The Trident Curve has thus an asymptote and an asymptotic parabola of six-pointic intersection.

11. For the Cubical Parabola there is not any asymptote or asymptotic conic: the curve *quâ* curve having a cusp (viz. the cusp or threefold point at infinity) has a single inflexion; and the line joining the cusp with the inflexion, regarded as a threefold line, has with the curve a six-pointic intersection at infinity, and may be considered as an asymptotic cubic.

12. We have in every case a cubic curve $V=0$ having with the original curve an intersection at infinity which is at least six-pointic, and which I call the asymptotic aggregate: viz. the asymptotic aggregate is

For the Hyperbolas; the three asymptotes, intersection six-pointic.

For the Parabolic Hyperbolas; the asymptote and the asymptotic parabola, intersection seven-pointic.

For the Central Hyperbolisms; the onefold asymptote and the parallel asymptotes, intersection eight-pointic.

For the Parabolic Hyperbolisms; the onefold asymptote and the twofold asymptote regarded as a twofold line; intersection eight-pointic.

For the Divergent Parabolas; the asymptotic semicubical parabola, intersection seven-pointic.

For the Trident Curve; the asymptote and the asymptotic parabola, intersection nine-pointic.

For the Cubical Parabola; the line joining the cusp at infinity with the inflexion, regarded as a threefold line, intersection six-pointic.

13. I have said that the intersection at infinity is at least six-pointic; but more than this, the intersection at any onefold point at infinity is at least two-pointic; at

a twofold point at infinity it is at least four-pointic; and at a threefold point at infinity it is at least six-pointic.

It follows that the intersections at infinity of the cubic and the asymptotic aggregate include the six intersections of the cubic by the line infinity considered as a twofold line; and hence the remaining three intersections of the cubic and the asymptotic aggregate must lie in a line $s=0$ (Plücker's line S), which I call the satellite line. And writing $z=0$ for the equation of the line infinity, the equation of the cubic is of the form $U=V+\mu z^2 s=0$. It is to be observed moreover, that when, as for the Hyperbolas and the Cubical Parabola, the intersection at infinity is six-pointic, the line $s=0$ is an arbitrary line; when as for the Parabolic Hyperbolas, and the Divergent Parabolas, the intersection is seven-pointic, the line $s=0$ meets the cubic in a given point at infinity, viz. the twofold or the threefold point at infinity; and when as for the Central Hyperbolisms and the Parabolic Hyperbolisms the intersection is eight-pointic, the line $s=0$ has with the cubic a given twofold intersection at infinity; this however merely implies that the line $s=0$ passes through the node or cusp at infinity, and so imposes only one condition on the line $s=0$. Finally, when as in the Trident Curve the intersection is nine-pointic, the line $s=0$ has with the curve a given threefold intersection at infinity; that is, it coincides with the line infinity, $z=0$.

14. The preceding considerations in regard to the asymptotic aggregate $V=0$, lead very directly to the best analytical form of the function V, and therefore to that of the equation $U=V+\mu z^2 s=0$, of the cubic.

15. For the Hyperbolas; the equations of the asymptotes being $p=0$, $q=0$, $r=0$, then we have $V=pqr=0$ for the asymptotic aggregate; the satellite line is arbitrary, and hence

Equation of the Hyperbolas is

$$pqr+\mu z^2 s=0.$$

16. For the Parabolic Hyperbolas. Imagine parallel to the asymptote a line $p=0$ touching the asymptotic parabola; and let the line joining the point of contact with the twofold point at infinity have for its equation $q=0$; the equation of the asymptote is

$$p+\kappa z=0,$$

that of the asymptotic parabola is $q^2+\lambda pz=0$, and hence the equation of the asymptotic aggregate is $(p+\kappa z)(q^2+\lambda pz)=0$; the satellite line passes through the twofold point at infinity, or its equation is $q+\sigma z=0$; hence

Equation of the Parabolic Hyperbolas is

$$(p+\kappa z)(q^2+\lambda pz)+\mu z^2(q+\sigma z)=0.$$

17. For the Central Hyperbolisms; the equation of the onefold asymptote is taken to be $p=0$, and that of the parallel asymptotes to be $q^2+\kappa z^2=0$; hence the equation

of the asymptotic aggregate is $p(q^2+\kappa z^2)=0$, the satellite line passes through the twofold point at infinity, its equation is $q+\sigma z=0$; hence

Equation of the Central Hyperbolisms is

$$p(q^2+\kappa z^2)+\mu z^2(q+\sigma z)=0.$$

18. For the Parabolic Hyperbolisms: the only difference is that instead of the parallel asymptotes $q^2+\kappa z^2=0$ we have the twofold asymptote $q^2=0$; hence

Equation of the Parabolic Hyperbolisms is

$$pq^2+\mu z^2(q+\sigma z)=0.$$

19. For the Divergent Parabolas: the asymptotic aggregate is a semicubical parabola; let $q=0$ be the equation of the cuspidal tangent, $p=0$ the equation of the line joining the cusp with the inflexion at infinity, then the equation is $p^3+\lambda q^2 z=0$. The satellite line passes through the threefold point at infinity, its equation is $p+\sigma z=0$, hence

Equation of the Divergent Parabolas is

$$p^3+\lambda q^2 z+\mu z^2(p+\sigma z)=0.$$

20. For the Trident Curve: let $p=0$ be the equation of the asymptote, $q=0$ that of the tangent to the asymptotic parabola at the point not at infinity where it is met by the asymptote, then the equation of the parabola is $p^2+\lambda qz=0$, and that of the asymptotic aggregate is $p(p^2+\lambda qz)=0$; the satellite line is the line infinity, $z=0$; hence

Equation of the Trident Curve is

$$p(p^2+\lambda qz)+\mu z^3=0.$$

21. For the Cubical Parabola: let $p=0$ be the equation of the line joining the inflexion with the cusp at infinity, then the asymptotic aggregate is this line taken as a threefold line, or the equation is $p^3=0$; the satellite line is arbitrary; hence

Equation of the Cubical Parabola is

$$p^3+\mu z^2 s=0.$$

22. It is convenient to notice here that for the Hyperbolas the line $s=0$ is determined as follows, viz. the line infinity meets the curve in three points, and the tangents at these points (the asymptotes) again meet the curve in three points lying in a line which is the line in question; in other words, the line $s=0$ is (in the sense in which I have elsewhere used the term) the satellite line of infinity. For the other kinds of cubic curves, the line $s=0$ is *not*, in the sense just referred to, the satellite line of infinity: but in the present Memoir I shall in every case call the line, $s=0$, the satellite line.

The Thirteen Divisions. Article Nos. 23 to 33.

23. The characters of the foregoing seven divisions are irrespective of *reality;* and before going further it may be remarked, that as to the Hyperbolas and the Parabolic Hyperbolas a subdivision also irrespective of reality may be made as follows.

24. For a Hyperbola, the three asymptotes may not meet in a point, or they may meet in a point. For shortness I say that in the former case we have a Hyperbola Δ, in the latter case a Hyperbola $\odot$. I consider more particularly (*post,* No. 41) the special case of a Hyperbola $\odot$.

25. For a Parabolic Hyperbola, the asymptote may meet the asymptotic parabola in two onefold points; or in a twofold point.

26. I come now to the divisions which depend on *reality:* it is assumed that the curve is real.

27. For the Hyperbola the three points at infinity may be all real or else one real, two imaginary. In the former case, the asymptotes are all real, and we have the redundant hyperbola; in the latter case the real point at infinity gives rise to a real asymptote, the imaginary points to imaginary asymptotes: we have in this case the defective hyperbola. It is to be noticed that the imaginary asymptotes meet in a real point, called the asymptote-point; and that such point, if we regard it as an indefinitely small ellipse given as to the position and ratio of its axes, determines the imaginary asymptotes. Combining the division with the Δ, $\odot$, we have four subdivisions of the Hyperbola.

28. For a Hyperbola Δ redundant the three asymptotes form a triangle, and for a Hyperbola $\odot$ redundant they meet in a point. For a Hyperbola Δ defective, the asymptote-point does not lie on the real asymptote; for a Hyperbola $\odot$ defective it does lie on the real asymptote.

29. For a Parabolic Hyperbola: the onefold point and the twofold point at infinity are of necessity real, as are also the asymptote and the asymptotic parabola. If the asymptote meets the asymptotic parabola in two onefold points, these may be both real or both imaginary: if it meets it in a twofold point, this is real. We have thus three subdivisions of the Parabolic Hyperbola. For the Central Hyperbolism, the onefold point, and the node or twofold point at infinity, are both real; the asymptote is also real. But the node may be a crunode or an acnode; that is, the tangents at the node, or parallel asymptotes, may be both real, or both imaginary: we have thus two subdivisions, viz. the Hyperbolism of the hyperbola, and the Hyperbolism of the ellipse.

30. For the Parabolic Hyperbolism, the onefold point and the cusp or twofold point at infinity, and also the onefold asymptote and the twofold asymptote are all real.

31. For the Divergent Parabola, the inflexion or threefold point at infinity is real.

32. For the Trident Curve the node or threefold point at infinity is real, and inasmuch as one of the tangents is the line infinity, the node is a crunode, and the other tangent, or asymptote of the curve, is also real.

33. For the Cubical Parabola, the cusp or threefold point at infinity and the tangent at this point are each real.

Reckoning the hyperbolas as 4, the parabolic hyperbolas as 3, the central hyperbolisms as 2, and the parabolic hyperbolisms, the divergent parabolas, the trident curve, and the cubical parabola, each as 1, we have in all 13 divisions.

The Notion of a Group. Article No. 34.

34. I remark that the characters as well of the 7 divisions as of the 13 divisions have exclusive reference to the form of the asymptotic aggregate $V=0$; we have an ulterior division depending on the relation of the satellite line to the asymptotic aggregate, and which I regard as the proper origin of Plücker's Groups: viz. for a given form of the asymptotic aggregate $V=0$, and corresponding to each characteristically distinct position in relation thereto of the satellite line $s=0$, we have a Group. The determination of the characteristically distinct positions of the satellite line cannot be completely effected *à priori*; for instance, in the case of the Hyperbolas Δ redundant, the distinctions which immediately present themselves are that the satellite line cuts the three sides produced, or two sides and the third side produced, of the triangle formed by the asymptotes, or passes through an angle of the triangle, &c.; but these are not *all* the distinctions which have to be made; to determine them, taking the satellite line as given, we discuss the series of curves represented by the equation $V+\mu z^2 s=0$; for instance (and it is on this that the discussion chiefly turns), we see that the parameter μ may be so determined that the curve shall have a node, but the reality or non-reality of the roots of the equation in μ, and therefore the existence of a real nodal curve or curves will depend on the position of the satellite line $s=0$; and it is thus only by the discussion of the group that we arrive at an enumeration of the different groups.

Osculating Asymptotes and other Specialities. Article Nos. 35 to 41.

35. But Plücker nevertheless, prior to the establishment of his groups, introduces certain intermediate divisions as to osculating asymptotes, &c., which have really reference to the position of the satellite line; an osculating asymptote gives rise to a 'diameter,' and the diameter is a distinctive character in the Newtonian genera; to explain how all this is, I proceed as follows.

36. The parallel asymptotes of a Central Hyperbolism, the twofold asymptote of a Parabolic Hyperbolism and the asymptote of the Trident Curve are singular asymptotes, that is, each of them touches the curve at a node or a cusp, and is thus an asymptote of three-pointic intersection. Excluding these, and using the term asymptote to denote

a non-singular asymptote, an asymptote is in general an ordinary tangent or asymptote of two-pointic intersection; if, however, the point of contact is an inflexion, then the asymptote is an asymptote of three-pointic intersection, or osculating asymptote. In particular for the Hyperbolas, the asymptotes may be all ordinary, or they may be two ordinary and one osculating, or all three osculating; but they cannot be only two of them osculating; for the line through two inflexions meets a cubic curve in a third point which is also an inflexion; that is, if two asymptotes are osculating, the third is also an osculating asymptote. The foregoing remarks apply as well to the defective as the redundant Hyperbolas; it is to be noticed, however, as regards the defective Hyperbolas that the osculating asymptote, when there is only one, is necessarily the real asymptote, and consequently that the cases are—asymptotes ordinary; the real asymptote alone osculating; three osculating asymptotes. For the Parabolic Hyperbolas the asymptote, and for the Central Hyperbolisms and the Parabolic Hyperbolisms the onefold asymptote, may be ordinary or osculating.

37. The distinction of ordinary and osculating asymptotes has reference to the position of the satellite line; viz. for the Hyperbolas, when there is a single osculating asymptote, the satellite line passes through the point at infinity of the osculating asymptote, or what is the same thing, the satellite line is parallel to the osculating asymptote: and when there are three osculating asymptotes, the satellite line coincides with the line infinity. And, conversely, when the satellite line is parallel to an asymptote such asymptote is an osculating one, and when the satellite line is at infinity the three asymptotes are osculating. For the Parabolic Hyperbolas the asymptote, and for the Hyperbolisms the onefold asymptote, is an osculating asymptote when the satellite line is at infinity; and conversely.

38. There is in regard to the Divergent Parabolas a distinction which may be mentioned here; viz. the satellite line may disappear altogether ($\mu = 0$), and the curve thus coincide with the asymptotic semicubical parabola. Or, what is the general case, the satellite line may be distinct from the line infinity,—and it may cut in two real points, touch, or cut in two imaginary points the asymptotic semicubical parabola: or the satellite line may coincide with the line infinity, the asymptotic semicubical parabola being in this case of nine-pointic intersection.

39. The term "diameter" is used by Newton in the *Enumeratio* in two different senses; viz. for any given direction of the ordinates there exists a right line or "diameter," such that measuring the ordinates from this line the sum $y + y' + y''$ of the three ordinates is $= 0$. Such diameter is in fact the second or line polar in regard to the cubic of an arbitrary point on the line infinity. But the term diameter is afterwards and will be here used to denote a diameter *absolutè dictum*, viz. for a direction of the ordinates parallel to a non-singular asymptote there may exist a right line or "diameter" such that the ordinates measured from this point are equal and opposite to each other, or what is the same thing, such that the sum $y + y'$ of the two ordinates is $= 0$; this implies that the asymptote is an osculating asymptote. In fact, the first or conic polar of any inflexion of the cubic breaks up into a pair of lines, one of which is the tangent at the inflexion, the other of them, the 'polar' of

the inflexion, a line which cuts harmonically the chords through the inflexion, and which when the inflexion is at infinity becomes a diameter. The remarks previously made as to osculating asymptotes apply therefore to diameters, viz. the Hyperbolas may have no diameter, a single diameter, or three diameters, &c.

40. Newton speaks also of the "centre" of a cubic curve; viz. there may be a point on the curve such that for any line through this point the two radius vectors are equal and opposite to each other, or that the sum $r+r'$ of the two radius vectors is $=0$. The centre is in fact a point of inflexion which has for its polar the line infinity. The curves which may have a centre are the Hyperbolas (redundant or defective), the Central Hyperbolisms (of the hyperbola or ellipse) and the Cubical Parabola. For the hyperbolas, the three asymptotes and the satellite line must meet in a point of the curve, which point is then the centre; for the central hyperbolisms the onefold asymptote and the satellite line must meet in a point of the curve, which point is then a centre; and for the cubical parabola no condition is required, but the inflexion is a centre. I remark here, in passing, that the notion of a centre as just explained has no place in Plücker's Classification, and that the two Newtonian species 58 and 59 (hyperbolisms of the hyperbola) and the two Newtonian species 61 and 62 (hyperbolisms of the ellipse) which differ, the two of a pair from each other, according as there is no centre or a single centre, form each pair a single species with Plücker; viz. they are 198 and 201 respectively.

41. It has been already remarked that the three asymptotes of a Hyperbola may meet in a point. As to this it is to be noticed that from any point we may draw six tangents to a cubic, the points of contact lie on a conic, the conic polar of the point: if, however the point lie on the Hessian of the cubic, then the conic breaks up into a pair of lines, each of which is a tangent to the Pippian; the two lines meet in a point of the Hessian, which point forms with the first mentioned point a pair of conjugate poles of the cubic[1].

Conversely, any tangent of the Pippian meets the cubic in three points, the tangents at which meet in a point of the Hessian; and from this point we may draw to the cubic three other tangents the points of contact of which lie on a line which is also a tangent of the Pippian, and the two tangents of the Pippian meet in a point of the Hessian; the two points of the Hessian being conjugate poles of the cubic. In particular, if the line infinity is a tangent of the Pippian, then the three asymptotes meet in a point of the Hessian, and the three tangents from this point to the cubic touch the cubic in three points lying on a line which is a tangent of the Pippian, and which meets the line infinity in a point forming with the first mentioned point a pair of conjugate poles of the cubic.

I proceed now to explain the classification of Newton so far as relates to the division into genera, and the classification of Plücker so far as relates to the divisions immediately superior to the groups.

[1] See as to this theory my *Memoir on Curves of the Third Order. Phil. Trans.* p. 147 (1856), [145].

Newton's Classification. Article Nos. 42 to 46.

42. Newton establishes in the first instance the following four cases; viz. the equation of a cubic curve is one of the forms

$$\begin{array}{lll} \text{I.} & xy^3 + ey = ax^3 + bx^2 + cx + d, \\ \text{II.} & xy \quad = ax^3 + bx^2 + cx + d, \\ \text{III.} & y^2 \quad = ax^3 + bx^2 + cx + d, \\ \text{IV.} & y \quad = ax^3 + bx^2 + cx + d. \end{array}$$

It is not, I think, necessary to reproduce here the very interesting reasoning by means of which this most important step in the classification was effected.

43. Starting from the four cases, Newton obtains his 14 genera, viz. Case I gives 11 genera, and Cases II, III, IV give each a single genus. But these genera group themselves as follows, viz. 1, 2, 3, 4, 5, 6 are Hyperbolas; 7 and 8, Parabolic Hyperbolas; 9 and 10, Central Hyperbolisms; 11, Parabolic Hyperbolisms; 12, the Trident Curve; 13, the Divergent Parabolas; and 14, the Cubical Parabola. And the equations are as follows:

the Hyperbolas	$xy^2 + ey = ax^3 + bx^2 + cx + d,$
the Parabolic Hyperbolas	$xy^2 + ey = \quad bx^2 + cx + d,$
the Central Hyperbolisms	$xy^2 + ey = \quad cx + d,$
the Parabolic Hyperbolisms	$xy^2 + ey = \quad d,$
the Divergent Parabolas	$y^2 \quad = ax^3 + bx^2 + cx + d,$
the Trident Curve	$xy \quad = ax^3 + bx^2 + cx + d,$
the Cubical Parabola	$y \quad = ax^3 + bx^2 + cx + d,$

where it is to be understood that the highest expressed power on the right-hand side of each equation does not vanish.

44. In these equations the axes $x=0$, $y=0$ are not for the most part lines precisely determined in relation to the curve, but it is easy to see as well analytically as geometrically how by a proper transformation of the equations they may be brought into forms such as those previously obtained, in which the several lines $p=0$, &c., stand in a determinate relation to the curve. Thus, taking the equation of the Cubical Parabola, this may be written $y=a\left(x+\frac{b}{3a}\right)^3+c'x+d'$; or, what is the same thing, $y'=ax'^3$. Or geometrically, we see that $x=0$ is a line completely determined as to its direction, it is in fact a line through the cusp at infinity; but that $y=0$ is an arbitrary line in regard to the curve; taking for $y=0$ the tangent at the inflexion, and for $x=0$ the line from the inflexion to the cusp at infinity, then the curve must pass through the point ($x=0$, $y=0$), and $y=0$ must give a threefold value of x; the equation thus is $y=ax^3$. And so in other cases.

45. In the division into genera, Newton distinguishes the Hyperbolas into the redundant and defective, and the redundant hyperbolas into those for which the asymptotes form a triangle, and those for which the asymptotes meet in a point. The redundant hyperbolas with asymptotes forming a triangle are distinguished according as they have no diameter, a single diameter, or three diameters. The like distinction might have been, but is not, made as to the redundant hyperbolas with asymptotes meeting in a point; these are in fact included in a single genus; but the distinction presents itself in the species of that genus. As to the defective hyperbolas, Newton attends only to the real asymptote; and the only distinction is according as they have no diameter or a real diameter. The Parabolic Hyperbolas are in like manner divided according as they have no diameter or a diameter. The Central Hyperbolisms, according as the parallel asymptotes are real or imaginary, are the hyperbolisms of the hyperbola or of the ellipse. The hyperbolisms of the hyperbola form a single genus. Each of the Hyperbolisms might have been distinguished according as there is no diameter or a single diameter; this distinction appears in the species. The Trident Curve, the Divergent Parabolas, and the Cubical Parabola, form each a single genus.

46. We have thus the following Table of the Newtonian genera: I show in it the species in each genus, retaining Newton's numbers, and distinguishing by the numbers 10′, 13′, 22′, 22″ the four species added by Stirling, and by 56′ and 56″ the two species added by Murdoch or Cramer: I show also the division of genus 4, according to the number of diameters; and I also show the five species of curves having a centre.

Table of the Newtonian Genera.

1. Redundant Hyperbolas with asymptotes forming a triangle, and without a diameter.

Sp. 1, 2, 3, 4, 5, 6, 7, 8, 9.

2. Redundant Hyperbolas with asymptotes forming a triangle, and with a single diameter.

Sp. 10, 10′, 11, 12, 13, 13′, 14, 15, 16, 17, 18, 19, 20, 21.

3. Redundant Hyperbolas with asymptotes forming a triangle, and with three diameters.

Sp. 22, 22′, 22″, 23.

4. Redundant Hyperbola with asymptotes meeting in a point.

Without a diameter, Sp. 24, 25, 26, 27. With one diameter, Sp. 28, 29, 30, 31. With three diameters, Sp. 32. Sp. 27 has a centre.

5. Defective Hyperbolas without a diameter.

Sp. 33, 34, 35, 36, 37, 38. Sp. 38 has a centre.

6. Defective Hyperbolas with a diameter.

Sp. 39, 40, 41, 42, 43, 44, 45.

7. Parabolic Hyperbolas without a diameter.

Sp. 46, 47, 48, 49, 50, 51, 52.

8. Parabolic Hyperbolas with a diameter.

Sp. 53, 54, 55, 56, 56′, 56″.

9. Hyperbolisms of the hyperbola.

Without a diameter, Sp. 57, 58, 59. With a diameter, Sp. 60. Sp. 59 has a centre.

10. Hyperbolisms of the ellipse.

Without a diameter, Sp. 61, 62. With a diameter, Sp. 63. Sp. 62 has a centre.

11. Hyperbolisms of the parabola.

Without a diameter, Sp. 64. With a diameter, Sp. 65.

12. Trident Curve, Sp. 66.

13. Divergent Parabolas. Sp. 67, 68, 69, 70, 71.

14. Cubical Parabola. Sp. 72.

Plücker's Classification. Article Nos. 47 to 49.

47. Plücker in the first instance obtains by analytical considerations his six head divisions, corresponding to the seven divisions in the present Memoir, the Central Hyperbolisms and the Parabolic Hyperbolisms forming with him a single division. The equations are obtained in the form already mentioned, the only difference being that he writes $z=1$; his six head divisions with their equations thus are

Hyperbolas	$pqr+\mu s=0,$
Parabolic Hyperbolas	$(p+\kappa)(q^2+\lambda p)+\mu(q+\sigma)=0,$
Hyperbolisms	$p(q^2+\kappa)+\mu(q+\sigma)=0,$
Divergent Parabolas	$p^3+\lambda q^2+\mu(p+\sigma)=0,$
Trident Curve	$p(p^2+\lambda q)+\mu=0,$
Cubical Parabola	$p^3+\mu s=0.$

48. He then divides the Hyperbolas into the redundant and defective. The redundant hyperbolas are then divided as they have no osculating asymptote, one osculating asymptote, or three osculating asymptotes; and each of these according as the asymptotes form a triangle or meet in a point. As regards the defective hyperbolas he attends to the imaginary asymptotes, represented by means of their real point of intersection, the "asymptote-point," and the division is thus similar to that of the redundant hyperbolas, viz. the defective hyperbolas are distinguished according as they have no osculating asymptote, a real osculating asymptote, or three osculating asymp-

totes; and each of these according as the asymptotes form a triangle or meet in a point; that is, according as the asymptote-point does not, or does, lie on the real asymptote.

The Parabolic Hyperbolas are distinguished according as the asymptote is ordinary and the asymptotic parabola one of five-pointic intersection; or, as the asymptote is osculating and the parabola one of six-pointic intersection; and each of these according as the asymptote cuts, touches, or does not cut, the parabola. The Hyperbolisms are distinguished into those of the hyperbola, ellipse, and parabola, and each of these according as the asymptote is ordinary or osculating. The Divergent Parabolas are distinguished in the manner already mentioned; viz. according as the curve is the semicubical parabola; or, as there is a satellite line not at infinity, and an asymptotic semicubical parabola of seven-pointic intersection, and which is cut, touched, or not cut, by the satellite line; or, as the satellite line is at infinity, and the semicubical parabola is of nine-pointic intersection. The Trident Curve and the Cubical Parabola are not divided.

49. I annex the following Table showing the Groups included in each division: for shortness I use the before-mentioned symbols Δ, $\odot$ to denote that the asymptotes form a triangle or meet in a point respectively.

Table of the Plückerian Divisions.

Hyperbolas:

Redundant;

No osculating asymptote,

Δ I, II, III, IV, V, VI
$\odot$ VII, VIII

One osculating asymptote,

Δ IX, X, XI, XII, XIII, XIV
$\odot$ XV

Three osculating asymptotes,

Δ XVI
$\odot$ XVII

Defective;

No osculating asymptote,

Δ XVIII, XIX, XX, XXI, XXII, XXIII
$\odot$ XXIV, XXV, XXVI, XXVII

Real osculating asymptote,

Δ XXVIII, XXIX, XXX, XXXI, XXXII, XXXIII
$\odot$ XXXIV

Three osculating asymptotes,	
Δ	XXXV
⊙	XXXVI
Parabolic Hyperbolas:	
Ordinary asymptote and five-pointic parabola.	
asymptote cuts parabola	XXXVII, XXXVIII, XXXIX, XL, XLI
does not cut "	XLII
touches "	XLIII, XLIV
Osculating asymptote and six-pointic parabola.	
asymptote cuts parabola	XLV
does not cut "	XLVI
touches "	XLVII
Hyperbolisms:	
Of hyperbola;	
asymptote ordinary	XLVIII, XLIX
" osculating	L
Of ellipse;	
asymptote ordinary	LI
" osculating	LII
Of parabola;	
asymptote ordinary	LIII
" osculating	LIV
Divergent Parabolas:	
Semicubical Parabola	LV
Asymptotic ditto, seven-pointic.	
satellite line cuts semic. parab.	LVI
does not cut "	LVII
touches (i.e. passes through the vertex of)	LVIII
Asymptotic ditto, nine-pointic	LIX
Trident Curve	LX
Cubical Parabola	LXI

As to the Theory of Groups. Article No. 50.

50. It has been already remarked that the division into groups depends on the different positions of the satellite line in regard to the asymptotic aggregate, and that the investigation relates in a great measure to the discussion of the values of the

parameter μ in the equation $V+\mu z^2 s=0$, which are such as to give rise to a nodal curve. It is to be noticed that except for the Hyperbolas and for the Cubical Parabola, the satellite $s=0$ is either a line passing through a given point at infinity (determinate, that is, as regards its direction), or in the case of the Trident Curve it is the given line infinity; there is at most only a *single* series of positions to be considered, and the theory is a short and easy one; and for the Cubical Parabola, although the satellite line $s=0$ is here an arbitrary line, yet on account of the cusp at infinity, there is not any critic value of μ, or in fact any distinction of cases. The only other case where the satellite line $s=0$ is an arbitrary line, admitting therefore of a double series of positions, is that of the Hyperbolas; and the division into groups constitutes an extensive and interesting theory, which is insufficiently discussed by Plücker; and it was with a view to the development of this theory that my Memoir, *On a Case of the Involution of two Cubic Curves*, (*ante*, pp. 39 to 81), referred to in the sequel as *Memoir on Involution*, [349], was written. I remark that of the three curves there established as material to the theory, and which are further spoken of in the sequel of the present memoir, viz. the envelope, the twofold centre locus, and the one-with-twofold centre locus, Plücker considers only the twofold centre locus. I proceed to apply the results of that Memoir to the present theory.

As to the Groups of the Hyperbolas Δ. Article Nos. 51 to 53.

51. The assumed form of equation was $pqr+\mu z^2 s=0$, but using now

$$x=0,\ y=0,\ z=0$$

(instead of $p=0$, $q=0$, $r=0$) for the equations of the asymptotes, we may imagine the implicit constants so determined that the line infinity (before represented by $z=0$) shall have for its equation $x+y+z=0$; writing moreover $\lambda x+\mu y+\nu z=0$ for the satellite line $s=0$, and k in the place of μ, the equation becomes

$$xyz+k(x+y+z)^2(\lambda x+\mu y+\nu z)=0,$$

which is the form considered in the Memoir just referred to.

52. It is there shown that for an arbitrary position of the satellite line, the parameter k, or, what is the same thing, the auxiliary parameter θ, may be determined by a cubic equation in such manner that the curve shall have a node; the node, or rather the site of the node is termed a critic centre; and there are consequently three critic centres (all real or else one real, two imaginary). If however the satellite line touches a certain curve called the envelope, then two of the critic centres unite together, forming a twofold centre which is (not a mere node but) a cusp on the corresponding cubic curve; the other critic centre is termed a one-with-twofold centre;

and the loci of the twofold centre and of the one-with-twofold centre respectively are determinate curves, the former a conic, the latter a cubic. The critic centres corresponding to the entire series of satellite lines which pass through a certain fixed point lie on a cubic, which when the fixed point lies on the line $x+y+z=0$, here the line infinity, degenerates into a conic called the "Harmonic Conic," and when one of the critic centres is known the other two are determined as the intersections of the harmonic conic by the polar of the given critic centre in regard to the twofold centre conic.

53. For establishing the theory of the groups of the hyperbolas Δ, it is necessary to consider the geometrical forms of the several curves which have been just referred to; viz. this is to be done, on the assumption always that the line $x+y+z=0$ is the line infinity, for the Redundant Hyperbolas taking the lines $x=0$, $y=0$, $z=0$, to be real lines and for the Defective Hyperbolas, taking them to be one real and the other two imaginary. The formulæ of the memoir above referred to, are in their actual form adapted to the former case, but they can of course be transformed so as to adapt them to the latter case. I proceed to examine the two cases separately.

The hyperbolas Δ *Redundant* (*See fig.* 1). Article Nos. 54 to 71.

54. Every thing is symmetrical with respect to the three asymptotes, and to fix the ideas and without any real loss of generality we may consider the asymptotes as forming an equilateral triangle. Taking the perpendicular distance of a vertex from the opposite side as unity, the absolute magnitudes of the coordinates may be fixed by assuming $x+y+z=1$; x, y, z will then denote the perpendicular distances of a point from the three sides respectively. If the coordinates of a point are proportional to α, β, γ, then the absolute magnitudes are of course

$$\frac{\alpha}{\alpha+\beta+\gamma},\ \frac{\beta}{\alpha+\beta+\gamma},\ \frac{\gamma}{\alpha+\beta+\gamma};$$

the point may be spoken of indifferently as the point (α, β, γ) or the point

$$\left(\frac{\alpha}{\alpha+\beta+\gamma},\ \frac{\beta}{\alpha+\beta+\gamma},\ \frac{\gamma}{\alpha+\beta+\gamma}\right),$$

and it is sometimes convenient to use both of the two notations; thus the Harmonic point (that is, the point the harmonic of infinity in regard to the triangle) is the point $(1, 1, 1)$ or $(\tfrac{1}{3}, \tfrac{1}{3}, \tfrac{1}{3})$. The lines $y-z=0$, $z-x=0$, $x-y=0$, which are the lines joining the harmonic point with the three vertices respectively, are in the case of the equilateral triangle the perpendiculars from the vertices on the three sides respectively, and they may be spoken of simply as the perpendiculars, but it is to be borne in mind that the former is the proper construction of these lines.

55. The equation of the envelope is

$$\sqrt[4]{x}+\sqrt[4]{y}+\sqrt[4]{z}=0,$$

or, what is the same thing,

$$x^4+y^4+z^4-4(yz^3+y^3z+zx^3+z^3x+xy^3+x^3y)$$
$$+6(y^2z^2+z^2x^2+x^2y^2)-124(x^2yz+xy^2z+xyz^2)=0.$$

The curve consists as shown in the figure of a trigonoid branch inscribed in the triangle and of three acnodes outside the triangle.

56. The side $x=0$ touches the curve in the point (0, 1, 1) or $(0, \frac{1}{2}, \frac{1}{2})$, which is its intersection with the perpendicular $y-z=0$; the side $x=0$ has with the curve at the point in question a four-pointic intersection. The last-mentioned line $y-z=0$ meets the curve in the point $(-4, 1, 1)$ or $(2, -\frac{1}{2}, -\frac{1}{2})$, which is one of the acnodes, and therefore a point of twofold intersection; then again in the point (16, 1, 1) or $(\frac{8}{9}, \frac{1}{18}, \frac{1}{18})$ which may be considered as a vertex of the trigonoid branch, and finally in the before-mentioned point (0, 1, 1) or $(0, \frac{1}{2}, \frac{1}{2})$, which is the point of contact with the side $x=0$.

57. The equation of the twofold centre locus is

$$\sqrt{x}+\sqrt{y}+\sqrt{z}=0,$$

or in a rational form

$$x^2+y^2+z^2-2yz-2zx-2xy=0,$$

which is in the case of an equilateral triangle, a *circle* inscribed in the triangle and touching the sides at their midpoints respectively. The circle is shown in the figure.

58. The equation of the one-with-twofold centre locus is

$$-(-x+y+z)(x-y+z)(x+y-z)+xyz=0,$$

or, what is the same thing,

$$x^3+y^3+z^3-(yz^2+y^2z+zx^2+z^2x+xy^2+x^2y)+3xyz=0.$$

It is a cubic having the harmonic point (1, 1, 1) or $(\frac{1}{3}, \frac{1}{3}, \frac{1}{3})$, for an acnode, touching the sides of the triangle externally at their midpoints respectively, and having the three asymptotes

$$5x-4y-4z=0,\ -4x+5y-4z=0,\ 4x-4y+5z=0,$$

or, what is the same thing, $x=\frac{4}{9}$, $y=\frac{4}{9}$, $z=\frac{4}{9}$; the form of the curve is shown in the figure.

59. The equation of the harmonic conic corresponding to the satellite line $\lambda x + \mu y + \nu z = 0$, is

$$\frac{\mu - \nu}{x} + \frac{\nu - \lambda}{y} + \frac{\lambda - \mu}{z} = 0,$$

or say

$$2fyz + 2gzx + 2hxy = 0,$$

where $f + g + h = 0$.

It is a hyperbola passing through the angles of the triangle, and through the harmonic point (1, 1, 1) or $(\frac{1}{3}, \frac{1}{3}, \frac{1}{3})$. Observing that the points in question are the intersections of the two rectangular hyperbolas (pairs of lines) $x(y-z) = 0$, $y(z-x) = 0$, it follows that the harmonic conic is a *rectangular* hyperbola.

60. The coordinates of the centre are f^2, g^2, h^2 and the centre is consequently a point on the circle which is the twofold centre locus.

The asymptotes of course meet in the centre, and they again meet the circle in two points which are the intersections of the circle with the line $fx + gy + hz = 0$.

61. The Harmonic Conic is the same for the satellite lines which have a given direction, and we may to determine it take a satellite line which touches the envelope. If the constants α, β, γ satisfy the condition $\alpha + \beta + \gamma = 0$; then the equation of a satellite line tangent to the envelope is $\frac{x}{\alpha^3} + \frac{y}{\beta^3} + \frac{z}{\gamma^3} = 0$: the coordinates of the point of contact with the envelope are as $\alpha^4 : \beta^4 : \gamma^4$; the coordinates of the twofold centre as $\alpha^2 : \beta^2 : \gamma^2$; the coordinates of the one with twofold centre as

$$\alpha^2(\beta - \gamma) : \beta^2(\gamma - \alpha) : \gamma^2(\alpha - \beta).$$

The values of f, g, h are as $\alpha^3(\beta^3 - \gamma^3) : \beta^3(\gamma^3 - \alpha^3) : \gamma^3(\alpha^3 - \beta^3)$, or what is the same thing, as $\alpha^3(\beta - \gamma) : \beta^3(\gamma - \alpha) : \gamma^3(\alpha - \beta)$, or as $\alpha^2(\beta^2 - \gamma^2) : \beta^2(\gamma^2 - \alpha^2) : \gamma^2(\alpha^2 - \beta^2)$: the last-mentioned values show that the line $fx + gy + hz = 0$ passes through the harmonic point (1, 1, 1) or $(\frac{1}{3}, \frac{1}{3}, \frac{1}{3})$, and also through the point $\left(\frac{1}{\alpha^2}, \frac{1}{\beta^2}, \frac{1}{\gamma^2}\right)$, the inverse of the point $(\alpha^2, \beta^2, \gamma^2)$ which is the twofold centre.

62. On account of the symmetry of the figure in regard to the three asymptotes, it is sufficient to construct the harmonic conic for a direction of the satellite line inclined to the base at an angle not $> 30°$, and this is what is accordingly done: it may however be remarked that for the limiting inclination $= 0°$, that is, when the satellite line is parallel to the base, the harmonic conic becomes a pair of right lines, the base and perpendicular; but that for the other limiting inclination $= 30°$, that is, when the satellite line is perpendicular to one of the legs of the triangle, the harmonic conic is still a proper hyperbola, and is situate symmetrically in regard to the leg in question; the two limiting cases will be readily understood by means of the general case shown in the figure.

63. Imagine now the satellite line moving parallel to itself through the series of positions $ABCMDEA'$; to simplify the figure these are not delineated in their proper positions (but they are merely indicated according to their order of succession), and it is to be understood that they have the following positions, viz.

A, at infinity[1],

B, through the vertex B,

C, touching the envelope,

M, through the vertex M_3,

D, through the vertex D_1,

E, through node X of the envelope,

A', at infinity[1];

then the corresponding positions of the critic centres are

On one branch of the hyperbola,	On the other branch,
A_3, at infinity,	A_1, at infinity: A_2, the harmonic point,
B_3,	B_1, B_2,
C_3, a one-with-twofold centre,	C_{12}, a twofold centre,
M_3,	M_1, M_2 are imaginary,
C_3', a one-with-twofold centre,	C_{12}', a twofold centre,
D_3,	D_1, D_2,
E_3,	E_1, E_2,
A_3', at infinity.	A_1', at infinity; A_2, the harmonic point.

64. For the further explanation of the figure it is to be observed that B_2, B_3 lie on the line joining the midpoints of two sides; and in like manner D_2, D_3 on the line joining the midpoints of two sides; (the imaginary points M_1, M_2 are in like manner on the line joining the midpoints of two sides): these relations depend on the theorem, No. 81, of the Memoir on Involution, viz. that for the satellite lines which pass through a vertex (1, 0, 0) of the triangle, one of the critic centres is the vertex (1, 0, 0), and the other two critic centres are points on the line $-x+y+z=0$, or, what is the same thing, $x=\frac{1}{2}$.

65. Again, the point E_3 is on the line $(x=1)$ through the vertex D, parallel to the base, and the points E_1, E_2 are on the hyperbola (indicated by a dotted line in the figure) $(y+\frac{1}{4})(z+\frac{1}{4})=\frac{5}{16}$; this depends on the theorem Nos. 73 and 74 of the

[1] Strictly speaking a line at infinity is the line infinity, and as such has no definite direction; but we may of course consider a line which moves parallel to itself in opposite senses as having for its limit the line infinity.

Memoir on Involution, viz. the critic centres corresponding to the satellite lines through the point

$$(-4,\ 1,\ 1) \text{ or } (2,\ -\tfrac{1}{2},\ -\tfrac{1}{2})$$

lie one of them on the line $y+z=0$, and the other two on the conic $x(x+y+z)-4yz=0$; reducing by the condition $x+y+z=1$, these equations become respectively $x=1$, and

$$(y+\tfrac{1}{4})(z+\tfrac{1}{4})-\tfrac{5}{16}=0.$$

66. The foregoing positions of the satellite line, and the critic centres, as exhibited in the figure, were selected partly for facility of delineation; I wished however to examine the effect of the passage of the satellite line through a node of the envelope; and it appears that such passage does not give rise to any marked peculiarity in regard to the critic centres. The selected positions are sufficient to indicate the circumstances of the critic centres as the satellite line passes from the position A at infinity continuously to the position A' at infinity; in particular we see that as the line passes from A to C, or from C' to A', there are three real centres; but that as the line passes from C to C' there is only one real centre.

67. The case of the satellite line parallel to the asymptote $x=0$, is included (as already mentioned) as a limiting case in the foregoing one; the harmonic conic is here the pair of lines $x(y-z)=0$; and we have two critic centres on the line $y-z=0$, (the perpendicular), and the third (not properly a critic centre) at infinity on the asymptote $x=0$; in fact, starting with a critic centre on the line $y-z=0$, the polar of the centre in regard to the twofold centre conic or circle is a line parallel to the asymptote $x=0$, and which therefore meets the harmonic conic $x(y-z)=0$ in a second centre on the line $y-z=0$, and in the point at infinity on the line $x=0$. But the analytical theory of the case is peculiar and may be specially considered.

68. Writing $\mu=\nu$, the equation of the satellite line is $\lambda x+\mu(y+z)=0$, or putting $x+y+z=0$ this is $x=\dfrac{\mu}{\mu-\lambda}$. The equation in θ (see Memoir on Involution, No. 20) becomes

$$(\theta+\mu)(\theta^2-\theta\mu-2\lambda\mu)=0;$$

or, disregarding the factor $\theta+\mu=0$, which corresponds to the centre at infinity, the equation is

$$\theta^2-\theta\mu-2\lambda\mu=0,$$

which is a quadratic equation, giving therefore two values of θ, and the corresponding critic centres lie on the perpendicular $y-z=0$, the x coordinate being given by the equation

$$x=\frac{1}{\theta+\lambda}\div\left(\frac{1}{\theta+\lambda}+\frac{2}{\theta+\mu}\right)=\frac{1}{\theta+\lambda}\div\frac{2}{\theta}=\tfrac{1}{2}\,\theta\div(\theta+\lambda).$$

We have therefore conversely

$$\theta=\frac{\lambda x}{\frac{1}{2}-x},$$

and thence

$$\lambda x^2 - \mu x (\tfrac{1}{2} - x) - 2\mu (\tfrac{1}{2} - x)^2 = 0,$$

or, what is the same thing,

$$(\lambda - \mu) x^2 + \tfrac{3}{2} \mu x - \tfrac{1}{2} \mu = 0,$$

so that putting for shortness $\frac{\mu}{\mu - \lambda} = \varpi$, ($\varpi$ denotes the distance of the satellite line from the asymptote $x = 0$) then the equation which determines the distance of the critic centres from the asymptote is

$$x^2 - \tfrac{3}{2} \varpi x + \tfrac{1}{2} \varpi = 0,$$

or we have

$$x = \tfrac{1}{4} (3\varpi \pm \sqrt{9\varpi^2 - 8\varpi}).$$

The condition for a twofold centre is ($\varpi = 0$, which may be disregarded, or else) $\varpi = \frac{8}{9}$, or, what is the same thing, $8\lambda + \mu = 0$.

69. If x_1, x_2 are the coordinates of the two centres, we have

$$2x_1^2 = \varpi (3x_1 - 1),$$
$$2x_2^2 = \varpi (3x_2 - 1),$$

and thence

$$\frac{x_1^2}{x_2} = \frac{3x_1 - 1}{3x_2 - 1},$$

or, reducing,

$$x_1 + x_2 - 3x_1x_2 = 0,$$

a relation connecting the two values x_1, x_2; this equation however only expresses the known relation that the two centres are harmonics of each other in regard to the twofold centre conic or circle.

70. The foregoing examination of the form of the envelope shows very readily what are the positions of the satellite line which give rise to Plücker's groups for the Hyperbolas Δ Redundant.

We have in fact first,

Hyperbolas Δ Redundant, no osculating asymptote.

The satellite line is not parallel to a side of the triangle; and the different positions give the following six of Plücker's groups, viz.

I. Satellite line cuts three sides produced.

II. „ passes through a vertex and cuts opposite side produced.

III. „ passes through a vertex and cuts opposite side.

IV. „ cuts two sides and a side produced, but does not cut the envelope.

V. „ touches the envelope.

VI. „ cuts the envelope.

Next,

Hyperbolas Δ Redundant, one osculating asymptote.

The satellite line is parallel to the osculating asymptote, say to the base of the triangle; and the different positions give the following six of Plücker's groups, viz.

IX. Satellite line above the vertex.

X. " through the vertex.

XI. " below the vertex, but not cutting envelope.

XII. " touches envelope.

XIII. " cuts envelope.

XIV. " lies below the base.

And finally,

Hyperbolas Δ Redundant, three osculating asymptotes.

The position of the satellite line is here completely determined, giving one of Plücker's groups, viz.

XVI. Satellite line at infinity.

71. It may be remarked that in this enumeration no account is taken of the nodes of the envelope: the enumeration was in fact made by Plücker by considerations relating to the critic centres, but without arriving at or making use of the envelope at all: if account were taken of the nodes of the envelope several of the foregoing groups would have to be subdivided according to the different positions of the satellite line in regard to these nodes: but the effect produced by the passage of the satellite line through a node of the envelope is so slight, that I am inclined to think that the enumeration may be properly effected in the foregoing manner, without any account being taken of these nodes.

The Hyperbolas Δ Defective (See fig. 2). Article Nos. 72 to 101.

72. If in the formulæ for the Hyperbolas Δ Redundant we write

$$\begin{aligned} &\tfrac{1}{2}(x+yi) \text{ for } x, \\ &\tfrac{1}{2}(x-yi) \;\;\text{,,}\;\; y, \\ &\lambda-\mu i \;\;\text{,,}\;\; \lambda, \\ &\lambda+\mu i \;\;\text{,,}\;\; \mu, \end{aligned}$$

then the equation of the satellite line is

$$\tfrac{1}{2}(\lambda-\mu i)(x+yi)+\tfrac{1}{2}(\lambda+\mu i)(x-yi)+\nu z=0,$$

which is $\lambda x+\mu y+\nu z=0$ as before; the equation of the line infinity is $x+z=0$, and the equation of the curve is

$$\tfrac{1}{4}(x^2+y^2)z+k(x+z)^2(\lambda x+\mu y+\nu z)=0.$$

We may fix the absolute magnitudes of the coordinates by writing $x+z=1$; and the equation then becomes

$$(x^2+y^2)(1-x)+4k\{(\lambda-\nu)x+\mu y+\nu\}=0.$$

The origin is at the asymptote-point, or intersection of the imaginary asymptotes; the equation of the real asymptote is $x=1$; that of the imaginary asymptotes is $x^2+y^2=0$.

If x and y are ordinary rectangular coordinates then the pair of lines represented by this equation will be an indefinitely small circle, and conversely, if the Asymptote-Point be an indefinitely small circle, then x and y will be rectangular coordinates; and we may without loss of generality assume that this is so.

73. The equation of the envelope is

$$\sqrt[4]{\tfrac{1}{2}(x+yi)}+\sqrt[4]{\tfrac{1}{2}(x-yi)}+\sqrt[4]{z}=0\,;$$

this gives successively

$$\sqrt{\tfrac{1}{2}(x+yi)}+\sqrt{\tfrac{1}{2}(x-yi)}-\sqrt{z}=-\sqrt{2}\,\sqrt[4]{x^2+y^2},$$

$$x+z-\sqrt{x^2+y^2}=2\sqrt{z}\,\{\sqrt{\tfrac{1}{2}(x+iy)}+\sqrt{\tfrac{1}{2}(x-iy)}\},$$

$$(x+z)^2+x^2+y^2-2(x+z)\sqrt{x^2+y^2}=4z\,(x+\sqrt{x^2+y^2}),$$

$$(x-z)^2+x^2+y^2\ =2(x+3z)\sqrt{x^2+y^2},$$

$$\{(x-z)^2+x^2+y^2\}^2=4(x+3z)^2(x^2+y^2)\,;$$

that is

$$(x-z)^4+2(x^2+y^2)\{(x-z)^2-2(x+3z)^2\}+(x^2+y^2)^2=0.$$

Putting $z=1-x$, and therefore $x-z=2x-1$, and $x+3z=3-2x$, this becomes

$$(2x-1)^4+2(x^2+y^2)\{(2x-1)^2-2(2x-3)^2\}+(x^2+y^2)^2=0,$$

that is

$$(x^2+y^2)^2-2(x^2+y^2)(4x^2-20x+17)+(2x-1)^4=0,$$

which may also be written

$$y^4-2y^2(3x^2-20x+17)+9x^4+8x^3-10x^2-8x+1=0,$$

or, what is the same thing,

$$y^4-2y^2(x-1)(3x-17)+(x-1)(9x-1)(x+1)^2=0,$$

for the equation of the envelope. The solution of the equation in y gives

$$y^2=(x-1)(3x-17)\pm(2x-3)\sqrt{-32(x-1)}.$$

74. The original curve $\sqrt[4]{x}+\sqrt[4]{y}+\sqrt[4]{z}=0$ had the three nodes

$$(2,\,-\tfrac{1}{2},\,-\tfrac{1}{2}),\ \ (-\tfrac{1}{2},\,2,\,-\tfrac{1}{2}),\ \ (-\tfrac{1}{2},\,-\tfrac{1}{2},\,2)\,;$$

and thence writing

$$\tfrac{1}{2}(x+yi),\ \tfrac{1}{2}(x-yi),\ z,\ \text{for } x,\ y,\ z,$$

we find the nodes

$$(x=\tfrac{3}{2},\ y=\tfrac{5}{2}i),\quad (x=\tfrac{3}{2},\ y=-\tfrac{5}{2}i),\quad (x=-1,\ y=0);$$

the first and second of these are acnodes, or the curve has a pair of imaginary acnodes; the third is a crunode; and to find the directions at this point, if in the equation of the curve we write $x-1$ for x, the equation becomes

$$y^4-2y^2(x-2)(3x-20)+(x-2)(9x-10)x^2=0;$$

the lowest terms therefore are $20(-4y^2+x^2)=0$; and we have $y=\pm\tfrac{1}{2}(x+1)$ for the equation of the tangents at the crunode.

$y=0$ gives $x=1$, $x=\tfrac{1}{9}$ and (as a twofold value) $x=-1$, which belongs to the crunode.

$x=1$ gives $y^4=0$, or the line $x=1$ is a tangent of four-pointic intersection.

$x=0$ gives $y^4-34y^2+1=0$, that is $y^2=17\pm 12\sqrt{2}$, or $y=\pm(3\pm 2\sqrt{2})$.

75. The curve has a pair of asymptotic parabolas, and taking for the equation of one of them

$$(y-x\sqrt{3}+\beta)^2=-\tfrac{32}{3}(x+\alpha),$$

this gives

$$y=x\sqrt{3}-\beta+\sqrt{-\tfrac{32}{3}(x+\alpha)},$$

and thence

$$\begin{aligned}y^2=3x^2&-2\beta x\sqrt{3}+\beta^2\\ &-\tfrac{32}{3}(x+\alpha)\\ &+2\left(x-\frac{\beta}{\sqrt{3}}\right)\sqrt{-32(x+\alpha)},\end{aligned}$$

which agrees with the value of y^2 in the envelope as to the terms x^2, $x^{\frac{3}{2}}$, and by properly determining α, β, it may be made to agree as to the terms x and $x^{\frac{1}{2}}$.

We have in the parabola

$$\begin{aligned}y^2=3x^2&-2\beta x\sqrt{3}+\beta^2\\ &-\tfrac{32}{3}x-\tfrac{32}{3}\alpha\\ &+\sqrt{-32}\left\{2x\sqrt{x}+\left(\alpha-\frac{2\beta}{\sqrt{3}}\right)\sqrt{x}\right\},\end{aligned}$$

and in the curve

$$\begin{aligned}y^2=3x^2&-20x+17\\ &+\sqrt{-32}\,\{2x\sqrt{x}-4\sqrt{x}\}.\end{aligned}$$

We have therefore

$$-2\beta\sqrt{3}-\tfrac{32}{3}=-20,\ \alpha-\frac{2\beta}{\sqrt{3}}=-4,$$

giving

$$\beta=\frac{14}{3\sqrt{3}}=\frac{14\sqrt{3}}{9},\ \alpha=-\tfrac{8}{9},$$

so that the equation of the parabola is

$$\{y-(x-\tfrac{14}{9})\sqrt{3}\}^2=-\tfrac{32}{3}(x-\tfrac{8}{9});$$

that of the other parabola is of course obtained by merely changing the sign of $\sqrt{3}$.

76. From the foregoing results we may trace the curve, but this may be done somewhat more easily by means of polar coordinates, viz. writing $x=r\cos\theta$, $y=r\sin\theta$, and therefore $z=1-r\cos\theta$, we have

$$\sqrt[4]{\tfrac{1}{2}}\,r\,.\,2\cos\tfrac{1}{4}\theta+\sqrt[4]{1-r\cos\theta}=0,$$

that is

$$r(\cos\theta+8\cos^2\tfrac{1}{4}\theta)=1\,;$$

or since

$$\cos\theta=1-8\sin^2\tfrac{1}{4}\theta\cos^2\tfrac{1}{4}\theta,$$

$$=1-8\cos^2\tfrac{1}{4}\theta+8\cos^4\tfrac{1}{4}\theta,$$

we have

$$\cos\theta+8\cos^4\tfrac{1}{4}\theta=(1-4\cos^2\tfrac{1}{4}\theta)^2$$

$$=(-1-2\cos\tfrac{1}{2}\theta)^2,$$

and the equation is

$$r=\frac{1}{(1+2\cos\tfrac{1}{2}\theta)^2}\,;$$

$\theta=0^\circ$ gives $r=\tfrac{1}{9}$, $\theta=180^\circ$ gives $r=1$, $\theta=240^\circ$ gives $r=\infty$, $\theta=360^\circ$ gives $r=1$,

values which agree with the results obtained by rectangular coordinates.

77. The form is shown in the figure; we see that the curve consists of a lower branch without any singularity; and of an upper branch which cuts itself in the crunode.

78. The equation of the twofold centre locus (making in the form $\sqrt{x}+\sqrt{y}+\sqrt{z}=0$, the foregoing transformation) is

$$\sqrt{\tfrac{1}{2}(x+yi)}+\sqrt{\tfrac{1}{2}(x-yi)}+\sqrt{1-x}=0,$$

that is

$$x+\sqrt{x^2+y^2}=1-x,$$

or

$$\sqrt{x^2+y^2}=1-2x,$$

which is

$$3x^2 - 4x - y^2 = -1,$$

or

$$3(x - \tfrac{2}{3})^2 - y^2 = \tfrac{1}{3},$$

or finally

$$9(x - \tfrac{2}{3})^2 - 3y^2 = 1,$$

which is a hyperbola having its centre at the harmonic point $x = \frac{2}{3}$, $y = 0$; having $x = \frac{1}{3}$, $x = 1$ for the extremities of the transverse axis, and such that the asymptotes are inclined to the axis of x at an angle $= 60°$; this curve is also shown in the figure.

79. Similarly making the transformation in the equation of the one-with-twofold centre locus written under the form $-(-x + y + z)(x - y + z)(x + y - z) + xyz = 0$, this becomes

$$-(-yi + z)(yi + z)(x - z) + \tfrac{1}{4}(x + yi)(x - yi)z = 0,$$

that is

$$-4(y^2 + z^2)(x - z) + (x^2 + y^2)z = 0,$$

which is

$$-4z^2(x - z) + x^2 z + y^2(5z - 4x) = 0,$$

or, what is the same thing,

$$z(x - 2z)^2 + y^2(5z - 4x) = 0,$$

or, putting for z its value $= 1 - x$, this is

$$(1 - x)(3x - 2)^2 + y^2(5 - 9x) = 0,$$

that is

$$y^2 = -\frac{(x - 1)(3x - 2)^2}{9x - 5},$$

which is the equation of the one-with-twofold centre locus.

80. The curve is symmetrical in regard to the axis of x. And moreover

$x < \frac{5}{9}$, y is impossible,

$x = \frac{5}{9}$, $y^2 = \infty$, or the line $x = \frac{5}{9}$ is an asymptote,

$x = \frac{2}{3}$, $y^2 = 0$, which is a crunode,

$x = 1$, $y^2 = 0$,

and

$x > 1$, y is impossible.

The equation of the tangents at the crunode are $y^2 = 3(x - \frac{2}{3})$, or the tangents are inclined to the axis of x at angles $= 60°$. The curve consists, as shown in the figure, of a single branch cutting itself in the crunode, and tending on each side towards the asymptote.

81. The equation of the harmonic conic, making the foregoing transformation in the equation $\frac{\mu-\nu}{x}+\frac{\nu-\lambda}{y}+\frac{\lambda-\mu}{z}=0$, becomes

$$\frac{\lambda-\nu+\mu i}{x+yi}-\frac{\lambda-\nu-\mu i}{x-yi}-\frac{\mu i}{z}=0,$$

that is

$$-2(\lambda-\nu)\,yi+2\mu i\,x-\mu i\,\frac{x^2+y^2}{z}=0,$$

which is

$$\mu(x^2+y^2)-2z\{\mu x-(\lambda-\nu)\,y\}=0,$$

or, what is the same thing,

$$\mu(x^2+y^2-2zx)+2(\lambda-\nu)\,yz=0,$$

which, putting for z its value $=1-x$, is

$$\mu(3x^2+y^2-2x)+2(\lambda-\nu)\,y(1-x)=0,$$

or developing,

$$3\mu x^2-2(\lambda-\nu)\,xy+\mu y^2-2\mu x+2(\lambda-\nu)\,y=0,$$

either of which is the equation of the harmonic conic corresponding to the satellite line $(\lambda-\nu)\,x+\mu y+\nu=0$, or, since the direction is alone material, to the satellite line $(\lambda-\nu)\,x+\mu y=0$. The second form shows that the conic is

an ellipse	for	$3\mu^2>(\lambda-\nu)^2$,
a parabola	"	$3\mu^2=(\lambda-\nu)^2$,
a hyperbola	"	$3\mu^2<(\lambda-\nu)^2$.

82. The first form shows that the conic passes through the four points which are the intersection of the ellipse $3x^2+y^2-2x=0$, (or, as the equation may also be written, $9(x-\tfrac{1}{3})^2+3y^2=1$), with the pair of lines $(x-1)\,y=0$: this is right, for the points in question are the three points $(x=0,\ y=0)$, $(x=1,\ y=i)$, $(x=1,\ y=-i)$, which are the vertices of the triangle formed by the asymptotes $(x^2+y^2)(x-1)=0$; and the point $x=\tfrac{2}{3}$, $y=0$, which is the harmonic point.

83. Putting for shortness $\lambda-\nu=\kappa$, so that the equation of the satellite line is $\kappa x+\mu y+\nu=0$, and that of the corresponding harmonic conic is

$$\mu(3x^2+y^2-2x)+2\kappa y(1-x)=0,$$

the coordinates of the centre are found from the formulæ

$$\tfrac{1}{2}(x+yi)\ :\ \tfrac{1}{2}(x-yi)\ :\ z=(\kappa+\mu i)^2\ :\ (\kappa-\mu i)^2\ :\ -4\mu^2,$$

whence, since $x+z=1$, we have for the coordinates of the centre

$$x=\frac{\mu^2-\kappa^2}{3\mu^2-\kappa^2},\quad y=\frac{-2\mu\kappa}{3\mu^2-\kappa^2},$$

and it is easy to verify that these belong to a point on the twofold centre conic

$$3x^2-4x-y^2+1=0.$$

84. The asymptotes of the harmonic conic meet at the centre; and they again cut the twofold centre conic in two points, the intersections of the last-mentioned conic with the line

$$(\kappa+\mu i)\,\tfrac{1}{2}(x+yi)+(-\kappa+\mu i)\,\tfrac{1}{2}(x-yi)-2\mu iz=0$$

that is

$$\mu x+\kappa y-2\mu z=0,$$

or, what is the same thing,

$$3\mu x+\kappa y-2\mu=0.$$

85. I remark that the equation of the asymptotes of the harmonic conic is

$$(3\mu^2-\kappa^2)\,[\mu\,(3x^2+y^2-2x)+2\kappa y\,(1-x)]+\mu\,(\mu^2+\kappa^2)=0,$$

and that the theorem for the construction of the asymptotes depends on the identical equation

$$(3\mu^2-\kappa^2)\,[\mu\,(3x^2+y^2-2x)+2\kappa y\,(1-x)]+\mu\,(\mu^2+\kappa^2)+3\mu\,(\mu^2+\kappa^2)\,(3x^2-y^2-4x+1)$$
$$=-2\,[-(3\mu^2-\kappa^2)\,x+2\mu\kappa\,y+\mu^2+\kappa^2]\,(3\mu x+\kappa y-2\mu),$$

which is easily verified; and where

$$-(3\mu^2-\kappa^2)\,x+2\mu\kappa\,y+\mu^2+\kappa^2=0$$

is the equation of the tangent of the twofold centre conic $3x^2-y^2-4x+1=0$ at the centre of the harmonic conic.

86. On account of the symmetry in regard to the axis of x, it will be sufficient to attend to the series of curves corresponding to a direction $y=-\dfrac{\kappa}{\mu}x$ of the satellite line, for which the ratio $-\dfrac{\kappa}{\mu}$ has a given sign; and the inclination of the satellite line to the asymptote will pass from 90° to 0° according as the value of the ratio $-\dfrac{\kappa}{\mu}$ passes from 0 to ∞.

87. First, if $-\dfrac{\kappa}{\mu}$ is $=0$, that is, if the satellite line be perpendicular to the asymptote, then the harmonic conic is the ellipse

$$3x^2+y^2-2x=0,$$

or, as it may also be written,

$$9\,(x-\tfrac{1}{3})^2+3y^2=1.$$

As $-\dfrac{\kappa}{\mu}$ increases from 0 to $\sqrt{3}$, that is, as the inclination of the satellite line diminishes from 90° to 30°, the harmonic conic becomes an ellipse of greater and greater excentricity, and ultimately a parabola.

88. I notice the particular case $-\frac{\kappa}{\mu}=\frac{1}{2}$, which corresponds to the direction parallel to one of the nodal tangents of the envelope: the harmonic conic is in this case the ellipse

$$3x^2+y^2-2x-y+xy=0,$$

which, it will be observed, passes through the point $(x=0,\ y=1)$ which is one of the points of intersection of the twofold centre locus or hyperbola $3x^2-4x-y^2=-1$ by the line $x=0$.

89. For the value $-\frac{\kappa}{\mu}=\sqrt{3}$ corresponding to a direction inclined at an angle $=30^\circ$ to the asymptote, the harmonic conic becomes the parabola $(x\sqrt{3}-y)^2-2(x-y\sqrt{3})=0$: this equation may also be written $(x-\frac{1}{2})^2+y^2=\frac{1}{4}(x+y\sqrt{3}-1)^2$, a form which puts in evidence the focus and directrix of the parabola.

90. For a value $-\frac{\kappa}{\mu}>\sqrt{3}$, that is, when the satellite line is inclined to the asymptote at an angle $<30^\circ$, the harmonic conic is a hyperbola, and ultimately when $-\frac{\kappa}{\mu}=\infty$, or the satellite line is parallel to the asymptote, the harmonic conic becomes the pair of lines $y(1-x)=0$.

91. I have in the figure shown the following forms of the harmonic conic; viz.

hyperbola, corresponding to inclination $<30^\circ$ of satellite line to asymptote.

parabola, to inclination $=30^\circ$.

$$\left.\begin{array}{l}\text{ellipse}\\ \text{ellipse}\\ \text{ellipse}\end{array}\right\}\text{to inclination}\begin{array}{c}<\\=\\>\end{array}\left\{\text{inclination } (=\tan^{-1}2) \text{ of a nodal tangent of the envelope,}\right.$$

and for these forms respectively the successive positions of the satellite line are indicated as follows:

92. For the inclination $<30^\circ$, the positions are $ACMC'DEA'$, viz.

A, at infinity,

C, touching lower branch of envelope,

M, between C and C',

C', touching upper branch of envelope,

D, passing through asymptote point D_1,

E, passing through crunode of envelope,

A', at infinity.

The corresponding positions of the critic centres on the hyperbola are

On one branch of hyperbola.	On the other branch.
A_1, A_3, each at infinity,	A_2, the harmonic point,
B_1, B_3,	B_2,
C_{13}, a twofold centre,	C_2, a one-with-twofold centre,
	M_2, a real centre,
	$\{C'_3$, a one-with-twofold centre and $\{C'_{12}$, a twofold centre,
	$\{D_3$ and $\{D_1$ (Asymptote-Point), D_2,
	E_3 and E_1, E_2,
	$\{A'_3$, at infinity, and $\{A'_1$, at infinity, A_2, harmonic point.

93. For inclination $=30°$ the positions are $(AC)MC'DE(A'C)$, viz.

AC, at infinity, touches envelope at infinity,
M, between (AC) and C',
C', touching upper branch of envelope,
D, passing through asymptote point D_1,
E, passing through crunode of envelope,
$A'C$, at infinity touches envelope at infinity.

The corresponding positions of the critic centres on the parabola are

A_2, (harmonic point) a one-with-twofold centre; $A_{13}=A'_{13}$ at infinity, a twofold centre,
M_2, real centre, the other two centres being imaginary,
C'_{12}, a twofold centre, C'_3, a one-with-twofold centre,
D_1, (asymptote point), D_3; D_2,
E_1, E_3; E_2.
A_{13}, $=A'_{13}$, at infinity, a one-with-twofold centre; A_2 (harmonic point) a twofold centre.

94. For inclination $=\tan^{-1}2$, the positions are $AMC'D(EC'')NA'$, viz.

A, at infinity,
M, between A and C',
C', touching upper branch of envelope,
D, through asymptote point D_1,
EC''_1, touching upper branch of envelope at crunode N between EC'' and A',
A', at infinity.

And the corresponding positions of the critic centres on the ellipse are

A_2, (harmonic point), the other two centres imaginary,

M_2, real centre, the other two centres imaginary,

C''_{12}, a twofold centre, C'_3 a one-with-twofold centre,

D_1, (asymptote point), $D_2 : D_3$,

$C''E_{13}$, twofold centre, $C''E_2$ one-with-twofold centre,

N_2, real centre, the other two centres imaginary,

A_2, harmonic point; the other two centres imaginary.

95. And for the inclinations $<$ and $> \tan^{-1}2$, the only difference is that the positions are $AC'DEC''A'$, viz.

A, at infinity,

M, between A and C'',

C', touching upper branch of envelope,

D, through asymptote point D_1,

E, through crunode,

C'', touching upper branch of envelope,

N, between C'' and A',

A', at infinity,

and that instead of the points $C''E_{13}$ and $C''\,E_2$ we have separately the points C''_{13}, C''_2 and E_1, E_3, E_2 as shown in the figure.

96. For the better understanding of the figure it is to be observed that the points D_2 and D_3 lie on the line $x=\frac{1}{2}$: this depends on the theorem No. 81 of the Memoir on Involution, viz. of the critic centres which belong to a satellite line through the vertex (0, 0, 1), one is the vertex itself, the other two lie on the line $x+y-z=0$; or making the transformation $\frac{1}{2}(x+iy)$, $\frac{1}{2}(x-iy)$, z for x, y, z and writing $x+z=1$, of the critic centres which pass through the vertex (0, 0, 1) (the asymptote point), one is this point itself, the other two lie on the line $x-z=0$, that is $x=\frac{1}{2}$.

97. Again it is to be observed that the centre E_3 lies on the line $x=0$, and the centres E_1, E_2 on the circle (indicated by a dotted line in the figure) $(x+\frac{1}{2})^2+y^2=\frac{5}{4}$: this depends on the theorem Nos. 73 and 74 of the Memoir on Involution, viz. of the critic centres for satellite lines through the node (acnode) (1, 1, -4), one lies on the line $x+y=0$, and the other two lie on the conic $z(x+y+z)-4xy=0$; making the substitution

$$\tfrac{1}{2}(x+yi),\quad \tfrac{1}{2}(x-yi),\quad z \quad \text{for } x,\ y,\ z,$$

and writing also $x+z=1$, we find that, for the satellite lines which pass through the crunode (1, 0, 2), the critic centres lie one on the line $x=0$, the other two on the conic

$$z(x+z)-x^2-y^2=0,$$

that is, on the circle $x^2+y^2+x-1=0$, or $(x+\tfrac{1}{2})^2+y^2=\tfrac{5}{4}$.

98. The circle in question cuts the twofold centre conic $3x^2-4x-y^2=-1$ at its intersections with the line $x=0$, viz. in the points $x=0$, $y=\pm 1$; and it moreover touches the one-with-twofold centre locus $y^2=\dfrac{-(x-1)(3x-2)}{9x-5}$ at a point where this same circle meets the ellipse $3x^2+xy+y^2-2x-y=0$, which is the harmonic conic corresponding to the inclination $\tan^{-1} 2$. In fact, writing down the three equations,

$$x^2+y^2+x-1=0,$$

$$3x^2+xy+y^2-2x-y=0,$$

$$y^2=-\frac{(x-1)(3x-2)^2}{9x-5},$$

the first and third equations give

$$-\frac{(x-1)(3x-2)^2}{9x-5}=1-x-x^2,$$

that is

$$-(x-1)(3x-2)^2+(9x-5)(x^2+x-1)=0,$$

or, reducing,

$$(5x-3)^2=0,$$

that is $x=\tfrac{3}{5}$, and then from the first or third equation $y^2=\tfrac{1}{25}$, or $y=\pm\tfrac{1}{5}$; hence the circle *touches* the one-with-twofold centre locus at the points

$$x=\tfrac{3}{5},\quad y=-\tfrac{1}{5};\quad x=\tfrac{3}{5},\quad y=+\tfrac{1}{5};$$

and by means of the second equation we see that the first of these points, viz. the point $x=\tfrac{3}{5}$, $y=-\tfrac{1}{5}$, is a point of the ellipse or harmonic conic $3x^2+xy+y^2-2x-y=0$.

99. I consider the analytical theory of the case where the satellite line is parallel to the asymptote; this is in fact similar to the theory *ante* Nos. 67—69; writing

$$\tfrac{1}{2}(x+yi),\quad \tfrac{1}{2}(x-yi),\ z,\ \lambda-\mu i,\ \lambda+\mu i,\ \nu$$

in the place of $x, y, z, \lambda, \mu, \nu$, and putting afterwards $\mu=0$, that is, in the transformed equation $\lambda x+\mu y+\nu z=0$ writing $\mu=0$, we find for the satellite line $\lambda x+\nu(1-x)=0$; the equation in θ (the factor $\theta+\lambda=0$ being disregarded) is

$$\theta^2-\lambda\theta-2\lambda\nu=0,$$

and the corresponding critic centres lie on the line $y=0$, at the distances given by the equation

$$x:1-x=\frac{2}{\theta+\lambda}:\frac{1}{\theta+\nu},\quad \text{whence } x=\frac{\theta}{\theta+\lambda},\quad z=1-x=\frac{\lambda}{\theta+\lambda};$$

we have then

$$\theta = \frac{\lambda(1-z)}{z},$$

and the values of z are given by the equation

$$\lambda(1-z)^2 - \lambda z(1-z) - 2\nu z^2 = 0,$$

that is

$$2(\lambda-\nu)z^2 - 3\lambda z + \lambda = 0,$$

which, putting $\frac{\nu}{\nu-\lambda} = 1-\varpi$, or $\varpi = \frac{\lambda}{\lambda-\nu}$ (ϖ is the distance of the satellite line from the asymptote $z=0$), becomes

$$2z^2 - 3\varpi z + \varpi = 0,$$

or we have

$$z = \tfrac{1}{4}\{3\varpi \pm \sqrt{\varpi(9\varpi-8)}\}.$$

The condition for a twofold centre is ($\varpi = 0$ which may be disregarded, or else)

$$9\varpi - 8 = 0;$$

or, what is the same thing, $\lambda + 8\nu = 0$.

100. If z_1, z_2 are the coordinates of the two critic centres, then we have

$$2z_1^2 = \varpi(3z_1 - 1),$$

$$2z_2^2 = \varpi(3z_2 - 1),$$

and thence

$$\frac{z^2}{z_2^2} = \frac{3z_1 - 1}{3z_2 - 1};$$

or, reducing,

$$3z_1z_2 - z_1 - z_2 = 0,$$

or in terms of the x-coordinates

$$3x_1x_2 - 2(x_1 + x_2) + 1 = 0,$$

which equation however merely expresses that the two centres are harmonics to each other in regard to the twofold centre conic $3x^2 - 4x - y^2 + 1 = 0$. It is right to remark that the formulæ, although referring to a different system of coordinates, are absolutely identical with those given Nos. 67—69, writing therein ν for μ, and z for x.

101. An inspection of the form of the envelope shows what are the positions of the satellite line which gives rise to Plücker's Groups for the Hyperbolas Δ Defective. We have in fact,

Hyperbolas Δ Defective, asymptote not osculating.

The satellite line is not parallel to the asymptote, and the different positions give the following six of Plücker's Groups, viz.

XVIII. Satellite line cuts upper, cuts lower, branch of envelope.

XX. „ „ „ „ and passes through asymptote point.

XIX. Satellite line touches upper, cuts lower, branch.

XXI. „ does not cut upper, cuts lower, branch.

XXIII. „ „ „ , touches lower branch.

XXII. „ „ „ , does not cut lower branch.

Hyperbolas Δ Defective, asymptote osculating.

The satellite line is parallel to the asymptote, and we have the six groups,

XXVIII. Satellite line cuts upper branch, cuts lower branch of envelope, viz. it lies above the asymptote point.

XXIX. Do, Do, but it passes through the asymptote point.

XXX. Do, Do, but it lies below the asymptote point.

XXXI. Satellite line touches upper branch, cuts lower branch.

XXXII. „ does not cut upper branch, cuts lower branch.

XXXIII. „ „ „ , does not cut lower branch, viz. it lies below the asymptote.

And finally,

Hyperbolas Δ Defective, three osculating asymptotes.

Satellite line at infinity, giving the single group

XXXV.

But the division gives rise to a remark such as is made *ante* No. 71.

As to the Groups of the Hyperbolas ⊙. Article Nos. 102 to 104.

102. Taking $z=0$ as the equation of the line infinity, and $x=0$, $y=0$ as the equation of any two lines through the point of intersection of the asymptotes, or 'asymptote point,' then the equation of the cubic may be taken to be

$$\tfrac{1}{3}(a,\ b,\ c,\ d\between x,\ y)^3+kz^2(\lambda x+\mu y+\nu z)=0.$$

103. To determine the critic centres we have

$$(a,\ b,\ c\between x,\ y)^2+kz^2\lambda=0,$$

$$(b,\ c,\ d\between x,\ y)^2+kz^2\mu=0$$

$$2z(\lambda x+\mu y+\nu z)+z^2\nu=0,$$

and thence

$$\mu(a,\ b,\ c ⟅ x,\ y)^2 - \lambda(b,\ c,\ d ⟅ x,\ y)^2 = 0,$$

or as it may also be written

$$(\mu a - \lambda b,\ \mu b - \lambda c,\ \mu c - \lambda d ⟅ x,\ y)^2 = 0,$$

and also

$$2(\lambda x + \mu y) - 3\nu z = 0,$$

which two equations determine the critic centres for a given position of the satellite line; the first of them gives a pair of lines through the asymptote point; the latter is a line parallel to the satellite line: there are thus two critic centres.

104. The condition for a twofold centre is

$$(ac - b^2,\ bc - ad,\ bd - c^2 ⟅ \lambda,\ \mu)^2 = 0,$$

so that there are a pair of twofold centres which will be real if

$$(bc - ad)^2 - 4(ac - b^2)(bd - c^2) = +,$$

imaginary if

$$(bc - ad)^2 - 4(ac - b^2)(bd - c^2) = -,$$

that is, the twofold centres will be real or imaginary, according as the equation

$$(a,\ b,\ c,\ d ⟅ x,\ y)^3 = 0$$

has its roots one real and two imaginary, or all three real; viz. the twofold centres are real for the Hyperbolas ⊙ Defective; imaginary for the Hyperbolas ⊙ Redundant. And we see also that for the Hyperbolas ⊙ Redundant the critic centres are always real; but that for the Hyperbolas ⊙ Defective, they may be both real, or both imaginary, or may coincide together, giving a twofold centre. But the two cases are best studied by assuming different special forms for the equation.

The Hyperbolas ⊙ Redundant. Article Nos. 105 to 107.

105. The equation may be taken to be

$$xy(x - y) + kz^2(\lambda x + \mu y + \nu z) = 0,$$

or writing $z = 1$, then the equation is

$$xy(x - y) + k(\lambda x + \mu y + \nu z) = 0.$$

We may, to fix the ideas, consider the case where the three asymptotes are parallel to the sides of an equilateral triangle; x, y, and $x - y$ will then denote the perpendicular distances of the point from the three asymptotes respectively.

106. The critic centres are given by the equations

$$2(\lambda x + \mu y) - 3\nu = 0,$$
$$\lambda x^2 - 2(\lambda + \mu) xy + \mu y^2 = 0;$$

or, what is the same thing, they are the intersections of the line

$$2(\lambda x + \mu y) - 3\nu = 0$$

by the two real lines

$$\lambda x = [(\lambda + \mu) \pm \sqrt{\lambda^2 + \lambda\mu + \mu^2}]\, y.$$

107. The groups are

Hyperbolas ⊙ Redundant. No osculating asymptote.

The satellite line not parallel to any asymptote, that is $\lambda = 0$, $\mu = 0$, $\lambda + \mu = 0$. We have the two groups

VII. Satellite line does not pass through asymptote point (ν not $= 0$).

VIII. Satellite line passes through asymptote point ($\nu = 0$).

Hyperbolas ⊙ Redundant. One osculating asymptote. Satellite line is parallel to an asymptote, suppose to the asymptote $x = 0$; that is, $\mu = 0$, or the satellite line is $\lambda x + \nu = 0$. We have only the group

XV.

Hyperbolas ⊙ Redundant. Three osculating asymptotes. Satellite line lies at infinity, that is, $\lambda = 0$, $\mu = 0$. We have only the group

XVII.

The Hyperbolas ⊙ Defective. Article Nos. 108 to 110.

108. The equation may be taken to be

$$\tfrac{1}{3} x (x^2 + y^2) + kz^2 (\lambda x + \mu y + \nu z) = 0,$$

or writing $z = 1$, then it is

$$\tfrac{1}{3} x (x^2 + y^2) + k (\lambda x + \mu y + \nu) = 0,$$

and if to fix the ideas we take the case where the two imaginary asymptotes are the asymptotes of a circle, then x, y will be ordinary rectangular coordinates.

109. The critic centres are given by the equations

$$2(\lambda x + \mu y) - 3\nu = 0,$$
$$3\mu x^2 - 2\lambda xy + \mu y^2 = 0,$$

that is they are the intersections of the line $2(\lambda x + \mu y) - 3\nu = 0$ (which is a line parallel to the satellite line, on the other side of the asymptote point and at a distance from it $= \tfrac{3}{2}$ distance of satellite line) by the pair of lines

$$3\mu x = (\lambda \pm \sqrt{\lambda^2 - 3\mu^2})\, y.$$

Hence the critic centres are real if $\lambda^2 > 3\mu^2$, that is, if the satellite line is inclined to the asymptote at an angle $> 60°$; imaginary if $\lambda^2 < 3\mu^2$, that is, if the satellite line is inclined to the asymptote at an angle $< 60°$: and there is a twofold centre if $\lambda^2 = 3\mu^2$, that is, if the inclination is $= 60°$. This assumes, however, that ν is not $= 0$, that is that the satellite line does not pass through the asymptote point; when it does the distinction of the cases disappears. Hence the groups are

110. Hyperbolas ⊙ Defective. No osculating asymptote. The Satellite line is not parallel to the asymptote, and the groups are,

Satellite line not passing through asymptote point.

XXIV. Satellite line inclined to asymptote at angle $> 60°$.

XXV. „ „ „ „ $= 60°$.

XXVI. „ „ „ „ $< 60°$.

Satellite line passes through asymptote point, the single group

XXVII.

Hyperbolas ⊙ Defective. Real osculating asymptote. The satellite line is parallel to the asymptote, and we have the single group

XXXIV.

Hyperbolas ⊙ Defective. Three osculating asymptotes. Satellite line is at infinity and we have the single group

XXXVI.

The foregoing theory of the hyperbolas Δ and ⊙ completes the enumeration of the groups I. to XXXVI.

As to the groups of the parabolic hyperbolas. Article Nos. 111 to 115.

111. I consider the equation in the form

$$\tfrac{1}{2}x(by^2 + cz^2 + 2gzx) + kz^2(\mu y + \nu z) = 0,$$

viz. the cubic $x(by^2 + cz^2 + 2gzx) = 0$ is made up of a conic $by^2 + cz^2 + 2gzx = 0$, and a line $x = 0$; the other cubic $z^2(\mu y + \nu z) = 0$ is made up of a tangent of the conic, regarded as a twofold line, $z^2 = 0$, and of a line $\mu y + \nu z = 0$ through the point of contact of such tangent.

112. To determine the critic centres we have

$$\begin{aligned} x \,.\, gz + \tfrac{1}{2}(by^2 + cz^2 + 2gzx) &= 0,\\ x \,.\, by + kz \,.\, \mu z &= 0,\\ x(cz + gz) + kz(2\mu y + 3\nu z) &= 0; \end{aligned}$$

eliminating k from the second and third equations

$$\mu z(cz+gx)-by(2\mu y+3\nu z)=0,$$

that is

$$-2b\mu y^2+c\mu z^2+g\mu zx-3b\nu yz=0\ ;$$

or reducing by means of the first equation written under the form

$$by^2+cz^2+4gzx=0,$$

we find

$$3c\mu z^2+9g\mu zx-3b\nu yz=0,$$

that is $z=0$, which may be rejected, or else

$$c\mu z+3g\mu x-b\nu y=0,$$

or, as it may be written,

$$\mu(3gx+cz)-\nu by=0.$$

Hence the entire series of critic centres lie on the conic

$$by^2+cz^2+4gzx=0,$$

and corresponding to the satellite line $\mu y+\nu z=0$, we have the two critic centres which are the intersections of the conic by the line

$$\mu(3gx+cz)-\nu by=0,$$

the lines pass through the fixed point $3gx+cz=0$, $y=0$, and form a pencil homographic with the satellite lines $\mu y+\nu z=0$.

113. We have a twofold centre if the line touches the conic, the condition for this is

$$(bc,\ -4g^2,\ 0,\ 0,\ -2bg,\ 0\between 3g\mu,\ -b\nu,\ c\mu)^2=0,$$

that is $3bg^2(3c\mu^2+4b\nu^2)=0$, or simply,

$$3c\mu^2+4b\nu^2=0,$$

and from this and the equation $\mu y+\nu z=0$, eliminating μ and ν we find

$$4by^2+3cz^2=0,$$

for the equation of the satellite lines which respectively give rise to a twofold centre; the lines in question are real or imaginary according as the lines $by^2+cz^2=0$ are real or imaginary, that is, according as the line $x=0$ cuts the conic $by^2+cz^2+2gzx=0$ in two real, or in two imaginary, points.

114. Writing now $b=1$, $c=-mn$, $2g=n$ and $x+mz$ in the place of z, the equation is

$$(x+mz)(y^2+nzx)+2kz^2(\mu y+\nu z)=0,$$

and we may consider $z=0$ as the equation of the line infinity: writing in the formulæ $z=1$, the critic centres are given as the intersection of the parabola

$$y^2+2nx+mn=0,$$

with the line

$$\nu y=\tfrac{1}{2}\mu n(3x+m);$$

and the condition for a two-fold centre is

$$4\nu^2-3mn\mu^2=0;$$

the equation of the satellite lines corresponding respectively to a two-fold centre is

$$4y^2-3mn=0;$$

the lines are real or imaginary according as mn is positive or negative, or (observing that the equations $x+m=0$, $y^2+nx=0$ give $y^2-mn=0$), according as the line $x+m=0$ cuts or does not cut the parabola $y^2+nx=0$. Suppose for a moment that the line does cut the parabola and that y_1 is the corresponding value of y, then $y_1^2=mn$; and the equation $4y^2-3mn=0$ of the satellite lines which correspond respectively to the case of a two-fold centre is $y^2=\tfrac{3}{4}y_1^2$. We have thus $y=\pm y_1$ and $y=\pm\sqrt{\tfrac{3}{2}}\,y_1$ as special positions of the satellite line $\mu y+\nu=0$. In the case where the line $x+m=0$ touches the parabola $y^2+nx=0$, the value of y_1 is $=0$, and we have only the special position $y=0$; finally, when the line does not cut the parabola there is no special position.

115. Plücker's groups are consequently as follows:

Parabolic Hyperbolas; ordinary asymptote and five-pointic asymptotic parabola, that is the line $\mu y+\nu=0$ is not at infinity.

Asymptote cuts parabola, $mn=+$.

XXXVII. Satellite line lies outside the lines $y=\pm y_1$ which belong to the points of intersection.

XXXVIII. Satellite line passes through a point of intersection, that is, coincides with one of the lines $y=\pm y_1$.

XXXIX. Satellite line lies between the lines $y=\pm y_1$ and $y=\pm\sqrt{\tfrac{3}{2}}\,y$.

XL. Satellite line coincides with one of the lines $y=\pm\sqrt{\tfrac{3}{2}}\,y_1$, which give respectively a two-fold centre.

XLI. Satellite line lies between the lines $y=\pm\sqrt{\tfrac{3}{2}}\,y_1$.

Asymptote touches parabola, viz. $m=0$.

XLIII. Satellite line does not pass through the point of contact.

XLIV. Satellite line passes through point of contact or its equation is $y=0$.

Asymptote does not cut parabola, viz. $mn=-$. This gives the single group

XLII.

Parabolic hyperbolas. Osculating asymptote and six-pointic asymptotic parabola. The satellite line is here at infinity, and there is no new distinction of groups. The groups therefore are

Asymptote cuts parabola,

XLV.

Asymptote does not cut parabola,

XLVI.

Asymptote touches parabola,

XLVII.

As to the Groups of the Central and Parabolic Hyperbolisms. Article No. 116.

116. For the Hyperbolisms, Central and Parabolic, since these have a node or a cusp at infinity, they cannot acquire a new node, and the theory of critic centres does not arise. There is, however, as regards the Hyperbolisms of the Hyperbola a distinction in the position of the satellite line, viz. this may lie outside, or between, the parallel asymptotes. The groups are

Hyperbolisms of the Hyperbola. Ordinary asymptote. The satellite line is not at infinity, and it may lie in either of the positions just mentioned. We have therefore

XLVIII. Satellite line lies between the parallel asymptotes.

XLIX. „ „ outside „ „ .

Osculating asymptote; the satellite line is at infinity. We have

L.

Hyperbolisms of the Ellipse. Ordinary asymptote. The satellite line is not at infinity, and we have

LI.

Osculating asymptote. Satellite line is at infinity,

LII.

Hyperbolisms of the Parabola. Ordinary asymptote. Satellite line is not at infinity we have

LIII.

Osculating asymptote: satellite line is at infinity: we have

LIV.

As to the Groups of the Divergent Parabolas. Article Nos. 117 and 118.

117. Taking the equation under the form

$$ax^3 + by^2z + kz^2(\lambda x + \nu z) = 0,$$

we find for a critic centre

$$3ax^2 + kz \,.\, \lambda z = 0,$$
$$2byz = 0,$$
$$by^2 + kz(2\lambda x + 3\nu z) = 0;$$

hence there is a single critic centre $y=0$, $2\lambda x + 3\nu z = 0$, the critic value of k is $k = \frac{-27a\nu^2}{4\lambda^3}$, and with this value of k the equation in fact is

$$4\lambda^3(ax^3 + by^2z) - 27a\nu^2(\lambda x + \nu z)z^2 = 0,$$

that is

$$a(4\lambda^3x^3 - 27\lambda^2\nu x^2z - 27\nu^2z^2) + 4\lambda^3by^2z = 0,$$

or, as it may be written,

$$a(2\lambda x + 3\nu z)^2(\lambda x - 3\nu z) + 4\lambda^3by^2z = 0,$$

which puts in evidence the critic centre or node of the curve. But, as there is here only a single critic centre, there is of course no further theory of the two-fold centre, &c.

118. The groups are as given *à priori* by the relation of the satellite line $\lambda x + \nu z = 0$, to the semicubical parabola $ax^3 + by^2z = 0$, viz. writing $z=1$ and changing the constants,

Divergent Parabolas, the semicubical parabola $y^2 = x^3$, which is

LV.

Divergent Parabolas, Asymptotic Semicubical Parabola of seven-pointic contact, viz. equation of the asymptotic parabola being $y^2 - x^3 = 0$, and writing for convenience $k(\lambda x + \nu) = -3ax + 2b = 0$ for the equation of the satellite line, the equation of the curve is $y^2 = x^3 - 3ax + 2b$. And the groups are

LVI. Satellite line cuts asymptotic parabola.

LVII. „ does not cut „ „ .

LVIII. „ passes through vertex of parabola.

And further

Divergent Parabolas. Asymptotic Semicubical Parabola of nine-pointic intersection. The satellite line is at infinity, and the equation is $y^2 = x^3 + 2b$. This is group

LIX.

As to the Trident Curve and the Cubical Parabola. Article Nos. 119 and 120.

119. For the Trident Curve, equation is $x(x^2 + \lambda y) + \mu = 0$, or the satellite line is at infinity, and there is no distinction of groups; we have only group

LX.

120. For the Cubical Parabola this is $x^3 + \mu y = 0$, there is no distinction of groups, and the curve is group

LXI.

As to the Division into Species: Comparison of Newton and Plücker.

Article Nos. 121 and 122.

121. The division into species is obtained without difficulty when the groups are once established; in fact it only remains to trace for each given form of V and s the series of curves $V+\mu s=0$, as μ passes from ∞ to $-\infty$ through the value 0 and the critic values which correspond to nodal curves: I have nothing to add to what has been done by Plücker, and it is unnecessary to reproduce the investigation. It may be remarked that the mere inspection of Plücker's figures is sufficient to show which of his species correspond to the same Newtonian species; the species which do so belong to the same Newtonian species in some instances closely resemble each other in form, although in others the difference of form is apparent enough: but the Plückerian species which correspond to the same Newtonian species belong for the most part to different groups and are thus distinguished from each other by the characters which distinguish the groups to which they respectively belong: thus for instance Newton's Species 1 (a hyperbola Δ Redundant) is characterised as consisting of three hyperbolic branches, one inscribed, one circumscribed, and one ambigene, with an oval. Such a curve may exist with three different positions of the satellite line in regard to the asymptotes, viz. the satellite line may cut the three sides produced, or it may pass through a vertex, cutting the opposite side produced, or it may cut two sides and the third side produced, not cutting the envelope—which are the characters of Plücker's groups I, II, IV, respectively, and there belongs to the Newtonian species 1, a species out of each of these groups, viz. they are I. 1; II. 9, and IV. 18.

122. The correspondence of the Plückerian Species with those of Newton is shown in the following Table.

Newton's Genus 1, contains 9 Species, viz.

corresponding to Plücker's Species

	1	2	3	4	5	6	7	8	9
I.	1			2	3	8	7	4	5, 6
II.	9			10	11			12	13, 14
III.									15
IV.	18	17		19	16, 20			21	22, 23
V.			25		24, 26			27	28, 29
VI.					30			31	32, 33

Part of Newton's Genus 4, contains 3 Species, viz.

corresponding to Plücker's Species

	24	25	26
VII.	34	35	36
VIII.		37	

Newton's Genus 2, contains 14 Species, viz.

10 10′ 11 12 13 13′ 14 15 16 17 18 19 20 21

corresponding to Plücker's Species

	10	10′	11	12	13	13′	14	15	16	17	18	19	20	21
IX.	38				39		40			43	42		41	
X.	44				45		46						47	
XI.	50		49		51		48, 52						53	
XII.				55			54, 56						57	
XIII.							58						59	
XIV.		60				61		62	65			63		64

Further part of Newton's Genus 4, contains 4 Species, viz.

28 29 30 31

corresponding to Plücker's Species

	28	29	30	31
XV.	69	66	67	68

Newton's Genus 3, contains 4 Species, viz.

22 22′ 22″ 23

corresponding to Plücker's Species

	22	22′	22″	23
XVI.	72	70	71	73

Residue of Newton's Genus 4, contains 1 Species, viz.

32

corresponding to Plücker's Species

	32
XVII.	74

Newton's Genus 5, contains 6 Species, viz.

33 34 35 36 37 38

corresponding to Plücker's Species

	33	34	35	36	37	38
XVIII.	77, 82	78, 81		76	75, 79, 80	
XIX.	88	87	84		83, 85, 86	
XX.	89	90			91	
XXI.	92	93			94, 95	
XXII.	96, 100	97, 101		99	98, 102, 103	
XXIII.	104	105	107		106, 108, 109	
XXIV.	112	113		111	110, 114, 115	
XXV.			117		116, 118, 119	
XXVI.					120	
XXVII.						121

Newton's Genus 6, contains 7 species, viz.

corresponding to Plücker's Species

	39	40	41	42	43	44	45
XXVIII.	122	125	123			126	124, 127
XXIX.	128	131	129				130
XXX.	134	137	135		133		132, 136
XXXI.		141		139			138, 140
XXXII.		143					142
XXXIII.	144	148	145				146, 149
XXXIV.		152					150, 153
XXXV.	154		155				156, 157
XXXVI.							158

Newton's Genus 7, contains 7 Species, viz.

corresponding to Plücker's Species

	46	47	48	49	50	51	52
XXXVII.	159			160	161, 162	163	164
XXXVIII.	165			166	167, 168		
XXXIX.	171	170		172	169, 173, 174		
XL.			176		175, 177, 178		
XLI.					179		
XLII.					182	181	180
XLIII.					185, 186	184	183
XLIV.					187		

Newton's Genus 8, contains 6 Species, viz.

corresponding to Plücker's Species

	53	54	55	56	56′	56″
XLV.	190			191	188	189
XLVI.	194	193	192	195		
XLVII.	196			197		

Newton's Genus 9, contains 4 Species, viz.

corresponding to Plücker's Species

	57	58 59	60
XLVIII.		198	
XLIX.	199		
L.			200

Newton's Genus 10, contains 3 Species, viz.
61 62 63 (61 and 62 bracketed together)
corresponding to Plücker's Species

LI.	201	
LII.		202

Newton's Genus 11, contains 2 Species, viz.
64 65
corresponding to Plücker's Species

LIII.	203	
LIV.		204

Newton's Genus 12, contains 1 Species, viz.
66
corresponding to Plücker's Species

LX.	218

Newton's Genus 13, contains 5 Species, viz.
67 68 69 70 71
corresponding to Plücker's Species

	67	68	69	70	71
LV.				205	
LVI.	208	207			206, 209
LVII.	212		211		210, 213
LVIII.	214				215
LIX.					216, 217

Newton's Genus 14, contains 1 Species, viz.
72
corresponding to Plücker's Species

LXI.	219

It is to be noticed that (as appears by the Table) Plücker enumerates 13 species of the Divergent Parabola, viz. corresponding to the *Parabola Pura* of Newton we have five species, and to the *Parabola cum Ovali* three species; but to each of the other three Newtonian species (*Nodata, Punctata, Cuspidata*) only a single species. The difference in nowise affects Newton's before-mentioned theorem, that every cubic curve is the shadow of a Divergent Parabola; but (the characters of Plücker's species being unaffected by projection) the number of resulting kinds of cubic curves (or cones) will be five or thirteen according as the one or the other classification is adopted; but this is a subject which I do not enter upon in the present Memoir.

Cambridge, February 8, 1864.

Plate III.

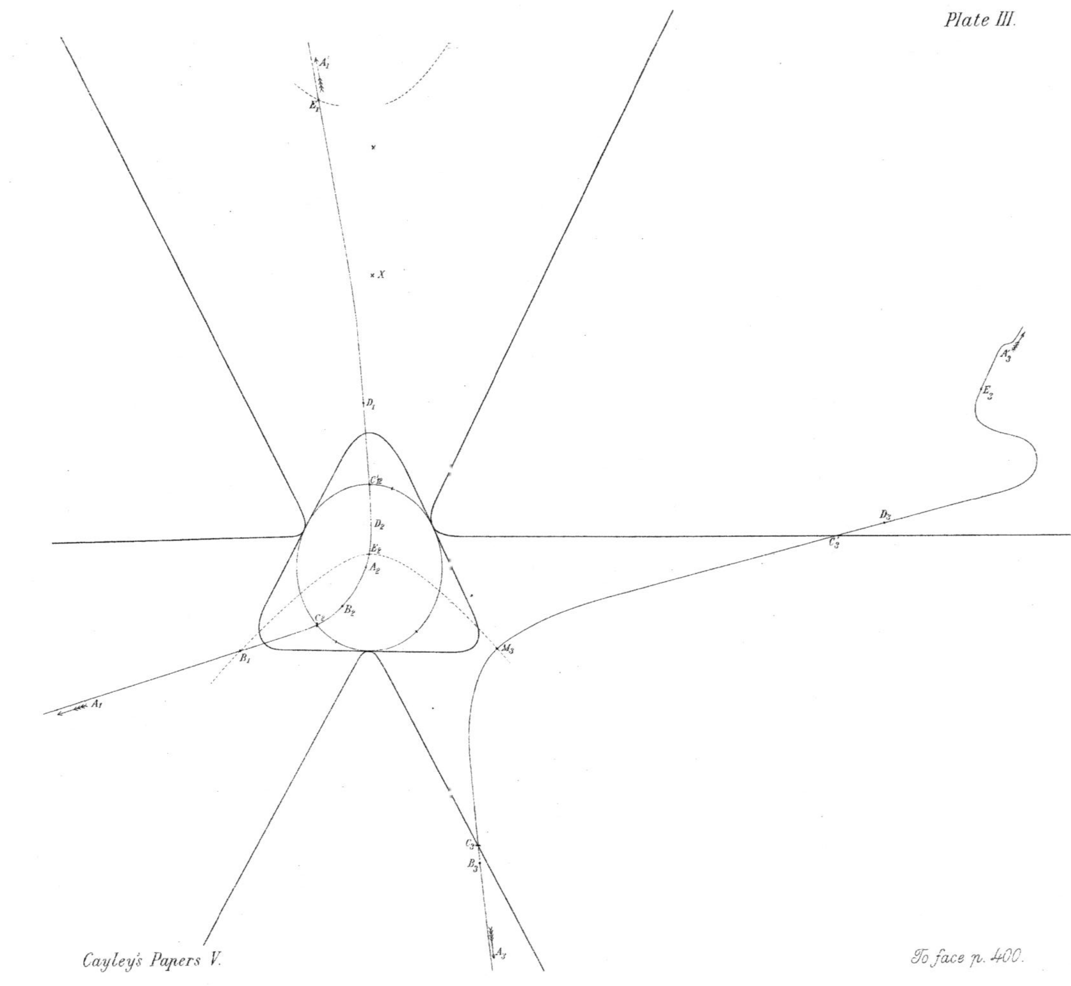

To face p. 400.

Enlarged

To face p. 400

351.

ON CUBIC CONES AND CURVES.

[From the *Transactions of the Cambridge Philosophical Society,* vol. XI. Part I. (1866), pp. 129—144. Read April 18, 1864.]

THERE is contained in Sir Isaac's Newton's *Enumeratio Linearum tertii Ordinis* (1706), under the heading *Genesis Curvarum per Umbras,* the remarkable theorem that, in the same way as the several curves of the second order may be considered as the shadows of a circle, that is, the sections of a cone having a circular base, so the several curves of the third order, or cubic curves, may be considered as the shadows of the five Divergent Parabolas. It was remarked by Chasles, Note XX. to the *Aperçu Historique* (1837), that they may also be considered as the shadows of the five curves having a centre (the Newtonian Species 27, 38, 59, 62, 72), and that the theorem may be stated as follows, viz. (in the same way that all the curves of the second order are the sections of a single kind of cone of the second order, so) all the curves of the third order may be considered as the sections of five kinds of cones of the third order—and that cutting these in one way we have the five Divergent Parabolas, cutting them in another way the five curves with a centre. The nature of these five kinds of cones, or, what is the same thing, that of the spherical curves in which they are intersected by a concentric sphere, was first pointed out by Möbius in his most interesting Memoir, "Grundformen der Linien dritter Ordnung," *Abh. der K. Sächs. Ges. zu Leipzig,* 1853. I reproduce in the present memoir the characterisation of these five kinds of cones—which I call the *simplex,* the *complex,* the *acnodal,* the *crunodal,* and the *cuspidal*—and I further develope the geometrical and analytical theory; in particular I arrive at a division of the simplex cones into three subkinds, the simplex *trilateral, neutral,* and *quadrilateral.* I have throughout spoken of cones rather than of plane curves, using however, as far as may be, language which is also applicable to a plane curve, thus, instead of lines of inflexion, tangent planes, of a cone, I say inflexions, tangents, &c. But the theory of the cone is of course that of the projective properties of the curves which are the sections of such cone; it appears to me that the true classification of curves is to divide them according to the cones which give rise to them; and I consider the present memoir as affording in part the materials for such a classification of cubic curves, viz. it seems to me that after, in the first instance, dividing them into the simplex, the complex, the acnodal, the crunodal, and the cuspidal kinds, the simplex kind should be further divided in the above-mentioned manner; and that we should establish, lastly, the divisions which relate to the particular mode in which the cone is to be cut, in order to obtain such and such a curve: in effect, that the principle of classification, according to the nature of the infinite branches adopted by Newton in the work above referred to, and by Plücker in his *System der Analytischen Geometrie* (Berlin, 1835), and to which has reference my Memoir *On the Classification of Cubic Curves*, [350], should be not the primary, but a secondary principle of classification. I remark that as regards the division into five kinds, Murdoch, in his highly interesting work, *Newtoni Genesis Curvarum per Umbras*, [Lond. 1746], has not only distinguished the Newtonian species which arise from each of the Divergent Parabolas, or, what is the same thing, from each of the five kinds of cones (it will presently appear how the mere inspection of Newton's figures is sufficient to enable this), but that he has also shown how the cone must in each case be cut in order to obtain the particular cubic curve. Murdoch also distinguishes the three forms ampullate, campaniform and intermediate, of the simplex Divergent Parabola, which correspond to the simplex quadrilateral, trilateral, and neutral.

I remark also that Plücker in his work above referred to, *Dritter Abschnitt*, 98, has considered the equation of a cubic curve in the form $pqr+\mu s^3=0$, which is in fact equivalent to the form $(X+Y+Z)^3+6kXYZ=0$ used in the sequel, but without arriving at the results obtained in the present Memoir.

The five kinds of Cubic Cones. Nos. 1 to 7.

1. A cone of any order may comprise two distinct forms of sheet, viz. (1) a twin-pair sheet, or sheet which meets a concentric sphere in a pair of closed curves such that each point of the one curve is opposite to a point of the other curve (a cone of the second order affords an example of such a sheet); the twin-pair sheet may be considered as consisting of two sheets, each of which may be called a twin sheet: and (2) a single sheet, viz. a sheet which meets a concentric sphere in a closed curve such that each point of the curve is opposite to another point of the curve: the plane affords an example of such a curve. We have five kinds of cubic cones, viz. the simplex, the complex, the acnodal, the crunodal, and the cuspidal. The cone may consist of a single sheet; it is then of the *simplex* kind. Or it may consist of a single sheet and a twin-pair sheet, it is then of the *complex* kind: these are the non-singular kinds. The remaining kinds are singular ones, which are most easily explained by considering them as limiting forms of the complex kind; the twin-pair sheet may come to unite itself with the single sheet giving rise to a crunodal line, or say a crunode; the cone is then of the *crunodal* kind. Or the twin-pair sheet may dwindle into a

mere line which is an acnodal line, or say an acnode; the cone is then of the *acnodal* kind. Or the two things may happen together, viz. the twin-pair sheet at the instant that it unites itself with the single sheet may dwindle into a mere line, which is then a cuspidal line, or say a cusp; and the cone is then of the *cuspidal* kind. I remark, as regards the crunodal kind, that the cone may be considered as consisting of two portions, one of them corresponding to the single sheet of a complex cone, and which I call the quasi-single sheet; the other of them corresponding to the twin-pair sheet, and which I call the loop-sheet.

2. It is to be added that a cubic cone has in general 9 lines of inflexion, or say inflexions, but of these 6 are always imaginary; the remaining 3, which are real, belong to the single sheet. The plane through any two inflexions meets the cone in a line which is also an inflexion. In particular the three real inflexions lie in a plane.

3. When the cone is acnodal the six imaginary inflexions unite at the acnode; and the single sheet has still 3 real inflexions lying in a plane. But if the cone is crunodal, then 4 imaginary inflexions and 2 real inflexions unite in the crunode; and the cone has 1 real inflexion; there are besides 2 imaginary inflexions, the 3 inflexions lie in a real plane. Finally, if the cone is cuspidal, then 2 of the real inflexions, and the 6 imaginary inflexions unite together in the cusp; the cone has besides 1 real inflexion, but there are not any imaginary inflexions.

4. Suppose that the cone is of one of the non-singular kinds; that is, let it be simplex or complex. From any line of the cone we may draw four tangent planes to the cone—the anharmonic ratio of the four planes is the same whatever may be the line on the cone. As regards reality, the following distinction exists, viz. for the complex kind of cone, the planes are all real or all imaginary; for the simplex kind they are two real and two imaginary. First, as regards the complex kind, if the line be taken on the twin-pair sheet, the four tangent planes are all imaginary; but if it be taken on the single sheet, then there are two real tangent planes to the single sheet and two real tangent planes to the twin-pair sheet, together four real tangent planes. Secondly, as regards the simplex kind, there is only the single sheet, and the line being taken on it, there are two real tangent planes and no more.

5. As regards the singular kinds, assuming always that the line on the cone does not coincide with the node or the cusp (for when it does there are no tangent planes), it may be noticed that for the crunodal kind there are two tangent planes which are real or imaginary according as the line lies on the part corresponding to the single sheet or on the part corresponding to the twin-pair sheet. For the acnodal kind there are two tangent planes which are always real; and for the cuspidal kind there is a single tangent plane which is always real.

6. The foregoing properties of cubic cones apply to the curves which are the sections of these cones; thus a cubic curve is of the simplex, the complex, the crunodal, the acnodal, or the cuspidal kind. As regards the last-mentioned three kinds, or singular kinds, it is of course to be borne in mind that the crunode, acnode, or cusp, may be at infinity; and consequently that all the curves in Newton's genus 9 (the hyperbolisms of the hyperbola) and the curve in his genus 12 (the trident curve) belong to the crunodal kind; the curves in genus 10 (the hyperbolisms of the ellipse) to the

acnodal kind; and those of genus 11 (the hyperbolisms of the parabola) and the curve in genus 14 (the cubical parabola) to the cuspidal kind.

7. In the other genera such of the species as are without a node or a cusp, belong to the simplex or the complex kind: and the mere inspection of the figure (Newton's or Plücker's) is sufficient to show to which of the two kinds the curve belongs; in fact, when from any point of the curve there are four real tangents, or there is else no real tangent, the curve is of the complex kind, but if there are two and only two real tangents the curve is of the simplex kind. And in the former case we see whether a branch arises from the single sheet or the twin-pair sheet of the cone, viz. if from a point on the branch there can be drawn four real tangents to the curve, the branch arises from the single sheet, but if no real tangent can be drawn, the branch arises from the twin-pair sheet. And in the crunodal kind we see which part of the curve arises from the quasi-single sheet, and which part from the loop sheet.

Ulterior Theory leading to the Subkinds of the Simplex Cones. Nos. 8 to 35.
(*Several Subheadings.*)

8. But the division of cubic cones may be carried further: we may in fact subdivide the simplex kind. To show how this is, I consider a cone complex or simplex, but I attend for the moment only to the single sheet. The cone has on the single sheet three (real) inflexions lying in a plane. I call this the equator, and I call the tangent planes at the inflexions simply the tangents; the three tangents do not in general meet in a line, and they divide space into eight regions; of these there are two not divided by the equator, and which remain trilateral; the other six regions are divided by the equator each of them into a trilateral and a quadrilateral region, this gives six trilateral regions and six quadrilateral regions; there are thus in all $2+6=8$ trilateral regions (I distinguish them as the 2 and the 6 such regions) and 6 quadrilateral regions.

9. It is easy to see that for a complex cone the single sheet lies wholly in the 6 trilateral regions, and the twin-pair sheet wholly in the 2 trilateral regions. Imagine the twin-pair sheet to dwindle into a line and then disappear, that is, let the cone pass from the complex, through the acnodal, into the simplex kind; the single sheet of the simplex cone will lie wholly in the 6 trilateral regions; this is one form of the simplex cone; I call it the *simplex trilateral.* But there is a different form, viz. the cone may lie wholly in the 6 quadrilateral regions; this is the *simplex quadrilateral.* And there is an intermediate form, viz. the three tangent planes at the inflexions may meet in a line, the 2 trilateral regions then disappear, and there are only 12 regions, all of them trilateral, which may be considered as forming two systems, each of 6 regions, viz. each system consists of three non-contiguous regions on one side of the equator, and (alternating therewith) three non-contiguous regions on the other side of the equator: the cone lies wholly in the one 6 regions or in the other 6 regions and I say that the cone is *simplex neutral.*

10. A non-singular cubic cone (simplex or complex) may be represented by an equation of the canonical form

$$x^3 + y^3 + z^3 + 6lxyz = 0,$$

where the coordinates x, y, z and the parameter l are all real; the invariants of the form are $S = -l + l^4$, $T = 1 - 20l^3 - 8l^6$. It is to be noticed that the form in question cannot represent a singular cone; we find as the condition that it may do so

$$R = 64S^3 - T^2 = -(1 + 8l^3)^3 = 0,$$

but when this condition is satisfied, the cone breaks up into a system of three planes; thus for the real root $l = -\frac{1}{2}$, we have

$$x^3 + y^3 + z^3 - 3xyz = (x + y + z)(x + \omega y + \omega^2 z)(x + \omega^2 y + \omega z),$$

where ω is an imaginary cube root of unity; and by merely writing ωx, $\omega^2 x$ successively in place of x, we see that the like decomposition occurs from the imaginary roots

$$l = -\tfrac{1}{2}\omega, \quad l = -\tfrac{1}{2}\omega^2.$$

11. The equation $x^3 + y^3 + z^3 + 6lxyz = 0$ is in general transformable into the form

$$(X + Y + Z)^3 + 6kXYZ = 0,$$

where X, Y, Z are linear functions of the original coordinates, such that $X = 0$, $Y = 0$, $Z = 0$ are the equations of the tangent planes at three inflexions in the plane $X + Y + Z = 0$; if however the three tangent planes meet in a line, then X, Y, Z will satisfy identically a certain linear equation, and it is clear *à priori* that the transformation must fail. The condition for the three tangent planes meeting in a line is $S = -l + l^4 = 0$, that is, we have

$$l = 0, \ 1, \ \omega, \text{ or } \omega^2;$$

and attending only to the real roots $l = 0$, $l = 1$, it will be presently seen that for $l = 0$ the tangent planes at the three real inflexions do not, for $l = 1$, they do meet in a line. Hence the simplex neutral cone corresponds to the value $l = 1$, that is, the equation is

$$x^3 + y^3 + z^3 + 6xyz = 0,$$

and this equation is not transformable into the form $(X + Y + Z)^3 + 6kXYZ = 0$, which is that employed in the sequel for the general discussion of the simplex and complex cones. The theory on which the foregoing conclusion depends is as follows.

On the condition $S = 0$. Nos. 12 to 17.

12. A cubic has in general nine inflexions, which lie by threes on twelve planes, viz. denoting the inflexions by 1, 2, 3, 4, 5, 6, 7, 8, 9, the planes may be taken to be

123, 456, 789,
147, 258, 369,
159, 267, 348,
168, 249, 357,

that is, we have four systems, each of three planes passing through the nine inflexions.

The tangent planes, or, say the tangents at the inflexions *in plano*, for instance, at the inflexions 1, 2, 3, form a trilateral, and we have thus corresponding to each of the three planes a trilateral formed by the tangents at the inflexions on such plane; and there are of course four systems, each of three trilaterals formed by the tangents at the nine inflexions.

13. I say that if $S=0$, then in one of the four systems the trilaterals become each of them a line, that is, the tangents at the nine inflexions meet by threes in three lines.

14. This may be shown by means of the before-mentioned canonical form

$$x^3+y^3+z^3+6lxyz=0$$

of the equation of a cubic cone, for then the notation of the inflexions being in accordance with the foregoing scheme, the coordinates may be taken to be

$$\begin{array}{lll}
(1)\ \ x=0,\ \ y+z=0, & (4)\ \ x=0,\ \ y+\omega z=0, & (7)\ \ x=0,\ \ y+\omega^2 z=0,\\
(2)\ \ y=0,\ \ z+x=0, & (5)\ \ y=0,\ \ z+\omega x=0, & (8)\ \ y=0,\ \ z+\omega^2 x=0,\\
(3)\ \ z=0,\ \ x+y=0, & (6)\ \ z=0,\ \ x+\omega y=1, & (9)\ \ z=0,\ \ x+\omega^2 y=0,
\end{array}$$

where ω denotes an imaginary cubic root of unity, and the equations of the tangents are

$$\begin{array}{lll}
(1)\ \ -2lx+y+z=0, & (4)\ \ -2lx+\omega y+\omega^2 z=0, & (7)\ \ -2lx+\omega^2 y+\omega z=0,\\
(2)\ \ x-2ly+z=0, & (5)\ \ \omega^2 x-2ly+\omega z=0, & (8)\ \ \omega x-2ly+\omega^2 z=0,\\
(3)\ \ x+y-2lz=0, & (6)\ \ \omega x+\omega^2 y-2lz=0, & (9)\ \ \omega^2 x+\omega y-2lz=0.
\end{array}$$

15. The value of S is $=-l+l^4$, and for each of the values 1, 0, ω, ω^2, of l, which give $S=0$, we have a system of the nine tangents meeting by threes in three lines, viz. the systems are

$$\begin{array}{lccc}
\text{for } l=1, & 123, & 456, & 789,\\
\text{,, } l=0, & 147, & 258, & 369,\\
\text{,, } l=\omega, & 159, & 267, & 348,\\
\text{,, } l=\omega^2, & 168, & 249, & 357.
\end{array}$$

16. It is proper to notice that starting with the systems in question, or what is the same thing, with a single set of each system, say the sets 123, 147, 159, 168, we obtain as the condition to be satisfied by l, the equation

$$l(4l^3-3l-1)(4l^3-3l\omega+1)(4l^3-3l\omega^2+1)=0,$$

or, as it may otherwise be written,

$$l(2l-1)^2(l-1)(2l\omega-1)^2(l\omega-1)(2l\omega^2-1)^2(l\omega^2-1)=0, \text{ that is, } (-l+l^4)(1+8l^3)^2=0;$$

it is clear that a factor has dropped out, and that the true form of the condition is

$$(-l+l^4)(1+8l^3)^3=0;$$

that is, $S(64S^3 - T^2) = 0$; where the equation $64S^3 - T^2 = 0$ would denote the existence of a nodal line, and consequent coincidence therewith of 6 of the 9 inflexions; the equation $S = 0$ being left as the proper condition for the intersection by threes of the tangents at the inflexions in three lines.

17. The investigation shows that the four systems correspond respectively to the four values of l which give $S = 0$; and that (reality being disregarded) there is no distinction between the four systems, or the corresponding values of l; if however we assume that x, y, z, l are all of them real, then the cone has only the three real inflexions 1, 2, 3, lying in the real plane 123; and there is an essential distinction between the real roots $l = 1$, $l = 0$ of the equation $S = -l + l^4 = 0$, viz. for $l = 1$, the tangents at the three real inflexions meet in a line; whereas for $l = 0$ there is not any relation between the tangents at the real inflexions, and there is consequently no visible peculiarity in the form of the cone.

18. I return to the analytical theory of the general case, as depending on the representation of the equation of the cone in the form

$$(X + Y + Z)^3 + 6kXYZ = 0,$$

where the coordinates are real, viz. $X = 0$, $Y = 0$, $Z = 0$ represent the tangent planes at the three (real) inflexions, or, as they have before been called, the tangents; and $X + Y + Z = 0$ represents the plane through the three inflexions, or, as it has before been called, the equator. And we may assume the signs to be such that in one of the 2 trilateral regions the coordinates X, Y, Z shall be each of them positive: this being so the 14 regions will correspond to the following combinations of signs

X	Y	Z	$X+Y+Z$	
+	+	+	+	the 2 trilateral regions,
−	−	−	−	
+	+	−	−	the 6 trilateral regions,
+	−	+	−	
+	−	−	+	
−	+	+	−	
−	+	−	+	
−	−	+	+	
−	+	+	+	the 6 quadrilateral regions.
+	−	+	+	
+	+	−	+	
+	−	−	−	
−	+	−	−	
−	−	+	−	

where it may be noted that the equator $X+Y+Z=0$ does not cut the two trilateral regions $(+++\,+)$ and $(-\,-\,-\,-)$; and further that the line $X=Y=Z$ which is the harmonic of the equator $X+Y+Z=0$ in regard to the system of the three tangents $XYZ=0$, lies wholly in the two trilateral regions $(+++\,+)$ and $(-\,-\,-\,-)$.

19. The equation in question,

$$(X+Y+Z)^3+6kXYZ=0,$$

shows that, as above stated, the cone lies wholly in the 8 trilateral regions, or in the 6 quadrilateral regions, viz. if k be negative, it lies wholly in the 8 trilateral regions, and if k be positive, it lies wholly in the 6 quadrilateral regions. Let k be negative, then the positive quantity $-\frac{1}{6k}$, which is

$$=\frac{XYZ}{(X+Y+Z)^3},$$

if we attend only to the values of X, Y, Z which have the same sign (that is, to points in one of the two trilateral regions), has a maximum value $=\frac{1}{27}$ corresponding to $X=Y=Z$. And if $-\frac{1}{6k}$ exceeds this value, that is, if $-k<\frac{9}{2}$, or, what is the same thing, if k lie between the values 0 and $-\frac{9}{2}$, then the equation $-\frac{1}{6k}=\frac{XYZ}{(X+Y+Z)^3}$ cannot be satisfied in the assumed manner, that is, by values of X, Y, Z having the same sign; and thus no portion of the cone lies in the two trilateral regions: in the contrary case, that is, if k lie between the values $-\infty$, $-\frac{9}{2}$, the equation can be so satisfied, and a portion of the cone lies in the two trilateral regions.

Hence k being negative, we have as follows:

k between $-\infty$ and $-\frac{9}{2}$, the cone is complex,

$k=-\frac{9}{2}$, the cone is acnodal,

k between $-\frac{9}{2}$ and 0, the cone is simplex trilateral;

and k being positive, or say

k between 0, ∞, the cone is simplex quadrilateral.

20. It is to be remarked that for $k=0$, the cone as represented by the foregoing equation degenerates into the threefold plane $(X+Y+Z)^3=0$. The value $k=0$ corresponds however to the value $l=1$ of the parameter l in the equation $x^3+y^3+z^3+6lxyz=0$, that is, it corresponds to the *simplex neutral* cone, represented by the equation

$$x^3+y^3+z^3+6xyz=0,$$

which, as already remarked, is not transformable into the form $(X+Y+Z)^3+6kXYZ=0$: this leads to the consideration of the transformation in question.

On the relation of the two forms $x^3+y^3+z^3+6lxyz=0$, *and* $(X+Y+Z)^3+6kXYZ=0$.
Nos. 21 to 24.

21. Starting with the form $x^3+y^3+z^3+6lxyz=0$, and writing

$$\begin{aligned} X &= -2lx + y + z, \\ Y &= x - 2ly + z, \\ Z &= x + y - 2lz, \end{aligned}$$

then we have

$$\begin{aligned} XYZ = &-2l(x^3+y^3+z^3) \\ &+(1-2l+4l^2)(y^2z+yz^2+z^2x+zx^2+x^2y+xy^2) \\ &+2(1-3l-4l^3)\,xyz, \\ X+Y+Z = &\ 2(1-l)(x+y+z), \end{aligned}$$

and thence

$$\begin{aligned} (X+Y+Z)^3 = &\ 8(1-l)^3(x^3+y^3+z^3) \\ &+24(1-l)^3(y^2z+yz^2+z^2x+zx^2+x^2y+xy^2) \\ &+48(1-l)^3\,xyz, \end{aligned}$$

and we thus obtain

$$\begin{aligned} &(1-2l+4l^2)(X+Y+Z)^3+24(l-1)^3\,XYZ \\ &\quad =8(2l+1)^2(l-1)^3(x^3+y^3+z^3+6lxyz); \end{aligned}$$

or, what is the same thing,

$$(X+Y+Z)^3+6kXYZ=\frac{8(2l+1)^2(l-1)^3}{1-2l+4l^2}(x^3+y^3+z^3+6lxyz),$$

if

$$k=\frac{4(l-1)^3}{1-2l+4l^2}.$$

22. For the form

$$(X+Y+Z)^3+6kXYZ=0,$$

we find

$$\begin{aligned} S = &\ (1+k)^4, & T = &-8(1+k)^6 \\ &-6(1+k)^2 & &+72(1+k)^4 \\ &+8(1+k) & &-128(1+k)^3 \\ &-3 & &+72(1+k)^2 \\ & & &-8 \\ = &\ k^3(4+k) & = &-8k^4(6+6k+k^2), \end{aligned}$$

and thence

$$\begin{aligned} R = 64S^3 - T^2 &= 64k^8\{k(k+4)^3 - (k^2+6k+6)^2\}, \\ &= 64k^8(-8k-36), \\ &= -256k^8(2k+9). \end{aligned}$$

It may be right to remark that from the value $k = \dfrac{-4(1-l)^3}{1-2l+4l^2}$ we deduce

$$k + 4 = \frac{4l(1+l+l^2)}{1-2l+4l^2},$$

$$k^2 + 6k + 6 = \frac{-2(1-20l^3-8l^6)}{(1-2l+4l^2)^3},$$

and that thence

$$S = \alpha^4 S', \quad T = \alpha^6 T', \quad \frac{T^2}{S^3} = \frac{T'^2}{S'^3},$$

if

$$S' = -l + l^4,$$

$$T' = 1 - 20l^3 - 8l^6,$$

$$\alpha = \frac{4(1-l)^2}{1-2l+4l^2} = \frac{k}{l-1}.$$

23. The equation

$$k = \frac{4(l-1)^3}{4l^2-2l+1},$$

or as it may also be written

$$k = \frac{16(l-1)^3}{16(l-\frac{1}{4})^2+3},$$

gives without difficulty

$$k + \tfrac{9}{4} = \frac{16(l-\frac{1}{4})^3 + 27(l-\frac{1}{4})}{16(l-\frac{1}{4})^2+3},$$

and

$$k + \tfrac{9}{2} = \frac{16(l+\frac{1}{2})^2}{16(l-\frac{1}{4})^2+3}.$$

24. Hence treating l, k as coordinates, we see that the locus is a cubic curve, viz. a hyperbolism of the ellipse, having a centre (Newton's species 62), the coordinates of the centre being $l = \frac{1}{4}$, $k = -\frac{9}{4}$, and the equation of the asymptote being $k + \frac{9}{4} = l - \frac{1}{4}$, (that is the asymptote passes through the centre and is inclined at an angle $= 45°$ to the axis of l). The centre is of course an inflexion, the equation of the tangent at this point is $k + \frac{9}{4} = 9(l - \frac{1}{4})$, and for the other two inflexions we have $l = 1$, $k = 0$, and $l = -\frac{1}{2}$, $k = -\frac{9}{2}$, the tangents at the two inflexions respectively being $k = 0$ and $k = -\frac{9}{2}$, that is the tangents at the inflexions are parallel to the axis of l. The curve consists of a single branch lying below the asymptote for large negative values of l, k, crossing the asymptote at the centre and lying above it for large positive values of k, l. For each value of l there is consequently a single value of k and reciprocally; and l, k pass together from $-\infty$ to $+\infty$. There are certain critical values of k and l, the meaning of which will appear from the following article.

On the Anharmonic Property of a Cubic Cone. Nos. 25 to 29.

25. The property in question is the one already referred to, viz. the four tangent planes, or say the four tangents, to the cone from any line of the cone form a system the anharmonic ratios of which are constant. Taking the equations of the tangents to be

$$p - aq = 0,\ p - bq = 0,\ p - cq = 0,\ p - dq = 0,$$

and writing for shortness $m = 64 - \frac{T^2}{S^3}$, then the functions

$$(a-b)(c-d),\ (a-c)(d-b),\ (a-d)(b-c),$$

or say α, β, γ, on which the anharmonic ratios depend, are the roots of the equation $t^3 - 12t + 2\sqrt{m} = 0$. The anharmonic ratios are $\frac{\alpha}{\beta}, \frac{\beta}{\alpha}, \frac{\alpha}{\gamma}, \frac{\gamma}{\alpha}, \frac{\beta}{\gamma}, \frac{\gamma}{\beta}$; hence forming the equation $\left(\vartheta - \frac{\alpha}{\beta}\right)\left(\vartheta - \frac{\beta}{\alpha}\right) = 0$, and reducing by the conditions,

$$\begin{aligned} \alpha + \beta + \gamma &= 0, \\ \beta\gamma + \gamma\alpha + \alpha\beta &= -12, \\ \alpha\beta\gamma &= -2\sqrt{m}, \end{aligned}$$

this is found to be $(\vartheta^2 + \vartheta + 1) + \frac{6\gamma}{\sqrt{m}}\vartheta = 0$, or we have $\gamma = -\frac{\sqrt{m}}{6}\frac{\vartheta^2 + \vartheta + 1}{\vartheta}$, and substituting this value in the equation $\gamma^3 - 12\gamma + 2\sqrt{m} = 0$, we find

$$(\vartheta^2 + \vartheta + 1)^3 - (\vartheta^2 + \vartheta + 1)\frac{432\,\vartheta^2}{m} - \frac{432\,\vartheta^3}{m} = 0,$$

which is

$$m(\vartheta^2 + \vartheta + 1)^3 - 432\,\vartheta^2(\vartheta + 1)^2 = 0,$$

or, what is the same thing,

$$\frac{(\vartheta^2 + \vartheta + 1)^3}{\vartheta^2(\vartheta + 1)^2} = \frac{432}{m} = \frac{432}{64 - \frac{T^2}{S^3}},$$

that is

$$\frac{(\vartheta^2 + \vartheta + 1)^3}{\vartheta^2(\vartheta + 1)^2} = \frac{27}{4\left(1 - \frac{T^2}{64S^3}\right)};$$

and as a verification it may be remarked that, θ being a root, the six roots are

$$\theta,\ \frac{1}{\theta},\ -(1+\theta),\ \frac{-1}{1+\theta},\ -\frac{\theta}{1+\theta},\ -\frac{1+\theta}{\theta}:$$

of course the roots are all real or else all imaginary.

26. If $T=0$, the equation becomes

$$(\vartheta^2+\vartheta+1)^3-\tfrac{27}{4}\vartheta^2(\vartheta+1)^2=0;$$

or reducing, this is

$$\{(\vartheta-1)(\vartheta+\tfrac{1}{2})(\vartheta+2)\}^2=0,$$

that is the six roots are $1, -\frac{1}{2}, -2$, each twice: and the four tangents form therefore a harmonic pencil, which is the geometrical interpretation of the condition $T=0$.

27. The function $\dfrac{(\vartheta^2+\vartheta+1)^3}{\vartheta^2(\vartheta+1)^2}$ is constantly positive and it has three equal minima values corresponding to the last-mentioned values $1, -\frac{1}{2}, -2$ of ϑ, viz. this minimum value is $=\frac{27}{4}$. Hence we see that the equation in ϑ will have its six roots all real if $1-\dfrac{T^2}{64S^3}$ is positive and less than unity, that is, if S and $64S^3-T^2$ are each of them positive: but when these conditions are not satisfied the six roots are imaginary: the limiting case $1-\dfrac{T^2}{64S^3}=1$ or $T=0$ gives, as already mentioned, the three roots $1, -\frac{1}{2}, -2$, each twice.

28. The quantities a, b, c, d which determine the four tangents may be all real, or two real and two imaginary, or all four imaginary; but the imaginary values appear as usual as a conjugate pair or conjugate pairs; and this being so, it is easy to see that in general if ϑ be real the quantities a, b, c, d are all real or else all imaginary; but if ϑ is imaginary then a, b, c, d are two of them real, two imaginary: in fact if a, b are real and c and d are conjugate imaginaries $\gamma\pm\delta i$, then we have for one of the six values of ϑ,

$$\vartheta=\frac{(a-b)\,.\,2\delta i}{-(a-\gamma-\delta i)(b-\gamma+\delta i)},$$

which is in general imaginary.

29. But, as might have been foreseen, the limiting values $\vartheta=1, -\frac{1}{2}, -2$, are an exception, viz. for these values a, b, c, d *may be* two of them real the other two imaginary: in fact the last-mentioned value of ϑ is real and $=\dfrac{(a-b)\,.\,2\delta i}{(a-b)\,.\,\delta i}$, $=2$, if $(a-\gamma)(b-\gamma)+\delta^2=0$, that is $ab+\gamma^2+\delta^2=\gamma(a+b)$, or, as the condition may also be written,

$$2ab+2(\gamma+\delta i)(\gamma-\delta i)=(\gamma+\delta i+\gamma-\delta i)(a+b),$$

that is $2(ab+cd)=(a+b)(c+d)$, or if a, b, c, d form a harmonic system.

The two forms $x^3+y^3+z^3+6lxyz=0$, $(X+Y+Z)^3+6kXYZ=0$; *Enumeration of the Cones comprised therein.* Nos. 30 and 31.

30. I form the following Table:

l	k	S	T	$64\,S^3-T^2$	$1-\dfrac{T^2}{64\,S^3}$,	
$-\infty$	$-\infty$	$+\infty$	$-\infty$	$+\infty$	0	complex,
$-\frac{1}{2}(1+\sqrt{3})$	$-3-\sqrt{3}$	$\frac{3}{4}(3+2\sqrt{3})$	0	$81(45+26\sqrt{3})$	1	
$-$	$-$	$+$	$+$	$+$	$+$	
$-\frac{1}{2}$	$-\frac{9}{2}$	$\frac{9}{16}$	$\frac{27}{8}$	0	0	acnodal,
$-$	$-$	$+$	$+$	$-$	$-$	simplex trilateral,
0	-4	0	1	-1	$\pm\infty$	
$\frac{1}{4}$	$-\frac{9}{4}$	$-\frac{63}{256}$	$\frac{351}{512}$	$-\frac{729}{512}$	$\frac{512}{343}$	
$\frac{1}{2}(\sqrt{3}-1)$	$-3+\sqrt{3}$	$-\frac{3}{4}(-3+2\sqrt{3})$	0	$-81(-45+26\sqrt{3})$	1	
$+$	$-$	$-$	$-$	$-$	$+$	
1	0	0	-27	-729	∞	simplex neutral,
$+$	$+$	$+$	$-$	$-$	$-$	simplex quadrilateral.
∞	∞	∞	$-\infty$	∞	0	

And I further describe as follows the nature of the cones which correspond to the several values of k and l.

31. l between $-\infty$ and $-\frac{1}{2}$, or k between $-\infty$ and $-\frac{9}{2}$.

The cone is complex. In the series, viz. corresponding to $l=-\frac{1}{2}(1+\sqrt{3})$ or $k=-3-\sqrt{3}$, there is a special form which may be called the complex harmonic, viz. the four tangents from any line of the cone form a harmonic system: but observe, *quà* complex cone, the tangents are all real or all imaginary. $l=-\frac{1}{2}$ (form fails), $k=-\frac{9}{2}$, the cone is acnodal. l between $-\frac{1}{2}$ and 1, or k between $-\frac{9}{2}$ and 0; the cone is simplex trilateral. In the series, viz. corresponding to $l=0$ or $k=-4$, there is a special form which might be called the quasi-neutral, the speciality having however reference to the imaginary inflexions, viz. corresponding to each real inflexion we have two imaginary inflexions such that the three tangents meet in a line.

There is also corresponding to $l=\frac{1}{4}$, or $k=-\frac{9}{4}$, a form which seems to be a special one, though I have not ascertained wherein that speciality consists.

And there is corresponding to $l=\frac{1}{2}(\sqrt{3}-1)$ or $k=-3+\sqrt{3}$, a special form which might be called the simplex harmonic, viz. the tangents from any line of the cone form a harmonic system. It is to be observed that, *quà* simplex cone, the four tangents are two of them real, two imaginary.

$l=1$; $k=0$ (form fails). The cone is simplex neutral.

l between 1 and ∞, or k between 0 and ∞; the cone is simplex quadrilateral.

32. It will be observed that the crunodal and cuspidal kinds of cones do not present themselves in the foregoing investigations; the reason is that the crunodal kind admits of no representation in the form $x^3+y^3+z^3+6lxyz=0$, and (inasmuch as there is only one real inflexion) it admits of no real representation in the other form $(X+Y+Z)^3+6kXYZ=0$; the cuspidal kind admits of no representation in either of the two forms.

I conclude with a discussion not absolutely required for the purpose of the memoir, but which is of interest in regard to the form $(X+Y+Z)^3+6kXYZ=0$.

Reduction of the Hessian to the form $(X'+Y'+Z')^3+6k'X'Y'Z'=0$.

33. The cubic cone

$$x^3+y^3+z^3+6lxyz=0,$$

has for its Hessian

$$-l^2(x^3+y^3+z^3)+(1+2l^3)\,xyz=0,$$

or say

$$x^3+y^3+z^3+6l'xyz=0,$$

if

$$l'=-\frac{1+2l^3}{6l^2}.$$

Hence writing

$$\begin{aligned}X'&=-2l'x+y+z,\\ Y'&=x-2l'y+z,\\ Z'&=x+y-2l'z,\end{aligned}$$

we have

$$(X'+Y'+Z')^3+6k'X'Y'Z'=\frac{8(2l'+1)^2(l'-1)^3}{1-2l'+4l'^2}(x^3+y^3+z^3+6l'xyz).$$

Hence the equation of the Hessian is

$$(X'+Y'+Z')^3+6k'X'Y'Z'=0,$$

where the value of k' is

$$k'=\frac{4(l'-1)^3}{1-2l'+4l'^2}.$$

34. But we have

$$l'-1=-\frac{1+2l^3}{6l^2}-1=-\frac{1}{6l^2}(1+6l^2+2l^3),$$

$$4(1-2l'+4l'^2)=(4l'-1)^2+3=\frac{1}{9l^4}\left\{(2+3l^2+4l^3)^2+27l^4\right\}=\frac{4}{9l^4}(1+l+l^2)^2(1-2l+4l^2),$$

and thence

$$k'=-\tfrac{1}{6}\frac{(1+6l^2+2l^3)^3}{l^2(1+l+l^2)^2(1-2l+4l^2)}.$$

But the equation

$$k=\frac{4(l-1)^3}{1-2l+4l^2},$$

gives

$$k+4=\frac{4l(1+l+l^2)}{1-2l+4l^2},\quad k+6=\frac{2(1+6l^2+2l^3)}{1-2l+4l^2},$$

and we thence have

$$k'=-\tfrac{1}{3}\frac{(k+6)^3}{(k+4)^2},$$

which determines k' in terms of k.

35. It may be observed that the value $k=-6$ corresponds to $l'=1$, that is, the Hessian is here $x^3+y^3+z^3+6xyz=0$, a simplex neutral form *not* transformable into $(X'+Y'+Z')^3+6k'X'Y'Z'=0$; the corresponding value of l is of course given by the equation $1+6l^2+2l^3=0$; the only speciality of the cone $x^3+y^3+z^3+6lxyz=0$, or $(X+Y+Z)^3-36XYZ=0$, consequently is that the Hessian is a simplex neutral cone.

The value $k=-4$ corresponds to $l=0$, $l'=\infty$, $k'=\infty$; hence $X':Y':Z'=x:y:z$ and the transformation of the Hessian $x^3+y^3+z^3+6l'xyz=0$ into the new form $(X'+Y'+Z')^3+6kX'Y'Z'=0$ degenerates into the mere identity $xyz=xyz$.

Cambridge, 19th Feb. 1865.

352.

SUITE DES RECHERCHES SUR L'ÉLIMINATION ET LA THÉORIE DES COURBES.

[From the *Journal für die reine und angewandte Mathematik* (Crelle), tom. LXIV. (1865), pp. 167—171.]

DANS le mémoire "Recherches sur l'élimination et la théorie des courbes," t. XXXIV. pp. 30—45 de ce Journal (1847), [53], j'ai donné pour une courbe $U=0$ du n-ième ordre sans points doubles ou de rebroussement, les expressions pour les degrés, tant par rapport aux coefficients que par rapport aux variables, des fonctions qui entrent dans l'équation $FFU = KU(PU)^2(QU)^3 U$ qui sert à expliquer comment la réciproque de la réciproque de la courbe $U=0$ se réduit à la courbe originale $U=0$. En partant des principes établis dans le mémoire, "Nouvelles Recherches sur l'élimination et la théorie des courbes," t. LXIII., pp. 34—39 de ce Journal (1864), [338], je suis parvenu à résoudre à peu près cette question pour le cas d'une courbe $U=0$ du n-ième ordre avec α points doubles et β points de rebroussement; mon investigation a cependant par rapport à quelques points besoin de confirmation.

Je commence par rappeler que l'équation d'une courbe avec des points doubles et de rebroussement peut être présentée sous la forme

$$U = aP + bQ + cR + \ldots = 0,$$

où $a, b, c, \ldots$ sont des quantités absolument arbitraires, $P=0$, $Q=0$, $R=0, \ldots$ sont des courbes du n-ième ordre (je suppose toujours que $U=0$ est une courbe du n-ième ordre avec α points doubles et β points de rebroussement) qui ont chacune pour chaque point double de la courbe $U=0$ un point double au même point, et pour chaque point de rebroussement de la courbe $U=0$ un point de rebroussement au même point et avec la même tangente. En parlant des coefficients de U, je désignerai toujours les quantités $(a, b, c, \ldots)$ sans faire attention aux constantes contenues dans les fonctions $(P, Q, R, \ldots)$. La fonction U (voir les Nouvelles Recherches etc.) a un discriminant special KU du degré $3(n-1)^2 - 7\alpha - 11\beta$: il y a en outre une certaine fonction AU des coefficients, laquelle dépend des points de rebroussement, qui semble jouer un rôle analogue en quelque sorte à celui du discriminant. Car soient pour un moment (x, y, z) les coordonnées d'un des points de rebroussement de la courbe $U=0$; écrivons $D=xd_x+yd_y+zd_z$, et dans la fonction U substituons (x, y, z) au lieu de (x, y, z); l'équation $D^2U=0$ donne le carré de la tangente au point de rebroussement: or $D^2U=aD^2P+bD^2Q+cD^2R+\ldots$, et puisque les courbes $P=0$, $Q=0$, $R=0,\ldots$ ont chacune la même tangente au point de rebroussement, les fonctions D^2P, D^2Q, $D^2R,\ldots$ seront des fonctions de la forme $\lambda\Phi^2$, $\mu\Phi^2$, $\nu\Phi^2,\ldots$ où $\Phi=0$ est l'équation de la tangente, et λ, μ, $\nu\ldots$ sont des quantités constantes qui ne dépendent que des constantes que contiennent les fonctions P, Q, $R,\ldots$. Nous aurons donc $D^2U=(a\lambda+b\mu+c\nu+\ldots)\Phi^2$; et je remarque que l'équation $a\lambda+b\mu+c\nu+\ldots=0$ serait la condition pour qu'il y eût au lieu du point de rebroussement un point triple. On obtient donc l'équation du système des carrés des tangentes aux points de rebroussement sous la forme

$$(a\lambda_1+b\mu_1+c\nu_1\ldots)(a\lambda_2+b\mu_2+c\nu_2\ldots)\ldots(a\lambda_\beta+b\mu_\beta+c\nu_\beta+\ldots)\Phi_1^2\Phi_2^2\ldots\Phi_\beta^2=0:$$

le facteur constant $(a\lambda_1+b\mu_1+c\nu_1\ldots)\ldots(a\lambda_\beta+b\mu_\beta+c\nu_\beta\ldots)$, du degré β par rapport aux coefficients, est précisément la dérivée que je nomme AU (de manière que $AU=0$ est la condition pour l'existence d'un point triple): l'autre facteur $\Phi_1^2\Phi_2^2\ldots\Phi_\beta^2$ est du degré 0 par rapport aux coefficients.

Cela étant, je pose d'abord, pour la vérifier plus tard, la table suivante:

	Degrés par rapport aux variables	Degrés par rapport aux coefficients
équation de la courbe, $U=0$	2	1
condition pour un nouveau point double, $KU=0$	0	$3(n-1)^2-7\alpha-11\beta$
condition pour un point triple, $AU=0$	0	β
équation de la courbe réciproque, $FU=0$	$n(n-1)-2\alpha-3\beta$	$2(n-1)$
équation de la courbe des inflexions, $HU=0$	$3(n-2)$	3
équation des tangentes aux points d'inflexion, $QU=0$	$3n(n-2)-6\alpha-8\beta$	$3n(n-2)-3\alpha-4\beta$
équation de la courbe des contacts des tangentes doubles $\Pi U=0$	$(n-2)(n^2-9)$	$(n+4)(n-3)$
équation des tangentes doubles, $PU=0$	$\left\{\begin{array}{l}\tfrac{1}{2}n(n-2)(n^2-9)-(n^2-n-6)(2\alpha+3\beta)\\ \quad+2\alpha(\alpha-1)+6\alpha\beta+\tfrac{9}{2}\beta(\beta-1)\end{array}\right.$	$\left\{\begin{array}{l}2n(n-2)(n-3)\\ \quad-(2n-6)(2\alpha+3\beta)-\beta\end{array}\right.$
équation de la courbe réciproque de la réciproque de la courbe, $FFU=0$	$(n^2-n-2\alpha-3\beta)(n^2-n-1-2\alpha-3\beta)$	$2(n^2-n-1-2\alpha-3\beta)2(n-1)$.

Et puis on a l'équation

$$FFU = AU \,.\, KU \,.\, (PU)^2 .\, (QU)^3 .\, U.$$

La comparaison des degrés par rapport aux variables donne

$$\begin{aligned}(n^2 - n - 2\alpha - 3\beta)(n^2 - n - 1 - 2\alpha - 3\beta) = &\\ n(n-2)(n^2-9) - (n^2-n-6)(4\alpha+6\beta) + 4\alpha(\alpha-1) + 12\alpha\beta + 9\beta(\beta-1)&\\ + 9n(n-2) \qquad\qquad - 18\alpha - 24\beta&\\ + \ n&\end{aligned}$$

ce qui est exacte. La comparaison des degrés par rapport aux coefficients donne

$$\begin{aligned}4(n-1)(n^2-n-1-2\alpha-3\beta) = \qquad &\beta\\ &+ 3(n-1)^2 - 7\alpha - 11\beta\\ &+ 4n(n-2)(n-3) - (4n-12)(2\alpha+3\beta) - 2\beta\\ &+ 9n(n-2) - 9\alpha - 12\beta\\ &+ 1\end{aligned}$$

ce qui de même est exacte.

Les expressions pour les degrés de KU et AU sont déjà démontrées; pour les autres expressions, en considérant d'abord la courbe générale $W=0$ du n-ième ordre, laquelle, en établissant entre les coefficients les relations convenables, se réduit à la courbe $U=0$ avec α points doubles et β points de rebroussement, on sait par la théorie de M. Plücker quels sont les facteurs desquels seront affectés FW, QW, PW, et qu'il faut écarter pour réduire ces fonctions à FU, QU, PU respectivement.

Pour FW ce facteur est A^2B^3, où $A=0$ est l'équation tangentielle des points doubles, et $B=0$, l'équation tangentielle des points de rebroussement: la réduction du degré par rapport aux variables est donc de $2\alpha+3\beta$ unités. En prenant (x, y, z) pour les coordonnées d'un point double quelconque on a $A = \Pi(\xi \mathrm{x} + \eta \mathrm{y} + \zeta \mathrm{z})$, et de même en prenant (x, y, z) pour les coordonnées d'un point de rebroussement quelconque on a $B = \Pi(\xi \mathrm{x} + \eta \mathrm{y} + \zeta \mathrm{z})$; A et B ne contiennent donc pas les coefficients a, b, c,... de U, et une réduction de degré par rapport aux coefficients n'a pas lieu.

Pour QW le facteur est M^3N^4, où $M=0$ est l'équation des tangentes aux points doubles et $N=0$ l'équation des carrés des tangentes aux points de rebroussement: la réduction de degré par rapport aux variables est donc $6\alpha+8\beta$ unités. Soient (x, y, z) les coordonnées d'un point double, $D = \mathrm{x}d_x + \mathrm{y}d_y + \mathrm{z}d_z$; en substituant comme auparavant (x, y, z) au lieu de (x, y, z) dans la fonction U, l'équation des deux tangentes au point double est $D^2U=0$, où D^2U est du degré 1 par rapport aux coefficients: en formant l'équation analogue pour chaque point double on a $M = \Pi(D^2U) = 0$, et M sera du degré α par rapport aux coefficients. En prenant (x, y, z) pour les coordonnées d'un point de rebroussement, on a de même $N = \Pi(D^2U) = 0$ pour l'équation des carrés des tangentes aux points de rebroussement; N est donc du degré β par rapport aux coefficients. Nous avons vu que l'équation $N=0$ se réduit à la forme $N = AU.\Phi_1^2\Phi_2^2\ldots\Phi_\beta^2$, j'admets cependant qu'il faut retenir ce facteur constant AU, et considérer ainsi N comme étant effectivement du degré β. Le facteur M^3N^4 est donc du degré $3\alpha+4\beta$, et la réduction de degré par rapport aux coefficients qui a lieu pour QW est donc de $3\alpha+4\beta$ unités.

Pour PW le facteur est R^2S^3T, ou $R=0$ est l'équation du système des tangentes menées à la courbe par les points doubles, $S=0$ l'équation du système des tangentes menées à la courbe par les points de rebroussement, $T=0$ l'équation des droites qui contiennent deux points doubles (chacune de ces droites étant comptée 4 fois) ou qui contiennent un point double et un point de rebroussement (chacune de ces droites étant comptée 6 fois), ou enfin qui contiennent deux points de rebroussement (chacune de ces droites étant comptée 9 fois). Par rapport aux variables le degré de R est égal à $\alpha\{n^2-n-6-2(\alpha-1)-3\beta\}$, celui de S à $\beta\{n^2-n-6-2\alpha-3(\beta-1)\}$: le degré de R^2S^3 est donc égal à $(n^2-n-6)(2\alpha+3\beta)-4\alpha(\alpha-1)-6\alpha\beta-9\beta(\beta-1)$. Le degré de T est égal à $4.\frac{1}{2}\alpha(\alpha-1)+6\alpha\beta+9.\frac{1}{2}\beta(\beta-1)$, le degré de R^2S^3T s'élève donc à $(n^2-n-6)(2\alpha+3\beta)-2\alpha(\alpha-1)-3\alpha\beta-\frac{9}{2}\beta(\beta-1)$, nombre qui exprime la réduction de degré par rapport aux variables qui a lieu pour PW. Par rapport aux coefficients le degré de R est égal à $(2n-6)\alpha$, celui de S à $(2n-6)\beta$, celui de T à zéro: le degré de R^2S^3T s'élève donc à $(2n-6)(2\alpha+3\beta)$. On aurait par conséquent pour PW par rapport aux coefficients une réduction de degré égale à $(2n-6)(2\alpha+3\beta)$ unités; mais d'après un exemple très-particulier (il est vrai) j'admets que PW contiendra encore le facteur constant AU, ce qui donnerait pour le nombre dont il s'agit la valeur $(2n-6)(2\alpha+3\beta)+\beta$.

J'ai dit que par rapport aux coefficients le degré de R est égal à $(2n-6)\alpha$ et celui de S à $(2n-6)\beta$: pour prouver l'exactitude de ces nombres il faut se rappeler que l'équation $\Theta=0$ des tangentes menées par un point quelconque est du degré (n^2-n) par rapport aux variables et du degré $2(n-1)$ par rapport aux coefficients. En prenant pour le point dont il s'agit un point double ou de rebroussement et supposant que dans la courbe il n'y a que ce seul point double ou de rebroussement, le degré par rapport aux variables est (n^2-n-6) et celui par rapport aux coefficients est $2n-6$. Mais dans le cas général Θ contiendra comme facteur G^2H^3, en dénotant par $G=0$ l'équation des droites menées par le point dont il s'agit à tous les points doubles, et par $H=0$ l'équation des droites menées par ce point à tous les points de rebroussement. De cette manière on obtient un abaissement de $2(\alpha-1)+3\beta$, ou de $2\alpha+3(\beta-1)$ unités pour le degré par rapport aux variables, mais le degré par rapport aux coefficients est toujours $(2n-6)$. Donc en considérant les systèmes des points doubles et des points de rebroussement, pour R la réduction est égal à $(2n-6)\alpha$ et pour S à $(2n-6)\beta$ unités.

Les difficultés de cette investigation sont dues aux points de rebroussement: en admettant en FFU l'existence d'un facteur $(AU)^m$, il n'est pas clair que l'on doit avoir $m=1$; et la démonstration pour les valeurs des termes en β, des expressions $3\alpha+4\beta$ et $(2n-6)(2\alpha+3\beta)-\beta$ est imparfaite. Écrivons

$$FFU=(AU)^m.KU.(PU)^2(QU)^3.U$$

et supposons que le nombre qui exprime la réduction de degré par rapport aux coefficients soit donné par la valeur $3\alpha + k\beta$ pour QU et par la valeur $(2n-6)(2\alpha+3\beta)+l\beta$ pour PU. La comparaison des degrés par rapport aux coefficients donne

$$\begin{aligned}4(n-1)(n^2-n-2\alpha-3\beta) = {} & \qquad\qquad\qquad m\beta \\ & + 3\ \ (n-1)^2 - 7\alpha - 11\beta \\ & + 4n(n-2)(n-3) - (4n-12)(2\alpha+3\beta) - 2l\beta \\ & + 9n(n-2) - 9\alpha - 3k\beta \\ & + 1,\end{aligned}$$

ce qui établit la relation $m - 2l = 3k - 13$, à laquelle on satisfait en prenant $m = 1$, $l = 1$, $k = 4$ Mais je serais bien aise de prouver ces valeurs par une démonstration plus concluante.

Cambridge, 26 *Mai*, 1864.

353.

NOTE SUR LA SURFACE DU QUATRIÈME ORDRE DE STEINER.

[From the *Journal für die reine und angewandte Mathematik* (Crelle), tom. LXIV. (1865), pp. 172—174.]

En considérant les deux coniques définies par les équations

$$U = (a, b, c, f, g, h \between x, y, z)^2 = 0$$
$$U' = (a', b', c', f', g', h' \between x', y', z')^2 = 0,$$

on en déduit les trois équations dérivées

$$F = (bc - f^2, ca - g^2, ab - h^2, gh - af, hf - bg, fg - ch \between \xi, \eta, \zeta)^2 = 0,$$
$$G = (bc' + b'c - 2ff', \ldots \between \xi, \eta, \zeta)^2 = 0,$$
$$F' = (b'c' - f'^2, \ldots \between \xi, \eta, \zeta)^2 = 0,$$

et l'on sait que $F = 0$ est l'équation tangentielle de la conique $U = 0$ (autrement dit, l'équation qui exprime que cette conique est touchée par la droite $\xi x + \eta y + \zeta z = 0$), que de même $F' = 0$ est l'équation tangentielle de la conique $U' = 0$, et enfin que $G = 0$ est l'équation tangentielle de la conique enveloppée par une droite $\xi x + \eta y + \zeta z = 0$ qui coupe harmoniquement les deux coniques $U = 0$, $U' = 0$.

Or, en considérant les deux surfaces quadriques

$$U = (a, b, c, d, f, g, h, l, m, n \between x, y, z, w)^2 = 0,$$
$$U' = (a', b', c', d', f', g', h', l', m', n' \between x, y, z, w)^2 = 0,$$

on forme d'une manière analogue les quatre équations dérivées

$$F = (bcd + \text{etc.}, \ldots \between \xi, \eta, \zeta, \omega)^2 = 0,$$
$$G = (b'cd + \text{etc.}, \ldots \between \xi, \eta, \zeta, \omega)^2 = 0,$$
$$G' = (b'c'd + \text{etc.}, \ldots \between \xi, \eta, \zeta, \omega)^2 = 0,$$
$$F' = (b'c'd' + \text{etc.}, \ldots \between \xi, \eta, \zeta, \omega)^2 = 0.$$

$F=0$ est l'équation tangentielle de la surface $U=0$ (et de même $F'=0$ est l'équation tangentielle de la surface $U'=0$). Les deux équations $G=0$, $G'=0$, qui ont des coefficients formés d'après une loi facile à saisir, se changent l'une dans l'autre lorsqu'on échange entre elles les deux surfaces quadriques $U=0$, $U'=0$. L'équation $G'=0$ (celle des deux dont il s'agira dans la suite) est l'équation tangentielle de la surface quadrique enveloppée par un plan $\xi x+\eta y+\zeta z+\omega w=0$ qui coupe les surfaces $U=0$, $U'=0$ selon des coniques $S=0$, $S'=0$ telles qu'il y ait sur la conique $S=0$ une infinité de systèmes de trois points conjugués par rapport à la conique $S'=0$.

En supposant à présent que l'équation $U'=0$ est celle d'un cône, on peut dire que $G'=0$ est l'équation tangentielle de la surface quadrique enveloppée par un plan qui coupe la surface $U=0$ selon une conique $S=0$ telle que par cette conique et par le sommet du cône $U'=0$ on puisse faire passer une infinité de systèmes de trois droites conjuguées par rapport au cône $U'=0$. On peut présenter le théorème sous une autre forme; en faisant passer par le sommet du cône $U'=0$ trois droites conjuguées par rapport à ce cône, et en choisissant à volonté l'un des deux points de rencontre de chacune des droites avec la surface $U=0$, on obtient trois points qui déterminent un plan; en considérant tous les systèmes des trois droites conjuguées, on a pour chaque système un plan, et l'enveloppe de ces plans n'est autre chose que la surface quadrique $G'=0$.

Je suppose que le sommet du cône $U'=0$ soit situé sur la surface $U=0$, et je dis que la surface $G'=0$ se réduira à un système de deux points, à savoir le sommet du cône $U'=0$ et un autre point. Pour démontrer cela, on peut prendre pour coordonnées du sommet $x=0$, $y=0$, $z=0$; les deux équations seront alors

$$U=(a,\ b,\ c,\ 0,\ f,\ g,\ h,\ l,\ m,\ n \between x,\ y,\ z,\ w)^2=0,$$
$$U'=(a',\ b',\ c',\ 0,\ f',\ g',\ h',\ 0,\ 0,\ 0 \between x,\ y,\ z,\ w)^2=0,$$

(ou, ce qui est la même chose, $U'=(a',\ b',\ c',\ f',\ g',\ h' \between x,\ y,\ z)^2=0$ et) en substituant ces valeurs on voit sans peine que les coefficients de x^2, y^2, z^2, xz, zx, xy dans la fonction G' se réduiront à zéro, et que l'équation $G'=0$ aura la forme

$$G'=(0,\ 0,\ 0,\ D,\ 0,\ 0,\ 0,\ L,\ M,\ N \between \xi,\ \eta,\ \zeta,\ \omega)^2=0,$$

c'est-à-dire nous aurons

$$G'=\omega\,(D\omega+2L\xi+2M\eta+2N\zeta)=0,$$

équation qui représente en effet le point $\omega=0$ (ou ce qui est la même chose le point $x=0$, $y=0$, $z=0$) et un autre point $D\omega+2L\xi+2M\eta+2N\zeta=0$, ou ce qui est la même chose le point $x:y:z:w=2L:2M:2N:D$.

Dans le cas actuel chacune des trois droites rencontre la surface $U=0$ dans le sommet et de plus dans un seul point, et en prenant ce dernier point pour point de rencontre de la droite avec la surface $U=0$ le plan mené par les trois points ne passe pas par le sommet; ce plan passe donc par le point $x:y:z:w=2L:2M:2N:D$, et on a ainsi

THÉORÈME I. En faisant passer par un point donné de la surface quadrique $U=0$ trois droites conjuguées par rapport au cône $U'=0$ (qui a ce même point pour sommet) le plan mené par les trois points de rencontre des droites avec la surface $U=0$ passe toujours (quel que soit le système des trois droites conjuguées) par un point fixe.

J'ajoute que, lorsque les équations $U=0$, $U'=0$ ont la forme spéciale qui leur a été donnée en dernier lieu, les coordonnées du point seront $x:y:z:w=2L:2M:2N:D$, et il convient de remarquer que ces valeurs L, M, N, D sont des fonctions quadriques par rapport aux coefficients $(a', \ldots)$ du cône $U'=0$.

Au lieu d'un cône donné $U'=0$, considérons le système entier des cônes $\lambda P+\mu Q+\nu R=0$, où $P=0$, $Q=0$, $R=0$ sont des cônes donnés ayant leur sommet commun dans le point $(x=0,\ y=0,\ z=0)$ de la surface et λ, μ, ν des coefficients arbitraires, système qui est celui des cônes en involution avec les cônes donnés $P=0$, $Q=0$, $R=0$. A chaque système des coefficients λ, μ, ν correspond un point fixe, et en conservant pour ses coordonnées la notation antérieure $x:y:z:w=2L:2M:2N:D$, les quantités L, M, N, D sont des fonctions quadriques des quantités arbitraires λ, μ, ν. Le lieu du point dont il s'agit sera évidemment une surface, et on démontre sans peine que cette surface est du quatrième ordre. Car, pour trouver en combien de points la surface est rencontrée par une droite quelconque, il faut combiner avec les équations $x:y:z:w=2L:2M:2N:D$ les équations de la droite dont il s'agit, c'est-à-dire deux équations linéaires en x, y, z, w; cela donne deux équations linéaires en L, M, N, D, ou quadriques en (λ, μ, ν). On a ainsi quatre systèmes de valeurs de (λ, μ, ν); et à chaque système correspond un seul point (x, y, z, w), il y a par conséquent quatre points d'intersection, et la surface est du quatrième ordre. Nous avons donc

THÉORÈME II. En considérant au lieu du cône $U'=0$ le système entier des cônes $\lambda P+\mu Q+\nu R=0$ en involution avec les cônes $P=0$, $Q=0$, $R=0$ qui ont leur sommet commun dans un point de la surface $U=0$, le lieu du point fixe du théorème I. est une surface du quatrième ordre.

Cette surface du quatrième ordre est la surface de Steiner, considérée dernièrement par MM. Kummer, Weierstrass, Schröter, et Cremona.

Cambridge, 2 *Novembre*, 1864.

354.

NOTE SUR LES SINGULARITÉS SUPÉRIEURES DES COURBES PLANES.

[From the *Journal für die reine und angewandte Mathematik* (Crelle), tom. LXIV. (1865), pp. 369—371.]

DANS un mémoire "On the higher singularities of plane Curves" destiné pour le *Quarterly Mathematical Journal* j'ai cherché à établir qu'une singularité quelconque équivaut à un certain nombre δ' de points doubles, κ' de points de rebroussement, τ' de tangentes doubles, et ι' d'inflexions; et pour déterminer ces nombres, j'ai donné dans le cas d'une singularité simple, où la courbe n'a qu'une seule branche, des formules que je vais reproduire ici. Si la branche est par rapport à ses points de l'indice α, ayant avec elle-même le nombre $\frac{1}{2}M$ de points communs, et par rapport à ses tangentes de l'indice β, ayant avec elle-même le nombre $\frac{1}{2}N$ de tangentes communes, on trouve

$$\begin{aligned}
\delta' &= \tfrac{1}{2}[M - 3(\alpha - 1)], \\
\kappa' &= \qquad \alpha - 1 \quad , \\
\tau' &= \tfrac{1}{2}[N - 3(\beta - 1)], \\
\iota' &= \qquad \beta - 1 \quad .
\end{aligned}$$

Pour expliquer ces formules, je remarque que la singularité dont il s'agit est telle que, prenant pour origine le point sur la courbe, on obtient pour l'ordonnée y *une seule suite* de la forme

$$y = Ax^p + Bx^q + \dots,$$

où la suite est arrangée suivant les puissances ascendantes de x et les coefficients $A, B, \dots$ ont chacun une valeur unique. Si l'axe des y ne touche pas la courbe, aucun des exposants $p, q, \dots$ ne sera inférieur à l'unité, et si de plus l'axe des x touche la courbe, ce que l'on peut toujours effectuer par un choix convenable de la direction des axes, les exposants $p, q, \ldots$ seront tous supérieurs à l'unité. Cela posé, et les exposants fractionnaires étant exprimés chacun dans ses moindres termes, si α est le plus petit nombre entier divisible par tous les dénominateurs des fractions (de manière que y soit fonction entière de $x^{\frac{1}{\alpha}}$), je dis que la branche est de l'indice α par rapport à ses points. On a donc pour y précisément le nombre α de valeurs, qui s'obtiennent en attribuant à $x^{\frac{1}{\alpha}}$ ses valeurs diverses. A chacune de ses valeurs correspond une "branche partielle" de la courbe, de manière que la branche à l'indice α est composée de α branches partielles; pour $\alpha = 1$ la branche partielle n'est autre chose que la branche même. En considérant deux branches partielles, et en désignant par p le plus petit exposant de x qui se trouve dans la suite par laquelle est exprimée la différence $y_1 - y_2$ des ordonnées des deux branches partielles (ce nombre p pouvant être entier ou fractionnaire), je pose comme définition que les deux branches partielles ont un nombre p de points communs, ou d'intersection. En combinant deux à deux les α branches partielles qui composent la branche de l'indice α, et en formant la somme Σp des nombres p qui correspondent à chaque paire de branches partielles, on obtient le nombre $\frac{1}{2}M$ des points communs de la branche avec elle-même. En se servant des coordonnées tangentielles, on a par rapport aux tangentes de la branche une théorie tout à fait semblable; cette remarque suffit pour expliquer les notions d'une branche de l'indice β par rapport à ses tangentes, et du nombre $\frac{1}{2}N$ des tangentes communes de la branche avec elle-même.

Comme exemple je prends la singularité donnée par l'équation

$$y = x^{\frac{4}{3}} + x^{\frac{5}{2}} + \ldots;$$

dans ce cas les exposants n'ont que les dénominateurs 2 et 3, la branche est de l'indice 6 par rapport à ses points, elle est composée de six branches partielles représentées par les équations

$$\begin{aligned} y_1 &= x^{\frac{4}{3}} + x^{\frac{5}{2}} \ldots, & y_4 &= x^{\frac{4}{3}} - x^{\frac{5}{2}} \ldots, \\ y_2 &= \omega\, x^{\frac{4}{3}} + x^{\frac{5}{2}} \ldots, & y_5 &= \omega\, x^{\frac{4}{3}} - x^{\frac{5}{2}} \ldots, \\ y_3 &= \omega^2 x^{\frac{4}{3}} + x^{\frac{5}{2}} \ldots, & y_6 &= \omega^2 x^{\frac{4}{3}} - x^{\frac{5}{2}} \ldots, \end{aligned}$$

où ω est une racine cubique imaginaire de l'unité. La branche partielle y_1 coupe les autres branches partielles dans un nombre $\frac{4}{3}, \frac{4}{3}, \frac{5}{2}, \frac{4}{3}, \frac{4}{3}$ de points, ce qui donne pour la branche partielle y_1 le nombre $\frac{16}{3} + \frac{5}{2}, = \frac{47}{6}$ de points; on a ce même nombre $\frac{47}{6}$ pour les autres branches partielles y_2, y_3, y_4, y_5, y_6 respectivement, et de là on trouve, pour le *double* du nombre des intersections de la branche avec elle-même, la valeur $M = 47$, donc $\delta' = \frac{1}{2}(47 - 15) = 16$, $\kappa' = 5$.

En coordonnées tangentielles, la branche $y = x^{\frac{4}{3}} + x^{\frac{5}{2}} + \ldots$ s'exprime par l'équation

$$Z = X^4 + \ldots + X^{\frac{15}{2}} \ldots.$$

Plus généralement, on a pour une branche $y = Ax^p + Bx^q + \ldots$ l'équation en coordonnées tangentielles $Z = A'X^{\frac{q}{p-1}} + B'X^{\frac{q}{p-1}} + \ldots$, la forme générale des exposants étant $\frac{\lambda p + \mu q + \ldots}{p-1}$, où λ, μ,... sont des entiers positifs, résultat que je ne m'arrête pas à démontrer. Dans le cas particulier qui nous occupe, la branche est donc de l'indice 2 par rapport à ses tangentes. On trouve de suite $N = 15$ et de là $\tau' = \frac{1}{2}(15-3) = 6$, $\iota' = 1$; donc la singularité dont il s'agit équivaut à un nombre 16 de points doubles, 5 de points de rebroussement, 6 de tangentes doubles, et 1 inflexion.

On a un exemple plus simple dans le point de rebroussement de seconde espèce; l'équation est ici $y = x^2 + x^{\frac{5}{2}} \ldots$ et en coordonnées tangentielles on obtient l'équation $Z = X^2 + X^{\frac{5}{2}} \ldots$ de la même forme. De là on trouve $\delta' = 1$, $\kappa' = 1$, $\tau' = 1$, $\iota' = 1$, de manière que cette singularité équivaut à 1 point double, 1 point de rebroussement, 1 tangente double et 1 inflexion. M. Plücker dans son grand ouvrage a trouvé *à posteriori* que cette singularité se compose de $2\frac{1}{2}$ points doubles et de $2\frac{1}{2}$ tangentes doubles, ce qui donne en effet les mêmes réductions pour la classe et les mêmes nombres pour les inflexions et les tangentes doubles, que donnent mes valeurs $\delta' = 1$, $\kappa' = 1$, $\tau' = 1$, $\iota' = 1$; mais il y a à remarquer qu'en considérant par exemple une courbe du quatrième ordre avec un point double et un point de rebroussement de seconde espèce (courbe qui existe), on aurait $\delta + \kappa = 3\frac{1}{2}$, nombre plus grand que le maximum du nombre des points doubles et de rebroussement que peut avoir une courbe du quatrième ordre.

Je n'ai parlé que des singularités simples, où il y a une seule branche de la courbe, mais on étend sans peine la théorie précédente aux singularités composées, où il y a plusieurs branches de la courbe. Cette extension exige la distinction de trois cas différents. Il peut y avoir sur la courbe un point avec une seule tangente, mais avec plusieurs branches qui se touchent,—ou un point avec plusieurs tangentes dont chacune touche une ou plusieurs branches,—ou enfin une tangente avec plusieurs points de contact, dans lesquels la tangente touche une seule ou plusieurs branches de la courbe.

Cambridge, 1 *Juin*, 1865.

355.

SUR UN THÉORÈME RELATIF À HUIT POINTS SITUÉS SUR UNE CONIQUE.

[From the *Journal für die reine und angewandte Mathematik* (Crelle), tom. LXV. (1866), pp. 180—184.]

On sait que le théorème de Pascal peut être déduit du théorème suivant: toute courbe cubique qui passe par 8 des 9 points d'intersection de deux courbes cubiques passe par tous les 9 points.

De même cet autre théorème—toute courbe quartique qui passe par 13 des 16 points d'intersection de deux courbes quartiques passe par tous les 16 points—conduit à un théorème relatif à 8 points situés sur une conique.

En effet si par 8 points donnés et situés sur une conique donnée on fait passer deux systèmes de 4 droites (ces deux systèmes doivent être sans droite commune) les deux systèmes sont des courbes quartiques qui se rencontrent dans les 8 points donnés et de plus dans 8 nouveaux points; donc toute courbe quartique qui passe par 13 des $8+8$ points passe par tous les $8+8$ points. Or la conique donnée passe par les 8 points donnés, et par 5 des 8 nouveaux points on peut faire passer une autre conique: les deux coniques forment ensemble une courbe quartique qui passe par $8+5$ des $8+8$ points, et qui passera ainsi par les $8+8$ points; c'est-à-dire la nouvelle conique passe par les 8 nouveaux points, ou autrement dit, les 8 nouveaux points sont situés sur une conique—c'est là le théorème relatif à 8 points situés sur une conique.

On déduit de là les théorèmes 3, 4, 5 de Steiner (Lehrsätze und Aufgaben, ce journal t. XXX, [1846], pp. 274 et 275). En effet considérons sur une conique donnée n points donnés, et les n tangentes dans ces mêmes points. En combinant deux à deux les n points on obtient $\frac{1}{2}n(n-1)$ droites G: ces droites se coupent deux à deux dans les n points donnés, qui comptent pour $\frac{1}{2}n(n-1)(n-2)$ intersections, et de plus dans $\frac{1}{8}n(n-1)(n-2)(n-3)$ points r. Chacune des n tangentes rencontre les $\{\frac{1}{2}n(n-1)-(n-1)\}$ droites G qui ne passent pas par le point de contact de cette tangente, dans $\frac{1}{2}(n-1)(n-2)$ points s, ce qui donne en tout $\frac{1}{2}n(n-1)(n-2)$ points s. Enfin les n tangentes se rencontrent deux à deux dans $\frac{1}{2}n(n-1)$ points t.

On a ainsi

$$\begin{array}{lll} & \frac{1}{8}n(n-1)(n-2)(n-3) & \text{points } r, \\ & \frac{1}{2}n(n-1)(n-2) & \quad\text{,,}\quad s, \\ & \frac{1}{2}n(n-1) & \quad\text{,,}\quad t, \\ \text{ensemble} & \frac{1}{8}n(n-1)(n^2-n+2) & \text{points}; \end{array}$$

or parmi ces points il y a selon les trois théorèmes de Steiner un grand nombre de systèmes de 8 points sur une conique.

Prenons d'abord sur la conique donnée 4 points quelconques a, b, c, d des n points, et considérons aussi les points consécutifs a', b', c', d'. La figure des 4 points a, b, c, d et des 4 tangentes dans ces mêmes points équivaut à celle des 8 points a, a', b, b', c, c', d, d'. Partant de l'arrangement $abcd$ (lisez-le cycliquement et il correspondra à l'un des 3 quadrilatères que l'on peut former avec les 4 points) on forme avec les 8 points les deux systèmes que voici de 4 droites chacun:

système aa', bb', cc', dd', c'est-à-dire les tangentes aux 4 points a, b, c, d;

système $a'b$, $b'c$, $c'd$, $d'a$, c'est-à-dire ab, bc, cd, da;

et ces deux systèmes se rencontrent dans les 8 points a, a', b, b', c, c', d, d' (ou, ce qui est la même chose, dans les points a, b, c, d, chacun compté 2 fois) et dans 8 nouveaux points compris entre les points r, s, t; ces 8 points sont donc situés sur une conique. Comme il y a 3 arrangements $abcd$, $acdb$, $adbc$ des 4 points, on obtient de cette manière 3 systèmes de 8 points sur une conique.

Prenons sur la conique 5 points quelconques a, b, c, d, e des n points, et considérons aussi 3 points consécutifs a', b', c'. Partant de l'arrangement $abcde$ (qui correspond à l'un des 12 pentagones que l'on peut former avec les 5 points) on forme avec les points a, a', b, b', c, c', d, e les deux systèmes de 4 droites chacun:

système aa', bb', cc', de, c'est-à-dire les tangentes en a, b, c et la droite de;

système $a'b$, $b'c$, $c'd$, ea, c'est-à-dire ab, bc, cd, ea;

et on obtient de là (parmi les points r, s, t) un système de 8 points sur une conique. A cause des 12 arrangements des 5 points, il y a 12 systèmes. Mais au lieu des points consécutifs (a', b', c') on aurait pu prendre toute autre combinaison (a', b', d') etc.; le nombre des combinaisons étant 10, il y a donc $12 \times 10 = 120$ systèmes de 8 points sur une conique.

Prenons de même 6 points quelconques a, b, c, d, e, f des n points. En considérant les points consécutifs a', b' et en partant de l'arrangement *abcdef*, on forme avec les 8 points a, a', b, b', c, d, e, f les deux systèmes de 4 droites:

système aa', bb', cd, ef, c'est-à-dire les tangentes en a, b et les droites cd, ef;

système $a'b$, $b'c$, de, fa, c'est-à-dire ab, bc, de, fa;

ce qui donne parmi les points r, s, t un système de 8 points sur une conique. Il y a 60 arrangements des points a, b, c, d, e, f et 15 combinaisons (a', b') etc. des points consécutifs; on a donc $60 \times 15 = 900$ systèmes de 8 points sur une conique.

Prenons encore 7 points quelconques a, b, c, d, e, f, g des n points. En considérant le point consécutif a', et en partant de l'arrangement *abcdefg*, on forme avec les points a, a', b, c, d, e, f, g les deux systèmes de 4 droites:

système aa', bc, de, fg, c'est-à-dire la tangente en a, et les droites bc, de, fg;

système $a'b$, cd, ef, ga, c'est-à-dire ab, cd, ef, ga;

et on obtient ainsi parmi les points r, s, t un système de 8 points sur une conique. Il y a 360 arrangements *abcdefg*, etc. et 7 différents points consécutifs a', etc.: cela donne $360 \times 7 = 2520$ systèmes de 8 points sur une conique.

Prenons enfin 8 points quelconques a, b, c, d, e, f, g, h des n points:

partant de l'arrangement *abcdefgh*, on forme avec les 8 points les deux systèmes de 4 droites chacun (ab, cd, ef, gh) et (bc, de, fg, ha), ce qui conduit à un système de 8 points sur une conique. Mais on a 2520 arrangements *abcdefgh*, etc.—il y a ainsi 2520 systèmes de 8 points sur une conique.

On voit que les systèmes de 8 points sur une conique se dérivent de 4, 5, 6, 7 ou 8 des n points sur la conique donnée. En supposant $n=4$ on n'a que les systèmes qui se dérivent des 4 points; si $n=5$, on a les systèmes qui se dérivent de 4 points choisis d'une manière quelconque entre les 5 points—et les systèmes qui se dérivent des 5 points: et ainsi de suite; pour $n=8$ on a les systèmes qui se dérivent de 4, 5, 6 ou 7 points choisis d'une manière quelconque entre les 8 points, et les systèmes qui se dérivent des 8 points. On peut former la table suivante pour montrer dans les différents cas le nombre des systèmes de 8 points sur une conique:

	$r=$	$s=$	$t=$	$r+s+t=$	Nombre des systèmes de 8 points sur une conique				
					4 points 3	5 points 120	6 points 900	7 points 2520	8 points 2520
$n=4$, sys. 3	3	12	6	21	$\times\ 1 = 3$				
$n=5$, sys. 4	15	30	10	55	$\times\ 5 = 15$	$\times\ 1 = 120$			
$n=6$, sys. 5	45	60	15	110	$\times 15 = 45$	$\times\ 6 = 720$	$\times\ 1 = 900$		
$n=7$	105	105	21	231	$\times 35 = 105$	$\times 21 = 2520$	$\times\ 7 = 6300$	$\times 1 = 2520$	
$n=8$	210	168	28	406	$\times 70 = 210$	$\times 56 = 6720$	$\times 28 = 25200$	$\times 8 = 20160$	$\times 1 = 2520$

Le cas $n=4$ est le théorème 3 de Steiner, il y a 3 systèmes de 8 points sur une conique; le cas $n=5$ est le théorème 4, il y a $15+120$ systèmes; le cas $n=6$ est le théorème 5, il y a $45+720+900$ systèmes. Pour $n=7$ il y a $105+2520+6300+2520$ systèmes et pour $n=8$, $210+6720+25200+20160+2520$ systèmes.

Le cas $n=5$ est surtout intéressant: en effet comme une conique est déterminée par 5 points, on a ici 5 points quelconques (a, b, c, d, e), et les cinq tangentes (les droites A, B, C, D, E de Steiner) sont des droites déterminées par les cinq points et que l'on peut construire (avec la règle seulement). C'est là en effet la forme sous laquelle le théorème est présenté par Steiner; il ne parle nullement de la conique qui passe par les 5 points—et il donne pour les 5 droites une construction; à savoir, les 15 points r sont situés deux à deux sur 15 droites L qui ne dépendent chacune que de 4 points, et sur 60 droites H qui dépendent chacune des 5 points; les 60 droites H combinées deux à deux d'une manière convenable se rencontrent dans 30 points s (c'est la définition de ces points) et puis (théorème) on a 5 droites A, B, C, D, E qui contiennent chacune 6 points s et qui passent par les points a, b, c, d, e respectivement—et (théorème) les 30 points s sont aussi situés sur les 10 droites G, 3 points sur chaque droite. Je remarque qu'en prenant sur la conique qui passe par a, b, c, d, e, un point quelconque g, il y aurait 24 hexagones inscrits ayant ag pour côté—et de là 24 droites Pascaliennes—et par le point d'intersection de ag avec l'une quelconque des 6 droites bc, etc. on a 4 de ces droites Pascaliennes. Cela posé, en prenant pour g le point consécutif a', les 24 hexagones se confondent deux à deux—on a donc 12 hexagones inscrits et autant de droites Pascaliennes—ces droites sont les 12 droites H lesquelles se rencontrent deux à deux dans les 6 points s situés sur la droite aa', ou A. Steiner dit que les 120 coniques dépendent des 5 points, mais que les 15 coniques *dépendent chacune de 4 points seulement;* en donnant (comme il l'a fait) le théorème comme un théorème par rapport à cinq points quelconques, cela n'est pas exact—en effet les coniques dont il s'agit dépendent chacune de 4 des cinq points, et des 4 droites correspondantes, tangentes dans ces mêmes points à la conique qui passe par les cinq points—ces coniques dépendent ainsi des cinq points.

Je remarque en passant que partant des cinq points donnés a, b, c, d, e, il y a sur chacune des droites A, B, C, D, E un point remarquable, dont Steiner ne parle pas, mais qui aurait pu servir à une construction de cette droite—par exemple il y a sur la droite A le point α qui est l'intersection commune des polaires de a par rapport à toutes les coniques qui passent par les points b, c, d, e—en particulier ce point α est l'intersection commune des polaires (harmonicales) de a par rapport aux trois paires de droites (bc, de), (bd, ec), (be, cd) respectivement.

Cambridge, 16 *Fév.* 1865.

356.

SUR UN CAS PARTICULIER DE LA SURFACE DU QUATRIÈME ORDRE AVEC SEIZE POINTS SINGULIERS.

[From the *Journal für die reine und angewandte Mathematik* (Crelle), tom. LXV. (1866), pp. 284—291.]

DANS la note "sur la surface des ondes" (*Liouville* t. XI., 1846), [47], j'ai étudié sous le nom de *tétraédroïde* la surface du quatrième ordre douée de seize points singuliers, et qu'une transformation homographique fait naître de la surface des ondes. Mon point de départ a été la propriété fondamentale suivante.

"Le tétraédroïde est une surface du quatrième ordre, qui est coupée par les plans d'un certain tétraèdre suivant des paires de coniques par rapport auxquelles les trois sommets du tétraèdre dans ce plan sont des points conjugués. De plus: les seize points d'intersection des quatre paires de coniques sont des points singuliers de la surface, c'est-à-dire des points où, au lieu d'un plan tangent, il y a un cône tangent du second ordre."

Dans la même note j'ai reconnu l'existence de seize plans singuliers qui touchent chacun la surface suivant une conique. Il est intéressant d'examiner de quelle manière mes formules se rattachent à celles de M. Kummer dans ses belles recherches (Monatsbericht der Berliner Akademie für 1864, pp. 246—260 et 495—499) relatives à la surface du quatrième ordre douée de seize points singuliers.

Partant des formules de M. Kummer il convient, pour plus de symmétrie, de changer les signes de a, f; puis en remarquant que dans l'équation (3) p. 250 on doit avoir (voir p. 496) $+\frac{3}{2}cf$ au lieu de $-\frac{3}{2}cf$, l'équation de la surface sera

$$\begin{aligned} &a^2q^2r^2 + b^2r^2p^2 + c^2p^2q^2 + d^2p^2s^2 + e^2q^2s^2 + f^2r^2s^2 \\ &+ 2bcp^2qr + 2cepq^2s - 2bfpr^2s - 2efqrs^2 \\ &+ 2capq^2r + 2afqr^2s - 2cdqp^2s - 2fdrps^2 \\ &+ 2abpqr^2 + 2bdrp^2s - 2aerq^2s - 2depqs^2 - 4gpqrs = 0. \end{aligned}$$

Pour donner les équations des seize plans singuliers de cette surface je pose d'abord pour abréger

$$ad = \alpha, \quad be = \beta, \quad cf = \gamma,$$

et je détermine k au moyen de l'équation cubique

$$\gamma k^3 + (-g - \tfrac{1}{2}\alpha + \tfrac{1}{2}\beta + \tfrac{3}{2}\gamma)\, k^2 + (-g - \tfrac{3}{2}\alpha - \tfrac{1}{2}\beta + \tfrac{1}{2}\gamma)\, k - \alpha = 0\,;$$

puis j'introduis les quantités

$$\begin{array}{llllll} p' = & \quad . & + cq + \dfrac{b}{k+1} r & + \dfrac{d}{k} s, \\[2ex] q' = & - cp & \quad . & + \dfrac{a}{k} r - \dfrac{e}{k+1} s, \\[2ex] r' = & - \dfrac{b}{k+1} p & - \dfrac{a}{k} q & \quad . & + fs, \\[2ex] s' = & - \dfrac{d}{k} p + \dfrac{e}{k+1} q & - fr & \quad . \; , \end{array}$$

enfin je dénote par p_1, q_1, r_1, s_1; p_2, q_2, r_2, s_2; p_3, q_3, r_3, s_3 ce que deviennent les quantités p', q', r', s' en y substituant successivement pour k les trois racines k_1, k_2, k_3 de l'équation en k. Cela posé, les seize plans singuliers sont donnés par les équations

$$\begin{array}{llll} p = 0, & q = 0, & r = 0, & s = 0, \\ p_1 = 0, & q_1 = 0, & r_1 = 0, & s_1 = 0, \\ p_2 = 0, & q_2 = 0, & r_2 = 0, & s_2 = 0, \\ p_3 = 0, & q_3 = 0, & r_3 = 0, & s_3 = 0. \end{array}$$

En prenant une ligne quelconque (p_1, q_1, r_1, s_1) et une colonne quelconque (r, r_1, r_2, r_3), puis en omettant le terme commun r_1, on a une des seize combinaisons $(p_1, q_1, s_1, r, r_2, r_3)$ de six plans qui se rencontrent dans un des seize points singuliers.

Supposons que les plans p, s_1, r_2, q_3 se rencontrent dans le même point. Pour que cette circonstance ait lieu il faut que la condition $\dfrac{k_2(k_3+1)}{k_3(k_1+1)} = 1$ ou, ce qui est la même chose, $k_3(k_1 - k_2) - (k_2 - k_3) = 0$ soit remplie; mais si cette condition est remplie, non seulement les plans (p, s_1, r_2, q_3) se rencontront dans le même point, mais aussi les plans (q, p_1, s_2, r_3), les plans (r, q_1, p_2, s_3) et les plans (s, r_1, q_2, p_3) se rencontront dans le même point. L'équation $k_3(k_1 - k_2) - (k_2 - k_3) = 0$ appartient évidemment à un système de six équations, et l'une quelconque de ces équations donnerait un résultat semblable; chacune de ces équations conduit, comme on va voir, à une certaine relation entre les quantités g, α, β, γ (ou g, a, b, c, d, e, f), relation en vertu de laquelle la surface générale du quatrième ordre douée de seize points singuliers se réduit au *tétraédroïde.* Pour former la relation dont il s'agit, il faut égaler à zéro le produit des six fonctions analogues à $k_3(k_1 - k_2) - (k_2 - k_3)$. Je forme d'abord le produit des trois fonctions $k_3(k_1 - k_2) - (k_2 - k_3)$, $k_1(k_2 - k_3) - (k_3 - k_1)$, $k_2(k_3 - k_1) - (k_1 - k_2)$, et en représentant pour un moment l'équation en k par $\mathfrak{a}k^3 + \mathfrak{b}k^2 + \mathfrak{c}k + \mathfrak{d} = 0$, on trouve que le produit des trois fonctions est égal à

$$P + Q\sqrt{\Delta} = (\mathfrak{b} + \mathfrak{c})(\mathfrak{bc} + 9\,\mathfrak{ad}) - 6\,(\mathfrak{ac}^2 + \mathfrak{b}^2\mathfrak{d})$$
$$+ (\mathfrak{b} + \mathfrak{c} - 2\,\mathfrak{a} - 2\,\mathfrak{d})\sqrt{\mathfrak{b}^2\mathfrak{c}^2 - 4\,\mathfrak{b}^3\mathfrak{d} - 4\,\mathfrak{ac}^3 + 18\,\mathfrak{abcd} - 27\,\mathfrak{a}^2\mathfrak{d}^2},$$

et en substituant pour $\mathfrak{a}$, $\mathfrak{b}$, $\mathfrak{c}$, $\mathfrak{d}$ leurs valeurs

$$\mathfrak{a} = \gamma, \quad \mathfrak{b} = -g - \tfrac{1}{2}\alpha + \tfrac{1}{2}\beta + \tfrac{3}{2}\gamma, \quad \mathfrak{c} = -g - \tfrac{3}{2}\alpha - \tfrac{1}{2}\beta + \tfrac{1}{2}\gamma, \quad \mathfrak{d} = -\alpha,$$

on trouve, toute réduction faite,

$$P = -2g^3 + \tfrac{1}{2}g\,(\Sigma\alpha^2 - 10\Sigma\alpha\beta) + 2\,(\beta-\gamma)(\gamma-\alpha)(\alpha-\beta),$$
$$Q = -2g,$$
$$\Delta = g^4 - \tfrac{1}{2}g^2(\Sigma\alpha^2 - 10\Sigma\alpha\beta) - 4g\,(\beta-\gamma)(\gamma-\alpha)(\alpha-\beta)$$
$$+ \tfrac{1}{16}(\Sigma\alpha^4 + 12\Sigma\alpha^3\beta - 26\Sigma\alpha^2\beta^2 + 244\Sigma\alpha^2\beta\gamma).$$

Cela posé, l'équation cherchée est $P^2 - Q^2\Delta = 0$, c'est-à-dire

$$0 = \tfrac{1}{2}(P^2 - Q^2\Delta) = g^3 \,.\, 4\,(\beta-\gamma)(\gamma-\alpha)(\alpha-\beta)$$
$$+ g^2 \,.\, 4\,(-\Sigma\alpha^3\beta + 4\Sigma\alpha^2\beta^2 - 2\Sigma\alpha^2\beta\gamma)$$
$$+ g \,.\, (\beta-\gamma)(\gamma-\alpha)(\alpha-\beta)(\Sigma\alpha^2 - 10\Sigma\alpha\beta)$$
$$+ 2\,(\beta-\gamma)^2(\gamma-\alpha)^2(\alpha-\beta)^2;$$

cette équation, dans laquelle $\alpha = ad$, $\beta = be$, $\gamma = cf$, constitue la condition sous laquelle la surface de M. Kummer se réduit à un tétraédroïde.

Je passe à présent à mes formules de 1846. En écrivant pour plus de commodité f^2, g^2, h^2, l^2, m^2, n^2 au lieu de f, g, h, l, m, n, mon équation du tétraédroïde est

$$\begin{vmatrix} . & x^2, & y^2, & z^2, & w^2 \\ x^2, & . & h^2, & g^2, & l^2 \\ y^2, & h^2, & . & f^2, & m^2 \\ z^2, & g^2, & f^2, & . & n^2 \\ w^2, & l^2, & m^2, & n^2 & . \end{vmatrix} = 0,$$

ou, ce qui est la même chose,

$$(A, B, C, D, F, G, H, L, M, N \between x^2, y^2, z^2, w^2)^2 = 0,$$

c'est-à-dire

$$Ax^4 + By^4 + Cz^4 + Dw^4 + 2Fy^2z^2 + 2Gz^2x^2 + 2Hx^2y^2 + 2Lx^2w^2 + 2My^2w^2 + 2Nz^2w^2 = 0,$$

où les coefficients ont les valeurs

$$\begin{aligned}
&A = 2m^2n^2f^2, \quad B = 2n^2l^2g^2, && C = 2l^2m^2h^2, \quad D = 2f^2g^2h^2,\\
&F = l^2\ (\ \ l^2f^2 - m^2g^2 - n^2h^2), && L = f^2(\ \ l^2f^2 - m^2g^2 - n^2h^2),\\
&G = m^2(-l^2f^2 + m^2g^2 - n^2h^2), && M = g^2(-l^2f^2 + m^2g^2 - n^2h^2),\\
&H = n^2(-l^2f^2 - m^2g^2 + n^2h^2), && N = h^2(-l^2f^2 - m^2g^2 + n^2h^2).
\end{aligned}$$

Les coordonnées des seize points singuliers sont

$$(0,\ \pm h,\ \pm g,\ \pm l),\quad (\pm h,\ 0,\ \pm f,\ \pm m),\quad (\pm g,\ \pm f,\ 0,\ \pm n),\quad (\pm l,\ \pm m,\ \pm n,\ 0),$$

et les équations des seize plans singuliers sont

$$\begin{aligned}
. \quad \pm ny \pm mz \pm fw &= 0,\\
\pm nx \quad . \quad \pm lz \pm gw &= 0,\\
\pm mx \pm ly \quad . \quad \pm hw &= 0,\\
\pm fx \pm gy \pm hz \quad . \quad &= 0,
\end{aligned}$$

où l'on donne des valeurs quelconques aux signes $\pm$. Pour comparer ces plans aux plans de M. Kummer j'écris le tableau

p, q, r, s	$. \ +ny-mz+fw$	$-nx \ . \ +lz+gw$	$mx-ly \ . \ +hw$	$-fx-gy-lz \ .$
p_1, q_1, r_1, s_1	$nx \ . \ +lz+gw$	$mx+ly \ . \ +hw$	$-fx-gy+hz \ .$	$. \ ny-mz-fw$
p_2, q_2, r_2, s_2	$-mx-ly \ . \ +hw$	$-fx+gy-hz \ .$	$. \ ny+mz+fw$	$-nx \ . \ +lz-gw$
p_3, q_3, r_3, s_3	$fx-gy-hz \ .$	$. \ -ny-mz+fw$	$-nx \ . \ -lz+gw$	$mx-ly \ . \ -hw$

et j'obtiens les valeurs suivantes:

$$\begin{aligned}
p &= \quad . \quad ny - mz + fw,\\
q &= -nx \quad . \quad + lz + gw,\\
r &= mx - ly \quad . \quad + hw,\\
s &= -fx - gy - hz \quad . \ .
\end{aligned}$$

En résolvant ces équations par rapport à x, y, z, w et en posant pour abréger $\theta = lf + mg + nh$, on trouve

$$\begin{aligned}
\theta x &= \quad . \quad -hq + gr - ls,\\
\theta y &= hp \quad . \quad -fr - ms,\\
\theta z &= -gp + fq \quad . \quad -ns,\\
\theta w &= lp + mq + nr \quad . \ ,
\end{aligned}$$

valeurs qu'il s'agit de substituer dans l'équation

$$U = (A,\ B,\ C,\ D,\ F,\ G,\ H,\ L,\ M,\ N \between x^2,\ y^2,\ z^2,\ w^2)^2 = 0$$

de la surface dont il est question.

De l'expression de U en p, q, r, s je ne considère d'abord que le terme multiplié par p^2q^2. Désignons par $\mathfrak{G}$ le coefficient de p^2q^2 dans $\theta^4 U$, nous aurons

$$\mathfrak{G} = \left.\begin{array}{ll} 6f^2g^2 & \times 2l^2m^2h^2 \\ +6l^2m^2 & \times 2f^2g^2h^2 \\ +\ h^2f^2 & \times 2l^2\ (\ \ l^2f^2 - m^2g^2 - n^2h^2) \\ +\ g^2h^2 & \times 2m^2 (-l^2f^2 + m^2g^2 - n^2h^2) \\ +\ h^4 & \times 2n^2\ (-l^2f^2 - m^2g^2 + n^2h^2) \\ +\ h^2l^2 & \times 2f^2\ (\ \ l^2f^2 - m^2g^2 - n^2h^2) \\ +\ h^2m^2 & \times 2g^2\ (-l^2f^2 + m^2g^2 - n^2h^2) \\ +(l^2f^2 + m^2g^2 - 4lmfg) & \times 2h^2\ (-l^2f^2 - m^2g^2 + n^2h^2) \end{array}\right\} = 2h^2 \left\{\begin{array}{l} 6i^2j^2 \\ +6i^2j^2 \\ +\ i^2\ (\ \ i^2 - j^2 - k^2) \\ +\ j^2\ (-i^2 + j^2 - k^2) \\ +\ k^2 (-i^2 - j^2 + k^2) \\ +\ i^2\ (\ \ i^2 - j^2 - k^2) \\ +\ j^2\ (-i^2 + j^2 - k^2) \\ +(i^2 + j^2 - 4ij)\,(-i^2 - j^2 + k^2) \end{array}\right\},$$

les lettres i, j, k étant introduites pour désigner les produits

$$lf = i, \quad mg = j, \quad nh = k.$$

Après toutes les réductions on obtient

$$\mathfrak{G} = 2h^2\big((i+j)^2 - k^2\big)^2, \ = 2h^2(i+j+k)^2(-i-j+k)^2, \ = 2h^2\theta^2(-i-j+k)^2,$$

pour le coefficient de p^2q^2 dans $\theta^4 U$, ou, ce qui est la même chose,

$$h^2(-i-j+k)^2$$

pour le coefficient de p^2q^2 dans $\tfrac{1}{2}\theta^2 U$.

En calculant de même les autres coefficients de $\tfrac{1}{2}\theta^2 U$ et en écrivant pour abréger

$$\begin{aligned} i - j - k &= \ \ lf - mg - nh = a, \\ -i + j - k &= -lf + mg - nh = b, \\ -i - j + k &= -lf - mg + nh = c, \end{aligned}$$

l'équation transformée sera

$$\begin{aligned} & f^2a^2q^2r^2 + g^2b^2r^2p^2 + h^2c^2p^2q^2 + l^2a^2p^2s^2 + m^2b^2q^2s^2 + n^2c^2r^2s^2 \\ & + 2ghbcp^2qr + 2hmbcpq^2s - 2gnbcpr^2s - 2mnbcqrs^2 \\ & + 2hfcapq^2r + 2fncaqr^2s - 2hlcaqp^2s - 2nlcarps^2 \\ & + 2fgabpqr^2 + 2glabrp^2s - 2fmabrq^2s - 2lmabpqs^2 \\ & \qquad - (b-c)(c-a)(a-b)\,pqrs = 0. \end{aligned}$$

En posant

$$\begin{aligned} & a' = fa, \quad d' = la, \quad -4g' = (b-c)(c-a)(a-b), \\ & b' = gb, \quad e' = mb, \\ & c' = hc, \quad f' = nc, \end{aligned}$$

les quantités a', b', c', d', e', f', g' sont liées par une relation. Pour en prouver l'existence on n'a qu'à faire

$$a'd' = \alpha', \quad b'e' = \beta', \quad c'f' = \gamma'$$

et à se servir des expressions de a, b, c en f, g, h, l, m, n, alors on obtient

$$\begin{aligned} -2\alpha' &= a^2(b+c), \\ -2\beta' &= b^2(c+a), \\ -2\gamma' &= c^2(a+b), \\ -4g' &= (b-c)(c-a)(a-b), \end{aligned}$$

équations qui impliquent une relation entre α', β', γ', g'; mais en supposant que a', b', c', d', e', f', g' soient des quantités qui satisfont à cette relation, il existe toujours des valeurs correspondantes de f, g, h, l, m, n, c'est-à-dire que l'équation du tétraédroïde est identique avec celle de M. Kummer toutes les fois que les coefficients a, b, c, d, e, f, g de cette dernière sont liés par une certaine relation. Ecrivons comme auparavant $ad = \alpha$, $be = \beta$, $cf = \gamma$, cette relation se trouve en éliminant a, b, c entre les équations

$$\begin{aligned} -2\alpha &= a^2(b+c), \\ -2\beta &= b^2(c+a), \\ -2\gamma &= c^2(a+b), \\ -4g &= (b-c)(c-a)(a-b), \end{aligned}$$

et il ne s'agit que de prouver l'identité de cette relation avec celle que nous avons trouvée ci-dessus par d'autres considérations.

J'introduis les nouvelles notations

$$\begin{aligned} \alpha + \beta + \gamma &= -\tfrac{1}{2}P, & a + b + c &= \mathfrak{p}, \\ \beta\gamma + \gamma\alpha + \alpha\beta &= -\tfrac{1}{4}Q, & bc + ca + ab &= \mathfrak{q}, \\ \alpha\beta\gamma &= -\tfrac{1}{8}R, & abc &= \mathfrak{r}, \end{aligned}$$

je forme l'expression

$$2(\beta-\gamma) = -(bc+ca+ab)(b-c), \; = -\mathfrak{q}(b-c),$$

et les deux expressions analogues pour $2(\gamma-\alpha)$, $2(\alpha-\beta)$; j'en déduis le résultat

$$8(\beta-\gamma)(\gamma-\alpha)(\alpha-\beta) = -\mathfrak{q}^3(b-c)(c-a)(a-b);$$

enfin je note les équations

$$(b-c)^2(c-a)^2(a-b)^2 = -4\mathfrak{q}^3 + \mathfrak{p}^2\mathfrak{q}^2 + 18\mathfrak{pqr} - 27\mathfrak{r}^2 - 4\mathfrak{p}^3\mathfrak{r},$$

$$\begin{aligned} P &= \mathfrak{pq} - 3\mathfrak{r}, \\ Q &= \mathfrak{q}^3 - 2\mathfrak{pqr} + 3\mathfrak{r}^2, \\ R &= \mathfrak{pqr}^2 - \mathfrak{r}^3, \end{aligned}$$

qui donnent la transformation de leurs premiers membres en fonction de $\mathfrak{p}$, $\mathfrak{q}$, $\mathfrak{r}$; cela posé, et à l'aide de ces valeurs, on forme les égalités

$$512(\beta-\gamma)(\gamma-\alpha)(\alpha-\beta)g^3 = (-4\mathfrak{q}^3+\mathfrak{p}^2\mathfrak{q}^2+18\mathfrak{pqr}-27\mathfrak{r}^2-4\mathfrak{p}^3\mathfrak{r})\mathfrak{q}^3(b-c)^2(c-a)^2(a-b)^2,$$

$$256(-\Sigma\alpha^3\beta+4\Sigma\alpha^2\beta^2-2\Sigma\alpha^2\beta\gamma)g^2 = (6\mathfrak{q}^3-\mathfrak{p}^2\mathfrak{q}^2-18\mathfrak{pqr}+27\mathfrak{r}^2+2\mathfrak{p}^3\mathfrak{r})\mathfrak{q}^3(b-c)^2(c-a)^2(a-b)^2,$$

$$128(\beta-\gamma)(\gamma-\alpha)(\alpha-\beta)(\Sigma\alpha^2-10\Sigma\alpha\beta)g = (-12\mathfrak{q}^3+\mathfrak{p}^2\mathfrak{q}^2+18\mathfrak{pqr}-27\mathfrak{r}^2)\mathfrak{q}^3(b-c)^2(c-a)^2(a-b)^2,$$

$$64(\beta-\gamma)^2(\gamma-\alpha)^2(\alpha-\beta)^2 = (\mathfrak{q}^3)\mathfrak{q}^3(b-c)^2(c-a)^2(a-b)^2,$$

lesquelles, multipliées par 1, 2, 1, 4, ajoutées ensemble et divisées par 128, conduisent à l'équation finale

$$\begin{aligned} & g^3 . 4(\beta-\gamma)(\gamma-\alpha)(\alpha-\beta) \\ + & g^2 . 4(-\Sigma\alpha^3\beta+4\Sigma\alpha^2\beta^2-2\Sigma\alpha^2\beta\gamma) \\ + & g \,.\, (\beta-\gamma)(\gamma-\alpha)(\alpha-\beta)(\Sigma\alpha^2-10\Sigma\alpha\beta) \\ + & 2(\beta-\gamma)^2(\gamma-\alpha)^2(\alpha-\beta)^2 = 0, \end{aligned}$$

identique avec celle que l'on a trouvée ci-dessus, ce qui achève la démonstration que l'on avait en vue.

Cambridge, 18 *Mai*, 1865.

357.

A SUPPLEMENTARY MEMOIR ON THE THEORY OF MATRICES.

[From the *Philosophical Transactions of the Royal Society of London*, vol. CLVI. (for the year 1866), pp. 25—35. Received October 24,—Read December 7, 1865.]

M. HERMITE, in a paper "Sur la théorie de la transformation des fonctions Abéliennes," *Comptes Rendus*, t. XL. (1855), pp. 249, &c., establishes incidentally the properties of the matrix for the automorphic linear transformation of the bipartite quadric function $xw' + yz' - zy' - wx'$, or transformation of this function into one of the like form, $XW' + YZ' - ZY' - WX'$. These properties are (as will be shown) deducible from a general formula in my "Memoir on the Automorphic Linear Transformation of a Bipartite Quadric Function," *Phil. Trans.* vol. CXLVIII. (1858), pp. 39—46, [153]; but the particular case in question is an extremely interesting one, the theory whereof is worthy of an independent investigation. For convenience the number of variables is taken to be *four*; but it will be at once seen that as well the demonstrations as the results are in fact applicable to any *even* number whatever of variables.

Article Nos. 1 and 2. *Notation and Remarks.*

1. I use throughout the notation and formulæ contained in my "Memoir on the Theory of Matrices," *Phil. Trans.* vol. CXLVIII. (1858), pp. 17—37, [152], and in the above-mentioned memoir on the Automorphic Transformation. With respect to the composition of matrices, the rule of composition is as follows, viz., any *line* of the compound matrix is obtained by combining the corresponding *line* of the first or further component matrix with the several *columns* of the second or nearer component matrix; it is very convenient to indicate this by the algorithm,

$$\left(\begin{array}{ccc} a, & b, & c \\ a', & b', & c' \\ a'', & b'', & c'' \end{array}\right)\!\!\left(\begin{array}{ccc} \alpha, & \beta, & \gamma \\ \alpha', & \beta', & \gamma' \\ \alpha'', & \beta'', & \gamma'' \end{array}\right) = \begin{array}{c|ccc} & (\alpha, \alpha', \alpha''), & (\beta, \beta', \beta''), & (\gamma, \gamma', \gamma'') \\ \hline (a, b, c) & ,, & ,, & ,, \\ (a', b', c') & ,, & ,, & ,, \\ (a'', b'', c'') & ,, & ,, & ,, \end{array}$$

which exhibits very clearly the terms which are to be combined together; thus in the upper left-hand corner we have $(a, b, c \between \alpha, \alpha', \alpha'')$, and so for the other places in the compound matrix.

2. It is not in the Memoir on Matrices explicitly remarked, but it is easy to see that sums of matrices, all the matrices being of the same order, may be multiplied together by the ordinary rule; thus

$$(A+B)(C+D) = AC + AD + BC + BD:$$

this remark will be useful in the sequel.

Article Nos. 3 to 13. *First Investigation.*

3. We have to consider the formulæ for the automorphic linear transformation of the function $xw' + yz' - zy' - wx'$, that is, of the function

$$\left(\begin{array}{cccc} 0, & 0, & 0, & -1 \\ 0, & 0, & -1, & 0 \\ 1, & 0, & 0, & 0 \\ 0, & 1, & 0, & 0 \end{array}\right\between x, y, z, w \between x', y', z', w')$$
$$= (\Omega \between x, y, z, w \between x', y', z', w'),$$

viz., if the variables are transformed by the formulæ

$$(x, y, z, w) = (\Pi \between X, Y, Z, W),$$
$$(x', y', z', w') = (\Pi \between X', Y', Z', W'),$$

then the matrix (Π) is such that we have identically

$$(\Omega \between x, y, z, w \between x', y', z', w') = (\Omega \between X, Y, Z, W \between X', Y', Z', W');$$

the expression for (Π) is given in my memoir [153] above referred to; viz. observing that the matrix (Ω) is skew symmetrical, then (No. 13) we have

$$\Pi = \Omega^{-1}(\Omega - \Upsilon)(\Omega + \Upsilon)^{-1}\Omega,$$

where Υ is an arbitrary symmetrical matrix.

4. I propose to compare with the matrix Π the inverse matrix Π^{-1}. Recollecting that in the theory of matrices $(ABCD)^{-1} = D^{-1}C^{-1}B^{-1}A^{-1}$, we have

$$\Pi^{-1} = \Omega^{-1}(\Omega + \Upsilon)(\Omega - \Upsilon)^{-1}\Omega;$$

and it is to be shown that Π and Π^{-1} are composed of terms which (except as to their signs) are the same in each, so that either of these matrices is derivable from the other by a peculiar form of transposition. It is to be borne in mind throughout that Υ is symmetrical, Ω skew symmetrical.

5. I write for greater convenience

$$-\Pi \;\;= \Omega^{-1}(\Upsilon-\Omega)(\Upsilon+\Omega)^{-1}\Omega,$$
$$-\Pi^{-1} = \Omega^{-1}(\Upsilon+\Omega)(\Upsilon-\Omega)^{-1}\Omega,$$

and I compare in the first instance the matrices $(\Upsilon-\Omega)(\Upsilon+\Omega)^{-1}$ and $(\Upsilon+\Omega)(\Upsilon-\Omega)^{-1}$.

6. Any matrix whatever, and therefore the matrix $(\Upsilon+\Omega)^{-1}$, may be exhibited as the sum of a symmetrical matrix and a skew symmetrical matrix; that is, we may write

$$(\Upsilon+\Omega)^{-1} = \Upsilon'+\Omega',$$

where Υ' is symmetrical, Ω' is skew symmetrical. We have then

$$(\Upsilon+\Omega)(\Upsilon+\Omega)^{-1} = (\Upsilon+\Omega)(\Upsilon'+\Omega'),\ =1,$$

where, here and in what follows, 1 denotes the matrix unity. Moreover

$$\Upsilon-\Omega = \text{tr.}\ (\Upsilon+\Omega),$$

and thence

$$(\Upsilon-\Omega)^{-1} = \big(\text{tr.}\,(\Upsilon+\Omega)\big)^{-1} = \text{tr.}\ (\Upsilon+\Omega)^{-1} = \text{tr.}\ (\Upsilon'+\Omega') = \Upsilon'-\Omega';$$

that is

$$(\Upsilon-\Omega)^{-1} = \Upsilon'-\Omega';$$

and thence also

$$(\Upsilon-\Omega)(\Upsilon-\Omega)^{-1} = (\Upsilon-\Omega)(\Upsilon'-\Omega') = 1.$$

We have therefore

$$(\Upsilon-\Omega)(\Upsilon+\Omega)^{-1} = (\Upsilon+\Omega-2\Omega)(\Upsilon'+\Omega') = 1-2\Omega\,(\Upsilon'+\Omega'),$$
$$(\Upsilon+\Omega)(\Upsilon-\Omega)^{-1} = (\Upsilon-\Omega+2\Omega)(\Upsilon'-\Omega') = 1+2\Omega\,(\Upsilon'-\Omega').$$

7. Suppose for a moment that

$$\Upsilon'+\Omega' = \left(\begin{array}{cccc} a, & b, & c, & d \\ e, & f, & g, & h \\ i, & j, & k, & l \\ m, & n, & o, & p \end{array}\right)$$

and therefore

$$\Upsilon'-\Omega' = \left(\begin{array}{cccc} a, & e, & i, & m \\ b, & f, & j, & n \\ c, & g, & k, & o \\ d, & h, & l, & p \end{array}\right).$$

8. We have

$$-\Omega(\Upsilon'+\Omega')=\left(\begin{array}{cccc} . & . & . & 1 \\ . & . & 1 & . \\ . & -1 & . & . \\ -1 & . & . & . \end{array}\right)\left(\begin{array}{cccc} a, & b, & c, & d \\ e, & f, & g, & h \\ i, & j, & k, & l \\ m, & n, & o, & p \end{array}\right)$$

$$=\begin{array}{l} (\;. \quad . \quad . \quad 1\;) \\ (\;. \quad . \quad 1 \quad .\;) \\ (\;. \quad -1 \quad . \quad .\;) \\ (\;-1 \quad . \quad . \quad .\;) \end{array}\left|\begin{array}{cccc} (a,\,e,\,i,\,m), & (b,\,f,\,j,\,n), & (c,\,g,\,k,\,o), & (d,\,h,\,l,\,p) \\ \hline \text{"} & \text{"} & \text{"} & \text{"} \\ \text{"} & \text{"} & \text{"} & \text{"} \\ \text{"} & \text{"} & \text{"} & \text{"} \\ \text{"} & \text{"} & \text{"} & \text{"} \end{array}\right.$$

$$=\left(\begin{array}{cccc} m, & n, & o, & p \\ i, & j, & k, & l \\ -e, & -f, & -g, & -h \\ -a, & -b, & -c, & -d \end{array}\right).$$

9. And similarly,

$$\Omega(\Upsilon'-\Omega')=\left(\begin{array}{cccc} . & . & . & -1 \\ . & . & -1 & . \\ . & 1 & . & . \\ 1 & . & . & . \end{array}\right)\left(\begin{array}{cccc} a, & e, & i, & m \\ b, & f, & j, & n \\ c, & g, & k, & o \\ d, & h, & l, & p \end{array}\right)$$

$$=\begin{array}{l} (\;. \quad . \quad . \quad -1\;) \\ (\;. \quad . \quad -1 \quad .\;) \\ (\;. \quad 1 \quad . \quad .\;) \\ (\;1 \quad . \quad . \quad .\;) \end{array}\left|\begin{array}{cccc} (a,\,b,\,c,\,d), & (e,\,f,\,g,\,h), & (i,\,j,\,k,\,l), & (m,\,n,\,o,\,p) \\ \hline \text{"} & \text{"} & \text{"} & \text{"} \\ \text{"} & \text{"} & \text{"} & \text{"} \\ \text{"} & \text{"} & \text{"} & \text{"} \\ \text{"} & \text{"} & \text{"} & \text{"} \end{array}\right.$$

$$=\left(\begin{array}{cccc} -d, & -h, & -l, & -p \\ -c, & -g, & -k, & -o \\ b, & f, & j, & n \\ a, & e, & i, & m \end{array}\right).$$

10. Hence also

$$(\Upsilon-\Omega)(\Upsilon+\Omega)^{-1}=\left(\begin{array}{cccc} 1+2m, & 2n, & 2o, & 2p \\ 2i, & 1+2j, & 2k, & 2l \\ -2e, & -2f, & 1-2g, & -2h \\ -2a, & -2b, & -2c, & 1-2d \end{array}\right),$$

and

$$(\Upsilon+\Omega)(\Upsilon-\Omega)^{-1}=\begin{pmatrix} 1-2d, & -2h, & -2l, & -2p \\ -2c, & 1-2g, & -2k, & -2o \\ 2b, & 2f, & 1+2j, & 2n \\ 2a, & 2e, & 2i, & 1+2m \end{pmatrix},$$

so that these matrices are composed of terms which, except as to the signs, are the same in each.

11. Now in general if

$$\Theta=\begin{pmatrix} \alpha, & \beta, & \gamma, & \delta \\ \alpha', & \beta', & \gamma', & \delta' \\ \alpha'', & \beta'', & \gamma'', & \delta'' \\ \alpha''', & \beta''', & \gamma''', & \delta''' \end{pmatrix},$$

then it is easy to see that

$$\Omega^{-1}\Theta\Omega=\begin{pmatrix} \delta''', & \gamma''', & -\beta''', & -\alpha''' \\ \delta'', & \gamma'', & -\beta'', & -\alpha'' \\ -\delta', & -\gamma', & \beta', & \alpha' \\ -\delta, & -\gamma, & \beta, & \alpha \end{pmatrix},$$

and hence, from the foregoing values of $(\Upsilon-\Omega)(\Upsilon+\Omega)^{-1}$ and $(\Upsilon+\Omega)(\Omega-\Upsilon)^{-1}$, we find

$$\Pi=-\Omega^{-1}(\Upsilon-\Omega)(\Upsilon+\Omega)^{-1}\Omega=\begin{pmatrix} -1+2d, & 2c, & -2b, & -2a \\ 2h, & -1+2g, & -2f, & -2e \\ 2l, & 2k, & -1-2j, & -2i \\ 2p, & 2o, & -2n, & -1-2m \end{pmatrix},$$

and

$$\Pi^{-1}=-\Omega^{-1}(\Upsilon+\Omega)(\Upsilon-\Omega)^{-1}\Omega=\begin{pmatrix} -1-2m, & -2i, & 2e, & 2a \\ -2n, & -1-2j, & 2f, & 2b \\ -2o, & -2k, & -1+2g, & 2c \\ -2p, & -2l, & +2h, & -1+2d \end{pmatrix};$$

this shows that the matrix Π for the automorphic transformation of the function $xw'+yz'-zy'-wx'$ is such that writing

$$\Pi=\begin{pmatrix} A, & B, & C, & D \\ E, & F, & G, & H \\ I, & J, & K, & L \\ M, & N, & O, & P \end{pmatrix} \text{ we have } \Pi^{-1}=\begin{pmatrix} P, & L, & -H, & -D \\ O, & K, & -G, & -C \\ -N, & -J, & F, & B \\ -M, & -I, & E, & A \end{pmatrix},$$

which is the theorem in question.

12. I remark in reference to the foregoing proof that writing

$$\Upsilon = \left(\begin{array}{cccc} a, & h, & g, & l \\ h, & b, & f, & m \\ g, & f, & c, & n \\ l, & m, & n, & d \end{array}\right)$$

then the actual value of

$$(\Upsilon+\Omega)^{-1}, = \left(\begin{array}{cccc} a & , h & , g & , l-1 \\ h & , b & , f-1, & m \\ g & , f+1, & c & , n \\ l+1, & m & , n & , d \end{array}\right)^{-1}$$

is

$$= \frac{1}{\Delta}\left(\begin{array}{cccc} A+d, & H+n+\nu, & G-m-\mu, & L-l+\rho \\ H+n-\nu, & B+c, & F-f+\lambda, & M-g+\sigma \\ G-m+\mu, & F-f-\lambda, & C+b, & N+h+\tau \\ L-l-\rho, & M-g-\sigma, & N+h-\tau, & D+a \end{array}\right)$$

where

$$\left(\begin{array}{cccc} A, & H, & G, & L \\ H, & B, & F, & M \\ G, & F, & C, & N \\ L, & M, & N, & D \end{array}\right)$$

is the matrix formed with the first minors of

$$\left(\begin{array}{cccc} a, & h, & g, & l \\ h, & b, & f, & m \\ g, & f, & c, & n \\ l, & m, & n, & d \end{array}\right);$$

moreover

$$\begin{array}{ll} \lambda = ad - l^2 + nh - mg + 1, & \rho = bc - f^2 + nh - mg + 1, \\ \mu = bn - mf + dh - ml, & \sigma = fg - ch + gl - na, \\ \nu = dg - nl + nf - cm, & \tau = hf - bg + ma - lh, \end{array}$$

and Δ is the determinant

$$\left(\begin{array}{cccc} a & , h & , g & , l+1 \\ h & , b & , f+1, & m \\ g & , f-1, & c & , n \\ l-1, & m & , n & , d \end{array}\right)$$

viz., this is

$$= \begin{vmatrix} a, & h, & g, & l \\ h, & b, & f, & m \\ g, & f, & c, & n \\ l, & m, & n, & d \end{vmatrix} + ad - l^2 + bc - f^2 + 2(nh - mg) + 1.$$

13. The expression for $(\Upsilon - \Omega)^{-1}$ is obtained from that of $(\Upsilon + \Omega)^{-1}$ by merely transposing the terms of the matrix, or, what is the same thing, by changing the signs of λ, μ, ν, ρ, σ, τ. And it would be easy by means of these developed values to verify the foregoing comparison of $(\Upsilon - \Omega)(\Upsilon + \Omega)^{-1}$ and $(\Upsilon + \Omega)(\Upsilon - \Omega)^{-1}$.

Article Nos. 14 to 22. *Second Investigation.*

14. I consider from a different point of view the theory of a matrix

$$\Pi = \left(\begin{array}{cccc} a, & b, & c, & d \\ e, & f, & g, & h \\ i, & j, & k, & l \\ m, & n, & o, & p \end{array}\right) \text{ such that } \Pi^{-1} = \left(\begin{array}{cccc} p, & l, & -h, & -d \\ o, & k, & -g, & -c \\ -n, & -j, & f, & b \\ -m, & -i, & e, & a \end{array}\right),$$

or, as we may call it, a Hermitian matrix.

15. *Lemma.* The determinant

$$\nabla = \begin{vmatrix} a, & b, & c, & d \\ e, & f, & g, & h \\ i, & j, & k, & l \\ m, & n, & o, & p \end{vmatrix}$$

may be expressed, and that in two different ways, as a Pfaffian.

16. In fact multiplying the determinant into itself thus,

$$\nabla^2 = \begin{vmatrix} a, & b, & c, & d \\ e, & f, & g, & h \\ i, & j, & k, & l \\ m, & n, & o, & p \end{vmatrix} \text{ tr. } \begin{vmatrix} d, & c, & -b, & -a \\ h, & g, & -f, & -e \\ l, & k, & -j, & -i \\ p, & o, & -n, & -m \end{vmatrix},$$

we find

$$\nabla^2 = \begin{array}{c|cccc} & (d, c, -b, -a), & (h, g, -f, -e), & (l, k, -j, -i), & (p, o, -n, -m) \\ \hline (a, b, c, d) & ,, & ,, & ,, & ,, \\ (e, f, g, h) & ,, & ,, & ,, & ,, \\ (i, j, k, l) & ,, & ,, & ,, & ,, \\ (m, n, o, p) & ,, & ,, & ,, & ,, \end{array} = \begin{vmatrix} s_{11}, & s_{12}, & s_{13}, & s_{14} \\ s_{21}, & s_{22}, & s_{23}, & s_{24} \\ s_{31}, & s_{32}, & s_{33}, & s_{34} \\ s_{41}, & s_{42}, & s_{43}, & s_{44} \end{vmatrix},$$

viz. we have $s_{11} = (a, b, c, d \between d, c, -b, -a)$, $s_{12} = (a, b, c, d \between h, g, -f, -e)$, &c.: we see at once that $s_{11} = 0$, $s_{12} + s_{21} = 0$, &c., viz. the determinant in s is a skew determinant, that is, the square of a Pfaffian. We have therefore

$$\nabla^2 = (s_{12}\, s_{34} + s_{13}\, s_{42} + s_{14}\, s_{23})^2,$$

or extracting the square root of each side, and determining the sign by a comparison of any single term, we have

$$\nabla \;= s_{12}\, s_{34} + s_{13}\, s_{42} + s_{14}\, s_{23},$$

which is one of the required forms of ∇.

17. And in the same manner

$$\nabla^2 = \text{tr.} \begin{vmatrix} a, & b, & c, & d \\ e, & f, & g, & h \\ i, & j, & k, & l \\ m, & n, & o, & p \end{vmatrix} \cdot \begin{vmatrix} m, & n, & o, & p \\ i, & j, & k, & l \\ -e, & -f, & -g, & -h \\ -a, & -b, & -c, & -d \end{vmatrix},$$

which is equal to the determinant

$$\begin{vmatrix} t_{11}, & t_{12}, & t_{13}, & t_{14} \\ t_{21}, & t_{22}, & t_{23}, & t_{24} \\ t_{31}, & t_{32}, & t_{33}, & t_{34} \\ t_{41}, & t_{42}, & t_{43}, & t_{44} \end{vmatrix} = \begin{matrix} (a, e, i, m) \\ (b, f, j, n) \\ (c, g, k, o) \\ (d, h, l, p) \end{matrix} \left| \begin{matrix} (m, i, -e, -a), & (n, j, -f, -b), & (o, k, -g, -c), & (p, l, -h, -d) \\ \text{''} & \text{''} & \text{''} & \text{''} \\ \text{''} & \text{''} & \text{''} & \text{''} \\ \text{''} & \text{''} & \text{''} & \text{''} \\ \text{''} & \text{''} & \text{''} & \text{''} \end{matrix} \right.$$

viz. $t_{11} = (a, e, i, m \between m, i, -e, -a)$, &c.; this is likewise a skew determinant, and we have

$$\nabla^2 = (t_{12}\, t_{34} + t_{13}\, t_{42} + t_{14}\, t_{23})^2,$$

or extracting the square root of each side, and determining the sign by the comparison of any single term, we have

$$\nabla \;= t_{12}\, t_{34} + t_{13}\, t_{42} + t_{14}\, t_{23},$$

which is the other of the required forms of ∇.

18. Consider now the matrix

$$\begin{pmatrix} a, & b, & c, & d \\ e, & f, & g, & h \\ i, & j, & k, & l \\ m, & n, & o, & p \end{pmatrix}$$

which is such that

$$\left(\begin{array}{cccc} a, & b, & c, & d \\ e, & f, & g, & h \\ i, & j, & k, & l \\ m, & n, & o, & p \end{array}\right)^{-1} = \left(\begin{array}{cccc} p, & l, & -h, & -d \\ o, & k, & -g, & -c \\ -n, & -j, & f, & b \\ -m, & -i, & e, & a \end{array}\right);$$

this gives

$$\left(\begin{array}{cccc} 1, & 0, & 0, & 0 \\ 0, & 1, & 0, & 0 \\ 0, & 0, & 1, & 0 \\ 0, & 0, & 0, & 1 \end{array}\right) = \left(\begin{array}{cccc} a, & b, & c, & d \\ e, & f, & g, & h \\ i, & j, & k, & l \\ m, & n, & o, & p \end{array}\right)\left(\begin{array}{cccc} p, & l, & -h, & -d \\ o, & k, & -g, & -c \\ -n, & -j, & f, & b \\ -m, & -i, & e, & a \end{array}\right)$$

$$\begin{array}{r|cccc} & (p, o, -n, -m), & (l, k, -j, -i), & (-h, -g, f, e), & (-d, -c, b, a) \\ \hline =(a, b, c, d) & ,, & ,, & ,, & ,, \\ (e, f, g, h) & ,, & ,, & ,, & ,, \\ (i, j, k, l) & ,, & ,, & ,, & ,, \\ (m, n, o, p) & ,, & ,, & ,, & ,, \end{array}$$

which is in fact

$$\left(\begin{array}{cccc} 1, & 0, & 0, & 0 \\ 0, & 1, & 0, & 0 \\ 0, & 0, & 1, & 0 \\ 0, & 0, & 0, & 1 \end{array}\right) = \left(\begin{array}{cccc} s_{14}, & s_{13}, & -s_{12}, & -s_{11} \\ s_{24}, & s_{23}, & -s_{22}, & -s_{21} \\ s_{34}, & s_{33}, & -s_{32}, & -s_{31} \\ s_{44}, & s_{43}, & -s_{42}, & -s_{41} \end{array}\right),$$

and the two matrices will be equal, term by term, if only

$$1 = s_{14} = s_{23}, \quad 0 = s_{13} = s_{12} = s_{24} = s_{34},$$

that is, if six conditions are satisfied.

19. But we have also (a matrix and its reciprocal being convertible)

$$\left(\begin{array}{cccc} 1, & 0, & 0, & 0 \\ 0, & 1, & 0, & 0 \\ 0, & 0, & 1, & 0 \\ 0, & 0, & 0, & 1 \end{array}\right) = \left(\begin{array}{cccc} p, & l, & -h, & -d \\ o, & k, & -g, & -c \\ -n, & -j, & f, & b \\ -m, & -i, & e, & a \end{array}\right)\left(\begin{array}{cccc} a, & b, & c, & d \\ e, & f, & g, & h \\ i, & j, & k, & l \\ m, & n, & o, & p \end{array}\right)$$

$$\begin{array}{r|cccc} & (a, e, i, m), & (b, f, j, n), & (c, g, k, o), & (d, h, l, p) \\ \hline =(p, l, -h, -d) & ,, & ,, & ,, & ,, \\ (o, k, -g, -c) & ,, & ,, & ,, & ,, \\ (-n, -j, f, b) & ,, & ,, & ,, & ,, \\ (-m, -i, e, a) & ,, & ,, & ,, & ,, \end{array}$$

which is in fact

$$\left(\begin{array}{cccc} 1, & 0, & 0, & 0 \\ 0, & 1, & 0, & 0 \\ 0, & 0, & 1, & 0 \\ 0, & 0, & 0, & 1 \end{array}\right) = \left(\begin{array}{cccc} t_{14}, & t_{24}, & t_{34}, & t_{44} \\ t_{13}, & t_{23}, & t_{33}, & t_{43} \\ -t_{12}, & -t_{22}, & -t_{32}, & -t_{42} \\ -t_{11}, & -t_{21}, & -t_{31}, & -t_{41} \end{array}\right),$$

and we obtain for the equality of the two matrices the six conditions

$$1 = t_{14} = t_{23}, \quad 0 = t_{13} = t_{12} = t_{24} = t_{34},$$

equivalent to the former set of six conditions.

20. We obtain from either set of conditions, for the determinant the value

$$\nabla = \left|\begin{array}{cccc} a, & b, & c, & d \\ e, & f, & g, & h \\ i, & j, & k, & l \\ m, & n, & o, & p \end{array}\right| = \kappa^2.$$

21. Write

$$(x, y, z, w) = \left(\begin{array}{cccc} a, & b, & c, & d \\ e, & f, & g, & h \\ i, & j, & k, & l \\ m, & n, & o, & p \end{array}\right)\!\!\big)\!\big(X, Y, Z, W); \quad (x', y', z', w') = \left(\begin{array}{cccc} a, & b, & c, & d \\ e, & f, & g, & h \\ i, & j, & k, & l \\ m, & n, & o, & p \end{array}\right)\!\!\big)\!\big(X', Y', Z', W'),$$

then substituting for (x, y, z, w) (x', y', z', w') their values, we find

$$xw' + yz' - zy' - wx' = -\left(\begin{array}{cccc} t_{11}, & t_{12}, & t_{13}, & t_{14} \\ t_{21}, & t_{22}, & t_{23}, & t_{24} \\ t_{31}, & t_{32}, & t_{33}, & t_{34} \\ t_{41}, & t_{42}, & t_{43}, & t_{44} \end{array}\right)\!\!\big)\!\big(X, Y, Z, W\big)\!\big(X', Y', Z', W')$$

$$= \left(\begin{array}{cccc} . & . & . & -1 \\ . & . & -1 & . \\ . & 1 & . & . \\ 1 & . & . & . \end{array}\right)\!\!\big)\!\big(X, Y, Z, W\big)\!\big(X', Y', Z', W')$$

$$= XW' + YZ' - ZY' - WX';$$

and similarly writing

$$(X, Y, Z, W) = \left(\begin{array}{cccc} p, & l, & -h, & -d \\ o, & k, & -g, & -c \\ -n, & -j, & f, & b \\ -m, & -i, & e, & a \end{array}\right)\!\!\big)\!\big(x, y, z, w); \quad (X', Y', Z', W') = \left(\begin{array}{cccc} p, & l, & -h, & -d \\ o, & k, & -g, & -c \\ -n, & -j, & f, & b \\ -m, & -i, & e, & a \end{array}\right)\!\!\big)\!\big(x', y', z', w'),$$

we obtain with the s coefficients the equivalent result,

$$XW' + YZ' - ZY' - WX' = xw' + yz' - zy' - wx'.$$

We thus see conversely that the Hermitian matrix is in fact the matrix for the automorphic transformation of the function $xw' + yz' - zy' - wx'$.

22. Considering any two or more matrices for the automorphic transformation of such a function, the matrix compounded of these is a matrix for the automorphic transformation of the function—or, theorem, the matrix compounded of two or more Hermitian matrices is itself Hermitian.

Article No. 23. *Theorem on a Form of Matrices.*

23. I take the opportunity of mentioning a theorem relating to the matrices which present themselves in the arithmetical theory of the composition of quadratic forms. Writing

$$(X) = \begin{pmatrix} . & \alpha & a & b+\beta \\ -\alpha & . & b-\beta & c \\ -a & -(b-\beta) & . & \gamma \\ -(b+\beta) & -c & -\gamma & . \end{pmatrix} \text{ and } \therefore (X)^{-1} = \frac{1}{D-\Delta}\begin{pmatrix} . & \gamma & -c & b-\beta \\ -\gamma & . & b+\beta & -a \\ c & -(b+\beta) & . & \alpha \\ -(b-\beta) & a & -\alpha & . \end{pmatrix}$$

where $D = ac - b^2$, $\Delta = \alpha\gamma - \beta^2$; and similarly,

$$X' = \begin{pmatrix} . & \alpha' & a' & b'+\beta' \\ -\alpha' & . & b'-\beta' & c' \\ -a' & -(b'-\beta') & . & \gamma' \\ -(b'+\beta') & -c' & -\gamma' & . \end{pmatrix} \text{ and } \therefore (X')^{-1} = \frac{1}{D'-\Delta'}\begin{pmatrix} . & \gamma' & -c' & b'-\beta' \\ -\gamma' & . & b'+\beta' & -a' \\ c' & -(b'+\beta') & . & \alpha' \\ -(b'-\beta') & a' & -\alpha & . \end{pmatrix}$$

where $D' = a'c' - b'^2$, $\Delta' = \alpha'\gamma' - \beta'^2$; then

$$(X \between X') + (D-\Delta)(D'-\Delta')(X'^{-1} \between X^{-1}),$$

or, what is the same thing,

$$(X \between X') + (D-\Delta)(D'-\Delta')\left((X \between X')\right)^{-1}$$

is to a factor *près* equal to the matrix unity; viz. writing

$$\Lambda = a\alpha + 2b\beta + c\gamma + a'\alpha' + 2b'\beta' + c'\gamma',$$

the foregoing expression is

$$= \Lambda \begin{pmatrix} 1 & . & . & . \\ . & 1 & . & . \\ . & . & 1 & . \\ . & . & . & 1 \end{pmatrix}.$$

The theorem is verified without difficulty by merely forming the expressions of the compound matrices $(X \between X')$ and $(X'^{-1} \between X^{-1})$.

358.

ADDITION TO THE MEMOIR ON TSCHIRNHAUSEN'S TRANSFORMATION.

[From the *Philosophical Transactions of the Royal Society of London*, vol. CLVI. (for the year 1866), pp. 97—100. Received October 24,—Read December 7, 1866.]

IN the memoir "On Tschirnhausen's Transformation," *Philosophical Transactions*, vol. CLII. (1862), pp. 561—568, [275], I considered the case of a quartic equation: viz. it was shown that the equation

$$(a,\ b,\ c,\ d,\ e \between x,\ 1)^4 = 0$$

is, by the substitution

$$y = (ax + b)\,B + (ax^2 + 4bx + 3c)\,C + (ax^3 + 4bx^2 + 6cx + 3d)\,D,$$

transformed into

$$(1,\ 0,\ \mathfrak{C},\ \mathfrak{D},\ \mathfrak{E} \between y,\ 1)^4 = 0$$

where $(\mathfrak{C},\ \mathfrak{D},\ \mathfrak{E})$ have certain given values. It was further remarked that $(\mathfrak{C},\ \mathfrak{D},\ \mathfrak{E})$ were expressible in terms of U', H', Φ', invariants of the two forms $(a,\ b,\ c,\ d,\ e \between X,\ Y)^4$, $(B,\ C,\ D \between Y,\ -X)^2$, of I, J, the invariants of the first, and of Θ', $= BD - C^2$, the invariant of the second of these two forms, viz. that we have

$$\begin{aligned}\mathfrak{C} &= 6H' - 2I\Theta',\\ \mathfrak{D} &= 4\Phi',\\ \mathfrak{E} &= IU'^3 - 3H'^2 + I^2\Theta'^2 + 12J'\Theta'U' + 2I'\Theta'H';\end{aligned}$$

and by means of these I obtained an expression for the quadrinvariant of the form

$$(1,\ 0,\ \mathfrak{C},\ \mathfrak{D},\ \mathfrak{E} \between y,\ 1)^4;$$

viz. this was found to be

$$= IU'^2 + \tfrac{4}{3}I^2\Theta'^2 + 12J\Theta'U'.$$

But I did not obtain an expression for the cubinvariant of the same function: such expression, it was remarked, would contain the square of the invariant Φ'; it was probable that there existed an identical equation,

$$JU'^3 - IU'^2H' + 4H'^3 + M\Theta' = -\Phi'^2,$$

which would serve to express Φ'^2 in terms of the other invariants; but, assuming that such an equation existed, the form of the factor M remained to be ascertained; and until this was done, the expression for the cubinvariant could not be obtained in its most simple form. I have recently verified the existence of the identical equation just referred to, and have obtained the expression for the factor M; and with the assistance of this identical equation I have obtained the expression for the cubinvariant of the form

$$(1,\ 0,\ \mathfrak{C},\ \mathfrak{D},\ \mathfrak{E} \between y,\ 1)^4.$$

The expression for the quadrinvariant was, as already mentioned, given in the former memoir: I find that the two invariants are in fact the invariants of a certain linear function of U, H; viz. the linear function is $= U'U + \frac{2}{3}\Theta'H$; so that, denoting by I^*, J^*, the quadrinvariant and the cubinvariant respectively of the form

$$(1,\ 0,\ \mathfrak{C},\ \mathfrak{D},\ \mathfrak{E} \between y,\ 1)^4,$$

we have

$$I^* = \tilde{I}\,(U'U + 4\Theta'H),$$
$$J^* = \tilde{J}\,(U'U + 4\Theta'H),$$

where $\tilde{I}$, $\tilde{J}$ signify the functional operations of forming the two invariants respectively. The function $(1, 0, \mathfrak{C}, \mathfrak{D}, \mathfrak{E} \between y, 1)^4$, obtained by the application of Tschirnhausen's transformation to the equation

$$(a,\ b,\ c,\ d,\ e \between x,\ 1)^4 = 0,$$

has thus the *same invariants* with the function

$$U'U + 4\Theta'H = U'(a, b, c, d, e \between x, 1)^4 + 4\Theta'(ac - b^2,\ ad - bc,\ ae + 2bd - 3c^2,\ be - cd,\ ce - d^2 \between x, 1)^4,$$

and it is consequently a linear transformation of the last-mentioned function; so that the application of Tschirnhausen's transformation to the equation $U = 0$ gives an equation linearly transformable into, and thus virtually equivalent to, the equation

$$U'U + 4\Theta'H = 0,$$

which is an equation involving the single parameter $\dfrac{4\Theta'}{U'}$: this appears to me a result of considerable interest. It is to be remarked that Tschirnhausen's transformation, wherein y is put equal to a rational and integral function of the order $n-1$ (if n be the order of the equation in x), is not really less general than the transformation wherein y is put equal to any rational function $\dfrac{V}{W}$ whatever of x; such rational function may, in fact, by means of the given equation in x, be reduced to a rational and integral function of the order $n-1$; hence in the present case, taking V, W to be respectively of the order $n-1$, $=3$, it follows that the equation in y obtained by the elimination of x from the equations

$$(a, b, c, d, e \between x, 1)^4 = 0,$$

$$y = \frac{(\alpha, \beta, \gamma, \delta \between x, 1)^3}{(\alpha', \beta', \gamma', \delta' \between x, 1)^3},$$

is a mere linear transformation of the equation $AU + BH = 0$, where A, B are functions (not as yet calculated) of $(a, b, c, d, e, \alpha, \beta, \gamma, \delta, \alpha', \beta', \gamma', \delta')$.

Article Nos. 1, 2, 3. *Investigation of the identical equation*

$$JU'^3 - IU'^2H' + 4H'^3 + M\Theta' = -\Phi'^2.$$

1. It is only necessary to show that we have such an equation, M being an invariant, in the particular case $a = e = 1$, $b = d = 0$, $c = \theta$, that is for the quartic function $(1, 0, \theta, 0, 1 \between x, 1)^4$; for, this being so, the equation will be true in general. Writing the equation in the form

$$-M\Theta' = U'^2(JU' - IH') + 4H'^3 + \Phi'^2,$$

and observing that we have

$$\begin{aligned}
U' &= (B^2 + D^2) + 2\theta BD + 4\theta C^2,\\
H' &= \theta(B^2 + D^2) + (1 + \theta^2) BD - 4\theta^2 C^2,\\
\Theta' &= BD - C^2,\\
\Phi' &= (1 - 9\theta^2)\, C(B^2 - D^2),\\
I &= 1 + 3\theta^2,\\
J &= \theta - \theta^3,
\end{aligned}$$

and thence

$$JU' - IH' = -4\theta^3(b^2 + D^2) + (-1 - 2\theta^2 - 5\theta^4) BD + (8\theta^2 + 8\theta^4) C^2,$$

the equation becomes

$$\begin{aligned}
-(BD - C^2) M = {} & \\
& \{-4\theta^3(B^2 + D^2) + (-1 - 2\theta^2 - 5\theta^4) BD + (8\theta^2 + 8\theta^4) C^2\} \times \{B^2 + D^2 + 2\theta BD + 4\theta C^2\}^2\\
& + 4\{\theta(B^2 + D^2) + (1 + \theta^2) BD - 4\theta^2 C^2\}^2\\
& + \ (1 - 9\theta^2)^2 C^2 \{(B^2 + D^2)^2 - 4B^2D^2\}.
\end{aligned}$$

2. It is found by developing that the right-hand side is in fact divisible by $BD - C^2$, and that the quotient is

$$\begin{aligned} = \quad & (-1 + 10\theta^2 - 9\theta^4)(B^2 + D^2)^2 \\ & + (8\theta + 16\theta^3 - 24\theta^5)(B^2 + D^2)BD \\ & + (4 + 8\theta^2 + 4\theta^4 - 16\theta^6)B^2D^2 \\ & + (-64\theta^3 - 192\theta^5)(B^2 + D^2)C^2 \\ & + (16\theta^2 - 416\theta^4 - 112\theta^6)BDC^2 \\ & + (-128\theta^4 + 128\theta^6)C^4. \end{aligned}$$

3. This is found to be

$$\begin{aligned} = & -I^2U'^2 + 12JU'H' + 4IH'^2 \\ & - 8IJU'\Theta' \\ & - 16J^2\Theta'^2, \end{aligned}$$

which is consequently the value of $-M$. We have therefore

$$\begin{aligned} -\Phi'^2 = \quad & JU'^3 - IU'^2H' + 4H'^3 \\ & + (I^2U'^2 - 12JU'H' - 4IH'^2)\Theta' \\ & + 8IJU'\Theta'^2 \\ & + 16J^2\Theta'^3, \end{aligned}$$

which is the required identical equation.

Article No. 4. *Calculation of the Cubinvariant.*

4. We have

$$\begin{aligned} J^* &= \tfrac{1}{6}\mathfrak{C}\,.\,\mathfrak{E} - (\tfrac{1}{6}\mathfrak{C})^3 - (\tfrac{1}{4}\mathfrak{D})^2 \\ &= (H - \tfrac{1}{3}I\Theta')\{IU'^2 - 3H'^2 + (12JU' + 2IH')\Theta' + I^2\Theta'^2\} \\ &\quad - (H - \tfrac{1}{3}I\Theta')^3 \\ &\quad - \Phi'^2, \end{aligned}$$

whence, substituting for $-\Phi'^2$ its value and reducing, we find

$$J^* = JU'^3 + \Theta'\,.\,\tfrac{2}{3}I^2U'^2 + \Theta'^2(4IJU') + \Theta'^3(16J^2 - \tfrac{8}{27}I^3).$$

Article No. 5. *Final expressions of the two Invariants.*

The value of I^* has been already mentioned to be $I^* = IU'^2 + \Theta' 12JU' + \Theta'^2\,.\,\tfrac{4}{3}I^2$, and it hence appears that the values of the two invariants may be written

$$\begin{aligned} I^* &= (I,\ 18J,\ 3I^2 \between U',\ \tfrac{2}{3}\Theta')^2, \\ J^* &= (J,\ I^2,\ 9IJ,\ -I^3 + 54J^2 \between U',\ \tfrac{2}{3}\Theta')^3. \end{aligned}$$

But we have (see Table No. 72 in my "Seventh Memoir on Quantics," *Philosophical Transactions,* vol. CLI. (1861), pp. 277—292, [269])

$$\tilde{I}(\alpha U + 6\beta H) = (I,\ 18J,\ 3I^2 \between \alpha,\ \beta)^2,$$
$$\tilde{J}(\alpha U + 6\beta H) = (J,\ I^2,\ 9IJ,\ -I^3 + 54J^2 \between \alpha,\ \beta)^3;$$

so that, writing $\alpha = U'$, $\beta = \frac{2}{3}\Theta'$, we have

$$I^* = \tilde{I}(U'U + 4\Theta'H),$$
$$J^* = \tilde{J}(U'U + 4\Theta'H);$$

or the function $(1,\ 0,\ \mathfrak{C},\ \mathfrak{D},\ \mathfrak{E} \between y,\ 1)^4$ obtained from Tschirnhausen's transformation of the equation $U = 0$ has the same invariants with the function $U'U + 4\Theta'H$; or, what is the same thing, the equation $(1,\ 0,\ \mathfrak{C},\ \mathfrak{D},\ \mathfrak{E} \between y,\ 1)^4 = 0$ is a mere linear transformation of the equation $U'U + 4\Theta H = 0$; which is the above-mentioned theorem.

359.

A SUPPLEMENTARY MEMOIR ON CAUSTICS.

[From the *Philosophical Transactions of the Royal Society of London*, vol. CLVII. (for the year 1867), pp. 7—16. Received November 15,—Read November 22, 1866.]

It is near the conclusion of my "Memoir on Caustics," *Philosophical Transactions*, vol. CXLVII. (1857), pp. 273—312, [145], remarked that for the case of parallel rays refracted at a circle, the ordinary construction for the secondary caustic cannot be made use of (the entire curve would in fact pass off to an infinite distance), and that the simplest course is to measure off the distance GQ from a line through the centre of the refracting circle perpendicular to the direction of the incident rays. The particular secondary caustic, or orthogonal trajectory of the refracted rays, obtained on the above supposition was shown to be a curve of the order 8; and it was further shown (by consideration of the case wherein the distance GQ is measured off from an arbitrary line perpendicular to the incident rays) that the general secondary caustic or orthogonal trajectory of the refracted rays was a curve of the same order 8. The last-mentioned curve in the case of reflexion, or for $\mu=-1$, degenerates into a curve of the order 6; and I propose in the present supplementary memoir to discuss this sextic curve, viz. the sextic curve which is the general secondary caustic or orthogonal trajectory of parallel rays reflected at a circle.

1. For parallel rays refracted at a circle, taking the equation of the circle to be $x^2+y^2=1$, and the incident rays to be parallel to the axis of x, then if $x=m$ be an arbitrary line perpendicular to the direction of the incident rays, the secondary caustic is the envelope of the circle

$$\mu^2\{(x-\alpha)^2+(y-\beta)^2\}-(x-m)^2=0,$$

where (α, β) are the coordinates of a variable point on the refracting circle, and as such satisfy the equation $\alpha^2+\beta^2=1$. Or, what is the same thing, writing $\alpha=\cos\theta$, $\beta=\sin\theta$, the secondary caustic is the envelope of the circle

$$\mu^2\{(x-\cos\theta)^2+(y-\sin\theta)^2\}-(x-m)^2=0,$$

where θ is a variable parameter.

2. The equation may be written

$$A\cos 2\theta + B\sin 2\theta + C\cos\theta + D\sin\theta + E = 0,$$

where

$$\begin{aligned} A &= 1,\\ B &= 0,\\ C &= 4\mu^2 x - 4m,\\ D &= 4\mu^2 y,\\ E &= -2\mu^2(x^2+y^2) - 2\mu^2 + 1 + 2m^2, \end{aligned}$$

and which in the case of reflexion, or for $\mu = -1$, become

$$\begin{aligned} A &= 1,\\ B &= 0,\\ C &= 4x - 4m,\\ D &= 4y,\\ E &= -2(x^2+y^2) - 1 + 2m^2, \end{aligned}$$

viz. the equation of the variable circle is in this case

$$\cos 2\theta + 4(x-m)\cos\theta + 4y\sin\theta + 2m^2 - 1 - 2(x^2+y^2) = 0.$$

3. Now in general for the equation

$$A\cos 2\theta + B\sin 2\theta + C\cos\theta + D\sin\theta + E = 0,$$

where the coefficients are any functions whatever of the coordinates (x, y), the equation of the envelope is $S^3 - T^2 = 0$, where

$$\begin{aligned} S &= 12(A^2+B^2) - 3(C^2+D^2) + 4E^2,\\ -T &= 27A(C^2-D^2) + 54BCD - \left(72(A^2+B^2) + 9(C^2+D^2)\right)E + 8E^3. \end{aligned}$$

4. Hence, substituting for A, B, C, D, E the above reflexion values, we find

$$\begin{aligned} S &= \quad 12 - 48\left((x-m)^2+y^2\right) + 4(2m^2-1-2x^2-2y^2)^2,\\ -T &= \quad 432\left((x-m)^2-y^2\right)\\ &\quad - 72\left(12+144\left((x-m)^2+y^2\right)\right)(2m^2-1-2x^2-2y^2)\\ &\quad + \ 8(2m^2-1-2x^2-2y^2)^3. \end{aligned}$$

Writing in these equations

$$\begin{aligned} (x-m)^2+y^2 &= x^2+y^2-2mx+m^2,\\ (x-m)^2-y^2 &= 2x^2-2mx+m^2-(x^2+y^2), \end{aligned}$$

then after some simple reductions, we find

$$S = 16\{(x^2+y^2-m^2-1)^2+6m(x-m)\},$$
$$T = 32\{2(x^2+y^2-m^2-1)^3+18m(x-m)(x^2+y^2-m^2-1)-27(x-m)^2\},$$

and thence

$$S^3-T^2 = 1024(x-m)^2\,U,$$

where

$$\begin{aligned} U = \;& 4(x^2+y^2-m^2-1)^3 \\ &+ 4m^2(x^2+y^2-m^2-1)^2 \\ &+36m\,(x^2+y^2-m^2-1)(x-m) \\ &-27\;(x-m)^2 \\ &+32m^3(x-m), \end{aligned}$$

or, what is the same thing,

$$\begin{aligned} U = \;& 4(x^2+y^2)^3 \\ &-(8m^2+12)(x^2+y^2)^2 \\ &+(36mx+4m^4-20m^2+12)(x^2+y^2) \\ &-27x^2+(-4m^2+18)mx+m^2-4\,; \end{aligned}$$

so that the equation of the secondary caustic is $U=0$, or the secondary caustic is, as stated above, a sextic curve.

5. It is easy to see that the foregoing envelope may be geometrically constructed as follows: viz. if from the point Q (coordinates $\cos\theta$, $\sin\theta$) on the reflecting circle we draw QM perpendicular to the line $x-m=0$, and then from the point M draw

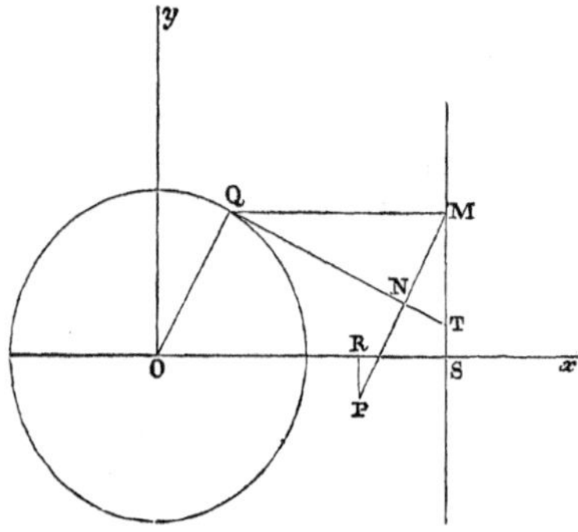

MN perpendicular to QT, the tangent at T, and produce MN to a point P such that $PN=NM$, then P is a point of the envelope; and we thence obtain for the coordinates (x, y) of a point P of the envelope the values

$$x = \quad m-2(m-\cos\theta)\cos^2\theta,$$
$$y = \sin\theta-2(m-\cos\theta)\cos\theta\sin\theta,$$

or, what is the same thing,

$$x = 2\cos^3\theta - m(2\cos^2\theta - 1),$$
$$y = \sin\theta(2\cos^2\theta + 1) - 2m\sin\theta\cos\theta,$$

or, as these equations may also be written,

$$x = \tfrac{3}{2}\cos\theta - m\cos 2\theta + \tfrac{1}{2}\cos 3\theta,$$
$$y = \tfrac{3}{2}\sin\theta - m\sin 2\theta + \tfrac{1}{2}\sin 3\theta.$$

6. This result may be verified by showing that these values satisfy the equation

$$\cos 2\theta + 4(x-m)\cos\theta + 4y\sin\theta + 2m^2 - 1 - 2(x^2+y^2) = 0,$$

and also the derived equation

$$\sin 2\theta + 2(x-m)\sin\theta - 2y\cos\theta = 0.$$

We in fact have

$$x\sin\theta - y\cos\theta = \quad m\sin\theta - \tfrac{1}{2}\sin 2\theta,$$
$$x\cos\theta + y\sin\theta = \tfrac{3}{2} - m\cos\theta + \tfrac{1}{2}\cos 2\theta,$$

and thence

$$(x-m)\sin\theta - y\cos\theta = \quad -\tfrac{1}{2}\sin 2\theta,$$

which is one of the equations to be verified; and also

$$(x-m)\cos\theta + y\sin\theta = \tfrac{3}{2} - 2m\cos\theta + \tfrac{1}{2}\cos 2\theta.$$

We have moreover

$$x^2 + y^2 = \quad \tfrac{5}{2} + m^2 - 4m\cos\theta + \tfrac{3}{2}\cos 2\theta;$$

and, by means of these last equations, the other equation

$$\cos 2\theta + 4(x-m)\cos\theta + 4y\sin\theta + 2m^2 - 1 - 2(x^2+y^2) = 0,$$

is also verified.

7. The foregoing values of (x, y) give

$$dx = (-\tfrac{3}{2}\sin\theta + 2m\sin 2\theta - \tfrac{3}{2}\sin 3\theta)\,d\theta, \; = -\sin 2\theta\,(3\cos\theta - 2m)\,d\theta,$$
$$dy = (\;\tfrac{3}{2}\cos\theta - 2m\cos 2\theta + \tfrac{3}{2}\cos 3\theta)\,d\theta, \; = \quad \cos 2\theta\,(3\cos\theta - 2m)\,d\theta,$$

or, what is the same thing, $dx : dy = -\sin 2\theta : \cos 2\theta$.

Hence taking for a moment (X, Y) as the current coordinates of a point in the tangent of the envelope, the equation of the tangent of the envelope is

$$X dy \quad - Y dx = x dy - y dx,$$

or, substituting for x, y, dx, dy their values, this equation takes the very simple form

$$X\cos 2\theta - Y\sin 2\theta - 2\cos\theta + m = 0,$$

or writing (x, y) in place of (X, Y), that is taking now (x, y) as the current coordinates of a point in the tangent, the equation of the tangent is

$$x \cos 2\theta - y \sin 2\theta - 2 \cos \theta + m = 0;$$

whence observing that this equation may be expressed as a rational equation of the fourth order in terms of the parameter $\tan \frac{1}{2}\theta$ (or $\cos\theta + \sqrt{-1} \sin\theta$), it appears that the class of the secondary caustic is $= 4$.

8. The secondary caustic may be considered as the envelope of the tangent, and the equation be obtained in this manner. Comparing with the general equation

$$A \cos 2\theta + D \sin 2\theta + C \cos \theta + D \sin \theta + E = 0,$$

we have

$$\begin{aligned} A &= \ \ x, \\ B &= -y, \\ C &= -2, \\ D &= \ \ 0, \\ E &= \ \ m, \end{aligned}$$

and thence

$$\begin{aligned} S &= 4\{3(x^2+y^2) + m^2 - 3\}, \\ T &= 4\{18m(x^2+y^2) - 27x - 2m^3 + 9m\}, \end{aligned}$$

giving

$$S^3 - T^2 = 16V,$$

if for a moment

$$V = 4\{3(x^2+y^2) + m^2 - 3\}^3 - \{18m(x^2+y^2) - 27x - 2m^3 + 9m\}^2.$$

The equation of the curve is thus obtained in the form $V=0$; this should of course be equivalent to the before-mentioned equation $U=0$; and by developing V, and comparing with the second of the two expressions of U, it appears that we in fact have $V = 27U$.

9. Taking as parameter $\tan\frac{1}{2}\theta$, or if we please $\cos\theta + \sqrt{-1}\sin\theta$, the foregoing values of (x, y) in terms of θ give $(x, y, 1)$ proportional to rational and integral functions of the degree 6 in the parameter; so that not only the curve is a sextic curve, but it is a unicursal sextic, or curve of the order 6 with the maximum number, $=10$, of nodes and cusps; that is, if δ be the number of nodes and κ the number of cusps, we have $\delta + \kappa = 10$. Moreover, introducing the same parameter into the equation of the tangent, this equation is seen to be of the degree 4 in the parameter; that is, the class of the curve is $=4$: this implies $2\delta + 3\kappa = 26$, and we have therefore $\delta = 4$, $\kappa = 6$. To verify these numbers, it is to be remarked that it appears by the equation of the curve that there is at each of the circular points at infinity a triple point in the nature of the point $x=0$, $y=0$ on the curve $y^3 = x^4$;

such a point is in fact equivalent to a node and two cusps, and we have thus the two circular points at infinity counting together as 2 nodes and 4 cusps; there should therefore besides be 2 nodes and 2 cusps, and I proceed to establish the existence of these by means of the expressions for (x, y) in terms of θ.

10. To find the cusps, we have

$$\frac{dx}{d\theta} = -\sin 2\theta\,(3\cos\theta - 2m) = 0,$$

$$\frac{dy}{d\theta} = \cos 2\theta\,(3\cos\theta - 2m) = 0,$$

which are each of them satisfied if only $3\cos\theta - 2m = 0$, or $\cos\theta = \frac{2}{3}m$; the corresponding values of (x, y) are found to be

$$x = m - \tfrac{8}{27}m^3, \quad y = \pm(1 - \tfrac{4}{9}m^2)^{\frac{3}{2}},$$

and we have thus two cusps situate symmetrically in regard to the axis of x; the cusps are real if $m < \frac{3}{2}$, imaginary if $m > \frac{3}{2}$; for $m = \frac{3}{2}$, the two cusps unite together at the point $x = \frac{1}{2}$ on the axis of x, giving rise to a higher singularity, which will be further examined, *post*, No. 12.

11. The curve is symmetrical in regard to the axis of x, and hence any intersection with the axis of x, not being a point where the curve cuts the axis at right angles, will be a node. Hence, in order to find the nodes, writing $y = 0$, this is

$$\sin\theta\,(1 - 2m\cos\theta + 2\cos^2\theta) = 0,$$

giving $\sin\theta = 0$, that is,

$$\theta = 0, \quad x = 2 - m;$$

or

$$\theta = \pi, \quad x = -2 - m;$$

but these are each of them ordinary points on the axis of x; or else giving

$$1 - 2m\cos\theta + 2\cos^2\theta = 0,$$

that is

$$\cos\theta = \tfrac{1}{2}(m \pm \sqrt{m^2 - 2}).$$

The corresponding values of x are

$$x = \cos\theta\,(2\cos^2\theta - 2m\cos\theta) + m, \; = m - \cos\theta, \; = \tfrac{1}{2}(m \mp \sqrt{m^2 - 2});$$

each of the points in question, viz. the points

$$x = \tfrac{1}{2}(m \mp \sqrt{m^2 - 2}), \quad y = 0,$$

is a node on the axis of x.

12. It is to be observed that for $m<\sqrt{2}$ the nodes are both imaginary; for $m=\sqrt{2}$ they coincide together at the point $x=\frac{1}{\sqrt{2}}$; for $m>\sqrt{2}$ they are both real: it is to be further noticed that

$$\text{node, } x=\tfrac{1}{2}(m+\sqrt{m^2-2}), \text{ corresponds to } \cos\theta=\tfrac{1}{2}(m-\sqrt{m^2-2}),$$

where (m being $>\sqrt{2}$) the point $(\cos\theta, \sin\theta)$ is a real point on the circle $x^2+y^2=1$; in fact for $m<\frac{3}{2}$ (that is, $m=\sqrt{2}$ to $m=\frac{3}{2}$) we have $\frac{1}{2}(m-\sqrt{m^2-2})<\frac{1}{2}m$, that is, $\cos\theta<\frac{3}{4}$; but m = or $>\frac{3}{2}$, then $\cos\theta=\frac{1}{2}(m-\sqrt{m^2-2})=\frac{1}{m+\sqrt{m^2-2}}$ is = or $<\frac{1}{2}$, and

$$\text{node, } x=\tfrac{1}{2}(m-\sqrt{m^2-2}), \text{ corresponds to } \cos\theta=\tfrac{1}{2}(m+\sqrt{m^2-2}),$$

where (m being $>\sqrt{2}$) the point $(\cos\theta, \sin\theta)$ is a real point on the circle $x^2+y^2=1$ so long as m is not $>\frac{3}{2}$, that is, from $m=\sqrt{2}$ to $m=\frac{3}{2}$; but if $m>\frac{3}{2}$, then the point in question is an imaginary point on the circle—whence also the node $x=\frac{1}{2}(m-\sqrt{m^2-2})$ is an acnode or isolated point.

In the case $m=\frac{3}{2}$ we have

$$\text{node, } x=1, \text{ corresponding to } \cos\theta=\tfrac{1}{2} \text{ or } \theta=60^\circ,$$

$$\text{,, } \quad x=\tfrac{1}{2}, \qquad \text{,, } \qquad \cos\theta=1 \text{ or } \theta=0^\circ,$$

the last-mentioned point $x=\frac{1}{2}$ being in fact the point of union of two cusps in the case $m=\frac{3}{2}$ now in question. Hence in this case we have at $(x=\frac{1}{2}, y=0)$ a triple point equivalent to two cusps and a node; visibly, there is only a single branch cutting the axis of x at right angles.

In the case $m=\sqrt{2}$, the nodes coincide as above mentioned at the point $x=\frac{1}{\sqrt{2}}$ on the axis; for this value of m the coordinates of the cusps are

$$x=\tfrac{11}{27}\sqrt{2}\,(=\tfrac{22}{27}\div\sqrt{2}, \text{ which is } <1\div\sqrt{2})\,;\; y=\pm\tfrac{1}{27}.$$

13. Starting from the equation $1024(x-m)^2U=S^3-T^2=0$, it is clear that the cusps are included among the intersections of the curves $S=0$, $T=0$; these two curves intersect in 24 points which lie $9+9$ at the circular points at infinity, $2+2$ at the points $x=m$, $y^2-1=0$, and $1+1$ are the cusps, or points $x=m-\frac{8}{27}m^3$, $y^2=(1-\frac{4}{9}m^2)^3$. To verify this, writing for a moment

$$S'=\ \ (x^2+y^2-m^2-1)^2+\ \ 6m(x-m),$$

$$T'=2(x^2+y^2-m^2-1)^3+18m(x-m)(x^2+y^2-m^2-1)-27(x-m)^2,$$

then we have

$$T'-2(x^2+y^2-m^2-1)S'=6m(x-m)(x^2+y^2-m^2-1)-27(x-m)^2,$$

$$=3(x-m)\{2m(x^2+y^2-m^2-1)-9(x-m)\}\,;$$

so that the equations $S=0$, $T=0$, or, what is the same thing, $S'=0$, $T'=0$ give

$$(x-m)\{2m(x^2+y^2-m^2-1)-9(x-m)\}=0,$$

that is, $x-m=0$, or else $x^2+y^2-m^2-1=\frac{9}{2m}(x-m)$. And combining herewith the equation $S'=(x^2+y^2-m^2-1)^2+6m(x-m)=0$, we have $x-m=0$, $(y^2-1)^2=0$, or else

$$(x^2+y^2-m^2-1)^2=\frac{81}{4m^2}(x-m)^2=6m(x-m),$$

and therefore

$$(x-m)\frac{3}{4m^2}\{27(x-m)-8m^3\}=0,$$

the second factor of which gives $x=m-\frac{8}{27}m^3$, and thence $x^2+y^2-m^2-1=-\frac{4}{3}m^2$, that is, $x^2+y^2=1-\frac{1}{3}m^2$, and therefore $y^2=(1-\frac{1}{3}m^2)-(m-\frac{8}{27}m^3)^2$, $=(1-\frac{4}{9}m^2)^3$, that is, we have

$$x=m-\tfrac{8}{27}m^3,\quad y^2=(1-\tfrac{4}{9}m^2)^3,$$

which, as appears above, gives the two cusps.

14. Similarly, in the equation $16V=S^3-T^2=0$, the intersections of the curves $S=0$, $T=0$ must include the cusps; the curves in question are the two circles

$$3(x^2+y^2)+m^2-3=0,$$

$$18m(x^2+y^2)-27x-2m^3+9m=0,$$

meeting in the circular points at infinity, and in the two cusps. It is to be added that the tangent at the cusps coincides with the tangent of the last-mentioned circle,

$$18m(x^2+y^2)-27x-2m^3+9m=0,$$

or, as this may also be written,

$$\left(x-\frac{3}{4m}\right)^2+y^2=\left(\frac{4m^2-9}{12m}\right)^2.$$

15. The axis of x meets the secondary caustic in the two nodes counting as 4 intersections, and besides in 2 points, viz. the points $x=2-m$, $x=-2-m$; these correspond to the values $\theta=0$ and $\theta=\pi$ respectively. But to verify them by means of the equation

$$16V=S^3-T^2=0$$

of the curve, it may be remarked that for $y=0$ we have

$$S=4(3x^2+m^2-3),\quad T=4(18mx^2-27x-2m^3+9m);$$

and writing herein $x=\pm 2-m$, we find

$$S=4(2m\mp 3)^2,\qquad T=8(2m\mp 3)^3,$$

values which satisfy the equation $S^3-T^2=0$.

16. In the equation $U=0$ of the curve, writing $x-m=0$, the equation becomes

$$4(y^2-1)^3+4m^2(y^2-1)^2=0,$$

that is

$$4(y^2-1)^2(y^2-1+m^2)\ =0,$$

and the line $(x-m)=0$ is thus a double tangent to the curve, touching it at the points $x=m$, $y=\pm 1$, and besides meeting it at the points $x=m$, $y=\pm\sqrt{1-m^2}$, that is, at the intersections of the line $x-m=0$, with the circle $x^2+y^2=1$.

17. The maximum or minimum values of y correspond to the values $\theta=\frac{1}{4}\pi$, $\theta=\frac{3}{4}\pi$, $\theta=\frac{5}{4}\pi$, $\theta=\frac{7}{4}\pi$ of θ; and we have for

$$\theta=\tfrac{1}{4}\pi,\quad x=\tfrac{1}{2}\sqrt{2},\quad y=\sqrt{2}-m,$$

$$\theta=\tfrac{3}{4}\pi,\quad x=-\tfrac{1}{2}\sqrt{2},\quad y=\sqrt{2}+m,$$

$$\theta=\tfrac{5}{4}\pi,\quad x=-\tfrac{1}{2}\sqrt{2},\quad y=-\sqrt{2}-m,$$

$$\theta=\tfrac{7}{4}\pi,\quad x=\tfrac{1}{2}\sqrt{2},\quad y=-\sqrt{2}+m.$$

18. It is now easy to trace the secondary caustic; we may without loss of generality assume that m is positive, and the values to be considered are

$$m=0,\quad m=1,\quad m=\sqrt{2},\quad m=\tfrac{3}{2},$$

with the intermediate values $m>0<1$, &c. ... and $m>\frac{3}{2}$. I have for convenience delineated in the figure only a portion of each curve, viz. the figure is terminated at the negative value $x=-\frac{1}{2}\sqrt{2}$, which corresponds to the maximum value $y=\sqrt{2}+m$; as x increases negatively, the value of the ordinate y diminishes continuously from this maximum value, becoming $=0$ for the value $x=-2-m$, and the curve at this point cutting the axis of x at right angles; this is a sufficient explanation of the form of the curves beyond the limits of the figure. Moreover the curve is symmetrical in regard to the axis of x, and I have within the limits of the figure delineated only one of the two halves of the curve.

19. For $m>\frac{3}{2}$ the cusps are both imaginary, the nodes both real, but one of them is an isolated point or acnode (shown in the figure by a small cross). The curve has an interior loop, as shown in the figure, and there is also the acnode lying within the loop.

For $m=\frac{3}{2}$, there is still an interior loop, but the acnode has united itself to the loop, the point of union, although presenting no visible singularity, being really a triple point equivalent to a node and two cusps. And in all the cases which follow there are two real cusps.

For $m = < \frac{3}{2} > \sqrt{2}$, the loop has altered its form in such wise as to exhibit the node and two cusps, the curve has therefore two real nodes.

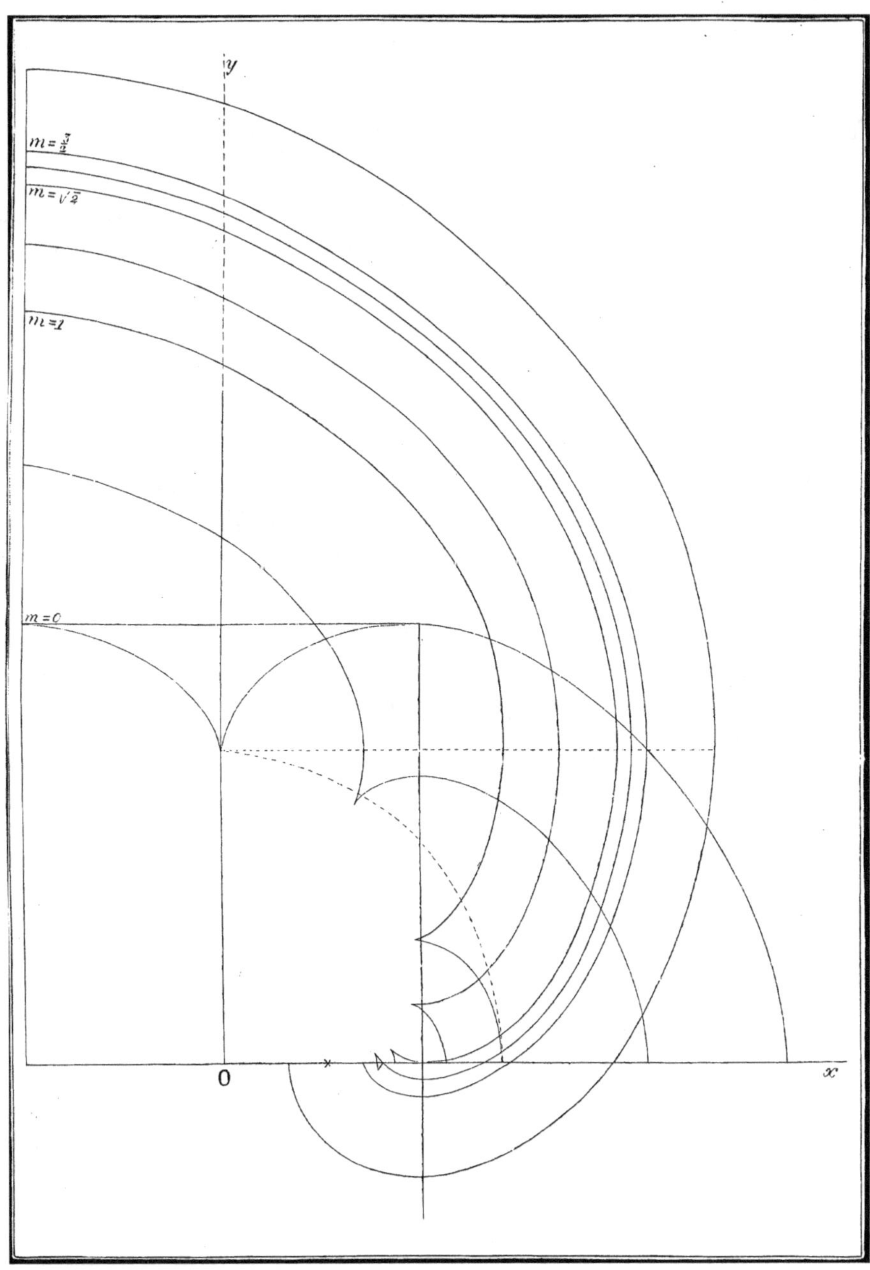

For $m = \sqrt{2}$, the two nodes unite together into a tacnode, so that the loop is on the point of disappearing; and for $m < \sqrt{2} > 1$ the nodes are imaginary, and there is thus no longer any loop.

In all the above forms the double tangent $x=m$ touches the curve at the points $y=\pm 1$, but the other two intersections of the double tangent with the curve are imaginary.

For $m=1$, the double tangent has the two coincident real intersections $y=0$, or it is in fact a triple tangent.

For $m<1>0$, the double tangent has with the curve two real intersections, viz. they are the points where the double tangent meets the circle $x^2+y^2=1$.

And finally, for $m=0$, the points in question unite themselves with the points of contact, the double tangent $x=0$ being in this case the common tangent at the two cusps $x=0$, $y=\pm 1$.

Added May 13, 1867.

20. As remarked in the original memoir, p. 312, the secondary caustic, in the last-mentioned case $m=0$, is a curve similar to and double the magnitude of the caustic itself (viz. the caustic for parallel rays reflected at a circle), the position of the two curves differing by a right angle.

The secondary caustics corresponding to the different values of m form, it is clear, a system of parallel curves; and, by the remark just referred to, it appears that this system is similar to the system of curves parallel to the caustic for parallel rays reflected at a circle.

360.

NOTE ON A QUARTIC SURFACE.

[From the *Philosophical Magazine*, vol. XXIX. (1865), pp. 19—22.]

IT would, I think, be worth while to study in detail the quartic surface which is the envelope of a sphere having its centre on a given conic, and passing through a given point. The equations of the conic being $z=0$, $\frac{x^2}{a^2}+\frac{y^2}{b^2}=1$, the coordinates of a point on the conic may be taken to be $x=a\cos\theta$, $y=b\sin\theta$, $z=0$, whence, if (α, β, γ) be the coordinates of the given point, the equation of the sphere is

$$(x-a\cos\theta)^2+(y-b\sin\theta)^2+z^2=(\alpha-a\cos\theta)^2+(\beta-b\sin\theta)^2+\gamma^2,$$

or, what is the same thing,

$$x^2+y^2+z^2-\alpha^2-\beta^2-\gamma^2-2(x-\alpha)a\cos\theta-2(y-\beta)b\sin\theta=0\,;$$

and hence the equation of the surface is at once seen to be

$$(x^2+y^2+z^2-\alpha^2-\beta^2-\gamma^2)^2=4a^2(x-\alpha)^2+4b^2(y-\beta)^2.$$

If $a=b$ (that is, if the conic be a circle), then we may without loss of generality write $\beta=0$, and the equation then is

$$(x^2+y^2+z^2-\alpha^2-\gamma^2)^2=4a^2\{(x-\alpha)^2+y^2\}.$$

This may be written

$$(x^2+y^2+z^2-\alpha^2-\gamma^2-2a^2)^2=-8a^2\alpha\left(x-\frac{a^2+2\alpha^2+\gamma^2-z^2}{2\alpha}\right),$$

which, considering z as a constant, is of the form

$$(x^2+y^2-\alpha)^2=16A(x-m)\,;$$

that is, the section of the surface by a plane parallel to the plane of the conic is a Cartesian.

If a and b are unequal, but if we still have $\beta = 0$, the equation of the surface is

$$(x^2 + y^2 + z^2 - \alpha^2 - \gamma^2)^2 = 4a^2(x - \alpha)^2 + 4b^2y^2.$$

There are here two planes parallel to the plane of the conic, each of them meeting the surface in a pair of circles. In fact, writing $x^2 + y^2 = \rho$, and therefore also $y^2 = \rho - x^2$, putting moreover $z^2 - \alpha^2 - \gamma^2 = k$, we have

$$(\rho + k)^2 = 4a^2x^2 - 8a^2\alpha x + 4a^2\alpha^2 + 4b^2(\rho - x^2);$$

that is,

$$\rho^2 + 4(b^2 - a^2)x^2 + k^2 - 4a^2\alpha^2 + 8a^2\alpha x + (2k - 4b^2)\rho = 0,$$

or, as this may also be written,

$$(1,\ 4(b^2 - a^2),\ \ k^2 - 4a^2\alpha^2,\ \ 4a^2\alpha,\ \ k - 2b^2,\ \ 0\between \rho,\ x,\ 1)^2 = 0,$$

which is of the form

$$(a,\quad b\ ,\quad c\ ,\quad f\ ,\quad g\ ,\quad 0\between \rho,\ x,\ 1)^2 = 0;$$

and the left-hand side will break up into factors, each of the form $\rho + Ax + B$ (so that, equating either factor to zero, we have $\rho + Ax + B = 0$, that is, $x^2 + y^2 + Ax + B = 0$, the equation of a circle), if only

$$abc - af^2 - bg^2 = 0.$$

Writing this under the form $b(ac - g^2) - af^2 = 0$, and substituting for a, b, c, f, g their values, we have

$$b = 4(b^2 - a^2),\quad ac - g^2 = k^2 - 4a^2\alpha^2 - (k - 2b^2)^2,\ \ = 4(b^2k - b^4 - a^2\alpha^2),\quad af^2 = 16a^4\alpha^2,$$

and therefore the condition is

$$(b^2 - a^2)(b^2k - b^4 - a^2\alpha^2) - a^4\alpha^2 = 0;$$

that is,

$$b^2\{(b^2 - a^2)(k - b^2) - a^2\alpha^2\} = 0.$$

If $b^2 = 0$, the surface is a pair of spheres; rejecting this factor, we have $(b^2 - a^2)(k^2 - b^2) - a^2\alpha^2 = 0$; or putting for k its value, the condition becomes

$$(b^2 - a^2)(z^2 - \alpha^2 - \gamma^2 - b^2) - a^2\alpha^2 = 0;$$

that is, for each of the values of z given by this equation, the section by a plane parallel to the plane of the conic will be a pair of circles.

The planes in question will coincide with the plane of the conic, if only

$$(b^2 - a^2)(\alpha^2 + \gamma^2 + b^2) + a^2\alpha^2 = 0,$$

or, what is the same thing,

$$b^2\alpha^2 - (a^2 - b^2)\gamma^2 = b^2(a^2 - b^2);$$

that is, if the point $(\alpha,\ 0,\ \gamma)$ be situated on the hyperbola $y = 0$, $\dfrac{x^2}{a^2 - b^2} - \dfrac{z^2}{b^2} = 1$. The hyperbola in question and the ellipse $z = 0$, $\dfrac{x^2}{a^2} + \dfrac{y^2}{b^2} = 1$, are, it is clear, conics in planes at right angles to each other, having the transverse axes coincident in direction, and being such that each curve passes through the foci of the other curve; or, what is the same thing, they are a pair of focal conics of a system of confocal ellipsoids.

The surface in the case in question, viz. when the parameters a, b, α, β are connected by the equation

$$\frac{\alpha^2}{a^2-b^2}-\frac{\gamma^2}{b^2}=1,$$

is in fact the "Cyclide" of Dupin. It is to be noticed that we have here

$$(\alpha-a\cos\theta)^2+b^2\sin^2\theta+\gamma^2=\alpha^2+\gamma^2+b^2-2a\alpha\cos\theta+(a^2-b^2)\cos^2\theta;$$

which, observing that $\alpha^2+\gamma^2+b^2$ is $=\dfrac{a^2\alpha^2}{a^2-b^2}$, gives

$$(\alpha-a\cos\theta)^2+b^2\sin^2\theta+\gamma^2=\left(\sqrt{a^2-b^2}\cos\theta-\frac{a\alpha}{\sqrt{a^2-b^2}}\right)^2;$$

so that the radius of the variable sphere is

$$=\sqrt{a^2-b^2}\cos\theta-\frac{a\alpha}{\sqrt{a^2-b^2}}.$$

If the variable sphere, instead of passing through the point $(\alpha, 0, \gamma)$ on the hyperbola, be drawn so as to touch a sphere of radius l, having its centre at the point in question, then the radius of the variable sphere would be

$$=\sqrt{a^2-b^2}\cos\theta-\frac{a\alpha}{\sqrt{a^2-b^2}}-l,$$

which is in fact

$$=\sqrt{a^2-b^2}\cos\theta-\frac{a\alpha'}{\sqrt{a^2-b^2}},$$

if only $\alpha'=\alpha+\dfrac{l\sqrt{a^2-b^2}}{a}$; hence if γ' be the corresponding value of γ, the variable sphere passes through the point $(\alpha', 0, \gamma')$ on the hyperbola, and the envelope is still a cyclide. The cyclide as derived from the foregoing investigation is thus the envelope of a sphere having its centre on the ellipse, and touching a fixed sphere having its centre on the hyperbola. It also appears that there are, having their centres on the hyperbola, an infinite series of spheres each touched by the spheres which have their centre on the ellipse; if, instead of one of these spheres we take any four of them, this will imply that the centre of the variable sphere is on the ellipse, and it is thus seen that the cyclide as obtained above is identical with the cyclide according to the original definition, viz. as the envelope of a sphere touching four given spheres.

Cambridge, December 5, 1864.

361.

ON QUARTIC CURVES.

[From the *Philosophical Magazine*, vol. XXIX. (1865), pp. 105—108.]

THE expression 'an oval' is used, in regard to the plane, to denote a closed curve without nodes or cusps; and, in regard to the sphere, it is assumed moreover that the oval is a curve which is not its own opposite, and does not meet the opposite curve([1])—that is, that the oval is one of a pair of non-intersecting twin ovals. I say that every spherical curve of the fourth order (or spherical quartic) without nodes or cusps may be considered as composed of an oval or ovals lying wholly in one hemisphere (that is, not cutting or touching the bounding circle of the hemisphere), and of the opposite oval or ovals lying wholly in the opposite hemisphere; or, disregarding the opposite curves, that it consists of an oval or ovals lying wholly in one hemisphere. And this being so, the quartic cone having its vertex at the centre of the sphere is met by a plane parallel to that of the bounding circle in a plane quartic curve consisting of an oval or ovals; and thence every plane quartic is either a finite curve consisting of an oval or ovals, or else the projection of such a curve.

Considering first the case of the plane, a line in general meets the oval in an *even* number of points (the number may of course be $=0$); hence as the point of contact of a tangent reckons for two points, the tangent at any point of the oval again intersects the oval in an even number of points (this number may of course be $=0$). The number of points of intersection by the tangent (the point of contact being always excluded) is either evenly even, and the point is then situate on a *convex* portion of the oval; or it is oddly even, and the point is then situate on a *concave* portion of the oval. Now imagine that the oval is (or is part of) a quartic curve; the number of points

[1] The notions of opposite curves, &c. are fully developed in the excellent Memoir of Möbius, "Ueber die Grundformen der Linien der dritter Ordnung," *Abh. der K. Sächs. Ges. zu Leipzig*, vol. I. (1852), to which I have elsewhere frequently referred.

of intersection by the tangent is $=0$ or else $=2$; and there is at least one portion of the oval for which the number of intersections is $=0$; for otherwise the oval would be *concave* at every point, which is impossible. Hence there is a tangent which does not meet the oval (except at the point of contact), and we may in the immediate neighbourhood of the tangent draw a line which does not meet the oval at all.

Precisely the same considerations apply to the case of an oval which is part of a spherical quartic, the tangent being of course a great circle; and the conclusion arrived at is that there exists a great circle which does not meet the oval at all; that is, the oval lies wholly in one hemisphere.

I remark that the demonstration would, as it ought to do, fail, if we attempted to apply it to an oval portion of a spherical sextic; the tangent circle meets the oval in a number of points which is $=0$, 2, or 4; and the number cannot be for every tangent circle whatever $=2$; but there is nothing to prevent it from being for every tangent circle whatever $=2$ or 4. Hence we cannot, for every spherical sextic, obtain a tangent circle not meeting the oval except at the point of contact; and consequently we do not obtain in the immediate neighbourhood of the tangent a circle which does not meet the oval at all. And in fact such circle does not in every case exist; that is, *the oval portion of a spherical sextic does not in every case lie in a hemisphere.*

It has been shown that the oval portion of a spherical quartic lies in a hemisphere; but we have to consider the case where the quartic consists of two or more ovals. To fix the ideas, let A, A' be a pair of opposite ovals, and B, B' another pair of opposite ovals, components of the same spherical quartic. If there exists a tangent circle of A which does not meet B, then there exists in the immediate neighbourhood of the tangent circle a circle which does not meet either A or B; and we may assume that A and B lie on the same side of this circle; for if B were on the side opposite to A, then B' would be on the same side with A; and we have only, instead of B, to consider the opposite oval B'. Hence we may consider that the ovals A and B lie on the same side of the circle; that is, we have a spherical quartic consisting of or comprising the ovals A and B in the same hemisphere: the two ovals are, it is clear, external each to the other.

But every tangent of A may meet B in two points; consider the whole spherical figure, and suppose that the tangent (or say, the tangent circle) of A, A' meets the ovals B, B' in the points K, L and the opposite points K', L': then considering the tangent circle as moving round A, A' until it returns to its original position, the points K, L, K', L' are always four distinct points; and K and some one (say L) of the two points L, L' will describe the same oval, say the oval B; while the opposite points K', L' will describe the opposite oval B'. We have here the oval A included in the oval B (and of course the opposite oval A' included in the opposite oval B'). But the oval B, *quà* portion of a spherical quartic, lies wholly in one hemisphere; hence the two ovals A, B lie wholly in one hemisphere. It is easy to see that there is not in this case any other portion of the spherical quartic, but that the two ovals A, B are the entire curve.

Reverting to the case where we have in one hemisphere the two ovals A, B external to each other, the spherical quartic may comprise as part of itself another oval C. The ovals A and B, *quâ* ovals external to each other, have a common tangent circle (a double tangent of the spherical quartic) which cannot meet the oval C (for if it did we should have six points of intersection); hence in the immediate neighbourhood thereof we have a circle not meeting any one of the ovals A, B, C. We may consider A, B, C as lying on the same side of this circle; for if B were on the opposite side to A, then B' would be on the same side; and so if C be on the opposite side, then C' will be on the same side; that is, we have the three ovals A, B, C external to each other, and in the same hemisphere.

There may be a fourth oval, D, and it would be shown in a similar manner that we have then the four ovals A, B, C, D external to each other and in the same hemisphere. But there cannot be a fifth oval, E; the proof is precisely the same as for the theorem *in plano*; viz. taking within each of the five ovals a point, and through these points drawing a conic, the conic would meet each oval in two points, and therefore the plane quartic in ten points, which is impossible.

Passing from the sphere to the plane, the foregoing investigation shows that every plane quartic without nodes or cusps is either a finite curve, or else the projection of a finite curve, of one of the following forms:

1. a single oval.

2. two ovals external to each other.

3. two ovals, one inside the other.

4. three ovals external to each other.

5, 6. four ovals external to each other.

The last case has been called (5, 6) for the sake of the following subdivision, viz.:

5. the four ovals are so situate as to be intersected, each in two points, by the same ellipse.

6. they are so situate as not to be intersected by any one ellipse whatever—the distinction being similar to that which exists between four points, which may be either such as to have passing through them as well ellipses as hyperbolas, or else to have passing through them hyperbolas only.

I remark that the limitation of the theorem to the case of a quartic curve without nodes or cusps is necessary, at any rate as regards the nodes. We may in fact find a quartic curve having a single node which is met by every line in at least two real points, and which is therefore not the projection of any finite curve; for if we imagine two hyperbolas so situate that each branch of the one cuts each branch of the other, then it may be seen that there exists a quartic curve approaching everywhere very nearly to the system of two hyperbolas, but having, instead of the four nodes of the system, only a single node, which is such that every line meets it in at least two points.

Cambridge, December 15, 1864.

362.

NOTE ON LOBATSCHEWSKY'S IMAGINARY GEOMETRY.

[From the *Philosophical Magazine*, vol. XXIX. (1865), pp. 231—233.]

WRITING down the equations

$$\frac{1}{\cos a'} = \cos a = \frac{\cos A + \cos B \cos C}{\sin B \sin C},$$

$$\frac{1}{\cos b'} = \cos b = \frac{\cos B + \cos C \cos A}{\sin C \sin A},$$

$$\frac{1}{\cos c'} = \cos c = \frac{\cos C + \cos A \cos B}{\sin A \sin B},$$

where A, B, C are real positive angles each $< \frac{1}{2}\pi$: *first,* if $A + B + C > \pi$, then a, b, c are real positive angles each less than $\frac{1}{2}\pi$ (this is in fact the case of a real acute-angled spherical triangle), but a', b', c' are pure imaginaries of the form $p'i$, $q'i$, $r'i$ (where p', q', r' are real positive quantities; and *secondly,* if $A + B + C < \pi$, then a, b, c are pure imaginaries of the form pi, qi, ri (where p, q, r are real positive quantities), but a', b', c' are real positive angles each less than $\frac{1}{2}\pi$. Hence assuming $A + B + C < \pi$ and writing ai, bi, ci in place of a, b, c, the system is

$$\frac{1}{\cos a'} = \cos ai = \frac{\cos A + \cos B \cos C}{\sin B \sin C},$$

$$\frac{1}{\cos b'} = \cos bi = \frac{\cos B + \cos C \cos A}{\sin C \sin A},$$

$$\frac{1}{\cos c'} = \cos ci = \frac{\cos C + \cos A \cos B}{\sin A \sin B},$$

which equations (if only we write therein $\frac{1}{2}\pi - a'$, $\frac{1}{2}\pi - b'$, $\frac{1}{2}\pi - c'$ in place of a', b', c' respectively) are in fact the equations given under a less symmetrical form in the curious paper "Géométrie Imaginaire" by N. Lobatschewsky, Rector of the University of Kasan, *Crelle*, vol. XVII. (1837), pp. 295—320. The view taken of them by the author is hard to be understood. He mentions that in a paper published five years previously in a scientific journal at Kasan, after developing a new theory of parallels, he had endeavoured to prove that it is only experience which obliges us to assume that in a rectilinear triangle the sum of the angles is equal to two right angles, and that a geometry may exist, if not in nature at least in analysis, on the hypothesis that the sum of the angles is less than two right angles; and he accordingly attempts to establish such a geometry, viz. a, b, c being the sides of a rectilinear triangle, wherein the sum of the angles $A + B + C$ is $< \pi$, and the angles a', b', c' being calculated from the sides by the formulæ

$$\cos a' = \frac{1}{\cos ai}, \quad \cos b' = \frac{1}{\cos bi}, \quad \cos c' = \frac{1}{\cos ci}.$$

(I have, as mentioned above, replaced Lobatschewsky's a', b', c' by their complements): the relation between the angles A, B, C and the subsidiary quantities a', b', c' which replace the sides, is given by the formulæ

$$\frac{1}{\cos a'} = \frac{\cos A + \cos B \cos C}{\sin B \sin C},$$

$$\frac{1}{\cos b'} = \frac{\cos B + \cos C \cos A}{\sin C \sin A},$$

$$\frac{1}{\cos c'} = \frac{\cos C + \cos A \cos B}{\sin A \sin B}.$$

I do not understand this; but it would be very interesting to find a *real* geometrical interpretation of the last-mentioned system of equations, which (if only A, B, C are positive real quantities such that $A + B + C < \pi$; for the condition, A, B, C each $< \frac{1}{2}\pi$, may be omitted) contains only the *real* quantities A, B, C, a', b', c'; and is a system correlative to the equations of ordinary Spherical Trigonometry.

It is hardly necessary to remark that the equation

$$\frac{1}{\cos a'} = \cos ai$$

is Jacobi's imaginary transformation in the Theory of Elliptic Functions. See, as to this, my paper "On the Transcendent $\text{gd}\,.\,u = \frac{1}{i}\log\tan\left(\frac{1}{4}\pi + \frac{1}{2}ui\right)$," *Phil. Mag.* vol. XXIV. (1862), pp. 19—22, [320].

Cambridge, January 21, 1865.

363.

ON THE THEORY OF THE EVOLUTE.

[From the *Philosophical Magazine*, vol. XXIX. (1865), pp. 344—350.]

According to the generalized notion of geometrical magnitude, two lines are said to be at right angles to each other when they are harmonics in regard to a certain conic called the Absolute; this being so, the normal at any point of a curve is the line at right angles to the tangent, and the Evolute is the envelope of the normals.

Let the equation of the absolute be

$$\Theta = (a, b, c, f, g, h \between x, y, z)^2 = 0,$$

and suppose, as usual, that the inverse coefficients are (A, B, C, F, G, H). Consider a given curve $U = (* \between x, y, z)^m = 0$, and suppose, for shortness, that the first differential coefficients of U are denoted by L, M, N. Then we have to find the equation of the normal at the point (x, y, z) of the curve $U = 0$.

The condition that any two lines are harmonics in regard to the absolute, is equivalent to this, viz. each line passes through the pole of the other line in regard to the absolute. Hence the normal at the point (x, y, z) is the line joining this point with the pole of the tangent. Now, taking (X, Y, Z) as current coordinates, the equation of the tangent is

$$LX + MY + NZ = 0,$$

the coordinates of the pole of the tangent are therefore

$$(A, H, G \between L, M, N) : (H, B, F \between L, M, N) : (G, F, C \between L, M, N),$$

and the equation of the normal is

$$\begin{vmatrix} X & , & Y & , & Z \\ x & , & y & , & z \\ (A, H, G \between L, M, N), & & (H, B, F \between L, M, N), & & (G, F, C \between L, M, N) \end{vmatrix} = 0.$$

The formula in this form will be convenient in the sequel; but there is no real loss of generality in taking the equation of the absolute to be $x^2+y^2+z^2=0$; the values of (A, B, C, F, G, H) are then $(1, 1, 1, 0, 0, 0)$, and the formula becomes

$$\begin{vmatrix} X, & Y, & Z \\ x, & y, & z \\ L, & M, & N \end{vmatrix}=0;$$

where it will be remembered that (L, M, N) denote the derived functions $(\partial_x U, \partial_y U, \partial_z U)$.

The evolute is therefore the envelope of the line represented by the foregoing equation, say the equation $\Omega=0$, considering therein (x, y, z) as variable parameters connected by the equation $U=0$.

As an example, let it be required to find the evolute of a conic; since the axes are arbitrary, we may without loss of generality assume that the equation of the conic is $xz-y^2=0$. The values of (L, M, N) here are $(z, -2y, x)$. Moreover the equation is satisfied by writing therein $x:y:z=1:\theta:\theta^2$; the values of (L, M, N) then become $(\theta^2, -2\theta, 1)$ and the equation is

$$\begin{vmatrix} 1 & , & \theta & , & \theta^2 \\ X & , & Y & , & Z \\ (A, H, G \between \theta, -1)^2, & & (H, B, F \between \theta, -1)^2, & & (G, F, C \between \theta, -1)^2 \end{vmatrix}=0;$$

or, developing, this is

$$\begin{aligned} & X\begin{pmatrix} \qquad\qquad G\theta^3-2F\theta^2+C\theta \\ -H\theta^4+2B\theta^3-\ F\theta^2 \qquad \end{pmatrix} \\ +\ & Y\begin{pmatrix} A\theta^4-2H\theta^3+\ G\theta^2 \qquad\qquad \\ \qquad\qquad -\ G\theta^2+2F\theta-C \end{pmatrix} \\ +\ & Z\begin{pmatrix} \qquad\qquad H\theta^2-2B\theta+F \\ -A\theta^3+2H\theta^2-\ G\theta \qquad \end{pmatrix}=0, \end{aligned}$$

which I leave in this form in order to show the origin of the different terms, and in particular in order to exhibit the destruction of the term θ^2 in the coefficient of Y. But the equation is, it will be observed, a quartic equation in θ, with coefficients which are linear functions of the current coordinates (X, Y, Z).

The equation shows at once that the evolute is of the class 4; in fact treating the coordinates (X, Y, Z) as given quantities, we have for the determination of θ an equation of the order 4, that is, the number of normals through a given point (X, Y, Z), or, what is the same thing, the class of the evolute, is $=4$.

The equation of the evolute is obtained by equating to zero the discriminant of the foregoing quartic function of θ; the order of the evolute is thus $=6$. There are no inflexions, and the diminution of the order from 4.3, $=12$, to 6 is caused by three double tangents.

I consider the particular case where the conic touches the absolute. There is no loss of generality in assuming that the contact takes place at the point $(y=0,\ z=0)$, the common tangent being therefore $z=0$; the conditions for this are $a=0,\ h=0$, and we have thence $C=0,\ F=0$. Substituting these values, the equation contains the factor θ; and, throwing this out, it is

$$\begin{aligned} &X\left(-H\theta^3+(B+2G)\,\theta^2\right)\\ &Y\left(\ \ A\theta^3-\quad 2H\,\theta^2\right)\\ +&Z\left(\quad -\ A\,\theta^2+3H\theta-(B+2G)\right)=0,\end{aligned}$$

or,. what is the same thing,

$$\begin{aligned} &\theta^3\left(\quad -H\ X+\ AY\right)\\ +&\theta^2\left((B+2G)\,X-2HY-\qquad AZ\right)\\ +&\theta\left(\qquad\qquad 3HZ\right)\\ +&\ \ \left(\qquad -(B+2G)\,Z\right)=0,\end{aligned}$$

where it will be observed that the constant term and the coefficient of θ have the same variablo factor Z, where $Z=0$ is the equation of the common tangent of the conic and the absolute. The evolute is in this case of the class 3. It at once appears that the line $Z=0$ is a stationary tangent of the evolute, the point of contact (or inflexion on the evolute) being given by the equations $Z=0,\ (B+2G)\,X-2HY=0$. The equation of the evolute is found by equating to zero the discriminant of the cubic function; the equation so obtained has the factor Z, and throwing this out the order is $=3$. The evolute is thus a curve of the class 3 and order 3, the reduction in the order from $3\,.\,2,\ =6$, to 3 being caused by the existence of an inflexion. Comparing with the former case, we see that the effect of the contact of the conic with the absolute is to give rise to an inflexion of the evolute, and to cause a reduction $=1$ in the class, and a reduction $=3$ in the order.

I return now to the general case of a curve

$$U=(*\between x,\ y,\ z)^m=0.$$

Using, for greater simplicity, the equation $x^2+y^2+z^2=0$ for the absolute, the equation of the normal is

$$\Omega=\begin{vmatrix} X, & Y, & Z\\ x, & y, & z\\ \partial_x U, & \partial_y U, & \partial_z U\end{vmatrix}=0;$$

we may at once find the class of the evolute; in fact, treating $(X,\ Y,\ Z)$ as the coordinates of a given point, the two equations $U=0,\ \Omega=0$ determine the values $(x,\ y,\ z)$ of the coordinates of a point such that the normal thereof passes through the point (X, Y, Z); the number of such points is the number of normals which can be drawn through a given point (X, Y, Z), viz. it is equal to the class of the evolute. The points in question are given as the intersections of the two curves $U=0$, $\Omega=0$, which are respectively curves of the order m, hence the number of intersections is $=m^2$. It is to be observed, however, that if the curve $U=0$ has nodes or cusps, then the curve $\Omega=0$ passes through each node of the curve $U=0$, and through each cusp, the two curves having at the cusp a common tangent; that is, each node reckons for two intersections, and each cusp for three intersections. Hence, if the curve $U=0$ has δ nodes and κ cusps, the number of the remaining points of intersection is $=m^2-2\delta-3\kappa$. The class of the evolute is thus $=m^2-2\delta-3\kappa$. The number of inflexions is in general $=0$. If, however, the given curve touches the absolute, then it has been seen in a particular case that the effect is to diminish the class by 1, and to give rise to an inflexion, the stationary tangent being in fact the common tangent of the curve and the absolute: I assume that this is the case generally. Suppose that there are θ contacts, then there will be a diminution $=\theta$ in the class, or this will be $=m^2-2\delta-3\kappa-\theta$; and there will be θ inflexions; there may however be special circumstances giving rise to fresh inflexions, and I will therefore assume that the number of inflexions is $=\iota'$.

Suppose in general that for any curve we have

m,	the order,		
n,	„	class,	
δ,	„	number of nodes,	
κ,	„	„	cusps,
τ,	„	„	double tangents,
ι,	„	„	inflexions.

Then Plücker's equations give

$$\iota-\kappa=3(n-m),\quad \tau-\delta=\tfrac{1}{2}(n-m)(n+m-9);$$

and we thence have

$$\iota-\kappa+\tau-\delta=\tfrac{1}{2}(n-1)(n-2)-\tfrac{1}{2}(m-1)(m-2),$$

or, what is the same thing,

$$\tfrac{1}{2}(m-1)(m-2)-\delta-\kappa=\tfrac{1}{2}(n-1)(n-2)-\tau-\iota.$$

Now M. Clebsch in his recent paper "Ueber die Singularitäten algebraischer Curven," *Crelle*, vol. LXIV. (1864), pp. 98—100, has remarked (as a consequence of the investigations of Riemann in the Integral Calculus) that whenever from a given curve another curve is derived in such manner that to each point (or tangent) of the given curve there corresponds a *single* tangent (or point) of the derived curve, then the expression

$$\tfrac{1}{2}(m-1)(m-2)-\delta-\kappa,\quad =\tfrac{1}{2}(n-1)(n-2)-\tau-\iota,$$

has the same value in the two curves respectively, or that, writing m', n', δ', κ', τ', ι' for the corresponding quantities in the second curve, then we have

$$\begin{aligned} &\tfrac{1}{2}(m-1)(m-2)-\delta-\kappa \quad =\tfrac{1}{2}(n-1)(n-2)-\tau-\iota, \\ &=\tfrac{1}{2}(m'-1)(m'-2)-\delta'-\kappa', =\tfrac{1}{2}(n'-1)(n'-2)-\tau'-\iota'; \end{aligned}$$

and consequently that, knowing any *two* of the quantities m', n', δ', κ', τ', ι', the remainder of them can be determined by means of this relation and of Plücker's equations. The theorem is applicable to the evolute according to the foregoing generalized definition[1]; and starting from the values

$$\begin{aligned} n' &= m^2-2\delta-3\kappa-\theta, \\ \iota' &= \iota', \end{aligned}$$

we find in the first instance

$$\tau' = \tfrac{1}{2}(n'-1)(n'-2)-\tfrac{1}{2}(m-1)(m-2)+\delta+\kappa-\iota';$$

and substituting in the equation

$$m' = n'(n'-1)-2\tau'-3\iota',$$

we find

$$m' = 2(n'-1)+(m-1)(m-2)-2\delta-2\kappa-\iota';$$

and the equation $\iota'-\kappa' = 3(n'-m')$ gives also

$$\kappa' = -3(n'-m')+\iota',$$

whence, attending to the value of n', we find the following system of equations for the singularities of the evolute, viz.

$$\begin{aligned} n' &= m^2 - 2\delta - 3\kappa - \theta, \\ m' &= 3m(m-1) - 6\delta - 8\kappa - 2\theta - \iota', \\ \iota' &= \iota', \\ \kappa' &= 3m(2m-3) - 12\delta - 15\kappa - 3\theta - 2\iota', \end{aligned}$$

and the values of τ' and δ' may then also be found from the equations

$$\begin{aligned} m' &= n'(n'-1)-2\tau'-3\iota', \\ n' &= m'(m'-1)-2\delta'-3\kappa'. \end{aligned}$$

I have given the system in the foregoing form, as better exhibiting the effect of the inflexions; but as each of the θ contacts with the absolute gives an inflexion, we

[1] M. Clebsch in fact applies it to the evolute in the ordinary sense of the term, but by inadvertently assuming $\iota'=\kappa$ instead of $\iota'=0$ he is led to some incorrect results.

may write $\iota' = \theta + \iota''$, where, in the absence of special circumstances giving rise to any more inflexions, $\iota'' = 0$. The system thus becomes

$$\begin{aligned} n' &= m^2 - 2\delta - 3\kappa - \theta, \\ m' &= 3m(m-1) - 6\delta - 8\kappa - 3\theta - \iota'', \\ \iota' &= \theta + \iota'', \\ \kappa' &= 3m(2m-3) - 12\delta - 15\kappa - 5\theta - 2\iota'', \end{aligned}$$

so that each contact with the absolute diminishes the class by 1, the order by 3, and the number of cusps by 5.

I remark that when the absolute becomes a pair of points, a contact of the given curve m means one of two things: either the curve touches the line through the two points, or else it passes through one of the two points: the effect of a contact of either kind is as above stated. Suppose that the two points are the circular points at infinity, and let $m = 2$, the evolute in question is then the evolute of a conic, in the ordinary sense of the word evolute. We have, in general, class $= 4$, order $= 6$; but if the conic touches the line infinity (that is, in the case of the parabola), the reductions are 1 and 3, and we have class $= 3$, order $= 3$, which is right. If the conic passes through one of the circular points of infinity, then in like manner the reductions are 1 and 3; and therefore if the conic passes through each of the circular points at infinity (that is, in the case of a circle), the reductions are 2 and 6, and we have class $= 2$, order $= 0$, which is also right; for the evolute is in this case the centre, regarded as a pair of coincident points. That this is so, or that the class is to be taken to be (not $= 1$ but) $= 2$, appears by the consideration that the number of normals to the circle from a given point is in fact $= 2$, the two normals being, however, coincident in position.

To complete the theory in the general case where the absolute is a proper conic, I remark that, besides the inflexions which arise from contacts of the given curve with the absolute, there will be an inflexion, first, for each stationary tangent of the given curve which is also a tangent of the absolute; secondly, for each cusp of the given curve situate on the absolute. Hence, if the number of such stationary tangents be $= \lambda$, and the number of such cusps be $= \mu$, we may write $\iota'' = \lambda + \mu$, and therefore also $\iota' = \theta + \lambda + \mu$.

I remark also that we have

$$\begin{aligned} -2\delta - 3\kappa &= -m(m-1) + n, \\ -6\delta - 8\kappa &= -3m(m-2) + i, \end{aligned}$$

and therefore also

$$-12\delta - 15\kappa = -6m^2 + 15m - 3n + 3i.$$

The general formulæ thus become

$$\begin{aligned} n' &= m + n - \theta, \\ m' &= 3m + \iota - 2\theta - \iota', \\ \iota' &= \iota', \\ \kappa' &= 6m - 3n + 3\iota - 3\theta - 2\iota'. \end{aligned}$$

If instead of the given curve we consider its reciprocal in regard to the absolute, then

$$m,\ n,\ \delta,\ \kappa,\ \tau,\ \iota;\quad \theta,\ \lambda,\ \mu;\quad \iota',\ = \theta+\lambda+\mu$$

are changed into

$$n,\ m,\ \tau,\ \iota,\ \delta,\ \kappa;\quad \theta,\ \mu,\ \lambda;\quad \iota',\ = \theta+\mu+\lambda$$

respectively.

Hence for the evolute of the reciprocal curve we have

$$\begin{aligned} n' &= n + m - \theta, \\ m' &= 3n + \kappa - 2\theta - \iota', \\ \iota' &= \iota', \\ \kappa' &= 6n - 3m + 3\kappa - 3\theta - \iota', \end{aligned}$$

which, attending to the relation $\iota - \kappa = 3(n-m)$, are in fact the same as the former values; that is, the evolute of the given curve, and the evolute of the reciprocal curve are curves of the same class and order, and which have the same singularities.

Cambridge, February 22, 1865.

364.

ON A THEOREM RELATING TO FIVE POINTS IN A PLANE.

[From the *Philosophical Magazine*, vol. XXIX. (1865), pp. 460—464.]

Two triangles, ABC, $A'B'C'$ which are such that the lines AA', BB', CC' meet in a point, are said to be in perspective; and a triangle $A'B'C'$, the angles A', B', C' of which lie in the sides BC, CA, AB respectively, is said to be inscribed in the triangle ABC; hence, if A', B', C' are the intersections of the sides by the lines AO, BO, CO respectively (where O is any point whatever), the triangle $A'B'C'$ is said to be perspectively inscribed in the triangle ABC, viz. it is so inscribed by means of the point O.

We have the following theorem, relating to any triangle ABC, and two points O, O'. If in the triangle ABC, by means of the point O, we inscribe a triangle $A'B'C'$, and in the triangle $A'B'C'$, by means of the point O', we inscribe a triangle $\alpha\beta\gamma$, then the triangles ABC, $\alpha\beta\gamma$ are in perspective, viz. the lines $A\alpha$, $B\beta$, $C\gamma$ will meet in a point.

This is very easily proved analytically; in fact, taking $x=0$, $y=0$, $z=0$ for the equations of the lines $B'C'$, $C'A'$, $A'B'$ respectively, and (X, Y, Z) for the coordinates of the point O, then the coordinates of (A, B, C) are found to be $(-X, Y, Z)$, $(X, -Y, Z)$, $(X, Y, -Z)$ respectively. Moreover, if (X', Y', Z') are the coordinates of the point O', then the coordinates of (α, β, γ) are found to be

$$(0, Y', Z'), (X', 0, Y'), (X', Y', 0)$$

respectively. Hence the equations of the lines $A\alpha$, $B\beta$, $C\gamma$ are respectively

$$\begin{vmatrix} x, & y, & z \\ -X, & Y, & Z \\ 0, & Y', & Z' \end{vmatrix} = 0, \quad \begin{vmatrix} x, & y, & z \\ X, & -Y, & Z \\ X', & 0, & Z' \end{vmatrix} = 0, \quad \begin{vmatrix} x, & y, & z \\ X, & Y, & -Z \\ X', & Y', & 0 \end{vmatrix} = 0;$$

that is

$$\begin{aligned}
&x(\;YZ' - Y'Z) + y(\qquad\quad Z'X) + z(-XY'\qquad\;) = 0,\\
&x(-YZ'\qquad\;) + y(\;ZX' - Z'X) + z(\qquad\quad X'Y) = 0,\\
&x(\qquad + Y'Z) + y(-ZX'\qquad\;) + z(\;XY' - X'Y) = 0,
\end{aligned}$$

which are obviously the equations of three lines which meet in a point.

But the theorem may be exhibited as a theorem relating to a quadrangle 1234 and a point O'; for writing 1, 2, 3, 4 in place of A, B, C, O, the triangle $A'B'C'$ is in fact the triangle formed by the three centres 41.23, 42.31, 43.12 of the quadrangle 1234, hence the triangle in question must be similarly related to each of the four triangles 423, 431, 412, 123; or, forming the diagram

	P	Q	R	S
41.23	4	3	2	1
42.31	3	4	1	2
43.12	2	1	4	3,

we have the following form of the theorem: viz. the lines

$\alpha 4$, $\beta 3$, $\gamma 2$ meet in a point P,
$\alpha 3$, $\beta 4$, $\gamma 1$ „ „ Q,
$\alpha 2$, $\beta 1$, $\gamma 4$ „ „ R,
$\alpha 1$, $\beta 2$, $\gamma 3$ „ „ S,

or, what is the same thing, we have with the points 1, 2, 3, 4 and the point O' constructed the four points P, Q, R, S such that

$1S$, $2R$, $3Q$, $4P$ meet in a point α,
$2S$, $1R$, $4Q$, 3β „ „ β,
$3S$, $4R$, $1Q$, $2P$ „ „ γ.

The eight points 1, 2, 3, 4, P, Q, R, S form a figure such as the perspective representation of a parallelopiped, or, if we please, a cube; and not only so, but the

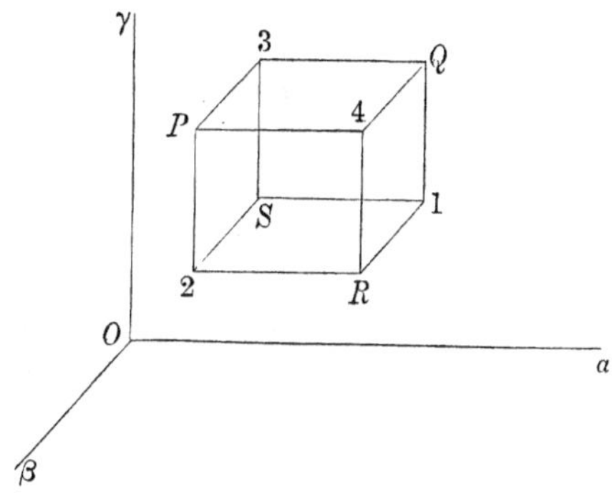

plane figure is really a certain perspective representation of the cube; this identification depends on the following two theorems:

1. Considering the four summits 1, 2, 3, 4, which are such that no two of them belong to the same edge, then, if through any point O we draw

the line OA' meeting the lines 41, 23,
" OB' " " 42, 31,
" OC' " " 43, 12,

and the lines $O\alpha$, $O\beta$, $O\gamma$ parallel to the three edges of the cube respectively, the three planes $(OA', O\alpha)$, $(OB', O\beta)$, $(OC', O\gamma)$ will meet in a line.

2. For a properly selected position of the point O,

the lines OB', OC', $O\alpha$ will lie in a plane,
" OC', OA', $O\beta$ " " ,
" OA', OB', $O\gamma$ " " .

In fact for such a position of O, projecting the whole figure on any plane whatever, the lines $O1$, $O2$, $O3$, $O4$, OP, OQ, OR, OS, $O\alpha$, $O\beta$, $O\gamma$, OA', OB', OC' meet the plane of projection in the points 1, 2, 3, 4, P, Q, R, S, α, β, γ, A', B', C' related to each other as in the last-mentioned form of the plane theorem. To prove the two solid theorems, take O for the origin, $O\alpha$, $O\beta$, $O\gamma$ for the axes, (α, β, γ) for the coordinates of the summit S, and 1 for the edge of the cube,

the coordinates of 1 are $\alpha+1,\ \beta,\ \gamma$,
" 2 " $\alpha,\ \beta+1,\ \gamma$,
" 3 " $\alpha,\ \beta,\ \gamma+1$,
" 4 " $\alpha+1,\ \beta+1,\ \gamma+1$.

The equations of the line OA', or say of the line $O(41, 23)$, are those of the planes $O41$, $O23$, viz. these are

$$\begin{vmatrix} x, & y, & z \\ \alpha+1, & \beta, & \gamma \\ \alpha+1, & \beta+1, & \gamma+1 \end{vmatrix} = 0, \quad \begin{vmatrix} x, & y, & z \\ \alpha, & \beta+1, & \gamma \\ \alpha, & \beta, & \gamma+1 \end{vmatrix} = 0;$$

that is

$$x(\beta-\gamma) \quad -(\alpha+1)(y-z)=0,$$
$$x(\beta+\gamma+1)-\alpha \quad (y+z)=0.$$

Writing for shortness

$$M=\alpha+\beta+\gamma+1,$$

these equations give

$$x:y:z=\frac{2\alpha(\alpha+1)}{(M+2\gamma\alpha)(M+2\alpha\beta)}:\frac{1}{M+2\gamma\alpha}:\frac{1}{M+2\alpha\beta};$$

or, completing the system,

for line OA' we have

$$x:y:z=\frac{2\alpha(\alpha+1)}{(M+2\gamma\alpha)(M+2\alpha\beta)}:\frac{1}{M+2\gamma\alpha}:\frac{1}{M+2\alpha\beta};$$

for line OB' we have

$$x : y : z = \frac{1}{M + 2\beta\gamma} : \frac{2\beta(\beta+1)}{(M + 2\alpha\beta)(M + 2\beta\gamma)} : \frac{1}{M + 2\alpha\beta};$$

for line OC' we have

$$x : y : z = \frac{1}{M + 2\beta\gamma} : \frac{1}{M + 2\gamma\alpha} : \frac{2\gamma(\gamma+1)}{(M + 2\beta\gamma)(M + 2\gamma\alpha)}.$$

The equations of the lines $O\alpha$, $O\beta$, $O\gamma$ are of course $(y=0,\ z=0)$, $(z=0,\ x=0)$, $(x=0,\ y=0)$ respectively; and we therefore see at once that the planes $(OA',\ O\alpha)$, $(OB',\ O\beta)$, $(OC',\ O\gamma)$ meet in a line, viz. in the line which has for its equations

$$x : y : z = \frac{1}{M + 2\beta\gamma} : \frac{1}{M + 2\gamma\alpha} : \frac{1}{M + 2\alpha\beta}.$$

The lines OB', OC', $O\alpha$ will lie in a plane, if only

$$1 = \frac{4\beta\gamma(\beta+1)(\gamma+1)}{(M + 2\beta\gamma)^2};$$

that is

$$(M + 2\beta\gamma)^2 = 4\beta\gamma(\beta+1)(\gamma+1),$$

or, as this may be written,

$$M^2 + 4\beta\gamma(\alpha + \beta + \gamma + 1 + \beta\gamma) = 4\beta\gamma(\beta\gamma + \beta + \gamma + 1);$$

that is

$$M^2 + 4\alpha\beta\gamma = 0,$$

or, what is the same thing,

$$(\alpha + \beta + \gamma + 1)^2 + 4\alpha\beta\gamma = 0;$$

and from the symmetry of this equation we see that, when it is satisfied,

the lines OB', OC', $O\alpha$ will lie in a plane,
" OC', OA', $O\beta$ " " ,
" OA', OB', $O\gamma$ " " ;

viz. this will be the case when the point O is situate in the cubic surface represented by the last-mentioned equation; this completes the demonstration of the solid theorems.

It is clear that considering five points 1, 2, 3, 4, 5 in a plane, then, since any one of these may be taken for the point O' of the foregoing theorem, the theorem exhibited in the first instance as a theorem relating to a triangle and two points, and afterwards as a theorem relating to a quadrangle and a point, is really a theorem relating to five points in a plane. There are, of course, five different systems of points (P, Q, R, S), corresponding to the different combinations of four out of the five points.

Cambridge, March 6, 1865.

365.

ON THE INTERSECTIONS OF A PENCIL OF FOUR LINES BY A PENCIL OF TWO LINES.

[From the *Philosophical Magazine*, vol. XXIX. (1865), pp. 501—503.]

PLÜCKER has considered ("Analytisch-geometrische Aphorismen," *Crelle*, vol. XI. (1834) pp. 26—32) the theory of the eight points which are the intersections of a pencil of four lines by any two lines, or say the intersections of a pencil of *four* lines by a pencil of *two* lines: viz., the eight points may be connected two together by twelve new lines; the twelve lines meet two together in forty-two new points; and of these, six lie on a line through the centre of the two-line pencil, twelve lie four together on three lines through the centre of the four-line pencil, and twenty-four lie two together on twelve lines, also through the centre of the four-line pencil.

The first and third of these theorems, viz. (1) that the six points lie on a line through the centre of the two-line pencil, and (3) that the twenty-four points lie two together on twelve lines through the centre of the four-line pencil, belong to the more simple theory of the intersections of a pencil of *three* lines by a pencil of *two* lines; the second theorem, viz. (2) the twelve points lie four together on three lines through the centre of the four-line pencil, is the only one which properly belongs to the theory of the intersections of a pencil of *four* lines by a pencil of *two* lines. The theorem in question (proved analytically by Plücker) may be proved geometrically by means of two fundamental theorems of the geometry of position: these are the theorem of two triangles in perspective, and Pascal's theorem for a line-pair. I proceed to show how this is.

Consider a pencil of two lines meeting a pencil of four lines in the eight points (a, b, c, d), (a', b', c', d'); so that the two lines are $abcd$, $a'b'c'd'$, meeting suppose in

Q; and the four lines are aa', bb', cc', dd', meeting suppose in P; then the twelve points are

$$\begin{array}{lllll} a'd\,.\,c'b, & ad'\,.\,cb', & a'c\,.\,d'b, & ac'\,.\,db' & \text{lying in a line through } P, \\ a'b\,.\,d'c, & ab'\,.\,dc', & a'd\,.\,b'c, & ad'\,.\,bc' & \quad\text{,,} \qquad \text{,,} \qquad , \\ a'c\,.\,b'd, & ac'\,.\,bd', & a'b\,.\,c'd, & ab'\,.\,cd' & \quad\text{,,} \qquad \text{,,} \qquad ; \end{array}$$

where the combinations are most easily formed as follows; viz., for the first four points starting from the arrangement $\begin{smallmatrix} a & c \\ d & b \end{smallmatrix}$ (or any other arrangement having the diagonals $ab\,.\,cd$), and thence writing down the four expressions

$$\begin{array}{cccc} a'c', & ac, & a'c, & ac' \\ db, & d'b', & d'b, & db', \end{array}$$

we read off from these the symbols of the four points; and the like for the other two sets of four points.

Now, considering the points (a, b, c) and (a', b', c'), the points $ab'\,.\,a'b$, $ac'\,.\,a'c$, $bc'\,.\,b'c$ lie in a line through Q; and similarly the points $ab'\,.\,a'b$, $ad'\,.\,a'd$, $bd'\,.\,b'd$ lie in a line through Q; which lines, inasmuch as they each contain the points Q and $ab'\,.\,a'b$, must be one and the same line; considering the combinations (b, c, d), (b', c', d'), the line in question also passes through $cd'\,.\,c'd$; that is, the six points $ab'\,.\,a'b$, $ac'\,.\,a'c$, $ad'\,.\,a'd$, $bc'\,.\,b'c$, $bd'\,.\,b'd$, $cd'\,.\,c'd$ lie in a line through Q, which is in fact the before-mentioned first theorem. Hence the points $ab'\,.\,a'b$ and $cd'\,.\,c'd$ lie in a line through Q; or, calling these points M and N respectively, the triangles Maa', Mbb', Ncc', Ndd' are in perspective. Hence, considering the two triangles Maa', Ndd' (or, if we please, the complementary set Mbb', Ncc'), the corresponding sides are

$$\begin{array}{lcl} Ma,\ Nd & \text{meeting in} & ab'\,.\,dc', \\ Ma',\ Nd' & \text{,,} & a'b\,.\,d'c, \\ aa',\ dd' & \text{,,} & P\ ; \end{array}$$

that is, the points $ab'\,.\,dc'$, $a'b\,.\,d'c$ lie in a line through P.

Similarly $ad'\,.\,a'd$ and $bc'\,.\,b'c$ lie in a line through Q; or, calling these points H, I respectively, the triangles Haa', Hdd', Ibb', Icc' are in perspective; and considering the combination Hdd', Ibb' (or, if we please, the complementary set Haa', Icc'), the corresponding sides are

$$\begin{array}{lcl} Ha,\ Ib & \text{meeting in} & ad'\,.\,bc', \\ Ha',\ Ib' & \text{,,} & a'd\,.\,cb', \\ aa',\ bb' & \text{,,} & P\ ; \end{array}$$

that is, the points $a'd\,.\,c'b$, $ad'\,.\,cb'$ lie in a line through P.

It remains to be shown that the two lines through P, viz. the line containing $ab'.dc'$ and $a'b.d'c$, and the line containing $ad'.bc'$ and $a'd.cb'$, are one and the same line. This will be the case if, for instance, $ab'.dc'$ and $ad'.bc'$ also lie in a line through P.

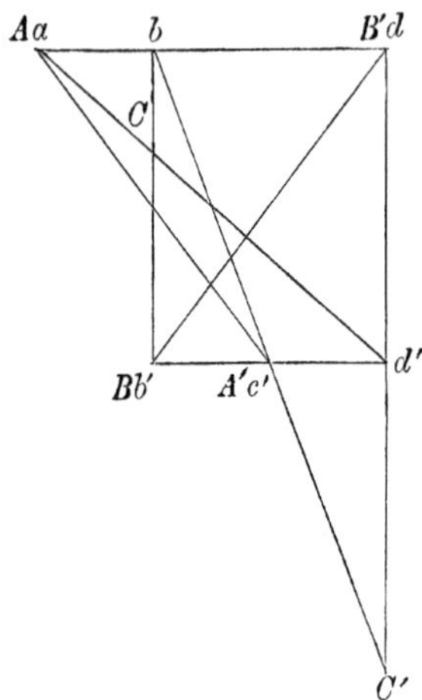

We have the points (a, b, d) in a line, and the points (b', c', d') in a line; the points a, d, b', c' are also called A, B', B, A' respectively; ad', bb' meet in C, and bc', dd' meet in C'; hence, considering the hexagon $ad'db'bc'$, the lines

ad', $b'b$ meet in	C	,
$d'd$, bc' „	C'	,
db', ca' „	$AA'.BB'$;	

and hence these three points lie in a line; or, what is the same thing, the lines AA', BB', and CC' meet in a point; that is, the triangles ABC, $A'B'C'$ are in perspective: the corresponding sides are

AB, $A'B'$,	that is,	ab', $c'd$,	meeting in	$ab'.c'd$,
BC, $B'C'$	„	$b'b$, $d'd$,	„	P ,
CA, $C'A'$	„	ad', bc',	„	$ad'.bc'$;

and these three points lie in a line; that is, the points $ab'.dc'$ and $ad'.bc'$ lie in a line through P. Hence the line through $ab'.dc'$ and $a'b.d'c$ and the line through $ad'.bc'$ and $a'd.cb'$ are one and the same line; that is,

the points $ab'.dc'$, $a'b.d'c$, $ad'.bc'$, $a'd.b'c$ lie in a line through P.

This proves the existence of one of the lines through P; and that of the other two lines follows from the symmetry of the figure; it thus appears that the twelve points lie four together on three lines through P.

Cambridge, April 11, 1865.

366.

NOTE ON THE PROJECTION OF THE ELLIPSOID.

[From the *Philosophical Magazine*, vol. XXX. (1865), pp. 50—52.]

CONSIDER an ellipsoid, situate any way whatever in regard to the eye and the plane of the picture; the apparent contour of the ellipsoid is an ellipse, the intersection of the plane of the picture by the tangent cone having the eye for vertex; this cone touches the ellipsoid along a plane curve (the intersection of the ellipsoid by the polar plane of the eye), which may be called the contour section; and the apparent contour is thus the projection of the contour section. Consider any other plane section; the projection thereof has double contact (real or imaginary) with the projection of the contour section: the common tangents are the intersections with the plane of the picture of the tangent planes of the tangent cone which pass through the pole of the section; or, what is the same thing, they are the tangents to the projection of the contour section, or to the projection of the section, from the point which is the projection of the pole of the section. The projection of the pole lies in the line which is the projection of the diameter conjugate to the plane of the section; and in particular, if the section is central, that is, if the plane thereof passes through the centre of the ellipsoid, then the pole is the point at infinity on the conjugate diameter; whence also if the eye be at an infinite distance, so that the projection is a projection by parallel rays, then the projection of the pole is the point at infinity on the projection of the conjugate diameter; and therefore the common tangents of the projections of the section and the contour section are in this case parallel to the projection of the diameter conjugate to the plane of the section.

Suppose that the plane of the picture is parallel to a principal plane of the ellipsoid, and that the projection is by parallel rays; then if OA, OB, OC are the projections of the semiaxes (OA, OC will be at right angles to each other if the plane parallel to the plane of the picture is that of xz), the projections of the principal sections are the ellipses having for conjugate semidiameters OB, OC; OC, OA; OA, OB

respectively. Hence to the ellipse OB, OC drawing the two tangents which are parallel to OA, to the ellipse OC, OA the two tangents which are parallel to OB, and to the ellipse OA, OB the two tangents which are parallel to OC, we have on each of these ellipses the two points which are the points of contact therewith of the ellipse which is the projection of the contour section, or apparent contour of the ellipsoid; that is, we know six points, and at each of these points the tangent, of the last-mentioned ellipse; and the ellipse in question, or apparent contour of the ellipsoid, can thus be traced by hand accurately enough for ordinary purposes.

In connexion with what precedes, I may notice a convenient construction for the projection of a circle. Suppose that we have given the projection of the circumscribed square $ABCD$; then if we know the projection of one of the points M, N, P, Q, say of the point M, the projections of all the points and lines of the figure can be obtained

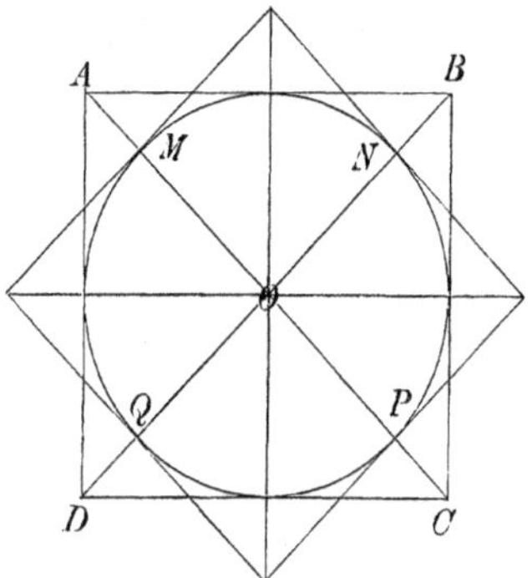

graphically by the ruler only with the utmost facility; that is, in the ellipse which is the projection of the circle we have *eight* points, and the tangent at each of them, and the ellipse may then be drawn by hand. And to find the projection of the point M, it is only necessary to remark that in the figure the anharmonic ratio $\dfrac{AM \,.\, OC}{AC \,.\, MO}$ of the points A, M, O, C is $= \frac{1}{2}(\sqrt{2}-1)$; hence the corresponding anharmonic ratio of the projections of the four points is also $= \frac{1}{2}(\sqrt{2}-1)$; and the projections of A, B, C, D, and consequently those of A, C, O, being known, the projection of M is thus also known.

Cambridge, June 15, 1865.

367.

ON A TRIANGLE IN-AND-CIRCUMSCRIBED TO A QUARTIC CURVE.

[From the *Philosophical Magazine*, vol. XXX. (1865), pp. 340—342.]

THE quartic curve $(x^2-a^2)^2+(y^2-b^2)^2=c^4$ presents a simple example of a triangle in-and-circumscribed to a single curve, viz. such that each angle of the triangle is situate on, and each side touches, the curve. Assuming that the triangle is symmetrically situate in regard to the axis of y, viz. if it be the isosceles triangle ace, the sides whereof touch the curve in the points B, D, F respectively, then we must have a single relation between the constants a, b, c of the curve; or if (as may

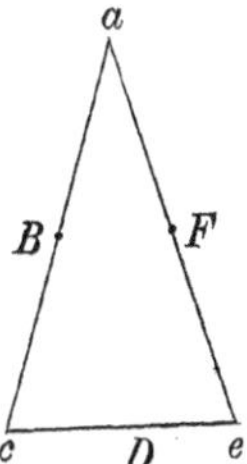

be done without loss of generality) we write $a=1$, then there must be a single relation between b and c. The relation in question is most conveniently expressed by putting b and c equal to certain functions of a parameter ϕ, which is in fact $=\tan^2\theta$, if θ be the angle at the base of the triangle; the equation of the curve is thus obtained in the form

$$(x^2-1)^2+\left(y^2-\frac{\phi^4+4\phi^2-1}{4\phi(\phi^2+1)}\right)^2=1+\frac{(\phi^2-1)^4}{16\phi^2(\phi^2+1)^2};$$

and the coordinates of a, c, e, B, D, F are as follows:

Coordinates of a are		$0,$	$\sqrt{\tfrac{1}{2}\phi},$
"	$c, e,$ "	$\pm\sqrt{2},$	$-\sqrt{\tfrac{1}{2}\phi},$
"	$D,$ "	$0,$	$-\sqrt{\tfrac{1}{2}\phi},$
"	B, F "	$\pm\dfrac{\phi^2-1}{\sqrt{2}(\phi^2+1)},$	$\dfrac{2\sqrt{\phi}}{\sqrt{2}(\phi^2+1)}.$

It is easy to verify that the points a, c, e, D are points of the curve, and it is obvious that the tangent at D is the horizontal line ce. It only remains to be shown that B and F are points of the curve, and that the tangents at these points are the lines ac and ea respectively. It is sufficient to consider one of the two points, say the point F; and taking its coordinates to be

$$\xi=\frac{\phi^2-1}{\sqrt{2}(\phi^2+1)},\quad \eta=\frac{2\sqrt{\phi}}{\sqrt{2}(\phi^2+1)},$$

we have to show that (ξ, η) is a point of the curve, and that the equation of the tangent at this point is $X\sqrt{\phi}+Y=\sqrt{\tfrac{1}{2}\phi}$, where (X, Y) are current coordinates.

First, to show that (ξ, η) is a point of the curve, the equation to be verified may be written

$$(\xi^2-1)^2+\left(\eta^2-\frac{\phi^4+4\phi^2-1}{4\phi(\phi^2+1)}\right)^2=\frac{(\phi^4+6\phi^2+1)^2}{16\phi^2(\phi^2+1)^2},$$

and we have

$$\xi^2-1=-\frac{\phi^4+6\phi^2+1}{2(\phi^2+1)^2},\quad \eta^2-\frac{\phi^4+4\phi^2-1}{4\phi(\phi^2+1)}=-\frac{(\phi^2-1)(\phi^4+6\phi^2+1)}{4\phi(\phi^2+1)^2},$$

so that the equation becomes

$$\frac{(\phi^4+6\phi^2+1)^2}{4(\phi^2+1)^4}+\frac{(\phi^2-1)^2(\phi^4+6\phi^2+1)^2}{16\phi^2(\phi^2+1)^4}=\frac{(\phi^4+6\phi^2+1)^2}{16\phi^2(\phi^2+1)^2};$$

that is

$$4\phi^2+(\phi^2-1)^2=(\phi^2+1)^2,$$

which is right.

Next, the equation of the tangent at the point (ξ, η) is

$$(\xi^2-a^2)(\xi X-a^2)+(\eta^2-b^2)(\eta Y-b^2)-c^4=0;$$

that is

$$(\xi^2-1)(\xi X-1)+\left(\eta^2-\frac{\phi^4+4\phi^2-1}{4\phi(\phi^2+1)}\right)\left(\eta Y-\frac{\phi^4+4\phi^2-1}{4\phi(\phi^2+1)}\right)=\frac{(\phi^4+6\phi^2+1)^2}{16\phi^2(\phi^2+1)^2};$$

or, substituting for ξ, η, ξ^2-1, and $\eta^2-\dfrac{\phi^4+4\phi^2-1}{4\phi(\phi^2+1)}$, their values, and throwing out a factor $\dfrac{\phi^4+6\phi^2+1}{16\phi^2(\phi^2+1)^2}$, the equation becomes

$$-8\phi^2\left(X\frac{\phi^2-1}{\sqrt{2}(\phi^2+1)}-1\right)-4\phi(\phi^2-1)\left(Y\frac{2\sqrt{\phi}}{\sqrt{2}(\phi^2+1)}-\frac{\phi^4+4\phi^2-1}{4\phi(\phi^2+1)}\right)=\phi^4+6\phi^2+1,$$

or, what is the same thing,

$$-8\phi^2\{X(\phi^2-1)-\sqrt{2}(\phi^2+1)\}-(\phi^2-1)\{Y.8\phi\sqrt{\phi}-\sqrt{2}(\phi^4+4\phi^2-1)\}$$
$$=\sqrt{2}(\phi^2+1)(\phi^4+6\phi^2+1);$$

that is

$$\begin{aligned}&(\phi^2-1)(-8\phi^2X-8\phi\sqrt{\phi}\,Y)\\ &=\sqrt{2}(\phi^2+1)(\phi^4+6\phi^2+1)-\sqrt{2}(\phi^2+1).8\phi^2-\sqrt{2}(\phi^2-1)(\phi^4+4\phi^2-1),\\ &=\sqrt{2}(\phi^2+1)(\phi^2-1)^2-\sqrt{2}(\phi^2-1)(\phi^4+4\phi^2-1),\\ &=\sqrt{2}(\phi^2-1)\{(\phi^4-1)-(\phi^4+4\phi^2-1)\},\\ &=-4\sqrt{2}(\phi^2-1)\phi^2,\end{aligned}$$

whence, finally,

$$X\sqrt{\phi}+Y=\sqrt{\tfrac{1}{2}}\,\phi,$$

which is the required equation.

It may be remarked that for $\phi=1$, the equation of the curve is $(x^2-1)^2+(y^2-\frac{1}{2})^2=1$, which is the binodal form $a^2>b^2$, $c^4=a^4$. We have in this case $\xi=0$, $\eta=\sqrt{\frac{1}{2}}$, and the curve and triangle are as shown in the figure, viz. the base ce of the triangle, instead

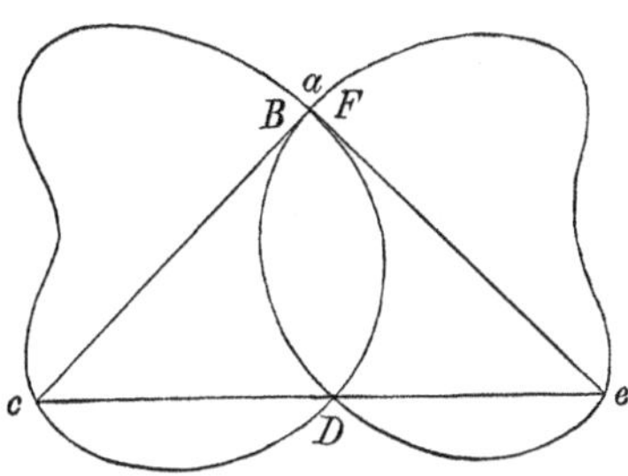

of being a proper tangent, is a line through the node D. For any other value of ϕ, the curve consists of an exterior oval (pinched in at the sides and the top and bottom) and of an interior oval; the angles a, c, e lie in the exterior oval, the sides ac, ea touch the interior oval, and the base ce touches the exterior oval.

If, to fix the ideas, we assume $\phi > 1$, then we have always $c^4 > a^4 < a^4 + b^4$: for $\phi = 1$ we have, as appears above, $b^2 = \frac{1}{2}$, which is $< a^2$; but for a certain value of ϕ between 3 and 4, b^2 becomes $= a^2$, and for any greater value of ϕ we have $b^2 > a^2$. The condition for the equality of a^2 and b^2 is

$$\phi^4 + 4\phi^2 - 1 = 4\phi\,(\phi^2 + 1), \text{ or } \phi^4 - 4\phi^3 + 4\phi^2 - 4\phi - 1 = 0\,;$$

this equation may be written $2\phi\,(\phi - 2)\,(\phi^2 + 1) = (\phi^2 - 1)^2$, and we thence obtain

$$\frac{(\phi^2 - 1)^4}{16\phi^2\,(\phi^2 + 1)^2} = \tfrac{1}{4}\,(\phi - 2)^2\,;$$

or the equation of the curve is $(x^2 - 1)^2 + (y^2 - 1)^2 = 1 + \frac{1}{4}(\phi - 2)^2$, where ϕ is determined by the equation just referred to. The curve is in this case symmetrical in regard to the two axes; and there are in fact four triangles, each in-and-circumscribed to the curve.

Cambridge, June 16, 1865.

368.

ON A PROBLEM OF GEOMETRICAL PERMUTATION.

[From the *Philosophical Magazine*, vol. XXX. (1865), pp. 370—372.]

It is required to find in how many modes the nine points of inflexion of a cubic curve can be denoted by the figures 1, 2, 3, 4, 5, 6, 7, 8, 9, in such wise that the twelve lines, each containing three points of inflexion, shall be in every case denoted by the same triads of figures, say by the triads

123, 147, 159, 168,
456, 258, 267, 249,
789, 369, 348, 357.

We may imagine the inflexions so denoted in one particular way, which may be called the primitive denotation; then in any other mode of denotation, a figure, for example 1, is either affixed to the inflexion to which it originally belonged, and it is then said to be *in loco*, or it is affixed to some other point of inflexion. This being so, the total number of modes is $=432$; viz. this number is made up as follows:

9 figures *in loco*	1
3 ,, ,,	60
1 figure ,,	243
0 ,, ,,	128
	432

There is of course only one mode wherein the nine figures remain *in loco*. It may be seen without much difficulty that there is not any mode in which 8, 7, 6, 5, or 4 figures remain *in loco*. There is no mode in which only 2 figures remain *in loco*;

for any two inflexions are in a line with a third inflexion; and if the figures which belong to the first two inflexions are *in loco*, then the figure belonging to the third inflexion will be *in loco;* that is, there will be 3 figures *in loco.* The only remaining modes are therefore those which have 3 figures, 1 figure, or 0 figure *in loco.*

First, if three figures are *in loco*, these, as just seen, will be the figures which belong to three inflexions in a line. Suppose the figures are 1, 2, 3; then the inflexion originally denoted, say by the figure 4, may be denoted by any one of the remaining figures 5, 6, 7, 8, 9; but when the figure is once fixed upon, then the remaining inflexions can be denoted only in one manner. Hence when the figures 1, 2, 3 remain *in loco* there are 5 modes; and consequently the number of modes wherein 3 figures remain *in loco* is $5 \times 12, = 60$.

Next, if only a single figure, suppose 1, remains *in loco*, the triads which belong to the figure 1 are 123, 147, 159, 168; and there is 1 mode in which we simultaneously interchange all the pairs (2, 3), (4, 7), (5, 9), (6, 8). (Observe that the triads 123, 147, 159, 168 here denote the same lines respectively as in the primitive denotation, the figure 1 remains *in loco*, but the figures belonging to the other two inflexions on each of the four lines are interchanged.) There are, besides this, 2 modes in which the figures (2, 3), but not any other two figures, are interchanged; similarly 2 modes in which the figures (4, 7), 2 modes in which the figures (5, 9), 2 modes in which the figures (6, 8), but in each case no other two figures, are interchanged; this gives in all $1+2+2+2+2, = 9$ modes. There are besides, the figure 1 still remaining *in loco*, 18 modes where there are no two figures (2, 3), (4, 7), (5, 9), or (6, 8) which are interchanged: viz. the figure 2 may be made to denote any one of the inflexions originally denoted by 4, 5, 6, 7, 8, or 9. Suppose the inflexion originally denoted by 4; 3 will then denote the inflexion originally denoted by 7: it will be found that of three of the remaining six inflexions, any one may be denoted by the figure 4, and that the scheme of denotation can then in each case be completed in one way only. This gives $6 \times 3, = 18$, as above, for the number of the modes in question; and we have then $9 + 18, = 27$, for the number of the modes in which the figure 1 remains *in loco;* and $9 \times 27, = 243$, for the number of modes in which some one figure remains *in loco.*

Finally, if no figure remains *in loco*, the figure 1 will then denote some one of the inflexions originally denoted by 2, 3, 4, 5, 6, 7, 8, 9. Suppose it to denote that originally denoted by 2; 2 cannot then denote the inflexion originally denoted by 1, for if it did, 3 would remain *in loco:* 2 must therefore denote the inflexion originally denoted by 3, or else some one of the inflexions originally denoted by 4, 5, 6, 7, 8, 9. It appears, on examination, that in the first case there are 4 ways of completing the scheme, and in each of the latter cases 2 ways; there are therefore in all $1 \times 4 + 6 \times 2, = 16$ ways; that is, 16 modes in which (no figure remaining *in loco*) the figure 1 is used to denote the inflexion originally denoted by 2; and therefore $8 \times 16, = 128$ modes, for which no figure remains *in loco.* This completes the investigation of the numbers 1, 60, 243, and 128, which together make up the total number 432 of the modes of denotation of the nine inflexions.

369.

ON A PROPERTY OF COMMUTANTS.

[From the *Philosophical Magazine*, vol. XXX. (1865), pp. 411—413.]

I CALL to mind the definition of a commutant, viz. if in the symbol

$$\left[\begin{matrix} \dagger & & & \\ 1 & 1 & 1 & (\theta) \\ 2 & 2 & 2 & \\ \vdots & \vdots & \vdots & \\ p & p & p & \end{matrix}\right]$$

we permute independently in every possible manner the numbers 1, 2, ... p of each of the θ columns except the column marked (†), giving to each permutation its proper sign, + or −, according as the number of inversions is even or odd, thus

$$\pm_s \pm_t \ldots A_{\begin{matrix} 1 & s_1 & t_1 & .. & (\theta) \\ 2 & s_2 & t_2 & & \\ \vdots & \vdots & \vdots & & \\ p & s_p & t_p & & \end{matrix}}$$

which is to be read as meaning

$$\pm_s \pm_t \ldots A_{1\, s_1\, t_1 ..} \quad A_{2\, s_2\, t_2 ..} \quad .. A_{p\, s_p\, t_p ..},$$

the sum of all the $(1.2.3\ldots p)^{\theta-1}$ terms so obtained is the commutant denoted by the above-mentioned symbol. In the particular case $\theta = 2$, the commutant is of course a determinant: in this case, and generally if θ be even, it is immaterial which of the columns is left unpermuted, so that the (†) instead of being placed over any column may be placed on the left hand of the A; but when θ is odd, the function has different values according as one or another column is left unpermuted, and the position of the (†) is therefore material. It may be added that if *all* the columns are permuted, then, if θ be even, the sum is $1.2\ldots p$ into the commutant obtained by leaving any one column unpermuted; but if θ is odd, then the sum is $=0$.

The property in question is a generalization of a property of determinants, viz. we have

$$\begin{vmatrix} 2\lambda\lambda' & , & \lambda\mu'+\lambda'\mu, & \lambda\nu'+\lambda'\nu, .. \\ \lambda\mu'+\lambda'\mu, & & 2\mu\mu' \quad , & \mu\nu'+\mu'\nu, .. \\ \lambda\nu'+\lambda'\nu, & & \mu\nu'+\mu'\nu, & 2\nu\nu' \quad , \\ \vdots & & & \end{vmatrix} = 0$$

whenever the order of the determinant is greater than 2.

To enunciate the corresponding property of commutants, let

$$\begin{Bmatrix} \lambda_{11}, & \lambda_{12} .. \\ \lambda_{21}, & \lambda_{22} \\ . & \end{Bmatrix}$$

or, in a notation analogous to that of a commutant,

$$\begin{bmatrix} {}^{+}\lambda \; {}^{+} \\ 1\;1 \\ 2\;2 \\ \vdots\;\vdots \\ p\;p \end{bmatrix}$$

denote a function formed precisely in the manner of a determinant (or commutant of two columns), except that the several terms (instead of being taken with a sign + or − as above) are taken with the sign +: thus

$$\begin{Bmatrix} \lambda_{11} & \lambda_{12} \\ \lambda_{21} & \lambda_{22} \end{Bmatrix} \text{ or } \begin{bmatrix} {}^{+}\lambda \; {}^{+} \\ 1\;1 \\ 2\;2 \end{bmatrix}$$

each denote

$$\lambda_{11}\lambda_{22}+\lambda_{12}\lambda_{21}.$$

This being so, the theorem is that the commutant

$$\begin{bmatrix} A & \\ & 1\;1\;1 .. (\theta) \\ & 2\;2\;2 \\ & \vdots\;\vdots\;\vdots \\ & p\;p\;p \end{bmatrix}$$

where

$$A_{rst..(\theta)} = \begin{Bmatrix} \lambda_{1r}, & \lambda_{1s} .. (\theta) \\ \lambda_{2r}, & \lambda_{2s} \quad . \\ \vdots & \\ \lambda_{\theta r}, & \lambda_{\theta s} \quad . \end{Bmatrix} = \begin{bmatrix} {}^{+}\lambda \; {}^{+} \\ r\;1 \\ s\;2 \\ t\;3 \\ \vdots\;\vdots \\ .\;p \end{bmatrix}$$

whenever $p>\theta$, is $=0$.

To prove this, consider the general term of the commutant, viz. this is

$$\pm_s \pm_t \ldots A_{1s't'..} A_{2s''t''..} \ldots A_{ps^pt^p..}$$

the general term of $A_{rst..}$ is $\lambda_{ar}\lambda_{bs}\lambda_{ct}..$, where $a, b, c, ..$ represent some permutation of the numbers 1, 2, 3 . . θ. Substituting the like values for each of the factors $A_{1s't'..}$, $A_{2s''t''..}$, &c., the general term of the commutant is

$$=\pm_s \pm_t \ldots \lambda_{a'1}\lambda_{b's'}\lambda_{c't'}\,..\,\lambda_{a''2}\lambda_{b''s''}\lambda_{c''t''}\,..\,\lambda_{a^pp}\lambda_{b^ps^p}\lambda_{c^pt^p}\ldots$$

Taking the sum of this term with respect to the quantities $s', s'', .. s^p$, which denote any possible permutation of the numbers $1, 2 \ldots p$; again, with respect to the quantities $t', t'', .. t^p$, which denote any possible permutation of the numbers $1, 2, \ldots p$; and the like for each of the $(\theta-1)$ series of quantities, the sum in question is

$$\lambda_{a'1}\lambda_{a''2}\ldots\lambda_{a^pp}\,\Sigma\pm_s\lambda_{b's'}\lambda_{b''s''}\,..\,\lambda_{b^ps^p}\,\Sigma\pm_t\lambda_{c't'}\lambda_{c''t''}\ldots\lambda_{c^pt^p}\,..,$$

which is

$$=\lambda_{a'1}\lambda_{a''2}\ldots\lambda_{a^pp}\begin{bmatrix}\lambda^{\dagger} & \\ b' & 1\\ b'' & 2\\ \vdots & \vdots\\ b^p & p\end{bmatrix}\begin{bmatrix}\lambda^{\dagger} & \\ c' & 1\\ c'' & 2\\ \vdots & \vdots\\ c^p & p\end{bmatrix}\ldots;$$

but p being greater than θ, since the numbers $b', b'', \ldots b^p$ are all of them taken out of the series $1, 2 \ldots \theta$, some of these numbers must necessarily be equal to each other, and we have therefore

$$\begin{bmatrix}\lambda^{\dagger} & \\ b' & 1\\ b'' & 2\\ \vdots & \vdots\\ b^p & p\end{bmatrix}=0;$$

whence finally the commutant is $=0$.

In the case where $p=\theta=2$, we have for a determinant of the order 2 the theorem

$$\begin{vmatrix}2\lambda\lambda', & \lambda\mu'+\lambda'\mu\\ \lambda\mu'+\lambda'\mu, & 2\mu\mu'\end{vmatrix}=-\begin{vmatrix}\lambda, & \mu\\ \lambda', & \mu'\end{vmatrix}^2;$$

and it is probable that there exists a corresponding theorem for the commutant

$$\begin{bmatrix}A^{\dagger} & & & \\ 1 & 1 & 1 & ..(p)\\ 2 & 2 & 2 & \\ \vdots & \vdots & \vdots & \\ p & p & p & \end{bmatrix},$$

where

$$A_{rst\,..\,(p)}=\begin{Bmatrix}\lambda_{1r}, & \lambda_{1s}\ldots(p)\\ \lambda_{2r}, & \lambda_{2s} \quad .\\ \cdot & \\ \cdot & \\ \lambda_{pr}, & \lambda_{ps} \quad .\end{Bmatrix}=\begin{bmatrix}{}^{\dagger}\lambda^{+} & \\ r & 1\\ s & 2\\ t & 3\\ \vdots & \vdots\\ . & p\end{bmatrix},$$

but I have not ascertained what this theorem is.

Cambridge, October 26, 1865.

370.

ON THE SIGNIFICATION OF AN ELEMENTARY FORMULA OF SOLID GEOMETRY.

[From the *Philosophical Magazine*, vol. XXX. (1865), pp. 413, 414.]

THE expression for the perpendicular distance of a point (x, y, z) from a line through the origin inclined at the angles (α, β, γ) to the three axes respectively, is

$$\begin{aligned} p^2 &= x^2+y^2+z^2-(x\cos\alpha+y\cos\beta+z\cos\gamma)^2 \\ &= \quad (y\cos\gamma-z\cos\beta)^2 \\ &\quad +(z\cos\alpha-x\cos\gamma)^2 \\ &\quad +(x\cos\beta-y\cos\alpha)^2\,; \end{aligned}$$

and the remark in reference to it is that, if at the given point P we draw, perpendicular to the plane through P and the given line, a distance PK equal to the distance of P from the given line, then the expressions

$$y\cos\gamma-z\cos\beta,\quad z\cos\alpha-x\cos\gamma,\quad x\cos\beta-y\cos\alpha,$$

which enter into the preceding formula, denote respectively the coordinates of the point K referred to P as origin.

If the given line instead of passing through the origin pass through the point x_0, y_0, z_0, then the corresponding expressions are of course

$$(y-y_0)\cos\gamma-(z-z_0)\cos\beta,\quad (z-z_0)\cos\alpha-(x-x_0)\cos\gamma,\quad (x-x_0)\cos\beta-(y-y_0)\cos\gamma,$$

and if we denote the "six coordinates" of the given line, viz.

$$\cos\alpha,\quad \cos\beta,\quad \cos\gamma,\quad y_0\cos\gamma-z_0\cos\beta,\quad z_0\cos\alpha-x_0\cos\gamma,\quad x_0\cos\beta-y_0\cos\gamma,$$

by

$$a\ ,\quad b\ ,\quad c\ ,\qquad f\qquad ,\qquad g\qquad ,\qquad h$$

respectively (so that $af + bg + ch = 0$), then the three expressions become

$$cy - bz - f\,, \qquad az - cx - g, \qquad bx - ay - h$$

respectively.

It is moreover clear that if the point P be moved to P' by an infinitesimal rotation ω about the given line, then P' lies on the line PK at a distance PP', $= \omega PK$, from the point P, and the displacements of P in the directions of the axes are consequently equal to

$$\omega\,(cy - bz - f), \quad \omega\,(az - cx - g), \quad \omega\,(bx - ay - h)$$

respectively, which is a fundamental formula in the theory of the infinitesimal rotations of a solid body.

Cambridge, October 26, 1865.

371.

ON A FORMULA FOR THE INTERSECTIONS OF A LINE AND CONIC, AND ON AN INTEGRAL FORMULA CONNECTED THEREWITH.

[From the *Quarterly Journal of Pure and Applied Mathematics*, vol. VII. (1866), pp. 1—6.]

IN a letter to me, dated 15 May, 1862, Mr Spottiswoode has extracted from an unpublished Memoir, and he has kindly permitted me to communicate, the following formula for the points of intersection of a line and conic; viz. if the equations of the line and conic are

$$\xi x + \eta y + \zeta z = 0,$$

$$(a,\ b,\ c,\ f,\ g,\ h\between x,\ y,\ z)^2 = 0\,;$$

and if

$$\theta^2 = \begin{vmatrix} & \xi, & \eta, & \zeta \\ \xi, & a, & h, & g \\ \eta, & h, & b, & f \\ \zeta, & g, & f, & c \end{vmatrix},$$

or, what is the same thing, if

$$\theta^2 = -(A,\ B,\ C,\ F,\ G,\ H\between \xi,\ \eta,\ \zeta)^2,$$

where $A = bc - f^2$, &c. as usual; then the coordinates (x, y, z) of a point of intersection of the line and conic are found from the linear equations

$$\begin{aligned}(g\eta - h\zeta - \theta)\,x + (f\eta - b\zeta\quad)\,y + (c\eta - f\zeta\quad)\,z &= 0,\\ (a\zeta - g\xi\quad)\,x + (h\zeta - f\xi - \theta)\,y + (g\zeta - c\xi\quad)\,z &= 0,\\ (h\xi - a\eta\quad)\,x + (b\xi - h\eta\quad)\,y + (f\xi - g\eta - \theta)\,z &= 0,\end{aligned}$$

equivalent of course to two equations, and giving by the elimination of (x, y, z), the equation

$$\theta\,[-(A, \ldots \between \xi, \eta, \zeta)^2 - \theta^2] = 0,$$

that is, giving for θ the foregoing value. And the linear equations then give

$$\begin{aligned} & x && : y && : z, \\ = & \xi\frac{d\theta}{d\xi} + g\eta - h\zeta + \theta && : \xi\frac{d\theta}{d\eta} + a\zeta - g\xi && : \xi\frac{d\theta}{d\zeta} + h\xi - a\eta, \\ = & \eta\frac{d\theta}{d\xi} + f\zeta - b\xi && : \eta\frac{d\theta}{d\eta} + h\xi - f\eta + \theta && : \eta\frac{d\theta}{d\zeta} + b\eta - h\zeta, \\ = & \zeta\frac{d\theta}{d\xi} + c\xi - f\eta && : \zeta\frac{d\theta}{d\eta} + g\eta - c\zeta && : \zeta\frac{d\theta}{d\zeta} + f\zeta - g\xi + \theta, \end{aligned}$$

where obviously

$$-\theta\frac{d\theta}{d\xi} = A\xi + H\eta + G\zeta, \quad -\theta\frac{d\theta}{d\eta} = H\xi + B\eta + F\zeta, \quad -\theta\frac{d\theta}{d\zeta} = G\xi + F\eta + C\zeta.$$

By changing the sign of θ, we have of course the coordinates of the other point of intersection. The formulæ which, singularly enough, have since been given incidentally by M. Aronhold [1], may be easily obtained as follows.

Writing for shortness

$$\begin{aligned} P &= ax + hy + gz, \\ Q &= hx + by + fz, \\ R &= gx + fy + cz, \end{aligned}$$

then the equation of the conic gives

$$Px + Qy + Rz = 0,$$

and combining with this the equation

$$\xi x + \eta y + \zeta z = 0,$$

we have

$$x : y : z = Q\zeta - R\eta : R\xi - P\zeta : P\eta - Q\xi,$$

or what is the same thing, taking an indeterminate multiplier θ,

$$\begin{aligned} -\theta x + R\eta - Q\zeta &= 0, \\ -\theta y + P\zeta - R\xi &= 0, \\ -\theta z + Q\xi - P\eta &= 0, \end{aligned}$$

[1] In his interesting Memoir "Ueber eine neue algebraische Behandlungsweise der Integrale irrationaler Differentiale von der Form $\Pi(x, y)\,dx$, in welcher $\Pi(x, y)$ eine beliebige rationale Function ist, und zwischen x und y eine allgemeine Gleichung zweiter Ordnung besteht." *Crelle*, t. LXI. (1862).

which are, in fact, Mr Spottiswoode's linear equations, and which lead, as before, to the value

$$\theta^2 = -(A, \ldots \between \xi, \eta, \zeta)^2.$$

But this value of θ is obtained in a different manner by expressing (x, y, z) as linear functions of P, Q, R; viz. putting as usual $K = abc - af^2 - bg^2 - ch^2 + 2fgh$, the linear equations thus become

$$AP + HQ + GR + \frac{K}{\theta}(\zeta Q - \eta R) = 0,$$

$$HP + BQ + FR + \frac{K}{\theta}(\xi R - \zeta P) = 0,$$

$$GP + FQ + CR + \frac{K}{\theta}(\eta P - \xi Q) = 0,$$

or eliminating (P, Q, R), we have

$$\begin{vmatrix} A, & H + \frac{K\zeta}{\theta}, & G - \frac{K\eta}{\theta} \\ H - \frac{K\zeta}{\theta}, & B, & F + \frac{K\xi}{\theta} \\ G + \frac{K\eta}{\theta}, & F - \frac{K\xi}{\theta}, & C \end{vmatrix} = 0,$$

that is

$$ABC - A\left(F^2 - \frac{K^2\xi^2}{\theta^2}\right) - B\left(G^2 - \frac{K^2\eta^2}{\theta^2}\right) - C\left(H^2 - \frac{K^2\zeta^2}{\theta^2}\right)$$
$$+ \left(F + \frac{K\xi}{\theta}\right)\left(G + \frac{K\eta}{\theta}\right)\left(H + \frac{K\zeta}{\theta}\right)$$
$$+ \left(F - \frac{K\xi}{\theta}\right)\left(G - \frac{K\eta}{\theta}\right)\left(H - \frac{K\zeta}{\theta}\right) = 0;$$

or, reducing,

$$ABC - AF^2 - BG^2 - CH^2 + 2FGH + \frac{K^2}{\theta^2}(A, \ldots \between \xi, \eta, \zeta)^2 = 0,$$

that is

$$\theta^2 + (A, \ldots \between \xi, \eta, \zeta)^2 = 0,$$

as before.

I reproduce, as follows, a fundamental formula of Aronhold's Memoir. Consider the function

$$\varpi = \frac{1}{\sqrt{\{-(A, \ldots \between u, v, w)^2\}}} \log \frac{(a, \ldots \between x_1, y_1, z_1 \between x, y, z)}{ux + vy + wz},$$

where x_1, y_1, z_1 (corresponding to x, y, z in the former part of this paper) are determined by the conditions

$$(a, \ldots \between x_1, y_1, z_1)^2 = 0,$$
$$ux_1 + vy_1 + wz_1 = 0,$$

so that putting

$$\theta = \sqrt{\{-(A, \ldots \between u, v, w)^2\}},$$

and

$$P_1 = ax_1 + hy_1 + gz_1,$$

$$Q_1 = hx_1 + by_1 + fz_1,$$

$$R_1 = gx_1 + fy_1 + cz_1,$$

we now have

$$-\theta x_1 + R_1 v - Q_1 w = 0,$$

$$-\theta y_1 + P_1 w - R_1 u = 0,$$

$$-\theta z_1 + Q_1 u - P_1 v = 0,$$

and the value of ϖ is

$$\varpi = \frac{1}{\theta} \log \frac{P_1 x + Q_1 y + R_1 z}{ux + vy + wz}.$$

Treating (x, y, z) as independent variables and differentiating, we have

$$d\varpi = \frac{1}{\theta}\left\{\frac{P_1 dx + Q_1 dy + R_1 dz}{P_1 x + Q_1 y + R_1 z} - \frac{udx + vdy + wdz}{ux + vy + wz}\right\}$$

$$= \frac{1}{\theta}\frac{(xdy - ydx)(Q_1 u - P_1 v) + (ydz - zdy)(R_1 v - Q_1 w) + (zdx - xdz)(P_1 w - R_1 u)}{(P_1 x + Q_1 y + R_1 z)(ux + vy + wz)}$$

$$= \frac{x_1(ydz - zdy) + y_1(zdx - xdz) + z_1(xdy - ydx)}{(P_1 x + Q_1 y + R_1 z)(ux + vy + wz)},$$

or, what is the same thing, if

$$P = ax + hy + gz,$$

$$Q = hx + by + fz,$$

$$R = gx + fy + cz,$$

so that

$$P_1 x + Q_1 y + R_1 z = (a, \ldots \between x, y, z \between x_1, y_1, z_1) = Px_1 + Qy_1 + Rz_1,$$

then we have

$$d\varpi = \frac{(ydz - zdy)x_1 + (zdx - xdz)y_1 + (xdy - ydx)z_1}{(ux + vy + wz)(Px_1 + Qy_1 + Rz_1)}.$$

Suppose now that (x, y, z) are connected by the equation

$$(a, \ldots \between x, y, z)^2 = 0,$$

we have

$$P\ x + Q\ y + R\ z = 0,$$

$$Pdx + Qdy + Rdz = 0,$$

and thence

$$ydz - zdy = \Theta P,$$
$$zdx - xdz = \Theta Q,$$
$$xdy - ydx = \Theta R,$$

and consequently

$$d\varpi = \frac{\Theta}{ux + vy + wz} = \frac{ydz - zdy}{(ux + vy + wz) P} = \frac{zdx - xdz}{(ux + vy + wz) Q} = \frac{xdy - ydx}{(ux + vy + wz) R};$$

or selecting the value

$$d\varpi = \frac{zdx - xdz}{(ux + vy + wz) Q} = \frac{zdx - xdz}{(ux + vy + wz)(hx + by + fz)},$$

and writing

$$\frac{x}{z} = X, \quad \frac{y}{z} = Y,$$

we have

$$d\varpi = \frac{z^2 dX}{(ux + vy + wz)(hx + by + fz)}$$
$$= \frac{dX}{(uX + vY + w)(hX + bY + f)},$$

where X and Y are connected by the equation

$$(a, \ldots \between X, \ Y, \ 1)^2 = 0,$$

that is, Y is a given quadric radical function of X. Hence integrating and restoring for ϖ its original value, but writing therein $\frac{x}{z} = X$ and $\frac{y}{z} = Y$, we have

$$\int \frac{dX}{(uX + vY + w)(hX + bY + f)} = \frac{1}{\sqrt{\{-(A, \ldots \between u, \ v, \ w)^2\}}} \log \frac{(a, \ldots \between x_1, \ y_1, \ z_1 \between X, \ Y, \ 1)}{uX + vY + w},$$

where, as just mentioned, Y is a given quadric radical function of X determined by the equation

$$(a, \ b, \ c, \ f, \ g, \ h \between X, \ Y, \ 1)^2 = 0,$$

and the constants x_1, y_1, z_1 are such that

$$(a, \ldots \between x_1, \ y_1, \ z_1)^2 = 0,$$
$$ux_1 + vy_1 + wz_1 = 0,$$

the ratios of these quantities being therefore determinate; there would, it is clear, be no loss of generality in assuming $z_1 = 1$. This is Aronhold's Theorem I.

2, *Stone Buildings, W.C., October* 23, 1862.

372.

ON THE RECIPROCATION OF A QUARTIC DEVELOPABLE.

[From the *Quarterly Journal of Pure and Applied Mathematics*, vol. VII. (1866), pp. 87—92.]

IT is interesting to consider in a particular case the system of equations which shows *à posteriori* that the reciprocal of a torse (developable surface) is a curve (curve in space); and the reciprocal system which shows that the reciprocal of a curve is a torse.

Using (a, b, c, d) and (x, y, z, w) for the reciprocal coordinates, it will be convenient to collect the different equations as follows:

$$a^2d^2 - 6abcd + 4ac^3 + 4b^3d - 3b^2c^2 = 0, \tag{1}$$

$$\left.\begin{array}{r} ad^2 - 3\,bcd + 2\,c^3 \;\; + \lambda x = 0, \\ -\,3\,acd + 6\,b^2d \;\; - 3\,bc^2 + \lambda y = 0, \\ -\,3\,abd + 6\,ac^2 \;\; - 3\,b^2c - \lambda z = 0, \\ a^2d \;\; - 3\,abc + 2\,b^3 \;\; + \lambda w = 0, \end{array}\right\} \tag{2}$$

$$ax + by + cz + dw = 0, \tag{3}$$

$$3xz - y^2 = 0, \quad yz - 9xw = 0, \quad 3yw - z^2 = 0, \tag{4}$$

$$\left.\begin{array}{r} 3\,pz - 9\,qw \qquad\quad + a = 0, \\ -\,2\,py + \;\; qz + 3\,rw + b = 0, \\ 3\,px + \;\; qy - 2\,rz + c = 0, \\ -\,9\,qx + 3\,ry + d = 0, \end{array}\right\} \tag{5}$$

This being so, the equation (1) belongs to a quartic torse, the reciprocal whereof is the skew cubic determined by the equations (4): and we have to show *à posteriori* that this is so.

First if the torse is given, then the reciprocal figure is the envelope of the plane $ax+by+cz+dw=0$, (3), where (x, y, z, w) are the coordinates and (a, b, c, d) are regarded as variable parameters connected by the equation (1); we thence obtain the equations (2), where λ is an arbitrary multiplier; and from the equations (1), (2), and (3), we have to eliminate a, b, c, d, λ. The equation (3) is at once seen to be included in the equations (1) and (2); and the elimination would give only a single equation between the (x, y, z, w)—since however the equation (1) is that of a torse, we know that the elimination must give two equations, or more accurately a two-fold relation (represented, as in the present case it happens, by three equations) between the coordinates (x, y, z, w).

Putting for shortness

$$\square = a^2d^2 - 6abcd + 4ac^3 + 4b^3d - 3b^2c^2:$$

and substituting for $\lambda x, \lambda y, \lambda z, \lambda w$, their values from the equations (1), we have identically

$$\begin{aligned}\lambda^2 (\ xz - \tfrac{1}{3}y^2\ ) &= -(bd-c^2)\,\square,\\ \lambda^2 (\tfrac{1}{9}yz - \ xw) &= -(ad-bc)\,\square,\\ \lambda^2 (\ yw - \tfrac{1}{3}z^2\ ) &= -(ac-b^2)\,\square;\end{aligned}$$

and hence (since $\square=0$) we have between (x, y, z, w) the equations (4), showing that the reciprocal figure is a skew cubic.

Secondly, let the skew cubic be given; then the reciprocal figure is the envelope of the plane $ax+by+cz+dw=0$, (3), where now (a, b, c, d) are the coordinates and (x, y, z, w) are regarded as variable parameters connected by the equations (4): we thence obtain the equations (5) containing the arbitrary multipliers p, q, r: and from the equations (3), (4), (5) we have to eliminate x, y, z, w, p, q, r. The equation (3) is at once seen to be included in the equations (4) and (5): since however the equations (4) are those of a curve, we know that the elimination must give a single equation between (a, b, c, d).

The equations (4) are satisfied if we write therein

$$x : y : z : w = \tfrac{1}{3} : \theta : \theta^2 : \tfrac{1}{3}\theta^3,$$

and substituting these values of x, y, z, w in the equations (5), these equations give (a, b, c, d) in terms of θ, p, q, r, and we thence find identically

$$\begin{aligned}ac-b^2 &= -\ \theta^2(p-2q\theta+r\theta^2)^2,\\ bc-ad &= -2\theta\ (p-2q\theta+r\theta\ )^2,\\ bd-c^2 &= -\ \ (p-2q\theta+r\theta^2)^2,\end{aligned}$$

that is

$$ac-b^2 : ad-bc : bd-c^2 = \theta^2 : -2\theta : 1,$$

or we have

$$(ad-bc)^2-4(ac-b^2)(bd-c^2)=0,$$

which is in fact the equation

$$\square = a^2d^2-6abcd+4ac^3+4b^3d-3b^2c^2=0, \tag{1}$$

and thus the reciprocal is in fact the quartic torse, given by the equation (1).

The equations (3), (4), (5) lead to

$$x\delta a+y\delta b+z\delta c+w\delta d=0\,;$$

but (a, b, c, d) are in consequence of these equations connected by a single equation, viz. the equation (1); the equation just obtained is thus the only relation between the differentials $(\delta a, \delta b, \delta c, \delta d)$: it is clear from the equations (2) that this is in fact the equation

$$\delta\square = \delta_a\square\,\delta a+\delta_b\square\,\delta b+\delta_c\square\,\delta c+\delta_d\square\,\delta d=0.$$

The equations (1), (2), (3) lead in like manner to

$$a\delta x+b\delta y+c\delta z+d\delta w=0,$$

which in virtue of the equations (5) is equivalent to

$$p\delta(3xz-y^2)+q\delta(yz-9xw)+r\delta(3yw-z^2)=0,$$

viz. it is a consequence of

$$\delta(3xz-y^2)=0,\quad \delta(yz-9xw)=0,\quad \delta(3yw-z^2)=0.$$

But inasmuch as (x, y, z, w) are connected by a two-fold relation, the equations (1), (2), (3) must lead to one other linear relation between the differentials $(\delta x, \delta y, \delta z, \delta w)$: and I proceed to show that this is so.

Differentiating we have

$$\begin{aligned}
&d^2\,\delta a -3cd\,\delta b+(-3bd+6c^2)\,\delta c+(2ad-3bc)\,\delta d+\lambda dx+x\delta\lambda=0,\\
&-3cd\,\delta a+(12bd-3c^2)\,\delta b+(-3ad-6bc)\,\delta c+(-3ac-6b^2)\,\delta d+\lambda dy+yd\lambda=0,\\
&(-3bd+6c^2)\,\delta a+(-3ad-6bc)\,\delta b+(12ac-3b^2)\,\delta c-3ab\,\delta d+\lambda dz+zd\lambda=0,\\
&(2ad-3bc)\,\delta a+(-3ac+6b^2)\,\delta b-3ab\,\delta c+a^2\,\delta d+\lambda dw+wd\lambda=0.
\end{aligned}$$

Consider the matrix

$$\left|\begin{array}{cccc}
d^2, & -3cd, & -3bd+6c^2, & 2ad-3bc\\
-3cd, & 12bd-3c^2, & -3ad-6bc, & -3ac+6b^2\\
-3bd+6c^2, & -3ad-6bc, & 12ac-3b^2, & -3ab\\
2ad-3bc, & -3ac+6b^2, & -3ab, & a^2
\end{array}\right|$$

and suppose for a moment that the determinant formed therewith is $=K$; suppose also that the reciprocal matrix is

$$\begin{vmatrix} \mathfrak{A}, & \mathfrak{H}, & \mathfrak{G}, & \mathfrak{L} \\ \mathfrak{H}, & \mathfrak{B}, & \mathfrak{F}, & \mathfrak{M} \\ \mathfrak{G}, & \mathfrak{F}, & \mathfrak{C}, & \mathfrak{N} \\ \mathfrak{L}, & \mathfrak{M}, & \mathfrak{N}, & \mathfrak{D} \end{vmatrix}.$$

Then we have

$$K\delta a + d\lambda\,(\mathfrak{A}x + \mathfrak{H}y + \mathfrak{G}z + \mathfrak{L}w) + \lambda\,(\mathfrak{A}dx + \mathfrak{H}dy + \mathfrak{G}dz + \mathfrak{L}dw) = 0,$$

with the similar equations involving b, c, d and $(\mathfrak{H}, \mathfrak{B}, \mathfrak{F}, \mathfrak{M})$, $(\mathfrak{G}, \mathfrak{F}, \mathfrak{C}, \mathfrak{N})$, $(\mathfrak{L}, \mathfrak{M}, \mathfrak{N}, \mathfrak{D})$ respectively.

But, substituting for (x, y, z, w) their values from the equations (2), it is easy to see that we have

$$\mathfrak{A}x + \mathfrak{H}y + \mathfrak{G}z + \mathfrak{L}w = -\frac{1}{3\lambda}Ka,$$

the last-mentioned equation thus is

$$K\left(\delta a - \tfrac{1}{3}\frac{a}{\lambda}\delta\lambda\right) + \lambda\,(\mathfrak{A}\delta x + \mathfrak{H}\delta y + \mathfrak{G}\delta z + \mathfrak{L}\delta w) = 0.$$

But K is $= 27\,\square$ (see my paper "On Certain Developable Surfaces," *Quarterly Mathematical Journal*, t. VI. 1864, pp. 108—126, [344]), which is $=0$, and we thus have

$$\mathfrak{A}\delta x + \mathfrak{H}\delta y + \mathfrak{G}\delta z + \mathfrak{L}\delta w = 0,$$

and similarly

$$\mathfrak{H}\delta x + \mathfrak{B}\delta y + \mathfrak{F}\delta z + \mathfrak{M}\delta w = 0,$$

$$\mathfrak{G}\delta x + \mathfrak{F}\delta y + \mathfrak{C}\delta z + \mathfrak{N}\delta w = 0,$$

$$\mathfrak{L}\delta x + \mathfrak{M}\delta y + \mathfrak{N}\delta z + \mathfrak{D}\delta w = 0.$$

But observing that in virtue of the equation $K=0$, we have

$$\mathfrak{A} : \mathfrak{H} : \mathfrak{G} : \mathfrak{L} = \mathfrak{H} : \mathfrak{B} : \mathfrak{F} : \mathfrak{M} = \mathfrak{G} : \mathfrak{F} : \mathfrak{C} : \mathfrak{N} = \mathfrak{L} : \mathfrak{M} : \mathfrak{N} : \mathfrak{D},$$

these are, as they should be, one and the same equation.

The values of the coefficients $\mathfrak{A}$, $\mathfrak{B}$, &c. are given, p. 112 of the paper just referred to, viz. writing $\square$ in place of U, we have $\mathfrak{A} = 3X^2 - 4a^2\square$, &c. where

$$X = a^2d - 3abc + 2b^3,$$

$$Y = abd - 2ac^2 + b^2c,$$

$$Z = -acd + 2b^2d - bc^2,$$

$$W = -ad^2 + 3bcd - 2c^2,$$

and writing $\square = 0$, the values each divided by 3, are simply

$$\begin{array}{cccc} X^2, & XY, & XZ, & XW, \\ YX, & Y^2, & YZ, & YW, \\ ZX, & ZY, & Z^2, & ZW, \\ WX, & WY, & WZ, & W^2, \end{array}$$

so that each of the four equations in fact, becomes

$$X\delta x + Y\delta y + Z\delta z + W\delta w = 0,$$

or multiplying by 3, and attending to the equations (2), this is

$$-3w\delta x + z\delta y - y\delta z + 3x\delta w = 0.$$

This should be a consequence of the equations

$$\delta(3xz - y^2) = 0, \quad \delta(yz - 9xw) = 0, \quad \delta(3yw - z^2) = 0,$$

that is, we should be able from the first three to deduce the fourth equation in the system

$$\begin{aligned} 3z\,\delta x - 2y\,\delta y + 3x\,\delta z &= 0, \\ -9w\,\delta x + z\,\delta y + y\,\delta z - 9x\,\delta w &= 0, \\ 3w\,\delta y - 2z\,\delta z + 3y\,\delta w &= 0, \\ -3w\,\delta x + z\,\delta y - y\,\delta z + 3x\,\delta w &= 0, \end{aligned}$$

or we ought to have

$$\begin{vmatrix} 3z, & -2y, & 3x, & \\ -9w, & z, & y, & -9x \\ & 3w, & -2z, & 3y \\ -3w, & z, & -y, & 3x \end{vmatrix} = 0;$$

but expanding, this is

$$-6(81x^2w^2 - 54xyzw + 12xz^3 + 12y^3w - 3y^2z^2) = 0,$$

or

$$(yz - 9xw)^2 - 4(xz - y^2)(yw - z^2) = 0,$$

which is true in virtue of the relations (4). Or what is the same thing, we may show without difficulty that the equation

$$-3w\delta x + z\delta y - y\delta z + 3x\delta w = 0,$$

is satisfied by writing therein $x : y : z : w = \frac{1}{3} : \theta : \theta^2 : \frac{1}{3}\theta^3$.

I remark that in general, if $\square = \phi(a, b, c, d) = 0$ is the equation of a torse, then for finding the reciprocal curve, we have

$$\begin{aligned} \square = 0, \quad & ax + by + cz + dw = 0, \\ & \delta_a \square + \lambda x = 0, \\ & \delta_b \square + \lambda y = 0, \\ & \delta_c \square + \lambda z = 0, \\ & \delta_d \square + \lambda w = 0, \end{aligned}$$

and that from these equations we deduce not only

$$a\delta x + b\delta y + c\delta z + d\delta w = 0,$$

but also the equation

$$(\mathfrak{A}, \mathfrak{B}, \mathfrak{C}, \mathfrak{D}, \mathfrak{F}, \mathfrak{G}, \mathfrak{H}, \mathfrak{L}, \mathfrak{M}, \mathfrak{N} \between \alpha, \beta, \gamma, \delta \between \delta x, \delta y, \delta z, \delta w) = 0,$$

where $\mathfrak{A}, \ldots$ are the inverse system derived from the second differential coefficients of $\square$: $(\alpha, \beta, \gamma, \delta)$ are arbitrary coefficients, introduced only for symmetry, and there is no real loss of generality in reducing all but one of them to zero, and so reducing the equation for example to the form

$$\mathfrak{A}\delta x + \mathfrak{H}\delta y + \mathfrak{G}\delta z + \mathfrak{L}\delta w = 0.$$

The existence of the two linear equations between $(\delta x, \delta y, \delta z, \delta w)$ *proves* that (x, y, z, w) are connected by a two-fold relation, that is, that the reciprocal of the given torse is a curve.

Cambridge, January 26, 1865.

373.

ON A SPECIAL SEXTIC DEVELOPABLE.

[From the *Quarterly Journal of Pure and Applied Mathematics*, vol. VII. (1866), pp. 105—113.]

THE present paper contains some investigations in relation to the special sextic developable or torse

$$(ae-4bd)^3-27(-ad^2-b^2e)^2=0,$$

considered Nos. 26 to 35 of my paper "On Certain Developable Surfaces," *Quarterly Mathematical Journal*, t. VI. (1864), pp. 108—126, [344].

The cuspidal curve is

$$ae-4bd=0,\quad ad^2+b^2e=0,$$

and the nodal curve is

$$ae+2bd=0,\quad ad^2-b^2e=0,$$

viz. to put this in evidence, the equation is to be written in the form

$$(ae+2bd)^2(ae-16bd)-27(ad^2-b^2e)^2=0.$$

The coordinates of a point on the cuspidal curve may be taken to be

$$a=2,\quad b=-t,\quad d=+t^3,\quad e=-2t^4,$$

and then if A, B, D, E are current coordinates, and α, β, δ, ϵ arbitrary coefficients, the equation of a plane through the tangent line is

$$\begin{vmatrix} A, & B, & D, & E \\ 2, & -t, & +t^3, & -2t^4 \\ . & -1, & +3t^2, & -8t^3 \\ \alpha, & \beta, & \delta, & \epsilon \end{vmatrix}=0,$$

which is

$$\left.\begin{aligned}&(A\beta-B\alpha)(-\ t^6)\\+&(A\delta-D\alpha)(-3t^4)\\+&(A\epsilon-E\alpha)(-\ t^3)\\+&(B\delta-D\beta)(-8t^3)\\+&(B\epsilon-E\beta)(-3t^2)\\+&(D\epsilon-E\delta)(-1\ )\end{aligned}\right\}=0,$$

or, what is the same thing,

$$\left.\begin{aligned}&\alpha(\ \ Bt^6+3Dt^4+\ Et^3)\\+&\beta(-\ At^6+8Dt^3+3Et^2)\\+&\delta(-3At^4-8Bt^3+\ E\ )\\+&\epsilon(-\ At^3-3Bt^2-\ D\ )\end{aligned}\right\}=0,$$

and by equating to zero the coefficients α, β, δ, ϵ, we have four equations which are easily seen to reduce themselves to two equations only, and which are in fact the equations of the tangent line, the equations of this line may therefore be taken to be

$$\left.\begin{aligned}At^3+3Bt^2+D=0\\3At^4+8Bt^3-E=0\end{aligned}\right\}.$$

The coordinates of a point in the nodal curve may be taken to be

$$a=\sqrt{2},\quad b=\tau,\quad d=-\tau^3,\quad e=\sqrt{2}\,\tau^4,$$

and substituting these values in the place of A, B, D, E in the equations of the tangent line, we have

$$\begin{aligned}\sqrt{2}\,t^3+3t^2\tau-\tau^3\quad&=0,\\3\sqrt{2}\,t^4+8t^3\tau-\sqrt{2}\,\tau^4&=0,\end{aligned}$$

or, what is the same thing,

$$\begin{aligned}&\tau^3-3t^2\tau\quad+\sqrt{2}\,t^3=0, \text{ i.e. } \{\tau+\sqrt{2}\,t\}\{\tau^2-\sqrt{2}\,t\tau-t^2\}=0,\\&\tau^4-4\sqrt{2}\,t^3\tau-3t^3\ =0,\qquad\{\tau^2+\sqrt{2}\,t\tau-t^2\}\{\tau^2-\sqrt{2}\,t\tau-t^2\}=0,\end{aligned}$$

so that the equations are satisfied by the values of τ given by the equation

$$\tau^2-\sqrt{2}\,t\tau-t^2=0,$$

that is, by the values

$$\tau=\frac{1\pm\sqrt{3}}{\sqrt{2}}\,t,$$

which belong to the points where the tangent line meets the nodal curve. Call these values τ_1 and τ_2; then considering a, b as current coordinates, the values of $a : b$

belonging to the point where the tangent line meets the cuspidal curve considered as *three* coincident points, and to the points where it meets the nodal curve, are given by the equation

$$(2b+at)^3\{b\sqrt{2}-a\tau_1\}(b\sqrt{2}-a\tau_2\}=0,$$

that is

$$(2b+at)^3(2b^2-2abt-a^2t^2)=0,$$

or say

$$(at+2b)^3(a^2t^2+2abt-2b^2)=0.$$

I proceed to find the intersections of the tangent with the Prohessian: for this purpose putting for a moment in the last-mentioned equation x for at and y for b, this is

$$(x+2y)^3(x^2+2xy-2y^2)=0,$$

or, if in the place of $(x+y)$ we write x, this is

$$(x+y)^3(x^2-3y^2)=0,$$

and the Hessian of this is easily found to be

$$(x+y)^4(3x^2+8xy+4y^2);$$

whence, replacing x by $(x+y)$, the Hessian of

$$(x+2y)^3(\ x^2+\ 2xy-\ 2y^2),$$

is

$$(x+2y)^4(3x^2+14xy+18y^2).$$

We have thus

$$3x^2+14xy+18y^2=0;$$

that is

$$3x+\{7\pm\sqrt{-5}\}\,y=0,$$

or

$$3at+\{7\pm\sqrt{-5}\}\,b=0;$$

and therefore

$$\frac{b}{a}=\frac{-3}{7\pm\sqrt{-5}}\,t=\frac{-3\,\{7\mp\sqrt{-5}\}}{54}\,t=-\frac{7\mp\sqrt{-5}}{18}\,t;$$

or putting

$$n_1=-\frac{7+\sqrt{-5}}{18},$$

$$n_2=-\frac{7-\sqrt{-5}}{18};$$

so that $n_1+n_2=-\frac{7}{9}$, $n_1n_2=\frac{1}{6}$, and n_1, n_2 are the roots of the equation $18n^2+14n+3=0$, then we have $\frac{b}{a}=n_1t$ or n_2t, say $\frac{b}{a}=n_1t$, or assuming $a=1$, then $b=n_1t$.

But the equations of the tangent line being *ut suprà*

$$at^3 + 3bt^2 + d = 0,$$

$$3at^4 + 8bt^3 - e = 0,$$

we have thus

$a = 1,$	$a = 1,$
$b = n_1 t,$	$b = n_2 t,$
$d = (-1 - 3n_1)\, t^3,$	$d = (-1 - 3n_2)\, t^3,$
$e = (\ \ 3 + 8n_1)\, t^4,$	$e = (\ \ 3 + 8n_2)\, t^4,$

as the coordinates of the required points, viz. the tangent line meets the Prohessian, in the point on the cuspidal edge considered as 6 points, in two points on the nodal curve and in the last-mentioned 2 points; $6 + 2 + 2 = 10$ the order of the Prohessian.

The foregoing equations give

$$ae - 6bd = 18n_1^2 + 14n_1 + 3 = 0,$$

$$\frac{ad^2}{b^2e} = \frac{(1+3n_1)^2}{n_1^2(8n_1+3)} = \tfrac{1}{81}(144\, n_1 - 23),$$

$$\text{(in virtue of } 18n_1^2 + 14n_1 + 3 = 0),$$

so that the two points in question are the intersections of the tangent line with the surface $ae - 6bd = 0$.

If we consider the intersection of this surface with the torse

$$(ae - 4bd)^3 - 27\,(-ad^2 - b^2e)^3 = 0,$$

the equation $ae - 6bd = 0$, gives

$$(ae - 4bd)^3 = (2bd)^3 = 8b^2d^2bd = \tfrac{3}{4}\, aeb^2d^2,$$

and thence

$$4ab^2d^2e - 81\,(ad^2 + b^2e)^2 = 0\,;$$

that is

$$81a^2d^4 - 158ab^2d^2e + 81b^4e^2 = 0,$$

an equation which should agree with

$$\frac{ad^2}{b^2e} = \tfrac{1}{81}(144\, n_1 - 23).$$

In fact writing

$$x = \tfrac{1}{81}(144\, n_1 - 23),$$

the equation $18n_1^2 + 14n_1 + 3 = 0$ is $(18n_1 + 7)^2 + 5 = 0$; that is, $(144\, n_1 + 56)^2 + 320 = 0$, but $144\, n_1 + 56 = 81x + 79$, or the equation becomes $(81x + 79)^2 + 320 = 0$, that is

$$\overline{81}^2x^2 + 81\,.\,158\, x + \overline{81}^2 = 0, \text{ or } 81x^2 + 158\, x + 81 = 0,$$

which is right.

Consider in like manner the intersection of the torse with the surface $ae - \lambda bd = 0$, where λ is a given constant coefficient; we have

$$(ae - 4bd)^3 = (\lambda - 4)^3 b^3d^3 = \frac{(\lambda - 4)^3}{\lambda} aeb^2d^2,$$

and therefore

$$(\lambda - 4)^3 aeb^2d^2 - 27\lambda (ad^2 + b^2e)^2 = 0,$$

that is

$$27\lambda a^2d^4 + [54\lambda - (\lambda - 4)^3] ab^2d^2e + 27\lambda b^4e^4 = 0,$$

which gives

$$ad^2 - \theta_1 b^2 e = 0, \text{ or } ad^2 - \theta_2 b^2 e = 0,$$

if θ_1, θ_2 are the roots of

$$27\lambda\theta^2 + [54\lambda - (\lambda - 4)^3]\theta + 27\lambda = 0.$$

The surfaces $ae - \lambda bd = 0$, $ad^2 - \theta_1 b^2 e = 0$ have in common the two lines ($a = 0$, $b = 0$) and ($d = 0$, $e = 0$), and they intersect besides in a quartic curve. And so for the surfaces $ae - \lambda bd = 0$, $ad^2 - \theta_2 b^2 e = 0$. That is, the surface $ae - \lambda bd = 0$ intersects the torse $(ae - 4bd)^3 - 27(-ad^2 - b^2e)^2 = 0$, in the line $a = 0$, $b = 0$ twice, in the line $d = 0$, $e = 0$ twice, and in two quartic (excubo-quartic) curves. The two quartic curves become identical, if

$$(54\lambda)^2 = \{54\lambda - (\lambda - 4)^3\}^2,$$

that is

$$\pm 54\lambda = 54\lambda - (\lambda - 4)^3,$$

and therefore, if either

$$(\lambda - 4)^3 \qquad = 0,$$

which gives the cuspidal curve; or else if

$$(\lambda - 4)^3 - 108\lambda = 0,$$

that is

$$\lambda^3 - 12\lambda^2 - 60\lambda - 64 = (\lambda + 2)^2 (\lambda - 16) = 0.$$

$(\lambda + 2)^2 = 0$ or $\lambda = -2$ gives the nodal curve: $\lambda - 16 = 0$ gives $ae - 16bd = 0$, a surface which intersects the developable in the line $a = 0$, $b = 0$ twice, in the line $d = 0$, $e = 0$ twice, and in the two coincident quartic (excubo-quartic) curves given by the equations $ae - 16bd = 0$, $ad^2 - b^2e = 0$. As a verification, I remark, that the surface $ad^2 - b^2e = 0$ combined with the developable gives

$$(ae - 4bd)^3 - 27(ad^2 + b^2e)^2 = (ae - 4bd)^3 - 108\, ab^2d^2e = 0,$$

that is $(ae + 2bd)^2 (ae - 16bd) = 0$, or it meets the developable in its curve of intersection with $ae + 2bd = 0$ twice, and in its curve of intersection with $ae - 16bd = 0$; that is, in the line $a = 0$, $b = 0$ three times, in the line $d = 0$, $e = 0$ three times, in the nodal quartic $ae + 2bd = 0$, $ad^2 - b^2e = 0$ twice, and in the quartic $ae - 16bd = 0$, $ad^2 - b^2e = 0$ once; $3 + 3 + 8 + 4 = 18$, the order of the complete intersection.

Greenwich, January 4, 1864.

In my theory of the singularities of curves and torses, *Liouville*, t. X. (1845) pp. 245—250, [30], translated under the title "On Curves of Double Curvature and Developable Surfaces," *Cambridge and Dublin Mathematical Journal*, t. V. (1850), pp. 18—22, [83], I omitted to take account of a noteworthy singularity, viz. this is, the stationary tangent line; or when the system has three consecutive points in a line, or, what is the same thing, three consecutive planes through a line. I reproduce the theory with this addition as follows. We have

m, the order of the system, = order of the curve,
r, „ rank of the system, = class of curve, = order of torse,
n, „ class of the system, = class of torse.
α, „ number of stationary planes,
β „ „ stationary points,
ϑ „ „ stationary lines,
g „ „ lines in two planes,
h „ „ lines through two points,
x „ „ points in two lines,
y „ „ planes through two lines.

This being so, the section of the torse by an arbitrary plane is a plane curve for which

r is the order,
n „ class,
x „ number of nodes,
$m+\vartheta$ „ „ cusps,
g „ „ double tangents,
α „ „ inflexions;

and we have thence Plücker's six equations, which may be considered as included in the three equations

$$n = r(r-1) - 2x - 3(m+\vartheta),$$
$$\alpha = 3r(r-2) - 6x - 8(m+\vartheta),$$
$$r = n(n-1) - 2g - 3\alpha.$$

Similarly considering the cone standing on the curve and having an arbitrary point for vertex, then for this cone

m is the order,
r „ class,
h „ number of nodal lines,
β „ „ cuspidal lines,
y „ „ double tangent planes,
$n+\vartheta$ „ „ inflexions;

and we have Plücker's six equations, which may be considered as included in the three equations

$$m = r(r-1) - 2y - 3(n+\vartheta),$$
$$\beta = 3r(r-2) - 6y - 8(n+\vartheta),$$
$$r = m(m-1) - 2h - 3\beta.$$

These two systems constitute together a system of six equations between the ten quantities m, r, n, α, β, ϑ, g, h, x, y. Considering m, r, x, ϑ as arbitrary, the six equations determine the remaining quantities n, α, β, h, x, y.

The curve

$$ae - 4bd + 3c^2 = 0, \quad ace + 2bcd - ad^2 - b^2e - c^3 = 0,$$

is a sextic curve, the edge of regression of the sextic torse

$$(ae - 4bd + 3c^2)^3 - 27(ace + 2bcd - ad^2 - b^2e - c^3)^2 = 0,$$

and we have in this case, as is well known,

$$\begin{aligned} &m,\ r,\ n,\ \alpha,\ \beta,\ \vartheta,\ g,\ h,\ x,\ y \\ &= 6,\ 6,\ 4,\ 0,\ 4,\ 0,\ 3,\ 6,\ 4,\ 6. \end{aligned}$$

But putting as above $c=0$, then instead of the sextic curve we have the excubo-quartic curve $ae - 4bd = 0$, $ad^2 + b^2e = 0$, which is a curve having two stationary tangents, viz. these are the lines $(a=0,\ b=0)$ and $(d=0,\ e=0)$, which are in fact given along with the curve, by the foregoing equations $ae-4bd=0$, $ad^2+b^2e=0$. We have in this case $\vartheta = 2$, and the system is thus found to be

$$\begin{aligned} &m,\ r,\ n,\ \alpha,\ \beta,\ \vartheta,\ g,\ h,\ x,\ y \\ &= 4,\ 6,\ 4,\ 0,\ 0,\ 2,\ 3,\ 3,\ 4,\ 4, \end{aligned}$$

it was in fact the consideration of this case which led me to take account of the new singularity of the stationary tangent lines.

I take the opportunity of referring to a most valuable and interesting paper by Schwarz, "De superficiebus in planum explicabilibus primorum septem ordinum," *Crelle*, t. LXIV. (1864), pp. 1—16. The author, after referring to my paper "On the developable derived from an equation of the fifth order," *Cambridge and Dublin Mathematical Journal*, t. V. (1850), pp. 152—159, [86], enters into the enquiry there suggested as to the means of ascertaining the degree of the 'planarity' of a developable surface. He starts from certain theorems derived from Riemann's theory of transcendental functions, viz.: If an algebraical (plane) curve of the order r has $\frac{1}{2}(r-1)(r-1)-\rho$ double points (nodes or cusps), then the coordinates of a point of the curve may be expressed rationally

If $\rho = 0$, that is, if the curve has the maximum number of double points, by a single parameter.

If $\rho=1$, by a single parameter, and the square root of a cubic or quartic function of this parameter.

If $\rho=2$, by a single parameter, and the square root of a quintic or sextic function of this parameter.

If $\rho>2$, by a parameter ξ, and an algebraical function thereof η; where ξ, η are connected by an equation of the order $\frac{1}{2}(\rho+3)$ or $\frac{1}{2}(\rho+2)$ according as ρ is odd or even.

These principles establish a division of plane curves into algebraical classes; all plane curves (other than the generating lines) situate on a ruled surface, belong to the same algebraical class, and the surface itself belongs to the same class. Hence, if on a ruled surface there is either a right line which is not a generating line (this cannot be the case for developables) or a conic, or a cubic having a double point, or any other plane curve having the maximum number of double points, the surface belongs to the class for which $\rho=0$; and in the case of a developable surface the equation of the tangent plane may be rationally expressed by means of a single parameter; that is, the degree of the planarity is $=1$, or the surface is *planar*. This leads to the conclusion, that the developable surfaces or torses of the orders 4, 5, 6 and 7 are all of them planar.

The author points out that the 'special quintic developable' of my paper first above referred, (viz. that obtained by writing $b=0$ in the equation of the sextic developable) is in fact the *general* developable of the fifth order, or quintic torse.

The foregoing theorem, that for a curve which has the maximum number of double points, the coordinates may be expressed rationally by a single parameter, admits of a very simple algebraical proof, as is shown in the paper by Clebsch "Ueber Curven deren coordinaten rationale Functionen eines Parameters sind," *Crelle*, t. LXIV. (1864), pp. 43—65. In another paper by the same author, "Ueber die Singularitäten algebraischer Curven," pp. 98—100, it is remarked that if in any plane curve we have m the order, n the class, δ the number of nodes, κ of cusps, τ of double tangents, ι of inflexions, then as a deduction from Riemann's principles, but also at once obtainable from Plücker's equations, we have

$$\tfrac{1}{2}(m-1)(m-2)-\delta-\kappa=\tfrac{1}{2}(n-1)(n-2)-\tau-\iota;$$

and moreover if from a given curve we derive in any manner another curve, such that to each tangent (or point) of the first curve there corresponds a *single* point (or tangent) of the second curve, then in the second curve the expression

$$\tfrac{1}{2}(m'-1)(m'-2)-\delta'-\kappa',=\tfrac{1}{2}(n'-1)(n'-2)-\tau'-\iota',$$

has the same value as in the first curve.

The like property exists for curves in space—viz. taking account as above of the new singularity of the stationary lines, then we have

$$\begin{aligned} &\tfrac{1}{2}(m-1)(m-2)-h-\beta, \\ =&\tfrac{1}{2}(r-1)(r-2)-y-n-\vartheta, \\ =&\tfrac{1}{2}(r-1)(r-2)-x-m-\vartheta, \\ =&\tfrac{1}{2}(n-1)(n-2)-g-\alpha, \end{aligned}$$

which equations are in fact at once deducible from the above-mentioned system of six equations between the quantities m, r, n, α, β, ϑ, g, h, x, y, and may if we please be taken for equations of the system.

If from a given curve and torse we derive a second curve and torse, in such manner that to each point (or plane) of the first figure there corresponds a *single* plane (or point) of the second figure—then the corresponding expressions $\tfrac{1}{2}(m'-1)(m'-2)-h'-\beta'$, &c., have the same value for the second as for the first figure.

Cambridge, April 11, 1865.

374.

ON THE HIGHER SINGULARITIES OF A PLANE CURVE.

[From the *Quarterly Journal of Pure and Applied Mathematics*, vol. VII. (1866), pp. 212—223.]

THE theory of the singularities of a plane curve was first established by Plücker in his great work the *Theorie der Algebraischen Curven*, (1839), where he establishes, in regard to the ordinary singularities, a system of six equations; viz. if we have

m, the order of the curve,
n, „ class,
δ, „ number of double points,
κ, „ „ cusps,
τ, „ „ double tangents
κ, „ „ inflexions,

then Plücker's six equations are

$$n = m(m-1) - 2\delta - 3\kappa,$$
$$\iota = 3m(m-2) - 6\delta - 8\kappa,$$
$$\tau = \tfrac{1}{2}m(m-2)(m^2-9) - (m^2-m-6)(2\delta+3\kappa) + 2\delta(\delta-1) + 6\delta\kappa + \tfrac{9}{2}\kappa(\kappa-1),$$
$$m = n(n-1) - 2\tau - 3\iota,$$
$$\kappa = 3n(n-2) - 6\tau - \delta\iota,$$
$$\delta = \tfrac{1}{2}n(n-2)(n^2-9) - (n^2-n-6)(2\tau+3\iota) + 2\tau(\tau-1) + 6\tau\iota + \tfrac{9}{2}\iota(\iota-1),$$

equivalent to three equations; thus m and (within proper limits) δ and κ may be considered arbitrary, and the first three equations then give n, ι, τ; and in like manner n and (within proper limits) τ and ι may be considered as arbitrary, and the equations then give m, κ, δ.

I have used the ordinary expressions double points, cusps, double tangents, inflexions; but (using as I have elsewhere done *ineunt* as the correlative of tangent) it would be more precise and symmetrical to say, double ineunts, stationary ineunts, double tangents, and stationary tangents. The double ineunt is called also a node, viz. it is a crunode, or an acnode, according as the tangents are real or imaginary; and the stationary ineunt, or cusp, considered as (what in the theory of point-coordinates it in fact is) a particular case of the double ineunt, is a spinode; to render this notation symmetrical, we require certain new terms, say link, as the correlative to node, and flex as the correlative to cusp; then the double tangent is a link, viz. it is a colink, or an allink according as the ineunts upon it (points of contact) are real or imaginary; and the stationary tangent (inflexion) or flex, considered as (what in the theory of line-coordinates it in fact is) a particular case of the double tangent, is a relink. The ordinary singularities of a plane curve would thus be the node, the cusp, the link, and the flex; but I shall retain the above-mentioned more usual expressions.

Deducible from the six equations, we have

$$n - m = \tfrac{1}{3}(\iota - \kappa),$$

$$(n - m)(n + m - 9) = 2(\tau - \delta),$$

which are noticed by Plücker; and also the equation

$$\tfrac{1}{2}(m-1)(m-2) - \delta - \kappa = \tfrac{1}{2}(n-1)(n-2) - \tau - \iota,$$

recently noticed by M. Clebsch, in connection with Riemann's investigations on the Abelian Integrals; a curve of the order m may have $\tfrac{1}{2}(m-1)(m-2)$ double points, reckoning the cusp as a double point, and so a curve of the class n may have $\tfrac{1}{2}(n-1)(n-2)$ double tangents, reckoning the inflexion as a double tangent; the two sides of this equation exhibit therefore, the right-hand side the deficiency of the actual from the possible number of double tangents, and the left-hand side the deficiency of the actual from the possible number of double points; and these two numbers are equal. We have a division into families based on the value of the expressions in question, or say on that of $\tfrac{1}{2}(m-1)(m-2) - \delta - \kappa$; when this is $=0$, that is, when the curve has its maximum number of double points (reckoning the cusp as a double point), the coordinates x, y are expressible rationally in terms of a parameter θ; when the number is $=1$, they can be expressed rationally in terms of θ and of the square root of a cubic or a quartic function of θ, &c. &c. It thus appears that as well the number $\delta + \kappa$, as the combinations $2\delta + 3\kappa$ and $6\delta + 8\kappa$ which enter into Plücker's equations, plays an important part in the theory of the curve; the bearing of this remark will be seen in the sequel.

Plücker considers also some of the higher singularities; it will be convenient to mention two of his results.

No. 76, p. 216. If two branches of a curve touch each other, or more generally have a g-pointic intersection, the point in question is equivalent to g double points, and the tangent at this point to g double tangents; hence, if there is no other point singularity, the equations give

$$\begin{aligned} n &= m(m-1)-2g, \\ \iota &= 3m(m-2)-6g, \\ \delta+g &= \tfrac{1}{2}m(m-2)(m^2-9)-(m^2-m-6)\,2g+2g(g-1), \end{aligned}$$

the last of which may also be written

$$\delta = \tfrac{1}{2}m(m-2)(m^2-9)-(m^2-m-g-4\tfrac{1}{2})\,2g.$$

And Nos. 77—82, pp. 217—222. For a cusp of the second kind, we have

$$\begin{aligned} n &= m(m-1)-5, \\ \iota &= 3m(m-2)-15, \\ \delta &= \tfrac{1}{2}m(m-2)(m^2-9)-(m^2-m-7)\,5; \end{aligned}$$

these equations Plücker establishes by an independent algebraical investigation, and having done so, he remarks that they are deducible from the foregoing ones by writing therein $g=2\frac{1}{2}$; that is, that the cusp of the second kind may be considered as equivalent to $2\frac{1}{2}$ double points, and the tangent at the cusp to $2\frac{1}{2}$ double tangents. And he thence passes to the cusp of a higher cusp equivalent to $h+\frac{1}{2}$ double points and $h+\frac{1}{2}$ double tangents. The results in this general case (although not, as in the original case, $g=2\frac{1}{2}$, established independently) is perfectly correct; but the theory is open to a grave objection.

I remark, that assuming a certain singularity to be equivalent to the numbers δ' of double points, κ' of cusps, τ' of double tangents, and ι' of inflexions, we have in the first instance to determine δ', κ', τ' and ι' in such manner as to give in the class n, and in the numbers ι of inflexions and τ of double tangents, the reductions actually given by the singularity in question. Thus in the case of the cusp of the second kind, we ought to have

$$\begin{aligned} &2\delta'+3\kappa'=5, \\ &6\delta'+8\kappa'+\iota'=15, \\ &(m^2-m-6)(2\delta'+3\kappa')-2\delta'(\delta'-1)-6\delta'\kappa'-\tfrac{9}{2}\kappa'(\kappa'-1)+\tau'=(m^2-m-7)\,5, \end{aligned}$$

or, what is the same thing,

$$2\delta'(\delta'-1)+6\delta'\kappa'+\tfrac{9}{2}\kappa'(\kappa'-1)-\tau'=5;$$

and so in general there are, for the determination of the four quantities δ', κ', τ', ι', three equations. In the particular case these are satisfied by the values $\delta'=2\frac{1}{2}$, $\kappa'=0$, $\tau'=2\frac{1}{2}$, $\iota'=0$, which are Plücker's values; they are also satisfied by the values $\delta'=1$, $\kappa'=1$, $\tau'=1$, $\iota'=1$, which have the advantage of being integer instead of fractional.

But there is really a further condition to be satisfied, viz. the number $\delta'+\kappa'$ must have a certain definite value dependent on the nature of the singularity; for the case in hand, this is $\delta'+\kappa'=2$ (I obtain this by the consideration of a quartic curve, having a cusp of the second kind, and also a double point; $\delta+\kappa$ has here its maximum value $=3$; and as the double point gives $\delta=1$, the cusp of the second kind gives $\delta'+\kappa'=2$); and joining to the former conditions this new condition, we have definitely $\delta'=1$, $\kappa'=1$, $\tau'=1$, $\iota'=1$. I have elsewhere noticed, [343], that the cusp of the second kind was equivalent to a double point and cusp, and accordingly proposed to call it the node-cusp; but I had not then remarked that it was also necessary to treat the tangent as equivalent to a double tangent and a stationary tangent (or inflexion).

It appears from the foregoing considerations, that any singularity whatever is to be regarded as equivalent, and that in a perfectly definite manner, to a certain number δ' of double points, κ' of cusps, τ' of double tangents, and ι' of inflexions; we have only to ascertain how for any given singularity the values of these numbers are to be ascertained; and when this is done, Plücker's equations will be applicable to any singularities whatever of a plane curve.

At any point of a plane curve there is either one branch, or any number of branches, touching or not touching each other: taking the given point as origin, then for each branch the equation of the curve gives for the ordinate y an expression of the form

$$y=Ax^p+Bx^q+\ldots,$$

where the series is arranged in ascending powers of x, and where the coefficients $A, B,\ldots$ have definite unique values; and, conversely, that which is given by such expression of y is a branch of the curve. It is assumed that the axis of y, or line $x=0$, is not a tangent to the curve; this implies that the exponents $p, q,\ldots$ are none of them inferior to 1, or, what is the same thing, that the lowest exponent p is $=1$ at least: it is for the most part convenient to take the axis of x, or line $y=0$, a tangent to the branch; the lowest exponent p is then >1.

The exponents may be all integer, and the branch is then said to be *linear;* or else the exponents or some of them may be fractional, and the branch is then *superlinear;* viz. in the latter case, assuming that the fractional exponents are all of them in their least terms, and that α is the least common multiple of the denominators (so that the expression for y is a rational function of $x^{\frac{1}{\alpha}}$), then the branch is quadric, cubic, &c. according as we have $\alpha=2$, $\alpha=3$, &c. It is clear that the expression for y has precisely α values, viz. the values obtained by attributing to the radical $x^{\frac{1}{\alpha}}$ each of its α values. Corresponding to each of these α values, we have what I term a partial branch of the curve, so that the quadric branch is made up of two partial branches, the cubic branch of three partial branches and so on; for a linear branch or when $\alpha=1$, a partial branch is nothing else than the branch itself; and the expression a partial branch will accordingly include the case of a linear branch.

Suppose that at any point of the curve we have two partial branches, belonging or not belonging to the same branch; let these be referred to the same axes, the axis of y not being a tangent to either branch, so that the exponents are none of them <1. If in the series for y_1-y_2, (the difference of the two ordinates) the least exponent is $=P$, then (whether P is integer or fractional) the two partial branches are said to have, at the given point, P common points, or, more briefly, to intersect in P points. We may from this definition calculate the number of intersections of two branches with each other, or of a branch with itself; for instance, suppose that at any point of the curve we have ($\alpha=6$) the sextic branch

$$y=x^{\frac{4}{3}}+x^{\frac{5}{2}}+\ldots,$$

we have the six partial branches

$$\begin{aligned} y_1 &= x^{\frac{4}{3}}+x^{\frac{5}{2}}+\ldots, & y_4 &= x^{\frac{4}{3}}-x^{\frac{5}{2}}+\ldots,\\ y_2 &= \omega\, x^{\frac{4}{3}}+x^{\frac{5}{2}}+\ldots, & y_5 &= \omega\, x^{\frac{4}{3}}-x^{\frac{5}{2}}+\ldots,\\ y_3 &= \omega^2x^{\frac{4}{3}}+x^{\frac{5}{2}}+\ldots, & y_6 &= \omega^2x^{\frac{4}{3}}-x^{\frac{5}{2}}+\ldots; \end{aligned}$$

hence calculating (what is most convenient) *twice* the number of intersections of the branch with itself, the partial branch y_1 intersects the other partial branches in $\frac{4}{3}, \frac{4}{3}, \frac{5}{2}, \frac{4}{3}, \frac{4}{3}$ points respectively, giving the sum $\frac{16}{3}+\frac{5}{2}=\frac{47}{6}$; each other partial branch intersects the remaining five branches in the same number of points; and therefore twice the number of intersections is $=47$.

For the singularity $y=x^{\frac{4}{3}}+x^{\frac{5}{2}}+\ldots$ in question, I say that if this be equivalent as above to δ' double points, κ' cusps, τ' double tangents and ι' inflexions, then that the number 47 just obtained is the value of $2\delta'+3\kappa'$, and moreover, that the value of κ' is $\kappa'=\alpha-1=5$; that is, we have $2\delta'+3\kappa'=47$ and $\kappa'=5$; or, what is the same thing, $\delta'=16$; $\kappa'=5$. For the determination of the numbers τ', ι', it is to be observed that the foregoing theory of branches is a theory of the points of a branch, by means of point-coordinates: there is a precisely similar theory of the tangents of a branch by means of line-coordinates, and we may inquire as to the number of the common tangents of two partial branches; and thence as to the number of common tangents of two branches, or of a branch with itself—it will appear that the line-equation of the branch is $Z=X^4\ldots+X^{\frac{15}{2}}\ldots$, so that the branch (which is as to its points sextic, $\alpha=6$) is as to its tangents quadric, $\beta=2$, the two partial branches have with each other the number $=\frac{15}{2}$ of common tangents, or twice this number is $=15$; that is, we have $2\tau'+3\iota'=15$, and moreover $\iota'=\beta-1=1$, that is $\tau'=6$, $\iota'=1$; or finally for the singularity in question, the numbers δ', κ', τ', ι' are $=16$, 5, 6, 1 respectively.

And so generally in the case of a branch which is as to its points α-ic, having with itself a number $=\frac{1}{2}M$ of common points; and as to its tangents β-ic, having with itself a number $=\frac{1}{2}N$ of common tangents, we have $2\delta'+3\kappa'=M$, $\kappa'=\alpha-1$, $2\tau'+3\iota'=N$, $\iota'=\beta-1$, or, what is the same thing, the values of δ', κ', τ', ι' are

$$\begin{aligned} \delta' &= \tfrac{1}{2}\,[M-3\,(\alpha-1)],\\ \kappa' &= \alpha-1\ ,\\ \tau' &= \tfrac{1}{2}\,[N-3\,(\beta-1)],\\ \iota' &= \beta-1\ . \end{aligned}$$

I say that a singularity is simple when we have one branch, compound when we have more than one branch; the case above considered is that of a simple singularity, viz. we have on the curve one point, one tangent, one branch.

We may have a compound singularity where the branches all touch, that is we may have one point, one tangent, several branches. It may be seen that if $\frac{1}{2}M$ denote the number of common points of all the branches (that is of each branch with itself, and of every two branches with each other), and in like manner if $\frac{1}{2}N$ denote the number of common tangents of all the branches (that is of each branch with itself, and of every two branches with each other), then the formulæ are

$$\begin{aligned}\delta' &= \tfrac{1}{2}[M - 3\Sigma(\alpha - 1)],\\ \kappa' &= \Sigma(\alpha - 1),\\ \tau' &= \tfrac{1}{2}[N - 3\Sigma(\beta - 1)],\\ \iota' &= \Sigma(\beta - 1),\end{aligned}$$

where the signs Σ refer to the different branches.

Again, we may have a compound singularity, one point, several tangents with to each of them a branch or branches; here if M denote the number of the common points of all the branches, and N the number of the common tangents of all the branches belonging to any one tangent, then the formulæ are

$$\begin{aligned}\delta' &= \tfrac{1}{2}\;[M - 3\Sigma'\Sigma(\alpha - 1)],\\ \kappa' &= \Sigma'\Sigma(\alpha - 1),\\ \tau' &= \tfrac{1}{2}\Sigma'[N - 3\Sigma\;(\beta - 1)],\\ \iota' &= \Sigma'\Sigma(\beta - 1),\end{aligned}$$

where the signs Σ refer to all the branches belonging to the same tangent, and the signs Σ' to the different tangents. It is to be remarked, that the point on the curve is equivalent to the δ' double points and κ' cusps; each tangent is equivalent to $\frac{1}{2}[N - 3\Sigma(\beta - 1)]$ double tangents, and $\Sigma(\beta - 1)$ inflexions, the numbers N, β referring of course to the tangent in question.

Lastly, we may have a compound singularity, one tangent, several points (of contact), with to each of them a branch or branches; here if N denote the number of the common tangents of all the branches, M the number of the common points of all the branches belonging to any one point of contact, the formulæ are

$$\begin{aligned}\delta' &= \tfrac{1}{2}\Sigma'[(M - 3\Sigma\;(\alpha - 1)],\\ \kappa' &= \Sigma'\Sigma(\alpha - 1),\\ \tau' &= \tfrac{1}{2}\;[(N - 3\Sigma\Sigma'(\beta - 1)],\\ \iota' &= \Sigma'\Sigma(\beta - 1),\end{aligned}$$

where the signs Σ refer to all the branches belonging to the same point of contact, and the signs Σ' to the different points of contact; it is to be remarked that the tangent of the curve is equivalent to the τ' double tangents and ι' inflexions; each point of contact is equivalent to $\frac{1}{2}[M-3\Sigma(\alpha-1)]$ double points and $\Sigma(\alpha-1)$ cusps, the numbers M, α referring of course to the point of contact in question.

There is no difficulty in passing to the case of the compound singularity when the formulæ for the simple singularity, one point, one tangent, one branch, are once obtained, and I now go back to the consideration of this case.

The class of a curve is equal to the number of tangents which can be drawn through an arbitrary point: the points of contact of these tangents are given as the intersections of the curve with a certain curve, the polar of the arbitrary point in regard to the curve; this polar passes through each double point and cusp, the double point counting as two points of intersection, and the cusp as three points of intersection (this is in fact the theory by which is found the reduction $=2\delta+3\kappa$ in the class of the curve). Hence, if the curve has a singularity $(\delta', \kappa', \tau', \iota')$, which to fix the ideas may be assumed to be a simple singularity, 'one point, one tangent, one branch'; then the polar passes through the singular point, the number of intersections being $2\delta'+3\kappa'$, or if the actual number of intersections be M, then we have $M=2\delta'+3\kappa'$. It is to be shown that the number M is equal to twice the number of common points which the curve has with itself at the singular point, so that the last-mentioned number is $=\frac{1}{2}M$. Suppose in the first instance that there is only a single branch, and let the branch be given by the equation

$$P=y \quad + Ax^p \quad + Bx^q + \ldots = 0,$$

or introducing for homogeneity the third coordinate z, let this equation be

$$P=yz^{-1}+Ax^pz^{-p}+Bx^qz^{-q}\ldots=0,$$

and let $P_1=0$, $P_2=0, \ldots P_\alpha=0$, be the corresponding equations for the component partial branches; it is allowable to write $P_1P_2\ldots P_\alpha=0$ for the equation of the curve (1). Hence if (α, β, γ) be the coordinates of the arbitrary point, or putting in the first instance $\gamma=1$, if $(\alpha, \beta, 1)$ be the coordinates, then writing $\Delta=\alpha\delta_x+\beta\delta_y+\delta_z$, the equation of the polar is $\Delta P_1P_2\ldots P_\alpha=0$, or, what is the same thing,

$$P_2P_3\ldots P_\alpha\Delta P_1+P_1P_3\ldots P_\alpha\Delta P_2+\&\text{c.}=0,$$

and we have

$$\Delta P=\alpha(pAx^{p-1}z^{-p}+qBx^{q-1}z^{-q}\ldots)+\beta z^{-1}-(pAx^pz^{-p-1}+qBx^qz^{-q-1}\ldots),$$

or putting $z=1$, this is

$$\Delta P=\alpha(pAx^{p-1} \quad +qBx^{q-1} \quad \ldots)+\beta \quad -(pAx^p \quad +qBx^q \quad \ldots),$$

and we have thence the values of ΔP_1, $\Delta P_2\ldots\Delta P_\alpha$; the thing to be observed is, that the equation $\Delta P=0$ is *not* satisfied (and therefore also each of the equations $\Delta P_1=0, \ldots \Delta P_\alpha=0$ is not satisfied) by the coordinates $x=0$, $y=0$ of the singular point. We have now with the equation $\Delta P_1P_2\ldots P_\alpha=0$ of the polar to combine the

[1] Of course this is not the equation in its rational and integral form, and on this account the reasoning of the text is not free from difficulty; the same remark applies to a subsequent equation.

equation $P_1 P_2 \dots P_\alpha = 0$: the last-mentioned equation breaks up into the equations $P_1 = 0$, $P_2 = 0, \dots P_\alpha = 0$; and selecting for example the equation $P_1 = 0$, this gives the system $P_1 = 0$, $P_2 P_3 \dots P_\alpha \Delta P_1 = 0$, or since we require only the intersections at the singular point, and $\Delta P_1 = 0$ does not pass through this point, this may be replaced by $P_1 = 0$, $P_2 P_3 \dots P_\alpha = 0$. The complete system is thus $(P_1 = 0,\ P_2 P_3 \dots P_\alpha = 0)$, $(P_2 = 0,\ P_1 P_3 \dots P_\alpha = 0), \dots (P_\alpha = 0,\ P_1 P_2 \dots P_{\alpha-1} = 0)$; or, what is the same thing, we have each pair $(P_r = 0,\ P_s = 0)$ taken twice. To eliminate y from these equations, we have merely to write $P_r - P_s = 0$, or, what is the same thing, we have $\zeta(P_1,\ P_2 \dots P_\alpha) = 0$, ζ denoting the product of the squares of the differences of the functions $(P_1,\ P_2 \dots P_\alpha)$. Suppose that any two partial branches $P_r = 0$, $P_s = 0$ intersect (according to the above-mentioned definition) in p points; then $P_r - P_s$ contains the factor x^p, and hence the product $\zeta(P_1,\ P_2 \dots P_\alpha)$ contains as a factor x to the power $2\Sigma p$, that is, the equation in x has $2\Sigma p$ roots each $= 0$. Whence if $\Sigma p = \frac{1}{2}M$, then the equation in x has M roots each $= 0$, or the curve and polar have at the singular point M intersections, that is $M = 2\delta' + 3\kappa'$.

I have no complete proof to offer of the remaining equation $\kappa' = \alpha - 1$, it was obtained from the consideration of a particular case as follows. Consider the linear branch $y = Ax^p + \dots$, where the exponents are all positive integers, and taking the axis of x to be the tangent, the least exponent p is greater than unity; if $p = 2$ there is at the origin no inflexion, if $p = 3$ there is a single inflexion, and generally the number of inflexions is $= p - 2$. Now it will presently appear that in line-coordinates the equation of the branch is $Z = A' X^{\frac{p}{p-1}}$, or replacing Z, X by the original point-coordinates y, x the branch $y = A' x^{\frac{p}{p-1}} + \dots$ has at the origin $p - 2$ cusps; but in the branch in question we have $\alpha = p - 1$, and the number of cusps is thus $= \alpha - 1$; this result is confirmed by other particular instances, and I assume in general that we have $\kappa' = \alpha - 1$; whence in the case of a simple singularity, or where there is only one branch we have $M = 2\delta' + 3\kappa'$, $\kappa' = \alpha - 1$, or, what is the same thing, $\delta' = \frac{1}{2}[M - 3(\alpha - 1)]$, $\kappa' = \alpha - 1$. The reasoning is easily adapted to the case of a compound singularity.

I consider the branch

$$y \quad + Ax^p \quad + Bx^q \quad + \dots = 0,$$

(where it is assumed that the axis of x is a tangent to the branch, and therefore that the lowest exponent p is greater than unity), introducing the coordinate z for homogeneity, this becomes

$$yz^{-1} + Ax^p z^{-p} + Bx^q z^{-q} + \dots = 0,$$

and I proceed to find the corresponding equation in line coordinates, taking these to be X, Y, Z, we have

$$\begin{aligned}
\lambda X &= pAx^{p-1} z^{-p} + Bqx^{q-1} z^{-q} + \dots, \\
\lambda Y &= z^{-1}, \\
\lambda Z &= -\ yz^{-2} - pAx^p z^{-p-1} - qBx^q z^{-q-1} + \dots,
\end{aligned}$$

or writing $z=1$, $Y=1$, we find $\lambda=1$, and therefore

$$X = \qquad pAx^{p-1} + \qquad qBx^{q-1} + \dots,$$
$$Z = -y - pAx^{p} - \qquad qBx^{q} \quad + \dots;$$

here substituting for $-y$ its value $= Ax^p + Bx^q + \dots$, we have

$$X = \qquad pAx^{p-1} + \qquad qBx^{q-1} + \dots,$$
$$Z = (1-p)\,Ax^{p} \quad + (1-q)\,Bx^{q} \quad + \dots.$$

Hence writing $pAx^{p-1} = \theta$, the equations are

$$X = \theta - B''\theta^{\frac{q-1}{p-1}} - \dots,$$

$$Z = \quad - A'\theta^{\frac{p}{p-1}} - B'\theta^{\frac{q}{p-1}} - \dots,$$

so that eliminating θ, we have

$$Z = \quad A'X^{\frac{p}{p-1}} + B'X^{\frac{q}{p-1}} + \dots,$$

and it is easy to see by Lagrange's theorem, that the general form of the exponents in the series on the right-hand side is $\dfrac{p+f(q-p)+g(r-p)+\dots}{p-1}$, where $f, g, \dots$ are positive integers, zero included. The equation in line-coordinates being known, the subsequent investigation is precisely the same as that for the point-coordinates, and hence in the case of one branch, if this be in regard to its tangents β-ic, and have $\tfrac{1}{2}N$ common tangents with itself, then $2\tau' + 3\iota' = N$, $\iota' = \beta - 1$, or, what is the same thing, $\tau' = \tfrac{1}{2}[N - 3(\beta - 1)]$, $\iota' = \beta - 1$. The investigation in the case of a simple singularity of the values of δ', κ', τ', ι' is thus completed.

375.

NOTES ON POLYHEDRA.

[From the *Quarterly Journal of Pure and Applied Mathematics*, vol. VII. (1866), pp. 304—316.]

Axial Properties. Article 1 to 18.

1. A POLYHEDRON may have a q-axis, viz. a line about which if it is made to rotate through an angle $=\frac{2\pi}{q}$ (but not through any sub-multiple of this angle), it will occupy the same portion of space. It is then clear that when the rotation is repeated any number of times the body will still occupy the same portion of space; or if Θ denote the rotation through the angle $\frac{2\pi}{q}$, then we have the rotations $1, \Theta, \Theta^2, \ldots \Theta^{q-1}$, and finally $\Theta^q=1$, that is, when the rotation is q-times repeated, the body will resume its original position. Similarly for any number of axes ($\Theta^q=1$, $\Theta'^{q'}=1, \ldots$, where the indices $q, q', \ldots$ may be the same or different) we have the rotations $1, \Theta, \Theta^2, \ldots \Theta^{q-1}$, $\Theta', \Theta'^2, \ldots \Theta'^{q'-1}, \ldots$; and if $\Theta, \Theta', \ldots$ be the entire system of the axes of the body, these rotations will form a *group*. The rotations in question are in fact the entire series of those which leave unaltered the portion of space occupied by the body, and since any two rotations combine together into a single rotation, any two of the rotations in question must combine together into some one of these rotations, that is, the rotations in question form a group. Some analytical consequences of this theorem will be obtained in the sequel.

2. The number of axes may be denoted by $\Sigma 1$ and the number of rotations by $1+\Sigma(q-1)$; we may say that $\Sigma 1$ is the number, and $1+\Sigma(q-1)$ the efficiency or *weight*, of the axes.

3. For any one of the regular polyhedra, E being the number of edges, then the number of axes or $\Sigma 1$ is $=E+1$, and their weight or $1+\Sigma(q-1)$ is $=2E$. In fact, if as usual S denote the number of summits, F the number of faces, and if there be m edges to a face, and n edges to a summit, then $S+F=E+2$, $mF=nS=2E$. Now in all the polyhedra except the tetrahedron, we have a number $\frac{1}{2}F$ of m-axes passing through the centres of opposite faces (amphihedral axes as Mr Kirkman has termed them) and a number $\frac{1}{2}S$ of n-axes passing through opposite summits (amphigonal axes); and we have besides a number $\frac{1}{2}E$ of 2-axes passing through the mid-points of opposite edges (amphigrammic axes): the entire number of axes is thus $\frac{1}{2}(S+F+E)$, which is $=E+1$: and the weight is $1+\frac{1}{2}F(m-1)+\frac{1}{2}S(n-1)+\frac{1}{2}E$, which is $=1+\frac{1}{2}mF+\frac{1}{2}nS-\frac{1}{2}(F+S-E)$, $=1+E+E-1$, $=2E$. In the case of the tetrahedron $S=F=4$, $m=n=3$, and the only difference is that instead of the $\frac{1}{2}F$ amphihedral m-axes and the $\frac{1}{2}S$ amphigonal n-axes, we have a number $(F=S=)\frac{1}{2}(F+S)$ of $(n=)m$-gonal axes each through a summit and the centre of an opposite face (gonohedral axes).

4. The theorem that the weight $1+\Sigma(q-1)=2E$, or say $1+\Sigma(q-1)=mF$, may be extended so as to apply to any polyhedron whatever. In fact considering any face A of the polyhedron, let F be the number of faces homologous to (and inclusive of) A; and, taking a any edge of the face A, let m be the number of edges of A homologous to (and inclusive of) a: then we have $1+\Sigma(q-1)=mF$. This is almost a truism when the signification of the term "homologous" is explained. Imagine the polyhedron placed on a plane, say the table, and draw on the table a polygon equal to the polygonal face A, and in this polygon select some one edge corresponding to the edge a. The polyhedron may be placed on the table with the face A coinciding with the polygon, or say the face A may be superimposed on the polygon, and that in m different ways, viz. any one of the edges homologous to a may be made to coincide with the assumed edge: and in like manner there are F different faces (viz. the faces homologous to A) which may be superimposed on the polygon, each of them in m different ways; that is there are in all mF different positions of the polyhedron for each of which it occupies the same portion of space. And we have thus the required theorem $1+\Sigma(q-1)=mF$.

5. As an example, take the regular pyramid on a square base; there is here a single axis, viz. a 4-axis, and we have $1+\Sigma(q-1)=1+3=4$. If for the face A we take the square base, then there is no other face homologous thereto and therefore $F=1$; but the four sides are homologous to each other or $m=4$, and we have $mF=4$. Similarly taking for A one of the triangular faces, since these are homologous to each other, then $F=4$; and if we take for the side a the base of the triangle, then there is no other side homologous to this, or $m=1$; and therefore $mF=4$. It might at first sight appear that the two equal sides of the triangle were homologous to each other, and therefore that taking for the edge a one of these sides we should have $m=2$; but in fact although the two sides in question are homologously related to the pyramid, yet according to the definition they are not homologous sides of the triangular face, and we still have $m=1$, and therefore $mF=4$.

6. Of course in the case of a regular polyhedron the faces are all homologous, and the edges of a face are all homologous, that is F will denote the entire number of faces, and m the number of edges to a face: so that for this case the theorem gives $1+\Sigma(q-1)=2E$ as above.

7. Returning to the regular polyhedra the axial systems are

Tetrahedron	$4L^3$, $3L^2$.
Cube and Octahedron	$3L^4$, $4L^3$, $6L^2$.
Dodecahedron and Icosahedron	$6L^5$, $10L^3$, $15L^2$,

where L^3 denotes a 3-axis, &c.; this is in accordance with the notation of M. Bravais in the memoir subsequently referred to.

8. The regular polyhedra may be exhibited in connexion with each other as follows: Imagine the polyhedron projected on a concentric sphere by lines through the centre; so that the summits become points on the sphere, the edges arcs of great circles, and the faces spherical polygons. Starting from the dodecahedron, the centres of the pentagonal faces are the summits of the icosahedron, and conversely for the icosahedron the centres of the triangular faces are the summits of the dodecahedron: moreover each edge of the dodecahedron cuts at right angles an edge of the icosahedron and the two edges have the same mid-point. Again if in any face of the dodecahedron we draw one of the five diagonals (arcs through two non-adjacent summits) there is in the face a single edge not met by this diagonal; and in the other face through this edge a single diagonal not met by the edge; joining the extremities of the two diagonals we have a spherical square, the face of the cube; it is to be observed that the summits of the cube are eight out of the twenty summits of the dodecahedron, and that the centres of the faces of the cube are the mid-points of six out of the thirty edges of the dodecahedron or the icosahedron. The cube given by the foregoing construction is of course one out of five different cubes. The centres of the faces of the cube are the summits of the octahedron; and conversely the centres of the faces of the octahedron are the summits of the cube; moreover each edge of the cube cuts at right angles an edge of the octahedron; and the two edges have the same mid-point. Finally, taking four non-adjacent summits of the cube (which can be done in two different ways), these are the summits of the tetrahedron, and the mid-points of the edges of the tetrahedron are the summits of the octahedron.

9. Considering the polyhedra in the foregoing mutual connexion, all the axes of the tetrahedron are axes of the cube and octahedron, viz. the 2-axes of the tetrahedron are the 4-axes of the cube and octahedron; and the 3-axes of the tetrahedron are the 3-axes of the cube and octahedron; moreover the 3-axes of the cube and octahedron are included among the 3-axes of the dodecahedron and icosahedron and the 4-axes of the cube and octahedron are included among the 2-axes of the dodecahedron and icosahedron; but the 2-axes of the cube and octahedron are not included among the axes of the dodecahedron and icosahedron. The 4-axes of the cube and

octahedron form thus a system of rectangular axes common to all the polyhedra, and representing these axes (or say the summits of the corresponding rectangular spherical triangle) by X, Y, Z, we have a convenient system of coordinate axes to which to refer all the other axes of the polyhedron, viz. if P be the extremity (chosen at pleasure) of the axis in question, then the position of the axis may be determined by its distance PZ and azimuth XPZ (measured in the direction from X to Y), or by its distances PX, PY, PZ, or say X, Y, Z from the three rectangular axes (we have, it is clear, $\cos X = \sin$ dist. $\cos$ azim., $\cos Y = \sin$ dist. $\sin$ azim., $\cos Z = \cos$ dist.). The rotation angle of a q-axis is $= \frac{2\pi}{q}$ (i.e. this is the angle through which if the body be turned about the axis, it still occupies the same portion of space) and the half-rotation angle is therefore $= \frac{\pi}{q}$. Moreover if i, j, k are Sir W. R. Hamilton's quaternion symbols, then the "rotation symbol" of the axis is

$$\cos\frac{\pi}{q} + \sin\frac{\pi}{q}(i\cos X + j\cos Y + k\cos Z),$$

the application of which will be presently explained.

10. The angular coordinates of the different axes may be found by spherical trigonometry without much difficulty; and we are then able to form the following axial tables of the several polyhedra: the extremity of each axis is chosen in such manner that the distance PZ is not $> 90°$.

Axial System of the Tetrahedron.

Distances			Azimuths			$\cos X$	$\cos Y$	$\cos Z$	Rot. Symbols
angle	cos	sin	angle	cos	sin				
4 3-axes, $\frac{1}{2}$ Rot. angle $= 60°$, $\cos = \frac{1}{2}$, $\sin = \frac{1}{2}\sqrt{3}$.									
54°44′	$\frac{1}{\sqrt{3}}$	$\frac{\sqrt{2}}{\sqrt{3}}$	45°	$+\frac{1}{\sqrt{2}}$	$+\frac{1}{\sqrt{2}}$	$+\frac{1}{\sqrt{3}}$	$+\frac{1}{\sqrt{3}}$	$+\frac{1}{\sqrt{3}}$	$\frac{1}{2}(1+i+j+k)$
"	"	"	135°	− "	+ "	− "	+ "	+ "	$\frac{1}{2}(1-i+j+k)$
"	"	"	225°	− "	− "	− "	− "	+ "	$\frac{1}{2}(1-i-j+k)$
"	"	"	315°	+ "	− "	+ "	− "	+ "	$\frac{1}{2}(1+i-j+k)$
3 2-axes, $\frac{1}{2}$ Rot. angle $= 90°$, $\cos = 0$, $\sin = 1$.									
0°	1	0	*	*	*	0	0	1	k
90°	0	1	0°	1	0	1	0	0	i
"	"	"	90°	0	1	0	1	0	j

Axial System of the Cube and Octahedron.

Distances angle	cos	sin	Azimuths angle	cos	sin	cos X	cos Y	cos Z	Rot. Symbols
4 3-axes, $\frac{1}{2}$ Rot. angle $= 60°$, $\cos = \frac{1}{2}$, $\sin = \frac{1}{2}\sqrt{3}$.									
54°44′	$\frac{1}{\sqrt{3}}$	$\frac{\sqrt{2}}{\sqrt{3}}$	45°	$+\frac{1}{\sqrt{2}}$	$+\frac{1}{\sqrt{2}}$	$+\frac{1}{\sqrt{3}}$	$+\frac{1}{\sqrt{3}}$	$+\frac{1}{\sqrt{3}}$	$\frac{1}{2}(1+i+j+k)$
"	"	"	135°	− "	+ "	− "	+ "	+ "	$\frac{1}{2}(1-i+j+k)$
"	"	"	225°	− "	− "	− "	− "	+ "	$\frac{1}{2}(1-i-j+k)$
"	"	"	315°	+ "	− "	+ "	− "	+ "	$\frac{1}{2}(1+i-j+k)$
3 4-axes, $\frac{1}{2}$ Rot. angle $= 45°$, $\cos = \frac{1}{\sqrt{2}}$, $\sin = \frac{1}{\sqrt{2}}$.									
0°	1	0	*	*	*	0	0	1	$\frac{1}{\sqrt{2}}(1+k)$
90°	0	1	0°	1	0	1	0	0	$\frac{1}{\sqrt{2}}(1+i)$
"	"	"	90°	0	1	0	1	0	$\frac{1}{\sqrt{2}}(1+j)$
6 2-axes, $\frac{1}{2}$ Rot. angle $= 90°$, $\cos = 0$, $\sin = 1$.									
45°	$\frac{1}{\sqrt{2}}$	$\frac{1}{\sqrt{2}}$	0°	1	0	$\frac{1}{\sqrt{2}}$	0	$\frac{1}{\sqrt{2}}$	$\frac{1}{\sqrt{2}}(i+k)$
"	"	"	90°	0	1	0	$\frac{1}{\sqrt{2}}$	$\frac{1}{\sqrt{2}}$	$\frac{1}{\sqrt{2}}(j+k)$
"	"	"	180°	− 1	0	$-\frac{1}{\sqrt{2}}$	0	$\frac{1}{\sqrt{2}}$	$\frac{1}{\sqrt{2}}(-i+k)$
"	"	"	270°	0	−1	0	$-\frac{1}{\sqrt{2}}$	$\frac{1}{\sqrt{2}}$	$\frac{1}{\sqrt{2}}(-j+k)$
90°	0	1	45°	$\frac{1}{\sqrt{2}}$	$\frac{1}{\sqrt{2}}$	$\frac{1}{\sqrt{2}}$	$\frac{1}{\sqrt{2}}$	0	$\frac{1}{\sqrt{2}}(i+j)$
"	"	"	135°	$-\frac{1}{\sqrt{2}}$	$\frac{1}{\sqrt{2}}$	$-\frac{1}{\sqrt{2}}$	$\frac{1}{\sqrt{2}}$	0	$\frac{1}{\sqrt{2}}(-i+j)$

Axial System of the Dodecahedron and Icosahedron.

Distances: angle	Distances: cos	Distances: sin	Azimuths: angle	Azimuths: cos	Azimuths: sin	cos X	cos Y	cos Z	Rot. Symbols
6 5-axes, $\frac{1}{2}$ Rot. angle $=36°$, $\cos=\frac{\sqrt{5}+1}{4}$, $\sin=\frac{\sqrt{(10-2\sqrt{5})}}{4}$.									
31°44′	$\frac{2}{\sqrt{(10-2\sqrt{5})}}$	$\frac{\sqrt{5}-1}{\sqrt{(10-2\sqrt{5})}}$	0°	1	0	$+\frac{\sqrt{5}-1}{\sqrt{(10-2\sqrt{5})}}$	0	$+\frac{2}{\sqrt{(10-2\sqrt{5})}}$	$\frac{\sqrt{5}+1}{4}+\frac{\sqrt{5}-1}{4}i+\frac{1}{2}k$
,,	,,	,,	180°	−1	0	− ,,	,,	+ ,,	$\frac{\sqrt{5}+1}{4}-\frac{\sqrt{5}-1}{4}i+\frac{1}{2}k$
58°17′	$\frac{\sqrt{(10-2\sqrt{5})}}{2\sqrt{5}}$	$\frac{\sqrt{(10+2\sqrt{5})}}{2\sqrt{5}}$	90°	0	1	0	$+\frac{\sqrt{(10+2\sqrt{5})}}{2\sqrt{5}}$	$+\frac{\sqrt{(10-2\sqrt{5})}}{2\sqrt{5}}$	$\frac{\sqrt{5}+1}{4}+\frac{1}{2}j+\frac{\sqrt{5}-1}{4}k$
,,	,,	,,	270°	0	−1	,,	− ,,	+ ,,	$\frac{\sqrt{5}+1}{4}-\frac{1}{2}j+\frac{\sqrt{5}-1}{4}k$
90°	0	1	31°43′	$+\frac{\sqrt{(10+2\sqrt{5})}}{2\sqrt{5}}$	$+\frac{\sqrt{(10-2\sqrt{5})}}{2\sqrt{5}}$	$+\frac{\sqrt{(10+2\sqrt{5})}}{2\sqrt{5}}$	$+\frac{\sqrt{(10-2\sqrt{5})}}{2\sqrt{5}}$	0	$\frac{\sqrt{5}+1}{4}+\frac{1}{2}i+\frac{\sqrt{5}-1}{4}j$
,,	,,	,,	148°17′	− ,,	+ ,,	− ,,	+ ,,	,,	$\frac{\sqrt{5}+1}{4}-\frac{1}{2}i+\frac{\sqrt{5}-1}{4}j$
10 3-axes, $\frac{1}{2}$ Rot. angle$=60°$, $\cos=\frac{1}{2}$, $\sin=\frac{1}{2}\sqrt{3}$.									
54°44′	$\frac{1}{\sqrt{3}}$	$\frac{\sqrt{2}}{\sqrt{3}}$	45°	$+\frac{1}{\sqrt{2}}$	$+\frac{1}{\sqrt{2}}$	$+\frac{1}{\sqrt{3}}$	$+\frac{1}{\sqrt{3}}$	$+\frac{1}{\sqrt{3}}$	$\frac{1}{2}(1+i+j+k)$
,,	,,	,,	135°	− ,,	+ ,,	− ,,	+ ,,	+ ,,	$\frac{1}{2}(1-i+j+k)$
,,	,,	,,	225°	− ,,	− ,,	− ,,	− ,,	+ ,,	$\frac{1}{2}(1-i-j+k)$
,,	,,	,,	315°	+ ,,	− ,,	+ ,,	− ,,	+ ,,	$\frac{1}{2}(1+i-j+k)$
20°55′	$\frac{\sqrt{5}+1}{2\sqrt{3}}$	$\frac{\sqrt{5}-1}{2\sqrt{3}}$	90°	0	1	0	$+\frac{\sqrt{5}-1}{2\sqrt{3}}$	$+\frac{\sqrt{5}+1}{2\sqrt{3}}$	$\frac{1}{2}+\frac{\sqrt{5}-1}{4}j+\frac{\sqrt{5}+1}{4}k$
,,	,,	,,	270°	0	− 1	0	− ,,	+ ,,	$\frac{1}{2}-\frac{\sqrt{5}-1}{4}j+\frac{\sqrt{5}+1}{4}k$
69°5′	$\frac{\sqrt{5}-1}{2\sqrt{3}}$	$\frac{\sqrt{5}+1}{2\sqrt{3}}$	0°	1	0	$+\frac{\sqrt{5}+1}{2\sqrt{3}}$	0	$+\frac{\sqrt{5}-1}{2\sqrt{3}}$	$\frac{1}{2}+\frac{\sqrt{5}+1}{4}i+\frac{\sqrt{5}-1}{4}k$
,,	,,	,,	180°	− 1	0	− ,,	0	+ ,,	$\frac{1}{2}-\frac{\sqrt{5}+1}{4}i+\frac{\sqrt{5}-1}{4}k$
90°	0	1	69°5′	$+\frac{\sqrt{5}-1}{2\sqrt{3}}$	$+\frac{\sqrt{5}+1}{2\sqrt{3}}$	$+\frac{\sqrt{5}-1}{2\sqrt{3}}$	$+\frac{\sqrt{5}+1}{2\sqrt{3}}$	0	$\frac{1}{2}+\frac{\sqrt{5}-1}{4}i+\frac{\sqrt{5}+1}{4}j$
,,	,,	,,	110°55′	− ,,	+ ,,	− ,,	+ ,,	0	$\frac{1}{2}-\frac{\sqrt{5}-1}{4}i+\frac{\sqrt{5}+1}{4}j$

Axial System of the Dodecahedron and Icosahedron (concluded).

Distances			Azimuths			cos X	cos Y	cos Z	Rot. Symbols
angle	cos	sin	angle	cos	sin				
15 2-axes, $\frac{1}{2}$ Rot. angle=90°, cos=0, sin=1.									
0°	1	0	*	*	*	0	0	1	k
90°	0	1	0°	1	0	1	0	0	i
,,	,,	,,	90°	0	1	0	1	0	j
36°	$\frac{\sqrt{5}+1}{4}$	$\frac{\sqrt{(10-2\sqrt{5})}}{4}$	62°40′	$+\frac{\sqrt{5}-1}{\sqrt{(10-2\sqrt{5})}}$	$+\frac{2}{\sqrt{(10-2\sqrt{5})}}$	$+\frac{\sqrt{5}-1}{4}$	$+\frac{1}{2}$	$+\frac{\sqrt{5}+1}{4}$	$\frac{\sqrt{5}-1}{4}i+\frac{1}{2}j+\frac{\sqrt{5}+1}{4}k$
,,	,,	,,	297°20′	+ ,,	− ,,	+ ,,	− ,,	+ ,,	$\frac{\sqrt{5}-1}{4}i-\frac{1}{2}j+\frac{\sqrt{5}+1}{4}k$
,,	,,	,,	242°40′	− ,,	− ,,	− ,,	− ,,	+ ,,	$-\frac{\sqrt{5}-1}{4}i-\frac{1}{2}j+\frac{\sqrt{5}+1}{4}k$
,,	,,	,,	117°20′	− ,,	+ ,,	− ,,	+ ,,	+ ,,	$-\frac{\sqrt{5}-1}{4}i+\frac{1}{2}j+\frac{\sqrt{5}+1}{4}k$
60°	$\frac{1}{2}$	$\frac{\sqrt{3}}{2}$	20°55′	$+\frac{\sqrt{5}+1}{2\sqrt{3}}$	$+\frac{\sqrt{5}-1}{2\sqrt{3}}$	$+\frac{\sqrt{5}+1}{4}$	$+\frac{\sqrt{5}-1}{4}$	$+\frac{1}{2}$	$\frac{\sqrt{5}+1}{4}i+\frac{\sqrt{5}-1}{4}j+\frac{1}{2}k$
,,	,,	,,	339°5′	+ ,,	− ,,	+ ,,	− ,,	+ ,,	$\frac{\sqrt{5}+1}{4}i-\frac{\sqrt{5}-1}{4}j+\frac{1}{2}k$
,,	,,	,,	200°55′	− ,,	− ,,	− ,,	− ,,	+ ,,	$-\frac{\sqrt{5}+1}{4}i-\frac{\sqrt{5}-1}{4}j+\frac{1}{2}k$
,,	,,	,,	159°5′	− ,,	+ ,,	− ,,	+ ,,	+ ,,	$-\frac{\sqrt{5}+1}{4}i+\frac{\sqrt{5}-1}{4}j+\frac{1}{2}k$
72°	$\frac{\sqrt{5}-1}{4}$	$\frac{\sqrt{(10+2\sqrt{5})}}{4}$	62°40′	$+\frac{\sqrt{5}-1}{\sqrt{(10-2\sqrt{5})}}$	$+\frac{2}{\sqrt{(10-2\sqrt{5})}}$	$+\frac{1}{2}$	$+\frac{\sqrt{5}+1}{4}$	$+\frac{\sqrt{5}-1}{4}$	$\frac{1}{2}i+\frac{\sqrt{5}+1}{4}j+\frac{\sqrt{5}-1}{4}k$
,,	,,	,,	297°20′	+ ,,	− ,,	+ ,,	− ,,	+ ,,	$\frac{1}{2}i-\frac{\sqrt{5}+1}{4}j+\frac{\sqrt{5}-1}{4}k$
,,	,,	,,	242°40′	− ,,	− ,,	− ,,	− ,,	+ ,,	$-\frac{1}{2}i-\frac{\sqrt{5}+1}{4}j+\frac{\sqrt{5}-1}{4}k$
,,	,,	,,	117°20′	− ,,	+ ,,	− ,,	+ ,,	+ ,,	$-\frac{1}{2}i+\frac{\sqrt{5}+1}{4}j+\frac{\sqrt{5}-1}{4}k$

11. Before proceeding further I remark that exclusively of the foregoing axial systems of the regular polyhedra the only cases are as follows:

A. A polyhedron may have a single q-axis, say Λ^q: taking this as the axis of Z the table is

X	Y	Z	Rot. Symbol
90°	90°	0°	$\cos\frac{\pi}{q} + \sin\frac{\pi}{q} . k$

B. It may have a single q-axis, and (symmetrically arranged in a plane at right angles thereto) q 2-axes, say Λ^q, qL^2. Taking the q-axis as the axis of Z and some one of the 2-axes as the axis of X, the table is

X	Y	Z	Rot. Symbols
One q-axis, $\frac{1}{2}$ Rot. angle $=\frac{\pi}{q}$.			
90°	90°	0°	$\cos\frac{\pi}{q} + \sin\frac{\pi}{q} . k$
q 2-axes, $\frac{1}{2}$ Rot. angle = 90°.			
0°	90°	90°	i
$\frac{\pi}{q}$	$90° - \frac{\pi}{q}$	90°	$i \cos\frac{\pi}{q} + j \sin\frac{\pi}{q}$
$\vdots$	$\vdots$	$\vdots$	$\vdots$
$(q-1)\frac{\pi}{q}$	$90° - \frac{(q-1)\pi}{q}$	90°	$i \cos\frac{(q-1)\pi}{q} + j \sin\frac{(q-1)\pi}{q}$

and in particular if $q = 2$, the axes are $3L^2$ and the table is

X	Y	Z	Rot. Symbols
3 2-axes, $\frac{1}{2}$ Rot. angle = 90°			
90°	90°	0°	k
0°	90°	90°	i
90°	0°	90°	j

This in fact appears, Bravais, "Mémoire sur les polyèdres de forme symétrique," *Liouville*, t. XIV., pp. 141—180 (1843), observing that for the present purpose there is no distinction between his three cases

$$\Lambda^{2q+1}, (2q+1) L^2; \quad \Lambda^{2q}, qL^2, qL'^2; \quad \Lambda^{2q}, 2qL^2.$$

12. The meaning of the rotation symbol is as follows: viz. if in general we have a rotation θ about an axis inclined at the angles X, Y, Z to any three rectangular axes, and if Π be the rotation symbol,

$$\Pi = \cos \tfrac{1}{2}\theta + \sin \tfrac{1}{2}\theta \, (i \cos X + j \cos Y + k \cos Z),$$

then if x, y, z are the original coordinates of any point of the body, and x', y', z' the coordinates of the same point after the rotation; the values of x', y', z' are given in terms of x, y, z by the formula

$$ix' + jy' + kz' = \Pi \, (ix + jy + kz) \, \Pi^{-1}.$$

This is in fact the form under which, in the paper "On certain results relating to Quaternions," *Phil. Mag.*, vol. XXVI. (1845), p. 141, [20], I exhibited the rotation formulæ of Euler and Rodrigues. See also my paper "On the application of Quaternions to the Theory of Rotation," *Phil. Mag.*, vol. XXXIII. (1848), p. 196, [68].

13. We have, it is clear,

$$\Pi^s = \cos s\theta + \sin s\theta \, (i \cos X + j \cos Y + k \cos Z)$$

which shows that Π^s is the symbol for the rotation Π repeated s times: (more generally performing on the body, first the rotation Π and then the rotation Φ about any axis, the same or different, the symbol of the resultant rotation is $= \Phi\Pi$). If Π be the symbol for a rotation through the angle $\frac{2\pi}{q}$, then the rotation which corresponds to the symbol Π^q is a rotation through 360°, that is the body returns to its original position; it might at first sight appear that we ought to have $\Pi^q = 1$, and that the symbols $1, \Pi, \Pi^2, \ldots \Pi^{q-1}$ would form a *group;* this however is not so, for we have not $\Pi^q = 1$, but $\Pi^q = -1$; in fact, it is to be observed that to pass from $ix + jy + kz$ to $ix' + jy' + kz'$, we have to multiply by $\Pi(\ )\Pi^{-1}$, so that the symbol of the rotation is indifferently $\pm \Pi$, and that the rotation symbol -1 is thus equivalent to the rotation symbol $+1$. But as regards the formation of the group, the only difference is that it is not $1, \Pi, \Pi^2, \ldots \Pi^{q-1}$ which form a group of q symbols, but $\pm 1, \pm \Pi, \pm \Pi^2, \ldots \pm \Pi^{q-1}$ which form a group of $2q$ symbols. And so in the axial system of any polyhedron, if Π be the rotation symbol of any q-axis, then taking for each axis of the polyhedron the set of symbols $\pm \Pi, \pm \Pi^2, \ldots \pm \Pi^{q-1}$, and besides the two symbols ± 1, the whole series of symbols form together a group.

14. Thus in the before-mentioned case $B(q = 2)$ we have the eight symbols

$$\pm 1, \ \pm i, \ \pm j, \ \pm k$$

forming (as they obviously do) a group. In the general case B, putting for shortness

$$\Theta = \cos \frac{\pi}{q} + \sin \frac{\pi}{q} . k \text{ and } \Phi_s = i \cos \frac{s\pi}{q} + j \sin \frac{s\pi}{q},$$

the group consists of the $4q$ symbols

$$\pm 1,\ \pm\Theta,\ \ldots \pm\Theta^{q-1};\quad \pm\Phi_1,\ \pm\Phi_2,\ \ldots \pm\Phi_{q-1},$$

(to verify that this is so, it is only necessary to form the equations

$$\Theta^r\Theta^s=\Theta^{r+s},\quad \Phi_s^2=-1,\quad \Theta^r\Phi_s=\Phi_{s+r},\quad \Phi^s\Theta^r=\Phi_{s-r},\quad \Phi_r\Phi_s=-\Theta^{r-s},$$

which are at once seen to be true).

15. The $\pm$ general case A gives merely the group of the $2q$ symbols

$$\pm 1,\ \pm\Theta,\ldots \pm\Theta^{q-1},$$

which has been already mentioned.

16. The tetrahedron gives the group of 24 symbols,

$\tfrac{1}{2}(\pm 1 \pm i \pm j \pm k)$	16 cube roots of $\pm$ 1
$\pm i,\ \pm j,\ \pm k$	6 square „ „ „
± 1	2 terms
	24

(the signs $\pm$ being all independent).

17. The cube and octahedron give the group of 48 symbols

$\frac{1}{\sqrt{2}}(\pm 1 \pm i),\ \frac{1}{\sqrt{2}}(\pm 1 \pm j),\ \frac{1}{\sqrt{2}}(\pm 1 \pm k)$	12 fourth roots of ± 1
$\tfrac{1}{2}(\pm 1 \pm i \pm j \pm k)$	16 cube „ „ „
$\pm i,\ \pm j,\ \pm k,\ \frac{1}{\sqrt{2}}(\pm j \pm k),\ \frac{1}{\sqrt{2}}(\pm k \pm i),\ \frac{1}{\sqrt{2}}(\pm i \pm j)$	18 square „ „ „
± 1	2 terms
	48

(the signs $\pm$ being all independent).

18. The dodecahedron and icosahedron give the group of 120 symbols

$$\left.\begin{array}{l} \pm\frac{\sqrt{5}\pm 1}{4}\pm\tfrac{1}{2}j\pm\frac{\sqrt{5}\mp 1}{4}k, \\ \pm\frac{\sqrt{5}\pm 1}{4}\pm\tfrac{1}{2}k\pm\frac{\sqrt{5}\mp 1}{4}i, \\ \pm\frac{\sqrt{5}\pm 1}{4}\pm\tfrac{1}{2}i\pm\frac{\sqrt{5}\mp 1}{4}j, \end{array}\right\}\ \text{48 fifth roots of } \pm 1$$

$$\tfrac{1}{2}(\pm 1 \pm i \pm j \pm k)$$

$$\left.\begin{array}{l}\pm\tfrac{1}{2}\ \pm\dfrac{\sqrt{5}-1}{4}j\pm\dfrac{\sqrt{5}+1}{4}k,\\[2ex] \pm\tfrac{1}{2}\ \pm\dfrac{\sqrt{5}-1}{4}k\pm\dfrac{\sqrt{5}+1}{4}i,\\[2ex] \pm\tfrac{1}{2}\ \pm\dfrac{\sqrt{5}-1}{4}i\pm\dfrac{\sqrt{5}+1}{4}j,\end{array}\right\}\ \text{40 cube roots of } \pm 1$$

$$\pm i,\ \pm j,\ \pm k,$$

$$\left.\begin{array}{l}\pm\tfrac{1}{2}i\pm\dfrac{\sqrt{5}+1}{4}j\pm\dfrac{\sqrt{5}-1}{4}k,\\[2ex] \pm\tfrac{1}{2}j\pm\dfrac{\sqrt{5}+1}{4}k\pm\dfrac{\sqrt{5}-1}{4}i,\\[2ex] \pm\tfrac{1}{2}k\pm\dfrac{\sqrt{5}+1}{4}i\pm\dfrac{\sqrt{5}-1}{4}j,\end{array}\right\}\ \text{30 square ,, ,,}$$

$$\pm 1 \qquad\qquad \text{2 terms}$$

$$\overline{\ 120\ }$$

(The signs $\pm$ are all independent, except that in each of the three expressions in the top line the signs in $\sqrt{5}\pm 1$, $\sqrt{5}\mp 1$, are opposite to each other, so that each of the three expressions has 16 values.)

It is to be remarked that in the groups of 24 and 48, the group is not altered by any permutation whatever of the symbols i, j, k; whereas the group of 120 is not altered by the cyclical permutation of these symbols, but it is altered by the interchange of any two of them; the geometrical reason of this difference may be perceived without difficulty.

P.S. I found accidentally, *Gergonne*, t. XV., p. 40, (1824—25), the following problem: "De combien de manières m couleurs différentes les unes des autres peuvent-elles être appliquées sur les faces d'un polyèdre régulier; m représentant tour à tour les nombres 4, 6, 8, 12, 20?"

Instead of the m of the problem, writing as before F for the number of faces, and writing also E for the number of edges; then if different positions of the same polyhedron were reckoned as different polyhedra, the number of ways would of course be $\Pi(F)$ $(=1.2.3\ldots F)$; and since by what precedes the same polyhedron can be placed in $2E$ positions, the required number of ways is $\frac{1}{2E}\Pi(F)$.

Thus for the tetrahedron, if the colours are black, white, red, green, we may place it with the black face on the table and the white face in front; the only variation in the disposition of the colours, is according as the right hand and the left hand faces are coloured red and green or else green and red respectively; and the number of ways therefore is $=2$, which agrees with the formula.

2, *Stone Buildings, W.C.*, 30 *January*, 1863.

376.

THÉORÈME RELATIF À L'ÉQUILIBRE DE QUATRE FORCES.

[From the *Comptes Rendus de l'Académie des Sciences de Paris*, tom. LXI. (*Juillet—Décembre* 1865), pp. 829—830.]

ON sait que si quatre forces qui agissent sur un corps solide se tiennent en équilibre, alors (théorème de M. Möbius) les droites suivant lesquelles ces forces agissent sont quatre génératrices d'un même hyperboloïde: et de plus en représentant chaque force par une longueur proportionnelle sur la direction de cette force, alors (théorème de M. Chasles) le tetraèdre formé par deux quelconques des forces est égal au tetraèdre formé par les deux autres forces.

En cherchant les valeurs des quatre forces lesquelles en agissant selon quatre génératrices données d'un même hyperboloïde se tiennent en équilibre, j'ai réussi à trouver pour ces valeurs une expression assez remarquable qui comprend comme corollaire le théorème de M. Chasles.

Je nomme *moment de deux droites* la distance perpendiculaire de ces droites multipliée par le sinus de leur inclinaison mutuelle. Cela étant, en considérant quatre droites 1, 2, 3, 4 génératrices d'un même hyperboloïde, je dénote par ces mêmes symboles 1, 2, 3, 4 les forces qui agissent selon ces quatre droites respectivement, et par 12 le moment des droites 1 et 2, et de même pour les autres combinaisons de deux droites.

Or je dis que les forces 1, 2, 3, 4 qui se tiennent en équilibre ont les valeurs proportionnelles que voici, à savoir en prenant les radicaux avec des signes convenables:

$$1 = \sqrt{23 \,.\, 34 \,.\, 42},$$

$$2 = \sqrt{34 \,.\, 41 \,.\, 13},$$

$$3 = \sqrt{41 \,.\, 12 \,.\, 24},$$

$$4 = \sqrt{12 \,.\, 23 \,.\, 31}.$$

On déduit de là, en écrivant pour abréger

$$\nabla = \sqrt{23 \, . \, 31 \, . \, 12 \, . \, 14 \, . \, 24 \, . \, 34},$$

les équations

$$\nabla \sqrt{23 \, . \, 14} = 2 \, . \, 3 \, . \, 23 = 1 \, . \, 4 \, . \, 14,$$

$$\nabla \sqrt{31 \, . \, 24} = 3 \, . \, 1 \, . \, 31 = 2 \, . \, 4 \, . \, 24,$$

$$\nabla \sqrt{12 \, . \, 34} = 1 \, . \, 2 \, . \, 12 = 3 \, . \, 4 \; 34,$$

où par exemple l'équation $1 \, . \, 2 \, . \, 12 = 3 \, . \, 4 \, . \, 34$ exprime que le produit des forces 1 et 2 par le moment 12 des droites suivant lesquelles ces forces agissent est égal au produit des forces 3 et 4 par le moment 34 des droites selon lesquelles ces forces agissent.

J'ajoute que l'on a, en prenant les radicaux avec les signes convenables,

$$\sqrt{23 \, . \, 14} + \sqrt{31 \, . \, 24} + \sqrt{12 \, . \, 34} = 0,$$

équation qui subsiste non seulement pour quatre génératrices quelconques d'un même hyperboloïde, mais pour quatre droites liées par une relation géométrique plus générale, à savoir, pour quatre droites telles que les deux droites qui rencontrent ces quatre droites se réduisent à une seule droite: ou (ce qui est la même chose) telles que chacune des quatre droites touche l'hyperboloïde qui passe par les trois autres droites.

377.

NOTE SUR LA CORRESPONDANCE DE DEUX POINTS SUR UNE COURBE.

[From the *Comptes Rendus de l'Académie des Sciences de Paris*, tom. LXII. (*Janvier—Juin*, 1866), pp. 586—590.]

DANS la théorie à laquelle se rapporte cette Note, un point de rebroussement, s'il était nécessaire d'en parler, serait censé un cas particulier du point double; mais, pour simplifier, je ne ferai attention qu'aux courbes sans point de rebroussement.

Une courbe de l'ordre m peut avoir au plus $\frac{1}{2}(m-1)(m-2)$ points doubles; la différence entre ce nombre et le nombre actuel δ des points doubles d'une courbe donnée, savoir le nombre

$$D=\tfrac{1}{2}(m-1)(m-2)-\delta,$$

que je nomme le *défaut* (en anglais, *deficiency*), joue, comme on sait, un rôle important dans la théorie de la courbe. En particulier, pour une courbe de l'ordre m avec le défaut $D=0$, ou, comme je dis, pour une courbe *unicursale* de l'ordre m, les coordonnées (x, y, z) d'un point quelconque de la courbe (je me sers toujours des coordonnées homogènes) sont proportionnelles à des fonctions rationnelles et entières du degré m d'un paramètre variable θ.

Cela étant, le théorème de M. Chasles: "Lorsque sur une droite deux séries de points P, P' se correspondent de manière qu'à un point donné P correspondent α points P', et qu'à un point donné P' correspondent α' points P, alors le nombre des points P qui coïncident avec les points correspondants P' est $\alpha+\alpha'$;" ce théorème, dis-je, s'étend sans changement à des points correspondants situés sur une courbe *unicursale* quelconque; et l'on peut énoncer le théorème comme il suit:

Lorsque, sur une courbe unicursale, il y a deux séries de points qui ont une correspondance (α, α'), le nombre des points unis est $\alpha+\alpha'$.

Cela donne lieu au théorème: "Lorsque, sur une courbe, avec le défaut D, il y a deux séries de points qui ont une correspondance (α, α'), le nombre des points unis est $\alpha+\alpha'+2kD$," où $2k$ est un facteur qu'il s'agit de déterminer. Cela peut se faire, sinon toujours, au moins dans la plupart des cas, au moyen du théorème que voici, tiré d'une induction qui me paraît suffisante:

En considérant sur la courbe $U=0$ un point donné P', et puis les intersections de la courbe $U=0$ par une courbe $\Theta=0$ dont l'équation contient d'une manière quelconque les coordonnées (x', y', z') du point donné P'; s'il y a k intersections qui coïncident avec le point P', et que les autres intersections forment un système de points P qui correspondent au point donné P', et si cette correspondance est une correspondance (α, α'), alors le nombre des points unis est $\alpha+\alpha'+2kD$.

Je donne quatre exemples de ce théorème:

1°. *Recherche de la classe.*—Si les points correspondants P, P' sont situés en ligne droite avec un point donné O, alors les points unis sont les points de contact des tangentes menées par le point O; donc le nombre des points unis est égal à la classe de la courbe. La courbe $\Theta=0$ est ici la droite OP', il y a donc une seule intersection P'; donc $k=1$, et nous avons entre les points P, P' une correspondance $(m-1, m-1)$. Donc nous avons pour la classe M de la courbe l'expression

$$M=2(m-1)+2D,$$

où, en substituant pour D la valeur

$$D=\tfrac{1}{2}(m-1)(m-2)-\delta,$$

nous trouvons

$$M=m^2-m-2\delta,$$

comme cela doit être.

2°. *Recherche du nombre des inflexions.*—Si les points P sont les points de rencontre avec la courbe de la tangente au point P', alors les points unis seront les points d'inflexion. La courbe $\Theta=0$ est ici la tangente au point P'; il y a ainsi deux intersections au point P; donc $k=2$; de plus, à chaque point P' correspondent $(m-2)$ points P, et à chaque point P correspondent $M-2$ points P'. On a donc pour le nombre des inflexions

$$i=(m+M-4)+4D,$$

ou, en substituant pour M, D, leurs valeurs,

$$i=3m(m-2)-6\delta,$$

ce qui est juste.

Avant d'aller plus loin, il convient de généraliser le théorème, en remarquant que les intersections des courbes $U=0$, $\Theta=0$ peuvent former plusieurs systèmes simples ou multiples de points: les intersections peuvent être le point P' (k fois), un système de points P (p fois), un système de points Q (q fois), etc. Cela étant, s'il y a entre les points P' et P une correspondance (α, α'), et si le nombre des points unis de ce système est a; s'il y a entre les points P' et Q une correspondance (β, β'), et si le nombre des points unis de ce système est b, et ainsi de suite; alors le théorème prend la forme

$$p\mathrm{a} + q\mathrm{b} + \ldots = p(\alpha+\alpha') + q(\beta+\beta') + \ldots + 2kD;$$

c'est la forme applicable à l'exemple qui suit.

3°. *Recherche du nombre des tangentes doubles.*—Prenons pour la courbe $\Theta = 0$ le système des $(M-2)$ tangentes menées à la courbe par le point donné P'; on a ici les points P qui sont les points de contact de ces tangentes, et les points Q qui sont les autres intersections de la courbe par ces tangentes; les intersections sont le point $P'(M-2)$ fois (donc $k = M-2$), le système des points P (2 fois) et le système des points Q (1 fois). Le système P, P' est précisément celui qui donne les points d'inflexion. On a donc

$$\alpha = \alpha' = m-1;$$

a est égal au nombre de points d'inflexion (mais, pour plus de commodité, je retiens le symbole a); $p=2$. Le système P, Q est un système qui a pour points unis les points de contact des tangentes doubles, le nombre b des points unis sera donc 2τ, en dénotant par τ le nombre des tangentes doubles. On a pour la correspondance (β, β') entre les points P' et Q

$$\beta = \beta' = (m-3)(M-2);$$

enfin

$$q = 1.$$

Le théorème donne ainsi

$$2\mathrm{a} + \mathrm{b} = 2(m+M-4) + 2(m-3)(M-2) + 2(M-2)D;$$

mais nous avons ci-dessus trouvé

$$\mathrm{a} = (m+M-4) + 4D;$$

donc enfin

$$\mathrm{b} = 2\tau = 2(m-3)(M-2) + 2(M-6)D,$$

où, en substituant pour M et D leurs valeurs, on retrouve la formule ordinaire

$$2\tau = m(m-2)(m^2-9) - (m^2-m-6)4x + 4x(x-1).$$

Parmi les intersections des courbes $U=0$, $\Theta=0$, il peut y avoir un système simple ou multiple de points fixes, c'est-à-dire indépendants de la position du point P'; disons un système de λ points A (l fois). Il y aura dans ce cas, entre les points P', A, une correspondance $(0, \lambda)$, et les points unis du système sont les points A mêmes; le nombre des points unis est donc λ; les deux côtés de l'équation contiendront les termes égaux $l\lambda$ et $l(0+\lambda)$ respectivement, qui se détruisent, ce qui fait voir qu'il est permis de négliger les points fixes A, et ne faire attention qu'aux points d'intersection variables.

Il est assez remarquable que le théorème général peut s'écrire sous cette forme plus simple

$$p\mathrm{a} + q\mathrm{b} + \ldots = p(\alpha + \alpha') + q(\beta + \beta') + \ldots,$$

en comprenant parmi les systèmes formés par les intersections des courbes $U = 0$, $\Theta = 0$, le système du point P' (k fois), et en posant pour ce système

$$\mathrm{a} = 0, \quad \alpha = \alpha' = D;$$

le système du point P (k fois) donne ainsi un terme $= 0$ au côté gauche, un terme $= 2kD$ au côté droit de l'équation.

Comme dernier exemple appartenant à la formule simple

$$\mathrm{a} = \alpha + \alpha' + 2kD,$$

je prends:

4°. *Recherche du nombre des points sextactiques*, c'est-à-dire des points qui sont tels, que par chacun passe une conique qui a dans ce point un contact du cinquième ordre avec la courbe.—Il faut prendre pour les points P les intersections avec la courbe de la conique qui a au point P' un contact du quatrième ordre; les points unis seront ceux dont il s'agit. La courbe $\Theta = 0$ est la conique qui a au point P' un contact du quatrième ordre. On a ainsi, parmi les intersections, le point P' 5 fois; donc $k = 5$. A chaque point P' correspondent $2m - 5$ points P; à chaque point P, $(10m^2 - 20m - 5 - 20\delta)$ points P' (j'emprunte le terme -20δ d'une formule que vient de donner M. Zeuthen); donc la formule donne pour le nombre des points unis

$$10m^2 - 18m - 10 - 20\delta + 10D,$$

c'est-à-dire

$$15m^2 - 33m - 30\delta.$$

Mais cette expression comprend le nombre $3m(m-2) - 6\delta$ des inflexions; en effet, pour un point d'inflexion, la conique avec contact du quatrième ordre se réduit à la tangente prise deux fois, ce qui est une conique avec contact du cinquième ordre. Donc enfin le nombre des points sextactiques sera

$$m(12m - 27) - 24\delta,$$

ou, pour une courbe sans points doubles,

$$m(12m - 27):$$

ce qui s'accorde avec la valeur que j'ai trouvée par d'autres moyens, [341].

378.

REPORT OF A COMMITTEE APPOINTED BY THE BRITISH ASSOCIATION FOR THE ADVANCEMENT OF SCIENCE, TO CONSIDER THE FORMATION OF A CATALOGUE OF PHILOSOPHICAL MEMOIRS.

[From the *Report of the British Association for the Advancement of Science*, (1856), pp. 463—464.]

THE Committee were appointed—on the occasion of a communication from Professor Henry of Washington, containing a proposal for the publication of Philosophical Memoirs scattered throughout the Transactions of Societies in Europe and America, with the offer of cooperation on the part of the Smithsonian Institute, to the extent of preparing and publishing, in accordance with the general plan which might be adopted by the British Association, a Catalogue of all the American Memoirs on Physical Science—to consider the best system of arrangement, and to report thereon to the Council.

The Committee are desirous of expressing their sense of the great importance and increasing need of such a Catalogue.

They understand the proposal of the Smithsonian Institute to be, that a separate Catalogue should be prepared and published for America.

In the opinion of the Committee,

The Catalogue should embrace the Mathematical and Physical Sciences, but should exclude Natural History and Physiology, Geology, Mineralogy, and Chemistry, which would properly form the subject-matter of a distinct Catalogue or Catalogues. The difficulty of drawing the line would perhaps be greatest with regard to Chemistry and Geology; but the Committee would admit into the Catalogue memoirs not purely Chemical or Geological, but having a direct bearing upon the subjects of the Catalogue.

The Catalogue should not be restricted to memoirs in Transactions of Societies, but should comprise also memoirs in the Proceedings of Societies, in Mathematical and Scientific Journals, in Ephemerides and volumes of Observations, and in other collections not coming under any of the preceding heads. The Catalogue would not comprise separate works.

The Catalogue should begin from the year 1800.

There should be a Catalogue according to the names of authors, and also a Catalogue according to subjects; the title of the memoir, date, and other particulars to be in each case given in full, so as to avoid the necessity of a reference from the one Catalogue to the other.

The Catalogue should, in referring to a memoir, give the number as well of the last as of the first page, so as to show the length of the memoir.

The Catalogue should give in every case the date of a memoir (the year only), namely, in the case of memoirs published in the Transactions of a Society, the date of reading, and in other cases the date on the title-page of the volume. Such date should be inserted as a distinct fact, even in the case of a volume of transactions referred to by its date.

The Catalogue should contain a list of volumes indexed, showing the complete title; in the case of transactions, the year to which the volume belongs, and the year of publication; and in other cases, the year of publication, and the abbreviated reference to the work.

The references to works should be given in a form sufficiently full to be easily intelligible without turning to the explanation of such reference.

The author's name and the date should be printed in a distinctive type, so as to be conspicuous at first sight; and generally the typographical execution should be such as to facilitate as much as possible the use of the Catalogue.

As to the Catalogue according to the authors' names, the memoirs of the same author should be arranged according to their dates.

As to the Catalogue according to subjects, the question of the arrangement is one of very great difficulty. It appears to the Committee that the scheme of arrangement cannot be fixed upon according to any *à priori* classification of subjects, but must be determined after some progress has been made in the preliminary work of collecting the titles of the memoirs to be catalogued. The value of this part of the Catalogue will materially depend upon the selection of a proper principle of arrangement, and the care and accuracy with which such principle is carried out. The arrangement of the memoirs in the ultimate subdivisions should be according to their dates.

The most convenient method of making the Catalogue would appear to be, that each volume to be indexed should be gone through separately, and a list formed of all the memoirs which come within the plan of the proposed Catalogue. Such list should be in triplicate, one copy for reference, a second copy to be cut up and arranged for the Catalogue according to authors' names, and another copy to be cut up and arranged for the Catalogue according to subjects.

The Committee have endeavoured to form an estimate of the space which the Catalogue would occupy. The number of papers in a volume of transactions is in general small, but there are works, such as the *Comptes Rendus*, the *Astronomische Nachrichten*, the *Philosophical Magazine*, &c., containing a very great number of papers, the titles of which would consequently occupy a considerable space in the Catalogue. Upon the whole, the Committee consider that, excluding America, they may estimate the number of papers to be entered at 125,000; or since each paper would be entered twice, the number of entries would be 250,000. The number of entries that could conveniently be brought into a page 4to. (double columns) would be about 30, so that, according to the above estimate, the Catalogue would occupy ten quarto volumes of rather more than 800 pages each.

It appears to the Committee that there should be paid Editors, who should be familiar with the several great branches respectively of the Sciences to which the Catalogue relates; but that the general scheme of arrangement and details of the Catalogue should be agreed upon between all the Editors, and that they should be jointly responsible for the execution. It would of course be necessary that the Editors should have the assistance of an adequate staff of clerks.

The principal scientific transactions and works would be accessible in England at the Library of the British Museum, and the libraries of the Royal Society and other Philosophical Societies. It would be the duty of the Editors to ascertain all the different works which ought to be catalogued, and to procure information as to the contents of such of them as may not happen to be accessible.

The Catalogue according to authors' names would be the most readily executed, and this Catalogue, if it should be found convenient, might be first published. The time of bringing out the two Catalogues would of course depend upon the sufficiency of the assistance at the command of the Editors; but if the Catalogue be undertaken, it is desirable that the arrangement should be such, that the complete work might be brought out within a period not exceeding three years.

A. CAYLEY.
R. GRANT.
G. G. STOKES.

13*th June*, 1856.

379.

NOTICES OF COMMUNICATIONS TO THE BRITISH ASSOCIATION FOR THE ADVANCEMENT OF SCIENCE.

[From the *Reports of the British Association for the Advancement of Science*, 1854 to 1860, *Notices and Abstracts of miscellaneous Communications to the Sections.*]

1. *On the Solution of Cubic and Biquadratic Equations.* Report, 1854, p. 1.

---

2. *On the Porism of the In-and-circumscribed Triangle.* Report, 1855, p. 1.

THE porism of the in-and-circumscribed triangle in its most general form relates to a triangle the angles of which lie in fixed curves, and the sides of which touch fixed curves, but at present I consider only the case in which the angles lie in one and the same fixed curve which for greater simplicity I consider to be a conic. We have therefore a triangle ABC the angles of which lie in a fixed conic $\mathfrak{S}$ and the sides of which touch the fixed curves $\mathfrak{A}$, $\mathfrak{B}$, $\mathfrak{C}$. And if we consider the conic $\mathfrak{S}$ and the curves $\mathfrak{A}$, $\mathfrak{B}$ as given, the curve $\mathfrak{C}$ will be the envelope of the side AB of the triangle. Suppose that the curves $\mathfrak{A}$, $\mathfrak{B}$ are of the classes m, n respectively; there is no difficulty in showing that the curve $\mathfrak{C}$ is of the class $2mn$. But the curve $\mathfrak{C}$ has in general double tangents forming two distinct groups, the first group arising from the quadrilaterals inscribed in the conic $\mathfrak{S}$ and such that two opposite sides touch the curve $\mathfrak{A}$, and the other two opposite sides the curve $\mathfrak{B}$; the second group arising from quadrilaterals such that two adjacent sides touch the curve $\mathfrak{A}$ and the other two adjacent sides touch the curve $\mathfrak{B}$. The number of double tangents of the first group is $= mn(mn-1)$, and the number of double tangents of the second group is $= mn(mn-m-n+1)$; the number of double tangents of the two groups is therefore $= mn(2mn-m-n)$. The curve $\mathfrak{C}$ has not in general any inflexions, hence, being of the class $2mn$ with $mn(2mn-m-n)$ double tangents, it will be of the order $2mn(m+n-1)$.

When the curves $\mathfrak{A}$ and $\mathfrak{B}$ are conics, the curve $\mathfrak{C}$ is therefore of the class 8, with 16 double tangents but no inflexions, consequently of the order 24. But there are two remarkable cases in which the order is further diminished.

First when each of the conics $\mathfrak{A}$, $\mathfrak{B}$ has double contact with the conic $\mathfrak{S}$. The four points of contact give rise to 8 new double tangents or there are in all 24 double tangents, the curve $\mathfrak{C}$ is therefore of the degree 8: and being of the class 8 with 24 double tangents, it must of necessity break up into 4 curves each of the class 2, i.e. into 4 conics. Each of these has double contact with the conic $\mathfrak{S}$, or attending to only one of the four conics we have the well-known theorem which I call the porism (homographic) of the in-and-circumscribed triangle, viz. "there are an infinity of triangles inscribed each in a conic, and such that the sides touch conics having each of them double contact with the circumscribed conic."

Secondly, the conics $\mathfrak{A}$ and $\mathfrak{B}$ may intersect the conic $\mathfrak{S}$ in the same four points. Here every tangent of the curve $\mathfrak{C}$ is in fact a double tangent belonging to the first-mentioned group, the curve $\mathfrak{C}$ in fact consists of two coincident curves: each of them is therefore of the class 4. But this curve of the class 4 has itself four double tangents arising from the common points of intersection of the conics $\mathfrak{A}$, $\mathfrak{B}$ with the conic $\mathfrak{S}$; it must therefore break up into two curves each of the class 2, i.e. into two conics: each of these intersects the conic $\mathfrak{S}$ in the same four points in which it is intersected by the conics $\mathfrak{A}$, $\mathfrak{B}$. Attending only to one of the two conics we have the other well-known theorem which I call the porism (allographic) of the in-and-circumscribed triangle, viz. "there exist an infinity of triangles inscribed in a conic, and such that the sides touch conics, each of them meeting the circumscribed conic in the same four points."

---

3. *On the Notion of Distance in Analytical Geometry.* Report, 1858, p. 3.

THE author remarks that the principles of Modern Geometry show that any metrical property whatever is really based upon a purely descriptive property, and that these principles contain in fact a theory of distance—but that such theory has not been disengaged from its applications and stated in a distinct and explicit form. The paper contains an account of the theory in question, viz. it is shown that in any system of geometry of two dimensions the notion of distance can be arrived at from descriptive principles by means of a conic called the Absolute, and which in ordinary geometry degenerates into a pair of points.

---

4. *On Curves of the Fourth Order having Three Double Points.* Report, 1860, p. 4.

THE paper is a short notice only of researches which the Author is engaged in with reference to curves of the fourth order having three double points. A curve of the kind in question is derived from a conic by the well-known transformation of substituting for the original trilinear coordinates their reciprocals: and the species of the curve of the fourth order depends on the position of the conic with respect to the fundamental triangle.

---

5. *On Curves of the Third Order.* Report, 1861, p. 2.

A CURVE of the third order or cubic curve is a section of a cubic cone and such cone is intersected by a concentric sphere in a spherical cubic. It is an obvious consequence of a theorem of Sir Isaac Newton's that there are five principal kinds of cubic cones, or what is the same thing five principal kinds of spherical cubics—but the nature of these five kinds of spherical cubics was first distinctly explained by Möbius. They may be designated the *simplex*, the *complex*, the *crunodal*, the *acnodal* and the *cuspidal:* where crunode, acnode, denote respectively the two species of double points (nodes), viz. the double point with two real branches, and the conjugate or isolated point. The foregoing results are known: the special object of the paper is to establish a subdivision of the simplex kind of spherical cubics. The simplex kind is a continuous reentering curve cutting a great circle, to fix the ideas say the equator, in three pairs of opposite points, which are the three real inflexions of the curve. The three great circles which are the tangents at the inflexions and the equator divide the entire surface of the sphere into fourteen regions whereof eight are trilateral and the remaining six are quadrilateral. The curve may be entirely in six out of the eight trilateral regions, and it is in this case said to be *simplex trilateral;* or it may lie entirely in the six quadrilateral regions, and it is in this case said to be *simplex quadrilateral;* and there is an intermediate form, the *simplex neutral;* viz. in this case the three great circles tangents at the inflexions meet in a pair of opposite points and there are in all only twelve regions all of them trilateral; the curve lies entirely in six of these regions.

---

6. *On a Certain Curve of the Fourth Order.* Report, 1862, p. 3.

THE curve in question is the locus of the centres of the conics which pass through three given points and touch a given line; if the equations of the sides of the triangle formed by the three points are $x=0$, $y=0$, $z=0$, these coordinates being such that $x+y+z=0$ is the equation of the line infinity, and if $\alpha x+\beta y+\gamma z=0$ be the equation of the given line, then (as is known) the equation of the curve is

$$\sqrt{\alpha x(y+z-x)}+\sqrt{\beta y(z+x-y)}+\sqrt{\gamma z(x+y-z)}=0.$$

The special object of the communication was to exhibit the form of the curve in the case where the line cuts the triangle, and to point out the correspondence of the positions of the centre upon the curve, and the point of contact on the given line.

---

7. *On the Representation of a Curve in Space by means of a Cone and Monoid Surface.* Report, 1862, p. 3.

THE author gave a short account of his researches recently published in the *Comptes Rendus.* The difficulty as to the representation of a curve in space is, that such a curve is not in general the complete intersection of two surfaces; any two surfaces passing through the curve intersect not only in the curve itself, but in a certain companion curve, which cannot be got rid of; this companion curve is in the proposed mode of representation reduced to the simplest form, viz. that of a system of lines passing through one and the same point. The two surfaces employed for the representation of a curve of the nth order are, a *cone* of the nth order having for its vertex an arbitrary point (say the point $x=0$, $y=0$, $z=0$), and a *monoid* surface with the same vertex, viz. a surface the equation whereof is of the form $Qw-P=0$, P and Q being homogeneous functions of (x, y, z) of the degrees p and $p-1$ respectively (where p is at most $=n-1$). The monoid surface contains upon it $p(p-1)$ lines given by the equations $(P=0,\ Q=0)$; and, the cone passing through $n(p-1)$ of these lines (if, as above supposed, $p \not> n-1$, this implies that some of these lines are multiple lines of the cone), the monoid surface will besides intersect the cone in a curve of the nth order.

---

8. *On a Formula of M. Chasles relating to the Contact of Conics.* Report, 1864, p. 1.

THE author gave an account of the recent investigations of M. Chasles in relation to the theory of conics, viz., M. Chasles has found that the properties of a system of conics, containing one arbitrary parameter, depend upon two quantities called by him the *characteristics* of the system; these are, μ, the number of conics of the system which pass through a given point, and, ν, the number of conics of the system which touch a given line; or, say, μ is the *parametric order*, ν the *parametric class*, of the system. And he exhibited a transformation obtained by him of a formula of M. Chasles for the number of conics which touch five given curves, viz., if (M, m) (N, n) (P, p) (Q, q) (R, r) be the orders and classes of the five given curves respectively, then the number of curves is

$$=(1,\ 2,\ 4,\ 4,\ 2,\ 1)(M,\ m)(N,\ n)\ (P,\ p)\ (Q,\ q)\ (R,\ r),$$

where the notation stands for $1 \,.\, MNPQR + 2\Sigma mNPQR + 4\Sigma mnPQR + \&c.$ The transformed formula in question was communicated by the author to M. Chasles, and had appeared in the *Comptes Rendus;* but it is, in fact, included in a very beautiful and general theorem given in the same Number by M. Chasles himself.

---

9. *On the Problem of the In-and-circumscribed Triangle.* Report, 1864, p. 1.

THE general problem of the in-and-circumscribed triangle may be thus stated, viz., to find a triangle the angles whereof severally lie in, and the sides severally touch, a given curve or curves; and we may, in the first instance, inquire as to the number of such triangles. The first and easiest case is when the curves are all distinct; here, if the angles lie in curves of the *orders* m, n, p, respectively, and the sides touch curves of the *classes* Q, R, S, respectively, then the number of triangles is $=2mnpQRS$. The number may be obtained for some other cases; but the author has not yet considered the final and most difficult case, viz. that in which the angles severally lie in, and the sides severally touch, one and the same given curve.

The foregoing notices relate to verbal communications upon questions with which I was at the time occupied and which are for the most part more fully discussed in papers printed elsewhere. I remark upon them as follows:

1. I have no remembrance as to this; I think no paper printed or written.

2. See 175.

3. See 158.

4. No paper printed. The intention was to consider the different forms of trinodal quartic curves, in particular those with real nodes, as obtained from the inversion of a conic according to the different relations of the conic to the fundamental triangle. Thus according as the conic cuts in two real points, touches, or cuts in two imaginary points, a side of the triangle, the tangents at the corresponding node are real, coincident, or imaginary; viz. the node is a crunode, cusp, or acnode. And in the case of real intersections there is a further distinction according as the intersections lie each or either of them on the side itself, or on the side produced in one or other of the two directions. By considering the different relations of the conic to the fundamental triangle we thus obtain the different forms of the trinodal quartic.

5. See 351.

6. I think no paper printed or written.

7. See 302 and 305.

8. See 306.

9. The question is considered in a memoir On the Problem of the In-and-circumscribed Triangle, *Phil. Trans.* t. CLXI. (for 1871), pp. 369—412.

380.

NOTE ON THE RECTANGULAR HYPERBOLA.

[From the *Oxford, Cambridge and Dublin Messenger of Mathematics*, vol. I. (1862), p. 77.]

EVERY conic which passes through the points of intersection of two rectangular hyperbolas is a rectangular hyperbola. In fact if a conic be referred to rectangular axes, the condition that it may be a rectangular hyperbola is *Coeff. of* $x^2 = -$ *Coeff. of* y^2. Hence if U, V be any two quadratic functions of x, y, and if λ be a constant, the condition in question being satisfied for each of the functions U, V, is satisfied for the function $U+\lambda V$: and the equation of any conic through the points of intersection of the conics $U=0$, $V=0$ is $U+\lambda V=0$: which proves the theorem in question.

In particular if from two of the angles of a triangle perpendiculars are let fall on the opposite sides, and if the point of intersection of the perpendiculars and the third angle be joined: then since the first side and the perpendicular upon it are a rectangular hyperbola, and the second side and the perpendicular upon it are a rectangular hyperbola; the third side and the joining line must be a rectangular hyperbola: that is, these two lines must be at right angles to each other. We have thus the well-known theorem that the perpendiculars let fall from the angles of a triangle on the opposite sides meet in a point.

The theorem as to the hyperbolas is a particular case of the theorem that three conics which pass through the same four points are met by any line whatever in six points forming a system in involution. In fact a rectangular hyperbola is a conic meeting the line at infinity in two points harmonically related to the circular points at infinity: hence two of the conics being rectangular hyperbolas, the foci of the involution are the circular points at infinity: hence these points and the points in which the line at infinity meets the third conic are harmonically related to each other; that is, the third conic is a rectangular hyperbola.

381.

NOTE ON BEZOUT'S METHOD OF ELIMINATION.

[From the *Oxford, Cambridge and Dublin Messenger of Mathematics*, vol. II. (1864), pp. 88, 89.]

LET U, U' be any two rational and integral functions of x of the same order; to fix the ideas let them be the cubic functions

$$U = ax^3 + bx^2 + cx + d,$$
$$U' = a'x^3 + b'x^2 + c'x + d'.$$

Write

$$A = \begin{vmatrix} U, & U' \\ a, & a' \end{vmatrix}, \quad P = \begin{vmatrix} U, & U' \\ a, & a' \end{vmatrix},$$

$$B = \begin{vmatrix} U, & U' \\ b, & b' \end{vmatrix}, \quad Q = \begin{vmatrix} U & , U' \\ ax+b, & a'x+b' \end{vmatrix},$$

$$C = \begin{vmatrix} U, & U' \\ c, & c' \end{vmatrix}, \quad R = \begin{vmatrix} U & , U' \\ ax^2+bx+c, & a'x^2+b'x+c' \end{vmatrix},$$

$$D = \begin{vmatrix} U, & U' \\ d, & d' \end{vmatrix}, \quad S = \begin{vmatrix} U & , U' \\ ax^3+bx^2+cx+d, & a'x^3+b'x^2+c'x+d' \end{vmatrix}, = \begin{vmatrix} U, & U' \\ U, & U' \end{vmatrix}, = 0,$$

then we have

$$P = A,$$
$$Q = Ax + B,$$
$$R = Ax^2 + Bx + C,$$
$$S = Ax^3 + Bx^2 + Cx + D, = 0,$$

and thence

$$\begin{aligned} A &= P, \\ B &= Q - Px, \\ C &= R - Qx, \\ D &= S - Rx, = - Rx. \end{aligned}$$

Let α be an arbitrary quantity and write

$$\square z = \begin{vmatrix} U & , U' \\ a\alpha^3 + b\alpha^2 + c\alpha + d', & a'\alpha^3 + b'\alpha^2 + c'\alpha + d' \end{vmatrix};$$

we have it is clear

$$\begin{aligned} \square &= A\alpha^3 + B\alpha^2 + C\alpha + D, \\ &= \alpha^3 P + \alpha^2 (Q - Px) + \alpha (R - Qx), = Rx, \\ &= (\alpha^3 - \alpha^2 x) P + (\alpha^2 - \alpha x) Q + (\alpha - x) R, \end{aligned}$$

and thence

$$\frac{\square}{\alpha - x} = \alpha^2 P + \alpha Q + R.$$

The equations $P = 0$, $Q = 0$, $R = 0$ are respectively quadratic equations in x, the equations which are used in Bezout's method of elimination; and representing them by

$$\begin{aligned} P &= Lx^2 \ + Mx \ + N \ , = 0, \\ Q &= L'x^2 \ + M'x + N' \ , = 0, \\ R &= L''x^2 + M''x + N'', = 0, \end{aligned}$$

we have

$$\begin{vmatrix} L \ , & M \ , & N \\ L' , & M' , & N' \\ L'', & M'', & N'' \end{vmatrix} = 0$$

as the equation resulting from the elimination of x from the equations $U = 0$, $U' = 0$. The foregoing investigation shows that the functions P, Q, R are obtained as the coefficients of α^2, α, 1 in the development of

$$\frac{1}{\alpha - x} \begin{vmatrix} U & , U' \\ a\alpha^3 + b\alpha^2 + c\alpha + d, & a'\alpha^3 + b'\alpha^2 + c'\alpha + d' \end{vmatrix};$$

or more generally, taking U, U' to be any two functions of the order n, that the n functions P, Q, R, &c. each of the order $n - 1$ are obtained as the coefficients of α^{n-1}, α^{n-2}, ... α, 1 in the development of

$$\frac{1}{\alpha - x} \begin{vmatrix} U \ , & U' \\ U_\alpha , & U_\alpha' \end{vmatrix},$$

where U_α, U_α' are what U, U' become when x is replaced therein by α: and we have thus a simple *à posteriori* verification of the form in which, several years ago, I presented Bezout's Method of Elimination.

2, *Stone Buildings, W.C., March* 5, 1863.

382.

NOTE ON THE TETRAHEDRON.

[From the *Oxford, Cambridge and Dublin Messenger of Mathematics*, t. III. (1866), pp. 8—10.]

THE following simple properties of a tetrahedron seem worth noticing.

In the tetrahedron $ABCD$ if $AC = BD$ and $AD = BC$, then the line joining the middle points of $AB + CD$, or say the points $\tfrac{1}{2}AB$ and $\tfrac{1}{2}CD$, cuts at right angles these lines AB and CD.

If $AB = CD$, then the line joining the points $\tfrac{1}{2}AC$, $\tfrac{1}{2}BD$, and the line joining the points $\tfrac{1}{2}AD$, $\tfrac{1}{2}BC$ (lines which in any tetrahedron meet each other), cut each other at right angles.

In fact if A, B, C, D have for their coordinates $(\alpha_1, \beta_1, \gamma_1)$, $(\alpha_2, \beta_2, \gamma_2)$, $(\alpha_3, \beta_3, \gamma_3)$, $(\alpha_4, \beta_4, \gamma_4)$: then the coordinates of the point $\tfrac{1}{2}AB$ are $\tfrac{1}{2}(\alpha_1+\alpha_2)$, $\tfrac{1}{2}(\beta_1+\beta_2)$, and so for the points $\tfrac{1}{2}CD$, &c.: the equations of the line through the points $\tfrac{1}{2}AB$, $\tfrac{1}{2}CD$ therefore are

$$\frac{x-\tfrac{1}{2}(\alpha_1+\alpha_2)}{\alpha_1+\alpha_2-\alpha_3-\alpha_4} = \frac{y-\tfrac{1}{2}(\beta_1+\beta_2)}{\beta_1+\beta_2-\beta_3-\beta_4} = \frac{z-\tfrac{1}{2}(\gamma_1+\gamma_2)}{\gamma_1+\gamma_2-\gamma_3-\gamma_4},$$

and I observe in passing that this line passes through the point whose coordinates are

$$\tfrac{1}{4}(\alpha_1+\alpha_2+\alpha_3+\alpha_4),\ \tfrac{1}{4}(\beta_1+\beta_2+\beta_3+\beta_4),\ \tfrac{1}{4}(\gamma_1+\gamma_2+\gamma_3+\gamma_4);$$

the other two similar lines pass through the same point, and the above-mentioned property of the general tetrahedron is thus proved.

The condition that the foregoing line may cut at right angles the line AB, the equations whereof are

$$\frac{x-\alpha_1}{\alpha_1-\alpha_2} = \frac{y-\beta_1}{\beta_1-\beta_2} = \frac{z-\gamma_1}{\gamma_1-\gamma_2},$$

is at once seen to be

$$\Sigma (\alpha_1 - \alpha_2)(\alpha_1 + \alpha_2 - \alpha_3 - \alpha_4) = 0,$$

where Σ denotes the sum of the corresponding terms in α, β, γ. And so the condition that the same line may cut at right angles the line CD is

$$\Sigma (\alpha_3 - \alpha_4)(\alpha_1 + \alpha_2 - \alpha_3 - \alpha_4) = 0.$$

But the conditions $AC = BD$, $AD = BC$ give respectively

$$\Sigma \{(\alpha_1 - \alpha_3)^2 - (\alpha_2 - \alpha_4)^2\} = 0, \ \Sigma \{(\alpha_1 - \alpha_4)^2 - (\alpha_2 - \alpha_3)^2\} = 0,$$

or writing these in the form

$$\Sigma (\alpha_1 - \alpha_2 - \alpha_3 + \alpha_4)(\alpha_1 + \alpha_2 - \alpha_3 - \alpha_4) = 0,$$

$$\Sigma (\alpha_1 - \alpha_2 + \alpha_3 - \alpha_4)(\alpha_1 + \alpha_2 - \alpha_3 - \alpha_4) = 0,$$

we obtain, by successively adding and subtracting, the two required equations.

The equations of the line through $\tfrac{1}{2}AC$, $\tfrac{1}{2}BD$ are

$$\frac{x - \tfrac{1}{2}(\alpha_1 + \alpha_3)}{\alpha_1 + \alpha_3 - \alpha_2 - \alpha_4} = \frac{y - \tfrac{1}{2}(\beta_1 + \beta_3)}{\beta_1 + \beta_3 - \beta_2 - \beta_4} = \frac{z - \tfrac{1}{2}(\gamma_1 + \gamma_3)}{\gamma_1 + \gamma_3 - \gamma_2 - \gamma_4},$$

and those of the line through $\tfrac{1}{2}AD$, $\tfrac{1}{2}BC$ are

$$\frac{x - \tfrac{1}{2}(\alpha_1 + \alpha_4)}{\alpha_2 + \alpha_3 - \alpha_1 - \alpha_4} = \frac{y - \tfrac{1}{2}(\beta_1 + \beta_4)}{\beta_2 + \beta_3 - \beta_1 - \beta_4} = \frac{z - \tfrac{1}{2}(\gamma_1 + \gamma_4)}{\gamma_2 + \gamma_3 - \gamma_1 - \gamma_4};$$

and the condition that these may cut at right angles is

$$\Sigma (\alpha_1 + \alpha_3 - \alpha_2 - \alpha_4)(\alpha_1 + \alpha_4 - \alpha_2 - \alpha_3) = 0,$$

that is

$$\Sigma \{(\alpha_1 - \alpha_2)^2 - (\alpha_3 - \alpha_4)^2\} = 0,$$

which is in fact the condition $AB = CD$.

Combining the two theorems we see that if in a tetrahedron the pairs of opposite sides are respectively equal, then the line joining the centres of opposite sides cuts these sides at right angles, and moreover the three joining lines cut each other at right angles.

A tetrahedron of the form in question may be constructed as follows: viz. taking a parallelogram $ABCD$, whereof the diagonals AC, BD are unequal, then bending the parallelogram about its shorter diagonal AC in such manner that in the solid figure BD becomes equal to AC, we have a tetrahedron the opposite sides whereof are respectively equal.

Or it may be constructed even more simply as follows: viz. if $AB'CD'$ and $A'BC'D$ be parallel faces of any rectangular parallelopiped (the angles A and A', B and B', C and C', D and D' being respectively opposite to each other), then $ABCD$ or $A'B'C'D'$ is a tetrahedron of the form in question. The consideration of the rectangular parallelopiped puts in evidence the foregoing geometrical property.

In such a tetrahedron the line joining the centres of a pair of opposite sides is in the language of Bravais, see his "Mémoire sur les polyèdres de forme symétrique," *Liouville*, t. XIV. (1849), pp. 141—180, a binary axis of symmetry: viz. the figure is not altered by turning it round such axis through an angle $=\frac{1}{2}360°$. There are thus three such axes at right angles to each other, but the figure has not any centre of symmetry, nor (assuming that it is not further particularised) any plane of symmetry: each of the three axes is a principal axis, and the figure belongs to the sixth of Bravais' twenty-three classes of polyhedra, see the table p. 179. It was in fact by seeking to construct a figure of this class that I was led to the investigation.

383.

PROBLEMS AND SOLUTIONS.

[From the *Mathematical Questions with their Solutions from the Educational Times*, vols. I. to IV., 1863 to 1865.]

[Vol. I. (June 1863 to June 1864), pp. 18, 19.]

1373. (By T. T. WILKINSON, F.R.A.S.)—Given a circle (C) and any point A, either within or without the circle: through A draw BAD cutting the circle in B, D. Then it is required to find another point E, such that, if LEM be drawn cutting the circle in L, M, we may always have $AE^2 = LE \,.\, EM \pm BA \,.\, AD$.

Solution by PROFESSOR CAYLEY.

Consider a circle centre O and radius OA, and in relation thereto a point M either outside or inside the circle, and suppose that

$(OA)^2 - (OM)^2$, or the "squared inner potency" of M is denoted by $\square i \,.\, M$,

and

$(OM)^2 - (OA)^2$, or the "squared outer potency" of M is denoted by $\square o \,.\, M$,

so that, for an outside point, $\square o \,.\, M, = - \square i \,.\, M$, is the square of the tangential distance of M from the circle; and, for an inside point, $\square i \,.\, M, = - \square o \,.\, M$, is the square of the shortest semi-chord through M.

Suppose now that M is a given point; the proposed question is in effect to find the locus of a point P such that $\pm \square o \,.\, P \pm \square o \,.\, M = (MP)^2$; but we have thus in reality four different questions according as the signs are assumed to be $++$, $+-$, $-+$, or $--$; the case $++$, or when $\square o \,.\, P + \square o \,.\, M = (MP)^2$, is perhaps the most interesting.

Taking the radius as unity, (α, β) as the coordinates of M, and (x, y) as the coordinates of P, we have here

$$(x^2+y^2-1)+(\alpha^2+\beta^2-1)=(x-\alpha)^2+(y-\beta)^2, \text{ or } \alpha x+\beta y-1=0;$$

that is, the locus of P is a right line, the polar of M in regard to the circle.

It may be remarked, that, when M is an inside point, then throughout the locus P is an outside point; and, replacing the negative quantity $\Box o.M$ by its value, $=-\Box i.M$, we have $\Box o.P-\Box i.M=(MP)^2$. If, however, M is an outside point, then in part of the locus P is an outside point, and we have $\Box o.P+\Box o.M=(MP)^2$, while in the remainder of the locus P is an inside point, and, replacing the negative quantity $\Box o.P$ by its value, $=-\Box i.P$, we have $-\Box i.P+\Box o.M=(MP)^2$. For the case $+-$, the locus of P is a right line, but for each of the other two cases $-+$ and $--$ the locus is a circle; the discussion of the several cases presents no particular difficulty.

[Vol. I. pp. 43—45.]

1387. (By W. K. CLIFFORD.)—1. Four common tangents are drawn to a circle and an ellipse which passes through the centre (O) of the circle; if A, B be opposite intersections of the tangents, prove that OA and OB are equally inclined to the tangent at O to the ellipse.

2. If a straight line A join the poles of B with respect to two conics, prove that the lines joining AB to a pair of opposite intersections of common tangents, form, with A, B, an harmonic pencil.

3. If a point A be the intersection of the polars of B with respect to two conics, and AB be cut by a pair of common chords in C, D, prove that $ACBD$ is an harmonic range.

---

2. *Solution by* PROFESSOR CAYLEY.

This elegant theorem is included as a particular case in the known theorem, "Given three conics inscribed in the same quadrilateral, the tangents from any point to these conics form a pencil in involution."

Mr Clifford's theorem is in fact as follows: viz., Four common tangents are drawn to a circle and an ellipse which passes through the centre O of the circle; if A, B be opposite intersections of the tangents, then OA, OB are equally inclined to the tangent at O to the ellipse.

This comes to saying that the tangent at O to the ellipse, say OT, is the double or sibi-conjugate line of the involution of the pencil formed by the lines OA, OB, and the lines OI, OJ drawn from O to the circular points at infinity; and if we replace the circle by an arbitrary conic S, and the line at infinity by an arbitrary line IJ, the theorem will be as follows:

Consider a conic S; a line meeting this conic in the points I, J; and the point O, the intersection of the tangents at I, J, or (what is the same thing) the pole of the line IJ in regard to the conic. If through the point O there be drawn any other conic Θ, and if A, B be opposite intersections of the common tangents of the conics S, Θ; then the tangent OT at the point O to the conic Θ is the double or sibi-conjugate line of the involution of the pencil formed by the lines OA, OB, and the lines OI, OJ; or, as we may also express it, the lines OT, OT, the lines OA, OB, and the lines OI, OJ form a pencil in involution.

Now, considering the two points or point-pair (A, B) as a conic inscribed in the quadrilateral formed by the common tangents of the conics S and Θ, the conics S and Θ and the point-pair (A, B) are a system of three conics inscribed in the same quadrilateral; and hence, by the general theorem above referred to, if O' be any point whatever, the tangents from O to the conic S, the tangents from O' to the conic Θ, and the tangents from O' to the point-pair (that is, the two lines $O'A$, $O'B$) form a pencil in involution. But, if O' coincide with O, then the tangents to the conic S are the lines OI, OJ; and the tangents to the conic Θ are the coincident lines OT, OT; and we have thence the theorem in question; viz., that the lines OT, OT, the lines OI, OJ, and the lines OA, OB form a pencil in involution.

[Vol. I. pp. 77—79.]

1409. (By W. K. Clifford.)—For every point A on a conic section there exists a straight line BC, not meeting the curve, such that, if through any other point K on the conic there be drawn any two straight lines meeting BC in B, C, and the curve in D, E, the angles BAC, DAE are either equal or supplementary.

Solution by Professor Cayley.

I find that this very elegant theorem depends on the lemma to be presently stated, and that it is intimately connected with Newton's theorem for the organic description of a conic, or, what is the same thing, with the theorem of the anharmonic relation of the points of a conic.

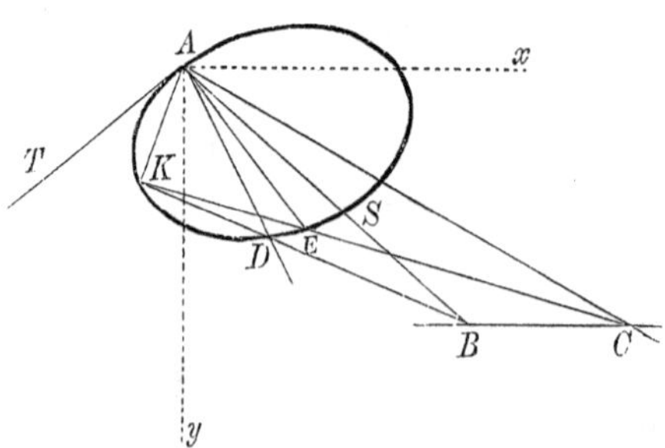

Lemma. If AT be the tangent, and AS any other line through a point A of a conic, and if two lines equally inclined to AT and AS respectively meet the conic in the points K and D (viz., if $\angle TAK = SAD$, the two angles being measured in opposite directions from AT, AS respectively); then the line KD meets AS in a fixed point B, that is, a point the position of which is independent of the magnitude of the equal angles.

To prove this, take A for the origin, and the bisectors of the angle TAS for the axes of x and y: then the equation of the conic is

$$ax^2 + 2hxy + by^2 + 2fy + 2gx = 0;$$

the equation of the tangent at the origin, that is, the line AT, is $gx + fy = 0$; and hence the equation of the line AS is $gx - fy = 0$. Taking $y = \alpha x$ for the equation of the line AK, we have, for the coordinates x_1, y_1 of the point K where this meets the conic,

$$(a + 2h\alpha + b\alpha^2)\, x_1 + 2\,(f\alpha + g) = 0, \quad y_1 = \alpha x_1;$$

and then the equation of the line AD will be $y = -\alpha x$, and we shall have, for the coordinates x_2, y_2 of the point D where this meets the conic,

$$(a - 2h\alpha + b\alpha^2)\, x_2 + 2\,(f\alpha + g) = 0, \quad y_2 = -\alpha x_2.$$

The equation of the line KD is

$$\begin{vmatrix} x\,, & y\,, & 1 \\ x_1, & \alpha x_1, & 1 \\ x_2, & -\alpha x_2, & 1 \end{vmatrix} = 0,$$

that is

$$\alpha x\,(x_1 + x_2) + y\,(x_2 - x_1) - 2\alpha x_1 x_2 = 0;$$

and for the coordinates of the point B where this meets the line AS, the equation whereof is $gx - fy = 0$, we have

$$x\,\{f\alpha\,(x_1 + x_2) + g\,(x_2 - x_1)\} - 2f\alpha x_1 x_2 = 0,$$

or, as this may be written,

$$x\left\{\frac{f\alpha + g}{x_1} - \frac{-f\alpha + g}{x_2}\right\} - 2f\alpha = 0.$$

But we have

$$\frac{f\alpha + g}{x_1} = -\tfrac{1}{2}\,(a + 2h\alpha + b\alpha^2), \quad \frac{-f\alpha + g}{x_2} = -\tfrac{1}{2}\,(a - 2h\alpha + b\alpha^2);$$

and hence the equation is

$$x\,(-2h\alpha) - 2f\alpha = 0,$$

giving $x = -\dfrac{f}{h}$, and thence $y = -\dfrac{g}{h}$, for the coordinates of the point B; and, these being independent of α, the lemma is seen to be true.

Consider now the points A, K as fixed points on the conic; then, revolving about A the constant angle DAB, and about K the constant (zero) angle DKB, the locus of B is (by the theorem of the anharmonic relation of the points of a conic) given in the first instance as a conic through the points A, K; but, observing that a position of the angle DAB is TAK, and that the corresponding position of DKB is AKA, the line AK is part of the locus; and the locus is made up of this line and a line BC. And, conversely, given the fixed points A, K, and the line BC, the original conic is, by Newton's theorem, described by means of the constant angles DAB, DKB revolving about these points in such a manner that the arms AB, KB generate by their intersections the line BC. This being so, the other two arms AD, KD generate by their intersections the conic.

And then, considering the two positions DAB, EAC of the angle DAB (so that D, B are in a line with K, and E, C are also in a line with K), we have $\angle DAB = \angle EAC$, that is, $\angle DAE = \angle BAC$, which is Mr Clifford's theorem.

It has been seen that, A being given, the same line BC is obtained whatever be the position of the point K; and, taking AK for the normal at A, it at once appears geometrically that (as remarked by Mr Clifford) the line BC is the polar of the point Θ of intersection of all the chords which subtend a right angle at A.

{Professor Cayley's lemma may be otherwise proved, as follows:

The trilinear equation of the conic, referred to two tangents (α at A, β at S) and their chord of contact (γ or AS), is $U = \lambda\alpha\beta - \gamma^2 = 0$; and the equation of two straight lines (AK, AD) equally inclined to α, γ is

$$(\alpha - \mu\gamma)(\mu\alpha - \gamma) = 0, \quad \text{or} \quad V = \alpha^2 + \gamma^2 - (\mu + \mu^{-1})\,\alpha\gamma = 0;$$

also $U + V = 0$ denotes a conic passing through the intersections of U and V; but $U + V$ is resolvable into $\alpha = 0$, or the tangent AT, and

$$\alpha + \lambda\beta - (\mu + \mu^{-1})\,\gamma = 0,$$

which is, therefore, the equation of the chord KD; whence we see that KD meets AS (or γ) in a point B (given by $\gamma = 0$, $\alpha + \lambda\beta = 0$) whose position is independent of μ, that is, of the equal angles SAD, TAK.}

[Vol. I. pp. 125—127.]

1478. (By J. McDowell, M.A.)—(α) Two sides of a given triangle always pass through two fixed points; prove that the third side always touches a fixed circle.

(β) Two sides of a given triangle touch two fixed circles; prove that the third side also touches a fixed circle.

(γ) Two sides of a given polygon touch fixed circles; prove that all the remaining sides also touch fixed circles.

---

3. *Solution by* PROFESSOR CAYLEY.

Since the theorem (γ) follows at once from (β), and (α) is included in (β), it is only necessary to prove (β). Consider three given circles, and let it be proposed to construct a triangle the sides whereof touch the given circles, and which is similar to a given triangle; the direction of one side may be assumed at pleasure, and then the triangle is determined. Impose now on the triangle the condition that the area is equal to a given quantity; we obtain for the given area an expression involving the angle θ which fixes the direction of one of the sides, and we have thus an equation for the determination of the angle θ. But, for a properly determined relation between the data of the problem, the expression for the area becomes independent of the angle θ, that is, every triangle, the sides whereof touch the three circles, and which is similar to a given triangle, is of the same area, or say, the area of every such triangle is equal to a given quantity Δ; and, this being so, it is clear that, if we construct a triangle similar to a given triangle and of the given area Δ (that is, a triangle equal to a given triangle), in such manner that two of the sides touch two of the given circles, then the envelope of the remaining side will be the remaining given circle; which is in fact the theorem (β).

It only remains therefore to show that the foregoing porismatic case of the problem exists.

For the first circle, let the coordinates of the centre be a, b, and the radius be c; and suppose in like manner that we have a', b', and c' for the second circle, and a'', b'', and c'' for the third circle. Let λ, λ', λ'' be the inclinations to the axis of x of the perpendiculars on the sides which touch these circles respectively; then the equations of the three sides respectively are

$$(x-a)\cos\lambda+(y-b)\sin\lambda-c=0,\ (x-a')\cos\lambda'+(y-b')\sin\lambda'-c'=0,$$
$$(x-a'')\cos\lambda''+(y-b'')\sin\lambda''-c''=0.$$

If the triangle be similar to a given triangle, then the differences of the angles λ, λ', λ'' will be given angles, or, what is the same thing, we may write

$$\lambda=\theta+\xi,\quad \lambda'=\theta'+\xi,\quad \lambda''=\theta''+\xi,$$

where θ, θ', θ'' are given angles, and ξ is a variable angle. Let Δ be the area of the triangle, then (disregarding a merely numerical factor) we have

$$\begin{aligned}\sqrt{\Delta}&=\sin(\lambda'-\lambda'')(a\cos\lambda+b\sin\lambda+c)\\&\quad+\sin(\lambda''-\lambda)(a'\cos\lambda'+b'\sin\lambda'+c')+\sin(\lambda-\lambda')(a''\cos\lambda''+b''\sin\lambda''+c'');\end{aligned}$$

or, what is the same thing,

$$\begin{aligned}\sqrt{\Delta}=&\ \ \sin(\theta'-\theta'')\{a\cos(\theta+\xi)+b\sin(\theta+\xi)+c\}\\&+\sin(\theta''-\theta)\{a'\cos(\theta'+\xi)+b'\sin(\theta'+\xi)+c'\}\\&+\sin(\theta-\theta')\{a''\cos(\theta''+\xi)+b''\sin(\theta''+\xi)+c''\}.\end{aligned}$$

It is now clear that the right-hand side will be independent of ξ, if only

$$\sin(\theta'-\theta'')(a\cos\theta+b\sin\theta)+\sin(\theta''-\theta)(a'\cos\theta'+b'\sin\theta') + \sin(\theta-\theta')(a''\cos\theta''+b''\sin\theta'')=0,$$

$$\sin(\theta'-\theta'')(-a\sin\theta+b\cos\theta)+\sin(\theta''-\theta)(-a'\sin\theta'+b'\cos\theta') + \sin(\theta-\theta')(-a''\sin\theta''+b''\cos\theta'')=0;$$

equations which show that, given the form of the triangle and the centres of two of the circles, the centre of the third circle (in the porismatic case) is a determinate unique point: and the theorem is thus proved.

[Vol. I. pp. 137—141.]

1273. (By the EDITOR [W. J. MILLER, B.A.].)—In a given triangle let three triangles be inscribed, by joining the points of contact of the inscribed circle, the points where the bisectors of the angles meet the sides, and the points where the perpendiculars meet the sides; then will the corresponding sides of these three triangles pass through the same point; also the triangle formed by the three points of intersection will be a circumscribed co-polar to the original triangle, and the pole will be on the straight line in which the sides of the given triangle meet the bisectors of its exterior angles.

---

1. *Solution by* PROFESSOR CAYLEY.

The theorem is, in fact, included in the following more general

THEOREM. Let the points O, O', O'', ... lie on a conic circumscribed about a triangle ABC; then first the polars of the points O, O', O'', ... in regard to the triangle (see Note at the end of the Solution) pass through a fixed point Ω. And secondly, if by means of the point O, joining it with the vertices A, B, C, and taking the intersections of these lines with the sides BC, CA, AB, respectively, we form a triangle inscribed in the triangle ABC; and the like for the points O', O'', ...; the corresponding sides of the inscribed triangles meet in three points forming a triangle circumscribed about the original triangle ABC, and such that the lines joining the corresponding vertices of the last-mentioned two triangles meet in the point Ω.

But, in order to see that the proposed theorem 1273 is in fact included under the foregoing more general one, it is necessary to state the following

SUBSIDIARY THEOREM. Consider a conic inscribed in the triangle ABC, and passing through the points I, J.

Take O the pole of the line IJ in regard to the conic; O' the point of intersection of the lines joining the vertices of the triangle with the points of contact on the opposite sides respectively; O'' the point of intersection of the lines Al, Bm, Cn, where l is a point on BC such that the lines lA, lBC, lI, lJ form a harmonic pencil, and the like for the points m and n respectively.

Then the points O, O', O'' lie on a conic circumscribed about the triangle ABC.

In fact, if in the subsidiary theorem the inscribed conic be a circle, and the points I, J be the circular points at infinity, the point O will be the centre of the circle, that is, the point of intersection of the interior bisectors of the angles; O' will be the point of intersection of the lines to the points of contact of the inscribed circle; and O'' the point of intersection of the perpendiculars on the sides of the triangle; and, these three points being on a conic circumscribed about the triangle, the general theorem will apply to the three points in question.

I first prove the subsidiary theorem. Taking $x=0$, $y=0$, $z=0$ for the equations of the sides of the triangle and (α, β, γ), $(\alpha', \beta', \gamma')$ for the coordinates of the points I, J respectively; the equation of the inscribed conic is

$$\begin{vmatrix} \sqrt{x}, & \sqrt{y}, & \sqrt{z} \\ \sqrt{\alpha}, & \sqrt{\beta}, & \sqrt{\gamma} \\ \sqrt{\alpha'}, & \sqrt{\beta'}, & \sqrt{\gamma'} \end{vmatrix} = 0,$$

or say

$$a\sqrt{x} + b\sqrt{y} + c\sqrt{z} = 0,$$

where

$$a = \sqrt{\beta\gamma'} - \sqrt{\beta'\gamma} = p - p_1, \quad b = \sqrt{\gamma\alpha'} - \sqrt{\gamma'\alpha} = q - q_1, \quad c = \sqrt{\alpha\beta'} - \sqrt{\alpha'\beta} = r - r_1, \text{ suppose.}$$

The coordinates of the point of intersection of the lines from the vertices to the points of contact on the opposite sides are

$$x : y : z = \frac{1}{a^2} : \frac{1}{b^2} : \frac{1}{c^2},$$

that is,

$$= \frac{1}{(p-p_1)^2} : \frac{1}{(q-q_1)^2} : \frac{1}{(r-r_1)^2}.$$

The equation of the line IJ is

$$(\beta\gamma' - \beta'\gamma)\, x + (\gamma\alpha' - \gamma'\alpha)\, y + (\alpha\beta' - \alpha'\beta)\, z = 0;$$

or, what is the same thing,

$$(p^2 - p_1^2)\, x + (q^2 - q_1^2)\, y + (r^2 - r_1^2)\, z = 0.$$

Representing this for a moment by $\lambda x + \mu y + \nu z = 0$, the coordinates of the pole of this line, in regard to the inscribed conic $a\sqrt{x} + b\sqrt{y} + c\sqrt{z} = 0$, are as

$$c^2\mu + b^2\nu : a^2\nu + c^2\lambda : b^2\lambda + a^2\mu.$$

Now

$$\begin{aligned} c^2\mu + b^2\nu &= (r - r_1)^2 (q^2 - q_1^2) + (q - q_1)^2 (r^2 - r_1^2), \\ &= (r - r_1)(q - q_1)[(r - r_1)(q + q_1) + (q - q_1)(r + r_1)], \\ &= 2(r - r_1)(q - q_1)(qr - q_1 r_1), \end{aligned}$$

but, observing that $pqr = p_1q_1r_1$, we have

$$qr - q_1r_1 = \left(\frac{p_1}{p} - 1\right) q_1r_1 = -\frac{(p-p_1)\,q_1r_1}{p} = -\frac{(p-p_1)\,p_1q_1r_1}{pp_1};$$

hence

$$c^2\mu + b^2\nu = -\frac{2\,(p-p_1)\,(q-q_1)\,(r-r_1)\,p_1q_1r_1}{pp_1};$$

and we have the like values for $a^2\nu + c^2\lambda$ and $b^2\lambda + a^2\mu$ respectively; hence, omitting the symmetrical factor, we have, for the coordinates of the point in question,

$$x : y : z = \frac{1}{pp_1} : \frac{1}{qq_1} : \frac{1}{rr_1}.$$

Taking the equation of the line Al to be $Qy + Rz = 0$, those of the lines lI, lJ will be

$$x = \lambda\,(Qy + Rz),\ x = \lambda'\,(Qy + Rz),$$

where

$$\lambda = \frac{\alpha}{Q\beta + R\gamma},\quad \lambda' = \frac{\alpha'}{Q\beta' + R\gamma'};$$

and the harmonic condition gives $\lambda + \lambda' = 0$, that is,

$$Q\,(\alpha\beta' + \alpha'\beta) + R\,(\alpha\gamma' + \alpha'\gamma) = 0;$$

the equation of the line Al is thus found to be

$$(\gamma\alpha' + \gamma'\alpha)\,y = (\alpha\beta + \alpha'\beta)\,z;$$

and, since we have the like forms for the equations of the lines Bm and Cn, we have for the coordinates of the point of intersection of these three lines

$$x : y : z = \frac{1}{\beta\gamma' + \beta'\gamma} : \frac{1}{\gamma\alpha' + \gamma'\alpha} : \frac{1}{\alpha\beta' + \alpha'\beta},$$

that is

$$= \frac{1}{p^2 + p_1^2} : \frac{1}{q^2 + q_1^2} : \frac{1}{r^2 + r_1^2}.$$

The equation of a conic circumscribed about the triangle ABC is

$$\frac{\lambda}{x} + \frac{\mu}{y} + \frac{\nu}{z} = 0,$$

where λ, μ, ν are arbitrary coefficients; and the condition for the three points being in the conic is thus found to be

$$\begin{vmatrix} (p-p_1)^2, & (q-q_1)^2, & (r-r_1)^2 \\ pp_1\ \ , & qq_1\ \ , & rr_1 \\ p^2+p_1^2, & q^2+q_1^2, & r^2+r_1^2 \end{vmatrix} = 0,$$

but, in virtue of the relations

$$(p-p_1)^2 = -2pp_1 + (p^2+p_1^2), \text{ \&c.},$$

this equation is identically true, and the subsidiary theorem is thus proved.

Passing now to the general theorem, I prove the first part of it as follows:

The equation of a conic circumscribed about the triangle $x=0$, $y=0$, $z=0$ is

$$\frac{A}{x}+\frac{B}{y}+\frac{C}{z}=0;$$

hence, if (α, β, γ), $(\alpha', \beta', \gamma')$, $(\alpha'', \beta'', \gamma'')$ are the coordinates of any three points on the conic, we have

$$\frac{A}{\alpha}+\frac{B}{\beta}+\frac{C}{\gamma}=0, \quad \frac{A}{\alpha'}+\frac{B}{\beta'}+\frac{C}{\gamma'}=0, \quad \frac{A}{\alpha''}+\frac{B}{\beta''}+\frac{C}{\gamma''}=0,$$

and thence

$$\begin{vmatrix} \frac{1}{\alpha}, & \frac{1}{\beta}, & \frac{1}{\gamma} \\ \frac{1}{\alpha'}, & \frac{1}{\beta'}, & \frac{1}{\gamma'} \\ \frac{1}{\alpha''}, & \frac{1}{\beta''}, & \frac{1}{\gamma''} \end{vmatrix} = 0,$$

which is the condition for the intersection in a point of the three lines

$$\frac{x}{\alpha}+\frac{y}{\beta}+\frac{z}{\gamma}=0,$$

$$\frac{x}{\alpha'}+\frac{y}{\beta'}+\frac{z}{\gamma'}=0,$$

$$\frac{x}{\alpha''}+\frac{y}{\beta''}+\frac{z}{\gamma''}=0;$$

and the theorem in question is thus proved. I remark, in passing, that the theorem might also be stated as follows:—The locus of a point O, such that its polar in regard to the triangle ABC passes through a fixed point Ω, is a conic circumscribed about the triangle.

To prove the second part of the theorem, take for the coordinates of the points O, O', O'' respectively (α, β, γ), $(\alpha', \beta', \gamma')$, $(\alpha'', \beta'', \gamma'')$; then

$$\begin{vmatrix} \frac{1}{\alpha}, & \frac{1}{\beta}, & \frac{1}{\gamma} \\ \frac{1}{\alpha'}, & \frac{1}{\beta'}, & \frac{1}{\gamma'} \\ \frac{1}{\alpha''}, & \frac{1}{\beta''}, & \frac{1}{\gamma''} \end{vmatrix} = 0,$$

and if X, Y, Z are the coordinates of the point Ω, then we have

$$\frac{X}{\alpha}+\frac{Y}{\beta}+\frac{Z}{\gamma}=0,$$

$$\frac{X}{\alpha'}+\frac{Y}{\beta'}+\frac{Z}{\gamma'}=0,$$

$$\frac{X}{\alpha''}+\frac{Y}{\beta''}+\frac{Z}{\gamma''}=0.$$

The equations of the sides of the inscribed triangle obtained by means of the point O are

$$-\frac{x}{\alpha}+\frac{y}{\beta}+\frac{z}{\gamma}=0,\quad \frac{x}{\alpha}-\frac{y}{\beta}+\frac{z}{\gamma}=0,\quad \frac{x}{\alpha}+\frac{y}{\beta}-\frac{z}{\gamma}=0,$$

and the like for the triangles obtained by means of the points O' and O'' respectively. Hence, for a set of corresponding sides of the three triangles, we have, e.g.,

$$-\frac{x}{\alpha}+\frac{y}{\beta}+\frac{z}{\gamma}=0,\quad -\frac{x}{\alpha'}+\frac{y}{\beta'}+\frac{z}{\gamma'}=0,\quad -\frac{x}{\alpha''}+\frac{y}{\beta''}+\frac{z}{\gamma''}=0,$$

and it is clear that these equations are simultaneously satisfied by the values

$$x : y : z = -X : Y : Z,$$

and we have the like expressions for the other sets of corresponding sides; that is, we have for the coordinates of the vertices of the resulting triangle

$$(-X : Y : Z),\quad (X : -Y : Z),\quad (X : Y : -Z);$$

and hence also the equations of the sides of the triangle in question are

$$\frac{y}{Y}+\frac{z}{Z}=0,\quad \frac{z}{Z}+\frac{x}{X}=0,\quad \frac{x}{X}+\frac{y}{Y}=0,$$

that is, it is a triangle circumscribed about the triangle ABC. The equations of the lines joining the corresponding vertices of the two triangles are

$$\frac{y}{Y}=\frac{z}{Z},\quad \frac{z}{Z}=\frac{x}{X},\quad \frac{x}{X}=\frac{y}{Y},$$

and these lines meet in the point $(X : Y : Z)$, which is the point Ω, the intersection of the polars of O, O', O''; the demonstration of the theorem is thus completed.

{The expression Polar of a point in regard to a triangle denotes a line constructed as follows:—viz., O being the point and ABC the triangle, then, taking on BC a point a, the harmonic in regard to the points B and C of the intersection of BC by AO; and in like manner on CA and AB the points b and c respectively, the three points a, b, c lie on a line which is the polar of the point O. If the equations of the sides are $x=0$, $y=0$, $z=0$, and the coordinates of the point are (α, β, γ), then the equation of the polar is $\frac{x}{\alpha}+\frac{y}{\beta}+\frac{z}{\gamma}=0$; the equation may also be written $(\alpha\delta_x+\beta\delta_y+\gamma\delta_z)^2 xyz=0$, and it thus appears that the line just defined as the polar is in fact the second or line polar of the point in regard to the three lines BC, CA, AB considered as forming a cubic curve.}

[Vol. II. July to December 1864, pp. 6—9.]

1505. (Proposed by Professor CAYLEY.)—If P, Q, 1, 2, 3, 4 be points on a conic, then the four points $P1$, $Q2$; $P2$, $Q1$; $P3$, $Q4$; $P4$, $Q3$ lie on a conic passing through the points P and Q.

Solution by the PROPOSER.

This is an immediate consequence of the theorem of the anharmonic property of the points of a conic. For if ($P1$, $P2$, $P3$, $P4$) denote the anharmonic ratio of the lines $P1$, $P2$, $P3$, $P4$, and so in other cases; then

$$(P2,\ P1,\ P4,\ P3)=(P1,\ P2,\ P3,\ P4)=(Q1,\ Q2,\ Q3,\ Q4);$$

that is

$$(P2,\ P1,\ P4,\ P3)=(Q1,\ Q2,\ Q3,\ Q4),$$

which proves the theorem.

In particular, if P, Q are the circular points at infinity, then the conic is a circle. Moreover the points $P1$, $Q2$; $P2$, $Q1$ are the antifocal points of 1, 2; viz., calling these $1'$, $2'$, then 12 and $1'2'$ are lines at right angles to each other, having a common centre O, but such that $1'2'=i\,.\,12$, ($i=\sqrt{-1}$, as usual); or, what is the same thing, $O1=O2=i\,.\,O1'=i\,.\,O2'$. And the theorem is as follows: viz., if 1, 2, 3, 4 are points on a circle, and

$1'$, $2'$ are the antifocal points of 1, 2,

$3'$, $4'$ " " " 3, 4,

then $1'$, $2'$, $3'$, $4'$ are points on a circle.

As an *à posteriori* proof, take the centre of the given circle as origin, so that $(\alpha_1,\ \beta_1)$, $(\alpha_2,\ \beta_2)$, $(\alpha_3,\ \beta_3)$, $(\alpha_4,\ \beta_4)$ being the coordinates of 1, 2, 3, 4, and the radius being taken as unity, we have

$$\alpha_1^2+\beta_1^2=\alpha_2^2+\beta_2^2=\alpha_3^2+\beta_3^2=\alpha_4^2+\beta_4^2=1.$$

Suppose for a moment that x, y are the coordinates of the antifocal points of 1, 2; we have

$$x-\alpha_1\pm i\,(y-\beta_1)=0,\quad x-\alpha_2\mp i\,(y-\beta_2)=0,$$

that is

$$x+iy=\alpha_1+i\beta_1,\quad x-iy=\alpha_2-i\beta_2,$$

for the coordinates of the one point; and similarly

$$x - iy = \alpha_1 - i\beta_1, \quad x + iy = \alpha_2 + i\beta_2,$$

for the coordinates of the other point.

Hence, taking the new coordinates

$$X = x + iy, \quad Y = x - iy,$$

and similarly $A_1 = \alpha_1 + i\beta_1$, $B_1 = \alpha_1 - i\beta_1$, &c.; the coordinates of the antifocal points 1′, 2′ are (A_1, B_2) and (A_2, B_1) respectively; but we have $A_1B_1 = \alpha_1^2 + \beta_1^2 = 1$, $A_2B_2 = \alpha_2^2 + \beta_2^2 = 1$; so that $B_1 = \frac{1}{A_1}$, $B_2 = \frac{1}{A_2}$; and the coordinates are $\left(A_1, \frac{1}{A_2}\right)$, $\left(A_2, \frac{1}{A_1}\right)$ respectively. Similarly the coordinates of the antifocal points (3′, 4′) are $\left(A_3, \frac{1}{A_4}\right)$, $\left(A_4, \frac{1}{A_3}\right)$ respectively.

Take as the equation of the circle through the two pairs of antifocal points

$$x^2 + y^2 + 2\lambda x + 2\mu y + \nu = 0,$$

or, what is the same thing,

$$XY + \lambda(X + Y) - i\mu(X - Y) + \nu = 0,$$

that is

$$XY + LY + MX + N = 0,$$

if

$$L = \lambda + i\mu, \quad M = \lambda - i\mu, \quad N = \nu.$$

We ought then to have

$$\frac{A_1}{A_2} + L\frac{1}{A_2} + MA_1 + N = 0,$$

$$\frac{A_2}{A_1} + L\frac{1}{A_1} + MA_2 + N = 0,$$

$$\frac{A_3}{A_4} + L\frac{1}{A_4} + MA_3 + N = 0,$$

$$\frac{A_4}{A_3} + L\frac{1}{A_3} + MA_4 + N = 0;$$

and these will exist simultaneously, if

$$\begin{vmatrix} \frac{A_1}{A_2}, & \frac{1}{A_2}, & A_1, & 1 \\ \frac{A_2}{A_1}, & \frac{1}{A_1}, & A_2, & 1 \\ \frac{A_3}{A_4}, & \frac{1}{A_4}, & A_3, & 1 \\ \frac{A_4}{A_3}, & \frac{1}{A_3}, & A_4, & 1 \end{vmatrix} = 0,$$

an identical equation which is easily verified. It, in fact, gives

$$\left(\frac{1}{A_2}-\frac{1}{A_1}\right)\left(A_3-A_4\right)-\left(A_1-A_2\right)\left(\frac{1}{A_4}-\frac{1}{A_3}\right)+\left(\frac{A_1}{A_2}-\frac{A_2}{A_1}\right)\left(1-1\right)+$$

$$\left(1-1\right)\left(\frac{A_3}{A_4}-\frac{A_4}{A_3}\right)-\left(\frac{1}{A_2}-\frac{1}{A_1}\right)\left(A_3-A_4\right)+\left(A_1-A_2\right)\left(\frac{1}{A_4}-\frac{1}{A_3}\right)=0,$$

which is obviously true. The equation may also be written

$$\begin{vmatrix} 1, & A_1, & A_2, & A_1A_2 \\ 1, & A_2, & A_1, & A_1A_2 \\ 1, & A_3, & A_4, & A_3A_4 \\ 1, & A_4, & A_3, & A_3A_4 \end{vmatrix}=0,$$

and in this form it expresses the known theorem of the equality of the anharmonic ratios of (A_1, A_2, A_3, A_4) and (A_2, A_1, A_4, A_3).

But, in order to actually find the circle, we may write

$$\begin{aligned} XY+LY+MX\quad +N\quad &=0, \\ A_1\quad +L\quad +MA_1A_2+NA_2&=0, \\ A_2\quad +L\quad +MA_1A_2+NA_1&=0, \\ A_3\quad +L\quad +MA_3A_4+NA_4&=0, \end{aligned}$$

and eliminating L, M, N, the equation of the circle is

$$\begin{vmatrix} XY, & Y, & X\ , & 1 \\ A_1\ , & 1\ , & A_1A_2, & A_2 \\ A_2\ , & 1\ , & A_1A_2, & A_1 \\ A_3\ , & 1\ , & A_3A_4, & A_4 \end{vmatrix}=0,$$

or, reducing, this is

$$(A_2-A_1)\left[XY(A_3A_4-A_1A_2)+Y\{A_1A_2(A_3+A_4)-A_3A_4(A_1+A_2)\}\right.$$
$$\left.+X(A_1+A_2-A_3-A_4)+(A_3A_4-A_1A_2)\right]=0,$$

or say

$$XY(A_1A_2-A_3A_4)+Y\{A_3A_4(A_1+A_2)-A_1A_2(A_3+A_4)\}$$
$$+X\{A_3+A_4-A_1-A_2\}+(A_1A_2-A_3A_4)=0;$$

that is

$$\begin{vmatrix} XY+1\ , & X\ , & Y \\ A_1\ +A_2, & A_1A_2, & 1 \\ A_3\ +A_4, & A_3A_4, & 1 \end{vmatrix}=0,$$

which is the required equation; or, transforming to the original axes, we have $x+iy=X$, $x-iy=Y$, &c., and therefore $XY=x^2+y^2$; and the equation becomes

$$\begin{vmatrix} x^2+y^2+1 & , x+iy & , x-iy \\ \alpha_1+\alpha_2+i(\beta_1+\beta_2), & (\alpha_1+i\beta_1)(\alpha_2+i\beta_2), & 1 \\ \alpha_3+\alpha_4+i(\beta_3+\beta_4), & (\alpha_3+i\beta_3)(\alpha_4+i\beta_4), & 1 \end{vmatrix}=0,$$

which is the equation of the circle through the two pairs of antifocal points.

{NOTE. The *second* form of the equation of the circle may be otherwise deduced from the *first*, without expanding the determinants, by the following method:

$$\begin{vmatrix} XY, & Y, & X, & 1 \\ A_1, & 1, & A_1A_2, & A_2 \\ A_2, & 1, & A_1A_2, & A_1 \\ A_3, & 1, & A_3A_4, & A_4 \end{vmatrix} = \begin{vmatrix} XY+1, & Y, & X, & 1 \\ A_1+A_2, & 1, & A_1A_2, & A_2 \\ A_1+A_2, & 1, & A_1A_2, & A_1 \\ A_3+A_4, & 1, & A_3A_4, & A_4 \end{vmatrix} =$$

$$\begin{vmatrix} XY+1, & Y, & X, & 1 \\ A_1+A_2, & 1, & A_1A_2, & A_2 \\ 0, & 0, & 0, & A_1-A_2 \\ A_3+A_4, & 1, & A_3A_4, & A_4 \end{vmatrix} = (A_1-A_2)\begin{vmatrix} XY+1, & X, & Y \\ A_1+A_2, & A_1A_2, & 1 \\ A_3+A_4, & A_3A_4, & 1 \end{vmatrix};$$

therefore

$$\begin{vmatrix} XY+1, & X, & Y \\ A_1+A_2, & A_1A_2, & 1 \\ A_3+A_4, & A_3A_4, & 1 \end{vmatrix}=0.$$

ED. [W. J. M.]}

[Vol. II. pp. 22—24.]

1513. (Proposed by the Rev. J. BLISSARD, B.A.)—Prove the following formulæ:

(1) $$\frac{(x-1)(x-2)\,..\,(x-n)}{x(x+1)\,..\,(x+n-1)}=$$

$$1+(-)^n\left\{n\,.\,\frac{1}{x}-\frac{n(n^2-1^2)}{1^2}\cdot\frac{1}{x+1}+\frac{n(n^2-1^2)(n^2-2^2)}{1^2\,.\,2^2}\cdot\frac{1}{x+2}-\&c.\right\}$$

(2) The above formula expressed as

$$\frac{(\Gamma x)^2}{\Gamma(x-n)\,\Gamma(x+n)}=1-\frac{n^2}{1}\cdot\frac{1}{x}+\frac{n^2(n^2-1^2)}{1\,.\,2}\cdot\frac{1}{x(x+1)}-\frac{n^2(n^2-1^2)(n^2-2^2)}{1\,.\,2\,.\,3}\cdot\frac{1}{x(x+1)(x+2)}+\&c.$$

and show that this equation is subject to the sole restriction that when n is not integral x must not be negative.

Solution by PROFESSOR CAYLEY; *and* X. U. J.

Let n be a positive integer, and suppose that $[x]^n$ denotes as usual the factorial $x(x-1)\ldots.(x-n+1)$; then we have

$$[x+k]^n=(1+\Delta)^k[x]^n=\left(1+k\Delta+\frac{k(k-1)}{1\,.\,2}\Delta^2+\&c.\right)[x]^n$$

$$=[x]^n+\frac{kn}{1}[x]^{n-1}+\frac{k(k-1)\,n(n-1)}{1\,.\,2}[x]^{n-2}+\&c.;$$

or putting $k=-n$ we have

$$[x-n]^n=[x]^n-\frac{n^2}{1}[x]^{n-1}+\frac{n^2(n^2-1^2)}{1\,.\,2}[x]^{n-2}-\&c.$$

Writing herein $(x+n-1)$ for x, and dividing by $[x+n-1]^n$, we have

$$\frac{[x-1]^n}{[x+n-1]^n}=1-\frac{n^2}{1}\cdot\frac{1}{x}+\frac{n^2(n^2-1^2)}{1\,.\,2}\cdot\frac{1}{x(x+1)}-\&c.;$$

or, what is the same thing,

$$\frac{(\Gamma x)^2}{\Gamma(x-n)\,\Gamma(x+n)}=1-\frac{n^2}{1}\cdot\frac{1}{x}+\frac{n^2(n^2-1^2)}{1\,.\,2}\cdot\frac{1}{x(x+1)}-\&c.,$$

which is the formula (2). The foregoing demonstration applies to the case of n a positive integer; but as the two sides are respectively unaltered when n is changed into $-n$, it is clear that the formula holds good also for n a negative integer. The right hand side is the hypergeometric series $F(n,\,-n,\,x,\,1)$ and the formula therefore is

$$\frac{(\Gamma x)^2}{\Gamma(x-n)\,\Gamma(x+n)}=F(n,\,-n,\,x,\,1),$$

a particular case of the known formula

$$\frac{\Gamma(\gamma)\,\Gamma(\gamma-\alpha-\beta)}{\Gamma(\gamma-\alpha)\,\Gamma(\gamma-\beta)}=F(\alpha,\,\beta,\,\gamma,\,1),$$

which when α or β is a positive integer is a mere identity, true therefore for all values of γ; but if neither α nor β is a positive integer, then the right hand side is an infinite series which is only convergent for $\gamma>\alpha+\beta$. In the particular case we have $\alpha = n$, $\beta = -n$, $\gamma = x$; hence if n be a positive or negative integer, the formula is an identity, but if n be fractional, the condition of convergency is $x > 0$, that is, x must be positive.

To prove the formula (1) it is only necessary to remark, that (n being a positive integer) the quantity $\dfrac{[x-1]^n}{[x+n-1]^n}$ is a rational fraction, the numerator and denominator whereof are of the same degree n, and which becomes $=1$ for $x = \infty$. Hence, decomposing it into simple fractions, we may write

$$\frac{[x-1]^n}{[x+n-1]^n} = 1 + S_r \,.\, \frac{A_r}{x+r}$$

where the summation extends from $r=0$ to $r=n-1$ both inclusive. And we have

$$A_r = \left\{\frac{(x+r)[x-1]^n}{[x+n-1]^n}\right\}_{x=-r},$$

or, observing that $[x+n-1]^n = [x+n-1]^{n-r-1}(x+r)[x+r-1]^r$, we have

$$A_r = \left\{\frac{[x-1]^n}{[x+n-1]^{n-r-1}[x+r-1]^r}\right\}_{x=-r} = \frac{[-r-1]^n}{[n-r-1]^{n-r-1}[-1]^r}$$

$$= \frac{(-)^n[n+r]^n}{[n-r-1]^{n-r-1}(-)^r[r]^r} = (-)^{n+r}\frac{[n+r]^{n+r}}{[n-r-1]^{n-r-1}[r]^r[r]^r} = (-)^{n+r}\frac{[n+r]^{2r+1}}{[r]^r \,.\, [r]^r}.$$

Hence the formula is

$$\frac{[x-1]^n}{[x+n-1]^n} = 1 + (-)^n \,.\, S_r(-)^r \,.\, \frac{[n+r]^{2r+1}}{[r]^r[r]^r}\,\frac{1}{x+r},$$

or, as this may also be written,

$$\frac{(x-1)(x-2)\,..\,(x-n)}{x(x+1)\,..\,(x+n-1)} = 1 + (-)^n\left\{n \,.\, \frac{1}{x} - \frac{n(n^2-1^2)}{1^2} \,.\, \frac{1}{x+1} + \frac{n(n^2-1^2)(n^2-2^2)}{1^2 \,.\, 2^2} \,.\, \frac{1}{x+2} - \&c.\right\}$$

which is the formula in question.

[Vol. II. pp. 51, 52.]

1512. (Proposed by Professor CAYLEY.)—It is possible to construct a hexagon 123456, inscribed in a conic, and such that the diagonals 14, 25, 36 pass respectively through the Pascalian points (intersections of opposite sides) 23, 56; 34, 61; 45, 12. Given the points 1, 2; 4, 5; to construct the hexagon.

Solution by the PROPOSER.

Let 12, 45, meet in O, and through O draw at pleasure a line meeting 14 in P, and 25 in Q; let $P2$, $Q4$ meet in 3, and $P5$, $Q1$ in 6; then the line 36 will pass through O, and this being so, the hexagon 123456 satisfies the required conditions.

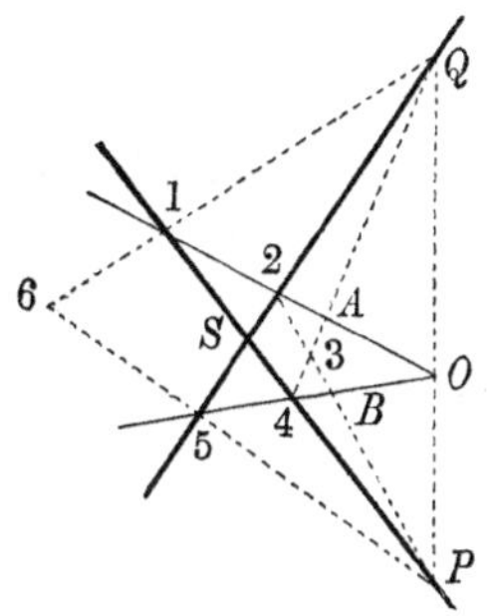

We have to show that 36 passes through O. Let $Q4$ meet $O12$ in A, and $P2$ meet $O45$ in B; then the points 6, 3, O, are the intersections of corresponding sides of the triangles $A1Q$, $B5P$; and in order that these points may lie in a line, the lines joining the corresponding vertices must meet in a point, that is, we have to show that the lines 15, AB, PQ meet in a point. The property is in fact as follows; viz., given the points 2, 4; and also the points Q, O, P lying in a line; then constructing the points 1, 5, A, B, which are the respective intersections of $P4$, $O2$; $Q2$, $O4$; $Q4$, $O2$; $P2$, $O4$; the lines 15, AB, PQ will meet in a point. Take $x=0$, $y=0$, $z=0$ for the respective equations of $P2$, $Q4$, PQ; then O is an arbitrary point in the line PQ, say that for the point O we have $z=0$, $ax+by=0$; also $O2$, $O4$ are arbitrary lines through O: say that their equations are $ax+by+\lambda z=0$; $ax+by+\mu z=0$; then we have for the points A and B, respectively, $ax+by+\mu z=0$, $y=0$; $ax+by+\mu z=0$, $x=0$; hence the equation of AB is $\mu ax+\lambda by+\lambda\mu z=0$. The equation of $P4$ is $ax+\mu z=0$, and that of $Q2$ is $by+\lambda z=0$; the point 1 is therefore given by $ax+\mu z=0$, $ax+by+\lambda z=0$; and 5 by $by+\lambda z=0$, $ax+by+\mu z=0$; hence the equation of 15 is $\mu ax+\lambda by+(\mu^2-\mu\lambda+\lambda^2)z=0$; and the equation of PQ being $z=0$, it is clear that the three lines AB, 15, PQ intersect in the point given by the equations $\mu ax+\lambda by=0$, $z=0$.

OBS. 1. By inspection of the figure we see that $3PQ$ is a triangle whereof the sides $3P$, $3Q$, PQ pass respectively through the fixed points 2, 4, O; while the vertices P and Q lie in the fixed lines 14, 25; the locus of the vertex 3 is consequently a conic; and the like as regards the triangle $6PQ$.

OBS. 2. The regular hexagon projects into a hexagon inscribed in a conic and circumscribed about another conic having double contact therewith; in the hexagon so obtained (as appears at once by the consideration of the regular hexagon) the above-mentioned property holds; but the in-and-circumscribed hexagon has the additional property that the three diagonals meet in a point, and it is therefore a less general figure than the hexagon of the foregoing theorem. It would, I think, be worth while to study further the hexagon of the theorem.

{NOTE. In the solution of Question 1548 it is shown that if two pairs of opposite sides of *any hexagon* intersect each on a diagonal produced, so likewise will the third pair.

A slight variation of Professor Cayley's proof may be obtained by finding the equations of $P5$, $Q1$, and thence of 36, which are respectively

$$ax-(\lambda-\mu)z=0,\ bx+(\lambda-\mu)z=0,\ ax+by=0,$$

showing that 36 passes through O. ED. [W. J. M].}

[Vol. II. pp. 70—72.]

1562. (Proposed by F. D. THOMSON, M.A.)—Find the locus of the points of contact of tangents drawn from a given point to a conic circumscribing a given quadrangle. The quadrangle being supposed convex, trace the changes of form of the locus for different positions of the given point.

Solution by PROFESSOR CAYLEY; *and the* PROPOSER.

Let O be the given point; 1, 2, 3, 4 the vertices of the given quadrangle; A, B, C the centres of the quadrangle, viz., A the intersection of the lines 14, 23; B of 24, 31; C of 34, 12. The polars of O in regard to the several circumscribed conics intersect in a point O'. This being so, the locus is a cubic passing through the nine points 1, 2, 3, 4, A, B, C, O, O', and which is moreover such that the tangents at the four points 1, 2, 3, 4 meet the cubic in the point O, and the tangents at the four points A, B, C, O meet the cubic in the point O'. It is to be remarked that the nine points are so related to each other that a cubic through any eight of these points passes through the remaining ninth point; say a cubic through 1, 2, 3, 4, A, B, C, O passes through O'; the nine points consequently do not determine the cubic; but the cubic will be determined, e.g., by the conditions that it passes through 1, 2, 3, 4, A, B, C, O, and has $O1$ for the tangent at 1. The series of cubics corresponding to different positions of the point O is identical with the series of cubics passing through the seven points 1, 2, 3, 4, A, B, C

Conversely any given cubic curve may be taken to be a cubic of the series; and the points 1, 2, 3, 4 will then be determined as follows, viz., 1, 2, 3, 4 are the points of contact of the tangents to the cubic from an arbitrary point O on the cubic; and

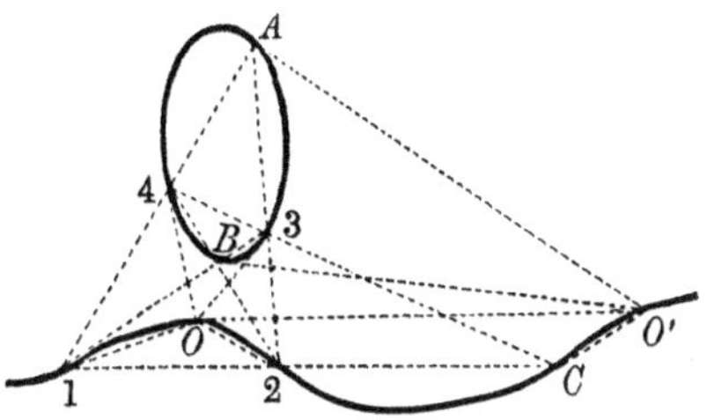

then taking as before A, B, C for the intersections of 14, 23, of 24, 31 and of 34, 12, respectively, the points A, B, C will lie on the cubic, and the tangents at A, B, C, O will meet the cubic in a point O'. I call to mind that a cubic curve without singularities is either *complex* or simplex; in the simplex kind there can be drawn from any point of the curve two, and only two, real tangents to the curve; in the complex kind, there can be drawn four real tangents or else no real tangent, viz. from any point on a certain branch of the curve there can be drawn four real tangents, from a point on the remaining portion of the curve no real tangent. Hence, in the foregoing construction, in order that the points 1, 2, 3, 4 may be real, the given cubic must be of the complex kind, and the point O must be taken on the branch which has through each of its points four real tangents.

The foregoing results may be established *geometrically* or *analytically;* but for brevity I merely indicate the analytical demonstration. Suppose first, that the points 1, 2, 3, 4 are given as the intersections of the conics $U=0$, $V=0$; let α, β, γ be the coordinates of the point O, and write $D=\alpha\delta_x+\beta\delta_y+\gamma\delta_z$, so that $DU=0$ and $DV=0$ are the equations of the polars of O in regard to the conics $U=0$, $V=0$ respectively. The equation of any conic through the four points is $U+kV=0$; and the equation of the polar of O in regard thereto is $DU+kDV=0$; eliminating k from these equations, we have $UDV-VDU=0$, which is the equation of the given locus. We see at once that it is a cubic curve passing through the points ($U=0$, $V=0$), that is, the points 1, 2, 3, 4; and through the point $DU=0$, $DV=0$, that is, the point O'; it also follows without difficulty that the curve passes through the point O. But for the remaining results it is better to particularize the conics $U=0$, $V=0$. Let the equations of 12, 23, 34, 41 be $x=0$, $y=0$, $z=0$, $w=0$ respectively, (where $x+y+z+w=0$); and in the same system, let α, β, γ, δ be the coordinates of O $(\alpha+\beta+\gamma+\delta=0)$, then $xz=0$, $yw=0$ are each of them a conic (pair of lines) passing through the four points; and we may therefore write $U=yw$, $V=xz$; the equation $UDV-VDU=0$ thus becomes $yw(\alpha z+\gamma x)-xz(\beta w+\delta y)=0$, or, as this equation may also be written,

$$\frac{\alpha}{x}-\frac{\beta}{y}+\frac{\gamma}{z}-\frac{\delta}{w}=0,$$

which is the equation of the cubic curve; and from this form the several above-mentioned results may be obtained without difficulty.

To give an idea of the form of the curve corresponding to a given convex quadrangle 1234, and given position of the point O, I suppose that O is situate *within* the quadrangle, for instance in the triangle $B12$. The mere inspection of the figure, and consideration of the conditions which are to be satisfied by the cubic curve, is enough to show that this is of the form described by Newton as *anguinea cum ovali*, viz., the oval passes through the points 3, 4, A, B, and the serpentine branch through the points 1, 2, C, O, O'. But the complete discussion of the different cases would be somewhat laborious.

{A *geometrical* investigation of the locus is given on p. 124 of Cremona's *Teoria Geometrica delle Curve Piane.* Ed. [W. J. M.].}

[Vol. II. pp. 89, 90.]

1533. (Proposed by Professor Cayley.)—If on the sides of a triangle there are taken three points, one on each side; and if through the three points and the three vertices of the triangle there are drawn a cubic curve and a quartic curve, intersecting in six other points; then there exists a quintic curve passing through each of the three points, and having each of the six points for a double point.

Solution by the Proposer.

Let $P=0$ be the equation of the quartic curve, $Q=0$ the equation of the cubic curve, $M=0$ the equation of the three sides of the triangle; then if we can find A, B, C functions of the orders 0, 1, 2 respectively, and U a function of the fifth order, such that we have identically $MU = AP^2 + BPQ + CQ^2$; we have $MU=0$, a curve of the eighth order, having a double point at each of the points ($P=0$, $Q=0$), which points are the three vertices of the triangle, the three points, and the six points; but the curve $MU=0$ is made up of the curve $M=0$ (the three sides of the triangle, being a cubic curve having each of the vertices for a double point, and passing through each of the three points) and of a certain quintic curve $U=0$; hence the quintic curve must pass through each of the three points, and have a double point at each of the six points; or there exists a quintic curve satisfying the conditions of the theorem.

I take $x=0$, $y=0$, $z=0$ for the equations of the three sides of the triangle, and then (the constants being all of them arbitrary) writing for shortness

$$\begin{array}{llll} \xi = \;.\; & by + cz, & X = \;.\; & \beta y + \gamma z, \qquad \Theta = \lambda x + \mu y + \nu z, \\ \eta = a'x & \;.\; + c'z, & Y = \alpha' x & \;.\; + \gamma' z, \\ \zeta = a''x + b''y & \;.\;, & Z = \alpha'' x + \beta'' y & \;.\;, \end{array}$$

I assume that the three points are given by the equations ($x=0$, $\xi=0$), ($y=0$, $\eta=0$), ($z=0$, $\zeta=0$), respectively. This being so, we may write

$$Q = yz\xi\delta + zx\eta\delta' + xy\zeta\delta'' + xyz\epsilon = 0, \qquad -P = yz\xi X + zx\eta Y + xy\zeta Z + xyz\Theta = 0,$$

for the equations of the cubic curve and the quartic curve respectively. We have of course $M = xyz = 0$ for the equation of the three sides of the triangle, and the identity to be satisfied is $xyzU = AP^2 + BPQ + CQ^2$.

I was led to the values of A, B, C by considerations founded on the theory of curves in space. We have

$$A = \delta\delta'\delta'', \qquad B = (\delta'\alpha'' + \delta''\alpha)\,\delta x + (\delta''\beta + \delta\beta'')\,\delta' y + (\delta\gamma' + \delta'\gamma)\,\delta'' z,$$

$$C = \alpha'\alpha''\delta x^2 + \beta''\beta\delta' y^2 + \gamma\gamma'\delta'' z^2 + (\gamma\beta''\delta' + \gamma'\beta\delta'')\,yz + (\alpha'\gamma\delta'' + \alpha''\gamma'\delta)\,zx + (\beta''\alpha'\delta + \beta\alpha''\delta')\,xy\,;$$

and with these values it is easy to show that the function $AP^2 + BPQ + CQ^2$ contains the factor xyz; for substituting the values of P, Q, all the terms of $AP^2 + BPQ + CQ^2$ contain explicitly the factor xyz, except the terms

$$A\,(y^2z^2\xi^2X^2 + z^2x^2\eta^2Y^2 + x^2y^2\zeta^2Z^2) - B\,(y^2z^2\xi^2X\delta + z^2x^2\eta^2Y\delta' + x^2y^2\zeta^2Z\delta')$$
$$+ C\,(y^2z^2\xi^2\delta^2 + z^2x^2\eta^2\delta'^2 + x^2y^2\zeta^2\delta''^2)\,;$$

and these terms will contain the factor xyz, if only the expressions $AX^2 - BX\delta + C\delta^2$, $AY^2 - BY\delta' + C\delta'^2$, $AZ^2 - BZ\delta'' + C\delta''^2$ contain respectively the factors x, y, z. But $AX^2 - BX\delta + C\delta^2$ will contain the factor x, if only the expression vanishes for $x=0$; and for $x=0$ we have

$$AX^2 - BX\delta + C\delta^2 = 0 =$$

$$\delta\delta'\delta''(\beta y + \gamma z)^2 - [\delta'\delta''(\beta y + \gamma z) + \delta(\beta''\delta' y + \gamma'\delta'' z)]\,\delta\,(\beta y + \gamma z) + (\beta y + \gamma z)(\beta''\delta' y + \gamma'\delta'' z)\,\delta^2\,;$$

that is, $AX^2 - BX\delta + C\delta^2$ contains the factor x; and by symmetry the other two expressions contain the factors y and z respectively. The excepted terms contain therefore the factor xyz; and there exists therefore a quintic function $U = (AP^2 + BPQ + CQ^2) \div xyz$; which proves the theorem.

The values of A, B, C were obtained by considering the surface $w = \dfrac{P}{Q}$, which, as is at once seen, contains upon itself the three lines

$$\left(x=0,\ w=-\frac{X}{\delta}\right),\ \left(y=0,\ w=-\frac{Y}{\delta'}\right),\ \left(z=0,\ w=-\frac{Z}{\delta''}\right)$$

or as these equations may be written

$$\begin{array}{lllll}(x=0, & . & \beta y + \gamma z & + \delta w & = 0),\\ (y=0, & \alpha' x & .\ + \gamma' z & + \delta' w & = 0),\\ (z=0, & \alpha'' x + \beta'' y & . & + \delta'' w & = 0);\end{array}$$

and then seeking for the equation of the hyperboloid which passes through the three lines, this is found to be $Aw^2 + Bw + C = 0$, where A, B C have the before-mentioned values.

If in the foregoing theorem the cubic is considered as a given cubic curve, and the three points as three arbitrary points on the cubic, the question then arises to find the triangle; or we have the problem proposed as Question 1607.

[Vol. II. p. 91.]

1542. (Proposed by Professor CAYLEY.)—If a given line meet two given conics in the points (A, B) and (A', B') respectively; and if (A'', B'') be the sibi-conjugate points (or foci) of the pairs (A, A') and (B, B'), or of the pairs (A, B') and (A', B), then (A'', B'') lie on a conic passing through the four points of intersection of the two given conics.

[Vol. II. pp. 97—100.]

1606. (Proposed by the EDITOR, [W. J. M.]).—Solve the following problems:

(α) Through three given points to draw a conic whose foci shall lie in two given lines.

(β) Through four given points to draw a conic such that one of its chords of intersection with a given conic shall pass through a given point.

(γ) Through two given points to draw a circle such that its chords of intersection with a given circle shall pass through a given point.

Solution by PROFESSOR CAYLEY.

(α) Through three given points to draw a conic whose foci shall lie in two given lines.

The focus of a conic is a point such that the lines joining it with the two circular points at infinity (say the points I, J) are tangents to the conic. Hence the question is, in a given line to find a point A, and in another given line to find a point B, such that there exists a conic touching the four lines AI, AJ, BI, BJ (where I, J are any given points) and besides passing through three given points. More generally, instead of the lines from A, B to the given points I, J, we may consider the tangents from A, B, to a given conic Θ; the question then is, in a given line to find a point A, and in another given line to find a point B, such that there exists a conic touching the tangents from A, B to a given conic Θ, and besides passing through three given points. It is rather more convenient to consider the reciprocal question—though it is to be borne in mind that for any two reciprocal questions a solution of the one question by means of coordinates (x, y, z) regarded as point-coordinates is in fact a solution of the other question by means of the same coordinates (x, y, z) regarded as line-coordinates. The reciprocal question is: through a given point to draw a line A, and through another given point to draw a line B, such that there exists a conic passing through the intersections of these lines with a given conic Θ, and besides touching three given lines. The given points may be taken to be $(x=0, z=0)$, $(y=0, z=0)$; this determines the line $z=0$, but not the lines $x=0$, $y=0$, so that the point $(x=0, y=0)$ may without loss of generality be supposed to lie on the conic Θ; the equation of this conic will therefore be

$$(a, b, 0, f, g, h \between x, y, z)^2 = 0.$$

I take $\alpha z+\gamma x=0$ for the equation of the line A, $\mu y+\nu z=0$ for the equation of the line B (so that the quantities to be determined are the ratios $\alpha : \gamma$ and $\mu : \nu$); this being so, the required conic passes through the intersections of these lines with the conic Θ; its equation will therefore be

$$(a, b, 0, f, g, h \between x, y, z)^2 + 2(\alpha x+\gamma z)(\mu y+\nu z) = 0;$$

or what is the same thing

$$(a, b, 2\nu\gamma, f+\mu\gamma, g+\nu\alpha, h+\mu\alpha \between x, y, z)^2 = 0;$$

where α, γ, μ, ν have to be determined in such manner that this conic may touch three given lines. It is to be observed that α, γ, μ, ν, enter into the equation through the combinations $\alpha\mu$, $\alpha : \gamma$, and $\mu : \nu$, so that there are really only three disposable quantities.

The condition in order that the conic may touch a line $\xi x+\eta y+\zeta z=0$ is

$$\left(\begin{array}{l} 2b\nu\gamma-(f+\mu\gamma)^2,\ 2a\nu\gamma-(g+\nu\alpha)^2,\ ab-(h+\mu\alpha)^2, \\ (g+\nu\alpha)(h+\mu\alpha)-\ \ a(f+\mu\gamma), \\ (h-\mu\alpha)(f+\mu\gamma)-\ \ b(g+\nu\alpha), \\ (f+\mu\gamma)(g+\nu\alpha)-2\nu\gamma(h+\mu\alpha) \end{array}\right) \between \xi, \eta, \zeta)^2=0,$$

that is, putting for shortness $C=ab-h^2$, $F=gh-af$, $G=hf-bg$, and reversing the sign of the whole expression,

$$\begin{array}{lllll} \{\ f^2\xi^2+ & g^2\eta^2-\ C\zeta^2- & 2F\eta\zeta- & 2G\zeta\xi- & 2fg\xi\eta\} \\ +2\mu\{\ f\gamma\xi^2 & +h\alpha\zeta^2+(a\gamma-g\alpha)\,\eta\zeta & -(h\gamma+f\alpha)\,\zeta\xi- & & g\gamma\xi\eta\} \\ +2\nu\{-b\gamma\xi^2-(a\gamma-g\alpha)\,\eta^2 & - & h\alpha\eta\zeta+ & b\alpha\zeta\xi+(h\gamma-af)\,\xi\eta\} & \\ +\ \mu^2\,\{(\gamma\xi-\alpha\zeta)^2\}+2\mu\nu\,\{\alpha\eta\,(\gamma\xi-\alpha\zeta)\}+\nu^2\,\{\alpha^2\eta^2\} & & & & =0; \end{array}$$

or what is the same thing

$$\{\nu\alpha\eta + \mu(\gamma\xi - \alpha\zeta)\}^2 + 2\nu(p\alpha + q\gamma) + 2\mu(r\alpha + s\gamma) + t = 0\,;$$

where p, q, r, s, t are given functions of (ξ, η, ζ).

I write for greater convenience

$$\nu = \frac{1}{X},\quad \mu = \frac{1}{Y},\quad \alpha = W,\ \gamma = Z,$$

(so that the quantities to be determined will be the ratios $X : Y : Z : W$); the foregoing equation then becomes

$$\left\{\eta\frac{W}{X} + \frac{1}{Y}(\xi Z - \zeta W)\right\}^2 + \frac{2}{X}(pW + qZ) + \frac{2}{Y}(rW + sZ) + t = 0,$$

or what is the same thing

$$\{\eta YW + X(\xi Z - \zeta W)\}^2 + 2XY^2(pW + qZ) + 2X^2Y(rW + sZ) + tX^2Y^2 = 0.$$

Hence, considering in place of the line $\xi x + \eta y + \zeta z = 0$, the three given lines $\xi_1 x + \eta_1 y + \zeta_1 z = 0$, $\xi_2 x + \eta_2 y + \zeta_2 z = 0$, $\xi_3 x + \eta_3 y + \zeta_3 z = 0$ successively, we have the three equations

$$\begin{aligned}
&\{\eta_1 YW + X(\xi_1 Z - \zeta_1 W)\}^2 + 2XY^2(p_1 W + q_1 Z) + 2X^2Y(r_1 W + s_1 Z) + t_1 X^2Y^2 = 0,\\
&\{\eta_2 YW + \&c. \qquad\qquad\quad \}^2 + \&c. \qquad\qquad\qquad\qquad\qquad\qquad\qquad = 0,\\
&\{\eta_3 YW + \&c. \qquad\qquad\quad \}^2 + \&c. \qquad\qquad\qquad\qquad\qquad\qquad\qquad = 0\,;
\end{aligned}$$

which, treating X, Y, Z, W as the coordinates of a point in space, are each of them the equation of a quartic surface having the line $(X = 0,\ Y = 0)$ for a cuspidal line. The required values of X, Y, Z, W are the coordinates of a point of intersection of the three surfaces, and these being found the equation of the conic satisfying the conditions of the question is

$$(a, b, 0, f, g, h \between x, y, z)^2 + 2(Wx + Zz)\left(\frac{y}{Y} + \frac{z}{Z}\right) = 0.$$

As to the intersection of surfaces having a common line, see Salmon's *Solid Geometry*, p. 257; but the case of a cuspidal line not having been hitherto discussed, I am not able to say now how many points of intersection there are of the three surfaces, nor consequently what is the number of the solutions of the question in hand. It of course appears that 64 is a superior limit.

(β) Through four given points to draw a conic such that one of its chords of intersection with a given conic shall pass through a given point.

Let the four points be given as the intersections of the conics $U = 0$, $V = 0$, and let $W = 0$ be the equation of the given conic, (α, β, γ) the coordinates of the given point.

The equation of the required conic may be taken to be $\Theta = \lambda U + \mu V = 0$, and this being so, the equation of *any* conic passing through the points of intersection of the conic $\Theta = 0$ and the given conic $W = 0$, will be $\lambda U + \mu V + \nu W = 0$; and if ν be properly determined, viz. by the equation

$$\text{Disct. } (\lambda U + \mu V + \nu W) = 0,$$

which it will be observed is a cubic equation in (λ, μ, ν), then $\lambda U + \mu V + \nu W = 0$ will be the equation of a pair of the chords of intersection of the conics $\Theta = 0$, $W = 0$. The chord which passes through the given point (α, β, γ) may be taken to be one of the pair of chords; the pair of chords, regarded as a conic, then passes through the given point (α, β, γ); or if U_0, V_0, W_0 are what U, V, W become on substituting therein the values (α, β, γ) for the coordinates, we have

$$\lambda U_0 + \mu V_0 + \nu W_0 = 0,$$

which is a linear equation in (λ, μ, ν); and combining it with the before-mentioned cubic equation,

$$\text{Disct. } (\lambda U + \mu V + \nu W) = 0,$$

the two equations give the ratios $(\lambda : \mu : \nu)$, and the equation of the required conic is $\lambda U + \mu V - 0$. There are three systems of ratios $\lambda : \mu : \nu$, and consequently three conics satisfying the conditions of the Question.

Suppose that the conics $U = 0$, $V = 0$, $W = 0$, have a common chord, then the conics $\Theta = \lambda U + \mu V = 0$, $W = 0$, have this common chord, say the fixed chord; and they have besides another chord of intersection, say the proper chord, which is the line joining the two points of intersection not on the fixed chord. It follows that, in the equation $\lambda U + \mu V + \nu W = 0$, ν may be so determined that this equation shall represent the fixed and proper chords; the required value of ν is one of those given by the before-mentioned cubic equation, which will then have a single rational factor of the form $a\lambda + b\mu + c\nu$, and the value of ν is that obtained by means of this factor, that is, by the equation $a\lambda + b\mu + c\nu = 0$.

{The value in question may, however, be found independently of the cubic equation; thus, if the three conics have the common chord $P = 0$, then their equations may be taken to be $U = 0$, $U + PQ = 0$, $U + PR = 0$; we have then $\Theta = \lambda U + \mu (U + PQ)$, and the value of ν is at once seen to be $\nu = -(\lambda + \mu)$, for then

$$\lambda U + \mu V + \nu W = \lambda U + \mu (U + PQ) - (\lambda + \mu)(U + PR) = 0,$$

that is, $P[\mu Q - (\lambda + \mu) R] = 0$, which is the conic made up of the fixed chord $P = 0$ and the proper chord $\mu Q - (\lambda + \mu) R = 0$.}

But returning to the equations $U = 0$, $V = 0$, $W = 0$, the value of ν is given by the equation $a\lambda + b\mu + c\nu = 0$, obtained by equating to zero the rational factor of the cubic equation. Suppose now that the *proper chord* passes through the given point (α, β, γ), then, as before, the equation $\lambda U + \mu V + \nu W = 0$ is satisfied by these values of the coordinates, or we have $\lambda U_0 + \mu V_0 + \nu W_0 = 0$; which, with the before-mentioned linear equation $a\lambda + b\mu + c\nu = 0$, determines the ratios $\lambda : \mu : \nu$; and the required conic is $\lambda U + \mu V = 0$; there is, then, in the present case only one conic satisfying the conditions of the Question.

(γ) Through two given points to draw a circle such that its chord of intersection with a given circle shall pass through a given point.

The foregoing discussion of the case of three conics having a common chord is of course directly applicable to the present question, the common chord being the line infinity; it is therefore sufficient to give the final analytical result; viz., if the given points are $y = 0$, $x = \pm 1$, and if the given circle is $x^2 + y^2 + c + 2fy + 2gx = 0$, and the point through which passes the chord is $x = \alpha$, $y = \beta$, then the equation of the required circle is

$$x^2 + y^2 - 1 + \frac{1}{\beta}(2g\alpha + 2f\beta + 1 + c)\, y = 0.$$

The equation of the chord of intersection is, in fact,

$$1 + c - \frac{1}{\beta}(2g\alpha + 2f\beta + 1 + c)\, y + 2gx + 2fy = 0,$$

which is satisfied, as it should be, by $x = \alpha$, $y = \beta$.

But the geometrical solution is even more simple. Let A, B, be the given points, C the point through which passes the chord of intersection; then, joining C, A, and taking on this line a point H such that $CA \,.\, CH$ is equal to the square on the tangential distance of C from the given circle, it is at once seen that *any* circle through A, H is such that its chord of intersection with the given circle passes through C; hence the required circle is that drawn through the three points A, H, B.

[Vol. III. January to July, 1865, p. 29.]

1607. (Proposed by Professor CAYLEY.)—In a given cubic curve to inscribe a triangle such that the three sides shall pass respectively through three given points on the curve.

[Vol. III. pp. 60—63.]

1647. (Proposed by Professor CAYLEY.)—Find the locus of the foci of an ellipse of given major axis, passing through three given points.

{In connexion with the problem the Proposer remarks as follows:

Let A, B, C be the given points; take P an arbitrary point (not in general in the plane of the three given points), then we may find a point Q (not in general in the plane of the three given points) such that $QA + AP = QB + BP = QC + CP =$ given major axis. And this being so, if the locus of P be a given surface, then we shall have a certain surface, the locus of Q; and so if the locus of P be a given curve in space, then we shall have a given curve in space, the locus of Q. In particular, if the locus of P be the plane of the three given points, then the locus of Q will be a certain surface, cutting the plane in a curve which is the locus in the foregoing problem; and when Q is situate on this curve, then also P will be situate on the same curve. Or if the locus of P be the curve in question, then the locus of Q will be the same curve. Say, in general, that the loci of P and Q are reciprocal loci, then the curve in the problem *is its own reciprocal.* And we may propose the following question:

Find the curve or surface, the locus of P, which is its own reciprocal.

We have also analogous to the original problem the following question in Solid Geometry:

Given the four points A, B, C, D in space, to find the locus of the points P, Q such that

$$PA + AQ = PB + BQ = PC + CQ = PD + DQ = \text{ a given line.}\}$$

Solution by the PROPOSER.

In general if a, b, c be the sides of a triangle, and f, g, h the distances of any point from the angles of the triangle (or, what is the same thing, if (a, b, c, f, g, h) be the distances of any four points in a plane from each other), then we have a certain relation

$$\phi(a, b, c, f, g, h) = 0.$$

Hence if r, s, t be the distances of the one focus from the angles of the triangle, and the major axis is $= 2\lambda$, then the distances for the other focus are $2\lambda - r$, $2\lambda - s$, $2\lambda - t$; and considering the three angles and the other focus as a system of four points, we have

$$\phi(a, b, c, 2\lambda - r, 2\lambda - s, 2\lambda - t) = 0,$$

which is a relation between the distances r, s, t of the first focus from the angles of the triangle, and which, treating these distances as coordinates (of course in a generalised sense of the term "Coordinate"), may be regarded as the equation of the required locus. It is to be observed, that we have identically

$$\phi(a, b, c, r, s, t) = 0,$$

and the equation may be expressed in the simplified form

$$\phi(a, b, c, 2\lambda - r, 2\lambda - s, 2\lambda - t) - \phi(a, b, c, r, s, t) = 0.$$

To develope the solution, I notice that the expression for the equation $\phi(a, b, c, f, g, h)=0$ is

$$\begin{aligned} & b^2c^2(g^2+h^2)+c^2a^2(h^2+f^2)+a^2b^2(f^2+g^2) \\ & +g^2h^2(b^2+c^2)+h^2f^2(c^2+a^2)+f^2g^2(a^2+b^2) \\ & -a^2f^2(a^2+f^2)-b^2g^2(b^2+g^2)-c^2h^2(c^2+h^2) \\ & -a^2g^2h^2-b^2h^2f^2-c^2f^2g^2-a^2b^2c^2=0; \end{aligned}$$

see my paper, "Note on the value of certain determinants &c.," *Quart. Math. Journ.* vol. III. (1860), pp. 275—277, [286]. Or, as this may also be written

$$\Sigma\{(b^2+c^2-a^2)(g^2h^2+a^2f^2)-a^2f^4\}-a^2b^2c^2=0,$$

where Σ refers to the simultaneous cyclical permutation of (a, b, c) and of (f, g, h). Hence we have only in this equation to write $2\lambda-r$, $2\lambda-s$, $2\lambda-t$ in place of (f, g, h), and to omit the terms independent of λ, being in fact those which are equal to $\phi(a, b, c, r, s, t)$. Observing that we have

$$\begin{aligned} g^2h^2+a^2f^2 &= \{4\lambda^2-2\lambda(s+t)+st\}^2+a^2(2\lambda-r)^2 \\ &= 16\lambda^4-16\lambda^3(s+t)+4\lambda^2(s^2+t^2+4st+a^2)-4\lambda[st(s+t)+a^2r]+s^2t^2+a^2r^2; \\ f^4 &= (2\lambda-r)^4=16\lambda^4-32\lambda^3r+24\lambda^2r^2-8\lambda r^3+r^4, \end{aligned}$$

the equation becomes

$$\begin{aligned} & 16\lambda^4\{\Sigma(b^2+c^2-a^2)-\Sigma a^2\} \\ & -16\lambda^3\{\Sigma(b^2+c^2-a^2)(s+t)-2\Sigma a^2r\} \\ & +\ 4\lambda^2\{\Sigma(b^2+c^2-a^2)(s^2+t^2+4st+a^2)-6\Sigma a^2r^2\} \\ & -\ 4\lambda\ \{\Sigma(b^2+c^2-a^2)[st(s+t)+a^2r]-2\Sigma a^2r^3\}=0, \end{aligned}$$

where the Σ's refer to the simultaneous cyclical permutation of the (a, b, c) and the (r, s, t). The coefficients of λ^4 and λ^3 are, it is easy to see, each $=0$; and in the coefficient of λ^2 the terms $\Sigma(b^2+c^2-a^2)(s^2+t^2)-6\Sigma a^2r^2$ are $=-4\Sigma a^2r^2$; hence dividing the whole equation by 4λ, we find

$$\lambda\{\Sigma(b^2+c^2-a^2)(4st+a^2)-4\Sigma a^2r^2\}-\{\Sigma(b^2+c^2-a^2)[st(s+t)+a^2r]-2\Sigma a^2r^3\}=0,$$

which is the required relation between (r, s, t).

It may be noticed that, expressing the distances r, s, t in terms of Cartesian or trilinear coordinates (x, y) or (x, y, z), then r^2, s^2, t^2 are rational and integral functions of the coordinates, and the form of the equation therefore is

$$A_2+B_2r+C_2s+D_2t+E_0st+F_0tr+G_0rs=0,$$

where the subscript numbers denote the degrees in regard to the coordinates. Multiplying this equation successively by 1, r, s, t, st, tr, rs, rst, we have eight equations linear in the last-mentioned eight quantities, the coefficients being of known degrees respectively;

and eliminating the eight quantities, we have the rationalised equation expressed in the form, determinant (of order 8) = 0; viz. this is

$$\begin{vmatrix} A_2, & B_2, & C_2, & D_2, & E_0, & F_0, & G_0, & 0 \\ B_2r^2, & A_2, & G_0r^2, & F_0r^2, & 0, & D_2, & C_2, & E_0 \\ C_2s^2, & G_0s^2, & A_2, & E_0s^2, & D_2, & 0, & B_2, & F_0 \\ D_2t^2, & F_0t^2, & E_0t^2, & A_2, & C_2, & B_2, & 0, & G_0 \\ E_0s^2t^2, & 0, & D_2t^2, & C_2s^2, & A_2, & G_0s^2, & F_0t^2, & B_2 \\ F_0t^2r^2, & D_2t^2, & 0, & B_2r^2, & G_0r^2, & A_2, & E_0t^2, & C_2 \\ G_0r^2s^2, & C_2s^2, & B_2r^2, & 0, & F_0r^2, & E_0s^2, & A_2, & D_2 \\ 0, & E_0s^2t^2, & F_0t^2r^2, & G_0r^2s^2, & B_2r^2, & C_2s^2, & D_2t^2, & A_2 \end{vmatrix} = 0.$$

This seems to be of the degree 18 in the coordinates, but it is probable that the real degree is lower.

[Vol. III. pp. 63—65.]

1652. (Proposed by W. K. CLIFFORD.)—Through the angles A, B, C of a plane triangle three straight lines Aa, Bb, Cc are drawn. A straight line AR meets Cc in R; RB meets Aa in P; PC meets Bb in Q; QA meets Cc in r; and so on. Prove that, after going twice round the triangle in this way, we always come back to the same point.

Show that the theorem is its own reciprocal. Find the analogous properties of a skew quadrilateral in space, and of a polygon of n sides in a plane.

Solution by PROFESSOR CAYLEY.

1. The theorem may be thus stated: Given three lines x, y, z, and in these lines respectively the points A, B, C; then there exist an infinity of hexagons, such that

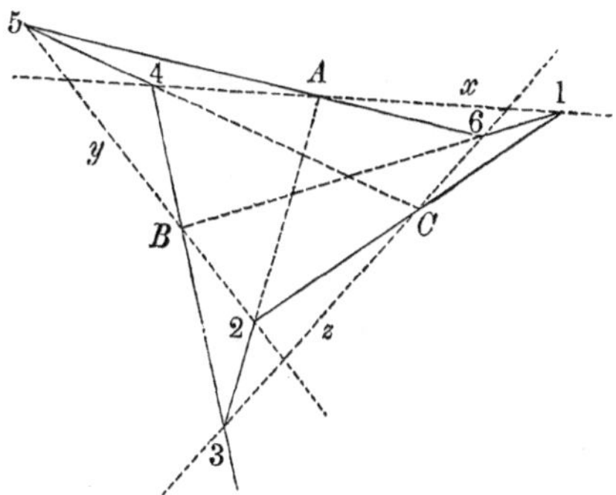

the pairs of opposite angles lie in the lines x, y, z, respectively, and that the pairs of opposite sides pass through the points A, B, C, respectively.

2. The demonstration is as follows: We have to show that, starting from an arbitrary point 1 in the line x, and constructing in the prescribed manner (as shown successively in the figure) the points 2, 3, 4, 5, 6, the last side 61 of the hexagon 123456 will pass through B. By the construction, we have A, 2, 3 in a line, and likewise C, 4, 5; hence, by Pascal's theorem, applied to the six points in a pair of lines, the points of intersection of the lines (25, 34), ($3C$, $A5$), ($A4$, $C2$), that is, the points B, 6, 1, lie in a line; which is the required theorem.

3. More generally suppose that the points A, B, C are not on the lines x, y, z, respectively. I remark that it is not in general possible to describe a hexagon such that the opposite angles lie in the lines x, y, z, respectively, and the opposite sides pass through the points A, B, C, respectively; but if there exists one hexagon (viz., a proper hexagon, not a triangle twice repeated), then there exists an infinity of such hexagons.

4. In fact, if it be required to find a polygon, the angles whereof lie in given lines respectively, and the sides whereof pass through given points respectively; the problem is either indeterminate or admits of only *two* solutions. If therefore in any particular case there are three or more solutions, the problem is indeterminate, and has an infinity of solutions. Now, in the above-mentioned case of the three lines and the three points, there exist *two* triangles, the angles whereof lie in the given lines, and the sides pass through the given points; and each triangle, taking the angles twice over in the same order 123123, is a hexagon satisfying the conditions of the problem; hence, if we have besides a proper hexagon satisfying the conditions of the problem, there are really *three* solutions, and the problem is therefore indeterminate.

5. Suppose that the three lines x, y, z, and also two of the three points, say the points A and B, are given; we may construct geometrically a locus, such that, taking for C any point of this locus, the problem shall be indeterminate: in fact, starting with the point 4, and constructing successively the points 3, 2; taking an arbitrary direction for the line 21, and constructing successively the points 1, 6, 5; then the intersection of the lines 21 and 54 is a position of the point C: and by taking any number of directions for the line 21, we obtain for each of them a different position of the point C; and so construet the locus.

6. The locus in question is, as will be shown, a line; and if the point A is on the line x, and the point B on the line y, then the locus of C will be the line z; that is, C being any point of the line z, the problem is indeterminate; which is Mr Clifford's theorem.

7. To prove this, consider the lines x, y, z, and also the points A, B, C, as given; the point 1 is an arbitrary point on the line x, linearly determined by means of a parameter u; and for every position of the point 1 we have a corresponding position of the point 4; let u' be the corresponding parameter for the point 4; the series of points 1 is homographic with the series of points 4; that is, the parameters u, u' are connected by an equation of the form $auu' + bu + cu + d = 0$, (where of course a, b, c, d are functions of the parameters which determine the given lines x, y, z and

points A, B, C). But if the problem be indeterminate, then starting from the point 1 and constructing the point 4, and again starting from the point 4 and making the very same construction, we arrive at the original point 1, that is, u must be the same function of u' that u' is of u; and this will be the case if $b=c$; hence $b=c$ is the condition in order that the problem may be indeterminate.

8. To effect the calculation, take $x=0$, $y=0$, $z=0$ for the equations of the lines x, y, z respectively; and let (α, β, γ), $(\alpha', \beta', \gamma')$, $(\alpha'', \beta'', \gamma'')$ be the coordinates of the points A, B, C respectively. Let 1 and 4 be given as the intersections of the line $x=0$ with the lines $y-uz=0$, $y-u'z=0$, respectively; and assume that for the point 2 we have $y=0$, $z-vx=0$, and for the point 3, $z=0$, $x-wy=0$. Then 1, C, 2 are in a line; as are also 2, A, 3; 3, B, 4; hence we obtain

$$v=\frac{\gamma''u-\beta''}{\alpha''u}, \quad w=\frac{\alpha v-\gamma}{\beta v}, \quad u'=\frac{\beta' w-\alpha}{\gamma' w};$$

therefore, eliminating v and w, we have

$$(\alpha\gamma''-\alpha''\gamma)\,\gamma' uu'-\alpha\beta''\gamma' u'-(\alpha\beta'\gamma''-\alpha'\beta\gamma''-\alpha''\beta'\gamma)\,u-\beta''(\alpha'\beta-\alpha\beta')=0.$$

The required condition, therefore, is

$$\alpha\beta''\gamma'=\alpha\beta'\gamma''-\alpha'\beta\gamma''-\alpha''\beta'\gamma, \quad \text{or} \quad \alpha\beta'\gamma''-\alpha\beta''\gamma'-\alpha'\beta\gamma''-\alpha''\beta'\gamma=0;$$

which is linear in regard to each of the three sets (α, β, γ), $(\alpha', \beta', \gamma')$, $(\alpha'', \beta'', \gamma'')$, separately; that is, two of the points A, B, C being given, the locus of the remaining point is a line. In particular, if $\alpha=0$, $\beta'=0$; then the equation becomes $\alpha'\beta\gamma''=0$, and assuming that neither $\alpha'=0$, or $\beta=0$, then the equation becomes $\gamma''=0$, that is, A, B being arbitrary points on the lines $x=0$, $y=0$ respectively, the locus of C is the line $z=0$.

9. Mr Clifford's theorem is clearly its own reciprocal. I do not know the *precise* analogues of his special form of the theorem; but the analogue of the more general theorem stated in (6) is as follows: viz., we may have in the plane n lines $x, y, z, \ldots$ and n points $A, B, C, \ldots$, such that there exist an infinity of $2n$-gons whereof the pairs of opposite angles lie in the given lines respectively; and the pairs of opposite sides pass through the given points respectively; and if the n lines and $n-1$ of the n points be assumed at pleasure, then the locus of the remaining point is a line. It is moreover clear by the principle of reciprocity, that if the n points and $n-1$ of the n lines be assumed at pleasure, then the envelope of the remaining line is a point.

There exists also an analogue in space; viz. we may have n lines $x, y, z, \ldots$ and n lines $A, B, C, \ldots$ such that there exist an infinity of (skew) $2n$-gons whereof the pairs of opposite angles lie in the given lines $x, y, z, \ldots$ respectively; and the pairs of opposite sides meet in the given lines $A, B, C, \ldots$ respectively. It may be added, that if all but one of the $2n$ lines $x, y, z, \ldots A, B, C \ldots$ are given, then the 'six coordinates' of the remaining line satisfy a certain linear equation, but I do not stop to explain the geometrical interpretation of this theorem.

10. Referring to the foregoing figure, if instead of the point 1 we take on the line x, a point 1′, and construct therewith the hexagon 1′2′3′4′5′6′; then if α, α' be the (foci or) sibi-conjugate points of the range 1, 4, 1′, 4′ on the line x; β, β' the sibi-conjugate points of the range 2, 5, 2′, 5′ on the line y; and γ, γ' the sibi-conjugate points of the range 3, 6, 3′, 6′ on the line z; the points in question form two triangles $\alpha\beta\gamma$, $\alpha'\beta'\gamma'$, such that for each triangle the angles lie in the given lines and the sides pass through the given points. This is an elegant geometrical construction for the problem of the in-and-circumscribed triangle, in the particular case where the given points A, B, C lie in the given lines x, y, z, respectively.

11. The points 1, 2, 3, 4, 5, 6, A, B, C constitute a system of 9 points which lie in 9 lines of 3 each. The points α, β, γ, α', β', γ', A, B, C constitute a radically distinct system of 9 points lying in 9 lines of 3 each; viz., in the former system there are 3 sets of 3 lines which contain all the 9 points; in the latter system there is only the set of lines $A\alpha\alpha'$, $B\beta\beta'$, $C\gamma\gamma'$ which contains all the nine points. The last-mentioned system may be constructed as follows: The points β, β' and γ, γ' are arbitrary: A is the intersection of the lines $\beta\gamma$ and $\beta'\gamma'$; and then joining A with the point of intersection of the lines $\beta\gamma'$ and $\beta'\gamma$ we have α an arbitrary point on the joining line; the lines $\alpha\gamma$ and $\beta\beta'$ meet in the point B, the lines $\alpha\beta$ and $\gamma\gamma'$ in the point C; the lines $C\beta'$ and $B\gamma'$ will then meet in a point α' on the line $A\alpha$; and we have thus the figure of the nine points α, β, γ, α', β', γ', A, B, C.

[Vol. III. pp. 78, 79.]

1667. (Proposed by Professor SYLVESTER.)

Show that the discriminant of the form

$$ax^5 + b\lambda x^4y + c\lambda^2x^3y^2 + c\mu^2x^2y^3 + b\mu xy^4 + ay^5$$

will be a rational integral function of the quantities a, b, c, $\lambda\mu$, $\lambda^5+\mu^5$, and of the second degree only in respect to the last of them.

Solution by PROFESSOR CAYLEY.

In general

$$\text{Disct.}\ (a,\ b,\ c,\ d,\ e,\ f\between \lambda x+\mu y,\ \lambda' x+\mu' y)^5 = (\lambda\mu'-\lambda'\mu)^{20}\ \text{Disct.}\ (a,\ b,\ c,\ d,\ e,\ f\between x,\ y)^5.$$

Hence first, if $(\lambda,\ \mu,\ \lambda',\ \mu') = (0,\ 1,\ 1,\ 0)$, then

$$\text{Disct.}\ (a,\ b,\ c,\ d,\ e,\ f\between y,\ x)^5 = \text{Disct.}\ (a,\ b,\ c,\ d,\ e,\ f\between x,\ y)^5;$$

and secondly, if ω be an imaginary fifth root of unity and $(\lambda,\ \mu,\ \lambda',\ \mu') = (\omega,\ 0,\ 0,\ 1)$, then

$$\text{Disct.}\ (a,\ b,\ c,\ d,\ e,\ f\between \omega x,\ y)^5 = \text{Disct.}\ (a,\ b,\ c,\ d,\ e,\ f\between x,\ y)^5.$$

These two results may also be written,

$$\text{Disct.}\,(a,\ b,\ c,\ d,\ e,\ f \between x,\ y)^5 = \text{Disct.}\,(f,\ e,\ d,\ c,\ b,\ a \between x,\ y)^5,$$

$$\text{Disct.}\,(a,\ b,\ c,\ d,\ e,\ f \between x,\ y)^5 = \text{Disct.}\,(a,\ b\omega^4,\ c\omega^3,\ d\omega^2,\ e\omega,\ f \between x,\ y)^5;$$

that is, the discriminant of $(a, b, c, d, e, f \between x, y)^5$ is not altered by taking the coefficients in a reverse order, or by multiplying the several coefficients by the powers $\omega^5, \omega^4, \omega^3, \omega^2, \omega$, of an imaginary fifth root of unity. Applying these theorems to the form $(a, b\lambda, c\lambda^2, c\mu^2, b\mu, a \between x, y)^5$, the discriminant is not altered by changing the coefficients into $(a, b\mu, c\mu^2, c\lambda^2, b\lambda, a)$; that is, by the interchange of λ and μ; nor by changing the coefficients into

$$(a,\ b\omega^4\lambda,\ c\omega^3\lambda^2,\ c\omega^2\mu^2,\ b\omega\mu,\ a), \quad \text{or} \quad \{a,\ b\,(\lambda\omega^4),\ c\,(\lambda\omega^4)^2,\ c\,(\mu\omega)^2,\ b\,(\mu\omega),\ a\};$$

that is, the discriminant is not altered by the change of λ, μ into $\lambda\omega^4$, $\mu\omega$ respectively. The discriminant is therefore a rational and integral function, symmetrical in regard to λ, μ, and which is not altered by the change of λ, μ into $\lambda\omega^4$, $\mu\omega$ respectively. In virtue of the second property the discriminant is a rational integral function of $(\lambda\mu, \lambda^5, \mu^5)$, and then in virtue of the first property it is a rational integral function of $(\lambda\mu, \lambda^5\mu^5, \lambda^5+\mu^5)$, that is, of $\lambda\mu$, $\lambda^5+\mu^5$. For the general form $(a, b, c, d, e, f \between x, y)^5$, if a term of the discriminant be $a^\alpha b^\beta c^\gamma d^\delta e^\epsilon f^\phi$, then we have $\alpha+\beta+\gamma+\delta+\epsilon+\phi=8$, $5\alpha+4\beta+3\gamma+2\delta+\epsilon=20$; hence attending only to the indices α, β, γ we have $5\alpha+4\beta+3\gamma > 20$, and therefore *à fortiori* $3\beta+3\gamma > 20$, so that $\beta+\gamma$ is $=6$ at most. It follows that for the form $(a, b\lambda, c\lambda^2, c\mu^2, b\mu, a \between x, y)^5$, the sum of the indices of $b\lambda$, $c\lambda^2$ is $=6$ at most, and therefore, even if the index of $c\lambda^2$ is $=6$, the index of λ will be only $=12$, that is, the discriminant contains no power of λ higher than λ^{12}: hence considered as a function of $\lambda\mu$, $\lambda^5+\mu^5$, the highest power of $\lambda^5+\mu^5$ is $(\lambda^5+\mu^5)^2$; which completes the theorem.

[Vol. III. p. 90.]

1687. (Proposed by Professor CAYLEY.)—To describe a spherical triangle such that the angles thereof and of the polar triangle lie on a spherical conic.

On the sphere, the locus of a point such that the perpendiculars from it upon the sides of a given spherical triangle have their feet on a line (great circle), is in general a spherical cubic; if however the triangle be such as is mentioned in the above Problem, then the locus breaks up into a line (great circle) and into the conic through the angles of the given and polar triangles.

[Vol. III. pp. 92—96.]

1690. (Proposed by W. A. WHITWORTH, M.A.)—If ABC be the triangle formed by the three diagonals aa', bb', cc' of a complete quadrilateral $aa'bb'cc'$, then a conic can be found having double contact in the chord aa' with the critical conic of the quadrilateral $bb'cc'$, double contact in the chord bb' with the critical conic of the quadrilateral $cc'aa'$, and double contact in the chord cc' with the critical conic of the quadrilateral $aa'bb'$.

The same conic will also intersect in the chord $a'b'c'$, the three conics which pass through the intersection of Aa, Bb, Cc and touch any two sides of the triangle abc at the extremities of the third side.

It will intersect in the chord $a'bc$ the three conics which pass through the intersection of Aa, Bb', Cc' and touch any two sides of the triangle $ab'c'$ at the extremities of the third side.

It will intersect in the chord $ab'c$ the three conics which pass through the intersection of Aa', Bb, Cc' and touch any two sides of the triangle $a'bc'$ at the extremities of the third side.

It will intersect in the chord abc' the three conics which pass through the intersection of Aa', Bb', Cc and touch any two sides of the triangle $a'b'c$ at the extremities of the third side.

DEF. *The critical conic of any quadrilateral is a circumscribed conic such that the tangent at any angular point forms a harmonic pencil with the sides and diagonal meeting at that point.*

It is obvious that if the quadrilateral be projected into a square, the critical conic will become the circumscribed circle.

---

3. *Solution by* PROFESSOR CAYLEY.

1. The equations of the sides of the quadrilateral may be taken to be respectively $x=0$, $y=0$, $z=0$, $w=0$, where the implicit constants are so determined that we have *identically*

$$x+y+z+w=0;$$

this being so, the equations of the three diagonals are respectively

$$x+y=0, \text{ or } z+w=0, \text{ or } x+y-z-w=0 \text{ (three equivalent forms)}$$
$$x+z=0, \text{ or } y+w=0, \text{ or } x-y+z-w=0 \text{ (,, ,, ,,)}$$
$$x+w=0, \text{ or } y+z=0, \text{ or } x-y-z+w=0 \text{ (,, ,, ,,)}$$

and the equations of the critical conics are respectively

$$xy+zw=0, \quad xz+yw=0, \quad xw+yz=0.$$

Hence we see that the equation of the required conic is

$$\Delta = x^2+y^2+z^2+w^2-2yz-2zx-2xy-2xw-2yw-2zw=0.$$

In fact this equation may be written

$$\Delta=(x+y-z-w)^2-4(xy+zw)=0,$$
$$\Delta=(x-y+z-w)^2-4(xz+yw)=0,$$
$$\Delta=(x-y-z+w)^2-4(xw+yz)=0,$$

equations which put in evidence the double contact with the three critical conics respectively. We have also, identically,

$$\Delta = (x+y+z+w)(x+y-3z-w) - 2w(x+y-z-w) + 4(z^2-xy),$$

and the equation $\Delta = 0$ may therefore be written

$$\Delta = -2w(x+y-z-w) + 4(z^2-xy) = 0,$$

a form which shows that the conic $z^2 - xy = 0$ meets the line $w = 0$ in the same two points in which it is met by the conic $\Delta = 0$. And it hence appears by symmetry that the conics

$\Delta = 0,\ \ x^2 - yz = 0,\ \ y^2 - zx = 0,\ \ z^2 - xy = 0$ meet the line $w = 0$ in the same two points,

$\Delta = 0,\ \ w^2 - yz = 0,\ \ y^2 - zw = 0,\ \ z^2 - wy = 0$ meet the line $x = 0$ in the same two points,

$\Delta = 0,\ \ w^2 - xz = 0,\ \ x^2 - zw = 0,\ \ z^2 - wx = 0$ meet the line $y = 0$ in the same two points,

$\Delta = 0,\ \ w^2 - xy = 0,\ \ x^2 - yw = 0,\ \ y^2 - wx = 0$ meet the line $z = 0$ in the same two points,

which are the relations constituting the latter part of the proposed theorem.

2. The analogous theorems in space may be briefly referred to. Taking $x = 0$, $y = 0$, $z = 0$, $w = 0$ as the equations of the faces of a tetrahedron *ABCD*, then the implicit constants may be so determined that the coordinates of a given arbitrary point *O* shall be (1, 1, 1, 1). We may by lines drawn from the vertices of the tetrahedron project the point *O* on the faces, so as to obtain a point in each of the four faces; and then in each face, by lines drawn from the vertices of the face, project the point in that face upon the edges of the face; the two points thus obtained on each edge of the tetrahedron are (it is easy to see) one and the same point; that is, we have on each edge of the tetrahedron a point; and there exists a quadric surface

$$\Delta = x^2 + y^2 + z^2 + w^2 - 2yz - 2zx - 2xy - 2xw - 2yw - 2zw = 0$$

touching the edges of the tetrahedron in these six points respectively.

The surface in question has plane contact with

the hyperboloid $xy + zw = 0$ along the intersection with $x + y - z - w = 0$,

" " $xz + yw = 0$ " " " $x - y + z - w = 0$,

" " $xw + yz = 0$ " " " $x - y - z + w = 0$,

and moreover the surfaces

$\Delta = 0,\ \ x^2 - yz = 0,\ \ y^2 - zx = 0,\ \ z^2 - xy = 0$ meet the line $w = 0,\ x + y + z + w = 0$ in the same two points;

$\Delta = 0,\ \ w^2 - yz = 0,\ \ y^2 - zw = 0,\ \ z^2 - wy = 0$ meet the line $x = 0,\ x + y + z + w = 0$ in the same two points;

$\Delta = 0,\ \ w^2 - xz = 0,\ \ x^2 - zw = 0,\ \ z^2 - wx = 0$ meet the line $y = 0,\ x + y + z + w = 0$ in the same two points;

$\Delta = 0,\ \ w^2 - xy = 0,\ \ x^2 - yw = 0,\ \ y^2 - wx = 0$ meet the line $z = 0,\ x + y + z + w = 0$ in the same two points.

With respect to the construction of the four planes,

$$x+y-z-w=0,\quad x-y+z-w=0,\quad x-y-z+w=0,\quad x+y+z+w=0,$$

it is to be observed that if through any edge of the tetrahedron, for instance the edge $x=0$, $y=0$, we draw the plane $x-y=0$ through the point O, then the harmonic of this in regard to the planes $x=0$, $y=0$ is the plane $x+y=0$; we have thus six planes, one through each edge of the tetrahedron, viz., these are $y+z=0$, $z+x=0$, $x+y=0$, $x+w=0$, $y+w=0$, $z+w=0$; the six planes being the faces of a hexahedron, which is such that the vertices of the tetrahedron are four of the eight vertices of the hexahedron. The pairs of opposite faces of the hexahedron meet in three lines lying in the plane $x+y+z+w=0$, and consequently forming a triangle such that through each side of the triangle there pass two opposite faces of the hexahedron; the planes $x+y-z-w=0$, $x-y+z-w=0$, $x-y-z+w=0$ are the harmonics of the plane $x+y+z+w=0$ in respect of the pairs of opposite faces of the hexahedron; viz., the plane $x+y-z-w=0$ is the harmonic of the plane $x+y+z+w=0$ in respect to the planes $x+y=0$, $z+w=0$; and the like for the other two planes $x-y+z-w=0$ and $x-y-z+w=0$ respectively.

[Vol. IV. July to December, 1865, pp. 17, 18.]

1710. (Proposed by Professor CAYLEY.)—Trace the curve $y^4-2y^2zx-z^4=0$, where the coordinates are such that $x+y+z=0$ is the line *infinity*.

Solution by the PROPOSER.

We have $x=\dfrac{y^4-z^4}{2y^2z}$; or writing $y=\theta z$, then $x=\dfrac{\theta^4-1}{2\theta^2}z$, that is

$$x:y:z=\theta^4-1:2\theta^3:2\theta^2.$$

Hence, we see that y, z are indefinitely small in comparison of x,

$$\text{if } \theta=\infty\text{, and then } x:y:z=\theta^4:2\theta^3:2\theta^2\text{, that is } y^2=2zx;$$

$$\text{or, if } \theta=0\text{, and then } x:y:z=-1:2\theta^3:2\theta^2\text{, that is } z^3=-2y^2x;$$

so that in the neighbourhood of the point ($y=0$, $z=0$) there are two branches coinciding with the parabola $y^2=2zx$ and with the semicubical parabola $z^3=-2y^2xz$, respectively.

To find the points at infinity we have $x+y+z=0$, that is $\theta^4+2\theta^3+2\theta^2-1=(\theta+1)(\theta^3+\theta^2+\theta-1)=0$; and observing that the equation $\theta^3+\theta^2+\theta-1=0$ has one real root, say $\theta=k$, if k be the real root of the equation $k^3+k^2+k-1=0$ ($k=\cdot505$ nearly),—there are two real points at infinity, viz., corresponding to $\theta=-1$, we have the point $(0,-1,1)$, and corresponding to $\theta=k$ the point $(-1-k, k, 1)$.

The equation of the tangent at a point (α, β, γ) is

$$x(-\beta^2\gamma)+y(2\beta^3-2\alpha\beta\gamma)+z(-\alpha\beta^2-2\gamma^3)=0,$$

and hence writing $(\alpha, \beta, \gamma) = (0, -1, 1)$ we have the asymptote $x + 2y + 2z = 0$: to find where this meets the curve, we have $\theta^4 + 4\theta^3 + 4\theta^2 - 1 = 0$, that is $(\theta+1)^2(\theta^2 + 2\theta - 1) = 0$, or at the points of intersection $\theta^2 + 2\theta - 1 = 0$, that is $\theta = -1 \pm \sqrt{2}$, or there are two real points of intersection.

Again writing $(\alpha, \beta, \gamma) = (-1-k, k, 1)$ we find the asymptote $k^2x - 2y + (k+1)z = 0$: to find where this meets the curve, we have $k^2(\theta^4 - 1) - 4k\theta^3 + (2k+2)\theta^2 = 0$, that is $k^2\theta^4 - 4k\theta^3 + (2k+2)\theta^2 - k^2 = (\theta - k)^2\{k^2\theta^2 - 2(k^2+k+1)\theta - 1\} = 0$; or for the points of intersection $k^2\theta^2 - 2(k^2+k+1)\theta - 1 = 0$, an equation in θ with two real roots, hence the points of intersection are real.

It is now easy to lay down the curve; viz., if, to fix the ideas, the fundamental triangle is taken to be equilateral, and the coordinates x, y, z are considered to be positive for points *within* the triangle, then the curve is as shown in the annexed figure 1.

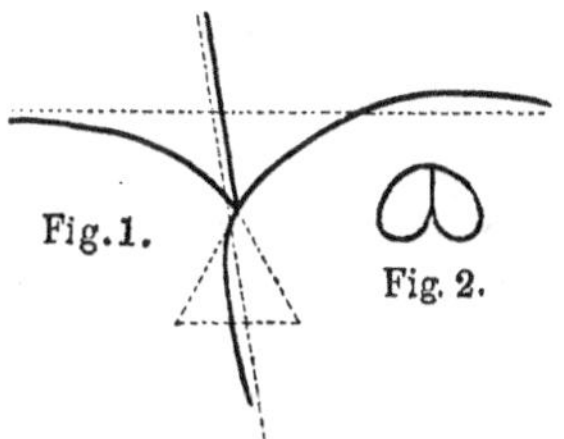

It may be remarked that the curve is met by every real line in two real points at least, and consequently that it is not the projection of any finite curve whatever. By a modification of the constants of the equation, we might obtain curves which are finite, such as the curve in figure 2; or curves with two or four infinite branches, which are the projections of such a finite curve.

[Vol. IV. pp. 32—37.]

1744. (Proposed by W. S. Burnside, B.A.)—It is required to find (x_1, y_1, z_1), functions of (x, y, z), such that we may have identically

$$\frac{x_1^3 + y_1^3 + z_1^3}{x_1 y_1 z_1} = \frac{x^3 + y^3 + z^3}{xyz}.$$

Solution by Professor Cayley.

The Solution is in fact given in my "Memoir on Curves of the Third Order," *Philosophical Transactions*, vol. CXLVII. (1857), pp. 415—446, [146].

Write $\dfrac{x^3 + y^3 + z^3}{xyz} = -6l$; then, taking (X, Y, Z) as current coordinates, (x, y, z) are, it is clear, the coordinates of a point on the cubic curve $X^3 + Y^3 + Z^3 + 6lXYZ = 0$;

and if (x_1, y_1, z_1) are the coordinates of any other point on the same cubic curve, then we shall have

$$\frac{x_1^3 + y_1^3 + z_1^3}{x_1 y_1 z_1} = -6l = \frac{x^3 + y^3 + z^3}{xyz},$$

so that (x_1, y_1, z_1) will satisfy the condition in question. Hence, if from a given point (x, y, z) on the cubic curve we obtain by any geometrical construction another point on the curve, the coordinates of this new point will be functions (and, if the construction is such as to lead to a single point only, they will be *rational* functions) of (x, y, z), satisfying the condition in question.

For instance, if the point (x, y, z) be joined with any point (α, β, γ) on the curve, the joining line will again meet the curve in a single point, which may be taken to be the point (x_1, y_1, z_1). This assumes that we know on the cubic curve a point (α, β, γ); but such a point at once presents itself, viz., we may write $(\alpha, \beta, \gamma) = (1, -1, 0)$; which gives only the self-evident solution $(x_1, y_1, z_1) = (y, x, z)$. The point $(1, -1, 0)$ is clearly one of the nine points of inflexion of the cubic curve, and by using these in any manner whatever, viz., joining the point (x, y, z) with any point of inflexion, and then the new point with any other point of inflexion, and so on indefinitely, we obtain in connexion with the given point (x, y, z) seventeen other points on the curve, in all a system of eighteen points: these are

(x, y, z),	$(x, \omega y, \omega^2 z)$,	$(x, \omega^2 y, \omega z)$	(x, z, y),	$(x, \omega z, \omega^2 y)$,	$(x, \omega^2 z, \omega y)$
(y, z, x),	$(\omega y, \omega^2 z, x)$,	$(\omega^2 y, \omega z, x)$	(z, y, x),	$(\omega z, \omega^2 y, x)$,	$(\omega^2 z, \omega y, x)$
(z, x, y),	$(\omega^2 z, x, \omega y)$,	$(\omega z, x, \omega^2 y)$	(y, x, z),	$(\omega^2 y, x, \omega z)$,	$(\omega y, x, \omega^2 z)$

possessing remarkable geometrical properties; and of course each of the seventeen new points furnishes a (self-evident) solution of the given identity.

But we may take $(\alpha, \beta, \gamma) = (x, y, z)$; the point (x_1, y_1, z_1) is here the point of intersection of the cubic by the tangent at the point (x, y, z); or say it is the "tangential" of the point (x, y, z). The values thus obtained for (x_1, y_1, z_1) are

$$(x_1, y_1, z_1) = \{x(y^3 - z^3), \quad y(z^3 - x^3), \quad z(x^3 - y^3)\},$$

which (excluding the above-mentioned self-evident solutions) is in fact the most simple solution of the proposed identity. In order to verify that the last-mentioned values of (x_1, y_1, z_1) are in fact the coordinates of the tangential of (x, y, z), I observe that this will be the case if only we have

$$(x^2 + 2lyz)x_1 + (y^2 + 2lzx)y_1 + (z^2 + 2lxy)z_1 = 0, \quad x_1^3 + y_1^3 + z_1^3 + 6lx_1y_1z_1 = 0,$$

the first of which is obviously satisfied by the values in question; and for the verification of the second equation,

$$\begin{aligned} x_1^3 + y_1^3 + z_1^3 &= x^3(y^3 - z^3)^3 + y^3(z^3 - x^3)^3 + z^3(x^3 - y^3)^3, \\ &= -x^9(y^3 - z^3) - y^9(z^3 - x^3) - z^9(x^3 - y^3), \\ &= (x^3 + y^3 + z^3)(y^3 - z^3)(z^3 - x^3)(x^3 - y^3), \\ x_1y_1z_1 &= xyz(y^3 - z^3)(z^3 - x^3)(x^3 - y^3), \end{aligned}$$

therefore

$$x_1^3+y_1^3+z_1^3+6lx_1y_1z_1=(x^3+y^3+z^3+6lxyz)(y^3-z^3)(z^3-x^3)(x^3-y^3),\ =0$$

if $x^3+y^3+z^3+6lxyz=0$; the same equations verify at once the identity

$$\frac{x_1^3+y_1^3+z_1^3}{x_1y_1z_1}=\frac{x^3+y^3+z^3}{xyz}.$$

Another solution is as follows: viz., if we take the third intersection with the cubic of the line joining the points (y, x, z) and $\{x(y^3-z^3),\ y(z^3-x^3),\ z(x^3-y^3)\}$, the coordinates of the line in question are

$$\begin{aligned} x_1 : y_1 : z_1 = &\ x^6y^3+y^6z^3+z^6x^3-3x^3y^3z^3 \\ &: x^3y^6+y^3z^6+z^3x^6-3x^3y^3z^3 \\ &: xyz(x^6+y^6+z^6-y^3z^3-z^3x^3-x^3y^3). \end{aligned}$$

According to a very beautiful theorem of Professor Sylvester's in relation to the theory of cubic curves, the coordinates of a point which depends linearly on a given point of the curve are necessarily rational and integral functions *of a square degree* of the coordinates (x, y, z) of the given point; and moreover that (considering as *one* solution those which can be derived from each other by a mere permutation of the coordinates, or change of x into ωx, &c.), there is only one solution of a given square degree m^2; the solutions of the degrees 4 and 9 are given above. The tangential of the tangential, or second tangential of the point (x, y, z), gives the solution of the degree 16; joining this second tangential with the original point (x, y, z), we have the solution of the degree 25; and the same solution is also given as the sixth point of intersection with the cubic, of the conic of 5-pointic intersection at the point (x, y, z). See my memoir "On the conic of 5-pointic contact at any point of a plane curve," *Phil. Trans.* vol. CXLIX. (1859), pp. 371—400, [261].

Addition to the foregoing Solution. On a system of Eighteen Points on a Cubic Curve.

Considering the cubic curve $x^3+y^3+z^3+6lxyz=0$, we have the nine points of inflexion, which I represent as follows:

$$\begin{aligned} &a=(0,\ 1,\ -1), && d=(-1,\ 0,\ 1), && g=(1,\ -1,\ 0), \\ &b=(0,\ 1,\ -\omega), && e=(-\omega,\ 0,\ 1), && h=(1,\ -\omega,\ 0), \\ &c=(0,\ 1,\ -\omega^2), && f=(-\omega^2,\ 0,\ 1), && i=(1,\ -\omega^2,\ 0), \end{aligned}$$

viz., ω being an imaginary cube root of unity, the coordinates of a are $(0, 1, -1)$, those of b, $(0, 1, -\omega)$, &c.

The points of inflexion lie (as is known) by threes on twelve lines; viz., the lines are

$$\begin{array}{cccc} abc, & afh, & bfg, & cfi, \\ adg, & bdi, & cdh, & def, \\ aei, & beh, & ceg, & ghi. \end{array}$$

Consider now a point on the curve, the coordinates whereof are (x, y, z), where of course $x^3+y^3+z^3+6lxyz=0$; this is one of a system of eighteen points on the curve, which may be represented as follows:

$$\begin{array}{lll} A=(x,\ y,\ z), & D=(\ x,\ \omega y,\ \omega^2 z), & G=(\ x,\ \omega^2 y,\ \omega z), \\ B=(y,\ z,\ x), & E=(\omega y,\ \omega^2 z,\ x), & H=(\omega^2 y,\ \omega z,\ x), \\ C=(z,\ x,\ y), & F=(\omega^2 z,\ x,\ \omega y), & I=(\omega z,\ x,\ \omega^2 y), \\ J=(x,\ z,\ y), & M=(\ x,\ \omega z,\ \omega^2 y), & P=(\ x,\ \omega^2 z,\ \omega y), \\ K=(z,\ y,\ x), & N=(\omega z,\ \omega^2 y,\ x), & Q=(\omega^2 z,\ \omega y,\ x), \\ L=(y,\ x,\ z), & O=(\omega^2 y,\ x,\ \omega z), & R=(\omega y,\ x,\ \omega^2 z), \end{array}$$

viz., the coordinates of A are (x, y, z); those of B are (y, z, x), &c.

The tangent at A meets the curve in a point, "the tangential of A," the coordinates whereof are $x(y^3-z^3)$, $y(z^3-y^3)$, $z(x^3-y^3)$; which point may be called A'. And we have thus the eighteen tangentials

$$A',\ B',\ C',\ D',\ E',\ F',\ G',\ H',\ I',\ J',\ K',\ L',\ M',\ N',\ O',\ P',\ Q',\ R'.$$

The eighteen points A, B, &c., have the following property; viz., the line joining any two of them meets the cubic in a third point, which is either one of the nine points of inflexion, or one of the eighteen tangentials; there are through each point of inflexion 9 such lines, and through each tangential 4 such lines; $(9\times 9)+(18\times 4)=153=\frac{1}{2}(18.17)$, the number of pairs of points AB, AC, &c. The lines through the inflexions are the 81 lines obtained by joining any one of the points $(A, B, C, D, E, F, G, H, I)$ with any one of the points $(J, K, L, M, N, O, P, Q, R)$, as shown in the following Table:

	A	B	C	D	E	F	G	H	I
J	a	d	g	c	f	i	b	e	h
K	d	g	a	f	i	c	e	h	b
L	g	a	d	i	c	f	h	b	e
M	c	f	i	b	e	h	a	d	g
N	f	i	c	e	h	b	d	g	a
O	i	c	f	h	b	e	g	a	d
P	b	e	h	a	d	g	c	f	i
Q	e	h	b	d	g	a	f	i	c
R	h	b	e	g	a	d	i	c	f

viz., the line AJ passes through a, the line AK through d, &c.; the proof that AJ passes through a depends on the identical equation

$$\begin{vmatrix} x, & y, & z \\ x, & z, & y \\ 0, & 1, & -1 \end{vmatrix} = 0;$$

and the like for the other lines AK, AL, &c.

The lines through the tangentials are the 36 lines obtained by joining any two of the points (A, B, C, D, E, F, G, H, I) and the 36 lines obtained by joining any two of the points (J, K, L, M, N, O, P, Q, R); and these 72 lines pass through the tangentials, as shown by the table

ABC,	BDI,	CEG,	JKL,	KMR,	LNP,
ADG,	BEH,	CFI,	JMP,	KNQ,	LOR,
AEI,	BFG,	DEF,	JNR,	JOP,	MNO,
AFH,	CDH,	GHI,	JOQ,	LMQ,	PQR,

viz., in the triad ABC, BC passes through A', CA through B', AB through C'; and the like for the other triads. The proof that BC passes through A depends on the identical equation

$$\begin{vmatrix} y\ , & z\ , & x \\ z\ , & x\ , & y \\ x(x^3-z^3), & y(z^3-x^3), & z(x^3-y^3) \end{vmatrix} = 0;$$

and the like for the other combinations of points.

If we attend only to the points A, B, C and their tangentials A', B', C'; then we have on the cubic three points A, B, C, such that the line joining any two of them passes through the tangential of the third point. And the figure may be constructed by means of the three real points of inflexion a, d, g, as follows, viz., joining these with any point J on the cubic, the lines so obtained respectively meet the cubic in three new points which may be taken for the points A, B, C. Or if one of these points, say A, be given, then joining it with one of the three real inflexions, this line again meets the cubic in the point J, and from it by means of the other two real inflexions we obtain the remaining points B and C; it is clear that, A being given, the construction gives three points, say J, K, L, each of them leading to the same two points B and C.

We may consider the question from a different point of view. Let A, B, C be given points, and let there be given also three lines passing through these three points respectively; through the given points, touching at these points the given lines respectively, describe a cubic; and let the given lines again meet the cubic in the points A', B', C' respectively. The equation of the cubic contains three arbitrary parameters; but when two of these are properly determined, the points A, B, C and their tangentials A', B', C' will be related as in the theorem; viz., the line through any two of the points will pass through the tangential of the third point. The analytical investigation is as follows:

Let the equations of the three tangents be $x=0$, $y=0$, $z=0$, and suppose that, for the points A, B, C respectively, we have

$$(x=0,\ y=\lambda z),\quad (y=0,\ z=\mu x),\quad (z=0,\ x=\nu y),$$

then the equation of a cubic touching the three lines at the three points respectively will be

$$(y-\lambda z)^2(\nu^2By+Cz)+(z-\mu x)^2(\lambda^2Cz+Ax)+(x-\nu y)^2(\mu^2Ax+By)$$
$$-\mu^2Ax^3-\nu^2By^3-\lambda^2Cz^3+Kxyz=0,$$

where A, B, C, K are arbitrary coefficients; but if $A:B:C=\lambda:\mu:\nu$, then the equation is

$$(y-\lambda z)^2\,\nu\,(\mu\nu y+z)+(z-\mu x)^2\,\lambda\,(\nu\lambda z+x)+(x-\nu y)^2\,\mu\,(\lambda\mu x+y)$$
$$-\lambda\mu^2x^3-\mu\nu^2y^3-\nu\lambda^2z^3+Kxyz=0,$$

where

A, A' are the intersections of	$x=0$,	by	$y-\lambda z=0$,	$\mu\nu y+z=0$	respectively,
B, B' ,, ,,	$y=0$,	,,	$z-\mu x=0$,	$\nu\lambda z+x=0$	,, ,
C, C' ,, ,,	$z=0$,	,,	$x-\nu y=0$,	$\lambda\mu x+y=0$	,, ;

the equations of BC, CA, AB thus are

$$-\mu x+\mu\nu y+z=0,\quad x-\nu y+\nu\lambda z=0,\quad \lambda\mu x+y-\lambda z=0,$$

which pass through A', B', and C' respectively.

If we consider along with the points A, B, C the points J, K, L, and their respective tangentials, then we have inscribed in the cubic a hexagon $ALBJCK$ which has the following properties, viz., the pairs of opposite sides and the three diagonals pass through the three real inflexions *in lineâ*, viz.,

AL,	JC,	BK,	through g
LB,	CK,	JA,	,, a
BJ,	KA,	CL,	,, d.

This shows that the six points A, B, C, J, K, L are the intersections of the cubic by a conic; and moreover, considering the triangles ABC, JKL formed by the alternate vertices, then in each triangle the sides pass through the tangentials of the opposite vertices respectively.

In what precedes we have in effect found the coordinates (z, x, y) of the third point of intersection with the cubic, of the line joining the points (y, z, x) and

$\{x(y^3-z^3),\ y(z^3-x^3),\ z(x^3-y^3)\}$. The coordinates of the same point may be otherwise found by a direct investigation, as follows: Write

$$x_2 : y_2 : z_2 = x(y^3-z^3) : y(z^3-x^3) : z(x^3-y^3);\quad x_1 : y_1 : z_1 = y : z : x.$$

If in the equation of the curve we substitute for x, y, z, the values ux_1+vx_2, uy_1+vy_2, uz_1+vz_2, we find

$$\begin{aligned} &u\{x_1^2x_2+y_1^2y_2+z_1^2z_2+2l(x_2y_1z_1+y_2z_1x_1+z_2x_1y_1)\}\\ &+v\{x_1x_2^2+y_1y_2^2+z_1z_2^2+2l(x_1y_2z_2+y_1z_2x_2+z_1x_2y_2)\}=0,\end{aligned}$$

say $uP+vQ=0$; we may therefore write $u=Q$, $v=-P$, and the coordinates of the third point are Qx_1-Px_2, Qy_1-Py_2, Qz_1-Pz_2. Now

$$\begin{aligned} Qx_1-Px_2 &= y_1y_2(x_1y_2-x_2y_1)+z_1z_2(x_1z_2-x_2z_1)+2l(x_1^2y_2z_2-x_2^2y_1z_1)\\ &= yz(z^3-x^3)\{y^2(z^3-x^3)-zx(y^3-z^3)\}\\ &\quad+zx(x^3-y^3)\{yz(x^3-y^3)-x^2(y^3-z^3)\}\\ &\quad+2l\{y^2.yz.(z^3-x^3)(x^3-y^3)-x^2(y^3-z^3)^2zx\}.\\ &=(x^3y^6+y^3z^6+z^3x^6-3x^3y^3z^3)z\\ &\quad+xyz(x^6+y^6+z^6-y^3z^3-z^3x^3-x^3y^3)z\\ &\quad-2l(x^6y^3+y^6z^3+z^6x^3-3x^3y^3z^3)z;\end{aligned}$$

so that we have $Qx_1-Px_2=\Pi z$; and in like manner $Qy_1-Py_2=\Pi x$, $Qz_1-Pz_2=\Pi y$; and therefore $Qx_1-Px_2 : Qy_1-Qy_2 : Qz_1-Pz_2=z : x : y$, which proves the theorem.

I consider in like manner the following question; viz., if (y, x, z) be joined with the tangential of (x, y, z); to find the third point of intersection. We have here

$$x_2 : y_2 : z_2 = x(y^3-z^3) : y(z^3-x^3) : z(x^3-y^3);\quad x_1 : y_1 : z_1 = y : x : z;$$

and P, Q as before; and the coordinates of the third point are

$$Qx_1-Px_2 : Qy_1-Py_2 : Qz_1-Pz_2;$$

also

$$\begin{aligned} Qx_1-Px_2 &= xy(z^3-x^3)\{y^2(z^3-x^3)-x^2(y^3-z^3)\}\\ &\quad+z^2(x^3-y^3)\{yz(x^3-y^3)-zx(y^3-z^3)\}\\ &\quad+2l\{y^3z(z^3-x^3)(x^3-y^3)-x^2(y^3-z^3)^2zx\},\\ &= x\{y^3(z^3-x^3)^2-z^3(x^3-y^3)(y^3-z^3)\}\\ &\quad+y\{z^3(x^3-y^3)^2-x^3(y^3-z^3)(z^3-x^3)\}\\ &\quad+2lz\{y^3(z^3-x^3)(x^3-y^3)-x^3(y^3-z^3)^2\},\end{aligned}$$

that is $\quad Qx_1-Px_2=(x+y-2lz)(x^3z^6+y^3x^6+z^3y^6-3x^3y^3z^3)$;

similarly $\quad Qy_1-Py_2=(x+y-2lz)(y^3z^3+y^6z^3+z^3x^6-3x^3y^3z^3)$;

also $\quad Qz_1-Pz_2=(x+y-2lz)(x^6+y^6+z^6-y^3z^3-x^3y^3)xyz$;

and we hence have the values

$$X : Y : Z = x^6y^3 + y^6z^3 + z^6x^3 - 3x^3y^3z^3 : x^3y^6 + y^3z^6 + z^3x^6 - 3x^3y^3z^3$$
$$: xyz(x^6 + y^6 + z^6 - y^3z^3 - z^3x^3 - x^3y^3)$$

for the coordinates of the point in question.

[Vol. IV. pp. 38, 39.]

1751. (Proposed by Professor CAYLEY.)—Let $ABCD$ be any quadrilateral. Construct, as shown in the figure, the points F, G, H, I: in BC find a point Q such that $\frac{BG}{BC} \cdot \frac{CQ}{GQ} = \frac{1}{\sqrt{2}}$; and complete the construction as shown in the figure. Show that an ellipse may be drawn passing through the eight points F, G, H, I, α, β, γ, δ, and having at these points respectively the tangents shown in the figure.

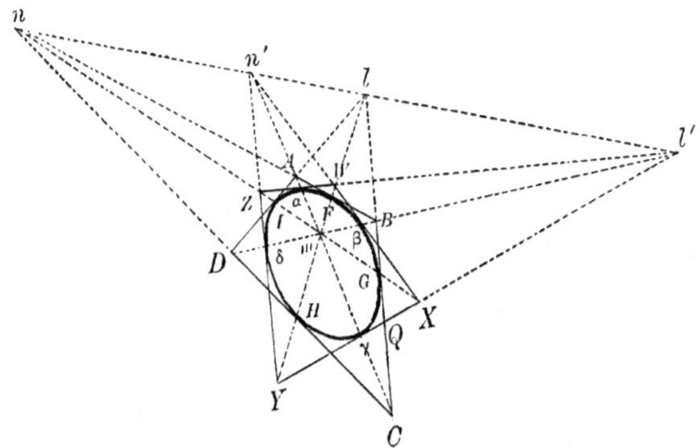

{Professor Cayley remarks that if $ABCD$ is the perspective representation of a square, then the ellipse is the perspective representation of the inscribed circle; the theorem gives eight points and the tangent at each of them; and the ellipse may therefore be drawn by hand with an accuracy quite sufficient for practical purposes. The demonstration is immediate, by treating the figure as a perspective representation: the gist of the theorem is the very convenient construction in perspective which it furnishes.}

[Vol. IV. pp. 65—67.]

1775. (Proposed by W. K. CLIFFORD.)—If a straight line meet the faces of the tetrahedron $ABCD$ in the points a, b, c, d, respectively; the spheres whose diameters are Aa, Bb, Cc, Dd have a common radical axis.

Solution by PROFESSOR CAYLEY.

Let the given line be taken for the axis of z; the axes of x, y being any rectangular axes in the plane perpendicular thereto; the equations of the given line are therefore $(x=0,\ y=0)$. Take $(\alpha_1, \beta_1, \gamma_1)$, $(\alpha_2, \beta_2, \gamma_2)$, $(\alpha_3, \beta_3, \gamma_3)$, $(\alpha_4, \beta_4, \gamma_4)$ for the coordinates of the points A, B, C, D respectively; and $(0, 0, c_1)$, $(0, 0, c_2)$, $(0, 0, c_3)$, $(0, 0, c_4)$ for the coordinates of the points a, b, c, d respectively. Then, to determine c_1, the equation of the plane BCD is

$$\begin{vmatrix} x, & y, & z, & 1 \\ \alpha_2, & \beta_2, & \gamma_2, & 1 \\ \alpha_3, & \beta_3, & \gamma_3, & 1 \\ \alpha_4, & \beta_4, & \gamma_4, & 1 \end{vmatrix} = 0,$$

and cutting this by the line $x=0$, $y=0$, we have

$$\begin{vmatrix} 0, & 0, & c_1, & 1 \\ \alpha_2, & \beta_2, & \gamma_2, & 1 \\ \alpha_3, & \beta_3, & \gamma_3, & 1 \\ \alpha_4, & \beta_4, & \gamma_4, & 1 \end{vmatrix} = 0,$$

with similar equations for c_2, c_3, c_4 respectively. The four equations may be united into the single equation

$$\begin{vmatrix} c_1p_1, & 1, & \alpha_1, & \beta_1 \\ c_2p_2, & 1, & \alpha_2, & \beta_2 \\ c_3p_3, & 1, & \alpha_3, & \beta_3 \\ c_4p_4, & 1, & \alpha_4, & \beta_4 \end{vmatrix} = \begin{vmatrix} p_1, & \alpha_1, & \beta_1, & \gamma_1 \\ p_2, & \alpha_2, & \beta_2, & \gamma_2 \\ p_3, & \alpha_3, & \beta_3, & \gamma_3 \\ p_4, & \alpha_4, & \beta_4, & \gamma_4 \end{vmatrix},$$

where p_1, p_2, p_3, p_4 are arbitrary multipliers. Hence, writing successively $(p_1, p_2, p_3, p_4) = (1, 1, 1, 1)$ and $(p_1, p_2, p_3, p_4) = (\gamma_1, \gamma_2, \gamma_3, \gamma_4)$, we have *first*

$$\begin{vmatrix} c_1, & 1, & \alpha_1, & \beta_1 \\ c_2, & 1, & \alpha_2, & \beta_2 \\ c_3, & 1, & \alpha_3, & \beta_3 \\ c_4, & 1, & \alpha_4, & \beta_4 \end{vmatrix} = \begin{vmatrix} 1, & \alpha_1, & \beta_1, & \gamma_1 \\ 1, & \alpha_2, & \beta_2, & \gamma_2 \\ 1, & \alpha_3, & \beta_3, & \gamma_3 \\ 1, & \alpha_4, & \beta_4, & \gamma_4 \end{vmatrix},$$

that is

$$\begin{vmatrix} 1, & \alpha_1, & \beta_1, & c_1+\gamma_1 \\ 1, & \alpha_2, & \beta_2, & c_2+\gamma_2 \\ 1, & \alpha_3, & \beta_3, & c_3+\gamma_3 \\ 1, & \alpha_4, & \beta_4, & c_4+\gamma_4 \end{vmatrix} = 0;$$

and *secondly*,

$$\begin{vmatrix} c_1\gamma_1, & 1, & \alpha_1, & \beta_1 \\ c_2\gamma_2, & 1, & \alpha_2, & \beta_2 \\ c_3\gamma_3, & 1, & \alpha_3, & \beta_3 \\ c_4\gamma_4, & 1, & \alpha_4, & \beta_4 \end{vmatrix} = \begin{vmatrix} \gamma_1, & \alpha_1, & \beta_1, & \gamma_1 \\ \gamma_2, & \alpha_2, & \beta_2, & \gamma_2 \\ \gamma_3, & \alpha_3, & \beta_3, & \gamma_3 \\ \gamma_4, & \alpha_4, & \beta_4, & \gamma_4 \end{vmatrix},$$

that is,

$$\begin{vmatrix} 1, & \alpha_1, & \beta_1, & c_1\gamma_1 \\ 1, & \alpha_2, & \beta_2, & c_2\gamma_2 \\ 1, & \alpha_3, & \beta_3, & c_3\gamma_3 \\ 1, & \alpha_4, & \beta_4, & c_4\gamma_4 \end{vmatrix} = 0;$$

and these two results may be united into the single formula

$$\begin{Vmatrix} 1, & \alpha_1, & \beta_1, & c_1+\gamma_1, & c_1\gamma_1 \\ 1, & \alpha_2, & \beta_2, & c_2+\gamma_2, & c_2\gamma_2 \\ 1, & \alpha_3, & \beta_3, & c_3+\gamma_3, & c_3\gamma_3 \\ 1, & \alpha_4, & \beta_4, & c_4+\gamma_4, & c_4\gamma_4 \end{Vmatrix} = 0.$$

Now the equation of a sphere having for the extremities of a diameter the points (α, β, γ) and (a, b, c) is

$$[x - \tfrac{1}{2}(a+\alpha)]^2 + [y - \tfrac{1}{2}(b+\beta)]^2 + [z - \tfrac{1}{2}(c+\gamma)]^2 = \tfrac{1}{4}[(a-\alpha)^2 + (b-\beta)^2 + (c-\gamma)^2],$$

or

$$(x-a)(x-\alpha) + (y-b)(y-\beta) + (z-c)(z-\gamma) = 0,$$

or

$$x^2 + y^2 + z^2 - (a+\alpha)x - (b+\beta)y - (c+\gamma)z + a\alpha + b\beta + c\gamma = 0;$$

therefore, when the two points are (α, β, γ) and $(0, 0, c)$, the equation is

$$x^2 + y^2 + z^2 - \alpha x - \beta y - (c+\gamma)z + c\gamma = 0.$$

Hence, putting for shortness $P = -\alpha x - \beta y - (c+\gamma)z + c\gamma$, viz., $P_1 = -\alpha_1 x - \beta_1 y - (c_1+\gamma_1)z + c_1\gamma_1$, &c., the equations of the four spheres are

$$x^2+y^2+z^2+P_1=0,\quad x^2+y^2+z^2+P_2=0,\quad x^2+y^2+z^2+P_3=0,\quad x^2+y^2+z^2+P_4=0,$$

and the four spheres will have a common radical axis, if for proper values of the multipliers μ, ν, ρ we have

$$\mu(P_1-P_2) + \nu(P_1-P_3) + \rho(P_1-P_4) = 0,$$

or what is the same thing, if for proper values of λ, μ, ν, ρ we have

$$\lambda P_1 + \mu P_2 + \nu P_3 + \rho P_4 = 0,\quad \lambda + \mu + \nu + \rho = 0;$$

that is, if

$$\begin{aligned}
&\lambda + \mu + \nu + \rho = 0,\\
&\lambda\alpha_1 + \mu\alpha_2 + \nu\alpha_3 + \rho\alpha_4 = 0,\\
&\lambda\beta_1 + \mu\beta_2 + \nu\beta_3 + \rho\beta_4 = 0,\\
&\lambda(c_1+\gamma_1) + \mu(c_2+\gamma_2) + \nu(c_3+\gamma_3) + \rho(c_4+\gamma_4) = 0,\\
&\lambda c_1\gamma_1 + \mu c_2\gamma_2 + \nu c_3\gamma_3 + \rho c_4\gamma_4 = 0;
\end{aligned}$$

and eliminating from these equations $(\lambda, \mu, \nu, \rho)$, we find the above-mentioned relation between $\alpha_1, \beta_1, \gamma_1, c_1$, &c.; which proves the theorem.

[Vol. IV. pp. 70, 71.]

1771. (Proposed by Professor CAYLEY.)—Given a circle and a line, it is required to find a parabola, having the line for its directrix, and the circle for a circle of curvature.

---

2. *Solution by the* PROPOSER.

Let $x^2+y^2-1=0$ be the equation of the given circle, $x=m$ that of the given line. Taking on the circle an arbitrary point $(\cos\theta, \sin\theta)$, we may find a parabola having the given line for its directrix, and touching the circle at the last-mentioned point; viz., the equation of the parabola is found to be

$$y^2 - 2y\sin\theta\,(1+2\cos^2\theta-2m\cos\theta) - 4x\cos^2\theta\,(\cos\theta-m) + 1 + 3\cos^2\theta - 4m\cos\theta = 0.$$

{There is no difficulty in *verifying* that this parabola has for its directrix the line $x-m=0$, that the equation is satisfied by the values $x=\cos\theta$, $y=\sin\theta$, and that the derived equation is satisfied by the values $x=\cos\theta$, $y=\sin\theta$, $\dfrac{dy}{dx}=-\cot\theta$.}

Representing for a moment the left-hand side of the equation by U, we have identically

$$\begin{aligned}
U-\cos^2\theta\,(x^2+y^2-1)
&= y^2\sin^2\theta - x^2\cos^2\theta - 2y\sin\theta\,(1+2\cos^2\theta-2m\cos\theta) - 4x\cos^2\theta\,(\cos\theta-m)\\
&\qquad + 1 + 4\cos^2\theta - 4m\cos\theta,\\
&= (y\sin\theta + x\cos\theta - 1)(y\sin\theta - x\cos\theta - 1 - 4\cos^2\theta + 4m\cos\theta).
\end{aligned}$$

Hence to find the intersections of the parabola with the circle, we have first

$$x^2+y^2-1=0, \quad y\sin\theta + x\cos\theta - 1 = 0,$$

giving the point $(\cos\theta, \sin\theta)$ *twice*, since $y\sin\theta + x\cos\theta - 1 = 0$ is the equation of the tangent to the circle at the point in question; and secondly

$$x^2+y^2-1=0, \quad y\sin\theta - x\cos\theta - 1 - 4\cos^2\theta + 4m\cos\theta = 0,$$

giving the remaining two points of intersection. If the circle be a circle of curvature, one of these must coincide with the point $(\cos\theta, \sin\theta)$, that is the equation $y\sin\theta - x\cos\theta - 1 - 4\cos^2\theta + 4m\cos\theta = 0$, must be satisfied by the values $x = \cos\theta$, $y = \sin\theta$; this will be the case if $-6\cos^2\theta + 4m\cos\theta = 0$, that is $\cos\theta = 0$, giving for the parabola $y^2 \pm 2y + 1 = 0$, which is not a proper Solution, or else $\cos\theta = \frac{2}{3}$, giving $\sin\theta = \pm(1 - \frac{4}{9}m^2)^{\frac{1}{2}}$, so that there are *two* parabolas satisfying the conditions of the problem; if to fix the ideas we take the upper sign, the equation of the corresponding parabola is

$$y^2 - 2(1 - \tfrac{4}{9}m^2)^{\frac{3}{2}}y + \tfrac{16}{27}m^3x + 1 - \tfrac{4}{3}m^2 = 0;$$

and it may be added that the coordinates of the focus are

$$x = m - \tfrac{8}{27}m^3, \quad y = (1 - \tfrac{4}{9}m^2)^{\frac{3}{2}}.$$

The equation of the other parabola and the coordinates of the focus are of course found by merely changing the sign of the radical. The parabolas are real if $m < \frac{3}{2}$; if $m = \frac{3}{2}$ we have a single parabola, the point of contact being in this case the vertex of the parabola; and if $m > \frac{3}{2}$ the parabolas are imaginary.

{Professor Cayley states that he was led to the foregoing problem by the consideration of the curve (proposed for investigation in Quest. 1812) which is the envelope of a variable circle having its centre in the given circle and touching the given line. The required curve (which is of the sixth order) has two cusps which, it is easy to see geometrically, are the foci of the parabolas in the problem. Taking $(\cos\theta, \sin\theta)$ for the coordinates of the centre of the variable circle, we shall have

$$x = \tfrac{3}{2}\cos\theta - m\cos 2\theta + \tfrac{1}{2}\cos 3\theta, \quad y = \tfrac{3}{2}\sin\theta - m\sin 2\theta + \tfrac{1}{2}\sin 3\theta,$$

for the coordinates of a point on the envelope.}

[Vol. IV. pp. 81—83.]

1790. (Proposed by Professor SYLVESTER.)—(1) If a set of six points be respectively represented by the six permutations of $a : b : c$, show that they lie in a conic, and write down its equation.

(2) *Hence* prove that if AB, BC, CA be three real lines containing the nine points of inflexion of a cubic curve having an oval, the pairs of tangents drawn to the oval from A, B, C will meet it in six points lying in a conic.

Solution by PROFESSOR CAYLEY.

1. That the six points,

$$1 = (a, b, c), \quad 2 = (b, c, a), \quad 3 = (c, a, b),$$
$$4 = (a, c, b), \quad 5 = (b, a, c), \quad 6 = (c, b, a),$$

are situate on a conic, appears at once by writing down its equation: viz.,

$$(bc+ca+ab)(x^2+y^2+z^2)-(a^2+b^2+c^2)(yz+zx+xy)=0,$$

which is satisfied by the coordinates of each of the six points.

2. It is interesting to remark that the six points on the conic form, not a general inscribed hexagon, but a hexagon such as is mentioned in Prob. 1512 (vol. II. p. 51), viz., one in which the three diagonals pass respectively through the Pascalian points (intersections of opposite sides): in fact, in the hexagon 143526, forming the equations of the sides and diagonals, these are

$$\begin{array}{llll} 14. & (b+c)\,x - a\,y - a\,z = 0, & 25. & (c+a)\,x - b\,y - b\,z = 0, \\ 15. & -c\,x - c\,y + (a+b)\,z = 0, & 26. & -a\,x - a\,y + (b+c)\,z = 0, \\ 16. & -b\,x + (c+a)\,y - b\,z = 0, & 24. & -c\,x + (a+b)\,y - c\,z = 0, \end{array}$$

$$\begin{array}{ll} 36. & (a+b)\,x - c\,y - c\,z = 0, \\ 34. & -b\,x - b\,y + (c+a)\,z = 0, \\ 35. & -a\,x + (b+c)\,y - a\,z = 0; \end{array}$$

so that the lines 14, 25, 36 meet in the point $x=0,\ y+z=0$,
" 16, 24, 35 " $y=0,\ z+x=0$,
" 15, 26, 34 " $z=0,\ x+y=0$.

3. It is further to be remarked that the six points lie on the cubic curve

$$\frac{x^3+y^3+z^3}{a^3+b^3+c^3}-\frac{xyz}{abc}=0,$$

and are consequently the six points of intersection of this cubic by the above mentioned conic.

4. The points $(x=0,\ y+z=0)$, $(y=0,\ z+x=0)$, $(z=0,\ x+y=0)$ are the three real inflexions of the cubic; hence, attending only to the cubic, and starting from the arbitrary point $(a,\ b,\ c)$ on this curve, it appears by what precedes, that we may, by means of the three real inflexions of the cubic, construct the system of six points, (the construction is, in fact, identical with that given in my Solution of Problem 1744, vol. IV. pp. 32—37, [*ante* p. 597] the six points being six out of the therein mentioned eighteen points); and it further appears, that these six points lie on a conic.

5. As regards the second part of the proposed Problem, consider the cubic curve $x^3+y^3+z^3+6lxyz=0$; the three real lines containing the nine points of inflexion are the lines $x=0$, $y=0$, $z=0$; and the points A, B, C are therefore $(y=0,\ z=0)$, $(z=0,\ x=0)$, $(x=0,\ y=0)$ respectively. From each of these points we may draw to the curve six tangents, and we have thus on the curve eighteen points, which are a particular case of the system in the Solution of Prob. 1744. Or if from each of the points we draw two properly selected tangents, (when the cubic has an oval these

may be the two tangents to the oval,) then we obtain a system of six points, (part of the system of eighteen points); viz., the coordinates of the six points are of the form (a, b, c), (b, c, a), (c, a, b), (a, c, b), (b, a, c), (c, b, a) and therefore the six points are in a conic.

6. To verify this, if we take $y=\theta x$ for the equation of a tangent from the point $(x=0,\ y=0)$, the equation $(1+\theta^3)x^3+6l\theta x^2z+z^3=0$ must have a pair of equal roots, giving for θ the equation $(1+\theta^3)^2+32l^3\theta^3=0$; and we then find $z=-\dfrac{1+\theta^3}{4l\theta}x$, that is, θ being determined by the foregoing equation, the coordinates of the point of contact are $x:y:z=1:\theta:-\dfrac{1+\theta^3}{4l\theta}$. The roots of the equation in θ are of the form $\theta_1,\ \theta_2,\ \theta_3,\ \dfrac{1}{\theta_1},\ \dfrac{1}{\theta_2},\ \dfrac{1}{\theta_3}$; and assuming that the curve has an oval, there are two real roots $\theta_1,\ \dfrac{1}{\theta_1}$. Hence, writing $x:y:z=1:\theta_1:-\dfrac{1+\theta_1^3}{4l\theta_1}=a:b:c$, the substitution $\dfrac{1}{\theta_1}$ for θ, gives $x:y:z=b:a:c$, that is, the coordinates of the points of contact of the tangents to the oval, from the point $(x=0,\ y=0)$ are (a, b, c) and (b, a, c) respectively; and writing successively (y, z, x) and (z, x, y) in place of (x, y, z), the coordinates for the tangents from $(y=0,\ z=0)$ are (b, c, a), (c, b, a); and those for the tangents from $(z=0,\ x=0)$ are (c, a, b) and (a, c, b); so that the coordinates of the six points of contact are a system of the form in question.

[Vol. IV. p. 107.]

1812. (Proposed by Professor CAYLEY.)—Find the envelope of a series of circles which touch a given straight line and have their centres in the circumference of a given circle. {See Quest. 1771.}

[Vol. IV. pp. 108, 109.]

1816. (Proposed by R. BALL, M.A.)—Express the roots of the equation

$$(ae-4bd+3c^2)(ax^4+4bx^3+6cx^2+4dx+e)^2-3\{(ac-b^2)x^4+2(ad-bc)x^3$$
$$+(ae+2bd-3c^2)x^2+2(be-cd)x+(ce-d^2)\}^2=0,$$

in terms of the roots $\alpha, \beta, \gamma, \delta$ of $x^4+4bx^3+6cx^2+4dx+e=0$.

Solution by PROFESSOR CAYLEY.

Writing

$$U=(a, b, c, d, e\between x, y)^4=a(x-\alpha y)(x-\beta y)(x-\gamma y)(x-\delta y),$$

$$H=\left(ac-b^2,\ \tfrac{1}{2}(ad-bc),\ \tfrac{1}{6}(ae+2bd-3c^2),\ \tfrac{1}{2}(be-cd),\ ce-d^2\between x, y\right)^4,$$

$$I=ae-4bd+3c^2;$$

then considering $x : y$ as the unknown quantity, it is required to find the roots of the equation $IU^2 - 3H^2 = 0$ in terms of the roots $(\alpha, \beta, \gamma, \delta)$ of the equation $U = 0$; or, what is the same thing, it is required to find the linear factors of the function $IU^2 - 3H^2$. The function in question is the product of four quadratic factors, rational functions of $(\alpha, \beta, \gamma, \delta)$; and these being known, the four pairs of linear factors can be determined each of them by the solution of a quadratic equation. In fact, writing

$$\begin{aligned}
\Theta_\alpha &= a\{(\beta-\alpha)(x-\gamma y)(x-\delta y)+(\gamma-\alpha)(x-\delta y)(x-\beta y)+(\delta-\alpha)(x-\beta y)(x-\gamma y)\},\\
\Theta_\beta &= a\{(\gamma-\beta)(x-\delta y)(x-\alpha y)+(\delta-\beta)(x-\alpha y)(x-\gamma y)+(\alpha-\beta)(x-\gamma y)(x-\delta y)\},\\
\Theta_\gamma &= a\{(\delta-\gamma)(x-\alpha y)(x-\beta y)+(\alpha-\gamma)(x-\beta y)(x-\delta y)+(\beta-\gamma)(x-\delta y)(x-\alpha y)\},\\
\Theta_\delta &= a\{(\alpha-\delta)(x-\beta y)(x-\gamma y)+(\beta-\delta)(x-\gamma y)(x-\alpha y)+(\gamma-\delta)(x-\alpha y)(x-\beta y)\},
\end{aligned}$$

we have identically $256(IU^2 - 3H^2) = \Theta_\alpha\Theta_\gamma\Theta_\beta\Theta_\delta$; so that the quadratic factors of IU^2-3H^2 are Θ_α, Θ_β, Θ_γ, Θ_δ. To show that this is so, it is to be remarked that the product $\Theta_\alpha\Theta_\beta\Theta_\gamma\Theta_\delta$ is a symmetrical function of the roots α, β, γ, δ, and consequently a rational and integral function of the coefficients (a, b, c, d, e) of U; moreover Θ_α, Θ_β, Θ_γ, Θ_δ being each of them a covariant (an irrational one) of U, the product in question must be a covariant. But a covariant is completely determined when the leading coefficient is given; hence it will be sufficient to show that the leading coefficients, or coefficients of x^8, in the functions $\Theta_\alpha\Theta_\beta\Theta_\gamma\Theta_\delta$ and $256(IU^2 - 3H^2)$ are equal to each other. Writing for a moment $\Sigma\alpha = p$, $\Sigma\alpha\beta = q$, $\Sigma\alpha\beta\gamma = r$, $\alpha\beta\gamma\delta = s$, the coefficient of x^2 in $a^{-1}\Theta_\alpha$ is $\beta+\gamma+\delta-3\alpha$, which $= p - 4\alpha$; we have thence the product $(p-4\alpha)(p-4\beta)(p-4\gamma)(p-4\delta)$, which is $= p^4 - 4p^3 . p + 16p^2 . q - 64p . r + 256s$, $= 256s - 64pr + 16p^2q - 3p^4$.

Hence, restoring the omitted factor a^4, and observing that we have p, q, r, s equal to $-4b$, $6c$, $-4d$, e, each divided by a, the coefficient of x^8 in $\Theta_\alpha\Theta_\beta\Theta_\gamma\Theta_\delta$ is

$$256(a^3e - 4a^2bd + 6ab^2c - 3b^4), \text{ or } 256\{(ae - 4bd + 3c^2)a^2 - 3(ac - b^2)^2\},$$

and is consequently equal to the coefficient of x^8 in $256(IU^2 - 3H^2)$; which proves the theorem.

It may be remarked that the leading coefficient of IU^2-3H^2 is $= a^{-1}(a, b, c, d, e)(b, -a)^4$; and that for a quantic $U = (a, b, ..)(x, y)^n$ of the order n we have a corresponding covariant of the order $n(n-2)$, the leading coefficient of which is $= a^{-1}(a, b, ...)(b, -a)^n$. For $n = 2$, this is the invariant (discriminant) $ac - b^2$; for $n = 3$ it is the cubicovariant $(a^2d - 3abc + 2b^3, ...)(x, y)^3$; for $n = 4$ it is, as we have seen, the covariant $IU^2 - 3H^2$. For $n = 5$, the leading coefficient $a^4f - 5a^3be + 10a^2b^2d - 10ab^3c + 4b^5$ is $= a^2(a^2f - 5abe + 2acd + 8b^2d - 6bc^2) - 2(ac - b^2)(a^2d - 3abc + 2b^3)$, which shows that the covariant in question (of the order 15) is $= U^2$(No. 17) $-$ 2(No. 15)(No. 18), where the Nos. refer to the Tables of my Second Memoir on Quantics, *Phil. Trans.*, vol. CXLVI. (1856), pp. 101—126, [141; in the notation there explained, the expression for the covariant is $A^2E - 2CF$].

{The roots of $\Theta_\alpha = 0$ are readily found to be

$$\frac{\alpha(\beta+\gamma+\delta) - (\gamma\delta+\delta\beta+\beta\gamma) \pm \{\tfrac{1}{2}[(\alpha-\beta)^2(\gamma-\delta)^2 + (\alpha-\gamma)^2(\delta-\beta)^2 + (\alpha-\delta)^2(\beta-\gamma)^2]\}^{\frac{1}{2}}}{3\alpha - (\beta+\gamma+\delta)}$$

these then, with three similar pairs, express the eight roots as required.}

In the following Contents, the Problems are referred to, each by its No. and the Proposer's name, and the subject is briefly indicated: an Asterisk shows that no solution was given.

No.	Proposer	Subject	PAGE
1373	Wilkinson	Circle and Points	560
1387	Clifford	Circle and Ellipse	561
1409	Clifford	Conic	562
1478	McDowell	Triangle and Circle	564
1273	Miller	Triangles	566
1505	Cayley	Four Points on a Conic	571
1513	Blissard	Factorials	574
1512	Cayley	Conic and Hexagon	576
1562	Thomson	Tangents of Conic	578
1533	Cayley	Quintic Curve in connexion with Cubic and Quartic	580
*1542	Cayley	Intersection of Conics	582
1606	Miller	Conics	ib.
*1607	Cayley	Cubics	586
1647	Cayley	Foci of Ellipse	ib.
1652	Clifford	Triangle and Polygons	589
1667	Sylvester	Discriminant of Quintic	592
*1687	Cayley	Spherical Triangle	593
1690	Whitworth	Triangle and Conics	ib.
1710	Cayley	Quartic Curve	596
1744	Burnside	Cubic Identity	597
1751	Cayley	Quadrilateral and Ellipse	604
1771	Cayley	Line, Circle, and Parabola	607
1790	Sylvester	Conic and Cubic	608
1812	Cayley	Envelope of Circles	610
1816	Ball	Roots of Quartic	ib.

NOTES AND REFERENCES.

302, 305. The theory of curves in space was proposed as the subject of the Prize-question of the Steiner Foundation by the Academy of Sciences of Berlin in the year 1881 "irgend eine auf die Theorie der höheren algebraischen Raumcurven sich beziehende Frage von wesentlicher Bedeutung vollstandig zu erledigen," and the prize was divided between the two memoirs

Halphen, "Mémoire sur la classification des courbes gauches algébriques." *Jour. École Polyt.* Cah. LII. (1882), pp. 1—200, and

Nöther, "Zur Grundlegung der Theorie der algebraischen Raumcurven." *Abh. der Akad. zu Berlin vom Jahre* 1882, pp. 1 to 120; both treating of the classification of curves in space.

We have also the valuable memoir

Valentiner, "Zur Theorie der Raumcurven," *Acta Mathematica*, t. II., 1883, pp. 136—230, which relates less directly to the question of classification.

The three authors all refer to these papers in the *Comptes Rendus*, and make considerable use of my conception of the monoid surface. It would be out of place to attempt to give any account here of these memoirs: I only refer to such remarks or theorems contained in them as stand in immediate connection with the remarks which follow.

The question of classification is much simplified by excluding from consideration the curves with singular points (that is actual double points and stationary points), and this is in fact done both by Halphen and Nöther and in the present Note. The curves considered are thus curves with only apparent double points (adps.) viz. for a curve of the order d (I use Halphen's letters) with h apparent double points, taking an arbitrary point as vertex, the cone through the curve is a cone of the order d, with h nodal lines, each of these meeting the curve in two (real or imaginary) non-coincident points. Such a curve is the partial intersection of the cone in question say $U, =(x, y, z)^d, =0$ with a monoid surface $w, =\frac{(x, y, z)^{k+1}}{(x, y, z)^k}, =\frac{Q}{P}$, where the inferior cone $P, =(x, y, z)^k, =0$, of the monoid surface, and the superior cone $Q, =(x, y, z)^{k+1}, =0$, of the monoid surface each of them pass through all the h

nodal lines of the cone, and besides through θ lines of the cone: the complete intersection of the cone and monoid surface is thus made up of the curve once, the h nodal lines each twice, and the θ lines each once; and if as before the order of the curve is $=d$, then we thus have $(k+1)d=d+2h+\theta$, viz. we must have $kd=2h+\theta$, as the condition to be satisfied in order that the curve of the order d may be the partial intersection of the cone and monoid surface.

In my papers in the *Comptes Rendus* I endeavoured to find, and Halphen and Nöther both endeavour to find, the surfaces of lowest order which have the curve of order d for their complete or partial intersection. This (although, as will presently appear, the theory may be considered in a more complete form) is an important and interesting question; but upon further reflection it appears to me that it is a question beside that which first presents itself and ought to be in the first instance considered, viz. this is the question of the classification of curves in space according to the foregoing representation of any such curve as the partial intersection of a cone and monoid surface. Supposing it effected, and a kind of curve completely defined according to this mode of representation, then there arises the further question to which I have referred (Salmon's *Solid Geometry*, Ed. 3, (1874), p. 285, and Ed. 4, (1882), p. 281), viz. we may have passing through any given curve a *complete* system of surfaces, that is a system $U=0$, $V=0$, $W=0, \ldots$ where these functions are not connected by any such equation as $U=NV+PW+\ldots$, and where every other surface which passes through the curve is expressible in the form $MU+NV+PW+\ldots=0$. It is not easy to prove (but as to this see Hilbert "Zur Theorie der algebraischen Gebilde," *Göttingen Nachrichten*, 1888, p. 454), but it may be safely assumed that for a curve of any given order whatever, the number of equations in such a complete system is finite, and we have thus the representation of a curve in space by means of a complete system of surfaces passing through it. Obviously the curve is here the partial (or if the system consists of only two surfaces then the complete) intersection say of the two surfaces $U=0$, $V=0$ of lowest order passing through it, which is the question above referred to.

Reverting to the representation by the cone and monoid surface, Halphen gives the capital theorem, that if we have any particular inferior cone $P=0$ passing through the curve, then we may without loss of generality take the equation of the monoid surface to be $w=\frac{Q}{P}$: viz. if instead hereof the equation of the monoid surface is taken to be $w=\frac{Q'}{P'}$, then this equation in virtue of the equation $U=0$ of the cone is always reducible to the first mentioned form $w=\frac{Q}{P}$; that is in virtue of the equation $U=0$, we have $w=\frac{Q'}{P'}=\frac{Q}{P}$, or what is the same thing, $\frac{Q'}{P'}=\frac{Q}{P}$ in virtue of $U=0$, that is $Q'P-QP'=MU$, where M is a rational and integral function $(x, y, z)^\lambda$ of the degree λ, $=k+n+1-d$, if k be the degree of P' and n that of P.

It thus appears that if n be the order of the cone of lowest order which passes through the h nodal lines of the cone $U=0$, then we have always functions Q, P

of the orders $n+1$, n respectively, such that the equation of the monoid surface is $w=\frac{Q}{P}$. Or what is the same thing, we have always a monoid surface of the order $n+1$: we thus arrive at the notion of Halphen's characteristic n.

Instead of the foregoing equation $kd=2h+\theta$, we thus have $nd=2h+\theta$, and for given values of d, h there is thus a minimum value of n (viz. nd must be at least $=2h$); there is also a maximum value of n, viz. this is the least value for which $\frac{1}{2}n(n+3)$ is $=$ or $<h$, for with such a value of n there is always through the h nodal lines a cone of the order n.

For a given value of d, we have $h=$ at most $\frac{1}{2}(d-1)(d-2)$, and Halphen shows that h must be at least $=[\frac{1}{4}(d-1)^2]$, if we denote in this manner the integral part of the expression within the brackets. And then, h having any value between these limits, for any given values of d, h we have by what precedes a certain number of values of n.

We thus have *primâ facie* curves in space of the several forms (d, h, n): but it may very well be, and in fact Halphen finds that when d is $=9$ or upwards, then for certain values of h, n as above, there is not any curve (d, h, n): thus $d=9$, $h=17$, the values of n are $n=4$ or 5, but there is not any curve $d=9$, $h=17$, for either of these values of n; or say the curves (9, 17, 4) and (9, 17, 5) are non-existent.

And I notice further that in certain cases for which Halphen finds a curve (d, h, n) such curve does not exist except for special configurations of the h nodal lines not determined by the mere definition of n as the order of the cone of lowest order which passes through the h nodal lines: for instance $d=9$, $h=16$, $n=4$ for which Halphen gives a curve, I find that it is not enough that the 16 nodal lines are situate on a quartic cone, but that they must be the 16 lines of intersection of two quartic cones.

I remark moreover that Halphen does not carry out the foregoing principle of classification according to the values of (d, h, n): thus $d=9$, $h=22$, the values of n are 6 and 5; viz. the 22 nodal lines are in general on a sextic cone but they may be on a quintic cone; the curves (9, 22, 6) and (9, 22, 5) exist each of them, but he gives only the former of the two forms. The form (9, 22, 6) has a capacity 36 (depends upon 36 constants) but (9, 22, 5) a capacity 35 only, and I assume that Halphen considered it as a particular case of (9, 22, 6), (there is it seems to me a want of precision in his definition of a family)—but I consider that this is an abandonment of the principle—the two curves differ *ipso facto* in that in the first form the 22 nodal lines are not, in the second form they are, on a quintic curve. In Nöther's theory the characteristic n does not present itself.

Resuming the general theory, and considering d, h, n as given, we start from the cone $U=0$ of the order d, with h nodal lines lying in a cone of the order n: we take $P=0$ a cone of the order n passing through the h nodal lines, and besides meeting the cone $U=0$ in θ lines; $nd=2h+\theta$, (where θ may be $=0$). And we then have $Q=0$ a cone of the order $n+1$ passing through the h lines and the θ lines;

and this being so we have $w=\frac{Q}{P}$ for the equation of the monoid surface, and consequently $U=0$ and $w=\frac{Q}{P}$ for the equations of the curve, viz. the cone $U=0$ and the monoid surface of the order $n+1$ meet in the h lines each twice, in the θ lines, and in the curve of the order d; $(n+1)d=2h+\theta+d$. Observe here that the cone $Q=0$ as a cone of the order $n+1$ subjected only to the conditions of passing through the h lines and the θ lines has in general a capacity $=\frac{1}{2}(n+1)(n+4)-h-\theta$; this number should be $=3$ at least, for if it were $=2$, we should have $Q=(x+\beta y+\gamma z)P$ (since $P=0$ is a cone of the next inferior order through the same $h+\theta$ lines), and thus the curve would be a plane curve. Observe further that the cone $U=0$, quà cone of the order d with h nodal lines has in general a capacity $=\frac{1}{2}d(d+3)-h$; the cone $P=0$, by what precedes may be regarded as determinate, and the cone $Q=0$ as just appearing has in general a capacity $=\frac{1}{2}(n+1)(n+4)-h-\theta$; there is a term $+1$ for the implicit constant factor in the function Q, and we thus find for the capacity of the curve the expression $\frac{1}{2}d(d+3)-h+1+\frac{1}{2}(n+1)(n+4)-h-\theta$, viz. this is $=\frac{1}{2}d(d+3)+\frac{1}{2}(n^2+5n)+3-nd$, $=\frac{1}{2}(d-n)^2+\frac{1}{2}(3d+5n)+3$, which putting for a moment $d-n=\alpha$ is $=\frac{1}{2}\alpha^2+\frac{1}{2}(8d-5\alpha)+3$, $=4d+\frac{1}{2}(\alpha-2)(\alpha-3)$; hence restoring for α its value, we find capacity of curve $=4d+\frac{1}{2}(d-2-n)(d-3-n)$: in particular if $n=d-2$ or $d-3$, the capacity is $=4d$.

We are thus able in the case where $\frac{1}{2}(n+1)(n+4)-h-\theta=3$ or more, say $\frac{1}{2}n(n+5)$ = or $>$ $h+\theta+1$, actually to construct the equation of a curve (d, h, n), having in the case where $n=d-2$ or $d-3$ a capacity $=4d$: the conditions in question for any given value of d, are satisfied by the considerable number of curves which form Halphen's "premier groupe."

For instance $d=9$, then the complete table of the values of h, n, θ is

d	h	n	θ	Cap.
9	16	4	4	38
		5	13	0
	17	4	2	0
		5	11	0
	18	4	0	36
		5	9	36
	19	5	7	36
	20	5	5	36
	21	5	3	36
		6	12	0
	22	5	1	35
		6	10	36†
	23	6	8	36†
	24	6	6	36†
	25	6	4	36†
	26	6	2	36†
	27	6	0	36†
	28	7	7	36†

and the conditions are satisfied for those values of (d, h, n) against which I have set the capacity 36†. I do not explain the remaining figures of the column of capacities, but remark only that 0 means that the curve is non-existent, and that 35 refers to the curve (9, 22, 5) which is alluded to above as not specified by Halphen.

It is important to remark that if the above-mentioned condition $\frac{1}{2}n(n+5) =$ or $> h+\theta+1$, or restoring it to the original form $\frac{1}{2}(n+1)(n+4)-h-\theta=3$ at least, is *not* satisfied, then it by no means follows, and it is not in general the case, that the curve is non-existent: I have said only that the cone $Q=0$ has in general a capacity $=\frac{1}{2}(n+1)(n+4)-h-\theta$, but the configuration of the $h+\theta$ lines may be such as not to impose on the cone $Q=0$ which passes through them so many as $h+\theta$ conditions, and the capacity of the cone may thus be greater than $\frac{1}{2}(n+1)(n+4)-h-\theta$, and may thus be $=3$ at least; moreover supposing that in such a case the curve exists, the capacity of the cone $U=0$ instead of being $=\frac{1}{2}d(d+3)-h$, may very well have, and presumably has, a greater value, and the reasoning by which the capacity of the curve was found to be $=4d+\frac{1}{2}(d-2-n)(d-3-n)$ ceases to be applicable. The theory, as depending upon special configurations of the h lines and the θ lines, is a complicated and difficult one, and I do not attempt to enter upon it.

In conclusion I wish to refer to an important theorem given by Valentiner and also by Halphen and Nöther. Considering in connexion with the curve of the order d, a surface of the order m, then since the capacity hereof (or number of constants contained in its equation) is $=\frac{1}{6}(m+1)(m+2)(m+3)-1$ or $\frac{1}{6}m(m^2+6m+11)$, it is obvious that if this be greater than md, the surface can be made to pass through more than md points of the curve, and thus that the curve will lie upon a surface of the order m. But the condition which has really to be satisfied in order that the curve may lie upon a surface of the order m is a less stringent one: if p be the deficiency of the curve, $=\frac{1}{2}(d-1)(d-2)-h$, if as before the curve is without actual singularities, and h be the number of its apparent double points, then the condition is $\frac{1}{6}m(m^2+6m+11)$ greater than $md-p$, viz. the surface of the order m being made to pass through $md+1-p$ points assumed at pleasure on the curve will *ipso facto* pass through p determinate points of the curve, that is in all through $md+1$ points of the curve, or it will contain the curve. The theorem is true subject only to the limitation $m =$ or $> d-2$. The most simple form of statement is perhaps that given by Valentiner, p. 194 (changing only his letters), viz. if m be $=$ or $> d-2$, the intersections of a surface of the order m with a curve of the order d with h apparent double points are determined by means of

$$dm-\tfrac{1}{2}(d-1)(d-2)+h\,(=dm-p)$$

of these intersections.

312. The generalisation which is here given of Euler's theorem $S+F=E+2$, is a first step towards the theory developed in Listing's Memoir "Census räumlicher Complexe oder Verallgemeinerung des Euler'schen Satzes von den Polyedern." Göttingen Abh. t. x. (1862).

320. The transcendent $i\,\mathrm{gd}(-iu)$, with a pure imaginary argument is the function $\log\tan(\frac{1}{4}\pi+\frac{1}{2}u)$ (hyperbolic logarithm) tabulated by Legendre, *Exer. de Calcul Intégral,*

t. II. (1816), Table IV. and *Traité des Fonctions Elliptiques*, t. II. (1826), Table IV. at intervals of 30′ from 0° to 90°, to twelve decimals and fifth differences. But the march of the function is somewhat disguised by the argument being taken in degrees and minutes and the function in abstract number. I have in the paper "On the orthomorphosis of the circle into the parabola," *Quart. Math. Jour.* vol. XX. (1885), pp. 213—220, see p. 220, given the table (at intervals of 1° to seven decimals) exhibiting the argument and the function each of them in degrees and minutes and also in abstract number.

335. Besides the 13 numbers mentioned by Gauss it appears by the paper, Perott, "Sur la formation des déterminants irreguliers," *Crelle*, t. XCV. (1883), pp. 232—236, that in the first thousand the determinants -468 and -931 are irregular.

341. Consider the equation of a curve as given in the form $y-f(x)=0$; then in the notation of Reciprocants ($t=y'$, $a=\frac{1}{2}y''$, $b=\frac{1}{6}y'''$, $c=\frac{1}{24}y''''$, $d=\frac{1}{120}y'''''$, where the accents denote differentiation in regard to x) the equation of the conic of five-pointic contact at the point (x, y) of the curve is

$$\begin{aligned} &a^4(X-x)^2 \\ &+a^2b(X-x)\{Y-y-t(X-x)\} \\ &+(ac-b^2)\quad\{Y-y-t(X-x)\}^2 \\ &-a^3\qquad\qquad\{Y-y-t(X-x)\}=0, \end{aligned}$$

which I verify as follows: writing $X=x+\theta$, we have

$$Y=y+t\theta+a\theta^2+b\theta^3+c\theta^4+d\theta^5,$$

and thence

$$Y-y-t(X-x)=\qquad a\theta^2+b\theta^3+c\theta^4+d\theta^5.$$

Substituting these values and developing as far as θ^5 we find

$$\begin{aligned} &a^4\theta^2 \\ &+a^2b\theta(a\theta^2+b\theta^3+c\theta^4) \\ &+(ac-b^2)(a^2\theta^4+2ab\theta^5) \\ &-a^3(a\theta^2+b\theta^3+c\theta^4+d\theta^5)=0, \end{aligned}$$

viz. this is

$$0\theta^2+0\theta^3+0\theta^4-a(a^2d-3abc+2b^3)\theta^5=0.$$

The equation is thus satisfied as far as θ^4, showing that the conic is a conic of 5-pointic contact; and it will be satisfied as far as θ^5 if only $a(a^2d-3abc+2b^3)=0$. The value $a=0$ belongs to an inflexion, and reduces the equation of the conic to $\{Y-y-t(X-x)\}^2=0$, viz. this is the stationary tangent taken twice, which is in an improper sense a conic of six-pointic contact: the other factor determines a sextactic point, viz. we have $a^2d-3abc+2b^3=0$ as the condition of a sextactic point.

We might from this form, which belongs to the curve as given by the equation $y-f(x)=0$, pass to the form belonging to the curve as given by the equation

$U, =(x, y, z)^m, =0$, and thus obtain the form given in the memoir, and the process would I can well imagine be a more simple one, but it would certainly be very complicated: as an illustration take the simple case of an inflexion: the condition for this, for the equation $y-f(x)=0$ of the curve is $a=0$, that is $\frac{d^2y}{dx^2}=0$. Passing first to the form $U, =(x, y, 1)^m=0$, we have

$$\frac{dU}{dx}+\frac{dU}{dy}\frac{dy}{dx}=0,$$

and thence

$$\frac{d^2U}{dx^2}+2\frac{d^2U}{dxdy}\frac{dy}{dx}+\frac{d^2U}{dy^2}\left(\frac{dy}{dx}\right)^2+\frac{dU}{dy}\frac{d^2y}{dx^2}=0,$$

viz. substituting for $\frac{dy}{dx}$ its value from the first equation the condition $\frac{d^2y}{dx^2}=0$, becomes

$$\left(\frac{dU}{dy}\right)^2\frac{d^2U}{dx^2}-2\frac{dU}{dy}\frac{dU}{dx}\frac{d^2U}{dxdy}+\left(\frac{dU}{dx}\right)^2\frac{d^2U}{dy^2}=0,$$

and we can then make the further transformation to the form $U=(x, y, z)^m, =0$, and so obtain but not *very* easily the result $H(U)=0$: but in the transformations for the sextactic point, besides the differential coefficient a of the second order we have the coefficients b, c, d of the orders 3, 4 and 5 respectively; and the complication is thus very much greater.

343, 354, 374. The principal paper is 374; 354 is a mere résumé of this; and 343 relates to the higher singularity which first presented itself, and which is there shown to arise from the coalescence of a node and a cusp, but in 374 (where it is considered more fully) it is shown to be equivalent to a node, a cusp, a double tangent and an inflexion.

On the general subject, and founded on 374, we have

Smith, H. J. S., "On the Higher Singularities of Plane Curves," *Proc. Lond. Math. Soc.* vol. VI. (1875), pp. 153—182. The author refers to the two following enquiries:

(1) It is important to prove that the indices of singularity as defined by Professor Cayley satisfy the equations of Plücker; and that the "genus" or "deficiency" of the plane curve is correctly given by these indices.

(2) It is also of interest to examine whether any given singularity can be actually formed by the coalescence of the ordinary singularities to which it is regarded as equivalent: in other words whether a singularity of which the indices are δ, τ, κ, i and which is therefore regarded as equivalent to δ double points, τ double tangents, κ cusps and i inflexions possesses a penultimate form in which all these singularities exist distinct from one another but infinitely close together.

The paper relates chiefly to the first of these enquiries, the second being reserved for a further communication which was never made.

See also Halphen's "Étude sur lès points singuliers des courbes algébriques planes," published as an Appendix, pp. 537—648, to the translation of Salmon's *Higher*

Plane Curves, "Traité de Géométrie Analytique," par G. Salmon traduit par O. Chemin, 8vo. Paris, 1884, and the list of Memoirs given, p. 538.

347. I attach some importance to this short paper as giving my own general views of the subject to which it relates, and in particular as to the line of separation between finite and transcendental analysis.

378. I have printed this Report as it was in some measure in connexion therewith that the Royal Society of London undertook the very important work, their Catalogue of Scientific Papers. I do not remember by whom the Report was drafted but some of the recommendations contained in it are due to me. The Catalogue is on a more extensive plan than that recommended in the Report, inasmuch as it is not limited to Physics and Mathematics but extends to all branches of Natural Knowledge—but it is interesting to compare the extent of it with the estimate in the Report—vols. I. to VI. (1800 to 1863) contain together 5743 pages: vols. VII. and VIII. (1864 to 1873) contain together 2357 pages—the number of entries on a page is about $=30$; and we thus have, 1800 to 1863, about 173,000 entries, and 1864 to 1873, about 71,000 entries.

END OF VOL. V.

CAMBRIDGE:
PRINTED BY C. J. CLAY, M.A. AND SONS,
AT THE UNIVERSITY PRESS.

www.ingramcontent.com/pod-product-compliance
Lightning Source LLC
LaVergne TN
LVHW011243110826
845149LV00001B/31

* 9 7 8 1 4 1 8 1 8 6 0 1 2 *